Ausgeschieden im Jahr 2023

Geologie von Mitteleuropa

begründet von Paul Dorn

5., vollständig neu bearbeitete Auflage von

Roland Walter
Aachen

mit 2 Beiträgen von P. Giese, Berlin, H. W. Walther und
H. Dill, Hannover

Mit 151 Abbildungen und 12 Tabellen

E. Schweizerbart'sche Verlagsbuchhandlung
(Nägele u. Obermiller)   Stuttgart 1992

Anschrift der Verfasser:

Professor Dr. Roland Walter, Lehrstuhl für Geologie und Paläontologie, Geologisches Institut der RWTH Aachen, Wüllnerstr. 2, D-5100 Aachen

Professor Dr. Peter Giese, Inst. f. Geophys. Wissenschaften, Freie Universität, Patschkauer Weg 23, D-1000 Berlin 33

Professor Dr. Hansjust W. Walther und Privatdozent Dr. Harald G. Dill, Bundesanstalt für Geowissenschaften und Rohstoffe, Postfach 51 01 53, D-3000 Hannover 51

ISBN 3-510-65149-9
Alle Rechte, auch die der Übersetzung, des auszugsweisen Nachdrucks,
der Herstellung von Mikrofilmen und der photomechanischen Wiedergabe vorbehalten
© 1992 by E. Schweizerbart'sche Verlagsbuchhandlung (Nägele u. Obermiller), Stuttgart
Druck: Tutte Druckerei GmbH, Salzweg-Passau
Umschlaggestaltung: Wolfgang Frank
Printed in Germany

Vorwort

Die von P. DORN 1951 begründete und von R. BRINKMANN und F. LOTZE mit veränderten Wiederauflagen 1960 und 1971 weitergeführte „Geologie von Mitteleuropa" wird hier in 5. Auflage erneut vorgelegt. Inhaltlich schließt sie eng an die Tradition des alten „DORN" an. In der Formulierung und in ihren Abbildungen ist daraus ein ganz neues Buch geworden.

Eine Vielzahl geowissenschaftlicher Forschungsaktivitäten sowohl in den klassischen Aufschlußgebieten Mitteleuropas als auch in den vom Meer bedeckten Schelfgebieten der südlichen und mittleren Nordsee und der Ostsee haben zu einer erheblichen Erweiterung der Kenntnisse des geologischen Stoffbestandes und des geologischen Baus Mitteleuropas geführt, aber auch zu einem vielfältigen Wandel in den Ansichten über seine geotektonische Entwicklung. Besonders der Einsatz der Methoden der modernen Geophysik lieferte eine Fülle von neuen geologisch auszuwertenden Informationen über bisher nicht zugängliche Offshore-Gebiete und Tiefen, und eine in letzter Zeit rasch angewachsene Zahl geochronometrischer Daten macht in zunehmendem Maß eine gedankliche Verknüpfung petrogenetischer Prozesse mit tektonischen und paläogeographischen Ereignissen möglich.

Wie die bisherigen Auflagen wendet sich auch die 5. Auflage der „Geologie von Mitteleuropa" an Geowissenschaftler im In- und Ausland. Den Studierenden soll sie eine erste Übersicht über die regionalgeologischen Verhältnisse in Mitteleuropa vermitteln. Den interessierten Fachleuten will sie die Möglichkeit geben, sich über einen ihnen geologisch zunächst vielleicht weniger bekannten Teilausschnitt Mitteleuropas zu informieren und durch die angegebene weiterführende Literatur zu den gewünschten speziellen Publikationen zu finden.

In seiner Gliederung kehrt das Buch zu der regional orientierten Stoffanordnung der beiden ersten Auflagen zurück. Einer Einführung zur geologischen Abgrenzung, Gliederung und Entwicklung Gesamtmitteleuropas folgen in vier Hauptkapiteln Darstellungen des geologischen Aufbaues der Mitteleuropäischen Senke im Norden und des Bruchschollengebietes seiner Mittelgebirgszone im Süden, jeweils weiter untergliedert nach tektonischen Stockwerken und dann Einzelgebieten.

Stoffbestand und Struktur der geologischen Bauteile Mitteleuropas sind aufs engste verknüpft mit dem zeitlichen Wechsel ihrer erdgeschichtlichen Zustände und der sie betreffenden geologischen Ereignisse. Deshalb ist der Darstellung der geologischen Entwicklung der Einzelgebiete verhältnismäßig breiter Raum gegeben. Viele Fragen, vor allem zur Strukturbildung der Mitteleuropäischen Kruste sind dabei noch offen. Sie werden angesprochen. Festlegungen darauf, welche von ggf. kontrovers diskutierten Modellvorstellungen jeweils Anwendung finden sollten und welche nicht, werden in den Ausführungen aber nicht getroffen.

Eine Übersichtsdarstellung des Mitteleuropäischen Anteils der Alpen und der Karpaten, wie sie in den ersten vier Auflagen des „DORN" bzw. „DORN-LOTZE" enthalten war, fehlt in der neuen Fassung. Dafür wurde sie um einen ausführlichen Überblick über die Lagerstätten Mitteleuropas erweitert.

Das Wagnis einer Wiederauflage von DORNS „Geologie von Mitteleuropa" konnte nur eingegangen werden, weil eine große Zahl von Fachkollegen bereit waren, mit Rat und Tat zu ihrer Entstehung beizutragen.

Besonders danke ich Herrn Prof. Dr. P. GIESE, Berlin, für seine einführende geophysikalische Beschreibung der Mitteleuropäischen Kruste und den Kollegen Prof. Dr. H.W. WALTHER und Priv. Doz. Dr. H. DILL, Hannover, für die Abfassung des Überblicks über die Bodenschätze Mitteleuropas. Herrn Dr. G. HIRSCHMANN, Hannover, verdanke ich vielfältige wertvolle Anregungen und Formulierungshilfen für das Kapitel über das Sächsisch-Thüringische und Nordostbayerische Grundgebirge.

Aufrichtig danken möchte ich für Diskussionen und die kritische Durchsicht weiterer Kapitel des Buches den Herren Prof. Dr. G. H. BACHMANN, Dr. M. J. M. BLESS (Maastricht), Prof. Dr. J. CHALOUPSKÝ (Prag), Prof. Dr. J. CHLUPÁČ (Prag), Prof. Dr. J. DON (Wrocław), Prof. Dr. A. DUDEK (Prag), Dr. J. DVOŘÁK (Brno), Prof. Dr. O. F. GEYER (Stuttgart), Dr. V. M. HOLUB (Prag), Prof. Dr. V. JACOBSHAGEN (Berlin), Prof. Dr. G. KATZUNG (Greifswald), Prof. Dr. G. KLEINSCHMIDT (Frankfurt/M.), Dr. J. KLOSTERMANN (Krefeld), Dr. F. KOCKEL (Hannover), Prof. Dr. S. LORENC (Wrocław), Prof. Dr. R. MAAS (Freiburg/Br.), Prof. Dr. K. D. MEYER (Hannover), Prof. Dr. W. MEYER (Bonn), Dr. M. MÜLLER (Hannover), Dr. V. MÜLLER (Prag), Prof. Dr. H. MURAWSKI (Frankfurt/M.), Prof. Dr. G. NOLLAU (Erlangen), Prof. Dr. J. VON RAUMER (Fribourg), Prof. Dr. U. ROSENFELD (Münster), H. SCHÖNEICH (Hannover), Prof. Dr. B. SCHROEDER (Bochum), Prof. Dr. A. SIEHL (Bonn), Dr. H. STREIF (Hannover), Prof. Dr. H. WACHENDORF (Braunschweig), Prof. Dr. P. WURSTER (Bonn).

Die Fertigstellung des Buches neben den übrigen Aufgaben meiner Aachener Professur wäre nicht möglich gewesen ohne die aktive Mithilfe und das Verständnis der Kollegen und Mitarbeiter im Geologischen Institut der RWTH Aachen. Besonders danke ich an dieser Stelle Frau R. WUROPULOS für das Schreiben des Manuskripts und seiner zahlreichen Vorentwürfe.

Mein Dank gilt schließlich auch der E. Schweizerbart'schen Verlagsbuchhandlung, Stuttgart, für ihre Geduld angesichts der sich immer wieder hinauszögernden Manuskriptabgabe.

Aachen, Dezember 1990   ROLAND WALTER

Inhaltsverzeichnis

Vorwort III

1. Mitteleuropa als Ganzes 1
1.1 Umgrenzung Mitteleuropas, Relief 1
1.2 Geologischer Rahmen und geologische Gliederung Mitteleuropas 2
1.3 Übersicht über die geologische Entwicklung Mitteleuropas 7
   1.3.1 Das präcadomische und cadomische Fundament 7
   1.3.2 Die kaledonische Entwicklung 10
   1.3.3 Die variszische Gebirgsbildung 15
   1.3.4 Die postvariszische Entwicklung 22
   1.3.5 Die Landschaftsentwicklung im Tertiär und Quartär 33
1.4 Das geophysikalische Bild der mitteleuropäischen Kruste von PETER GIESE . . . 35
   1.4.1 Vorbemerkungen 35
   1.4.2 Die Krustengliederung Mitteleuropas 40
   1.4.3 Geothermik 46
   1.4.4 Seismizität und rezentes Spannungsfeld 48

2. Das Vorquartär der Mitteleuropäischen Senke 50
2.1 Die mittlere und südliche Nordsee-Senke 50
   2.1.1 Übersicht 50
   2.1.2 Geologische Entwicklung, Stratigraphie 53
2.2 Das Dänische Becken und die Fennoskandische Randzone 60
   2.2.1 Übersicht 60
   2.2.2 Geologische Entwicklung, Stratigraphie 63
2.3 Das Niederländische Senkungsgebiet 69
   2.3.1 Übersicht 69
   2.3.2 Geologische Entwicklung, Stratigraphie 72
2.4 Die Norddeutsche Senke 75
   2.4.1 Übersicht 75
   2.4.2 Geologische Entwicklung, Stratigraphie 79
   2.4.3 Der Südrand der Norddeutschen Senke (Osnabrücker Bergland,
        Weserbergland, Leinebergland, Harzvorland) 90
2.5 Die Polnische Senke 102
   2.5.1 Übersicht 102
   2.5.2 Geologische Entwicklung, Stratigraphie 104
   2.5.3 Der Südrand der Polnischen Senke (Heiligkreuzgebirge, Schlesisch-
        Krakauer Bergland, Lubliner Becken) 110

3. Das Quartär der Mitteleuropäischen Senke 118
3.1 Die Nordsee 118
   3.1.1 Das heutige Bild 118

    3.1.2 Die Entwicklung der südlichen Nordsee im Quartär 118
    3.1.3 Die heutige Nordseeküste 122
    3.1.4 Helgoland 123
3.2 Die Ostsee 124
    3.2.1 Das heutige Bild 124
    3.2.2 Die Entwicklung der Ostsee im Quartär 126
3.3 Das Mitteleuropäische Tiefland 128
    3.3.1 Das heutige Bild 128
    3.3.2 Die geologische Entwicklung des Mitteleuropäischen Tieflandes
         im Quartär 131

4. Das proterozoisch-paläozoische Grundgebirge des Mitteleuropäischen Schollengebiets 142

4.1 Das Brabanter Massiv 142
    4.1.1 Übersicht 142
    4.1.2 Die kaledonische Entwicklung 142
    4.1.3 Die postkaledonische Entwicklung 144
4.2 Die Ardennen 148
    4.2.1 Übersicht 148
    4.2.2 Geologische Entwicklung, Stratigraphie 150
    4.2.3 Regionalgeologischer Bau 157
    4.2.4 Die postvariszische Entwicklung 159
4.3 Das Rheinische Schiefergebirge 160
    4.3.1 Übersicht 160
    4.3.2 Geologische Entwicklung, Stratigraphie 161
    4.3.3 Regionalgeologischer Bau des Linksrheinischen Schiefergebirges 168
    4.3.4 Regionalgeologischer Bau des Rechtsrheinischen Schiefergebirges 172
    4.3.5 Die postvariszische Entwicklung 180
4.4 Der Harz 186
    4.4.1 Übersicht 186
    4.4.2 Geologische Entwicklung, Stratigraphie 186
    4.4.3 Regionalgeologischer Bau 193
    4.4.4 Die postvariszische Entwicklung 197
4.5 Das Saar-Nahe-Becken 198
    4.5.1 Übersicht 198
    4.5.2 Geologische Entwicklung, Stratigraphie 200
    4.5.3 Regionalgeologischer Bau 203
4.6 Das Grundgebirge der Pfalz 206
4.7 Der Odenwald 207
    4.7.1 Übersicht 207
    4.7.2 Das variszische Grundgebirge 208
    4.7.3 Die postvariszische Entwicklung 212
4.8 Der Spessart 213
    4.8.1 Übersicht 213
    4.8.2 Das variszische Grundgebirge 214
    4.8.3 Die postvariszische Entwicklung 216
4.9 Die Vogesen 217

- 4.9.1 Übersicht ... 217
- 4.9.2 Das prävariszische und variszische Grundgebirge ... 218
- 4.9.3 Die postvariszische Entwicklung ... 223
- 4.10 Der Schwarzwald ... 224
  - 4.10.1 Übersicht ... 224
  - 4.10.2 Das prävariszischen und variszische Grundgebirge ... 226
  - 4.10.3 Die postvariszische Entwicklung ... 231
- 4.11 Das Sächsisch-Thüringische und Nordostbayerische Grundgebirge (Saxothuringikum i. e. S.) ... 232
  - 4.11.1 Übersicht ... 232
  - 4.11.2 Der Thüringer Wald ... 235
  - 4.11.3 Das Thüringisch-Fränkische Schiefergebirge ... 237
  - 4.11.4 Das Halle-Wittenberger und Nordwestsächsische Paläozoikum ... 241
  - 4.11.5 Das Sächsische Granulitgebirge ... 244
  - 4.11.6 Die Oberfränkisch-Vogtländisch-Mittelsächsische Synklinalzone und die Vorerzgebirssenke ... 245
  - 4.11.7 Das Fichtelgebirge und der Nordteil des Oberpfälzer Waldes ... 250
  - 4.11.8 Das Erzgebirge ... 253
  - 4.11.9 Die Elbe-Zone ... 256
- 4.12 Das Lausitzer Bergland und die Westsudeten (Lugikum) ... 259
  - 4.12.1 Übersicht ... 259
  - 4.12.2 Die Lausitzer Antiklinalzoe und das Görlitzer Synklinorium ... 262
  - 4.12.3 Das Iser- und Riesengebirge (Góry Izerskie – Karkonosze; Jězerské-Hory – Krkonoše) ... 265
  - 4.12.4 Das Boberkatzbachgebirge (Góry Kaczawskie) und das Becken von Świębodzice (Freiburg) ... 268
  - 4.12.5 Das Adlergebirge (Góry Orlickie; Orlicke Hory) und Schneegebirge (Śnieżnik; Sneznik) ... 272
  - 4.12.6 Das Glatzer (Kłodzko-)Bergland ... 274
  - 4.12.7 Das Warthaer Gebirge (Góry Barzkie) ... 275
  - 4.12.8 Das Eulengebirge (Sowie Góry) ... 275
  - 4.12.9 Das Subsudetische Vorland der Westsudeten ... 276
  - 4.12.10 Die Innersudetische Senke ... 277
  - 4.12.11 Das südliche Riesengebirgsvorland (Krkonoše Piedmont) ... 279
- 4.13 Der Ostrand des Böhmischen Massivs (Moravo-Silesikum, Sudetikum) ... 280
  - 4.13.1 Übersicht ... 280
  - 4.13.2 Das Altvatergebirge (Hrubý Jeseník) ... 283
  - 4.13.3 Das Moravikum ... 285
  - 4.13.4 Das Brno-(Brünner) Granodioritmassiv ... 286
  - 4.13.5 Die Drahaner Höhe (Drahanská Vrchovina) ... 287
  - 4.13.6 Das Niedere Gesenke (Nísky Jeseník) ... 290
  - 4.13.7 Das Oberschlesische Steinkohlenbecken ... 291
  - 4.13.8 die Boskovice-(Boskowitzer) Furche ... 295
- 4.14 Der Kern des Böhmischen Massivs ... 296
  - 4.14.1 Übersicht ... 296
  - 4.14.2 Die Mittelböhmische Region (Bohemikum) ... 300
  - 4.14.3 Die Moldanubische Region (Moldanubikum) ... 308

5. Das jungpaläozoische, mesozoische und känozoische Deckgebirge des Mitteleuropäischen Schollengebiets 317
5.1 Die Niederrheinische Bucht 317
    5.1.1 Übersicht 317
    5.1.2 Geologische Entwicklung, Stratigraphie 317
    5.1.3 Geologischer Bau 321
5.2 Die Münsterländer Oberkreidemulde 324
    5.2.1 Übersicht 324
    5.2.2 Geologische Entwicklung, Stratigraphie 325
    5.2.3 Geologischer Bau 327
5.3 Die Hessische Senke und die Rhön 328
    5.3.1 Übersicht 328
    5.3.2 Geologische Entwicklung, Stratigraphie 330
    5.3.3 Geologischer Bau 331
5.4 Das Thüringer Becken und das ostthüringisch-sächsische Grenzgebiet 335
    5.4.1 Übersicht 335
    5.4.2 Geologische Entwicklung, Stratigraphie 336
    5.4.3 Geologischer Bau 337
5.5 Das Linksrheinische Mesozoikum zwischen dem Ardennisch-Rheinischen Schiefergebirge und den Vogesen 340
    5.5.1 Übersicht 340
    5.5.2 Geologische Entwicklung, Stratigraphie 342
    5.5.3 Geologischer Bau 345
5.6 Der Oberrheingraben 346
    5.6.1 Übersicht 346
    5.6.2 Geologische Entwicklung, Stratigraphie 350
    5.6.3 Geologischer Bau 355
5.7 Das Süddeutsche Schichtstufenland 359
    5.7.1 Übersicht 359
    5.7.2 Geologische Entwicklung, Stratigraphie 363
    5.7.3 Der geologische Bau des südwestdeutschen Triasbereichs 370
    5.7.4 Die Schwäbische Alb und ihr Vorland 373
    5.7.5 Die Fränkische Alb und das Oberfränkisch-Oberpfälzische Bruchschollenland 375
5.8 Die mesozoischen und tertiären Becken des Böhmischen Massivs 379
    5.8.1 Übersicht 379
    5.8.2 Geologische Entwicklung, Stratigraphie 380
    5.8.3 Die Nordböhmische Kreidesenke 383
    5.8.4 Der Eger(Ohře)-Graben 384
5.9 Der Schweizer und Französische Jura 385
    5.9.1 Übersicht 385
    5.9.2 Geologische Entwicklung, Stratigraphie 387
    5.9.3 Geologischer Bau 390
5.10 Das Molasse-Becken 392
    5.10.1 Übersicht 392
    5.10.2 Die geologische Entwicklung im Vorquartär, Stratigraphie .. 394
    5.10.3 Geologischer Bau 402

Inhaltsverzeichnis IX

    5.10.4 Das Quartär der Voralpen 407

6. Bodenschätze Mitteleuropas. – Ein Überblick von Hansjust W. Walther
und Harald G. Dill 410
Vorbemerkung 410
6.1 Erze 411
    6.1.1 Metallogenetische Epochen und Provinzen 411
    6.1.2 Eisen und Mangan 412
    6.1.3 Chrom, Nickel, Kobalt, Platin, Titan, Wismut 420
    6.1.4 Zinn und Wolfram 421
    6.1.5 Gold, Antimon, Quecksilber 424
    6.1.6 Kupfer-, Silber-, Blei-, Zink- und Eisensulfide 426
    6.1.6.1 Erzgänge 426
    6.1.6.2 Pyritreiche Kupfer-Zink-Blei-Schwerspat-Lager 430
    6.1.6.3 Pyritarme schichtgebundene Kupfer- und Blei-Zink-Lagerstätten 431
    6.1.6.4 Die porphyrischen Kupfer-Molybdän-Lagerstätten der
           Krakoviden (Polen) 433
    6.1.6.5 Zur regionalen Verbreitung von Blei-Zink und Kupfer in Mitteleuropa 433
    6.1.7 Sondermetalle: Lithium, Niob 434
6.2 Steinsalz und Kalisalze 438
    6.3 Industrieminerale 439
    6.3.1 Schwefel 440
    6.3.2 Flußspat, Schwerspat und Kalkspat 441
    6.3.3 Magnesit 442
    6.3.4 Gips und Anhydrit 442
    6.3.5 Quarz und Feldspat 444
    6.3.6 Talk und Asbest 445
    6.3.7 Kaolin, Bauxit-Tone, Bentonit, Farberden 446
    6.3.8 Phosphorit 448
    6.3.9 Graphit 449
    6.3.10 Bernstein 450
6.4 Energie-Rohstoffe 450
    6.4.1 Kohlen 450
    6.4.1.1 Steinkohlen 450
    6.4.1.2 Braunkohlen 455
    6.4.2 Kohlenwasserstoffe 457
    6.4.2.1 Erdöl und Erdgas 458
    6.4.2.2 Bituminöse Gesteine 463
    6.4.3 Kernenergierohstoffe 464

Literaturverzeichnis 467

Sach- und Ortsregister 517

1. Mitteleuropa als Ganzes

1.1 Umgrenzung Mitteleuropas, Relief

„Mitteleuropa" ist zunächst ein geographischer Begriff. Er bezeichnet als solcher die zentralen Teile des europäischen Kontinents. Darüber hinaus verbinden sich mit diesem Begriff aber auch historische, kulturelle und heute auch wieder politische Vorstellungen. Nicht zuletzt aus diesem Grunde gehen in der Frage, welche Gebiete im einzelnen zu Mitteleuropa zu rechnen sind, die Meinungen oft weit auseinander.

Gegenstand dieser Betrachtung der Geologie von Mitteleuropa sind das heutige Deutschland und seine Nachbarländer, mit denen es seine wesentlichen geologischen Einheiten teilt.

Im Norden gehören Dänemark, der mittlere und südliche Nordseeraum und die südliche Ostsee dazu.

Im Westen umfaßt das Gebiet die Niederlande und die hauptsächlichen Teile der Ardennisch-Rheinischen Masse in Belgien, Luxemburg und Ostfrankreich. Im Südwesten sind die Vogesen und der Ostrand des Pariser Beckens ein wichtiges Gegenstück zum Schwarzwald und zur Süddeutschen Schichtstufenlandschaft.

Im Osten stellen in Polen die westlichen Randgebiete der Russischen Tafel den natürlichen geologischen Abschluß Mitteleuropas dar. Im Südosten gehört das Kerngebiet der Böhmischen Masse und ihr mährischer Ostrand zu seinem wesentlichen geologischen Bestand.

Im Süden bildet das nördliche Alpenvorland von der Molassezone des Schweizer Mittellandes bis zum Äußeren Wiener Becken in Niederösterreich die Grenze des in diesem Buch behandelten Gebiets.

In morphologischer Hinsicht ergibt sich für den festländischen Teil Mitteleuropas eine natürliche Dreigliederung in ein nördliches Tiefland, eine Mittelgebirgszone und im Süden das Hochgebirge der Alpen.

Das **Mitteleuropäische Tiefland** erstreckt sich von der flandrischen Küste in zunehmender Breite ostwärts bis in die weiten Ebenen Osteuropas. Es umfaßt im wesentlichen die Niederlande, das Norddeutsche Flachland, Dänemark und den größeren Teil Polens. Hinzu kommen die südliche Nordsee und der südliche Ostseeraum. Im Süden greift es mit der Niederrheinischen Bucht, der Leipziger Bucht und der Schlesischen Tieflandsbucht weit in das mittlere Bergland hinein.

Zum großen Teil liegt das Mitteleuropäische Tiefland unter 50 m Meereshöhe. Nur in Ausnahmefällen steigt es auf maximal 200 m auf. Es ist ein junges Gebilde und in seiner heutigen Gestalt das Ergebnis der pleistozänen Eiszeiten und der Nacheiszeit, die hier bedeutende Ablagerungen hinterließen. Der vorquartäre Untergrund tritt nur an wenigen Stellen zutage, u.a. auf der Buntsandsteininsel Helgoland, in den Kreidefelsen der

Ostseeinseln Moen und Rügen und in den bekannten Muschelkalkvorkommen von Rüdersdorf bei Berlin.

Die südlich des Tieflandes gelegene **Mittelgebirgszone** weist Höhen zwischen 200 und 1.000 m auf. Nur in einzelnen Gipfeln, so auf dem Feldberg des Schwarzwaldes, dem Arber des Bayerischen Waldes und der Schneekoppe (Snieżka) des Riesengebirges werden fast 1.500 m bzw. über 1.600 m erreicht.

Die Mittelgebirgsregion reicht von den Ardennen und Vogesen im Westen bis zum Heiligkreuzgebirge (Góry Swiętokrzyskie) im Osten und in das österreichische Waldviertel im Südosten.

Höhenzüge und beckenartige Landschaften wechseln häufig miteinander. Sie werden aufgebaut aus den abgetragenen Gebirgsrümpfen des variszischen Grundgebirges und in der Regel nur wenig verstellten und von Störungen durchsetzten Schichtfolgen seines mesozoisch-känozoischen Deckgebirges. Die Ausrichtung der Höhenzüge und Senken ist oft tektonisch bedingt. Es dominieren die Richtungen SW–NE (erzgebirgisch), NNE–SSW (rheinisch) und SE–NW (herzynisch). Durch ihre Vergitterung ist oft ein mosaikartiges Landschaftsgefüge entstanden. Nur in ihrem Südwestteil zeigt die Mittelgebirgszone den Charakter einer weiträumigen Schichtstufenlandschaft.

Im Süden wird auch noch das nördliche Alpenvorland wegen seiner Höhenlagen zur Mittelgebirgszone gerechnet. Aufgebaut aus größtenteils nur wenig verfestigten känozoischen Sedimenten besitzt es in seiner Oberflächengestaltung allerdings örtlich auch Flachlandcharakter. Genetisch bestehen enge Beziehungen zur südlich angrenzenden Gebirgszone der Alpen.

Die **Alpen**, die in diesem Buch allerdings nicht mehr behandelt werden, bilden mit Höhen von in der Regel über 1.000 m die dritte große morphologische Einheit Mitteleuropas. Als Hochgebirge stellen sie eine deutliche Trennung zwischen den sehr verschieden gearteten Räumen Mitteleuropas und Südeuropa her.

1.2 Geologischer Rahmen und geologische Gliederung Mitteleuropas

Europa als Ganzes läßt sich in vier geotektonische Grundeinheiten gliedern (Abb. 1). Im Norden und Osten umfaßt die präkambrisch geprägte **Osteuropäische Plattform** (Fennosarmatia) den Baltischen Schild (Baltica, Fennoskandia), die Russische Tafel und den Ukrainischen Schild.

In den Schilden tritt das im Verlauf mehrerer orogener Zyklen entstandene präkambrische, überwiegend kristalline Plattformfundament zutage. Im Bereich der Russischen Tafel ist es weitflächig von mehr oder weniger mächtigen phanerozoischen Deckschichten in allgemein flacher Lagerung verdeckt.

Die Osteuropäische Plattform wird in ihrem nach-präkambrischen Strukturbild von ruhigen, weitspannigen Bauformen bestimmt. Seit dem ausgehenden Proterozoikum ist sie von keinen orogenetischen Prozessen mehr berührt worden. Sie bildet daher als konservativer tektonischer Kern das stabilisierende Element Europas.

In auffallendem Gegensatz zum Baltischen Schild und zur Russischen Tafel steht der komplexe tektonische Bau Mittel- und Westeuropas (**Westeuropäische Plattform**). Hier haben die gebirgsbildenden Prozesse, die diesen Raum während des Phanerozoikums erfaßten, sowohl zu einem Nebeneinander tektonischer Domänen, einem Zonarbau, geführt, als auch durch Remobilisierung und Umstrukturierung älterer Krustenteile ein Nacheinander einer polyzyklischen Prägung und ein Übereinander eines tektonischen Stockwerkbaus bewirkt.

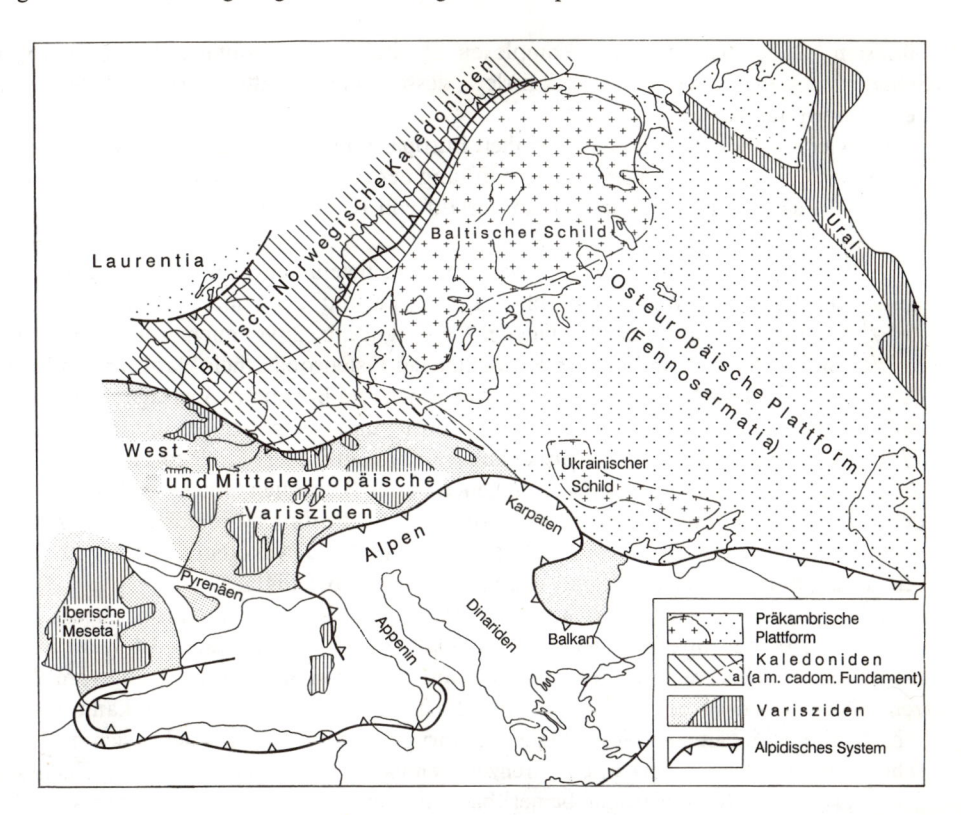

Abb. 1. Geotektonische Gliederung Europas.

In Nordwesteuropa stellen die Britisch-Skandinavischen Kaledoniden ein im Verlauf des Ordoviziums und Silurs aus dem Zusammenschluß der Osteuropäischen Plattform und der Nordamerikanisch-Grönländischen Plattform (Laurentia) gebildetes Kollisionsorogen dar. Sie bilden nach der Osteuropäischen Plattform die zweite geotektonische Grundeinheit Europas.

Auch ein von Südostengland und der südlichen Nordsee über das nördliche Mitteleuropa zu den Karpaten ziehender Streifen letztmalig kaledonisch deformierten Altpaläozoikums unter z. T. mächtiger jungpaläozoischer bis känozoischer Bedeckung wird heute zum kaledonisch geprägten Europa gezählt.

Als dritte tektonische Grundeinheit erfuhren im Verlauf des Devons und Karbons weite Bereiche Westeuropas und der größere Teil Mitteleuropas ihre abschließende Strukturen bildende Prägung während der variszischen Orogenese. Diese war das Ergebnis des endgültigen Zusammenschlusses der Kontinentalplatten Laurussia und Gondwana zur Pangaea. Der Zusammenhang und der Verlauf des variszischen Faltungssystems lassen sich heute nach zahlreichen großen und kleineren Grundgebirgsaufbrüchen von der Iberischen Halbinsel über Frankreich und Südwestengland durch ganz Mitteleuropa bis zum Nordwestrand der Karpaten rekonstruieren.

Im Mesozoikum und Tertiär wurde die sedimentäre und tektonische Entwicklung des kaledonischen und variszischen Mittel- und Westeuropas maßgebend beeinflußt von der Öffnung des Atlantiks im Westen und vom alpidischen orogenen Zyklus im Süden und

Südosten. Dabei wurden seine komplexen Strukturen nachträglich durch Bruch- und Scherprozesse in ein Schollenmosaik zerlegt, dessen Teilelemente unterschiedliche Vertikalbewegungen ausführten.

Die vierte geotektonische Grundeinheit Europas bilden die alpidischen Faltenzüge Süd- und Südosteuropas. Sie gingen aus der Öffnung der ozeanischen Tethys während der Trias und des Juras und ihrer Schließung im Verlauf von Kreide und Tertiär hervor.

Alle vier am Aufbau der europäischen Kruste beteiligten geotektonischen Grundeinheiten der Ost- und Westeuropäischen Plattform sind auch am **Aufbau Mitteleuropas** beteiligt, wenn auch in unterschiedlichem Umfang (Abb. 2; vgl auch Abb. 9 und 15).

Anschnitte des präkambrischen Kristallins der Osteuropäischen Plattform sind entlang dem **Südwestrand des Baltischen Schildes** in Schonen und Bornholm übertage erschlossen. Im Bereich der südöstlichen Ostsee und Nordost- und Ostpolen ist das präkambrische Fundament unter jüngerer, hauptsächlich kambrosilurischer Tafelbedeckung verborgen. Diese erreicht besonders große Mächtigkeiten in der Baltischen Syneklise (3.500 m) und in der Podlasie-Brest-Senke (3.000 m). Am Aufbau des kristallinen Fundaments der südwestlichen Randgebiete der Osteuropäischen Plattform sind prä-svekofennidische, svekofennidische und gotidisch-dalslandische Strukturenkomplexe beteiligt.

Die Grenze der Osteuropäischen Plattform gegen die jüngeren tektonischen Einheiten Mittel- und Westeuropas (Westeuropäische Plattform) bildet die **Tornquist-Teisseyre-Zone**. Sie ist Teil eines überregionalen Krustenlineaments, das in SE–NW-Richtung vom Schwarzen Meer bis zur Nordsee über mehr als 2.000 km verfolgt werden kann (Dobrudscha-Nordsee-Lineament). Vom frühen Kambrium bis zum Eozän machte sich die tektonische Aktivität dieses markanten Grenzelementes in der Sedimentationsgeschichte und Störungstektonik Mitteleuropas bemerkbar. An der Tornquist-Teisseyre-Zone werden die NE–SW und E–W streichenden Strukturelemente des Präkambriums der Osteuropäischen Plattform unmittelbar von NW–SE ausgerichteten Faltenzonen der Norddeutsch-Polnischen Kaledoniden abgeschnitten.

Ein **außervariszisches kaledonisches Faltungsgebiet** ist in Mitteleuropa nur aus wenigen Aufschlußgebieten (Brabanter Massiv, Polnisches Mittelgebirge) und aus Bohrungen zu rekonstruieren. Die Existenz eines durchgehenden, sich nach Westen verbreiternden kaledonischen Faltengürtels, möglicherweise mit einzelnen älteren Zwischenmassiven, im Untergrund der Mitteleuropäischen Senke wird aber vermutet.

Der größere Teil Mitteleuropas besitzt ein **variszisch geprägtes Fundament.** Es ist in verschiedenen Grundgebirgsaufbrüchen zwischen den jüngeren Deckschichten des Zechstein bis Tertiär erschlossen.

Unter Berücksichtigung ihrer unterschiedlichen sedimentär-vulkanischen und tektonischen Entwicklung und ihrer Metamorphosegeschichte lassen sich diese heutigen Aufbrüche des variszischen Grundgebirges in Mitteleuropa nach einem Vorschlag von Kossmat zu einzelnen im großen und ganzen E–W verlaufenden Zonen zusammenfassen (vgl. Abb. 9).

Im Norden bilden die gefalteten devonischen und karbonischen Sedimentgesteinsfolgen der Ardennen, des Rheinischen Schiefergebirges und des Harzes die Rhenoherzynische Zone (Rhenoherzynikum). Sie steht nach Westen mit dem nördlichen Außenvariszikum Südwestenglands in direkter Verbindung. Ihre östliche Fortsetzung ist östlich des Flechtinger Höhenzuges im Untergrund Nordostdeutschlands nur durch Bohrungen bekannt.

Südlich der Rhenoherzynischen Zone folgt die Saxothuringische Zone (Saxothuringikum). Deren nördlichster Abschnitt wird als Mitteldeutsche Kristallinschwelle außer von

Geologischer Rahmen und geologische Gliederung Mitteleuropas 5

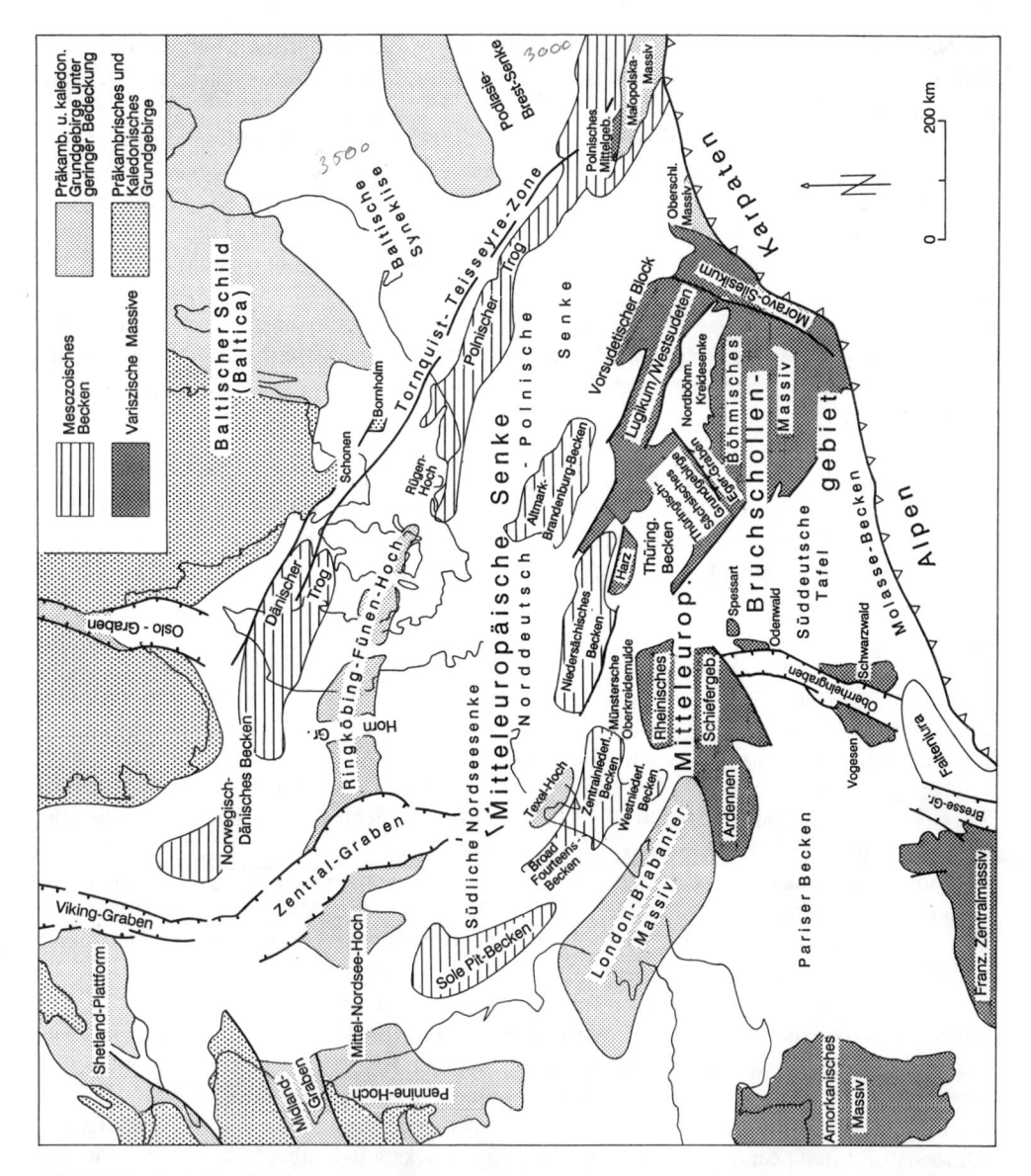

Abb. 2. Geologische Gliederung Mitteleuropas.

variszischen Granitoiden auch von verschiedengradig metamorphen Sediment- und Vulkanitserien des Jungproterozoikums und Altpaläozoikums aufgebaut. Sie ist hauptsächlich im Odenwald und Spessart sowie im Thüringer Wald bei Ruhla und im Kyffhäuser übertage aufgeschlossen.

In ihrem zentralen und südlichen Teil besteht die Saxothuringische Zone aus gefalteten und teilweise metamorphen Sedimentfolgen und Vulkaniten des Kambriums bis Unterkarbons. Hauptaufschlußgebiet ist das Thüringisch-Sächsische Grundgebirge am Nordwestrand des Böhmischen Massivs.

Nach Westen ist die Saxothuringische Zone bis in die nördlichen Vogesen und nach Bohrungen bis an den Ostrand des Pariser Beckens zu verfolgen. Ihre östliche Fortsetzung bildet das Lugikum der Lausitz und der Westsudeten.

Den Zentralbereich der mitteleuropäischen Varisziden bildet die Moldanubische Zone. Ihr gehören der überwiegende Teil des Böhmischen Massivs, des Schwarzwaldes und der Vogesen an. Sie ist wesentlich von proterozoischen bis variszischen Kristallingesteinen aufgebaut, darunter auch regelmäßig hochgradige Metamorphite wie Eklogite und Granulite. Niedrigmetamorphe paläozoische Sedimentserien sind nur in Ausnahmefällen erhalten.

Nach Westen bilden das Französische Zentralmassiv und Armorikanische Massiv die Fortsetzung der Moldanubischen Zone. Östlich grenzt der gleichfalls proterozoische Bruno-Vistulische Block und ein sich darüber entwickelndes südöstliches Außenvariszikum (Moravo-Silesikum/Sudetikum) mit wieder überwiegend nichtmetamorphen gefalteten Devon- und Karbonfolgen an.

Außer in Mähren tritt das südliche Außenvariszikum mit durchgehender Sedimententwicklung vom Kambrium bis Karbon in verschiedenen Baueinheiten der Alpen und am Südrand des Zentralmassivs (Montagne Noir) und in den Pyrenäen zutage. Doch ist der ursprüngliche Zusammenhang zwischen diesen Einzelvorkommen durch eine jüngere alpidische Tektonik stark gestört.

Das präkambrische, kaledonische und variszische Fundament Mitteleuropas ist flächenhaft von unterschiedlich mächtigen jungpaläozoischen bis känozoischen Deckgebirgsschichten überlagert.

Nördlich der Varisziden erfuhr die von Ostpolen bis in das nördliche Nordseegebiet reichende **Nordwesteuropäische Senke** eine besonders tiefe Absenkung. Sie ist heute angefüllt mit einer zwischen 2.000 und bis zu 10.000 m mächtigen Schichtenfolge vom Rotliegenden bis zum Quartär.

Einige Teilblöcke des Untergrundes der Nordwesteuropäischen Senke folgten der Senkungstendenz nicht. Sie bilden die heutigen Hochgebiete des Mittel-Nordsee-Hochs, des Ringköbing-Fünen-Hochs, des Texel-Hochs und des Rügener Hochs. Im Bereich dieser stabilen Blöcke liegt das Fundament in Tiefen von z. T. nur 850 m.

Als Gebiete erhöhter permisch-mesozoischer Absenkung lassen sich nördlich des Mittel-Nordsee-Hochs und des Ringköbing-Fünen-Hochs das Norwegisch-Dänische Bekken und südlich der Schwelle die Süd-Nordsee-Senke und die Norddeutsch-Polnische Senke abgrenzen. Letztere werden auch als **Mitteleuropäische Senke** zusammengefaßt.

Dehnungsprozesse führten zur Anlage bedeutender annähernd N–S verlaufender Grabenstrukturen (Zentralgraben, Horn-Graben, Glückstadt-Graben u. a.) und zur Einsenkung von durch NW–SE streichende Brüche begrenzten Teiltrögen (West- und Zentralniederländisches Becken und Broad Fourteens-Becken, Niedersächsisches Becken, Altmark-Brandenburg-Becken, Dänischer Trog, Polnischer Trog u. a.). Letztere unterlagen gegen Ende der Kreidezeit einer die Beckenbildung abschließenden tektonischen Inversion.

Die jungpaläozoische und mesozoische Deckgebirgsentwicklung des variszischen Anteils Mitteleuropas ist generell weniger mächtig. Vorwiegend NW–SE (herzynisch) und NNE–SSW (rheinisch) orientierte mesozoisch-känozoische Bruchlinien erzeugten ein Schollenmosaik, dessen Teilschollen im Verlauf des Mesozoikums und Känozoikums unterschiedliche Hebungs- und Senkungsbewegungen erfuhren (**Mitteleuropäisches Schollengebiet**). In den stärker gehobenen und heute vom Deckgebirge teilweise entblößten Schollen tritt das Grundgebirge in Horsten, Pultschollen oder mehr oder weniger breiten Aufwölbungen zutage.

Über tiefer eingesenkten und auch heute noch tiefliegenden Sockelleisten und Schollen blieb das Deckgebirge weitgehend erhalten. Diese Gebiete bilden heute die Gräben, Tafeln und Senken zwischen den Grundgebirgsaufbrüchen bzw. innerhalb dieser. Im Norden sind dieses die Niederrheinische Bucht, die Münstersche Oberkreidemulde, die Hessische Senke und das Thüringische Becken, im Süden das Tafelgebiet des Ostrandes des Pariser Beckens, die Süddeutsche Tafel und der zwischen beiden gelegene Oberrheingraben. Auf dem Fundament des Böhmischen Massivs gehören vor allem die Nordböhmische Kreidesenke und der Eger(Ohře)-Graben dazu.

Die **Grenze** zwischen der Mitteleuropäischen Senke im Norden und dem Mitteleuropäischen Schollengebiet im Süden ist nur abschnittweise durch NW–SE ausgerichtete tektonische Lineamente festgelegt. Fiederartig von Westen nach Osten versetzt verläuft sie entlang dem Südrand des Westniederländischen Beckens gegen das Brabanter Massiv, dem Südrand des Niedersächsischen Beckens gegen die Münstersche Oberkreidemulde, der Harznordrand-Störung sowie entlang dem Wittenberger Abbruch nördlich der Flechtingen-Roßlauer Scholle und dem Lausitzer Abbruch und Oder-Abbruch am Nordrand der Lausitzer Scholle bzw. des Vorsudetischen Blocks.

Wichtige **tertiäre Vulkangebiete** Mitteleuropas sind die Eifel, das Siebengebirge und der Westerwald im Rheinischen Schiefergebirge, die Vulkanzone der Hessischen Senke mit dem Vogelsberg und der Oberrheingraben (Kaiserstuhl), verschiedene Eruptivzentren der Süddeutschen Scholle (Rhön, Urach, Hegau) und des Eger(Ohře)-Grabens (Duppauer Gebirge, Böhmisches Mittelgebirge).

Eine besondere Stellung nehmen im südlichen Mitteleuropa die tertiären **Randsenken der Alpen und Karpaten** ein. Ihre Absenkung und Füllung mit bis über 5.000 m mächtigen Molassesedimenten steht im unmittelbaren Zusammenhang mit der alpidischen Gebirgsbildung im Tertiär. Wegen der engen Verknüpfung der vortertiären Entwicklung dieser Gebiete mit dem übrigen Mitteleuropa sind sie in diese Beschreibung der Geologie Mitteleuropas einbezogen. Dasselbe gilt für den Schweizer und Französischen Faltenjura.

Literatur: D. V. AGER 1980; D. V. AGER & M. BROOKS (Eds.) 1977; J. AUBOUIN 1980a, 1980b; ANONYM 1980a, 1980b, 1980c; J. COGNÉ & M. SLANSKY (Eds.) 1980; P. DORN & F. LOTZE 1971; D. HENNINGSEN 1981; V. JACOBSHAGEN 1976; G. KNETSCH 1963; R. SCHÖNENBERG & J. NEUGEBAUER 1987; E. STUPNICKA 1989; M. SUK et al. 1984; P. A. ZIEGLER 1982.

1.3 Übersicht über die geologische Entwicklung Mitteleuropas

1.3.1 Das präcadomische und cadomische Fundament

In seinen Grundzügen unverändert durch spätere Ereignisse ist das vorcadomische präkambrische Fundament Nordost-Mitteleuropas entlang dem Südwestrand des Baltischen Schildes in Südnorwegen, Südschweden und Bornholm der direkten Beobachtung zugänglich. Nach Südosten bildet es das Unterlager der phanerozoischen Sedimentbedeckung der Russischen Tafel.

Der präkambrische Sockel des **Baltischen Schildes** entstand durch schrittweise Akkretion neugebildeter sialischer Krustenelemente an seinem archaischen Kern im Norden und Nordosten.

Der größte Teil Südschwedens gehört der zwischen 1.900 und 1.800 Ma neugebildeten ausgedehnten Svekofennidischen Krustenprovinz an. Zur gleichen Strukturprovinz gehören auch größere Anteile des unter unterschiedlicher mächtiger Sedimentbedeckung liegenden **nordostpolnischen Fundaments** der Osteuropäischen Plattform.

Die Granite Smålands und Värmlands stellen keine eigene Strukturprovinz dar. Sie sind das Ergebnis eines post-svekofennidischen Intrusionsereignisses, das die svekofennidische Kruste zwischen 1.780 und 1.600 Ma betraf. Svekofennidische Gesteine sind in diesem Gebiet heute nur in kleineren und größeren Enklaven erhalten, u. a. im Blekinge-Gebiet im östlichen Teil Schonens und auf Bornholm.

Westlich der südschwedischen Granitregion erfolgte die jüngste durchgreifende tektonische Prägung und Regionalmetamorphose der dort bereits zwischen 1.800 und 1.500 Ma gebildeten Krustenabschnitte während der Svekonorwegischen (Grenvillisch-Dalslandischen) Tektogenese zwischen 1.200 und 950 Ma.

Paläomagnetischen Daten zufolge bildeten nach dieser Zeit der Fennoskandische und der Laurentisch-Grönländische Kraton bis zum Ende des Präkambriums einen großen zusammenhängenden Megakontinent.

Südwestlich der Tornquist-Teisseyre-Zone, die das Präkambrium des Baltischen Schildes von den jüngeren Teilen Mittel- und Westeuropas trennt, finden sich wegen der starken jüngeren strukturellen und metamorphen Überprägung nur bruchstückhaft Hinweise auf die Existenz eines vorcadomischen präkambrischen Fundaments.

Im **Böhmischen Massiv** sind Geölle von metamorphen Gesteinen in oberproterozoischen Grauwacken des Barrandiums direkte Anzeichen für die Existenz einer vorcadomischen kristallinen Kruste. Vereinzelt kommen hier auch radiometrische Datierungen von Intrusiva und metamorphen Gesteinen zu Kristallisations- und Metamorphosealtern zwischen 550 und 950 Ma.

Auch für Kristallingesteinsproben aus Bohrungen im **Małopolska-Massiv** und **Oberschlesischen** (Gorný Sląsk-)**Massiv** in Südpolen und im Bereich des **Ringkøbing-Fünen-Hochs** in Südjütland ergaben sich jeweils stark streuende jungproterozoische Altersdaten. Sie zeigen, daß jüngere tektonisch-metamorphe Ereignisse eventuell vorhanden gewesene ältere geochronologische Zeitmarken weithin verändert und z. T. ausgelöscht haben müssen.

Indirekte Informationen über das vorcadomische Fundament Mitteleuropas lassen sich dagegen aus U/Pb-Datierungen von Zirkonen verschiedener hochgradig metamorpher Gesteine des Böhmischen Massivs, des Schwarzwaldes und anderen Gebieten ableiten. In den Concordia-Diagrammen zeigen solche Zirkone obere Schnittpunktalter zwischen 2.000 und 2.500 Ma. Das älteste bisher gemessene Kristallisationsalter ergab ein Einzelzirkon aus einem moldanubischen Paragneis mit 3.840 Ma.

Es mehren sich damit die Hinweise dafür, daß auch außerhalb der Osteuropäischen Plattform größere Teile Mitteleuropas bereits von mittel- und eventuell sogar von altpräkambrischer kontinentaler Kruste unterlagert waren. Deren Fragmente mögen heute mehr oder weniger stark überprägt im Böhmischen Massiv und anderen von jüngeren Sedimentserien verdeckten Massiven (Ringkøbing-Fünen-Hoch, London-Brabanter Massiv, Małopolska Massiv, Gorný Sląsk-Massiv u. a.) vorliegen.

Zwischen diesen präcadomischen Teilblöcken bestanden während des Jungproterozoi-

Übersicht über die geologische Entwicklung Mitteleuropas

Zeit-skala	Beziehungen z. d. Britisch-Skandinavischen Kaledoniden	Osteuropäische Plattform	Untergrund der Mitteleuropäischen Senke	Mitteleuropäische Varisziden	Beziehungen zur Paläothetys
Perm	Frühe Öffnungsphasen des Zentralatlantiks		Absenkung des südlichen Permbeckens, Rotliegendmagmatismus	Rotliegendmagmatismus / Einbruch intramontaner Senken	Frühe Öffnungsphasen der Tethys
Karbon	Scherungstektonik und Einbruch intramontaner Senken / Abschluß der kaledonischen Orogenese		Subvarisische Molassebildung / Marine Plattform-Sedimentation	Faltung der Molassevortiefen (asturische Phase) / syn-,spät-u.postvariszische Granitintrusionen / Deformation u. Metamorphose in der Rhenoherzynischen und Saxothuringischen Zone (sudetische Phase) / 290 ⟵ Variszische Orogenesen ⟶ 380 Ma.	Angliederung der Afrikanischen Großplatte an das mitteleuropäische Blockmosaik
Devon	Beginn der Schließung des Iapetus	Heraushebung	Festländische Entwicklung (Old Red) / Örtlich kaledonische Orogenese (Norddeutsch-Polnische und Brabanter Kaledoniden)	Deformation, Metamorphose, Granitintrusionen in der Mitteldeutschen Kristallinschwelle und Moldanubischen Zone (acadische u. bretonische Phase) / (?Schließung eines Saxothuringischen Ozeans)	
Silur		Altpaläozoische Plattform-Sedimentation	Regionale Beckenbildung und Sedimentation / (?Norddeutsch-Polnischer Ozean)	(?Rhenoherzynischer Ozean) / Regionale Beckenbildung und Sedimentation	Angliederung des mitteleuropäischen Blockmosaiks an die Laurasische Großplatte
Ordoviz				Regionale Metamorphosen / Granitintrusionen	
Kambrium	Krustendehnung und Öffnung des Iapetus		Cadomische Orogenese (London-Brabanter Massiv)	550 Ma. ⟵ / Cadomische Orogenese (Böhmisches Massiv, Oberschlesisches Massiv, Małopolska-Massiv)	Krustendehnung und Öffnung der Paläotethys am Nordrand Gondwanas
Präkambrium	1200 - 950 Ma.	Grenville - dalslandische Orogenese / Svekofennidische Krustenbildung		Vorcadomische Orogenesen	Panafrikanische Orogenese

Abb. 3. Schema der tektonisch-magmatischen Entwicklung Mitteleuropas während des Paläozoikums.

kums wahrscheinlich Zonen gedehnter kontinentaler und eventuell auch ozeanischer Kruste, in denen es zur Ablagerung mehr oder weniger mächtiger vulkanisch-sedimentärer Schichtfolgen kam. Als Beispiele können die Ablagerungsräume des böhmischen Jungproterozoikums, die jungproterozoischen Grauwackenserien Sachsens, der Lausitz und des südöstlichen Vorfeldes der Osteuropäischen Plattform sowie die wenigstens in Teilen vorkambrischen Metasedimentserien des Schwarzwaldes und der Vogesen gelten. Die Sedimentation in diesen intra- bzw. interkontinentalen Senken wurde gebietsweise durch cadomische Tektogenesen unterbrochen oder sie hielt bis in das Altpaläozoikum an.

Globaltektonisch weisen nach paläomagnetischen Indizien und Zirkon-Altersspektren wenigstens das Böhmische Massiv und das London-Brabanter Massiv während des Jungproterozoikums enge Beziehungen zu Gondwana auf. Das dalslandische Kristallin des Ringköbing-Fünen-Hochs zeigt dagegen engste Verbindungen zur Osteuropäischen Plattform.

Im ausgehenden Präkambrium erlebte Mittel- und Westeuropa eine zeitlich ausgedehnte Periode mit Tektogenesen, Metamorphosen und magmatischen Förderungen. Als **cadomische Orogenese** fällt sie in den Zeitraum zwischen 650 und 550 Ma und entspricht damit zeitlich der panafrikanischen Orogenese Gondwanas.

Im Böhmischen Massiv ist die cadomische Tektogenese durch tektonische Winkeldiskordanzen gut datiert. Im Barrandium werden eng verfaltete jungproterozoische Grauwacken- und Schieferserien mit eingeschalteten basischen und sauren Vulkaniten diskordant von unterkambrischen Molassesedimenten überlagert.

Außerhalb des Böhmischen Blocks ist eine cadomische Faltung in der Lausitzer Antiklinalzone und im Małopolska-Massiv im südwestlichen Vorfeld der Tornquist-Teisseyre-Zone direkt nachzuweisen.

Soweit heute zu erkennen ist, hat sich die cadomische Orogenese aber nur in einzelnen Zonen Mitteleuropas ausgewirkt, während dazwischen Subsidenz und Sedimentation andauerten.

Als ein besonderes Merkmal des cadomischen Ereignisses in Mitteleuropa gelten weit verbreitete Intrusionen granitischer Schmelzen. Am Ostrand des Böhmischen Massivs ergaben radiometrische Altersbestimmungen des Brno-Granodiorits ein Intrusionsalter von rd. 580 Ma. An ihrem Nordrand fallen in der Lausitz die Intrusion des Zavidóv-(Seidenberger) Granits und des jüngeren Rumburk-Granits in den Zeitraum bis 530 Ma.

1.3.2 Die kaledonische Entwicklung

Der kaledonische orogene Zyklus umfaßt die Zeit des späten Kambriums bis zum frühen Devon (530–400 Ma).

Wichtige Strukturelemente dieser Zeit sind im außervariszischen Mitteleuropa die **Norddeutsch-Polnischen Kaledoniden** vor dem Südwestrand der Osteuropäischen Plattform und die kaledonischen Faltenzüge des **Brabanter Massivs** und der **Ardennen**. Erstere wurden nach Übertageaufschlüssen im Polnischen Mittelgebirge sowie nach Ergebnissen von Tiefbohrungen in Form eines nicht notwendig durchgängigen Streifens kaledonisch deformierter altpaläozoischer Beckensedimente von der südlichen Nordsee über Rügen und Nordwestpolen bis in das nördliche Karpatenvorland rekonstruiert.

Im Untergrund der südlichen Nordsee deuten höhergradig metamorphe Gesteine mit radiometrischen Altern zwischen 440 und 410 Ma und ein spätkaledonischer Granit die Innenzone eines solchen kaledonischen Faltengürtels an. Bohrungen auf der Insel Sylt und

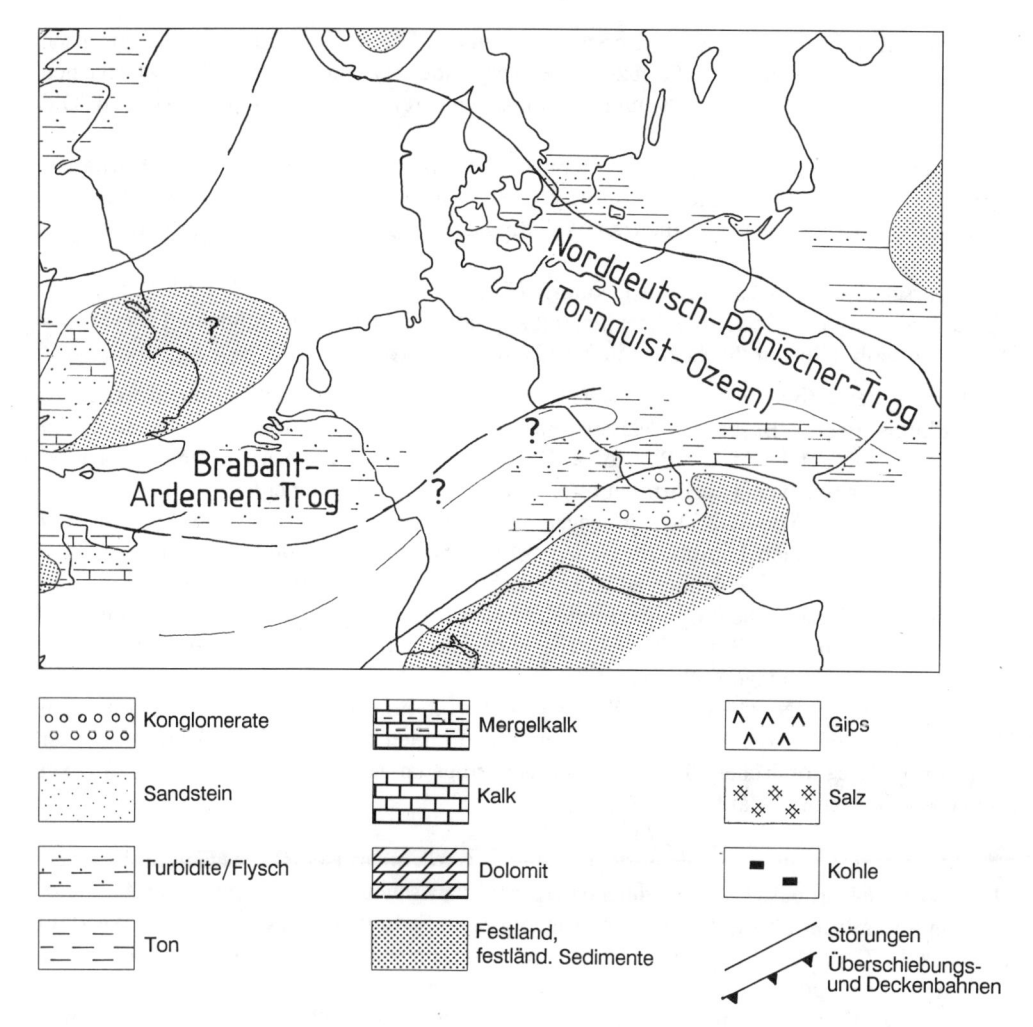

Abb. 4. Vermutete primäre Verbreitung und Ausbildung des Unterkambriums in Mitteleuropa (n. SCHMIDT & WALTER 1990).

bei Flensburg trafen auf niedriggradig metamorphe vordevonische Metasedimente, die möglicherweise seiner nordöstlichen Außenzone entsprechen.

Auch auf der Insel Rügen durchteuften verschiedene Bohrungen gefaltete früh- und mittelordovizische Graptolithenschiefer und Sandsteine.

In Pommern ließ ein relativ dichtes Netz von Tiefbohrungen die Grenze der Norddeutsch-Polnischen Kaledoniden gegen die ungefaltete kambrosilurische Sedimentbedeckung der Osteuropäischen Tafel genauer festlegen. Mit zunehmender Entfernung vom Plattformrand nimmt hier der Grad der Deformation und die Metamorphose zu, bis hin zu steilgestellten Phylliten und Metaquarziten bei Koszalin (Köslin).

Das Heiligkreuzgebirge (Góry Świętokrzyskie) in Südpolen bietet die einzigen Übertageaufschlüsse der Norddeutsch-Polnischen Kaledoniden. Psammitisch-pelitische Sedimentfolgen des Kambriums wurden hier erstmals bereits zu Beginn des Ordoviziums tektonisch verstellt. Im Südteil des Heiligkreuzgebirges folgt über flyschartig mächtigen klastischen Serien des oberen Silurs nach jungkaledonischer Heraushebung Unterdevon in Old Red-Fazies.

Weiter im Süden unterlagen Bohrergebnissen zufolge auch weite Gebiete des Karpatenvorlandes und in Oberschlesien (Gorný Sląsk) sowohl frühkaledonischer (spätkambrisch-frühordovizischer) als auch spätkaledonischer (spätsilurischer) Deformation und Metamorphose.

Wahrscheinlich gingen die heute bekannten Faltungsgebiete der Norddeutsch-Polnischen Kaledoniden aus einzelnen Spezialsenken mit z. T. hohen Sedimentmächtigkeiten hervor und bilden deshalb kein durchgehendes und vollständiges Orogen.

Eine weitere Zone mit kaledonischer Tektogenese außerhalb des mitteleuropäischen Variszikums ist im Brabanter Massiv erschlossen. Nach Nordwesten steht dieses in Verbindung mit der Londoner Plattform. Deren cadomisch deformiertes Fundament wird von nicht oder nur wenig verformten altpaläozoischen Schelfsedimenten überdeckt.

Das Brabanter Massiv besteht hingegen aus gefalteten und geschieferten, aber generell schwach metamorphen kambrosilurischen Sedimentfolgen und Vulkaniten. Auch in den südlich anschließenden Ardennen ist kaledonisch deformiertes Kambrium und Ordovizium mehrfach erschlossen. Die Faltung erfolgte hier allerdings wahrscheinlich bereits im höheren Ordovizium. Für das Brabanter Massiv wird das kaledonische Faltungsereignis als spätsilurisch bis frühdevonisch datiert.

Daß unter der Norddeutschen Senke eine Verbindung der Brabanter kaledonischen Faltenzüge zu den Norddeutsch-Polnischen Kaledoniden besteht und daß die Londoner Plattform als cadomischer Teilblock eventuell ringsum von kaledonischen Faltenzonen umgeben ist, bleibt vorläufig Vermutung.

Mit Ausnahme ihrer äußersten Randbereiche (Ardennen, Heiligkreuzgebirge) **ist innerhalb der mitteleuropäischen Varisziden** der Kontakt zwischen nichtmetamorphem Altpaläozoikum (Kambrium bis Silur) und unterdevonischen Sedimenten in der Regel konkordant entwickelt. Zahlreiche Beispiele finden sich im Harz, im sächsisch-thüringischen Bereich, in Teilen der Westsudeten und im Barrandium Böhmens. Hier, im Zentrum des Böhmischen Massivs, ist Kambrium mit Molassesedimenten und vulkanischen Einschaltungen sowie auch mit marinen Zwischenschichten des Mittelkambriums vertreten. In der nördlichen Peripherie des Böhmischen Massivs umfaßt das frühe Kambrium häufig Flachwasserkarbonate, an die sich in der Regel mächtige Tonschiefer-Sandstein-Folgen und gebietsweise mächtige Basaltserien anschließen. Solche kambrischen Mobilzonen zeigen als schmale Tröge in Lage und Ausrichtung häufig noch deutliche Beziehungen zu älteren jungproterozoischen Senkungsgebieten.

Die auf das Kambrium folgenden Ablagerungen des Ordoviziums markieren meist weiträumigere Tröge. Sie sind wie das Oberkambrium gewöhnlich als Sandstein-Tonschiefer-Wechselfolgen entwickelt und erreichen in der Regel Mächtigkeiten von mehreren tausend Metern. Darüber hinaus zeigt das frühe Ordovizium weit verbreiteten Rhyolith-Dazit-Vulkanismus.

Im Silurium herrschten in der ganzen variszischen Innenzone weit verbreiteten geringmächtigen Alaunschiefern und Kieselschiefern zufolge einheitliche pelagische Ablagerungsbedingungen.

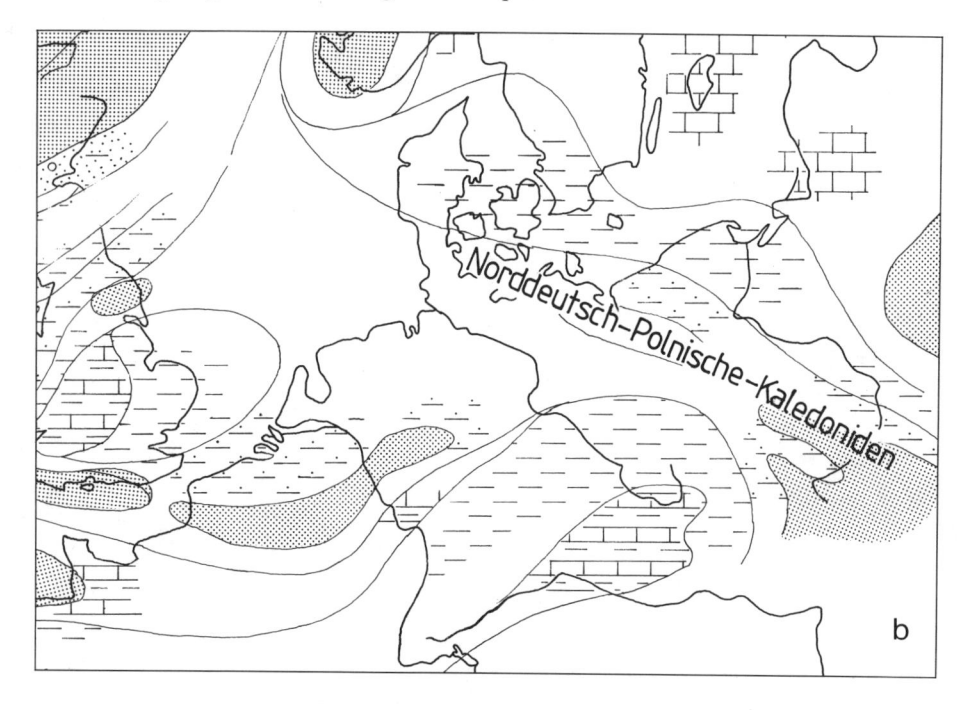

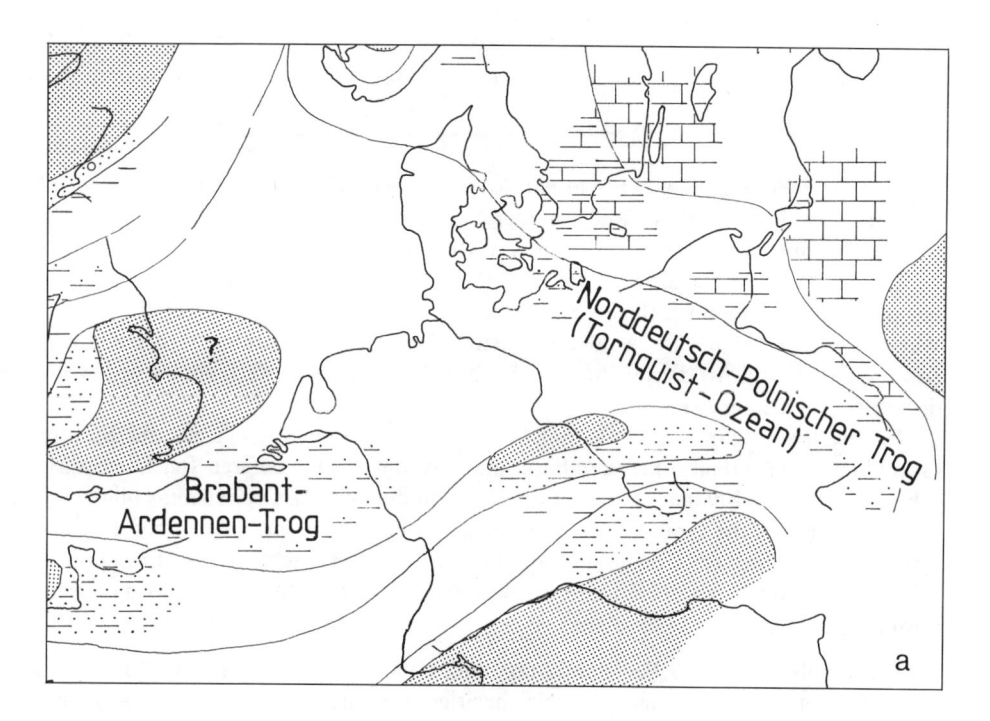

Abb. 5. Vermutete primäre Verbreitung und Ausbildung des mittleren Ordoviziums (a) und mittleren Silurs (b) in Mitteleuropa (n. SCHMIDT & WALTER 1990). Zeichenerklärung wie Abb. 4.

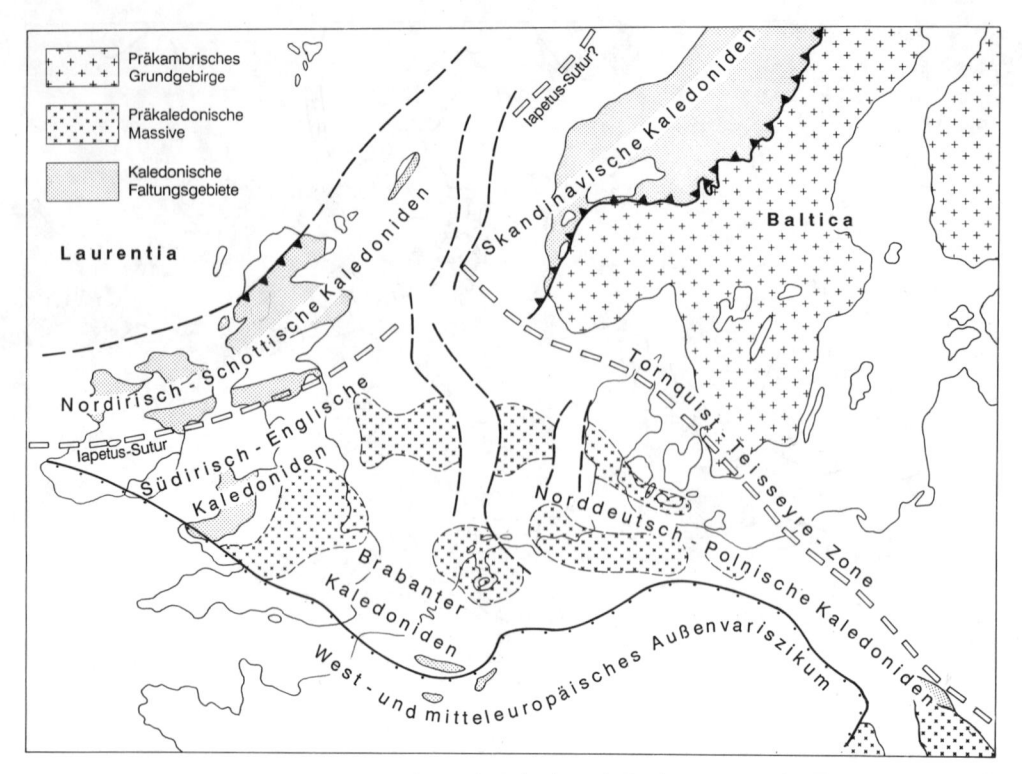

Abb. 6. Kaledonische Gebirgszusammenhänge in Mittel- und Nordwesteuropa (n. FRANKE, KÖLBEL & SCHWAB 1988).

Trotz solcher kontinuierlicher altpaläozoischer Sedimentation an der Oberfläche haben eine große Zahl von Isotopenanalysen metamorpher Para- und Orthogesteine des mitteleuropäischen Innenvariszikums kaledonische Altersdaten zwischen 520 und 400 Ma geliefert.

U. a. fällt in diese Zeit die Metamorphose und Migmatisierung mächtiger präkambrischer bis ordovizischer Sedimentlager im zentralen Schwarzwald, im Erzgebirge und in den Westsudeten. Ihre teilweise Anatexis führte zur Entstehung großer Mengen granitischer Schmelzen. Diese intrudierten in das kambrosilurische Stockwerk und wurden teilweise ihrerseits zu Orthogneisen überprägt.

Ein weiteres Phänomen kaledonischer Metamorphosevorgänge ist die Bildung von Granuliten und Disthen führenden Para- und Orthogneisen in tieferen Teilen der prävariszischen Kruste. Ihre Entstehung fällt vorwiegend in die Zeit des Ordoviziums (480–440 Ma). Heute finden sich die Granulite in verschiedenen Bereichen der variszischen Innenzone in weniger metamorpher Umgebung als Deckenreste und tektonische Einschuppungen. Klassische Beispiele sind Granulite des südöstlichen Moldanubikums und das Sächsische Granulitgebirge.

Die kambrosilurische Beckenbildung und bimodale vulkanische Aktivität sowie die Granulit-Metamorphose und der gleichzeitige Granitoid-Magmatismus werden heute ursächlich mit einer Phase ausgeprägter Krustendehnung im prävariszischen Mitteleuropa in Verbindung gebracht.

Faunenanalysen, paläomagnetische und paläoklimatische Daten sowie Altersspektren des Zirkondetritus altpaläozoischer Sandsteine sprechen dafür, daß wenigstens die vorkaledonischen Stabilgebiete der Londoner Plattform und des Böhmischen Massivs zu Beginn des Phanerozoikums dem Nordrand Gondwanas angehörten.

In der altpaläozoischen Sedimentations- und Metamorphosegeschichte und in der magmatischen Entwicklung ihrer Umgebung mögen sich die Riftprozesse widerspiegeln, die zu ihrer Abkopplung von dieser Großplatte führten.

Paläomagnetischen Hinweisen zufolge war Gondwana während des Kambriums und Ordoviziums vermutlich noch durch einen breiteren Ozean (Tornquist-Ozean) von der Osteuropäischen Plattform getrennt. Die Angliederung des mitteleuropäischen Blockmosaiks an die inzwischen entstandene Laurasische Großplatte erfolgte nach dieser Vorstellung im späten Ordovizium und Silur.

1.3.3 Die variszische Gebirgsbildung

Seine endgültige tektonisch-metamorphe Ausformung erhielt das paläozoische Fundament Mitteleuropas während des variszischen orogenen Zyklus (400–250 Ma). Die variszischen Bewegungen sind von STILLE in eine Phasenfolge gebracht worden, die modifiziert auch heute noch gültig ist, wenngleich sie sich ursprünglich nur auf örtliche Winkeldiskordanzen und Stockwerkgliederungen stützen konnte.

Die variszische Einengung begann während der Devons mit der acadischen Phase im Mitteldevon (380 Ma) und der bretonischen Phase an der Grenze Oberdevon/Unterkarbon (360–350 Ma). Ihre Auswirkungen sind in Mitteleuropa wegen späterer Überprägungen oft nur bruchstückhaft zu entziffern. Besser erkannt werden die Kompressionsereignisse der sudetischen und asturischen Phase an der Wende Unterkarbon/Oberkarbon (ca. 325 Ma) bzw. am Ende des Westfal (ca. 300 Ma).

Entsprechend der von KOSSMAT vorgenommenen Gliederung des mitteleuropäischen Variszikums verlief dessen sedimentär-magmatische und tektonisch-metamorphe Entwicklung zonenweise verschieden (vgl. Abb. 9).

In der **Rhenoherzynischen Zone** ist die Ausbildung der Devon- und Unterkarbonsedimente weitgehend bestimmt durch epikontinentale und hemipelagische Ablagerungsverhältnisse. Der größte Teil der klastischen Sedimentfolgen des Unterdevons ist aus nördlich gelegenen kaledonischen Hebungsgebieten abzuleiten. In den Ardennen überlagern sie kaledonisch gefaltetes Kambroordoviz diskordant.

Die weite Verbreitung mittel- und oberdevonischer Riffe und unterkarbonischer karbonatischer Plattformsedimente im Nord- und Nordwestteil der Rhenoherzynischen Zone wie auch in ihrem weiteren nördlichen Vorland belegen die kontinentale Natur ihres Fundaments. Eine zunächst bimodale vulkanische Aktivität erreichte ihre Höhepunkte im Givet und Tournai.

Hoch-oberdevonische bis unterkarbonische Flyschsedimente im mittleren und östlichen Abschnitt der Rhenoherzynischen Zone stammen aus der zum Saxothuringikum zu rechnenden Mitteldeutschen Kristallinschwelle.

Die tektonische Deformation der Rhenoherzynischen Zone erfolgte von Süden nach Norden fortschreitend zwischen dem Namur und Westfal. Als letztes wurde in asturischer Zeit auch die zum nördlichen Vorland überleitende Subvariszische Saumsenke in die Faltung einbezogen. Die Faltung verlief unter generell niedriggradigen metamorphen Bedingungen. Vor dem Südrand des Rheinischen Schiefergebirges und des Harzes wird in der Nördlichen

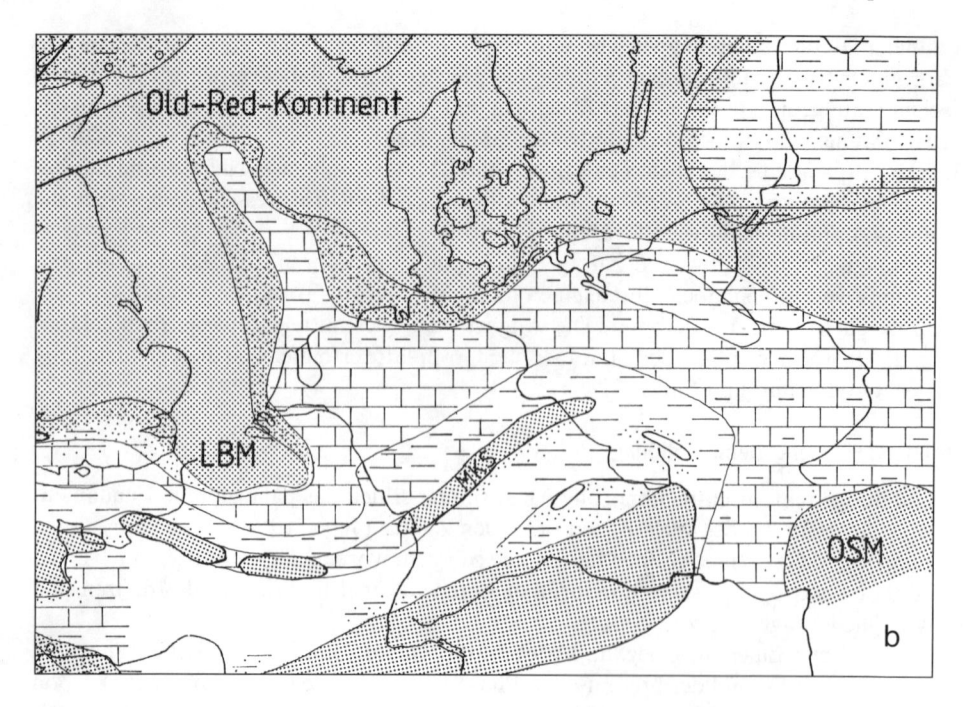

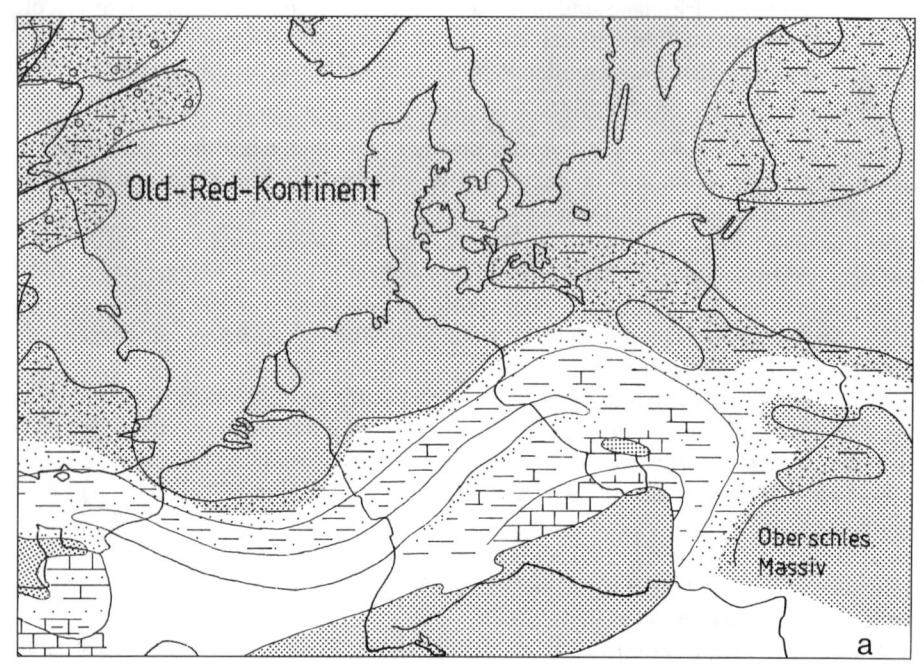

Abb. 7. Paläogeographisches Schema für das Unterdevon (a) und Mitteldevon (b) in Mitteleuropa; nicht-palinspastische Darstellung (n. SCHMIDT & WALTER 1990). Zeichenerklärung wie Abb. 4.
LBM = London-Brabanter Massiv, MKS = Mitteldeutsche Kristallinschwelle, OSM = Oberschlesisches Massiv.

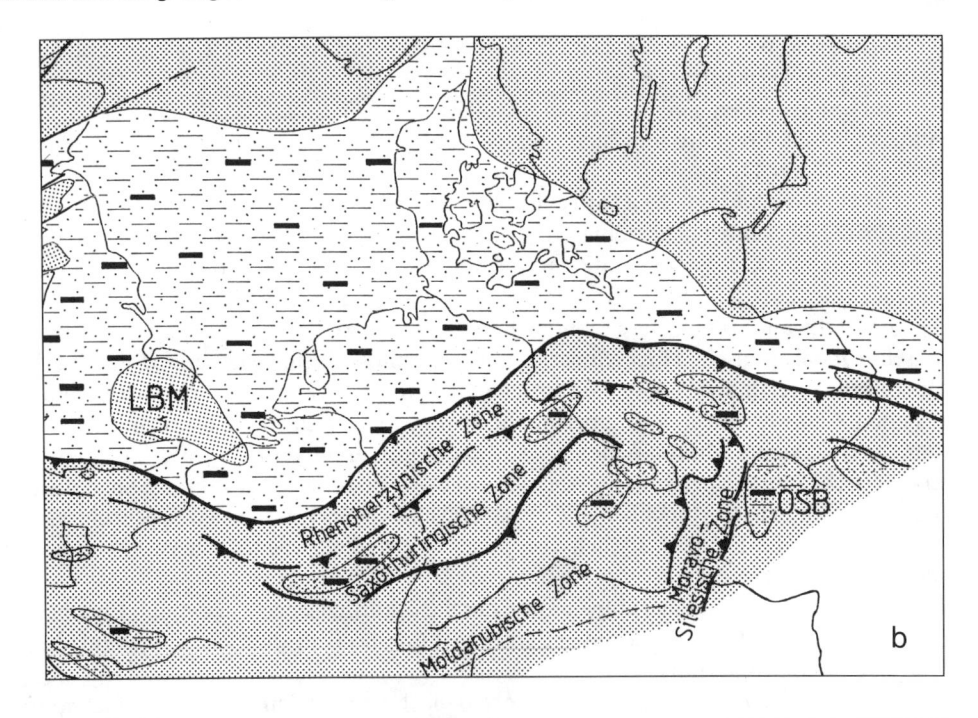

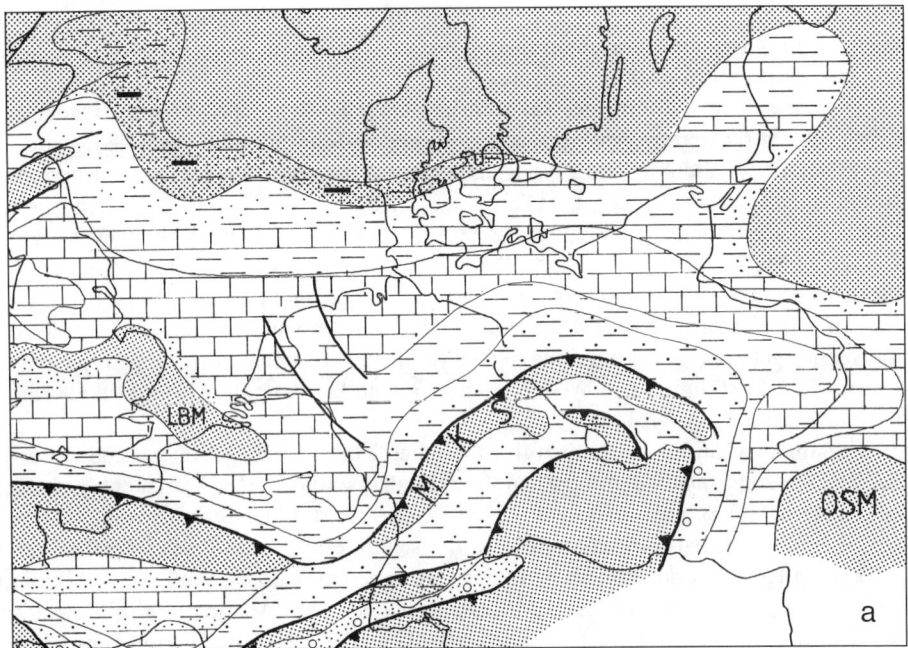

Abb. 8. Paläogeographisches Schema für das Unterkarbon (Visé) (a) und Oberkarbon (Westfal) (b) in Mitteleuropa; nicht-palinspastische Darstellung (n. SCHMIDT & WALTER 1990). Zeichenerklärung wie Abb. 4. LBM = London-Brabanter Massiv, OSM = Oberschlesisches Massiv, OSB = Oberschlesisches Steinkohlenbecken.

Phyllitzone die Wurzelzone eines im südöstlichen Rheinischen Schiefergebirge und im Harz beobachteten Deckenbaus sichtbar.

Nur im östlichen Teil der Rhenoherzynischen Zone sind heute variszische Granite aufgeschlossen. Ebenfalls im Osten entwickelten sich hier intramontane limnische Molassebecken größerer Dimension.

Für die **Saxothuringische Zone** ist die sedimentäre Entwicklung des Devons und Karbons nur für die Beckenbereiche südlich der Mitteldeutschen Kristallinschwelle vollständig zu rekonstruieren. Diese Sedimentationsgebiete gingen aus einer altpaläozoischen Dehnungszone mit mächtiger kambro-ordovizischer Sedimentfüllung und bimodalem Vulkanismus hervor. Obwohl für tiefere tektonische Stockwerke bereichsweise eine spätcadomisch-frühkaledonische Hochtemperaturmetamorphose nachzuweisen ist, folgt das Devon über flächendeckend verbreiteten silurischen Alaun- und Kieselschiefern doch konkordant. Es umfaßt im wesentlichen hemipelagische Sedimente, verschiedentlich auch Riffkalke und bimodale Vulkanite (thüringische Fazies). Eine heute für allochthon gehaltene, im wesentlichen durch Kieselschiefer und erste Grauwacken bestimmte Devonfolge in bayerischer Fazies im Umfeld der Münchberger Gneismasse und der Sächsischen Zwischengebirgsmassive deutet auf die Existenz südlich vorgelagerter pelagischer, möglicherweise ozeanischer Beckenbereiche hin.

Im Unterkarbon ist die Sedimentation der Saxothuringischen Zone durch Flyschablagerungen gekennzeichnet. Sie sedimentierten in Einzelbecken, die sich im Verlauf des Visé auffüllten und schlossen.

Die Mitteldeutsche Kristallinschwelle war nach starker frühvariszischer metamorpher Prägung während des Mittel- und Oberdevons und im Unterkarbon Hebungs- und teilweise auch Abtragungsgebiet. Im Unterkarbon ereignete sich hier zwischen 340 und 330 Ma ein spät- bis posttektonischer Plutonismus.

Die variszische Faltung des saxothuringischen Beckens wird in der Erzgebirgsmulde durch das diskordante Auflager kohleführender festländischer Sedimente des späten Obervisé auf gefaltetem Visé-Flysch als sudetisch datiert. Auch schon vorher, seit dem Mitteldevon, gibt es Anzeichen für orogene Einengung und tektonische Heraushebungen. Die Faltung erfolgte unter Beteiligung einzelner wichtiger Überschiebungen bei allgemein schwacher Metamorphose. Im Zentralbereich der Faltenzone werden heute die Münchberger Gneismasse und die sie unterlagernden schwach- und nichtmetamorphen Sedimente und Vulkanite der Bayerischen Fazies wieder als Deckenreste interpretiert. Als Wurzelzone gilt das südlich gelegene Moldanubikum. Auch für die Sächsischen Zwischengebirge und für das Eulengebirgskristallin in den Westsudeten wird eine Deckennatur diskutiert, allerdings aus jeweils verschiedenen Gründen.

Entlang dem Südrand der Saxothuringischen Zone führte die variszische Orogenese in der Fichtelgebirgisch-Erzgebirgischen Antiklinalzone und in den Westsudeten zur Bildung domartiger Aufwölbungen des altpaläozoischen Kristallins. Damit verbunden war ein weitverbreiteter Intrusionsmagmatismus, der seinen Höhepunkt im Oberkarbon erreichte.

Ebenfalls im Oberkarbon setzte in der ganzen Saxothuringischen Zone die Bildung von z. T. ausgedehnten intramontanen Molassetrögen ein. Ihre Ausrichtung folgt noch weitgehend dem variszischen Streichen. Die spätvariszische Extensionstektonik war von einer ausgedehnten überwiegend rhyolithischen vulkanischen Aktivität begleitet.

In der **Moldanubischen Zone**, deren durchgreifende tektonische und metamorphe Prägung wenigstens teilweise bereits cadomisch und frühkaledonisch erfolgte, sind nur an wenigen Orten nicht- oder nur gering-metamorphe Sedimente des Devons und Karbons

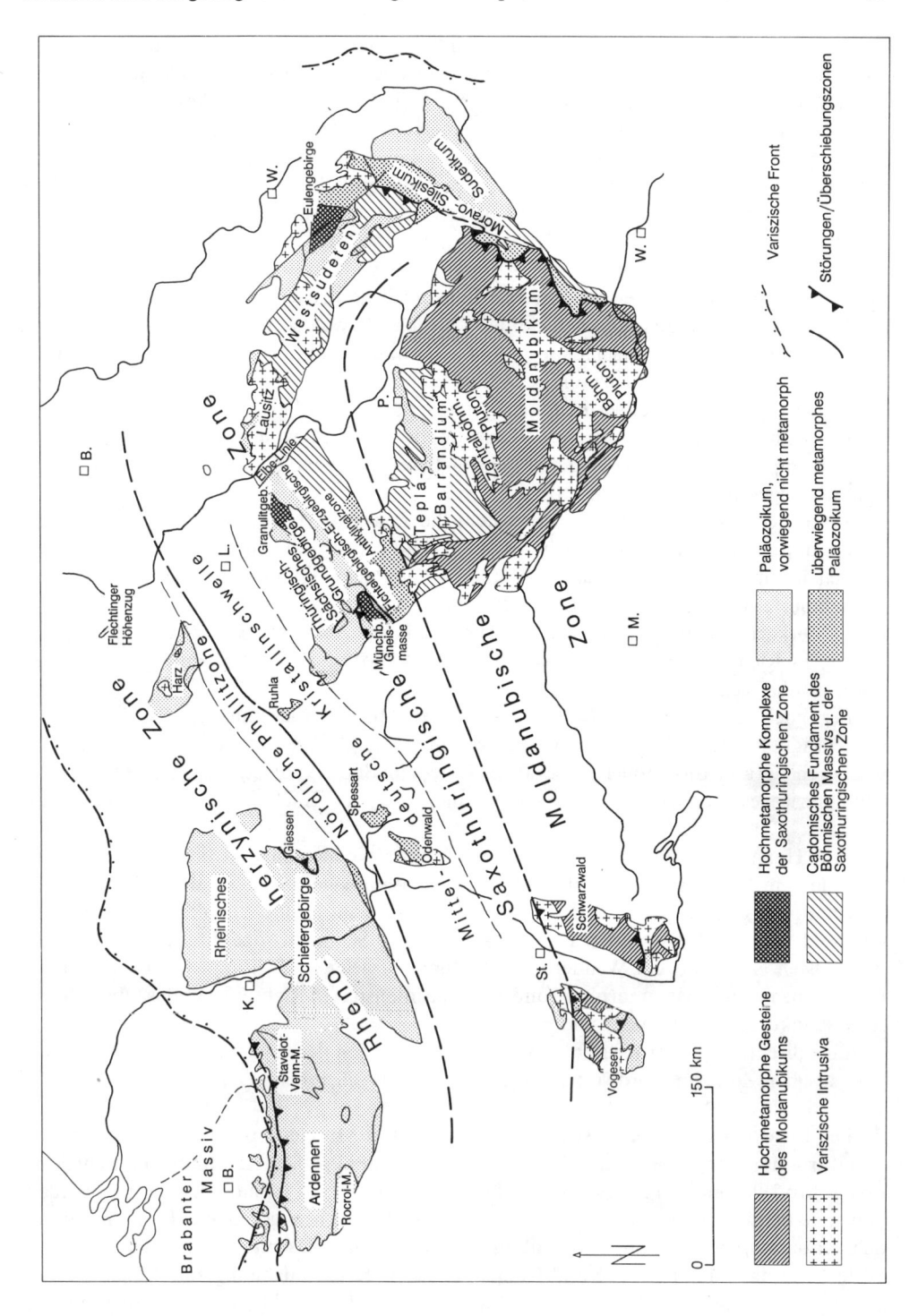

Übersicht über die geologische Entwicklung Mitteleuropas

Abb. 9. Variszische Gebirgszusammenhänge in Mitteleuropa (n. W. Franke 1989).

erhalten geblieben. Im Barrandium Mittelböhmens setzte sich eine ungestörte altpaläozoische epikontinentale Sedimententwicklung bis in das Mitteldevon fort. Die paläozoische Schichtenfolge ist hier südostvergent verfaltet. Für ihr cadomisch geprägtes proterozoisches Fundament ist es in höhermetamorphen Gebieten und auch wegen der weit verbreiteten karbonzeitlichen Granit-Intrusionen außerordentlich schwierig, eine eventuell vorhandene variszische Überprägung von vorhergehenden cadomischen oder auch kaledonischen tektonisch-metamorphen Ereignissen zu unterscheiden. Es mehren sich aber die Hinweise auf eine größere Bedeutung variszischer Metamorphosevorgänge und auf einen weitreichenden bivergenten variszischen Deckenbau. Ausmaß, genaue Schubrichtung und Herkunft der postulierten Kristallindecken werden allerdings noch kontrovers diskutiert.

Auch für den moldanubischen Anteil des Schwarzwaldes und der Vogesen ist eine bedeutende variszische Überschiebungs- und Scherungstektonik und metamorphe Überprägung des sonst hauptsächlich cadomisch-altkaledonisch geprägten Basiskristallins angezeigt. Auch hier intrudierten weitverbreitet spät- und posttektonische variszische Granite.

Jeweils nach dem Wirksamwerden einer intensiven oberdevonischen bis unterkarbonischen Kompressionstektonik bildeten sich im Bereich der Moldanubischen Zone kleinere von Störungen begrenzte Molassetröge.

Südöstlich des Böhmischen Massivs stellt die **Zone des Moravo-Silesikums und Sudetikums** ein räumlich weniger ausgedehntes Spiegelbild der Saxothuringischen und Rhenoherzynischen Zone dar. Das Unterlager des mährischen Paläozoikums bildet der proterozoisch konsolidierte Bruno-Vistulische Block. In seinem ostsudetischen Anteil zeigt es im Devon und Unterkarbon epikontinentale Ablagerungsbedingungen. Nach Süden verengte sich das Becken in Richtung auf das Brno-(Brünner)Granodioritmassiv. Sedimente einer stabilen Plattform herrschen vor.

Bezüglich der variszischen Deformation zeigen Moravo-Silesikum und Sudetikum eine ausgeprägte Polarität. Im Westen bestimmen eine mittelgradige Metamorphose und örtlich variszische Granit-Intrusionen das Bild. Im Osten, im Sudetikum, stellte sich im Oberdevon Flyschfazies ein. Liefergebiet war der westlich gelegene Innenbereich des Böhmischen Massivs.

Zum Hangenden und nach Osten werden die hauptsächlich unterkarbonischen Flyschsedimente vom Namur an von kohleführenden Molasseablagerungen abgelöst. Diese greifen auch auf das östlich gelegene Hochgebiet des noch zum Bruno-Vistulikum gerechneten Oberschlesischen Massivs über. Der Verlagerung der Sedimenttröge und der Flyschfazies nach Osten entspricht ein Wandern der Faltung in gleicher Richtung. Bei vorwiegender Ostvergenz nehmen Metamorphose und Faltungsintensität in Richtung auf das Oberschlesische Steinkohlenbecken mehr und mehr ab.

Eine direkte bogenförmige Faltenverbindung zwischen dem Sudetikum und der Rhenoherzynischen Zone im Nordwesten gilt heute als wahrscheinlich.

Die **Geodynamik der variszischen Gebirgsbildung** in Mitteleuropa während des Devons und Karbons ist ein in vielen Einzelheiten noch ungelöstes Problem. Zahlreiche plattentektonische Modelle sind vorgelegt worden. Das Fehlen typischer Ophiolithzonen sowie auch paläomagnetische und paläogeographische Gründe sprechen gegen die Existenz ausgedehnter ozeanischer Domänen und Subduktionen innerhalb des mitteleuropäischen Raums. Wohl hatte die vorcadomische und frühpaläozoische Krustendehnung zur Beckenbildung entlang der heutigen Grenze zwischen Saxothuringischer und Moldanubischer Zone geführt. Eine zweite für die variszische Strukturbildung Mitteleuropas bedeutende Dehnungszone entlang dem Südrand des Rhenoherzynikums öffnete sich möglicherweise erst später im Verlauf des Silurs. Für eine Einschätzung der Breite dieser Becken und ihre möglicherweise ozeanische Natur gibt es bisher allerdings keine direkten geologischen Anhaltspunkte.

Der Entstehung der beiden Beckenzonen und einer ersten Phase ihrer Schließung im Mitteldevon folgte die eigentliche variszische Strukturprägung und Metamorphose des heute zugänglichen Grundgebirgsstockwerks. Nach der zeitlichen Entwicklung ihres Flyschs, nach Struktur- und Metamorphosedaten sowie nach seismischen Krustenprofilen werden sowohl für den Südrand des Saxothuringikums als auch für den Südrand des Rhenoherzynikums kollisionsbedingte nordwärtige Krustenüberschiebungen und abschnittweise auch weitreichende Deckentransporte (Münchberger Gneismasse bzw. Gießener Decke und Ostharzdecke) rekonstruiert. Mit entgegengesetztem Bewegungssinn gelten diese Vorstellungen auch für den Südostrand des Böhmischen Massivs sowie für den südlichen Schwarzwald und die südlichen Vogesen.

Unter fortschreitender starker Zerscherung, Aufschuppung und Krustenverdickung wanderte die variszische Deformation und Metamorphose und die Platznahme granitoider Schmelzen zwischen 380 und 300 Ma sukzessive von innen nach außen. Als erstes unterlagen während des Mittel- und Oberdevons die Krustensegmente der Moldanubischen Zone und der Mitteldeutschen Kristallinzone der kompressiven Deformation, Anhebung und Erosion. Im späten Unterkarbon wurden sowohl das Saxothuringische Restbecken als auch der Rhenoherzynische Trog ausgefaltet und in Teilen auch bereits wieder abgetragen. Im Verlauf des Oberkarbons endete die variszische Krustenverkürzung Mitteleuropas mit der teilweisen Ausfaltung auch der nördlichen und südöstlichen Außenmolassen des variszischen Faltengürtels.

Nach Befunden im westeuropäischen Variszikum wird heute ein Zusammenhang zwischen der frühvariszischen Kollisionstektonik Mitteleuropas und einer etwa südlich des heutigen Alpenraums vermuteten nordwärts gerichteten lithosphärischen Subduktion der Paläotethys diskutiert. Im späten Unterkarbon erfolgte hier nach diesen Vorstellungen der Anschluß der Afrikanischen Platte Gondwanas an das europäische Schollenmosaik und damit der Zusammenschluß von Pangaea.

Zwischen Ural und Appalachen gelegen wurde Mitteleuropa im Verlauf des **späten Oberkarbons** und **frühen Perms** von einem komplexen System NW–SE verlaufender rechtslateraler und konjugiert dazu NNE–SSW ausgerichteter linkslateraler Seitenverschiebungen überzogen. Diese Störungsmuster, deren Anlage wenigstens zum Teil sicher vorvariszisch ist, blieben neben der durch den variszischen Faltungs- und Überschiebungsbau vorgegebenen SW–NE-Richtung bis in das Perm hinein tektonisch aktiv.

Innerhalb des variszischen Grundgebirgssockels entwickelte sich im Gefolge einer mit dieser Scherzonenbildung verbundenen Dehnungstektonik eine zunehmende Zahl intramontaner Becken, die sich im Verlauf des späten Oberkarbons und frühen Perms mit bis zu mehreren tausend Metern kontinentaler Sedimente füllten. Seit Beginn des Unterrotliegenden bildeten sich entsprechende Senken auch verstärkt im variszischen Vorland.

Die spätvariszischen tiefreichenden Krustenstörungen führten darüber hinaus zu weit verbreiteter vulkanischer und intrusiver Aktivität. In der Mehrzahl der kontinentalen Becken kam es zur Förderung größerer Mengen von Rhyolithen, aber auch basaltischer und intermediärer Gesteine. Die Rhyolithe bildeten vornehmlich umfangreiche Lakkolith- und Domstrukturen, Lava- und Ignimbritdecken sowie große Mengen pyroklastischer Gesteine. Der Höhepunkt der vulkanischen Förderung wurde an der Wende Oberkarbon/Perm erreicht.

1.3.4 Die postvariszische Entwicklung

Auch über das frühe Perm hinaus wurde die geologische Entwicklung des außeralpinen Mitteleuropas von einer allgemeinen Dehnungstektonik bestimmt. Diese wurde maßgeblich von den Öffnungsbewegungen sowohl des Zentral- und Nordatlantiks als auch der westlichen Tethys gesteuert. Mit Beginn der alpidischen Orogenese im Alpenraum stagnierte die allgemeine Krustendehnung Mitteleuropas. Sie wurde von Kompressions- und Scherbewegungen abgelöst. Frühere Weitungsstrukturen wurden zu Einengungsformen überprägt. Allerdings werden in Abhängigkeit von ihrer Ausrichtung auch Formen der Zerrung und der Pressung nebeneinander beobachtet. Zur Unterscheidung vom eigentlichen alpinotypen tektonischen Inventar des Alpenorogens bezeichnete STILLE diese als Intraplattentektonik zu interpretierende Deformation als germanotype oder saxonische Tektonik.

Während des unteren **Perms** entwickelten sich parallel zum Einbruch der intramontanen Senken des variszischen Faltungsgebietes in seinem nördlichen Vorland und im Nordseegebiet zwei ausgedehnte Senkungszonen. Im Bereich der Nordsee waren sie durch eine geschlossene Schwellenzone aus dem Mittel-Nordsee-Hoch und Ringköbing-Fünen-Hoch voneinander getrennt. Beide Becken füllten sich zunächst unter Wüsten- und Wüstensee-Bedingungen mit Sedimenten. Für das südliche Rotliegend-Becken, das sich über 1.500 km von Ostengland bis nach Zentralpolen erstreckte, fällt das Gebiet der Hauptabsenkung und damit der Hauptakkumulation von bis 1.500 m roten Tonen und Salzen teilweise mit der Verbreitung des ausgedehnten Stefan-Unterrotliegend-Vulkanismus in Norddeutschland zusammen. Ein weiteres Mächtigkeitsmaximum wird in einer NW–SE verlaufenden nordpolnischen Grabenzone vor dem Südwestrand der Osteuropäischen Plattform festgestellt.

Die Abkühlung einer spätkarbonisch-frühpermisch aufgeheizten Lithosphäre im Bereich Norddeutschlands und der Nordsee und begrenzte Krustendehnung infolge früher Öffnungsphasen im Bereich des späteren Zentralatlantiks und der Paläotethys könnten ein solches Absenkungsmuster erklären.

Mit Beginn der Zechstein-Zeit transgredierte das Meer von Norden in das nördliche und südliche Permbecken. Es überflutete darüber hinaus das Dänische Teilbecken und die Peribaltische Depression und drang über die Hessische Senke in das variszische Faltungsgebiet vor. In der auch im Zechstein weiter bestehenden submarinen Barriere zwischen dem nördlichen und südlichen Permbecken aus Mittel-Nordsee-Hoch und Ringköbing-Fünen-Hoch begann sich der Horn-Graben abzusenken.

In bis zu sieben Ablagerungszyklen bildeten sich in den beiden Zechsteinbecken zwischen 1.000 und 2.000 m Karbonate, Sulfate und Stein- und Kalisalzfolgen. Mit den Salzen des Rotliegenden und den Zechsteinsalzen waren die Voraussetzungen für einen weit verbreiteten Salzdiapirismus im Gebiet der Nordwesteuropäischen Senke geschaffen. Höhepunkte des Salzaufstiegs lagen in der Trias und in der Oberkreide.

Nach der Regression des Zechstein-Meeres und Rückkehr zu kontinentalen Ablagerungsverhältnissen im nordwesteuropäischen Raum zu Beginn der **Trias** führte die Anlage von Großriftsystemen im nordatlantischen und arktischen Raum und im Bereich der Tethys zur Herausbildung eines komplexen Musters von Gräben und flexurbedingten Trögen in Nordwest- und Mitteleuropa. Als wichtigste Elemente gehören dazu der Viking-Graben, der Zentralgraben und der Horn-Graben im Nordseegebiet sowie ein der Tornquist-Teisseyre-Linie paralleles Grabensystem als Dänisch-Polnischer Trog. Dem gleichen Dehnungsmu-

Übersicht über die geologische Entwicklung Mitteleuropas

Zeitskala	Beziehungen zum Atlantik	Mitteleuropäische Senke	Mitteleuropäisches Bruchschollengebiet	Beziehungen zur Tethys
Tertiär	Endgültige Öffnung des Nordatlantik	Regionale Einsenkung des Nordseebeckens	Abscherung des Faltenjura; Überschiebung des südl. Molassebeckens; Einsenkung der Subalpinen Molassevortiefe	Späte Phase der alpinen Orogenese; Deckenvorschub im Ostalpin u. Penninikum; Kollision zwischen Europäischer und Adriatischer Platte
Tertiär		Inversionstektonik und Erosion in den Randsenken der Mitteleuropäischen Senke (subherzyne und laramische Phase)	Mitteleuropäisches Großgrabensystem und Basaltvulkanismus	
Kreide	Fortdauer des Seafloor-spreadings im Zentralatlantik	Fortgesetzte differentielle Absenkung; Örtliche Extension und Intrusion basischer Magmen	Bruchschollenbildung durch Scherungs- u. Aufschiebungstektonik; Randliche Oberkreidetransgression	Frühe Phasen der Schließung der Thethys
Jura	Riftphase und Öffnung des Zentralatlantik	Örtliche Heraushebung und Erosion der südlichen Randsenken (jungkimmerische Phase); Aufdomung des Nordseegebietes und Vulkanismus (mittelkimmerische Phase); Transgression des Unterjura-Meeres	Heraushebung des Rheinischen Schildes (Rheinisch-Böhmische Masse und Süddeutsche Scholle); Transgression des Unterjura-Meeres	Beginn des Seafloor-spreadings
Trias		Beginn des Zechstein-Diapirismus; Entwicklung des Nordsee-Riftsystems; Triasgräben in der Mitteleuropäischen Senke; Transgression des Zechstein-Meeres		Riftphase und Öffnung der Neotethys
Perm	Frühe Öffnungsphasen des Atlantiks	Rotliegendmagmatismus; Absenkung des nördlichen und südlichen Permbeckens	Rotliegendmagmatismus	Frühe Öffnungsphasen der Tethys
Ober-karbon		Subvariszische Vorlandmolasse	Einbruch intramontaner Senken; Variszische Orogenese	

Abb. 10. Schema der tektonisch-magmatischen Entwicklung Mitteleuropas während des Mesozoikums und Känozoikums.

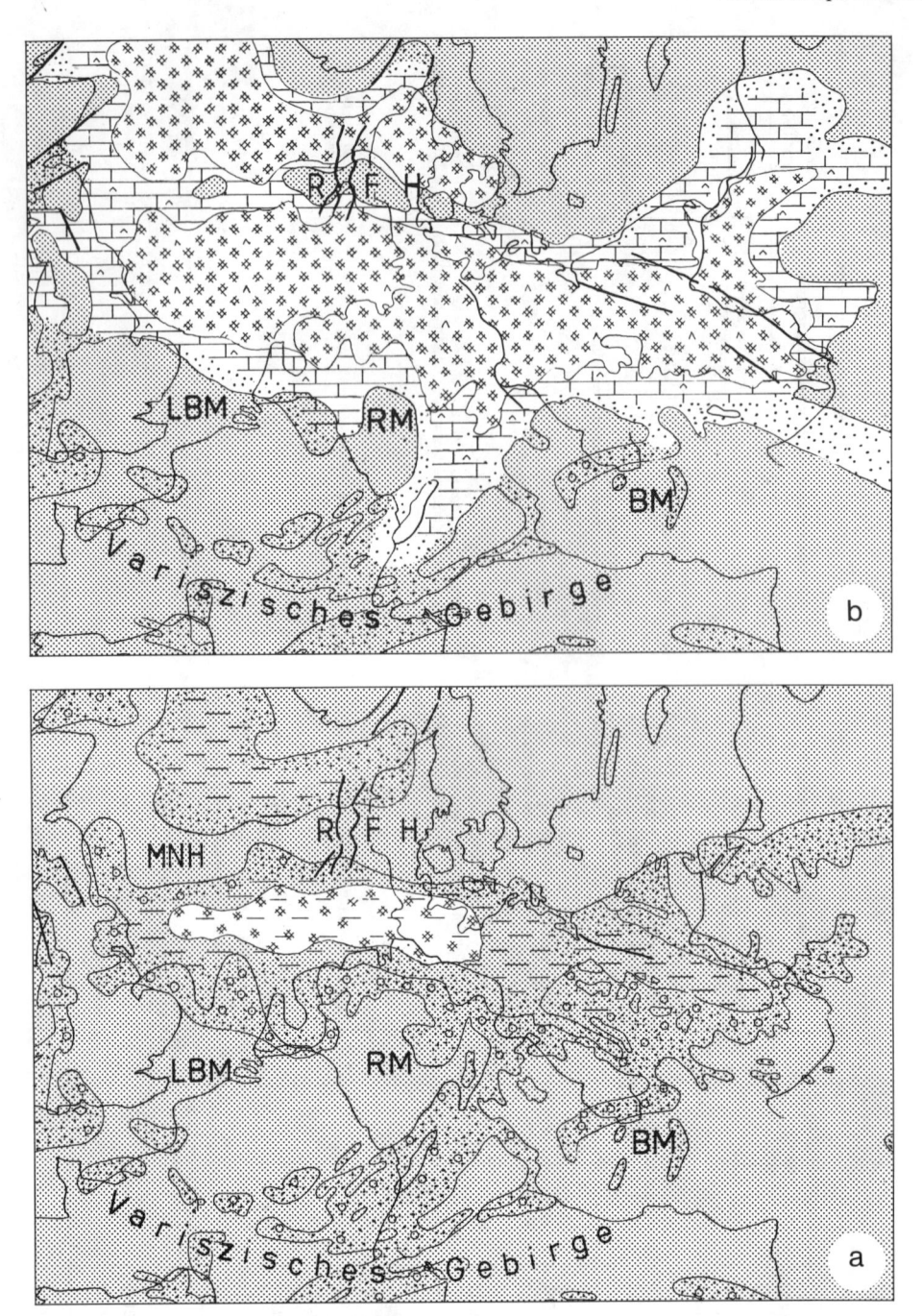

Abb. 11. Paläogeographie Mitteleuropas zur Zeit des Rotliegenden (a) und des Zechsteins (b) in Mitteleuropa (n. SCHMIDT & WALTER 1990). Zeichenerklärung wie Abb. 4. MNH = Mittel-Nordsee-Hoch, RFH = Ringköbing-Fünen-Hoch, LBM = London-Brabanter Massiv, RM = Rheinische Masse, BM = Böhmisches Massiv.

Übersicht über die geologische Entwicklung Mitteleuropas 25

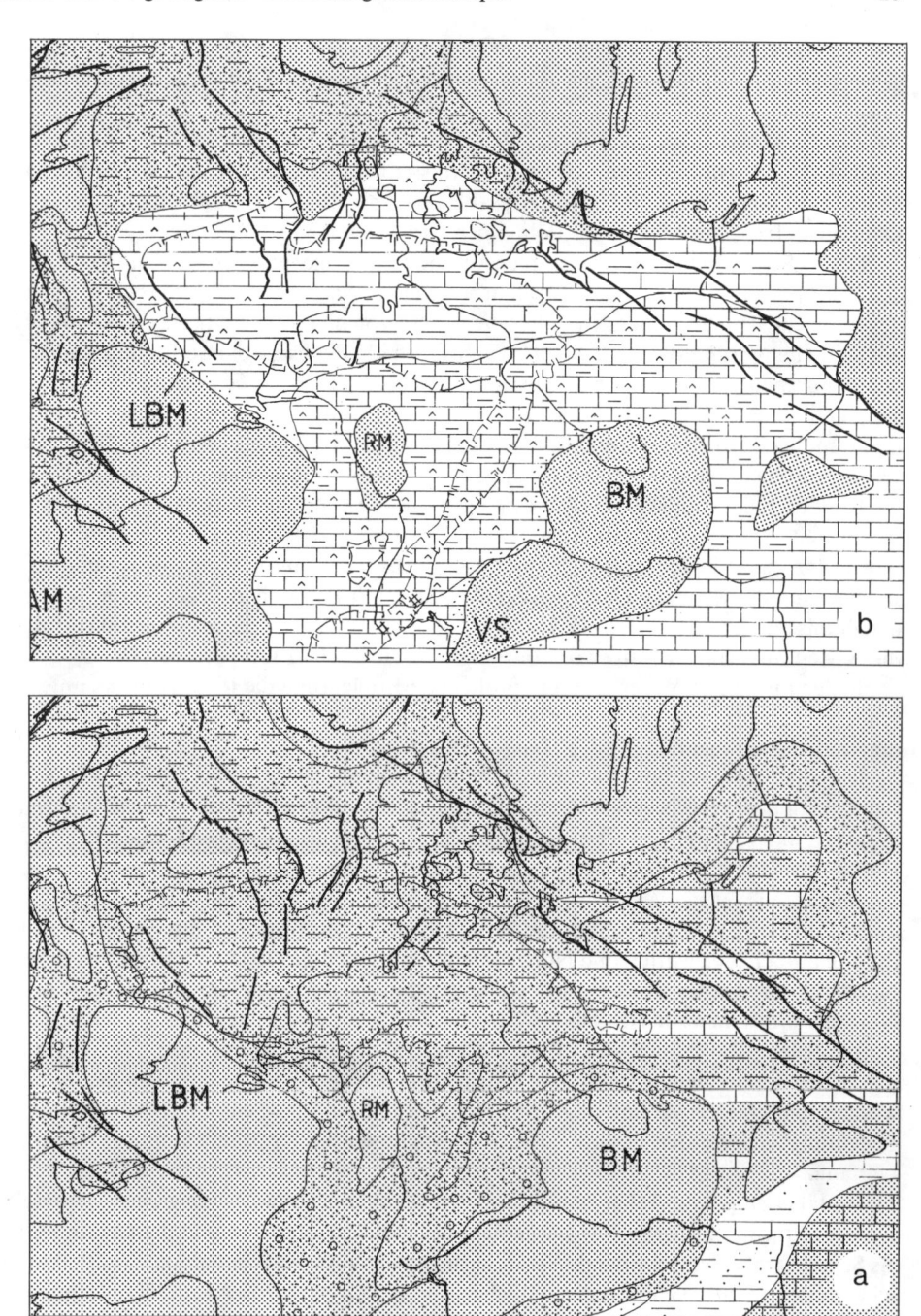

Abb. 12. Paläogeographie Mitteleuropas zur Zeit des Buntsandsteins (a) und des Muschelkalks (b) in Mitteleuropa (n. SCHMIDT & WALTER 1990). ⌢⌢ Verbreitung von Salzen.
Zeichenerklärung wie Abb. 4. LBM = London-Brabanter Massiv, RM = Rheinische Masse, BM = Böhmisches Massiv, VS = Vindelizische Schwelle, AM = Armorikanisches Massiv.

ster folgend entstanden im ehemals variszischen Faltungsgebiet das komplexe Absenkungsgebiet der Hessischen Senke, die Eifeler Nord-Süd-Zone und im Süden der Burgundische Trog.

Zwar zeichnete sich auch in der Trias das südliche und nördliche Permbecken noch deutlich ab. Die Hauptakkumulation von Triassedimenten konzentrierte sich jedoch auf die neuen Senkungsgebiete (4.000 m Triasablagerungen im Horn-Graben, bis 6.000 m im Dänischen Trog, bis 4.000 m im Polnischen Trog).

Deren Strukturen bestimmten auch die neue paläogeographische Konfiguration. Die erste marine Verbindung des nordwesteuropäischen Beckens mit der Tethys ging gegen Ende der Buntsandstein-Zeit über den Polnischen Trog. Von hier transgredierte das Rötmeer bis in das südliche Nordsee-Becken. Auch die Muschelkalk-Transgression erfolgte zunächst über den Polnischen Trog. Im Oberen Muschelkalk nahm sie ihren Weg über den Burgundischen Trog und die Hessische Senke. Das Muschelkalk-Meer reichte allerdings nicht weiter als bis in die südliche Nordsee, so daß in deren mittlerem und nördlichem Teil die Trias aus einer schwer zu gliedernden einheitlichen Folge kontinentaler Rotsedimente besteht.

Die durch eine allgemeine Meeresspiegelsenkung bedingte weitgehende Regression der Keuperzeit war begleitet von verstärkten klastischen Schüttungen im wesentlichen aus Nordosten. Sie führten eventuell im Zusammenwirken mit tektonischen Hebungen zur Blockierung der Meeresverbindung des Norddeutsch-Polnischen Beckens zur Tethys über den Polnischen Trog. Episodische Transgressionen in das nördliche Mitteleuropa erfolgten in dieser Zeit ausschließlich über die Burgundisch-Hessische Meeresstraße.

In den mittleren Keuper fällt im nördlichen Mitteleuropa die Reaktivierung untertriadischer Sockelstörungen (altkimmerische Phase) und der halokinetische Aufstieg von Salzdiapiren. Die Grabenbildung der Triaszeit erfolgte in Nordwesteuropa im wesentlichen ohne begleitenden Vulkanismus. Ausnahmen bilden einzelne erbohrte Vorkommen von Triasvulkaniten vor der Westküste Norwegens und im östlichen Mittel-Nordsee-Hoch. Während der mittleren und späten Trias setzte im Verbreitungsgebiet der Rotliegend- und Zechsteinsalze Halokinese ein.

Eustatischer Meeresspiegelanstieg und regionale Absenkung im Rhät und zu Beginn des **Juras** führten zu einer weit über die Muschelkalk-Transgressionen hinausgehenden Überflutung großer Teile Mittel- und Nordwesteuropas. Über die Hessische Senke und die Eifeler Nord-Süd-Zone entwickelten sich Meeresverbindungen zwischen der Tethys und der Nordsee und weiter zur Arktis.

Im frühen Mitteljura führte die Öffnung des zentralatlantischen Ozeans und der westlichen Tethys zu einer teilweisen Umstellung des Spannungsfeldes, dem die mittel- und westeuropäische Kruste unterlag. Eine Reihe von Trias/Lias-Senkungszonen verloren ihre Bedeutung und wurden inaktiv, andere übernahmen die Krustendehnung in verstärktem Umfang.

Im Übergang vom Aalen zum Bajoc verursachte die Heraushebung einer weitflächigen Domstruktur im mittleren Nordseegebiet mit dem Zentralgraben und dem Viking-Graben als Scheitelgräben entscheidende Veränderungen der Jura-Paläogeographie (mittelkimmerische Phase). In großen Teilen der südlichen und mittleren Nordsee wurden unterjurassische und ältere Sedimente abgetragen und die Erosionsprodukte in den Zentralgraben und nach Süden in die südwestlichen Nordsee-Teilbecken (Sole Pit, Broad Fourteens), das Zentral- und Westniederländische Becken und in das Niedersächsische Becken geschüttet. Am Tripelpunkt von Zentralgraben, Viking-Graben und eines Moray Firth-Störungssystems entwickelte sich ein Vulkangebiet, dessen Chemismus die Nordseegräben als intrakratoni-

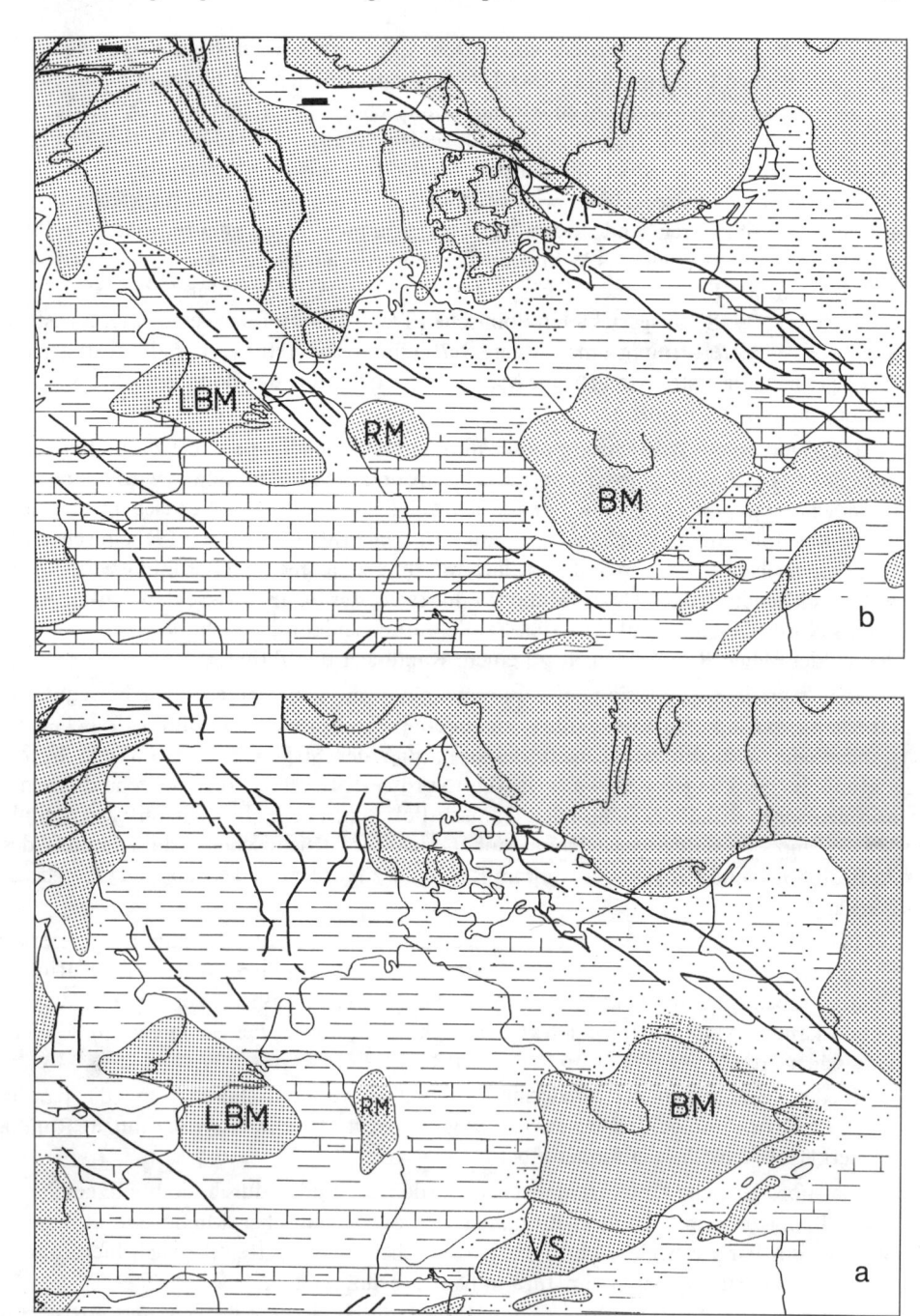

Abb. 13. Paläogeographie Mitteleuropas zur Zeit des Unterjura (a) und Oberjura (b) in Mitteleuropa (n. SCHMIDT & WALTER 1990). Zeichenerklärung wie Abb. 4. LBM = London-Brabanter Massiv, RM = Rheinische Masse, BM = Böhmisches Massiv, VS = Vindelizische Schwelle.

sches Rift charakterisiert. Weitere vulkanische Zentren finden sich im Viking-Graben, im Egersund-Becken und am Südwestrand der Osteuropäischen Plattform in Schonen.

Bereits im oberen Mitteljura endete die vulkanische Aktivität im mittleren Nordseegebiet, und das Meer transgredierte erneut über das zentrale Nordsee-Gewölbe. Viking-Graben und Zentralgraben blieben jedoch die beherrschenden tektonischen Strukturen.

Südlich des Nordseegebiets war es vom Mitteljura an zur verstärkten Absenkung einzelner NW–SE streichender Randbecken gekommen. Dazu gehören das Sole Pit- und Broad Fourteens-Becken, das West- und Zentralniederländische Becken, das Niedersächsische Becken und Subherzyne Becken sowie das Altmark-Brandenburg-Becken.

Auch im NW–SE ausgerichteten Polnischen Trog kam es infolge verstärkter Krustendehnung zur Wiedereröffnung einer Meeresverbindung zur Tethys über die Ostkarpatische Pforte. Kurzzeitig erstreckte sich eine Meeresstraße quer über das Böhmische Massiv von den Westkarpaten zur Elbtalzone.

Die gemeinsame Ausrichtung dieser mitteljurassischen Tröge und Senkungszonen geht auf spätvariszische Störungssysteme zurück. Ihre anhaltende Absenkung wird mit rechtslateralen Scherbewegungen zwischen den Hochgebieten der mittleren Nordsee im Norden und einem kaledonisch-variszischen Block aus London-Brabanter Massiv, Rheinischer Masse und Böhmischem Massiv im Süden erklärt. Mit ihrer zunehmenden Betonung wurden andere N–S streichende Tröge (Horn-Graben, Glückstadt-Graben, Ems-Senke) inaktiv und die Eifeler Nord-Süd-Zone und Hessische Senke wurden endgültig angehoben. Der südliche Teil des süddeutschen Raumes wurde zu einem Randmeer der Tethys.

Eine regionale Regression im Zusammenhang mit spätkimmerischen Bewegungen im Übergang vom Jura zur **Kreide** führte im außeralpinen Mitteleuropa zum Auftauchen weiter Landgebiete und zur zeitweiligen Beschränkung der Sedimentation auf eng begrenzte tektonische Senkungszonen wie z. B. das Nordsee-Riftsystem, die niederländischen und norddeutschen Randbecken und den Dänisch-Polnischen Trog. Das Rheinisch-Ardennische Massiv und der süddeutsche Raum hoben sich zum Rheinischen Schild heraus, dessen Aufwölbungs- und Erosionszentrum im Bereich des Nordendes des heutigen Oberrheingrabens lag.

Nach einem allgemeinen Meeresspiegelanstieg im weiteren Verlauf der Unterkreide entwickelte sich im Nordseegebiet der Viking-Graben zu einer 1.000 m tiefen Rinne. Im Zentralgraben war die tektonische Absenkung weniger aktiv. Vor dem Südwestrand Fennoskandias kam es zur verstärkten Einschüttung klastischer Sedimente, besonders im Dänischen Trog.

In den Randtrögen der Niederlande und Nordwestdeutschlands ging die paralische Wealden-Fazies infolge rascher Absenkung in marine Flachwassertone mit in Randnähe gröberklastischen Einschaltungen über.

Das norddeutsche Unterkreidebecken wurde nach Süden durch die breite geschlossene Aufwölbungszone aus London-Brabanter-Massiv, Rheinischer Masse und Böhmischem Massiv vom Pariser Becken und vom Helvetischen Schelf getrennt. Auch hier kam es zu Absenkungen entlang bereits im Jura aktiver Störungssysteme.

Tiefreichende Krustenstörungen im Westniederländischen Becken und Broad Fourteens-Becken ermöglichten im Apt den Aufstieg von basischen Vulkaniten. Im Niedersächsischen Becken intrudierten im Verlauf der mittleren Kreide die Lakkolithen des Bramscher Massivs und der Massive von Vlotho und Uchte. In Schonen wie auch im Schwarzwald und in den Vogesen wird für das Apt/Alb die Bildung von vulkanischen Gängen beobachtet.

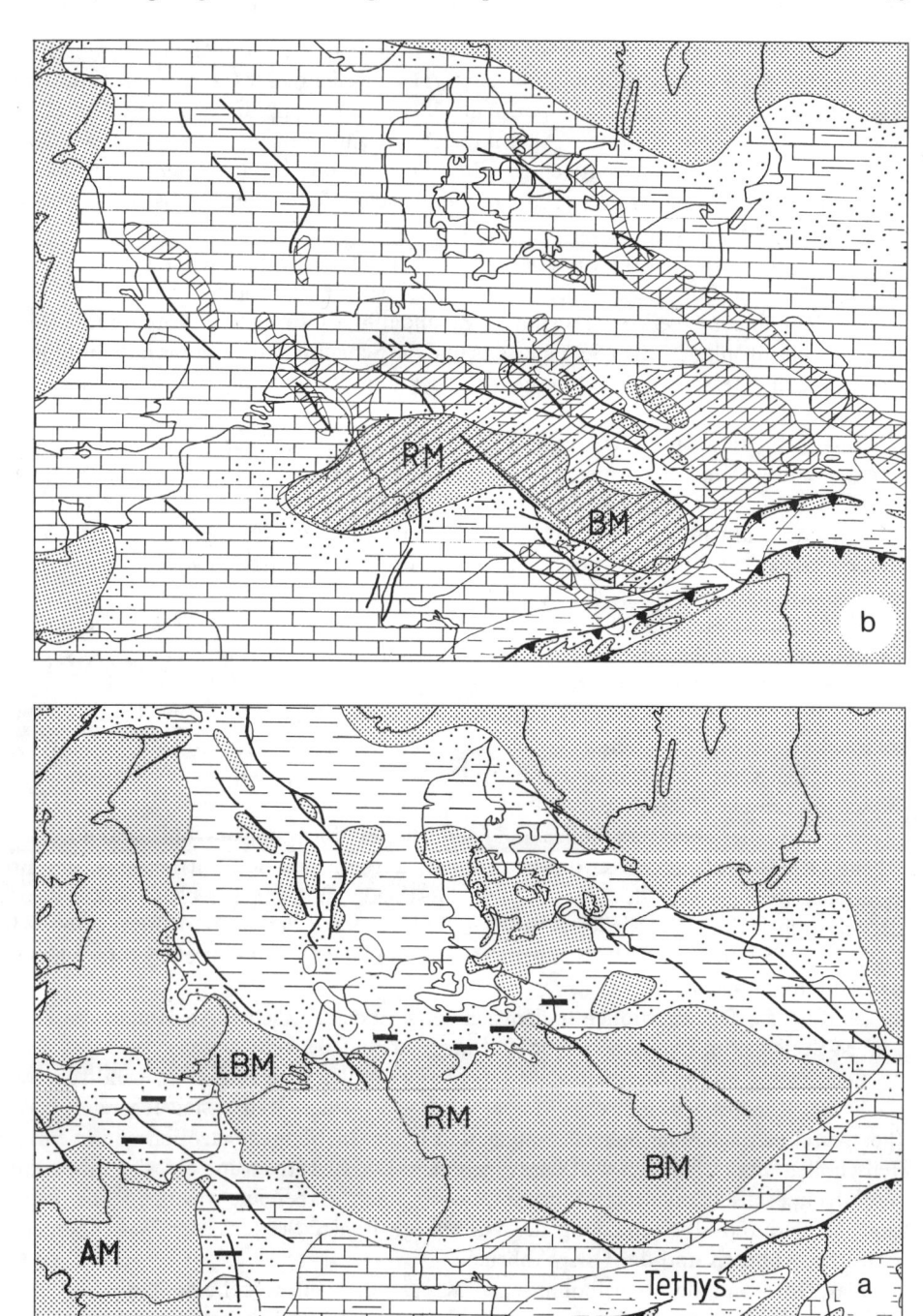

Abb. 14. Paläogeographie Mitteleuropas zur Zeit der Unterkreide (a) und Oberkreide (b) in Mitteleuropa (n. SCHMIDT & WALTER 1990). Zeichenerklärung wie Abb. 4. LBM = London-Brabanter Massiv, RM = Rheinische Masse, BM = Böhmisches Massiv, AM = Armorikanisches Massiv.

Zu Beginn der Oberkreide blieben im Viking-Graben und nördlichen Zentralgraben der Nordsee nur noch wenige Störungslinien aktiv. Das Relief dieser Gräben wurde durch rund 2.000 m Sedimente ausgeglichen. Auch im übrigen außeralpidischen Mittel- und Nordwesteuropa bedingten regionale Absenkungen im Zusammenwirken mit der weltweiten Oberkreide-Transgression weitflächige Überflutungen unterkretazischer Landgebiete und begünstigten durch die damit verbundene drastische Reduktion klastischer Schüttungen weitverbreitete Schreibkreide-Sedimentation.

Im Böhmischen Massiv senkte sich die Nordböhmische Kreidemulde ein. Vor ihrem Südwestrand überflutete das Meer kurzzeitig Teilgebiete der Süddeutschen Großscholle.

Seit der höheren Oberkreide bestimmte die endgültige Öffnung des Nordatlantiks und der Norwegisch-Grönländischen See einerseits und die Schließung der Tethys und die alpidische Orogenese andererseits die tektonische Entwicklung des außeralpinen Mitteleuropas entscheidend mit.

Im alpinen Tethysraum war es in der Mittelkreide zur Kollision der mittelpenninischen und der adriatischen Kontinentalplatte gekommen. Vom späten Turon an begann die teilweise Schließung des zwischen dem Mittelpenninischen Mikrokontinent und dem Südrand der Eurasischen Platte (Helvetikum) entstandenen Nordpenninischen Teilozeans. In die gleiche Zeit fällt im mitteleuropäischen Alpen- und Karpatenvorland eine erste teils kompressive teils transpressive Deformation (subherzyne Phase).

Sie führte zur Heraushebung (Inversion) der während des Mesozoikums über krustalen Dehnungsfugen eingesunkenen Sedimentbecken und zur Wiederbelebung vorgegebener spätvariszischer und mesozoischer Störungssysteme.

Zu Beginn des **Tertiärs**, im mittleren Paleozän, verstärkte sich diese einengende tektonische Aktivität noch einmal, gleichzeitig mit Beginn der endgültigen Überfahrung des europäischen Kontinentalrandes durch die Decken des Ostalpins und den Nordpenninischen Flysch (laramische Phase).

Ergebnisse der oberkretazischen und frühtertiären Einengungstektonik sind nördlich der Rheinisch-Böhmischen Masse die Inversionsstrukturen des Sole Pit-Beckens, des Broad Fourteens-Beckens und des Zentral- und Westniederländischen Beckens sowie des Niedersächsischen Beckens (Niedersächsisches Tektogen) und des Altmark-Brandenburg-Beckens (Prignitz-Lausitzer Wall). Vor dem Südwestrand der Osteuropäischen Tafel bildete sich der Mittelpolnische Wall.

Nördlichste Deformationen finden sich heute in den südlichen Ausläufern des Zentralgraben-Systems, im Dänischen Trog und im Egersund-Becken.

Gleichzeitig und in direktem Zusammenhang mit der Inversion ihrer Randtröge wurde auch die Rheinisch-Böhmische Masse selbst von einer Reihe steilstehender NW–SE (herzynisch) streichender Scherstörungen und Überschiebungen betroffen und in einzelnen Teilschollen unterschiedlich weit herausgehoben. Die Reaktivierung eines spät-oberkarbonisch-frühpermisch angelegten Störungsmusters spielte dabei eine wichtige Rolle. Beispiele sind die Südrand-Überschiebung des Niedersächsischen Beckens, der Wittenberger und Lausitzer Abbruch und der Oder-Abbruch.

Am Nordrand der Nordböhmischen Kreidesenke entwickelte sich das System der Lausitzer Überschiebung. Am heutigen Südrand des Böhmischen Massivs entstanden die Fränkische Linie, die Pfahlstörung und der Donau-Randbruch. Klastische Sedimentschüttungen in vorgelagerte Senkungszonen waren die Folge.

Seit der endgültigen Öffnung des Nordatlantiks im Eozän stellte das Nordseebecken einen weiträumigen schüsselformigen Senkungsraum dar, dessen Achse und maximale

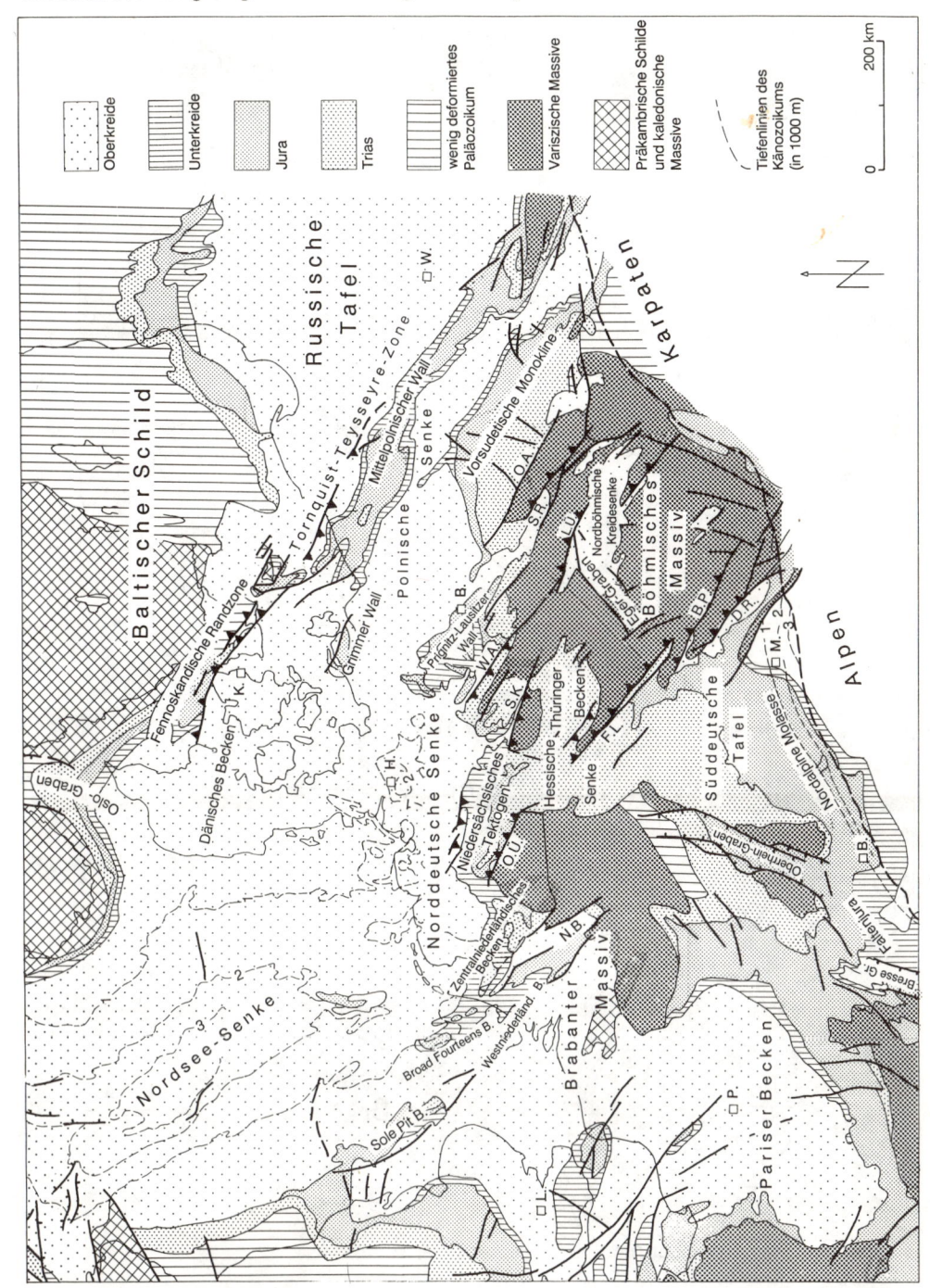

Übersicht über die geologische Entwicklung Mitteleuropas 31

Abb. 15. Geologische Karte des Prä-Tertiärs Mitteleuropas (n. P.A. ZIEGLER 1987). B.P. = Bayerischer Pfahl, D.R. = Donau-Randbruch, F.L. = Fränkische Linie, L.Ü. = Lausitzer Überschiebung, N.B. = Niederrheinische Bucht, O.A. = Oder-Abbruch, O.Ü. = Osningüberschiebung, S.K. = Subherzyne Kreidesenke, S.R. = Sudetenrandbruch, W.A. = Wittenberger Abbruch.

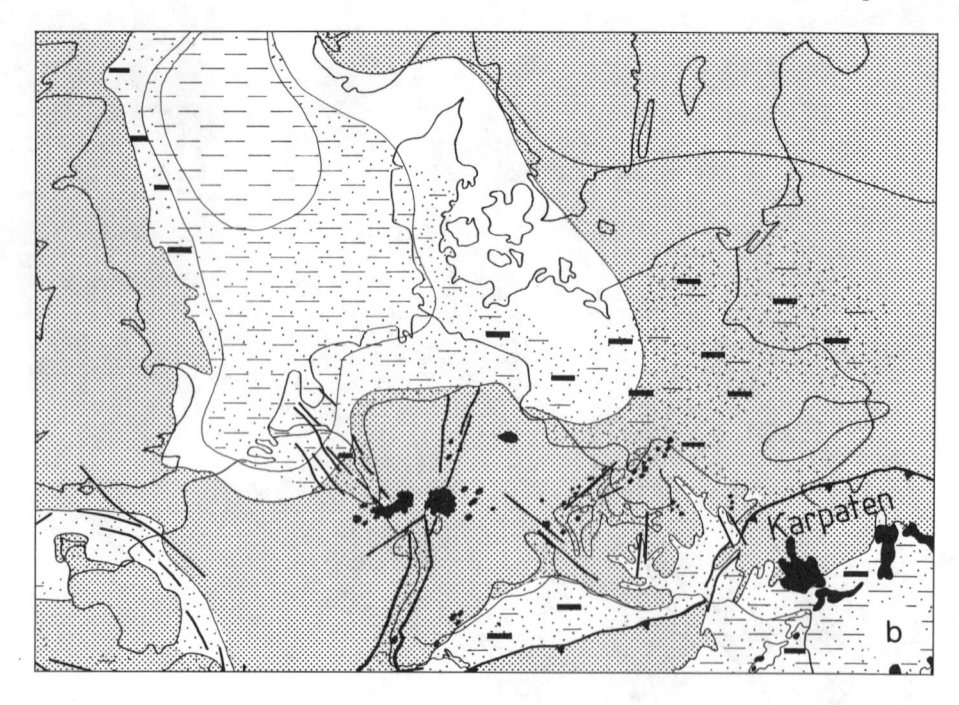

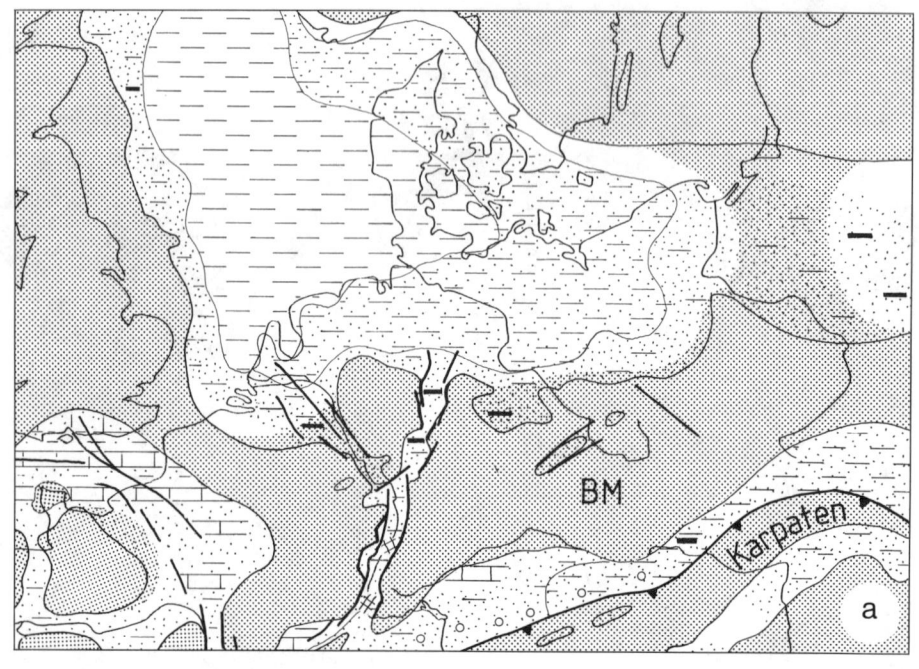

Abb. 16. Paläogeographie Mitteleuropas zur Zeit des Oligozäns (a) und Miozäns (b) in Mitteleuropa (n. SCHMIDT & WALTER 1990). Zeichenerklärung wie Abb. 4.

Sedimentmächtigkeit (bis 3.500 m) dem Verlauf des ehemaligen Zentralgrabens folgt. Wiederholte Meeresspiegelschwankungen übten bei der Sedimentation einen modifizierenden Einfluß aus. Von der Absenkung des Nordseebeckens wurde nur der nordwestdeutsche Raum randlich beeinflußt. Norddeutschland und Polen verhielten sich im Känozoikum weitgehend stabil.

Im südlichen Mitteleuropa rückte während des Eozäns und des Oligozäns der Deckenstapel des Ostalpins und des nordpenninischen Flyschs immer weiter auf das nördliche Vorland vor und bezog den helvetischen Ablagerungsraum in Faltung und Überschiebungen mit ein. Von seiner Stirn kam es zur Einsenkung des ausgedehnten Subalpinen Molasse-Beckens.

Zeitgleich begannen auch im nördlichen, nordwestlichen und westlichen Vorland der Alpen Grabenstrukturen einzusinken, die mit Unterbrechungen zum Teil heute noch aktiv sind. U.a. gehören der Bresse-Graben in Burgund, der Oberrheingraben, der Eger(Ohře)-Graben, verschiedene Grabenstrukturen in der Hessischen Senke und die Niederrheinische Bucht dazu. In der Regel hielten sich auch diese Grabensysteme an spätvariszische Störungsmuster ihres Fundaments. Örtlich war mit den Einbrüchen vulkanische Aktivität verbunden.

Während des Mittel- und Oberoligozäns ermöglichten die Bresse- und Oberrheingraben zusammen mit dem Grabensystem der Hessischen Senke eine kurzfristige marine Verbindung zwischen dem Nordseebecken und der Paratethys des Alpenraums. Sie wurde durch die im Miozän beginnende Aufwölbung der Rheinischen Masse wieder unterbrochen. Mit dieser stehen die ausgedehnten jungtertiären Basaltergüsse im Bereich des Rheinischen Schiefergebirges und der Hessischen Senke im Zusammenhang.

Auch im Böhmischen Massiv führte ein im Jungtertiär beginnender und bis in das Quartär anhaltender Aufstieg des Fundaments zur Wiederbelebung des jungen Vulkanismus.

Noch im Verlauf des Miozäns wurden die Sedimente des nordalpinen Molassebeckens entlang dessen Südrand durch die vorrückenden Deckenstapel der Nördlichen Kalkalpen, des Flyschs und des Helvetikums von ihrer Unterlage abgeschert und unter enger Faltung überschoben.

Im Pliozän überfuhr die Front des Schweizer und Französischen Faltenjura das Südende des Oberrheingrabens und den Ostrand des Bresse-Grabens.

Literatur: L. ANDRÉ, J. HERTOGEN & S. DEUTSCH 1986; F. ARTHAUD & PH. MATTE 1977; H.J. BEHR 1983; H.J. BEHR & T. HEINRICHS 1987; H.J. BEHR, W. ENGEL & W. FRANKE 1982; H.J. BEHR et al. 1984; A. BERTHELSEN 1980; . N. BONHOMMET & H. PERROUD 1986; J. COGNÉ & A. E. WRIGHT 1980; J. DVOŘÁK & E. PAPROTH 1969; W. ENGEL & W. FRANKE 1983; W. ENGEL, W. FRANKE & F. LANGENSTRASSEN 1983; D. FRANKE, B. KÖLBEL & G. SCHWAB 1989; D. FRANKE & J. ZNOSKO 1988; W. FRANKE 1984b, 1989, W. FRANKE (Ed.) 1990a, 1990b; W. FRANKE et al. 1990; W. FRANKE & W. ENGEL 1986; R. FREEMAN, ST. MUELLER & P. GIESE (Eds.) 1986; W. FRISCH 1979; K. FUCHS et al. 1983; D. GEBAUER et al 1989; K.W. GLENNIE 1984b; J.H. ILLIES & G. GREINER 1978b; G. KATZUNG 1988; F. KOSSMATT 1927; H. LIEDTKE 1981; V. LORENZ & J.A. NICHOLLS 1984; H. LÜTZNER 1988; P. MATTE 1986a, 1986b; H. PERROUD, R. VAN DER VOO & N. BONHOMMET 1984; W. POZARISKY & W. BROCKWICZ-LEWINSKI 1978; G. SCHWAB et al. 1982; W. STACKEBRANDT & H.J. FRANZKE 1989; M. SUK et al. 1984; A. TOLLMANN 1982; R. VINCKEN (Ed.) 1988; K. WEBER 1984, 1986; K. WEBER & H.J. BEHR 1983; P.A. ZIEGLER 1982, 1984, 1986, 1988; P.A. ZIEGLER (Ed.) 1987; J. ZNOSKO 1974, 1985a; V. ZOUBEK (Ed.) 1988; H.J. ZWART & V.F. DORNSIEPEN 1978.

1.3.5 Die Landschaftsentwicklung im Tertiär und Quartär

Viele Merkmale des heutigen Landschaftsbildes Mitteleuropas sind eng verknüpft mit der Klimaentwicklung dieses Raums während des Tertiärs und Quartärs.

Das Klima des **Tertiärs** wird hier oft verglichen mit dem heutiger subhumider und semiarider Klimazonen der Randtropen und Subtropen. Nach der mesozoischen Warmzeit, die mit einigen Schwankungen bis in das Eozän andauerte, fielen die jährlichen Durchschnittstemperaturen im Oligozän und zu Beginn des Miozäns zunächst allmählich, im späteren Miozän und Pliozän stärker ab. Zu Beginn des Quartärs unterschieden sie sich nicht mehr von den heutigen.

Paläopedologischen Befunden zufolge wechselten im mittleren bis späten Tertiär mehrfach längere Zeiten mit humiden und subhumiden Niederschlagsverhältnissen mit kürzeren semiariden Perioden. In der Mittelgebirgszone führte eine intensive chemische Verwitterung zur Bildung von mehr oder weniger weiten Rumpfflächen, über die höchstens besonders erosionsbeständige Gesteinsformationen Inselberg-artig herausragten.

In Gebieten mit starker tektonischer Heraushebung kam es neben der Flächenbildung auch zu fluviatilen Zerschneidungen.

Der generell rasche Rückgang der Temperaturen während des Pliozäns setzte sich im frühen Quartär fort. Schwankungen dieser Abkühlung führten im **Pleistozän** zum Wechsel von Kalt- und Warmzeiten bzw. Glazial- und Interglazialzeiten.

Mindestens sechs große Kalt- bzw. Eiszeiten konnten nachgewiesen werden. Ihre Folge wurde jeweils durch Perioden wärmeren Klimas unterbrochen.

Ablagerungen der drei älteren Kaltzeiten des Pleistozäns (Brüggen, Eburon, Menap) sind in den Niederlanden und in Nordwestdeutschland durch Pollenanalysen nachgewiesen. Im Vorland der Alpen entsprechen der Brüggen- und Eburonzeit die Biber- und die Donau-Kaltzeit. Zeitgleich mit der Menap-Kaltzeit hinterließ die Günz-Eiszeit erste Moränen.

In der zweiten Hälfte der rd. 2 Ma andauernden Pleistozänzeit stießen drei große Inlandvergletscherungen aus dem skandinavischen und baltischen Raum nach Südwesten und Süden in das südliche Nordseegebiet und das heutige Mitteleuropäische Tiefland vor.

In der Elster-Eiszeit reichte das Inlandeis bis an den Nordrand der Mittelgebirgszone. Im nachfolgenden Elster/Saale-Interglazial (Holstein-Warmzeit) herrschte vermutlich etwas kühleres Klima als heute. Infolge des ansteigenden Meeresspiegels drang die Nordsee in Schleswig-Holstein, in die Elbmündung und in die westliche Ostsee vor.

Das Eis der nachfolgenden Saale-Eiszeit erreichte erneut die Ausdehnung des Elster-Eises. Die verwaschene Altmoränenlandschaft westlich der Elbe gehört diesem Vorstoß an.

Im jungpleistozänen Saale/Weichsel-Interglazial (Eem-Warmzeit) überflutete ein Eem-Meer Teile des heutigen Nordsee- und Ostseegebiets.

Die Weichsel-Eiszeit ist nach mehreren Perioden steigender Temperaturen zu gliedern. Sie erreichte vor etwa 20.000 Jahren ihren Höhepunkt. Ihre Endmoränen-Wälle durchziehen eng gedrängt Dänemark und schwenken in Schleswig-Holstein nach Osten um. Sie prägen die Jungmoränenlandschaft Nordostdeutschlands und Nordpolens. Die Nordsee lag zu dieser Zeit trocken.

In den Alpen erreichte das Mindel- und Riß-Eis zeitgleich mit der Elster- und Saale-Vereisung im Norden die größte Ausdehnung. Die aus dem Gebirge abfließenden Eiszungen vereinigten sich im nördlichen Vorland zu großen Gletschern, deren Moränenbögen bis 100 km weit nach Norden reichen.

In der Mittelgebirgszone zwischen den Vereisungsgebieten im Norden und im Süden waren während der Zwischeneiszeiten nur wenige Hochlagen vergletschert, z. B. im Schwarzwald der Feldberg und im Riesengebirge die Schneekoppe.

Die nicht vom Eis bedeckten Tundrengebiete Mitteleuropas jener Zeit wurden durch periglaziale Prozesse geformt. Frostverwitterung, die Bildung von Dauerfrostböden und Solifluktion, aber auch fluviatile Erosions-, Transport- und Sedimentationsprozesse beherrschten das Bild. Vom Wind ausgeblasene Feinfraktionen des anfallenden Gesteinsschutts wurden als Löß weit verbreitet. Während der wärmeren und feuchten Zwischeneiszeiten breitete sich Wald aus.

In morphogenetischer Hinsicht war das Pleistozän eine Zeit bevorzugter Talbildung und Talvertiefung. Viele in den Kälteperioden aufgefüllte Talungen oder Schotterfluren wurden während der Interglazialzeiten teilweise wieder ausgeräumt bzw. erodiert und es entstanden Flußterrassen.

Neben den klimatischen Einflüssen griffen in diese Erosionsprozesse aber auch immer regionale tektonische Heraushebungen steuernd ein. Die im Tertiär entstandenen Rumpfflächen der Mittelgebirgsregion wurden auf diese Weise tief zerschnitten und vielfach ganz zerstört.

Vulkanische Aktivitäten konzentrierten sich während des Pleistozäns auf die Eifel und den Eger-Graben.

Mit dem Zurückweichen des Eises vor etwa 10.000 Jahren begann in Mitteleuropa die Nacheiszeit, das **Holozän**. Vor dem skandinavischem Eisrand entstand der große Baltische Eisstausee, aus dem sich über verschiedene geographische Veränderungen die heutige Ostsee entwickelte.

In der Nordsee führte der allgemeine Meeresspiegelanstieg während des mittleren Holozäns zur Verlagerung der Küste aus dem Gebiet nördlich der Doggerbank auf etwa ihren heutigen Verlauf. Eine weitere Transgression führte vor 2.000 bis 1.000 Jahren zu großen Meereseinbrüchen an der niederländischen und deutschen Nordseeküste.

Während der kurzen Zeit des Holozäns kam es nur zu weniger deutlichen Klimaschwankungen. Das Klimaoptimum stellte sich im Atlantikum ein. Das heutige Klima ist gemäßigt-humid mit winterlichem Frost-Tauwechsel.

Wegen der bestehenden dichten Vegetation sind reliefbildende Prozesse heute weitgehend auf die Erosionsvorgänge in steileren Flußabschnitten, auf örtliche Umlagerungen des während des Pleistozäns bereitgestellten Lockermaterials und auf Sedimentbewegungen entlang der Küste beschränkt. Hinzu kommen allerdings sehr erhebliche Veränderungen des mitteleuropäischen Landschaftsbildes durch den Menschen.

Literatur: F. AHNERT 1989; K. FUCHS et al. (Eds.) 1983; H. LIEDTKE 1981; M. SCHWARZBACH 1974; A. SEMMEL 1980; P. WOLDSTEDT & K. DUPHORN 1974.

1.4 Das geophysikalische Bild der mitteleuropäischen Kruste
von PETER GIESE

1.4.1 Vorbemerkungen

Die moderne Geophysik setzt alle gängigen Sondierungs- und Kartierungsverfahren zur Beschreibung des Krustenfeldes Mitteleuropas ein. Die **Refraktionsseismik** liefert in Form von Geschwindigkeits-Tiefen-Schnitten mit seismischen Diskontinuitäten und Zonen hoher und erniedrigter Geschwindigkeiten ein erstes Bild der Struktur und des Aufbaus der Erdkruste. Als Orientierung für die Sicherheit dieses Verfahrens kann ein mittlerer Fehler von ca. ± 5% in der Tiefenbestimmung angegeben werden. Die **Reflexionsseismik** ist mit ihrer hohen Meßdichte in der Lage, Detailstrukturen mit einer Genauigkeit von wenigen hundert Metern zu erkennen. Die Profilschnitte der Reflexionsseismik aus dem sedimentären Bereich unterscheiden sich dabei grundlegend von denen aus den kristallinen Krustenzonen. In Sedimentbecken lassen sich die Reflexionsbänder im allgemeinen über viele Kilometer bis zu mehreren Zehnerkilometern verfolgen, während die Reflexionen aus dem Kristallin nur einige hundert Meter bis zu wenigen Kilometern zu erkennen sind und sich lamellenartig anordnen. In den Schnitten werden Schichtgrenzen und auch Störungen und Überschiebungen dargestellt. Refraktionsseismische und reflexionsseismische Methoden ergänzen sich in ihren Aussagen.

Die Karte der Krustenmächtigkeit Mitteleuropas (Abb. 17) stützt sich z. B. auf über 100 seismische Refraktionsprofile und auf tiefenseismische Messungen, die im Rahmen des Deutschen Kontinentalen Reflexionsseismischen Programms (DEKORP) in Deutschland

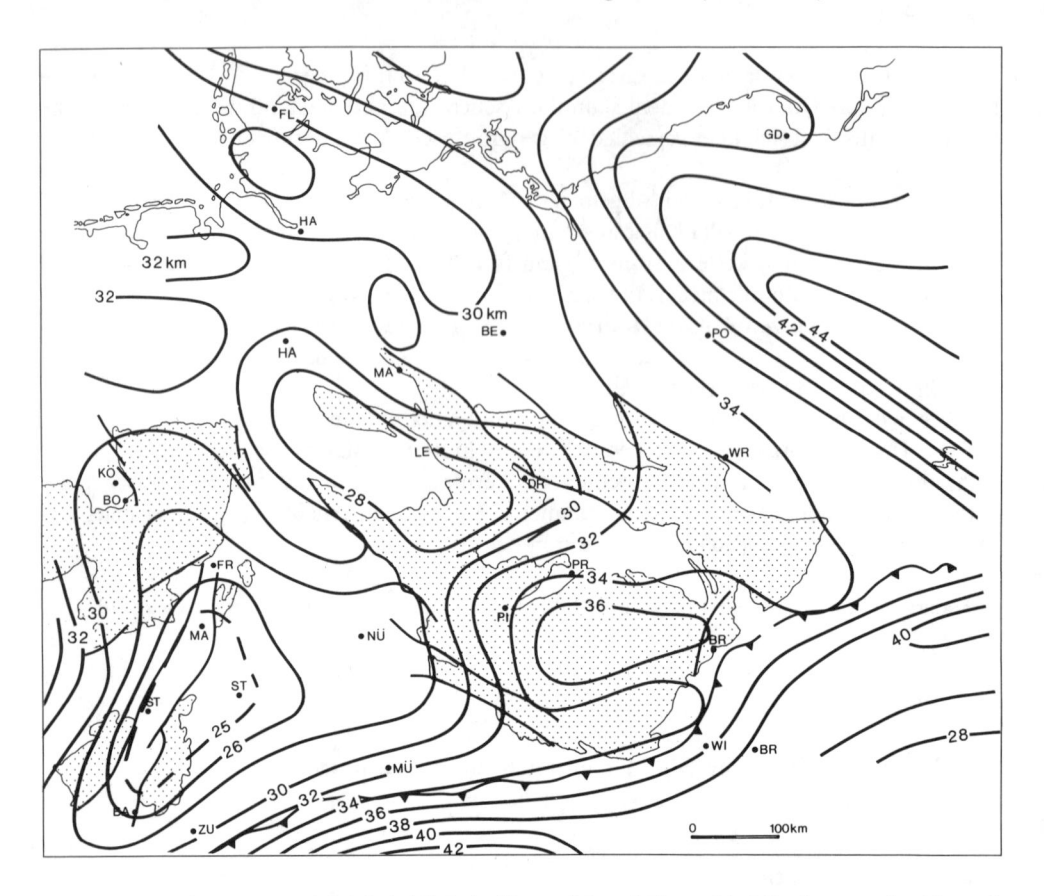

Abb. 17. Karte der Krustenmächtigkeit (Tiefe der Kruste/Mantel-Grenze) in Mitteleuropa; der Abstand der Isolinien beträgt 2 km (Daten zusammengestellt n. APITZ et al. 1987, BORMANN et al. 1989, GIESE 1990, GÜTERCH et al. 1986, IBRMAJER et al. 1983, MOSTAANPOUR 1984, PRODEHL et al. 1990, SCHULZE et al. 1990, THYBO et al. 1990).

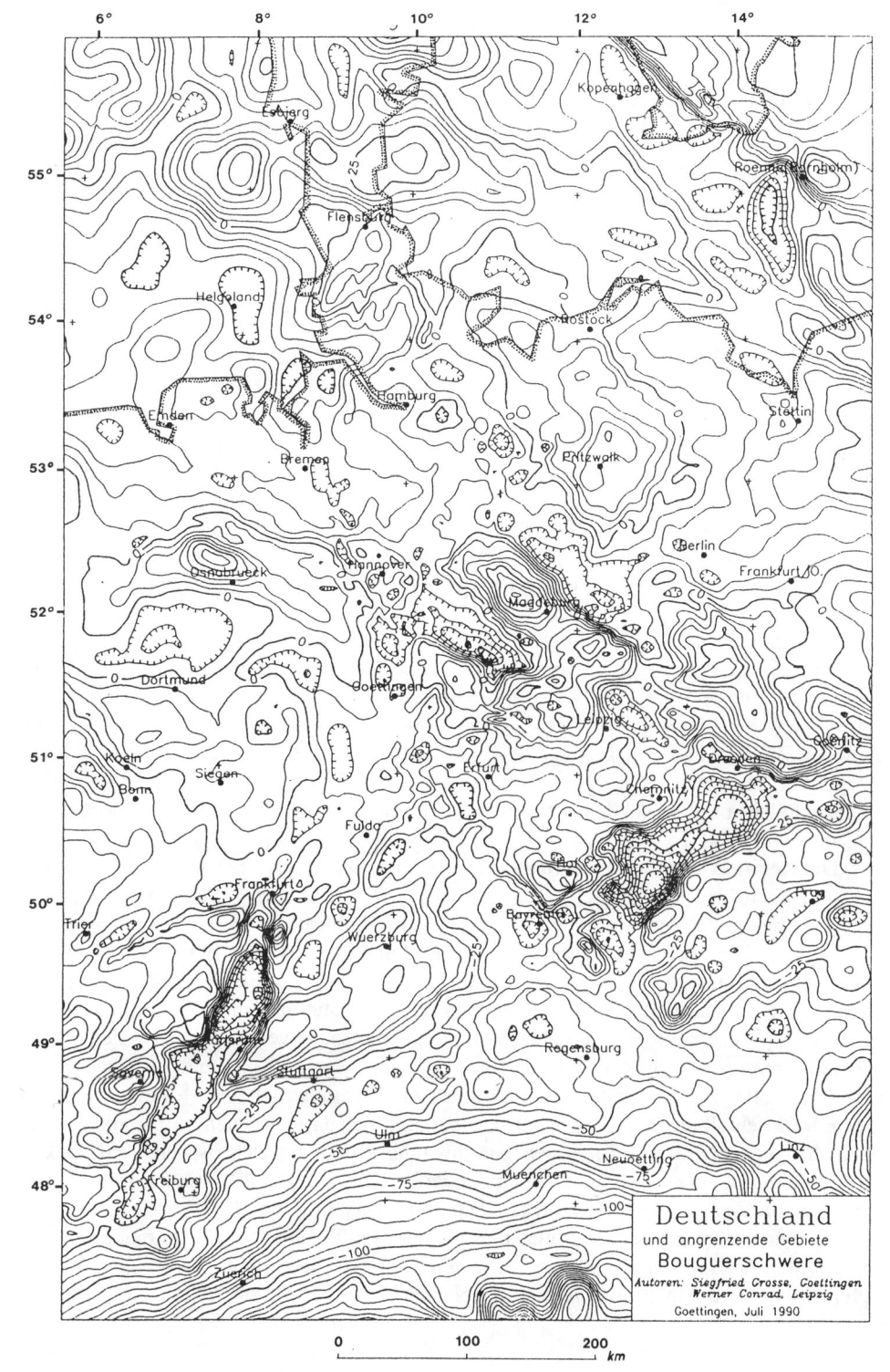

Abb. 18. Karte der Bouguer-Schwere für Mitteleuropa (n. GROSSE & CONRAD 1990). Der Abstand der Isolinien beträgt 5 mgal.

durchgeführt wurden. Auch die in Dänemark, in Frankreich, in der Schweiz und in Ostdeutschland, der Tschechoslowakei und in Polen gewonnenen Ergebnisse krustenseismischer Untersuchungen sind z. T. in diese Darstellung eingeflossen.

Gravimetrie und **Magnetik** sind Potentialverfahren. Die meisten Anomalien des Schwerefeldes sind auf Dichteinhomogenitäten innerhalb der Erdkruste und auf Schwankungen der Krustenmächtigkeiten zurückzuführen. Im allgemeinen werden sie als Bouguer-Anomalien dargestellt (Abb. 18).

Magnetische Anomalien werden durch den unterschiedlichen Gehalt an magnetisierbaren Mineralien (in erster Linie Magnetit, Titanomagnetit und Magnetkies) verursacht. Da die remanente Magnetisierung oberhalb des Curie-Punktes, der zwischen 500–600 °C liegt, verschwindet, sind in kontinentalen Bereichen alle magnetischen Anomalien auf die Erdkruste beschränkt. Abb. 19 zeigt die Karte der magnetischen Anomalien für Westdeutschland. Aufgrund der Potentialeigenschaft der gravimetrischen und magnetischen Felder haftet der Bestimmung der Form und der Tiefe der verursachenden Störkkörper eine gewisse Unsicherheit an. Doch lassen sich aus der Breite einer Anomalie bereits Anhaltspunkts für die Tiefe des betreffenden Störkörpers gewinnen.

Als eine neue und sehr erfolgreiche Methode zur Erforschung der Strukturen und der Eigenschaften der Erdkruste hat sich die **elektromagnetische Tiefensondierung** (Magnetotellurik) erwiesen. Sie bestimmt die Tiefenlage und die Erstreckung von elektrisch gut leitenden Zonen nicht nur in den Sedimenten sondern auch in tieferen Bereichen der Erdkruste. Liegen allerdings in der Erdkruste mehrere Horizonte geringen elektrischen Widerstandes vor, so kann meist nur der oberste Horizont mit Sicherheit erkannt werden. Unerwartet sind in der mittleren und unteren Kruste Mitteleuropas Zonen guter elektrischer Leitfähigkeit entdeckt worden. Zu ihrer Deutung können verschiedene Ursachen genannt werden. Einmal können es graphithaltige Schichten sein, zum anderen kommen aber auch Fluide in Betracht. In beiden Fällen muß vorausgesetzt werden, daß die elektrisch leitenden Komponenten ein zusammenhängendes Netzwerk bilden.

Die Kenntnis des **Temperaturfeldes** der Erdkruste und des oberen Mantels ist für alle Diskussionen über magmatische, metamorphe und letzthin alle geodynamischen Prozesse von entscheidender Bedeutung. Die Temperaturverteilung in der Erdkruste muß aus dem an der Erdoberfläche ermittelten Wärmefluß und Annahmen über die Wärmeproduktion und Wärmeleitfähigkeit der Gesteine in der tieferen Erdkruste berechnet werden. Da Annahmen über die petrologische Zusammensetzung der mittleren und unteren Kruste nur im Rahmen gewisser Unsicherheitsgrenzen gemacht werden können, zeigen auch die Zahlenwerte der beiden genannten thermischen Gesteinsparameter Schwankungsbreiten, aus denen z. B. für die Temperatur an der Kruste/Mantel-Grenze eine Unsicherheit von $\pm 100\,°C$ resultiert.

Eine Beschreibung von Krustenstrukturen kann sich natürlich nicht nur auf die formalen Angaben von Dichten, seismischen Geschwindigkeiten und elektrischen Leitfähigkeiten beschränken, sondern muß im Rahmen der geologischen Gesamtsituation auch tektonische und petrologische Aspekte im Auge behalten. Im Rahmen dieser vom Umfang her begrenzten Erläuterungen soll nur auf die großen Strukturen des mitteleuropäischen Krustenfeldes eingegangen werden. Die Vielzahl der bekannten Einzelanomalien und Phänomene muß dabei unberücksichtigt bleiben.

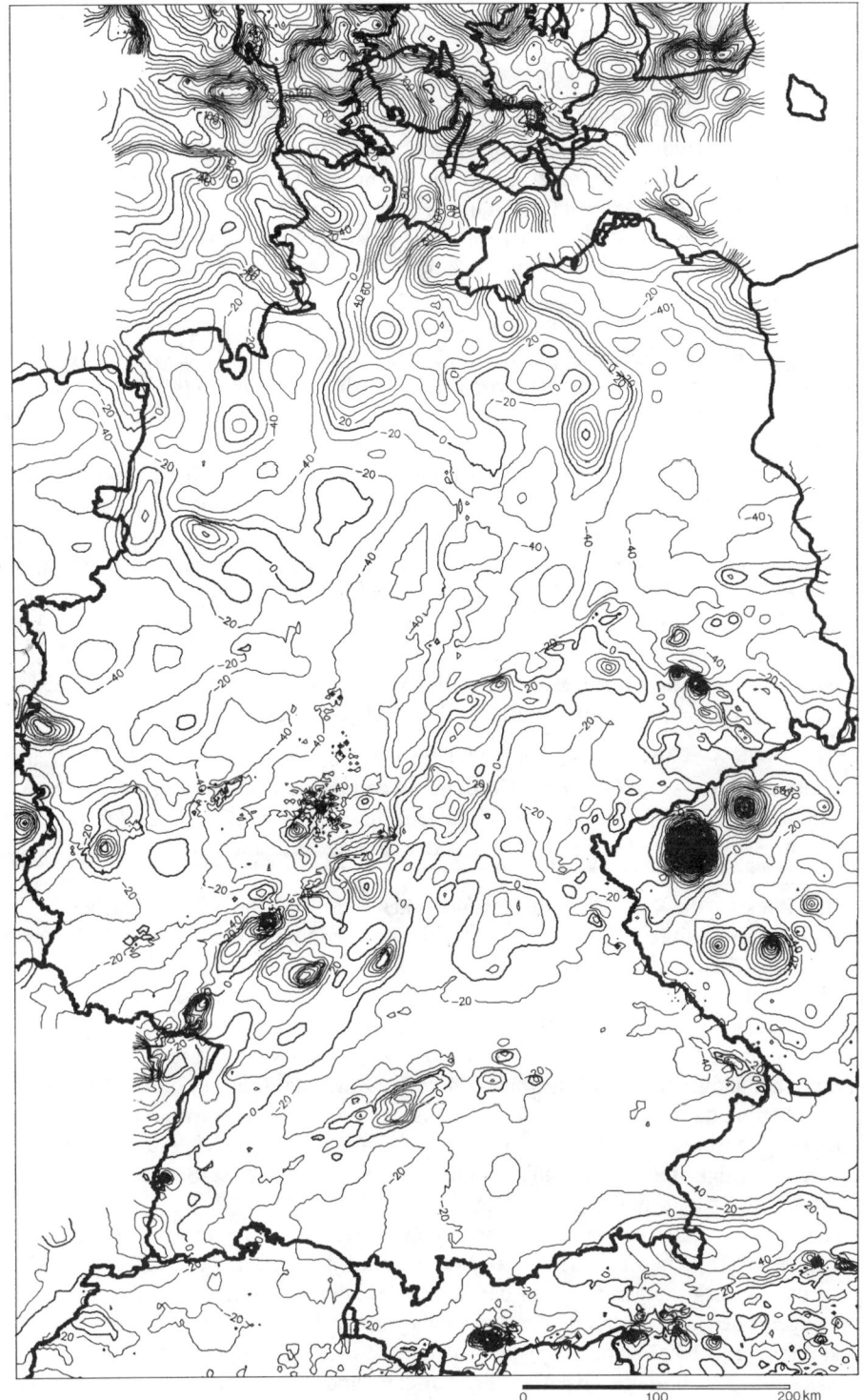

Abb. 19. Karte der Anomalien der magnetischen Totalintensität bezogen auf 3.000 m über NN für den Zeitpunkt 1980 (n. WONIK & HAHN 1990). Der Abstand der Isolinien beträgt 20 nT; Projektion Lambert.

1.4.2 Die Krustengliederung Mitteleuropas

Die großtektonische Gliederung Europas spiegelt sich unmittelbar in der unterschiedlichen Mächtigkeit und dem verschiedenen Aufbau der Erdkruste wider. Die Osteuropäische Plattform, nach Westen begrenzt durch die Tornquist-Teisseyre-Zone, weist eine mittlere **Krustenmächtigkeit** von 40–50 km auf, im Gegensatz dazu zeigt die Erdkruste in Mittel- und Westeuropa (Westeuropäische Plattform) eine mittlere Krustenmächtigkeit von nur 30 km mit Schwankungen zwischen 24 und 36 km.

Deutliche Unterschiede weisen auch die mittleren seismischen Geschwindigkeiten und Dichten auf. Für die Erdkruste Mittel- und Westeuropas werden Mittelwerte für die **Dichten** und die **seismischen Geschwindigkeiten** um 2,7–2,8 g/cm³ bzw. 6,1–6,3 km/s angegeben. Die entsprechenden Werte für die Osteuropäische Plattform liegen um 0,2–0,3 g/cm³ bzw. um 0,2–0,3 km/s höher. Diese Unterschiede gehen im wesentlichen auf die unterschiedliche Ausbildung der Unterkruste in den beiden betrachteten Regionen zurück. In der Osteuropäischen Plattform ist die Unterkruste mit über 20 km Mächtigkeit ausgebildet und zeigt seismische Geschwindigkeiten um 6,8 km/s, während sie in der Westeuropäischen Plattform nur 10 km oder weniger mißt und die Geschwindigkeiten zwischen 6,4–6,8 km/s liegen.

Nach Süden ist das mittel- und westeuropäische Krustenfeld durch die Alpen und die Westkarpaten begrenzt. Beide Gebirgszüge zeigen mit einer Tiefenlage der Moho-Diskontinuität von 45–55 km eine deutliche Krustenverdickung, die als Resultat der einengenden Bewegungen während der alpidischen Orogenese zu sehen ist.

Nach Westen und Nordwesten wird die Westeuropäische Plattform durch den an den Atlantik grenzenden passiven Kontinentalrand abgeschlossen.

Innerhalb der Westeuropäischen Plattform umfaßt das **mitteleuropäische Krustenfeld** zwischen der Nord- und Ostsee im Norden und den Alpen und den Westkarpaten im Süden folgende morpho-tektonischen Großeinheiten: die Mitteleuropäische Tiefebene (Mitteleuropäische Senke), die Mittelgebirgszone mit variszischem Fundament und die Vorlandmolassen der Alpen und der Karpaten.

Ein Blick auf die Karte der **Krustenmächtigkeit** zeigt, daß über weite Bereiche die Tiefe der Moho-Diskontinuität zwischen 28–32 km liegt. Verringerte Krustenmächtigkeiten treten nur im Oberrheingraben und an zwei isolierten Stellen in Norddeutschland auf. Krustenmächtigkeiten über 35 km lassen sich in drei Regionen erkennen. Eine grabenartige Krustenverdickung bis zu 45–50 km erstreckt sich längs einer 50–100 km breiten Zone von der Südspitze Schwedens bis zur Dobrudscha am Schwarzen Meer. Diese Zone liegt unmittelbar südwestlich der Tornquist-Teisseyre-Zone oder fällt mit dieser zusammen. Eine zweite Region, die sich durch Krustenmächtigkeiten über 36 km auszeichnet, wird durch die blockartige Struktur des Böhmischen Massivs gebildet. Schließlich treten noch größere Krustenmächtigkeiten bis zu 40 km am Südrand der Molasse-Becken unmittelbar am Nordrand der Alpen und Karpaten auf.

Die Westeuropäische Plattform zeigt eine wechselvolle geotektonische Entwicklung. Sie wurde im wesentlichen durch die **kaledonische** und die **variszische Orogenese** geformt. Es kann davon ausgegangen werden, daß in der jeweiligen spätorogenen Phase Krustenverdickungen oder Gebirgswurzeln mit Tiefenlagen der Kruste/Mantel-Grenze in 40–50 km existierten. Jedoch haben postorogene Aufstiegsbewegungen, angetrieben durch isostatische Ausgleichskräfte und gleichzeitige Erosion zu einem Ausgleich der Unterschiede der Krustenmächtigkeiten geführt. Inwieweit auch subkrustale Erosionsprozesse, verursacht durch Fließvorgänge im obersten Mantel, zu einer Ausdünnung der verdickten Erdkruste beigetragen haben, muß spekulativ bleiben. So kann die Entwicklung der Kruste des variszischen Orogens im wesentlichen nur aus den Strukturen und dem Aufbau der rezenten Ober- und Mittelkruste rekonstruiert werden.

Unabhängig von den spätorogenen Bewegungen führten **postorogene Beckenbildungen**, z. B. im Gebiet der Mitteleuropäischen Senke, zur Ablagerung mächtiger neuer Sedimentstapel auf der Erdkruste unter Beibehaltung einer annähernd konstanten Krustenmächtigkeit. Diese Art der intrakontinentalen Beckenbildung wurde wahrscheinlich durch einen krustalen Dehnungsprozeß ausgelöst, der zu einer Verdünnung und damit zu einer Absenkung der Erdkruste mit gleichzeitiger Sedimentation führte. In etwa ähnlicher Weise muß auch die Bildung des Oberrheingrabens und des Rhônegrabens gesehen werden, die ebenfalls zu einer gewissen Krustenverdünnung, insbesondere in der Unterkruste, geführt hat. Die Bildung der Molasse-Senke steht dagegen im Zusammenhang mit der Alpenorogenese.

Die **Mitteleuropäische Senke**, die sich von der Nordsee bis nach Polen erstreckt, erscheint morphologisch als eine einheitliche Struktur. Jedoch beweisen Bohrungen und geophysikalische Tiefenerkundungen die **heterogene Strukturierung** dieses Beckens, die sich sowohl im unterschiedlichen Aufbau des Grundgebirges als auch in der postvariszischen Entwicklung dokumentiert.

Die ausgeprägte Gliederung der Mitteleuropäischen Senke in **Becken** und **Schwellen** spiegelt sich in den geophysikalischen Anomalien wider. Wie Abb. 19 zeigt, zeichnet sich die Region nordöstlich der Tornquist-Teisseyre-Zone durch eine Vielzahl magnetischer Anomalien aus. Die Ursache dürfte hier im präkambrischen kristallinen Sockel zu suchen sein, dessen Oberfläche hier bis zu 1.000 m tief liegt.

In der Karte der Bouguer-Anomalien (Abb. 18) heben sich Gebiete mit deutlichen, positiven Schwere-Anomalien in Schleswig-Holstein, in Mecklenburg bei Pritzwalk, bei Bramsche nördlich von Osnabrück und bei Magdeburg heraus. In Dänemark zeichnet sich das Ringköbing-Fünen-Hoch deutlich ab. Da sich Sedimentbecken und Moho-Aufwölbungen schweremäßig z. T. kompensieren, werden die Inhomogenitäten in der tieferen Kruste besser sichtbar, wenn man die Schwerewirkung der Sedimente eliminiert. Nach einer derartigen Korrektur zeigen die Grundgebirgsstrukturen im Nordwestdeutschen Becken ein NW–SE-Streichen, also etwa parallel zum Südwestrand der Osteuropäischen Plattform.

Im Mittel existiert in der Mitteleuropäischen Senke trotz großer Schwankungen der Sedimentmächtigkeiten von wenigen Kilometern bis über 10 km eine recht einheitliche Krustendicke von 30 km. Lediglich in Schleswig-Holstein ist südlich von Flensburg eine Krustenverdünnung auf ca. 25 km zu erkennen, die etwa mit einem permischen Trog zusammenfällt. Eine ähnliche Situation scheint im Bereich des Schwerehochs von Pritzwalk in Mecklenburg zu bestehen. Auch hier wurden in einem NW–SE streichenden Trog mächtige spätvariszische Sedimente angetroffen. Die Frage, ob auch hier eine Hochlage der Moho-Diskontinuität existiert oder ob die Unterkruste verdickt ist, kann im Augenblick noch nicht klar beantwortet werden. Diese Becken, die sich während der Permo-Trias bildeten, werden auf rifting- und pull apart-Prozesse, verbunden mit einem weitverbreiteten und mächtigen Vulkanismus, zurückgeführt.

Ein dritter Trog, der Polnische Trog, liegt unmittelbar südwestlich der Tornquist-Teisseyre-Zone. Hier setzte sich die Sedimentation bis in die Kreide fort und Mächtigkeiten bis über 10 km werden erreicht. Überraschenderweise sind in diesem Trog Krustenmächtigkeiten bis über 45 km gemessen worden.

Eine vergleichende Betrachtung der Genese und der Strukturen der Tröge in der

Mitteleuropäischen Senke läßt erkennen, daß die Prozesse, die zur Trogbildung und den sie begleitenden Phänomenen führten, unterschiedlich gewesen sein müssen.

Die **Salzstöcke Norddeutschlands** werden von lokalen Schwereminima begleitet, die aber wegen ihrer geringen Ausdehnung nicht in die Karte der Abb. 18 aufgenommen werden konnten.

Der **Südrand der Mitteleuropäischen Senke** wird von einer Reihe von Schweremaxima begleitet, die sich in etwa entlang einer W–E streichenden Zone anordnen. Es sind dies die Anomalien von Bramsche-Vlotho, Hannover, Magdeburg und Dessau und nördlich von Dresden. Die südliche Flanke dieser Hochs markiert die sog. Norddeutsche Linie, die das Norddeutsche Becken von den Mittelgebirgen abgrenzt. Diese Linie trennt schwere Kruste im Norden von leichterer Kruste im Süden. Eine Fortsetzung dieser Linie in die Niederlande und nach Polen deutet sich an.

Nördlich dieser Linie tritt in einer Tiefe von ca. 10 km ein Horizont mit einer guten elektrischen Leitfähigkeit auf, der sich in Nordwestdeutschland bis an die Elbe verfolgen läßt. Die Ursache dürfte im Graphitgehalt eines paläozoischen Sedimenthorizonts zu suchen sein.

Die sogenannte **variszische Front** als nördliche Begrenzung des variszischen Deformationsgebiets läßt sich z.T. unter der jüngeren Bedeckung in den reflexionsseismischen Profilen erkennen. Sie ist als Fläche zu sehen, die z. B. im nördlichen Ruhrkarbon beginnend nach Süden einfällt und im Niveau der mittleren Kruste unter dem nördlichen Teil des Rheinischen Schiefergebirges zu suchen ist.

Das Fundament der mitteleuropäischen **Mittelgebirgszone** wird von der Rhenoherzynischen, der Saxothuringischen und der Moldanubischen Zone der mitteleuropäischen Variszid gebildet. In allen diesen Zonen, mit Ausnahme des Moldanubikums im Böhmischen Massiv und in den Schultern des Oberrheingrabens, beträgt die heutige Krustenmächtigkeit 30 ± 2 km. Vergleicht man dagegen die unterschiedlichen Metamorphosegrade in den einzelnen Zonen und leitet aus den relevanten Druck- und Temperaturdaten die ursprüngliche Tiefenlage der heute an der Erdoberfläche aufgeschlossenen Gesteine ab, so zeigt sich, daß zwischen dem Subvariszikum und dem Moldanubikum ein Unterschied in der Tiefenlage von wenigstens 20–25 km geherrscht haben muß.

Zur Beschreibung der Struktur der variszischen Kruste kann das DEKORP-2 Profil als repräsentativ angesehen werden (vgl. auch Abb. 20). Es verläuft, beginnend im Münsterland, in NW–SE-Richtung bis an die Donau bei Donauwörth. Für diese Profil-Linie liegen zahlreiche Daten aus überdeckenden oder kreuzenden Refraktionsbeobachtungen vor, die ergänzende Geschwindigkeitsangaben liefern. Ferner gibt es längs dieser Linie ein vollständiges Magnetotellurik-Profil, das Aussagen über die elektrische Leitfähigkeitsverteilung in der Erdkruste liefert.

Im **Subvariszikum** und im **Rhenoherzynikum** zeigt die heutige Oberkruste in annähernd unveränderter Weise die alten variszischen Strukturen. Das Subvariszikum ist durch den aus dem Ruhrkarbon bekannten Sattel- und Muldenbau charakterisiert. Für das Rhenoherzynikum zeigt sich in der Oberkruste ein auch aus geologischen Gründen geforderter Schuppenbau mit nach Süden einfallenden listrischen Flächen. In etwa 10 km Tiefe münden die listrischen Flächen in einen schwach nach Süden geneigten Abscherungshorizont ein, der gleichzeitig auch eine Zone erhöhter seismischer Geschwindigkeit bildet. Die mittlere und untere Kruste ist durch einen Wechsel von Hoch- und Niedrig-Geschwindigkeitszonen charakterisiert.

Unter dem nördlichen Rand des Rhenoherzynikums ist eine in der Unterkruste auftretende nach Norden sich verdickende Struktur von Interesse, die in ähnlicher Position

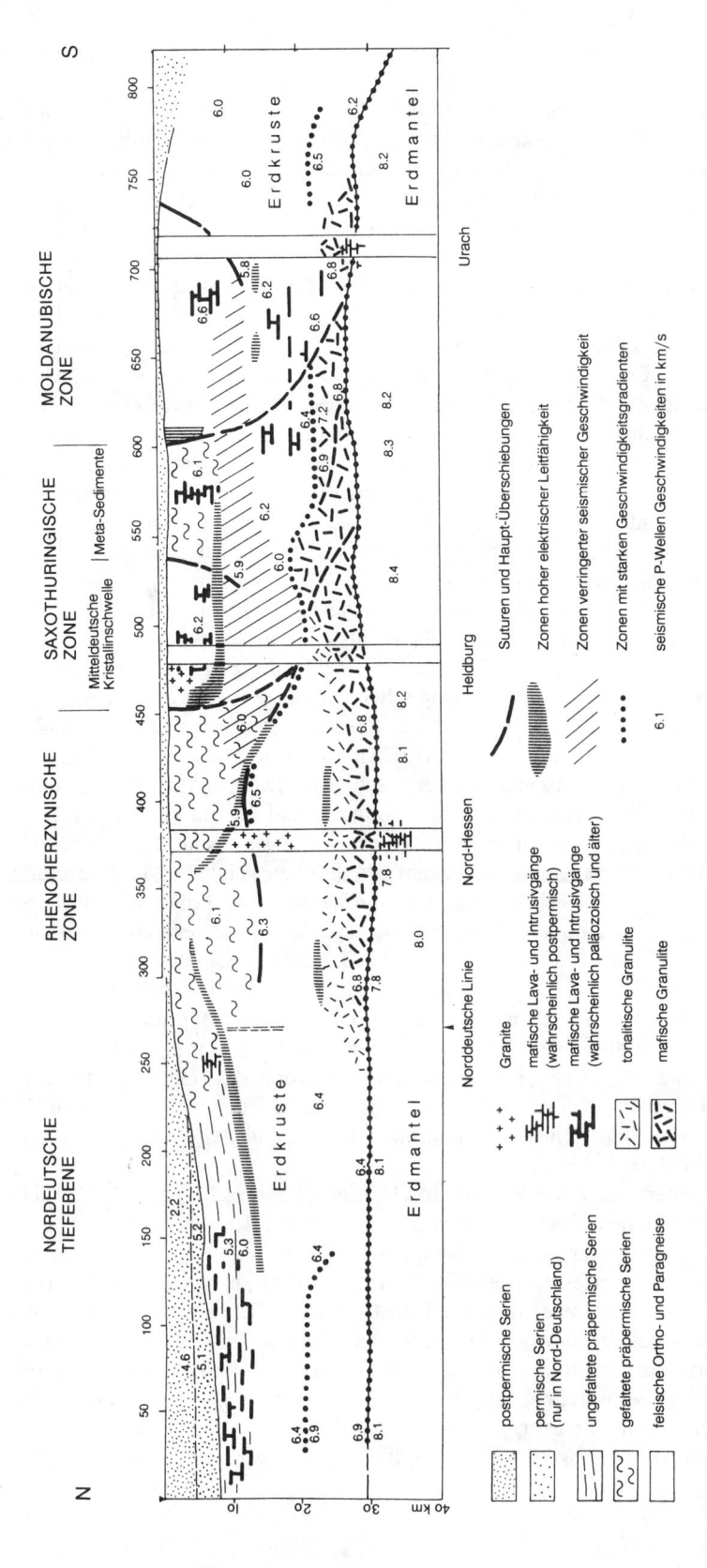

Abb. 20. Krustenschnitt entlang des mittleren Abschnittes der Europäischen Geotraverse (EGT) zwischen Kiel und dem Bodensee (n. FRANKE et al. 1990). Petrologische Interpretation nach seismischen, gravimetrischen, magnetischen, geologischen und Xenolith-Daten. Die vertikalen Kolonnen bezeichnen Xenolith-Fundpunkten in den jungen Vulkangebieten Nordhessen, Heldburg und Urach.

auch im linksrheinischen DEKORP-Profil und im ECORS-Profil in Nordostfrankreich auftritt. Diese Struktur kann als östliche Fortsetzung des Brabanter Massivs und damit als möglicher Südrand der Kaledoniden gedeutet werden. Für die Kruste des Rhenoherzynikums ist eine z.T. geringe seismische Durchschnittsgeschwindigkeit von nur 6,0 km/s beachtenswert, ein Hinweis dafür, daß in einzelnen Regionen typische Unterkrustengesteine nur reduziert vertreten sind.

Einen deutlich anderen Krustenaufbau zeigt die Kruste der **Saxothuringischen Zone**, die im nördlichen Bereich die Mitteldeutsche Kristallinschwelle mit hochmetamorphen Gesteinen, z.B. im Odenwald und im Spessart, umfaßt, während im Südteil nur schwächer metamorphe Gesteine anstehen. In der Karte der magnetischen Anomalien ist die Saxothuringische Zone durch eine Vielzahl von Anomalien ausgezeichnet. Die zugehörigen Störkörper müssen in der oberen und mittleren Kruste gesucht werden. Es handelt sich hierbei zum großen Teil um basische Intrusiva, die im Zusammenhang mit magmatischen Aktivitäten während der variszischen Orogenese stehen. Eine Beteiligung einzelner Körper auch in der Unterkruste am Anomalienbild ist nicht gänzlich auszuschließen. Im gravimetrischen Anomalienbild ist der Südteil der Saxothuringischen Zone durch das breite Schwerehoch des Kraichgaus ausgezeichnet. Es ist z.Zt. umstritten, in welchem Krustenstockwerk die Quellen dieser Anomalie zu suchen sind. Diskutiert werden sowohl Körper bzw. Schichten erhöhter Dichte in der oberen als auch in der mittleren Kruste.

Die reflexionsseismischen Daten des Profils DEKORP-2S zeigen ein kompliziertes strukturelles Bild der Saxothuringischen Zone. Es treten Elemente mit wechselnden Einfallsrichtungen auf. Offensichtlich tritt hier in der heutigen Oberkruste ein Krustenstockwerk auf, das während der variszischen Orogenese duktil verformt wurde, und das nachträglich im rigiden Zustand einer bruchhaften Deformation durch spät- und postvariszische Tektonik unterlag. Rücküberschiebungen sind in dem seismischen Profil erkennbar.

Aus den Registrierungen der Refraktionsseismik geht dagegen die Existenz einer, schwach nach Süden einfallenden, sehr prägnant ausgebildeten Diskontinuität in ca. 20 km Tiefe hervor. Berücksichtigt man, daß die heutige Oberkruste im nördlichen Bereich der Saxothuringischen Zone während der variszischen Orogenese einer Mittelkrustenposition entsprochen haben muß und daß für die eingeengten Sedimente im südlichen Bereich des Rhenoherzynikums eine, wenn auch ausgedünnte kontinentale Kruste als ehemals unterlagerndes Grundgebirge gesucht werden muß, so kann die Hypothese aufgestellt werden, daß die so deutlich ausgebildete intrakrustale Diskontinuität im Saxothuringikum eine fossile verschleppte variszische Kruste/Mantel-Grenzzone darstellt, die in diesem Niveau als Abscherungsbahn diente. Die heutige Unterkruste der Saxothuringischen Zone wäre dann als der ausgedünnte ehemalige kontinentale Südrand des Rhenoherzynischen Beckens zu interpretieren(vgl. Abb. 21).

Eine interessante Struktur ist im Grenzbereich zwischen der Moldanubischen und der Saxothuringischen Zone zu erkennen. Der Südrand der Saxothuringischen Zone wird von einem flachen Schwerehoch begleitet, das im SW mit dem Kraichgau-Hoch beginnt und sich nach NE in isolierten Schwerehochs bis nach Hof im Nordosten Bayerns fortsetzt. Die zugehörigen Störkörper müssen z.T. in 10–15 km Tiefe gesucht werden. In der Oberpfalz deutet sich aus den dortigen sehr umfangreichen seismischen Messungen eine Überschiebungsstruktur des Moldanubikums auf das Saxothuringikum an (Erbendorf-Körper). Ob das erwähnte Schwerehoch am Südrand des Saxothuringikums krustengenetisch in ähnlicher Weise zu interpretieren ist, muß im Augenblick spekulativ bleiben.

Während im Variszikum allgemein Bouguer-Schwerewerte um 0 bis +20 mgal verbreitet

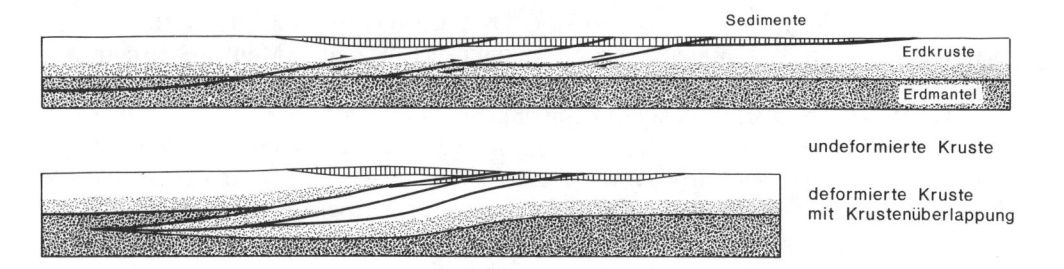

Abb. 21. Modell einer Krustenverdopplung durch Überschiebung im Sinne einer „thick-skinned tectonics". Dieses Modell zeigt, wie auch Gesteine aus dem Grenzbereich Kruste/Mantel und aus dem obersten Mantel selbst durch kompressive Bewegungen in höhere Krustenlagen transportiert werden und eine intrakrustale Grenzfläche („Conrad Diskontinuität") bilden können. Hierbei ist charakteristisch, daß sich die intrakrustale Diskontinuität nur über einen begrenzten Profilabschnitt verfolgen läßt.

sind, treten im Erzgebirge Werte bis zu -70 mgal auf. Diese Beobachtung ist umso bemerkenswerter, als in streichender Verlängerung nach SW in gleicher tektonischer Position, d. h. am Südwestrand des Saxothuringikums, das Kraichgau-Schwerehoch liegt. Starke negative Schwerewerte können, wie z. B. in den Alpen, auf eine Krustenverdickung hindeuten, doch zeigen seismische Messungen, daß unter dem Erzgebirge die Moho-Diskontinuität in nur 28–30 km Tiefe liegt, also die gleiche Tiefenlage aufweist wie für den Kraichgau (28 km). Die Ursache kann daher nicht in einer Mächtigkeitsdifferenz liegen, sondern muß im unterschiedlichen Gesteinsaufbau der beiden saxothuringischen Krustenkomplexe gesucht werden.

Wie bereits erwähnt, muß vermutet werden, daß im Kraichgau dichtere Gesteine aus einer tieferen Krustenlage am Aufbau der heutigen mittleren Kruste beteiligt sind, die möglicherweise im Laufe der einengenden Bewegungen während der variszischen Orogenese in diese Lage gebracht worden sind. Eine ähnliche Kompressionstektonik muß auch für das Erzgebirge angenommen werden, doch waren hier offensichtlich nur Gesteine der leichteren Oberkruste an der Stapelung beteiligt. Die im Erzgebirge weit verbreitet auftretenden Granite beweisen, daß es hier in einer felsischen Kruste zu weitreichenden Aufschmelzungen gekommen ist.

Die Kruste der Moldanubischen Zone ist durch einen Wechsel von reflexionsfreudigen und reflexionsarmen Zonen charakterisiert. Dieses Bild ist besonders deutlich im Schwarzwald ausgeprägt. Intrakrustale Diskontinuitäten und Zonen geringer Geschwindigkeit treten in wechselnden Tiefenlagen und Deutlichkeiten auf. Das Reflexionsprofil durch den Schwarzwald zeigt in seinem Südteil deutlich nach Süden gerichtete Aufschiebungen.

Innerhalb der Moldanubischen Zone nimmt das zentrale Böhmische Massiv im heutigen mitteleuropäischen Krustenfeld eine eigenständige Stellung ein. Es wird im Norden vom Erzgebirge, im Westen vom Oberpfälzer und Bayerischen Wald, im Süden vom Mühl- und Waldviertel und von den westlichen Ausläufern der Westkarpaten und im Osten von den Sudeten begrenzt. Das zentrale Böhmische Massiv zeigt eine Krustenmächtigkeit von 32–36 km, und so liegt der Schluß nahe, daß im Gegensatz zur Moldanubischen Zone des süddeutschen Raumes ihr böhmischer Anteil nicht ganz so tief erodiert wurde.

Das alpine **Molasse-Becken**, dessen Untergrund der Moldanubischen Zone zuzurechnen ist, weist eine recht einfache Krustenstruktur auf. Entsprechend der keilförmigen Zunahme der Mächtigkeit der Beckenfüllung nach Süden sinkt auch die Kruste/Mantel-Grenze ab. Am Alpen-Nordrand bei Murnau ist mit einer Mächtigkeit des Sedimentstockwerks von insgesamt 8–10 km zu rechnen. Gleichzeitig sinkt die 30 km mächtige variszische Kruste auf 38–40 km Tiefe ab. Ähnliche Beobachtungen liegen aus dem nördlichen Vorland der Schweizer Alpen und den Karpaten vor. Daraus kann der Schluß gezogen werden, daß die Erdkruste des Alpen- und Karpatenvorlandes durch die gebirgsbildenden Prozesse offenbar passiv nach unten gebogen wurde. Hier liegt also ein völlig anderer Mechanismus einer Beckenbildung vor als in der Mitteleuropäischen Senke.

Betrachtet man vergleichend die heutigen Krustenstrukturen und den petrologischen Krustenaufbau der verschiedenen Zonen des variszischen Gebirgssystems, so kann der Schluß gezogen werden, daß sich die Entwicklung der variszischen Kruste durchaus im Sinne einer horizontal gerichteten rampenartigen Tektonik vollzogen haben kann, die zu einer Krustenverdickung führte, die mit der in den heutigen Alpen vergleichbar gewesen sein dürfte. Die heute zu beobachtende annähernd konstante Mächtigkeit der variszischen Kruste ist durch spät- und postorogene Ausgleichsprozesse bedingt.

In diesem Zusammenhang sei auf das Krustenprofil der Abb. 20 verwiesen, in dem auch die elektrisch gut leitenden Zonen in der Erdkruste eingetragen sind. Im Bereich prominenter Suturzonen (Nordrand des Rheinischen Schiefergebirges, Grenze Rhenoherzynikum gegen Saxothuringikum und Grenze Saxothuringikum gegen Moldanubische Zone) sind steil stehende, elektrisch gut leitende Zonen festgestellt worden, die zur Tiefe hin in eine flach nach Süden einfallende Lagerung übergehen. Auch wenn die genaue petrophysikalische Deutung dieser Leiter noch umstritten ist, so zeichnen sie doch offenbar tektonische Bewegungsflächen nach.

Neben den beckenbildenden Prozessen der Mitteleuropäischen Senke und den alpidischen orogenen Vorgängen am Südrand des mitteleuropäischen Krustenfeldes ist das **Rifting** im Oberrheingraben als ein weiterer krustenverändernder Prozeß anzusehen. Die Absenkung liegt bei maximal 4.000 m im Nordteil und bei 2.000 m im Südteil. Die Karte der Krustenmächtigkeit zeigt längs der Achse des Rheingrabens eine deutliche Krustenverdünnung auf etwa 24–26 km in der Grabenmitte und auf 28 km an den Grabenschultern. Es ist offen, ob die Krustenausdünnung allein zu Lasten der Unterkruste geht, oder ob auch die mittlere und obere Kruste daran beteiligt sind.

Im Zusammenhang mit diesen känozoischen Rifting-Prozessen muß auch der an verschiedenen Stellen Mitteleuropas auftretende junge Vulkanismus gesehen werden. Diese Vulkanite sind in ihrer Zusammensetzung überwiegend basisch. Die Vulkanzentren zeichnen sich durch magnetische Anomalien aus, doch hängt es in der Regel von der Ausdehnung und der Mächtigkeit der Vulkankomplexe ab, ob sie sich in magnetischen Übersichtskarten herausheben. Ähnliches gilt auch für den jungpaläozoischen Vulkanismus.

1.4.3 Geothermik

Die Verteilung der Wärmeflußdichte kann als Indikator für die gegenwärtige geodynamische Aktivität der unteren Lithosphäre und der Asthenosphäre angesehen werden. Wärmeflußwerte von 60–80 mW/m^2 werden als normal bezeichnet. Betrachtet man die Karte der Wärmeflußwerte für Mitteleuropa (Abb. 22), so ergibt sich ein mittlerer Wert von 80 mW/m^2. Nur in wenigen Bereichen treten abweichende Werte auf.

In Norddeutschland ist die Wärmeflußdichte mit 60 mW/m^2 etwas geringer als normal.

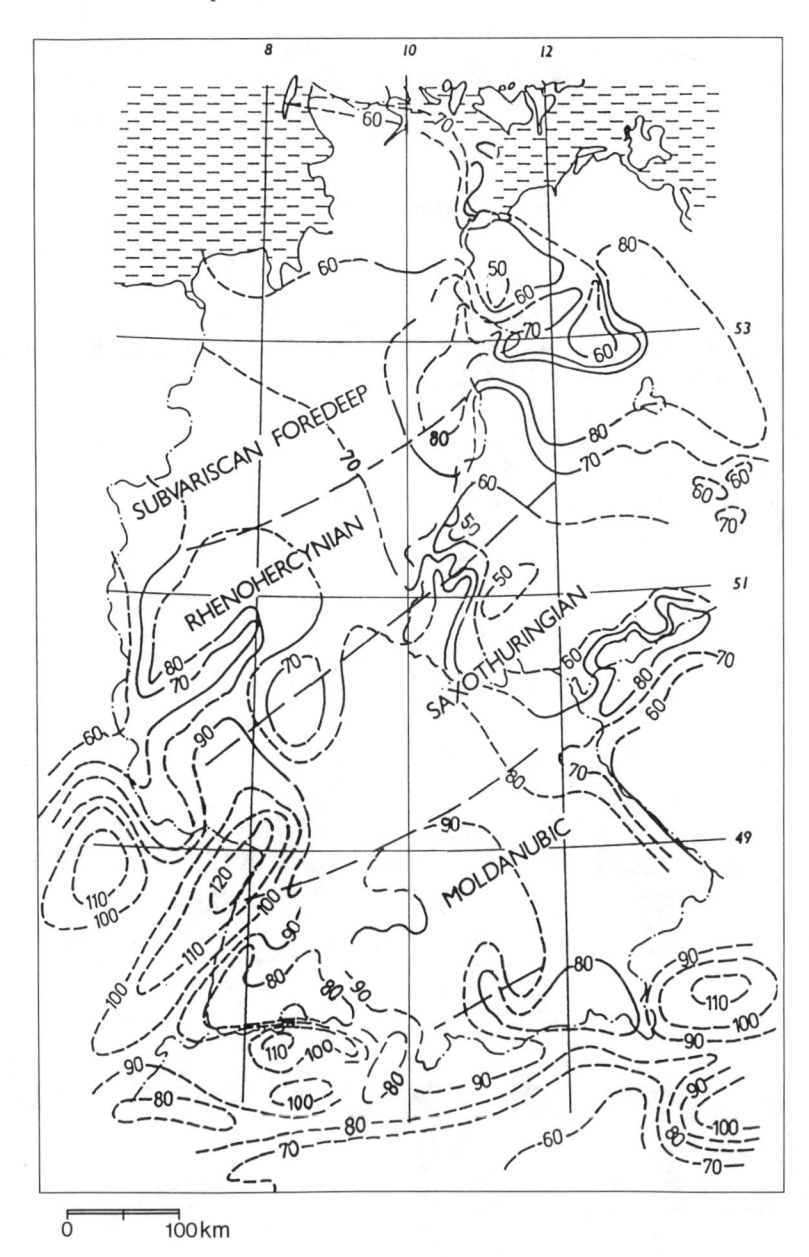

Abb. 22. Karte der Wärmestromdichte für Mitteleuropa in mW/m² (n. CERMAK 1990).

Der nördliche Oberrheingraben zeigt eine Wärmeflußdichte von 100 mW/m². Neuere Untersuchungen zeigen jedoch, daß häufig aufsteigendes heißes Grundwasser als Ursache dieser Anomalie anzusehen ist. Ein bislang unter dem Rheingraben vermuteter erhöhter Wärmefluß aus dem Grundgebirge und der tieferen Erdkruste muß daher als fraglich angesehen werden. Das Gebiet des jungen Eger(Ohře)-Grabens im Nordosten der Tschechoslowakei zeichnet sich durch Wärmeflußwerte zwischen 80–100 mW/m² aus, ein Hinweis für eine gewisse Restwärme aus der Zeit der miozänen und pliozänen vulkanischen Aktivität.

Aus der recht gleichförmigen Verteilung der Wärmeflußdichte in Mitteleuropa resultiert für die Kruste/Mantel-Grenze ein Temperaturbereich von 600–700 °C.

1.4.4 Seismizität und rezentes Spannungsfeld

Mitteleuropa ist großtektonisch als Intraplattenregion anzusehen. Dennoch ist eine gewisse seismische Aktivität zu verzeichnen, die mit den gebirgsbildenden Prozessen in den Alpen und im gesamten Mittelmeerraum im Zusammenhang steht.

Das stärkste bislang in historischer Zeit in Mitteleuropa aufgetretene und beschreibend erfaßte Erdbeben ereignete sich im Jahre 1356 am Südende des Oberrheingrabens bei Basel. Aufgrund der Beschreibungen über die aufgetretenen Zerstörungen kann eine Intensität VIII–IX und eine geschätzte Magnitude von 6,5 auf der Richter-Skala abgeschätzt werden. Aus jüngerer Zeit ist als stärkeres Beben ein am 3. September 1978 auf der Schwäbischen Alb bei Albstadt aufgetretenes Ereignis bekannt. Es hatte eine Intensität von etwa VIII und eine Magnitude von 5,8.

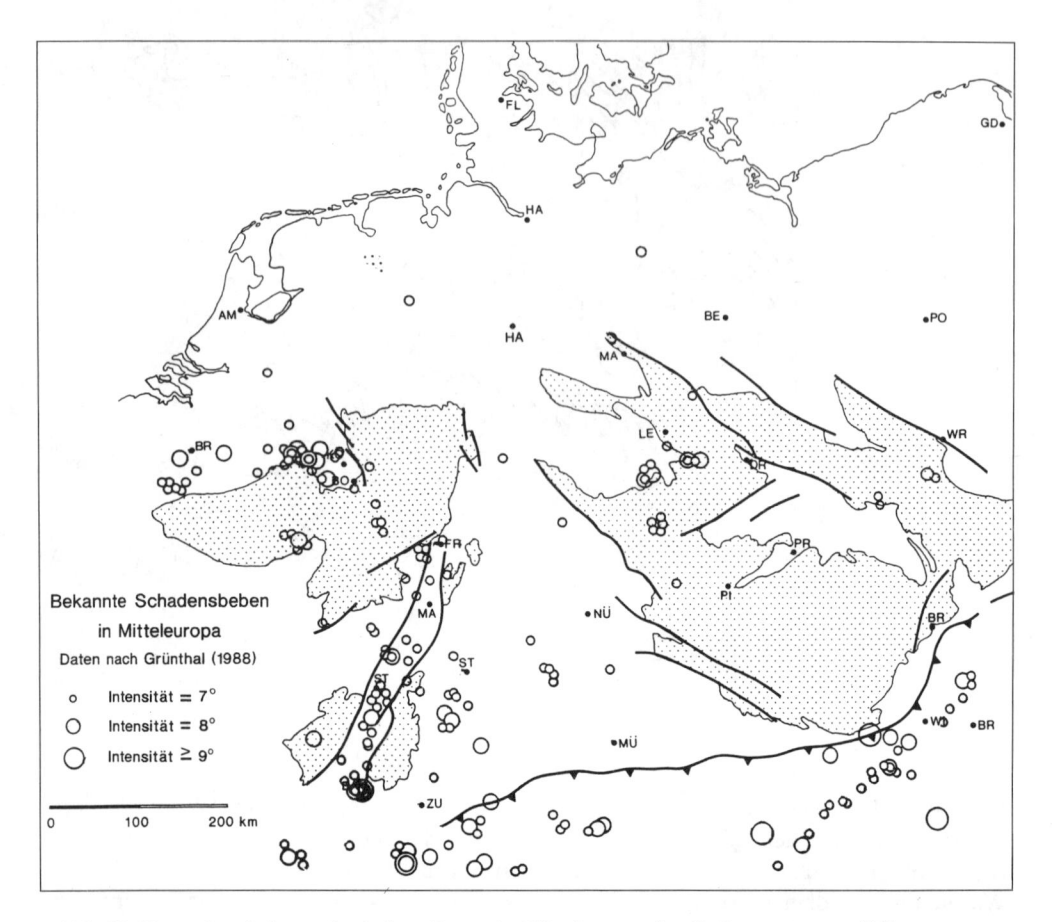

Abb. 23. Karte der aktiven seismischen Zonen in Mitteleuropa (n. GRÜNTHAL, unveröff.).

Alle Erdbeben in Mitteleuropa sind **Flachbeben** mit Herden in der Erdkruste. Der südwestdeutsche Raum zeichnet sich durch eine erhöhte seismische Aktivität aus. Einmal ist eine Häufung von Erdbebenherden in der Nähe des Hohenzollern-Grabens zu erkennen, zum anderen weist der südliche Bereich des Oberrheingrabens, insbesondere des südlichen Schwarzwaldes, eine erhöhte Erdbebentätigkeit auf. Auch das Gebiet um Frankfurt und die Niederrheinische Bucht zeichnen sich durch eine gewisse seismische Aktivität aus. Isoliert erscheint die seismische Aktivität des Vogtlandes mit seinen so typischen Schwarmbeben. Das Auftreten von schwachen Beben in Norddeutschland ist wohl zum größten Teil an rezente Salztektonik gebunden. Die seismische Aktivität am Alpenrand und in den Alpen selbst ist im Zusammenhang mit der in diesem Raum noch immer wirkenden Kompressionstektonik zu sehen.

Aus der Analyse von seismischen Herdflächenlösungen, Bohrlochrandausbrüchen und speziellen Spannungsmessungen läßt sich ableiten, daß in Mitteleuropa die Achse der größte horizontalen Hauptspannung etwa NW–SE orientiert ist. Daraus folgt, daß sich die Scherbrüche auf etwa E–W und N–S streichenden Zonen anordnen müssen. Die Abb. 23 zeigt eine Karte Mitteleuropas mit tektonischen Hauptstrukturen und Erbebenzonen. In dieser vereinfachenden Darstellung sind mehrere zwischen der Nordsee und den Alpen sich erstreckende Nord-Süd-Scherzonen zu erkennen, deren Verlauf durch neotektonische Strukturen, Lokalisierungen von Erdbeben und Herdflächenlösungen belegt ist. Andererseits deutet sich an, daß sich die rezenten Erdbebengebiete längs variszischen Lineamenten anordnen. Dieses Bild wird in der Weise gedeutet, daß die Seismizität an Scherzonen-Muster geknüpft ist, die einerseits etwa der Richtung größter Scherspannungen des rezenten Beanspruchungsplanes andererseits aber auch der rheologischen Gliederung des variszischen Gebirgssystems nach SW–NE verlaufenden Strukturzonen folgen.

Literatur: B. Aichroth & C. Prodehl 1990; E. Apitz et al. 1987; G. H. Bachmann & S. Grosse 1989; K. Bahr et al. 1990; H.-J. Behr et al. 1989; A. Berthold 1990; D. Betz et al. 1987; C. Bois et al. 1986; P. Bormann, P. Bankwitz & A. Schulze 1989; R. K. Bortfeld et al. 1985; W. Bosum & Th. Wonik 1991; V. Cermak, L. Bodri & B. Tanner 1990; C. Clauser 1988; W. Conrad, W. Grosse & S. Thomascheewski 1977; Dekorp Research Group 1990; G. Dohr 1989; W. Franke & D. Franke 1990; K. Fuchs et al. 1987; H. Gebrande et al. 1989; P. Giese, C. Prodehl & A. Stein 1976; P. Giese et al. 1983; M. Grad et al. 1986; S. Grosse & J. B. Edel 1991; A. Guterch et al. 1986; V. Haak & V. R. S. Hutton 1986; A. Hahn & T. Wonik 1990; H. D. Heck & R. Schick 1980; J. Ibrajer et al. 1983; H. Jödicke 1990; E. Lüschen et al. 1989; J. Mechie, C. Prodehl & K. Fuchs 1983; R. Meissner, Th. Wever & E. R. Flüh 1987; R. Meissner, Th. Wever & R. Bittner 1987; M. M. Mostaanpour 1984; S. Plaumann 1987; C. Reichert 1988; R. Schulz 1990; H. Thybo et al. 1990; K. Weber 1978; T. Wonik & A. Hahn 1990; P. A. Ziegler 1982.

2. Das Vorquartär der Mitteleuropäischen Senke

2.1 Die mittlere und südliche Nordsee-Senke

2.1.1 Übersicht

Ihre gegenwärtige Beckenstruktur zwischen den Britischen Inseln im Westen und Skandinavien (einschließlich Dänemark) im Osten erhielt die Nordsee während des frühen Tertiärs. Bis über 3.500 m Sediment wurden seit dieser Zeit im zentralen Nordseegebiet abgelagert.

Vor dem Känozoikum war der Nordseebereich Teil der großen permisch-mesozoischen Senkungszone des Nordwesteuropäischen Beckens, das sich vom östlichen Mitteleuropa bis an den Atlantik-Schelfrand nördlich der Shetland-Inseln erstreckte.

Der strukturelle Rahmen des vorkänozoischen Nordseebeckens war gegeben durch den Fennoskandischen Kraton im Osten, die Britisch-Skandinavischen Kaledoniden im Nordwesten und das Brabanter Massiv bzw. den nördlichen Außenrand der mitteleuropäischen Variszeden im Süden.

Tektonisches Hauptelement der Nordsee-Senke ist ein in der Mitte der Nordsee N–S verlaufendes, über 1.000 km langes und in sich stark gegliedertes Grabensystem. Seine Einsenkung begann bereits im unteren Perm und setzte sich mit unterschiedlicher Intensität bis in die Unterkreide fort.

Den südlichen und mittleren Teil dieses Grabensystems bildet der **Zentralgraben**. Er wird bis zu 100 km breit. Seine erhebliche tektonische Absenkung führte zu einer örtlich extrem mächtigen Sedimentfüllung. In einigen Bereichen liegt die Zechsteinbasis über 10.000 m tief. Eine intensive Halokinese der Zechsteinsalze hat die eigentliche Grabentektonik durch Diapirbildung und den Aufstieg von Salzmauern stark überprägt.

Im mittleren Nordseebereich durchbricht der Zentralgraben das **Mittelnordsee-Ringköbing-Fünen-Hoch**, eine vor allem während des Perms und des frühen Mesozoikums paläogeographisch wirksame tektonische Hochzone, die den heutigen Nordseeraum von Osten nach Westen quert.

Nördlich des Mittelnordsee- und Ringköbing-Fünen-Hochs verläuft die Grabenzone in NNW-Richtung. Sie wird hier im Westen vom **Forth Approaches-Becken** und **Moray-Firth-Becken** und im Osten vom **Norwegisch-Dänischen Becken** und **Egersund-Becken** begrenzt.

Die südlichen Ausläufer des Zentralgrabens sind N–S gerichtet und trennen das **Ostenglisch-Niederländische Becken** (Anglo-Dutch Basin) vom **Nordwestdeutschen Becken**. Vor der niederländischen Nordseeküste verlieren sich ihre Konturen allmählich. Dieser südliche Teil des Zentralgrabens unterlag abweichend von seinem mittleren und nördlichen Abschnitt in der oberen Kreide und mit leichten Nachbewegungen im mittleren Paleozän der tektonischen Inversion.

Auch im Ostenglisch-Niederländischen Becken stellen das **Solepit-Hoch** und vor der niederländischen Küste das **Broad Fourteens-Hoch** wichtige NW–SE streichende Inver-

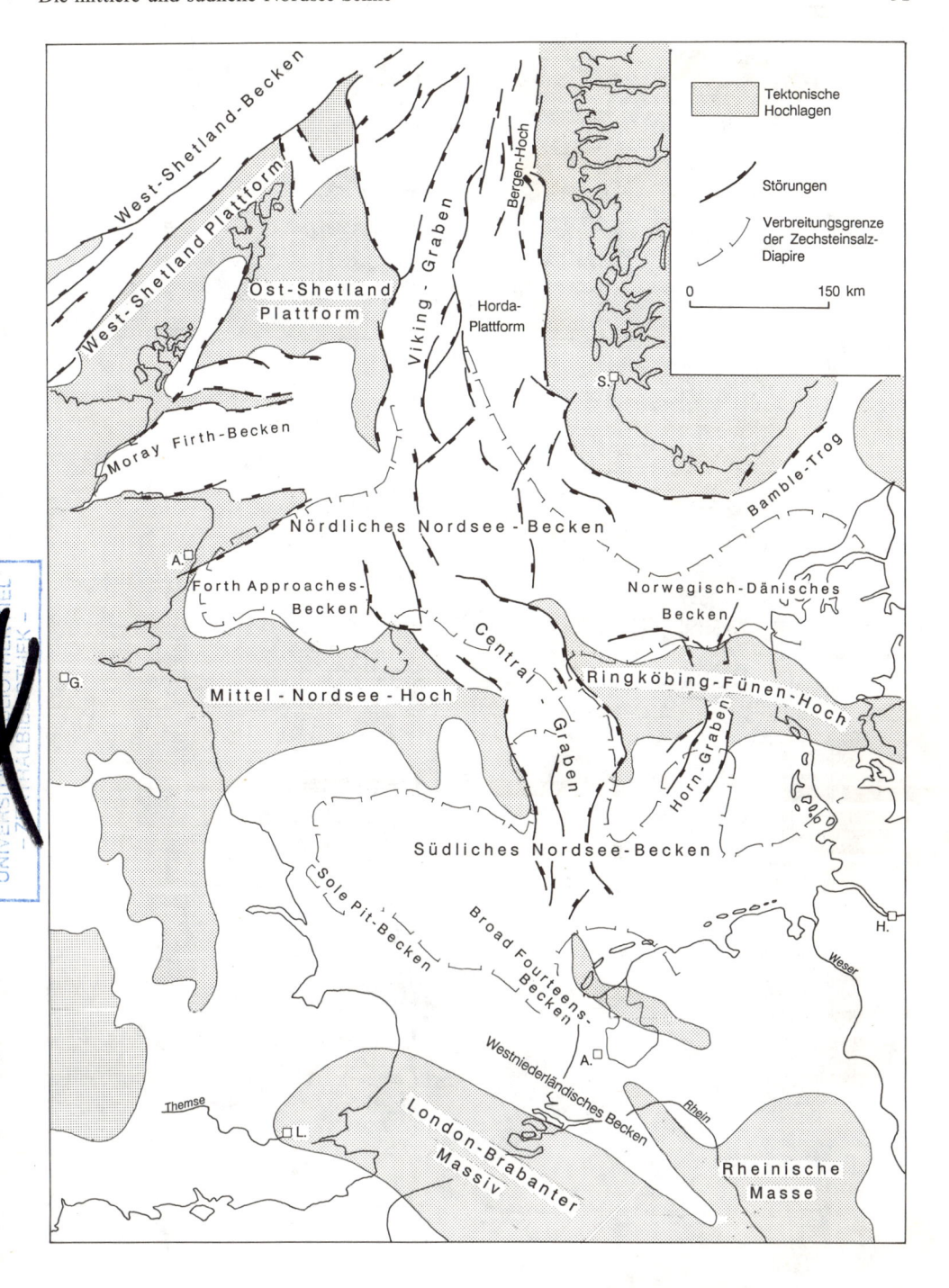

Abb. 24. Tektonische Gliederung der Nordsee-Senke (n. SCHÖNEICH 1985 u. a.).

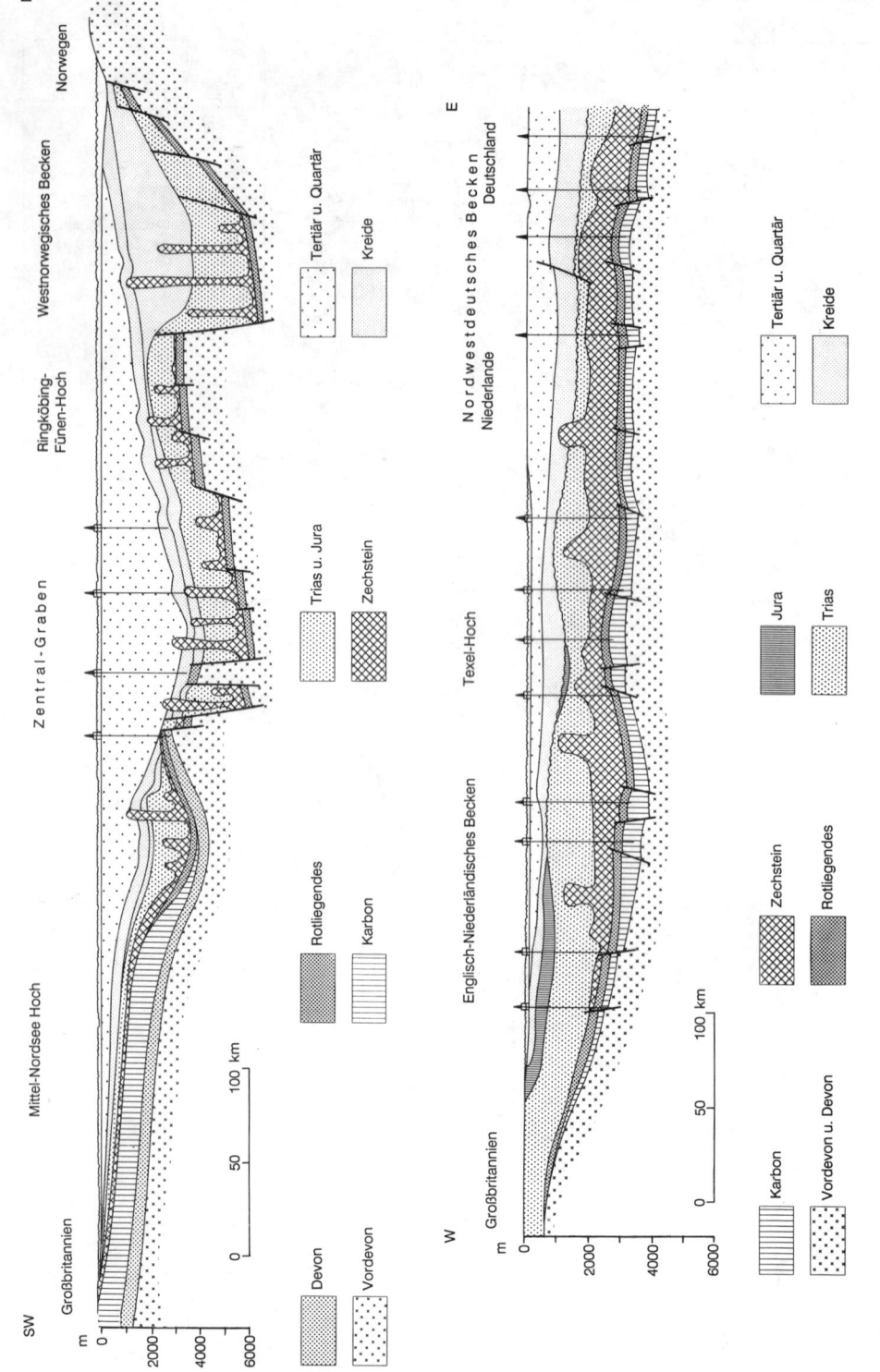

Abb. 25. Schematische geologische Profile durch die mittlere und südliche Nordsee (n. SCHÖNEICH 1988).

sionsstrukturen dar. Ihrer heutigen tektonischen Hochlage ging eine vom Perm bis in den Mitteljura andauernde Absenkung und Sedimentation voraus. Nach Heraushebung und Erosion im Mitteljura und erneuter Absenkung während der frühen Kreide erfolgte die endgültige Inversion des Solepit- und Broad Fourteens-Beckens zu den heutigen breiten Hochstrukturen in zwei Phasen zwischen dem Turon und Campan und während des Oligozäns. Im Zentrum des Solepit-Beckens wird Jura und örtlich auch Trias von nur geringmächtigem Pliozän und Pleistozän eingedeckt.

Das Ringköbing-Fünen-Hoch wird vor der dänischen Küste von einer zweiten Grabenstruktur, dem **Horn-Graben**, durchbrochen. Der Horn-Graben streicht NNE–SSW bis NE–SW. Seine Hauptabsenkung fiel in die Zeit des Unteren und Mittleren Buntsandsteins. Über seinen Flanken entwickelten sich im Verlauf der Trias, hauptsächlich während des Keupers, wie im Zentralgraben Salzdiapire. Nach einer allgemeinen Heraushebung und Erosion im Mittel- und Oberjura wurden die Strukturen des Horn-Grabens von Unter- und Oberkreidesedimenten und Tertiär abgedeckt. Während des Paleozäns erlebte der Salzaufstieg eine kurzzeitige Reaktivierung.

2.1.2 Geologische Entwicklung, Stratigraphie

Im Norden wird die jungpaläozoisch-mesozoische Sedimentfüllung des Nordseebeckens von gefalteten und hoch metamorphen Gesteinen der Schottisch-Norwegischen Kaledoniden unterlagert. Im **Devon** führte hier der synorogene und postorogene Einbruch intramontaner Senken zur Ablagerung örtlich mächtiger Old Red-Folgen. Auch im zentralen und südlichen Nordseegebiet wurden an weniger metamorphen Gesteinen kaledonische Alter um 440–450 Ma festgestellt. Über die Ausdehnung eines selbständigen kaledonischen Orogens im Bereich der südlichen Norsee und ggf. seine Verbindung zu den nordostpolnischen Kaledoniden gibt es vorläufig nur Vermutungen.

Bereits im Mitteldevon führten jedenfalls marine Meeresvorstöße aus der südlich gelegenen variszischen Geosynklinale bis an das Auk- und Argyll-Ölfeld zur Ablagerung von Flachwasserkarbonaten und Evaporiten im Bereich des späteren Mittelnordsee-Ringköbing-Fünen-Hochs.

Im späten Devon und **Unterkarbon** entwickelte sich das südliche und mittlere Nordseegebiet zu einer relativ breiten flachen Verebnung, im Norden begrenzt von dem in Erosion begriffenen kaledonischen Hochland, im Süden mit direkter Verbindung zum marinen Sedimentationsgebiet der variszischen Vortiefe. Wiederholte Ingressionen von Süden führten hier während des Unterkarbons zu einer weiten Verbreitung von Flachwasserkalken (Kohlekalk) des Dinant und teilweise kohleführenden Sandstein-Tonschiefer-Folgen des frühen **Oberkarbons** (Namur).

Nach dem Namur stellten sich im südlichen und mittleren Nordseegebiet wie auch in der südlichen gelegenen subvariszischen Saumsenke und in Ostengland paralische Verhältnisse ein. 2.000 bis 3.200 m mächtige kohleführende Serien des Westfal A und B stellen die Muttergesteinsformationen für die reichen Erdgaslager des südlichen Nordseebeckens dar. Westfal C und D sind gewöhnlich in kontinentaler Rotfazies entwickelt und enthalten nur örtlich Kohle.

Heraushebung und Erosion z. B. im Mittelnordsee- und Ringköbing-Fünen-Hoch während des späten Oberkarbons haben die heutige Verbreitung des kohleführenden Oberkarbons auf das südliche Nordseebecken eingeschränkt.

Nach Abschluß der mitteleuropäischen variszischen Orogenese im frühen **Perm** entwickelten sich über das ganze Nordseegebiet hinweg zwei große intrakratonische Becken mit W–E verlaufenden Beckenachsen. Beide Becken wurden durch eine Schwellenregion aus Mittelnordsee-Hoch und Ringköbing-Fünen-Hoch voneinander getrennt.

Das größere Südliche Perm-Becken umfaßt außer dem gesamten südlichen Nordseebecken auch weite Teile des Norddeutsch-Polnischen Beckens. Zwischen Mittelnordsee-Hoch und Ringköbing-Fünen-Hoch begann sich der Zentralgraben einzutiefen. Im Ringköbing-Fünen-Hoch entwickelte sich in der südlichen Fortsetzung des Oslo-Grabens der Horn-Graben. Im Unteren Rotliegenden (Autun) auftretende Vulkanite sind vorzugsweise an die nördliche und südliche Flanke des Ringköbing-Fünen-Hochs gebunden.

Das Nördliche und das Südliche Perm-Becken füllten sich im Verlauf der **Rotliegendzeit** mit mächtigen rotfarbenen kontinentalen Sedimenten. Im Nördlichen Becken und auch an den Rändern des Südlichen Beckens überwiegen fluviatile Sande. Auch Dünensande sind weit verbreitet. Sie besitzen in der südlichen Nordsee große Bedeutung als Gasspeichergesteine. Im Nördlichen Perm-Becken sind sie im Auk- und Argyll-Feld ölführend. Zum Inneren der Becken hin finden sich tonig-karbonatische Sabkha-Bildungen, im Zentrum des südlichen Senkungsgebietes auch verschiedene Steinsalz-Horizonte von Salzseen. Die Mächtigkeit der kontinentalen Rotliegend-Sedimente des Nördlichen Beckens erreichte bis zu 500 m und mehr. Im Beckenzentrum des Südlichen Beckens vor der schleswig-holsteinischen Küste sind sie bis 1.000 m mächtig.

Im **Zechstein** führte die Öffnung einer schmalen Meeresstraße zwischen Grönland und Norwegen zur plötzlichen marinen Überflutung des Rotliegend-Beckens. Die im gesamten Nordseegebiet mit Ausnahme des Ringköbing-Fünen-Hochs verbreiteten Zechsteinbildungen lagern ohne merkliche Diskordanz auf Oberrotliegendem.

Am Anfang des Zechsteinprofils stehen geringmächtige schwarze Tone, analog den in Norddeutschland verbreiteten Kupferschiefern. Danach kam es zur Bildung der klassischen Karbonat-Evaporit-Zyklen des norddeutschen Zechsteins. Im Bereich der nördlichen Nordsee gelingt eine Korrelation mit der deutsch-holländischen Zechsteingliederung allerdings nur für die Salzfolgen im Beckeninneren.

Der erste Zechsteinzyklus (Z 1) umfaßt außer dem Kupferschiefer den Zechsteinkalk und Werra-Anhydrit. Der zweite Zechsteinzyklus (Z 2) besteht aus Stinkschiefern und Stinkkalken sowie dem Hauptdolomit als deren Randfazies. Im Zentrum des Südbeckens wurden maximal 1.400 m mächtige Staßfurt-Salze abgeschieden. Letztere stellen den Hauptanteil der Salze in den Salzkissen und -diapiren des Nordseebeckens. Der dritte Zechsteinzyklus (Z 3) beginnt mit dem Grauen Salzton und umfaßt weiterhin den Hauptdolomit, den Hauptanhydrit und eine bis wenige 100 m mächtige Salzfolge. Der vierte Zechsteinzyklus (Z 4) ist mit dem Oberen Anhydrit oder Pegmatit-Anhydrit und maximal 90 m mächtigen Salzen vertreten. Im Südbecken deuten sich ähnlich wie in Norddeutschland noch drei weitere Salzbildungszyklen an (Z 5 – Ohře-Folge, Z 6 – Frieslandfolge, Z 7 – Mölln-Folge).

Die primär bis über 1.000 m mächtigen Zechstein-Salzfolgen breiteten sich weitflächig über das Innere des fortbestehenden südlichen und nördlichen Hauptbeckens aus, während sich die Karbonate und Anhydrite im wesentlichen auf ihre Ränder und auf das Mittelnordsee-Hoch beschränken.

Der weiten Verbreitung der Zechsteinsalze in den Becken und im Zentralgraben zwischen Mittelnordsee-Hoch und Ringköbing-Fünen-Hoch kommt wegen ihrer Neigung zur Halokinese große Bedeutung zu. Vor allem im maximal abgesunkenen Bereich des Zentralgrabens sind steil aufgerichtete Salzmauern ausgebildet. Die Ausrichtung der meisten Salzkissen und

Die mittlere und südliche Nordsee-Senke 55

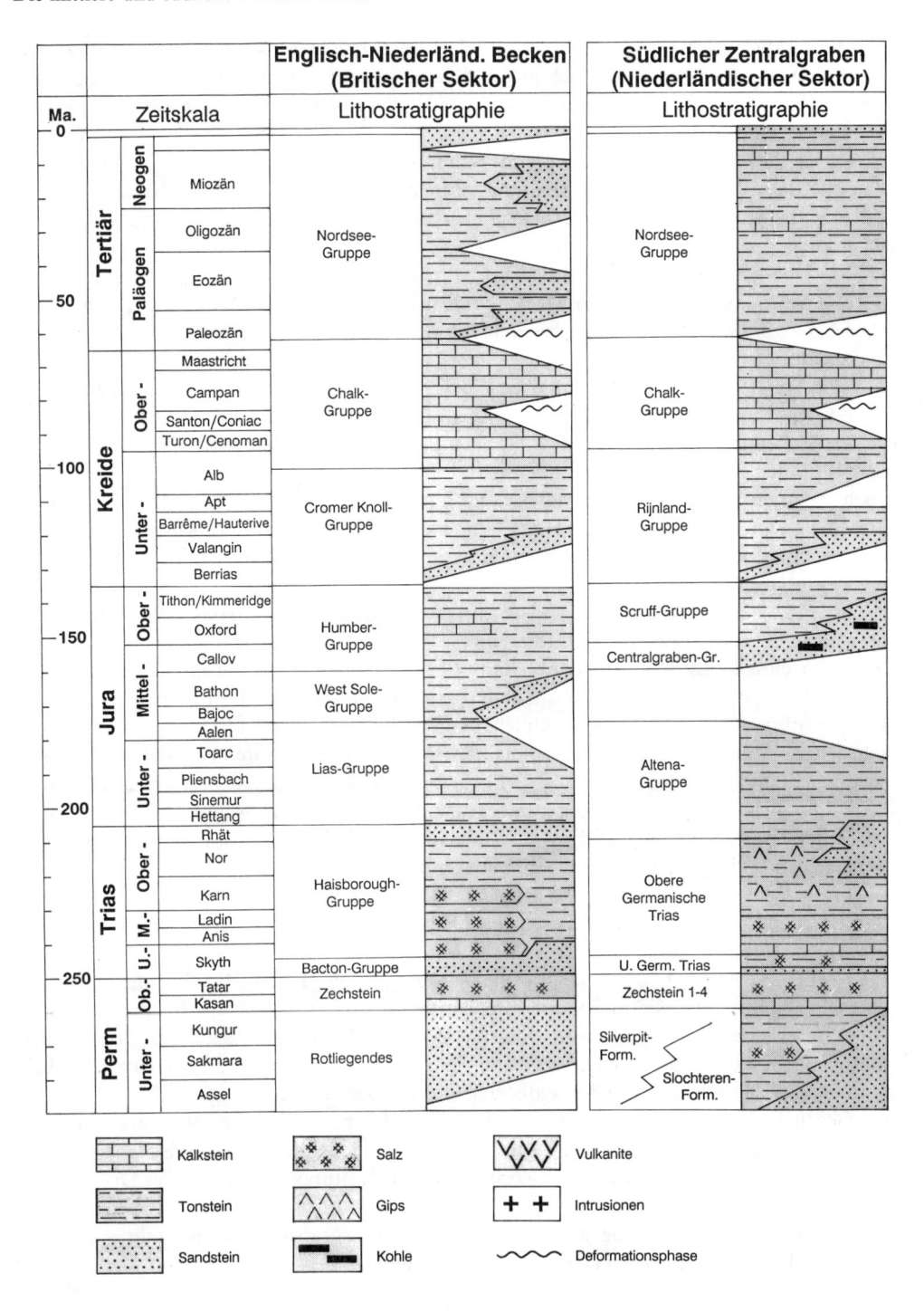

Abb. 26. Lithologie und stratigraphische Gliederung der jungpaläozoisch-mesozoischen und tertiären Sedimentfüllung des südlichen Nordseebeckens (nach verschiedenen Autoren).

Salzdurchbrüche richtete sich nach tektonischen Vorgaben im präsalinaren Untergrund. Die Strukturen entstanden vornehmlich im Gefolge jungkimmerischer Bewegungen. Aber auch bereits gegen Ende des Buntsandsteins und vor allem während des Keupers kam es zur Diapirbildung.

Durch ihre dichte Abdeckung des Subsalinars und durch ihren Diapirismus haben die Zechsteinsalze entscheidend zur Erhaltung zahlreicher Erdgas- und Erdölfelder des Nordseegebietes beigetragen. Einige Zechsteinkarbonate besitzen gute Speichergesteinseigenschaften.

Im Übergang vom Perm zur **Trias** wurde die Meeresverbindung zwischen dem nordwesteuropäischen Zechstein-Meer und dem Perm-Becken der Arktis wieder unterbrochen. Das hatte für den Nordseebereich die Rückkehr zu weitgehend kontinentalen Sedimentationsbedingungen zur Folge. Dabei erfolgte das Absenkungs- und Sedimentationsmuster der Trias noch weitgehend den durch die Perm-Becken vorgezeichneten Strukturen. Entscheidend modifiziert wurde es allerdings durch das verstärkte Einsinken des N–S streichenden Viking- und Zentralgraben-Systems und ebenso des Horn-Grabens seit dem Mittleren Buntsandstein. Als besonders aktive regionale Senkungsgebiete erwiesen sich auch das neu angelegte Egersund-Becken und das Dänische Becken. Bis zu 6.000 m Triassedimente akkumulierten im Horn-Graben, 2.000 m im Zentralgraben und 3.500 m im Egersund-Teilbecken. Im Norddänischen Becken wird die Mächtigkeit der Trias ebenfalls auf 6.000 m geschätzt.

Im südlichen Nordseebecken entspricht die Entwicklung der Trias noch weitgehend derjenigen Norddeutschlands. Unterer und Mittlerer Buntsandstein umfassen hier eine örtlich mächtige klastische Rotserie (Bacton-Gruppe) aus Sandsteinen entlang den Beckenrändern und Tonsteinen vorwiegend in den Absenkungszentren. Auch Röt, Muschelkalk und Keuper (ohne Rhät) weisen hier Ähnlichkeiten zu der für Norddeutschland charakteristischen Ausbildung auf. Sie werden zur Haisborough-Gruppe zusammengefaßt. Feinklastische Sedimente und Evaporite mit deutlichem zyklischem Aufbau bestimmen das Bild. Salzbildung ist im Röt, im Mittleren Muschelkalk und im Unteren und Mittleren Keuper verbreitet. Dem Rhät entspricht die Winterton-Formation mit transgressiven marinen Sandsteinen und Tonsteinen im Übergang von der Trias zum Jura.

In die Zeit des Übergangs vom Buntsandstein zum Muschelkalk fällt der Beginn der Salzkissenbildung im Horn-Graben. Das Diapirstadium wurde hier bereits im Keuper erreicht.

Nördlich des Mittelnordsee- und Ringköbing-Fünen-Hochs besteht die Trias im ehemaligen Nördlichen Perm-Becken durchgehend aus zyklisch abgelagerten kontinentalen roten Sandsteinen und Tonsteinen (Smith-Bank-Formation oder Skagerrak-Formation). Geringmächtige Evaporitlagen kommen nur selten vor. Eine Korrelation mit der klassischen germanischen Dreigliederung der südlichen Vorkommen ist nicht möglich.

Gegen Ende der Trias war das Relief des Nordseebeckens insgesamt eingeebnet, die Becken mit mächtigen Sedimenten gefüllt und erodierte Hochgebiete von dünnen Sedimentschichten überdeckt. Im Bereich der Zechsteinsalzverbreitung weitete sich der Diapirismus aus.

Die im Rhät einsetzende allgemeine marine Transgression überdeckte rasch weite Bereiche der während der Trias geschaffenen Fastebene.

Der **Jura** war für das Nordseegebiet eine Zeit gesteigerter tektonischer Aktivität. Störungskontrollierte synsedimentäre Senkungsbewegungen hatten einen erheblichen Ein-

Die mittlere und südliche Nordsee-Senke 57

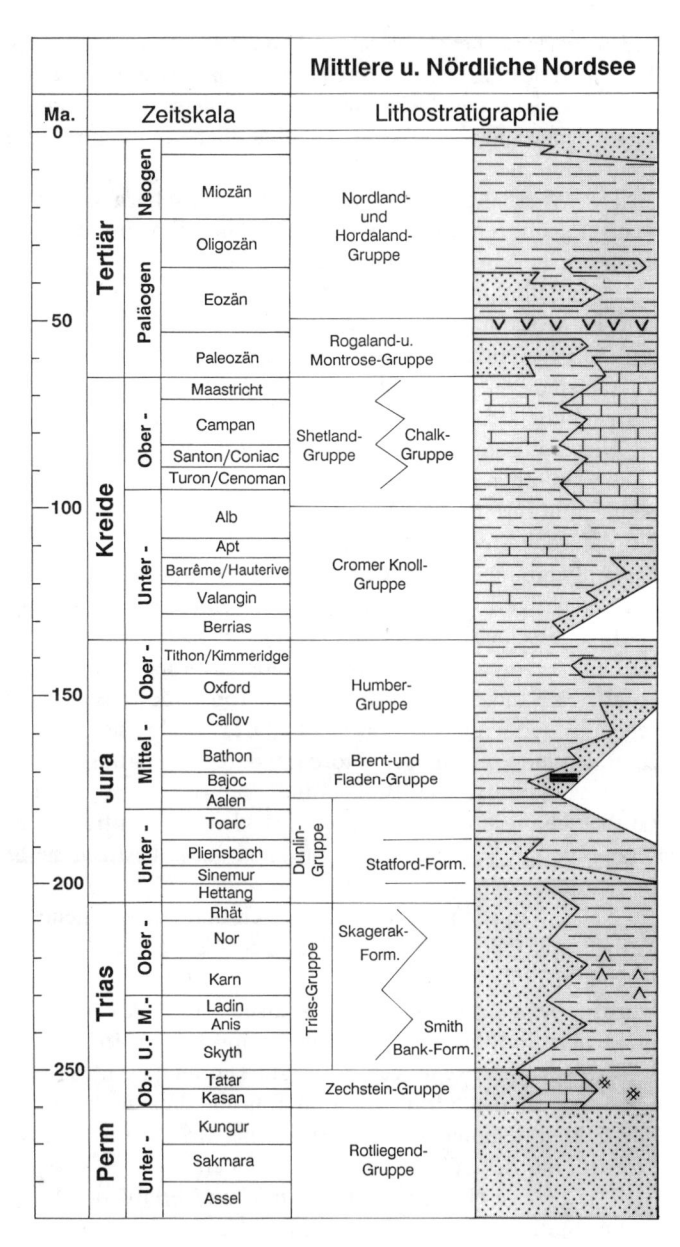

Ma.	Zeitskala			Mittlere u. Nördliche Nordsee Lithostratigraphie	
0	Tertiär	Neogen	Miozän	Nordland- und Hordaland- Gruppe	
			Oligozän		
		Paläogen	Eozän		
50			Paleozän	Rogaland-u. Montrose-Gruppe	
	Kreide	Ober-	Maastricht	Shetland- Gruppe	Chalk- Gruppe
			Campan		
			Santon/Coniac		
			Turon/Cenoman		
100		Unter-	Alb	Cromer Knoll- Gruppe	
			Apt		
			Barrême/Hauterive		
			Valangin		
			Berrias		
	Jura	Ober-	Tithon/Kimmeridge	Humber- Gruppe	
150			Oxford		
			Callov		
		Mittel-	Bathon	Brent-und Fladen-Gruppe	
			Bajoc		
			Aalen		
		Unter-	Toarc	Dunlin- Gruppe	Statford-Form.
			Pliensbach		
200			Sinemur		
			Hettang		
	Trias	Ober-	Rhät	Trias-Gruppe	Skagerak- Form.
			Nor		
			Karn		
		U.-M.-	Ladin		Smith Bank-Form.
			Anis		
			Skyth		
250	Perm	Ob.-	Tatar	Zechstein-Gruppe	
			Kasan		
		Unter-	Kungur	Rotliegend- Gruppe	
			Sakmara		
			Assel		

Abb. 27. Lithologie und stratigraphische Gliederung der jungpaläozoisch-mesozoischen und tertiären Sedimentfüllung der nördlichen Nordsee-Senke und des Viking-Grabens (nach verschiedenen Autoren). Zeichenerklärung wie Abb. 26.

fluß auf die fazielle Ausbildung und Mächtigkeit der Jura-Sedimente. Das gilt besonders für die späte Jurazeit. Hinzu kamen allgemeine Meeresspiegelschwankungen.

Der **Unterjura** ist überwiegend tonig ausgebildet. Die heutige Verbreitung seiner Sedimente ist durch weitflächige Erosion während des Mitteljuras stark eingeschränkt. So fehlen im deutschen Nordseeteil Unterjura-Sedimente mit Ausnahme einiger küstennaher Tröge und des Zentralgrabenteils völlig. In größerer Entfernung von den Heraushebungsgebieten erreicht der Unterjura bis zu 900 m Mächtigkeit im Solepit-Trog des Ostenglisch-Niederländischen Beckens und ähnliche Größenordnungen auch im östlichen Norwegisch-Dänischen Becken.

Der Übergang vom Unterjura zum **Mitteljura** ist gewöhnlich durch eine mehr oder weniger große Schichtlücke gekennzeichnet. Eine domartige Heraushebung weiter Bereiche des heutigen Nordseegebietes führte zu einer tiefgreifenden Veränderung der Paläogeographie (mittelkimmerische Phase). Das Zentrum der Aufwölbung lag südlich der Shetland-Plattform im Bereich des Zusammentreffens von Zentralgraben, Moray Firth-Becken und Viking-Graben. Es war gleichzeitig das Zentrum eines lebhaften mitteljurassischen Vulkanismus mit einem über 750 m mächtigen Stapel basaltischer Laven. Im Scheitel der Aufwölbung senkten sich der Viking-Graben und der Zentralgraben weiter ein.

Nur im Ostenglisch-Niederländischen Becken ganz im Südwesten und im Norwegisch-Dänischen Becken und Egersund-Becken im Osten und Norden setzte sich die marine Sedimentation in den Mitteljura fort. Sonst herrschten im mittleren und südlichen Nordseegebiet festländische bis paralische Bedingungen. In der unmittelbaren Umgebung der Aufwölbung und in den Hauptgrabenstrukturen akkumulierten Deltasandsteine, die heute wichtige Erdöl- und Erdgasspeichergesteine darstellen.

In unterschiedlichen Zeiten stellten sich in den verschiedenen Beckenteilen wieder marine Verhältnisse ein. **Oberjura** ist größtenteils wieder durch dunkle Tone mit örtlich eingeschalteten Sandsteinen vertreten. Die Tonsteine weisen zum Teil hohe Gehalte an organischem Material auf. Als Kimmeridge Clay stellen sie das wichtigste Erdölmuttergestein der zentralen und nördlichen Nordsee dar. Die Sandsteine entstanden als marine Flachwassersande oder am Beckenrand. Teilweise wurden sie auch auf den ausgedehnten Grabenschultern des sich weiter einsenkenden Zentralgrabens und Viking-Grabens abgesetzt. Wie die Sandsteine des mittleren Juras besitzen sie als Speichergesteine erhebliche Bedeutung.

Nach weitgehendem Reliefausgleich und entsprechend erneuter Meeresüberflutung im Verlauf des Oberjuras kam es an der Wende Jura/Kreide noch einmal zu gesteigerten tektonischen Bewegungen im ganzen Nordseegebiet. In dieser jungkimmerischen Phase wurden besonders die Randstörungen des Viking- und Zentralgrabens noch einmal reaktiviert und ihre Grabenschultern angehoben. In der mittleren und südlichen Nordsee werden solche Bewegungen durch starken Diapirismus der Zechsteinsalze verschleiert.

Außer in den Grabenzentren führten die jungkimmerischen Bewegungen auch zur verstärkten regionalen Absenkung im Moray Firth-Becken und Egersund-Becken im Norden und des Solepit-Beckens im Süden.

Das neu geschaffene Relief wurde im Verlauf der **Unterkreide** durch kontinuierliche Sedimentation mariner Tone und Mergel weitgehend ausgeglichen. Beginnend im Alb wurden auch die verbleibenden Hochgebiete, Teile des Mittelnordsee-Hochs und des Ringköbing-Fünen-Hochs sowie die Grabenschultern des nördlichen Zentralgrabens und Viking-Grabens in die Sedimentation einbezogen. Weit verbreitete Schreibkreidekalke der **Oberkreide** lösen die Tonsteine der Unterkreide ab. Im allgemeinen zwischen 400 und 500 m mächtig erreichen sie in den Hauptabsenkungsgebieten des südlichen (Niederländischen) Zentralgrabens 1.200 m und im nördlichen Viking-Graben bis 1.800 m. In stabilen Schwellengebieten wie dem Mittelnordsee-Hoch und dem Ringköbing-Fünen-Hoch und beiderseits des Viking-Grabens reduziert sich ihre Mächtigkeit auf zum Teil weniger als 200 m.

Die mittlere und südliche Nordsee-Senke 59

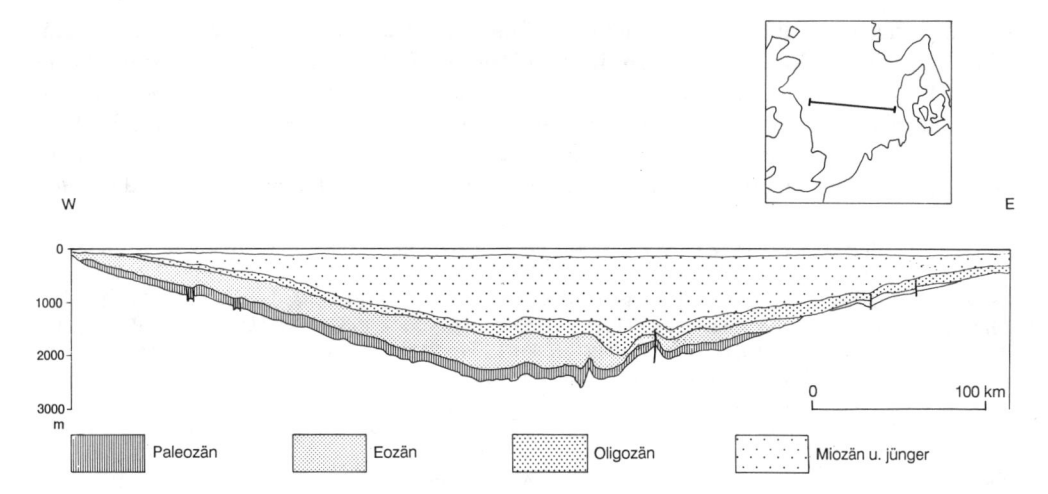

Abb. 28. Schematisches geologisches Profil durch das känozoische Nordseebecken (n. P. A. ZIEGLER 1982).

Die allgemeine Transgression erreichte ihren Höhepunkt im Maastricht. Doch kam es während der mittleren Oberkreide in der südlichen Nordsee bereits zu ersten tektonischen Inversionsbewegungen (subherzyne Phase). Im nordwestlichen Solepit-Becken erfolgten Heraushebungen und nachfolgende Erosion bis auf den Jura zwischen dem Turon und dem Campan. Im südlichen Zentralgraben begann eine erste Inversion am Anfang des Campans. Nach Ende der Oberkreidezeit engte sich das Nordseebecken stark ein. Im Zentralgraben finden sich noch bis über 200 m Kalksteine des Dans.

Die Oberkreidekalke stellen vor allem in der mittleren Nordsee wichtige Erdöl- und Erdgasspeichergesteine dar.

Im Verlauf des unteren **Paleozäns** führten laramische Dehnungsbewegungen noch einmal zu verstärkter Absenkung der Nordseegräben und Anhebung ihrer Flanken. Paleozäne turbiditische Tiefwassersande im nördlichen Zentralgraben und im Viking-Graben gehören heute zu den wichtigsten Speichergesteinen für Erdöl und Erdgas der zentralen und nördlichen Nordsee. Gleichaltrige Tone enthalten in großen Mengen organisches Material und werden als Erdölmuttergesteine angesehen. In der südlichen Nordsee wurde im Gegensatz dazu die Grabenfüllung der südlichen Ausläufer des Zentralgrabens in einer zweiten Inversionsphase über die Erosionsbasis herausgehoben. Die Abtragung griff hier bis auf Unterkreide-Sedimente über.

Im Verlauf des **Eozäns** nahm das Nordseebecken seine auch heute noch gültige flach-schüsselförmige symmetrische Gestalt an. Die Absenkungsachse fiel dabei noch grob mit dem älteren Nordseegraben-System zusammen. Noch einmal kam es im Norden außer zur Ablagerung von Tonsteinen und gelegentlich aus nordwestlicher Richtung eingewehten vulkanischen Tuffen zur Bildung von Sandsteinen mit günstigen Speichereigenschaften.

In der südöstlichen Nordsee kam es nach Abschluß des Eozäns zu einer weitergehenden Inversion auch südwestlicher Abschnitte des Solepit-Beckens. Sie führte zusammen mit der subherzynen Inversion während der Oberkreide zu einer Heraushebung der Beckenfüllung um rund 1.500 m.

Im übrigen Nordseebecken besteht das **Oligozän** recht einheitlich aus unverfestigten Tonen und Silten. Während des **Miozäns** und **Pliozäns** füllte es sich weiterhin mit marinen, randlich auch paralischen Sanden und Tonen. Im mittleren Beckenteil, im Bereich des ehemaligen Zentralgrabens, werden maximale Tertiärmächtigkeiten von bis zu 3.500 m erreicht. Gegen die Beckenränder nimmt die Mächtigkeit allmählich ab. Sedimentationsunterbrechungen infolge Meeresspiegelschwankungen betrafen nur diese Randgebiete.

Literatur: G. BEST, F. KOCKEL & H. SCHÖNEICH 1983; T.P. BRENNAND 1984; J. BROOKS & K.W. GLENNIE (Eds.) 1987; S. BROWN 1984; D.D. CLARK-LOWES, N.C.J. KUZEMKO & D.A. SCOTT 1987; C. CORNFORD 1984; G.A. DAY et al. 1981; M.J. FISHER 1984; R.T.C. FROST, F.J. FITCH & J.A. MILLER 1981; K.W. GLENNIE (Ed.) 1984a; K.W. GLENNIE 1984b, 1984c; J.M. HANCOCK 1984; J.M. HANCOCK & P. SCHOLLE 1975; H.-A. HEDEMANN 1980; G.F. HERNGREEN & TH.E. WONG 1989; A. HESJEDAL & G.P. HAMAR 1983; B. VAN HOORN 1987; J. HOSPERS et al. 1988; L.V. ILLING & G.D. HOBSON (Eds.) 1981; T.F. JENSEN et al. 1986; J.P.H. KAASSCHIETER & T.J.A. REIJERS (Eds.) 1983; P.E. KENT 1975; J.P.B. LOVELL 1984; O. MICHELSEN 1982; O. MICHELSEN & C. ANDERSEN 1983; J.C. OLSEN 1983, 1987; A.J. PARSLEY 1984; R.M. PEGRUM 1984; L.B. RASMUSSEN 1978; H. SCHÖNEICH 1986; L. SCHRÖDER & H. SCHÖNEICH 1986; J. SKJERVEN, F. RIJS & J.E. KALHEIM 1983; J.C.M. TAYLOR 1984; O.V. VEJBAEK 1986; O.V. VEJBAEK & C. ANDERSEN 1987; R. VINCKEN (Ed.) 1988; J.M. WALKER & W.G. COOPER 1987; TH.E. WONG, TH.H.M. VAN DOORN & B.M. SCHROOT 1989; A.W. WOODLAND (Ed.) 1975b; P.A. ZIEGLER 1975a, 1975, 1977, 1982, 1987b; 1988; P.A. ZIEGLER & C.J. LOUWERENS 1979.

2.2 Das Dänische Becken und die Fennoskandische Randzone

2.2.1 Übersicht

Die vorquartäre Geschichte des südlichen Ostseeraums ist bestimmt durch die präkambrische und nach-präkambrische Entwicklung des Fennoskandischen Kratons und seiner tektonisch mobilen südwestlichen Randzone gegen die Nordwesteuropäische Senke.

Der südliche Ostseeraum teilt sich heute in ein Gebiet mit hochliegendem präkambrischen Fundament aus überwiegend hochmetamorphen Kristallingesteinen mit teilweise geringmächtiger paläozoischer und mesozoischer Plattformbedeckung im Osten und Nordosten und ein westlich anschließendes tektonisches Senkungsfeld, in dem die präkambrische Basis örtlich bis mehrere 1.000 m tief absinkt und nur noch in einzelnen strukturellen Hochzonen von Bohrungen direkt erreicht wird. Der Übergang vollzieht sich in der Fennoskandischen Randzone, einem NW–SE verlaufenden Störungssystem, das sich als nördlicher Teilabschnitt der Tornquist-Teisseyre-Zone von Nordwestpolen über Bornholm und Schonen bis Nordjütland und zum Skagerrak verfolgen läßt.

Die **Fennoskandische Randzone** stellt eine im einzelnen tektonisch kompliziert gebaute Bruchzone dar. Ihre Mobilität läßt sich bis in das jüngere Paläozoikum (Oberkarbon – Unterperm) zurückverfolgen und hat sich auch im Rahmen kimmerischer und laramischer Bewegungen wiederholt auf das mesozoische Sedimentationsgeschehen ausgewirkt.

Das Störungsmuster der Fennoskandischen Randzone wird besonders deutlich in Schonen. In Nordostschonen liegt das weitgehend ungestörte präkambrische Kristallin des Fennoskandischen (Baltischen) Schildes offen. Nur bei Båstad (im Nordwesten) und Kristianstad (im Südosten) wird es von flach eingesenkten geringmächtigen Oberkreideschichten überdeckt. Südwestlich angrenzend besteht die NW–SE streichende Fennoskandische Randzone aus mehreren gegen Nordwesten abtauchenden präkambrischen Leistenschollen mit zum Teil paläozoischem und im Nordwesten auch mesozoischem Auflager.

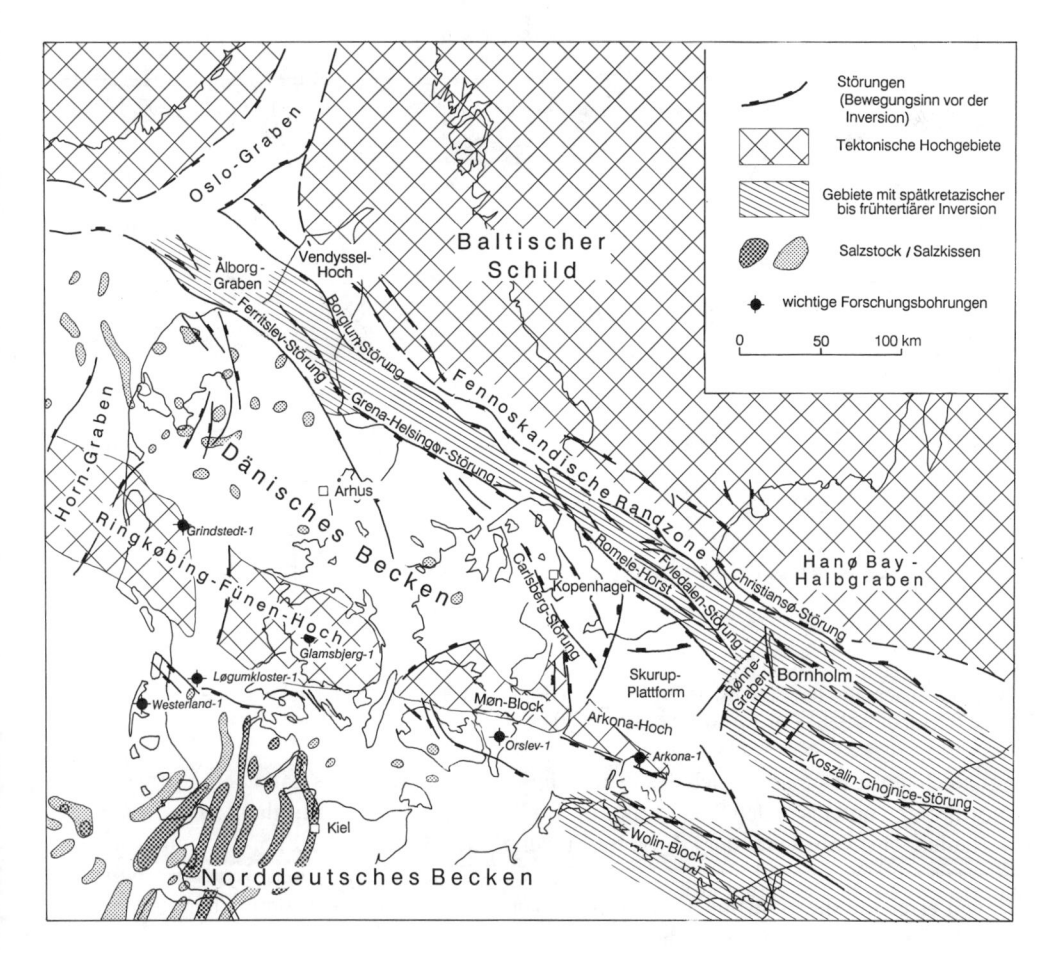

Abb. 29. Tektonische Gliederung des westlichen Ostseeraums (n. LIBORIUSSEN, ASHTON & TYGESEN 1987).

Markante Bruchstrukturen sind im Nordwesten die schmalen Horste von Kullen und Söderåsen südlich Ångelholm und der bedeutendere Horst von Romeleåsen. Der Untergrund Südwestschonens liegt bereits in der südöstlichen Fortsetzung des Dänischen Teilbeckens und ist hauptsächlich aus Oberkreideschichten aufgebaut (Malmö-Ystad-Synklinale). Die präkambrische Basis liegt hier mehr als 3.000 m tief.

Südöstlich Schonen stellt die Insel **Bornholm** eine Horststruktur innerhalb der Fennoskandischen Randzone dar. Von Schonen ist sie durch den N–S verlaufenden Rönne-Graben getrennt. Auch Bornholm besteht in seinem nördlichen und mittleren Teil aus präkambrischen Gesteinen, hauptsächlich Graniten. Im weniger herausgehobenen südlichen Drittel der Insel wird das kristalline Fundament wie in Südwestschonen von jüngeren Deckgebirgsformationen überlagert. Die meisten dieser dem Paläozoikum und Mesozoikum angehörenden Gesteinsserien sind heute allerdings nur noch in kleineren Bruchfeldern erhalten.

Über die Natur der Verbindung der Fennoskandischen Randzone zum nordwestpolnischen Teilabschnitt der Tornquist-Teisseyre-Zone bestehen noch Unsicherheiten.

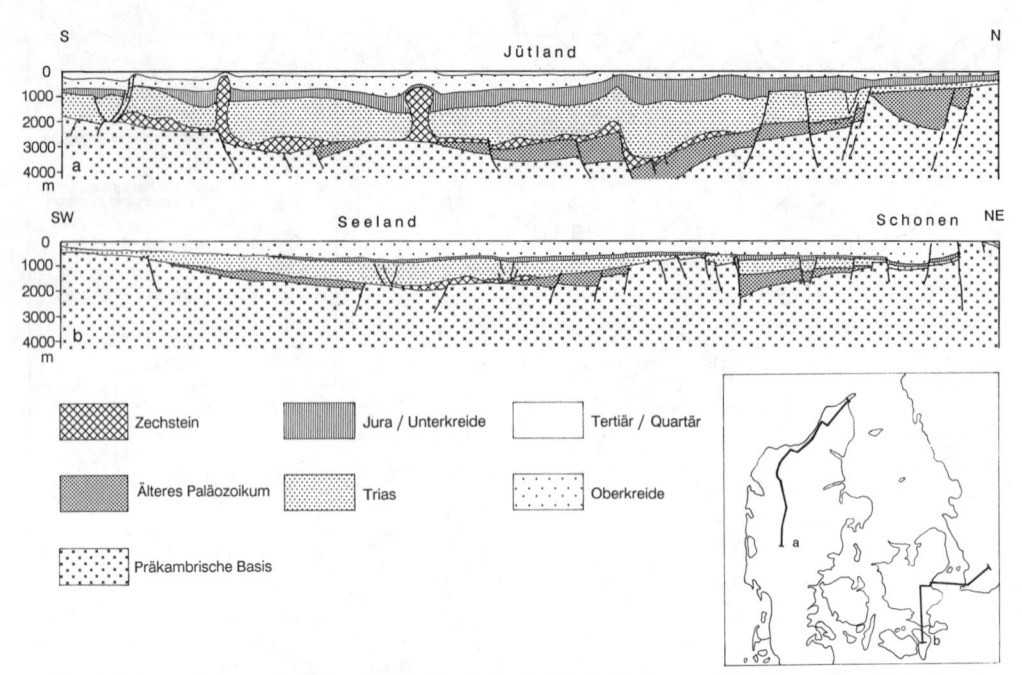

Abb. 30. Schematische geologische Profile durch das Dänische Becken und die Fennoskandische Randzone (n. LIBORIUSSEN, ASHTON & TYGESEN 1987).

Nach Nordwesten setzt sich das Bruchschollenmuster Schonens unter dem Kattegat nach Nordjütland und bis in den Skagerrak fort. Im Kattegat und in Nordjütland sind die NW–SE verlaufenden Abbrüche der Börglum-Störung, der Grena-Helsingör-Störung und der Fjerritslev-Störung wichtige Randstörungen des Fennoskandischen Kratons. Nördlich davon erreichte die Bohrung Fredrikshavn 1 an der Nordspitze Jütlands bereits bei einer Teufe von 1.286 m proterozoische Gneise.

Südwestlich der Fennoskandischen Randzone ist das tiefliegende präkambrische Fundament der westlichen Ostsee intensiv zerblockt und bruchtektonisch untergliedert. Dabei überwiegen N–S und W–E gerichtete orthogonale Störungssysteme vor diagonalen NW–SE und NE–SW orientierten Bruchstrukturen. Strukturelle Hauptelemente sind hier das annähernd WNW–ESE streichende **Ringköbing-Fünen-Hoch** und der östlich anschließende **Moen-Block**. Seit dem Perm sind sie durch das Dänische Becken von der Fennoskandischen Randzone getrennt. Weiter östlich war die Arkona-(Rügen-) Schwelle während des Zeitraums Zechstein-Unterkreide permanentes Hochgebiet.

Das Ringköbing-Fünen-Hoch und der südöstlich gelegene Moen-Block sind WNW–SSE streichende Hochlagen des präkambrischen Grundgebirges. Sie sind charakterisiert durch schwach geneigte Flanken und einige NNW–SSE (bis N–S) streichende Querverwerfungen.

Durch sie entstanden tiefere Grabenstrukturen zwischen höher liegenden Horsten. Beispiele sind der Horn-Graben in der südlichen Nordsee, der Brand-Graben im Südteil Jütlands, die Große Belt-Störung und als östliche Begrenzung der Moen-Schwelle das Öresund-Störungssystem.

Sicheres Präkambrium wurde auf dem Ringköbing-Fünen-Hoch bisher durch Bohrungen bei Glamsbjerg (Hornblende-Gneise in 903 m Tiefe), bei Grindstedt (Biotit-Gneise in

1.599 m Tiefe) und bei Arnum (Fanglomerate mit Biotitgneisgeröllen) nachgewiesen. Mesozoikum ist im Bereich des Ringköbing-Fünen-Hochs wegen dessen andauernder Hochlage nur geringmächtig und lückenhaft entwickelt. Teils fehlt es primär, teils wurde es nachträglich erodiert.

Die zwischen Fennoskandischer Randzone und Ringköbing-Fünen-Hoch und Moen-Block gelegene **Dänische Senke** enthält bereits eine vollständige und ziemlich mächtige Zechsteinsalzfolge. Diese gab Anlaß zur Bildung einer größeren Zahl von Salzkissen und Salzstöcken der Nordjütischen Salzstruktur-Provinz. Teilweise halten die halokinetischen Aufstiegsbewegungen bis in die Gegenwart an.

Insgesamt erreicht die permisch-mesozoische Sedimentfüllung der Dänischen Senke eine maximale Mächtigkeit von 5.000–6.000 m.

Südlich des Ringköbing-Fünen-Hochs sind die tektonischen Verhältnisse der norddeutschen Senkungsgebiete wie diejenigen des Dänischen Beckens durch das Vorkommen mächtiger Zechsteinsalze stark beeinflußt.

2.2.2 Geologische Entwicklung, Stratigraphie

Gesteine des präkambrischen kristallinen Fundaments Fennoskandiens treten im nördlichen Schonen und auf Bornholm auf größerer Fläche zutage.

Der **Grundgebirgssockel Schonens** gehört zum überwiegenden Teil dem als prägotidisch, möglicherweise svekofennidisch eingestuften Südwestschwedischen Gneiskomplex an. Er besteht hauptsächlich aus Granitgneisen und nur untergeordnet Paragneisen. Die Intrusionsalter der Granitoide werden auf 1.700 Ma geschätzt. Regionale Aufheizung um 1.000 Ma führte zur Svekonorwegischen Regeneration der Südwestschwedischen Gneiskomplexe.

Im östlichen Teil Schonens bilden die sogenannten Küstengneise von Bleckinge und die Älteren Granitoide das präkambrische Fundament. In sie intrudierten der Karlshamn-Granit (1.360–1.430 Ma) und der Vånga-Granit. Die Älteren Granitoide sind älter als die Småland- und Värmland-Granite Mittelschwedens, also älter als 1.690 Ma. Die Bleckinge-Küstengneise umfassen u. a. Metavulkanite und Metasedimente (Västano-Formation), die mit den ältesten suprakrustalen Gesteinsserien der Svekokareliden gleichgestellt werden. NNE streichende Dolerite im Bleckinge-Gebiet gehören einer auch in Mittelschweden verbreiteten jungpräkambrischen (870–975 Ma) Ganggeneration an.

Auch das **präkambrische Kristallin Bornholms** ist den Gotiden Skandinaviens zuzuordnen. Der größere Teil besteht aus Granitgneisen. Datiert wurden Abkühlungsalter zwischen 1.255 und 1.340 Ma. Hinzu kommen Granite (1.390 Ma), ganz im Norden der Hammar-Granit, im Zentrum und im Südwesten der Insel der Almendingen-Granit und der Rönne-Granodiorit, im Osten der Svaneke-Granit mit dem Paradisbakke-Migmatit als Rahmen. Gneise und Granite unterlagen im jüngeren Proterozoikum einer NE–SW ausgerichteten Störungstektonik mit Mylonitisierungen und der Platznahme NE streichender Doleritgänge.

Im Bereich des **Ringköbing-Fünen-Hochs**, wo die Oberkante des präkambrischen Grundgebirges in der Bohrung Glamsbjerg 1 nur 903 m und in der Bohrung Grindstedt-1 1.599 m tief liegt, ergaben Altersbestimmungen an Gneisen mit 690–870 Ma dalslandische Alter. Eine genaue Abgrenzung einer gotidischen und einer dalslandischen Strukturprovinz, wie sie im südnorwegisch-schwedischen Grenzbereich vorgenommen werden kann, ist im südlichen Ostseeraum noch nicht möglich.

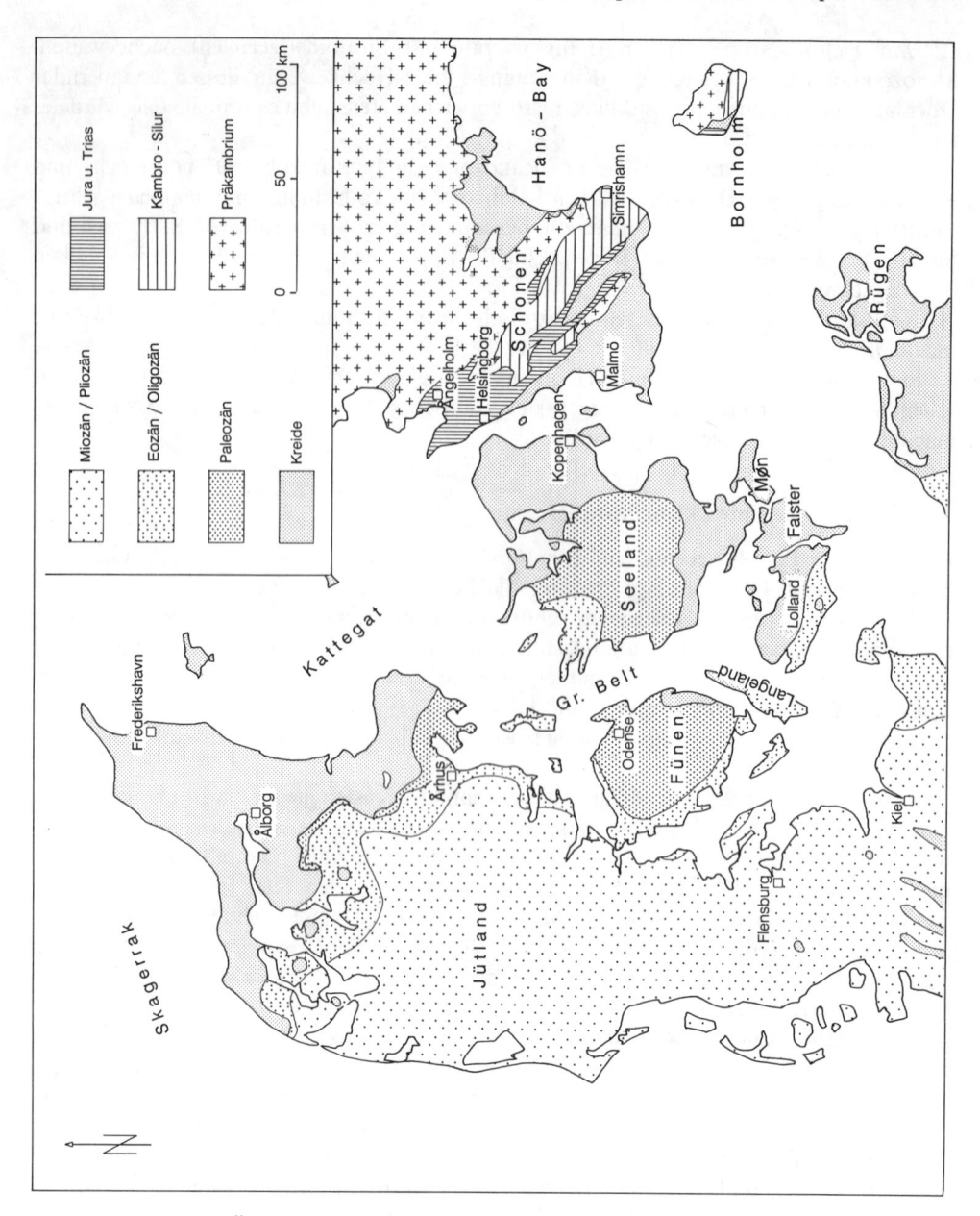

Abb. 31. Geologische Übersichtskarte des westlichen Ostseeraums (n. SURLYK 1980).

Altpaläozoikum ist im Bereich des Fennoskandischen Kratons und seiner südwestlichen Randzone mit ungefalteten und nichtmetamorphen Sedimenten des Kambro-Silurs in Schonen und Bornholm übertage aufgeschlossen.

Unterkambrium ist in **Schonen** vorwiegend mit Quarziten und quarzitischen Sandsteinen vertreten. Im mittleren und oberen Kambrium sind hier Alaunschiefer mit eingeschalteten

Stinkkalken die vorherrschenden Gesteine. Deren Maximalmächtigkeit beträgt bei Andrarum 60 m. Auch Ordoviz liegt in Schonen in überwiegend toniger Fazies mit nur wenigen Kalkeinschaltungen vor. Graptolithenschiefer des mittleren Ordoviz enthalten einzelne Bentonitlagen. Den obersten Teil des Ordoviz bilden die Dalmanitinen-Schichten mit sandigen und konglomeratischen Horizonten. Die Gesamtmächtigkeit des Ordoviz erreicht in Schonen 150–200 m.

Unter den paläozoischen Gesteinen Schonens besitzt das Silur die größte Verbreitung. Llandoverium und Wenlock sind als reine graptolithenführende Tonschiefer ausgebildet. Die im obersten Wenlock einsetzenden *Colonus*-Schichten bestehen überwiegend aus siltigen Schiefern mit Sandeinschaltungen. Darüber folgen Mergelschiefer, Kalksteine und Tonsteine und abschließend der rötliche Öved-Sandstein. Stratigraphisch reicht letzterer bis in die Přidolí-Stufe. Nach Schätzungen erreicht die Gesamtmächtigkeit der Silurschichten 1.000 bis 1.500 m.

Auf **Bornholm** wird das präkambrische Kristallin örtlich vom bis zu 100 m mächtigen kontinentalen Nexö-Sandstein überlagert. Ihm folgen marine Quarzite des Unterkambriums (Balka-Quarzit) und bis 100 m mächtige glaukonitische Sandsteine. Nach einem weiteren nur 3 m mächtigen marinen Sandsteinhorizont (Rispebjerg-Sandstein) wird das ganze Mittel- und Oberkambrium durch 25 m Alaunschiefer mit reicher Trilobitenfauna repräsentiert. Das ebenfalls nur sehr geringmächtig entwickelte Ordovizium besteht vorwiegend aus Graptolithenschiefern, denen im mittleren Teil Orthocerenkalke zwischengeschaltet sind. Vom Silur ist nur der untere und mittlere Teil mit Graptolithenschiefern erhalten geblieben.

Einige Unsicherheiten bestehen hinsichtlich der altpaläozoischen Entwicklung des **südlichen Ostseeraums**. Direkte Aufschlüsse von Altpaläozoikum im tieferen Untergrund Dänemarks sind äußerst selten. Auf der Nordflanke des Ringköbing-Fünen-Hochs wurden auf Seeland von der Bohrung Slagelse 1.350 m mächtige undeformierte kambro-silurische Sandsteine und Schiefer mit größerer Schichtlücke im Ordovizium erbohrt. In gleicher tektonischer Position durchörterte in Jütland die Bohrung Rønde 1 annähernd 300 m unmetamorphes Obersilur mit basischen Vulkaniten. Der größere Teil der im südwestlichen Vorfeld des Fennoskandischen Schildes abgelagerten altpaläozoischen Serien wurde wahrscheinlich vor der im Perm beginnenden Eintiefung des Dänischen Beckens erodiert.

Die Fennoskandische Randzone und der tiefere Untergrund des Dänischen Beckens wurde von keiner kaledonischen Orogenese betroffen. Doch bildete das Gebiet möglicherweise während des höheren Silurs die nordöstliche Vortiefe eines den Südrand des Ringköbing-Fünen-Hochs begleitenden kaledonischen Faltengürtels. So ergaben in den Bohrungen Flensburg Z1, Westerland Z1 und Løgumkloster 1 vorpermische schwachmetamorphe Phyllite kaledonische Alterszahlen. Deutlich deformiertes und leicht metamorphes Ordovizium in überwiegend feinklastischer Entwicklung ist auch aus verschiedenen Bohrungen auf der Insel Rügen bekannt. Im Zusammenhang mit dem Auftreten epimetamorpher Glimmerschiefer und Gneise von ebenfalls kaledonischem Alter in Bohrungen der südlichen Nordsee und in Nordwestpolen werden in ihnen Anzeichen einer kaledonischen Faltenverbindung von den Schottisch-Norwegischen Kaledoniden der nördlichen Nordsee zu den Kaledoniden des Polnischen Mittelgebirges gesehen.

Während der variszischen Epoche (**Devon** und **Karbon**) gehörte der gesamte Fennoskandische Block und seine südwestliche Randzone zum nordeuropäischen Hebungsgebiet und stellte ein aktives Liefergebiet für klastische Schüttungen in südlich gelegene Ablagerungsräume dar. Über die primäre Verbreitung devonischer bis oberkarbonischer Ablagerungen im südlichen Ostseeraum ist deshalb wenig bekannt. Nur auf der Südflanke des Moen-Blocks wurden auf der Insel Falster durch die Bohrung Ørslev 1 bemerkenswert mächtige (über 500 m) dunkle Tonsteine und fossilreiche Kalksteine des unteren Mittelvisé durchteuft.

Im Verlauf des **Oberkarbons** und **Unterperms** bildete sich das heute sichtbare komplexe Störungssystem der Fennoskandischen Randzone heraus. In einem etwa 30 km breiten Streifen wurde die altpaläozoische Sedimentbedeckung Schonens, des Kattegat und Nordjütlands in Schollen zerlegt und verkippt. Im Kattegat und im Rönne-Graben ist sie heute noch in Halbgräben in z. T. großer Mächtigkeit erhalten. Im Dänischen Becken wurde das Altpaläozoikum dagegen über weite Strecken vollständig erodiert.

Mit der jungpaläozoischen Störungstektonik verbunden war in Schonen die Platznahme NW–SE ausgerichteter Quarzdolerit- und Melaphyrgänge. Am Nordwestende der Fennoskandischen Randzone entwickelte sich das Vulkangebiet des Oslo-Grabens. Permokarbonische Vulkanite sind auch in Nord- und Südjütland erbohrt worden. Dazu kommen hier in der östlichen Fortsetzung des nördlichen Nordsee-Permbeckens festländische äolische und Sabkha-Sedimente des Rotliegenden.

Die Verbreitung des **Zechsteins** markiert dann klar die künftigen Konturen der Dänischen Senke südlich der Fennoskandischen Randzone. Auf den Flanken des Ringköbing-Fünen-Hochs, das als Schwelle fortbestand, entwickelten sich Karbonate und Sulfatwälle. Im Zentralteil des Dänischen Beckens wurden mehr als 1.000 m Evaporite abgelagert. Sie bildeten die Voraussetzung für zahlreiche halokinetische Strukturen in der Nordjütischen Salzstock-Provinz. Zwei der drei nachgewiesenen Zechsteinzyklen enthalten Kalisalze. Insgesamt war die Eintiefung des Zechsteinbeckens nur von wenigen Störungen begleitet.

Während des **Mesozoikums** unterlag der Südwestrand des Fennoskandischen Schildes einer ganz Nordwesteuropa erfassenden Dehnungstektonik. Sie war verbunden mit wiederholten regionalen Absenkungen im Bereich des Dänischen Beckens und örtlichen Grabenbildungen entlang der Fennoskandischen Randzone.

Im Dänischen Becken folgen die Sedimente der **Trias** konkordant über dem Zechstein. In der Fennoskandischen Randzone greifen sie diskordant auf Altpaläozoikum und präkambrisches Kristallin über. Die Hauptliefergebiete der Trias-Sedimente lagen im Norden und Nordosten. Das Ringköbing-Fünen-Hoch war nur während der unterem und mittlerem Buntsandstein-Zeit Hebungsgebiet.

Während des Buntsandsteins kam es im überwiegenden Teil des Dänischen Beckens zur Ablagerung grobkörniger Arkosesandsteine, die als alluviale Schuttfächer vor seinen nordwestlichen Grenzstörungen gebildet wurden. Nach Süden sind den kontinentalen Sedimenten brackische Bildungen zwischengeschaltet. Im Muschelkalk herrschten marine, zum Teil auch salinare Bedingungen vor. Eine transgressive Entwicklung des Keupers äußerte sich im Dänischen Becken durch Bildung grauer Tonsteine und teilweise dolomitischer und oolithischer Kalksteine. Insgesamt wurden im nordwestlichen Teil der Dänischen Senke während der Trias bis über 4.000 m Sedimente abgelagert.

In Südwestschonen sind Sedimente der Trias besonders mächtig in der Malmö-Ystad-Synklinale erbohrt. Südwestlich der Randstörungen des Horstes von Romeleåsen weisen sie Gesamtmächtigkeiten zwischen 300 und 700 m auf. Buntsandstein umfaßt hier terrestrisch ausgebildete Sandsteine und Tonsteine und teilweise auch Konglomerate. Es folgen graufarbene marine Sandsteine und Mergel des Muschelkalkes und Unteren Keupers. Der übrige Keuper (Rhät nicht mitgerechnet) besteht wieder wesentlich aus terrestrischen Sandsteinen, Arkosen, Konglomeraten und Schiefertonen, in die sich auch dolomitische Brekzien einschalten können. Innerhalb der Fennoskandischen Randzone Nordwestscho-

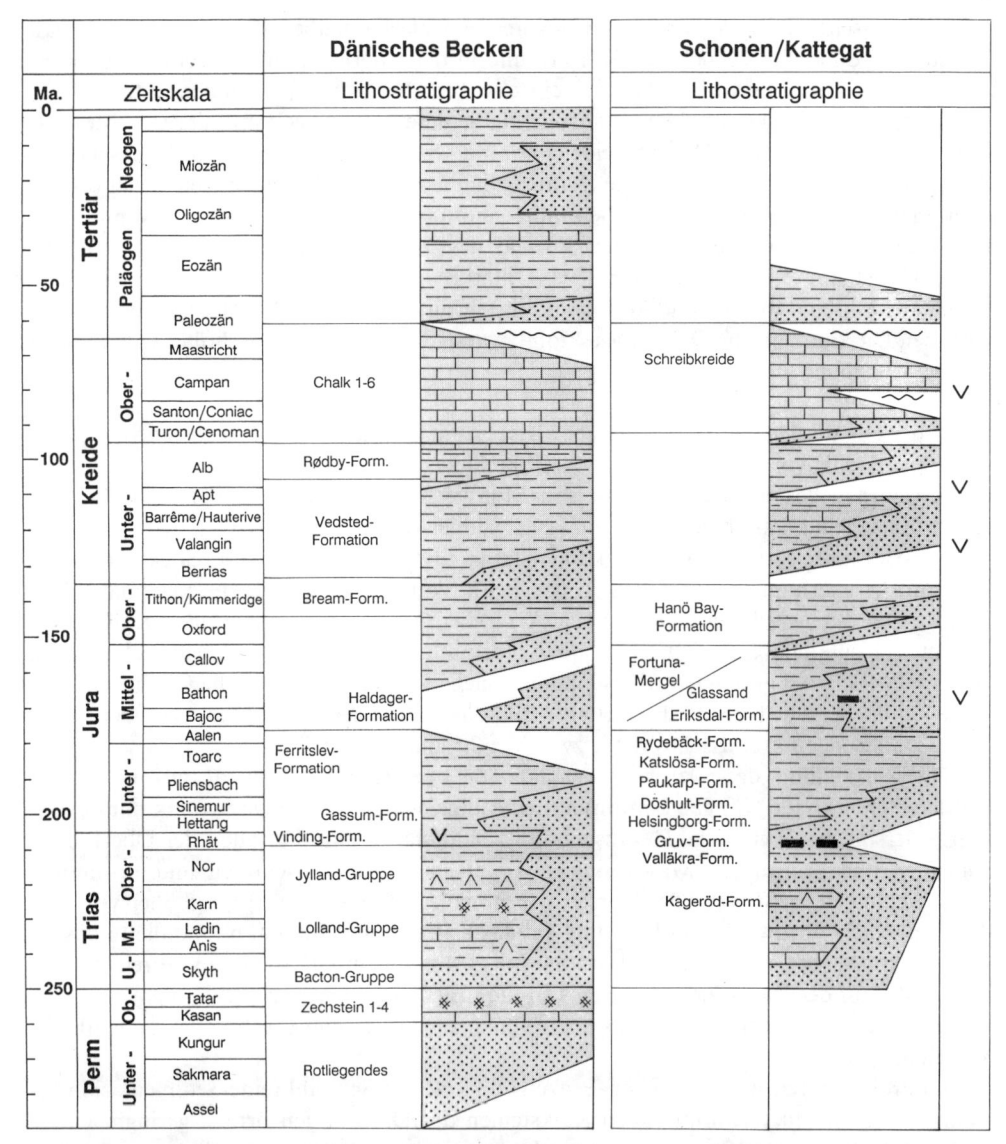

Abb. 32. Lithologie und stratigraphische Gliederung der jungpaläozoisch-mesozoischen und tertiären Schichtenfolge des Dänischen Beckens und der Fennoskandischen Randzone (nach verschiedenen Autoren). Zeichenerklärung wie Abb. 26.

nens ist nur dieser höhere Abschnitt der Trias teils in terrestrisch-fluviatiler, teils in brackisch-lagunärer bis flach mariner Randfazies vertreten.

Nach schwachen altkimmerischen tektonischen Bewegungen im oberen Keuper ist das Rhät und der untere Unterjura in Schonen durch Deltasandsteine und -tonsteine vertreten. Sie sind durch ihren Reichtum an Pflanzenfossilien und durch ihre Kohleführung bekannt geworden. Eine weitergehende Transgression im Lias führte zu einer weiten Verbreitung unterjurassischer Schelfsedimente.

Im Dänischen Becken wurden seit Beginn des **Unterjuras** über 900 m mächtige dunkle Tonsteine sedimentiert. Auch im **Oberjura** und in der **unteren Kreide** ist seine Absenkung durch marine Tone und Mergelsteine, teilweise auch Sandsteine, dokumentiert. Dagegen wurde in der Fennoskandischen Randzone die Sedimentation auch im mittleren Jura und dann wieder in der tieferen Unterkreide von mittel- bzw. jungkimmerischen Bruchschollenbewegungen kontrolliert. Zeitweilige Heraushebungen und Deltaschüttungen aus nordöstlichen Liefergebieten sowie küstennahe sandige und tonige marine Sedimente bestimmten in dieser Zeit im ganzen südwestlichen Vorfeld des Fennoskandischen Kratons das Bild. Insgesamt ist die Ausbildung des Juras, der Unterkreide und auch des Cenomans in Schonen durch abwechselnd marine und kontinental beeinflußte Ton- und Sandsteinfolgen gekennzeichnet. Die kimmerische Dehnungstektonik war in Schonen mit wiederholter vulkanischer Aktivität verbunden.

In der **Oberkreide** wurde der südliche Ostseeraum infolge des globalen Meeresspiegelanstiegs weitflächig von Kalksteinen in Schreibkreidefazies bedeckt. Letztere bildeten sich vor allem während des mittleren und oberen Maastrichts. Das Zentrum der Kalksteinsedimentation lag im Dänischen Becken, und zwar südlich der laramisch aktiven Fjerritslev- und Gränar-Helsingborg-Störung. Über 1.500 m (max. über 2.000 m) Schreibkreidekalke kamen hier zur Ablagerung. Ihnen stehen in der Fennoskandischen Randzone maximal 870 m kalkige Oberkreidesedimente gegenüber. Auch das Dan ist noch mit weißen Kalksteinen vertreten. Heute bildet die Schreibkreide in Nordjütland, an der Südostküste Seelands, auf der Insel Moen und entlang der Küste Südschonens Kalkkliffe. Alkalische Olivinbasalte in Mittelschonen, die früher als tertiäre Bildungen angesehen wurden, besitzen nach K/Ar-Datierungen kretazisches Alter zwischen 79 und 131 Ma.

Die Umstellung des Deformationsplans der Fennoskandischen Randzone in der mittleren Oberkreide (Coniac/Santon) auf eine allgemeine Einengungstektonik mit dextralem Schersinn bewirkte erste Heraushebungen und starke Dislokationen der Oberkreideschichten und des älteren Mesozoikums vor allem in Südwestschonen und Bornholm. Aufschiebungen am Südrand des Horstes von Romeleåsen erreichten Sprunghöhen von über 1.000 m. Nach Nordwesten, in Richtung auf das Kattegat und Jütland nimmt die Intensität dieser Heraushebung, die während des Santons/Campans ihren Höhepunkt erreichte, ab.

Im Verlauf des **Paleozäns** steigerten sich die Einengungsbewegungen vor dem Südwestrand des Fennoskandischen Kratons noch einmal zu einer zweiten, wenn auch undeutlicheren Hebungsphase.

Im größeren Teil des Dänischen Beckens dauerte die Schreibkreide-Sedimentation bis dahin an. Über feuersteinführenden Kalksteinen des Dans folgen örtlich geringmächtige Grünsande, Mergel und Tonsteine des mittleren und oberen Paleozäns und unteren Eozäns. In Jütland wurde an der Wende Paleozän/Eozän die Sedimentation mariner Mergel und Tonsteine der weitverbreiteten Moler Schichten durch die Einlagerung vulkanischer Aschen und Tuffite unterbrochen.

Spätestens seit dem **Neogen** verlagerte sich die Küste zunehmend nach Westen in Richtung auf das Nordseebecken. Sedimente des Neogens bedecken aber noch weite Teile Jütlands. Sie zeichnen sich durch eine verstärkte Sandführung aus. Das heutige Ostseegebiet wurde von einem großen Flußsystem entwässert, das bis in die Bottnische Meeresbucht hinein verfolgt werden kann. In dieser Zeit entwickelte sich die Morphologie des Ostseebeckens, das dann im Pleistozän die Hauptbewegungsbahn des skandinavischen Inlandeises darstellte.

Literatur: J. C. BAARTMANN & O. B. CHRISTENSEN 1975; J. BERGSTRÖM 1985; J. BERGSTRÖM et al. 1987, 1990; F. BERTHELSEN 1980; G. BEUTLER & F. SCHÜLER 1981; EUGENO s Working Group 1988; D. FRANKE 1990; D. FRANKE, B. KÖLBEL & G. SCHWAB 1989; E. FROMM et al. 1980; H. GRY 1960; I. KLINGSPOR 1976; M. G. KUMPAS 1979; K. LARSSON 1984; J. LIBORIUSSEN, P. ASHTON & T. TYGESEN 1987; M. LUPU, O. MICHELSEN & R. DADLEZ 1987; O. MICHELSEN & C. ANDERSEN 1981; E. NORLING 1981, 1984, 1985; E. NORLING & R. SKOGLUND 1977; E. NORLING & J. BERGSTRÖM 1987; C. POULSEN 1960; V. POULSEN 1966; I. PRINZLAU & O. LARSEN 1972; G. REGNELL 1960; K. SIVHED 1984; TH. SORGENFREI 1966; N. SPJELDNAES 1975; F. SURLYK 1980; O. V. VEJBAEK 1985; R. VINCKEN (Ed.) 1988; P. A. ZIEGLER 1982, 1987b.

2.3 Das Niederländische Senkungsgebiet

2.3.1 Übersicht

Der tektonische Rahmen, in dem sich der niederländische Teil der Nordwesteuropäischen Senke entwickelte, geht aus Abb. 33 hervor.

Hauptstrukturelemente bildeten das Westniederländische und Zentralniederländische Becken und vor der heutigen Küste das Broad Fourteens-Becken. Die Hauptabsenkung dieser Becken fällt in die Zeit des Juras und der Kreide. In der späten Kreide, im Paleozän und im Übergang vom Oligozän zum Miozän unterlagen sie der tektonischen Inversion. Die NW–SE-Ausrichtung dieser Einzelstrukturen des niederländischen Senkungsgebietes entspricht möglicherweise bereits prävariszischen Sockelstörungen.

Im Süden wird das Niederländische Senkungsgebiet vom stabilen Brabanter Massiv begrenzt. Oberkreide lagert hier diskordant auf kaledonisch gefaltetem Altpaläozoikum, in der dem Brabanter Massiv vorgelagerten Campine auch auf nach Norden zunehmend mächtigem Oberkarbon, Perm und Trias.

Im Gebiet des im Verlauf der mittleren Oberkreide herausgehobenen **Westniederländischen Beckens** sind Trias, Jura und dann wieder höhere Oberkreide mit besonders großen Mächtigkeiten erhalten. Nach Südosten bildet der hauptsächlich im Tertiär aktive **Roer-Graben** (Niederländischer Zentralgraben) die Fortsetzung. Seine westlichen Randstörungen entsprechen den westlichen Randstaffeln der Niederrheinischen Bucht. Im Osten wird der Roer-Graben durch die bedeutende Peelrandverwerfung gegen den Peelhorst begrenzt, der zum tektonisch noch höher gelegenen Geldern-Krefelder Horst überleitet. Im Roer-Graben sind Tertiär und Quartär deutlich mächtiger entwickelt als auf den angrenzenden Hochgebieten.

Der Strukturbau des ehemaligen **Zentralniederländischen Beckens** ist heute durch einen WNW–ESE bis W–E verlaufenden flachwelligen Sattel- und Muldenbau des mesozoischen Stockwerks bestimmt (Zentralniederländischer Rücken). Nach seiner Inversion während des Campans/Maastrichts wurde vor allem seine Kreidefüllung, im Osten auch Jura und örtlich sogar mittlere und untere Trias erodiert.

Auch die NW–SE streichende Inversionsstruktur des **Broad Fourteens-Beckens** wurde im Zentrum ihrer Heraushebung bis auf die Trias erodiert.

Im Nordosten wird das Zentralniederländische Becken und das Broad Fourteens-Becken vom **Texel-Ijsselmeer-Hoch** flankiert. Dieses Hochgebiet blieb seit dem mittleren Jura stabil und war kaum in die spätkretazische und tertiäre Inversionstektonik einbezogen. Weiter nördlich senkte sich während der Unterkreide das **Vlieland-Becken** ein.

Zwischen dem Westniederländischen und Zentralniederländischen Becken liegen das komplexe **Maasbommel-Hoch** und die **Zandvoort-Schwelle**. Fiederartig dazu versetzt trennt

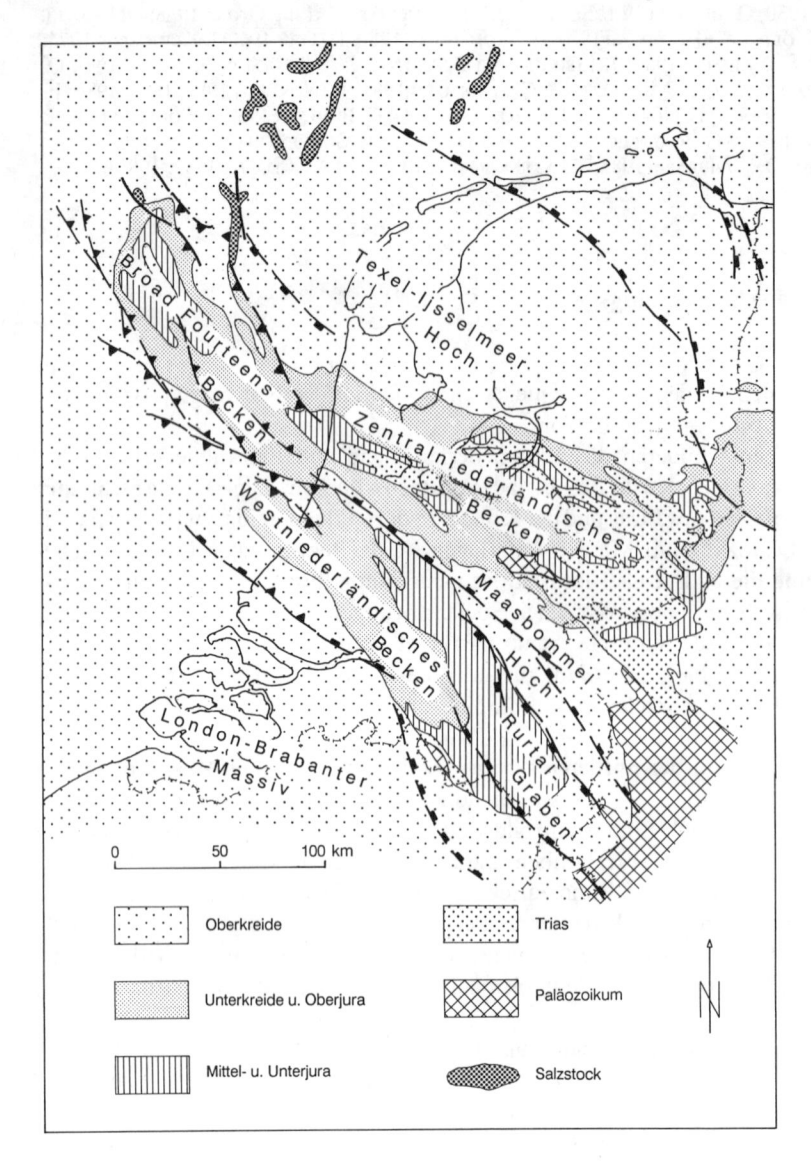

Abb. 33. Geologische Karte des Prä-Tertiärs des Niederländischen Senkungsgebietes (n. VAN WIJHE 1987).

das schmale Winterton- und Eijmuiden-Hoch das Westniederländische Becken vom Broad-Fourteens-Becken. Diese tektonischen Hochstrukturen zwischen dem Westniederländischen und dem Zentralniederländischen Becken bzw. Broad Fourteens-Becken entstanden als solche im mittleren Jura. Im Verlauf der späten Oberkreide wurden sie zu Randtrögen der Inversionsstrukturen.

Das Niederländische Senkungsgebiet

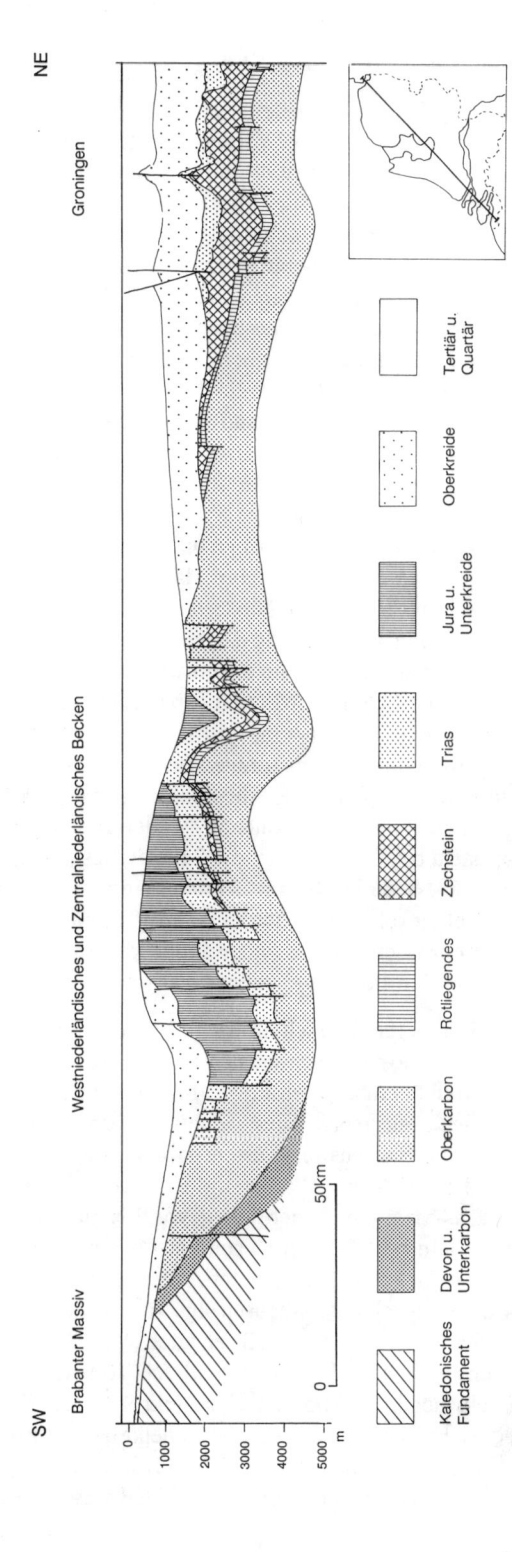

Abb. 34. Schematisches geologisches Profil durch das West- und Zentralniederländische Becken (n. NEDERLANDSE AARDOLIE MAATSCHAPPIG B. V. & RIJKS GEOLOGISCHE DIENST 1980).

2.3.2 Geologische Entwicklung, Stratigraphie

Älteste durch Bohrungen aus dem tieferen Untergrund der Niederlande und angrenzender Teile Nordbelgiens bekannt gewordene Gesteinsformationen sind am Nordwestabfall des Brabanter Massivs marine mittel- und oberdevonische Sandsteine. Darüber folgt **Unterkarbon** in Kohlenkalkfazies. Schichtlücken im Famenne und im Visé, örtlich verbunden mit Karsterscheinungen in den Karbonaten, deuten Blockbewegungen und tektonische Heraushebungen der engeren Umgebung des Brabanter Massivs an. Zum Teil wurden rote und grüne Grobkonglomerate mit einer reichen Flora des Mitteldevons bis Oberdevons erbohrt.

Oberkarbon ist im Campine-Becken in den südlichen Niederlanden mit flözleerem zunächst marinem, dann paralischem Namur (bis 1.800 m), flözführendem unteren Westfal (bis 2.000 m) und wieder flözleerem kontinentalen oberen Westfal (bis 900 m) vertreten. Kohleflöze des Westfal A und B sind auch noch weit im Norden bis in die südliche Nordsee erbohrt.

Nach geringer, in nördlicher Richtung abklingender variszischer Faltung und Reaktivierung älterer NW–SE streichender Störungssysteme kamen die Senkungsbewegungen im nördlichen Vorland des variszischen Orogens zum Stillstand. Im Norden hob sich das Texel-Ijsselmeer-Hoch heraus. Stefan, das vom Westfal D durch eine Schichtlücke getrennt ist, ist im Onshore-Gebiet der Niederlande nur noch in geringer Verbreitung erbohrt.

Im **Unterrotliegenden** unterlag das niederländische Gebiet weitgehend der Erosion. Auch im **Oberrotliegenden** sind in seinen zentralen und nördlichen Teilen nur klastische Randbildungen der sich eintiefenden Mitteleuropäischen Senke verbreitet. Konglomerate, fluviatile und äolische Sandsteine, Siltsteine und Tonsteine der Slochteren-Formation gehen erst in der südlichen Nordsee in die mehr tonigen Serien der Silverpit-Formation über. Die Sandsteine der Slochteren-Formation stellen die Speichergesteine des Gasfeldes Groningen und weiterer kleinerer Gasfelder in den nördlichen Niederlanden dar.

Im **Zechstein** beschränkte sich die Salzentwicklung der Werra-Serie noch auf eine Bucht im Ostteil der Niederlande, im Raum Winterswijk. Die Salzfolgen der Staßfurt- und Leine-Serie entwickelten sich dagegen großflächiger im Nordosten und bis in die südliche Nordsee. Im zentralen Teil der Niederlande kamen als Randfazies im Z 2-Zyklus Karbonatgesteine und in den höheren Zyklen klastische Sedimente zur Ablagerung.

Während der **Trias** herrschten im Gebiet der Niederlande wieder kontinentale Verhältnisse vor. Im Nordosten zeichnet sich eine Zentralniederländischen Schwelle durch Abtrag und später durch Nichtsedimentation ab. Ein östlich von dieser Schwelle gelegener Ems-Trog und das Senkungsgebiet des Zentral- und Westniederländischen Beckens und Broad-Fourteens-Beckens im Westen nahmen dagegen wechselnd mächtige Ablagerungen des Buntsandsteins, Muschelkalks und Keupers auf. Im Broad Fourteens-Becken erreichen sie wie im Ems-Trog eine Mächtigkeit von bis zu 1.000–1.500 m.

Buntsandstein besteht überwiegend aus roten Sandsteinen und Silt- und Tonsteinen, im oberen Teil örtlich mit Evaporiten. Der unter flachmarinen Verhältnissen gebildete Muschelkalk ist durch eine Wechselfolge von Kalken, dolomitischen Mergeln und Tonsteinen charakterisiert. Örtlich enthält er auch Anhydrit. Keuper besteht wieder überwiegend aus rötlichen, örtlich auch grünen sandigen Tonsteinen mit Anhydrit- und Gipslinsen.

Nach schwachen altkimmerischen tektonischen Bewegungen, die aber vielerorts zu beträchtlicher Erosion bis auf den Muschelkalk und Buntsandstein führten, setzte noch in der obersten Trias eine ausgedehnte Rhät-Transgression ein. Sie erreichte im **Unterjura** ihren Höhepunkt. Schwarze und dunkelgraue, teilweise bituminöse marine Tonsteine sind im

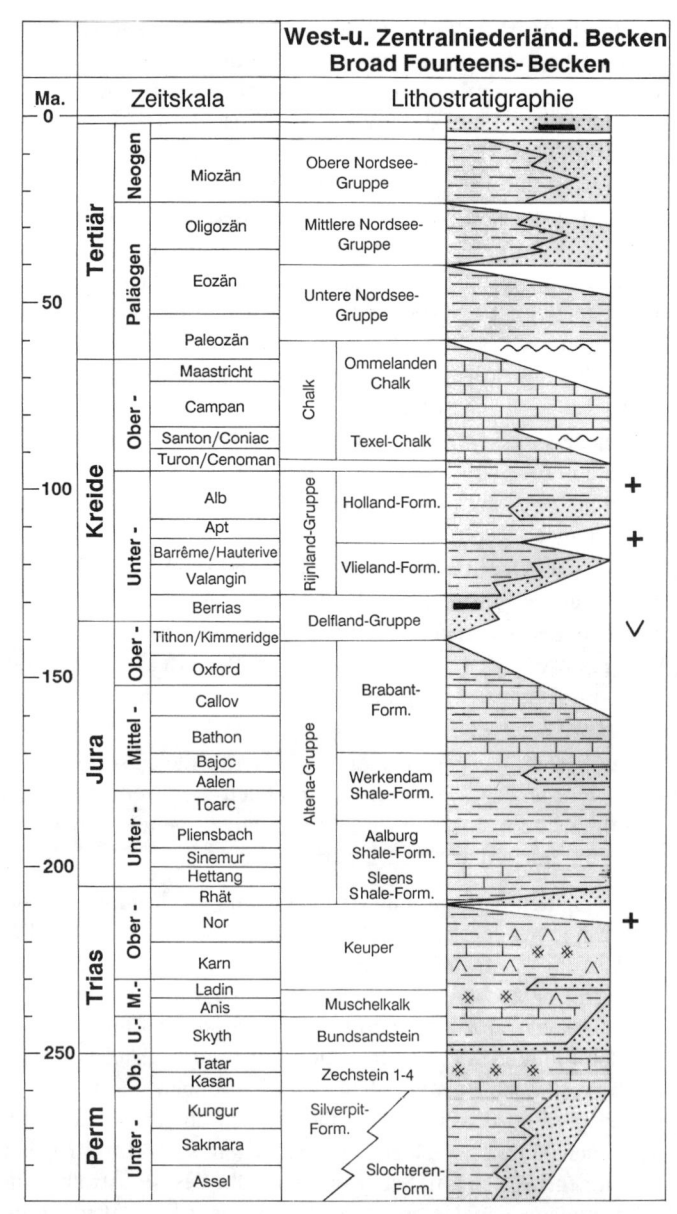

Abb. 35. Lithologie und stratigraphische Gliederung der jungpaläozoisch-mesozoischen und tertiären Sedimentfüllung der Niederländischen Senkungszone (nach verschiedenen Autoren). Zeichenerklärung wie Abb. 26.

Broad Fourteens- und Westniederländischen Becken weit verbreitet. Im **Mittel-** und frühen **Oberjura** sind hier zunehmend auch Flachwasserkalke und untergeordnet von Norden geschüttete kalkige Sandsteine in die Tonsteine eingeschaltet.

Zwischen Oxford und Kimmeridge wurde das Niederländische Senkungsgebiet von einer allgemeinen mittelkimmerischen Hebungsphase betroffen. Dabei kam es zu teilweise vollständiger Abtragung der hier bis dahin abgelagerten Jura-, Trias- und Permfolgen. Im weiteren Verlauf des Oberjuras führten im Broad Fourteens- und West- und Zentralniederländischen Becken Scherbewegungen entlang variszisch vorgegebener NW–SE streichender Störungssysteme zu differenzierten Absenkungen sowie zur Heraushebung des London-Brabanter Massivs, des Winterton-Hochs, der Zandvoort-Schwelle, des Maasbommel-Hochs und des Texel-Ijsselmeer-Hochs.

In den Becken kamen teils flachmarine bis brackische Sandsteine, Tonsteine und Karbonatfolgen, teils fluviatile und deltaische Sandsteine und Tonsteine mit Kohleflözen zur Ablagerung. Sie entsprechen der Wealden-Fazies Nordwestdeutschlands. Kräftige jungkimmerische Bewegungen zu Beginn der **Unterkreide** unterbrachen noch einmal diese Sedimentation.

Im weiteren Verlauf der Unterkreide entsprach die Beckenkonfiguration wieder derjenigen des Oberjuras. In den Absenkungszentren des Broad-Fourteens-Beckens und des Westniederländischen und Zentralniederländischen Beckens kam es zur Bildung mächtiger Sandstein-Tonstein-Serien, während die Beckenränder und die Hochzonen nur geringmächtige und zum Teil lückenhafte Unterkreidefolgen aufweisen. Nördlich des Texel-Ijsselmeer-Hochs entwickelte sich das wichtige Vlieland-Becken.

Mit der Absenkung des Broad Fourteens-Beckens und des Westniederländischen und Zentralniederländischen Beckens sowie des Vlieland-Beckens in der späten Jurazeit und während der Unterkreide waren wiederholt magmatische Intrusionen und vulkanische Ereignisse als Zeichen tiefreichender Bruchtektonik verbunden. Gut bekannt ist das Zuidwal-Vulkanzentrum im Vlieland-Becken, dessen radiometrisches Alter als 144 Ma datiert wird.

Im Verlauf des gegen Ende der Unterkreide einsetzenden allgemeinen Meeresspiegelanstiegs wurde das Gebiet der nördlichen und zentralen Niederlande wieder vollständig überflutet. Mergelfolgen des Alb leiten zu generell mächtig (500–1.000 m) entwickelten Schreibkreidekalken der **Oberkreide** über.

Im späten Santon und frühen Campan begann die subherzyne Kompression und Heraushebung der Sedimentfüllungen des Broad Fourteens-Beckens und des Westniederländischen und Zentralniederländischen Beckens. Bereits in dieser Anfangsphase der Inversion nahmen vorgegebene Abschiebungen, die während des späten Juras und zu Beginn der Unterkreide noch zur Eintiefung dieser Becken geführt hatten, die Einengung auf. Besonders auf den Flanken des stark invertierten Broad Fourteens-Beckens und Westniederländischen Beckens sind sie zu randlichen Aufschiebungen überformt.

In den nordöstlich und südwestlich angrenzenden zwischen den Inversionszonen gelegenen stabilen Gebieten entwickelten sich Randtröge, in denen die Sedimentation mächtiger (bis 1.500 m) Schreibkreidekalke des Maastrichts und des Dans fortdauerte. Nach kurzzeitigem Nachlassen der tektonischen Aktivität während des Maastrichts und Dans steigerten sich die Inversionsbewegungen nach dem gleichen Einengungsplan erneut im Paleozän und es folgte der endgültige tiefgreifende Abtrag der herausgehobenen Sattelzonen.

Das mesozoische Stockwerk der Niederlande wird überwiegend diskordant von Tertiär-Sedimenten überlagert. Die Mächtigkeit dieser Tertiärbedeckung schwankt stark zwischen wenigen Metern in den tektonischen Hochzonen und über 1.000 m im Senkungsgebiet.

Im **Paleozän** und **Eozän** besteht die Untere Nordseegruppe (Landen- und Dongen-Formation) überwiegend aus unverfestigten marinen Tonen und tonigen glaukonitischem Sand. Gegen Ende des Eozäns kam es letztmals zu Heraushebungen im Gebiet des

Westniederländischen und Zentralniederländischen Beckens und Broad Fourteens-Beckens. Sie waren aber deutlich schwächer als die dort beobachtete subherzyne und laramische Deformation. Ihnen folgen nach erneuter Transgression die Tone und Sande der Mittleren Nordseegruppe (Tongeren-, Rupel-, Veldhoven-Formation). In der nordwestlichen Verlängerung der Niederrheinischen Bucht entstand im späten **Oligozän** das NW–SE verlaufende Störungssystem des Roer (Rurtal)-Grabens und des Peel-Horstes. Frühes und mittleres **Miozän** und unteres **Pliozän** erreichten hier und am Südrand des südlichen Nordseebeckens (Zuider-See-Becken) ihre größte Mächtigkeit.

Mit dem Miozän beginnend wurden die im unteren Teil noch glaukonitreichen marinen Sande und Tone von Südosten her zunehmend durch fluviatile Kiese und Schotter (Kieseloolith-Schotter) des Urrheins ersetzt. Im nordöstlichen Teil der Niederlande schoben sich die Kaolinsande eines die Norddeutsche Senke und das Ostseegebiet entwässernden Flußsystems nach Westen vor.

Literatur: H. A. van Adrichem Boogaert & W. F. J. Burgers 1983; C. J. van Staalduinen et al. 1979, 1980; D. H. van Wijke 1987; D. H. van Wijke, M. Lutz & J. H. P. Kaasschieter 1980; P. Heybroek 1974; Nederlandse Aardolie Maatschappig B. V. & Rijks Geologische Dienst 1980; R. Vincken (Ed.) 1988; W. H. Zagwijn 1989; W. H. Zagwijn & C. J. van Staalduinen (Eds.) 1975; W. H. Zagwijn & J. W. C. Doppert 1978; P. A. Ziegler 1982, 1987b.

2.4 Die Norddeutsche Senke

2.4.1 Übersicht

Die Norddeutsche Senke bildet den Zentralabschnitt der Mitteleuropäischen Senke. Im Nordwesten ist sie zur Südlichen Nordsee-Senke offen. Nach Osten ist sie am Unterlauf der Oder nur unscharf gegen die Polnische Senke abzugrenzen. Im Norden bildet das Ringkøbing-Fünen-Hoch, das Moen-Hoch und nördlich Rügen das Arkona-Hoch die Grenze. Der Südwestrand der Senke ist durch das Texel-Ijsselmeer-Hoch, ihre südliche Begrenzung durch den Nordrand der Rheinischen Masse und parallel dazu nach Osten versetzt den Gardelegener, Wittenberger und Lausitzer Abbruch gegeben.

Als regionalgeologische Hauptelemente des nordwestdeutschen Anteils der Norddeutschen Senke gelten das Niedersächsische Tektogen und die Pompeckj'sche Scholle. Zwischen mittlerer Elbe und Oder sind die NW–SE (herzynisch) streichende Altmark-Fläming-Senke, der Prignitz-Lausitzer Wall, die Mecklenburg-Brandenburg-Senke, der Grimmener Wall und die Rügen-Senke die Hauptstrukturen des vorkänozoischen Stockwerks.

Das Gebiet des heutigen **Niedersächsischen Tektogens** stellte vor allem im Jura und in der Kreide als Niedersächsisches Becken einen eigenständigen Sedimentationsraum dar. Allein im Oberjura und in der Unterkreide nahm dieser 2.000–3.000 m Sedimente auf. In die Zeit des Oberjuras fiel hier auch der Höhepunkt des Diapirismus von Zechsteinsalzen. In der Oberkreide unterlag das Niedersächsische Becken einer subherzynen und laramischen tektonischen Inversion.

Nur der nördliche Teil des Niedersächsischen Tektogens ist dem heutigen Nordwestdeutschen Flachland zuzurechnen. Sein Nordrand ist hier von mehr oder weniger mächtigen Quartär- und Tertiärsedimenten bedeckt. Westlich der Weser wird er entlang der Linie Nienburg–Vechta–Meppen durch ein System fiedrig gegeneinander versetzter WNW–ESE

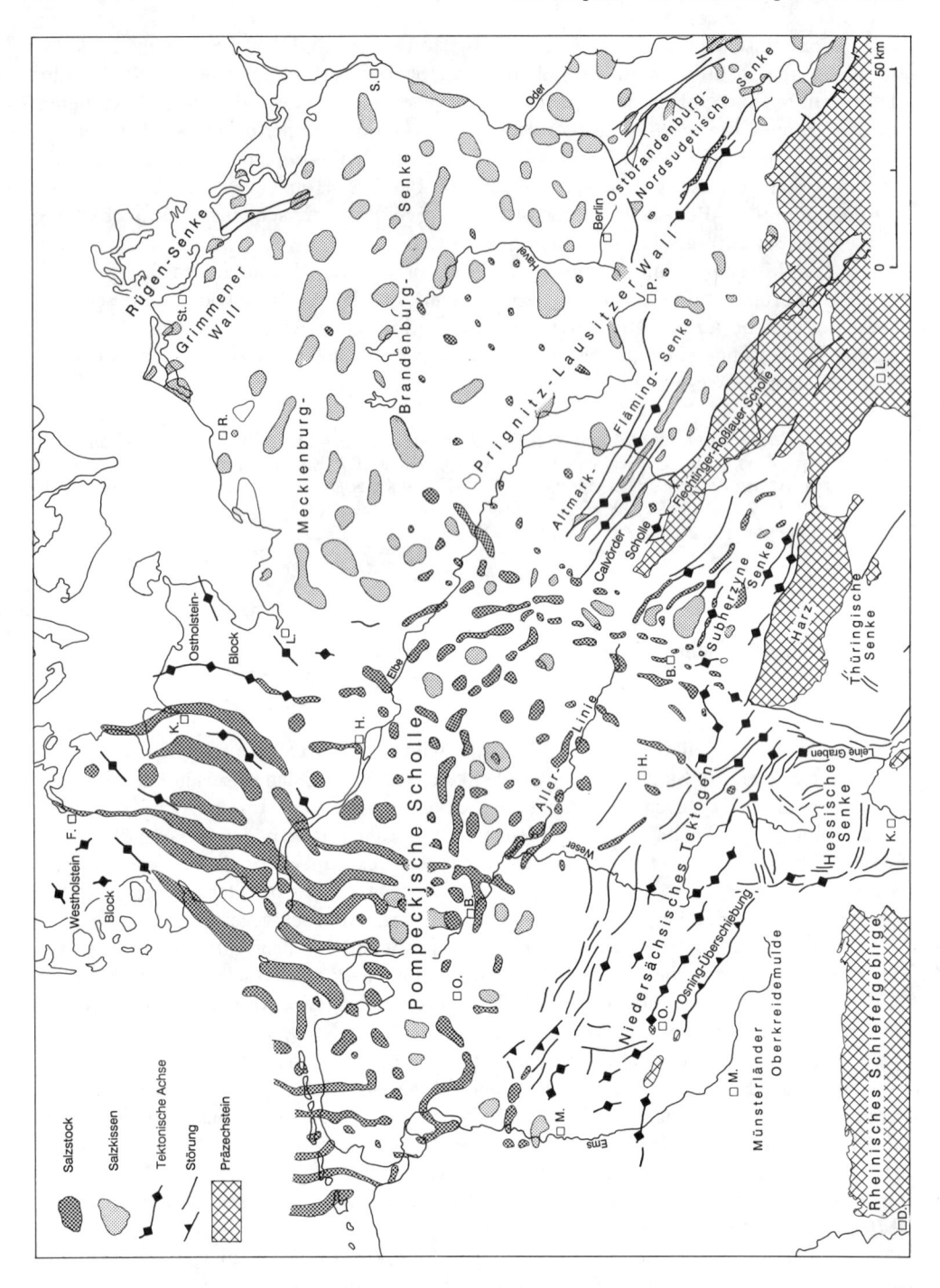

Abb. 36. Tektonische Gliederung der Norddeutschen Senke.

Die Norddeutsche Senke

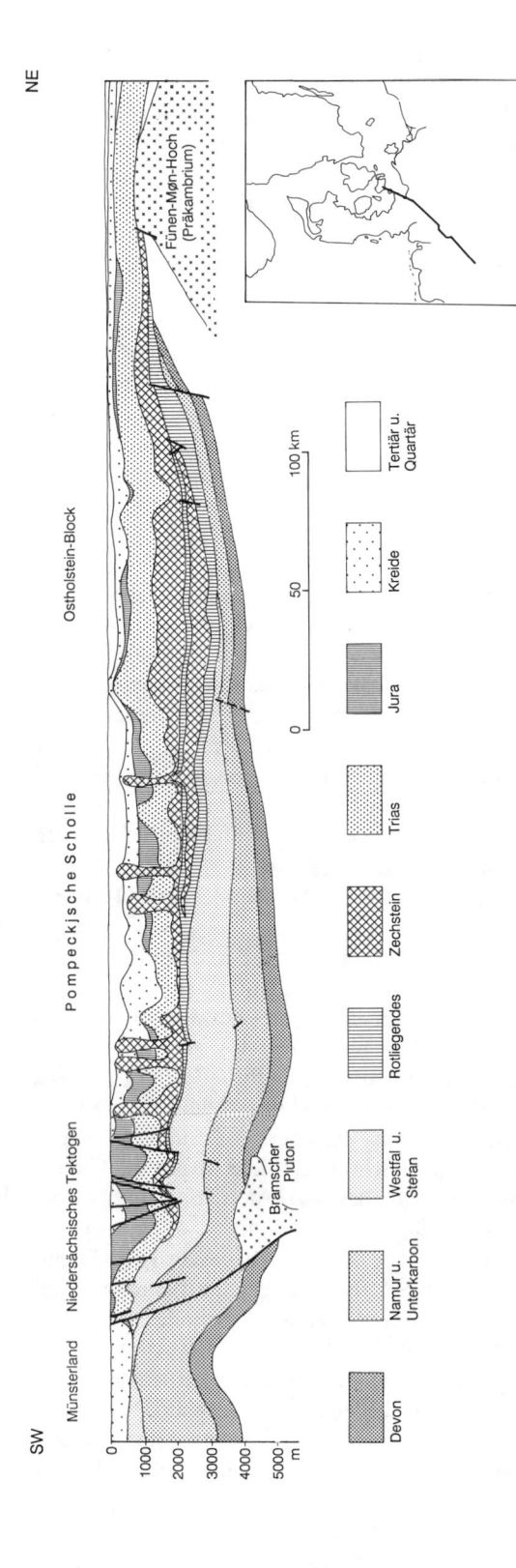

Abb. 37. Schematisches geologisches Profil durch die Norddeutsche Senke (n. PLEIN 1978 und P.A. ZIEGLER 1982).

streichender, gegen Norden gerichteter Auf- und Überschiebungen markiert (Weser–Ems-Linie). Östlich der Weser ist sein Verlauf durch eine Aufreihung von Salzstrukturen in gleicher Ausrichtung gekennzeichnet (Allertal-Linie).

Die südlichen Strukturen des Niedersächsischen Tektogens sind übertage als Nordwestfälisch-Lippische Schwelle im Osnabrücker und Weserbergland erschlossen. Im Südosten zeigen das Leinebergland und das nördliche Harzvorland eine ähnliche geologische Entwicklung.

Die **Pompeckj'sche Scholle** reicht von der Allertal-Linie bis zum Ringköbing-Fünen-Hoch Süddänemarks. Nach Osten erstreckt sie sich nach Nordmecklenburg bis in die westliche Altmark. Während des höheren Juras und in der Unterkreide zeichnete sich dieses Gebiet durch geringe Sedimentation und durch Abtragung aus. In der Oberkreide und im Tertiär war es dagegen von besonders starker Absenkung betroffen.

Der präkretazische Unterbau der Pompeckj'schen Scholle besteht in der Hauptsache aus Trias-Ablagerungen, in die Tröge mit mächtiger Unter- und Mitteljura-Entwicklung eingesenkt sind. Von ihnen sind der NNE–SSW (rheinisch) streichende Gifhorn-Trog im östlichen Niedersachsen, der Hamburger Trog sowie der Ostholstein-(Bramstedt-Kieler) Trog und der Jade-Westholstein-(Heider) Trog die wichtigsten. Zum strukturellen Inventar der Pompeckj'schen Scholle gehört eine große Zahl von Salzstöcken. Sie sind als rundliche Diapire, als gestreckte Salzsättel und als Salzmauern ausgebildet. Ihre Anordnung in Salzstockreihen bzw. das Streichen der Salzsättel und -mauern ist vorwiegend NW–SE (herzynisch) oder NNE–SSW bis N–S (rheinisch) ausgerichtet. Zwischen Bremerhaven und Kiel sind in bis zu 100 km langen, vorzugsweise in rheinischer Richtung gestreckten Doppeldiapiren außer dem Zechstein-Salinar auch Rotliegend-Salze mobilisiert. Der Höhepunkt des Diapirismus fiel auf der Pompeckj'schen Scholle in die untere und mittlere Trias. Aber auch noch im Unterjura und zwischen Oberjura und Unterkreide stiegen Salzstöcke auf. Im Raum der Lüneburger Heide erfolgte Salznachschub selbst noch im Tertiär und Quartär.

Östlich der mittleren Elbe stellt der breite **Prignitz-Lausitzer Wall** ein NW–SE streichendes vorkänozoisches Hebungsgebiet dar. Er liegt im ehemaligen Senkungszentrum des nordostdeutschen Teilbereichs der Norddeutsch-Polnischen Senke (Altmark-Brandenburg-Becken). Zechstein bis Unterkreide zeigen entsprechend vollständige Profile. Eine starke tektonische Inversion am Ende der Oberkreide bewirkte Abtragung hauptsächlich von Oberkreide, örtlich aber auch bis auf Jura und Trias. Gegen Süden endet der Prignitz-Lausitzer Wall vor der Südbrandenburg-Lausitzer Scholle.

In seinem Nordwestabschnitt ist der Prignitz-Lausitzer Wall durch zahlreiche Salzkissen und Diapire stärker gegliedert. Im Südosten zeigt er vornehmlich NW–SE streichende Salzrücken bzw. Störungen. Die strukturenbildende Salzwanderung begann im Prignitz-Lausitzer Wall bereits in der Trias. Im höheren Jura erreichten die ersten Salzakkumulationen das Diapirstadium.

Als südwestliche Randsenke des Prignitz-Lausitzer Walls senkte sich am Ende der Oberkreide die SW–NE streichende **Altmark-Fläming-Senke** ein. Von der Scholle von Calvörde und Halle-Wittenberger Scholle ist sie durch den Gardelegener und Wittenberger Abbruch getrennt. Im Detail weist die Altmark-Fläming-Senke einige markante NW–SE (herzynisch) streichende Salzrücken auf, einige davon mit ausgeprägten Scheitelstörungen.

Auch die ausgedehnte **Mecklenburg-Brandenburg-Senke** im Nordosten des Prignitz-Lausitzer Walls stellt gegenüber ihrer Umgebung ein jüngeres Senkungsgebiet mit vollständiger Oberkreideentwicklung dar. Im Untergrund zeigen Zechstein und Trias ein

Die Norddeutsche Senke

normales Beckenprofil. Jura und Unterkreide sind nach kräftigen Hebungen vor der Alb-Transgression nur lückenhaft erhalten. Wahrscheinlich fehlen Malm und Unterkreide z. T. primär. Die Bildung der hier weit verbreiteten Salzkissen und im Süden auch Salzstöcke fällt in die Zeit der jungkimmerischen Schollenbildung.

Im Südosten ist das Gebiet der Mecklenburg-Brandenburg-Senke durch die langgestreckte ebenfalls NW–SE streichende Fürstenwalde-Gubener Antiklinalzone mit Aufbrüchen von Trias und Jura von der Nordsudetischen Senke getrennt.

Der **Grimmener Wall** und die ihn nordöstlich vorgelagerte **Rügen-Senke** bildeten sich ebenfalls erst am Ende der Unterkreide heraus. Trias, Jura und Unterkreide entwickelten sich hier am Nordostrand des Norddeutschen Beckens differenziert, z. T. lückenhaft. Die Anlage einzelner Antiklinalstrukturen war mit der Bildung von Salzkissen verknüpft. Die Heraushebung des Grimmener Walls gegen Ende der Oberkreide führte zur Abtragung bis auf den Jura.

In der **Rügen-Senke** ist Oberkreide heute großflächig bis zum Obermaastricht erhalten und entlang den Klifflinien der Halbinseln Jasmund und Arkona auch übertage aufgeschlossen.

2.4.2 Geologische Entwicklung, Stratigraphie

Das jungpaläozoische bis känozoische Deckgebirge der Norddeutschen Senke lagert im Süden auf variszisch gefaltetem Untergrund. Nördlich der variszischen Deformationsfront, deren Verlauf mit einigen Unsicherheiten von Münster über Hameln, Hannover, Ülzen, Grabow bis nördlich Angermünde verfolgt werden kann, bilden ältere Baustufen das Fundament. Bisher geben allerdings nur wenige tiefe Bohrungen darüber Auskunft.

In der südöstlichen Nordsee wurde für einen in der Bohrung Q1 in 3.804 m Tiefe angetroffenen vordevonischen Muskowit-Biotit-Augengneis ein jüngstes Metamorphosealter von 415 Ma ermittelt. Möglicherweise handelt es sich hier um ein kaledonisch überprägtes **präkambrisches Fundament**. Altersbestimmungen an Glimmern vorpermischer und wahrscheinlich ebenfalls präkambrischer Phyllite in den Bohrungen Westerland Z1 und Flensburg Z1 ergaben mit 419 Ma und 482 Ma ebenfalls kaledonische Metamorphosealter.

Auf Rügen wurde durch Tiefbohrungen eine mehr als 1.500 m mächtige Folge deutlich deformierter Tonsteine und Feinsandsteine des mittleren **Ordoviziums** (Llanvirn bis tieferes Caradoc) nachgewiesen. Zusammen mit ähnlich mächtigen klastischen **Obersilur**-Folgen im tieferen Untergrund Nordpolens werden sie als Ablagerungen einer breiten, dem Südwestrand der Osteuropäischen Plattform vorgelagerten Tafelrandsenke interpretiert, die jungkaledonisch gefaltet und herausgehoben wurde.

Die Abgrenzung eines zusammenhängenden kaledonischen Faltungs- und Dislokationssystems entlang der Südwestflanke des Ringköbing-Fünen-Hochs hat sich allerdings bisher wegen der großen Tiefenlage dieses Stockwerks als schwierig erwiesen. Es bleibt also unsicher, in welcher Verbreitung ein kaledonisch gefaltetes Fundament das mittelpaläozoische bis känozoische Deckgebirge unterlagert.

Zwischen dem möglichen kaledonischen Faltungsgebiet im Norden und dem variszischen Grundgebirge im Süden zeichnet sich im tieferen Untergrund Westmecklenburgs und Nordwestbrandenburgs eine auffällig rautenförmig gestaltete positive gravimetrische und magnetische Anomalie ab (Ostelbisches Massiv). Die Struktur, deren Oberfläche in 8.000 bis 9.000 m Tiefe zu erwarten ist, wurde von Bohrungen bisher nicht erreicht. In Analogie zum

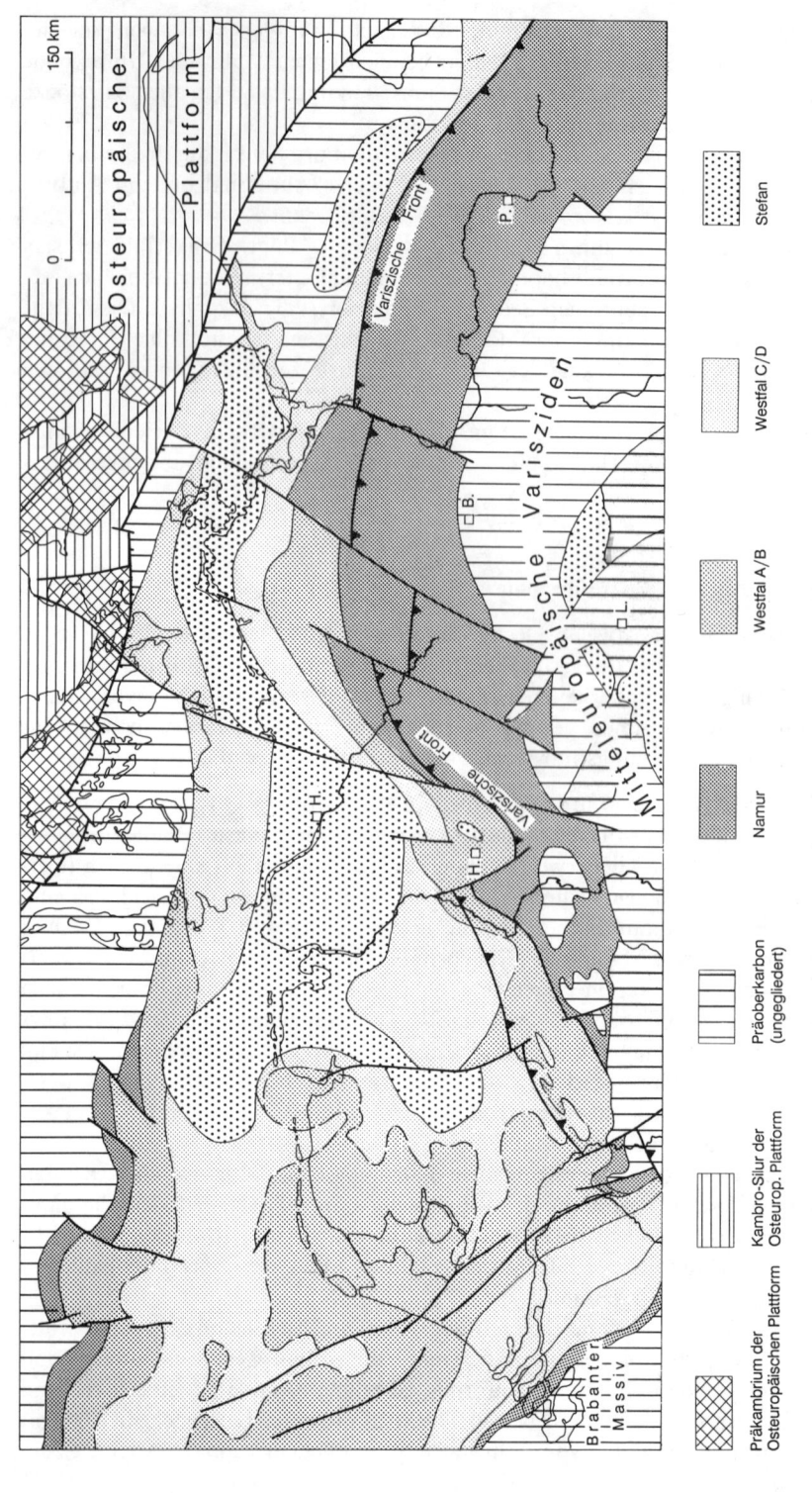

Abb. 38. Abgedeckte geologische Karte des präpermischen Untergrundes der Mitteleuropäischen Senke (n. D. FRANKE 1990).

Ringköbing-Fünen-Hoch wird in ihr eine präkambrische (dalslandische) Baueinheit vermutet.

Devon ist im außervariszischen Bereich der Norddeutschen Senke nur eingeschränkt nachgewiesen. In der Nordseebohrung Q 1 wird das kristalline Fundament von 738 m mächtigen, überwiegend rot gefärbten Siltsteinen und Sandsteinen mit eingeschalteten Konglomeratlagen des Unter- bis Mitteldevons überlagert. Chitinozoen und Reste von tabulaten Korallen zeigen aber bereits marinen Einfluß auf die sonst festländische Sedimentation.

Auch auf Rügen wird das kaledonisch gefaltete Altpaläozoikum von mehr als 1.500 m mächtigen, überwiegend rot bis violettbraun gefärbten terrestrischen Sandsteinen und Tonsteinen des höchsten Unterdevons (Ems) und des Mitteldevons (Eifel, Givet) diskordant überlagert. Wie sich der seitliche Übergang solcher Old Red-Sedimente in die überwiegend marinen Schelfsedimente des variszischen Senkungsgebietes im Süden vollzog, ist unbekannt.

Im höheren Mitteldevon und Oberdevon verlagerte sich der externe Schelf des mitteleuropäischen Devon-Beckens nach Norden bis in den mittleren Nordsee- und südlichen Ostseeraum. Auf Rügen wurde ebenfalls eine bis 1.500 m mächtige Folge mariner, überwiegend mergelig-toniger, z. T. auch kalkig-dolomitischer Gesteine des höheren Givet und Frasne erbohrt. Erst das Famenne läßt hier wieder durch erhöhten Anteil klastischer Komponenten mit gelegentlicher Rotfärbung regressive Züge erkennen.

Unterkarbon ist im mittleren und südlichen Abschnitt der Norddeutschen Senke mit mehreren hundert bis 1.000 m mächtigen monotonen Wechselfolgen dunkler Ton- und Siltsteine und Grauwacken vertreten. Im Westen (Brabanter Massiv) und Norden (Schleswig-Holstein, Rügen, Nordpolen) entwickelte sich die Schelf-Fazies des Kohlenkalks. Es gilt als wahrscheinlich, daß auch weite Teile des Ringköbing-Fünen-Hochs der Kohlenkalkplattform angehörten. Auf der Südflanke des Moen-Blocks wurden auf der Insel Falster mehr als 500 m mächtige Plattformkalke des unteren Mittelvisé erbohrt. Die genaue Lage der Grenze zwischen der Kohlenkalk-Entwicklung im Norden und der Verbreitung der Kulmsedimente des nördlichen Außenvariszikums im Süden ist bisher nicht sicher zu ziehen.

Im **Namur** wurde die gesamte Norddeutsche Senke zur nördlichen Randsenke des variszischen Faltungsgebietes im Süden. Zwischen Elbe und Oder verlagerte sich der Sedimentationsraum bereits im mittleren Namur nach Norden bis in das Ostsee-Küstengebiet. Für Namur und **Westfal** sind zyklische Wechselfolgen von Sandsteinen, Siltsteinen und Tonsteinen mit Einschaltungen von Kohlenflözen kennzeichnend. In höheren Profilteilen treten Konglomerate auf. Namur und unteres und mittleres Westfal sind noch überwiegend paralisch entwickelt. Gegen Ende des Westfal stellten sich überwiegend limnische Ablagerungsbedingungen ein.

Durch die spätvariszische (asturische) Faltung am Ende des Westfal wurden die südlichen Bereiche des oberkarbonischen Sedimentationsgebietes Norddeutschlands gefaltet. Auch im Norden folgt **Stefan** stets transgressiv über verschiedenen Westfal-Stufen. Das zeigt, daß auch das variszische Vorland von asturischen Bewegungen weitspannig verformt wurde und anschließend einer Abtragung unterlag.

Am nordöstlichen Beckenrand (Rügen/Hiddensee) erreicht die Gesamtmächtigkeit des Oberkarbons zwischen 1.000 und 2.000 m, in weiter westlich gelegenen beckenzentralen Teilen der Senke zwischen 3.000 und 5.000 m. Wegen seiner Flözführung vom Namur C bis Westfal C kommt dem Oberkarbon des Norddeutschen Beckens große Bedeutung als Muttergesteinsformation für Erdgaslagerstätten zu.

In der Spätphase der variszischen Orogenese kam es zur Intrusion von Graniten in das gefaltete Grundgebirge. Der Brocken-, Ocker- und Ramberg-Granit im Harz, die Velpke- und Asse-Intrusion nordöstlich von Braunschweig sowie Intrusivkörper der Flechtingen-Roßlauer und der Calvörder Scholle gehören dazu.

Nach der variszischen Faltung am Ende des Westfal kam es zu einer vom variszischen Einengungsplan weitgehend unabhängigen strukturellen Umgestaltung im Bereich der Norddeutschen Senke. NW–SE und NNE–SSW verlaufende Sockelstörungen begannen sich abzuzeichnen. Im Verlauf des Rotliegenden und in der unteren Trias wurden sie durch die Bildung von Horsten und Gräben für die Sedimentation voll wirksam.

Zu Beginn des **Unterrotliegenden** (Autun) dienten diese Störungen als Aufstiegswege subsequenter Magmatite. Das Zentrum des Autun-Vulkanismus lag im östlichen Teil der Norddeutschen Senke. Sowohl nach Westen als auch nach Osten verliert sich die Mächtigkeit und Geschlossenheit seiner Effusivdecken und die Häufigkeit oberflächennaher Intrusionen. Der weitaus größte Teil sind saure und intermediäre Eruptiva (Rhyolithe und Andesite). Gebietsweise (Brandenburg) dominieren allerdings intermediär-basische Effusiva (Andesite bis Basalte). Im variszisch gefalteten Bereich lagern sie diskordant auf Präperm. In dem von der variszischen Faltung nicht betroffenen nördlichen Vorland folgen sie annähernd konkordant und mit Schichtlücke über Oberkarbon. Die Laven, Ignimbrite und Tuffe sammelten sich vor allem in vulkano-tektonischen Senken, deren Absenkungsbeträge bis über 2.000 m erreichten. Von der Ostseeküste sind auch lagerartige porphyrische Intrusiva bekannt.

Die sauren und intermediären Eruptiva werden als Kalkalkaligesteine auf die palingenetische Mobilisation krustaler Gesteine zurückgeführt und zusammen mit den intermediär-basischen als subsequente Magmatite dem variszischen Magmenzyklus zugerechnet. An der Ostseeküste und auf Rügen treten allerdings auch alkalische basische Effusiva auf, die als Tafelmagmatite angesprochen werden. Auch im tieferen Untergrund Nordwestdeutschlands sind vorwiegend basische schwach alkaline Vulkanite hauptsächlich aus der NNE–SSW streichenden Ems-Senke und der ebenso ausgerichteten Weser-Senke südlich Bremen bekannt.

Sedimente des Unterrotliegenden sind in Nordwestdeutschland in verschiedenen Grabenstrukturen erhalten. In der Nordostdeutschen Senke sind sie flächenhafter verbreitet. In der Hauptsache handelt es sich um kontinentale rote Sandsteine und Siltsteine, die Stefan und ältere Gesteine diskordant überlagern.

Nach Unterbrechung ihrer Ablagerung im Gefolge saalischer Bewegungen setzte die Absenkung zu Beginn des jüngeren **Oberrotliegenden** in vorwiegend N–S gerichteten Grabensystemen ein. Daneben führte eine zunehmende allgemeine Eintiefung der Norddeutschen Senke zu einer allseitigen Ausweitung des Sedimentationsgebiets.

Ein großes Perm-Becken bildete sich heraus, das von den Britischen Inseln bis nach Polen reichte. Im norddeutschen Anteil des Beckens entwickelte sich eine geschlossene Decke bunter klastischer Sedimente. Im Süden kamen in fluviatilen Schwemmfächern rote Sandsteine, teilweise geröllführend, zur Ablagerung. Weiter im Norden, d. h. beckenwärts, wurden Dünensande äolisch umgelagert, und in flachen Seen bildeten sich tonige Sabkha-Sedimente. Im Bereich der Unterelbe, im südlichen Schleswig-Holstein und im Westmecklenburg erreichte die Absenkung ihr Maximum. Hier kam es zur Ablagerung einer bis über 2.000 m mächtigen Schichtenfolge von roten Tonen und zur Bildung von Steinsalzlagern. Vor dem Südrand des norddeutschen Oberrotliegend-Beckens zeichnen sich im Mächtigkeitsbild seiner Sedimente die NNE–SSW (rheinisch) ausgerichtete Ems-Senke,

Die Norddeutsche Senke

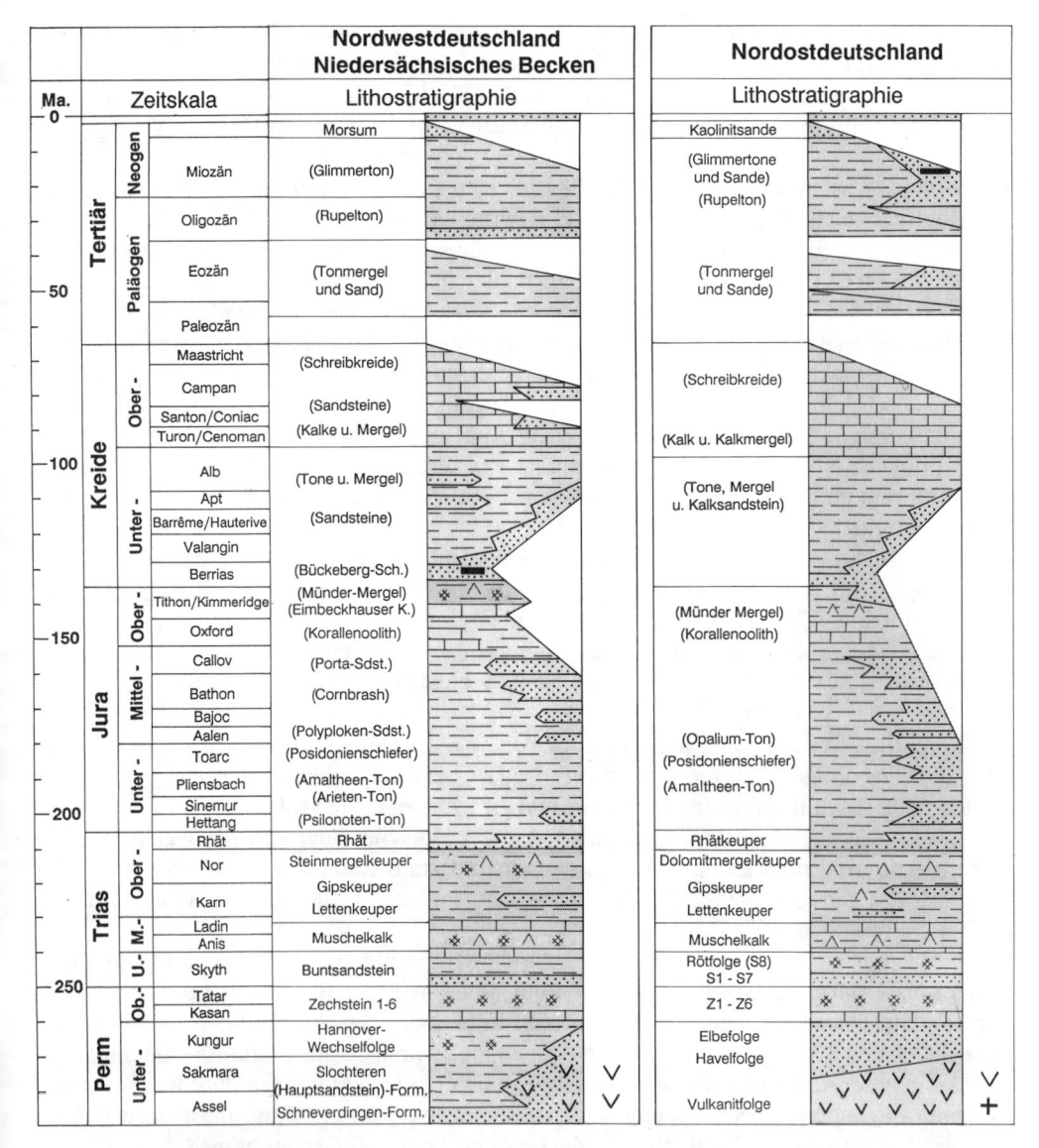

Ma.	Zeitskala			Nordwestdeutschland Niedersächsisches Becken Lithostratigraphie	Nordostdeutschland Lithostratigraphie
0	Tertiär	Neogen		Morsum	Kaolinitsande
			Miozän	(Glimmerton)	(Glimmertone und Sande)
		Paläogen	Oligozän	(Rupelton)	(Rupelton)
50			Eozän	(Tonmergel und Sand)	(Tonmergel und Sande)
			Paleozän		
	Kreide	Ober-	Maastricht	(Schreibkreide)	(Schreibkreide)
			Campan	(Sandsteine)	
			Santon/Coniac	(Kalke u. Mergel)	(Kalk u. Kalkmergel)
			Turon/Cenoman		
100		Unter-	Alb	(Tone u. Mergel)	(Tone, Mergel u. Kalksandstein)
			Apt		
			Barrême/Hauterive	(Sandsteine)	
			Valangin		
			Berrias	(Bückeberg-Sch.)	
	Jura	Ober-	Tithon/Kimmeridge	(Münder-Mergel) (Eimbeckhauser K.)	(Münder Mergel)
150			Oxford	(Korallenoolith)	(Korallenoolith)
		Mittel-	Callov	(Porta-Sdst.)	
			Bathon	(Cornbrash)	
			Bajoc		
			Aalen	(Polyploken-Sdst.)	(Opalium-Ton)
		Unter-	Toarc	(Posidonienschiefer)	(Posidonienschiefer)
			Pliensbach	(Amaltheen-Ton)	(Amaltheen-Ton)
200			Sinemur	(Arieten-Ton)	
			Hettang	(Psilonoten-Ton)	
	Trias	Ober-	Rhät	Rhät	Rhätkeuper
			Nor	Steinmergelkeuper	Dolomitmergelkeuper
			Karn	Gipskeuper	Gipskeuper
				Lettenkeuper	Lettenkeuper
		M.-	Ladin	Muschelkalk	Muschelkalk
			Anis		
		U.-	Skyth	Buntsandstein	Röt folge (S8) S1 - S7
250		Ob.-	Tatar	Zechstein 1-6	Z1 - Z6
			Kasan		
	Perm	Unter-	Kungur	Hannover-Wechselfolge	Elbefolge
					Havelfolge
			Sakmara	Slochteren (Hauptsandstein)-Form.	
			Assel	Schneverdingen-Form.	Vulkanitfolge

Abb. 39. Lithologie und stratigraphische Gliederung der jungpaläozoisch-mesozoischen und tertiären Sedimentfüllung der Norddeutschen Senke (nach verschiedenen Autoren). Zeichenerklärung wie Abb. 26.

der Glücksstadt-Graben und die Weser-Senke ab. Weiter im Osten entspricht ihnen die Havel-Müritz-Senke. Ems- und Weser-Senke wurden durch die Hunthe-Schwelle, Weser- und Havel-Müritz-Senke durch die Altmark-Schwelle voneinander getrennt. Östlich der Havel-Müritz-Senke ist der Sedimentationsraum durch WNW–ESE streichende Schwellen und Senken gegliedert.

Nach Ende des Saxons wurde das Norddeutsche Becken von Nordwesten her vom **Zechstein-Meer** überflutet, das darüber hinaus auch über das südlich angrenzende variszische Grundgebirge transgredierte. Tonsteine, Kalksteine und Dolomite und darüber Anhydrit, Steinsalz und Kali- und Magnesiumsalze wiederholen sich mehrfach in zyklischer Folge.

In der Zechstein 1-Folge (Werra-Folge) bildeten sich im Verlauf einer ersten marinen Überflutung zunächst Kupferschiefer und Zechsteinkalk. In einzelnen lagunären Becken südlich und östlich des Harzes erreichen die Metallgehalte des Kupferschiefers wirtschaftliche Werte. An den Rändern des Beckens entstanden mächtige Anhydritwälle. Hinter diesen entwickelten sich besonders in der südlichen Ems-Senke (Niederrhein) und im Werra-Fulda-Gebiet flache Salinarbecken, in denen es auch zu Kali-Ausscheidungen kam (im Werra-Fulda-Gebiet die Flöze Thüringen und Hessen).

Die Zechstein 2-Folge (Staßfurt-Folge) beginnt an den Beckenrändern mit dem Hauptdolomit und im Beckeninneren mit geringmächtigen Stinkschiefern. Der Hauptdolomit ist in ganz Norddeutschland ein wichtiger Erdgasspeicher. Darüber folgen ein basaler Anhydrit und im Beckenzentrum bis zu 600 m Steinsalz mit einem Kaliflöz im höheren Teil (Flöz Straßfurt).

In der Zechstein 3-Folge (Leine-Folge) folgt über einem geringmächtigen Grauen Salzton der Hauptanhydrit. Im südlichen Niedersachsen wird dieser von einer ca. 200 m mächtigen Steinsalzfolge mit 2 Kaliflözen (Flöze Ronnenberg und Riedel) überlagert.

Die Zechstein 4-Folge (Aller-Folge) besteht im norddeutschen Anteil des Zechstein-Beckens aus dem Roten Salzton, Pegmatitanhydrit, ca. 100 m Steinsalz und einem Kaliflöz.

In zentralen Beckenteilen lassen sich noch drei weitere Salinarzyklen nachweisen. Es sind dies die Ohre-Folge (Z 5), die Friesland-Folge (Z 6) und die Mölln-Folge (Z 7) mit jeweils sandigen Basisschüttungen, roten Peliten und Anhydrit mit Steinsalz.

Die Salzlager des Zechsteins bestimmten später, beginnend in der Trias, durch Halokinese die strukturelle Entwicklung Nordwestdeutschlands mit. Salzstöcke sind allerdings nur nördlich des Karbonatwalles des Zechsteins 2 zu finden, wo die Salzmächtigkeiten über 500 m erreichen.

Nach endgültigem Eindampfen des Zechstein-Meeres akkumulierten im norddeutschen Raum bis 1.500 m rotgefärbte Sandsteine mit Tonsteinen des **Buntsandsteins**. Sie wurden unter weitgehend kontinentalen Bedingungen in periodischen Schichtfluten vorzugsweise von Süden und Südosten geschüttet und können, nach ihren Sedimentationsbedingungen in Zyklen gegliedert, über hunderte von km miteinander korreliert werden. Nordhausen- und Bernburg-Folge bilden den Unteren Buntsandstein. Der Mittlere Buntsandstein setzt sich aus der Volpriehausen-, Detfurth-, Hardegsen- und Solling-Folge zusammen.

In zentralen Beckenteilen enthält der Untere Buntsandstein lagenweise Kalkoolithe und Anhydritlagen. Der Obere Buntsandstein (Röt) ist tonig-salinar ausgebildet. Er führt in Nordwestdeutschland bis zu 150 m Steinsalze und Anhydrit.

Besonders für den Mittleren Buntsandstein werden durch Unterschiede seiner Mächtigkeiten verstärkte epirogene Bewegungen sichtbar. Das bezeugen Diskordanzen an der Basis der Volpriehausen-, Detfurth-, Hardegsen- und besonders der Solling-Folge („H"-Diskordanz). Über älteren NW–SE und NNE–SSW streichenden Sockelstörungen kam es zu synsedimentären Abschiebungen und Grabenbildungen. In den Störungsbereichen wurden erstmals Zechsteinsalze mobilisiert. Beispiele für diese Gräben sind der NNE–SSW verlaufende Glückstadt-Graben in Schleswig-Holstein und der Gifhorner Trog westlich der

Altmark-Schwelle sowie die NW–SE verlaufende Allertal-Linie am Nordrand der Niedersächsischen Scholle. Zahlreiche weitere wichtige Schollengrenzen zeigen sich heute in der Verteilung und Ausrichtung der Salzstrukturen entlang NNE–SSW und NW–SE verlaufender Linien.

Regionale in NNE–SSW-Richtung verlaufende Trog-Regionen waren weiterhin die Ems- und die Weser-Senke im Westen und östlich der Altmarkschwelle die seit dem Perm bestehende Thüringisch-Westbrandenburgische Senke. Die größten Mächtigkeiten des Unteren und Mittleren Buntsandsteins wurden in einem NW–SE ausgerichteten breiten Trog akkumuliert, der aus dem südlichen Holstein über Mecklenburg nach Nordbrandenburg verlief (Holstein-Mecklenburg-Nordbrandenburg-Senke).

Gegenüber dem Zechstein brachte die Buntsandstein-Zeit eine Erweiterung des Sedimentationsraums. Im Norden, im Bereich des Ringköbing-Fünen-Hochs und Rügens, greift Buntsandstein auf Rotliegendes und Präperm über. Im Oberen Buntsandstein nahm eine marine Ingression ihren Weg über die Hauptabsenkungszone des Beckens von der Lausitz nach Westmecklenburg.

Die Sedimente des **Muschelkalks** zeigen für den ganzen norddeutschen Raum eine vorübergehende Rückkehr zu marinen Verhältnissen. Sie umfassen flachmarine dünnschichtige Wellenkalke, Mergel-, Oolith- und Schillkalke im Unteren Muschelkalk, eine Salinarformation mit Dolomiten, Anhydriten und zwei Salzlagern und bis zu 100 m Steinsalz im Mittleren Muschelkalk und wieder flachmarine gebankte Krinoidenkalke (Trochitenkalke) und Cephalopodenplattenkalke (Ceratitenschichten) im Oberen Muschelkalk. Die Gesamtmächtigkeit des Muschelkalks erreicht 250–300 m. Während der mittleren Trias bildeten sich über im Buntsandstein aktiven Störungslinien die ersten Salzkissen.

Als Folge einer allgemeinen Verflachung des Norddeutschen Beckens besteht der Untere **Keuper** (Lettenkohlen-Keuper) überwiegend aus limnischen grauen und bunten dolomitischen Tonsteinen, in die sich als Folge vorübergehender weiterflächiger Verlandung einzelne Sandsteinhorizonte einschieben. Der Mittlere Keuper (Gipskeuper) umfaßt eine mächtigere und eintönigere Serie von roten, grünlichen und grauen Tonmergelsteinen und dolomitischen Tonsteinen, teilweise mit Anhydrit- und Gipseinlagerungen. An der Ems, im Bereich der Unterweser und in Schleswig-Holstein enthalten diese zwei Salzlager von jeweils 250–300 m Mächtigkeit. Eine weitere Einschaltung in den Gipskeuper ist der durchschnittlich 25–70 m mächtige Schilfsandstein, eine fluviatile Deltaschüttung, die von Skandinavien bis Süddeutschland zu verfolgen ist.

Viele nordwestdeutsche Salzstrukturen traten im Keuper in ihr diapirisches Stadium. Die Steinsalzlager des Gipskeupers sind wenigstens teilweise resedimentierte Zechsteinsalze in stark eingetieften Randsenken durchgebrochener Diapire. In Nordostdeutschland führten die halokinetischen Bewegungen zu Salzakkumulationen bis zum Kissenstadium.

Im Detail wurden die Sedimentationsverhältnisse des Mittleren Keupers im ganzen Norddeutschen Becken durch tektonische Blockbewegungen an wieder auflebenden untertriassischen Sockelstörungen und im Zusammenhang mit der weitverbreiteten Halokinese des Zechsteinsalinars stark modifiziert. Das führte zur Hauptdiskordanz der altkimmerischen Phase zwischen Mittlerem und Oberem Keuper.

Im Oberen Keuper herrschten zunächst noch weiterhin limnisch-brackige Sedimentationsverhältnisse. Bunte und graue dolomitische Tonsteine und Schiefertone (Steinmergelkeuper) kamen zur Ablagerung. Sie wurden nach der Rhät-Transgression von wieder marinen, zum Teil deutlich bituminösen dunklen Tonsteinen abgelöst. Mehrfache Sandstein-Einschaltungen bilden gute Speicher für Erdöl und Erdgas.

Im Rhät stellte sich das Absenkungsmuster der Norddeutschen Senke auf eine neue Beckenkonfiguration ein, die dann für den Jura und die Unterkreide bestimmend war. Im Westen verschwand die vor allem während der Buntsandsteinzeit aktive Hunte-Schwelle und die Ems-Senke. Der Bereich des späteren Niedersächsischen Beckens gliederte sich stattdessen in NW–SE bis WNW–ESE (herzynisch) streichende Tröge und Schwellen. Östlich der Weser vertieften sich die langgestreckten NNE–SSW (rheinisch) streichenden Spezialtröge des Gifhorner Troges, des Hamburger Troges, des Ost- und Westholstein-Troges u. a. Ein Großteil ihrer Einsenkung geht auf ausgedehnte Abwanderungsvorgänge in den Salinarstockwerken des Rotliegenden und des Zechsteins zurück. Weiter im Osten liegt eine besonders mächtige und vollständige Jura-Entwicklung in der sich neu formierenden NW–SE streichenden Prignitz–Altmark–Westbrandenburg-Senke vor.

Während des **Unterjuras** wurden im westlichen Nordwestdeutschland bis zu 1.400 m mächtige dunkle Tonsteine abgelagert. Im oberen Unterjura (unteres Toarc) gehört der bituminöse Posidonienschiefer dazu. Er gilt als hauptsächliches Muttergestein für die Erdöllagerstätten des Niedersächsischen Beckens, des Gifhorn-Trogs und Schleswig-Holsteins.

Im Gegensatz zur fast sandfreien Ausbildung des unteren Juras in diesen westlichen Beckenteilen finden sich im Nordosten im Unterjura vielfach Sandsteine, u.a. der Angulaten-Sandstein, und Eisenoolithe sowie auch terrestrisch-limnische Sedimente. Auch die Ölschieferfazies des Toarc geht nach Osten in brackische und limnische Tonsteine und Feinsandsteine über.

Im **Mitteljura** entwickelten sich die im Unterjura angelegten rheinisch streichenden Senkungszonen Nordwestdeutschlands im nordwestlichen Niedersachsen und auch weitere kleine Senkungsgebiete fort. Doch werden ihre Tonsteinfolgen häufiger als im Unterjura von gröberklastischen deltaischen Einschaltungen unterbrochen. Diese stammten im Aalen noch von Osten her, später, im Bajoc bis Callov, überwiegend aus dem nördlich gelegenen Hebungsgebiet des Ringköbing-Fünen-Hochs (Cimbrisches Land). U. a. gehören der Garantianen-Sandstein (Cornbrash-Sandstein) und der Macrocephalen-Sandstein (Porta-Sandstein) dazu, ebenso zahlreiche Vorkommen oolithischer Eisenerze des höheren Mitteljuras. Die Sandsteine sind heute wichtige Erdöl- und z.T. auch Erdgas-Speichergesteine. Die Gesamtmächtigkeit der Mitteljura-Ablagerungen Nordwestdeutschlands kann in ausgeprägten Salzabwanderungsgebieten von durchschnittlich 400 m auf 800 bis 1.000 m steigen.

Im nordostdeutschen Sedimentationsgebiet besteht der Mitteljura wie der Unterjura überwiegend aus sandigen Bildungen. Im höheren Mitteljura sind auch Grobsandsteine und Konglomerate verbreitet. Die Mächtigkeit der Mitteljura-Gesteine schwankt hier z.T. auch infolge halokinetischer Bewegungen. In Mecklenburg ist der Mitteljura im Zusammenhang mit dem Auftauchen des cimbrischen Festlandes lückenhaft entwickelt.

Mit Beginn des **Oberjuras** zog sich das Meer aus weiten Bereichen Norddeutschlands und der südlichen Nordsee zurück. Die sich heraushebende Pompeckj'sche Schwelle wurde als Abtragungsgebiet in das Ringköbing-Fünen-Hoch integriert. Als Sedimentationsraum verblieb die Senkungszone des Niedersächsischen Beckens und stark eingeschränkt auch das Prignitz-Altmark-Brandenburg-Becken.

Im Niedersächsischen Becken entspricht der paläogeographischen Umstellung ein deutlicher Fazieswechsel von Ton- und Mergelsteinen zu flachmarinen Sandsteinen und Kalksteinen einschließlich Eisen- und Kalkoolithen. Im höheren Oberjura treten auch mächtigere Tonsteinfolgen mit eingeschalteten salinaren Bildungen (Anhydrit und Steinsalz) auf. Im nördlichen und südlichen Rahmen der Senkungszone entstanden im Oberjura komplexe Randbruchsysteme mit teilweise aufsteigendem Zechsteinsalinar. Sie wurden später zu Randstörungen der Inversionsstruktur des Niedersächsischen Tektogens. Auch die NNE–SSW verlaufenden Störungssysteme des Gifhorner Troges waren in dieser Zeit aktiv.

Im Ostteil des Norddeutschen Beckens, hauptsächlich aber in der Prignitz–Altmark–Westbrandenburg-Senke, werden die sandigeren und feinklastischen Sedimente des Unter- und Mitteljuras von Kalksteinen, Mergelsteinen und karbonathaltigen Tonsteinen des Oberjuras abgelöst. Auch gelegentliche sandige Bildungen des Oberjuras sind deutlich karbonathaltig. Schichtlücken infolge Nichtablagerung sind im unteren und vor allem auch im oberen Oberjura weit verbreitet.

Über die Bildung von Spezialsenken und -schwellen hinaus wurden die Sedimentationsbedingungen des Juras Nordostdeutschlands im einzelnen deutlich durch halokinetische Prozesse modifiziert. Im höheren Jura hatten die ersten Salzstöcke bereits ihr Diapirstadium erreicht und ihre mesozoische Bedeckung durchbrochen. Mit Annäherung an den nördlichen Randbereich der Zechsteinsalzverbreitung in Nordostmecklenburg wird der Einfluß der Salztektonik allerdings wieder geringer.

Nach der allgemeinen Meeresregression im Gefolge jungkimmerischer tektonischer Bewegungen, die im Süden mit einer allgemeinen Dehnungstektonik verknüpft waren, im Norden aber zu weitflächigen Heraushebungen der Pompeckj'schen Scholle geführt hatten, entwickelte sich an der **Wende Jura/Kreide** in den Resttrögen der Norddeutschen Senke die brackisch-limnische Wealden-Fazies.

Für das weiterhin sich eintiefende Niedersächsische Becken unterbrach im Berrias die Verbindung zum offenen Meer. Es kam zu seiner vollständigen Aussüßung. In den westlichen und zentralen Trogteilen bildeten sich feinschichtige, dunkelgraue und schwarze, z.T. bituminöse Tonsteine mit artenarmer Fauna. Vor den südlich angrenzenden Festländern schoben sich Deltasande in das Beckeninnere vor. Zum Teil waren sie mit Sumpfwäldern besetzt, die zur Kohlebildung führten. Auf Schwellen lagerten sich Süßwasserlumachellen ab. Während die feinschichtigen Tonsteine Erdöl- und Erdgasmuttergesteinsmerkmale zeigen, sind die Wealden-Sandsteine und Schalentrümmerkalke potentielle Speichergesteine.

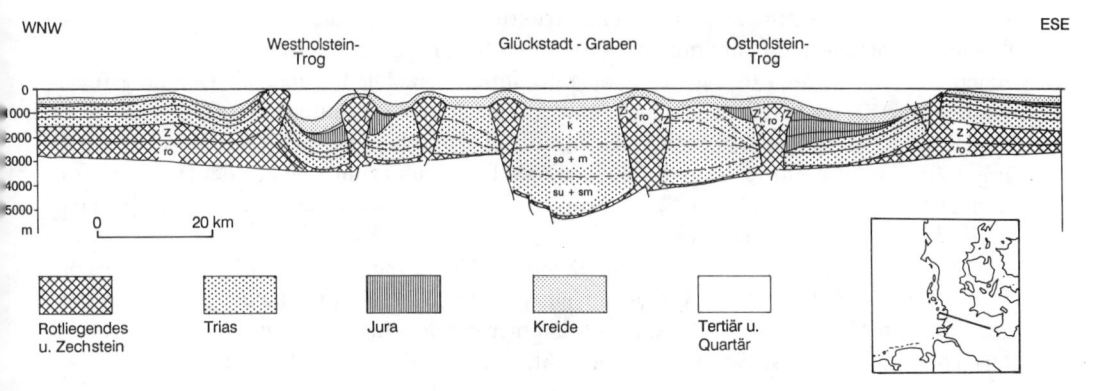

Abb. 40. Geologisches Profil durch Schleswig-Holstein (n. BEST, KOCKEL & SCHÖNEICH 1983).

Im nordostdeutschen Senkungsraum ist die Wealden-Fazies mit ihren charakteristischen sandig-tonigen Ablagerungen auf zentrale Teile der Prignitz-Altmark-Westbrandenburg-Senke und begrenzte Gebiete im nordöstlichen Küstenraum beschränkt.

Im Verlauf der folgenden **Unterkreide**-Stufen (Valendis bis Apt) erreichte das Meer wieder das Niedersächsische Becken. Auch Teile der Pompeckj'schen Schwelle in Ostfriesland und im Bereich der Elbmündung wurden bereits im Valendis überflutet. Es kam zur Ablagerung von dunkelgrauen, teilweise bituminösen Tonsteinen mit sandigen Einlagerungen vor den Beckenrändern. Im Emsland bildeten sich der bis 100 m mächtige Bentheimer Sandstein und der Gildehäuser Sandstein (oberes Hauterive) als wichtige Erdölspeichergesteine. Am Nordrand des Niedersächsischen Beckens wurde der Dichotomiten-Sandstein (Obervalendis) abgelagert. Weitere Beispiele sind der Osning-Sandstein (Valendis/Alb) und der Hils-Sandstein (Unteralb). Im Harzvorland entwickelten sich synsedimentär einsinkende Grabenstrukturen zu Fallen für die Salzgitterer Trümmereisenerze.

Die Gesamtmächtigkeit der Unterkreide (bis zum Apt) erreicht in zentralen Teilen des Niedersächsischen Beckens bis 4.000 m. Auf Schwellen und entlang den Beckenrändern ist sie dagegen auf einige Zehner bis hundert Meter stark reduziert.

Im nordostdeutschen Raum deutet die heutige Verbreitung geringmächtiger Tone und Mergelsteine des Barrême bis Apt keine wesentliche Erweiterung des Sedimentationsgebietes an.

Erst ab der höheren Unterkreide (Alb) überdeckte das Meer im Rahmen eines überregionalen Meeresspiegelanstieges wieder die gesamte Pompeckj'sche Schwelle und transgredierte über ganz Ostdeutschland und Polen. Gleichzeitig ließ die tektonische Aktivität nach und die klastische Sedimentzufuhr reduzierte sich drastisch. Viele der im Niedersächsischen Becken im Oberjura und im Verlauf der Unterkreide entstandenen synsedimentären Strukturen erhielten ihre Abdeckung durch marine graue Tone des Alb. In den Transgressionsgebieten bilden oft glaukonithaltige Sandsteine oder Kalksandsteine die Basis der nachfolgenden Oberkreide-Überdeckung.

Die Sedimente der **Oberkreide** bestehen im norddeutschen Beckenbereich sehr einförmig aus Mergelsteinen und hellen Kalksteinen in Pläner- und Schreibkreidefazies. Vereinzelt treten dünne Tufflagen auf.

Im Coniac und Santon (subherzyne Phase) wurden die zentralen Teile des Niedersächsischen Beckens, die im Oberjura und während der Unterkreide besonders starker Subsidenz unterlagen, zur Nordwestfälisch-Lippischen Schwelle herausgehoben. Entlang ihrem Südrand entstanden bedeutende Einengungsstrukturen, wie z. B. die Osning-Überschiebung. Auch die Graben- und Halbgrabenstrukturen und -staffeln am Nordrand des Niedersächsischen Beckens wurden in die Inversion mit einbezogen. Die ehemaligen Dehnungsfugen wurden zu Auf- und Überschiebungen umgestaltet. Im Oberjura und in der Unterkreide an den Randverwerfungen aufgestiegene Salzstöcke wurden dabei lateral-kompressiv überprägt. Im Emsland führte die inversionsbedingte Einengung zum Aufstieg der zur Oberjura- und Unterkreidezeit angelegten Spezialtröge des Westrandes des Niedersächsischen Beckens zu E–W streichenden Beckensätteln.

Im Gegensatz zur sich heraushebenden Niedersächsischen Scholle stellte die Pompeckj'sche Scholle vom Santon an einen Bereich besonders starker Subsidenz dar. Mächtigkeiten von z. T. über 2.000 m werden hier für die Oberkreide insgesamt festgestellt. Örtliche Mächtigkeitsschwankungen, Schichtausfälle und Fazieständerungen sind als Folge der Akkumulation bzw. der Nachbewegung von Salzkissen, Diapiren und Salzsätteln weit verbreitet.

Mit der Inversion des Niedersächsischen Beckens zum Niedersächsischen Tektogen war die Intrusion von Magmenkörpern in wenigstens 5.000 m Tiefe verknüpft. Gut bekannt sind das Bramscher Massiv und die Massive von Vlotho und Uchte. Die Lage der Intrusionskörper zeichnet sich in starken gravimetrischen und erdmagnetischen Anomalien ab. Für das Bramscher Massiv liegen auch refraktionsseismische und magnetotellurische Indizien vor. Zusätzliche geologische Kriterien sind erhöhte Inkohlungswerte und eine Häufung von Erzgängen auf den Randstörungen des Niedersächsischen Tektogens. Die Annahme eines tiefliegenden Lakkolithen wahrscheinlich dioritischer Zusammensetzung liegt nahe.

Im Verlauf des Campans schwächten sich die Inversionsbewegungen im ehemaligen Niedersächsischen Becken wieder ab. Die Sedimentation griff wieder auf die z.T. tief abgetragenen Inversionsstrukturen über. In der Dammer Oberkreidemulde transgredierte Untercampan auf Obermalm.

Im östlichen Niedersächsischen Becken machte sich gegen Ende des Turons die subherzyne Heraushebung der mitteldeutschen Grundgebirgsschollen durch Mächtigkeitsunterschiede, Konglomerate und subaquatische Rutschungen bemerkbar. Im Coniac und Santon verstärkte sich die bruchtektonische Aktivität. In ihrem Gefolge hoben sich am Südrand der Norddeutschen Senke entlang versetzten Scherstörungen und Überschiebungen die Harz-Scholle, die Flechtingen-Roßlauer Scholle, die Scholle von Calvörde, die Halle-Wittenberger Scholle und die Lausitzer Scholle heraus. In den ihnen vorgelagerten Randtrögen, der Subherzynen Senke, der Altmark-Senke und der Niederlausitzer Senke kam es zur Ablagerung von bis über 1.500 m Oberkreidesedimenten. Die kalkige Schreibkreidefazies dominiert. Im unmittelbaren Harzvorland ist das Santon jedoch sandig entwickelt.

Erst in der Zeit vom jüngsten Campan bis zum ältesten Maastricht entstand im Rahmen frühlaramischer Inversionsbewegungen aus der Prignitz–Altmark–Westbrandenburg-Senke der NW–SE (herzynisch) streichende breite Prignitz-Lausitzer Wall. Tertiär transgredierte hier über unterkretazische und ältere Schichten.

Im Nordostteil der Norddeutschen Senke bildete sich parallel dazu die Inversionsstruktur des Grimmener Walls. In der zwischen beiden Hebungsgebieten gelegenen Mecklenburg–Brandenburg-Senke (Uckermärkische Senke) und in der den Grimmener Wall im Nordosten flankierenden Rügen-Senke sedimentierte eine kontinuierliche Schichtenfolge bis in das Untermaastricht. An den Kliffen Rügens tritt das Untermaastricht als weiße Schreibkreide mit Feuersteinen zutage.

Auch im ostdeutschen Senkungsgebiet wurden die Ablagerungsbedingungen der späten Oberkreide außer durch inversionstektonische Bewegungen durch gesteigerte halokinetische Vorgänge im Bereich bereits präkretazisch angelegter Salzstrukturen modifiziert.

Nach einer allgemeinen Verflachung und Einengung des Oberkreide-Meeres mit deutlicher Faziesdifferenzierung in Küstennähe fiel noch im Obermaastricht das ganze norddeutsche Senkungsfeld trocken. Der Umfang der Schichtlücke gegen lokal nachgewiesene kontinentale Bildungen und an anderen Orten auch wieder voll marine sandig-kalkige oder mergelig-kalkige Ablagerungen des älteren **Paleozäns** bleibt unsicher.

Mitteldan ist noch einmal mit küstennahen Kalksandsteinen bis in den Raum Hannover und Südbrandenburg vertreten. Nach erneuter Regression im Mittelpaleozän führte eine Transgression im Oberpaleozän und im **Eozän** in großen Teilen Norddeutschlands wieder zu marinen Verhältnissen. Der Höhepunkt dieser Transgression lag im Mitteleozän. Er führte zu einer marinen Verbindung des Nordseebeckens mit dem Dnepr-Donez-Gebiet. In Nordwestdeutschland lagen die Gebiete mit stärkster Subsidenz im Unterelberaum (Hamburger Loch) und im Gebiet der Elbmündung. Außer tektonisch bedingten Absenkungen kam es hier auch zu gesteigerter Diapirbildung auf den Schulterbereichen des ehemaligen Glückstadt-Grabens und entsprechend zur Eintiefung halokinetischer sekundärer Randsenken mit über 2.500 m paläogener Sedimentfüllung. In der südöstlichen Ostsee führen obereozäne Glaukonitsande in der „Blauen Erde" eozänen Bernstein auf sekundärer Lagerstätte.

In der Leipziger Tieflandsbucht ist brackisch-ästuarines bis kontinentales Ober-Eozän weit verbreitet. Es enthält mehrere Braunkohlenflöze von z. T. beträchtlicher Mächtigkeit. U. a. handelt es sich hier um die Braunkohlenflöze I–III im Raum Leipzig/Zeitz-Altenburg und um das Hallesche Unterflöz, das Hauptflöz und Oberflöz im Becken von Etzdorf.

Epirogene Hebungen und eine bedeutende regionale Regression an der Wende Eozän/Oligozän führten in den Randgebieten der Norddeutschen Senke zu weitverbreiteter Erosion.

Im Unter-**Oligozän** drang das Meer infolge eines plötzlichen Meeresspiegelanstiegs wieder verstärkt vor. Es überflutete erstmals die Nordwestfälisch-Lippische Schwelle und stellte im Mittel-Oligozän über die Hessische Senke und die Niederrheinische Bucht eine marine Verbindung zum Oberrheingraben her. Charakteristische Schichtglieder sind die Basissande (Hamburger und Neuengammer Gassande) und die Rupelschichten, die als dunkle Tone (Rupelton, Septarienton) und im Norden als Globigerinen-Schlämme ausgebildet sind.

Im oberen Oligozän vermochte eine erneute Transgression von der Nordsee her nicht mehr das ganze Norddeutsche Becken in die marine Sedimentation einzubeziehen. Im unteren **Miozän** verlief die Küste von Zentraljütland in N–S-Richtung nach Hannover und von dort entlang dem Nordrand der Nordwestfälisch-Lippischen Schwelle nach Westen. Östlich und südlich dieser Linie kamen limnische Sedimente und von den südlichen Festlandsgebieten ausgehende Schuttfächer zur Ablagerung.

Vor dem Nordrand dieser Schuttfächer entwickelten sich paralische Sumpfmoore, aus denen u. a. Braunkohlenflöze der Unterflözgruppe der Niederlausitz und der Bitterfelder Flözhorizont im Weißelster-Becken hervorgingen.

Im mittleren Miozän eröffnete ein kurzfristiger Meeresspiegelanstieg der Nordsee noch einmal über die Kölner Bucht und das spätere Neuwieder Becken eine Meeresverbindung zum Oberrheingraben. Aber bereits im Verlauf des hohen Mittelmiozäns und Obermiozäns verfüllte sich die Norddeutsche Senke wieder von Osten und Süden her. In der Niederlausitz entstanden weitere weitverbreitete Braunkohlenflöze (1. und 2. Lausitzer Flözhorizont).

Eine letzte marine **pliozäne** Transgression erreichte nur Hamburg und das Unteremsgebiet. Alle übrigen Pliozän-Sedimente der Norddeutschen Senke sind limnisch oder fluviatil.

2.4.3 Der Südrand der Norddeutschen Senke (Osnabrücker Bergland, Weserbergland, Leinebergland, Harzvorland)

Entlang dem Südrand der Norddeutschen Senke ist ihre bis über 2.000 m mächtige jungpaläozoisch-mesozoische bis känozoische Sedimentfüllung im Osnabrücker und Weserbergland, im Leinebergland und im Harzvorland ohne geschlossene Quartärbedeckung der direkten Beobachtung zugänglich.

Im Westen ist in der **Nordwestfälisch-Lippischen Schwelle** der hochliegende südliche Teil des Niedersächsischen Tektogens erschlossen. Die Südgrenze der Nordwestfälisch-Lippischen Schwelle bildet die Osningzone des Teutoburger Waldes, ihre Nordgrenze die Weser- und Wiehengebirgs-Flexur.

Die Norddeutsche Senke 91

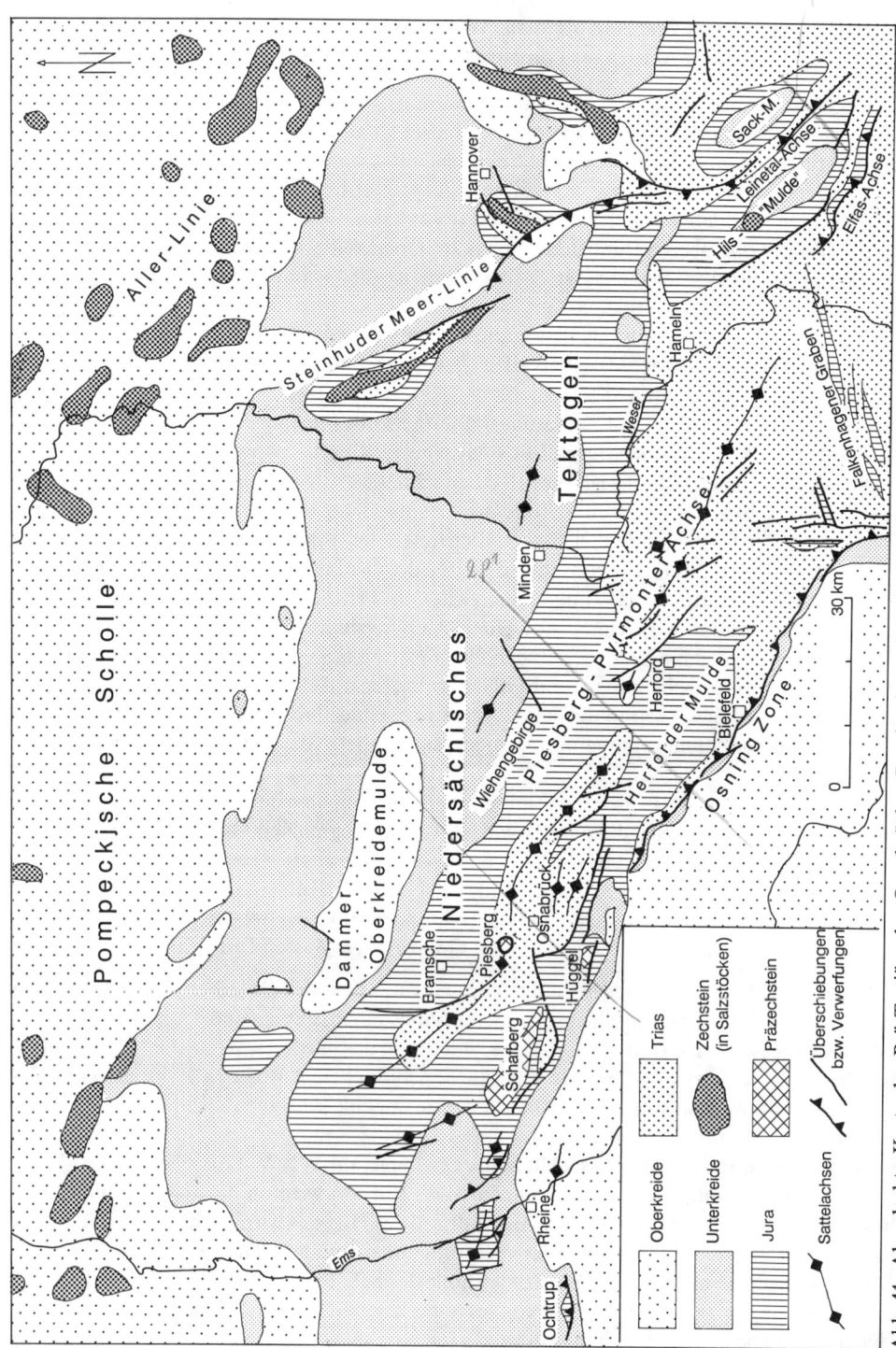

Abb. 41. Abgedeckte Karte des Prä-Tertiärs des Osnabrücker Berglandes und Weserberglandes und nördlich angrenzender Gebiete (n. BOIGK 1968).

Dazwischen bildet die bis über 20 km breite und über fast 100 km Länge aus dem westlichen **Osnabrücker Bergland** bis in das **Weserbergland** zu verfolgende Aufwölbungszone der Piesberg-Pyrmonter Achse die Hauptstruktur der Nordwestfälisch-Lippischen Schwelle.

Die **Osning-Zone** stellt den tektonisch besonders stark beanspruchten Schollenrand zwischen dem Niedersächsischen Tektogen im Norden und der Rheinischen Masse im Süden dar. Während sich das Niedersächsische Tektogen mit seinem Südwestteil in der subherzynen Bewegungsphase heraushob bzw. aufwölbte und der Nordteil der Rheinischen Masse in der Münsterschen Kreidebucht zur gleichen Zeit absank, wurde entlang diesem Scharnier eine Schichtenfolge vom Oberen Buntsandstein bis zur Oberkreide nach Südwesten überschoben.

Wichtigstes Strukturelement der Osning-Zone ist die Osning-Überschiebung. Sie stellt eine teilweise sehr flache deckenartige, streckenweise aber auch steilere gegen Südwesten gerichtete Überschiebung dar. Als Bewegungsbahn dienten hauptsächlich die Gesteinsfolgen des Röt und des Mittleren Muschelkalks. Zur Tiefe hin versteilt sich die Störung. Die Hangendscholle der Osning-Überschiebung zeigt relativ flaches Nordfallen. Sie ist im einzelnen stark gestört, z. T. ist sie sattelartig aufgewölbt (Osning-Achse).

Die Osning-Zone ist überwiegend aus Muschelkalk und Keuper aufgebaut. Zwischen Borgholzhausen und Detmold ist Jura in einer schmalen Grabenzone, der Haßberg-Zone, eingesenkt. Die überschobene Südscholle der Osning-Zone besteht aus steilstehender oder auch überkippter Unter- und Oberkreide. Hier treten der Osning-Sandstein, der Cenomankalk und die Plänerkalke des Turons im Höhenzug des Osning kammbildend in Erscheinung.

Im Mittelabschnitt der Osning-Zone zwischen Detmold und Iburg stellt die Osning-Überschiebung eine durchgehende Überschiebungsbahn dar. Östlich Detmold löst sie sich mit Eintritt in das NNW–SSE streichende nördliche Egge-Senkungsfeld in eine größere Anzahl einzelner Überschiebungs- und Faltenstrukturen auf. Diese werden ebenso wie auch einige weiter nördlich erkennbare herzynisch streichende flachwellige Sättel und Mulden vom N–S ausgerichteten jüngeren Meinberger Graben, der ein Strukturelement der Hessischen Senke ist, geschnitten.

Auch westlich Iburg teilt sich die Osning-Überschiebung in mehrere Einzelüberschiebungen. Besonders wirkten hier die allseits von Störungen begrenzten Oberkarbon-Horste des Hüggels und des Schafbergs bei Ibbenbüren modifizierend auf ihren Verlauf.

Westlich der Ibbenbürener Karbonscholle setzt sich die Osning-Zone als Markierung des Südrandes des Niedersächsischen Tektogens im Ochtruper Sattel und in der Gronauer Überschiebung bis über die niederländische Grenze nach Westen fort.

Das **Oberkarbon** des **Hüggels** südlich Osnabrück und des **Schafbergs bei Ibbenbüren** besteht aus z. T. konglomeratisch ausgebildeten Sandsteinen, grauen und roten Schiefertonen und darin eingeschalteten anthrazitischen Kohleflözen des mittleren Westfal B bis Westfal D. Sie zeigen den für das flözführende Oberkarbon typischen Aufbau in Zyklothemen. Die variszische Faltung am Ende des Westfals bewirkte nur eine schwache Wellung der Schichten in südwest–nordöstlicher Richtung.

Der Karbonhorst des Hüggels stellt heute eine ungefähr WNW–ESE streichende mit ca. 25° nach Norden einfallende Pultscholle dar. Das Karbon wird im Norden mit schwacher Diskordanz von Zechstein überdeckt. Am Südrand des Hüggels wird das Karbon durch eine große Störungszone abgeschnitten, deren Sprunghöhe rund 1.000 m beträgt.

Die 14 km lange und 5 km breite Horstscholle des Schafbergs bei Ibbenbüren ist allseitig von Verwerfungen begrenzt. Flözführendes Oberkarbon ist durch Bergbau bis in über 1.400 m Tiefe erschlossen. Flach bis schwach nach Norden geneigte Schichtlagerung herrscht

Die Norddeutsche Senke

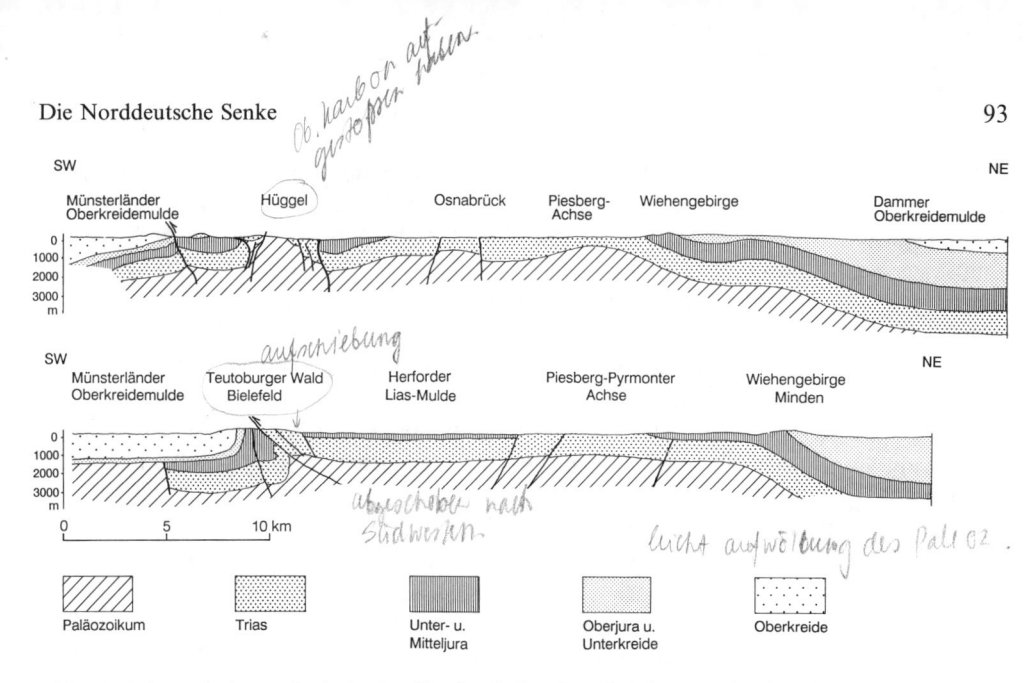

Abb. 42. Schematische geologische Profile durch das Osnabrücker Bergland und Weserbergland (n. BOIGK 1968 und anderen Autoren).

vor. Die Winkeldiskordanz zum transgredierenden Zechstein beträgt im Nordwestteil der Scholle nur wenige Grad, im Südosten bis 50°.

Die Heraushebung der Ibbenbürener Karbonscholle in ihre heutige tektonische Hochlage erfolgte gleichzeitig mit derjenigen des Hüggels in der späten Oberkreide.

In der Scheitelregion der Nordwestfälisch-Lippischen Schwelle (**Piesberg-Pyrmonter Achse**) treten im Pyrmonter Gebiet und im Osnabrücker Bergland hauptsächlich Muschelkalk und stellenweise auch Buntsandstein zutage. Die Flanken bestehen aus flachgelagerten und deshalb weitflächig verbreitetem Keuper und Lias.

Am höchsten herausgehoben wurde im Hebungsgebiet der Piesberg-Pyrmonter Achse der **Karbonhorst des Piesbergs** nordöstlich Osnabrück. Eine rund 500 m mächtige Schichtenfolge des Westfal C und D bestehend aus z. T. konglomeratischen Sandsteinen und Tonsteinen und hochinkohlten Kohlenlözen bildet eine nahezu W–E streichende beulenartige Aufwölbung, deren Achse mit etwa 10° nach Westen einfällt. Im Osten wird die Hochlage des Karbons durch eine NNW–SSE verlaufende Querstörung, die steil nach Osten einfällt, abgeschnitten. Im Norden und Westen überlagern Zechstein und Buntsandstein das Karbon mit schwacher Winkeldiskordanz. Die Anlage und horstartige Heraushebung des Karbons des Piesbergs wurde möglicherweise durch subvulkanische Vorgänge bei der Entstehung des Bramscher Massivs bedingt.

Als jüngstes ist an wenigen Stellen der Achsenregion der Piesberg-Pyrmonter Achse Tertiär in Subrosionssenken oder tektonischen Einbrüchen erhalten. Besondere Bedeutung kommt den Oligozän-Vorkommen am Doberg bei Bünde zu. Unter-, Mittel- und Oberoligozän sind hier in mariner Sand-, Mergel- und Kalkmergelfazies fast lückenlos vertreten. Bei Dörentrup, östlich von Lemgo, sind über mittel- und oberoligozänen Septarientonen und Glaukonitmergeln limnische Quarzsande aufgeschlossen.

Im Gegensatz zur Kernregion der Piesberg-Pyrmonter Achse zeigen ihre Flanken einen relativ einfachen tektonischen Bau. Im Norden bildet eine flach nach Norden einfallende wenig gestörte Schichtenfolge aus Keuper bis Mitteljura das südliche Wiehengebirgsvorland. Im Süden wird die Hauptachse im Osnabrücker Bergland von der Sandforter und Holter Achse begleitet, zwei Beulen von je 15 km Länge mit Unterem Muschelkalk und Oberem Buntsandstein im Kern. Sie entstanden durch subherzyne bis frühtertiäre (laramische) Bewegungen. Nach Südosten bildet dann die ebenfalls parallel zur Piesberg-Pyrmonter Achse verlaufende breite Herforder Liasmulde über 30 km deren Südflanke.

Im Norden wird die **Weser-Wiehengebirgs-Flexur** der Nordwestfälisch-Lippischen Schwelle von einer den Nordteil des Niedersächsischen Tektogens umfassenden Tiefscholle begrenzt. Im Untergrund sinkt die Zechsteinbasis entlang dieser Schollengrenze von rund 2.000 m auf über 5.000 m ab. Die Tiefebene nördlich des Wiehengebirges wird hauptsächlich von Unterkreideschichten eingenommen. Sie sind heute weitgehend von Quartär verhüllt und gehören somit bereits zum Nordwestdeutschen Tiefland.

Eine markante Großstruktur des nördlichen Wiehengebirgsvorlandes stellt die 10 km breite und ca. 35 km lange **Dammer Oberkreidemulde** dar. In ihr überlagert Obercampan diskordant eine durch die subherzyne Inversion des Niedersächsischen Beckens verbogene Schichtenfolge des Tithon bis Hauterive. An seiner Basis tritt ein bauwürdiges Trümmererzflöz aus aufgearbeiteten Toneisensteingeoden auf. Das Obercampan von Damme wurde selbst durch laramische Bewegungen schwach eingemuldet.

Die Weser-Wiehengebirgs-Flexur zwischen Nordwestfälisch-Lippischer Schwelle und der Tiefscholle nördlich des Wiehengebirges erlangte die Bedeutung einer tiefreichenden Schwächezone durch die Platznahme der magmatischen **Intrusivkörper des Bramscher** und **Vlothoer Massivs** etwa 5 km unter der heutigen Oberfläche.

Östlich der Weser bilden die Münder Mergel zwischen dem Wesergebirge und den nördlich gelegenen aus Wealden-Sandsteinen aufgebauten Bückebergen eine flache Niederung. Nördlich der Bückeberge besteht die von einer dünnen Quartärdecke verhüllte **Schaumburg-Lippische Kreidemulde** aus überwiegend tonig entwickelten Folgen der Unterkreide. Ein bei Obernkirchen dem Wealden eingelagertes, bis 0,9 m mächtiges Kohleflöz wurde lange Zeit abgebaut. Seine hohe Inkohlung durch das Massiv von Uchte entspricht dem Fett- bis Magerkohlenstadium.

Weiter im Osten stellen Süntel und Deister die als Schichtstufen herausgearbeiteten Schultern eines breiten herzynisch streichenden Scheitelgrabens dar. Sie bestehen hauptsächlich aus Oberjura-Gesteinen, im Deister weitflächig auch aus kohleführendem Wealden.

In der östlichen Fortsetzung des Weserberglandes gehört die im **Leinebergland** und **nördlichen Harzvorland** bis zum **Flechtinger Höhenzug** übertage aufgeschlossene Schichtenfolge des Zechsteins, der Trias, des Juras und der Kreide ebenfalls noch zur Sedimentfüllung der Norddeutschen Senke. Vom Oberjura an bildete das Gebiet den Südostabschnitt des Niedersächsischen Beckens. Seine strukturelle Prägung wurde bestimmt durch die Anlage bruchtektonischer Strukturen in Verbindung mit jungkimmerischen Bewegungen und abschließend im Rahmen der subherzynen Inversionstektonik des Niedersächsischen Beckens. Damit im Zusammenhang standen halokinetische Prozesse.

Der tektonische Bau des Leineberglandes ist durch vorwiegend NW–SE (herzynisch) ausgerichtete Sattel- und Muldenstrukturen charakterisiert. Am Westrand des Harzes und in der nördlichen Fortsetzung des Leinetal-Grabens sind auch N–S bis NNE–SSW (rheinisch) streichende Strukturelemente ausgebildet, deren Anteil nördlich des Harzes noch zunimmt.

Im westlichen Leinebergland sind die herzynisch streichende **Leinetal-Überschiebung** und

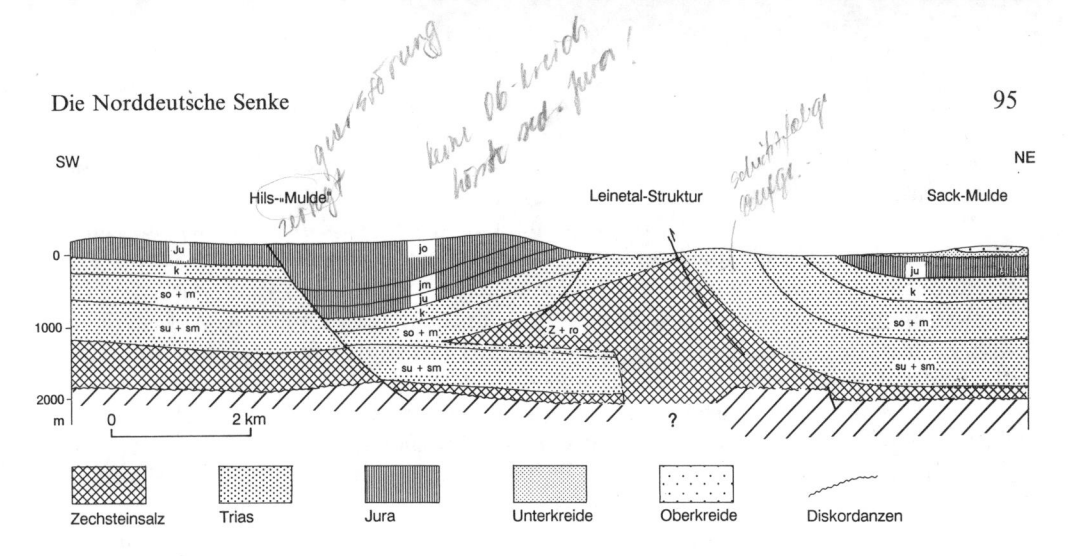

Abb. 43. Geologisches Profil durch die Leinetal-Struktur (n. KOCKEL 1987).

südwestlich der Hils-Mulde parallel dazu die **Elfas-Überschiebung** bzw. südlich der Markoldendorfer Mulde die **Ahlsburg-Überschiebung** die wichtigsten tektonischen Elemente.

Im Oberjura und in der Unterkreide stellten die Leinetal-Überschiebung und die Elfas-Störung die begrenzenden Abschiebungen eines synsedimentär einsinkenden Grabensystems dar. Die nordöstliche Grabenschulter bildete die Sack-Scholle, auf der Oberjura und Wealden nicht abgelagert oder vor der Hauterive-Transgression wieder abgetragen wurden. Die südwestliche Grabenschulter bildete der Nordrand der Solling-Scholle, ebenfalls möglicherweise ohne Oberjura und Wealden unter der transgredierenden Unterkreide. In der tieferen Unterkreide klang die Grabenabsenkung aus. Wahrscheinlich im Santon wurden die Grabenrandstörungen im Rahmen der subherzynen Inversionsvorgänge im Niedersächsischen Becken mit umgekehrtem Bewegungssinn reaktiviert und der Grabeninhalt über die Grabenschultern überschoben. Die Bewegungen konzentrierten sich auf die gegen das Solling-Gewölbe gerichtete Elfas-Überschiebung im Südwesten und die nordostvergente Leinetal-Überschiebung im Nordosten. Bei dieser Bewegung wurde auch Zechsteinsalz mobilisiert und wanderte in die invertierten Störungsbahnen ein. Teilweise drang es auch in vom Röt-Salinar und z. T. durch das Muschelkalk-Salinar im mesozoischen Sedimentstapel vorgezeichnete Schichtfugen ein.

In der **Hils-Mulde** zwischen Leinetal-Überschiebung und Elfas-Überschiebung sind nur die marinen Unterkreideschichten bruchlos eingemuldet. Die Sedimentserien der Trias und des Juras sind zusätzlich zur Einmuldung an NW–SE streichenden syngenetischen Brüchen größerer Sprunghöhe eingesenkt. Aus diesem Grund sind im Muldenzentrum die Schichten des Kimmeridge und des höheren Oberjuras mit 1.500 m ungewöhnlich mächtig ausgebildet. An einer der Abschiebungen ist das Zechsteinsalz des Weenzer Salzstocks aufgedrungen.

Nordöstlich der Leinetalstruktur bildet die **Sack-Mulde** heute eine flache ovale Schüssel aus Trias- und Juragesteinen und einem Kern aus Kreideschichten. Zwischen den Jura- und Kreideserien besteht eine bedeutende Schichtlücke. Die schüsselförmige Einsenkung ist hauptsächlich auf die Abwanderung von Zechsteinsalz aus dem Muldeninneren zum Südwestrand zurückzuführen.

Im nordwestlichen Leinebergland spalten sich bei Elze die **Brünninghausen-Hemmendorf-Überschiebung** und die **Stemmerberg-Elze-Überschiebung** von der Leinetal-Struktur nach Nordwesten ab. Die Leinetal-Überschiebung biegt in die NNE-Richtung um und steht über die Buntsandsteinaufbrüche an der Marienburg in direkter Verbindung zur Sarstedt-Lehrter Störungszone.

Nordöstlich der Leinetal-Struktur setzt unmittelbar vor dem Nordwestende des Harzes der herzynisch streichende **Rhüdener Sattel** an. Er stellt ein in seinem Ostteil breiteres, gegen Nordwesten sich verschmälerndes Buntsandstein-Gewölbe dar, das wie die Leinetal-Struktur und die Elfas-Überschiebung seine Entstehung wesentlich der Akkumulation vom Zechsteinsalz über herzynisch streichenden Tiefenstörungen verdankt. Auf seinen Flanken sind Muschelkalk und Keuper aufgeschlossen.

Im Achsialbereich des Rhüdener Sattels sind mehrere kleinere Tertiärvorkommen an Auslaugungs- bzw. Subrosionszonen des Zechstein-Salinars gebunden. Dasjenige von Bornhausen nordwestlich von Seesen ist das wichtigste. Hier folgt über oligozänen Septarientonen ein bis 15 m mächtiges Braunkohlenflöz des Mittelmiozäns. Es wird seinerseits überlagert von limnisch-fluviatilen Ablagerungen des oberen Miozäns und Pliozäns.

Auch die nordwestlich und nördlich des Rhüdener Sattels gelegenen Strukturen des **Hildesheimer-Wald-Sattels** und von **Hohenassel** entwickelten sich über einer durch Verwerfungen zerlegten Zechsteinbasis. Ihre Flanken bestehen im wesentlichen aus Buntsandstein, Muschelkalk und Keuper, in der Struktur von Hohenassel auch unterem und mittlerem Jura. In den Kernzonen beider Strukturen akkumulierte während der Oberkreide Zechstein-Salinar. Dabei bildete sich im Hildesheimer-Wald-Sattel ein mächtiges Salzkissen, das durch den Kalibergbau von Salzdethfurt direkt erschlossen ist. In beiden Strukturen beobachtete gegen Norden gerichtete, teilweise nach Norden abtauchende Überschiebungsbahnen werden heute durch gravitative Abgleitbewegungen postsalinarer Hüllgesteine von der Nordflanke der Nordwestfälisch-Lippischen Schwelle erklärt.

Vor dem Nordwestabschnitt des Harznordrandes vergittern sich die NW–SE bis WNW-ESE streichenden Strukturelemente des nördlichen Leineberglands und nordwestlichen Harzvorlands auf schmalem Raum mit NNE–SSW (rheinisch) ausgerichteten Störungen und Salzstrukturen. Weiter im Norden, im Übergang zum norddeutschen Tiefland, ist diese Zone NNE streichender Strukturen zwischen Braunschweig im Osten und Hannover im Westen breiter entwickelt.

Unmittelbar vor der Nordwestspitze des Harzes weisen der **Lutterer Sattel** und die ihn westlich begleitende **Bodensteiner Mulde** ein rheinisches Streichen auf. Übertägig aufgeschlossen sind Unterer Buntsandstein bis Turon. Zwischen Unterkreide und Jura bzw. Trias besteht diskordanter und transgressiver Kontakt. An der subherzynen Aufwölbung des Lutterer Sattels waren wahrscheinlich Salzanstauungen des Zechstein-Salinars über der nordnordöstlichen Fortsetzung des Harz-Westabbruchs bzw. des Gittelder Grabens beteiligt.

Der Lutterer Sattel und die Bodensteiner Mulde tauchen nach Norden vor den im großen und ganzen herzynisch ausgerichteten Strukturen der Ringelheimer Mulde und des Salzgitterer Sattels ab.

Der **Salzgitterer Sattel** beinhaltet Buntsandstein bis Turon mit ebenfalls jungkimmerischer Diskordanz. Nahezu über seinen gesamten Ausstrich finden sich im Oberhauterive und Barrême gebildete Eisenoolith- und Trümmererzlagerstätten. Ein jungkimmerisch vorgegebenes Bruchschollenmuster mit im Süden vorwiegend herzynischer und weiter nördlich rheinischer Ausrichtung wurde in der Oberkreide von der jetzt vorliegenden schmalen, von einer Überschiebung begleiteten Sattelstruktur mit mehreren kleineren aufsitzenden Salzstöcken überformt. Die infolge Salzabwanderung zu den benachbarten Sattelstrukturen

Die Norddeutsche Senke

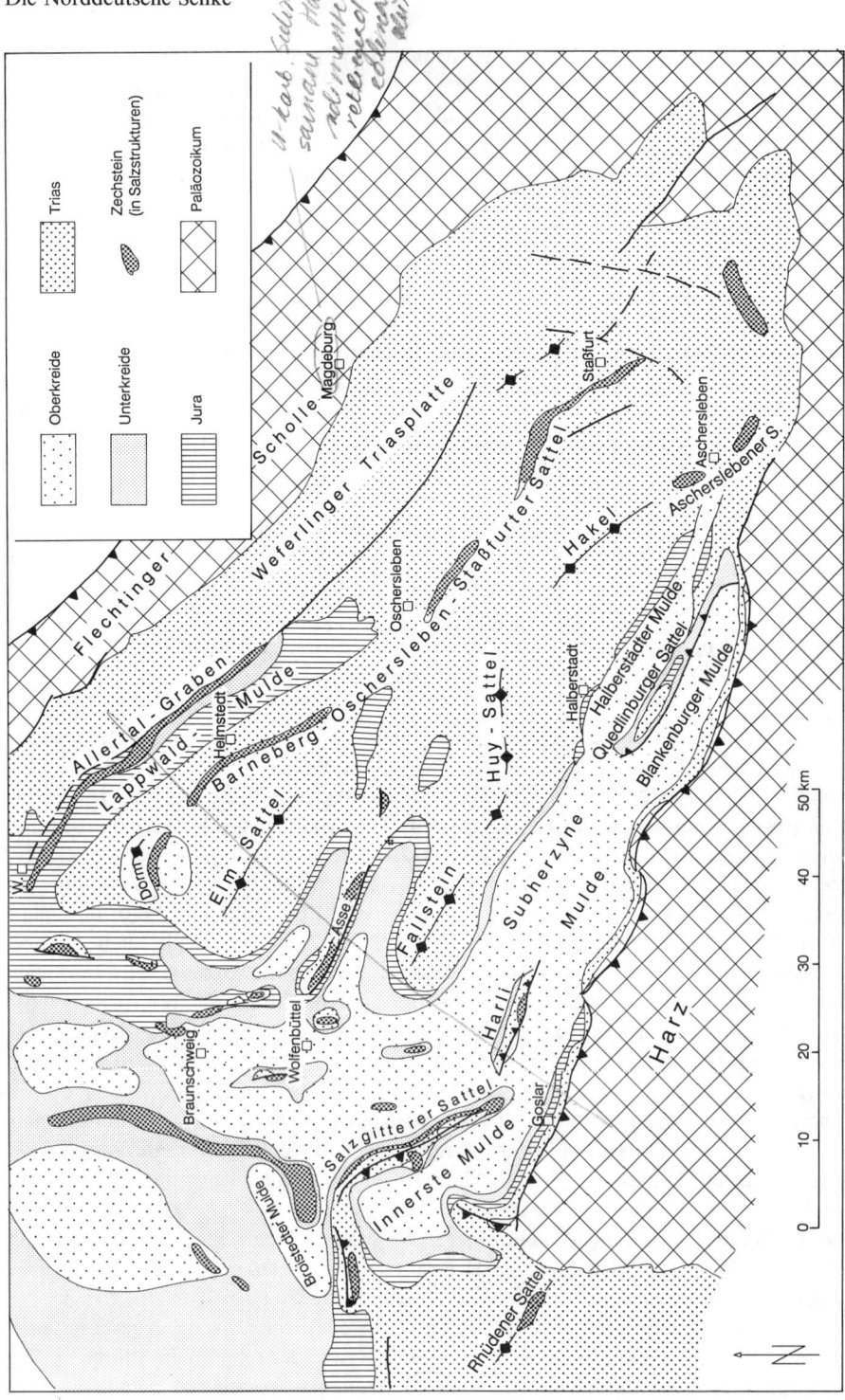

Abb. 44. Abgedeckte geologische Karte des Prä-Tertiärs des nördlichen Harzvorlandes (n. BUCHHOLZ, WACHENDORF & ZWEIG 1989 und anderen Autoren).

mehr als 600 m tief eingesenkte **Ringelheimer Mulde** enthält als jüngste Oberkreidefüllung noch lückenhaft marines Coniac und Santon.

Weitere N–S bis NNE–SSW streichende Strukturelemente des unmittelbaren nordwestlichen Harzvorlandes sind östlich Salzgitter die **Immensee-Liebenburger Störung** mit der kleinen Salzstruktur Flachstöckheim und der Südabschnitt des **Oderwald-Sattels** mit den Salzstrukturen Werla-Burgdorf und der Weddinger Störung. Nach Norden modifizieren größere Deckgebirgsmächtigkeiten und ein mächtigeres Zechstein-Salinar den Bau dieser die Niedersächsische Scholle im Osten begrenzenden Strukturen erheblich.

Östlich der Zone vorwiegend rheinisch streichender Strukturen liegt die ca. 50 km breite und 100 km lange **Subherzyne Senke**. Sie wird im Nordosten von der Flechtingen-Roßlauer Scholle und im Süden vom Harznordrand begrenzt. Charakteristisch ist das hier wieder vorherrschende WNW–ESE ausgerichtete (herzynische) Streichen seiner Einzelstrukturen. Ihm liegt vermutlich eine gleichgerichtete antithetische Bruchschollengliederung des variszischen Grundgebirges zugrunde, das vor dem Harznordrand bis über 4.000 m tief abgesenkt wurde.

Das nachvariszische Deckgebirge erfuhr seine tektonische Hauptprägung nach jungkimmerischer Weitungsbeanspruchung an den herzynisch orientierten Schollengrenzen durch kompressive Tektonik während subherzyner Bewegungen. Letztere führten im Zusammenwirken mit Salzwanderung zur Bildung einer Reihe von langgestreckten Schmalsätteln über Sockelüberschiebungen (Harli, Asse) und beulenförmigen Breitsätteln über Sockelaufwölbungen (Fallstein, Elm). Die trennenden Mulden entsprechen korrespondierenden Randsenken. Nach Südosten läuft die Subherzyne Senke über dem variszischen Sockel der Halle-Wittenberger Scholle flach aus.

Vom paläozoischen Grundgebirge der Harz-Scholle ist das mesozoische Stockwerk des Subherzynen Beckens durch die bedeutende **Harznordrandstörung** getrennt. Im tiefen Mittelsanton begann der Harz sich pultartig an ihr herauszuheben. Die sich vor ihm als nördlicher Randtrog einsenkende Subherzyne Kreidemulde wurde mit mächtigen Oberkreide-Sedimenten bis einschließlich des Santons gefüllt. Der Geröllbestand ihrer Konglomerate und Schichtlücken mit Winkeldiskordanzen im höheren Mittelsanton spiegeln die mehrphasige Heraushebung der Harzscholle wider. Durch den Anstieg und die nach Norden gerichtete Aufschiebung des paläozoischen Sockels auf die mesozoische Füllung der Subherzynen Mulde wurden deren Schichtenfolgen steil aufgerichtet und teilweise überkippt. Nach Osten ändert sich der Charakter der Harznordrandstörung von einer gegen NNE gerichteten Aufschiebung zu einer flexurartigen, später in ihrer Steilflanke aufgerissenen Aufbiegung.

Nach seismischen Messungen und Bohrungen besteht die Hauptfüllung der Subherzynen Mulde im unmittelbaren Harzvorland aus sehr mächtig entwickelter Oberkreide (**Subherzyne Kreidemulde**). In ihrer Mitte ist die Mulde geteilt von dem schmalen Vienenburger Sattel im Westen und dem Quedlinburger Sattel im Osten.

Der **Vienenburger Sattel** (Harli) stellt eine SSW-vergente Überschiebungsstruktur mit einem ungestörten NNE-Flügel und einer stark gestörten SSW-Flanke dar. Die Schichtenfolge reicht vom Zechstein im Kern über den Unteren Buntsandstein bis zur Oberkreide. Im Westen wird die Struktur durch die NNE streichende Weddinger Störung abgeschnitten.

Auch für den **Quedlinburger Sattel** ist im Niveau des Zechstein-Salinars eine SSW-vergente Aufschiebungsstruktur nachgewiesen, deren mesozoischer Hangendflügel als antiklinalartige Falte ausgebildet ist. Als Älteste treten hier Keuper und Lias zutage. Sie

Die Norddeutsche Senke 99

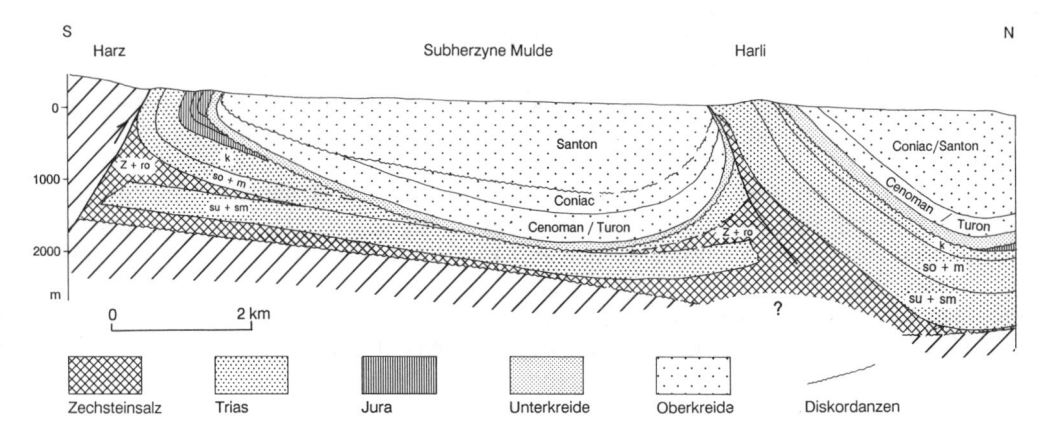

Abb. 45. Geologisches Profil durch die Subherzyne Kreidemulde (n. KOCKEL 1987).

werden von Unterkreide-Sandsteinen diskordant überlagert. Der Quedlinburger Sattel teilt den Ostabschnitt der Subherzynen Mulde (Halberstadt-Blankenburger Scholle) in die **Blankenburger Mulde** im Süden und **Halberstädter Mulde** im Norden.

Auf der Nordflanke der Subherzynen Kreidemulde tritt in den Breitsätteln des **Fallstein**, **Huy** und **Hakel** örtlich Buntsandstein, hauptsächlich aber Oberer Muschelkalk und in dessen Umrandung Keuper zutage. Das gleiche gilt für die Aufwölbung des **Elms** weiter im Norden. Der Anstau der Zechstein-Salzkissen fällt in eine Zeit vor der Unterkreide. Er erreicht unter dem Elm bis 1.250 m, unter dem Fallstein bis 840 m und unter dem Hakel ca. 1.000 m Mächtigkeit. Der zwischen Hakel und Fallstein gelegene Huy-Sattel weist in seinem Gewölbekern ein bedeutendes zentrales Scheitelstörungssystem auf, an welchem der Mittelteil der Struktur relativ zu den Flankenbereichen eingesunken ist.

Zwischen dem Fallstein im Süden und dem Elm im Norden liegt der Schmalsattel der **Asse** (Asse-Heeseberg-Sattel). Er besteht in seinem Kern aus angestautem Zechstein-Salinar. Auf seinen Flanken ist Trias steilgestellt. SSW-Vergenz herrscht allgemein vor. Ähnlich wie der Vienenburger Sattel wird die Asse heute als südvergente Abgleitstruktur von einem höhergelegenen Sockelgewölbe im Gebiet des Elm interpretiert.

Nordöstlich der Breitsättel des Elms und des Hakels verläuft eine weitere Schmalsattelzone von über 100 km Länge vom Dorm im Nordwesten über Offleben und Oschersleben bis Staßfurt im Südosten. Im Südosten ist der **Staßfurt-Oscherslebener Salzsattel** noch relativ breit und flach. Nach Nordwesten nimmt die Steilheit seiner Flanken zu. Infolge der Zuwanderung von Zechstein-Salinar zum Sattelkern bildeten sich im Eozän beiderseits des Sattels Randsenken. Sie enthalten heute bis zu 400 m mächtige Kiese, Sande und Tone des Untereozäns und örtlich Braunkohleflöze. Die gleichen Verhältnisse finden sich in der nordwestlichen Verlängerung dieser Struktur, dem **Offlebener Salzsattel**. An dessen nordöstliche Randsenke sind die eozänen Braunkohlenlager des Helmstedter Reviers gebunden.

Zwischen dem Staßfurt-Oscherslebener und Offlebener Salzsattel im Südwesten und der Flechtingen-Roßlauer Scholle im Nordwesten verläuft die **Allertal-Störungszone**. Entlang einer über 100 km langen herzynisch streichenden Linie ist hier ein fast 2 km breiter Zechsteinsalzkörper aufgepreßt. Sein Rahmen setzt sich aus Schollen des Keupers und Unterjura, entlang dem Nordwestrand auch Mitteljura und Oberjura zusammen.

In der **Flechtingen-Roßlauer Scholle** ist wie im Harz das variszische Grundgebirge entlang NW–SE streichender Verwerfungen pultschollenartig herausgehoben. Gegenüber ihrem nordöstlichen Vorland, der Scholle von Calvörde, beträgt der vertikale Versatz des Haldenslebener Sprungs bis über 2.000 m. Eine südwestliche Randstörung gegen die Weferlinger Triasplatte ist weniger markant.

Im Grundgebirge der Flechtingen-Roßlauer Scholle lassen sich die Hauptgesteinszonen des Harzes mit E–W-Streichrichtung wiedererkennen. Älteste aufgeschlossene Gesteine sind kaum gefaltete Quarzite südöstlich Gommern. Dieser Gommern-Quarzit ist mit gleichaltrigen Sandsteinen der Ackerbruchbergzone des Harzes auch faziell direkt zu korrelieren. Nordwestwärts schließen intensiver gefaltete Grauwacken und Tonschiefer des tiefsten Namurs (und wahrscheinlich höchsten Visé) an. Diese Magdeburg-Flechtinger Grauwacken werden von mächtigen subsequenten Vulkaniten (intermediäre Laven, saure Ignimbrite und Laven) mit eingeschalteten Sedimenten des Autuns überlagert. Darüber folgen 100–600 m mächtige Konglomerate, Sandsteine und Siltsteine des höchsten Autuns und Saxons, analog zu den Verhältnissen in der Norddeutschen Senke.

Östlich des Harzes und des Thüringer Beckens verspringt die Grenze des Norddeutschen Tieflandes gegen das südlich angrenzende Mittelgebirge weit nach Süden. Oberflächennah sind unter einer oft nur geringmächtigen Quartär-Bedeckung vor allem Tertiär-Lockersedimente weit verbreitet. Entlang dem Mittelgebirgsrand häufen sich auch die Übertageaufschlüsse frühmesozoischer und jungpaläozoischer (permischer) Gesteinsserien. Dieses ältere Deckgebirge unterlag vor Beginn der tertiären Sedimentation in diesem Raum einer tiefgreifenden Verwitterung.

Bedeutende Braunkohlenvorkommen sind heute durch umfangreiche Tagebaue in der **Leipziger Tieflandsbucht** und der **Niederlausitz** erschlossen. Westlich der Elbe bilden das Weißelster-Becken südlich Leipzig und nördlich von Halle die Tertiärvorkommen von Bitterfeld und Köthen die Förderzentren.

Die Braunkohlenförderung konzentriert sich hier auf das Obereozän bis untere Mitteloligozän (Ältere Flözgruppe, Flöze I–IV) und das Oberoligozän (Jüngere Flözgruppe mit dem Bitterfelder Hauptflöz und seinen Begleitflözen). Südwestlich Merseburg führten halotektonische Bewegungen und vor allem Subrosion im Mitteleozän zur Bildung der bis 120 m mächtigen Braunkohlenlagerstätte des Geiseltals. Sie ist bekannt für die gute Erhaltung einer reichen Fauna mit Fischen, Amphibien, Reptilien, Vögeln und Säugetieren. In dem von salinarem Zechstein unterlagerten Westteil des Weißelster-Beckens wurde die mittel- bis obereozäne und die postmittelmiozäne Sedimentation ebenfalls von Subrosionsvorgängen beeinflußt.

Östlich der Elbe konzentriert sich der Braunkohlenbergbau der Niederlausitz heute auf die Förderzentren in der Umgebung von Cottbus mit dem Niederlausitzer Revier i. e. S. im Südwesten und dem Forster Revier im Nordosten. Die Hauptflözführung verteilt sich hier auf das Oberoligozän und Untermiozän und vor allem auf das mittlere und obere Miozän (IV. und III. Lausitzer Flözhorizont bzw. II. und I. Lausitzer Flözhorizont). Bergbauliche Bedeutung besitzt vor allem der II. Lausitzer Flözhorizont.

Die tertiären Folgen der Niederlausitz sind entlang des Lausitzer Hauptabbruchs und anderen im Verlauf des Tertiärs aktiven Bruchzonen von tektonischer Deformation betroffen. Örtlich wurden sie außerdem durch das nach Süden vordringende Inlandeis der Warthe-Kaltzeit im Muskauer Faltenbogen zu mehr oder weniger steil stehenden Falten und Schuppen zusammengeschoben.

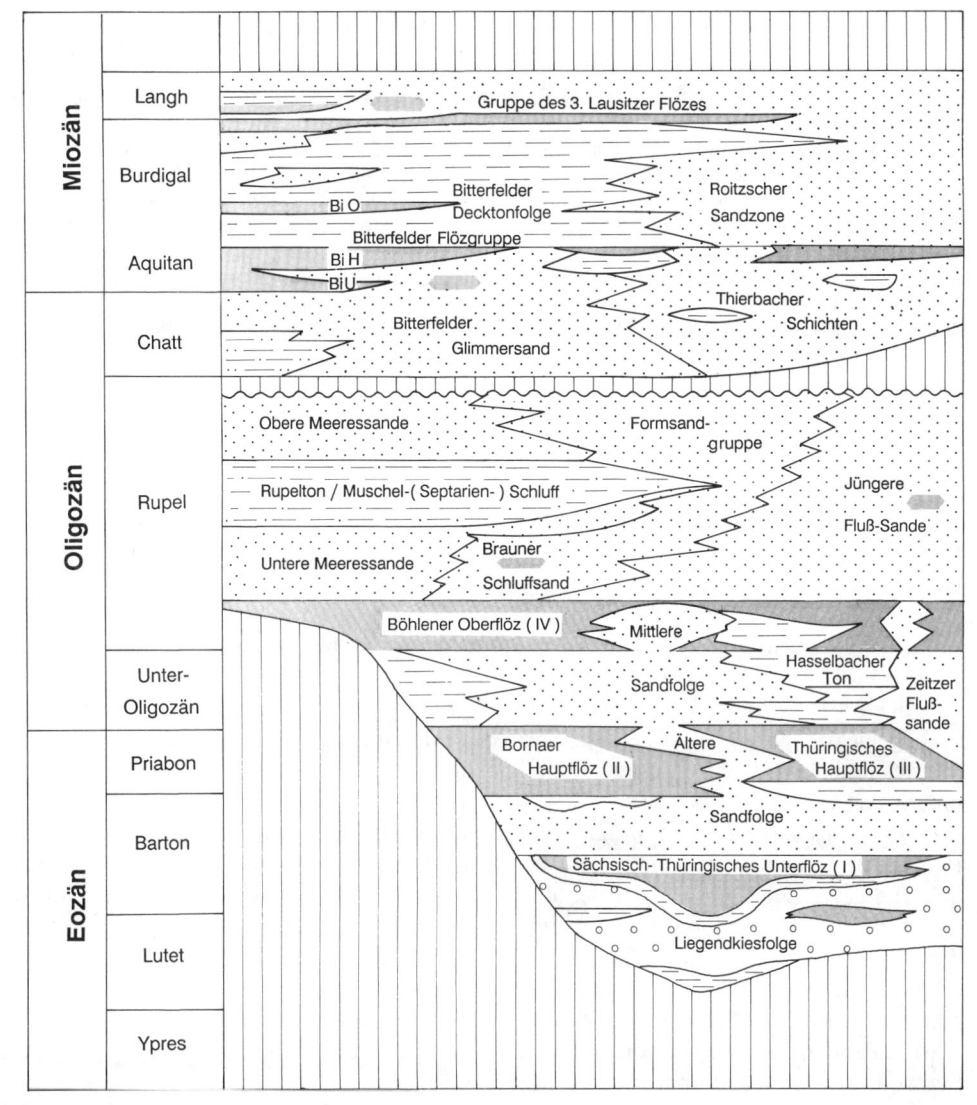

Abb. 46. Lithologie und stratigraphische Gliederung des Tertiärs der Leipziger Bucht (n. EISSMANN 1965).

Literatur: G.W. ALTEN, J. RUSBÜLT & J. SEEGER 1980; H.G. BACHMANN & J. MUTTERLOSE 1987; R. BALDSCHUHN 1979; R. BALDSCHUHN, U. FRISCH & F. KOCKEL 1985; G. BEUTLER 1979, 1982; D. BETZ et al. 1987; H. BOIGK 1968, 1980; H. BREITKREUZ et al. 1989; H.-J. BRINK 1984; O. BROCKAMP 1976; U. BRÜNING 1986; U. BRÜNING, H. JORDAN & F. KOCKEL 1987; BUNDESANSTALT FÜR BODENFORSCHUNG 1969; F. DAVID et al. 1987; DEUTSCHE DEMOKRATISCHE REPUBLIK 1983; J. DIENER 1968; G. DOHR 1983; H.-J. DRONG et al. 1982; G. DROZDZEWSKI 1985, 1988; F.J. ECKARDT 1979; L. EISSMANN 1970; G. ERNST, F. SCHMID & E. SEIBERTZ 1983; H. FAHRION 1984; K. FIEDLER 1984; D. FRANKE 1977, 1978; D. FRANKE, N. HOFFMANN & H.J. KAMPS 1989; F.X. FÜHRER 1988; R. GAST 1988; R. GOTTHARDT, O. MEYER & E. PAPROTH 1978; P. GRALLA 1988; K. GRIPP 1964; H.-J. HARMS 1981; H.A. HEDEMANN & R. TEICHMÜLLER 1971; H.A. HEDEMANN et al. 1984a, 1984b; A. HERMANN, C. HINZE & V. STEIN 1967; A. HERMANN et al. 1968; J. HESEMANN 1975b; C. HINZE & H. JORDAN 1981; N. HOFFMANN, H.J. KAMPS & J. SCHNEIDER

1989; W. Jaritz 1973; H. Jordan 1979; K.-H. Josten, K. Köwing & A. Rabitz 1984; K- B. Jubitz et al. 1975; W. Jung 1968; G. Katzung 1975; G. Katzung & P. Krull 1984; J. Kelch & B. Paulus 1980; G. Keller 1974, 1976; E. Kemper 1968, 1973; H. Klassen (Hrsg.) 1984; F. Kockel 1984; H. Kölbel 1968; D. Korich 1989; W. Kramer 1977; D. Lotsch 1968; R. Meinhold & H.-G. Reinhardt 1967; K. Mohr 1982; W. Nöldeke & G. Schwab 1977; J. Paul 1982; E. Plein 1978; G. Richter-Bernburg 1955; U. Rosenfeld 1978, 1980, 1983; U. Rosenfeld (Hrsg.) 1982; D. Rusitzka 1968; D. Sannemann, J. Zimdars & E. Plein 1978; K. Schmidt & D. Franke 1977; K. Schmidt, G. Katzung & D. Franke 1977; W. Schott 1968; W. Schott et al. 1967; B. Schröder 1982; G. Schwab et al. 1979, 1982; W. Stackebrandt 1983, 1986; G. Stadler 1971; G. Stadler & R. Teichmüller 1971; E. Stancu-Kristoff & O. Stehn 1984; M. Teichmüller, R. Teichmüller & H. Bartenstein 1985; H.-J. Teschke 1975; K.-A. Tröger & M. Kurze 1980; F. Trusheim 1957; R. Vincken (Ed.) 1989; E. Voigt 1963; O. Wagenbreth & W. Steiner 1982; W. Weber 1979; R. Wienholz 1967; J. Wolburg 1961, 1969; Zentrales Geologisches Institut (Hrsg.) 1968; M. A. Ziegler 1989; P. A. Ziegler 1982, 1987b, 1988; W. Zimmerle 1979.

2.5 Die Polnische Senke

2.5.1 Übersicht

Die Polnische Senke umfaßt den Ostabschnitt der Mitteleuropäischen Senke. Bis über 10.000 m Sedimente des Perms und des Mesozoikums wurden in ihrem Zentrum abgelagert. Der Senkungsbereich erstreckt sich über ganz Polen (Polnischer Trog) vom Flußgebiet des Sann und der oberen Weichsel im Karpatenvorland bis an die nordwestpolnische Ostsee. Im südlichen Ostseeraum besteht eine Verbindung zur Dänischen Senke.

Die Basis des permisch-mesozoischen Stockwerks der Polnischen Senke bilden unterschiedlich alte Grundgebirgseinheiten. Im Osten und Nordosten ist das präkambrische Stabilgebiet der Osteuropäischen Plattform das Fundament. Die Achse der Senke und ihre Südwestflanke wird teils von kaledonischen und teils von variszischen Faltungsgebieten unterlagert.

Die Grenze zwischen dem präkambrisch und dem paläozoisch geprägten Unterbau der Polnischen Senke bildet eine sich deutlich abzeichnende Tiefenstörung, die **Tornquist-Teisseyre-Zone**. Sie ist Teil des über mehr als 2.000 km vor dem Südwestrand der Osteuropäischen Plattform verfolgbaren Dobrudscha-Nordsee-Lineaments. Vergleichbar der Fennoskandischen Randzone sinkt hier entlang einem 50–90 km breiten Streifen das präkambrische kristalline Fundament Zentral- und Nordwestpolens in Tiefen bis über 10.000 m. Die hohe Mobilität der Tornquist-Teisseyre-Zone hat seit dem frühen Kambrium entscheidenden Einfluß auf die lithologisch-paläogeographische Entwicklung vor dem Südwestrand der Osteuropäischen Plattform genommen.

Östlich der Tornquist-Teisseyre-Zone liegt das präkambrische kristalline Fundament der Osteuropäischen Plattform zwischen wenigen Metern und 3.500 m unter der Geländeoberkante. Zu seiner Gliederung werden seine tektonischen Hoch- und Tieflagen herangezogen. Vor dem Südrand des Baltischen Schildes liegt die NE–SW ausgerichtete **Polnisch-Litauische (Peribaltische) Synklise** mit besonders mächtiger altpaläozoischer Deckgebirgsentwicklung. Südöstlich angrenzend wölbt sich die **Mazury-Suwałki-Anteklise**. Sie stellt die westliche Fortsetzung der Masurisch-Bjelorussischen Anteklise dar. In ihren zentralen Teilen wird das präkambrische Kristallin direkt von mesozoisch-känozoischen Deckschichten überlagert. Weiter im Süden folgt als tektonische Grabenzone die **Podlasie-** oder **Brester-Senke**. Südlich der Podlasie-Senke liegt die **Podlasie-Lublin-Scholle**. In ihrem nördlichen Teil, dem Stowatycze-Horst und seiner östlichen Fortsetzung (Retno-Horst) liegt die präkambrische Basis wieder nur wenige Meter unter der heutigen Geländeoberfläche. Ganz im Südwesten

Die Polnische Senke 103

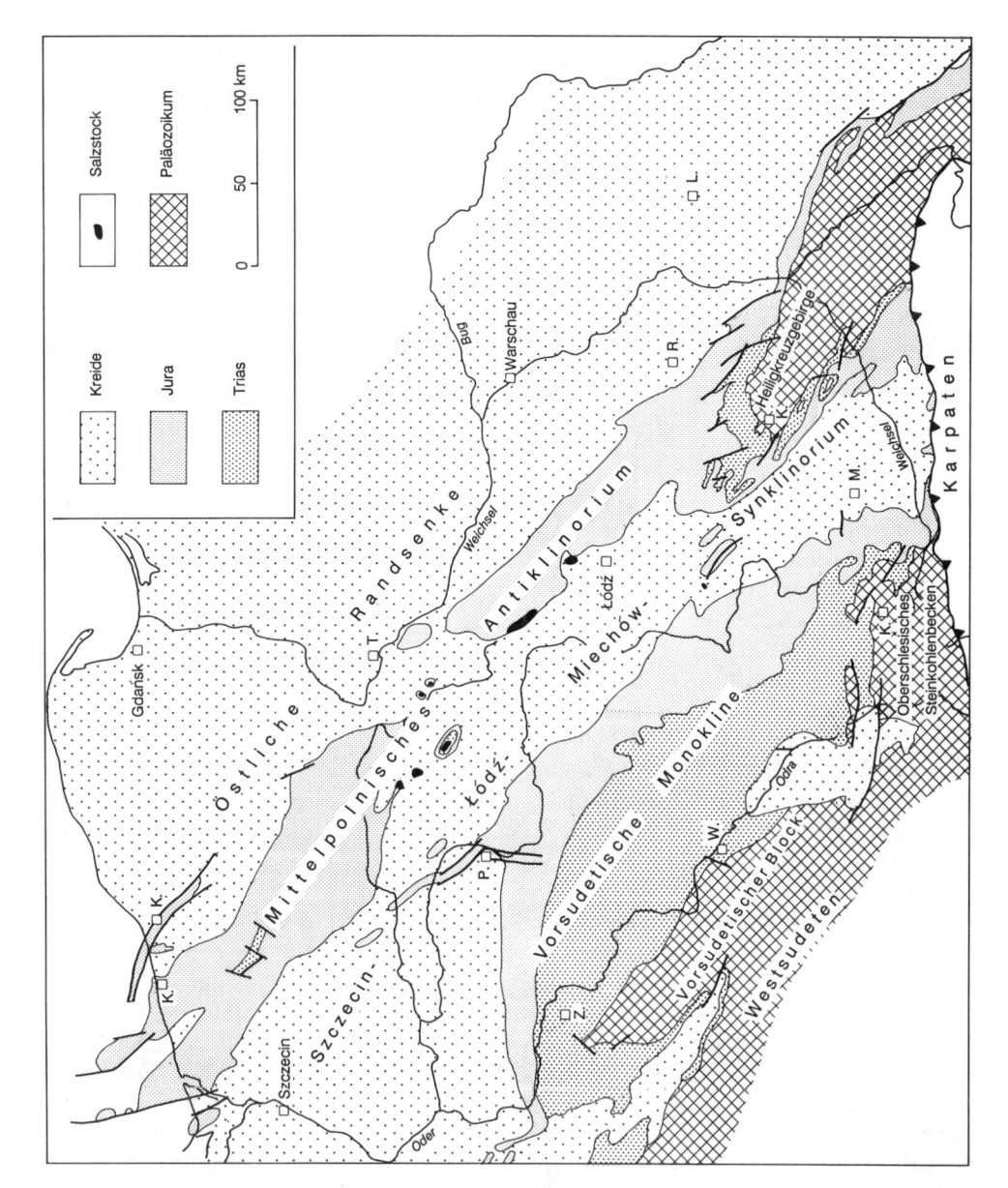

Abb. 47. Abgedeckte geologische Karte des Prä-Tertiärs der Polnischen Senke (n. POŻARYSKI 1978 und anderen Autoren).

der Podlasie-Lublin-Scholle unterlagert das hier in zahlreiche kleinere Horste und Gräben gegliederte Kristallin des Ukrainischen Schildes ein wieder mächtiger entwickeltes jungpräkambrisch-paläozoisches Deckgebirge der **Bug-Depression**.

Westlich der Tornquist-Teisseyre-Zone besitzt das jungpaläozoisch-mesozoische Deckgebirgsstockwerk der Polnischen Senke ein z. T. **kaledonisch gefaltetes Fundament** mit devonischer und karbonischer Plattformbedeckung. Es wurde in Nordwestpolen und auf Rügen mehrfach erbohrt. Im **Heiligkreuzgebirge** (Góry Świętokrzyskie) tritt kaledonisch und variszisch gefaltetes Paläozoikum an die Tagesoberfläche. Ganz im Südwesten der Polnischen Senke sind wieder Elemente des mitteleuropäischen Außenvariszikums aus Bohrungen bekannt.

Das unter der nahezu geschlossenen Quartär- und Tertiärdecke des Polnischen Tieflandes anzutreffende **jungpaläozoisch-mesozoische Deckgebirgsstockwerk** der Polnischen Senke läßt sich nach seinen an der Tertiärbasis sichtbaren Strukturen gliedern in die Vorsudetische und Schlesische Monokline, den Szczecin (Stettin)-Łódź-Miechów-Trog (Szczecin-Łódź-Miechów-Synklinorium), den Mittelpolnischen (Kujawisch-Pommerschen) Wall bzw. das Mittelpolnische Antiklinorium, sowie dessen Östliche Randsenke, die mit ihrer Nordostflanke auf die Osteuropäische Plattform übergreift. Alle genannten Strukturen bildeten sich endgültig während der Oberkreide und im Frühtertiär im Gefolge subherzyner und laramischer Bewegungen heraus.

Die **Vorsudetische Monokline** beinhaltet unter ihrer Quartär- und Tertiärbedeckung einheitlich flach gegen Nordosten einfallende Schichten des Perms, der Trias und des Juras. Sie bildet die Nordostabdeckung des Vorsudetischen Blocks vor dem Nordostrand des Böhmischen Massivs. Im Südosten bildet östlich des Oberschlesischen Steinkohlenbeckens die Schlesisch-Krakauer Monokline ihre Fortsetzung.

Die nordöstlich der Vorsudetischen Monokline gelegene NW–SE (herzynisch) verlaufende tektonische **Senke von Szczecin-Łódź-Miechów** ist mit ihrer sehr flachen Südwestflanke und einem steiler gegen den Mittelpolnischen Wall ansteigenden Nordostflügel asymmetrisch gebaut. Die größte Mächtigkeit ihrer Oberkreidefüllung (2.500 m) wird im Łódź-Trog östlich seiner Mittellinie beobachtet. Die Teiltröge von Szczecin und Łódź sind noch durch weitere NW–SE streichende Antiklinal-Aufwölbungen des Mesozoikums gegliedert. Sie sind in vielen Fällen mit Salzaufstieg verbunden. Im Süden läßt sich die Senkungszone des Miechów-(oder Nida-)Troges bis in das Karpatenvorland verfolgen. Ihr Unterlager ist hier aus möglicherweise cadomisch oder früh-kaledonisch und variszisch deformierten Gesteinsserien aufgebaut.

Der **Mittelpolnische Wall**, in dessen Kernbereich die Oberkreide fehlt und Unterkreide und über weite Strecken auch Jura durch Erosion freigelegt sind, läßt sich ebenfalls in Sattel- und Muldenstrukturen geringerer Größenordnung untergliedern. Im pommerschen Abschnitt des Antiklinoriums gehören die Sättel von Kamień Pomorski-Piła und Kołobrzeg (Kolberg)-Świdwin-Krajenka sowie, etwas nach Südosten versetzt, die Antiklinale von Wiecbork-Szubin-Zalesie dazu. In ihren axialen Bereichen ist Lias freigelegt. Der Mittelabschnitt des Polnischen Walls ist weniger stark aufgewölbt. In seinem kujawischen Abschnitt hebt er sich mit zwei mit Salzstrukturen besetzten Antiklinalzonen wieder mehr heraus.

In der südlichen Verlängerung des Mittelpolnischen Walls tritt im **Heiligkreuzgebirge** das kaledonisch-variszische Fundament der Polnischen Senke und in seiner Umrahmung deren, permisch-mesozoische Beckenfüllung an die Tagesoberfläche.

2.5.2 Geologische Entwicklung, Stratigraphie

Das im östlichen Polnischen Tiefland nur aus Bohrungen bekannte kristalline Fundament des Westteils der **Osteuropäischen Tafel** umfaßt nach heutiger Kenntnis verschiedene Strukturstockwerke.

Die Polnische Senke

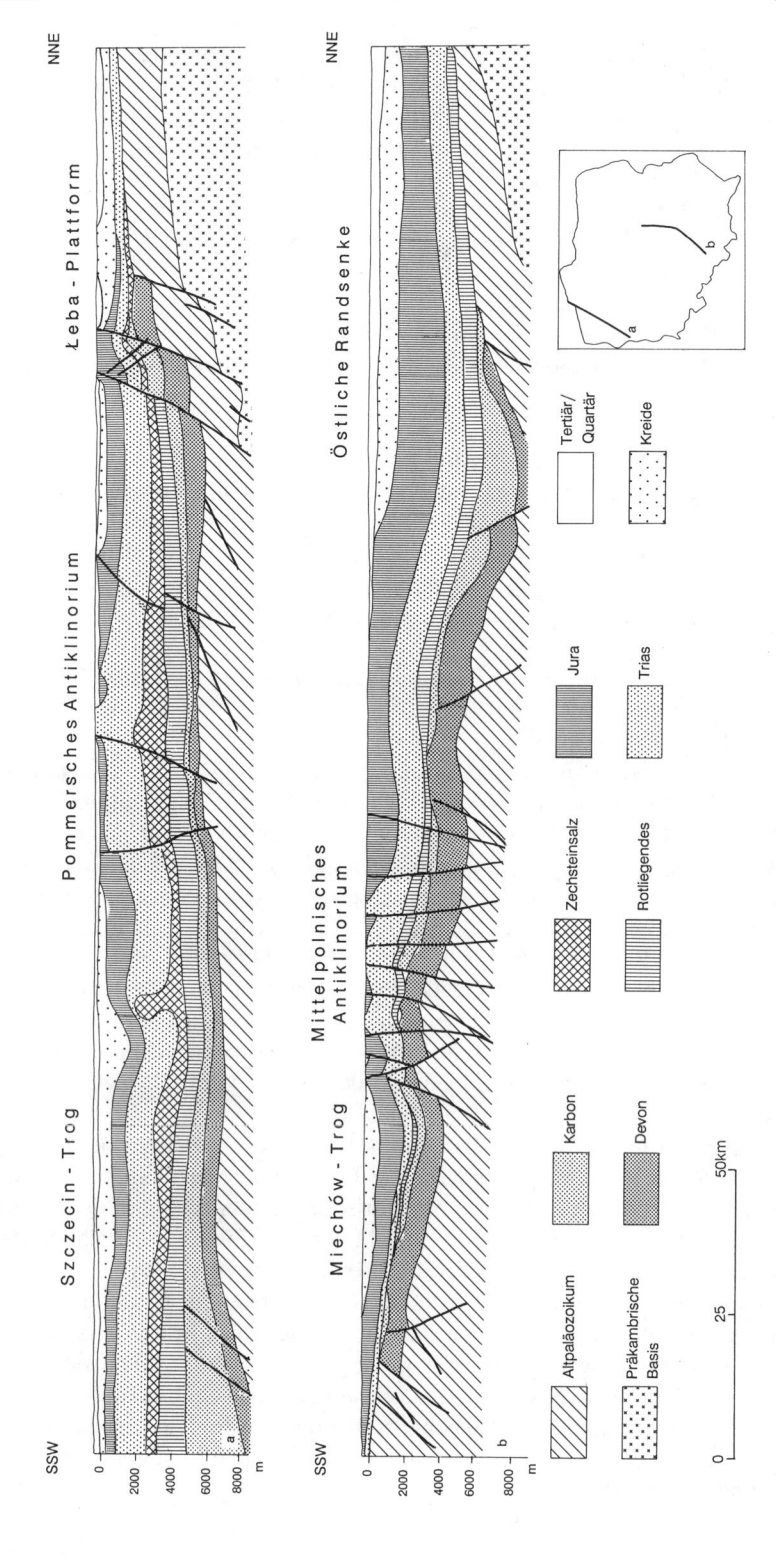

Abb. 48. Schematische geologische Profile durch die Polnische Senke (n. P. A. Ziegler 1987).

Eine ältere, **präkarelidische Struktureinheit** besteht aus Granitoid-Massiven unterschiedlicher Größe und Genese (Mozowize-Massiv, Dobrzyn-Massiv und Pommersches Massiv) und dazwischen stark verfalteten granulitischen Gesteinen (Podlasie-Zone, Ciechanów-Zone und Kaschubische Zone). Unter den granulitfaziellen Gesteinen werden eine Granulit-Serie und eine Gneis-Serie unterschieden, die aus einem intensiven Basaltmagmatismus bzw. mächtigen Pelit-Serien hervorgingen. Die Granulitbasite sind an eine 800 km lange ungefähr N–S verlaufende Zone im zentralen Teil des Südwestrandes der Osteuropäischen Tafel gebunden (Bjelorussisch-Baltische Granulitzone).

Ein jüngeres, **karelidisches Strukturstockwerk** umfaßt Amphibolitgneise und Gneis-Schiefer-Komplexe (Kampinos-Masurischer und Biebrza-Komplex). Sie sind das Ergebnis einer amphibolitfaziellen Regionalmetamorphose vulkano-sedimentärer Serien. Außerdem gehören auch Intrusionen von Graniten, Gabbros, Noriten, Anorthositen und Syeniten zu dieser Struktureinheit. Besonders interessant sind die Gabbros und Norite von Suwałki, die sehr reiche Eisen- und Maganerze führen.

Die sehr abwechslungsreichen Kristallingesteine der karelidischen Strukturbildungsphase bauen heute die zwischen den Granulitmassiven gelegenen Gebiete auf. Ihre Strukturen streichen wie diejenigen der Granulitzone vornehmlich in Südwestrichtung und enden abrupt an der Tornquist-Teisseyre-Zone.

Altersangaben aus dem polnischen Anteil der Osteuropäischen Plattform liegen zwischen 2.640 Ma und 1.140 Ma.

Im westlichen Vorfeld der Tornquist-Teisseyre-Zone ist das präkambrische Unterlager des teils cadomischen und kaledonischen und abschnittweise variszischen Fundaments der Polnischen Senke nicht im Zusammenhang bekannt.

Im südpolnischen Raum wurde zwischen dem Heiligkreuzgebirge und den Karpaten im Bereich des **Małopolska-Massivs** eine mehrere 1.000 m mächtige cadomisch oder kaledonisch deformierte Metasediment-Folge des Jungproterozoikums durch Bohrungen nachgewiesen. Nach Südwesten steht sie evtl. mit dem höher metamorphen **Oberschlesischen Massiv** (Massiv von Górny Sląsk) im tieferen Untergrund des Oberschlesischen Kohlenbeckens in Verbindung. Die nördlichsten Aufschlüsse äquivalenter Serien sind aus Bohrungen in der Wielkopolska-Region südwestlich Poznan (Posen) bekannt.

Über die Entwicklung der **altpaläozoischen Fundamentanteile** der Polnischen Senke liegen keine zusammenhängenden Informationen vor. Östlich der Tornquist-Teisseyre-Zone sind Ablagerungen des Kambriums bis Silurs als Tafelsedimente kaum deformiert und nicht metamorph. Westlich davon finden sich deformierte und schwach metamorphe Gesteinstypen.

Kambrium wurde nur im Plattformbereich in der Polnisch-Litauischen Syneklise und Podlasie-Senke von Bohrungen erreicht. Unter- und Mittelkambrium transgredierte über das teilweise tief verwitterte präkambrische Fundament und ist überwiegend sandig entwickelt. Oberkambrium fehlt weitflächig primär. Für das westliche Vorfeld der Tafelentwicklung wird Kambrium in toniger Ausbildung angenommen.

Ordovizium in Plattformentwicklung ist vom Tremadoc an durch zunächst sandige und dann kalkige, zumeist im flachen Wasser gebildete Sedimente repräsentiert. Nach Westen wird die Karbonatfazies durch kalkig-tonige und tonige Profilentwicklungen abgelöst.

Auch das **Silur** ist im Tafelbereich generell geringmächtig entwickelt und zeigt von Osten nach Westen karbonatische, karbonatisch-tonige und tonige Ausbildung. Im höheren Silur stellen sich am Plattformrand unter starker Mächtigkeitszunahme auch sandige Einlagerungen und Grauwacken ein.

Westlich des Tafelgebiets haben Bohrungen im nordwestlichen, pommerschen, Abschnitt der Tornquist-Teisseyre-Zone im Gebiet von Koszalin (Köslin) und Chojnice Ordoviz und Untersilur in toniger Ausbildung und Obersilur mit über 1.000 m mächtigen monotonen Siltstein-Grauwacken-Wechselfolgen angetroffen. Wie das Ordovizium auf Rügen sind sie tektonisch deformiert und geschiefert. Wie diese werden auch sie von unter- und mitteldevonischen Rotsedimenten diskordant überlagert. Für die kambro-silurischen Sedimentfolgen vor dem Südwestrand der Osteuropäischen Tafel ist damit wenigstens abschnittweise jungkaledonische Faltung und Verschuppung anzunehmen. Über die Ausdehnung solcher kaledonischer Deformationsgebiete in südwestliche Richtung bestehen jedoch noch große Unsicherheiten. Es gibt auch keine sicheren Informationen über eine direkte Verbindung zwischen dem Faltungsgebiet von Koszalin-Chojnice und dem Heiligkreuzgebirge.

In Old Red-Fazies ausgebildetes **Unterdevon** ist in Nord- und Nordostpolen nur eingeschränkt verbreitet. Es füllte die prädevonisch entstandenen Senken und ebnete sie ein. **Mitteldevon** ist teilweise, **Oberdevon** gänzlich in mariner Karbonat- und Tonfazies entwickelt. Auf den Flanken eines sich neu herausbildenden Bjelorussischen Hochgebietes blieb es dagegen zunächst noch bei der Old Red-Sedimentation. Die Gesamtmächtigkeit des Devons erreichte in Nordwestpolen wenigstens 1.500 bis 2.500 m.

Auch **Unterkarbon** ist entlang dem Südwestrand der Osteuropäischen Tafel bis nach Südostpolen in kalkig-toniger Plattformentwicklung vertreten. In zentralen Teilen des Polnischen Tieflandes schließt Unterkarbon in Kulm-Fazies an, teilweise auch mit Grauwackensedimentation. Seine Mächtigkeit kann hier bis 1.200 m erreichen.

Oberkarbon ist im Gebiet der ungefalteten variszischen Vorsenke weniger weit verbreitet. In nur unvollständigen Profilen ist es geringmächtig (700 m) in limnischer tonig-sandiger Fazies ausgebildet.

Größtenteils liegen heute die Ablagerungen des Devons und Karbons horizontal bis subhorizontal. Eine genaue Nordbegrenzung der variszischen Faltenzone ist bisher nicht sicher festzulegen.

Die eigentliche Trogentwicklung der Polnischen Senke als östliches Teilbecken der Nord- und Westeuropäischen Senke begann im Perm. In Kujawien (Zentralpolen) übersteigt die Mächtigkeit des permisch-mesozoischen Stockwerks 10.000 m.

Unterperm ist in Nordwest- und Zentralpolen wie in der Norddeutschen Senke in der Fazies des Rotliegenden ausgebildet. Die Sedimentation begann in zahlreichen separaten Becken, die sich später zusammenschlossen. Die Ablagerungen zeigen eine starke laterale und vertikale Differenzierung. Zahlreiche Schichtlücken sind nachzuweisen. Mächtige vulkanische Serien treten auf.

In Zentral- und Nordwestpolen werden im Rotliegenden zwei Gruppen unterschieden. Die ältere Odergruppe besteht aus klastischen Sedimenten und örtlich bis über 500 m mächtigen sauren Vulkaniten. Die jüngere, bereits dem Saxon zugerechnete Warta-Gruppe ist überwiegend aus klastischen Sedimenten zusammengesetzt. Ihre Mächtigkeit wird auf maximal 1.300 m geschätzt.

Im Bereich der Osteuropäischen Plattform ist die Mächtigkeit des Rotliegenden sehr gering. Vulkanite fehlen hier.

Im **Oberperm** transgredierte das Zechstein-Meer sowohl über Unterperm als auch über freiliegende ältere Gesteinskomplexe des Karbons und Devons und auch des Altpaläozoikums. Vier Zechsteinzyklen sind weitflächig mit Rand- und Beckenfazies vertreten. Bis über 1.500 m Mächtigkeit können die Salinarbildungen im Beckeninneren erreichen. Bereits in der

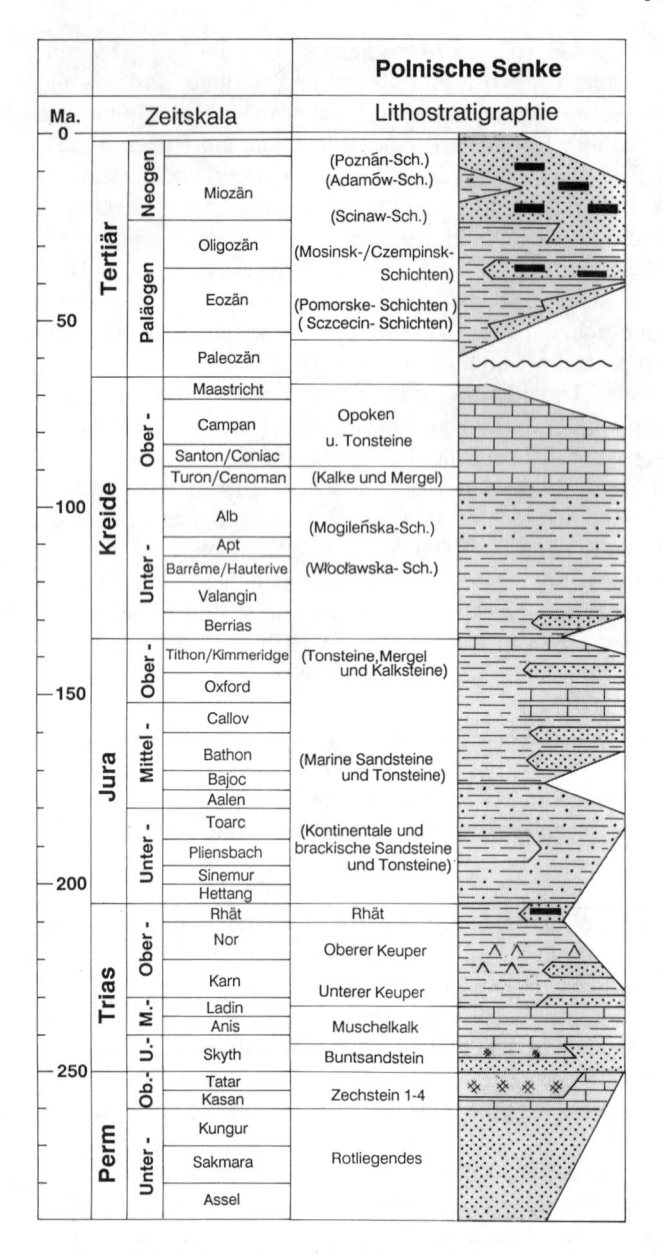

Ma.	Zeitskala			Polnische Senke Lithostratigraphie	
0	Tertiär	Neogen	Miozän	(Poznań-Sch.) (Adamów-Sch.) (Scinaw-Sch.)	
		Paläogen	Oligozän	(Mosinsk-/Czempinsk-Schichten)	
50			Eozän	(Pomorske- Schichten) (Sczcecin- Schichten)	
			Paleozän		
	Kreide	Ober-	Maastricht	Opoken u. Tonsteine	
			Campan		
			Santon/Coniac		
			Turon/Cenoman	(Kalke und Mergel)	
100		Unter-	Alb	(Mogileńska-Sch.)	
			Apt		
			Barrême/Hauterive	(Włocławska- Sch.)	
			Valangin		
			Berrias		
	Jura	Ober-	Tithon/Kimmeridge	(Tonsteine, Mergel und Kalksteine)	
150			Oxford		
		Mittel-	Callov		
			Bathon	(Marine Sandsteine und Tonsteine)	
			Bajoc		
			Aalen		
		Unter-	Toarc	(Kontinentale und brackische Sandsteine und Tonsteine)	
200			Pliensbach		
			Sinemur		
			Hettang		
	Trias	Ober-	Rhät	Rhät	
			Nor	Oberer Keuper	
			Karn	Unterer Keuper	
		M.-	Ladin	Muschelkalk	
			Anis		
250		U.-	Skyth	Buntsandstein	
		Ob.-	Tatar	Zechstein 1-4	
			Kasan		
	Perm	Unter-	Kungur	Rotliegendes	
			Sakmara		
			Assel		

Abb. 49. Lithologie und stratigraphische Gliederung der jungpaläozoisch-mesozoischen und tertiären Sedimentfüllung der Polnischen Senke (nach verschiedenen Autoren). Zeichenerklärung wie Abb. 26.

späten Trias begann der Salzaufstieg, besonders im Szczecin-Łódź-Trog und auf den Flanken und im Kernbereich des Mittelpolnischen Walls.

Auf der Osteuropäischen Plattform sind die Zechstein-Sedimente in ihrer Mächtigkeit stark reduziert. In der Peribaltischen Syneklise beträgt sie nur etwa 200 m.

Zu Beginn des Mesozoikums intensivierte sich die Absenkung des Polnischen Troges vor dem Südwestrand der Osteuropäischen Plattform. **Untertrias** ist wie auch in der übrigen Mitteleuropäischen Senke überwiegend in kontinentaler tonig-sandiger Buntsandstein-Ausbildung entwickelt. Ihre Mächtigkeit im Beckeninneren erreicht nördlich Poznan (Posen) bis 1.390 m. Im Röt transgredierte die Tethys durch die Schlesisch-Moravische Pforte über den Ostteil der Nordwesteuropäischen Senke. Es kam zur Bildung von rund 200 m mächtigen Flachwasserkalken und Anhydrit.

In der **mittleren Trias** herrscht wie auch in den übrigen Beckenteilen der Nordwesteuropäischen Senke die Karbonatfazies des Muschelkalks vor.

Die **Obertrias** (Keuper) ist im Bereich des Polnischen Troges wieder eine Zeit verstärkter Absenkung und überwiegend klastischer Sedimentation. Wie schon in der Untertrias zeigten die unmittelbar südwestlich der Osteuropäischen Tafel gelegenen Beckenteile die größte tektonische Mobilität. In der späten Trias setzte hier die Halokinese der Zechsteinsalze ein. Sie war besonders intensiv entlang mit der Eintiefung des Troges verbundenen NW–SE verlaufenden Störungen.

Im Verlauf der allgemeinen **Unter-** und **Mitteljura**-Transgression von Westen her waren in Zentral- und Nordpolen die zentralen Teile der Polnischen Senke Akkumulationsgebiet überwiegend toniger Sedimentfolgen. In ihren Randgebieten im Südwesten und Osten gehen sie in paralische Bildungen und sandreichere limnische Ablagerungen über. Insgesamt erreicht der Unter- und Mitteljura im Beckenzentrum über 1.200 m Mächtigkeit. Zu Beginn des Mitteljuras kam es vorübergehend zu Heraushebungen der südwestlichen Trogflanken.

Nach vorübergehender mariner Überflutung großer Teile Polens während des oberen Mittel- und unteren **Oberjuras** und der Bildung weit verbreiteter Kalke und Mergel beschränkte sich die Sedimentation im höheren Oberjura und zu Beginn der Unterkreide wieder auf die zentralen und nördlichen Teile des Polnischen Trogs. Am Ende des Juras bildeten sich im nördlichen Beckenzentrum Evaporite. Die Mächtigkeit des Oberjuras erreicht im Polnischen Trog maximal 1.000 m.

Im Verlauf der **Unterkreide** kamen im eingeschränkten Sedimentationsgebiet Nordpolens rund 500 m flachneritische Sande und Tone, im höheren Alb auch Mergel und tonige Kalke zur Ablagerung.

Mit der überregional bedeutenden Alb-Cenoman-Transgression stellten sich die Sedimentationsbedingungen um. Der Westteil der Osteuropäischen Tafel wurde zunehmend vom **Oberkreide**-Meer bedeckt. Der Polnische Trog erweiterte sich zu einem breiten Senkungsgebiet, das bis über 2.000 m Oberkreide-Sedimente, überwiegend in mergelig-kalkiger Schreibkreide-Fazies, aufnahm. Klastische Einschüttungen beschränken sich auf weit im Norden und Osten gelegene Randgebiete.

Im Verlauf der späten Oberkreide bewirkten Einengungsbewegungen verbunden mit Seitenverschiebungen die Heraushebung des Mittelpolnischen Walls um 2.000 bis 3.000 m. Jüngste Oberkreide-Sedimente (Maastricht) sind beiderseits der Inversionsachse nur örtlich erhalten. Ihre größte Intensität erreichte die tektonische Kompression an der Wende Kreide/Tertiär (laramische Phase). Mit ihr war die Umorientierung bisheriger Trograndstörungen mit Dehnungscharakter zu Aufschiebungen verknüpft, in Pommern und in Kujawien auch mit einer Faltung des mesozoischen Deckgebirgsstockwerks. Im Kern des Antiklinoriums kam es zu einem weiteren Aufstieg der Salzstöcke.

Unabhängig von der Entwicklung in weiter westlich gelegenen Teilbereichen der Nordwesteuropäischen Senke bildete Polen während des Känozoikums eine stabile Plattform mit weniger als 250 m Tertiär- und Quartär-Sedimenten.

Nach der laramischen Heraushebung, in deren Verlauf im Heiligkreuzgebirge die vormesozoische Basis des Polnischen Troges freigelegt wurde, blieb die Entwicklung in Zentral- und Nordpolen zunächst festländisch. Mittleres und jüngeres **Paleozän** sind nur lokal repräsentiert.

Im **Eozän** sammelten sich in einzelnen kleineren Südwassersenken tonig-schluffige Sedimente, z. T. mit dünnen Kohlenlagen. Mit dem oberen Eozän und jüngeren **Oligozän** dehnte sich das marine Nordseebecken über das ganze polnische Flachland nach Osteuropa aus. Seine Sedimente sind Glaukonit- und Quarzsande mit häufiger feinerkörnig schluffigen Einlagerungen, z. T. auch Kieslagen und Phosphoritknollen. Im mittleren Oligozän bildeten sich im zentralen Teil des Beckens bis zu 60 m mächtige dunkle Septarientone. Insgesamt erreicht die Mächtigkeit mariner Oligozän-Ablagerungen hier 40 m bis max. 100 m.

Nach Verlandung des Gesamtgebiets mit Ende des Oligozäns entwickelten sich während des **Miozäns** im Polnischen Flachland wieder Süßwasserseen mit unregelmäßigeren Sedimentationsbedingungen. Kontinentale Sande und Tone in unterschiedlicher Mächtigkeit und Torfbildungen, aus denen sich örtlich bis zu über 50 m dicke Braunkohlenflöze entwickelten, kamen weitflächig zur Ablagerung. Sie sind besonders in der Wielkopolska-Region verbreitet und gut untersucht.

Während des **Pliozäns** schlossen sich die flachen Seen des Polnischen Tieflandes zu einem großen zusammenhängenden Süßwasserbecken zusammen, das von Südpommern bis in die südpolnischen und ostdeutschen Mittelgebirgsregionen reichte. Das Becken nahm überwiegend bunt geflammte Tone und nur in geringeren Mengen auch Fein- oder Mittelsande auf (Posener Flammenton). Von Norden, Osten und Süden versorgten Flüsse aus dem Gebiet des Baltischen Schildes und der Bjelorussischen Schwelle bzw. aus den Karpaten und Sudeten die Randgebiete des Beckens mit gröbersandiger und kiesiger Sedimentfracht. Erst im ältesten Pleistozän verlandete dieser ausgedehnte Binnensee endgültig.

2.5.3 Der Südrand der Polnischen Senke (Heiligkreuzgebirge, Schlesisch-Krakauer Bergland, Lubliner Becken)

Zwischen dem Polnischen Flachland im Norden und den Karpaten im Süden gehören nach ihrer jungpaläozoisch-mesozoischen und känozoischen Entwicklung auch die morphologischen Ausläufer der zentraleuropäischen Mittelgebirgsschwelle zwischen Oder und Weichsel zur Polnischen Senke.

Nordwestlich Krakau bilden die Trias- und Juragesteine der flach gegen Nordosten geneigten Schlesisch-Krakauer Monokline eine deutliche NW–SE orientierte Schichtstufenlandschaft. Nach Nordosten folgt, weitgehend von Quartärablagerungen überdeckt, das Kreidegebiet der gleichfalls NW–SE (herzynisch) streichenden Miechów-Mulde. Anschließend tritt im Heiligkreuzgebirge (Góry Świętokrzyskie) teils kaledonisch und insgesamt variszisch gefaltetes Paläozoikum zutage. Es wird von weniger intensiv deformiertem Zechstein und mesozoischen Deckgebirgsschichten umgeben. Weiter nach Osten ist in der Lublin-Senke beiderseits der Weichsel wieder flachlagernde Oberkreide und Paleozän unter dichter Löß-Bedeckung weit verbreitet.

Die Oberschlesisch-Krakauer Monokline, die Miechów-Mulde, das Faltungsgebiet des Heiligkreuzgebirges und die Lublin-Senke bilden in dieser Reihenfolge die südwestliche Fortsetzung der Sudetischen Monokline, des Szczecin (Stettin)-Łódź-Miechów-Trogs, des Mittelpolnischen Walls und der Östlichen Randsenke bzw. sind deren Teilelemente. Nach

Die Polnische Senke 111

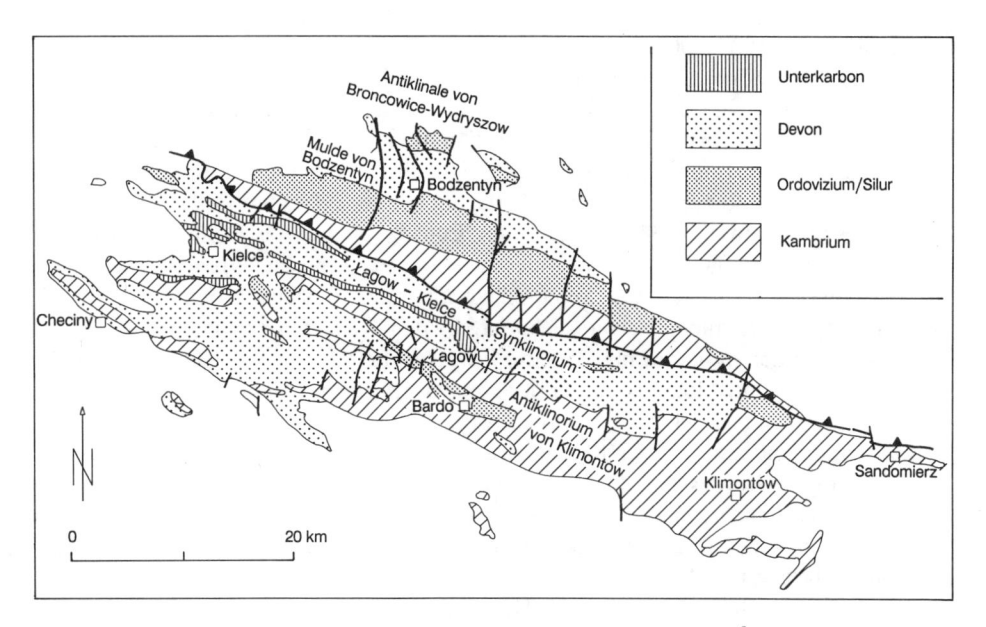

Abb. 50. Geologische Karte des Paläozoikums des Heiligkreuzgebirges (Góry Świętokrzyskie).

Südosten werden alle diese Strukturen vom Miozän des Karpatenvorlandes und quartären Deckschichten verdeckt.

Das südpolnische **paläozoische Grundgebirge** ist im **Heiligkreuzgebirge** auf ca. 100 km Länge und 40 km Breite übertage erschlossen. Seine Faltenzüge streichen hier generell WNW–ESE.

Aufgrund stratigraphischer und struktureller Unterschiede lassen sich zwei tektonische Haupteinheiten unterscheiden, die Kielciden im Süden und die Lysagoriden im Norden. In den Kielciden erfolgte die Faltung der vom Kambrium bis in das Unterkarbon reichenden aufgeschlossenen Schichtenfolge sowohl in kaledonischer als auch in variszischer Zeit. Die Lysagoriden wurden sicher nur variszisch deformiert. Die Grenze zwischen beiden Einheiten bildet die variszische Heiligkreuz-Störungszone. Südlich der Kielciden wurde unter miozäner Bedeckung auch jüngstes **Präkambrium** erbohrt. Tonschiefer, Schluffsteine, Sandsteine und Grauwacken mit eingeschalteten polymikten Konglomeraten sind die Hauptgesteinstypen. Nach Ergebnissen von Bohrungen in der südöstlich benachbarten Miechów-Mulde ist eine Mächtigkeit dieser präkambrischen Serie von 3.000–4.000 m anzunehmen.

Der Übergang vom oberen Präkambrium in das **Kambrium** erfolgt konkordant und ohne einen besonderen Fazieswechsel. Durch Fossilien belegtes Unter-, Mittel- und Oberkambrium ist in den Übertageaufschlüssen der Kielciden vorwiegend mit Tonsteinen, Schluffsteinen, Sandsteinen und Quarziten vertreten. In der Łysagóra folgen darüber konkordant unterordovizische *Dictyonema*-Schiefer. In den Kielciden zeugt eine Diskordanz zwischen glaukonithaltigen Sandsteinen des Arenigs und verschiedenen Serien des Unter- und Mittelkambriums von tektonischer Heraushebung zu Beginn des **Ordoviziums**. Auch weiter im Süden wurden in Bohrungen im Karpatenvorland Glaukonitsandsteine des Arenigs in diskordantem Kontakt zu präkambrischen Schiefern angetroffen. Die Mächtigkeit des Kambriums einschließlich des Tremadoc wird im südlichen Heiligkreuzgebirge auf 1.700 m, im Norden auf 2.500–3.000 m geschätzt.

Mittleres und höheres Ordovizium zeigen im Heiligkreuzgebirge infolge differenzierter Beckenentwicklung eine sehr variable Ausbildung. In der Łysagóra überwiegen graptolithenführende Tonschiefer. In den Kielciden kam es zu Ablagerung von Tonschiefern, Sandsteinen und Schalenfossilien führenden Kalken, örtlich auch von Konglomeraten. Die Mächtigkeit dieser Serien schwankt zwischen 100 und 150 m im Kielce-Gebiet und 350 m in der Łysagóra.

Unteres und mittleres **Silur** ist bis zum Ludlow im ganzen Heiligkreuzgebirge sehr einheitlich durch geringmächtige tonig-kieselige Graptolithenschiefer repräsentiert. Oberstes Silur ist dagegen als flyschartige Wechsellagerung von Tonsteinen, Schluffsteinen, Grauwacken und Arkosesandsteinen ausgebildet. In den Kielciden erreichen diese bis 500 m Mächtigkeit, in der Łysagóra bis 1.500 m. Eingeschaltete Konglomerate enthalten Gerölle von Magmatiten und Metamorphiten des südlich gelegenen Małopolska-Massivs.

Die spätsilurische flyschartige Sedimentfolge der Łysagóra wird einer jungkaledonischen Heraushebung und Erosion der Kielciden und südlich angrenzender Gebiete zugeordnet.

Zu Beginn des **Devons** hielt die Sedimentation in der Łysagóra während des Gedinne und Untersiegen ununterbrochen an. Es kam zur Bildung von zunächst brackischen, später limnischen Sand- und Tonablagerungen und auch Konglomeraten. Im Obersiegen herrscht hier Old Red-Fazies vor.

Spätestens vom höheren Ems an ist Devon im ganzen Heiligkreuzgebirge wieder marin vertreten. Anfangs überwiegt noch eine sandige Ausbildung. Vom Givet an herrschen Dolomite und Riffkalke und später auch Cephalopodenknollenkalke und Mergel vor. Die Fauna belegt eine Verbindung zu west- und osteuropäischen Schelfgebieten.

Unterkarbon ist in den Kielciden vollständig entwickelt. Es folgt hier konkordant über Devon. Tournai ist mit dunklen Tonschiefern und Kieselschiefern mit sulfidischen Einschaltungen und Phosphoritlagen in typischer Kulm-Fazies ausgebildet. Auch das Visé umfaßt hauptsächlich Tonschiefer und Kieselschiefer mit tuffitischen Einlagerungen. Im unteren Teil des Obervisé werden im Südwestteil der Kielciden örtlich aber auch organodetritische Kalke („Kohlenkalk") beobachtet. Sie sind aus einer zwischen dem Heiligkreuzgebirge und dem Oberschlesischen Becken gelegenen Kalkplattform abzuleiten. Hinzu kommen im oberen Visé Sandsteine und Grauwackeneinschaltungen aus südlich und südöstlich gelegenen Abtragungsgebieten.

Oberkarbon wurde im Heiligkreuzgebirge bisher nicht nachgewiesen. Wahrscheinlich wurde das paläozoische Fundament bereits vor dieser Zeit mit unterschiedlicher Intensität gefaltet und schollenartig herausgehoben. Während des Perms unterlag es jedenfalls langandauernder intensiver Abtragung.

Das im Heiligkreuzgebirge zutage tretende Grundgebirge zeigt einen einfachen **Faltenbau**. In den nur variszisch gefalteten Lysagoriden lassen sich von Norden nach Süden ein Nördliches Antiklinorium mit Silur im Kern, eine Nördliche Synklinalzone, in der die Mulde von Bodzentyn als jüngste Ablagerungen Devon enthält, und die Łysagóra-Antiklinalzone mit Mittel- und Oberkambrium als ältesten Schichten unterscheiden.

Südlich einer steilen südvergenten Überschiebung (Heiligkreuz-Störungszone) werden die sowohl kaledonisch als auch variszisch geprägten Kielciden in ihrem Nordwestteil in zahlreiche Sättel und Mulden unterteilt, die sich aber nur in einigen Fällen über größere Entfernungen verfolgen lassen. Die wichtigsten Strukturelemente sind hier das Kielce-Lagów-Synklinorium mit der Bardo-Synklinale, die Dyminy-Antiklinale, die Gałęzice-Synklinale und die Chęciny-Antiklinale. Im südöstlichen Teil der Kielciden ist das Klimontów-Antiklinorium mit weitverbreitetem Kambrium die beherrschende Struktur.

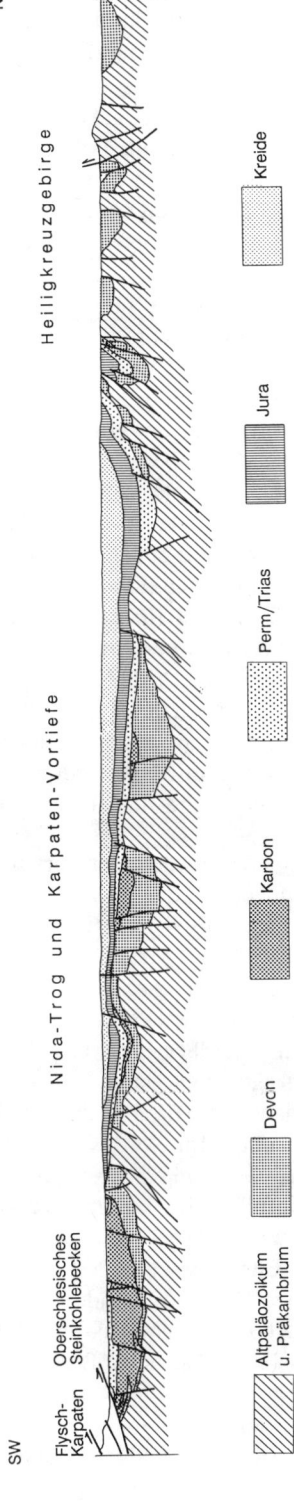

Abb. 51. Geologisches Profil durch den Südostabschnitt der Polnischen Senke vom Oberschlesisch-Krakauer Bergland zum Heiligkreuzgebirge (n. ZNOSKO 1984).

Der paläozoische Sockel des Heiligkreuzgebirges wurde nach der Faltung von quer zu den Faltenstrukturen verlaufenden Horizontalverschiebungen betroffen.

Ähnlich wie das Heiligkreuzgebirge gehört nach Bohrungen auch der tiefere Untergrund der **Miechów-Mulde** und des **Schlesisch-Krakauer Berglandes** einem ausgedehnten NNW–SSE streichenden variszischen Faltengürtel an. Die Bohrungen trafen unter der känozoisch-mesozoischen Bedeckung und unter variszisch deformierten paläozoischen Serien auf enger verfaltete und geschieferte Metasedimente und Metavulkanite präkambrischen und fraglich auch kambrischen Alters. Nach deren Verteilung zeichnet sich unter der Miechów-Mulde ein Antiklinorium ab mit überwiegend älterem und höher metamorphem cadomisch oder frühkaledonisch geprägten Stoffbestand.

Im Krakauer Gebiet wird wie im Heiligkreuzgebirge hauptsächlich wieder jüngeres Paläozoikum erbohrt. Als Synklinorium säumt es den Nordrand des **Oberschlesischen Massivs (Massiv von Górny Śląsk)** im Untergrund des Oberschlesischen Beckens.

Dieses Oberschlesische Massiv besteht sehr variabel aus präkambrischen Kristallingesteinen und Metamorphiten, überdeckt von weitgehend flachliegenden Trilobiten-führenden Schiefern des Unterkambriums, Devon in Old Red-Fazies und Karbon.

Während des Altpaläozoikums bildete das Oberschlesische Massiv ein stabiles Zwischengebirge zwischen den kaledonischen Faltengürteln. In variszischer Zeit entwickelte sich über ihm die Molasse-Vortiefe sowohl für die moravosilesisch-sudetisch als auch für die im Heiligkreuzgebirge erschlossenen vorkarpatischen Varisziden.

Nach Südosten setzt sich das präkambrisch-paläozoische Fundament des Krakauer Gebietes, der Miechów-Mulde und des Heiligkreuzgebirges unter der zunehmend mächtigen känozoischen Bedeckung der Karpatischen Senke fort. Es schließt hier das jungpräkambrisch konsolidierte **Małopolska-Massiv** mit ein, dessen Existenz sich bereits seit dem Kambrium durch anhaltende Sand- und Konglomeratschüttungen anzeigte.

Die nordöstliche Molasse-Vortiefe der vorkarpatischen Varisziden bildet das **Lubliner Kohlenbecken**. Bereits auf dem Außenrand der Osteuropäischen Tafel gelegen, zeigt es in seiner sedimentären und tektonischen Entwicklung epikontinentale Züge. Seine Strukturen verlaufen in NW–SE-Richtung, parallel zu den Randstörungen der tektonisch höher gelegenen präkambrischen Kristallinschollen der Plattform.

In Kohlenkalkfazies ausgebildetes Unterkarbon (Visé) ist im Lubliner Becken durch eine Schichtlücke von seinem Unterlager aus verschiedenen devonischen, altpaläozoischen und präkambrischen Gesteinseinheiten getrennt. Im südlichen und zentralen Teil des Lubliner Beckens bilden Karbonate des Mittel- und Oberdevons seine Basis. Im Süden wird eine Winkeldiskordanz beobachtet. Im Nordosten greift Karbon auch auf vordevonische Serien des Plattformrandes über. Ganz im Nordosten liegt es direkt auf präkambrischem Kristallin.

Die Basis der Karbonfüllung des Lubliner Beckens bilden mächtige marine Flachwasserkalke mit Tonsteineinschaltungen des höheren Visé. Im Nordwesten sind sie zwischen 20 und 60 m mächtig, im Südwesten zwischen 260 und 420 m. Namur umfaßt bis über 1.000 m mächtige paralische steinkohlenführende Sandstein-Tonstein-Kalkstein-Wechselfolgen. Westfal ist mit bis 1.400 m mächtigen, ebenfalls kohlenführenden limnischen Sandstein-Tonstein-Folgen vertreten. Seine größte Mächtigkeit erreicht das produktive Oberkarbon im Südwesten.

Das heutige Strukturbild des Lubliner Beckens ist das Ergebnis asturischer Bewegungen am Ende des Westfal D. In seinem Südostteil bildet die Karbonfüllung NW–SE streichende

Sättel und Mulden. Im Nordosten liegen ihre Schichten flach oder sie fallen mit wenigen Grad nach Südwesten ein.

Das jungpaläozoische Stockwerk wird heute im Nordosten von über 300 m, im Südwesten von bis 1.300 m mächtigen Deckgebirgsschichten aus mittlerem und oberem Jura und Kreide überdeckt.

Im Heiligkreuzgebirge wird der variszische Sockel von diskordant auflagerndem **Zechstein** umrahmt. Dessen marine Folge beginnt meist mit einem mehr oder weniger mächtigen Basalkonglomerat (bis über 200 m). Es folgen bunte Mergel- und Schiefertone mit Dolomiten und Kalken und im höheren Teil gelegentlich wieder Sandsteinen und einem oberen Konglomerat. Im Nordwesten kam es im mittleren Zechstein örtlich auch zur Bildung von Anhydritlagen.

Trias ist entlang dem Südwestrand des Heiligkreuzgebirges tektonisch stark gestört und verfaltet; in seiner nordöstlichen Umgebung und in der Oberschlesisch-Krakauer Monokline sind ihre Sedimente dagegen nur leicht verstellt.

Die Trias ist in germanischer Fazies ausgebildet. Im Schlesisch-Krakauer Bergland greift Buntsandstein mit unterschiedlicher Mächtigkeit diskordant auf das gefaltete und gestörte Oberkarbon des Oberschlesischen Steinkohlenbeckens über. Über roten Sandsteinen und Tonsteinen, in der Umrandung des Polnischen Mittelgebirges auch Konglomeraten des Unteren und Mittleren Buntsandsteins folgt Röt, ebenfalls mit Sandsteinen und Tonsteinen, daneben aber auch mit Mergeln, Dolomiten bzw. Kalken und Gips. Die Mächtigkeit des Buntsandsteins schwankt zwischen über 1.000 m in der Umrandung des Polnischen Mittelgebirges und 100–200 m im Schlesisch-Krakauer Bergland.

Die marine Kalk-Dolomit-Fazies des Muschelkalks zeigt keine so großen Mächtigkeitsschwankungen mehr. Keuper ist mit weitgehend limnischen Tonen und Sandsteinen, Mittlerer Keuper auch mit lagunären Dolomiten und örtlich Anhydrit vertreten.

Gesteine des **Unterjuras** haben besonders große Verbreitung in der nördlichen Umrandung des Heiligkreuzgebirges. Sie umfassen überwiegend terrestrische, teilweise auch brackisch-marine Tonsteine, Siltsteine und Sandsteine. Im Gebiet der Schlesisch-Krakauer Monokline finden sich die nördlichsten Übertagevorkommen bei Wieluń.

Mitteljura ist an seiner Basis vorwiegend sandig und z.T. auch konglomeratisch ausgebildet. Er greift örtlich diskordant auf Unterjura und ältere Schichten über. Sandsteine und Siltsteine wechseln mit marinen Tonsteinen. Vielfach enthält der mittlere Jura auch Eisenoolithe und örtlich in dünnen Zwischenlagen angereicherte Toneisenstein-Geoden. Letztere stellten ursprünglich die Erzbasis der ostoberschlesischen Stahlindustrie dar.

Gut entwickelte **Oberjura**-Kalke, z.T. Schwammkalke von über 500 m Mächtigkeit, bilden heute die ausgedehnten Schichtstufen des Jura-Zuges zwischen Krakau und Częstochowa (Tschenstochau). Unter nicht sehr mächtiger Quartärbedeckung lassen auch sie sich nach Nordwesten bis Wieluń und Sieradz verfolgen. Nordwestlich, westlich und südöstlich des Heiligkreuzgebirgs-Aufbruchs finden sich die Oberjura-Gesteine übertage mit über 1.000 m Mächtigkeit aufgeschlossen.

Marine höhere **Unterkreide** und **Oberkreide** folgt infolge jungkimmerischer Bewegungen am Südrand der Polnischen Senke zum Teil diskordant über Jura und Trias.

In der Miechów-Mulde und Lublin-Senke stehen am Anfang glaukonitische Sandsteine und Mergel. Darüber liegen Mergel und Schreibkreidekalke. In der Miechów-Mulde reichen sie bis in das Maastricht. Im Lublin-Trog kam es dagegen noch im mittleren Paleozän (Mont) zur Bildung sandiger und mergeliger Kalke. Die Mächtigkeit der verschiedenen Schichtglie-

Abb. 52. Geologische Karte des Prä-Tertiärs im Südostabschnitt der Polnischen Senke.

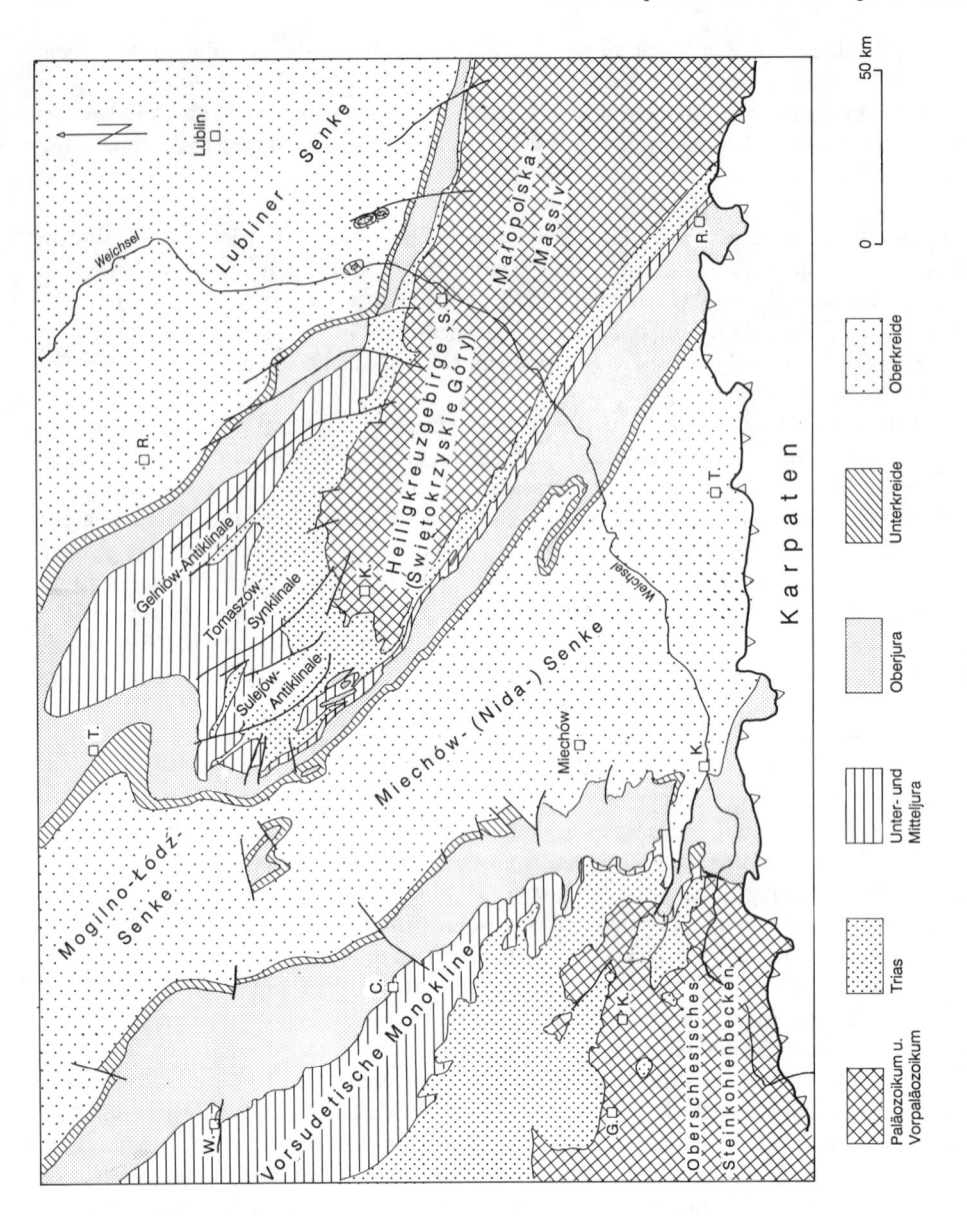

der der Oberkreide nimmt in beiden Trögen gegen das Heiligkreuzgebirge zu.

Die heutigen Faltenstrukturen des mesozoischen Deckgebirgsstockwerkes entstanden im Zuge NE–SW orientierter laramischer Einengungsbewegungen. Ganz im Süden, in der Nähe der Karpaten, machten sich auch spätere alpidische Bewegungsphasen bemerkbar.

Der heutige Verlauf der Trias/Jura-Grenze zeichnet im Südwestteil des Schlesisch-Krakauer Berglandes das Bild eines kompliziert gebauten, gegen Südosten unter die junge Füllung der Karpaten-Vortiefe eintauchenden Antiklinoriums (**Faltenzone der Oberschlesischen Trias**).

Sein Kern wird vom Oberkarbon des östlichen Oberschlesischen Steinkohlenbeckens gebildet. Seine Nordostflanke bildet zwischen Krakau, Częstochowa (Tschenstochau) und Wielún die **Schlesisch-Krakauer Monokline**.

In der **Miechów-Mulde** zwischen dem Krakauer Jura-Zug und dem Heiligkreuzgebirge konzentrierten sich laramische Einengungsstrukturen auf den dem Heiligkreuzgebirge näher gelegenen Nordostflügel. Zum Teil können sie hier mit NW–SE (herzynisch) Störungszonen in der paläozoischen Basis in Verbindung gebracht werden. Im Nordosten ist das Paläozoikum des Heiligkreuzgebirges auf Jura überschoben.

Im **Polnischen Mittelgebirge** wurde der paläozoische Sockel und seine mesozoischen Rahmengesteine im Zuge der laramischen Inversion des Polnischen Troges herausgehoben. Besonders im Südosten ist das Deckgebirge deutlich gefaltet. Als wichtigste Strukturelemente werden unterschieden die NW–SE streichende Radoszcyce-Megantiklinale, die Opoczno-Mulde und die Gielniow-Megantiklinale. In ersterer stehen eine Reihe von Falten noch direkt mit den variszischen Strukturen des nach Südosten auftauchenden paläozoischen Fundaments in engem Zusammenhang. Die Opoczno-Mulde und die Gielnow-Megantiklinale sind flachere NW–SE streichende Strukturen.

Nach Osten tauchen die Jura-Schichten des östlichen Rahmens des Polnischen Mittelgebirges flexurartig unter die Oberkreidefüllung der weitflächig von Quartär überdeckten **Lubliner Senke** ein.

Zwischen dem Heiligkreuzgebirge im Norden und den Karpaten im Süden liegt die mit Miozänsedimenten gefüllte **Vorkarpaten-Depression**. Nur für kurze Zeit gehörte sie zur vom Äußeren Wiener Becken bis in die Ukraine reichenden Paratethys. Weit verbreitet sind marine Kalke, Mergel und Tone des unteren Baden (Unteres Seraval). Im oberen Teil enthalten sie z. B. bei Wieliczka südöstlich Krakau Steinsalzlager. Das mittlere Baden endet mit zunehmend salinaren Ablagerungen und abschließend einer weitverbreiteten Gipsschicht. Im oberen Baden und Sarmat überwiegen im nördlichen Randbereich Sande und detritische Kalke, im Karpatenvorland Tone.

Entlang dem Karpatennordrand sind die Sedimente des mittleren Miozäns, u. a. auch die Salzlager von Wieliczka, in Faltung und Deckenvorschub der Flysch-Karpaten einbezogen. In größerer Entfernung zum Karpatenrand blieben sie ungefaltet.

Literatur: N. V. AKSAMENTOVA 1987; W. BEDNARCZYK 1971; Z. BEŁKA 1985; Z. BEŁKA, B. A. MATYJA & A. RADWANSKI 1985; Z. BEŁKA & S. SKOMPSKI 1988; W. BROCHWICZ-LEWINSKI, W. POZARYSKI & H. TOMCZYK 1984; R. DADŁEZ 1978, 1987; R. DADŁEZ (Hrsg.) 1976; R. DADŁEZ & J. KOPIK 1975; J. DZIK 1978; D. FRANKE & J. ZNOSKO 1988; R. G. GARECKIJ & G. V. ZINOVENKO 1986; R. G. GARECKIJ et al. 1987; J. GŁAZEK 1989; J. GŁAZEK et al. 1981; R. GRADZIŃSKI, J. GAGOL & A. ŚLACZKA 1979; A. GUTERCH et al. 1986; I. HELLER & W. MORYC 1984; M. JASKOWIAK-SCHOENEICH 1979; K. JAWOROWSKI 1971; H. JURKIEWICZ 1975; W. R. KOWALSKI 1983; M. KRAUSS 1980; J. KUTEK & J. GŁAZEK 1972; E. M. LAŠKOV et al. 1981; M. LUPU, O. MICHELSEN & R. DADŁEZ 1987; R. MARCINOWSKI & A. RADWANSKI 1983; W. MIZERSKI 1979; Z. MODLINSKI 1977; S. ORŁOWSKI 1975a, 1975b, 1989; H. PENDIAS & W. RYKA 1978; T. M. PERYT 1986; T. S. PIATKOWSKI & R. WAGNER (Hrsg.) 1978; J. POKORSKI 1976; J. POKORSKI & R. WAGNER 1975; W. POŻARYSKI (Hrsg.) 1977; W. POŻARYSKI & H. TOMCZYK 1968; W. POŻARYSKI & W. BROCHWICZ-LEWINSKI 1978; W. POŻARYSKI & Z. KOTANSKI 1978; W. POŻARYSKI & K. ZYTKO 1979; W. POŻARYSKI et al. 1979; A. RACZYNSKA 1979; H. SENKOWICZOWA & A. SZYPERKO-SLIWCZYNSKA 1975; A. ŚLĄCZKA 1976; S. SOKOŁOWSKI (Ed.) 1976a, 1976b; E. STUPNICKA 1989; M. SZULCZEWSKI 1971, 1978; L. TELLER 1969, 1974; E. TOMCZYK & H. TOMCZYKOWA 1979; J. TRAMMER 1973; R. WAGNER, T. S. PIATKOWSKI & T. M. PREIJT 1978; A. M. ŻELICHOWSKI 1972; P. A. ZIEGLER 1982, 1986, 1987b, 1988; J. ZNOSKO 1974, 1977, 1979, 1984, 1985a, 1985b; J. ZNOSKO (Ed.) 1968; J. ZNOSKO & A. GUTERCH 1987.

3. Das Quartär der Mitteleuropäischen Senke

3.1 Die Nordsee

3.1.1 Das heutige Bild

Die Nordsee ist heute ein 570.000 km² großes Randmeer des Atlantischen Ozeans. Sie ist ein Schelfmeer, dessen Wassertiefe von bis zu 50 m im Süden allmählich auf ca. 200 m an der Schelfkante zum Atlantik nördlich der Shetland-Inseln ansteigt. Im einzelnen wird die Topographie der Nordsee durch zahlreiche Rinnen und auch weniger tiefe Bänke und Gründe stark modifiziert. So werden im Nordosten in der Norwegischen Rinne und im Skagerrak örtlich Wassertiefen von bis zu 300 m bzw. bis über 700 m erreicht. Gegen Westen ragt die Doggerbank örtlich bis auf − 18 m über ihre sonst 30−40 m tiefe Umgebung heraus.

Die hydrologischen Verhältnisse der Nordsee werden wesentlich durch die Gezeitenströme beeinflußt. Zusätzlich verändern häufige Stürme die Höhe des Meeresspiegels an der Küste und Sturmwellen im offenen Meer können das Wasser bis in 50−60 m Tiefe aufwühlen.

Die morphologische Prägung des Nordseebodens erfolgte wesentlich während des Pleistozäns. Glaziale Rinnen, Moränen und Sanderflächen lassen sich in der mittleren und nördlichen Nordsee erkennen. In der südlichen Nordsee wird die pleistozäne Morphologie durch postglaziale Erosionsvorgänge und Sedimentation stark modifiziert.

Der Meeresboden der Nordsee ist heute fast ausschließlich mit Lockermaterial bedeckt. Festgesteine stehen nur örtlich vor den Küsten der Britischen Inseln und Norwegens sowie auf der Insel Helgoland an. Die Verteilung der **Lockersedimente** ist im einzelnen kompliziert. Sande, hauptsächlich Feinsande, aber auch gröberes Material, sammeln sich vor allem in weniger tiefen Bereichen und auf den Bänken. Sie werden durch die Gezeitenströme und im flacheren Meer auch durch Wellenbewegung transportiert und bilden ebene Sandflächen, Großrippelfelder oder langgestreckte Sandwälle. Feineres Material, das in Suspension transportiert wird, kommt außer im küstennahen Watt hauptsächlich im stilleren Wasser tieferer Rinnen zur Ablagerung, z.B. im Silverpit-Gebiet südlich der Doggerbank, in der gegen Nordwesten gerichteten Helgoland-Rinne sowie weitflächig auch in der Norwegischen Rinne und im Skagerrak. Insgesamt ist der größere Teil der gegenwärtigen Sedimente der Nordsee aus der Umlagerung pleistozäner Lockerablagerungen hervorgegangen. Die Neubildung organischer Substanz und Zufuhr durch die Straße von Dover oder vom Festland her spielen nur eine untergeordnete Rolle.

3.1.2 Die Entwicklung der südlichen Nordsee im Quartär

Während des Quartärs wurde das Sedimentationsgeschehen im Bereich der Nordsee wesentlich von der tektonischen Absenkung des zu Beginn des Tertiärs entstandenen flach-schüsselförmigen Nordseebeckens bestimmt (vgl. Abb. 28). Die Quartärmächtigkeit ist am größten in einem NNE−SSW gerichteten Trog, der annähernd dem Verlauf des während

Die Nordsee 119

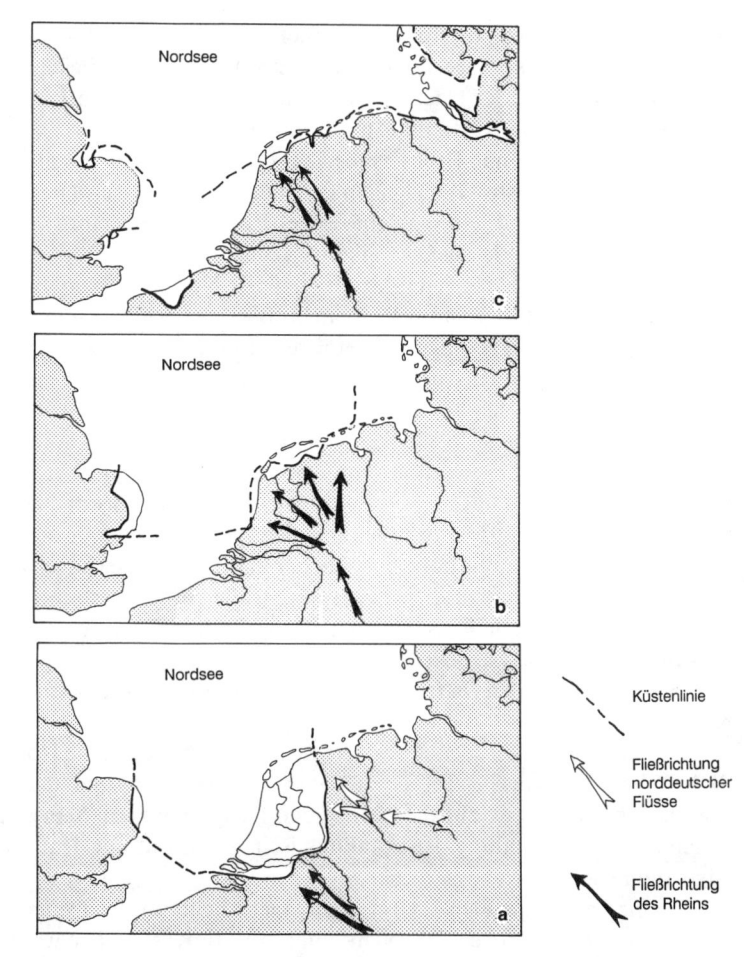

Abb. 53. Die südliche Nordsee während der Tegelen-Zeit (a), Cromer-Zeit (b) und Holstein-Zeit (c) (n. JELGERSMA 1971).

des Mesozoikums aktiven Zentralgraben-Systems folgt. Nach Süden besteht eine direkte Verbindung dieses Senkungsfeldes zu den Graben- und Horst-Systemen des Niederländischen Zentralgrabens (Roer-Graben). Bis über 1.000 m Sedimente akkumulierten im Verlauf des Quartärs in den Absenkungszentren der südlichen Nordsee.

Weitere Faktoren, die das Sedimentationsgeschehen in der Nordsee im Quartär kontrollierten, waren der Wechsel von glazialen und interglazialen Zeiten mit ihren sich eustatisch verändernden Meeresspiegelständen, die unterschiedlich weit in das Nordseebecken vordringenden Eisvorstöße der Elster-, Saale- und Weichsel-Eiszeit und isostatisch bedingte Vertikalbewegungen während bzw. nach Eisbelastung.

Zu Beginn des Pleistozäns waren schmale Randgebiete Ostenglands und der größere Teil der heutigen Niederlande noch Meeresgebiet. Im Verlauf der **Tegelen-Zeit** zog sich das Meer aus dem niederländischen Bereich zurück.

In der anschließenden Kälteperiode des **Eburon** war die Nordsee ein flaches Schelfmeer, in dem wechselnd große Teile trockenfielen und teilweise von fluviatilen Sedimenten eingedeckt wurden. Auch während der folgenden **Waal-Warmzeit** und **Menap-Kaltzeit** lag die Küstenlinie der südlichen Nordsee noch außerhalb des heutigen Festlandes. Erst für den **Cromer-Komplex** gelingt der Nachweis mariner Sedimentation entlang der heutigen nord- und westniederländischen Küste und in Ostengland.

Nach Bohrungen und flachseismischen Untersuchungen reicht die Verbreitung glaziärer Ablagerungen der **Elster-Vereisung** in der südlichen Nordsee weiter nach Westen als auf dem Festland. Es bestand eine geschlossene Eisfront von Nordwestdeutschland über die nördlichen Niederlande bis Ostengland.

Während des **Holstein-Interglazials** stieß die Nordsee, erstmals seit dem Pliozän, wieder auf das heutige Festland vor, besonders im Bereich der Elbmündung und nach Südholstein. Hier sind marine Ablagerungen des Holstein-Interglazials von vielen Stellen im Küsten- und Festlandgebiet bekannt. Auch in der südlichen Nordsee sind marine Ablagerungen des Holstein-Meeres erbohrt. Im niederländischen Sektor liegt sie heute um 50–60 m unter NN. Die in ihnen enthaltene Mollusken-Fauna und Mikrofauna sowie Pollenanalysen zeigen an, daß die Meerestemperaturen von arktischen zu borealen Verhältnissen anstiegen und teilweise Werte der heutigen Nordsee erreichten. In den nördlichen Niederlanden fällt die Südküste des Holstein-Meeres etwa mit dem heutigen Verlauf der niederländischen Küste zusammen. Der Nachweis holsteinzeitlicher mariner Ablagerungen östlich Calais gibt zu der Vermutung Anlaß, daß zu dieser Zeit die Straße von Dover schon geöffnet war.

Während der **Saale-Eiszeit** waren große Teile des wieder zum Festland gewordenen Nordseeraumes vom Eis bedeckt. An vielen Stellen, z. B. in einer breiten Zone nordwestlich Helgolands und vor den Ostfriesischen Inseln, lassen sich ihre Grundmoränen und Geschiebe nachweisen.

Vor der niederländischen Küste reichte der Eisrand bis in die Höhe von Amsterdam nach Süden. Von hier aus verlief er zunächst in westlicher und danach in nördlicher und nordöstlicher Richtung auf die südöstliche Doggerbank zu. Sein weiterer Verlauf ist nicht bekannt. Eine Verbindung der skandinavischen Eisfront mit dem britischen Inlandeis wird angenommen.

Marine Sande des **Eem-Interglazials** lagern heute in der Deutschen Bucht und vor der niederländischen Küste ca. 40–60 m unter NN. In Küstennähe werden überwiegend tonige Brackwassersedimente des Eem schon in geringerer Tiefe zwischen 10 und 20 m unter NN erbohrt. Die Küste des Eem-Meeres hatte bereits gewisse Ähnlichkeit mit dem heutigen Küstenverlauf. Im Detail war sie aber durch zahlreiche Buchten gegliedert, die sich an dem von der Saale-Eiszeit geschaffenen Relief orientierten.

Mit Absinken des Meeresspiegels während der **Weichsel-Eiszeit** fielen große Bereiche der südlichen Nordsee nach der Eem-Überflutung wieder trocken. Als wichtiges Ergebnis entwickelte sich in der Deutschen Bucht das Elbe-Urstromtal. Gesteigerte fluviatile Erosion zu dieser Zeit und Ablagerung von fluviatilen Sanden und Süßwassertonen weisen auf die Existenz von Flüssen und Seen in periglazialem Klima hin. Auch Eiskeilstrukturen werden beschrieben.

Gegen Nordwesten zur Doggerbank und gegen Osten vor der schleswig-holsteinisch-dänischen Küste schließen sich glazifluviatile Sedimente aus der unmittelbaren Umgebung des Weichsel-Eises an. Unsicher ist, ob sich die Fronten des von den Britischen Inseln und aus Skandinavien vorrückenden Gletschereises erst ganz im Norden, in der Höhe der Shetland-Inseln, begegneten. Jedenfalls blieben größere Teile der mittleren und nördlichen Nordsee eisfrei. Zum Abschluß der Weichsel-Eiszeit sind in der südlichen und in der zentralen Nordsee äolische Decksande weit verbreitet.

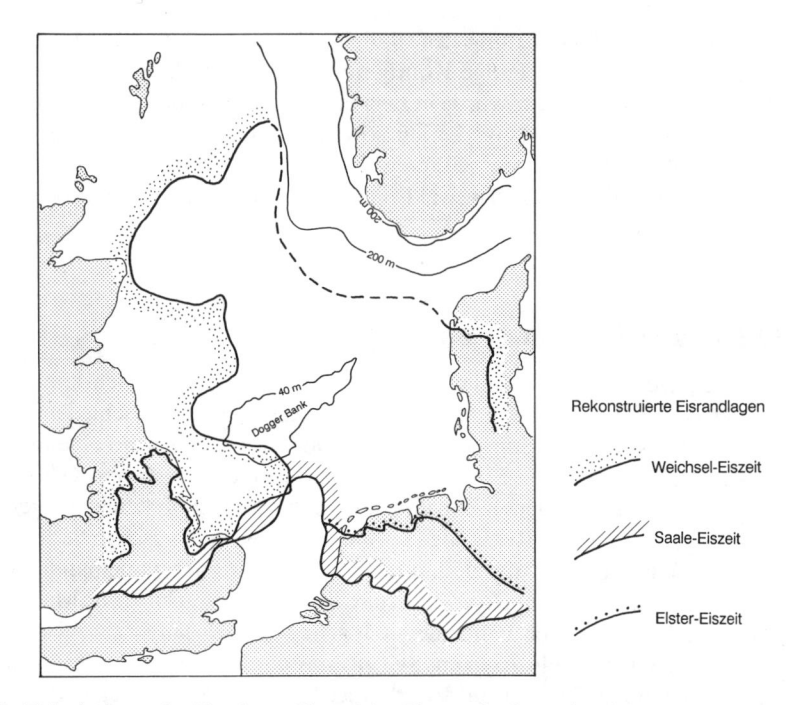

Abb. 54. Die maximale Eisbedeckung der Nordsee während der Elster-, Saale- und Weichsel-Eiszeit (n. LIEDTKE 1981).

Im **Holozän** bewirkten der eustatische Meeresspiegelanstieg im Anschluß an die Weichsel-Vereisung und eine fortdauernde tektonische Absenkung des Nordseebeckens wieder eine ausgedehnte marine Transgression. Die Überflutung der nördlichen und mittleren Nordsee erfolgte bereits im ausgehenden Weichsel-Glazial. Tone und Feinsande sind hier charakteristische Ablagerungen des Spätglazials, nordwestlich der Doggerbank auch sandige Küstenablagerungen.

In der südlichen Nordsee kam es erst im ausgehenden Präboreal, vor allem aber ab dem frühen Atlantikum zur Überflutung größerer, bis dahin terrestrischer und zum Teil der Erosion unterliegender Gebiete sowohl von Norden her als auch von Südwesten, aus der Straße von Dover (Flandrische Transgression).

Im niederländischen Offhore-Gebiet beginnt die holozäne Sedimentfolge häufig mit einem Basaltorf. In seinen nördlichsten Vorkommen im Bereich der Doggerbank überlagert er bei 46 m unter NN weichselzeitliche äolische Decksande und wird seinerseits von Wattsedimenten bzw. marinen Ablagerungen überdeckt. Auch im Süden folgen über dem Basaltorf brackisch-marine Tone und tonige Feinsande eines Wattenmeeres. Die jüngste lithostratigraphische Einheit des Holozäns im südlichen Nordseegebiet sind Sande, die noch heute dauernder Umlagerung unterliegen.

In der Deutschen Bucht war das frühe Holozän wie im niederländischen Nordsee-Sektor zunächst eine Zeit überwiegender fluviatiler Erosion. Dann kamen nach basaler Torfbildung auch hier Feinsande und sehr wenige Tone zur Ablagerung. Sie enthalten zunächst noch eine Flachwasserfauna und dann Mollusken des tieferen Wassers.

Die marine Überflutung des südlichen Nordseegebietes begann also im Präboreal um 9.000 vor heute. Die heutige Konfiguration der niederländischen, nordwestdeutschen und dänischen Nordseeküste wurde in zwei Phasen, der Flandrischen (oder Calais-)Transgression (bis ca. 4.000 vor heute) und der Dünkirchen-Transgression (um ca. 2.000 vor heute) erreicht. Im einzelnen veränderten seither weitergehende Sedimentumlagerungen und zerstörende Sturmfluten im Mittelalter sowie Eingriffe des Menschen durch den Bau von Deichen dieses Bild fortlaufend.

3.1.3 Die heutige Nordseeküste

Heute gliedert sich die südliche Nordseeküste in mehrere nach Umrissen, Tidehüben und unterschiedlichen Ablagerungsformen des Küstensandes verschiedene Abschnitte. Nördlich der Rhein-Maas-Mündung bis Alkmar bildet der Küstensand einen geschlossenen Strandwall. Von der Insel Texel bis Wangerooge folgen die West- und Ostfriesischen Inseln, eine Kette typischer Barriereinseln von langgestreckter, z.T. keulenartiger Form, an die sich landwärts geschützte Rückseitenwatten anschließen. Zwischen Jade und Eider treten am Rand offener Watten, durch zahlreiche Gezeitenrinnen voneinander getrennt, gedrungen sichelförmige Sandbänke auf, die zum Teil Dünen tragen (u.a. Mellum, Knechtsand und Scharnhörn). Nördlich von Eiderstedt schließen sich längergestreckte Sandplaten und die Nordfriesischen Inseln Amrum, Sylt, Rømø und Fanø an. Weiter nördlich sind im Bereich des Ringköbing- und Nisum-Fjords wieder geschlossene Küstenbarrieren entwickelt.

Der Aufbau des aus Küstensanden bestehenden Barrieresystems entlang der **südlichen Nordseeküste** vollzog sich im späten Weichselglazial und Holozän. In dieser Zeit stieg der Meeresspiegel um rund 110 m an, und die Küstenlinie verschob sich aus dem Gebiet nordwestlich der Doggerbank um 200–300 km nach Südosten in ihre heutige Position (Flandrische Transgression). Unter dem Einfluß von Seegang, Brandung und Gezeiten verlagerte die transgredierende Nordsee dabei einen Saum sandiger Sedimente immer mehr landwärtig und in immer höher gelegene Positionen. Kurz nach 8000 vor heute erreichte die Nordsee den seewärtigen Rand ihrer heutigen Küstenregion.

Die niederländische Küstenbarriere besteht heute aus einem über 80 m langen und mehrere km breiten Strandwall-Dünen-System. Einer marinen Küstenbarriere, die sich im Verlauf der allmählichen Strandverschiebung gegen Osten bis 5000 vor heute herausgebildet hatte, sitzen zwei verschieden alte Dünengenerationen auf. Die Älteren Dünen entstanden nach Aufschüttung des Strandwalls zwischen 4800 und ca. 3000 vor heute. Der Aufbau der Jüngeren Dünen begann im 12. Jahrhundert und reicht bis in das 18. Jahrhundert. Zwischen die Küstenbarriere und das landwärtige Festland mit durchgehend fluviatiler terrestrischer Sedimentation und Erosion schaltet sich ein ausgedehnter Streifen, in dem Wattablagerungen und zunehmend lagunäre Sedimente und Torfe des jüngeren Holozän miteinander wechseln und sich auch lateral verzahnen.

Im Bereich der **Westfriesischen** und **Ostfriesischen Inseln** fehlt ein geschlossenes Strandwall- und Dünensystem. Stattdessen bildete sich hier seit 5000 vor heute eine Kette typischer Barriereinseln mit heute bis zu 20 m hoch aufgewehten Dünen. Sie sind durch ein breites Wattengebiet vom Festland getrennt. Die Mehrzahl der West- und Ostfriesischen Inseln entstand zunächst als Geestkern-Inseln um Hochlagen verschiedenartiger pleistozäner Sedimente. Nach dem Ertrinken der Geestkerne wurden diese zu reinen Barriereinseln aus marin-litoralen und äolischen Sedimenten umgestaltet.

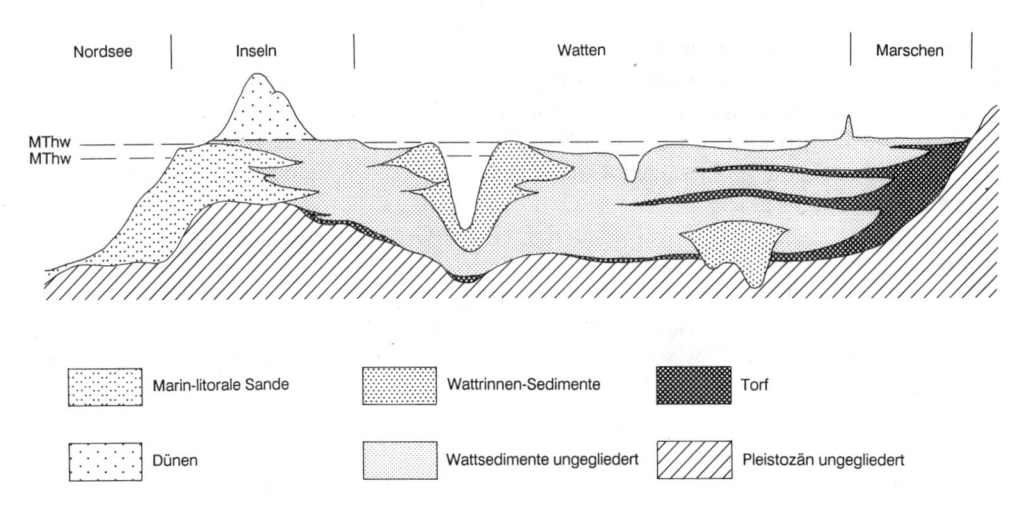

Abb. 55. Schematischer Schnitt von der Nordsee zum Geestrand (n. STREIF 1986).

Der breite Watten- und Marschenstreifen südlich der West- und Ostfriesischen Inseln bildet die Übergangszone zwischen offener See und dem anstehenden Pleistozän der niederländisch-nordwestdeutschen Geest. Im Wattenmeer sind die heutigen Sedimentationsbedingungen noch ausschließlich geprägt durch Überflutungen und Trockenfallen infolge der Tidebewegungen des Meeres. Das Marschland trägt heute eine geschlossene Pflanzendecke und besteht aus fossilen Wattsedimenten und Brackwasserablagerungen, in die sich Torfe einschalteten. Die heute z. T. wieder trockengelegten großen Buchten der west- und ostfriesischen Küste entstanden z. T. nach katastrophalen Sturmfluten in neuerer Zeit, die Zuidersee im 13. Jahrhundert, der Dollart zwischen 1277 und 1509 und die Jade-Bucht in ihrer heutigen Form zwischen 1164 und 1511.

Zwischen Wesermündung und Eiderstedt ist der heutigen Nordseeküste ein breites offenes Watt vorgelagert mit nur vereinzelten über dem mittleren Hochwasser liegenden Sandplaten. Weiter nördlich ist dieses Watt wieder von mehr Inseln und von Halligen durchsetzt (**Nordfriesische Inseln**). Der pleistozäne Untergrund liegt hier relativ hoch. Nach holozäner mariner Ingression um 4500 v. Chr. blieben nur wenige pleistozäne Aufragungen von der Erosion verschont. Sie bilden die Kerne der heutigen Geestkern-Inseln Sylt, Föhr und Amrum. Erneute Aufspülungen klastischer Sedimente und eine allmähliche Vermoorung ließen die neu entstandenen Wattflächen ab 2000 v. Chr. wieder weitflächig verlanden. Die heutigen Halligen sind die Reste dieses jungen Marschlandes, das nach erneuten marinen Ingressionen zwischen 2500 und 2800 vor heute wieder teilweise zerstört und zerschnitten wurde.

Im Gegensatz hierzu ist der **dänische Anteil der Nordseeküste** weitgehend ungestört geblieben. Er stellt sich heute als Ausgleichsküste mit Haffs und Nehrungen dar.

3.1.4 Helgoland

Unter den Inseln der südlichen Nordsee nimmt Helgoland als einzige Felseninsel eine besondere Stellung ein. Die Insel und die ihr östlich vorgelagerte Düne sind ein kleiner Ausschnitt einer ovalen, NNW–SSE gestreckten mesozoischen Aufwölbung, die durch

Salzaufstieg hauptsächlich während des Tertiärs herausgehoben wurde. Neben Rotliegend-Salinar sind vor allem Zechsteinsalze an der Salzanschwellung beteiligt. Die Basis des Salzkissens bilden Schichten des Unterkarbons und des Unterrotliegenden. In Scheitelnähe wird die Gewölbestruktur von einem in NNW-Richtung verlaufenden tektonischen Graben (Görtel-Graben) gequert. An seinen Randstörungen sind die Schichten des Gewölbescheitels eingebrochen und abgesenkt.

Die heutige Insel liegt nordöstlich des Görtel-Grabens. Sie besteht aus Mittlerem Buntsandstein, der die roten Felsen der Insel bildet. Sein Profil stimmt weitgehend mit der niedersächsischen Buntsandstein-Zyklengliederung überein.

Bei flachem Einfallen nach Nordosten streicht im Nordhafen der Insel Röt aus. Muschelkalk bildet den nach Norden und Osten folgenden inneren Klippenbogen und die Düne. Keuper fehlt und auch Jura ist bis auf einen kleinen Rest abgetragen. Für den engeren Raum Helgolands wird vor der Unterkreide eine Abtragung von Keuper und Jura in der Größenordnung von über 500 m angenomen.

Unterkreide ist mit geringmächtigen dunklen Tonen vertreten. Fossilreiche feuersteinführende Oberkreide-Kalke bilden östlich der Insel einen weit verbreiteten äußeren Klippenbogen.

Die Aufwärtsbewegung des Beulenscheitels der Struktur Helgoland war im Tertiär am stärksten. Die stärksten Bewegungen spielten sich im Miozän ab. In das höhere Miozän fällt auch der Einbruch des Görtel-Grabens.

Während der Elster- und Saale-Eiszeit war Helgoland vom Eis bedeckt. Für die Eem-Interglazialzeit sind auf der Insel limnische Sedimente nachgewiesen. Wahrscheinlich bestand zu dieser Zeit eine Festlandsverbindung mit Schleswig-Holstein.

Die heutige Form der Insel ist das Ergebnis holozäner mariner Abrasion. Hinzu kommt die Tätigkeit des Menschen mit intensiven Steinbrucharbeiten im Mittelalter und auch in neuerer Zeit sowie nach dem 2. Weltkrieg mit Bombenabwürfen und dem Versuch einer Inselsprengung.

Literatur: K.-E. Behre, B. Menke & H. Streif 1979; F. Binot 1988; G. Brand et al. 1966; T.D.J. Cameron, M.S. Stoker & D. Long 1987; V.N.D. Caston 1979b; K. Figge 1980; F. Gullentops 1974; D. Hoffmann 1985; S. Jelgersma 1979; S. Jelgersma, E. Oele & A.J. Wiggers 1979; J. de Jong 1984; E. Kemper et al. 1974; C. Labau, T.D.J. Cameron & R.T.E. Schüttenhelm 1984; H. Liedtke 1981; D. Long et al. 1988; G. Ludwig, H. Müller & H. Streif 1979; E. Oele 1969, 1971; E. Oele & R.T.E. Schüttenhelm 1979; E. Oele, R.T.E. Schüttenhelm & A.J. Wiggers (Eds.) 1979; H. Reinhard 1974; P. Schmidt-Thomé 1982, 1987; K.-H. Sindowski 1970, 1973; K.-H. Sindowski & H. Streiff 1974; H. Streiff 1985, 1986; H. Streiff & C. Hinze 1980; H.J. Veenstra 1970, 1982; W.H. Zagwijn 1979; W.H. Zagwijn & J.W.Ch. Doppert 1978.

3.2 Die Ostsee

3.2.1 Das heutige Bild

Die Ostsee entstand in ihrer heutigen Form erst während der letzten Spät- und Nacheiszeit. Von der Nordsee wird sie durch die Jütische Halbinsel und die Inseln Fünen und Seeland getrennt. Ihre nur engen, flachen Ausgänge dorthin, der Große und Kleine Belt und der Öre-Sund, lassen heute bei dem hohen Süßwasserüberschuß der Ostsee nur einen geringen Gegenstrom salzreichen Wassers zu, so daß ihr Salzgehalt gegenüber ozeanischen Werten stark reduziert ist. Entsprechend ist die Ostsee durch brackiges Wasser charakterisiert.

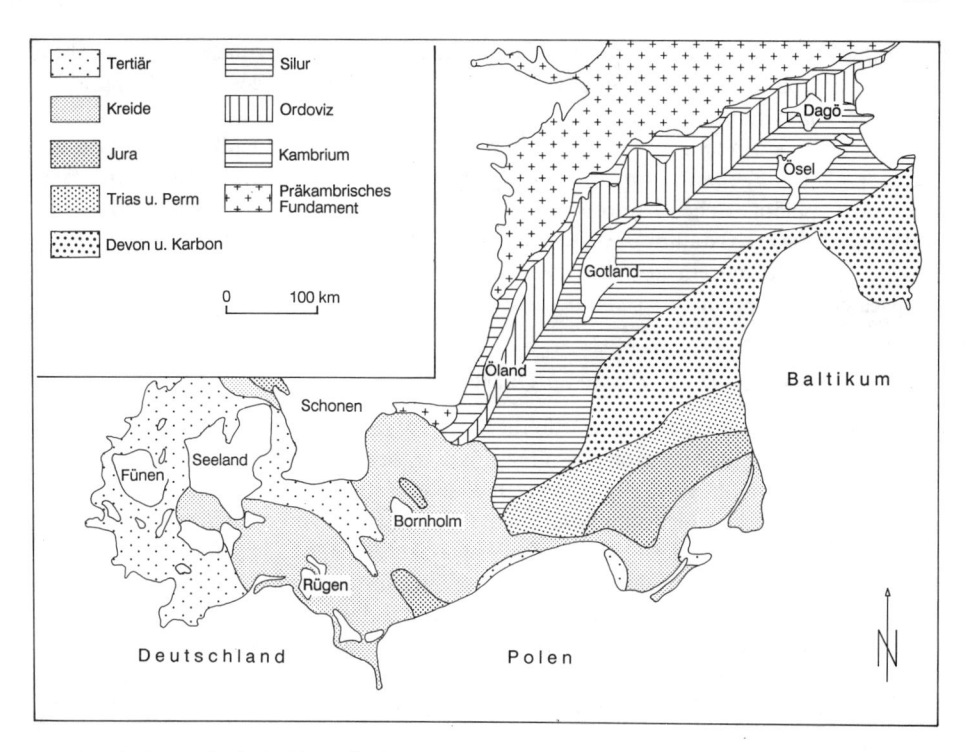

Abb. 56. Abgedeckte geologische Karte des Prä-Quartärs der südlichen und mittleren Ostsee (n. NIEDER-MEYER, KLIEWE & JANKE 1987).

Nach ihrer heutigen Bodentopographie ergibt sich für die südliche Ostsee eine natürliche Gliederung in einer Reihe von Becken, die durch oft hochliegende Schwellen voneinander getrennt werden. Es sind dies westlich der Darßer Schwelle (durchschnittliche Wassertiefe 20 m) die westliche Ostsee (oder Belt-See) und östlich davon die Arkona-See (bis maximal 350 m tief), die Bornholm-See (bis maximal 500 m tief) und der südliche Teil der Östlichen Gotland-See (durchschnittliche Wassertiefe über 100 m, örtlich auch über 200 m tief).

Die **Neubildung von Sedimenten** im südlichen Teil der heutigen Ostsee beschränkt sich heute auf die Umlagerung eiszeitlicher und zwischeneiszeitlicher Lockerablagerungen und auf die Akkumulation organischer Reste und feiner mineralischer Sinkstoffe, die durch die Festlandsflüsse zugeführt werden. Die Wasserbewegung ist wesentlich windbedingt. Gezeitenströme spielen praktisch keine Rolle. In den tieferen Beckenteilen kommt der feinstkörnige Absatz unter reduzierenden Bedingungen als schwärzlicher Schlick zur Ruhe. Kalkschalen werden aufgelöst. Der Gehalt an organischer Substanz steigt bis auf 10 %. In höheren Teilen der Becken liegt Feinsand und Mittelsand. Sowohl auf den höheren Schwellen als auch in tieferen Rinnen mit stärkerer Strömung wird erodiert.

In küstennahen seichteren Zonen wird Sand laufend durch Brandungs-Längsströmungen verfrachtet. Deren Richtung hängt von der Küstenform und der Windrichtung ab. Vor der südlichen Ostseeküste sind sie vorwiegend gegen Osten gerichtet. Dabei entsteht durch die Zerstörung vorspringender Landzungen und die Ablagerung des erodierten Materials in zurückliegenden Buchten eine Ausgleichsküste. Hinter nicht abgetragenen Vorsprüngen des Küstenverlaufs bauen sich veränderliche Sandbänke und auch stabilere Sandhaken und

Nehrungen auf. Letztere bestehen aus Strandwällen und Dünen, die oft Haffs und Binnenseen abschließen. Bekannte Beispiele sind die Nehrungen des Kurischen und Frischen Haffs und das Stettiner Haff.

Der überwiegende Teil des **vorquartären Untergrundes** der südlichen Ostsee wird aus Kreidekalken aufgebaut. Nur im Störungssystem der Fennoskandischen Randzone erreichen auch paläozoische (kambrische, ordovizische und silurische) Sedimentgesteine und präkambrisches Kristallin die Oberfläche. Für das jüngere Tertiär kann ein großes präglaziales Flußsystem rekonstruiert werden. Es entwässerte das Ostseebecken nach Südwesten und begründete seine heutige Morphologie.

3.2.2 Die Entwicklung der Ostsee im Quartär

Im großen wie auch im Detail wurde die Bodengestalt der Ostsee entscheidend durch die Inlandvereisungen des Pleistozäns mitgeprägt. In der nördlichen Ostsee nördlich Gotland und im nördlichen Skagerrak bildeten sich glaziale Erosionsformen heraus. In der südlichen Ostsee kam es zu glazialer Akkumulation in Form von Grundmoränen und Endmoränen. So drängen sich heute vor der Ostküste Schleswig-Holsteins und Jütlands die Stillstandslagen der letzten Vereisung zusammen und bilden mit ihren girlandenförmigen Endmoränen Höhenrücken, die zu einem besonders engen Ineinandergreifen von Land und Meer führen und die die ohnehin flache Ostsee vom offenen Meer der Nordsee nahezu abriegeln.

Daneben richtet sich das Seebodenrelief aber auch nach den strukturellen Gegebenheiten seines Untergrundes. Die tektonische Kristallin-Hochlage Bornholms oder Hochlagen der Oberkreide, z. B. in der Rügen-Schwelle, wurden von Inlandeis umflossen und beeinflußten auf diese Weise die Erosion des Ostseebodens.

Die Flußsysteme der Interglazialzeiten folgten den durch die Gletscherströme vorgegebenen Richtungen. Sowohl das Holstein-Meer als auch das Eem-Meer drangen weit auf das Gebiet der südlichen Ostsee vor. Die spät- und postglaziale Entwicklung der Ostsee wurde durch das Zusammenspiel von isostatischer Krustenhebung und eustatischen Meeresspiegelschwankungen im Gefolge des Abschmelzens größerer Inlandeismassen geprägt. Aufgrund geologisch-morphologischer und pollenanalytischer Untersuchungen und radiometrischer Altersbestimmungen lassen sich für diese jüngste geologische Etappe fünf Hauptstadien der holozänen Ostsee-Entwicklung rekonstruieren.

Die Entwicklung begann mit der Ansammlung von Schmelzwasser zwischen dem zurückweichenden Eisrand im Norden und dem Bereich der heutigen Süd- und Ostküste der Ostsee. Diesem **Baltischen Eisstausee** entsprach eine weitere spätglaziale Meeresbucht im Skagerrak und Kattegatt. Als sich das Eis von den mittelschwedischen Endmoränen zurückzog, entstand die erste größere Verbindung zur Nordsee. Der Binnensee geriet unter Salzwassereinfluß. Dieses Ostsee-Stadium mit seinem salzig-brackigen Meer zwischen dem noch verbliebenen Eisrand im Norden und der südlichen Ostseeküste wird nach der Muschel *Portlandia (Yoldia) arctica* als **Yoldia-Meer** bezeichnet. Es fällt im wesentlichen mit der Präborealzeit des frühen Holozäns zusammen.

Durch ein Überwiegen des isostatischen Anstiegs des Festlandes vor der anhaltenden eustatischen Wasserstandshebung wurde die Meeresverbindung gegen Ende des Präboreals wieder unterbrochen. Die Ostsee wurde wieder ein Binnensee und süßte aus. Es entstand der **Ancylus-See**, benannt nach der Süßwasserschnecke *Ancylus fluviatilis*. In seinen Küstenumrissen hatte dieser See bereits Ähnlichkeit mit der heutigen Ostsee. Zeitlich entspricht dieses Stadium der Borealzeit.

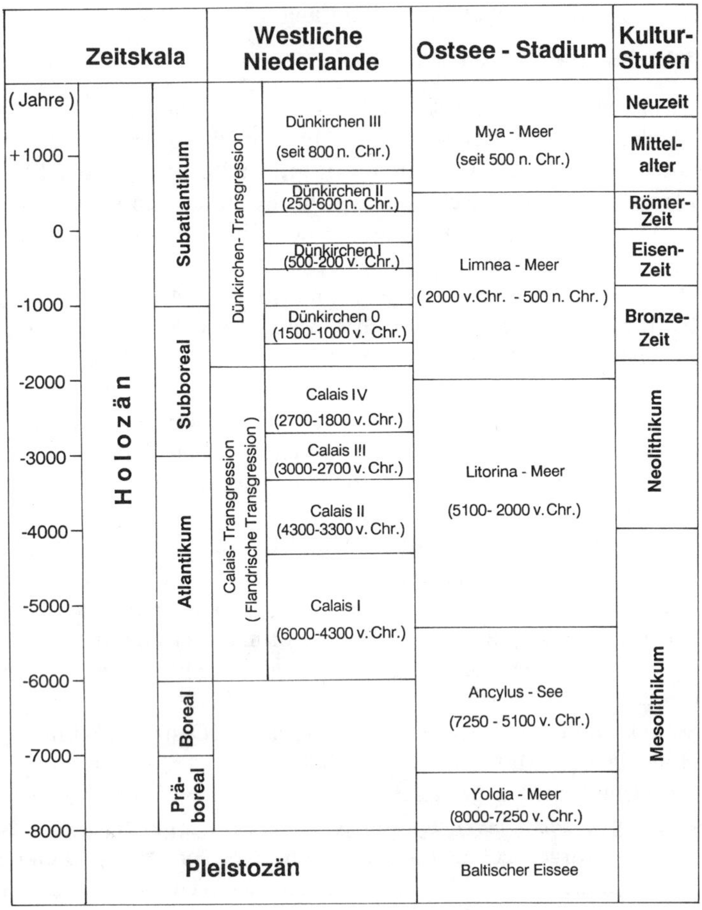

Zeitskala			Westliche Niederlande		Ostsee - Stadium	Kultur-Stufen
(Jahre)	Holozän	Subatlantikum	Dünkirchen-Transgression	Dünkirchen III (seit 800 n. Chr.)	Mya - Meer (seit 500 n. Chr.)	Neuzeit
+1000						Mittelalter
0				Dünkirchen II (250-600 n. Chr.)	Limnea - Meer (2000 v.Chr. - 500 n. Chr.)	Römer-Zeit
				Dünkirchen I (500-200 v. Chr.)		Eisen-Zeit
-1000						
		Subboreal		Dünkirchen 0 (1500-1000 v. Chr.)		Bronze-Zeit
-2000			Calais-Transgression (Flandrische Transgression)	Calais IV (2700-1800 v. Chr.)		Neolithikum
-3000				Calais III (3000-2700 v. Chr.)	Litorina - Meer (5100- 2000 v. Chr.)	
-4000		Atlantikum		Calais II (4300-3300 v. Chr.)		
-5000				Calais I (6000-4300 v. Chr.)		Mesolithikum
-6000		Boreal			Ancylus - See (7250 - 5100 v. Chr.)	
-7000						
		Präboreal			Yoldia - Meer (8000-7250 v. Chr.)	
-8000						
Pleistozän					Baltischer Eissee	

Abb. 57. Gliederung des Holozäns und Stadien der Entwicklung der Ostsee.

Im frühen Atlantikum führte der eustatische Anstieg des Weltmeeres zu einer erneuten Transgression. Das salzhaltige Nordseewasser gewann diesmal durch die dänischen Belte Zutritt zum Ostseebecken. Es bildete sich zum zweiten Mal ein salzig-brackiges Meer, das **Litorina-Meer** mit der bezeichnenden Schnecke *Litorina litorea*.

In den letzten 4.000 Jahren kam es wieder zu einer leichten Aussüßung der Ostsee. Brackwasser- und Süßwasserfaunen breiteten sich südwestwärts aus. Zu ihnen zählt die Brackwasserschnecke *Limnea ovata* (**Limnea-Meer**). In den letzten tausend Jahren ist die Bezeichnung der Ostsee als **Mya-Meer** nach der Sandklaffmuschel *Mya arenaria* gültig.

Literatur: G. DIETRICH & R. KÖSTER 1974; K. DUPHORN & P. WOLDSTEDT 1974; L. GROMOLL 1987; V. GUDELIS & L.-K. KÖNIGSSON 1979; O. KOLP 1981; M. KRAUSS & G. MÖBUS 1981; A. LUDWIG 1970, 1971, 1979; H. LIEDTKE 1981; L. MAGAARD & G. RHEINHEIMER 1984; N.-A. MÖRNER 1969; R.-O. NIEDERMEYER, H. KLIEWE & W. JANKE 1987; M. SAURAMO 1958; A. VOIPIO (Ed.) 1981; O. WAGENBRECHT & W. STEINER 1982.

3.3 Das Mitteleuropäische Tiefland

3.3.1 Das heutige Bild

Das Mitteleuropäische Tiefland erstreckt sich von der niederländischen Nordseeküste über Norddeutschland nach Nordpolen. Im Norden wird es von den Küsten der Nordsee und der Ostsee begrenzt. Im Süden greift es in großen Buchten (Niederrheinische Bucht, Westfälische, Leipziger und Schlesische Tieflandsbucht) in das zentraleuropäische Mittelgebirge hinein.

Die heutigen **Oberflächenformen** des Mitteleuropäischen Tieflandes sind weitgehend das Ergebnis pleistozäner Vereisungen. Das skandinavische Inlandeis hat die Gebiete südlich der Ostsee mehrfach überzogen. Glazialmorphologisch lassen sich Jungmoränenlandschaften im Nordosten im Gebiet der Weichsel-Vereisung von Altmoränenlandschaften der Saale- und Elster-Eiszeit im Süden und Westen unterscheiden. Die erst während der Weichsel-Eiszeit abgelagerten Moränen zeigen noch verhältnismäßig lebhafte Formen und bilden mit anderen eiszeitlichen Bildungen (Drumlins, Osern, Sandern, Kames, Rinnenseen, Toteislöcher u. a.) typische Glaziallandschaften. Im Altmoränengebiet Nordwest- und Mitteldeutschlands sind die in den älteren Eiszeiten angelegten Formen durch die seitdem wirkende Abtragung bereits weitgehend verwischt bzw. aufgefüllt.

Entlang der niederländischen und deutschen Nordseeküste ist ein bis 30 km breiter Marschenstreifen erst nach der letzten Eiszeit entstanden. Im Süden wird das Glazialgebiet des Mitteleuropäischen Tieflandes durch einen wechselnd breiten Löß-Gürtel abgeschlossen, der den Übergang zum Mittelgebirge oftmals verschleiert.

Topographisch bleibt der größte Teil des Mitteleuropäischen Tieflandes unter 150 m. Größere Höhen werden im Nördlichen und Südlichen Landrücken erreicht, wie z. B. in der Seenplatte Pomerellens südwestlich Gdańsk (Danzig) (331 m ü. NN), in der Kernsdorfer Höhe in den Masuren (312 m ü. NN), in den Helpter und Ruhner Bergen auf der Mecklenburgischen Seenplatte (179 m bzw. 178 m ü. NN) sowie mit dem Hagelberg im Fläming (201 m ü. NN), den Hellbergen in der Altmark (160 m ü. NN), dem Wilseder Berg in der Lüneburger Heide (fast 170 m ü. NN) oder den Dammer Bergen im westlichen Niedersachsen (fast 150 m ü. NN). An der niederländischen Nordseeküste liegen einige eingedeichte Flächen bis zu mehr als 3 m unter NN.

Im Westen werden die Niederlande heute oberflächennah fast ausschließlich von Quartärablagerungen aufgebaut. Geestflächen und Endmoränenlandschaften der Saale-Vereisung im Nordosten und breite Marschengebiete, Wattflächen und junge Dünen im Norden und Westen charakterisieren ihre Oberflächenformen. Im Nordwesten des Landes erreicht das Quartär Mächtigkeiten von bis zu 500 m, vor der Küste sogar bis 700 m. Diese Tatsache folgt aus der Lage der heutigen Niederlande am Südende des jungen Nordseebeckens.

Auch der nordwestdeutsche Anteil der Mitteleuropäischen Tiefebene ist an der Oberfläche von einer nahezu geschlossenen, durchschnittlich 50–100 m, maximal 500 m mächtigen Quartärdecke überzogen. Morphologisch gehört er der reliefarmen **Altmoränenlandschaft** an. Die Endmoränenzüge der hier letzten (Saale-)Vereisung sind teilweise eingeebnet. Neben Grundmoränen sind auch sandige Geestplatten entwickelt. Daneben bestimmen breite Niederterrassen und z. T. ursprünglich vermoorte Talauen der Flüsse sowie an der Nordseeküste die See- und Flußmarschen den Landschaftscharakter.

Nur in der Lüneburger Heide im östlichen Niedersachsen bilden warthestadiale Endmoränenwälle der Saale-Vereisung topographisch bedeutsamere Höhenzüge. Als Südlicher Landrücken ziehen sie von hier durch die Altmark zum Fläming (Fläming-Zug) und

Das Mitteleuropäische Tiefland 129

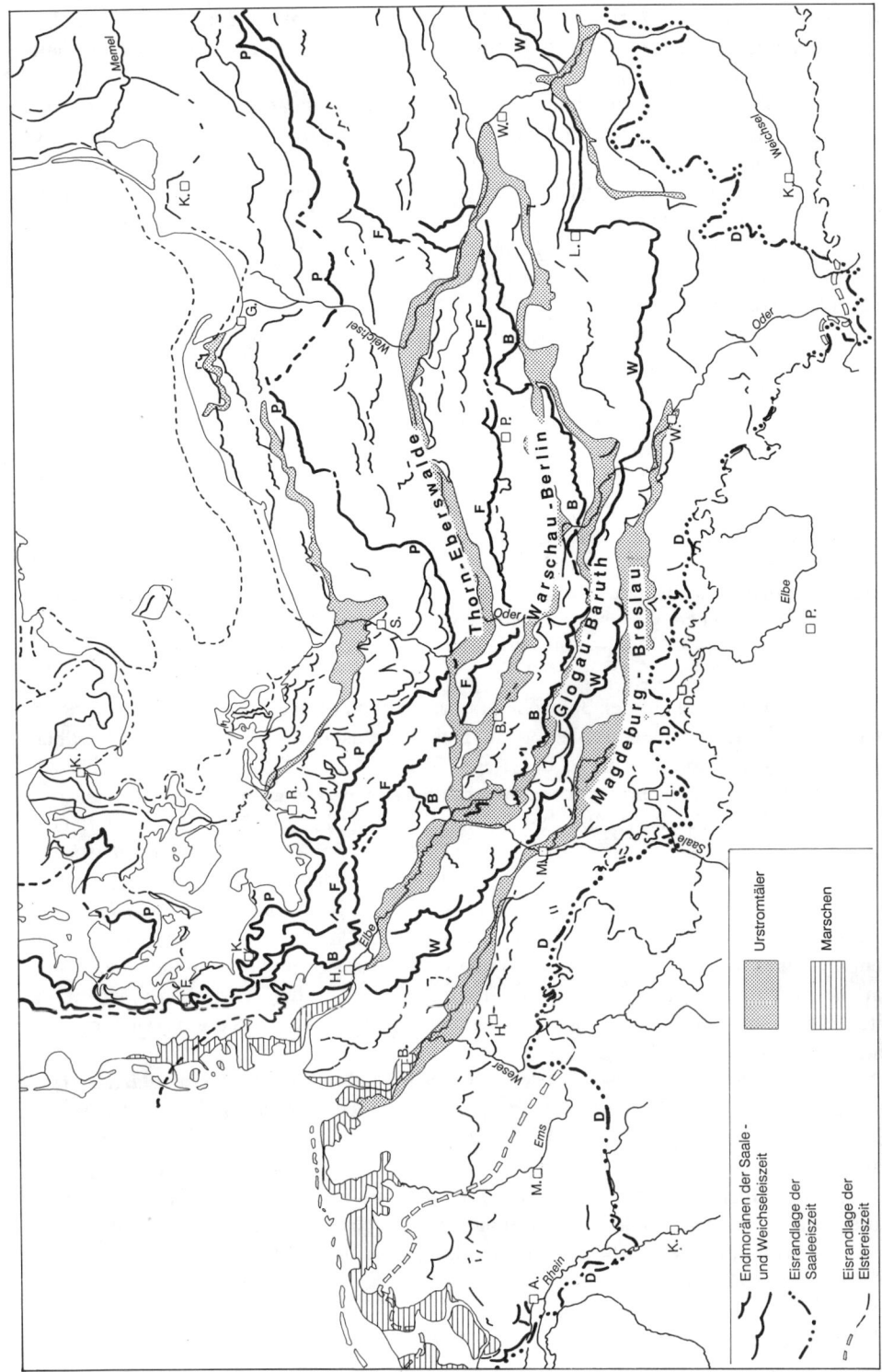

Abb. 58. Haupteisrandlagen und Urstromtäler der nordeuropäischen Vereisungen in der Mitteleuropäischen Tiefebene (n. LIEDTKE 1981). D = Drenthe-Stadium, W = Warthe-Stadium, B = Brandenburger Stadium, F = Frankfurter-Stadium, P = Pommersches Stadium.

weiter nach Osten zum Lausitzer Grenzwall. Südlich dieser Linie verbreitet sich zwischen Elbe und Oder das von quartären Aufschüttungen und Erosionsformen geprägte Norddeutsche Tiefland nach Süden bis in die Leipziger Tieflandsbucht und die Niederlausitz. Wie im Altmoränenland Nordwestdeutschlands haben auch hier langanhaltender Abtrag sowie fluviatile und äolische Ablagerungen und Aufschüttungen zu einem stärkeren Ausgleich der Höhenunterschiede geführt.

Nördlich des Südlichen Landrückens prägt die lebhafter gegliederte weichseleiszeitliche **Jungmoränenlandschaft** die Morphologie des Nordostdeutsch-Polnischen Tieflandes. Auch der größere Teil Dänemarks (Jütland und die Hauptinseln Fünen, Seeland, Moen und Falster) ist mit Ausnahme einiger Steilküstenstreifen von weichselzeitlichen Grundmoränen und Sanden bedeckt.

In Schleswig-Holstein und zwischen Elbe und Oder hat besonders das Pommersche Stadium der Weichsel-Eiszeit mit dem Nördlichen (Baltischen) Landrücken ein durch vielfach hintereinander gestaffelte Endmoränenwälle stärker gegliedertes Aufschüttungsgebiet hinterlassen. Es begleitet die Küste der heutigen Ostsee bis nach Nordpolen.

Zwischen dem Nördlichen und Südlichen Landrücken liegen Zonen geringerer Erhebungen. Sie sind aufgebaut aus breitflächigen Grundmoränen und Sanderflächen, die durch ein dichtes Netz von Schmelzwassertälern zerschnitten sind. Morphologische Großformen sind hier die breiten Talsandflächen der weichselzeitlichen Urstromtäler von Thorn–Eberswalde (für das Pommersche Stadium), von Warschau–Berlin (für die Frankfurter Staffel) und von Glogau–Baruth (für das Brandenburger Stadium). Auch der warthestadiale Endmoränenzug des Südlichen Landrückens wird im Südosten von einem heute von der Unterweser, der Aller, der mittleren Elbe und der oberen Oder benutzten Breslau–Magdeburg–Bremer-Urstromtal begleitet.

Östlich der Oder erreicht der Baltische Landrücken in Pommern und in den Masuren in einzelnen Erhebungen Höhen bis über 300 m. Das Gebiet ist durchgehend von Quartärablagerungen in Mächtigkeiten von in der Regel über 100 m, örtlich auch 200 m bedeckt. Zahlreiche Binnenseen bestimmen die abwechslungsreiche Topographie.

Auch der übrige Teil des Polnischen Tieflandes gehört bis zur Schlesischen Tieflandsbucht noch zur Jungmoränenlandschaft der Weichsel- und Saale-Vereisung. Die Quartärbedeckung ist hier aber in der Regel geringmächtig, meist unter 100 m, und die glaziale Morphologie ist ausgeglichener. Glazialmorphologische Großformen sind die östlichen Ausläufer des warthestadialen Südlichen Landrückens der Lausitz sowie der breiten Talungssysteme, die sich während der Weichsel-Vereisung zum Glogau–Baruther, Warschau–Berliner und Thorn–Eberswalder Urstromtal entwickelten. Zwischen ihnen liegen breite Flächen mit weniger massierten Moränenakkumulationen. Sie sind vielfach von kleineren Schmelzwassertälern zerschnitten.

Nur an wenigen Stellen des Mitteleuropäischen Tieflandes tritt der **präglaziale (präquartäre) Untergrund** an die Oberfläche. In Lüneburg in Niedersachsen und bei Bad Segeberg in Schleswig-Holstein ragen Gipshutbildungen von Zechstein-Salzstöcken und von diesen herausgehobene Oberkreidekalke über die quartären Lockerablagerungen ihrer Umgebung hinaus. Die Aufbrüche von Zechstein und Rotliegend-Tonen bei Stade und Elmshorn gehören einem entsprechenden Doppelsalinar an. Die bekannten Oberkreide-Aufschlüsse von Lägerdorf und Hemmoor beiderseits der Unterelbe sind ebenfalls an die Dachregionen von Salzstöcken gebunden.

In der Altmark ist bei Altmersleben und östlich von Berlin bei Rüdersdorf in von Zechsteinsalz aufgepreßten Sattelstrukturen Muschelkalk, bei Rüdersdorf auch Buntsandstein aufgeschlossen. 40 km südlich von Berlin tritt in Sperenberg der Gipshut eines über das Quartär herausragenden Salzstocks zutage.

Weiter im Süden treten mit Annäherung an das variszische Grundgebirge örtlich Grauwacken des Grundgebirges an die Tagesoberfläche, so am Rothstein bei Liebenwerda und am Koschenberg bei Senftenberg.

Die größten und bekanntesten Kreidevorkommen des Nordostdeutschen Tieflandes finden sich auf Rügen an den Steilufern der Halbinseln Jasmund und Arkona. 500 m feuersteinführende Schreibkreide und weiße Kalkmergel des Cenomans bis Unter-Maastrichts bilden hier den Kern einer in zahlreichen Schollen zerlegten flachen Aufwölbung. Während der Weichsel-Eiszeit teilte dieses tektonische Hoch die von Norden vorrückende Eisfront in einen nördlichen, nach Westen gerichteten Belt-Gletscher und einen östlichen, nach Süden gerichteten Oder-Eisstrom.

Bei den vielen sonstigen kleinen Kreide- und Jura-Ausbissen innerhalb der Quartärdecke Mecklenburgs und Pommerns handelt es sich um allochthone Schollen, die während der letzten Vereisung durch das Eis aus dem Untergrund aufgeschürft und mitgerissen wurden.

Häufiger als Jungpaläozoikum und Mesozoikum tritt im Mitteleuropäischen Tiefland das Tertiär unter nur dünner Quartärbedeckung hervor.

3.3.2 Die geologische Entwicklung des Mitteleuropäischen Tieflandes im Quartär

Zu Beginn des Quartärs waren die Niederlande Teil des einsinkenden Nordseebeckens. In ihrem südöstlichen Teil war auch die neogene Grabentektonik noch weiter aktiv. Bis zu 400 m zunächst wenigstens teilweise noch marine, später vorherrschend kontinentale Ablagerungen werden heute mit den vorhergehenden Formationen des Miozäns und Pliozäns stratigraphisch zur Oberen Nordseegruppe zusammengefaßt.

Im unteren **Pleistozän** bedeckten zunächst noch marine grobe und feine Sande mit Tonen und Tonlinsen (Maassluis-Formation) weite Teile der westlichen und nördlichen Niederlande. Wie schon im Pliozän verzahnen sie sich seitlich mit den lithologisch sehr viel differenzierter aufgebauten Sand-, Kies- und Tonablagerungen norddeutscher Flüsse und des Rhein-Maas-Systems. Eine allgemeine Regression in der mittleren Tegelenzeit noch über die heutige niederländische Nordseeküste zurück führte zur Vereinigung der Deltafächer beider Flußgebiete und damit endgültig zu einheitlicher, wenn auch nicht lückenloser fluviatiler und teilweise auch periglazialer und äolischer Sedimentation.

Als nachweislich ältestes Quartär des Nordwestdeutschen Flachlandes sind am Morsum-Kliff und Roten Kliff der Insel Sylt über marinem Obermiozän und Altpliozän bis 40 m mächtige Quarzsande und -kiese mit teilweise kaolinisierten Feldspäten aufgeschlossen. In ihrem unteren Teil sind sie sicher noch Jungpliozän. Ihr oberer Teil gilt heute als altpleistozäne fluviatil-ästuarine Aufschüttung. Prä-elsterglaziale Sande, zum Teil auch Torfe miozän-pleistozänen Alters wurden auch aus Lieth bei Elmshorn sowie aus dem südlichen und westlichen Niedersachsen bekannt. In prä-elsterzeitlichen Sedimenten des Emslandes finden sich örtlich skandinavische Geschiebe, möglicherweise der Menap-Kaltzeit. Stellenweise sind Interglazialvorkommen der Waal- und Cromer-Warmzeit biostratigraphisch datiert. In Westjütland (Dänemark) sind cromerzeitliche Süßwassersedimente nachgewiesen.

Im östlichen Teil des norddeutschen Tieflandes ist die Basis des Quartärs zumeist als Erosionsgrenze ausgebildet. Das Gebiet gehörte zu dem weitverzweigten Flußsystem, das während des Pliozäns den Ostseeraum entwässerte und auch von Süden kommenden Flüssen als Vorflut diente. Seine Ablagerungen, Äquivalente der Kaolinsande Nordwestdeutsch-

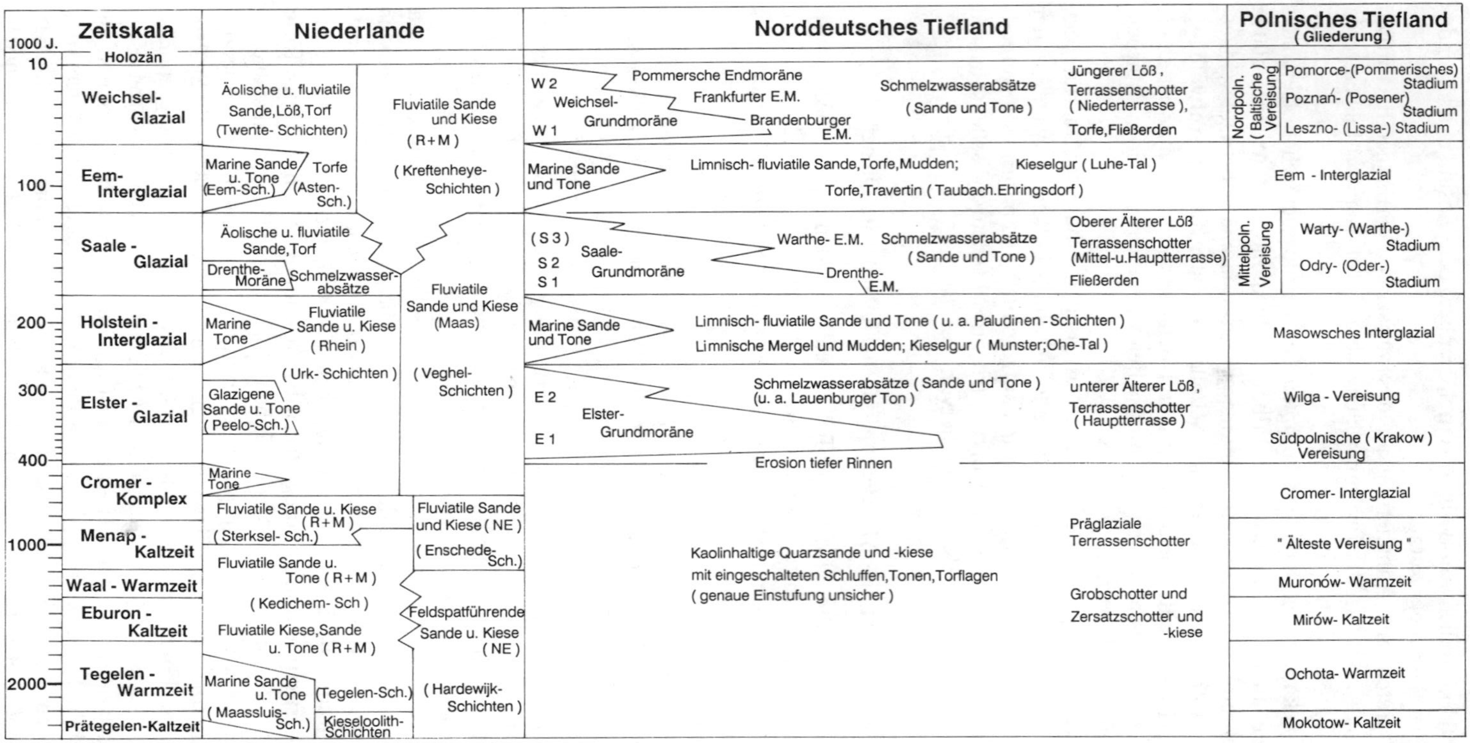

1000 J.
Zeitskala
Niederlande
Norddeutsches Tiefland
Polnisches Tiefland
(Gliederung)
10
100
200
300
400
1000
2000
Holozän
Weichsel-Glazial
Eem-Interglazial
Saale - Glazial
Holstein - Interglazial
Elster - Glazial
Cromer - Komplex
Menap - Kaltzeit
Waal - Warmzeit
Eburon - Kaltzeit
Tegelen - Warmzeit
Prätegelen-Kaltzeit
Äolische u. fluviatile Sande,Löß,Torf (Twente- Schichten)
Fluviatile Sande und Kiese (R+M)
Marine Sande u. Tone (Eem-Sch.)
Torfe (Asten-Sch.)
(Kreftenheye-Schichten)
Äolische u. fluviatile Sande,Torf
Drenthe-Moräne
Schmelzwasser-absätze
Fluviatile Sande und Kiese (Maas)
Marine Tone
Fluviatile Sande u. Kiese (Rhein)
(Urk- Schichten)
(Veghel-Schichten)
Glazigene Sande u. Tone (Peelo-Sch.)
Marine Tone
Fluviatile Sande u. Kiese (R+M)
(Sterksel- Sch.)
Fluviatile Sande und Kiese (NE)
(Enschede-Sch.)
Fluviatile Sande u. Tone (R+M)
(Kedichem- Sch)
Fluviatile Kiese,Sande u. Tone (R+M)
Feldspatführende Sande u. Kiese (NE)
Marine Sande u. Tone
(Maassluis-Sch.)
(Tegelen-Sch.)
Kieseloolith-Schichten
(Hardewijk-Schichten)
W 2
W 1
Weichsel-Grundmoräne
Pommersche Endmoräne
Frankfurter E.M.
Brandenburger E.M.
Schmelzwasserabsätze (Sande und Tone)
Jüngerer Löß , Terrassenschotter (Niederterrasse), Torfe,Fließerden
Marine Sande und Tone
Limnisch- fluviatile Sande,Torfe,Mudden;
Kieselgur (Luhe-Tal)
Torfe,Travertin (Taubach.Ehringsdorf)
(S 3)
S 2
S 1
Saale-Grundmoräne
Warthe- E.M.
Drenthe-E.M.
Schmelzwasserabsätze (Sande und Tone)
Oberer Älterer Löß
Terrassenschotter (Mittel-u.Hauptterrasse)
Fließerden
Marine Sande und Tone
Limnisch- fluviatile Sande und Tone (u. a. Paludinen - Schichten)
Limnische Mergel und Mudden; Kieselgur (Munster;Ohe-Tal)
E 2
E 1
Elster-Grundmoräne
Schmelzwasserabsätze (Sande und Tone) (u. a. Lauenburger Ton)
unterer Älterer Löß, Terrassenschotter (Hauptterrasse)
Erosion tiefer Rinnen
Kaolinhaltige Quarzsande und -kiese
mit eingeschalteten Schluffen,Tonen,Torflagen
(genaue Einstufung unsicher)
Präglaziale Terrassenschotter
Grobschotter und Zersatzschotter und -kiese
Nordpoln. (Baltische) Vereisung
Pomorce-(Pommerisches) Stadium
Poznań- (Posener) Stadium
Leszno- (Lissa-) Stadium
Eem - Interglazial
Mittelpoln. Vereisung
Warty- (Warthe-) Stadium
Odry- (Oder-) Stadium
Masowsches Interglazial
Wilga - Vereisung
Südpolnische (Krakow) Vereisung
Cromer- Interglazial
" Älteste Vereisung "
Muronów- Warmzeit
Miròw- Kaltzeit
Ochota- Warmzeit
Mokotow- Kaltzeit

(R- Rhein; M- Maas)

Abb. 59. Gliederung und Ausbildung des Quartärs der Mitteleuropäischen Senke.

lands, haben besonders in Mecklenburg größere Verbreitung. Hier traten östlich von Rügen die Hauptwasserläufe nach Norddeutschland ein. Als Loosener Kiese, quarzitreich und mit Geröllen aus dem Ostseeraum und dem Baltikum aber auch solchen südlicher Herkunft, liegen sie mit Erosionsdiskordanz auf Pliozän. Auch in Brandenburg sind Kiese und Sande des präglazialen Altpleistozäns bekannt. In der Lausitz entsprechen ihnen weit verbreitet pliozäne aber auch altpleistozäne Elbschotter. Im östlichen Harzvorland finden sich mehrere präglaziale Saale-Schotterzüge unter der Elster-Grundmoräne.

Auch im nördlichen Polen dauerten fluviatile Schüttungen aus dem Ostseegebiet vom jüngsten Tertiär bis in das ältere Pleistozän an. Nach Süden mündeten die Flüsse in einen großen, bis in die Lausitz reichenden Binnensee, in dem seit dem obersten Miozän die Posener Flammentone zur Ablagerung kamen. Auch diese reichen örtlich wahrscheinlich bis in das älteste Pleistozän. Aus dem jüngeren Präglazial sind im Bereich des Polnischen Tieflandes dagegen vielfach fluviatile Schotter aus südlichen Einzugsgebieten bekanntgeworden.

Die erste Großvereisung des Mitteleuropäischen Tieflandes, die **Elster-Vereisung**, blieb mit ihrer westlichen Verbreitungsgrenze hinter derjenigen der nachfolgenden Saale-Vereisung zurück, während sie in Mitteldeutschland weiter nach Süden vorstieß. Ihre glaziären Ablagerungen sind in Ostjütland, Schleswig-Holstein, Hamburg und im nördlichen Niedersachsen an vielen Stellen erbohrt. Glazialfluviatile Sande und Geschiebemergel bilden die Füllung von durch Schmelzwassererosion unter dem Inlandeis tief eingeschnittenen Rinnensystemen. Sie erreichen Mächtigkeiten von bis zu mehreren 100 m. Ein extremes Beispiel ist die bis über 400 m unter NN eingetiefte Reeßelner Rinne in der nordöstlichen Lüneburger Heide. Vorwiegend handelt es sich um Sande und Schluffe mit Kieseinschaltungen und örtlich auch Einlagerungen von Geschiebemergeln. Auf Sylt und im nördlichen Niedersachsen enthalten die elsterzeitlichen Sedimente einen hohen Gehalt an Geschieben aus dem Oslogebiet. Lokal zeigen sie allerdings auch einen ostfennoskandischen Habitus.

Den Abschluß der Rinnenfüllungen bildet der Lauenburger Ton als spät-elsterglaziale Beckenablagerung. Seine schwarzen bis dunkelgrauen Tone mit feinen Schluff- und Sandlagen sind in wechselnder Mächtigkeit (bis 170 m) in Schleswig-Holstein und im nördlichen Niedersachsen bis in die südliche Nordsee und die nordöstlichen Niederlande weit verbreitet und auch häufig an der Oberfläche aufgeschlossen.

Im nordöstlichen Teil der Niederlande werden die glazigenen Sande und dunkelbraunen Tone der Elster-Eiszeit als Pot-Clay bezeichnet. Weiter südlich überwog hier noch fluviatile Sedimentation von Sanden und Kiesen aus dem Rhein-Maas-Gebiet und östlichen Flüssen.

Das Elster-Glazial ist im nördlichen und zentralem Teil des Nordostdeutschen Tieflandes (Mecklenburg, Brandenburg) ähnlich wie in Schleswig-Holstein durch einige hundert Meter tiefe subglaziäre Schmelzwasserrinnen mit glazilimnischen und glazifluviatilen Sanden und Schluffen und in Westmecklenburg abschließend auch teilweise gebändertem Lauenburger Ton dokumentiert. Mindestens zwei eingeschaltete Geschiebemergel lassen zwei größere Eisvorstöße erkennen. Beide Vorstöße gingen bis in das südliche Mittelgebirge hinein. Der erste Hauptvorstoß, die Zwickauer Phase, reichte im Südwesten bis in das Thüringische Becken, im Süden bis Zwickau und im Elbetal über Bad Schandau (Elbsandsteingebirge) hinaus. Im Lausitzer Bergland floß das Eis im Neiße-Tal sogar zweimal über den Jibrava-Paß auf böhmisches Gebiet. Der zweite Hauptvorstoß, die Markranstädter Phase, blieb deutlich hinter dem ersten zurück. In der Abschmelzperiode dazwischen soll ganz Nordostdeutschland eisfrei geblieben sein.

Im Polnischen Tiefland drang die hier als Krakow- oder Südpolnische Vereisung bezeichnete Elster-Vereisung sicher dokumentiert bis an den Fuß der Sudeten und der Karpaten vor. Örtlich ist das Vorhandensein zweier Grundmoränen Anlaß für die Annahme zweier selbständiger Vereisungen.

In der **Holstein-Interglazialzeit** erreichte das aus der Nordsee vordringende Holstein-Meer die nördlichen Niederlande, Südholstein und Jütland. An der Niederelbe drang es in tiefen, unregelmäßig gestalteten Buchten bis nach Westbrandenburg und Westmecklenburg vor. Von hier aus zweigte ein Meeresarm nach Nordnordosten in die Wismarer Bucht ab. Von der Ostsee her erreichte es bei Rostock und Anklam mit zwei kleineren Buchten noch einmal die heutige Ostseeküste.

Die Ablagerungen der Holstein-Interglazialzeit sind ein wichtiger Leithorizont für die Gliederung des Pleistozäns in Norddeutschland. Zu den Ablagerungen des Holstein-Meeres gehören in der Niederelbebucht vornehmlich molluskenreiche graue und graugrüne Tone. In Niedersachsen, das nur ganz im Nordosten randlich überflutet wurde, kam es in limnischen Becken und Rinnenseen im Gebiet von Munster, Unterlüß (Ohe) und Hermannsburg zur Bildung bedeutender Kieselgur-Lagerstätten. Nach Jahresschichtenzählungen in der Kieselgur ist für das Holstein-Interglazial eine Dauer von ca. 15.000 Jahren zu veranschlagen.

Auch in Südwest- und Nordjütland sind Ablagerungen des Holstein-Meeres mit einer charakteristischen Foraminiferen- und Molluskenfauna bekannt. Gleichzeitig bildeten sich in Ostjütland (Vejlby) mächtige Folgen von Diatomeen-Gyttja.

In Westmecklenburg finden sich als Ablagerungen des Holstein-Interglazials über Lauenburger Ton gewöhnlich fluviatile und limnische, im mittleren Teil marine bis brackische Tone, Schluffe und Sande.

Im Ostbrandenburger Gebiet, das nicht mehr vom Holstein-Meer erreicht wurde, sind eine bis 40 m mächtige Diatomeenschluff-Serie und darüber die Paludinenschichten eine charakteristische limnisch-fluviatile Fazies dieses Interglazials. Es handelt sich um eine sehr variable Wechselfolge von Sanden, Kiesen, Tonen und Faulschlamm-Bildungen.

Sie wurden in großen, von Süden kommenden Flüssen und miteinander in Verbindung stehenden Seen in einer Mächtigkeit von 5–15 m abgelagert. Die Schichten werden in der Umgebung Berlins in einer Tiefe von 25 m u. NN vielfach erbohrt. Sie enthalten massenhaft die für die Holstein-Warmzeit bezeichnende Süßwasserschnecke *Viviparus diluviana*.

Durch eine wohl nur kurze kalte Phase vom Holstein-Interglazial getrennt folgen im nordostdeutschen Raum an einigen Stellen wieder warmzeitliche Ablagerungen (Dömnitz- oder Wacken-Warmzeit). Sie werden noch dem Holstein-Komplex zugerechnet.

Im Polnischen Tiefland sind aus der Masowien-(Holstein-)Interglazialzeit nur limnische Ablagerungen bekannt. Die Transgression des Holstein-Meeres im Ostseeraum hat polnisches Gebiet wohl nicht erreicht.

In der **Saale-Kaltzeit** überzogen mehrere Vorstöße des Inlandeises das Mitteleuropäische Tiefland. Das Eis der ersten der zwei großen Vergletscherungen, des Drenthe-Stadiums, erreichte im Westen in seiner weitesten Verbreitung den Niederrhein und die zentralen Niederlande.

Die heutige Topographie der mittleren und nördlichen Niederlande wird wesentlich durch die Erosion tiefer Gletscherzungen-Becken und durch die Bildung langgestreckter End- bzw. Stauchmoränenzüge bestimmt. In den Niederlanden sind Geschiebemergel über periglazialen Sedimenten der frühen Saale-Zeit weitflächig verbreitet. Nach Süden schließen sich Sanderflächen an. Hier erzwang das bis Amersfoort, Nijmwegen und Krefeld reichende Eis eine zeitweilige Verlagerung des ursprünglichen Rheinlaufes nach Südwesten. Nach dem

Eisrückzug füllten sich die tiefen Becken in den mittleren Niederlanden und teilweise auch am nördlichen Niederrhein mit Eisstausee-Sedimenten und der Rhein übernahm wieder seinen früheren Lauf nach Nordwesten in das heutige Ijsseltal.

Auch in Nordwestdeutschland sind drenthestadiale Ablagerungen an der Oberfläche vielfach aufgeschlossen oder oberflächennah erbohrt. Im mittleren und östlichen Niedersachsen und in Schleswig-Holstein sind während des Drenthe-Stadiums in der Regel zwei sandig-tonige Geschiebemergel als Ältere und Jüngere Grundmoränen gebildet worden. Gegen diejenigen des Warthe-Stadiums mit ostfennoskandischer Geschiebedominanz grenzen sie sich durch ihr süd- und mittelschwedisch betontes Geschiebespektrum gut ab. Die Drenthe-Grundmoränen bauen die weitflächigen Geestplatten Nordwestdeutschlands, u. a. die Zeven-Rotenburger Geest und die Oldenburger Geest, auf. Zwischen die Geschiebemergel sind Schmelzwassersande und limnische Beckensedimente wärmerer Zeitabschnitte eingeschaltet. Aus Schmelzwassersanden sind auch die großen Sanderflächen der südlichen Lüneburger Heide, u. a. der Munsterer Sander, aufgebaut. Stauch-Endmoränen des Drenthe-Stadiums in Westholstein und im mittleren Niedersachsen zeugen von wiederholten Oszillationen des Eisrandes. Als Endmoräne des jüngeren Drenthe-Vorstoßes entstand u. a. der morphologisch markante Endmoränenzug der Lamstedter Phase zwischen Cuxhaven und Soltau.

In der Abschmelzphase zwischen Drenthe- und Warthe-Stadium war Norddeutschland eisfrei. Organische Ablagerungen sind aus dieser Phase allerdings nicht bekannt. Der erneute Vorstoß des Eises reichte im Norden weit nach Westholstein und bis in das Unterelbegebiet. In der Lüneburger Heide kam er hinter einem bereits vorwiegend drenthezeitlich angelegten Höhenrücken zum Stillstand. Im Gegensatz zum ostdeutschen Verbreitungsgebiet des Warthe-Eises ist dieses Stadium in Nordwestdeutschland nur mit wenigen geringmächtigen und lückenhaften Moränenablagerungen und Kiesen und Sanden vertreten.

Die Gletscher des Drenthe- und Warthe-Stadiums überdeckten auch ganz Dänemark. Ihre Moränen bauen heute die höher liegenden und wieder von Sandflächen der Weichsel-Eiszeit durchschnittenen Teile Westjütlands auf.

In Ostdeutschland läßt sich die Saale-Eiszeit nach drei großen Eisvorstößen gliedern. Der erste Hauptvorstoß, die Saale-Kaltzeit im engeren Sinne, hinterließ in Brandenburg und Südmecklenburg eine bis zu 45 m mächtige Endmoräne. Er reichte weit nach Sachsen-Anhalt und Sachsen hinein und entspricht dem Drenthe-Hauptvorstoß in Nordwestdeutschland. Ein zweiter Eisvorstoß der Drenthe-Zeit scheint zu fehlen bzw. ist nur randlich, in der Letzlinger Heide, vorhanden.

Der bereits dem Warthe-Stadium entsprechende zweite Hauptvorstoß des Eises in Nordostdeutschland während der Fläming-Kaltzeit (S II) hatte seine Haupteisrandlage in der Letzlinger Heide, am Fläming und weiter im Osten am Lausitzer Grenzwall. Südlich schloß bereits das Breslau-Magdeburger Urstromtal an.

Über der Moräne der Fläming-Kaltzeit wird in Brandenburg noch eine dritte Grundmoräne der Saale-Vereisung, die der Lausitzer Kaltzeit (S III) beschrieben. Beide Kaltzeiten waren möglicherweise durch eine wärmere Phase (Rügen-Warmzeit), in der das Eis bis in die Nordsee abschmolz, getrennt.

In Südpolen kam das Inlandeis des ersten Stadiums der Mittelpolnischen (Saale-)Eiszeit, des Odra-Stadiums, vor den Sudeten und in Höhe des Polnischen Mittelgebirges zum Stillstand. Der Endmoränenwall der äußersten Verbreitung des Warthe-Stadiums blieb wie auch sonst im Mitteleuropäischen Tiefland weiter nördlich zurück. Als Südlicher Landrücken setzt er sich in Fortsetzung des Lausitzer Grenzwalls über die Trzebnica-(Trebnitzer)

Höhen nach Zentralpolen fort, wo er die Warthe und südlich Warschau die Weichsel quert.

Die älteren Moränen der Mittelpolnischen Vereisung sind stellenweise bereits abgetragen. Die stärker reliefierten Stauchmoränen enthalten besonders im östlichen Verbreitungsgebiet Einschuppungen von Oberkreide und Tertiärschollen. Weit verbreitet sind großflächige Sander und Eisstausee-Ablagerungen, vor allem im Warschauer Raum. Hier sorgte ein dichtes subglaziäres Rinnensystem für besonders unregelmäßige Quartärmächtigkeiten. Bei Wrocław (Breslau) hat im Odertal das Breslau–Magdeburger Urstromtal seinen Ursprung.

Das der Saale-Eiszeit folgende **Eem-Interglazial** war durch eine allgemeine Temperaturzunahme und einen eustatischen Meeresspiegelanstieg gekennzeichnet. In den Niederlanden erfolgten auf breiter Front größere Einbrüche der Nordsee vor allem im Südwesten, im Gebiet der Scheldemündung, und im Nordwesten, im Bereich der Zuidersee. Grobe marine Sande mit eingeschalteten Tonlagen wurden abgelagert. Im Inland kam es entlang der großen Flußläufe weiterhin zur Bildung fluviatiler Sande. In örtlichen Senken entstand Torf.

In Ostfriesland verlief die Küste des Eem-Meeres ähnlich wie die heutige, mit Buchten im Bereich der Emsmündung und der Jade. Im Unterelbegebiet bestand eine große Bucht im Hadelner Land. Die schleswig-holsteinische Küste war stärker gegliedert als heute, mit einem verzweigten System schmaler und tief in das Land eingreifender Rinnen. Helgoland war möglicherweise durch eine Landbrücke mit Schleswig-Holstein verbunden.

Auch in Dänemark sind sowohl marine als auch Süßwasserablagerungen der Eem-Zeit aus zahlreichen Aufschlüssen und Bohrungen bekannt. Marine Sedimente sind hauptsächlich in Süddänemark verbreitet, während sich die Aufschlüsse und Bohrungen mit Süßwasserbildungen der Eem-Zeit auf Zentraljütland konzentrieren. Bei Skærumhede in Nordjütland durchteufte eine Bohrung wiederum 123 m marine Sedimente der Eem- und frühen Weichsel-Zeit.

Die eemzeitlichen marinen Tone und Sande Nordwestdeutschlands und Dänemarks (*Senescens*-Sand, *Turitellen*-Ton bzw. *Cyprinen*-Ton und *Tapes*-Sand) zeichnen sich gegenüber den Ablagerungen des Holstein-Meeres durch ihre wärmeliebende (lusitanische) Fauna aus. Im südlich und östlich angrenzenden Festlandsbereich kam es in eemzeitlichen Seen und Flußniederungen vielerorts zur Ablagerung fluviatiler und limnischer Sande, Kalkmudden und Torfbildung. In der Lüneburger Heide bildeten sich in einem tieferen Süßwasserbecken die bis 25 m mächtigen Kieselgur-Lager des oberen Luhetals. Jahresschichtenzählungen aus der Kieselgur ergeben einen Ablagerungszeitraum von ca. 11.000 Jahren.

Durch eine Säugetierfauna ist das Eem-Vorkommen von Lehringen bei Verden an der Aller bekannt geworden. In zwischen zwei Torflagern eingeschalteten bis 8 m mächtigen Kalkmergeln wurden hier zusammen mit einem Skelett eines Waldelefanten Feuersteinwerkzeuge sowie eine 2,5 m lange Stoßlanze aus Eibenholz gefunden. Auch in Ostjütland sind im Hollerup-Profil zerbrochene Damwildknochen in limnischen Sedimenten des Eem-Interglazials erste Anzeichen menschlicher Aktivität.

Im Ostseebereich reichte das Meer des Eem-Interglazials wahrscheinlich nur im Bereich der Lübecker Bucht bis auf das heutige Festland. Seine Ablagerungen bestehen hier wie auch in einzelnen Vorkommen der Rostocker Gegend meist aus grünem Ton (*Cyprinen-Ton*), der oftmals stark glazigen verschuppt ist. Limnische Eem-Vorkommen sind an verschiedenen Stellen im Nordostdeutschen Tiefland pollenanalytisch nachgewiesen.

Im Eem-Interglazial erfolgte von der Ostsee her auch eine marine Ingression im unteren Weichselgebiet. Die Überflutung des nordpolnischen Festlandes durch das Eem-Meer reichte

Das Mitteleuropäische Tiefland

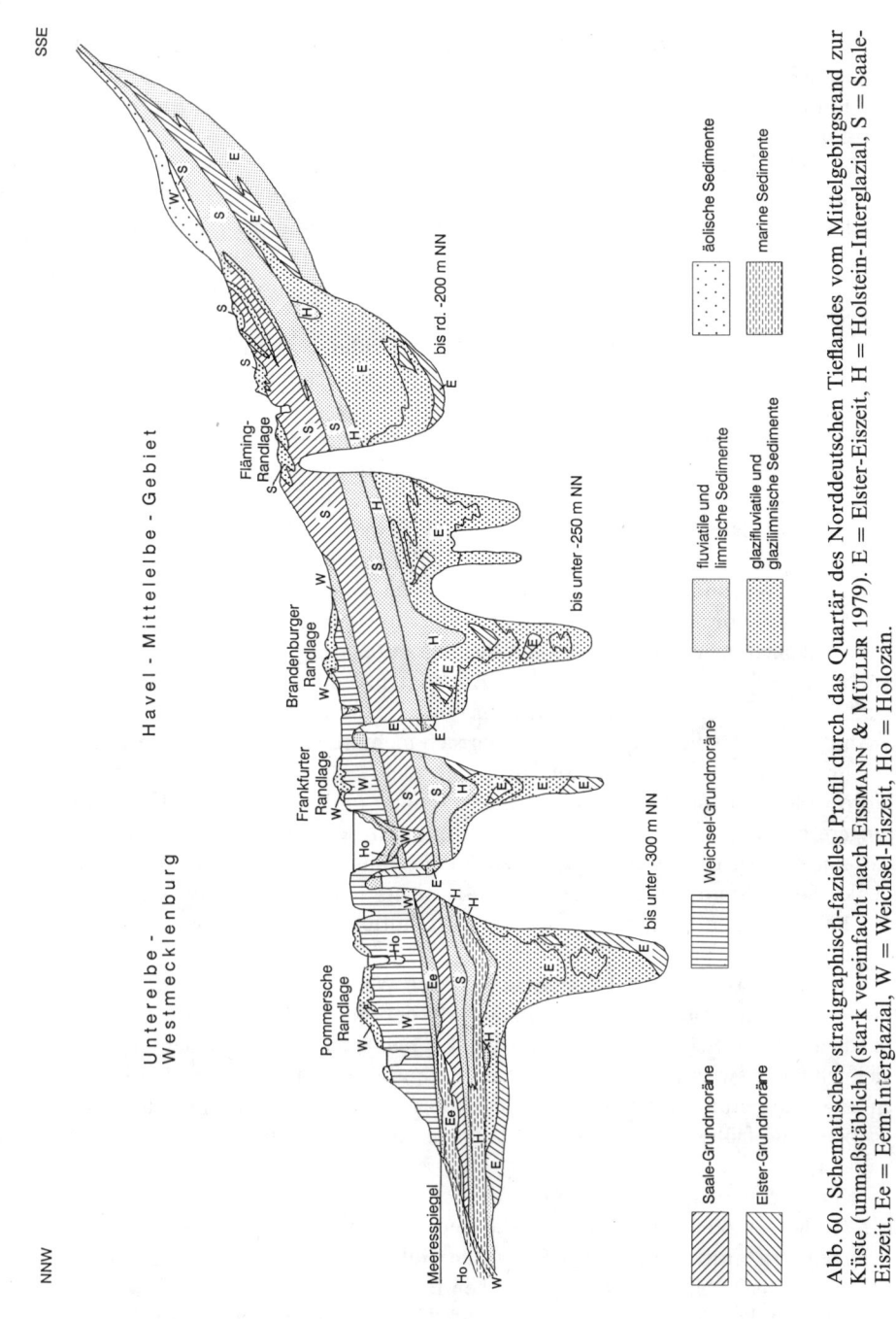

Abb. 60. Schematisches stratigraphisch-fazielles Profil durch das Quartär des Norddeutschen Tieflandes vom Mittelgebirgsrand zur Küste (unmaßstäblich) (stark vereinfacht nach EISSMANN & MÜLLER 1979). E = Elster-Eiszeit, H = Holstein-Interglazial, S = Saale-Eiszeit, Ee = Eem-Interglazial, W = Weichsel-Eiszeit, Ho = Holozän.

bis Torun (Thorn), ca. 150 km südlich Gdańsk (Danzig). Seine Ablagerungen, der stark glazigen verschuppte Elbinger Yoldia-Ton, stellen hier im Norden einen guten Leithorizont dar. Festländische eemzeitliche Ablagerungen sind von zahlreichen Lokalitäten im südlichen Masowien pollenanalytisch nachgewiesen.

Das Eis der letzten großen Vereisung des Mitteleuropäischen Tieflandes, der **Weichsel-Eiszeit**, überschritt nirgends die Elbe und überdeckte auch das Nordostdeutsche und Polnische Tiefland nur bis zur Mitte. In den übrigen Gebieten fanden Sedimentation und Erosion unter periglazialen Bedingungen statt.

In den Niederlanden und in Niedersachsen füllten sich die Niederungen mit fluviatilen Talsanden. In den Tälern der großen Flüsse (Maas, Rhein, Ems, Weser) entstanden die Niederterrassen. Im Spätglazial kam es in den Niederungen zu beträchtlichen Sandausblasungen. Geringmächtige, aber weit verbreitete Flugsanddecken wurden aufgeweht. Sie sind auf den Geestplatten der nördlichen Niederlande und Nordwestdeutschlands zusammen mit Sandlöß weitflächig verbreitet.

Auch in den Periglazialgebieten Ostdeutschlands und Polens kam es in der Weichsel-Kaltzeit zur Bildung ausgedehnter Niederterrassen und Aufwehungen von Binnendünen, Flugsanden und Löß.

In Dänemark werden für die Weichsel-Eiszeit vier große Eisvorstöße festgestellt. Erst der dritte Vorstoß erreichte die in Süd- und Zentraljütland N–S verlaufende und in Nordjütland nach Westen umbiegende Haupt-Eisrandlage. Sie entspricht derjenigen der Frankfurter Staffel in Mecklenburg und Brandenburg. Ein weiterer Vorstoß führte zur Bildung der Ostjütischen Endmoränenzüge, die mit dem Pommerschen Stadium Nordostdeutschlands und Polens verbunden werden können. Ablagerungen des Weichsel-Hochglazials sind außer den Moränen vor allem subglaziär gebildete Schmelzwassersande und -kiese sowie größere Sanderflächen im westlichen Vorland der Eisrandlage.

In Schleswig-Holstein verläuft die Außengrenze der weichselzeitlichen Jungmoränenlandschaft etwa entlang der Linie Flensburg – Schleswig – Rendsburg – Bad Segeberg – Ahrensburg. Östlich dieser Linie lassen sich mehrere Haupt-Eisrandlagen unterscheiden. von ihnen entspricht die äußere, im Süden mehrfach gestaffelt, der Frankfurter Staffel Nordostdeutschlands. Zwei jüngere innere Jungmoränengürtel, ebenfalls gestaffelt und der jüngere besonders stark zerlappt, werden mit dem Pommerschen Stadium Mecklenburgs verbunden. Der erste weichselzeitliche Vorstoß, das Brandenburger Stadium, läßt sich in Schleswig-Holstein glazialmorphologisch nicht nachweisen. Im Westen der schleswig-holsteinischen Jungmoränenlandschaft schütteten Schmelzwässer große, bis zu 20 m mächtige Sander auf.

Das Nordostdeutsche Tiefland war in der Weichsel-Eiszeit vom Odergletscher überflossen, der im Anfang weiter vorstieß als der bis Dänemark und Schleswig-Holstein reichende Beltgletscher im Nordwesten. Frühglaziale Bildungen der Weichsel-Zeit sind vielfach nachgewiesen. In der Umgebung Berlins enthalten Kiese des Rixdorfer Horizontes einen Aufarbeitungshorizont des Brandenburger Stadiums aus eemzeitlichen Interglazialgruppen und frühweichselzeitlichen Stadialen und Interstadialen mit Knochen eiszeitlicher Säugetiere.

Der Beginn der Hochglazialzeit ist durch den Verlauf des Endmoränengürtels des **Brandenburger Stadiums** zwischen Elbe und Warthe durch die Orte Havelberg, Genthin, Brandenburg, Guben bezeichnet. Zwischen Guben und Brandenburg verläuft die äußerste Eisrandlage generell ESE–WNW. Zwischen Brandenburg und Genthin biegt sie scharf nach Nordwesten, bei Havelberg schließlich nach Nordnordwesten um. In Mecklenburg blieben die Eisrandlagen des Brandenburger Stadiums wie auch in Schleswig-Holstein hinter denen der Frankfurter Staffel und des Pommerschen Stadiums zurück. Ursache war der zunächst weitere Vorstoß des Odergletschers.

Die Endmoräne des Brandenburger Stadiums besteht vorwiegend aus Stauchmoränen. Aufragungen der saaleglazialen Stauch-Endmoränen verursachten eine starke lobenförmige Aufgliederung der Eisrandlagen. Der Hauptabfluß der Schmelzwässer des Brandenburger Stadiums erfolgte durch das Baruther Urstromtal zum Elbe-Urstromtal.

In Polen verläuft die äußerste Grenze der Nordpolnischen (Weichsel-)Vereisung von Brandenburg kommend über Zielona Góra (Grünberg a. d. Oder) und Leszno (Lispa) nach Osten. Bei Płock nordwestlich Warschau quert sie die Weichsel in Richtung der südlichen Masuren. Dieser weiteste Eisvorstoß wird als Leszno-Stadium bezeichnet. Er entspricht dem Brandenburger Stadium in Norddeutschland. Südlich seiner gut entwickelten Endmoränen breiten sich ausgedehnte Sanderflächen aus.

Der Hauptmoränenzug des **Frankfurter Stadiums**, auch als Äußere Baltische Endmoräne bezeichnet, ist geschlossener als der des Brandenburger Stadiums. Von Schleswig-Holstein im Nordwesten verläuft er am Südrand der Mecklenburgischen Seenplatte um den Plauer See und nördlich Berlin zum Barnim-Plateau und quert bei Frankfurt die Oder. Von hier aus zieht er als Endmoränengürtel des Poznań-Stadiums über Poznań (Posen) ebenfalls nach Plock.

Im Süden wird der Erdmoränenzug des Frankfurter Stadiums fast ohne Unterbrechung von einem flach abgedachten Sanderstreifen begleitet. In dessen Vorland bildete sich das Warschau-Berliner Urstromtal, dem heute die mittlere Warthe und abschnittweise auch die Oder folgen. Die Rückzugsstaffeln der Frankfurter Eisrandlage sind sehr vielfältig ausgebildet. Westlich des Müritz-Sees führen sie zahlreiche Kreideschollen mit.

Während des Blankenberger Interstadials schmolz das Eis wahrscheinlich bis in die südliche Ostsee zurück. Im Eisstaubecken kam es zur Bildung von Beckentonen und -schluffen. Auf polnischem Gebiet ist das entsprechende aber immer noch fragliche Masurische Interstadial mit Tonen, Tonmergeln und Feinsanden mit einer subarktischen Fauna und Flora vertreten.

Das **Pommersche Stadium** der Weichsel-Eiszeit ließ den wohl ausgeprägtesten Endmoränenzug des Mitteleuropäischen Tieflandes entstehen, die Innere Baltische Endmoräne. Von der Lübecker Bucht her verläuft sie in südöstlicher Richtung durch Mecklenburg. In den Tieflagen der Oder- und Weichselmündung ist das Eis lobenartig besonders weit nach Süden vorgestoßen (Oder- und Weichselgletscher).

Die Jungmoränenlandschaft des Pommerschen Stadiums besitzt ein besonders kräftiges Relief. Die Helpter Berge östlich Neubrandenburg erreichen 179 m ü. NN. Hier aufgeschlossene tertiäre Schichten werden als eingeschuppter Schollenschwarm gedeutet. Nach Süden bestand zunächst kein einheitliches Urstromtal. Das vorhandene Relief behinderte den Abfluß stark. Es entwickelten sich großflächige Sander. Das durchgehende Thorn–Eberswalder Urstromtal entstand in seinem westlichen Teil erst zum Zeitpunkt der Anlage der Angermünder Staffel.

Auch die staffelartig hintereinander angeordneten in Nordpolen im Pomorze-(Pommerschen) Stadium entwickelten Endmoränenzüge erzeugten ein bewegtes buckliges Relief. Durch Abdämmung der Schmelzwässer in den Senken entstand die Vielzahl von Seen der Pommerschen und der Masurischen Seenplatten. Die Moränen selbst enthalten zum Teil riesige vom Eis abgelöste Kreide- und Tertiärschuppen. Deren Verteilung richtet sich nach der Tiefenlage der Quartärbasis. Diese liegt mit 100–200 m in der Pommerschen Region generell tiefer als in weiter südlich gelegenen Teilen des Polnischen Tieflandes. Nach Süden schließt sich an die Endmoränen des Pomorze-Stadiums ein Gürtel großer Sanderflächen an, die in das Thorn–Eberswalder Urstromtal einmünden.

Rückzugsstadien des jüngeren Weichsel-Glazials stellen die Endmoränen des Langeland-Stadiums der Insel Seeland und der Westküste Langelands dar. Sie setzen sich über Fehmarn und die Lübecker Bucht in die Rosenthaler Staffel Nordmecklenburgs und Westpommerns fort. Im spätweichselzeitlichen Bölling-Interstadial war das Kattegat und die Nordspitze Jütlands bereits vom Meer bedeckt. In Pommern begann die Entwicklung des Haff-Stausees.

Zum letzten Mal erreichte der Ostsee-Gletscher das heutige Küstengebiet mit der Ostrügenschen Staffel, die an den Kliffs der Inseln Hiddensee, Rügen und Usedom gut aufgeschlossen ist und sich durch einen besonders komplizierten glazigen entstandenen Falten- und Schuppenbau auszeichnet. Nach Osten läßt sich die sogenannte Rügen-Linie über die Insel Wollin in das nordpolnische Küstengebiet verfolgen (Wollin-Gertnow-Linie). Die im Samland bei Kaliningrad (Königsberg) beobachteten jüngsten Endmoränenzüge,

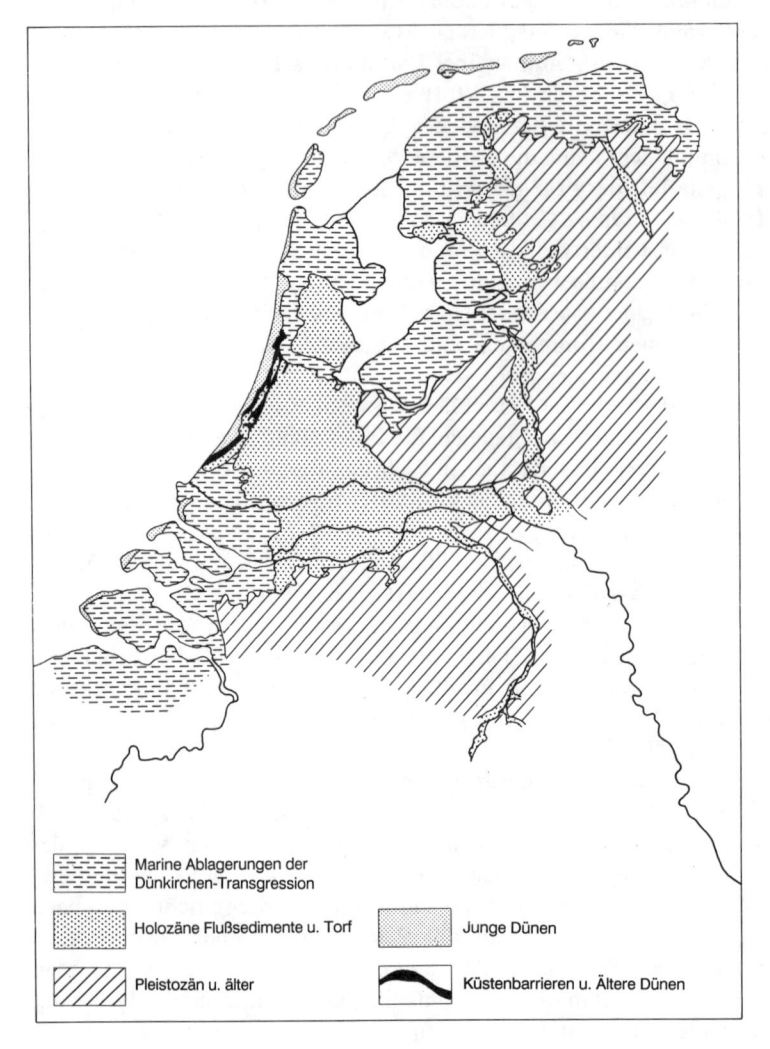

Abb. 61. Die Verbreitung des Holozäns in den Niederlanden.

Äquivalente der Rosenthal-, Wolgast- und Rügen-Linie, setzen sich nach Nordosten in der Riga- oder Luha-Linie fort.

Mit Beginn der spätglazialen Erwärmung begann auch die Besiedlung des eisfreien periglazialen Raums mit einer ersten Pioniervegetation, wie sie heute nördlich der polaren Waldgrenzen zu finden ist. Klimaverbesserungen während des Bölling- und Alleröd-Interstadials brachten mit Unterbrechungen in der älteren und jüngeren Tundrenzeit (Dryas-Zeit) eine erste Bewaldung großer Teile des Mitteleuropäischen Tieflandes und auch erste Bodenbildung mit sich.

Zu den Ablagerungen des **Holozäns** (vgl. Abb. 59) zählen vor allem die die Talsohlen der meisten großen und kleinen Flußläufe bedeckenden fluviatilen Auelehme und die Einschwemmungen von Kies, Sand, Schluff und Ton in Seen. Hinzu kommen vor allem seit dem frühen Atlantikum die großflächige topogene Vermoorung der Niederungen infolge hochstehenden Grundwassers und in gleichem Ausmaß auch die Bildung ombrogener Hochmoore. In das Holozän fällt auch die Verwehung der Binnendünen, oft ausgelöst durch Eingriffe des Menschen (Rodungen, Verheidung).

Im frühen Atlantikum erreichte die Nordsee infolge des allgemeinen erneuten Meeresspiegelanstiegs den seewärtigen Rand ihrer heutigen Südküste (Calais-Transgression). Es kam zur Ablagerung mariner und brackischer feiner Sande und Tone sowie zur Entwicklung erster Strandbarriere-Systeme. Einer weitflächigen Torfbildung hinter den Barriere-Sanden folgte seit 3.500 vor heute eine weitergehende Verlagerung der Küste nach Osten (Dünkirchen-Transgression). Mehrere Sedimentations- und Erosionsphasen wechselten seither miteinander ab. Durch Anlagerung äolischer Sande entstanden über den Küstenbarrieren geschlossene Dünengürtel und Düneninseln. Hinter den Dünen blieben die Watten erhalten oder es entwickelten sich die heutigen Marschen. Ihren Höhepunkt erreichte die Dünkirchen-Transgression im 12. Jahrhundert mit dem Einbruch in die bereits als Binnensee existierende Zuidersee, den Dollart und die Jade. Seither haben mittelalterliche und neuzeitliche Eindeichungen und andere Landgewinnungsmaßnahmen die Topographie großmaßstäblich verändert.

Literatur: K. E. BEHRE et al. 1973; V. N. D. CASTON 1979a; A. G. CEPEK 1967, 1968; N. S. CHEBOTAREVA & M. A. FAUSTOVA 1975; A. DÜCKER 1969; J. EHLERS (Ed.) 1983; J. EHLERS, K.-D. MEYER & H. J. STEPHAN 1984; L. EISSMANN 1975; L. EISSMANN & A. MÜLLER 1979; L. EISSMANN & R. WIMMER (Hrsg.) 1988; K. ERD 1973; B. FRENZEL 1968; K. GRIPP 1964; F. GRUBE 1981; F. GRUBE & J. EHLERS 1975; F. GULLENTOPS 1974; B. P. HAGEMAN 1969; J. HESEMANN 1975a; H.-C. HÖFLE 1979; S. JELGERSMA, E. OELE & A. J. WIGGERS 1979; J. D. DE JONG 1967; H. KLIEWE & W. JANKE 1972, 1978; G. KUKLA 1978; H. KUSTER & K. D. MEYER 1979; H. LIEDTKE 1981; G. LÜTTIG 1954, 1974; R. MARCZINSKI 1969; B. MENKE 1968, 1975; J. E. MOJSKI 1982; T. A. NILSSON 1983; F. OVERBECK 1975; E. T. SERAPHIM 1972; C. J. VAN STAALDUINEN et al. 1979; H.-J. STEPHAN & B. MENKE 1977; K. N. THOME 1980; W. VORTISCH 1972; O. WAGENBRETH & W. STEINER 1982; P. WOLDSTEDT & K. DUPHORN 1974; W. H. ZAGWIJN 1973, 1974.

4. Das proterozoisch-paläozoische Grundgebirge des Mitteleuropäischen Schollengebiets

4.1 Das Brabanter Massiv

4.1.1 Übersicht

Zwischen den Ardennen im Süden und dem Westniederländischen Becken und Roer-Graben im Norden bzw. Nordosten bildet das Brabanter Massiv eine breite NW–SE streichende Aufwölbung des paläozoischen Fundaments Nordwest-Mitteleuropas. Es umfaßt kaledonisch gefaltetes Altpaläozoikum (Kambrium bis Silur) und mit einer Winkeldiskordanz darüber folgend ungefaltete und nur wenig gestörte devonisch-karbonische Deckschichten.

Im Nordosten ist dem Brabanter Massiv das Campine-Becken vorgelagert, das sich über ganz Nordostbelgien und die südlichen Niederlande (Südlimburg) erstreckt. Seine südliche Begrenzung bildet das bereits zu den Ardennen zu zählende Namur-Synklinorium.

Nach seismischen Untersuchungen setzt sich das kaledonisch gefaltete Fundament des Brabanter Massivs in südlicher Richtung noch wenigstens 35 km unter die Ardennen fort. Im Nordosten besteht eine direkte Verbindung zum südenglischen Midland-Block (London-Brabanter Massiv).

Das Paläozoikum des Brabanter Massivs und des Campine-Beckens ist heute zum großen Teil von Oberkreide und Ablagerungen des Tertiärs und Quartärs verhüllt.

4.1.2 Die kaledonische Entwicklung

Altpaläozoikum ist vor allem im südlichen Teil des Brabanter Massivs in den Taleinschnitten der Flußgebiete der Dendre, Senne, Dyle, Orneau und Mehaigne direkt aufgeschlossen. Weiter im Nordwesten, Norden und Osten ist das kaledonische Stockwerk aus vielen Bohrungen in Flandern und in der Region nördlich Lüttich bekannt.

Die Struktur der Brabanter Kaledoniden ist die eines breiten NW–SE streichenden, im Osten in die W–E-Richtung umbiegenden Antiklinoriums mit Kambrium im Kern und ordovizischen und silurischen Einheiten in den Randbereichen. Über die Natur ihres präkambrischen Fundaments gibt es bisher nur Vermutungen.

Die insgesamt über 7.000 m mächtige altpaläozoische Schichtenfolge des Brabanter Massivs umfaßt fast ausschließlich klastische Sedimentserien.

Unterkambrium ist durch helle, z. T. grobkörnige Quarzite und feldspatreiche Sandsteine charakterisiert (Assise de Dongelberg, Assise de Tubize). Ihre Mächtigkeit beträgt über 1.000 m. Lithostratigraphisch entsprechen sie der Deville-Gruppe in den Ardennenmassiven. Darüber folgen graugrüne Schiefer und Siltsteine (Assise d'Oisquerq) oder charakteristisch

Das Brabanter Massiv

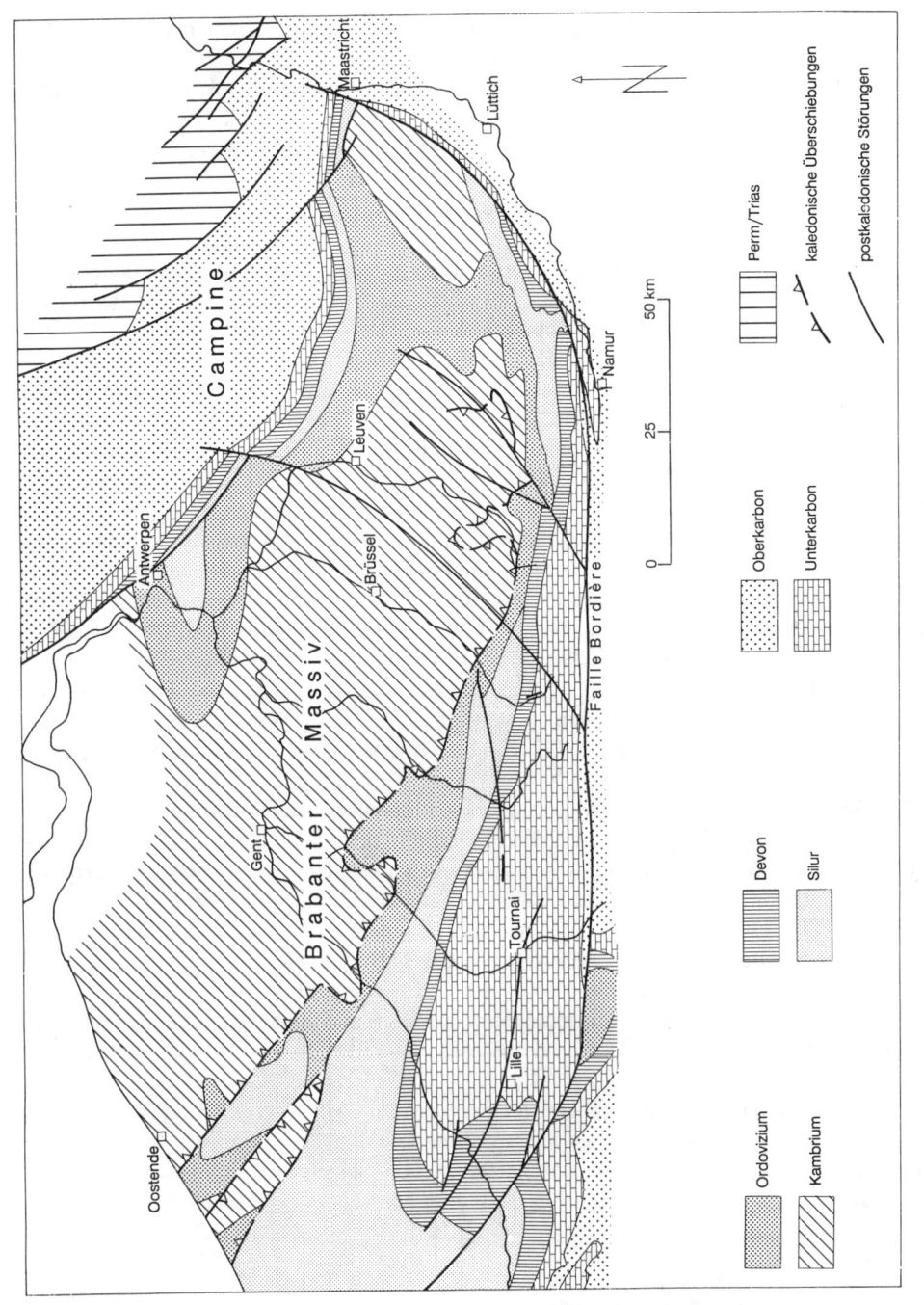

Abb. 62. Abgedeckte geologische Übersichtskarte des Brabanter Massivs (n. LEGRAND 1968 und anderen Autoren).

schwarze Tonschiefer und sandige Schiefer (Assise de Mousty), die altersmäßig dem Revin der Ardennen und damit dem **Mittel- und Oberkambrium** ganz oder teilweise entsprechen. Im

Gegensatz zum Revin der Ardennen erreichen sie jedoch nur zwischen 500 und 1.000 m Mächtigkeit.

Insgesamt spiegeln die kambrischen Sedimente des Brabanter Massivs Schelf-Ablagerungsbedingungen wider. Detritusanalysen von unterkambrischen Quarziten und Sandsteinen lassen ein nahegelegenes aus Kristallgesteinen aufgebautes Liefergebiet mit sowohl vorcadomischer als auch cadomischer Prägung annehmen.

Ordovizium ist im Brabanter Massiv vorwiegend tonig ausgebildet. Nur untergeordnet enthält es sandige Einschaltungen. Eine Unterteilung der 1.500 m mächtigen Schichtenfolge wird wesentlich nach lithologischen Kriterien vorgenommen. Graptolithen, Schalenfossilien und Acritarchen belegen das Vorhandensein aller Ordovizstufen. An der Wende Tremadoc/Arenig ist mit einer Schichtlücke zu rechnen.

Vom Caradoc an haben auf der Südflanke des Brabanter Massivs dacitische und rhyolithische Aschen und Ignimbrite einen deutlichen Anteil am Aufbau der Schichtenfolge. Untergeordnet kommen andesitische bis rhyolithische Laven dazu. Die vulkanische Aktivität hielt bis in das untere Silur an. Im Llandovery sind im äußersten Südosten des Brabanter Massivs bei Hozémont basaltische Laven und gabbroide Intrusivgesteine aufgeschlossen. Im westlichen und zentralen Teil des Massivs fehlen basische Vulkanite dagegen ganz. Diese Verteilung und weitere geochemische Hinweise haben zur Unterscheidung einer südöstlichen tholeiitischen Magmenprovinz, die sich nach Süden und Südosten bis über die kaledonischen Ardennenmassive von Stavelot-Venn und Rocroi erstreckt, von einer den größeren Teil des Brabanter Massivs umfassenden kalkalkalischen Provinz geführt.

Außer der weit verbreiteten Förderung von Pyroklastiten und untergeordnet Laven umfaßt der oberordovizische und untersilurische Magmatismus auch verschiedene oberflächennahe mikrodioritische Intrusionen und Gangbildungen. Ihr Alter fällt in die Zeitspanne vom Caradoc (Porphyr von Quenast 433 Ma) bis Untersilur (Porphyrkomplex von Lessine 419 Ma).

Das **Silur** umfaßt im Brabanter Massiv über die untersilurischen Vulkanite hinaus eine bis über 4.000 m mächtige Folge dunkler graptolithenführender Tonschiefer mit turbiditischen Sand- und Siltsteineinschaltungen, örtlich auch mit kalkigen Einlagerungen. Die turbiditische Sedimentation begann kurz nach besonders starken Ignimbritförderungen zu Beginn des Llandovery. Die Sedimente sammelten sich in einem annähernd WSW–ENE ausgerichteten tieferen Becken. Das Herkunftsgebiet der Turbidite lag im Süden.

Die jüngsten nachgewiesenen Silurhorizonte sind sowohl auf der Südflanke als auch auf der Nordflanke des Brabanter Antiklinoriums Schiefer und Siltsteine des mittleren bzw. oberen Ludlow. Sie werden von Konglomeraten des Givet bzw. des Frasne diskordant abgeschnitten.

Die **kaledonische Faltung** einschließlich einer weiträumigen N–S gerichteten Überschiebungstektonik begann im Brabanter Massiv unmittelbar nach Beginn des Gedinne. Das Alter einer nur schwach entwickelten kaledonischen Schieferung in spätordovizischen pyroklastischen Gesteinen im Westteil des Brabanter Massivs wird zwischen 400 und 385 Ma datiert.

4.1.3 Die postkaledonische Entwicklung

Während des **Unterdevons** war das Brabanter Massiv Erosionsgebiet. Weil es nur verhältnismäßig geringe Mengen Detritus in seine Umgebung lieferte, besaß es vermutlich nur ein mäßiges Relief.

Das Brabanter Massiv

Zeitskala		Brabanter Massiv	Antiklinale von Condroz	Sattel von Stavelot - Venn	Sattel von Rocroi
Silur	Přidolí	?	?		
Silur	Ludlow	Assise de Ronquière	Assise de Colibeau / Assise de Thimensart		
Silur	Wenlock	Assise de Vichinet / Assise de Corroy	Assise de Jonquoi / Assise de Nannine		
Silur	Llandovery	Assise de Grand Manil	Assise de Dave		
Ordoviz	Ashgill	Assise de Fouquez / Assise de Gembloux	Assise de Fosse		?
Ordoviz	Caradoc	Assise d'Ittre	Poud. de Cocriamont / Flysch de Ombret	?	
Ordoviz	Llandeilo		Assise de Vitrival	Sm 3	
Ordoviz	Llanvirn	Assise de Rigenée / Grès de Tribotte	Assise de Sart-Bernard	Sm 2	
Ordoviz	Arenig	Quartzophyllades de Villers-la-Ville		Salm-Gruppe / Sm 1b	
Ordoviz	Tremadoc	Quartzophyllades de Virginal et de Chevlipont		Sm 1a	
Kambrium	Ober-	Ass. de Oisquercq / Assise de Mousty / Assise de Jodoigne	?	Revin-Gruppe / Rv 5, Rv 4, Rv 3	Assise de Vieux Moulins et de Thilhay / Assise de la Petite Commune / Assise de Anchamps
Kambrium	Mittel-			Rv 2, Rv 1	Assise de la Roche-à-Sept-Heures / Assise de Transition
Kambrium	Unter-	Assise de Tubize / Assise de Dongelberg et de Blanmont		Deville-Gruppe / Dv 2, Dv 1	Assise de Quatre-Fils-Aymon / Assise de Longue Haye

Abb. 63. Stratigraphische Übersicht für das Altpaläozoikum des Brabanter Massivs und der Ardennen.

Noch während des **Mitteldevons** und im unteren **Frasne** war das Brabanter Massiv nicht vollständig vom Meer überflutet. Während im nordöstlich gelegenen Campine-Becken bereits im Givet eine Riffkalkentwicklung begann und auch im nordostbelgischen und niederländischen Visé-Puth-Gebiet biostromale Kalke gebildet wurden, sind für diese Zeit im westlichen Flandern terrestrische grüne und rote Konglomerate und Sandsteine, z.T. mit großen Landpflanzenresten, erbohrt.

Erst im Verlauf des mittleren und oberen Frasne kam es im Rahmen einer allgemeinen Transgression von Süden her zu durchgehend mariner Sedimentation. Hauptsächlich Karbonate wurden gebildet (vgl. Abb. 66).

Im Verlauf des **Famenne** führte eine kurzzeitige Regression des Meeres aus den Flachwassergebieten des Brabanter Massivs örtlich zur Erosion. Sie spiegelt sich wider in der alluvialen bis infratidalen sandig-tonigen Condroz-Fazies vor allem in seiner südlichen Umgebung.

Zu Beginn des **Dinant** stellte sich erneut weitverbreitete Karbonat-Sedimentation ein. Sie erreichte gegen Ende des Dinant ihren Höhepunkt. Nur im axialen Bereich der Brabanter Aufwölbung mögen weiterhin Inseln bestanden haben. Im Gebiet von Visé wurde eine oberdevonische Karstlandschaft erst im späten Visé (V III) vollständig überflutet.

Südlich der Aufwölbung und im Norden, im Campine-Becken, führte dagegen örtlich verstärkte Absenkung zur Bildung von bis über 1.000 m mächtigen Kohlenkalk-Folgen. Im westlichen Namur-Becken kam es zur Bildung von Evaporiten, nach Schweremessungen im Gebiet um Visé möglicherweise auch im südöstlichen Campine-Becken (Visé-Puth-Trog).

Zeitgleich mit der sudetischen Phase der variszischen Orogenese im Süden zeichnete sich die Grenze Unterkarbon/Oberkarbon im Bereich des Brabanter Massivs wieder durch eine markante Sedimentationsunterbrechung aus. Sie war örtlich verbunden mit einer Verkarstung des Kohlenkalks. Eine anschließende erneute Transgression erreichte erst im oberen Namur ihren Höhepunkt.

Im Verlaufe des **Oberkarbons** (Namur und Westfal) wurden beiderseits des Brabanter Massivs wenigstens 3.500 m z. T. flözführende Sandstein-Tonstein-Wechselfolgen abgelagert. Von der Südflanke des Campine-Beckens sind sie durch Bergbauaufschlüsse, Bohrungen und seismische Untersuchungen gut bekannt (vgl Abb. 66). Von hier aus setzen sie sich nach Norden bis unter die südliche Nordsee fort. Nach Süden besteht über Südlimburg und das ostbelgische Herve-Gebiet Verbindung zum Namur-Becken.

Im Campine-Becken und in Südlimburg überwiegen im unteren und mittleren Namur noch marine Tonsteine und Siltsteine. Entlang dem Nordostrand des Brabanter Massivs zeigen sie gleichbleibende Mächtigkeiten zwischen 550 und 680 m. Weiter nach Nordosten, in Richtung auf die Beckenachse, nimmt ihre Mächtigkeit auf über 1.800 m zu und erreicht damit eine mit dem Ruhrrevier vergleichbare Größenordnung. Während des oberen Namur (Namur C) erfolgte der Übergang der bis dahin marinen Entwicklung in zyklisch aufgebaute paralische Tonstein-Sandstein-Wechselfolgen mit Kohleflözen.

Im Verlauf des Westfal A wurden die marinen Ingressionen immer seltener und hörten schließlich ganz auf. Die marinen Horizonte und in jüngeren Abschnitten Kaolintonstein-Horizonte erlauben die stratigraphische Korrelation der Westfal-Sedimente mit denjenigen anderer Kohlebecken Nordwesteuropas. Westfal A (975 m), Westfal B (975 m) und Westfal C (über 800 m) zeigen noch die normale flözführende Ausbildung. Das untere Westfal D (ca. 550 m) ist dagegen durch besonders mächtige Sandsteinfolgen (Neeroeteren-Sandstein) charakterisiert. Die Ausbildung und Mächtigkeit dieser jüngsten Westfal-Schichten wird durch eine synsedimentäre Störungstektonik kontrolliert.

Auch das Brabanter Massiv selbst war während des oberen Namur und unteren Westfal von Sedimenten bedeckt. Die Schichtmächtigkeiten blieben hier aber deutlich hinter denjenigen des Campine-Beckens im Nordosten und des Namur-Beckens im Süden zurück. Zeitweilig hat die Brabanter Aufwölbung aber auch Sedimente in die umliegenden Tröge geliefert.

Als Herkunftsgebiet der Hauptmenge der klastischen Oberkarbon-Sedimente des Campine-Beckens und Südlimburgs gilt das sich im Süden heraushebende variszische Gebirge.

Das Brabanter Massiv und sein nördliches Vorland wurde von **variszischen Bewegungen** nur wenig betroffen. Im Süden wird das Massiv heute durch die über weite Strecken zu verfolgende Faille Bordière gegen die Mulde von Namur abgegrenzt. Im Osten steht diese bedeutende Störung in direkter Verbindung mit der SW–NE streichenden Antiklinaal-Oranje-Störung und der 70-m-Störung des Südlimburgischen Steinkohlenreviers.

Das Brabanter Massiv 147

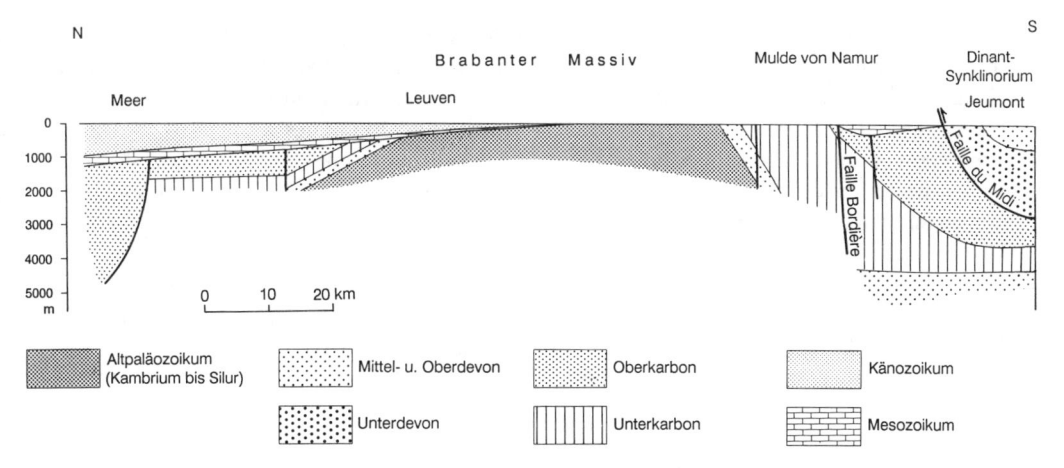

Abb. 64. Schematisches geologisches Profil über das Brabanter Massiv und seine Umrandung (n. BOUKKAERT, FOCK & VANDENBERGHE 1988).

Im Untergrund des Campine-Beckens sind die mit ca. 10° flach nach Norden einfallenden Schichten des Oberkarbons und auch diejenigen des Unterkarbons und oberen Mitteldevons nur von wenigen NW–SE streichenden steilstehenden Störungen betroffen.

Konglomerate und fossilführende Karbonate des unteren **Zechsteins** in der nördlichen Umgebung des Brabanter Massivs sind die ältesten Einheiten des nachvariszischen Deckgebirges. Sie überlagern mit geringer Diskordanz Oberkarbon-Schichten unterschiedlichen Alters.

Von der **Trias** ist, ebenfalls auf die Campine beschränkt, Buntsandstein mit im höheren Teil Anhydrit und mergeligen Einlagerungen bekannt. Erst im **Unterjura** erreichte eine allgemeine marine Transgression auch das Gebiet des Brabanter Massivs.

Nach einer Phase wiederauflebender Störungstektonik und Heraushebung zwischen Unterjura und Oberkreide kam es danach erst wieder im Verlauf der **Oberkreide** zu einer weitreichenden Überflutung seiner nordöstlichen und südlichen Umrandung. Entlang seinem Südwestrand sind im Becken von Mons Ablagerungen des Albs bis Turons zunächst überwiegend Sande und Konglomerate. Ihre Folge ist durch zahlreiche Schichtlücken gekennzeichnet. Vom Coniac an hielt hier eine ausgedehnte Schreibkreide-Entwicklung über die Kreide/Tertiärgrenze bis in das untere und mittlere Paleozän an.

Entlang dem Nordost- und Ostrand des Brabanter Massivs beginnt die marine Oberkreidefolge erst im Santon. Am Anfang stehen z. T. glaukonitführende Sande. Im oberen Campan und Maastricht folgen aber auch hier Schreibkreide-Ablagerungen. Sie sind heute weitflächig vor allem im Raum Maastricht–Aachen–Lüttich (Aachen–Südlimburger Kreidetafel) erschlossen. Ihre fazielle Entwicklung wurde hier außer durch den allgemeinen Meeresspiegelanstieg vom Santon bis in das obere Maastricht besonders auch durch die spätkretazischen Inversionsbewegungen im Gebiet des nordöstlich angrenzenden Roer-Grabens beeinflußt. Erst nach dem Ende der Maastricht-Stufe kam es im tieferen Paleozän wieder zu einem allgemeinen Meeresrückzug.

Auch im Verlauf des **Tertiärs** wurde das Gebiet des Brabanter Massivs und seiner Umrandung noch mehrfach von marinen Transgressionen aus nordwestlicher bzw. nördlicher Richtung betroffen. Unter ihren Ablagerungen überwiegen im oberen Paleozän, im Eozän und im Oligozän Sande und Tone. Im Miozän und Pliozän kamen vor allem Sande zur Ablagerung. Allgemein verbreitete Schichtlücken, z. T. verbunden mit Erosion, werden über den Kalken des ältesten Paleozäns (Dano-Mont), am Ende des Paleozäns, sowie in geringerem Ausmaß auch innerhalb des Eozäns und im unteren Miozän beobachtet.

Am weitesten verbreitet ist im Gebiet des Brabanter Massivs heute das obere Paleozän mit den Sanden der Landen-Formation. Oligozän-Ablagerungen und jüngere Sedimente sind dagegen auf nördliche Teilgebiete der Flandrischen Ebene beschränkt.

Das heutige Flußnetz Flanderns und der Campine entwickelte sich in der kontinentalen Phase des frühen **Quartärs** in Abhängigkeit von der Heraushebung der Ardennen im Süden und der Einsenkung des Niederländischen Beckens und des Roer-Grabens im Norden und Nordosten. Gleichzeitig bildete sich im Osten zwischen Lüttich und Maastricht das mehrfach gegliederte Terrassensystem der Maas heraus.

Literatur: L. ANDRÉ & S. DEUTSCH 1984, 1985; L. ANDRÉ, S. DEUTSCH & J. MICHOT 1981; L. ANDRÉ, J. HERTOGEN & S. DEUTSCH 1986; M. J. M. BLESS et al. 1976, 1977, 1980a, 1980c, 1980d; M. J. M. BLESS & J. BOUCKAERT 1988; M. J. M. BLESS, J. BOUCKAERT & E. PAPROTH (Eds.) 1980; M. J. M. BLESS, P. J. FELDER & J. P. M. Th. MEESSEN 1987; J. BOUCKAERT, W. FOCK & W. VANDENBERGHE 1988; J. P. COLBEAUX et al. 1977; F. CORIN 1965; M. DUSAR et al. 1985; W. F. M. KIMPE et al. 1978, 1979; R. LEGRAND 1968; F. MARTIN 1969, 1975; P. MICHOT 1980; G. MORTELMANS 1955; Ph. MUCHEZ et al. 1987; E. PAPROTH et al. 1983; E. POTY 1980; F. ROBASZINSKI et al. 1985; F. ROBASZINSKI & C. DUPUIS 1983; G. J. VAN STAALDUINEN et al. 1979; J. THOREZ & M. J. M. BLESS 1977; R. VINCKEN (Ed.) 1988; R. WALTER 1980.

4.2 Die Ardennen

4.2.1 Übersicht

Die Ardennen und das östlich anschließende Rheinische Schiefergebirge bilden mit Höhen zwischen 200 und 500 m, örtlich auch über 800 m, den Nordwestteil der zentraleuropäischen Mittelgebirgszone. Zusammen stellen sie den flächenmäßig größten Grundgebirgsaufschluß der Rhenoherzynischen Zone des mitteleuropäischen Variszikums dar. Vor allem Devon und Karbon sind weit verbreitet. Der Verlauf der großen Sattel- und Muldenstrukturen und regional bedeutender Überschiebungen ist in den westlichen Ardennen W−E gerichtet. In ihrem Ostteil herrschen SW−NE-Richtungen vor.

Den Ardennen ist im Nordwesten das Brabanter Massiv mit geringmächtiger mesozoisch-känozoischer Bedeckung vorgelagert. Nach Westen und Süden taucht ihr variszisches Schiefergebirgsstockwerk ohne erkennbare Störungen flach unter das mesozoische Deckgebirge des Pariser Beckens.

Vom Rheinischen Schiefergebirge werden die Ardennen durch die tektonische Depression der Eifeler Nord-Süd-Zone getrennt, die selbst noch zum Rheinischen Schiefergebirge gerechnet wird. Nicht nur im Mesozoikum, sondern auch im Verlauf der paläozoischen Entwicklung der Rhenoherzynischen Zone hat dieses N−S verlaufende Strukturelement eine überregional bedeutende Rolle gespielt. So zeigen die Ardennen im Westen und das Rheinische Schiefergebirge im Osten trotz zahlreicher Gemeinsamkeiten auch wichtige Unterschiede in ihrem Stoffbestand und ihrer Struktur.

Hauptstrukturelemente der Ardennen sind im Norden die Namur-Mulde mit flözführendem Oberkarbon als jüngsten Schichten. Nach Nordosten steht sie mit der Wurm-Mulde nördlich Aachen in direkter Verbindung.

Die Ardennen

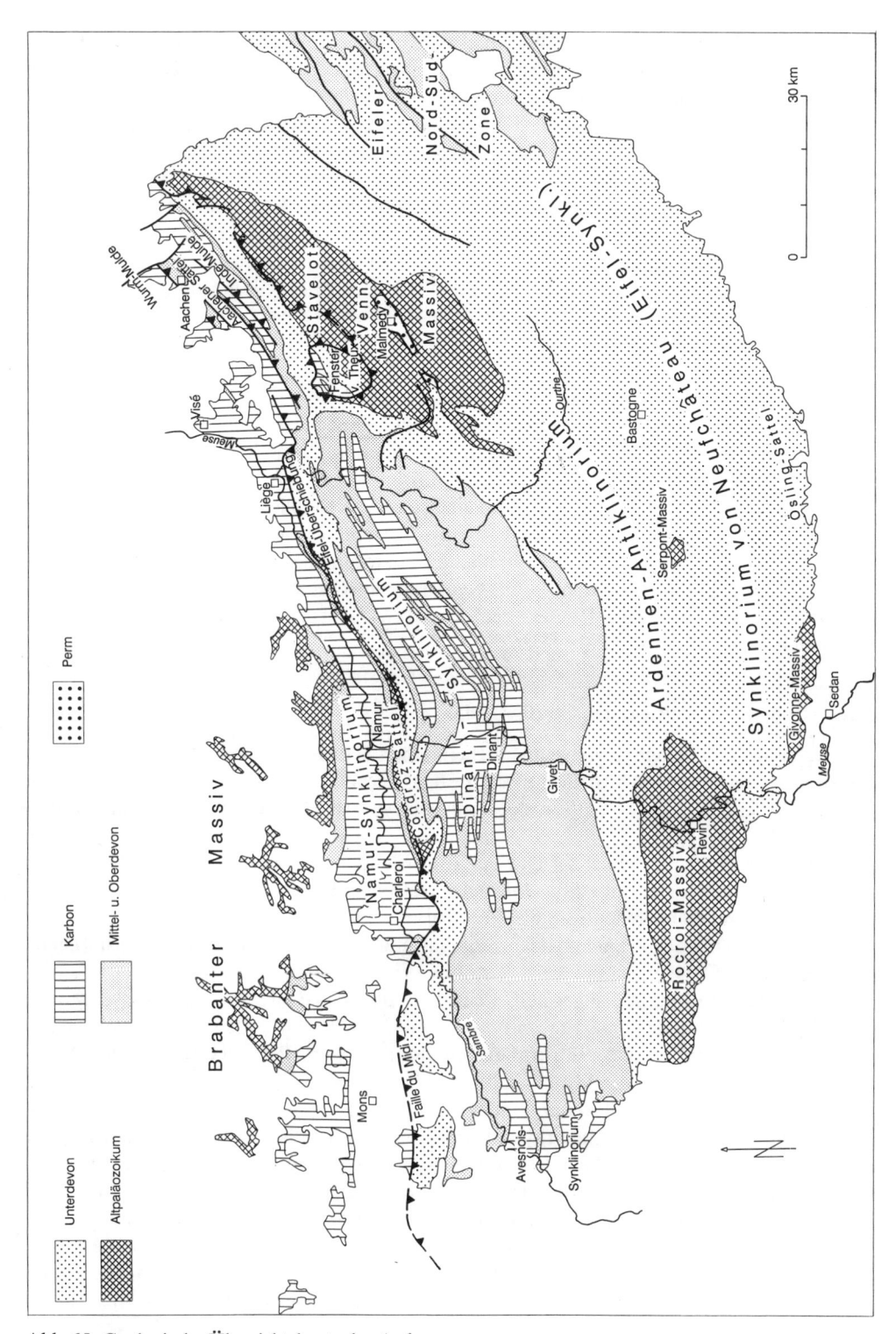

Abb. 65. Geologische Übersichtskarte der Ardennen.

Im Süden wird die Namur-Mulde in ihrem mittleren Abschnitt von dem schmalen Condroz-Sattel mit Ordovizium und Silur im Kern begrenzt. Dieser wird im Westen von einer bedeutenden Überschiebung, der Faille du Midi, von Süden her überfahren. Nach Osten bildet die Eifel-Überschiebung seine Fortsetzung. Sie läßt sich über Lüttich bis Aachen verfolgen.

Südlich der Sattelzone von Condroz schließt sich das breite Dinant-Synklinorium an mit örtlich wiederum Oberkarbon als jüngster Füllung mehrerer Teilmulden. Östlich Lüttich entspricht ihr das wesentlich schmalere Herve- und Vesdre(Weser)-Synklinorium bzw. „-Becken" und daran anschließend die Inde-Mulde südlich Aachen.

Den zentralen Teil der Ardennen nimmt das Ardennen-Antiklinorium ein. In seiner Kernzone stellen die Großsättel („Massive") von Rocroi und Stavelot-Venn und dazwischen das kleinere Serpont-Massiv wichtige Aufbrüche des kaledonisch gefalteten altpaläozoischen Fundaments der Ardennen dar.

Südlich schließt das Synklinorium von Neufchâteau (Eifel-Synklinorium) an. Es enthält bis zum Rand der östlich gelegenen Eifeler Nord-Süd-Zone ausschließlich Unterdevon. Auf seiner Südflanke ist ganz im Westen noch einmal kaledonisch gefaltetes Altpaläozoikum in der Aufwölbung von Givonne-Muno aufgeschlossen.

Die Mulde von Namur und die sie im Süden begrenzende Faille du Midi wird nach Westen in belgischen und französischen Bergbau-Aufschlüssen bis an die Kanalküste nördlich Boulogne-sur-Mer verfolgt. Auch die westliche Fortsetzung des Dinant-Synklinoriums, des Ardennen-Antiklinoriums und des Eifel-Synklinoriums ist unter der mesozoischen Bedeckung des nordöstlichen Pariser Beckens nach Bohrungen und geophysikalischen Untersuchungen gut zu rekonstruieren.

4.2.2 Geologische Entwicklung, Stratigraphie

Im Gegensatz zum östlich angrenzenden Rheinischen Schiefergebirge tritt in den Ardennen kaledonisch deformiertes Altpaläozoikum in den Kernbereichen des Sattels von Condroz und der Ardennenmassive von Stavelot-Venn, Serpont, Rocroi und Givonne zutage (vgl. Abb. 63).

Kambrium ist mit Gesteinen der Deville-Gruppe und der Revin-Gruppe vor allem in den Großsätteln von Rocroi und Stavelot-Venn vertreten. Die Deville-Gruppe besteht aus zwischen 200 und 400 m mächtigen weißen oder auch grünlichen, rötlichen und graublauen Quarziten mit nach oben zunehmenden Einschaltungen phyllitischer Schiefer. Acritarchenfunde im oberen Deville ermöglichen ihre stratigraphische Zuordnung zum Unterkambrium. Die Revin-Gruppe umfaßt demgegenüber eine bis 2.000 m mächtige Wechselfolge schwarzer Tonschiefer und dunkler Quarzite und Sandsteine. Nach dem Anteil der psammitischen Einschaltungen wird sie in 5 lithostratigraphische Einheiten (Rv 1 – Rv 5) unterteilt. Nach Acritarchen gehören sie dem Mittel- und Oberkambrium an.

Im Großsattel von Stavelot-Venn finden sich in den Revin-Gesteinen sowohl schichtparallele Einlagerungen und Gänge rhyolithischer bis rhyodacitischer Zusammensetzung als auch Diabasgänge. Das gleiche gilt für das Rocroi-Gebiet, wo Diabase und etwas jüngere Mikrogranite gangartig in das Altpaläozoikum intrudierten.

Die Quarzite und Schiefer der Deville-Gruppe der Ardennen werden zusammen mit denen des Brabanter Massivs als Sedimente eines offenen Schelfbereichs interpretiert. Mit Beginn des Mittelkambriums entwickelte sich der Sedimentationsraum der Ardennen zu einem tieferen Meeresbecken, in dem eine pelitische Normalsedimentation vielfach durch gröberklastische turbiditische Einschüttungen aus nördlich oder südlich gelegenen Schwellengebieten unterbrochen wurde.

Altersmäßig und auch lithologisch entspricht auch das in den kleineren Aufbrüchen von Serpont und Givonne aufgeschlossene Vordevon den Quarzit-Wechselfolgen des Revin von Rocroi und Stavelot-Venn. Der Sattel von Condroz enthält kein Kambrium.

Ordovizium und **Silur** sind in den Ardennen vollständig nur aus der Sattelzone von Condroz bekannt. Im Stavelot-Venn-Großsattel ist nur noch unteres und mittleres Ordovizium aufgeschlossen. In den Sätteln von Rocroi, Serpont und Givonne fehlt sicheres Ordovizium und Silur ganz. Kambrium wird hier jeweils diskordant von Unterdevon überlagert.

In der Sattelzone von Condroz wurden als Ältestes sandig gebänderte Tonschiefer des Tremadoc erbohrt.

Darüber folgen nach einer Schichtlücke im Arenig schwarze, feinsandig gebänderte Pelite. Graptolithen des Llanvirn bis Caradoc, Acritarchen-Vergesellschaftungen und im höheren Teil auch Trilobiten ermöglichen ihre zuverlässige Alterszuordnung. Im Llandeilo treten erste Rhyolithe auf.

Im mittleren Caradoc sind im westlichen Abschnitt des Condroz-Sattels kalkige Schiefer mit Kalkgeröllen und Geröllen sandiger Schiefer und Kieselschiefer eingeschaltet. Nach Osten tritt bei Dave eine meßbare Winkeldiskordanz zwischen unterem und oberem Caradoc an ihre Stelle. Beides wird als Fernwirkung der tektonischen Heraushebung einer südlichen Ardennen-Schwelle gewertet. Im östlichen Abschnitt der Sattelzone von Condroz setzt sich die Schiefer-Sandstein-Sedimentation ohne Unterbrechung bis in das Silur fort.

Im Großsattel von Stavelot-Venn werden die Schiefer und Quarzite des Oberkambriums (Revin) von der fast 1.000 m mächtigen Schiefer- und Sandsteinfolge der Salm-Gruppe konkordant überlagert. Für ihren untersten Abschnitt ist Tremadoc-Alter durch Graptolithen und Brachiopoden eindeutig belegt. Nach Acritarchen reicht diese Gruppe wahrscheinlich bis in das mittlere Ordovizium (Llandeilo/Caradoc). In die jüngere Salm-Gruppe des südwestlichen Stavelot-Venn-Sattels eingelagerte Spessartin-Quarzit-Bänder (Coticule) werden als halmyrolytisch veränderte Tuffite gedeutet.

Das **Silur** der Sattelzone von Condroz besteht überwiegend aus Tonschiefern. Sandige Einschaltungen sind selten. Im Llandovery kommen gelegentlich karbonatische Einlagerungen vor. Im Ostabschnitt des Sattels sind in die sandigen Schiefer des höchsten Llandovery einzelne rhyolithische Laven und Tuffe eingeschaltet.

Die Altersangaben für die silurischen Ablagerungen beruhen überwiegend auf Graptolithenfunden und Acritarchen, im oberen Silur auch auf Schalenfossilien. Ihr jüngster Abschnitt, die Assise de Colibeau, reicht bis in die Přídolí-Stufe.

Auf der Nordflanke der Sattelzone von Condroz wird das Silur von Konglomeraten des unteren Mitteldevons diskordant abgeschnitten. Auf seiner Südflanke gehören die ältesten Transgressionskonglomerate bereits dem oberen Gedinne an.

Im Stavelot-Venn-Großsattel, in dem Silur wahrscheinlich primär fehlt, zeigen zunehmende Sandeinschüttungen bereits für das mittlere Ordovizium eine allgemeine Verflachung an. Auch hier gehören die Basiskonglomerate des Devons dem oberen Gedinne an. Über den genauen Zeitpunkt und das tatsächliche Ausmaß der kaledonischen Deformation in den Ardennen bestehen wegen ihrer variszischen Überprägung noch erhebliche Unsicherheiten.

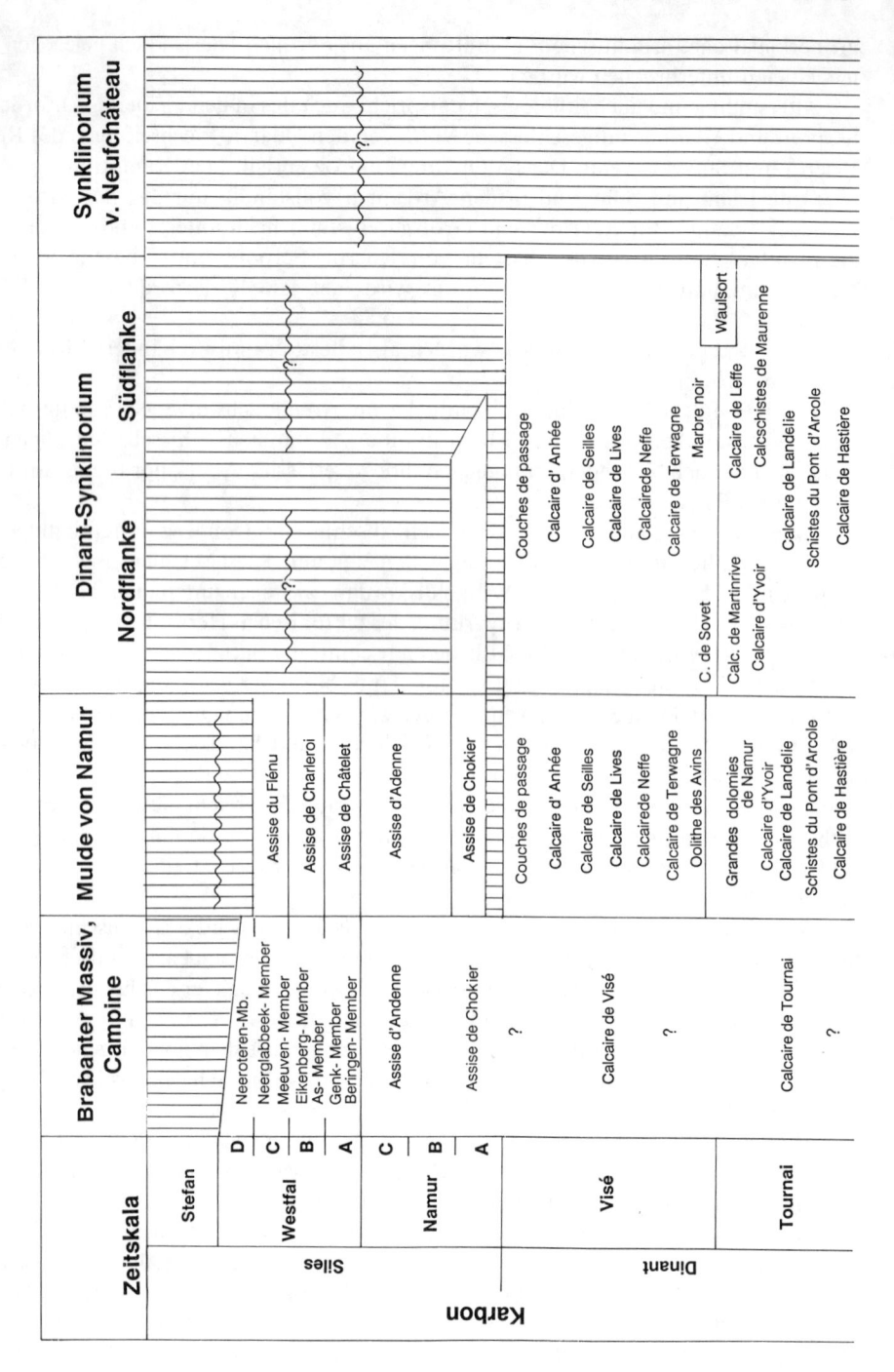

152 Das proterozoisch-paläozoische Grundgebirge

Zeitskala			Brabanter Massiv, Campine	Mulde von Namur	Dinant-Synklinorium Nordflanke / Südflanke	Synklinorium v. Neufchâteau
Karbon / Siles	Stefan					
	Westfal	D	Neeroteren-Mb.	Assise du Flénu		
		C	Neerglabbeek-Member			
		B	Meeuven-Member / Eikenberg-Member / As-Member	Assise de Charleroi		
		A	Genk-Member / Beringen-Member	Assise de Châtelet		
	Namur	C	Assise d'Andenne	Assise d'Adenne		
		B				
		A	Assise de Chokier	Assise de Chokier		
Karbon / Dinant	Visé		?	Couches de passage	Couches de passage	
			Calcaire de Visé	Calcaire d'Anhée	Calcaire d'Anhée	
				Calcaire de Seilles	Calcaire de Seilles	
			?	Calcaire de Lives	Calcaire de Lives	
				Calcairede Neffe	Calcairede Neffe	
				Calcaire de Terwagne	Calcaire de Terwagne / Marbre noir / Waulsort	
	Tournai		Calcaire de Tournai	Oolithe des Avins		
				Grandes dolomies de Namur	C. de Sovet / Calc. de Martinrive	Calcaire de Leffe
			?	Calcaire d'Yvoir	Calcaire d'Yvoir	Calcschistes de Maurenne
				Calcaire de Landelie	Calcaire de Landelie	
				Schistes du Pont d'Arcole	Schistes du Pont d'Arcole	
				Calcaire de Hastière	Calcaire de Hastière	

Die Ardennen

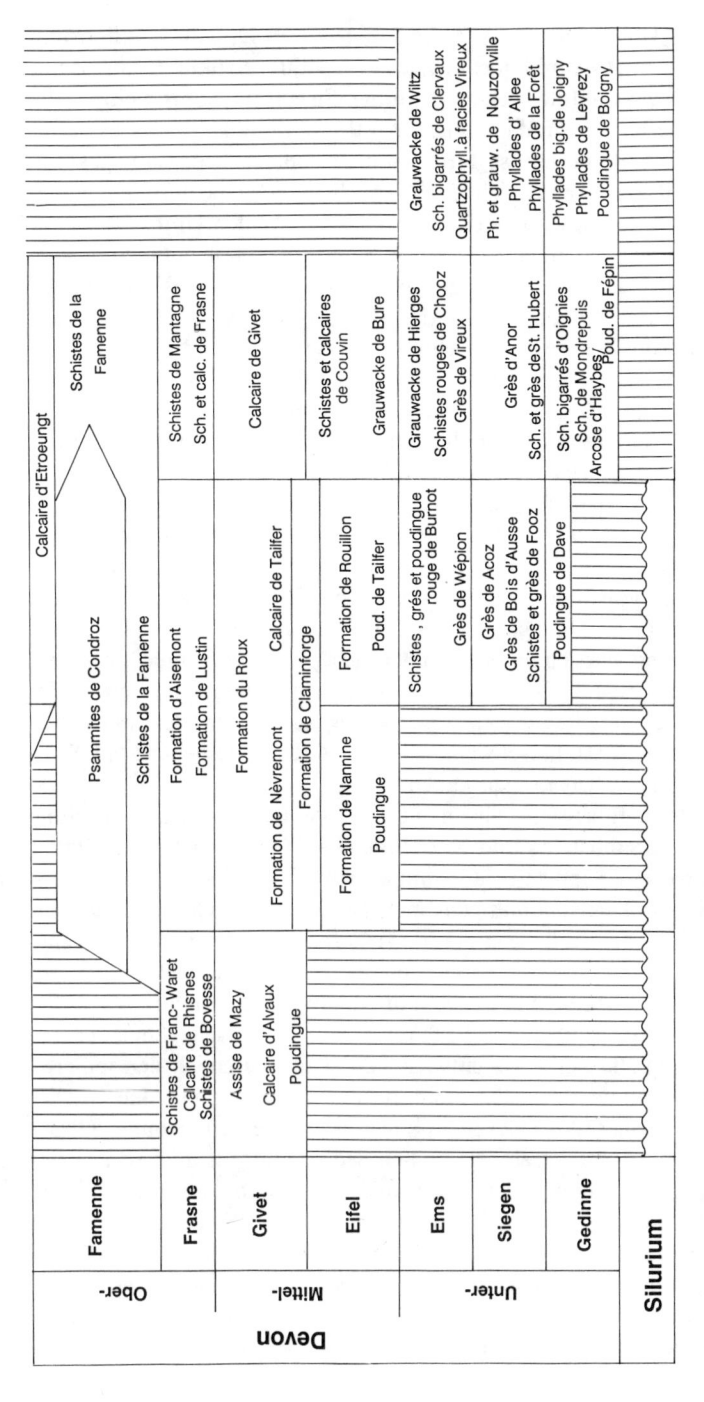

Devon				
Ober-	Famenne		Calcaire d'Etroeungt	
			Psammites de Condroz	Schistes de la Famenne
			Schistes de la Famenne	
Mittel-	Frasne	Schistes de Franc-Waret / Calcaire de Rhisnes / Schistes de Bovesse	Formation d'Aisemont / Formation de Lustin	Schistes de Mantagne / Sch. et calc. de Frasne
	Givet	Assise de Mazy / Calcaire d'Alvaux / Poudingue	Formation de Nèvremont / Formation de Claminforge	Calcaire de Tailfer
Unter-	Eifel		Formation de Nannine / Poudingue	Formation de Rouillon / Poud. de Tailfer	Schistes et calcaires de Couvin / Grauwacke de Bure
	Ems			Schistes, grès et poudingue rouge de Burnot / Grès de Wépion	Grauwacke de Hierges / Schistes rouges de Chooz / Grès de Vireux
	Siegen			Grès de Acoz / Grès de Bois d'Ausse / Schistes et grès de Fooz	Grès d'Anor / Sch. et grès de St. Hubert
	Gedinne			Poudingue de Dave	Sch. bigarrés d'Oignies / Sch. de Mondrepuis / Arcose d'Haybes / Poud. de Fépin
Silurium					Grauwacke de Wiltz / Sch. bigarrés de Clervaux / Quartzophyll. à facies Vireux / Ph. et grauw. de Nouzonville / Phyllades d' Allée / Phyllades de la Forêt / Phyllades big.de Joigny / Phyllades de Levrezy / Poudingue de Boigny

Abb. 66. Stratigraphische Übersicht für das Devon und Karbon der Ardennen (nach verschiedenen Autoren).

Devon und **Karbon** sind in den Ardennen am vollständigsten im Dinant-Synklinorium überliefert. Im südlich des Ardennen-Antiklinoriums gelegenen Eifel-Synklinorium ist nur Unterdevon erhalten. In der Namur-Mulde fehlen Gedinne, Siegen und Ems weitgehend. Dafür reicht die Schichtenfolge hier bis in das höhere Westfal (Abb.66).

Die fazielle Entwicklung des **Unterdevons** ist durch sandig-schiefrige Sedimente gekennzeichnet. Zu seinen ältesten Ablagerungen zählen feldspatreiche Sandsteine und Konglomerate des unteren Gedinne, evtl. auch schon des obersten Silur in der Umrandung der kaledonischen Sattelstrukturen von Givonne, Rocroi und Serpont. Im hohen Gedinne griff die Sedimentation nach Norden auch über den Sattel von Stavelot-Venn und bis zur heutigen Südflanke der Sattelzone von Condroz vor. Sowohl der Stavelot-Venn-Großsattel als auch das nördliche Dinant-Synklinorium weisen in ihrer Umrandung entsprechend Konglomerathorizonte auf. Darüber hinaus bestimmen bunte Schiefer, häufig mit Kalkknollen, und glimmerreiche Sandsteine das Bild des Gedinne sowohl im Süden als auch im Norden.

Auch im weiteren Verlauf des Unterdevons sind in den Ardennen flachmarine klastische Ablagerungen bezeichnend. Doch betrug die Absenkung in ihrem Südteil ein Mehrfaches derjenigen im Norden. Den über 5.000 m Gedinne-, Siegen- und Ems-Ablagerungen des Eifel-Synklinoriums stehen knapp 1.900 m gleichaltrige Sedimentfolgen im nördlichen Dinant-Synklinorium gegenüber.

Dieser Mächtigkeitsabnahme von Süden nach Norden entspricht eine generelle Zunahme des Anteils grober Sandsteine bis hin zu Konglomeraten. Als Herkunftsgebiet der klastischen Komponenten kommt am ehesten das sich im Norden heraushebende Brabanter Massiv als Teil des Old Red-Kontinents in Frage. Untergeordnet mögen auch zeitweilig im Bereich des Großsattels von Rocroi bestehende Schwellen und weiter südlich in der westlichen Fortsetzung der Mitteldeutschen Kristallinschwelle gelegene Abtragungsgebiete zur Sedimentfüllung des Ardennen-Beckens beigetragen haben.

Im Übergang zum **Mitteldevon** führte eine allgemeine Regression im Norden zur Bildung weit verbreiteter roter Schiefer, Sandsteine und Konglomerate (Konglomerat von Tailfer u. a.) und zur Ablagerung gröberer Sandsteine auch im Süden.

Mit erneuter Transgression und dem endgültigen Nachlassen der terrigenen Sedimentzufuhr von Norden im Verlauf der Eifel-Stufe begann für das Gesamtgebiet der Ardennen eine Phase ausgedehnter Riffkalkentwicklung. Sie endete im obersten Frasne. Lithologie und Faunengemeinschaften der Karbonatgesteine variieren in Abhängigkeit von differenzierten Absenkungsbewegungen der sich bis über das Brabanter Massiv ausdehnenden Ardennisch-Brabanter Schelfplattform. Beckenwärts entwickelten sich im Bereich der späteren Südflanke des Dinant-Synklinoriums marine Stromatoporen- und Korallenkalke vorwiegend in Form von isolierten Biohermkomplexen in sonst pelitischer Umgebung. Gegen Norden trennten Barriereriffbildungen diesen pelagischen Sedimentationsraum von Flachschelfgebieten mit zum Teil lagunärer biostromaler Karbonatentwicklung. Besonders für die Zeit des unteren Frasne läßt sich das Barriereriff des mittleren Dinant-Synklinoriums über weite Strecken gut rekonstruieren.

Im östlichen Namur-Synklinorium beobachtete größere Mächtigkeiten der Flachschelfkarbonate lassen auf örtlich hohe Absenkungsraten während des Mitteldevons schließen (Trog von St. Ghislain). Bemerkenswert sind hier aus Bohrungen bekannte Anhydriteinschaltungen in Givet-Kalken.

Ein im obersten **Frasne** beginnender und durch das ganze **Famenne** andauernder erneuter Rückzug des Meeres aus dem Bereich des Brabanter Massivs nach Süden führte im weiteren

Verlauf des Oberdevons zur Bildung weit verbreiteter Tonschiefer (Famenne-Schiefer) und feldspatreicher Sandsteine (Condroz-Sandstein).

Generell läßt sich auch für das Mittel- und Oberdevon eine Mächtigkeitsabnahme der Sedimentfolgen von Süden nach Norden feststellen.

Im **Unterkarbon** verlor sich der Gegensatz erhöhter Absenkungsraten im Süden und tektonischer Stabilität im Norden. Eine im Verlauf des Tournai abermals weit über das Brabanter Massiv nach Norden reichende Meeresüberflutung führte sowohl im Dinant-Synklinorium als auch im Namur-Synklinorium zur Bildung von bis zu 900 m mächtigen Flachwasserkarbonaten in Kohlenkalk-Fazies, örtlich auch mit Evaporiten.

Im Dinant-Synklinorium erfolgte die Karbonatsedimentation teilweise unter extremen Flachwasserbedingungen. Zyklisch aufgebaute Sequenzen aus fossilführenden Kalkareniten Oolithen und Kalklutiten, lassen sich heute über weite Strecken verfolgen. Südlich von Dinant entwickelten sich in etwas tieferem Wasser Bryozoenriffe.

In der heutigen Namur-Mulde ist das untere Dinantium in Bezug auf seine Fazies und Faunenführung differenzierter ausgebildet. Im Westen deutet eine Mächtigkeitszunahme wieder höhere Absenkungsraten an (St. Ghislain-Trog). Im Visé wurden hier in lagunärer Umgebung bis zu 500 m mächtige Anhydritschichten und untergeordnet auch Gips ausgefällt. Gleiches Alter besitzen am Südrand des Brabanter Massivs weitverbreitete, heute als Kollapsstrukturen gedeutete Kalkbrekzien des höheren Visé.

Unterkarbon-Sedimente in Kulm-Fazies sind in den Ardennen nicht überliefert. Möglicherweise kamen sie aber doch südlich des Karbonatschelfs des Dinant-Synklinoriums zur Ablagerung und sind dort heute erodiert.

Mit Beginn des **Oberkarbons** stellten sich die Sedimentationsbedingungen in den nördlichen Ardennen endgültig um. Mehr als 3.500 m klastische Sedimente des Namurs und Westfal A und B wurden auf rasch sinkendem Untergrund vor dem Brabanter Massiv abgelagert. Der Detritus stammt nachweislich aus südlichen Liefergebieten. Diese Tatsache und ein paralisches Ablagerungsmilieu vom mittleren Namur an geben den Oberkarbon-Sedimenten der Ardennen und ihres nördlichen Vorlandes den Charakter einer variszischen Vorlandmolasse.

Am Anfang des Namurs besteht in den nördlichen Ardennen eine weit verbreitete Schichtlücke. Im östlichen Teil des Namur-Synklinoriums und im Vorland des Stavelot-Venn-Massivs sind die Kalke des Visé infolge zeitweiliger Heraushebung deutlich verkarstet. Namur B greift unter Ausfall des obersten Visé, örtlich auch des ganzen Unterkarbons, transgressiv über diesen Paläokarst hinweg.

In der Namur-Mulde erreichen die Ablagerungen der Namur-Stufe eine Mächtigkeit von 350 m. Im Dinant-Synklinorium sind in einzelnen Teilmulden nur noch bis 200 m Namur-Sedimente erhalten. Die Stufe umfaßt eine Wechsellagerung von mehr oder weniger groben Sandsteinen und Tonsteinen mit zum Teil mariner Fauna. Einzelne Konglomerateinschaltungen stellen örtlich begrenzte fluviatile Deltabildungen dar. Sie enthalten Gerölle unterkarbonischer und älterer Sedimentgesteine. Im Dinant-Synklinorium beginnt bereits im unteren Namur A eine zunächst noch unregelmäßige Flözbildung. In der Namur-Mulde wurden an verschiedenen Stellen Kohlenflöze des Namurs abgebaut.

Im Westfal nimmt der Anteil mariner Sedimente allmählich ab. Als stratigraphische Markierung treten Kaolintonstein-Lagen an ihre Stelle. Das Westfal A erreicht im Hainaut (westliche Namur-Mulde) 475 m, bei Lüttich 725 m Mächtigkeit. Es enthält besonders in höheren Abschnitten zahlreiche Kohlenflöze. Auch Westfal B und C sind reich an

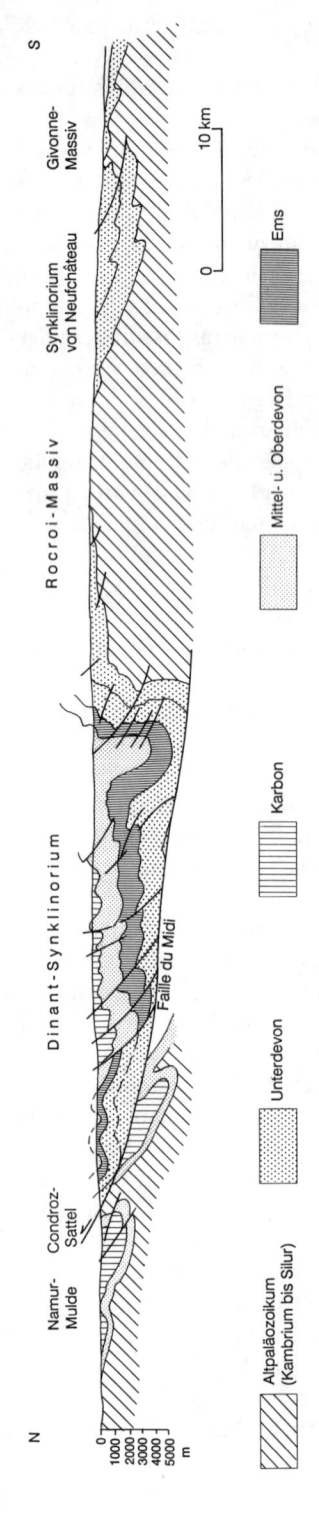

Abb. 67. Schematisches geologisches Profil durch die Ardennen entlang der Maas (n. RAOULT & MELLIEZ 1986).

Kohlenflözen. Westfal B wird im Hainaut wenigstens 850 m mächtig. Westfal C, das in seinem höheren Teil auch gröbere Sandsteine und Konglomerate umfaßt, erreicht hier bis 1.100 m.

Gegen Ende des Westfals beendete die endgültige Auffaltung und Heraushebung auch der nördlichen Ardennen die Sedimentation. Westfal D ist nur aus der westlichen Fortsetzung der Namur-Mulde in Nordfrankreich bekannt.

Der Beginn der **variszischen Faltung** fällt in den Ardennen an die Wende Unterkarbon/Oberkarbon. Indirekte Anzeichen dafür sind die zweitweilige Heraushebung des unterkarbonischen Karbonatschelfs in ihrem nördlichen Vorland gegen Ende des Visé oder aus südlicher Richtung geschüttete bedeutende Konglomerathorizonte im unteren Namur. Direkte Hinweise auf eine sudetische Deformation im südöstlichen Teil der Ardennen ergeben sich aus dem Alter der Schieferung in Verbindung mit einer grünschieferfaziellen regionalen Metamorphose devonischer und ordovizischer Schiefergesteine im südlichen Ardennen-Antiklinorium (315 bzw. 312 Ma).

Für die anschließende Zeit des Namurs und Westfals spiegeln die Molasse-Sedimente der Dinant- und Namur-Mulde eine allmähliche Nordwanderung der variszischen Faltungsfront wider. Abschließend erfolgte im Rahmen der asturischen Faltung die Überschiebung der Ardennen auf die Südflanke des Brabanter Massivs. Über die ursprüngliche Breite der subvariszischen Vortiefe gibt es wegen der bisher nicht genau bekannten Überschiebungsbeträge nur ungenaue Vorstellungen.

4.2.3 Regionalgeologischer Bau

Als nördlichste Struktureinheit der Ardennen gilt die **Mulde von Namur** (Namur-Synklinorium). Das Mittel- und Oberdevon und Karbon seiner Nordflanke ruht weitgehend ungestört und flach nach Süden einfallend diskordant auf kaledonisch gefaltetem und geschiefertem Silur, während ihre Südflanke über weite Strecken steil überkippt liegt.

Unterdevon fehlt primär im Bereich der Namur-Mulde. Mittel- und Oberdevon und Unterkarbon sind zusammen weniger als 1.000 m mächtig. Das Muldeninnere bilden die kohleführenden Ablagerungen des Oberkarbons vom Namur bis Westfal C.

In ihrem mittleren Abschnitt, etwa zwischen Charleroi und Lüttich, ist die Mulde von Namur besonders schmal ausgebildet. Hier bildet der Sattel von Condroz ihre Südflanke. Wo dessen bereits kaledonisch gefaltete altpaläozoische Kernschichten nach Westen abtauchen, öffnet sich die Mulde von Namur zu den Steinkohlenbecken von Charleroi, Centre, Borinage und Pas de Calais. Die Oberkarbon-Schichten dieses westlichen Abschnitts der Namur-Mulde zeigen weitgehend flache, nach Süden einfallende monokline Lagerung. Ihre südliche Begrenzung bilden die Faille du Midi und zahlreiche diese begleitende, gleichfalls flach nach Süden einfallende Überschiebungen.

Auch östlich der Sattelzone von Condroz verbreitet sich die Namur-Mulde zu den Steinkohlenbecken von Andenne und Antheit bei Lüttich. Im Norden bilden die östlichen Ausläufer des Brabanter Massivs, im Süden die Eifel-Überschiebung deren Grenzen.

Ganz im Osten, nördlich Aachen, liegt in der direkten Fortsetzung der Lütticher Mulde die Wurm-Mulde. Hier sind ca. 1.800 bis 2.000 m flözführendes Oberkarbon vom höheren Namur bis obersten Westfal B erschlossen. Im Nordwesten steht das Wurm-Revier in unmittelbarem Zusammenhang mit dem Südlimburgischen Steinkohlenrevier.

Die Eifel-Überschiebung westlich Lüttich steht über die Asse-Überschiebung in Ostbelgien mit den Überschiebungen des Aachener Schuppensattels in direkter Verbindung.

Der Südrand der Mulde von Namur ist also entlang der Linie von Valenciennes–Mons–Namur–Lüttich–Aachen im Westen durch die **Faille du Midi** und ihre Begleitstörungen, im Mittelabschnitt durch die **Sattelzone von Condroz** und im Osten durch die **Eifel-Überschiebung** und deren östliche Fortsetzung im Aachener Schuppensattel markiert. Eine direkte Verbindung der Faille du Midi mit der Eifel-Überschiebung im Bereich des möglicherweise allochthonen schmalen Condroz-Sattels wird angenommen. Auf wenigstens 35 km wird heute die Überschiebungsweite dieser nach Bohrungen und reflexionsseismischen Profilen in 2–6 km Tiefe bis weit unter das Dinant-Synklinorium zu verfolgenden deckenartigen Überschiebungen geschätzt.

Zwischen dem Ausbiß dieser Überschiebungen und dem zentralen Ardennen-Antiklinorium nimmt das **Dinant-Synklinorium** breiten Raum ein. Kalke des Unterkarbons sind in seinem Kernbereich weit verbreitet. Auch konkordant darüber folgende Namur-Ablagerungen sind noch in einigen Muldenkernen erhalten, u. a. in der Mulde von Anhée nördlich Dinant.

Im Detail ist der tektonische Bau des Dinant-Synklinoriums durch einen engen, konzentrischen Faltenbau seiner unterkarbonischen Kalke bestimmt. Einzelne größere gegen Norden gerichtete Überschiebungen gehen möglicherweise aus Abscherungen des Devon-Karbon-Stockwerks von seiner kaledonischen Basis hervor.

Im Westen trennt eine Achsenkulmination das eigentliche Dinant-Synklinorium vom Synklinorium von Avesnois, einem weiteren, weitgehend von mesozoischen Deckschichten des nordöstlichen Pariser Beckens verdeckten Muldensystem mit Unterkarbon als hauptsächlicher Füllung.

Nach Osten hebt sich das Dinant-Synklinorium vor dem Stavelot-Venn-Großsattel steil heraus. Hier gilt die nördlich dieser Antiklinalstruktur gelegene Muldenzone von Herve und die Inde-Mulde südlich Aachen als tektonisches Äquivalent des Dinant-Synklinoriums.

Im Kernbereich der Ardennen wird die W–E-Ausrichtung des **Ardennen-Antiklinoriums** durch die Aufbrüche seines altpaläozoischen Unterbaus im Großsattel von **Rocroi** und der kleineren Aufwölbung von **Serpont** angezeigt. Weiter im Osten nehmen seine Faltenstrukturen eine ostnordöstliche Streichrichtung an. Die maximale Heraushebung wird hier im gleichfalls kaledonisch vorgeprägten **Stavelot-Venn**-Großsattel erreicht.

Als Ältestes ist in den Kernen der Großsättel von Rocroi und Stavelot-Venn Unterkambrium (Deville) aufgeschlossen. In allen drei Aufwölbungen folgt Mittel- und Oberkambrium (Revin) und im Stavelot-Venn-Großsattel darüber hinaus auch unteres und mittleres Ordovizium (Salm).

Im Großsattel von Rocroi sind die Quarzite und Schiefer des Deville und Revin in zwei bereits kaledonisch angelegten W–E streichenden Sattel- und Muldenzonen eng verfaltet.

Die heute zu beobachtende Hauptschieferung und das mit ihr verbundene Kleinfaltengefüge sind vorwiegend variszisch. Spuren der kaledonischen Deformation sind nur noch mühsam zu entziffern. Eine nach Süden zunehmende variszische Regionalmetamorphose erreichte hier grünschieferfazielle Bedingungen (2 kb/400 °C). Nach Osten setzt sich die Zone höherer Metamorphose im Gebirgsstreichen bis zur Aufwölbung von Serpont fort.

Auch für den Stavelot-Venn-Großsattel läßt sich ein erster W–E streichender kaledonischer Faltenbau nachweisen, der später von einer SE–NW gerichteten variszischen Einengung überprägt wurde. Zwischen seinen beiden Teilsätteln von Stavelot-Venn im Norden und Grand Halleux im Süden finden sich im Graben von Malmedy Konglomerate einer permzeitlichen Innenmolasse.

Der Nordrand des Stavelot-Venn-Sattels ist durch weitreichende flache Überschiebungen gekennzeichnet. Im Nordwesten sind das „Fenster von Theux" und die allochthone Weser-Schuppe Ausdruck solcher Horizontaltektonik.

Wie auf der Südflanke des Rocroi-Großsattels und seiner östlichen Fortsetzung zeichnet sich auch der Südrand des Stavelot-Venn-Großsattels durch eine variszische grünschieferfazielle Regionalmetamorphose aus (2 kb/360–420 °C), die sowohl seine altpaläozoischen Kernschichten als auch seine unterdevonischen Mantelschichten betroffen hat. K/Ar-Altersbestimmungen ergeben ein Alter von ca. 312 Ma sowohl für den Höhepunkt dieser Metamorphose als auch für die variszische Hauptdeformation. Für zwei kleinere Tonalit-Intrusivkörper im Hill-Tal und bei Lammersdorf ist mitteldevonisches Alter (384 Ma) ermittelt worden. Gleiches Alter haben möglicherweise auch weitere „Venn-Porphyre".

Unter dem nordöstlichen Stavelot-Venn-Großsattel stellt ein ca. 3 km tief liegender deutlicher seismischer Reflektor das Äquivalent der unter dem Dinant-Synklinorium nachgewiesenen Überschiebungsbahn der Faille du Midi und Eifel-Überschiebung dar.

In den südöstlichen Ardennen nimmt das **Synklinorium von Neufchâteau** oder **Eifel-Synklinorium** (Wiltzer Mulde) weiten Raum ein. Im Westen, zwischen den kaledonischen Massiven von Rocroi und Givonne, beschränkt sich seine Schichtfolge auf die Gedinne- und Siegen-Stufe. Nach Osten verbreitert und vertieft es sich in Richtung auf die Eifeler Nord-Süd-Zone, wo auch Mittel- und Oberdevon-Schichten aufgeschlossen sind. Nordvergenter Faltenbau herrscht vor. Nur im Zusammenhang mit einer gegen Norden einfallenden bedeutenden Aufschiebung (Störung von Troisvierges, Störung von Malsbenden auf deutschem Gebiet) tritt auch Südvergenz auf.

Bei Bastogne wurden ähnlich wie auf der Südflanke des Stavelot-Venn-Großsattels Faltung und Schieferung mit 315 Ma datiert.

Unmittelbar vor dem Nordrand des mesozoischen Deckgebirges des Pariser Beckens ist mit dem **Sattel von Givonne-Muno** ein weiteres Ardennen-Antiklinorium angeschnitten. Als Ältestes tritt wieder ein kaledonischer Sockel mit Oberkambrium (Revin) zutage. Gegen Osten, auf luxemburgischem Gebiet, entspricht dem Givonne-Sattel das ausschließlich Unterdevon umfassende **Ösling-Antiklinorium**. Auch der Givonne-Aufbruch und sein Rahmen zeichnen sich durch eine grünschieferfazielle Regionalmetamorphose aus.

4.2.4 Die postvariszische Entwicklung

Nach der variszischen Faltung und Heraushebung erfolgten bis zum Ende des Perms Abtragung und Einebnung der Ardennen und ihres nördlichen Vorlandes.

Einziges Vorkommen vermutlicher **Perm**-Ablagerungen ist ein schmaler W–E streichender tektonischer Graben mit Rotliegend-Konglomeraten bei Malmedy inmitten des Großsattels von Stavelot-Venn.

Auch während der **Trias**, des **Juras** und der **Unterkreide** blieben die heutigen Ardennen wahrscheinlich weitgehend sedimentfreies Flachland. Kurzzeitig griff die marine Lias-Transgression von der Eifeler Nord-Süd-Zone her auf ihren Ost- und Südrand vor. Entsprechende Sedimente sind jedoch nur entlang dem heutigen Nordostrand des Pariser Beckens erhalten. Das den Ardennen nördlich vorgelagerte Brabanter Massiv blieb auch in dieser Zeit herausgehobenes Hochgebiet.

Im Alb führte eine Transgression des **Oberkreide**-Meeres zu weitgehender Überflutung der Ardennen aus nördlicher und südwestlicher Richtung. Marine Oberkreide-Ablagerungen bilden heute ihren nördlichen und westlichen Rahmen. In den Ardennen selbst sind nur

Sedimente des Campans und Maastrichts, des Höhepunkts der Kreidetransgression, in wenigen lokalen Erosionsresten erhalten.

Zeugnisse einer kurzzeitigen marinen Überflutung der Randgebiete der Ardennen während des **Tertiärs** sind Meeressande des höheren Paleozäns (Landen) und oberen Eozäns (Bruxelle) sowie des Oligozäns in den westlichen Ardennen und auf dem Stavelot-Venn-Massiv. Im Verlauf des oberen Miozäns erfolgte die Erweiterung des Einzugsgebietes der heutigen Maas nach Süden durch Anzapfen des bis dahin zum Pas-de-Calais entwässernden lothringischen Maas-Systems.

Seit dem Pliozän vollzog sich in den Ardennen wie im Rheinischen Schiefergebirge der Übergang vom Flachland zum heutigen Mittelgebirge. Der Verlauf dieses Aufstiegs bildet sich heute in den Terrassen der tief in die tertiären Einebnungsflächen eingeschnittenen Talsysteme der Maas, der Sambre und der Ourthe ab.

Literatur: L. ANDRÉ, J. HERTOGEN & S. DEUTSCH 1986; J. F. BECQ-GIRAUDON 1983; D. BETZ, H. DURST & T. GUNDLACH 1988; A. BEUGNIES 1963, 1986; M. J. M. BLESS et al. 1980d; M. J. M. BLESS, J. BOUCKAERT & E. PAROTH (Eds.) 1980; H. BREDDIN 1973; M. CAZES et al. 1985; J. P. COLBEAUX et al. 1977; A. DELMER, J. M. GRAULICH & R. LEGRAND 1978; P. FOURMARIER et al. 1954; K. FUCHS et al. (Eds.) 1983; F. GEUKENS 1981, 1986; J. M. GRAULICH, L. DEJONGHE & C. CNUDDE 1984; H. HUGON 1983; W. KASIG & H. WILDER 1983; G. KNAPP 1980; U. KRAMM 1982; R. MEISSNER, H. BARTELSEN & H. MURAWSKI 1980; W. MEYER 1988; P. MICHOT 1980, 1988; H. MURAWSKI et al. 1983; J.-F. RAOULT 1986; J.-F. RAOULT & F. MEILLIEZ 1986, 1987; F. ROBASZYNSKI & C. DUPUIS 1983; J. M. ROUCHY et al. 1986; P. STEEMANS 1989; J. THOREZ et al. 1977; R. WALTER 1980; R. WALTER & J. WOHLENBERG (Eds.) 1985; R. WALTER, G. SPAETH & W. KASIG 1985; G. WATERLOT 1974; G. WATERLOT et al. 1973; V. WREDE 1985; V. WREDE & M. ZELLER 1988.

4.3 Das Rheinische Schiefergebirge

4.3.1 Übersicht

Im Osten steht das Paläozoikum der Ardennen mit dem heute in gleicher Weise als Mittelgebirgsrumpf herausgehobenen Rheinischen Schiefergebirge in direkter Verbindung. Dessen variszisches Stockwerk wird im Nordwesten vom Tertiär der Niederrheinischen Bucht und im Norden durch die in nördlicher Richtung rasch an Mächtigkeit zunehmende Kreide der Münsterländer Oberkreidemulde verdeckt. Nach Süden wird das Rheinische Schiefergebirge entlang dem Südrand von Hunsrück und Taunus durch eine bedeutende Störung vom südöstlich angrenzenden Jungpaläozoikum des Saar-Nahe-Beckens und weiter östlich vom Tertiär und Quartär des Mainzer Beckens, des nördlichen Oberrheingrabens und der Wetterau abgetrennt. Im Osten sinkt es unter das permisch-mesozoische Deckgebirge der Hessischen Senke. Seine Grenze ist hier uneinheitlich sowohl als Erosions- als auch als Störungskontakt ausgebildet.

Das Rheinische Schiefergebirge wird durch das Rheintal in einen linksrheinischen und einen rechtsrheinischen Abschnitt unterteilt.

Das **Linksrheinische Schiefergebirge** gliedert sich morphologisch in die Eifel, das Moselgebiet und den Hunsrück. Geologische Hauptstrukturen sind im Nordwesten der Aachener Sattel, das Nordostende des Sattels von Stavelot-Venn und die an die Eifeler Nord-Süd-Zone gebundenen mitteldevonischen Eifelkalkmulden. Östlich schließt der Eifeler Hauptsattel an die Eifeler Nord-Süd-Zone an, nach Südosten die Mosel-Mulde und das Hunsrück-Antiklinorium. Am Südrand des Hunsrücks finden sich in steiler Lagerung höher metamorphe devonische und karbonische Schichten mit örtlich eingeschuppten vordevonischen Gesteinen.

Nachvariszische Bildungen sind in der Eifeler Nord-Süd-Zone einige Perm- und Trias-Deckgebirgsreste und tertiäre und quartäre Vulkanbauten und Maare in der Westeifel, der Hocheifel und der Osteifel.

Im **Rechtsrheinischen Schiefergebirge** sind im Bergischen Land und Sauerland der Velberter Sattel, der Remscheid-Altenaer Sattel, der Ebbe-Sattel und der Ostsauerländer Hauptsattel die Hauptstrukturen. Weiter nach Norden läßt sich der variszische Faltenbau nach Aufschlüssen im Steinkohlenbergbau des Ruhrgebietes und Bohrungen bis weit unter die Kreidebedeckung des südlichen Münsterlandes verfolgen.

Im mittleren Abschnitt des Rechtsrheinischen Schiefergebirges setzt sich der Eifeler Hauptsattel über den Rhein bis ins Siegerland hinein fort. Südlich schließt sich der Siegener Schuppensattel an. Beide Großstrukturen bauen links- und rechtsrheinisch ein breites Areal mit Siegen-Schichten auf. Das wieder hauptsächlich aus Mittel- und Oberdevon und Unterkarbon aufgebaute Lahn-Dill-Synklinorium im südöstlichen Rheinischen Schiefergebirge stellt eine strukturelle Entsprechung der linksrheinischen Mosel-Mulde dar.

Der Ostrand des Rheinischen Schiefergebirges weist im Gegensatz zu den westlichen Großstrukturen eine Vielzahl nach Nordosten eintauchender Sattel- und Muldenstrukturen mit Mittel- bis Oberdevon und Unterkarbon als jüngster Füllung auf.

Den Südrand des Rechtsrheinischen Schiefergebirges bilden das wieder überwiegend aus Unterdevon aufgebaute Taunus-Antiklinorium und eine schmale Metamorphe Zone des Südtaunus.

Bemerkenswerte jüngere Bildungen sind auch im Rechtsrheinischen Schiefergebirge tertiäre Vulkanite im Westerwald und im Siebengebirge.

Im jungen Neuwieder Becken verdecken tertiäre und quartäre Sedimente den Sockel. In kleinerem Umfang ist das auch in den ebenfalls jungen grabenartigen Senken des Limburger Beckens und der Idsteiner Senke der Fall.

4.3.2 Geologische Entwicklung, Stratigraphie

Vordevonische Gesteine sind im nördlichen Rheinischen Schiefergebirge außer im bereits zu den kaledonischen Ardennenaufbrüchen zu rechnenden Stavelot-Venn-Sattel der Nordeifel nur aus den Kernbereichen des rechtsrheinischen Remscheid-Altenaer Sattels und des Ebbe-Sattels sicher bekannt.

Im Ebbe-Sattel ist als Ältestes Ordovizium vom Llanvirn bis Caradoc mit überwiegend pelitischen Gesteinen in pelagischer Fazies entwickelt und durch Graptolithen- und Trilobitenfaunen altersmäßig gut belegt. Wahrscheinlich bestand direkte Meeresverbindung zum Ardennen- und Brabanter Becken.

Abb. 68. Geologische Übersichtskarte des Rheinischen Schiefergebirges. A. Ü. = Aachener Überschiebung, Bl. M. = Blankenheimer Mulde, B. S. = Bickener Schuppe, Be. S. = Belecker Sattel, B. Ü. = Bopparder Überschiebung, B. W. S. = Betzdorf-Weidenauer Schuppenzone, Do. M. = Dollendorfer Mulde, E. A. = Erndtebrücker Abbruch, E. St. = Ennepe-Störung, E. Ü. = Ebbe-Überschiebung, F. v. Th. = Fenster von Theux, Ge. M. = Gerolsteiner Mulde, Gi. M. = Giebelwald-Mulde, Hi. M. = Hillesheimer Mulde, H. R. S. = Hunsrücksüdrand-Störung, I. S. = Idarwald-Sattel, La. Zü. S. = Latroper und Züschener Sattel, Ma. A. = Manderscheider Antiklinorium, Nu. M. = Nuttlarer Mulde, O. H. S. = Osburger Hochwald-Sattel, Pr. M. = Prümer Mulde, S. H. A. = Siegener Hauptaufschiebung, S. M. = Stromberger Mulde, Sö. M. = Sötenicher Mulde, S. Ü. = Sackpfeifen-Überschiebung, SW. M. = Salmerwald-Mulde, T. Ü. = Taunuskamm-Überschiebung, W. H. M. = Waldecker Hauptmulde, Wa. M. = Waldbröler Mulde, Wi. M. = Wiehler Mulde, W. S. = Weidbacher Schuppe.

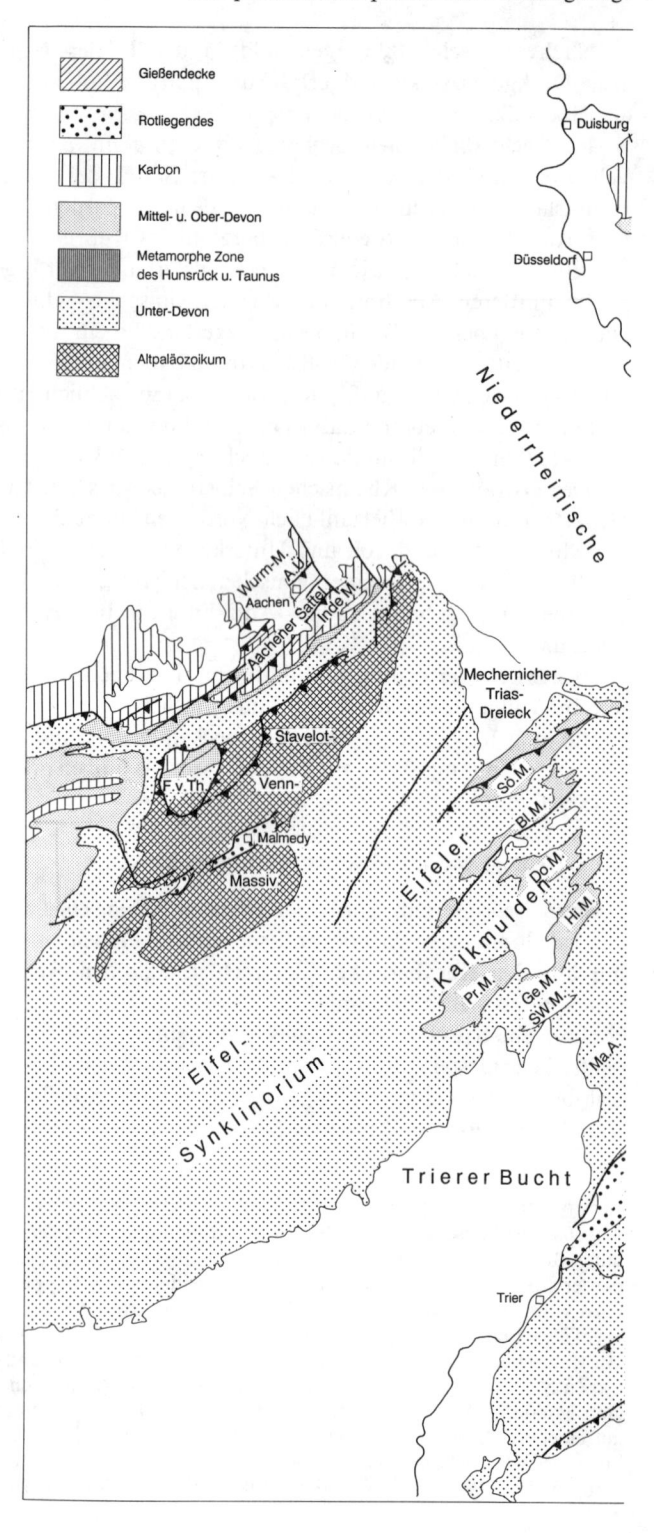

Das proterozoisch-paläozoische Grundgebirge

Abb. 68

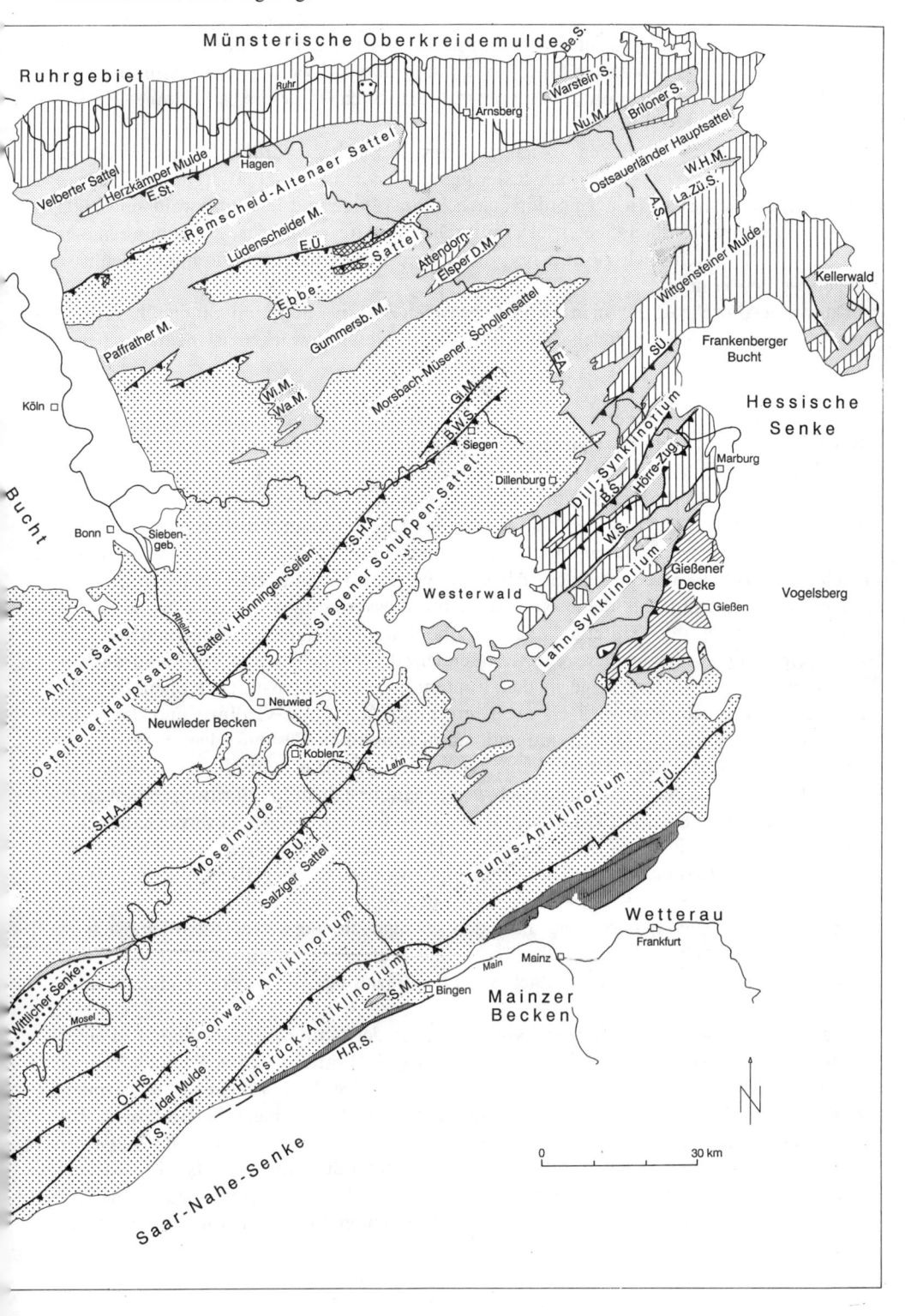

Das Rheinische Schiefergebirge

Höchstes Ordovizium und unteres und mittleres Silur fehlen im Gebiet des Ebbe-Sattels möglicherweise primär. Dagegen wird hier konkordanter Übergang aus fossilführenden mergeligen Schiefern des Přidoli (Köbbinghäuser Schichten) in unterstes Gedinne (Hüinghäuser Schichten) beobachtet.

Am Ostrand des Rheinischen Schiefergebirges sind sichere Vordevon-Aufschlüsse bei Gießen mit einem ordovizischen Flachwasserquarzit (Andreasteich-Quarzit) und silurischen Ostracodenkalken belegt. In der nordöstlichen Lahn-Mulde und im Kellerwald sind auch obersilurische Graptolithenschiefer bekannt. Die primäre räumliche Zuordnung dieser Vorkommen ist jedoch noch zu unsicher, als daß aus ihnen paläogeographische Schlüsse gezogen werden könnten.

Das prädevonische Alter von in der Metamorphen Zone des Südtaunus aufgeschlossenen Metavulkaniten und begleitenden Metapeliten und Metagrauwacken ist heute in Frage gestellt.

Die vollständige Überlieferung der Sedimentationsgeschichte des Rheinischen Schiefergebirges beginnt erst mit dem **Unterdevon**. Sie ist zunächst wesentlich bestimmt durch die Heraushebung und den Abtrag des kaledonischen Faltungsgebietes im Nordwesten und Norden (Old Red-Kontinent) und möglicherweise auch im Süden.

Linksrheinisch besteht das über dem Sockel des Stavelot-Venn-Sattels transgredierende Obergedinne aus Konglomeraten und roten Sandsteinen und Schiefern. Auch in den weiter südlich und östlich anschließenden Ablagerungsräumen dominierten im Unterdevon zunächst noch fluviatile bis deltaische Sedimentationsverhältnisse. Nach einer zunächst flach- marinen Fazies des Untergedinne im Ebbe-Sattel (Hüinghäuser Schichten) und im Taunus (Graue Phyllite) fand diese regressive Tendenz des frühen Unterdevons im nördlichen Rechtsrheinischen Schiefergebirge in den Bunten Ebbe-Schichten ihren Höhepunkt. Im Süden sind sowohl im Hunsrück als auch im Taunus das obere Gedinne und die frühe Siegen-Stufe mit Bunten Schiefern und anderen nichtmarinen Gesteinsfolgen vertreten.

Im weiteren Verlauf des Unterdevons blieb der terrestrische Einfluß im nördlichen Rheinischen Schiefergebirge zunächst noch weitgehend bestehen. Im Nordwesten kamen in ausgedehnten Küstenebenen und Flußdelta-Bereichen überwiegend Brackwassersedimente, teilweise auch Rotschiefer zur Ablagerung. Weiter südlich entwickelten sich während der Siegen-Stufe Schelfsedimente eines bewegten Flachwassers, im Siegerland als bis 3.000 m mächtige wechselvolle klastische Serie von Sandsteinen und Schiefern.

Im südlichen Schiefergebirge folgt über den geringmächtigen rotgefärbten Sandsteinen der Hermeskeil-Schichten der bis 1.000 m mächtige Taunus-Quarzit. Im Moseltrog wurden gleichzeitig große Teile der Siegen-Schichten in der Fazies des Hunsrück-Schiefers abgelagert.

Während des Ems kam es ganz im Nordwesten, in der Nordeifel, noch einmal zu einer allgemeinen Regression. Nördlich des Stavelot-Venn-Großsattels reichen Rotschiefer und Rotsandsteine bis in die Eifel-Stufe. Auch in anderen Teilen des nördlichen und zentralen Schiefergebirges kam es gegen Ende des Unterdevons zu großflächigen Verlandungen. Im übrigen bestimmten klastische Sedimente mit mariner, z.T. pelagischer Fauna das Bild eines weiten, durch unterschiedliche Absenkungsraten differenzierten Schelfs. Im Mittelrhein-Gebiet kamen in der nördlichen Mosel-Mulde über 3.000 m Unterems-Sandsteine und -schiefer zur Ablagerung, weiter südlich zu Beginn des Unter-Ems auch Hunsrück-Schiefer. Diese wurden mindestens 1.500 m mächtig.

Das Rheinische Schiefergebirge   165

Zeitskala			Nördliche Voreifel	Nordeifel, Eifeler N-S-Zone	Moselmulde, Hunsrück
Karbon	Siles	Stefan			
		Westfal D			
		Westfal C	Alsdorf-Sch.		
		Westfal B	Merkstein-Sch.		
		Westfal A	Kohlscheid-Schichten / Obere Stolberg-Schichten		
		Namur C	Untere Stolberg-Schichten		
		Namur B			
		Namur A	Walhorn-Schichten		
	Dinant	Visé	Oberer Kohlenkalk		
		Tournai	Mittlerer Kohlenkalk		
			Unterer Kohlenkalk		
Devon	Ober-	Famenne	Condroz-Sandstein		
		Frasne	Famenne-Schiefer / Cheiloceras Kalk / Frasne-Schiefer	Cypridinen-Schiefer / Goniatiten-Schiefer / Oos-Plattenkalk / Wallersheim-Dolomit	Tonschiefer mit Kalkbänken
	Mittel-	Givet	Stromatoporen-Riffkalke	Bolsdorf-, Kerpen-, Rodert-, Dreimühlen-Schichten	Stromberg-Kalk
			quadrigeminum-Sch.	Cürten-, u. Loogh-Schichten	
		Eifel	Friesenrath-Schichten	Ahlbach-, Freilingen-, Junkerberg-Schichten	Tonschiefer, Kieselschiefer
			Vichter-Konglomerat	Ahrdorf-, Nohn-, Lauch-Schichten	Sandsteine
	Unter-	Ems	Zweifall-Schichten	Heisdorf-, Wetteldorf-, Wiltz-Schichten / Emsquarzit	Kondel-, Laubach-, Lahnstein- Unterst.
				Klerf-Schichten / Heimbach-Schichten / "Graues U.-Ems"	Vallendar-, Singhofen- Unterstufe
		Siegen	Siegen-Schichten	Wüstebach-Schichten / Rurberg-Schichten / Monschau-Schichten	Hunsrück-Schiefer / Hermeskeil-Schichten
		Gedinne	Bunte Gedinne-Schichten	Bunte Gedinne-Schichten / Arkosen u. Sandsteine von Gdoumont-Weismes	Bunte Schiefer
Silurium					

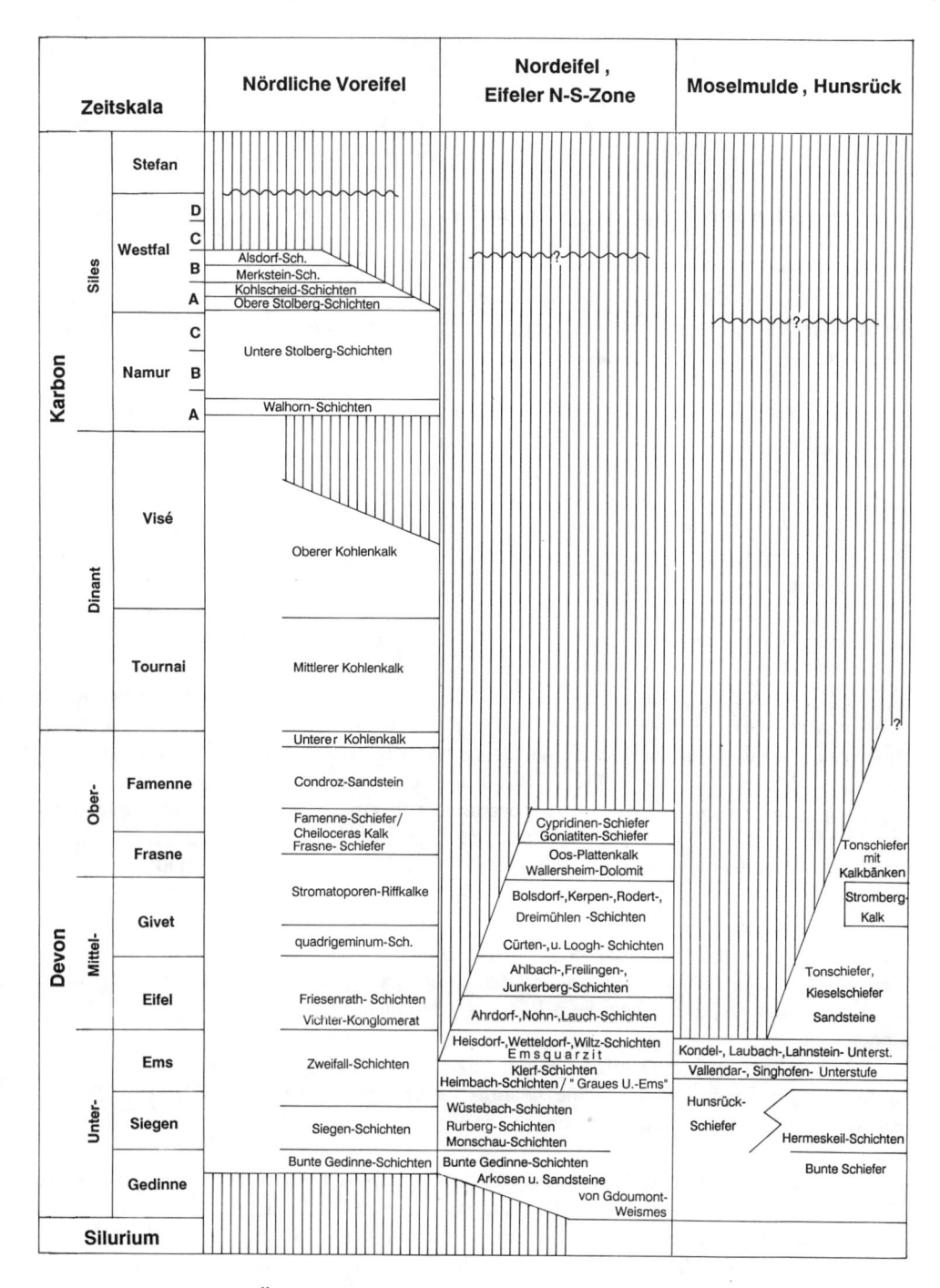

Abb. 69. Stratigraphische Übersicht für das Paläozoikum des Linksrheinischen Schiefergebirges (nach verschiedenen Autoren).

Im frühen Ober-Ems überdeckte nach erneuter Transgression die sandige Fazies des Ems-Quarzits weite Gebiete des Links- und Rechtsrheinischen Schiefergebirges. Die Küste des sedimentliefernden nördlichen Festlandes verlagerte sich allmählich bis in die südliche Nordsee. Nur Teile des Brabanter Massivs und des Krefelder Hochs in seiner östlichen Fortsetzung lieferten noch klastische Sedimente, u. a. im Givet das Schwarzbach-Konglomerat im Velberter Sattel.

Das bis dahin einheitliche neritische Sedimentationsgebiet des Rheinischen Schiefergebirges differenzierte sich in ein nordwestliches Schelfgebiet und ein südöstliches Becken. Die Grenze zwischen beiden entspricht in etwa einer Linie von den Eifeler Kalkmulden zu den mitteldevonischen Riffkalkkomplexen von Attendorn und Brilon. Mit der Herausbildung dieser Schelfkante entlang tektonischer Tiefenstörungen war während des Ober-Ems im südlichen Sauerland ein lebhafter submariner Keratophyr-Vulkanismus verbunden.

Im Sauerland und in der Osteifel bildete sich vom Ober-Ems ab ein Schwellengebiet heraus (Siegener Schwelle), das jedoch keine Sedimente geliefert hat. Im Linksrheinischen Schiefergebirge entstand bereits von der höchsten Oberems-Stufe an eine weite Schelflagune mit überwiegend Karbonatsedimentation, im Laufe der Eifel-Stufe auch Rasenriffen. Rechtsrheinisch begann das Riffwachstum erst im Verlauf des Givet.

Die **mittel-** bis **oberdevonischen** Massenkalkkomplexe sind heute im Bereich des Remscheid-Altenaer Sattels, des Warsteiner und Briloner Sattels, der Attendorn-Elsper-Doppelmulde und der Paffrather Mulde verbreitet. Auch im südöstlichen Rheinischen Schiefergebirge entwickelten sich auf vulkanischen Aufragungen Riffkalke in sonst pelagischer Schieferumgebung.

Ein im Givet und unteren Frasne im südöstlichen Sauerland und Lahn-Dill-Gebiet aktiver Diabas-Vulkanismus zeichnet sich durch ein breites Magmenspektrum (tholeiitisch bis hochalkalisch) und sehr unterschiedliche Differenziationsgrade (basaltisch bis rhyolithisch) aus. Mit ihm war die Bildung synsedimentärer Roteisenstein-Lager und im südlichen Sauerland (Meggen) auch sulfidischer Blei-Zink-Vererzungen verbunden.

Im oberen Frasne folgte nach Absterben aller Riffe eine Zeit des allgemeinen Faziesausgleichs mit dunklen Tonen und im Famenne gelegentlich Einschaltungen turbiditischer Sandsteine (Nehden-Sandstein u. a.). Auf Tief-Schwellen oder um sie herum akkumulierten weit verbreitet Cephalopoden-Knollenkalke oder siedelten geringmächtige Brachiopoden- und Krinoidenkalke.

Im **Unterkarbon** erreichte das Verbreitungsgebiet der Kohlenkalkfazies des nordwestlichen Flachschelfs im Rechtsrheinischen Schiefergebirge gerade noch den Velberter Sattel. Vor seinem Südwestrand gegen die pelagische Tonschiefer-Kieselschiefer-Fazies des Kulms finden sich heute die Kalkturbiditfolgen der Kulm-Plattenkalke.

Die zunächst grauwackenfreie Kulm-Fazies des Rechtsrheinischen Schiefergebirges umfaßt allgemein dunkle Tonsteine, Alaunschiefer und dünnbankige Kieselschiefer. Sie gelten als pelagische Ablagerungen in wenig tiefen Beckenbereichen ohne deutliche Wasserzirkulation.

Im östlichen Rheinischen Schiefergebirge und im Lahn-Dill-Gebiet erreichte der basische Vulkanismus mit der Bildung des Deckdiabas einen neuen Höhepunkt. Gegenüber den devonischen Magmatiten sind die unterkarbonischen Magmen mafischer und zeigen eine einheitliche tholeiitische bis mäßig alkalische Zusammensetzung. Reaktivierungen der bereits im Devon wirksamen Dehnungstektonik gelten als ihre Ursache.

Bereits im Mitteldevon hatte sich im südöstlichen Rechtsrheinischen Schiefergebirge eine erste Heraushebung der südlich gelegenen Mitteldeutschen Kristallinschwelle durch verein-

Das Rheinische Schiefergebirge

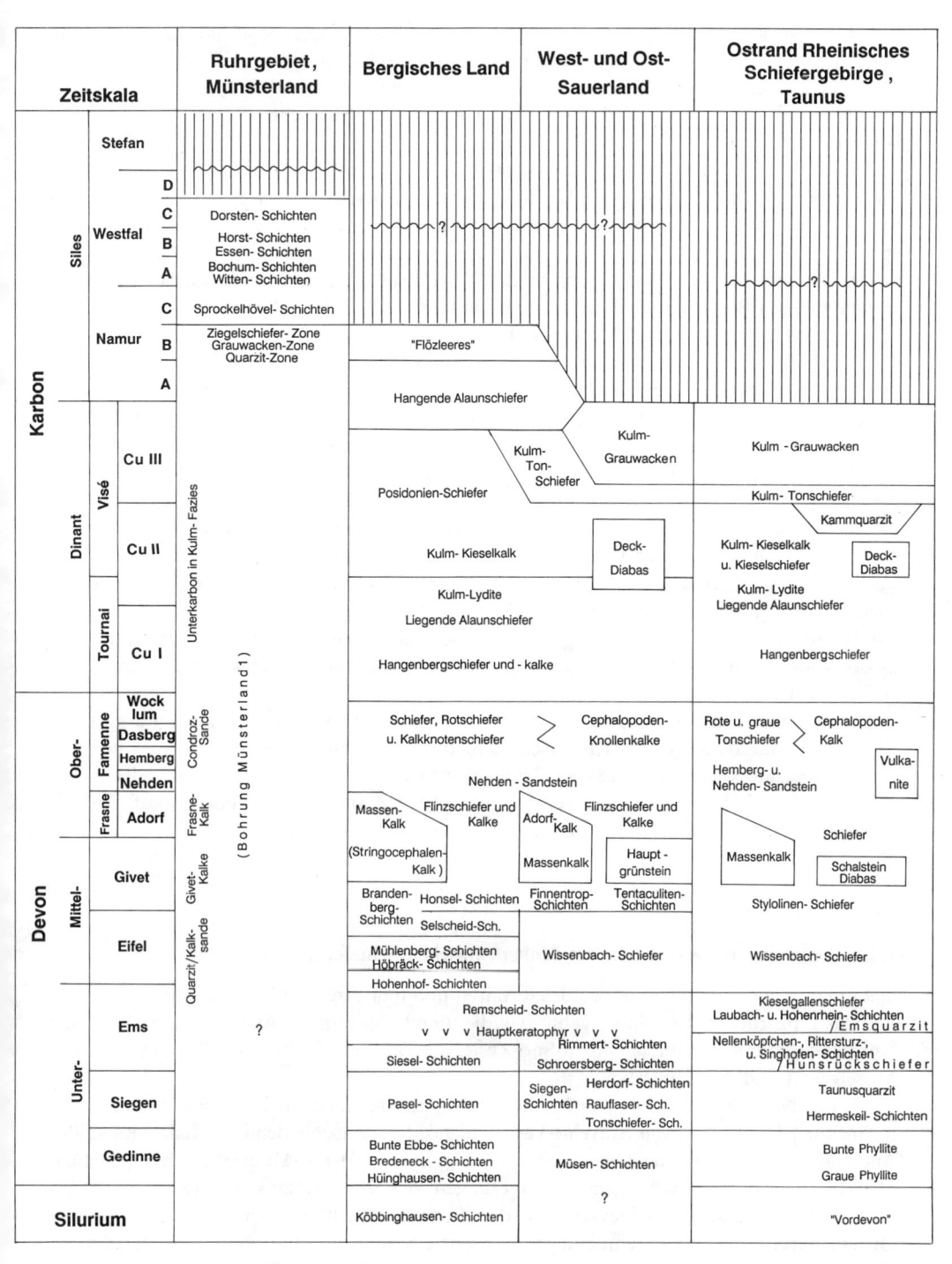

Zeitskala			Ruhrgebiet, Münsterland	Bergisches Land	West- und Ost-Sauerland	Ostrand Rheinisches Schiefergebirge, Taunus
Karbon	Siles	Stefan				
		Westfal D				
		Westfal C	Dorsten- Schichten			
		Westfal B	Horst- Schichten / Essen- Schichten			
		Westfal A	Bochum- Schichten / Witten- Schichten			
	Namur	C	Sprockelhövel- Schichten			
		B	Ziegelschiefer- Zone / Grauwacken-Zone / Quarzit-Zone	"Flözleeres"		
		A		Hangende Alaunschiefer		
	Dinant	Visé Cu III	Unterkarbon in Kulm- Fazies (Bohrung Münsterland 1)	Posidonien-Schiefer	Kulm- Ton- Schiefer / Kulm- Grauwacken	Kulm - Grauwacken
						Kulm- Tonschiefer
						Kammquarzit
		Cu II		Kulm- Kieselkalk	Deck- Diabas	Kulm- Kieselkalk u. Kieselschiefer / Deck- Diabas
		Tournai Cu I		Kulm-Lydite / Liegende Alaunschiefer		Kulm- Lydite / Liegende Alaunschiefer
				Hangenbergschiefer und - kalke		Hangenbergschiefer
Devon	Ober-	Famenne Wocklum	Condroz- Sande	Schiefer, Rotschiefer u. Kalkknotenschiefer	Cephalopoden- Knollenkalke	Rote u. graue Tonschiefer / Cephalopoden- Kalk
		Dasberg				
		Hemberg				Vulka- nite
		Nehden		Nehden - Sandstein		Hemberg- u. Nehden- Sandstein
	Frasne	Adorf	Frasne- Kalk	Massen- Kalk / Flinzschiefer und Kalke (Stringocephalen- Kalk)	Adorf- Kalk / Flinzschiefer und Kalke / Massenkalk / Haupt- grünstein	Massenkalk / Schiefer / Schalstein Diabas
	Mittel-	Givet	Givet- Kalke	Branden- berg- Schichten / Honsel- Schichten / Selscheid-Sch.	Finnentrop- Schichten / Tentaculiten- Schichten	Stylolinen- Schiefer
		Eifel	Quarzit/Kalk- sande	Mühlenberg- Schichten / Höbräck- Schichten / Hohenhof- Schichten	Wissenbach- Schiefer	Wissenbach- Schiefer
	Unter-	Ems	?	Remscheid- Schichten / Siesel- Schichten	v v v Hauptkeratophyr v v v / Rimmert- Schichten / Schroersberg- Schichten	Kieselgallenschiefer / Laubach- u. Hohenrhein- Schichten / Emsquarzit / Nellenköpfchen-, Rittersturz-, u. Singhofen- Schichten / Hunsrückschiefer
		Siegen		Pasel- Schichten	Siegen- Schichten / Herdorf- Schichten / Rauflaser- Sch. / Tonschiefer- Sch.	Taunusquarzit / Hermeskeil- Schichten
		Gedinne		Bunte Ebbe- Schichten / Bredeneck - Schichten / Hüinghausen- Schichten	Müsen- Schichten	Bunte Phyllite / Graue Phyllite
Silurium				Köbbinghausen- Schichten	?	"Vordevon"

Abb. 70. Stratigraphische Übersicht für das Paläozoikum des Rechtsrheinischen Schiefergebirges (nach verschiedenen Autoren).

zelte Grauwackenschüttungen bemerkbar gemacht. Auch danach sind hier im Oberdevon und frühen Unterkarbon turbiditische Grauwackeneinschaltungen in pelitischen Normalsedimenten bis zur Hörre-Zone weit verbreitet. Sie leiten über zu den Kulm-Grauwacken, die besonders seit dem oberen Visé am Ostrand des Rechtsrheinischen Schiefergebirges weit verbreitet sind.

Unter den Grauwacken und Konglomeraten des Kulms dominieren die Turbidite. Ihr Liefergebiet sind südlich gelegene Hebungsbereiche. Nach Nordwesten verzahnen sie sich mit den Normalsedimenten des Kulms, schwarzen Schiefern und Kieselschiefern und sporadisch Kalkturbiditen aus beckeninternen Schwellen.

Im Linksrheinischen Schiefergebirge sind Gesteine des Kulms nur vom Südrand bekannt. In den anderen Bereichen sind sie aus regionaltektonischen Gründen nicht zu erwarten.

An der Wende zum **Oberkarbon** (Namur) sank die Kohlenkalk-Plattform am Nordrand des Rechtsrheinischen Schiefergebirges vor der aus Südosten heranrückenden Grauwackenfront ein. Nördlich des spätunterkarbonischen Flyschbeckens entwickelte sich ein Molassebecken, das im nördlichen Sauerland und Ruhrgebiet zunächst mehr als 3.000 m flözleere Tonsteine und Sandsteine sowie Konglomerate des Namur A und B aufnahm. Erst im Namur C verflachte sich das Sedimentationsgebiet und es entwickelten sich die ersten Kohlenflöze.

Die folgende paralische Sedimentation im Vorland des Rechtsrheinischen Schiefergebirges dauerte bis in das Westfal C an. Eine mehr als 5.000 m umfassende klastische Folge mit über 100 Kohlenflözen kam in einem bis in das Namur-Becken, die Campine und in die südliche Nordsee reichenden Senkungsgebiet zur Ablagerung. Kohlengerölle aus bereits wieder der Abtragung unterliegenden älteren Kohleflözen und ein hoher Reifegrad der Sandsteine besonders im höheren Westfal sind Anzeichen für eine auch während des Oberkarbons in nordwestlicher Richtung fortschreitende allmähliche Heraushebung des variszischen Faltungsgebietes.

Radiometrische Datierungen des Alters der variszischen Deformation entlang eines S–N-Profils durch das östliche Rheinische Schiefergebirge zeigen eine zeitliche Verschiebung des Faltungsalters von 327–318 Ma (Namur) in der Phyllitzone am Taunus-Südrand auf 305–290 Ma (oberes Westfal) am Schiefergebirgs-Nordrand an. Hinweise darauf, daß die Bewegungen sich auf eine sudetische und/oder eine asturische Faltungsphase konzentriert hätten, sind nicht zu sehen.

4.3.3 Regionalgeologischer Bau des Linksrheinischen Schiefergebirges

Sieht man von den Erscheinungen des tertiären und quartären Vulkanismus ab, so gliedert sich das Linksrheinische Schiefergebirge in die unmittelbar an die Ardennen anschließende Nordwesteifel mit der Eifeler Nord-Süd-Zone, die Osteifel, die bis zum Rhein reicht, das Moselgebiet und den Hunsrück.

In der **Nordwesteifel** sind das Nordostende des eigentlich noch zu den Ardennen zu rechnenden **Großsattels von Stavelot-Venn** und nördlich anschließend die **Inde-Mulde**, der **Aachener Sattel** mit der Aachener Überschiebung und die **Wurm-Mulde** die beherrschenden Strukturen. Aufgeschlossen sind Ablagerungen des Altpaläozoikums (Kambrium bis mittleres Ordovizium), des Devons und des Karbons. Nach Norden taucht das gefaltete Grundgebirge unter eine zunehmend geschlossene Überdeckung aus Oberkreide, Tertiär und Quartär. Nach Osten wird es durch die westlichen Randstörungen der Niederrheinischen Bucht und das Buntsandsteingebiet des Mechernicher Trias-Dreiecks begrenzt.

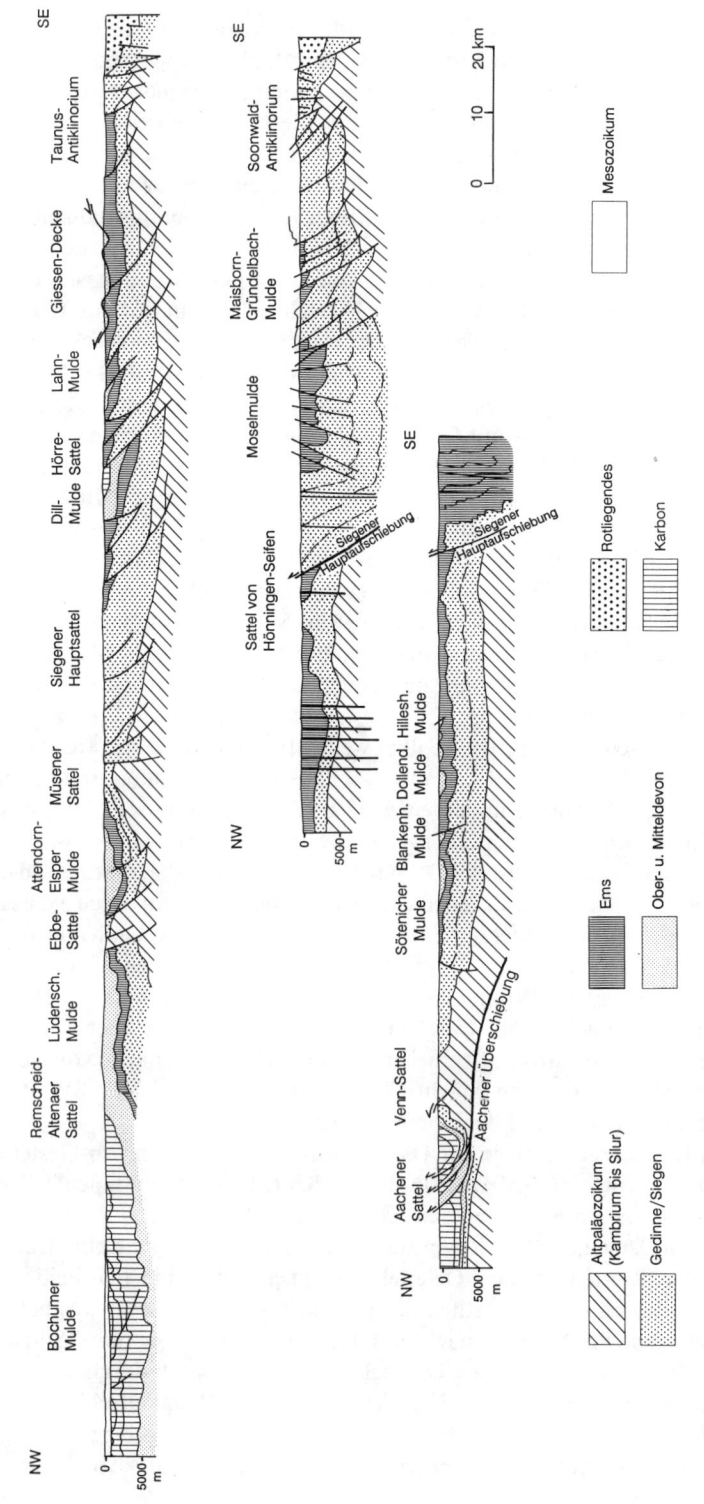

Abb. 71. Schematische geologische Profile durch das Rheinische Schiefergebirge (n. W. MEYER 1988, W. FRANKE et al. 1990 und anderen Autoren).

Südöstlich des Stavelot-Venn-Sattels sinkt der Faltenspiegel über die vorwiegend aus Unterdevon-Gesteinen bestehenden Nordflanke des Synklinoriums von Neufchâteau bzw. des Eifel-Synklinoriums zur 50 km breiten **Zone der Eifelkalkmulden** ab. Als Eifeler Nord-Süd-Zone quert hier eine bedeutende Achsendepression das Linksrheinische Schiefergebirge schräg zum variszischen Streichen von Norden nach Süden.

In den Eifelkalkmulden sind hauptsächlich mitteldevonische Karbonatgesteine verbreitet. Der enge Faltenbau ihrer unterdevonischen tonig-sandigen Rahmengesteine hat sich nicht auf die mächtigen Kalk- und Dolomitplatten der Kernschichten übertragen.

Die breiteste und am tiefsten eingefaltete Eifelkalkmulde ist die **Prümer Mulde**. In ihrem Kern ist in zwei Teilmulden auch noch relativ mächtiges Oberdevon erhalten. Nach Nordosten setzt sich die Prümer Mulde, teilweise verdeckt durch das Oberbettinger Buntsandsteingebiet, in der Hillesheimer Mulde und Ahrdorfer Mulde fort. Nach Südwesten entwickelt sich aus ihr ein bis in das deutsch-luxemburgische Grenzgebiet reichendes Bündel schmaler Teilmulden mit Oberems-Gesteinen in den Kernen.

Diese sog. Daleidener Muldengruppe setzt sich nach Südwesten in die Wiltz-Mulde in Luxemburg fort. Damit ergibt sich ein 80 km langer Muldenzug als Hauptachse des Eifel-Synklinoriums. In ihm reicht der Faltenspiegel am tiefsten hinab.

Südlich der Prümer Mulde liegt die breite und relativ flache **Gerolsteiner Mulde**, die allerdings großflächig von Buntsandstein und vor allem durch Förderprodukte des quartären Vulkanismus verdeckt wird. Ihr folgt im Süden die schmale Salmerwald-Mulde.

Nördlich der Prümer Mulde sind die Dollendorfer Mulde, die Rohrer Mulde, die Blankenheimer Mulde und die Sötenicher Mulde die wichtigsten Strukturen. Ein von der **Blankenheimer Mulde** nach Südwesten bis in die Schnee-Eifel zu verfolgender Muldenzug wird auf seiner Südostflanke über weite Strecken durch ein streichendes Überschiebungssystem reduziert, so daß fast nur Oberems-Gesteine zutage treten. In der wieder breiteren **Sötenicher Mulde** verhindert eine bedeutende Zentralaufschiebung das Ausstreichen jüngster Mitteldevon- und Oberdevon-Gesteine.

Nach Norden wird der devonische Sockel der Eifeler **Nord-Süd-Zone** im Mechernicher Trias-Dreieck durch gegen die Niederrheinische Bucht flach geneigte **Trias-Gesteine** verdeckt. Auch im Gebiet der Sötenicher, Blankenheimer, Dollendorfer, Hillesheimer, Prümer und Gerolsteiner Mulde nimmt Mittlerer Buntsandstein größere Flächen ein. Zwischen Hillesheimer und Prümer Mulde liegt seine Basis am tiefsten. Hier sind sogar Reste von Unterem Muschelkalk (Muschelsandstein) erhalten geblieben. Weiter im Süden, in der Trierer Bucht, wird die flachwellige Grundgebirgsoberfläche von Buntsandstein-Ablagerungen eingedeckt, deren Mächtigkeit besonders in zwei NE–SW streichenden Senken, der Bitburger Senke und der Trierer Senke, zunimmt.

Das Schiefergebirge der **Osteifel** wird durch Unterdevon-Gesteine (Siegen- und Unterems-Schichten) aufgebaut. Sie sind in den tief eingeschnittenen Tälern der Ahr, des Rheins und der Mosel und ihren Seitentälern gut erschlossen.

Im Osten quert der Rhein südlich Bonn ein großes Antiklinorium aus dem **Ahrtal-Sattel** im Nordwesten und dem **Osteifeler Hauptsattel** im Südosten. Beide Teilsättel des Antiklinoriums lassen sich vom Rhein ausgehend bis in den Raum westlich Altenahr und Adenau verfolgen, wo ihre Faltenachsen relativ steil zur Eifeler Nord-Süd-Zone abtauchen.

Die Südostflanke des Osteifeler Hauptsattels ist durch eine bedeutende streichende Aufschiebung begrenzt, die sich als **Siegener Hauptaufschiebung** von Gillenfeld in der Südosteifel bis Siegen in das Rechtsrheinische Schiefergebirge verfolgen läßt. Im Südwesten bildet das Manderscheider Antiklinorium ihre Fortsetzung. Für die nach Südosten einfallende, sich zur Tiefe wahrscheinlich verflachende Siegener Hauptaufschiebung wird ein Überschiebungsbetrag von über 3 km angenommen.

Im **Tertiär** war die Osteifel vom Obereozän bis zum mittleren Miozän Schauplatz eines lebhaften, überwiegend basaltischen Vulkanismus. Gleichfalls im Eozän begann die Absenkung des Koblenz-Neuwieder Beckens, einer tektonischen Depression, die heute noch nicht abgeschlossen ist. Schließlich entstand im **Pleistozän** in der Umgebung des Laacher Sees eine der jüngsten Vulkanlandschaften Europas, die sich in der Folgezeit nach Osten bis über das Rheintal hinweg und nach Süden bis in das Neuwieder Becken ausdehnte. In der Westeifel bildete sich gleichzeitig eine Vulkankette zwischen Bad Bertrich im Südosten und Ormont im Nordwesten. Ihre Besonderheit sind ca. 50 Maarvulkane.

Südlich der Hauptaufschiebung und der Manderscheider Sattelstruktur schließt das **Mosel-Synklinorium** an. Dessen NW-Flanke ist von der Südwesteifel bis in das südliche Siegerland durch SE-Vergenz gekennzeichnet. Ob diese Gegenvergenz primär angelegt wurde oder durch spätere Rotation eines ursprünglich NW-vergenten Faltenbaus entstanden ist, wird noch diskutiert. Der Faltenspiegel sinkt zum Mosel-Synklinorium nach Südosten rasch ab, so daß in seinem Kern höchstes Unterdevon und im Südwesten (Olkenbacher Mulde) auch mitteldevonische Gesteine zutage treten.

Auf der Südostflanke des Mosel-Synklinoriums besteht wieder allgemeine NW-Vergenz des Faltenbaus. Sie weist auch wieder eine flache Überschiebung, die Bopparder Überschiebung, auf. An ihr ist älteres Unterdevon von Südosten her auf den Muldenkern übergeschoben.

In der Südwesteifel tauchen der Kern des Mosel-Synklinoriums und die Bopparder Überschiebung unter die mit Rotliegend-Sedimenten gefüllte Wittlicher Senke bzw. rahmen diese ein. Rechtsrheinisch läßt sich das Mosel-Synklinorium aus dem Raum Boppard (Bopparder Mulde) über das Gebiet der unteren Lahn in die Dill-Mulde hinein verfolgen.

Die **Wittlicher Rotliegend-Senke** zeichnet in ihrer SW–NE-Erstreckung den variszischen Faltenbau nach. Im Nordosten ist sie flachmuldenförmig gebaut. Im Südwesten stellt ihre Füllung aus Konglomeraten, Sandsteinen, Tonsteinen und Rhyolith-Tuffen des Oberrotliegenden eine gegen Nordwesten geneigte Platte dar, die von der Wittlicher Hauptverwerfung, einer steilen Abschiebung von 700 bis 1.000 m Sprunghöhe, begrenzt wird.

Der **Hunsrück** bildet die südöstliche Flanke des Linksrheinischen Schiefergebirges. Sieht man von seinem Südrand ab, so besteht er überwiegend aus unterdevonischen Gesteinen der Siegen- und Unterems-Stufe. Die weit verbreiteten Hunsrück-Schiefer wurden vielerorts als Dachschiefer abgebaut. Diejenigen von Gemünden und Bundenbach sind durch ihre verkiesten Seesterne, Fische usw. berühmt geworden.

Der variszische Faltenbau des Hunsrücks ist stark gestört. Besonders die südlichen Baueinheiten zeichnen sich durch eine intensive Schuppentektonik aus. Entlang dem tief eingeschnittenen Mittelrheintal sind zwischen Boppard und Bingerbrück südlich der Boppard-Überschiebung der **Salziger Sattel** und die breite **Maisborn-Gründelbach-Mulde** aus eng verfalteten und verschuppten Singhofener Schichten und Hunsrück-Schiefern aufgebaut. Letztere stellt die südwestliche Fortsetzung der Lahn-Mulde des östlichen Rheinischen Schiefergebirges dar.

Das südlich anschließende **Soonwald-Antiklinorium** besteht aus Bunten Schiefern des Gedinne, Hermeskeil-Schichten, Taunusquarzit und örtlich auch Hunsrück-Schiefern. Es wird im Norden durch eine im einzelnen kompliziert gebaute NW-vergente Schuppenzone in der Fortsetzung der rechtsrheinischen Taunus-Nordrandüberschiebung begrenzt. Weiter im Süden folgende Struktureinheiten werden zur **Hunsrück-Schuppenzone** zusammengefaßt. In ihr enthält das schmale Stromberger Synklinorium außer Unterdevon auch noch fossilführende Massenkalke des Givet (Stromberger Kalk) und Tonschiefer und Kieselschiefer des Oberdevons und evtl. des Unterkarbons. Der Faltenbau ist im Soonwald-Antiklinorium noch nordvergent. Gegen Süden versteilt sich die Lage der Faltenachsenebenen und der Schieferung.

Über einen Vergenzfächer vollzieht sich der Übergang in die Metamorphe Zone des Hunsrücks als dessen südlichste tektonische Einheit.

Auch der ausschließlich aus unterdevonischen Gesteinen aufgebaute **südwestliche Hunsrück** ist unter tektonischen Gesichtspunkten in eine größere Anzahl SW–NE streichender Schuppensättel und -mulden zu unterteilen. Eine direkte Verbindung zu dem im nordöstlichen Hunsrück beobachteten Sattel- und Muldenbau besteht jedoch nicht. Im Gegensatz zu dort besteht auch bereits in nördlich gelegenen Strukturen häufig SE-Vergenz.

Die 1–2,5 km breite und rund 35 km nach Südwesten bis Kirn zu verfolgende **Metamorphe Zone des Südost-Hunsrücks** besteht aus einer steilstehenden Wechselfolge von Metapeliten, Quarzitgesteinen und basischen Metavulkaniten wahrscheinlich devonischen, möglicherweise in Teilen auch unterkarbonischen Alters. Die schwache Regionalmetamorphose erfolgte bei vergleichbaren Drucken wie im Taunus (2–3 kb), aber niedrigeren Temperaturen (200–400°C). Wie im Taunus ist das Phyllitgefüge durch zwei variszische Deformationen geprägt. Die nordwestliche Begrenzung der Metamorphen Zone ist wenig deutlich, da die phyllitische Gefügeprägung allmählich nach Nordwesten ausklingt.

In eng begrenzten Schuppenstrukturen sind im Verlauf der Metamorphen Zone des Südost-Hunsrücks auch höhermetamorphe Gesteine bekannt. Die Gneise und Amphibolite vom Wartenstein im Hahnenbachtal bilden das größte und bekannteste dieser Vorkommen. Es handelt sich um Paragneise wahrscheinlich präkambrischen Alters. Sie sind im Zuge einer cadomischen Metamorphose bei 500–525°C/4–5 kbar aus tonig-sandigen bzw. mergeligen Sedimenten hervorgegangen.

Im Südosten grenzt das variszische Schiefergebirgsstockwerk des Hunsrücks entlang mehreren WSW–ENE streichenden Verwerfungen gegen das Rotliegende der Nahe-Mulde. Vielfach liegt dieses den metamorphen Gesteinen oder nichtmetamorphem Unterdevon aber auch direkt diskordant auf.

Entlang der **Hunsrück-Südrandstörung** ist die Rotliegendfüllung der Nahe- bzw. Prims-Mulde um wenigstens mehrere 1.000 m gegenüber dem Schiefergebirge abgesunken. Östlich des Rheins setzt sich die Südrandstörung des Hunsrücks unter känozoischer Bedeckung südlich des Taunus bis in das Gebiet des Vogelsberges in der Hessischen Senke fort. Nach Südwesten bildet die Metzer Störung ihre Fortsetzung nach Lothringen.

Die Hunsrück-Südrandstörung entwickelte sich zusammen mit der Taunus-Südrandstörung aus spätvariszischen Rücküberschiebungen am Südrand der Rhenoherzynischen Zone. Diese wurden durch nachvariszische Reaktivierung einschließlich wahrscheinlich känozoischer dextraler Scherbewegungen zur heute steilstehenden regionalen Großstörung überformt.

4.3.4 Regionalgeologischer Bau des Rechtsrheinischen Schiefergebirges

Das am Nordrand des Rechtsrheinischen Schiefergebirges gelegene **Ruhrgebiet** gehört zu den am besten erschlossenen Bergbaugebieten der Erde. Nur in seinem südlichen Teil ist es deckgebirgsfrei. Nach Norden wird es von zunehmend mächtigen Oberkreideschichten der

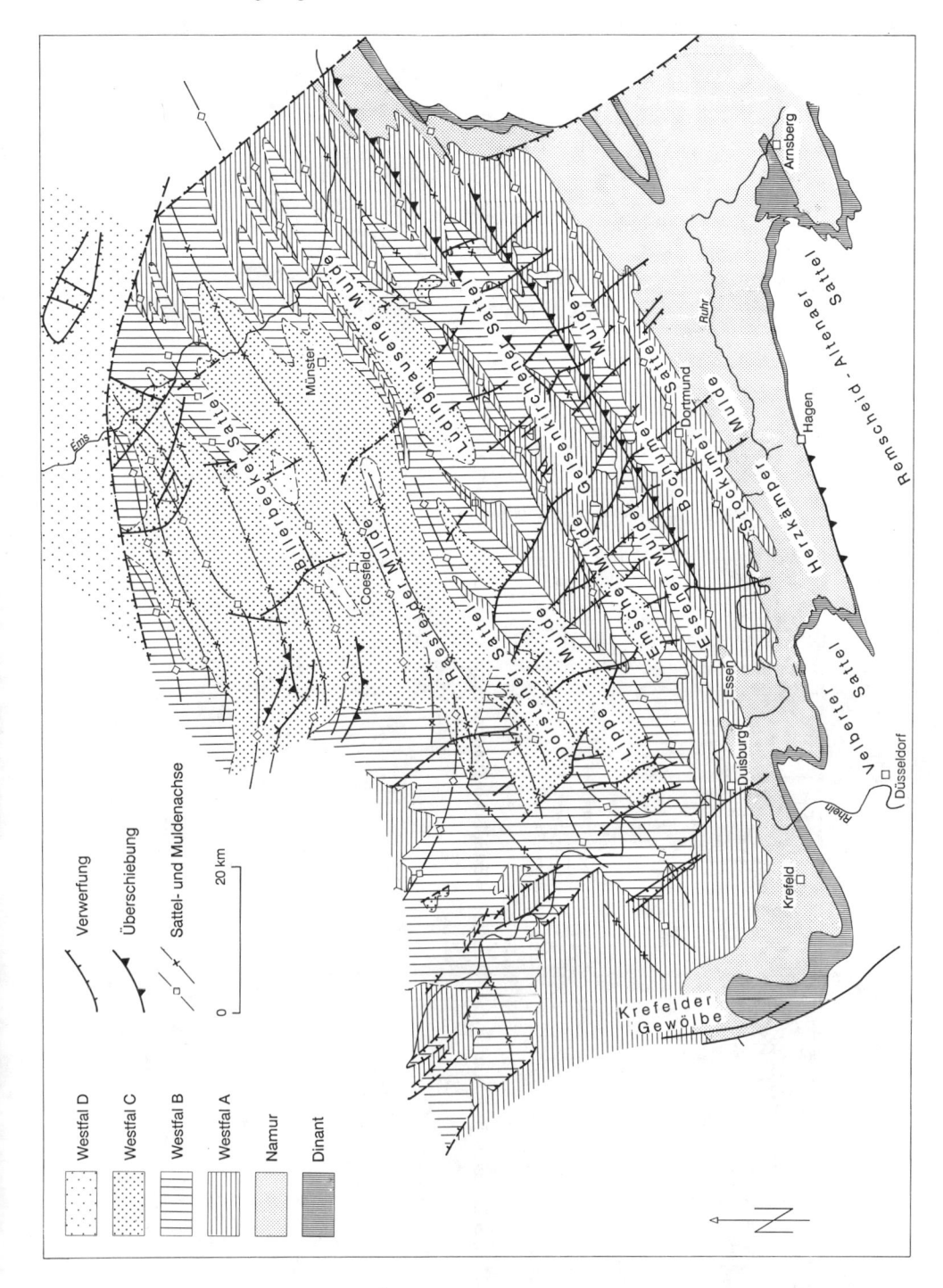

Abb. 72. Abgedeckte geologische Karte des Rheinisch-Westfälischen Steinkohlenreviers und nördlich angrenzender Gebiete (n. GEOLOGISCHES LANDESAMT NORDRHEIN-WESTFALEN 1988).

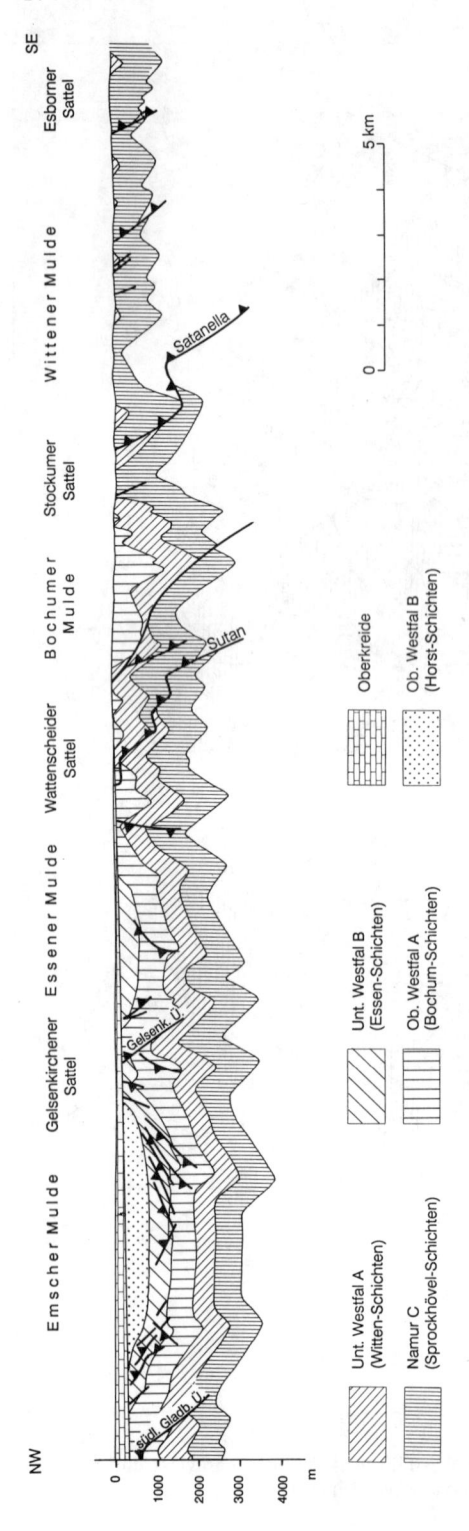

Abb. 73. Geologisches Profil durch das Rheinisch-Westfälische Steinkohlenrevier (n. DROZDZEWSKI 1980).

Münsterländer Oberkreidemulde überlagert. Im Westen schiebt sich älteres Deckgebirge (Zechstein, Buntsandstein und Jura) dazwischen.

Das Oberkarbon des Ruhrgebietes umfaßt eine ca. 5.500 m mächtige Schichtenfolge, die von der Basis des Namur bis in das höhere Westfal reicht. Sie enthält einen älteren flözleeren Abschnitt (Namur A und B) und einen jüngeren flözführenden Abschnitt (Namur C bis Westfal C). Als Flözleeres sind am Südrand des Ruhrgebietes Tonsteine mit im unteren Teil Quarzit-, Konglomerat- und Grauwacken-Einschaltungen erschlossen. Ihre Mächtigkeit erreicht im Raum Wuppertal–Hagen 2.000 m.

Vom flözführenden Oberkarbon streichen am Nordrand des Rheinischen Schiefergebirges nur die Schichten des Namur C und Westfal übertage aus. Jüngere Schichten treten weiter im Norden unter dem Deckgebirge an die Karbon-Oberfläche. Zur Unterteilung der flözführenden Schichten werden marine Horizonte herangezogen. Ihre Anzahl und Mächtigkeit sind im Namur C und unteren Westfal A noch merklich größer als vom oberen Westfal A an.

Die Sedimentfolge des flözführenden Oberkarbons ist zyklisch aufgebaut. Insgesamt enthält sie im Ruhrrevier weit über 100 Steinkohlenflöze.

Alle Inkohlungsgrade vom Anthrazit bis zur Flammkohle sind vertreten. Eine präorogene Hauptinkohlung wird überlagert von einer schwachen syn- und postorogenen Nachinkohlung in den Kerngebieten der Großmulden. Die relativ geringe Inkohlung am Südrand des Ruhrgebietes weist darauf hin, daß die Schichten hier früher herausgehoben wurden.

Die Faltentektonik des Ruhrgebietes wird von WSW–ENE streichenden Großsätteln und Großmulden bestimmt. Die Hauptsättel sind relativ schmal und vielfach hoch aufgepreßt. Die Hauptmulden sind gewöhnlich breiter und flacher. Hauptsättel und Hauptmulden gliedern sich im einzelnen in eine große Zahl von Spezialfalten.

In ihrer Mehrzahl sind die Falten asymmetrisch. Ihre Vergenz ist bereichsweise deutlich gegen Norden gerichtet. Die Faltungsintensität nimmt von Süden nach Norden, aber auch von Osten nach Westen deutlich ab. Hinweise auf bedeutende Abscherhorizonte in größerer Tiefe gibt es bisher nicht.

Der WSW–ENE streichende Faltenbau wird von einer in N–S-Richtung angelegten Achsenwellung überlagert. Dabei ist eine enge Abhängigkeit des Faltenbaus von dieser Achsenwellung zu beobachten.

Eng mit der Faltung des Ruhrkarbons verknüpft sind zeitgleiche große Überschiebungen (Wechsel), welche den Flanken der Hauptsättel beiderseits aufsitzen und sie über weite Strecken begleiten. Zu den wichtigsten dieser z. T. mitgefalteten südfallenden Überschiebungen gehören die Satanella-Überschiebung im Stockumer Hauptsattel, der Gelsenkirchener Wechsel und das Gladbecker Wechselsystem im Gelsenkirchener bzw. Vestischen Hauptsattel.

Auch Querstörungen (Sprünge) und Blattverschiebungen stehen als Quer- und Diagonalstörungen in engem Bezug zum Faltenbau. Vor allem die Sprünge haben mit Verwerfungsbeträgen von mehr als 200 m bis stellenweise über 1.000 m zu einer Quergliederung des Steinkohlengebirges in zahlreiche Gräben, Horste und Staffeln beigetragen. An den meisten Sprüngen lassen sich zusätzlich Seitenverschiebungen nachweisen.

Am Südrand des Ruhrgebietes findet die Zerblockung des Faltenstockwerks in dieser Größenordnung ihr Ende.

Mit der variszischen Störungstektonik des Ruhrgebietes eng verknüpft sind Zinkblende-Bleiglanz-Schwerspat-Mineralisationen der Querstörungen und diagonal verlaufenden Seitenverschiebungen.

Das **Bergische Land** und das **Sauerland** umfassen den nördlichen Teil des Rechtsrheinischen Schiefergebirges in seiner ganzen Breite. Karbon und Devon sind in seinen tief eingeschnittenen Tälern gut erschlossen. In den Kernbereichen des Remscheid-Altenaer Sattels und des Ebbe-Sattels tritt auch Ordovizium und oberstes Silur zutage.

Wie in der nördlichen Eifel besteht auch im Rechtsrheinischen Schiefergebirge NW-vergenter Faltenbau mit in Abhängigkeit von der Lithologie und Tiefenlage mehr oder weniger deutlich ausgeprägter Transversalschieferung. Im Westen beherrschen die breiten Antiklinorien des Velberter Sattels, des Remscheid-Altenaer Sattels und des Ebbe-Sattels das tektonische Bild. Im östlichen Sauerland bildet der Ostsauerländer Hauptsattel die Hauptstruktur. Der Briloner Sattel, der Warsteiner Sattel und der kleine Belecker Sattel stellen hier örtlich begrenzte Achsenkulminationen dar.

Der **Velberter Sattel** wird aufgebaut aus Massenkalken und Schiefergesteinen des Mittel- und Oberdevons, unterkarbonischem Kohlenkalk und flözleerem Oberkarbon. Die mächtige Riffkalkplatte des devonischen Massenkalks im Kern des Großsattels ist nur flach gewölbt, während der vergleichsweise geringmächtige Kohlenkalk in der nordöstlichen Umrahmung des Antiklinoriums in zahlreiche Spezialsättel und -mulden gelegt ist. Faziell weist die im Velberter Sattel aufgeschlossene Schichtenfolge mit dem mitteldevonischen Schwarzbachkonglomerat und seinem in Kohlenkalkfazies entwickelten Unterkarbon enge Beziehungen zur Nordeifel und zum Brabanter Massiv auf.

Im südöstlich anschließenden **Remscheid-Altenaer Großsattel** sind als stratigraphisch Ältestes noch vordevonische Schiefer erschlossen. Nach Nordosten taucht diese breite Antiklinalstruktur von Querstörungen mehrfach unterbrochen unter das eng verfaltete Kulm und flözleere Oberkarbon des nordöstlichen Sauerlandes. Im Kontakt zur nordwestlich angrenzenden tief eingefalteten Herzkämper Mulde ist entlang der Ennepe-Störung westlich Hagen tiefes Mitteldevon unter einem Schichtausfall von bis zu 3 km auf unteres Oberkarbon überschoben. Die Ennepe-Verwerfung ist das größte Störungssystem am nördlichen Schiefergebirgsrand. Sonst ist der mehrere 1.000 m Unter- und Mitteldevon enthaltende Remscheid-Altenaer Sattel ziemlich einfach aufgebaut.

Südlich des Remscheid-Altenaer Sattels wird die im Gegensatz zur Herzkämper Mulde breiter angelegte **Lüdenscheider Mulde** in ihrem südwestlichen Teil ausschließlich von siltig-tonigen und sandigen Sedimenten des Mitteldevons aufgebaut. Wie im Remscheid-Altenaer Sattel herrscht schwach NW-vergenter Faltenbau vor. Die Faltenachsen tauchen flach nach Nordwesten ein.

Im **Ebbe-Sattel** treten wieder unterdevonische Schichten in flächenmäßig größerer Verbreitung zutage. In seinem zentralen Bereich enthält er in einem nördlichen und einem südlichen Teilsattel aber auch graptolithenführendes Ordovizium und oberstes Silur mit Schalenfossilien. Seine Faltenachsen tauchen sowohl nach Nordosten als auch nach Südwesten ein, so daß er allseitig von unterdevonischen und mitteldevonischen Serien umgeben ist.

In der südwestlichen Fortsetzung des Ebbe-Sattels werden im Kern der Paffrather Mulde als Jüngstes mitteldevonische Massenkalke und Oberdevon angetroffen. Entlang seiner Nordflanke wird er von der bedeutenden Ebbe-Überschiebung begleitet. Durch sie soll nach neuerer tektonischer Interpretaton das Ordovizium und Unterdevon des nördlichen Ebbe-Teilsattels deckenartig auf das Mitteldevon der südlichen Lüdenscheider Mulde überschoben worden sein.

Vom SW-Ende des Ebbe-Sattels reicht eine N–S verlaufende, im einzelnen kompliziert gefaltete Achsendepression, die **Bergische Muldenzone**, bis weit nach Süden in das vom

Unterdevon beherrschte Siegener Antiklinorium. Besonders tief eingefaltet ist ihre nordwestlichste Struktureinheit, die Gummersbacher Mulde, die sich nach Nordosten zur Attendorn-Elsper Doppelmulde verbreitert. Nach Süden schließen die Wiehler und Waldbröler Mulde an.

In der **Attendorn-Elsper-Mulde** sind außer mitteldevonischen Massenkalken auch Oberdevon und Unterkarbon und in der Elsper Mulde auch unterstes Oberkarbon in toniger Ausbildung mit eingefaltet. Wenige Kilometer südöstlich des Attendorner Riffkomplexes kam es zeitgleich mit dessen Bildung im obersten Givet zur Bildung der stratiform-synsedimentären Pyrit-Zinkblende-Baryt-Lagerstätte des Meggener Lagers.

Im **östlichen Sauerland** sind der Belecker Sattel und der Warsteiner Sattel Teil einer N–S ausgerichteten Achsenkulmination, des Lippstädter Gewölbes, das im Norden von der Oberkreide des Münsterschen Beckens verdeckt wird.

Der **Warsteiner Sattel** liegt in etwa in der nordöstlichen Verlängerung des Remscheid-Altenaer Sattels, ohne daß sich in den dazwischen liegenden flözleeren Oberkarbonschichten deutliche Beziehungen zwischen beiden Antiklinalstrukturen zu erkennen gäben. Mitteldevonischer Massenkalk tritt als Ältestes zutage.

Südlich des Warsteiner Sattels schließt als breites Areal mit eng verfaltetem Flözleerem die **Nuttlarer Hauptmulde** an. Aus ihr erhebt sich im Südosten der schmale Massenkalkrücken des Scharfenberg-Sattels und der wieder breitere **Briloner Sattel**.

Weiter südlich ist der durch die schmale Poppenberg-Mulde vom Briloner Sattel getrennte **Ostsauerländer Hauptsattel** die dominierende Struktur des nordöstlichen Rheinischen Schiefergebirges. Ganz überwiegend ist er aus tonigen, aber auch quarzitischen Gesteinen des unteren Mitteldevons aufgebaut. Gegenüber dem Westteil des Rheinischen Schiefergebirges zeichnet sich dieses Gebiet durch einen reichen oberdevonischen Diabas-Vulkanismus einschließlich der Bildung von Roteisensteinlagern aus.

Die Schichtenfolge des Ostsauerländer Hauptsattels ist intensiv geschiefert. Im Verlauf der Faltung und Schieferung wurde die überkippte Nordflanke des Sattels durch ein enges Bündel NW-verengter Aufschiebungen zerlegt. Diese Störungen sind im Bereich der Ramsbecker Blei-Zink-Lagerstätte mehrphasig hydrothermal vererzt.

Der Ostsauerländer Hauptsattel wird von der Altenbürener Störung gequert, an der sein Ostende, die Briloner Scholle, um ca. 1.000 m gegenüber seinem Mittelabschnitt, der Ramsbecker Scholle, abgesunken ist. Im Süden sitzt der Altenbürener Störung die bedeutende Baryt-Mineralisation von Dreislar auf.

Im Zentrum des Rechtsrheinischen Schiefergebirges ist das früher als Siegerländer Block bezeichnete **Siegener Antiklinorium** als tektonisches Hochgebiet die dominierende geologische Baueinheit. In dieser Einheit treten ausschließlich unterdevonische Gesteinsserien zutage. Nach Südwesten setzen sie sich über den Rhein in die Osteifel fort. Nach Nordosten tauchen sie unter das Mittel- und Oberdevon der Wittgensteiner Mulde und des Latroper und Züschener Sattels. Im Süden und Südosten schließen das Mosel-Synklinorium und in seiner Fortsetzung das Dill-Synklinorium an.

Durch die streichende Siegener Hauptaufschiebung wird das Siegener Antiklinorium in zwei größere in sich stark gestörte Sattelstrukturen unterteilt.

Nördlich dieser Großstörung, die sich aus der Südwesteifel bis in das Rothaargebirge verfolgen läßt, bildet der Sattel von Hönningen-Seifen mit Schichten des unteren und mittleren Siegen im Kern die nordöstliche Fortsetzung des Osteifeler Hauptsattels. Weiter im Nordosten wird der Morsbach-Müsener Schollensattel, in dem als Ältestes Gedinne-Schichten zutage treten, zur beherrschenden Baueinheit. Er ist nach Südosten durch die

Giebelwald-Mulde und die Betzdorf-Weidenauer Schuppenzone von der Siegener Hauptaufschiebung getrennt.

Den Südostteil des Siegener Antiklinoriums bildet der breite **Siegener Schuppensattel**. Er ist durch weit aushaltende streichende Aufschiebungen gekennzeichnet. Im Kern des Siegener Schuppensattels sind als Ältestes Schichten des unteren Siegen aufgeschlossen. Mit dem Siegener Antiklinorium deckt sich der Siderit-Erzdistrikt Siegerland-Wied, der im Siegerland seinen Schwerpunkt südlich des Schuppensattels im Wieder Bezirk nördlich der Siegener Hauptaufschiebung hat.

Die Südostflanke des Siegener Schuppensattels fällt am Rhein unter nur geringer Spezialfaltung zur Moselmulde ein. In deren Kern streichen als Jüngstes Schichten der Oberems-Stufe aus. Ihre Südostflanke ist wieder stark gestört und wird von der flach nach Südosten einfallenden Bopparder Überschiebung abgeschnitten. An Rhein und Lahn folgt ihr der Salzig-Nassauer Sattel. Im Osten setzt im Hangenden der Bopparder Überschiebung mit mittel- und oberdevonischen Schichten die Lahn-Mulde ein.

Bedingt durch ein generelles Achsenabtauchen nach Nordosten ist entlang dem **Ostrand des Rechtsrheinischen Schiefergebirges** Mitteldevon, Oberdevon und Unterkarbon in zahlreichen eng verfalteten, im Süden auch zunehmend verschuppten Sätteln und Mulden erschlossen.

Deren Schichtentwicklung zeigt gegenüber dem Linksrheinischen und nördlichen Rechtsrheinischen Schiefergebirge einige Besonderheiten. Während höheres Unterdevon (Ems) in der Umrahmung des Siegener Antiklinoriums noch in charakteristischer sandig-toniger („rheinischer") Fazies ausgebildet ist, sind am Ostrand des Rheinischen Schiefergebirges die weithin als Wissenbacher Schiefer und Styliolinen-Schiefer ausgebildeten Schichten der Eifel-Stufe und des unteren Givet Ablagerungen tieferer pelagischer Meeresbereiche („böhmisch-herzynische Fazies"). Während in der Mosel-Mulde und in der südwestlichen Fortsetzung der Lahn-Mulde (Maisborn-Gründelbacher Mulde) Diabase nur in kleineren Gängen und Stöcken angetroffen werden, ist im östlichen Rechtsrheinischen Schiefergebirge ein mittel- bis oberdevonischer Diabas/Keratophyr-Vulkanismus und unterkarbonischer Diabas-Vulkanismus weit verbreitet. An den devonischen Diabas-Vulkanismus sind im Lahn- und Dill-Synklinorium Roteisenlagerstätten gebunden. Schließlich ist das Unterkarbon des Ostrandes des Rheinischen Schiefergebirges über weite Strecken durch geringmächtige Alaun- und Kieselschiefer und vom mittleren Visé an auch durch weitverbreitete massive Grauwackeneinschüttungen von der südlich gelegenen Mitteldeutschen Kristallinschwelle charakterisiert.

Als wichtigste Strukturelemente des Ostrandes des Rheinischen Schiefergebirges folgen südlich des Ostsauerländer Hauptsattels die **Waldecker Mulde** und der **Latroper** und **Züschener Sattel**. Letzterer stellt die Fortsetzung des Morsbach-Müsener-Schuppensattels im Siegener Antiklinorium dar. Es folgt die etwas breiter angelegte Faltenzone der **Wittgensteiner Mulde**. Sie wird durch den Erndtebrücker Abbruch, ein System steil nach Nordosten abtauchender Falten und N–S verlaufender Abschiebungen von der Betzdorf-Weidenauer Schuppenzone getrennt. Hier wie auch in der Waldecker Mulde und in der Umrahmung des Latroper und Züschener Sattels bieten die gut faltbaren tonig-sandigen Serien des Devons und Unterkarbons ein enges aber übersichtliches Faltenbild. Die Vergenz ist in der Regel gegen Nordwesten gerichtet. In der nördlichen Wittgensteiner Mulde besteht örtlich auch SE-Vergenz.

Die Wittgensteiner Mulde wird von der Dill-Mulde durch die Sackpfeifen-Überschiebung getrennt. Diese entwickelt sich aus der Südostflanke des Siegener Schuppensattels.

Unmittelbar südlich der Überschiebung nehmen Schieferungs- und Faltenachsenflächen steile und teilweise SE-vergente Lagerung ein.

Südöstlich der Sackpfeifen-Überschiebung entwickelt sich das Synklinorium der **Dill-Mulde**. Es wird im Südwesten von tertiären Sedimenten und Basalten des Westerwaldes verdeckt. Ihre nordöstliche Fortsetzung in den Kellerwald wird vom Zechstein- und Buntsandstein-Deckgebirge der Frankenberger Bucht unterbrochen. An zahlreichen streichenden Störungen ist der hier besonders mächtig entwickelte unterkarbonische Deckdiabas aus besser faltbaren Oberdevon- und Kulm-Schichten herausgehoben. Die Dill-Mulde weist deshalb neben verschiedenen oberdevonisch-unterkarbonischen Teilmulden und -sätteln einen teilweise sehr engständigen und im einzelnen komplizierten Schuppenbau auf. Ähnliches gilt für die Lahn-Mulde, die durch den Hörre-Zug von der Dill-Mulde getrennt wird.

Die **Hörre** mit einer besonderen faziellen Entwicklung des Oberdevons und Unterkarbons (Hörre-Fazies) bildet einen schmalen Sattelzug zwischen Dill- und Lahn-Synklinorium. Er wird im Nordwesten von der Bickener Schuppe und im Südosten von der Weidbacher Schuppe begleitet. Nach Nordosten läßt er sich bis in den Kellerwald verfolgen (Hörre-Kellerwald-Zone). Darüber hinaus werden vergleichbare Gesteine im Werra-Grauwackengebirge, in der Ackerbruchberg-Zone des Harzes und auch noch weiter im Nordosten in der Flechtingen-Roßlauer Scholle beobachtet (Hörre-Acker-Zone, Hörre-Gommern-Zug).

In der **Lahn-Mulde** und auch im südlichen Kellerwald nehmen pelagische Sedimente des Unterdevons bis Unterkarbons (Tonschiefer, Kalkknotenschiefer, Schiefer mit Sandstein-Einlagerungen und Kieselschiefer) größere Gebiete ein. Dazwischen treten mitteldevonische Massenkalke sowie Keratophyre und Diabase bzw. deren Tuffe des Mittel- und Oberdevons und der Deckdiabas des Unterkarbons auf. Mit den Vulkaniten der Givet-Stufe sind wie in der Dill-Mulde Hämatiterzlager verknüpft. Erst im höheren Unterkarbon III wird das Gebiet der mittleren und westlichen Lahn-Mulde von den Grauwackenschüttungen der südlich aufsteigenden Mitteldeutschen Kristallinschwelle erreicht.

Im Ostteil der Lahn-Mulde sind örtlich Aufschlüsse vom Ordovizium (Andreasteich-Quarzit) und Silur (Ostracodenkalke und Graptolithenschiefer) bekannt. Die Grauwackenschüttung beginnt hier mit der mächtigen Gießener Grauwacke bereits im Verlauf der Adorf-Stufe. Ihr Auftreten im tektonisch Hangenden gleichalter aber faziell ganz abweichend ausgebildeter pelagischer Gesteine gibt Anlaß, die Einheit der Gießener Grauwacke als Erosionsrest einer aus südlicher Richtung überschobenen Decke zu interpretieren (**Gießener Decke**). Ihre Wurzel lag vermutlich zwischen der Phyllit-Zone und der Mitteldeutschen Kristallinschwelle. Zerscherte Metabasalte von der Deckenbasis sind chemisch mit Ozeanboden-Basalten vergleichbar.

Der aus Taunus-Quarzit und Hermeskeil-Schichten der Siegen-Stufe aufgebaute Taunus-Kamm stellt die direkte Fortsetzung des Soonwald-Antiklinoriums des Hunsrücks dar. Seine unterdevonischen Tonschiefer, Sandsteine und Quarzite sind entlang der bedeutenden **Taunuskamm-Überschiebung** nach Nordwesten auf jüngere Einheiten der Unterems-Stufe (Hunsrück-Schiefer, Singhofener Schichten) überschoben. Diese bilden zwischen dem Taunuskamm im Süden und der Lahn-Mulde bzw. der Maisborn-Gründelbacher Mulde im Norden das **Taunus-Antiklinorium**.

In seinen nördlichen Teilen ist das Taunus-Antiklinorium durch eine klare N–W-Vergenz seines Falten- und Überschiebungsbaus ausgezeichnet. Nach Süden erfolgt eine allmähliche Versteilung und Überkippung des Faltengefüges gegen Südosten. Der Vergenzwechsel wird erklärt durch nachträgliche Rotation der ursprünglich NW-vergent angelegten Falten und Schieferflächen. Anhaltende tektonische Einengung führte hier darüber hinaus zur Ausbildung einer zweiten Schieferung.

Südlich der Taunuskamm-Überschiebung ist die von den Bunten Gedinne-Schiefern bis zum Taunus-Quarzit reichende Unterdevon-Folge tektonisch in mehrere Großschuppen zerlegt. Die südöstlichste von ihnen stellt die Fortsetzung der Stromberger Mulde im Osthunsrück dar. Sie hebt sich nach Osten zunehmend heraus und bildet östlich des Klosters Eberbach im Rheingau die ca. 3 km breite **Metamorphe Zone des Südtaunus** (Vordertaunus). Die Metamorphe Zone des Südtaunus gehört somit einer anderen tektonischen Einheit an als diejenige des südöstlichen Hunsrücks, deren Fortsetzung unter dem südlichen Taunus-Vorland zu suchen ist.

Im Nordteil der Metamorphen Zone des Südtaunus wechseln Metavulkanite (Serizitgneise und Grünschiefer) mit Metasedimenten (Phylliten). Sie werden teils von Bunten Schiefern, teils von Grauen Phylliten des Gedinne normal, d.h. ohne tektonische Störung überlagert. Ausgangsgesteine der Serizitgneise waren Rhyolithe (Keratophyre und Quarzkeratophyre). Die Grünschiefer werden auf Andesite (porphyritische Keratophyre und Natronkeratophyre) zurückgeführt. Im Südteil der Metamorphen Zone herrschen fast ausschließlich Metasedimente (Metapelite und Metagrauwacken) vor. Nach ihrer Mikroflora dürften sie zum größten Teil devonisches Alter haben. Nach charakteristischen Mineralparagenesen werden heute als Metamorphosebedingungen Temperaturen von maximal 330° C und Maximaldrucke von 6 kbar angenommen.

Tektonisch ist der Gesteinsverband der Metamorphen Zone im Südtaunus wie derjenige des Südhunsrücks durch einen engen Schuppenbau und steile, zum großen Teil nach Südosten überkippte Lagerung seiner Schicht- und Schieferungsflächen gekennzeichnet. Hinzu kommt auch hier ein von zwei variszischen Deformationen geprägtes Phyllitgefüge.

In der Metamorphen Zone des Südtaunus zeigt sich damit ein tieferes tektonisches Stockwerk als im Taunus-Antiklinorium mit seinen stratigraphisch einstufbaren devonischen Sedimenten. Geometrische Überlegungen führen heute zu Diskussionen darüber, ob die Schuppenzone südlich der Taunuskamm-Überschiebung als ein vom kristallinen Fundament der nördlichen Mitteldeutschen Kristallinschwelle nach Norden abgescherter Deckenkomplex interpretiert werden kann.

Wie der Hunsrück wurde der gesamte Südtaunus in spätvariszischer Zeit an streichenden Störungen gegenüber der nordöstlichen Fortsetzung der südlich angrenzenden Saar-Nahe-Senke herausgehoben. Jüngerer Entstehung ist eine im Zusammenhang mit dem Einbruch des Oberrheingrabens entstandene Quergliederung in NW–SE streichende Horste und Gräben, u.a. die Idstein-Senke und den Wiesbaden-Diez-Graben.

4.3.5 Die postvariszische Entwicklung

Seit Beginn des **Perms** begann im weiteren Umfeld des Rheinischen Schiefergebirges die Einsenkung bedeutender Beckenstrukturen mit z.T. vom variszischen Gebirgsstreichen abweichenden Senkungsachsen. Im Osten kam es zur Herausbildung der breiten N–S ausgerichteten Hessischen Senke.

Innerhalb des mit den Ardennen zur Rheinischen Masse zusammenzufassenden Rheinischen Schiefergebirges blieb die Sedimentation dagegen auf wenige kleinere in NW–SE-Richtung gestreckte Senkungsräume beschränkt. Auf das Rotliegend-Vorkommen im **Graben von Malmedy** inmitten des Sattels von Stavelot-Venn wurde bereits hingewiesen.

Im nördlichen Rechtsrheinischen Schiefergebirge ist ein weiteres Vorkommen bei **Menden** bekannt. Es handelt sich vorwiegend um grobe Konglomerate, in denen vor allem Gerölle von Kalksteinen und weiteren Gesteinsarten der jeweiligen Umgebung vorherrschen.

Im Linksrheinischen Schiefergebirge ist die **Wittlicher Senke** die bedeutendste Rotliegend-Senke. Sie entwickelte sich in ihrem Hauptteil über der Mosel-Mulde. Als flachmuldenförmiger Halbgraben enthält sie überwiegend klastische und pyroklastische Gesteine, die in Analogie zu solchen in der Saar-Nahe-Senke als Oberrotliegendes eingestuft werden. Am Anfang stehen Konglomerate und rote Sandsteine mit horizontweise eingeschalteten Porphyrtuffen und -brekzien (Waderner Fazies). Zum Hangenden besteht die Abfolge zunehmend aus Sandsteinen (u. a. Neuerburger Sandstein). Sie gehen in Staub- und Schluffsedimente einer wüstenähnlichen Umgebung über (Rötel-Schiefer).

Nur im Zechstein griff das Meer von der Hessischen Senke auf den Ostrand des Rheinischen Schiefergebirges über. Sonst blieb der rechtsrheinische Teil des Rheinischen Schiefergebirges auch in der Trias und während des Juras weitgehend Erosionsgebiet.

Dagegen entwickelte sich die **Eifeler Nord-Süd-Zone** zu einem bedeutenden Senkungsgebiet. Während der Unter- und Ober-Trias (Buntsandstein und Keuper) kamen hier rein terrestrische Sedimente zur Ablagerung. Muschelkalk und unterer Jura (Lias) waren dagegen Zeiten, in denen eine Meeresverbindung zwischen dem nord- und südeuropäischen Epikontinentalmeer bestand. Heute ist diese Deckgebirgsentwicklung der Eifeler Nord-Süd-Zone im Mechernicher Trias-Dreieck und in der Trierer Bucht sowie in Teilen auch in den Buntsandsteinvorkommen von Gerolstein dokumentiert.

Im **Mechernicher Trias-Dreieck** bildet Mittlerer Buntsandstein mit vielfach groben Konglomeraten und Sandsteinen die Basis. Der weitflächig verbreitete Obere Buntsandstein zeigt mehr sandige und tonige Entwicklung. Marine bis lagunäre Ablagerungen des Muschelkalks und Keupers treten vor dem Nordostrand des Trias-Dreiecks in schmalen Streifen zutage. Unter dem Quartär der Niederrheinischen Bucht sind auch marine Tone des Unterjura erbohrt.

Ebenso sind im Kern der **Trierer Bucht** außer Buntsandstein Schichten des Muschelkalks und Keupers erhalten, im Südwesten auch Unterjura-Gesteine in sandiger Fazies (Luxemburger Sandstein).

Vom Ende des mittleren Juras an bildeten die Ardennen und das Rheinische Schiefergebirge zusammen mit dem Brabanter Massiv und dem Böhmischen Massiv ein breites Kontinentalgebiet.

Erst ab der höheren Unterkreide wurde dieses wieder teilweise von Norden her überflutet. Während die marine Sedimentation im Linksrheinischen Schiefergebirge im Verlauf der späten **Oberkreide** bis über die Nordeifel nach Süden vorstieß, reichte rechtsrheinisch die Transgression des Cenomans und Turons nur knapp über den heutigen Nordrand des Rechtsrheinischen Schiefergebirges. In die Kreidezeit fallen auch die ersten Anzeichen eines postpermischen Vulkanismus mit Melilith-Nepheliniten in der Wittlicher Rotliegend-Senke.

Vom Beginn des **Tertiärs** an kam es am Nordrand der Rheinischen Masse zum Einbruch der Niederrheinischen Bucht entlang eines bis heute aktiven NNW–SSE streichenden Störungssystems. Im oberen Oligozän erreichte das Meer hier seine größte Ausdehnung. Im unteren Miozän gab es im Mittelrheingebiet wahrscheinlich eine schmale brackische oder marine Verbindung zum Mainzer Becken und Oberrheingraben.

In das obere Eozän fällt auch die erste Anlage der tektonischen Depression des **Neuwieder Beckens**. Begrenzt wird es von NE–SW und NW–SE streichenden Störungen. Während des obersten Eozäns und unteren Oligozäns wurden hier fast 100 m Tone und fluviatile

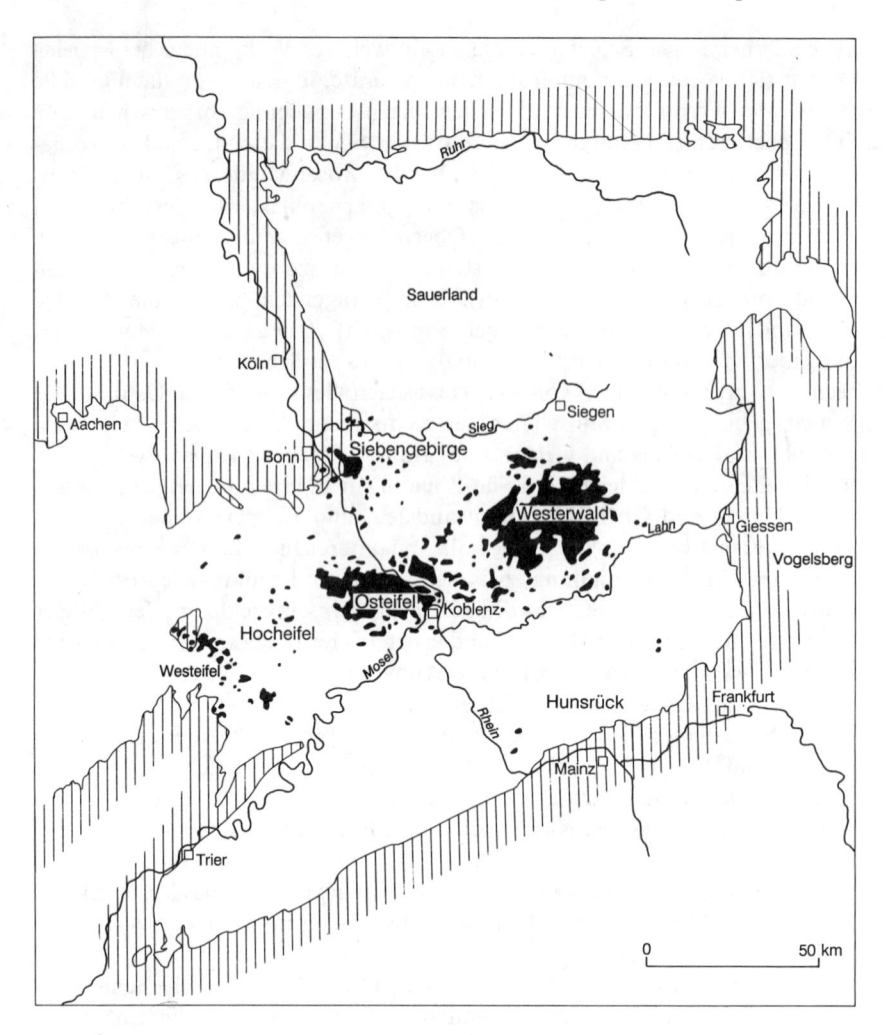

Abb. 74. Die jungen Vulkangebiete des Rheinischen Schiefergebirges.

Quarzschotter (Vallendar-Schotter) sedimentiert. Im mittleren und oberen Oligozän kamen marine Tone und Mergel zur Ablagerung. Es ist unklar, ob dadurch eine Ingression aus dem Mainzer Becken angezeigt wird oder ob über eine Senke im Moselgebiet Verbindung zu marinen Ablagerungen im Pariser Becken bestand. Überlagert werden die Tertiärsedimente des Neuwieder Beckens von Trachyttuffen, die wahrscheinlich aus dem südwestlichen Westerwald stammen.

Im Tertiär war das Links- und Rechtsrheinische Schiefergebirge Schauplatz eines bedeutenden **Vulkanismus**. Drei Vulkanfelder werden unterschieden. In der Hocheifel hatte die vulkanische Aktivität ihren Schwerpunkt im oberen Eozän und unteren Oligozän. Im Siebengebirge und im Westerwald konzentrierte sie sich auf den Zeitraum vom oberen Oligozän bis unteren Miozän und eine zweite Phase im Übergang vom Miozän zum Pliozän. Tertiäralter haben auch einzelne vulkanische Gänge und Schlotfüllungen im südlichen Hunsrück und Taunus.

Das Rheinische Schiefergebirge   183

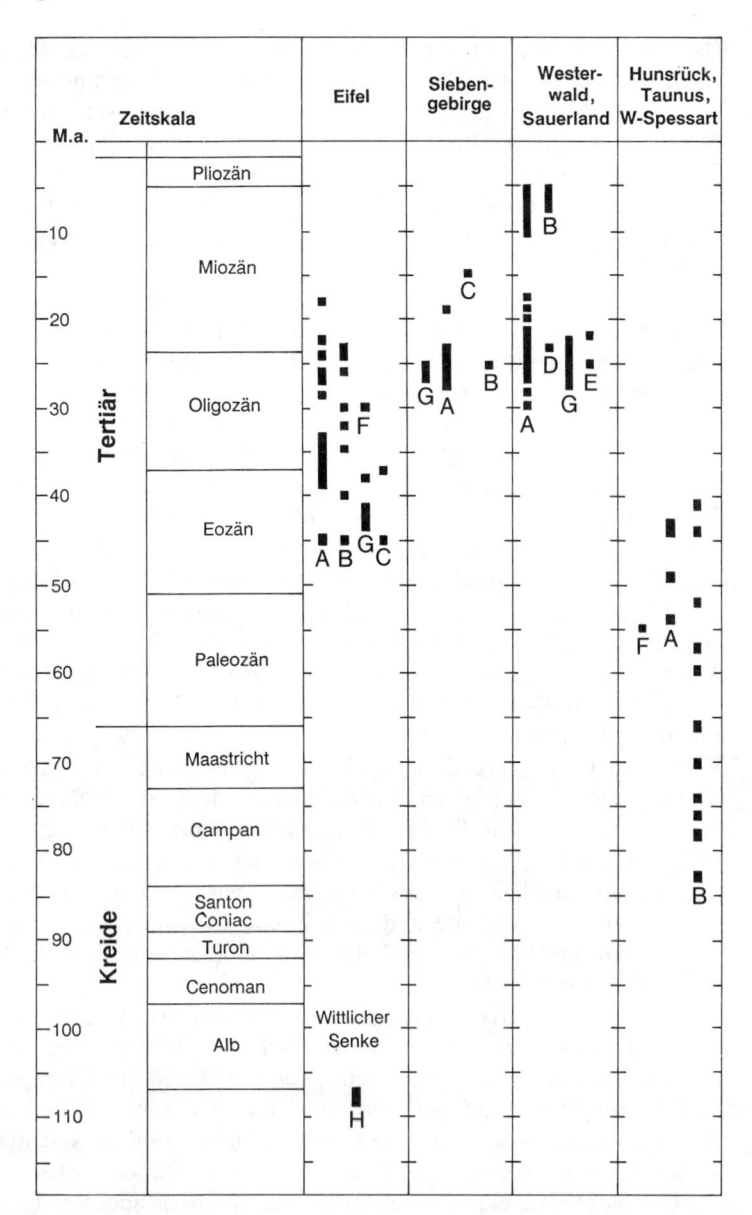

Abb. 75. Scheinbare K/Ar-Alter der Kreide- und Tertiär-Vulkanite des Rheinischen Schiefergebirges (n. LIPPOLT 1983). A = Alkali-Olivin-Basalte (Hawaiite, Mugearite), B = Nephelin-Basanite, C = Hornblendeführende Basalte, D = Olivin-Nephelinite, E = Tholeiitische Basalte, F = Phonolite (und Tephrite), G = Trachyte, Latite, Benmoreite, H = Melilith-Nephelinite.

Das tertiäre Vulkanfeld der **Hocheifel** und angrenzender Gebiete der Osteifel umfaßt mindestens 350 Eruptionszentren. 330 davon enthalten Basalte. In den meisten Fällen sind nur die Schlotfüllungen, oft von Tuffringen umgeben, als morphologische Kuppen erhalten.

Die Vulkantätigkeit in der Hocheifel hatte ein deutliches Maximum in einem N–S verlaufenden Streifen zwischen Ulmen und Adenau. Petrographisch bilden die Vulkanite eine kontinuierliche Differenzierungsreihe von Alkali-Olivinbasalt über Hawaiit und Mugearit zu Andesit und Trachyt. Daneben finden sich Basanite und Pikritbasalte (Ankaramite). Nach radiometrischen Altersbestimmungen hat der Hocheifel-Vulkanismus vor 42–44 Ma mit der Förderung von Andesiten und Trachyten begonnen. Die Eruption basaltischer Schmelzen setzte erst etwas später um 39 Ma ein und hielt mehr oder weniger kontinuierlich über 15 Millionen Jahre an.

Der Vulkanitkomplex des **Siebengebirges** liegt am Südostende des tektonischen Senkungsfeldes der Niederrheinischen Bucht. Zum Teil läßt sich die Anordnung seiner Eruptionsstellen mit deren bis in das Schiefergebirge hineinreichenden NNW–SSE ausgerichteten Störungen in Zusammenhang bringen. Die vulkanische Tätigkeit wurde mit der Förderung von Trachyttuffen eingeleitet. In die ursprünglich wohl einige 100 m mächtige Tuffdecke drangen Trachyte, Latite und Alkalibasalte ein und bildeten Quellkuppen, Stöcke und Schlotfüllungen sowie Gänge und Lagergänge. Sie wurden später durch Erosion freigelegt. Eine schwächer alkalische Gesteinsreihe besteht aus Quarztrachyten, Trachyten, Quarzlatiten, Latiten und Latitbasalten. Ihr gehört die Mehrzahl der Siebengebirgsgesteine an. Eine zweite, stärker alkalische Reihe besteht aus Alkalitrachyten, Foidtrachyten, Foidlatiten, Foidlatitbasalten und phonolithischem Basanit. Die meisten Eruptionen ereigneten sich im oberen Oligozän zwischen 28 und 22 Ma. Die Förderung basaltischer Magmen hielt länger an. Jüngste Datierungen liegen bei ca. 15 Ma.

Das tertiäre Vulkanfeld des **Westerwaldes** umfaßt eine geschlossene Fläche von nahezu 1.000 km². Unterlagert von eozänen und oligozänen Süßwassersedimenten, im wesentlichen Tonen und teilweise verkieselten Quarzsanden, finden sich Trachyttuffe und Basalte des oberen Oligozäns bis Miozäns und örtlich auch des Miozäns/Pliozäns. Die Trachyte machen nur einen kleinen Teil der Eruptiva aus. Sie konzentrieren sich auf den Südwestteil des Westerwaldes. Die Basalte und ihre Tuffe bilden die großen geschlossenen Basaltdecken des Hohen und östlichen Westerwaldes. Zu ihnen gehören Nephelinbasanite, Alkaliolivinbasalte, Olivin-Nephelinite und tholeiitische Gesteine. Altersbestimmungen datieren die Trachyttuffe und die Mehrzahl der Basaltgesteine auf rund 25 Ma und einige weitere Eruptionen auf ca. 5 Ma.

Die endgültige **Heraushebung des Rheinischen Schiefergebirges** zur heutigen Mittelgebirgslandschaft begann bereits gegen Ende des Miozäns. Sie führte zur Fixierung der bestehenden Flußsysteme des Rheins, der Mosel und der Lahn, sowie ihrer Nebenflüsse. Mosel- und Rhein-Lauf sind zunächst durch die miozän/pliozänen Kieseloolithschotter charakterisiert. Danach wurde die Talentwicklung der Flüsse wesentlich durch die periglazialen Klimawechsel des Pleistozäns bestimmt. Im Zusammenwirken mit anhaltender Hebung des Gebietes führte der Wechsel von Zeiten überwiegender Erosion und Perioden vorherrschender Sedimentation zur Bildung charakteristischer Terrassenfolgen und ebenfalls bezeichnender Terrassensedimente. In der heutigen Lage der Altflächen lassen sich erhebliche Unterschiede der tektonischen Heraushebung ablesen. Die postoligozäne Hebung des Hohen Venns in der Nordwesteifel beträgt z. B. ca. 460 m, die des nördöstlichen Westerwaldes 200 m, die des Siebengebirges 0 m. Eine besonders starke Hebungsphase erfolgte nach der Bildungsphase der Hauptterrassen, die etwa 500.000–700.000 Jahre alt sind. Sie führte zur Ausbildung der tiefen Taleinschnitte des Rheins, der Mosel und der Maas und ihrer Seitentäler.

Im **Pleistozän** entstand in der **Osteifel** eine der jüngsten Vulkanlandschaften Europas. In Ihrem Zentrum liegt der Laacher Kessel als vulkanisch-tektonische Depression. Die vulkanische Tätigkeit begann vor etwa 500.000 Jahren westlich des heutigen Laacher Sees. In der Folgezeit dehnte sie sich nach Osten bis über den Rhein und nach Süden bis in das Neuwieder Becken aus.

Nach der Art der Vulkantätigkeit und Zusammensetzung der Förderprodukte werden drei Eruptionsphasen unterschieden. In der ältesten Periode, zwischen 500.000 und 300.000 Jahren, d.h. bis in das Elster-Glazial, wurden neben basaltischen Tephra vor allem phonolitische Tuffe und Laven gefördert. In der zweiten Förderperiode zwischen ca. 300.000 und 100.000 Jahren, d.h. bis in das Saale-Glazial, entstanden Basaltvulkane mit Aschendecken, Schlackenkegeln und bedeutenden Lavaströmen. Dieser Basalt-Vulkanismus hatte im Jungpleistozän seinen Höhepunkt. Die jüngste Periode war relativ kurz und bestand in der Förderung phonolitischer und trachytischer Tuffe, die als Lapillituffe (Bimstuffe) oder feinkörnige Aschen (Traß) im Osten des Vulkangebietes weite Verbreitung haben. Ihren Abschluß bildete vor 11.000 Jahren, d.h. nach Ende des Weichsel-Glazials, eine gewaltige Bimstuff-Eruption, welche den Einbruch des Laacher See-Kessels als Caldera über dem entleerten Herd zur Folge hatte. Die Bimssteine des Laacher Sees wurden noch auf Bornholm und u.a. zwischen Bodensee und Genfer See in Hochmoorablagerungen gefunden und bilden eine wichtige Zeitmarke.

Vom Laacher Vulkangebiet deutlich abgegrenzt ist das ebenfalls quartäre Vulkanfeld der **Westeifel**. Es erstreckt sich über eine Länge von ca. 50 km quer über das Linksrheinische Schiefergebirge von Bad Bertrich nahe der Mosel bis nach Ormont in der Schnee-Eifel. Der Schwerpunkt der Vulkantätigkeit lag zwischen Hillesheim, Daun und Gerolstein. Etwa 100 Aschen- und Schlackenkuppen und etwa 50 Maarkessel bestimmen heute das Landschaftsbild. Altersbestimmungen ergeben für die ältesten Vulkanbauten Alter von etwa 700.000 Jahren.

Petrographisch handelt es sich bei den Vulkaniten der Westeifel vorzugsweise um Leuzitite, Nephelinite und Basanite. Ultrabasische Auswürflinge in den Pyroklastika einiger Maare werden als Fragmente des Erdmantels gedeutet.

Die jüngsten Vulkane des Gebietes sind Maare, durch Gaseruptionen erzeugte trichterförmige Hohlräume. Einige dürften nur wenig über 10.000 Jahre alt sein, also jünger als der Laacher-See-Bims.

Literatur: H. ARENDT et al. 1977, 1978; L. AHORNER & H. MURAWSKI 1975; H.-J. ANDERLE 1972, 1974, 1976, 1987a, 1987b; P. BENDER 1978; P. BENDER et al. 1977; D. BETZ, H. DURST & T. GUNDLACH 1988; E. BINOT & J. STETS 1982; M. BIRKELBACH et al. 1988; M.J.M. BLESS et al. 1980b, 1980d; H. BÖGER 1978, 1983a, 1983b; H. BOTTKE 1978; H. BREDDIN 1973; M.R. BRIX et al. 1988; C.-D. CLAUSEN & K. LEUTERITZ 1979; G. DROZDZEWSKI 1979; G. DROZDZEWSKI et al. 1980, 1985; F.W. EDER et al. 1983; R. EIGENFELD & I. EIGENFELD-MENDE 1978; G. EINSELE 1963; W. ENGEL et al. 1983; W. ENGEL, W. FRANKE & F. LANGENSTRASSEN 1983; W. FEUCHEL et al. 1985; H. FLICK 1979; W. FRANKE (Ed.) 1990a; W. FRANKE & O.H. WALLISER 1983; W. FRANKE, W. EDER & W. ENGEL 1975; W. FRANKE et al. 1990; G. FUCHS 1974; K. FUCHS et al. (Eds.) 1983; W. GWOSDZ 1972; C. HAHNE & R. SCHMIDT 1982; H.-A. HEDEMANN & R. TEICHMÜLLER 1971; W. KASIG & H. WILDER 1983; W. KEGEL 1950; G. KNAPP 1980; R. KOZEL & J. STETS 1989; W. KREBS 1968; P. KUKUK 1938; ,J. KULICK 1960; F. LANGENSTRASSEN 1983; G. LANGHEINRICH 1976; H.J. LIPPOLT 1983; H.-J. LIPPOLT & W. TODT 1978; D. MADER 1982; H. MARTIN & F.W. EDER (Eds.) 1983; D. MEISCHNER 1968; St. MEISL 1986; H. MERTES 1983; D.E. MEYER 1975; W. MEYER 1988; W. MEYER & J. STETS 1975, 1980; H.G. MITTMEYER 1980; H. MURAWSKI 1964, 1975; H. MURAWSKI et al. 1983; O. ONCKEN 1982, 1984, 1988a, 1988b, 1989; E. PAPROTH 1976; E. PAPROTH & W. STRUVE (Eds.) 1982; E. PAPROTH & M. WOLF 1973; D. RICHTER 1971, 1978; S. RIETSCHEL 1966; G. RIPPEL 1954; P.M. SADLER 1983; Wo. SCHMIDT 1952; K. SCHWAB 1987; G. SOLLE 1976; W. STRUVE 1963; R. TEICHMÜLLER 1973;

J. TIMM 1981; H. UFFENORDE 1976; G. VOLL 1983; O. H. WALLISER 1981; R. WALTER & J. WOHLENBERG (Eds.) 1985; R. WALTER, G. SPAETH & W. KASIG 1985; K. WEBER 1976, 1978; K. H. WEDEPOHL, K. MEYER & G. K. MUECKE 1983; R. WERNER & J. WINTER 1975; W. WERNER 1989; J. WINTER 1969; M. WOLF 1978; V. WREDE 1985; V. WREDE & M. ZELLER 1988; H. G. WUNDERLICH 1964; W. ZIEGLER & R. WERNER (Eds.) 1982.

4.4 Der Harz

4.4.1 Übersicht

Nordöstlich des Rheinischen Schiefergebirges ist variszisch deformiertes Paläozoikum auf größerer Fläche wieder im Harz erschlossen. Dazwischen tritt es in kleineren Aufbrüchen im Unterwerra-Sattel und bei Albungen zutage.

Der paläozoische Aufbruch des Harzes ist im Nordosten und Westen durch WNW–ESE (herzynisch) bzw. N–S (rheinisch) streichende Störungslinien begrenzt. Nach Südwesten, Süden und Osten sind seine Grenzen durch das diskordante Auflager permischer und jüngerer Deckgebirgsschichten gegeben.

Unabhängig von seiner in der späteren Kreide angelegten WNW–ESE ausgerichteten (herzynischen) Kontur ist der tektonische Innenbau des Harzes durch einen SW–NE (erzgebirgisch) streichenden variszischen Falten- und Schuppenbau gekennzeichnet. Hierin sowie in zahlreichen lithologisch-faziellen Ähnlichkeiten der aufgeschlossenen Devon- und Karbonfolgen zeigen sich die engen faziellen und strukturellen Zusammenhänge mit dem Rheinischen Schiefergebirge im Südwesten und der Flechtingen-Roßlauer-Scholle im Nordosten.

Nach seinem geologischen Bau läßt sich der Harz in drei Großbereiche gliedern. Im Nordwesten umfaßt der **Oberharz** den Oberharzer Devonsattel, die Clausthaler Kulmfaltenzone, den Oberharzer Diabaszug, die Söse-Mulde und den Ackerbruchberg-Zug sowie Teilbereiche des Brocken-Massivs.

Zum **Mittelharz** gehören die Sieber-Mulde, Teile des Brocken-Massivs, die Blankenburger Zone einschließlich des Ramberg-Plutons, der Elbingeröder Komplex und der Tanner Grauwackenzug. Im Südosten besteht der **Unterharz** aus der Harzgeröder Zone, der Südharz- und Selke-„Mulde" und der Wippraer Zone. Die Südharz- und Selke-„Mulde" werden heute als Relikte einer aus dem Bereich der Wippraer Zone stammenden Ostharzdecke interpretiert.

Morphologisch besitzt der Harz Mittelgebirgscharakter mit jungen tertiären Rumpfflächen zwischen 1.100 und 500 m über NN im Oberharz und zwischen 600 und 300 m über NN im Mittel- und Unterharz.

4.4.2 Geologische Entwicklung, Stratigraphie

Vermutlich älteste Ablagerungen des Harzes sind ganz im Südosten in der Wippraer-Zone anstehende Grünschiefer, Metagrauwacken und Metakieselschiefer. Biostratigraphisch belegt ist in der „Zone der Tonschiefer und Quarzite" mittleres **Ordovizium** durch Phytoplankton des Llanvirn.

Silur ist nachweislich weiter verbreitet. In der Wippraer Zone gehören ihm wenigstens Teilbereiche der Zone der Phyllitischen Tonschiefer an. In der Harzgeröder Zone ist Silur in einer großen Zahl tektonischer Einschuppungen mit allen Stufen aufgeschlossen. Auch in der Blankenburger Zone finden sich kleinere Vorkommen mit Silur. Neben dunklen graptoli-

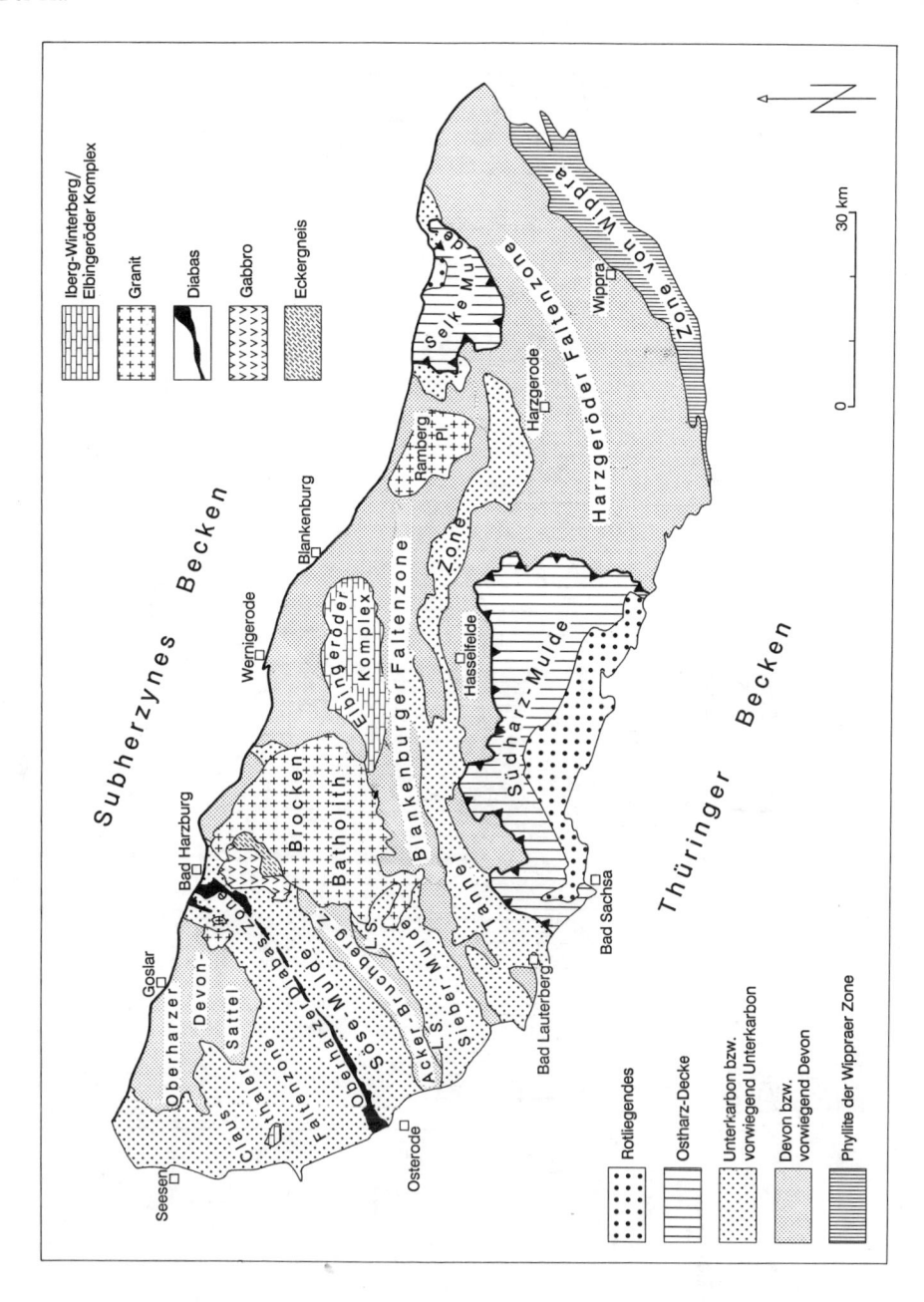

Abb. 76. Geologische Übersichtskarte des Harzes (n. WACHENDORF 1986). L.S. = Lonauer Sattel.

thenführenden Tonschiefern treten im tieferen Teil sandige Einschaltungen und gelegentlich auch Quarzite auf. Deren Zugehörigkeit zum Silur ist allerdings wegen der starken Verschuppung fraglich. Vom tiefen Ludlow an sind an zahlreichen Orten fossilreiche Kalkeinlagerungen charakteristisch (*Scyphocrinus*-Kalke von Wieda, Kalk des Heibeek-Tales, Kalk von Öhrenfelde und Kalk der Harzgeröder Ziegelhütte u. a.).

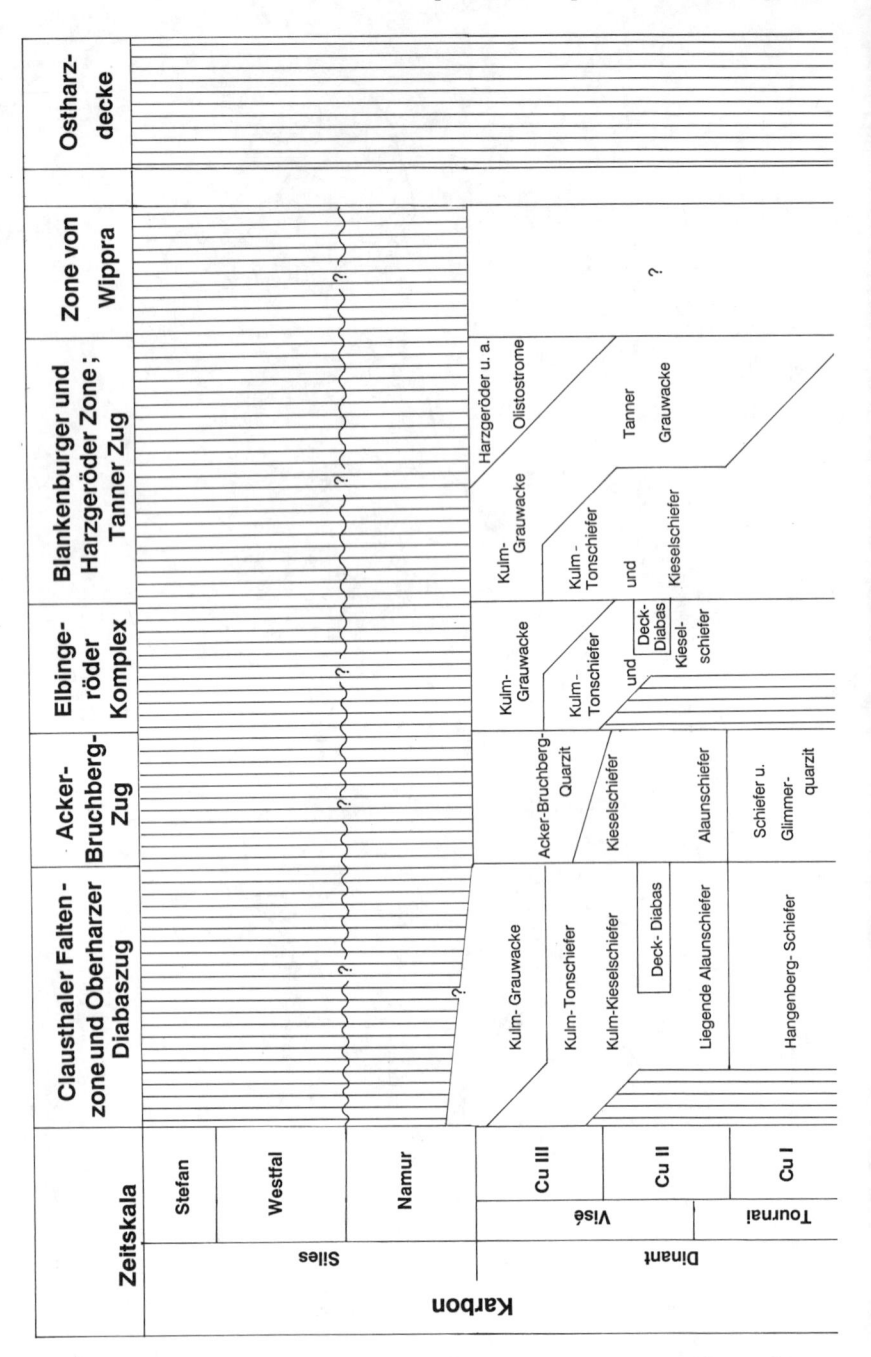

Zeitskala	Clausthaler Faltenzone und Oberharzer Diabaszug	Acker-Bruchberg-Zug	Elbingeröder Komplex	Blankenburger und Harzgeröder Zone; Tanner Zug	Zone von Wippra	Ostharzdecke
Karbon — Siles — Stefan						
Westfal						
Namur						
Dinant — Visé — Cu III	Kulm-Grauwacke	Acker-Bruchberg-Quarzit	Kulm-Grauwacke	Kulm-Grauwacke		
Cu II	Kulm-Tonschiefer	Kieselschiefer	Kulm-Tonschiefer und Deck-Diabas Kieselschiefer	Kulm-Tonschiefer und Kieselschiefer	Harzgeröder u. a. Olistostrome / Tanner Grauwacke	
Tournai — Cu I	Kulm-Kieselschiefer / Deck-Diabas / Liegende Alaunschiefer / Hangenberg-Schiefer	Alaunschiefer / Schiefer u. Glimmerquarzit				

Hinweise auf eine durchgreifende kaledonische Deformation im Harzgebiet finden sich nicht.

Im **Devon** ist die paläogeographische Situation des Harzes durch seine Zugehörigkeit zur Rhenoherzynischen Zone zwischem dem Old Red-Kontinent im Norden und der sich seit

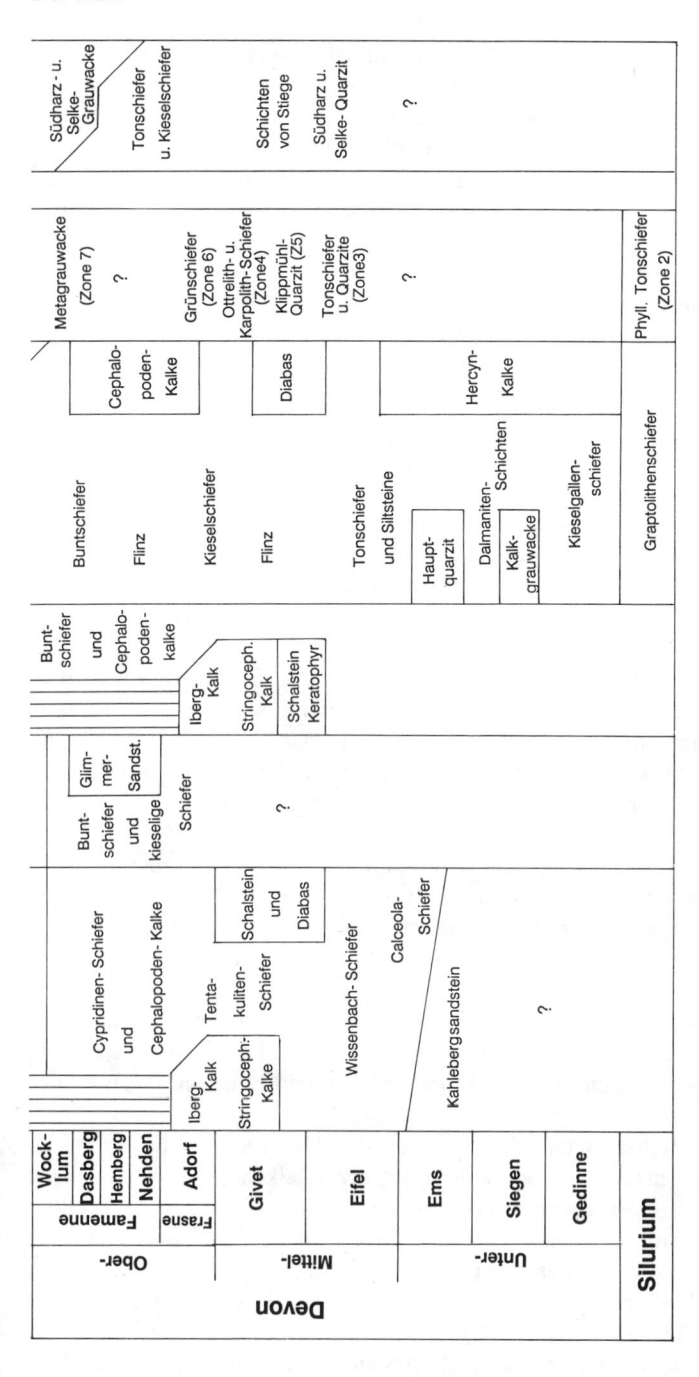

Abb. 77. Stratigraphische Übersicht für das Paläozoikum des Harzes (n. WACHENDORF 1986 und anderen Autoren).

dem Oberems im Süden herausbildenden Mitteldeutschen Kristallinschwelle gekennzeichnet.

Unterdevon ist, wenn auch nicht vollständig, in allen drei Großbereichen des Harzes bekannt. Im Oberharz bildet der nach Fossilfunden überwiegend dem Oberems zuzuordnende Kahleberg-Sandstein den Kern des Oberharzes Devonsattels. Er stellt eine ca. 1.000 m mächtige insgesamt klastische Folge aus Tonschiefern, Sandsteinen, Kalksandsteinen und Quarziten dar. Wie bei den unterdevonischen Sandsteinserien der rheinischen Fazies des nördlichen Rechtsrheinischen Schiefergebirges handelt es sich um eine von Norden geschüttete Randbildung der rhenoherzynischen Schelfplattform.

Mitteldevon ist im Harz durch Pelit- und Karbonatgesteine eines in Becken und Schwellen gegliederten pelagischen Ablagerungsraums vertreten (herzynische Fazies). Hinzu kommen die Förderprodukte eines ausgedehnten basischen Vulkanismus. Das durch synsedimentäre Brüche und Vulkanismus ausgestaltete Relief wurde im Oberdevon zunehmend ausgeglichen. Im Südostharz setzte während der Nehden- und Hemberg-Stufe die Flyschsedimentation ein.

Im **Oberharz** ist die fazielle Entwicklung des Mittel- und Oberdevons bestimmt durch die relativ stabile Westharz-Schwelle und nordwestlich und südöstlich angrenzende rasch sinkende Trogzonen.

Im südöstlichen Oberharzer Devonsattel überwiegen geringmächtige Cephalopodenkalke. In seinem Nordwestteil herrschen dagegen mächtige tonige Beckensedimente vor. In der Eifel-Stufe überwiegen insgesamt Wissenbacher Schiefer mit Diabasen und Tuffen im oberen Teil. Im Givet und Oberdevon schließen Büdesheimer Schiefer und Kalkknollen-führende, z. T. bunte (rote und grüne) Cypridinenschiefer an. Mit sauren Tuffen im Liegenden der Diabase wird die Entstehung der Sulfiderzlager des Rammelsberges bei Goslar in Zusammenhang gebracht.

Die Südostflanke der Westharz-Schwelle fällt mit dem Oberharzer Diabaszug zusammen. Auch hier beginnt das Mitteldevon mit Wissenbacher Schiefern, über denen eine Serie mächtiger Diabasmandelsteine und Diabastuffe (Schalsteinfolge) folgt. Im Zusammenhang mit diesen entstanden im Givet geringmächtige Stringocephalenkalke und Roteisensteinbildungen. Oberdevon ist durch geringmächtige Kalkablagerungen vertreten (u. a. Kellwasserkalk, Cephalopodenkalke).

Eine Sonderstellung nimmt das isolierte Kalkvorkommen des Iberg-Winterberges in der Clausthaler Kulmfaltenzone ein. Hier ist vom Givet bis in die obere Adorf-Stufe die Entwicklung eines kleinräumigen, aber bis zu 600 m mächtigen Riffkalkkomplexes zu beobachten.

Im Grenzbereich zwischen Oberharz und Mittelharz sind in der Söse-Mulde, der Sieber-Mulde und der Acker-Bruchberg-Zone nach den Wissenbacher Schiefern der Eifel-Stufe auch für das Oberdevon Beckensedimente aus überwiegend dunklen Tonschiefern mit höchstens örtlich geringmächtigen sandigen Einlagerungen und Einschaltungen bunter (roter und grüner) Schiefer und Kieselschiefer charakteristisch.

Auch im **Mittel-** und **Unterharz** setzte sich während des Mitteldevons die bereits im Unterdevon eingeleitete Differenzierung in Schwellen mit Herzynkalken und Beckenbereiche mit überwiegend Schiefern fort. Viele der früher insgesamt in das Unterdevon gestellten Herzynkalke umfassen neben mitteldevonischen auch oberdevonische und zum Teil unterkarbonische Anteile. Den Herzynkalken steht von der höheren Eifel-Stufe an eine Flinzentwicklung aus dunklen kieseligen Schiefern mit Detrituskalken gegenüber. In der Blankenburger und Harzgeröder Zone setzte seit der Eifel-Stufe eine starke Förderung von Diabasen, Diabastuffen sowie örtlich auch von Quarzkeratophyren und Keratophyrtuffen ein.

Das Oberdevon des Mittel- und Unterharzes zeichnet sich durch rasche Fazieswechsel und stratigraphische Kondensation aus. Neben geringmächtigen Cephalopodenkalken sedimentierten in Beckenbereichen dunkle Tonschiefer mit Flinzkalken und Kieselschiefer.

In der östlichen Blankenburger Zone nahm vom höheren Mitteldevon an der Elbingeröder Komplex eine fazielle Sonderstellung ein. Über Wissenbacher Schiefern und einer mehr als 500 m mächtigen Schalsteinserie folgt ein ebenfalls über 500 m mächtiger Riffkalkkomplex des oberen Givet und der Adorf-Stufe. An seinen Kontakt mit der Schalsteinserie sind Roteisensteinlager gebunden. Im weiteren Verlauf des Oberdevons folgen auch hier Cephalopodenkalke und als deren seitliche fazielle Vertretung Buntschiefer.

In der heute als Relikt einer aus dem Bereich der Wippraer Zone herzuleitenden Ostharzdecke interpretierte Südharz-„Mulde" und Selke-„Mulde" beginnt das Devonprofil mit den Stieger Schichten. Deren Schiefer, Sandsteine und Grauwacken mit eingeschalteten effusiven Diabasen und deren Tuffen gehören dem hohen Mitteldevon oder der tiefen Adorf-Stufe an. Es folgen als sichere Oberdevon-Ablagerungen Kieselschiefer und Buntschiefer, die wiederum von der bis zu 380 m mächtigen Südharz-Grauwacke überlagert werden. Deren Schüttung begann in der Nehdenstufe und setzte sich in der Hemberg-Stufe fort. Die Sedimentation der analogen Selke-Grauwacke hielt vom tieferen Oberdevon bis in das frühe Unterkarbon an. Dem weitgehend pelagischen Sedimentationsgebiet der Blankenburger und Harzgeröder Zone war damit während des Oberdevons ein südliches Senkungsfeld vorgelagert, das die frühen Flyscheinschüttungen der aufsteigenden Mitteldeutschen Kristallinschwelle aufnahm.

In der Wippraer Zone können in allen an ihrem Aufbau beteiligten rein klastischen Serien auch mittel- und oberdevonische Anteile vertreten sein. Für eine genaue stratigraphische Zuordnung fehlen aber die biostratigraphischen Belege.

Im **Unterkarbon** ist nach weitgehendem Ausgleich des im Mitteldevon entstandenen submarinen Reliefs über dem ganzen heute im Harz erschlossenen Sedimentationsraum einheitlich Kulm-Fazies verbreitet. Eine Ausnahme machen die Hochgebiete der Riffkomplexe des Iberges und von Elbingerode, die gegenüber ihrer Umgebung erst verzögert von den Grauwacken der oberdevonisch-unterkarbonischen Flyschphase überschüttet wurden.

Zu Beginn überwiegen im Unterkarbon noch geringmächtige Kieselschiefer und Tonschiefer, örtlich treten Diabase auf. Dann folgen, im Süden bereits seit dem Oberdevon, im Norden erst im späten Unterkarbon einsetzend, Grauwackenschüttungen mit gelegentlichen olisthostromalen Einlagerungen eines Wildflysches. Eine markante Faziesscheide stellt dabei der Acker-Bruchberg-Zug dar. Er trennt die relativ geringmächtigen älteren Flyschserien des Südostharzes von den mächtigeren, hauptsächlich hoch-unterkarbonischen Grauwacken des Nordwestharzes.

Im Süden sind in der Harzgeröder Zone große Areale der dort früher ins Unterdevon eingestuften Grauwacken und Grauwacken-Tonschiefer-Wechsellagerungen nach Pflanzenresten und Schwermineralanalysen Äquivalente der von Süden geschütteten Grauwacken des Tanner Zuges zwischen Harzgeröder Zone und Blankenburger Zone. Diese bis 1.000 m mächtige Grauwackenserie gehört mit ihren basalen Plattenschiefern und den in ihr enthaltenen Konglomeraten als Tanner Grauwacke in das Unterkarbon II und reicht möglicherweise bis in das Unterkarbon III. Auf den nordöstlich gelegenen Elbingeröder Komplex griff die Grauwackensedimentation erst im Verlauf des Unterkarbons III über.

Ähnlich verlief die Entwicklung des Unterkarbons der nordöstlichen Blankenburger Zone und der Sieber Mulde von Tonschiefern und Kulmkieselschiefern im Unterkarbon I und II zu Schiefern mit Grauwackeneinschaltungen und massigen Kulmgrauwackenfolgen im Unterkarbon III.

Im Acker-Bruchberg-Zug leiten vom mittleren Unterkarbon II an dunkle Quarziteinschaltungen die Sedimentation des Acker-Bruchberg-Quarzits ein. Stratigraphisch reicht dieser bis in das Unterkarbon III. Faziell stellt er eine sandige Schüttung mit höherem Reifegrad als die südlichen Grauwackenserien aus nordöstlicher Richtung dar. Gleichartige Sedimente lassen sich auch im Rechtsrheinischen Schiefergebirge und im Bereich der Flechtingen-Roßlauer Scholle nachweisen (Hörre-Gommern-Fazies).

Im übrigen Oberharz machen geringmächtige Liegende Alaunschiefer, Kulmkieselschiefer und Kulmtonschiefer (Posidonien-Schiefer) sowie mehr als 1.000 m mächtige Kulmgrauwacken die charakteristische Oberharzer Kulm-Fazies aus. In die Alaun- und Kieselschiefer des Oberharzer Diabaszuges ist der Deckdiabas mit mehreren Ergüssen und Tuffithorizonten eingeschaltet.

Die Flyschsedimentation der Kulmgrauwacken setzte in der Söse-Mulde und im Verlauf des Oberharzer Diabaszuges mit Beginn des Unterkarbon III ein. Von da an verlagerte sie sich kontinuierlich nach Nordwesten.

In der nördlichen Clausthaler Faltenzone reicht die grauwackenfreie Fazies der Kulmtonschiefer bis in das oberste Unterkarbon III (β). Die Hauptschüttungsrichtung der Kulmgrauwacken war gegen Nordosten gerichtet. In den Kulmsedimenten am Nordwestrand des Oberharzes ist ein konkordanter Übergang vom Visé in das unterste Namur belegt.

Die die Sedimentation abschließende **variszische Deformation** ereignete sich im Harzgebiet wahrscheinlich gegen Ende des Westfal während der asturischen Faltungsphase. Sie führte zu einem SW–NE (erzgebirgisch) streichenden Falten- und Schuppenbau. Nordwestvergenz herrscht vor. Im Mittel- und Unterharz ist enger Schuppenbau das charakteristische Strukturmerkmal. Nur die Gesteine der Wippraer Zone sind grünschieferfaziell geprägt. Mit ausklingender Faltung wurden Querstörungen und vor allem auch Diagonalseitenverschiebungen angelegt.

In der Spätphase der variszischen Orogenese kam es zur Platznahme des **Okergranits** sowie verschiedener bedeutender Intrusivkörper im **Brocken-Massiv** (Harzburger Gabbro, Brocken-Granit, Ilsestein-Granit) und des **Rambergplutons**.

Nach der Hauptfaltung des Harzes setzte gegen Ende des Oberkarbons Heraushebung und intensive Abtragung des variszischen Orogens ein. Für das **Stefan** und vor allem auch für die **Rotliegend**-Zeit zeichnen sich zwei dem SW–NE ausgerichteten Gebirgsstreichen parallel verlaufende Abtragungsgebiete ab, im Mittel- und Oberharz die (Hunsrück-)Oberharz-Schwelle und im südöstlichen Unterharz die (Spessart-)Unterharz-Schwelle. Südöstlich der Unterharz-Schwelle lag das Sedimentationsgebiet des Saale-Troges. Mit den Grillenberger Schichten überdeckt hier bereits mittleres Oberkarbon (Westfal C) das gefaltete Grundgebirge diskordant. Zwischen der Unterharz- und Oberharzschwelle entwickelten sich die intramontanen Senken der Rotliegend-Becken von Ilfeld und Meisdorf.

Im Ilfelder Becken enthält westlich Bad Sachsa eine dem Unterrotliegenden angehörende Ältere Sedimentserie neben Konglomeraten, Sandsteinen und Schluffsteinen u. a. auch ein 2 m mächtiges Steinkohlenflöz. Eine ebenfalls noch dem Unterrotliegenden angehörende Eruptivgesteinsserie aus Melaphyren, Porphyriten und Rhyolithen tritt vor allem im östlichen Teil des Beckens auf. Für eine Jüngere Sedimentserie mit einem Porphyrkonglomerat und abschließend dem Walkenrieder Sand wird Oberrotliegend-Alter angenommen.

Das am nordöstlichen Harzrand im Bereich der Selke-Mulde gelegene Meisdorfer Rotliegend-Becken zeigt in einer nach einem tektonischen und klimatisch bestimmten Sedimentationsrhythmus dreigeteilten Folge von maximal 300 m Mächtigkeit fluviatile Konglomerate, Sandsteine und Schiefertone. Auch hier enthält die Untere Serie u. a. ein 0,8 m mächtiges Kohleflöz. Im Gegensatz zum Ilfelder Becken bleiben vulkanische Einschaltungen auf einzelne Tuffite und pyroklastische Konglomerate beschränkt. Eine NW-Begrenzung der fast den ganzen Mittel- und Oberharz einnehmenden Hunsrück-Oberharz-Schwelle ist durch die Vorkommen von Rotliegend-Sedimenten am nordwestlichen Harzrand zwischen Seesen und Neuekrug-Hohausen gegeben.

4.4.3 Regionalgeologischer Bau

Die regionalgeologische Gliederung des Ober-, Mittel- und Unterharzes wird nach vorwiegend tektonischen Gesichtspunkten vorgenommen. Im nordwestlichen Oberharz stellt der **Oberharzer Devonsattel** einen spezialgefalteten Großsattel dar, der gegen Südwesten unter die Clausthaler Kulmfaltenzone abtaucht bzw. an WNW–ESE streichenden Querstörungen gegen sie versetzt ist. Im Südosten bildet der unterdevonische Kahleberg-Sandstein seinen Kern. Im Nordwesten ist intensiv transversal geschiefertes Mittel- und Oberdevon durch einen weit gespannten flachen Großfaltenbau weitflächig verbreitet. Auf der Nordwestflanke des Sattelkerns aus Kahleberg-Sandstein sind die Sulfiderzlager der seit über 1.000 Jahren im Abbau befindlichen Lagerstätte Rammelsberg in überkippter Muldenposition eingefaltet.

Auf der Südostflanke des Oberharzer Devonsattels tritt auf der Grenze gegen die Clausthaler Kulmfaltenzone der spätvariszische **Okerpluton** mit seinen dachnahen Partien zutage. Eine zonare Verbreitung seiner Hauptgesteinsvarietäten (graphophyrische Granite, Normalgranite, Granodiorite, Quarzdiorite und Diorite) spiegelt eine mehrphasige, vom Brocken-Massiv unabhängige Intrusionsfolge wider.

Im NW, SW und SE wird der Oberharzer Devonsattel vom Unterkarbon der **Clausthaler Kulmfaltenzone** ummantelt. NW-vergenter Faltenbau herrscht vor, im Südosten verbunden mit starker Spezialfaltung und Verschuppungen, im Nordwesten dagegen mit offenen Sätteln und Mulden. Generell sinkt der Faltenspiegel der Clausthaler Kulmfaltenzone nach Nordwesten ab, so daß am Nordwestrand des Harzes als jüngstes Schichtglied noch unterstes Oberkarbon angetroffen wird.

Außer durch den NE–SW-streichenden variszischen Faltenbau wird das tektonische Bild der Clausthaler Kulmfaltenzone durch WNW–ESE streichende, steil nach SSW einfallende Gangstörungen bestimmt, die neben rechtsseitigen Horizontalbewegungen ein staffelförmiges Absinken des Grundgebirges nach Südsüdwesten anzeigen. An die Störungen sind die Blei-Zinkerz führenden Gänge und Gangzüge des Oberharzer Gangbezirkes gebunden.

Inmitten der Clausthaler Kulmfaltenzone tritt nördlich Bad Grund der mittel- bis tief-oberdevonische Iberg-Winterberg-Riffkalkkomplex als allseitig von Störungen begrenzte Horstscholle zwischen Kulmtonschiefern und -grauwacken zutage.

Der **Oberharzer Diabaszug** stellt eine schmale, tektonisch stark verschuppte Sattelzone dar, die von Osterode im Südwesten bis zur Harznordrand-Störung bei Bad Harzburg fast durchgehend zu verfolgen ist. Mittel- und oberdevonische sowie unterkarbonische Diabase und Schalsteine geben dieser Struktur das lithologische Gepräge. SW–NE streichende und steil nach Südosten einfallende Aufschiebungen sind charakteristisch. Mit einer Störung erster Ordnung ist der Oberharzer Diabaszug auf die Clausthaler Kulmfaltenzone aufgeschoben.

Nordwestvergenter isoklinaler Falten- und Schuppenbau kennzeichnet auch die zwischen Oberharzer Diabaszug und Acker-Bruchberg-Zone gelegene Söse-Mulde, an deren Aufbau als jüngste Ablagerungen vorwiegend Kulm-Tonschiefer beteiligt sind. Im Nordosten wird sie durch den Harzburger Gabbro des Brocken-Massivs unterbrochen.

Im Südosten wird die Söse-Mulde durch den wiederum intensiv verschuppten **Akker-Bruchberg-Zug** begrenzt. Jüngstes Schichtglied ist der Kammquarzit des tieferen Unterkarbons III. Die einzelnen Schuppenzonen zeigen Fächerstellung mit Aufschiebungen

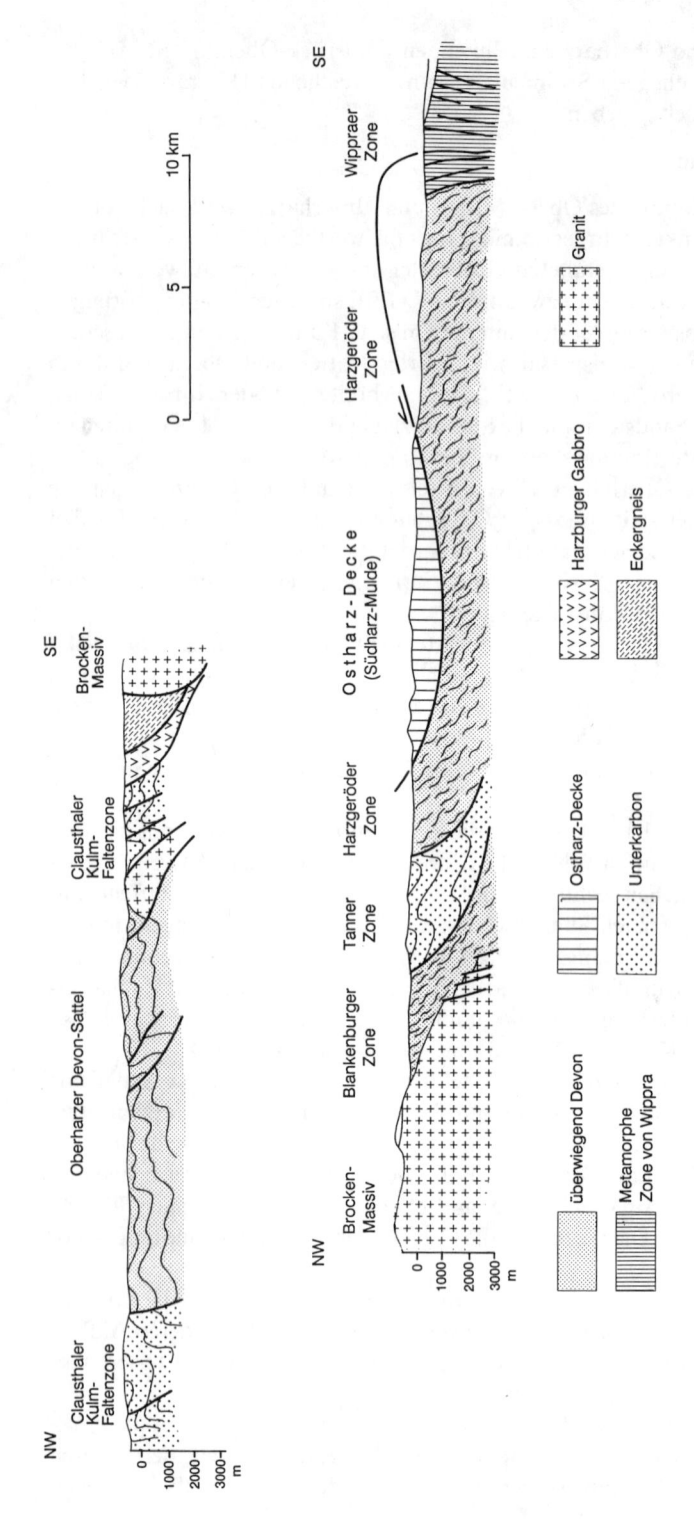

Abb. 78. Geologische Profile durch den Harz (n. WACHENDORF 1986).

sowohl auf nordwestlich als auch auf südöstlich benachbarte Einheiten. Südöstliche Randstörung und damit Grenze zwischen Ober- und Mittelharz ist die bedeutende SE-vergente Ackerhauptstörung. Im Nordosten wird der Acker-Bruchberg-Zug wie schon die Söse-Mulde und wie auch die südöstlich anschließende Sieber Mulde durch das Brocken-Massiv unterbrochen.

Das **Brocken-Massiv** stellt einen komplexen Intrusionskörper aus verschiedenen Teilintrusionen dar. Ältester Teilkomplex ist der auf der Grenze Clausthaler Faltenzone/Acker-Bruchberg-Zone gelegene **Harzburger Gabbro**, eine Vorläufer-Intrusion des eigentlichen Brockengranits. Nach der räumlichen Verteilung einer Vielzahl von Gabbro- und Noritgesteinen läßt sich zwischen einem südlichen noritischen Teilbereich und einem nördlichen, dachnäheren gabbroiden Teilbereich unterscheiden. Letzterer ist von zahlreichen Hornfelsschollen seiner paläozoisch-sedimentären Umgebung durchsetzt.

Der **Brocken-Granit** hat den flächenmäßig größten Anteil am Aufschlußgebiet des Brocken-Massivs. Er unterbricht nicht nur den Acker-Bruchberg-Zug und die Sieber Mulde in ihrer ganzen Breite, sondern sein Südostkontakt reicht auch noch an die Blankenburger Zone. Der Brocken-Granit besteht zum überwiegenden Teil aus granitoiden Gesteinsvarietäten. Nur an seinem Nord- und Ostrand liegen mit den Nord- und Ostrand-Dioriten auch basischere Bildungen vor. Diese sind eindeutig älter als die Granite. Ihre Platznahme dürfte mit der Intrusion des Harzburger Gabbros zusammenfallen. Die früher als Kerngranit bezeichneten Granite im Zentrum des Massivs (Brockengebiet) werden wegen ihrer häufigen Sedimentgesteinseinschlüsse auch als Dachgranit bezeichnet. Größte Verbreitung hat ein normaler klein- bis mittelkörniger Biotitgranit. Gegen seinen Südrand zeigt der Dachgranit gebietsweise porphyrische Struktur. Im Osten, Norden und Westen ist er von mikropegmatitischen Randgraniten umschlossen.

Nordöstlich des Brocken-Granits ist der **Ilsestein-Granit** durch einen besonders hohen Gehalt an rot gefärbten K(Na)-Feldspäten gekennzeichnet. Einschlüsse fehlen hier völlig. Der Ilsestein-Granit gilt als das Endglied der Differentiationsreihe der Brocken-Granite.

Die sedimentäre paläozoische Hülle des Brockenplutons wurde von einer deutlichen Kontaktmetamorphose betroffen. Nach Altersbestimmungen fand seine Platznahme vor ca. 290 Ma im höheren Stefan statt.

Zwischen Harzburger Gabbro, Brocken-Granit und Ilsestein-Granit liegt in der streichenden Fortsetzung des Acker-Bruchberg-Zuges eingeklemmt die rund 6 km lange und maximal 2 km breite Scholle des **Ecker-Gneis**. Petrographisch stellt er einen polymetamorphen gebänderten Biotit-Cordierit-Hornfels dar. Sein Gefüge ist durch liegende Falten und ein deutliches reliktisches Schieferungsgefüge charakterisiert. Interpretiert wird der Ekker-Gneis als ein durch den Brockenpluton kontaktmetamorph überprägter cadomischer Glimmerschiefer bzw. Gneis sedimentären Ursprungs aus dem tieferen Harzuntergrund. Die U-Pb-Daten detritischer Zirkone ergaben ein unteres Schnittpunktalter von 500 bis 600 Ma für die Hauptmetamorphose. Die variszische Kontaktmetamorphose ist durch ein konkordantes Titanitalter von 290 Ma in Metavulkaniten gegeben.

Die **Sieber Mulde** ist ein stark eingeengtes weitgehend nordwestvergentes Synklinorium, in dem besonders Kulmgrauwacken (Sieber Grauwacke) flächenmäßig weit verbreitet sind. Auch Mittel- und Oberdevon sind in einzelnen schmalen Antiklinalzonen (Lonauer Sattel) beteiligt. Nordöstlich des Brocken-Massivs setzt sich die Struktur der Sieber Mulde mit Kulmgrauwacken bis an die Harz-Nordrandstörung fort.

Die **Blankenburger Zone** ist die beherrschende tektonische Untereinheit des Mittelharzes. Ihren nur wenige Kilometer breiten Südwestabschnitt bildet der Herzberg-Andreasberger

Sattel. Nach Nordosten verbreitert sie sich auf fast 30 km und umschließt mit ihren intensiv verschuppten silurisch-devonischen Schiefer-Sandstein-Serien den in seiner faziellen Entwicklung und dadurch auch tektonisch weitgehend selbständigen Elbingeröder Komplex. Der tektonische Baustil der Blankenburger Zone ist wie auch in der südlich gelegenen Harzgeröder Zone durch eine intensive Parallelschieferung und engständige, gleichfalls schichtparallele Auf- und Überschiebungen charakterisiert. Letztere bedingen vielfach Schichtwiederholungen und lassen häufig auch Schichtglieder ganz unterschiedlichen Alters (Silur-Oberdevon) aneinanderstoßen. Eine Analyse der komplizierten Verbandsverhältnisse der Oberdevon- und Unterkarbon-Gesteine der Blankenburger Faltenzone wird, wie auch in der Harzgeröder Zone, zusätzlich durch die Platznahme ausgedehnter Olisthostrome während des Unterkarbons erschwert.

Der **Elbingeröder Komplex** zeichnet sich durch eine mächtige Schalstein- und Riffkalk-Entwicklung des Givet und tieferen Oberdevons aus. Diese Lithologie führte zu einem weitspannigen flacheren Faltenwurf. Die Schieferserien seiner Randbereiche zeigen dagegen einen besonders intensiven Schuppenbau.

Die Blankenburger Zone wird durch mehr oder weniger senkrecht oder diagonal zum Streichen verlaufende Kluft- und Störungssysteme zerteilt. Ihnen folgen die besonders in ihrem östlichen Teil weit verbreiteten NNW-SSE ausgerichteten Mittelharzer Gänge (Granitporphyre u. a.) und der Großteil der Erzgänge um St. Andreasberg (Mittelharzer Gangbezirk) sowie in der weiteren Umgebung des Rambergplutons (Unterharzer Gangbezirk).

Der in die östliche Blankenburger Zone intrudierte **Rambergpluton** ist im Gegensatz zum Brockenpluton petrographisch recht einheitlich ausgebildet. Weiteste Verbreitung hat ein normalkörniger Zweiglimmergranit (Aplitgranit). Im mittleren Teil des Massivs ist ein porphyrartiger Biotitgranit (Normalgranit) verbreitet. Das Alter des Ramberg-Granits entspricht dem des Brocken- und Okerplutons. Die Intrusion erfolgte diapirisch auf einer NNW streichenden tektonischen Fuge.

Älter als der Ramberg-Granit ist der mit ihm im Kontakt stehende E-W-streichende Bodegang. Er besteht vornehmlich aus Quarzporphyr und untergeordnet einem jüngeren Granitporphyr.

Jünger als der Ramberg-Granit, jedoch genetisch mit diesem eng verknüpft, ist der Auerberg-Porphyr, der weiter im Süden bei Stollberg die Harzgeröder Zone mit mehreren Quarzporphyrdecken unmittelbar überlagert.

Als südlichste Baueinheit des Mittelharzes quert die nur etwa 4 km breite **Tanner Zone** den Harz mit sigmoidalem Verlauf. Als kennzeichnende Gesteine beinhaltet sie teils intensiv, teils weitspannig verfaltete Tonschiefer, Plattenschiefer und Grauwacken des Unterkarbons. Begrenzt wird die Tanner Zone durch deutliche Auf- und Überschiebungen. Ihr interner Baustil ist durch tektonische Verschuppung gekennzeichnet. Der im mittleren Abschnitt von dem normalen variszischen Streichen abweichende Verlauf des Tanner Zuges wird wenigstens teilweise auf spätvariszische Schollenbewegungen zurückgeführt.

Die **Harzgeröder Zone** mit ihren Gesteinsabfolgen des Silurs bis Unterkarbons bildet die flächenmäßig größte tektonische Einheit des Unterharzes. Die wahrscheinlich gemachte Beteiligung größerer gravitativer Gleitmassen an ihrem Aufbau (Harzgeröder Olisthostrom) erschwert ihre stratigraphische und strukturelle Analyse erheblich. Der Großbau der Harzgeröder Zone wird durch Überschiebungen bestimmt, die lithologisch begründete Schuppenstrukturen begrenzen. Intern sind die silurisch-devonischen Abfolgen schichtparallel geschiefert und intensiv linsig zerschert. Faltenbau ist auf die Flinzfolgen und die Tanner

Plattenschiefer beschränkt und ebenfalls stets Überschiebungen zugeordnet. In südöstlichen Teilbereichen ist die Harzgeröder Zone bereits von der gleichen grünschieferfaziellen Metamorphose betroffen wie die anschließende Wippraer Zone.

Der Harzgeröder Zone liegen im Westen und Nordosten die Südharz-„Mulde" und die Selke-„Mulde" als Reste einer heute wurzellosen **Ostharzdecke** auf. Die Schubweite dieser aus der Wippraer Zone stammenden gravitativ transportierten Gleitdecke ist auf 25 km zu veranschlagen. Unter der Auflast der als starre Platte bewegten Südharz- bzw. Selke-Grauwacken sind die Gesteine des tieferen Oberdevons und Mitteldevons entlang flachen Überschiebungen besonders intensiv verschuppt bzw. zerschert. An der Deckenbasis ist ein mylonitisches Gefüge augenfällig. In ihren Kernbereichen enthält die Südharz-„Mulde" das Rotliegend-Becken von Ilfeld und die Selke-„Mulde" das Rotliegend-Becken von Meisdorf.

Als südlichste Struktureinheit des Harzes zeigt die maximal 7 km breite **Wippraer Zone** (Metamorphe Zone des Südostharzes) einen sehr wechselhaften grünschieferfaziell überprägten Gesteinsverband. Nach der Lithologie werden 6 Teilzonen (Serien) unterschieden. Den Hauptanteil bilden phyllitische Tonschiefer, denen Grauwacken und Kieselschiefer (Serien 1 und 7), Quarzite (Serien 3 und 5) oder syngenetische Diabase (Serien 2, 3 und 6) eingeschaltet sind. Kalke sind als Linsen in den Serien 1 und 2 bekannt. Das stratigraphische Alter der sedimentären Folgen reicht vom Ordovizium (Serien 3 und 4) über das Silur (Serie 2) bis möglicherweise in das Oberdevon und Unterkarbon.

Wie für die Harzgeröder Zone ist auch für die Wippraer Zone Schuppenbau charakteristisch. Mit ihm ist die Prägung einer vorherrschend N-vergenten fächerförmig angeordneten Parallelschieferung verbunden. Eine zweite Schieferung (Schubklüftung) und eine druckbetonte Regionalmetamorphose mit Bildungstemperaturen zwischen 300° C und 400° C und Drucken von maximal 3 kbar belegen die Zugehörigkeit der Wippraer Zone zur Phyllitzone auf der Nordwestflanke der Mitteldeutschen Kristallinschwelle.

4.4.4 Die postvariszische Entwicklung

Mit Ende der Rotliegend-Zeit war das Gebiet des Harzes weitgehend eingeebnet und vom **Zechstein**-Meer vermutlich in seiner Gesamtheit überdeckt. Entlang dem heutigen Harz-Südrand sind die Sedimente des Zechsteins heute in wenig gestörter Lagerung zu beobachten. Im Zechstein 1 und 2 zeichnen sich noch Schwellenbereiche der Rotliegend-Zeit ab. In Untertiefenbereichen entwickelten sich Bryozoenriffe. Auf den Flanken der Schwellen entstanden besonders mächtige Anhydritlager.

Am Harz-Nordrand ist Zechstein entlang der Harz-Nordrandstörung steil aufgerichtet und z.T. auch tektonisch unterdrückt. Seine Schichtenfolge beginnt mit dem Zechsteinkonglomerat, Kupferschiefer und dem Karbonat des Werrazyklus. Jüngere Bildungen sind Dolomite und Kalke sowie Gips und rote Letten.

Auch die mesozoische Geschichte des Harzes ist weitgehend aus ihren Ablagerungen an den Harzrändern abzulesen. Während der **Trias** wechselten rein terrestrische Verhältnisse mit sehr flachen marinen Überflutungen. Besonders für den Buntsandstein weisen stark reduzierte Mächtigkeiten gegenüber der westlich gelegenen Hessischen Senke und Schichtlücken auf eine N–S gerichtete Eichsfeld-Oberharz-Schwelle hin. Muschelkalk und Unterer Keuper zeigen für das ganze Harzgebiet marine Ablagerungsbedingungen an. Ab Mittlerem Keuper (Gipskeuper) folgte wieder eine zunehmend terrestrische Epoche. Im Oberen Keuper (Rhät) gibt die S–N-Schüttung detritischer Sedimente im nördlichen Vorland des Harzes erstmals deutliche Hinweise auf ein südlich gelegenes Abtragungsgebiet.

Vom Beginn des **Juras** an fiel dem Harz die Rolle des nördlichen Sporns einer zusammenhängenden Herzynisch-Böhmischen Masse zu. Unterer und mittlerer Jura bestehen am Harz-Nordrand aus überwiegend tonigen Sedimenten mit immer wieder gröberklastischen Schüttungen und im Unterjura α 3 und γ sowie im Mitteljura δ (Cornbrash) auch Eisenoolith-Bildungen. Auch im mehr mergelig-kalkig ausgebildeten unteren und mittleren Oberjura deutet sich im Harzvorland der nahe Südrand des Norddeutschen Beckens an. Höherer Malm fehlt am Nordwestrand des Harzes.

Während der **Kreide** ist der Harz selbst wahrscheinlich nur von relativ geringmächtigen Sedimenten bedeckt gewesen. Nach dem Turon setzte in mehreren subherzynen Bewegungsphasen die pultschollenartige Heraushebung des Harzes ein. Sie führte zur Aufrichtung und teilweisen Überkippung der in unmittelbarer Nähe entlang der heutigen Harz-Nordrandstörung gelegenen mesozoischen Sedimente. In Konglomeraten der Oberkreide-Ablagerungen des Subherzynen Beckens lassen sich die Steigerungen solcher Aufstiegsbewegungen zwischen unterem und oberem Coniac (Ilseder Phase) und innerhalb des Santons (Werningeröder Phase) ablesen.

Am nördlichen Harzrand sind zahlreiche kleinere **Tertiär**-Vorkommen an Auslaugungsvorgänge im Zechstein gebunden. Dieses Harzrand-Tertiär greift teilweise auch auf paläozoisches Grundgebirge über.

Im **Miozän** und besonders im **Pliozän** erfolgte die endgültige Aufwölbung des Harzes. In ihrem Gefolge wurde besonders gegen Ende des Pliozäns die Harz-Nordrandstörung neu belebt.

Für das **Pleistozän** lassen sich in verschiedenen Talsystemen (Okertal, Odertal u.a.) Moränen von Talvergletscherungen der Saale- und Weichsel-Glaziale nachweisen. Gleichaltrige periglaziale Bildungen sind Mittel- und Niederterrassensedimente sowie Fließerden und Solifluktionsbildungen. In den Kalk-, Dolomit- und Gipsgesteinen des Harzrandes macht sich eine verstärkte Verkarstung bemerkbar. Sie führte besonders am südwestlichen Harzrand zu intensiver Erdfall- und Dolinenbildung. Im **Holozän** bildeten sich im Harz zahlreiche Torflager.

Literatur: H. ALBERTI & O. H. WALLISER 1977; H. ALBERTI et al. 1977; R. BENEK 1967; P. BUCHHOLZ et al. 1989; P. BUCHHOLZ, H. WACHENDORF & M. ZWEIG 1990; J. BURCHHARDT 1977; W. FRANKE 1973; F. X. FÜHRER 1988; R. HOMRIGHAUSEN 1979; F. LÜTTKE 1978; G. LÜTKE & J. KOCH 1983; H. LUTZENS 1972, 1978, 1979; G. MÖBUS 1966; K. MOHR 1978; G. MÜLLER 1978; I. PUTTRICH & W. SCHWAN 1974; M. REICHSTEIN 1964, 1965; K.-H. RIBBERT 1975; K. RUCHHOLZ 1964, 1989; M. SCHOELL 1972; W. SCHRIEL 1954; M. SCHWAB 1976, 1977; M. SCHWAB & K. RUCHHOLZ 1988; W. SCHWAN 1967; D. STOPPEL 1977; D. STOPPEL & J. G. ZSCHEKED 1971; R. VINX 1983; H. WACHENDORF 1986; O. H. WALLISER & H. ALBERTI 1983.

4.5 Das Saar-Nahe-Becken

4.5.1 Übersicht

Vor dem Südostrand des Rheinischen Schiefergebirges sind im Nahe-Bergland und Pfälzer Bergland in einem 40 km breiten und 100 km langen Streifen Oberkarbon und Rotliegendes erschlossen. Es handelt sich um Ablagerungen des Saar-Nahe-Beckens, einer jungpaläozoischen intramontanen Senkungszone, deren Fortsetzung unter mesozoischer Bedeckung nach Südwesten über Metz hinaus bis an die Marne verfolgt werden kann. Im Osten reicht sie unter dem Mainzer Becken bis an den Odenwald und im Südosten unter dem Pfälzer Wald bis an

Das Saar-Nahe-Becken 199

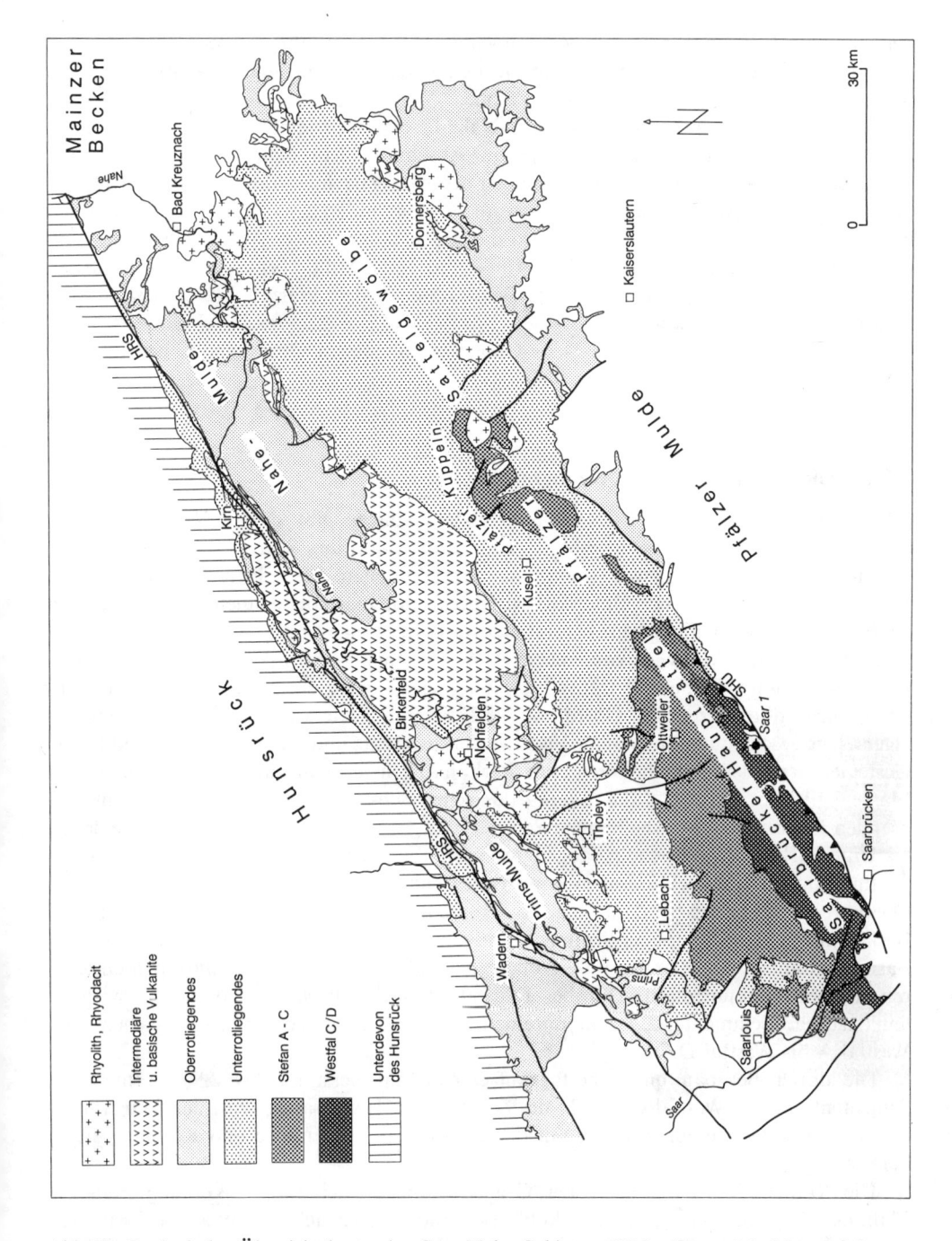

Abb. 79. Geologische Übersichtskarte des Saar-Nahe-Gebietes. HRS = Hunsrücksüdrand-Störung, SHÜ = Saarbrücker Hauptüberschiebung.

den Nordrand der Vogesen und des Schwarzwaldes. Innerhalb des mitteleuropäischen Variszikums fällt das Saar-Nahe-Becken in den Bereich der ehemaligen Mitteldeutschen Kristallinschwelle der Saxothuringischen Zone.

Tektonisches Hauptelement des Saar-Nahe-Gebietes ist eine SW–NE verlaufende Antiklinalstruktur, in deren südwestlichem Abschnitt, dem Saarbrücker Hauptsattel, flözführendes Oberkarbon zutage tritt. Seine Fortsetzung nach Nordosten bildet das Pfälzer Sattelgewölbe mit weit verbreitetem Unterrotliegendem und in den Pfälzer Kuppeln hin und wieder Oberkarbon. Im Nordwesten wird die Saarbrücker-Pfälzer Antiklinalstruktur von der aus Oberrotliegenden aufgebauten Prims- und Nahe-Mulde begleitet. Nach Südosten bilden das Oberrotliegende und die Trias-Gesteine der Pfälzer Mulde (bzw. Vorhaardt-Mulde) ihre Begrenzung.

Die Mächtigkeit des im Saar-Nahe-Gebiet erschlossenen Oberkarbons beträgt etwa 4.100 m, die des Rotliegenden etwa 3.400 m.

4.5.2 Geologische Entwicklung, Stratigraphie

Über den tieferen Untergrund des Saar-Nahe-Gebietes gibt die im Nordostteil des Saarbrücker Hauptsattels niedergebrachte Forschungsbohrung Saar 1 (Endteufe 5.857 m) direkte Auskunft. Danach war wenigstens der Südwesten dieses Raumes vom höheren **Mitteldevon** bis an die Wende Unterkarbon/Oberkarbon marines Sedimentationsgebiet. Ein Albitgranit von obersilurischem bis mitteldevonischem Intrusionsalter (Rb-Sr-Gesamtgesteinsalter 394 ± 26 Ma) wird von einer etwa 600 m mächtigen Riffkalkfolge des Mitteldevons bis tieferen Oberdevons transgressiv überlagert. Nach episodischen Sandstein-Einschaltungen dominieren im **Oberdevon** und tieferen **Unterkarbon** zunächst weiterhin algenreiche geschichtete bis knollige Flachwasserkarbonate und später mergelige und tonige Gesteine. Im mittleren und höheren Unterkarbon folgen geringmächtige Alaunschiefer. Die Massenkalke des Givet und die unterkarbonischen Schwarzschiefer sind eng mit entsprechenden Faziestypen des Rheinischen Schiefergebirges verwandt, so daß vom Mitteldevon bis Unterkarbon etwa gleiche paläogeographische Verhältnisse geherrscht haben dürften.

Im Rahmen eines tektonischen Umbruches nahe der Wende vom Unterkarbon zum **Oberkarbon** wurde der bis dahin marine Sedimentationsbereich zu einem intramontanen Becken mit fluviatil-limnischer Sedimentation umgestellt. Diese Umstellung wird durch ein Basiskonglomerat des Namurs mit Geröllen epizonal-metamorpher Gesteinstypen unsicherer Herkunft dokumentiert. Darüber folgende zunächst grob- und dann überwiegend feinklastische Sedimente, z.T. mit unreinen anthrazitischen Kohlenflözen, reichen vom Westfal A bis Westfal D.

Die durch Bergbau und Übertageaufschlüsse gut bekannte bis 2.900 m mächtige Schichtenfolge des Westfal C und D des Saarbrücker Hauptsattels wird zur Saarbrücker Gruppe zusammengefaßt. Für die Gliederung werden Kohlenflöze und Kaolintonsteine herangezogen.

Die Kohlenflöze der **Saarbrücker Gruppe** besitzen nach ihrer Inkohlung Fett- bis Flammkohlen-Charakter. Besonders kohlereich sind die Sulzbach-Schichten. Die Zwischenmittel der Saarbrücker Gruppe bestehen aus einer Wechselfolge grauer mittel- bis grobkörniger Sandsteine mit eingeschalteten Konglomeratlinsen, Schluffsteinen und Tonsteinen. Sie sind vertikal wie lateral unregelmäßig ausgebildet und zeigen somit wechselhafte Sedimentationsbedingungen an. In den Geisheck- und den faziell besonders wechselhaften Heiligen-

Das Saar-Nahe-Becken   201

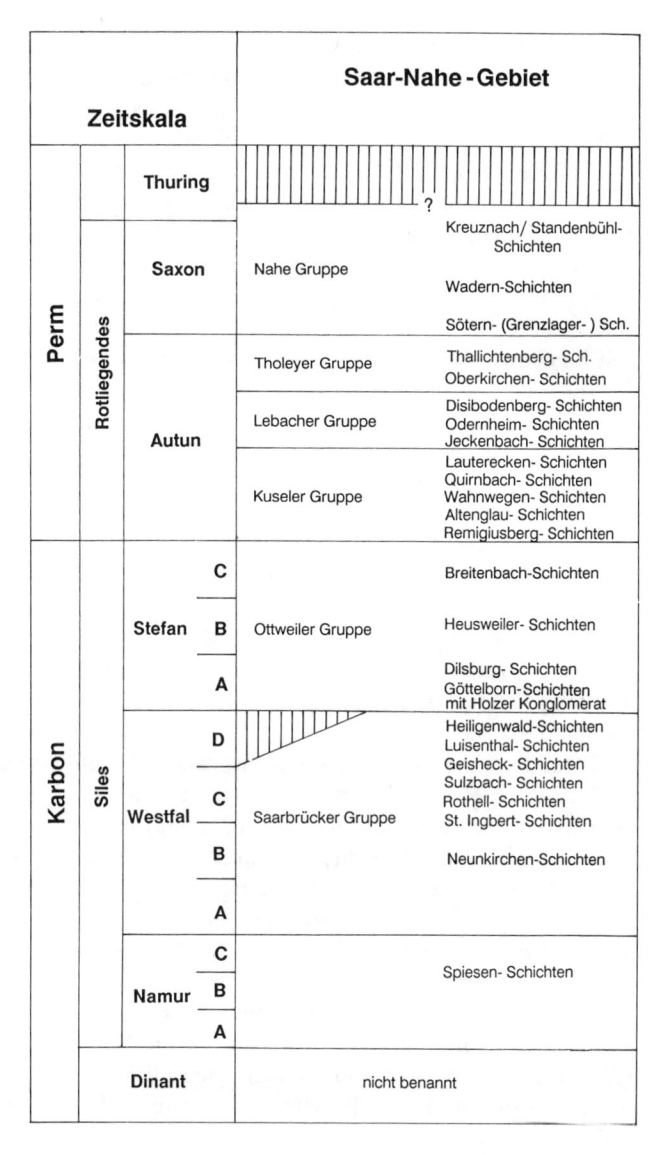

Zeitskala			Saar-Nahe-Gebiet	
Perm	Rotliegendes	Thuring		?
		Saxon	Nahe Gruppe	Kreuznach/ Standenbühl-Schichten
				Wadern-Schichten
				Sötern- (Grenzlager-) Sch.
		Autun	Tholeyer Gruppe	Thallichtenberg- Sch.
				Oberkirchen- Schichten
			Lebacher Gruppe	Disibodenberg- Schichten
				Odernheim- Schichten
				Jeckenbach- Schichten
			Kuseler Gruppe	Lautereken- Schichten
				Quirnbach- Schichten
				Wahnwegen- Schichten
				Altenglau- Schichten
				Remigiusberg- Schichten
Karbon	Siles	Stefan C	Ottweiler Gruppe	Breitenbach-Schichten
		Stefan B		Heusweiler- Schichten
		Stefan A		Dilsburg- Schichten
				Göttelborn-Schichten mit Holzer Konglomerat
		Westfal D	Saarbrücker Gruppe	Heiligenwald-Schichten
				Luisenthal- Schichten
				Geisheck- Schichten
		Westfal C		Sulzbach- Schichten
				Rothell- Schichten
				St. Ingbert- Schichten
		Westfal B		Neunkirchen-Schichten
		Westfal A		
		Namur C		Spiesen- Schichten
		Namur B		
		Namur A		
		Dinant		nicht benannt

Abb. 80. Stratigraphische Übersicht für das Jungpaläozoikum der Saar-Nahe-Senke (n. SCHAEFER 1989).

wald-Schichten kann lokal eine besonders starke Flözführung auftreten. In den Luisenthal-Schichten zeigt sich eine erste Buntfärbung.

Im Nordostabschnitt des Saarbrücker Hauptsattels ist unter dem an die Basis des Stefans zu stellenden Holzer Konglomerat eine Erosionsdiskordanz vorhanden, die von Südwesten nach Nordosten zunächst zur Abtragung der Heiligenwald-, dann der Luisenthal- und schließlich auch der obersten Geisheck-Schichten geführt hat. Abgesehen von dieser Schichtlücke nimmt die Mächtigkeit des durch den Bergbau aufgeschlossenen Westfal C und

D von Südwesten nach Nordosten von ca. 2.900 m auf ca. 1.000 m ab. In nordwestlicher Richtung, d.h. in Richtung auf den Hunsrück, der zur damaligen Zeit als Hochgebiet das meiste Sedimentmaterial lieferte, nimmt sie dagegen zu. Diese räumliche Verteilung der Sedimente sowie ihre fazielle Entwicklung im einzelnen spiegelt für den Bereich des Saarbrücker Hauptsattels die Existenz einer Schwellenregion wider.

Die Schichtenfolge des vom Saarbrücker Hauptsattel bis in das Pfälzer Sattelgewölbe hinein aufgeschlossenen Stefan A bis C wird zur **Ottweiler Gruppe** zusammengefaßt. Am Anfang steht das Holzer Konglomerat, das sich aus einer Wechselfolge von Grobsand und Konglomeratlagen mit Geröllen südlicher bis südwestlicher Herkunft zusammensetzt. Die Untergliederung der Gruppe geschieht nach Flözen, paläontologisch belegten Horizonten und lithostratigraphisch charakteristischen Zwischenmitteln.

Von der Saarbrücker Gruppe ist die Ottweiler Gruppe deutlich verschieden. Ihre Sedimente besitzen überwiegend rote bis grüne Farben. Ihre Konglomerat- und Flözführung ist geringer. In der rund 2.000 m mächtigen Sedimentfolge werden heute nur vier Flöze abgebaut. Das Material der Psammite ist von Süden bis Südosten und nicht wie im Westfal von Nordwesten angeliefert worden. Bemerkenswert ist das Auftreten von dolomitischen Mergeln und Kalksteinen im Stefan C.

Insgesamt weisen die Sedimente des Stefans weit geringere Fazieswechsel auf. In bestimmten Zeiten bestanden über größere Entfernungen gleichmäßig ruhige Sedimentationsbedingungen. Die im Westfal im Bereich des Saarbrücker Hauptsattels existierende Schwelle wirkte sich auf die Ausbildung der stefanischen Sedimente nur noch schwach aus. Aus den Mächtigkeitsverhältnissen ergibt sich, daß sich der Schwerpunkt der Sedimentation im Laufe des Stefans allmählich nach Nordosten verlagerte.

Diese Tendenz blieb im **Unterrotliegenden** (Autun) bestehen, das ähnliche Züge wie das Stefan aufweist. Es existiert keine Diskordanz zwischen Stefan und Rotliegendem. Die Grenze ist durch das Dirminger Konglomerat markiert.

Wie die Stefan-Sedimente sind auch diejenigen des Unterrotliegenden fluviatiler und limnischer Entstehung. Sie werden nach Schüttungsrhythmen unterteilt. Jede Schüttung beginnt mit rotgefärbten grobklastischen Sedimenten, fluviatilen Konglomeraten, konglomeratischen Sandsteinen oder Arkosen. Zum Hangenden gehen diese Grobhorizonte in meist grau oder bräunlich gefärbte Sandsteine oder Sandstein-Tonstein-Wechselfolgen über. Der Rhythmus endet gewöhnlich über viele Zwischenstadien und Sonderentwicklungen mit dunklen, z.T. bituminösen Tonsteinen, in die Wurzelböden, Kohleflöze oder bituminöse Kalkbänke eingeschaltet sein können. Die Sedimente wurden aus Südwesten angeliefert und führen zunehmend Feldspäte, zunächst fast ausschließlich Plagioklas, später mehr und mehr Kalifeldspat.

Unter Zugrundelegung solcher Sedimentationszyklen wird das Unterrotliegende des Saar-Nahe-Gebietes heute in die Kuseler Gruppe, die Lebacher Gruppe und die Tholeyer Gruppe untergliedert. Für die Ablagerungszeit der Kuseler Gruppe (ca. 600 m) und der Lebacher Gruppe (ca. 900 m) wird noch warmes Klima mit humiden und länger anhaltenden trockenen Intervallen angenommen. Vor allem im oberen Abschnitt der Kuseler Gruppe finden sich Kohleflöze. Die Sedimente der Tholeyer Gruppe (ca. 100 m) zeigen mehr semiarides Klima an.

Mit dem Einsetzen saalischer tektonischer Bewegungen zu Beginn des **Oberrotliegenden** (Saxon) änderte sich sowohl die tektonische als auch die paläogeographische Situation des Saar-Nahe-Gebietes. Tiefenbrüche zerblockten seinen Untergrund und schufen auf diese Weise die Voraussetzungen für einen weit verbreiteten Rotliegend-Vulkanismus. Gleichzeitig belebten sie die hochliegenden Abtragungsgebiete im Norden und Süden. Im Bereich der ehemaligen Saarbrücker Schwelle entstand der Saarbrücker Hauptsattel und in seiner nordöstlichen Fortsetzung das Pfälzer Sattelgewölbe.

Das ca. 1.800 m mächtige Oberrotliegende des Saar-Nahe-Gebietes wird heute zur Nahe-Gruppe zusammengefaßt. Laven und Tuffhorizonte übernehmen die Rolle stratigraphischer Leithorizonte. Im unteren Teil der Nahe-Gruppe setzt sich das Grenzlager aus verschiedenen Lavadecken und -strömen zusammen, deren Relief durch ihre Abtragungsprodukte und andere Sedimente überdeckt und teilweise ausgeglichen wurde. Das Spektrum der Grenzlager-Vulkanite reicht von Rhyodaziten über Andesite bis zu olivinführenden Basalten. Hinzu kommen intermediäre Gänge sowie rhyolithische Intrusionen, die zum Teil nicht nur oberflächennah sondern stellenweise auch bis an die Oberfläche aufdrangen. Lokale Bildungen sind Tuffe von überwiegend saurem Charakter. Die Mächtigkeit des Grenzlagers unterliegt mit 100–300 m z. T. erheblichen Schwankungen.

Wie aus Unterschieden in der Schichtentwicklung im Hangenden des Grenzlagers in der Nahe-Mulde und in der Pfälzer Mulde hervorgeht, gab es nach der Zeit des Grenzlager-Vulkanismus keine Verbindung mehr zwischen diesen beiden Gebieten.

In der Nahe-Mulde bestehen die über den Grenzlager-Vulkaniten folgenden Wadern-Schichten aus rotgefärbten Fanglomeraten. Deren Material wird teils aus dem Hunsrück (Taunus-Quarzit, mitteldevonische Riffkalke von Stromberg), teilweise aber auch aus dem Grenzlager-Vulkanismus abgeleitet. Örtlich treten Arkosesandsteine und Tonsteine auf. Insgesamt herrschten semiaride bis aride Klimaverhältnisse.

Das gilt auch für die folgenden Sandsteine und Tonsteine der Kreuznach-Schichten. Von ihnen werden die Dünensandsteine, die östlich und nordöstlich von Kreuznach aufgeschlossen sind, schon als terrestrische Vertretung des **Zechsteins** angesehen. Die von außerhalb des Beckens aus Süden und Südosten angelieferten Sedimente der Kreuznach-Schichten sind sehr feldspatreich. Kalifeldspäte herrschen vor.

In der südöstlich des Pfälzer Sattelgewölbes gelegenen Pfälzer Mulde (bzw. Vorhaardt-Mulde) besteht das Oberrotliegende über dem Grenzlager aus einer rotgefärbten Sandstein-Tonstein-Folge, einem Quarzitkonglomerat, das stratigraphisch etwa den Waderner Fanglomeraten entspricht, und sogenannten Rötelschiefern, einer Serie roter, meist schlecht sortierter sandiger Tonsteine mit einzelnen Dolomitbänken und örtlich auch Gips. Letztere besitzen wahrscheinlich, wie die oberste Kreuznacher Gruppe der Nahe-Mulde, bereits Zechstein-Alter. Die Feldspatführung der Oberrotliegend-Sedimente entspricht hier etwa derjenigen der Nahe-Mulde.

Mit dem ausgehenden Oberrotliegenden war auch die kontinuierliche synsedimentär verlaufende tektonische Ausgestaltung des Saar-Nahe-Beckens weitgehend abgeschlossen.

Bisherige radiometrische Altersangaben für die Vulkanite des Grenzlagers liegen bei 280 Ma, teilweise auch sogar bei 295–300 Ma. Danach müßte sich das stratigraphische Alter der nachfolgenden Sedimente in das untere Unterrotliegende und teilweise sogar in das Oberkarbon verschieben.

4.5.3 Regionalgeologischer Bau

Die Hauptstrukturen des Saar-Nahe-Gebietes sind von Nordwesten nach Südosten die Prims- und Nahe-Mulde, der Saarbrücker Hauptsattel und seine nordöstliche Fortsetzung, das Pfälzer Sattelgewölbe und die Pfälzer (Vorhaardt-)Mulde.

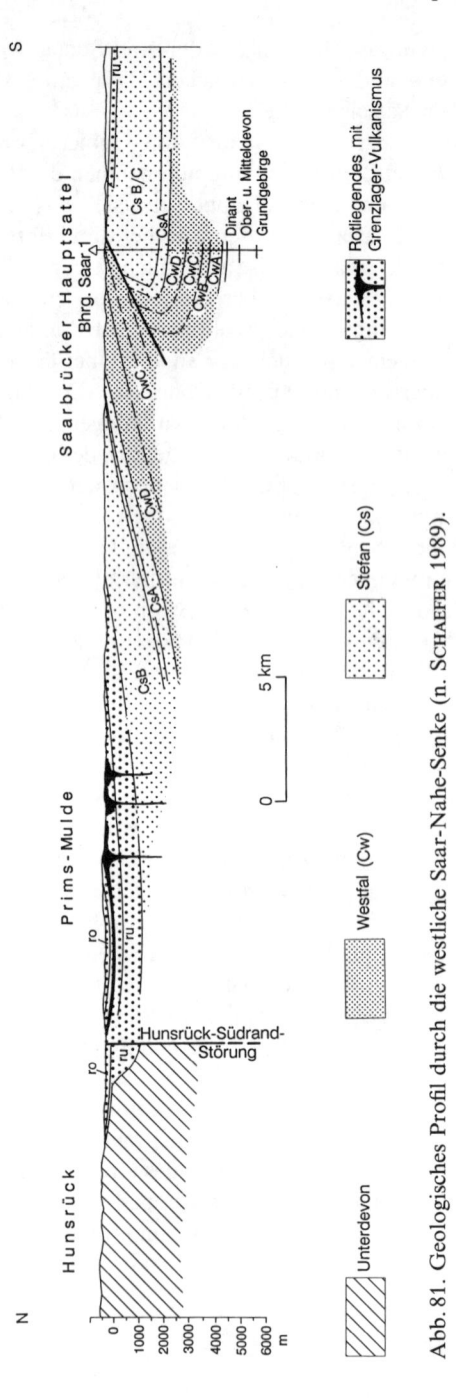

Abb. 81. Geologisches Profil durch die westliche Saar-Nahe-Senke (n. SCHAEFER 1989).

Letztere ist weitgehend von mesozoischen Schichten verdeckt. Nach Südwesten läßt sie sich als Saargemünder Mulde (auf französischem Gebiet als Synklinal de Sarreguemines) über Nancy bis an die Marne verfolgen.

Im **Saarbrücker Hauptsattel** treten die Saarbrücker und Ottweiler Gruppe des Oberkarbons zutage. Der Nordwestflügel dieses Sattels, der durch Übertageaufschlüsse und einen umfangreichen Bergbau gut bekannt ist, fällt in der Nähe des Sattelscheitels mit 30–40° C nach Nordwesten ein. Weiter im Nordwesten taucht er mit nur noch 10–20° unter das Rotliegende der Prims-Mulde ab. Der Südostflügel ist nordöstlich des Saar-Sprungs durch eine bedeutende gegen Südosten gerichtete Überschiebung abgeschnitten. Die Schubweite dieser Südlichen Hauptüberschiebung (Südlicher Randwechsel) beträgt 2–4 km. Das von mächtigem Oberrotliegendem und Buntsandstein verborgene und vom Bergbau unberührte Oberkarbon des Südostflügels des Saarbrücker Hauptsattels wurde von der bereits erwähnten Bohrung Saar 1 in seiner vollen Mächtigkeit durchteuft. In den ersten 200 m unter der Überschiebungsfläche liegen seine Schichten invers und nehmen erst ab etwa 800 m Tiefe normale und allmählich flachere Lagerung ein.

Nach Südwesten endet der Saarbrücker Hauptsattel am querschlägig verlaufenden Saar-Sprung. An seiner Stelle sind südwestlich dieser bedeutenden Abschiebung im Warndt unter Oberrotliegendem und Buntsandsteindeckgebirge mehrere SW–NE streichende Teilsättel und -mulden ausgebildet. Als Lothringer Antiklinorium stellen sie die Verbindung zum Lothringer Steinkohlenbecken her.

Im nordöstlichen Anschluß an den abtauchenden Saarbrücker Hauptsattel folgt das **Pfälzer Sattelgewölbe** aus vorwiegend Unterrotliegend-Gesteinen. Hier tritt in zahlreichen SW–NE oder N–S bis NNE–SSW verlaufenden kuppelförmigen Aufwölbungen Oberkarbon und tieferes Unterrotliegendes zutage. Beispiele sind das Gebiet der Pfälzer Kuppeln und das Kreuznacher und Donnersberger Rhyolithmassiv. Die Kuppelbildungen sind überwiegend intrusionstektonisch während der effusiven Phase des Grenzlager-Vulkanismus entstanden. Im Kern der Kuppeln sind die aktiv an der Aufwölbung beteiligten intrusiven Rhyolithe meist durch Erosion freigelegt. Die Schichten ihrer unmittelbaren Umrandung sind oft in steiler Lagerung aufgeschlossen.

Die übrige tektonische Ausgestaltung des Pfälzer Sattelgewölbes durch echte Faltenelemente und streichende, diagonale oder auch querschlägige Störungen (Bruchfaltentektonik) vollzog sich gleichzeitig mit der Kuppelbildung und im weiteren Verlauf des Oberrotliegenden. Sie zeigt deutliche Überprägung durch nachpermische, d.h. tertiäre und quartäre Bruchbildungen vor allem im Osten gegen den Rand des Mainzer Beckens.

Zwischen dem Saarbrücker Hauptsattel und Pfälzer Sattelgewölbe im Südosten und dem Hunsrück im Nordwesten sind als tektonische Großformen die gleichfalls SW–NE streichende **Prims-Mulde** und die **Nahe-Mulde** zu nennen. Abgesehen von der Umrandung des Nohfelder Porphyrmassivs zwischen beiden Strukturen und des Kreuznacher Rhyoliths ganz im Nordosten liegt die Oberrotliegend-Füllung beider Muldenstrukturen konkordant auf Unterrotliegendem. Die Muldenflanken sind allgemein 15–30° gegen das Muldeninnere geneigt, wobei das Einfallen der jüngeren Schichten allmählich abnimmt. Sowohl die Prims-Mulde als auch die Nahe-Mulde sind bereichsweise durch leichte Faltung in flache Teilsättel und Teilmulden gegliedert. In der südwestlichen Nahe-Mulde führt dieses zu einer besonders großen Ausstrichbreite der hier fast 600–800 m mächtigen Grenzlager-Vulkanite.

Entlang der Nordwestflanke der Prims- und der Nahe-Mulde greift Unterrotliegendes unter Ausfall eines Teils der Kuseler Gruppe diskordant auf das devonische Schiefergebirge des Hunsrücks über. Seine Verbindung zur sprunghaft mächtigeren Muldenfüllung im Süden ist jedoch durchgehend durch die SW–NE streichende **Hunsrück-Südrandstörung** unterbrochen. Der Verlauf dieser Hauptstörung, die das eigentliche Saar-Nahe-Becken vom Hunsrück trennt, läßt sich über 160 km weit von Südwesten bei Metz (Metzer Störung) über

Kirn bis Bingen verfolgen. Im allgemeinen fällt sie nach Südosten ein und hat abschiebende Tendenz. Vorwiegend im Nordosten hat die Störung bei vorherrschendem NW-Einfallen dagegen Aufschiebungscharakter.

Die Anlage der Hunsrück-Störung hat wohl präkarbonisches Alter. Sie wurde im Verlauf des Oberkarbons und auch während des Ober- und Unterrotliegenden wiederholt aktiviert. Das zeigen u.a. die von Nordwesten stammenden Sedimentschüttungen der Saarbrücker Gruppe im Westfal, die unterschiedlichen Mächtigkeiten des Unterrotliegenden zu beiden Seiten der Störungszone sowie das Auftreten zahlreicher lokaler Intrusionen des Grenzlager-Vulkanismus.

Jüngere horizontale Verschiebungen mit Verschiebungsbeträgen von 5–8 km stehen in einem zeitlichen und ursächlichen Zusammenhang mit der Öffnung des Oberrheingrabens im frühen Tertiär. Auch heute noch ist die Hunsrück-Südrandstörung seismisch aktiv. Im Südosten, im zwischen Hunsrück-Südrandstörung bzw. Metzer Störung und Hunsrück eingesunkenen Merziger (Losheimer) Graben, ist Rotliegendes weitgehend von flachliegender Trias abgedeckt.

Literatur: H.J. ANDERLE 1987; J.A. BOY 1989; J.A. BOY & J. FICHTER 1982, 1988; E. BRAND et al. 1976; M. DONSIMONI 1981 a, 1981 b; H. ENGEL 1985, 1986; H. FALKE 1974, 1976; H. FALKE & G. KNEUPER 1972; E. HÄFNER 1978; J. HANEKE, C.W. GÄDE & V. LORENZ 1979; H. KERP & J. FICHTER 1985; G. KNEUPER 1971; G. KNEUPER & H. FALKE 1971; R.J. KORSCH & A. SCHÄFER (im Druck); H. LENZ & P. MÜLLER 1976; H.J. LIPPOLT et al. 1989; H.J. LIPPOLT & J.C. HESS 1983, 1989; V. LORENZ et al. 1987; C. MEGNIEN 1980; H. MURAWSKI 1976; A. SCHÄFER 1980, 1986, 1989; A. SCHÄFER & U. RAST 1976; A. SCHÄFER & R. STAMM 1989; K. SCHWAB 1981, 1987; K. STAPF 1982; M. TEICHMÜLLER, R. TEICHMÜLLER & V. LORENZ 1983; A.-K. THEUERJAHR 1986; W. ZIMMERLE 1976.

4.6 Das Grundgebirge der Pfalz

Am Westrand des Oberrheingrabens ist variszisches Grundgebirge im Scheitel des Haardt-Gewölbes zwischen Neustadt an der Weinstraße und Weißenburg in verschiedenen kleineren Vorkommen aufgeschlossen.

Als älteste Gesteine gelten die Gneise von **Albersweiler**. Es handelt sich um Lagen-Anatexite mit parallel zur Gneisstruktur eingelagerten amphibolitischen Lagen und Linsen. In regionaler Analogie zu anderen Gneisgebieten des Oberrheingebietes dürften die Gneise von Albersweiler prä- oder frühvariszisches Alter besitzen. Die heute vorliegende anatektische Überprägung ist dagegen variszisch. Darauf weisen die Altersbestimmungen von Biotiten (330 Ma, Unterkarbon) hin. Der Lagen-Anatexit wird von jüngeren lamprophyrischen Gängen durchzogen.

Zwei weitere Vorkommen variszischer Grundgebirgsaufschlüsse an der westlichen Grabenschulter des Oberrheingrabens sind die Schiefervorkommen von **Burrweiler** bei Edenkoben und von **Weiler** bei Weißenburg. Bei Burrweiler sind eng verfaltete Phyllite, Glimmerschiefer sowie aus eingeschalteten Sandsteinen hervorgegangene Hornfelse aufgeschlossen. Sie sind von aplitischen Gängen durchsetzt. Die Schiefer von Weiler sind ähnlich aufgebaut. Sie sind von zahlreichen Lamprophyrgängen, untergeordnet auch von granitporphyrischen Gängen durchzogen.

Die Schiefervorkommen von Burrweiler und Weiler sind wahrscheinlich jünger als die Gneise von Albersweiler aber zweifellos älter als weiter im Norden bei **Hambach** und **Neustadt a.d. Weinstraße** zutage tretende nichtmetamorphe Tonschiefer und dickbankige

Arkose-Sandsteine. In letzteren wurde eine Flora des tieferen Unterkarbons gefunden. Da die tektonische Deformation dieser Gesteine wesentlich schwächer ist als diejenige der Alten Schiefer von Burrweiler und Weiler, wird zwischen der Ablagerung beider Sedimentserien eine kräftige Faltung angenommen, die vermutlich vor Beginn des Unterkarbon stattgefunden hat. Unterkarbonische Kulmgesteine sind auch weiter im Norden entlang dem Haardtrand bei Bad Dürkheim durch Bohrungen nachgewiesen.

Der Gneis- und Schiefergebirgssockel des Haardt-Gewölbes ist von granitischen Tiefengesteinen durchsetzt. Das zeigen sowohl die Gänge in den Schieferschollen von Burrweiler und Weiler als auch isolierte Vorkommen eine Biotitgranits im Tiefenbachtal bei Edenkoben und Aufschlüsse von quarzdioritischen und granitischen Gesteinen im Kaiserbachtal bei Klingenmünster.

Das variszischen Fundament des Haardt-Gewölbes wird von Sedimenten des Oberrotliegenden diskordant überlagert. Diese bestehen aus Fanglomeraten, sandigen Tonsteinen und Arkosesandsteinen in roten Farben. Bei Albersweiler und im Kaiserbachtal schalten sich unmittelbar auf der Diskordanz auch Vulkanite des zwischen dem Unter- und Oberrotliegenden kulminierenden Grenzlager-Vulkanismus zwischen das Grundgebirge und die Oberrotliegend-Sedimentserien ein. Über dem Rotliegenden folgt mariner Zechstein mit Dolomiten und Tonsteinen. Sie gehen seitlich und nach oben in rote Sandsteine, Arkosen und Schiefertone über. Den Abschluß des Profils bildet Buntsandstein.

Literatur: G. FRENZEL & M. ATTIA 1969; H. ILLIES 1963; H. STELLRECHT 1971; L. TRUNKÓ 1984; CH. ZAMINER 1957.

4.7 Der Odenwald

4.7.1 Übersicht

In der östlichen Grabenschulter des Oberrheingrabens zwischen Heidelberg und Darmstadt tritt im Odenwald variszisches kristallines Grundgebirge zutage. Es läßt sich in zwei unterschiedliche Bereiche unterteilen, im Westen den Bergsträsser Odenwald und im Nordosten den kleineren Böllsteiner Odenwald. Getrennt werden beide Gebiete durch eine „Zwischenzone" N–S streichender Gneise und im Norden durch die Otzberg-Zone. Diese Grenzzone verschwindet weiter im Norden unter der in NNE-Richtung verlaufenden Hanau-Seligenstädter Tertiärsenke.

Die Kristallingesteine des Bergsträsser Odenwaldes tauchen im Norden unter das Rotliegende des Sprendlinger Horstes ab. Im Süden und Osten wird der variszische Sockel von mächtigem Buntsandstein überlagert. Verschiedentlich schaltet sich hier auch noch Zechstein oder Oberrotliegendes zwischen Grundgebirge und die postvariszischen Sedimentserien ein.

Nach Westen begrenzen die Randbrüche des Oberrheingrabens den Bergsträsser Odenwald und Sprenglinger Horst. Vor allem am Westrand des Bergsträsser Odenwaldes ist diese tektonische Bruchzone als Gebirgsabbruch morphologisch deutlich zu erkennen.

Zusammen mit dem Kristallinen Spessart im Nordosten und einigen kleineren Aufbrüchen auf der westlich gegenüberliegenden Seite des Oberrheingrabens mit zeitlich analogen Kristallingesteinen repräsentiert der Kristalline Odenwald einen wichtigen Teilausschnitt der Mitteldeutschen Kristallinschwelle in der nördlichen Saxothuringischen Zone.

4.7.2 Das variszische Grundgebirge

Das Kristallin des **Bergsträsser Odenwaldes** ist in seinem Aufbau durch schmale, oft unzusammenhängende Züge metamorpher Schiefer und Gneise gekennzeichnet, in die sich ausgedehnte Intrusivkomplexe gabbroidischer, dioritischer und granitischer Zusammensetzung einschalten. Die Metamorphite der „Schieferzüge" lassen vor allem im nördlichen Teil ein generelles SW–NE-Streichen erkennen.

Fünf Schiefer- bzw. Gneiszüge lassen sich unterscheiden. Im Norden besteht die **Schieferregion südöstlich Darmstadt** vorwiegend aus Schiefergneisen, Amphiboliten und Kalksilikatgesteinen. Weiter südlich wird der metamorphe Rahmen des **Frankensteiner Gabbromassivs** vorwiegend von Amphiboliten gebildet. Der **Schieferzug Bensheim-Groß Bieberau** umfaßt entlang seiner zentralen Achse Amphibolite und auf seinen Flanken Schiefergneise sowie Kalksilikatgesteine und auch Marmoreinschaltungen (Marmor von Auerbach). Zwischen Heppenheim und Lindenfels besteht der „**Hauptschieferzug**" beiderseits des Hauptdioritzuges überwiegend aus Schiefergneisen, Amphiboliten und Kalksilikatgesteinen. Die gleiche Gesteinsassoziation weist auch weiter im Süden das „**Schollenagglomerat**" in der Dachregion des Heidelberger Granits zwischen Schriesheim und Waldmichelstadt auf.

Eine prävariszische Strukturprägung oder Metamorphose hat sich in den Metamorphiten des Bergsträsser Odenwalds bisher nicht nachweisen lassen. Die variszische Hauptdurchbewegung führte zur Entstehung flacher NE–SW verlaufender Kuppeln mit leicht nach Südwesten einfallenden Faltenachsen. Ihr ging wahrscheinlich eine Isoklinalfaltung voraus.

Die mit tektonischer Durchbewegung verknüpfte Hauptmetamorphose der Schieferzonen im nördlichen und mittleren Bergsträsser Odenwald erreichte mit Temperaturen von 650 °C und Drucken um 4–6 kbar, die einer Versenkungstiefe von etwa 12–18 km entsprechen, die Bedingungen einer druckbetonten Amphibolitfazies. Im Süden wird das Stadium der Anatexis erreicht. Datierungen der Abkühlung zwischen 370 und 320 Ma weisen auf ein frühvariszisches Metamorphosealter hin. In Einzelgebieten ist im Zusammenhang mit jüngeren Deformationsvorgängen eine jüngere retrograde Metamorphose angedeutet.

Im Anschluß an die amphibolitfazielle Regionalmetamorphose führte eine von Norden nach Süden zunehmende Intrusionstätigkeit in dem Gebiet zur Reduktion des metamorphen Altbestandes auf die heutigen schmalen Schiefer- und Gneiszonen. Zu unterscheiden sind von Norden nach Süden schlecht erschlossene **Granodiorite im Darmstädter Raum**, die Gabbro- und Dioritgesteine des **Frankenstein-Plutons**, die Granodiorite des **Malschen-Massivs** („Melibocus-Granit") und des **Neutscher Komplexes**, die Flasergranitoide östlich **Bensheim**, die Diorite und Gabbrostöcke des „**Hauptdioritzuges**" zwischen Heppenheim und Lindenfels sowie das große Granodioritmassiv des **Weschnitz-Plutons**, der ausgedehnte **Tromm-Granit** und der durch Übergänge mit diesem verbundene **Heidelberger Granit**.

Die zwischen die Metasedimentzüge eingeschalteten Gabbros und Dioritstöcke intrudierten synorogen. Sie zeigen alle Übergänge von rein magmatischen zu syntektonischen bis blastomylonitischen Gefügen. Solche Angleichsgefüge an die älteren Metamorphite erschweren gelegentlich die Unterscheidung von Ortho- und Paragesteinen. Auch in den Intrusivkomplexen des Weschnitz-Granodiorits, des Tromm-Granits und des Heidelberger Granits ist besonders in randlichen Bereichen bzw. im Kontakt zum Schollenagglomerat ein SW–NE verlaufendes gneisähnliches Gefüge zu beobachten, dessen Entstehung auf eine primäre Einregelung beim Intrusionsvorgang in ältere starre Kristallinschollen zurückgeführt wird.

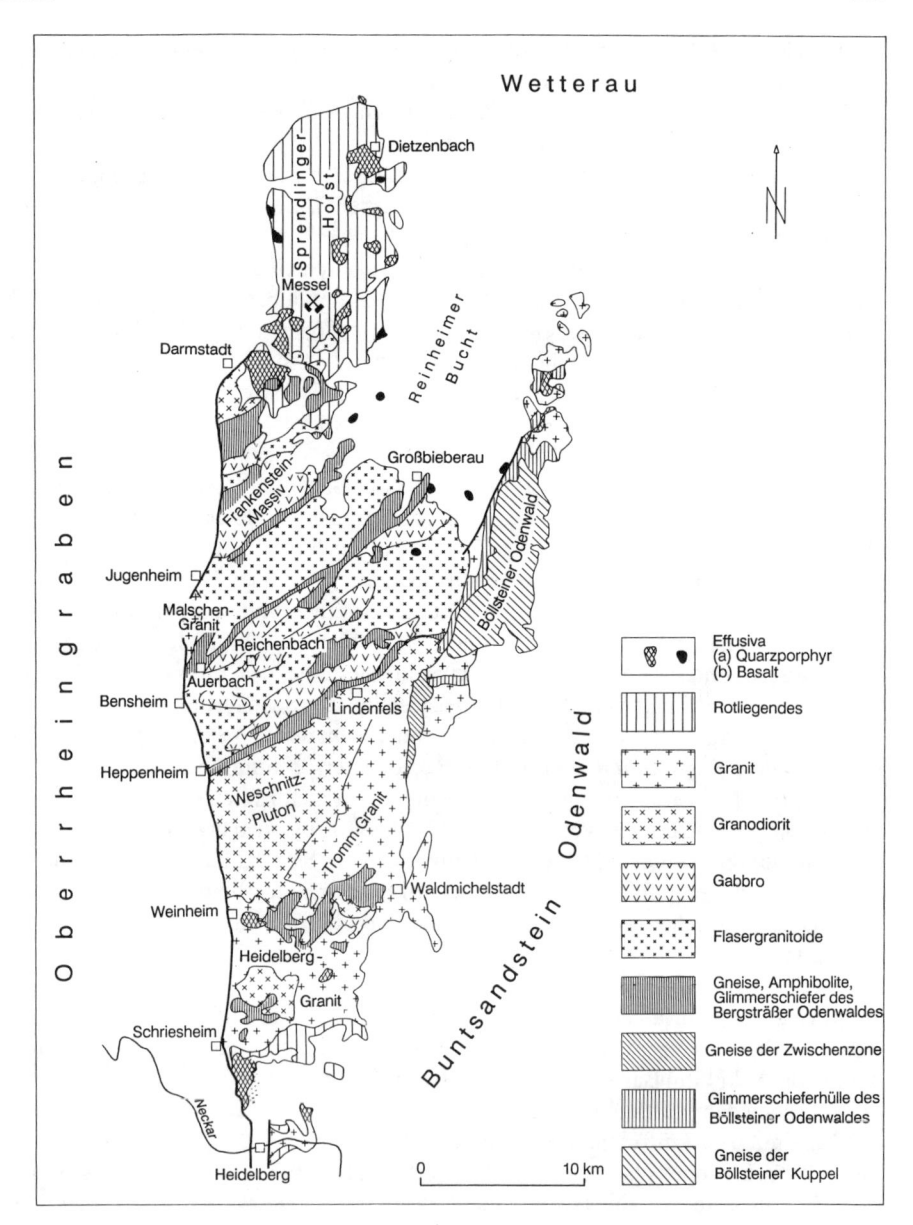

Abb. 82. Geologische Übersichtskarte des Kristallinen Odenwaldes.

Die ältesten Intrusivkörper (360 Ma) sind die Gabbros und die Diorite im Norden. Unterschieden wird zwischen hornblendereichen Gabbros und Dioriten einerseits und aus der Anatexis von Metapeliten hervorgegangenen Biotitdioriten andererseits. Auch die Granitoide des Bergsträsser Odenwaldes sind wahrscheinlich aus der Aufschmelzung von grauwackenreichen bis pelitischen Serien hervorgegangen. Der Granodiorit des Weschnitz-Plutons ist randlich und in seiner Dachregion um das Schollenmosaik herum porphyrisch ausgebildet. Sein Intrusionsalter liegt bei 322–330 Ma. Als Ganggefolge werden ihm Granodioritporphyrite (Alsbachite) zugeordnet.

Die Massive des Tromm-Granits und des durch große Kalifeldspäte vielfach porphyrartig ausgebildeten Heidelberger Granits sind nur wenig jünger. Nach K/Ar-Datierungen intrudierten sie zwischen 318 und 328 Ma. Jüngere magmatische Ereignisse waren die Bildung von Kersantitgängen und Granitporphyren. Ihnen folgten im Perm Rhyolithe und Ignimbrite.

Das Kristallin des **Böllsteiner Odenwaldes** ist durch einen in N–S-Richtung gestreckten Kuppelbau charakterisiert. Die Böllsteiner Gneiskuppel besteht aus einem Gneiskern, der von einer Schieferhülle umgeben ist. Gneise und Schiefer unterlagen einer einheitlichen amphibolitfaziellen Metamorphose. Die Faltenachsen sind bevorzugt W–E ausgerichtet. Eine spätere Durchbewegungsphase mit NNE–SSW streichenden Achsen führte zur Deformation dieser alten Strukturen und zur Aufwölbung der Kuppel.

Die **Schieferhülle** der Böllstein-Kuppel ist überwiegend aus Glimmerschiefern bis Quarzglimmerschiefern aufgebaut, die aus Tonschiefern und Grauwacken hervorgegangen sind. Untergeordnet treten auch dünne Einschaltungen von Kalksilikatfelsen, Graphitquarziten und Amphiboliten auf. Altersmäßig scheint ihr Edukt den vermutlich jungpräkambrischen bis altpaläozoischen Serien des nördlichen Bergsträsser Odenwaldes zu entsprechen.

Im **Böllsteiner Gneiskern** werden ein Granodioritgneis und randlich ein feinkörniger roter Granitgneis unterschieden. Im Granitgneis finden sich vielfältige Metabasit-Einschaltungen (Metagabbro und Metabasalt). Die Ausgangsgesteine des Granodioritgneises und der Granitgneise sind jünger als die Ausgangsgesteine der Schieferhülle.

Mit zwei magmatischen Phasen ist zu rechnen, von denen die ältere zu den Granodioriten führte und die jüngere zu den Graniten. Rb/Sr-Altersbestimmungen an beiden Gneistypen führen unter der Voraussetzung, daß beide magmatischen Ereignisse zeitlich eng beieinander liegen, zu einem Alterswert von 415 ± 26 Ma. Die Intrusionen erfolgten also wahrscheinlich während des Silurs oder spätestens im frühen Devon. Sie sind damit deutlich altersverschieden von den jüngeren Intrusionsereignissen im Bergsträsser Odenwald. Dagegen stehen sie in einer engen zeitlichen Beziehung zum eindeutig silurischen Rotgneis-Magmatismus des Spessarts.

Nach der Intrusion unterlagen Schieferhülle und Gneiskuppel wie die Metamorphite des Bergsträsser Odenwaldes einer frühvariszischen amphibolitfaziellen Regionalmetamorphose. Östlich des eigentlichen Böllsteiner Odenwaldes, bei Neustadt, lieferten Hornblendegneise als Abkühlungsalter mittelkarbonische Werte.

Zwischen dem mittleren Bergsträsser und dem südlichen Böllsteiner Odenwald erstreckt sich eine nur 1–2 km breite aber über etwa 15 km in SSW–NNE-Richtung zu verfolgende **Gneis-Zwischenzone**. Wie im Böllsteiner Odenwald enthält sie auch prävariszisches Kristallin. Hauptgestein ist ein Hornblende-Gneis, der nach Westen unter den Bergsträsser

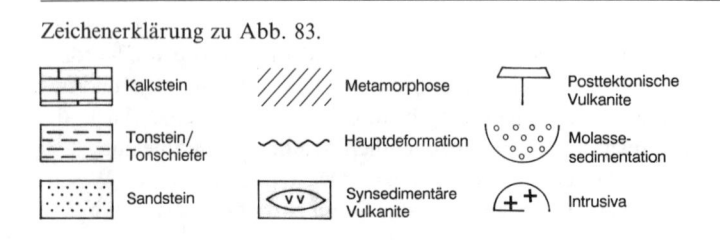

Zeichenerklärung zu Abb. 83.

▨	Kalkstein	▨	Metamorphose	▽	Posttektonische Vulkanite
▬	Tonstein/Tonschiefer	∼	Hauptdeformation	⌣	Molassesedimentation
▦	Sandstein	⟨vv⟩	Synsedimentäre Vulkanite	⊕	Intrusiva

Der Odenwald

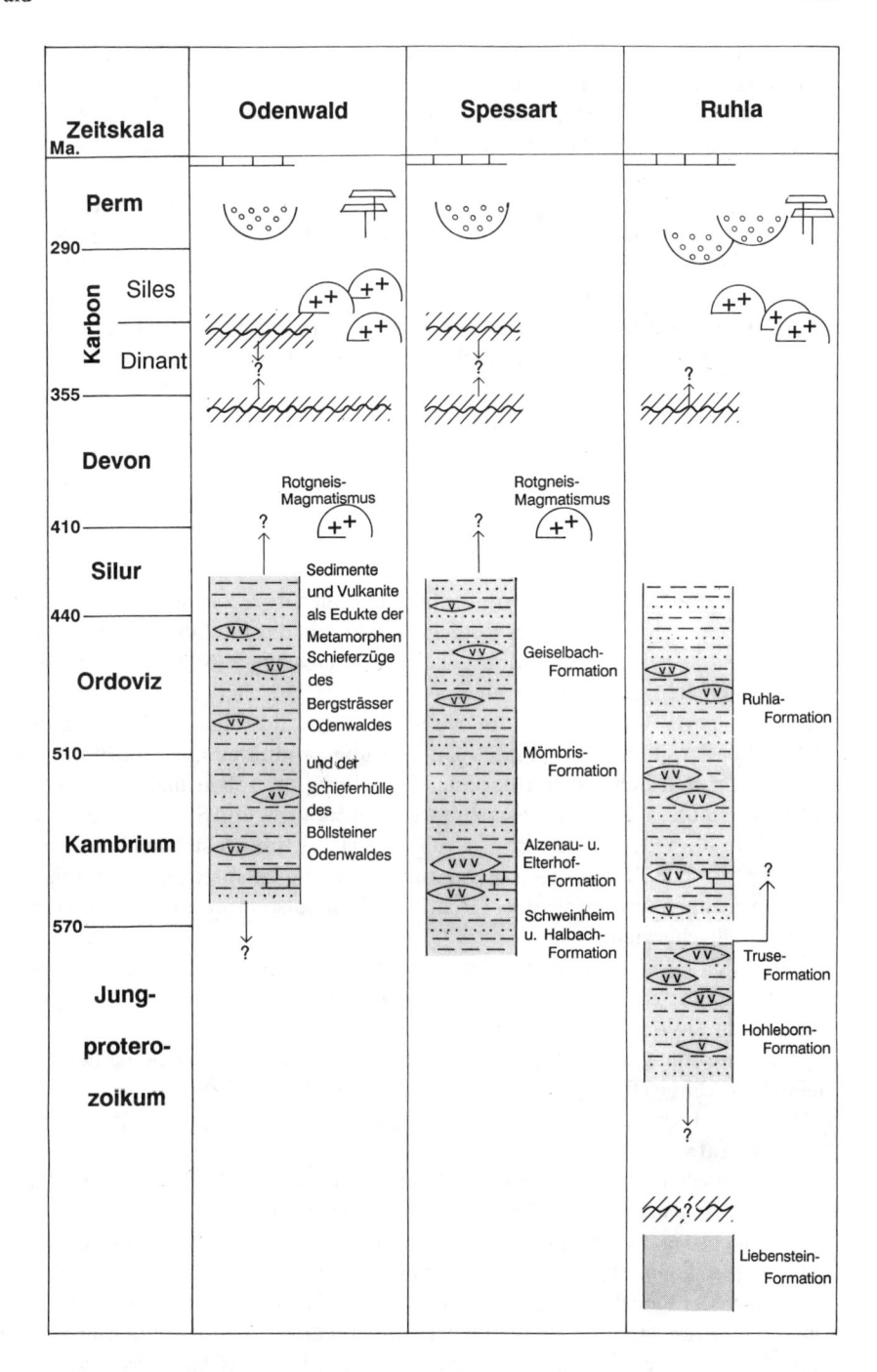

Abb. 83. Schema der geologischen Entwicklung des Grundgebirges der Mitteldeutschen Kristallinschwelle (Odenwald, Spessart, Ruhla).

Odenwald abtaucht. In seiner Zusammensetzung entspricht ihm der Granodiorit des Weschnitz-Plutons. Im höheren Teil der Zone tritt eine Bunte Serie aus Graugneisen und Rotgneisen hinzu. Die Graugneise lassen sich wenigstens z. T. auf ehemaliges Sedimentmaterial zurückführen. Es war von granitischen Lagen und Gängen durchsetzt, aus denen die Rotgneise hervorgingen.

Die erste Gefügeprägung der Zwischenzonen-Gneise erfolgte prävariszisch mit N–S streichenden Faltenachsen. Vom Liegenden zum Hangenden und in den Randzonen zum Weschnitz-Pluton und Tromm-Granit setzt sich eine jüngere variszische SW–NE-Orientierung des Gefüges immer stärker durch.

Als **Otzberg-Zone** wird eine alte, durch Verwerfungen, Mylonite und Kataklasite gekennzeichnete tektonische Schwächezone bezeichnet, die heute die Zwischenzonen-Gneise und weiter im Norden das Böllstein-Kristallin vom Bergsträsser Odenwald trennt. Zuletzt wurde sie im Tertiär zur Zeit des Oberrheingraben-Einbruchs als NNE streichendes Störungssystem tektonisch neu aktiviert und mit jungen Myloniten (Otzberg-Mylonit) und Vulkaniten (Otzberg-Basalt) besetzt.

4.7.3 Die postvariszische Entwicklung

Wie in den anderen Grundgebirgsaufbrüchen am Oberrhein war auch im Odenwald der variszische Sockel zu Beginn des **Rotliegenden** bis auf das kristalline Fundament abgetragen. Dabei zeigte die permische Landoberfläche ein flachwelliges Relief. In den Senken sammelten sich geringmächtige Brekzien und Arkosen granitischer Zusammensetzung. Zugleich herrschte starker Vulkanismus. Im südlichen Odenwald folgen über grünen und roten, z. T. verkieselten Lapillituffen und ihren Umlagerungsprodukten Quarzporphyre. Sie bilden bei Dossenheim und Schriesheim nördlich Heidelberg bis 150 m mächtige Decken. Daneben füllen sie Schlote, z. B. an der Wachenburg bei Weinheim, und Spalten. Nur in den nördlichen Ausläufern des Odenwaldes, im Sprendlinger Horst, finden sich auch basische Eruptiva in Gestalt von Melaphyren. In ihrer Zusammensetzung entsprechen sie Basalten und Olivinbasalten. Zeitlich werden sie dem Grenzlager-Vulkanismus im Saar-Nahe-Gebiet und in der Wetterau gleichgestellt.

Über den Quarzporphyren folgt im südöstlichen Odenwald jüngeres Rotliegendes mit rötlichen Sandsteinen und Arkosen. **Zechstein** besteht hier aus geringmächtigen z. T. verkieselten Dolomiten und roten Tonsteinen.

Reliefbestimmend für den östlichen und südöstlichen Odenwald ist heute das **Buntsandstein-Deckgebirge** (Buntsandstein-Odenwald). Der Untere Buntsandstein beginnt mit Brökkelschiefern. Darüber folgt der Tigersandstein und als Unterer Geröllhorizont das Eck'sche Konglomerat.

Aus diesem entwickelte sich der heute noch zum Unteren Buntsandstein gerechnete Hauptbuntsandstein, dessen tiefrote Sandsteine in vielen Steinbrüchen erschlossen sind. Kreuzschichtung, Wellenfurchen, Trockenriß-Leisten und viele weitere Details einer terrestrisch-aquatischen Sedimentation lassen sich in ihnen studieren. Den Mittleren Buntsandstein bilden der Kugelsandstein und ein weiterer Geröllhorizont, das Hauptkonglomerat. Im Oberen Buntsandstein folgen über einer Karneolbank fluviatile Plattensandsteine und dann Tone des Röt. Die Obergrenze der Plattensandsteine bildet ein *Chirotherium*-Horizont.

Mariner **Muschelkalk** ist inmitten des Buntsandstein-Odenwaldss im Grabeneinbruch von Michelstadt erhalten. Dessen Randverwerfungen verlaufen wie zahlreiche weitere Störungen innerhalb des Buntsandsteins in NNE-Richtung.

Aufschluß über die weitere Sedimentationsgeschichte des Odenwaldes gibt der oberhalb Eberbach gelegene **Katzenbuckel**. Mit 626 m bildet er heute die höchste Erhebung des Gebietes. Es handelt sich um eine Vulkanschlotfüllung von rund 1 km Durchmesser, die heute als Härtling die Hochebene der Plattensandsteine des Oberen Buntsandsteins überragt.

Hauptgestein ist ein Sanidin-Nephelinit. Sein Alter wurde mit 53–55 Ma (Paleozän) bestimmt. Als Einschlüsse führt er außer Tuffbrocken auch kleinere und größere Stücke von fossilführendem Opalinus-Ton des unteren Mitteljura und von Sedimenten des Unterjura, des Rhäts und des mittleren Keupers. Muschelkalk-Reste sind bisher nicht sicher nachgewiesen. Nach diesen Einschlüssen und im Vergleich mit entsprechenden Schichtmächtigkeiten im Kraichgau stand im südlichen Odenwaldgebiet während des Paleozäns noch wenigstens unterer Mitteljura und damit eine Sedimentdecke von etwa 600 m über dem heutigen Niveau an.

Auch in anderen Bereichen des Odenwaldes kam es im unmittelbaren Zusammenhang mit dem Entstehen des Oberrheingrabens zu vulkanischen Aktivitäten. Sie begannen im Eozän und hielten über fast 45 Ma bis in das Miozän an. In den meisten Fällen handelt es sich um alkalibasaltische Gesteine (Nephelinite, Basanite und Limburgite). Ihre Durchbrüche häufen sich abseits von der eigentlichen Grabenzone im mittleren und östlichen Odenwald entlang der Otzberg-Zone, randlich der Reinheimer Bucht sowie im Sprendlinger Horst, wo auch einige Trachyte auftreten.

Im Sprendlinger Horst bildeten sich im Eozän die bituminösen **Messeler Schiefer**. In tektonisch angelegten Senken entwickelten sich Süßwasserseen, deren Faulschlammbildung neben Pflanzen, Schnecken und Insekten eine reiche Wirbeltierfauna mit Fröschen, Fischen, Schildkröten, Schlangen, Vögeln und Säugern des mittleren Eozäns (Lutet) enthält. Im ehemaligen Tagebau Messel sind diese bituminösen Tonsteine als Ölschiefer in einer Mächtigkeit von fast 180 m erschlossen.

Die schildartige Heraushebung des Odenwaldes gegenüber seiner Umgebung, vor allem aber gegenüber dem Oberrheingraben, erfolgte wesentlich im Pliozän. Im Übergang zum Pleistozän war der Neckar bereits 400 m tief in das Gebirge eingeschnitten. Während des Pleistozäns blieb der Odenwald im Gegensatz zum Schwarzwald und zu den Vogesen eisfrei.

Literatur: G. C. Amstutz, S. Meisl & E. Nickel (Hrsg.) 1975; E. Backhaus 1975, 1979, 1987; H. Barth 1971, 1982; W. Büsch et al. 1980; M. Fettel 1975; H. Flick 1986; W. Franke (Ed.) 1990a; O. F. Geyer & M. P. Gwinner 1986; D. Graner 1987; K. N. Hellmann, R. Emmermann & H. J. Lippolt 1975; K. N. Hellmann, H. J. Lippolt & W. Todt 1982; D. Hustiak & A. Krohe 1990; D. D. Klemm & K. Weber-Diefenbach 1972; D. D. Klemm & H. J. Fazakas 1975; E. Knauer et al. 1974; H. Kreuzer & W. Harre 1975; A. Krohe 1990a, 1990b; H. P. Lippolt 1986; M. Magetti 1971, 1974, 1975; M. Maggetti & E. Nickel 1973; D. Marell 1989; S. Matthes & W. Schubert 1971; S. Matthes, M. Okrusch & P. Richter 1972; J. Negendank 1975; E. Nickel 1964, 1965, 1975, 1979; E. Nickel & B. M. Obelode-Dönhoff 1964; E. Nickel & M. Magetti 1974; M. Okrusch et al. 1975; H. Prier 1975; M. Raab 1980; J. F. von Raumer 1973; J. F. von Raumer & M. Magetti 1973; St. Schaal & W. Ziegler (Hrsg.) 1988; W. Schubert 1968, 1969, 1979; W. Todt 1979.

4.8 Der Spessart

4.8.1 Übersicht

Nördlich des Odenwaldes tritt das variszische kristalline Grundgebirge jenseits der Untermain-Ebene wieder im Nordwest-Spessart (Vorspessart) an die Tagesoberfläche. Von der mächtigen Quartär- und Tertiärfüllung des Maintals ist es durch junge N–S bis

NNW–SSE verlaufende Randverwerfungen mit Sprunghöhen zwischen 200 und 500 m getrennt. Im Nordwesten bilden die Rotliegend-Gesteine der Wetterau bzw. ihre pleistozäne Bedeckung die Grenze. Im Osten besteht der eigentliche Hochspessart im Anschluß an den südöstlichen und östlichen Odenwald aus Zechstein und Buntsandstein.

Als Teil der Mitteldeutschen Kristallinschwelle steht das kristalline Grundgebirge des Vorspessarts mit dem Kristallinen Odenwald im Südwesten und dem Kristallinaufbruch von Ruhla-Brotterode im Thüringer Wald in Verbindung (vgl. Abb. 83).

4.8.2 Das variszische Grundgebirge

Im **Kristallinen Spessart** sind vorwiegend Ortho- und Paragneise und Glimmerschiefer mit eingelagerten Quarziten, Marmoren und Amphiboliten aufgeschlossen. Sein Strukturbau zeigt ein generelles SW–NE-Streichen der metamorphen Serien. Insgesamt sieben sich lithologisch deutlich gegeneinander absetzende Zonen lassen sich unterscheiden.

Im Nordwesten enthält die **Amphibolit-Paragneis-Zone** des nordwestlichen Vorspessarts (Alzenau-Formation) hauptsächlich Amphibolite und Biotit- und Hornblendegneise, untergeordnet aber auch Kalksilikatgesteine, Graphitschiefer und Graphitquarzite in engem Wechsel. In ihrer abwechslungsreichen Lithologie läßt sich diese Serie mit den Körnig-streifigen Paragneisen der Elterhof-Formation im südöstlichen Vorspessart vergleichen. Allerdings treten die für diese typischen Marmorzüge in der Alzenau-Formation nur vereinzelt und in reduzierter Form auf. Die Lithologie der Paragesteine der Alzenau-Formation spricht wie diejenige der Elterhof-Formation für Sedimentation in relativ küstennahen Bereichen. Die Amphibolite lassen sich zum großen Teil auf tholeiitische Basalte und deren pyroklastische Äquivalente zurückführen. Altersmäßig werden beide Formationen mit lithologisch ähnlich bunten Serien des oberen Proterozoikums oder tieferen Kambriums im Thüringisch-Sächsischen Grundgebirge gleichgestellt.

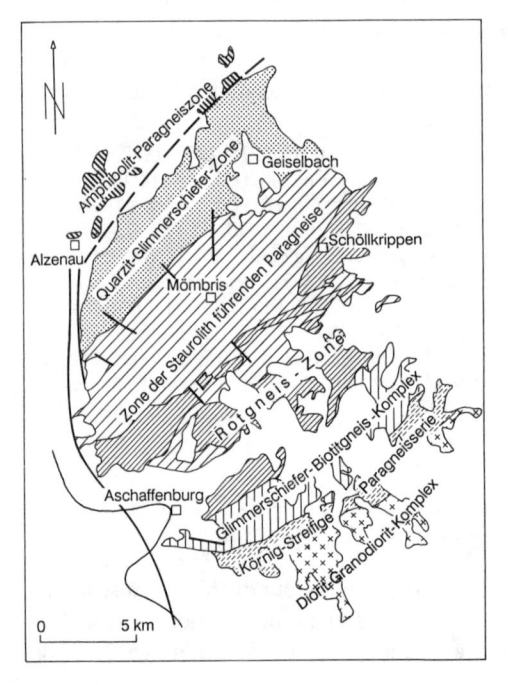

Abb. 84. Geologische Übersichtskarte des Spessart-Grundgebirges.

Die Alzenau-Formation ist von einer südöstlich angrenzenden Quarzit-Glimmerschiefer-Formation (Geiselbach-Formation) durch eine bedeutende gegen Nordwesten einfallende Störung getrennt. Ihren Zusammenhang mit der Elterhof-Formation vorausgesetzt wird sie heute als Rest einer großen nach Norden eintauchenden Deckeneinheit interpretiert.

Die **Quarzit-Glimmerschiefer-Zone** der Geiselbach-Formation besteht aus einer mächtigen Folge granatführender Muskowit- und Muskowit-Biotit-Glimmerschiefer und Quarzglimmerschiefer. Häufige Einschaltungen sind markante mehr oder weniger weit aushaltende Quarzitzüge (Serizitquarzite und gelegentlich auch Magnetitquarzite) und im Südosten, d. h. im Liegenden, auch Amphibolite. Nach Süden schließt als **Zone der staurolithführenden Paragneise** die Mömbris-Formation an. Staurolith- und granatführende Paragneise sind hier die vorherrschenden Gesteine. Untergeordnet sind Einschaltungen von staurolithfreien Paragneisen, Quarziten, Kalksilikatgesteinen und verschiedenen Metabasiten.

Die Ausgangsgesteine der bis 3.000 m mächtigen Geiselbach-Formation und der sie unterlagernden noch einmal mindestens 2.000 m umfassenden Mömbris-Formation waren monotone Sandstein-Schiefer-Folgen, in denen durch die Amphibolite einzelne vulkanische Phasen angezeigt sind. Nach lithostratigraphischem Vergleich mit dem Ordovizium bzw. Kambrium Thüringens und des Fichtelgebirges läßt sich ein altpaläozoisches Alter annehmen. Nach Vergesellschaftungen von Pteridophytensporen in der Geiselbach-Formation reicht diese aber mindestens in Teilen auch bis in das obere Silur.

Der Zentralbereich des Spessart-Kristallins wird als **Rotgneis-Zone** von körnig-flaserigen Muskowit-Biotit-Gneisen aufgebaut. Auch innerhalb des Verbreitungsgebiets der staurolithführenden Paragneise sind heute in einer kleineren Antiklinalzone bei Schöllkrippen Rotgneise erschlossen.

Die Rotgneise gehen auf eine oder evtl. auch mehrere Intrusionen granitischer bis granodioritischer Magmenzusammensetzung zurück. Ihre plutonischen Ausgangsgesteine entsprechen petrographisch wie altersmäßig denjenigen der Böllsteiner Rotgneise und dem im Südwestteil der Mitteldeutschen Kristallinschwelle von der Forschungsbohrung Saar 1 angetroffenen Albitgranit. In östlicher Richtung sind sie mit den Rotgneisen der Kristallingebiete Thüringens, Sachsens und Nordostbayerns vergleichbar. Nach radiometrischen Rb/Sr-Gesamtgesteinsdatierungen erfolgte die Platznahme der Rotgneis-Granitoide prävariszisch um 414 ± 18 Ma, d. h. im Verlauf des Silurs. Nach ihrer variszischen Prägung zusammen mit den sie im Norden und Süden überlagernden jungproterozoischen bis altpaläozoischen Rahmengesteinen weist die Rotgneis-Zone heute einen kuppelförmigen Bau auf.

Ein südlich der Rotgneis-Zone folgender **Glimmerschiefer-Biotitgneis-Komplex** ist durch einen mehrfachen Wechsel von gleichkörnigen muskowitführenden Biotitgneis-Zügen (Haibacher Biotitgneis) und Muskowit-Biotit-Glimmerschiefern mit Einschaltungen von Muskowitquarziten (Schweinheimer Glimmerschiefer) gekennzeichnet. Die Mächtigkeit dieser wahrscheinlich insgesamt metasedimentären Schweinheim-Eibach-Formation wird auf 2.000–3.000 m geschätzt. Altersmäßig stellt der Glimmerschiefer-Biotitgneis-Komplex die wahrscheinlich älteste und damit oberproterozoische Baueinheit des Kristallinen Spessarts dar.

Die südlich angrenzende lithologisch wieder sehr abwechslungsreiche **Körnig-streifige Paragneis-Serie** (Elterhof-Formation) besitzt wie die lithologisch vergleichbare Alzenau-Formation im Norden wahrscheinlich wieder unterkambrisches Alter. Im Gegensatz zu letzterer umfaßt sie aber neben verschiedenartigen Gneisen vor allem auch Marmore, Amphibolite und Graphitquarzite.

Der im südlichen Vorspessart aufgeschlossene **Quarzdiorit-Granodiorit-Komplex** geht wahrscheinlich auf eine magmatische Intrusion zurück, die etwa gleichzeitig mit der Intrusion der Rotgneis-Granitoide erfolgt sein könnte. Im Zuge der variszischen Hauptmetamorphose kam es zur tektonischen Durchbewegung und metablastischer Umkristallisation, teilweise auch zu Aufschmelzungen.

Die strukturbildende Faltung und die in Bezug auf die Hauptfaltung syn- bis posttektonische Hauptmetamorphose des präkambrisch-altpaläozoischen Grundgebirgsstockwerks des Vorspessarts erfolgte zweifellos variszisch. K/Ar-Daten ergaben für die Hauptmetamorphose ein Mindestalter von 320 ± 5 Ma (Wende Unterkarbon/Oberkarbon). Die variszische Metamorphose verlief bei 600 und 650 °C und 5–6 kbar unter einheitlichen Bedingungen einer Mitteldruck-Amphibolitfazies.

Die Verformung der Schieferverbände zum heutigen Kuppelbau ist die Folge jüngerer variszischer Bewegungen. Auch die selbst nicht unmittelbar aufgeschlossene Michelbach-Störung zwischen der Alzenau-Formation und Geiselbach-Formation ist jünger als die Hauptmetamorphose. Ihr Aufschiebungscharakter wird heute durch Rücküberschiebung auf einer Deckenbahn mit ursprünglich nach Nordwesten gerichtetem Deckentransport erklärt.

4.8.3 Die postvariszische Entwicklung

Das Kristallin des Vorspessarts wird im Norden vom sandig-konglomeratisch ausgebildeten **Rotliegenden** des **Wetterau-Trogs**, eines Teiltrogs der Saar-Selke-Senke, überlagert. Im Osten und Süden fehlt Rotliegendes im Bereich der permzeitlichen Spessart-Rhön-Schwelle weitgehend.

Die Rotliegend-Sedimente des Wetterau-Trogs bestehen in seinem südlichen Rand zunächst aus geringmächtigen Sand- und Siltsteinen oder Brekzien. Diese werden von über 100 m mächtigen schlecht sortierten Konglomeraten und Sandsteinen abgelöst. Ihr Material stammt ausschließlich aus dem nördlichen und mittleren Kristallinen Vorspessart. Quarzitbrekzien bilden den Abschluß der Rotliegend-Folge. Im Sedimentbecken der Wetterau selbst ist das Rotliegende deutlich mächtiger und stärker differenziert. Hier dominiert die nördlich des Troges gelegene Taunus-Schwelle als Materiallieferant

Mariner **Zechstein** greift sowohl auf den zur Rotliegend-Zeit mit Verwitterungsschutt verfüllten Wetterau-Trog als auch auf das variszische Grundgebirgsstockwerk der Spessart-Schwelle über. Er umfaßt ein Basiskonglomerat bzw. einen Basissandstein, über dem stellenweise geringmächtige Kupferletten sowie bis 40 m faziell stark differenzierte Karbonatablagerungen folgen. Auf der Spessart-Schwelle sind letztere als graue, dolomitische Kalksteine und Stinkdolomite entwickelt. Salinare Bildungen fehlen.

Den größten Teil des heutigen Spessarts nimmt **Unterer Buntsandstein** ein. Seine Mächtigkeit erreicht hier 500 m. In seiner Ausbildung ist er aber noch wesentlich von der Hochlage der Spessart-Rhön-Schwelle bestimmt. An der Basis sind Wechselfolgen von rötlichen Ton-, Schluff- und Sandsteinen, teilweise auch Brekzienbildungen charakteristisch. Es folgen im mittleren Teil gut sortierte hellgraue und hellrote Sandsteine mit charakteristischen Geröllhorizonten (Eck'sches Konglomerat) und im obersten Abschnitt wieder Wechselfolgen von Sandsteinen und Tonsteinen. Nach Osten und Südosten anschließender **Mittlerer Buntsandstein** ist im wesentlichen durch zyklische Wechsel von Geröllsandsteinen, Sandsteinen, die teilweise Tongallen führen, und Tonstein-Lagen gekennzeichnet.

Seinen heutigen Mittelgebirgscharakter hat der Spessart durch eine an der Wende Pliozän/Pleistozän erfolgte schildförmige Heraushebung erhalten. Zeugen einer vulkanischen Tätigkeit im **Tertiär** sind kleine Vorkommen von Olivin-Basalten, Phonoliten, Basaniten und Limburgiten auf NW–SE gerichteten Bruchzonen. Wie im Odenwald finden sich Barytvorkommen vor allem in SW–NE streichenden Gängen sowohl im Grundgebirge als auch im Buntsandstein.

Literatur: E. BEDERKE 1957; H.J. BEHR & T. HEINRICHS 1987; T. DOUTSOS 1979; G. HIRSCHMANN & M. OKRUSCH 1988; G. KOWALCZYK 1983; H. KREUZER et al. 1973; H.J. LIPPOLT 1986; D. MARELL & G. KOWALCZYK 1986; S. MATTHES 1978; S. MATTHES & M. OKRUSCH 1965, 1974, 1977; H. MURAWSKI 1964, 1967; M. OKRUSCH 1983; M. OKRUSCH & P. RICHTER 1967, 1986; M. OKRUSCH, R. MÜLLER & S. EL SHAZLY 1985; E. REITZ 1987; W. WEINELT 1964; W. WEINELT, M. OKRUSCH & P. RICHTER 1985.

4.9 Die Vogesen

4.9.1 Übersicht

Zusammen mit dem Schwarzwald stellt das Kristallingebiet der Vogesen eine junge Aufwölbung des mitteleuropäischen variszischen und prävariszischen Fundaments beiderseits des Oberrheingrabens dar. Nach Osten wird es durch bedeutende Randstörungen und eine Vorberg-Zone von der Tertiärfüllung des Oberrheingrabens getrennt. In allen anderen Richtungen taucht das alte Gebirge flach unter eine geschlossene Decke aus Perm- und Trias-Ablagerungen. Diese sind auch noch mit einigen Erosionsresten auf seiner jungen Einebnungsfläche erhalten.

Dem geologischen Bau entsprechend steht einem morphologischen Steilabfall zur östlichen Vorberg-Zone und Rheintalebene im Osten eine klare Schichtstufenlandschaft in Richtung auf das Pariser Becken gegenüber.

Die höchsten morphologischen Erhebungen des variszisch-prävariszischen Grundgebirges finden sich heute in den südlichen Vogesen, wo der Große Belchen (Grand Ballon) die Höhe von 1.425 m erreicht. Nach Norden fällt die Morphologie allmählich ab. Nördlich einer zwischen Villé und Saint Dié in W-E-Richtung verlaufenden tektonisch vorgezeichneten Rotliegend-Senke erreicht das Grundgebirge in den kristallinen Massiven von Champ-du-Feu und Senones noch einmal Höhen von rund 1.000 m, bevor es weiter im Norden und Nordwesten ganz von Rotliegendem und Buntsandstein (Buntsandstein-Vogesen) eingedeckt wird.

Die **Nordvogesen** werden größtenteils von datierbaren jungpräkambrischen und kambrosilurischen Schiefern sowie Sedimenten und Vulkaniten des Mitteldevons bis Unterkarbons aufgebaut. Sie sind von variszischen Diorit-, Granodiorit- und Granit-Intrusionen durchsetzt. Von den höherkristallinen Gebieten der mittleren Vogesen werden sie durch die Linie von Lalaye-Lubine getrennt. Diese stellt gleichzeitig die Grenze zwischen der Saxothuringischen und Moldanubischen Zone des mitteleuropäischen Variszikums dar. Im nördlichen Schwarzwald entspricht ihr die südliche Randüberschiebung der Zone von Baden-Baden.

In den **mittleren Vogesen** ist ähnlich wie im mittleren Schwarzwald ein polymetamorphes, im wesentlichen prävariszisches Gneis- und Migmatit-Stockwerk erschlossen. Im Gegensatz zu dort treten hier aber auch weitverbreitet variszische Granitoide auf.

In den sich morphologisch am höchsten heraushebenden **Südvogesen** überwiegen mächtige niedriggradig metamorphe oder nichtmetamorphe Sedimentserien des Oberdevons bis Unterkarbons. Hinzu kommen weitere bedeutende Granit-Intrusionen. Die Grenze der Südvogesen gegen die mittleren Vogesen zeichnet sich wie der Grenzbereich Zentralschwarzwald/Südschwarzwald durch eine enge gegen Süden gerichtete tektonische Verschuppung aus.

4.9.2 Das prävariszische und variszische Grundgebirge

In den **Nordvogesen** sind entlang ihrer Südgrenze an der Linie Lalaye-Lubine niedrigmetamorphe **jungproterozoische** bis **altpaläozoische** Sedimentserien mit untergeordnet Einschaltungen von Vulkaniten aufgeschlossen.

Die Villé-Schiefer (Weiler Schiefer; Schistes de Villé) bestehen im wesentlichen aus Phylliten mit Einschaltungen von Porphyroiden, Metasandsteinen und Konglomeraten. Lange Zeit wurden die Ausgangsgesteine dieser Serie in ihrer Gesamtheit in das Jungproterozoikum eingestuft. In ihrem nördlichen Verbreitungsgebiet enthalten sie aber auch nachweislich jüngere, kambrische und ordovizische Anteile.

Die Villé-Schiefer sind von Süden her auf die ähnlich ausgebildeten Steige-Schiefer (Schistes de Steige) überschoben. Diese stellen eine monotone Folge violetter tonig-sandiger Phyllite dar, die nach Chitinozoen ordovizisches bis untersilurisches Alter haben.

Als nächstjüngere Formationen sind in den nördlichen Nordvogesen zwischen variszischen Intrusivkomplexen nichtmetamorphe **devonische** und **unterkarbonische** Sedimentgesteine sehr abwechslungsreich entwickelt. Im Gebiet des Breuschtals (Vallée de la Bruche) bilden sie zwischen Schirmeck und Urmatt eine komplex gestaltete W–E verlaufende Muldenstruktur, die im Osten von den Randstörungen des Oberrheingrabens abgeschnitten wird.

Oberes Mitteldevon (Givet) ist mit Schiefern, Grauwacken und eingeschalteten Riffdetritiskalken vertreten. Ein mächtiges Konglomerat bei Russ enthält Granitgerölle und Blöcke von solchen Riffkalken. In das Givet fällt auch eine lebhafte vulkanische Aktivität mit der Förderung von Diabasen und deren Tuffen und Keratophyren.

Tieferes Oberdevon (Frasne) umfaßt schwarze Tonschiefer und kieselige Schiefer. Sie sind im Breusch-Tal mit Goniatiten und Conodonten biostratigraphisch gut datiert. Eine mächtige Folge pflanzenführender dunkler Schiefer, Kieselschiefer und Grauwacken mit Konglomeraten und Brekzien schließt sich an. Sie reicht über das Tournai bis in das untere Visé.

Nächstjüngere Sedimentbildungen in den Nordvogesen sind ungefaltete Konglomerate des Stefan in mehreren Vorkommen entlang der Linie von Lalaye-Lubine.

Die Villé-Schiefer und Steige-Schiefer zeichnen sich durch eine W–E bis WSW–ENE streichende enge Faltung mit mittelsteil bis steil nach Süden einfallender Schieferung aus. In ihrem nördlichen Verbreitungsgebiet sind sie durch eine niedriggradig grünschieferfazielle Metamorphose gekennzeichnet. Mit Annäherung an einen südlichen Störungskontakt zum Gneisgebiet der mittleren Vogesen gehen die Schiefer in granatführende Glimmerschiefer über. Verschiedene tektonische Einschuppungen von Gneisen und auch eines geschieferten Granits kennzeichnen die Villé-Einheit als eine bedeutende nach Süden einfallende variszische Scherzone mit Überschiebungscharakter.

Die **Intrusivgesteine** der Nordvogesen unterscheiden sich deutlich von denen der mittleren und südlichen Vogesen. Als erstes intrudierten Diorite und Granodiorite. In ihrer Verbreitung folgen sie tektonisch vorgegebenen WSW–ENE-Linien. Die Granodiorite überwie-

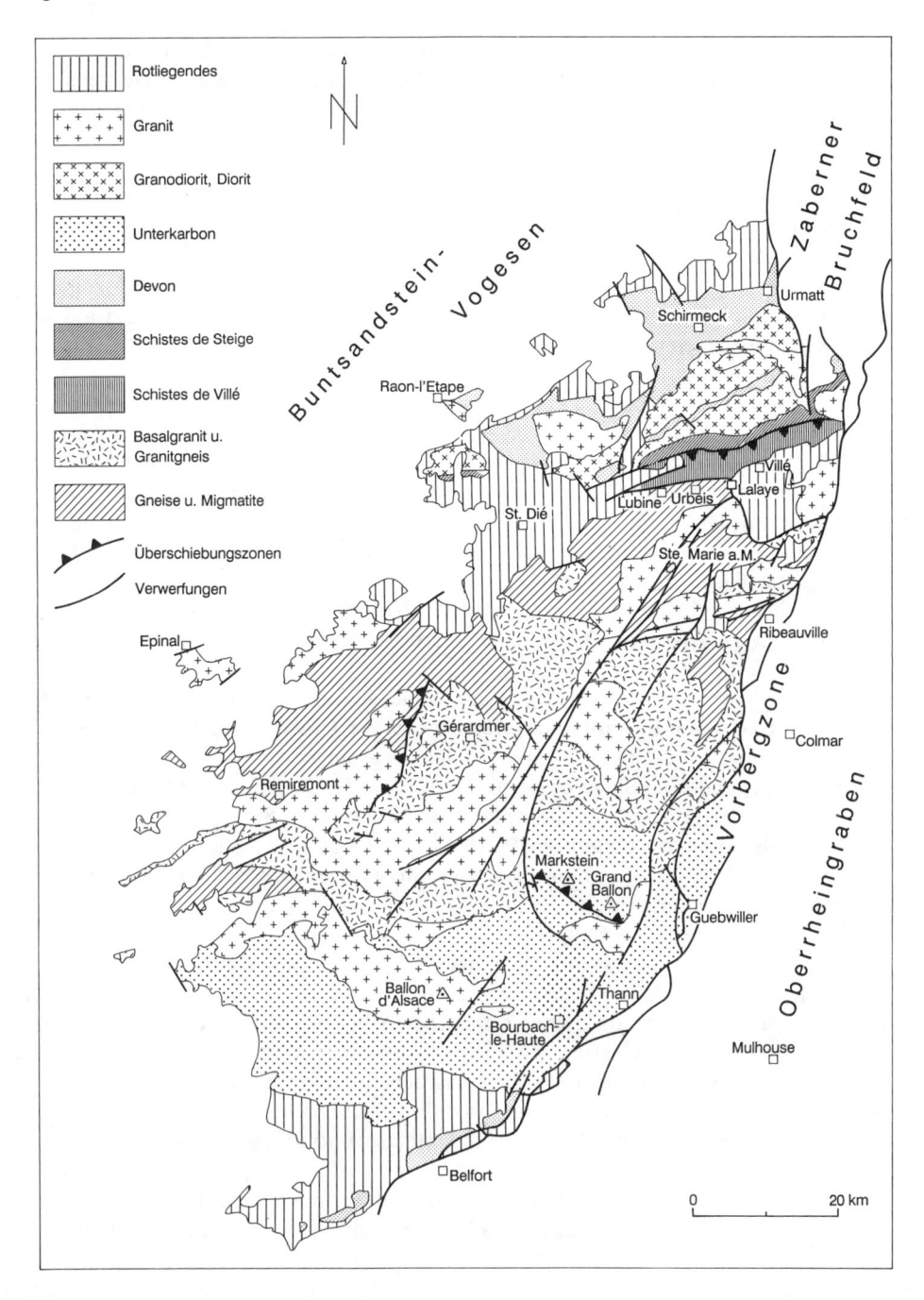

Abb. 85. Geologische Übersichtskarte der Vogesen.

gen, z. B. im südlichen Hohwald oder im stark differenzierten Champ-du-Feu-Massiv. Jüngere Intrusionen sind diskordante Granite z. B. der Granit von Natzweiler und der nördliche Hohwaldgranit (315 Ma), der Granit von Handlau (300 Ma) und der Granit von Senones. Den Abschluß der Intrusionsfolge bilden oberflächennah erstarrte Leukogranite (Zweiglimmergranite) wie diejenigen von Kagenfels (280 Ma), von Les Brûlées und von Raôn l'Étape.

Südlich der Zone von Lalaye-Lubine wird das prädevonische kristalline Grundgebirge der **mittleren Vogesen** hauptsächlich von Gneisen und Migmatiten aufgebaut. Hinzu kommen größere Granitareale.

Die Edukte des **Gneissockels** sind teils jungproterozoisch, teils altpaläozoisch. Eine lithostratigraphische Gliederung der Gneiskomplexe wie im mittleren Schwarzwald ist nicht leicht zu rekonstruieren, da die Serien nur bruchstückhaft und teilweise weit voneinander getrennt auftreten.

Die vollständigste dieser hochmetamorphen Serien, die **Gneise von Ste. Marie-aux-Mînes** (Markirch), besteht aus einer massiven Amphibolit-Serie im Liegenden und danach granat- und sillimanitführenden Paragneisen und Kinzigit-Gneisen. Die Paragneise enthalten Einschaltungen von kristallinen Kalken, geringmächtigen Amphiboliten, Pyroxengneisen und Leptiniten. Die Edukte dieser auch als Bunte Serie bezeichneten Gneisfolge von Ste. Marie-aux-Mînes sind altpaläozoische vulkano-sedimentäre Folgen aus im unteren Teil überwiegend Basalten und darüber folgend Grauwackenserien mit basaltischen und rhyolithischen Einschaltungen. Vergleichbare abwechslungsreiche Gneis-Einheiten finden sich auch bei La Croix-aux-Mînes, hier allerdings zusätzlich mit Graphitquarziten und Graphitschiefern.

Jünger als die Gneise von Ste. Marie-aux-Mînes sind einförmige Biotit-Sillimanit-Gneise (**Monotone Gneise von La Croix-aux-Mînes, Gneis von Urbeis**). Sie sind aus einer eventuell silurischen Tonschiefer-Grauwacken-Folge hervorgegangen.

In Eklogit- und Granulitgesteinseinschlüssen der Gneise von Ste. Marie-aux-Mînes ist eine erste vordevonische Metamorphose nachzuweisen. Sie spielte sich bei Hochdruck/Hochtemperaturbedingungen (9–10 kbar/700–750 °C) ab. Vielleicht ereignete sie sich analog zu den Verhältnissen im mittleren Schwarzwald im Ordovizium oder am Übergang Kambrium/Ordovizium.

Eine zweite durch niedrigere Drucke (4 ± 1 kbar) und hohe Temperaturen (650 °C) charakterisierte Metamorphose und beginnende Anatexis der Sockelgneise insgesamt fällt in das untere Devon. Die teilweisen Aufschmelzungen führten u. a. zur Bildung der Migmatite von Gerbépal und der in variszischer Zeit deckenartig nach Süden verfrachteten Migmatite von Trois Épis. Auch die Gneise von Urbeis wurden durch Migmatisierung stark überprägt.

Der heutige Strukturbau der prävariszischen Sockelgneise der mittleren Vogesen ist bestimmt durch einen vorherrschend SW–NE streichenden metamorphen Lagenbau. In migmatitischen Komplexen wird dieser undeutlicher und unregelmäßiger.

Jüngeres Paläozoikum (fragliches Oberdevon bis Visé) ist in den mittleren Vogesen durch mächtige pelitisch-grauwackenartige Sedimentserien vertreten, die teilweise auch submarine oder subaerische Vulkanite enthalten. Ein Beispiel ist die monotone Schiefer-Grauwackenserie von Markstein im Südosten. Sie besteht zuunterst aus geringmächtigen feinklastischen Oberdevon-Sedimenten und darüber 2.000 m mächtigen, kaum geschieferten Schiefertonen und turbiditischen Grauwacken mit häufig Einschaltungen von Konglomeraten, Brekzien und subaquatischen Gleithorizonten. Die Brekzien der Markstein-Serie enthalten Pflanzenreste des Visé. Die Schüttung erfolgte aus südlicher Richtung.

Die Vogesen

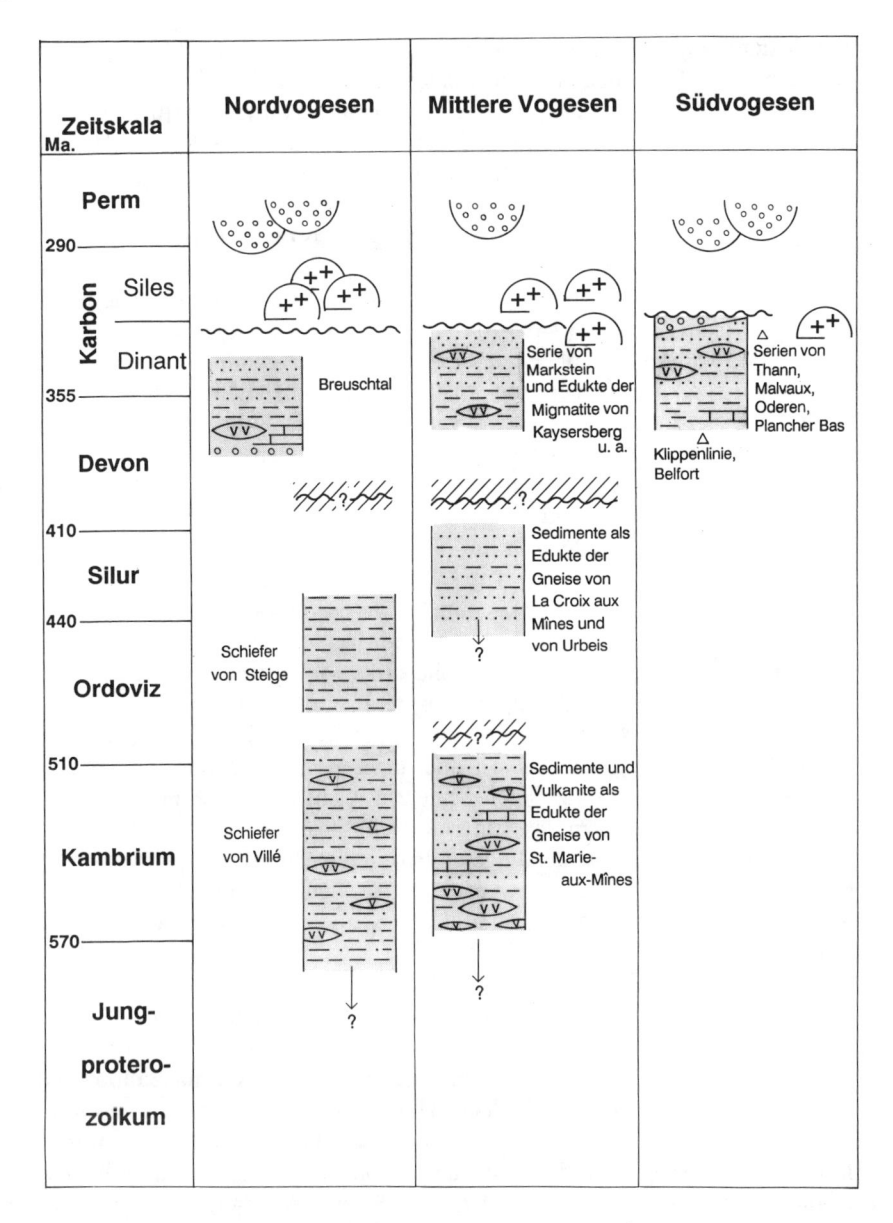

Abb. 86. Schema der geologischen Entwicklung des Grundgebirges der Vogesen. Zeichenerklärung wie Abb. 83.

Metamorphe Äquivalente der Markstein-Serie sind in den mittleren Vogesen in größerer Verbreitung nachgewiesen. Durch die Überschiebung mächtiger Gneisdecken von Norden nach Süden im obersten Visé unterlagen sie einer variszischen Metamorphose und partiellen Anatexis. U. a. entstanden auf diese Weise in den östlichen Vogesen durch die Überschiebung der Gneise und Migmatite von Trois Épis die Migmatite von Kaysersberg. In den westlichen Vogesen entstanden analoge Migmatite unter der Decke von Gerbépal.

Die **tiefenmagmatische Entwicklung** der mittleren Vogesen erfolgte über eine Differenziationsreihe von basischen Tiefengesteinen und Vulkaniten bis zu Graniten. Die ersten Intrusionen sind im mittleren Visé in einem ziemlich hohen Strukturniveau die Gabbros von Ermenbach und Château-Lambert, gefolgt von Syenogabbros und Monzoniten. Als Oberflächenäquivalente dieser Magmen werden die spilitischen Vulkanite des unteren und mittleren Visé angesehen. In größerer Tiefe nahmen Gabbros und Syenogabbros größere Räume ein. Sie führten hier zur partiellen Anatexis der Sockelgneise.

Die Aufschmelzung des Sockels brachte die weitverbreiteten Basalgranite (Granites fondamentaux) hervor. Aus der Assimilation der Anatexite durch die basischen Magmen entstanden frühvariszisch (340 Ma) die hornblendeführenden Kammgranite (Granites des Crêtes). Sie wurden im obersten Visé in die bedeutende Störungszone von Ste. Marie-aux-Mînes–Retournemer bzw. in die Grenzzone zwischen Sockel und Gneisen eingepreßt. Teilweise sind sie in die nachfolgende variszische Krusteneinengung einschließlich der damit verbundenen Deckenüberschiebungen einbezogen.

Im frühen Oberkarbon erfolgte die Intrusion von Biotitgraniten (Megakristallgranite von Thloy, Granit von Thannenkirch u. a.) und jüngeren (315 Ma) grobkörnigen Leukograniten (u. a. von Brézouard, Bilstein-Granit, Granit von Valtin).

Südlich und südöstlich der Granitmassive der mittleren Vogesen sind die **Südvogesen** durch eine weite Verbreitung nichtmetamorpher Unterkarbon-Gesteine gekennzeichnet. Aber auch durch Fossilien belegtes höheres Devon tritt noch an einigen Stellen zutage.

Im Bereich der Klippenlinie, einer bedeutenden gegen Süden gerichteten variszischen Überschiebungszone südlich des Marksteins gehören bei Treh 150 m Grauwacken, Siltsteine und Tonschiefer nach Conodonten-Datierungen zum **Oberdevon**. Mit einzelnen Feinkonglomeraten und grünlichen kieseligen Schiefern reicht diese nichtmetamorphe Sedimentserie möglicherweise auch bis in das Unterkarbon.

Entlang der Südgrenze der Vogesen tritt in der Umgebung von Belfort Devon in einem schmalen SW–NE streichenden Aufschluß mit Schiefern und Kalken zutage. Bei Chagey wurde in massigen und gebankten Kalken und Kalkknollenschiefern eine Fauna des Famenne beschrieben.

Zum **Unterkarbon**, das nördlich der Klippenlinie durch die Markstein-Serie vertreten ist, gehören südwestlich davon die Serie von Oderen bzw. die Serien von Plancher-Bas und von Malvaux.

Die Oderen-Serie ist zwischen dem Großen Belchen (Grand Ballon) und Markstein in Nordosten und dem Welschen Belchen (Ballon d'Alsace) im Südwesten weit verbreitet. Sie besteht ähnlich wie die Markstein-Serie hauptsächlich aus Grauwacken und wenig geschieferten Schiefertonen. Allerdings schalteten sich von Norden nach Süden zunehmend auch Keratophyre und Diabase und deren Tuffe ein. Altersmäßig gehört die Oderen-Serie wahrscheinlich in das späte Visé.

Die wenig jüngere Malvaux-Serie südlich und südöstlich des Welschen Belchen und die Plancher-Bas-Serie nordwestlich Belfort sind besonders in südlichen Teilen ihrer Verbreitungsgebiete als vulkano-sedimentäre Serien ausgebildet. Sie umfassen wieder Grauwacken und Schiefertone, die mit Keratophyren und Diabasen, zum Hangenden auch mit Andesiten wechsellagern.

In die Serie von Malvaux intrudierte bereits im späten Unterkarbon der **Batholith des Großen Belchen**. Seiner Zusammensetzung nach handelt es sich um hornblende- und

Die Vogesen

biotitreiche Quarzmonzonite. In seinem Umfeld sind einzelne gabbroide und dioritische Vorläuferintrusionen zu beobachten.

Die dem oberen Visé und vermutlich z. T. auch bereits dem Oberkarbon zuzurechnende Serie von Thann ist vor allem am Ostrand der südlichen Vogesen verbreitet. Ihr Sedimentbestand umfaßt terrestrische Konglomerate, Sandsteine und Siltsteine. Eingeschaltet sind Rhyolithe, Latite und Rhyodazite und deren Tuffe. Bei Thann und Bourbach-le-Haut (Oberburbach) gehören jüngste marine Schichten nach ihrer Makro- und Mikrofauna dem Visé III an.

Die devonisch-karbonischen Gesteinsverbände wurden im Rahmen einer sudetischen oder evtl. auch jüngeren oberkarbonischen Faltungsphase gefaltet und in der Regel nur schwach geschiefert. Die Faltenachsen streichen besonders in den südlichen Aufschlußgebieten vorwiegend Ost–West. Bezeichnend ist eine lebhafte gegen Süden gerichtete **Überschiebungs- und Schuppentektonik**. Die bedeutendste tektonische Sutur ist die Klippenlinie im Norden. Als Einschuppung enthält diese mittelsteil nach Nordnordosten einfallende Scherzone neben nichtmetamorphen unterkarbonischen und oberdevonischen Sedimentgesteinen auch Mafite und Ultramafite sowie ältere Gneisschollen.

Jünger als die Faltungs- und Überschiebungstektonik sind sinistrale NNE–SSW streichende Bewegungen entlang der südlichen Fortsetzung des Störungssystems von Ste. Marie-aux-Mînes und parallel zum Ostrand der Vogesen im Gebiet von Thann.

4.9.3 Die postvariszische Entwicklung

Mit Beginn des **Oberkarbons** entwickelten sich am Nordrand und Südrand der landfest gewordenen Vogesen kleinere intramontane Becken, deren kontinentale Sedimentfüllung heute nur noch in wenigen Resten erhalten ist. In den Nordvogesen sind entlang der Zone von Lalaye-Lubine zwischen Villé und Colroy-la-Grande einzelne Vorkommen von Stefan bekannt. Bei Lalaye wurde zeitweise Kohle abgebaut. Weiter im Süden stehen bei Ribeauville (Rappoltsweiler) und bei St. Hippolyte (St. Pilt) an verschiedenen Stellen oberkarbonische Schollen in tektonischem Kontakt mit Graniten und Gneisen. Am Vogesen-Südrand, im Becken von Ronchamp nordwestlich Belfort, enthalten Sedimente des Stefan drei früher bauwürdige Kohleflöze.

Auch Vorkommen von **Perm** beschränken sich auf einzelne Tröge im Norden und Süden der Vogesen. In den nördlichen Vogesen findet sich Rotliegendes in der tektonischen Senke von St. Dié–Villé und in der Nidecker Senke nördlich des Breuschtals. Mit seinen aus der Abtragung der variszischen Hebungsgebiete abzuleitenden Konglomeraten, Arkosesandsteinen und grauen und rötlichen Tonsteinen sind vielfach saure Tuffe und Tuffite sowie lokal auch Ergußgesteine assoziiert. Zechstein ist mit braunroten Fanglomeraten, Arkosesandsteinen und sandigen Tonsteinen festländisch ausgebildet. In den zentralen und südlichen Vogesen finden sich heute nur einzelne an Störungszonen gebundene Vorkommen von Rotliegendem.

Die zunehmende Einebnung der Vogesen hatte eine weitgehende Überlagerung des Grundgebirgsreliefs mit Konglomeraten und roten Deltasandsteinen des **Buntsandsteins** zur Folge. Vor allem im Norden ist Buntsandstein heute weit verbreitet (Buntsandstein-Vogesen). Hinweise auf eine einstige Überdeckung der Vogesen auch mit Muschelkalk, Keuper und Jura geben die Schollen der Vorberg-Zone längs der Randstörungen gegen den Oberrheingraben.

Mit Beginn der Absenkung des Oberrheingrabens im mittleren **Eozän** entstand das Störungssystem der östlichen Vogesen-Randverwerfung und eine erste Anhebung des Grundgebirgssockels. Eine zweite starke regionale Heraushebung der Vogesen gegenüber dem Oberrheingraben erfolgte gleichzeitig mit der Hebung des Schwarzwaldes seit dem Pliozän. Danach weisen beide Gebiete eine weitgehend übereinstimmende Entwicklung auf.

Während der Würm-Eiszeit waren die über 1.000 m hohen Südvogesen wenigstens zeitweise flächenhaft vereist.

Literatur: J. BÉBIEN & CL. GAGNY 1978; J. B. BLANALT & J. P. VON ELLER 1965; J.G. BLANALT & F. LILLIE 1973; J. P. BLANCHARD 1977; M. BONHOMME & P. FLUCK 1974, 1981; P. CHAUVE et al. 1980; M. COULON 1976, 1977; M. COULON et al. 1975a, 1975b, 1978; M. COULON, C. FOURQUIN & J. C. PAICHELER 1979; J. B. EDEL et al. 1986; G. H. EISBACHER, E. LÜSCHEN & F. WICKERT 1989; J. P. VON ELLER 1976; J. P. VON ELLER et al. 1972; J. P. VON ELLER & C. SITTLER 1974; J. P. VON ELLER, P. FLUCK & W. WIMMENAUER 1977; K. FIGGE 1968; P. FLUCK 1980; P. FLUCK, R. MAASS & J. F. VON RAUMER 1980, 1984; C. FOURQUIN 1973; O. F. GEYER & M. P. GWINNER 1986; A. HOLL & R. ALTHERR 1987; A. KROHE & F. WICKERT 1987; R. MAASS 1988; R. MAASS et al. 1980; R. MONTIGNY et al. 1983; H.D. MÜLLER 1989; M. PAGEL & J. LETERRIER 1980; G. REIBEL & C.R. WURTZ 1984; J.L. SCHNEIDER et al. 1989; F. VOLKER & R. ALTHERR 1987; E. WICKERT & G. H. EISBACHER 1988.

4.10 Der Schwarzwald

4.10.1 Übersicht

Das kristalline Grundgebirge des Schwarzwaldes wird nach Westen durch die Randverwerfungen des Oberrheingrabens begrenzt. Gegen Osten und Südosten taucht es unter ein zunehmend mächtiger werdendes Deckgebirge aus Perm- und Triasgesteinen.

Die heutige Lage des Grundgebirgsausbisses des Schwarzwaldes und seine Morphologie sind die Folge seiner jungen Heraushebung auf der östlichen Grabenschulter des Oberrheingrabens. Dabei waren im südlichen und mittleren Schwarzwald die Hebungen stärker als im Norden. Im südlichen Mittelschwarzwald bildet der Feldberg mit 1.493 m die höchste Erhebung. Im nördlichen Teil des mittleren Schwarzwalds liegt die Oberfläche des Grundgebirges bereits wesentlich niedriger. Im nördlichen und nordöstlichen Schwarzwald wird der kristalline Sockel von flachen nach Nordosten und Osten einfallenden Buntsandsteintafeln überlagert und tritt streckenweise nur noch in tief eingeschnittenen Tälern zutage.

Das kristalline Grundgebirge des Schwarzwalds besteht zum größten Teil aus Gneisen und Graniten der Moldanubischen Zone der mitteleuropäischen Varisziden. Seine Verbindung mit dem größeren moldanubischen Aufbruch des Böhmischen Massivs ist unter dem mesozoischen Deckgebirge der Süddeutschen Scholle durch viele Tiefbohrungen wahrscheinlich gemacht. Ganz im Norden werden die weniger metamorphen Gesteine der Zone von Baden-Baden–Gaggenau der Saxothuringischen Zone zugerechnet.

Nach der Verbreitung der Gneise, Granitoide und paläozoischen Sedimente läßt sich der Schwarzwald in fünf geologische Haupteinheiten gliedern. Im Norden umfaßt das Saxothuringikum von Baden-Baden niedrig- bis mittelmetamorphe altpaläozoische Sedimentgesteine und Magmatite sowie den variszischen Friesenberg-Granit. Vom südlich anschließenden Granitgebiet des Nordschwarzwaldes wird es durch eine bedeutende Überschiebung abgetrennt, die gleichzeitig die Grenze zwischen Saxothuringischer und Moldanubischer Zone darstellt.

Das Granitgebiet des Nordschwarzwaldes beinhaltet hauptsächlich unter- bis oberkarbonische variszische Granite und dazwischen kleinere Gneisareale.

Der Schwarzwald

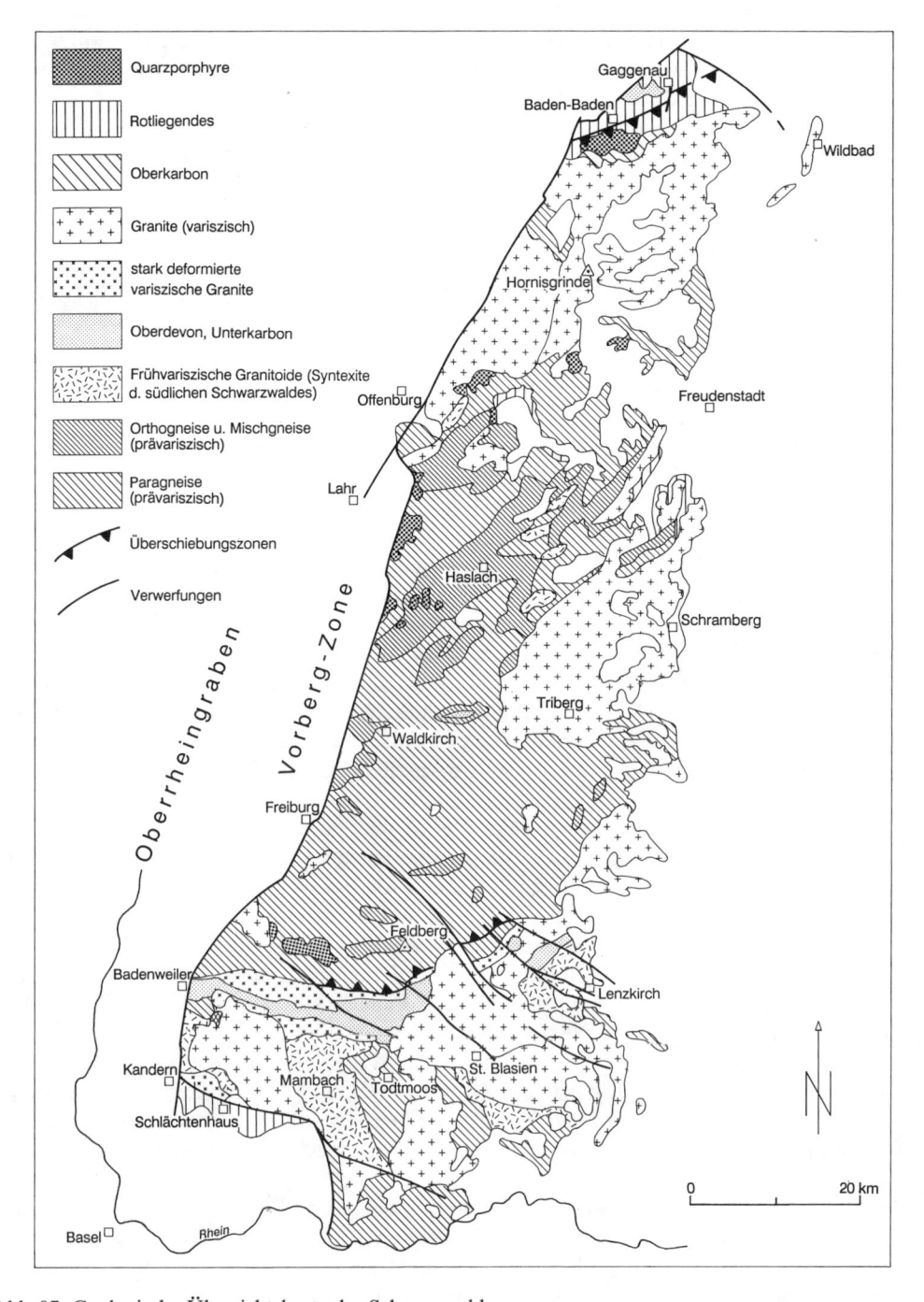

Abb. 87. Geologische Übersichtskarte des Schwarzwaldes.

Den größten Raum nimmt das Gneis- und Anatexit-Gebiet des zentralen Schwarzwaldes ein. Es umfaßt neben polymetamorphen bis anatektischen Para- und Orthogneisen im Südosten auch das Triberger Granitmassiv.

Nach Süden wird das Gneisgebiet des mittleren Schwarzwaldes durch eine wieder bedeutende Störung gegen die Zone von Badenweiler-Lenzkirch aus metamorphem Paläozoikum und nichtmetamorphen oberdevonischen und unterkarbonischen Sedimentgesteinen und Vulkaniten abgegrenzt.

Südlich davon weist das Granit- und Gneisgebiet des südlichen Schwarzwaldes wieder vermehrt intrusive Granite und Granodiorite unterschiedlichen Alters und neben polymetamorphen Gneisen und Anatexit-Komplexen auch weniger metamorphe paläozoische Schichten auf.

4.10.2 Das prävariszische und variszische Grundgebirge

Im Saxothuringikum von **Baden-Baden** treten in einem WSW–ENE verlaufenden Streifen von etwa 12 km Länge und bis zu 2 km Breite Phyllite, Glimmerschiefer und Metabasite in Grünschieferfazies und Marmore auf. Die nach Schätzungen mindestens 850 m mächtige Schichtenfolge beginnt mit bunten Tonschiefern, Grauwackenschiefern und Quarziten, zwischen denen u. a. Aktinolithschiefer als ehemalige Tuffe und Tuffite auftreten (Schindelklamm-Serie). Es folgen graugrüne Tonschiefer und Phyllite mit rötlichen kristallinen Kalken und hellen Dolomiten (Traischbach-Serie). Fossilien sind aus diesen Schichten bisher nicht bekannt geworden. Devonisches Alter erscheint möglich.

Die Schichten fallen allgemein nach Süden ein. Gegen südlich benachbarte moldanubische Gneise sind sie durch eine gleichfalls nach Süden einfallende Störung abgegrenzt, die hier als Grenzfläche zwischen Saxothuringikum und Moldanubikum gilt. In die metamorphe Zone von Baden-Baden intrudierte der variszische Friesenberg-Granit (Granit von Baden-Baden).

Das **Nordschwarzwälder Granitgebiet** besteht überwiegend aus variszischen Graniten. Das größte und gleichzeitig älteste Granitvorkommen ist der um die Wende Unterkarbon/Oberkarbon intrudierte Oberkirch-Granit. Als einziger weist er durch seine mehr granodioritische Zusammensetzung und verbreitet basische bis intermediäre Einschlüsse Anzeichen einer gleichaltrigen basischen Magmenkomponente auf. In den Oberkirch-Granit, der im Westen tektonisch durch die Hauptrandverwerfung des Oberrheingrabens begrenzt ist, intrudierte im Norden der Bühlertal-Granit und im Osten der Seebach-Granit. Weitere, selbständige Granitvorkommen sind der Raumünzach-Granit, der Forbach-Granit und der Sprollenhaus-Granit. Als überwiegend saure Zweiglimmer-Granite sind sie in einem relativ engen zeitlichen Intervall während des Oberkarbons intrudiert.

Den metamorphen Komplexen des mittleren Schwarzwaldes entsprechende Gneise sind im Granitgebiet des Nordschwarzwaldes nur als kleinere Schollen bei Bühlertal, Neuweiher und Gaggenau aufgeschlossen.

Der Gneis- und Anatexit-Komplex des **zentralen Schwarzwaldes** bildet ein zusammenhängendes Massiv von etwa 90 km N-S-Erstreckung und 32 km größter aufgeschlossener W-E-Ausdehnung. Lithologische Hauptelemente sind aus vermutlich oberproterozoischen Metasedimenten hervorgegangene Paragneise und oberkambrische Orthogneise.

Die überall und am weitesten verbreiteten sillimanit- und/oder cordieritführenden Biotit-Plagioklas-Gneise der **Paragneis-Serie** und ihre anatektischen Äquivalente wurden früher als Rench-Gneise bezeichnet. Sie sind nach ihrer chemischen und texturellen

Charakteristik aus einer mächtigen Serie unreiner Siltsteine und Pelite abzuleiten. Nach geochemischen Kriterien lassen sich diese Metasedimentserien des Mittelschwarzwaldes mit den Paragneisen von Ste. Marie-aux-Mînes in den mittleren Vogesen korrelieren. Das Auftreten oder das Fehlen von Amphiboliten und sauren Leptiniten, abzuleiten aus eingelagerten basischen und sauren Metavulkaniten, sowie zusätzlicher metasedimentärer Komponenten wie Quarzitgneisen und graphitführenden Gneisen lassen heute eine Untergliederung in lithostratigraphischen Formationen möglich erscheinen. Die Annahme, daß es sich bei den Ausgangsgesteinen der mächtigen Paragneis-Serie des mittleren Schwarzwaldes überwiegend um Sedimentserien des oberen Proterozoikums handelt, gründet sich auf ihre lithologische Ähnlichkeit mit ebenso eingestuften Paragneisen des Moldanubikums der Böhmischen Massivs. Als weiteres Argument gilt das oberkambrische Kristallisationsalter der mit ihnen vergesellschafteten Orthogneise.

Die früher als Schapbach-Gneise bezeichneten metaplutonischen **Orthogneise** des mittleren Schwarzwaldes haben granitische, granodioritische, trondhjemitische und tonalitische Zusammensetzung. Sie bilden langgestreckte, dem Streichen der umgebenden Paragneise meist konkordant eingelagerte Körper von bis zu 15 km Länge und mehreren km Breite. Verbreitet sind aber auch viel kleinere Linsen und enge Wechsellagerungen dünner Orthogneis- und Paragneislamellen. Für die trondhjemitisch-tonalitischen Orthogneise bzw. deren plutonische Ausgangsgesteine wurde ein Intrusionsalter von etwa 520 Ma bestimmt. Die Platznahme der aus einer ersten Anatexis der Metasedimentserien hervorgegangenen Plutonite erfolgte in relativ kleinen Massiven und unter enger Durchdringung und Vermischung mit ihren bereits gefalteten und metamorphen Rahmengesteinen.

Nach der Intrusion wurden alle bis dahin bestehenden Gesteine von einer regionalen Thermodynamometamorphose betroffen, der sogenannten Vergneisung. Ihr folgte eine weitere regionale Anatexis (Anatexis II früherer Autoren).

Rb/Sr-Gesamtgesteinsaltern und U/Pb-Zirkondatierungen zufolge führte diese zweite Anatexis noch im Verlauf des Ordoviziums (480–490 Ma) vor allem im südlichen Teil des Zentralschwarzwaldes zur teilweisen Aufschmelzung der vorher entstandenen Gneise zu Metatexiten und Diatexiten.

Die Hauptmasse der Para- und Orthogneise weist heute eine amphibolitfazielle Niedrigdruck-Hochtemperatur-Metamorphose auf (3–4 kbar/600–700 °C). In zahlreichen eingeschlossenen Eklogit- und Eklogitamphibolitkörpern lassen sich aber auch noch deutlich Relikte einer älteren Hochdruckmetamorphose (12 kbar/600–650 °C), in Ultramafit-Einschlüssen (Peridotite und Pyroxenite) und bis zu mehreren km langen blastomylonitischen Granulitzügen auch solche einer ihr unmittelbar nachfolgenden Mitteldruckmetamorphose (4–6 kbar/550–750 °C) erkennen.

Auffälligstes **Strukturelement** im kristallinen Grundgebirge des Mittelschwarzwaldes ist heute eine unterschiedlich straff entwickelte metamorphe Lagentextur. Sie ist spätestens während der als oberkambrisch bis unterordovizisch zu datierenden Vergneisung durch metamorphe Kristallisation gebildet worden. Wo ein kompositioneller Lagenbau, etwa durch ehemalige Schichtung, auftritt, verläuft er gewöhnlich parallel zur dieser Bänderung. Die Lagentextur, die als ältere Strukturelemente auch Isoklinalfalten und Spitzfalten im Handstück und Aufschlußbereich enthält, bildet ihrerseits SW–NE streichende flachschenklige faltenartige Verbiegungen im Kilometermaßstab ab. Doch gibt es auch kesselförmige und NW–SE ausgerichtete Strukturen. Diese Verformungen haben wahrscheinlich postanatektisches, jedoch nicht notwendigerweise variszisches Alter.

Variszische Metamorphosevorgänge und Magmatite spielten im Gneis und Anatexit-Komplex des mittleren Schwarzwaldes wahrscheinlich nur eine untergeordnete Rolle.

228   Das proterozoisch-paläozoische Grundgebirge

Zeitskala Ma.	Zone von Baden-Baden	Nördlicher und Mittlerer Schwarzwald	Südlicher Schwarzwald
Perm — 290			
Karbon: Siles / Dinant — 355		Zinken-Elme	
Devon — 410		Hebung und Erosion	Zone von Badenweiler-Lenzkirch
Silur — 440			
Ordoviz — 510		Fortdauernde Anatexis / Vergneisung / Anatexis	
Kambrium — 570			
Jung-proterozoikum		Sedimente und Vulkanite als Edukte des Gneis-Anatexit-Komplexes des Mittleren Schwarzwaldes	Sedimente und Vulkanite als Edukte des Gneis- u. Diatexit-Gebietes des Südlichen Schwarzwaldes

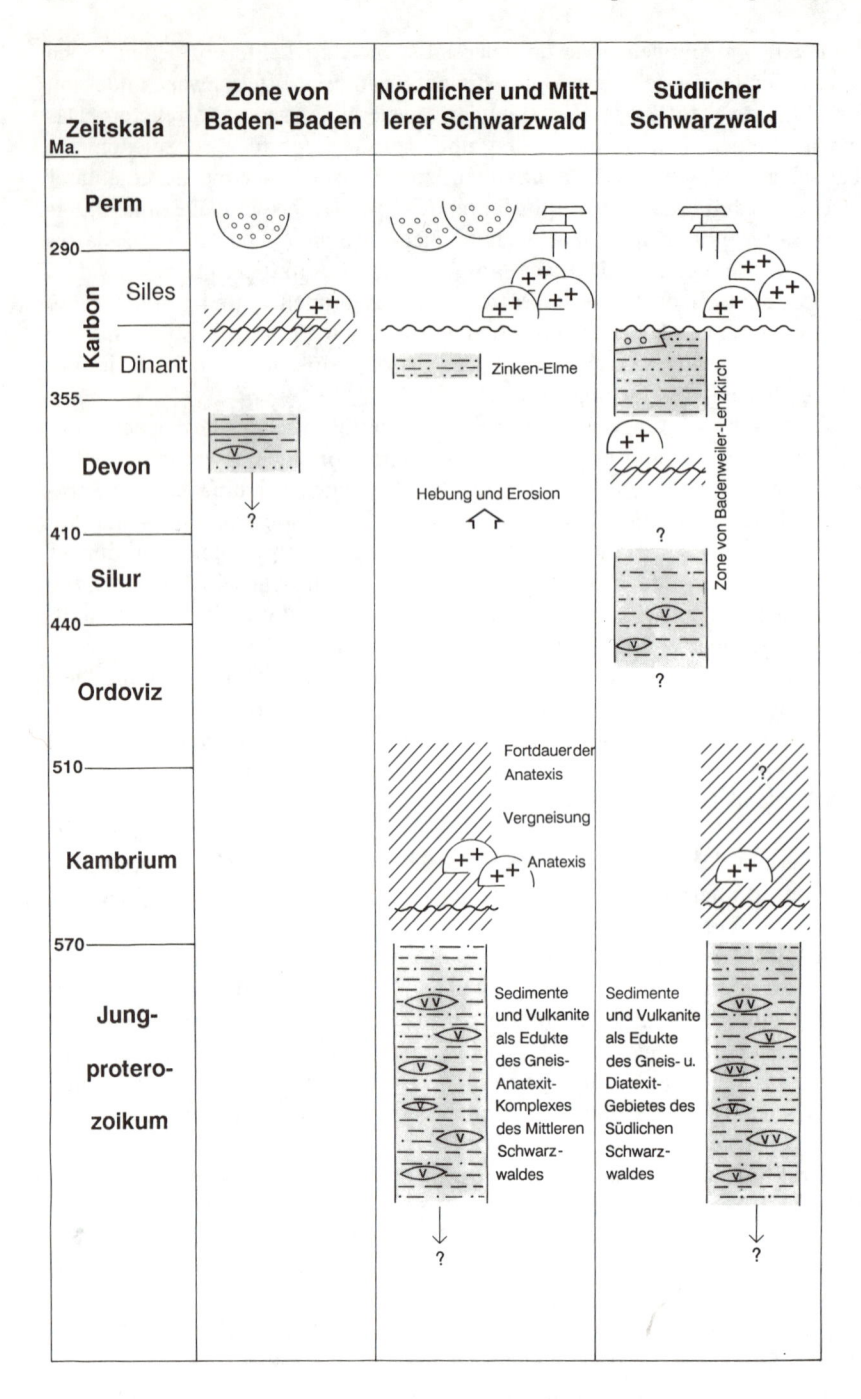

Abb. 88. Schema der geologischen Entwicklung des Grundgebirges des Schwarzwaldes. Zeichenerklärung wie Abb. 83.

Postkristallin in bezug auf die prägende Hauptmetamorphose sind die beiden Scherzonen am Nordrand und Südrand des mittelschwarzwälder Gneis- und Anatexit-Komplexes im Kontakt zu den Zonen von Baden-Baden bzw. Badenweiler–Lenzkirch. In ersterer ist das hochmetamorphe Kristallin nordwärts, an letzterer südwärts auf das Paläozoikum geschoben. Aber auch inmitten des Gneis- und Anatexit-Komplexes finden sich bedeutende Scherzonen mit Myloniten und Kataklasiten und retrograder Metamorphose. In der Scherzone von Zinken-Elme nordöstlich Waldkirch ist ein in W–E-Richtung 3 km langer und bis 300 m breiter Streifen schwachmetamorpher aber stark zerscherter Grauwackengesteine von wahrscheinlich unterkarbonischem Alter erschlossen.

Im Südostabschnitt des Zentralschwarzwaldes bildet der **Triberger Granit** das größte zusammenhängende Granitmassiv des Schwarzwaldes. Als Biotit-Granit intrudierte er im späten Unterkarbon (333 ± 20 Ma) in die Gneise des mittleren Schwarzwaldes. Seine Vorläufer sind Quarzmonzonite. Entlang seinem Nordwestkontakt treten sie noch als Stöcke und Gänge im Gneis auf. Der Granitpluton selbst ist in sich weiter differenziert und besitzt eine reiche Ganggefolgschaft von Granitporphyren und Porphyriten.

Die paläozoische **Zone von Badenweiler–Lenzkirch** trennt als 40 km langer und bis 3 km breiter Streifen das prävariszische Kristallin des mittleren Schwarzwaldes von dem des Südschwarzwaldes. Als älteste Bildungen enthält diese bereits zum Südschwarzwald gerechnete Zone zwischen Schönau und Lenzkirch zwei durch die Einschuppung devonisch-karbonischer Sedimente voneinander getrennte Streifen **Alter Schiefer**. Diese umfassen im wesentlichen Phyllite und stark durchgeschieferte Metagrauwacken bzw. Quarzite. Im Norden enthalten sie auch Kalksilikatfelse. In geschieferten Grauwacken zeigen sich tektonisch stark ausgewalzte Gerölle von Gneisen, Quarziten und Rhyolithen. Das südliche Vorkommen enthält u.a. auch kieselige Schiefer und chloritreiche Schiefer, letztere als Hinweis auf das Vorhandensein basischer Metavulkanite. Für die Alten Schiefer, deren Mindestmächtigkeit auf mehrere 100 m geschätzt wird, und ihre erste Deformation und grünschieferfazielle Metamorphose muß prä-oberdevonisches Alter angenommen werden.

Die ältesten nichtmetamorphen Ablagerungen der Zone von Badenweiler-Lenzkirch bestehen aus grünlichen, vielfach kieseligen Tonschiefern mit Kieselschieferlinsen, die Conodonten des **Frasne** und unteren **Famenne** geliefert haben. Ihnen folgen zunächst dünnbankige Grauwacken und Schiefer und dann eine flyschartige klastische Serie mit zunehmend dickbankigen und massigen Grauwacken-Einschaltungen. Nach Goniatitenfunden umfaßt sie **Tournai** und darüber hinaus auch **Visé**.

Zum Unterkarbon der Zone von Badenweiler–Lenzkirch gehört neben der beschriebenen Grauwacken-Serie auch eine jüngere Porphyrit-Konglomerat-Serie. Es handelt sich um eine sehr variable Gesteinsgruppe mit starken lateralen Gesteinswechseln. Submarine Vulkanite (Andesite und rhyolithische Laven und Tuffe) und grobklastische Sedimente (Arkosen, Brekzien und Konglomerate) überwiegen. Mit letzteren deutet sich bereits eine fluviatile Molasse-Entwicklung an. Eine reiche marine Fauna in der Nähe der Basis und Pflanzenfunde machen eine stratigraphische Reichweite der Porphyrit-Konglomerat-Serie auch über das höchste Visé hinaus möglich. Die Mächtigkeit des Unterkarbons der Zone von Badenweiler–Lenzkirch übersteigt 1.200 m.

Im westlichen Abschnitt der paläozoischen Zone von Badenweiler–Lenzkirch ist den heute eng verschuppten paläozoischen Serien der Granit von Münsterhalden als etwa 20 km langer und bis zu 2 km breiter Scherkörper eingelagert. Seine Intrusion erfolgte bereits im späten Unterkarbon (333 ± 5 Ma).

Alle metasedimentären und metavulkanischen Einheiten der Zone von Badenweiler–Lenzkirch sind intensiv zerschert und verschuppt. Das gilt auch für die nördlich angrenzenden Gneise (Übergangszone) und älteren Granite (Randgranit). Die z.T. mylonitisch und kataklastisch ausgebildeten Schuppengrenzen fallen steil nach Norden und Nordwesten ein. Schersinn-Indikatoren ergeben für die Zone von Badenweiler–Lenzkirch das Bewegungsbild einer NW–SE-Konvergenz mit deutlich dextraler Komponente. In reflexionsseismischen Profilen ist eine Fortsetzung der Überschiebungsfläche nach Nordwesten bis in 20 km Entfernung erkennbar.

Im östlichen Abschnitt der Zone von Badenweiler–Lenzkirch durchbrechen die oberkarbonischen Granite der Bärhalde (306–326 Ma), des Schluchsees (314–326 Ma) und des Ursees (293–302 Ma) den Zug der Alten Schiefer und des nichtmetamorphen Paläozoikums diskordant. Deren Einschuppung zwischen die Kristallinblöcke des Mittel- und Südschwarzwaldes erfolgte demnach im frühen Oberkarbon.

Das **Granit-** und **Gneisgebiet des Südschwarzwaldes** besteht aus mehreren durch variszische Granit-Intrusionen voneinander getrennten Gneisarealen. Von ihnen sind das Gneisgebiet von Todtmoos und das der Vorwald-Scholle (Hotzenwald) die ausgedehntesten.

Wie im Mittelschwarzwald überwiegen prävariszische Metagrauwacken- und Metapelit-Paragneise und Gneisanatexite. Das Todtmooser Gneisgebiet und die Gneise des Wutach- und Steina-Tals östlich Lenzkirch sind zusätzlich durch kalifeldspatreiche Metavulkanite charakterisiert. In der Vorwald-Scholle des Hotzenwaldes wechseln die Metapelit- und Metagrauwacken-Gneise mit Pyroxengneisen und Kalksilikatfelsen. Dieses Kristallingebiet setzt sich nach Süden unter dem Trias-Deckgebirge bis in die Nordschweiz fort.

Amphibolite sind im Südschwarzwald nicht so häufig wie im mittleren Schwarzwald. Vor allem fehlen die für diesen so charakteristischen Eklogit-Relikte. Dagegen sind Serpentinite, Metagabbros und Metaanorthosite eine Besonderheit des Südschwarzwaldes. Sie treten vor allem in den frühvariszischen Diatexiten des entlang des Westrandes des Todtmooser Gneisgebietes SSE–NNW verlaufenden Wiesetal-Wehratal-Gebietes auf.

Ein kleineres Vorkommen von niedriger metamorphen und deshalb vermutlich wieder **paläozoischen Metapeliten** und **Metagrauwacken** liegt isoliert bei Schlächtenhaus am Südwestrand des Südschwarzwaldes. Die Schiefer sind ebenso wie der angrenzende frühvariszische Granit von Schlächtenhaus (359–376 Ma) stark zerschert.

Die Variationsbreite der **variszischen Plutonite** im Südschwarzwald reicht von Quarzdioriten über Granodiorite bis zu hochdifferenzierten sauren Zweiglimmergraniten.

Einige ältere, wahrscheinlich spätdevonische Granite wie die Metagranite von Klemmbach und Schlächtenhaus im Südwestschwarzwald, zeigen noch deutliche Gefüge präkinematischer Kristallisation. Im allgemeinen nicht deformierte spät-unterkarbonische bis oberkarbonische Granite sind der ebenfalls im Südwesten gelegene Malsburg-Granit, der Albtal-Granit und der Granit von St. Blasien im Südostschwarzwald. Der Albtal-Granit enthält wie der Oberkircher Granit im nördlichen Schwarzwald viele quarzdioritische bis granodioritische Einschlüsse. Während der Malsburg- und Albtal-Granit beträchtliche Aufstiegswege bis in das heute aufgeschlossene Intrusionsniveau genommen haben, ist im Südostteil des St. Blasien-Granits sein Wurzelbereich mit migmatischen Kontakten zum Nebengestein angeschnitten.

Zu den jüngsten Graniten des Gebietes zählen u. a. der oberkarbonische Bärhalde-Granit und der Schluchsee-Granit, die im Norden den Zusammenhang der Paläozoikum-Zone von Badenweiler-Lenzkirch durchbrechen. Der schräge Aufstieg des Bärhalde-Schluchsee-Plutons von Südosten nach Nordwesten ist wahrscheinlich an tiefreichende Trennbrüche gebunden. Der intrusive variszische Magmatismus endete im Südschwarzwald mit der Platznahme von feinkörnigen Ganggraniten und Granitporphyren.

In der letzten Phase der magmatischen Tätigkeit entstanden hydrothermale Erz- und Mineralgänge. Sie bildeten die Basis für einen früher ergiebigen Erzbergbau im Schwarzwald.

4.10.3 Die postvariszische Entwicklung

Die endgültige variszische Heraushebung des Schwarzwald-Grundgebirges fällt in die Zeit des späten Oberkarbons und des Perms. Bis zum Stockwerk der variszischen Granite und ordovizisch/prä-ordovizischen Gneise und Anatexite wurde damals der kristalline Sockel abgetragen. An der Nordgrenze des Schwarzwaldes bei Baden-Baden, aber auch im Mittelschwarzwald entwickelten sich bereits im **Oberkarbon** SW–NE streichende intramontane Senkungszonen, in denen neben terrestrischen Schiefertonen und Sandsteinen Arkosen, Konglomerate und einige geringmächtige Kohleflöze des Stefan zur Ablagerung kamen (Baden-Badener Senke, Offenburger Senke und Schramberger Senke). In der Offenburger Senke gehört das noch deformierte Oberkarbon der Diersberg-Berghauptener Zone mit seinen früher abgebauten anthrazitischen Kohleflözen bereits dem Namur und unteren Westfal an.

Auch im **Perm** blieb die Gliederung des Schwarzwaldes durch variszisch streichende Rotliegend-Senken bestehen. In der Baden-Badener Senke setzte sich die festländische Sedimentation mit einer bis über 800 m mächtigen zyklischen Wechselfolge von grobklastischen Fanglomeraten, Arkosen und feinklastischen Silt- und Ton-Ablagerungen fort. Weniger mächtig ist die Rotliegend-Folge im Gebiet der Offenburg-Teinacher Senke entwickelt. Dagegen erreicht sie im Bereich der sich bis in den Breisgau ausdehnenden Burgundischen Senke und der Schramberg-Uracher Senke wieder größere Mächtigkeiten.

Im Rotliegenden ereignete sich im Schwarzwald offenbar unabhängig vom variszischen Plutonismus aber in engem Zusammenhang mit tektonischen Bewegungen ein lebhafter rhyolithischer Vulkanismus. Es entstanden ausgedehnte und mächtige Decken von Quarzporphyren und ihren Tuffen. Zum Teil überwiegen die vulkanischen Förderprodukte vor den festländischen Sedimenten, z. B. im Norden der Quarzporphyr von Baden-Baden im Unterrotliegenden. Die Porphyrdecken sind durch Verwerfungen und Abtragung stark zerstückelt. Sie finden sich heute in zahlreichen kleinen Vorkommen über das Grundgebirge des Schwarzwaldes verteilt.

Im Norden, Osten und Süden greift **Buntsandstein** weitflächig über ein durch Erosion des kristallinen Grundgebirges und Aufschüttung von Rotliegend-Sedimenten ausgeglichenes Relief hinweg. Die heutige Verbreitungsgrenze des Buntsandsteins stellt die erste im nördlichen Schwarzwald sehr markante Schichtstufe dar. Gegen Süden nimmt ihre Höhe und Breite ab. Hier ist nur der Mittlere und Obere Buntsandstein vertreten, außerdem fallen die Schichten hier steiler nach Osten und Südosten ein.

Auch in der mittleren und oberen Trias (**Muschelkalk, Keuper**) und im **Jura** war der Schwarzwald in das süddeutsche Sedimentationsgebiet einbezogen.

Der Aufstieg des Schwarzwald-Grundgebirges mit einer Kulmination im südlichen Mittelschwarzwald begann im Eozän gleichzeitig mit den ersten Einsenkungen des Oberrheingrabens. Vom Jungpliozän an trat eine zweite kräftige Heraushebung des Schwarzwaldblocks ein, bei der über die mesozoischen Deckschichten hinaus auch das kristalline Grundgebirge über große Flächen in eine erneute Abtragung einbezogen und aufgedeckt wurde. In diese Zeit fällt auch die Anlage jüngster Störungen.

Heute besteht Einigkeit darüber, daß der Hochschwarzwald während des **Quartärs** wenigstens während der Riß- und der Würmeiszeit vergletschert war. Dabei bestanden beim Maximalstand der Vereisung jeweils Plateauvergletscherungen, von denen Talgletscher ausgingen. Die Spuren der Riß-Vereisung sind bereits wieder stark verwischt. Für die Würm-Vereisung lassen sich dagegen nach Moränen und Zungenbecken-Seen (Titisee, Schluchsee) noch ein Maximalstand und drei Rückzugsstadien gut rekonstruieren. Im Nordschwarzwald wurden bisher nur Spuren einer einzigen, wahrscheinlich würmzeitlichen, Vergletscherung nachgewiesen.

Literatur: R. ALTHERR & R. MAASS 1977; G. H. EISBACHER, E. LÜSCHEN & F. WICKERT 1989; J. P. VON ELLER, P. FLUCK & W. WIMMENAUR 1977; R. EMMERMANN 1977; TH. FLÖTTMANN & G. KLEINSCHMIDT 1989; TH. FLÖTTMANN, B. GALLUS & G. KLEINSCHMIDT 1986; P. FLUCK, R. MAASS & J. VON RAUMER 1980; O. F. GEYER & M. P. GWINNER 1986; R. GROSCHOPF et al. 1977; A. W. HOFMANN 1979; H. KLEIN & W. WIMMENAUER 1984; A. KROHE & F. WICKERT 1987; A. KROHE & G. H. EISBACHER 1988; H. J. LIPPOLT, H. SCHLEICHER & I. RACZECK 1983; H. J. LIPPOLT & K. L. RITTMANN 1984; E. LÜSCHEN et al. 1987; R. MAASS 1974, 1981; R. METZ 1981; H. D. MÜLLER 1989; H. SCHLEICHER 1984; H. SCHLEICHER, H. J. LIPPOLT & I. RACZEK 1983; J. L. SCHNEIDER et al. 1989; E. SITTIG 1965a, 1965b, 1972, 1973, 1981; W. A. TODT 1978; W. A. TODT & W. BÜSCH 1981; W. WIMMENAUER 1980, 1984; W. WIMMENAUER & R. STENGER 1989.

4.11 Das Sächsisch-Thüringische und Nordostbayerische Grundgebirge (Saxothuringikum i. e. S.)

4.11.1 Übersicht

Den größten zusammenhängenden Aufschluß des mitteleuropäischen variszischen Orogens bildet das Böhmische Massiv. Der flächenmäßig größte Teil befindet sich auf dem Gebiet der Tschechoslowakei. Über deren Grenzen hinaus umfaßt das Massiv südwestliche Teile Polens, den Südostteil Deutschlands und größere Teile Niederösterreichs.

Das Massiv wird überwiegend aus hochgradig metamorphen Kristallinkomplexen aufgebaut. In den zentralen, nördlichen und östlichen Bereichen stellen aber auch geringer metamorphe Schiefergebirgskomplexe wesentliche, meist synklinalartige Baueinheiten dar. Das Alter dieser Komplexe reicht vom Präkambrium bis zum Karbon. In beinahe allen Regionen sind Plutonitkörper von teilweise beträchtlicher Ausdehnung und vorwiegend granitoider Zusammensetzung verbreitet.

Den Nordwestrand des Böhmischen Massivs bildet das **Sächsisch-Thüringische** und **Nordostbayerische Grundgebirge**. Geographisch umfaßt es den Thüringer Wald und das Thüringische Schiefergebirge, den Frankenwald und den Nordteil des Oberpfälzer Waldes, das Fichtelgebirge, Elster-Gebirge und Erzgebirge sowie das Mittelsächsische Hügelland und das Elbtal. In geologischer Hinsicht ist es namengebender Teil der Saxothuringischen Zone der Mitteleuropäischen Variszidien.

Der geologische Bau des Sächsisch-Thüringisch-Nordostbayerischen Grundgebirges ist gekennzeichnet durch das überwiegende Auftreten variszisch gefalteter paläozoischer Sedimentserien vom Kambrium an, während präkambrische Gesteinskomplexe flächenmäßig zurücktreten und auf Antiklinalzonen beschränkt sind. In mehreren Senken und Trögen wird das Grundgebirge von Sedimenten und Vulkaniten des Molasse-Stockwerks (Obervisé bis Oberrotliegendes) überlagert. Von den umgebenden Deckgebirgssenken greifen Ablagerungen des Zechsteins bis Quartär randlich lückenhaft und in geringer Mächtigkeit auf das Grundgebirge und Molasse-Stockwerk über.

Gegen die westlich angrenzende Süddeutsche Scholle wird die Hochlage des Saxothuringikums durch die Fränkische Linie, ein NW–SE verlaufendes Randstörungssystem von überregionaler Bedeutung begrenzt. Die Leistenscholle des Thüringer Waldes bildet hier den am weitesten nach Nordwesten vorragenden Sporn.

Im Osten stellt die Elbezone, ein ebenfalls überregional wichtiges NW–SE ausgerichtetes Lineament, die Grenze zum Westsudetisch-Lausitzer Anteil (Lugikum) der Saxothuringischen Zone dar.

Nach Süden wird das Saxothuringikum auf tschechoslowakischem Gebiet durch die Nordböhmische Störung bzw. die Tiefenstörung von Litoměřice (Leitmaritz) im Untergrund der tertiären Eger(Ohře)-Senke und der Nordböhmischen Kreidesenke von der Moldanubischen Zone i.e.S. getrennt. Im Oberpfälzer Wald Nordostbayerns ist der Kontakt zum Moldanubikum direkt erschlossen.

Grundlage einer **geologischen Gliederung** des Saxothuringikums ist der Wechsel von großen SW–NE verlaufenden Antiklinal- und Synklinalzonen. Eine besondere Rolle spielt hier die herkömmlicherweise als nördlichste Antiklinalzone der Saxothuringischen Zone betrachtete Mitteldeutsche Kristallinzone. Sie ist im Ruhlaer Kristallin des nordwestlichen Thüringer Waldes ähnlich wie im Odenwald, Spessart und Kyffhäuser übertage aufgeschlossen. Wegen der Besonderheiten ihrer Entwicklung und aufgrund neuerer tektonischer Überlegungen wird die Mitteldeutsche Kristallinzone heute gelegentlich auch als selbständige Struktureinheit zwischen Saxothuringischer und Rhenoherzynischer Zone angesehen.

Bedeutende Antiklinalzonen südlich der Mitteldeutschen Kristallinzone sind von Norden nach Süden das Schwarzburger Antiklinorium als Teil der Südthüringisch-Nordsächsischen Antiklinalzone, das Bergaer Antiklinorium und das Granulitmassiv sowie die Fichtelgebirgisch-Erzgebirgische Antiklinalzone.

Die zwischen den Antiklinorien bzw. Antiklinalzonen gelegenen Synklinalzonen sind (von Norden nach Süden) die Synklinalzone von Vesser als Teil der Südthüringisch-Niederlausitzer Synklinalzone, die Ostthüringisch-Nordsächsische Synklinalzone mit dem Teuschnitzer, dem Ziegenrücker und dem Nordsächsischen Synklinorium, die Oberfränkisch-Vogtländisch-Mittelsächsische Synklinalzone, die im Osten in das NW–SE streichende Elbe-Synklinorium übergeht, und das Oberpfälzer Synklinorium.

Im Südwestteil der Oberfränkisch-Vogtländisch-Mittelsächsischen Synklinalzone wird heute das Münchberger Gneismassiv zusammen mit dem Paläozoikum in bayerischer Fazies seiner Umgebung vorzugsweise als Rest (Klippe) eines aus südlicher Richtung stammenden allochthonen suprakrustalen Deckenstapels interpretiert. Für vergleichbare kleinere „Zwischengebirge" in der streichenden nordöstlichen Fortsetzung bei Wildenfels und Frankenberg wird ähnlich wie früher auch für das Münchberger Massiv eine parautochthone Aufpressung an bedeutenden krustalen Scherzonen diskutiert.

Im einzelnen zeichnet sich der tektonische Bau des Sächsisch-Thüringisch-Nordostbayerischen Grundgebirges durch enge Faltung und Schieferung und anchizonale Metamorphose aus. In den Kernbereichen des Schwarzburger und Bergaer Antiklinoriums sowie in der Hülle des Granulitmassivs und der Fichtelgebirgisch-Erzgebirgischen Antiklinalzone gehen die Schiefergebirgsareale in grünschieferfazielle Phyllitkomplexe über, in den letztgenannten Antiklinalzonen weitflächig auch im amphibolit- bis granulitfazielle Stockwerke. Besonders in der Fichtelgebirgisch-Erzgebirgischen Antiklinalzone besitzen granitische Plutonkörper

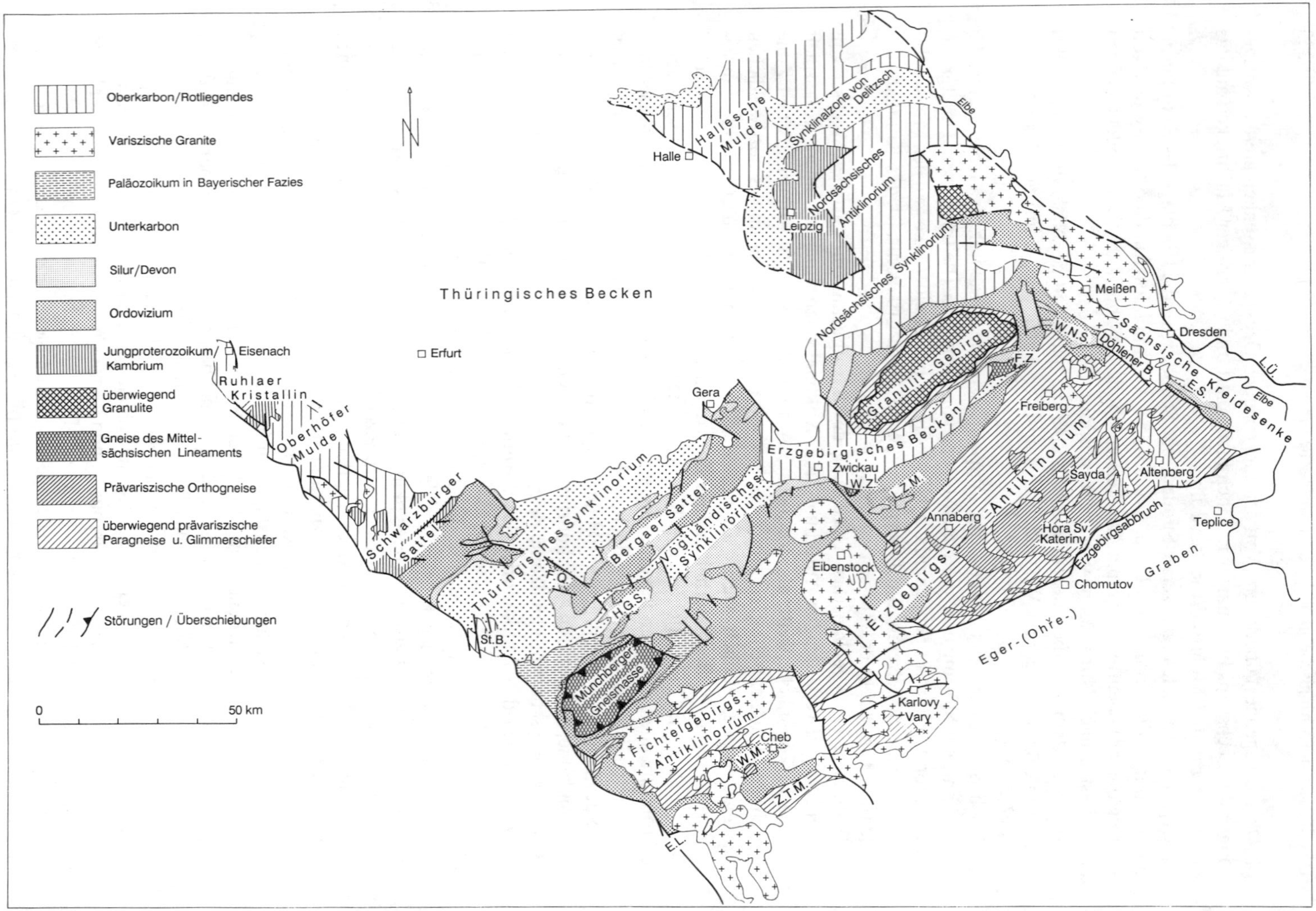

Oberkarbon/Rotliegendes
Variszische Granite
Paläozoikum in Bayerischer Fazies
Unterkarbon
Silur/Devon
Ordovizium
Jungproterozoikum/ Kambrium
überwiegend Granulite
Gneise des Mittelsächsischen Lineaments
Prävariszische Orthogneise
überwiegend prävariszische Paragneise u. Glimmerschiefer
Störungen / Überschiebungen
0
50 km
N
Thüringisches Becken
Halle
Hallesche Mulde
Synklinalzone von Delitzsch
Elbe
Nordsächsisches Antiklinorium
Leipzig
Nordsächsisches Synklinorium
Meißen
Dresden
Sächsische Kreidesenke
LÜ.
W.N.S.
Döhlener B.
E.S.
Granulit-Gebirge
F.Z.
Freiberg
Erzgebirgisches Becken
Zwickau
W.Z.
L.Z.M.
Erzgebirgs-Antiklinorium
Sayda
Altenberg
Teplice
Annaberg
Hora Sv. Kateriny
Erzgebirgsabbruch
Chomutov
Eger-(Ohře-) Graben
Eibenstock
Erfurt
Eisenach
Ruhlaer Kristallin
Oberhöfer Mulde
Gera
Schwarzburger Sattel
Thüringisches Synklinorium
Bergaer Sattel
Vogtländisches Synklinorium
F.O.
H.G.S.
St.B.
Münchberger Gneismasse
Fichtelgebirgs-Antiklinorium
Cheb
W.M.
Z.T.M.
E.L.
Karlovy Vary

erhebliche Bedeutung. Sie verzahnen sich hier mit dem Vulkanismus des Molasse-Stockwerks.

Einsenkungen des **Molasse-Stockwerks** sind im Norden der Saxothuringischen Zone an den Verlauf der Mitteldeutschen Kristallinzone gebunden. Im Thüringer Wald bildet die Eisenacher Senke den Randbereich der Werra-Senke und die Oberhofer Mulde einen Teil der Saale-Senke. An das Vogtländisch-Mittelsächsische Synklinorium und das Elbe-Synklinorium sind die spätvariszische Vorerzgebirgssenke und die Döhlener Senke gebunden.

4.11.2 Der Thüringer Wald

Der Thüringer Wald besteht aus einer an NW–SE streichenden Störungslinien horstartig herausgehobenen Scholle von 15–20 km Breite und rund 70 km Länge. Morphologisch bildet er einen nach Nordwesten vorragenden Sporn des südöstlich anschlicßenden Thüringischen Schiefergebirges.

Im einzelnen handelt es sich bei den Randstörungen des Thüringer Waldes um kompliziert gestaltete Störungszonen, in denen sich im Streichen Flexuren, gestaffelte Abschiebungen, Auf- und Überschiebungen ablösen. Die Bedeutung der Fränkischen Linie als südwestliche Randstörung nimmt nach Nordwesten allmählich ab. Ihre Fortsetzung bildet bei sigmoidaler Verbiegung die Sontraer Störungszone. Aus den nordöstlichen Randstörungen des Thüringer Waldes entwickelt sich bei Eisenach der Netra-Creuzburger Graben (Creuzburg-Ilmenauer Störungszone).

Der interne geologische Bau des Thüringer Waldes zeigt eine aus dem Molassestadium resultierende, dem variszischen Generalstreichen des Grundgebirges entsprechende Quergliederung in die Eisenacher Senke im Nordwesten, das Ruhlaer Kristallin und die Oberhofer Mulde im Südosten.

Das Grundgebirge des Thüringer Waldes wird zum überwiegenden Teil aus metamorphen Komplexen und Magmatiten der Mitteldeutschen Kristallinzone aufgebaut, die im Ruhlaer Kristallin zutage treten. Im äußersten Südosten verläuft im Untergrund des Ostteils der Oberhofer Mulde die schmal entwickelte und nur inselartig aufgeschlossene Synklinalzone von Vesser.

Der Metamorphitkomplex des **Ruhlaer Kristallins** (vgl. Abb.83) läßt sich in drei Bereiche gliedern. Im Zentralteil sind metablastische bis metatektische Paragneise der Liebenstein-Formation im Verband mit Granitgneisen aufgeschlossen. Sie besitzen höchst wahrscheinlich präkambrisches Alter. Eine präcadomische (dalslandische?) tektogenetische Prägung dieses Komplexes wird erwogen.

Dem Altkristallin steht sowohl im Ostteil als auch im Westteil des Aufschlußgebietes ein Jungkristallin mit variszischer Prägung gegenüber. Im Osten sollen dessen Truse- und Hohleborn-Formation das Altkristallin diskordant überlagern.

Die Truse-Formation wird im Bereich von Brotterode von einer weitgehend migmatisierten, bis hin zu Granitoiden und Dioriten umgewandelten metabasitreichen Folge

---

Abb. 89. Geologische Übersichtskarte des Sächsisch-Thüringischen und Nordostbayerischen Grundgebirges. E.L. = Erbendorfer Linie, E.S. = Elbetalschiefergebirge, F.Z. = Frankenberger Zwischengebirge, H.G.S. = Hirschberg-Gefell-Sattel, L.Ü. = Lausitzer Überschiebung, L.Z.M. = Lößnitz-Zwönitzer Mulde, St.B. = Stockumer Becken, W.M. = Waldsassener Mulde, W.N.S. = Wilsdruff-Nossener Schiefergebirge, W.Z. = Wildenfelser Zwischengebirge, Z.T.M. = Zone von Tirschenreuth-Mähring.

aufgebaut. Geringmächtige Einlagerungen von Quarzit, Graphitquarzit, Granatfels und Kalksilikatfels gelten als Leithorizonte. Die Hohleborn-Formation im äußersten Südosten des Ruhlaer Kristallins geht auf grauwackenführende Edukte mit einzelnen Amphibolitlagen zurück. Truse-Formation und Hohleborn-Formation können sich im Sinne verschiedener Lithofaziesbereiche altersmäßig ganz oder teilweise entsprechen. Als Eduktalter wird ein jungproterozoisches Alter analog der Preßnitz-Gruppe des Erzgebirges erwogen. Wenigstens Teile der Truse-Formation können aber auch mit der altpaläozoischen Ruhla-Formation verglichen werden.

Die Ruhla-Formation besteht im Westabschnitt des Ruhlaer Kristallinaufbruches aus einer etwas geringer metamorphen Abfolge von Glimmerschiefern, der im unteren Teil Lagen von Metabasiten, einzelnen Quarziten und graphitischen Schiefern, im oberen Hauptteil mehrere z. T. bedeutsame Quarzithorizonte und quarzitreiche Glimmerschiefer eingelagert sind. In verschiedenen Bereichen sind Granitgneise (Rotgneise) eingeschaltet. Ihr Alter gilt nach Vergleichen mit dem Thüringisch-Fränkischen Schiefergebirge und dem Spessart als kambrisch bis ordovizisch. Höhere Teile gehören nach neueren Mikrofossilfunden in das Silur.

Faltung und regionale amphibolitfazielle Metamorphose sind abgesehen von der problematischen Deformation des Altkristallins wahrscheinlich frühvariszisch (mitteldevonisch) erfolgt. Eine bemerkenswerte Störung (Kallenbach-Störung) trennt den stärker verformten und höher metamorphen zentralen und Ostteil des Ruhlaer Kristallins von dessen relativ flachgelagertem, etwas weniger metamorphem Westteil. Auf dieser Fuge intrudierte der deutlich diskordante variszische Ruhlaer Granit.

Nordwestlich des Ruhlaer Kristallinaufbruches bietet die **Eisenacher Mulde** mit ihrer ca. 500 m mächtigen Füllung aus hauptsächlich roten Konglomeraten und tonigen Siltsteinen der Eisenach-Formation einen Ausschnitt der Saar-Werra-Senke zur Oberrotliegend-Zeit. Entlang ihrem Westrand fällt ein breit ausstreichender Saum aus Zechstein flach unter den Unteren Buntsandstein des Werra-Fulda-Gebietes ein.

Zwischen dem Ruhlaer und dem Schwarzburger Sattel intrudierte vermutlich während des Unterkarbons der **Thüringer Hauptgranit**. Seine Zusammensetzung reicht von quarzdioritischen über granodioritische zu leukogranitischen Typen. Heute wird der tief verwitterte Thüringer Hauptgranit von der Rotliegendfüllung der Oberhofer Mulde weitflächig verdeckt und ist nur am Ostrand des Ruhlaer Kristallins bei Suhl und in einigen kleineren Arealen an der Oberfläche aufgeschlossen.

Die spätvariszische Struktur der **Oberhofer Mulde** zeigt mit einer steileren Nordwestflanke und einer flachen und entsprechend breit ausstreichenden Südostflanke einen asymmetrischen Bau. Paläogeographisch gehört sie zur Saale-Senke, die im Bereich des Thüringer Waldes durch die im Verlauf des Unterrotliegenden (Autun) immer wirksamer werdende Spessart-Unterharz-Schwelle von der Werra-Senke getrennt wurde.

Vom Stefan C bis in das Oberrotliegende nahm die Oberhofer Mulde terrestrische Sedimente auf. Die permanente Absenkung der Saale-Senke während des Rotliegenden wurde überlagert von einer quer (NW–SE bis WNW–ESE) und schräg (NNW–SSE, NNE–SSW) dazu orientierten Bruchschollentektonik. Diese zeichnete die Aufstiegswege vulkanischer Förderprodukte vor und beeinflußte deutlich eine wechselnde Kontur des Beckens. Die Höhepunkte vulkanischer Aktivität lagen im Stefan und tiefen Unterrotliegenden (Autun) sowie im oberen Unterrotliegenden bis tiefen Oberrotliegenden.

Die zyklisch aufgebaute Schichtenfolge der Oberhofer Mulde beginnt mit der 400–1.200 m mächtigen Unteren Gehren-Formation. Diese umfaßt die Basissedimente des

Stefans und zwei aus vielfältigen Andesiten, Rhyolithen und Pyroklastika aufgebaute Vulkanitfolgen. Die Obere Gehren-Formation (300–500 m) stellt eine Wechsellagerung von Vulkanit-Decken (Basalte bis Rhyolithe), Tuffen und Sedimenten mit einer Unterrotliegend-Flora dar.

Die diskordant auflagernde Manebach-Formation (bis 180 m) besteht aus sandig-siltigen, im Randbereich auch konglomeratischen meist graufarbenen Sedimentgesteinen mit reicher Flora und verbreiteten Faunenresten. Lokal enthält sie geringmächtige Kohlenflöze.

Die am weitesten verbreitete Goldlauter-Formation (200–600 m) ist in der Beckenfazies sandig-siltig, in der breiten Randfazies konglomeratisch ausgebildet. Die Sedimente weisen bereits überwiegend bunte Gesteinsfarben auf. Bemerkenswert sind die eingelagerten *Acanthodes*-Schichten.

Für die das Unterrotliegende beschließende 400–1.200 m mächtige Oberhof-Formation ist ein intensiver Rhyolith-Vulkanismus charakteristisch. Ein über 1.000 m mächtiger Vulkanitkomplex von 20–25 km Durchmesser inmitten der Einmuldung verzahnt sich randlich mit Sedimenten. Die überwiegend aus fluviatilen Konglomeraten und Sandsteinen bestehende Rotterode- und Tambach-Formation des Oberrotliegenden sind auf flache Spezialsenken zu beiden Seiten des Oberhofer Vulkanitkomplexes beschränkt.

4.11.3 Das Thüringisch-Fränkische Schiefergebirge

Zum Thüringisch-Fränkischen Schiefergebirge gehören die Grundgebirgseinheiten des Schwarzburger Antiklinoriums, des Ostthüringischen Synklinoriums und des Bergaer Antiklinoriums.

Das Schwarzburger Antiklinorium und das Ostthüringische Synklinorium werden im Südwesten von der Bruchzone der Fränkischen Linie abgeschnitten. Das Bergaer Antiklinorium taucht bei Bad Steben steil nach Südwesten ab und erreicht somit diese südwestliche Randstörung des Thüringischen Schiefergebirges nicht. Nach Norden tauchen die genannten Einheiten unter die Zechstein- und Trias-Bedeckung der Thüringischen Senke. Dabei werden sie von verschiedenen, die ganze Thüringische Senke durchziehenden NW–SE verlaufenden Querstörungen versetzt.

Das **Schwarzburger Antiklinorium** läßt sich unter dem Deckgebirge bis in das Nordsächsische Antiklinorium und das Thüringische Synklinorium bis in das Nordsächsische Synklinorium verlängern. Die vielfach angenommene Fortsetzung des Bergaer Antiklinoriums jenseits der Vorerzgebirgssenke in Form des Sächsischen Granulitmassivs gilt als problematisch.

Der Kern des asymmetrischen Schwarzburger Antiklinoriums besteht aus schwach metamorphen proterozoischen Sedimenten und Vulkaniten. Seine breite Südostflanke ist aus Gesteinen des Kambriums bis Devons aufgebaut. Auf der Nordwestflanke treten Kambrium und tiefes Ordovizium unter den Molasse-Sedimenten der Oberhofer Mulde nur streckenweise zutage und können bereits zur Synklinalzone von Vesser gerechnet werden.

Das **Proterozoikum** des Schwarzburger Antiklinoriums umfaßt eine über 2.000 m mächtige, hauptsächlich aus dunklen Tonschiefern und Grauwacken bestehende Gesteinsabfolge mit vulkanitischen Einschaltungen. Nach einer detaillierten lithostratigraphischen Gliederung läßt sich der über 1.500 m mächtige Hauptteil (Katzhütte-Gruppe) in die Schnett-Formation (unten) und Großbreitenbach-Formation (oben) einteilen. Die Schnett-Formation ist besonders durch Einschaltungen von Rhyolithen, Tuffen sowie

Das proterozoisch-paläozoische Grundgebirge

Zeitskala			Schwarzburger Sattel, Thüring.-Vogtländische Synklinorien	Münchberger Gneismasse, Wildenfelser und Frankenberger Komplex	Nossen-Wilsdruff- und Elbe-Synklinorien, Zone von Großenhain	Fichtelgebirgs- antiklinalzone, Oberpfälzer Synklinalz.	Erzgebirgsantiklinalzone, Südvogtländisch-westerz- gebirgische Querzone
U.-Karbon	Dinant	Visé	Bordenschiefer-, Graucken-Form., Lehesten Dachschf.-, Rußschiefer-Form., Mehltheuer- Form.	Grauwacken- Tonschiefer, Konglomerat, Kohlenkalk, Tonschiefer, Kalkknollenschiefer, Hainchen-Form. Ob. Kalk, Unt. Kalk	Grauwacken u. Tonschiefer, Kieselschiefer-Hornstein-Kongl.	Grauwacken u. Tonschiefer	
		Tournai	Saalfeld- Formation, Knotenkalk- Formation, Wetzschiefer Braunwacke, Vulkanit-Form., Schwarzschiefer	Grauwacken, Flaser- Kalk, Tuff- brekzie, Kiesel- schiefer, Tonschf. Vulkanit- Form., Korallen- kalk	Elbtal- Formation, Vulkanit-Form., Hornsteinsch. Kalkstein, Tonschiefer, Kalkstein		Vulkanit-Formation
Devon	Ober-	Famenne					
		Frasne				Tonschiefer, tuffit. Schiefer	
	Mittel-	Givet					
		Eifel	Tentaculitenschiefer	Tentaculiten- schiefer, Tentaculiten- Kalk	Tonschiefer	Tentaculitenschiefer	Tentaculitenschiefer
	Unter-	Ems					
		Siegen	Tentaculitenknollenkalk			?	
		Gedinne	Obere Graptolithenschiefer	Ob. Graptolithenschiefer	Ob. Graptolithenschiefer	?	Ob. Graptol.-Schf. m. Vulkanit
Silur		Přídolí	Ockerkalk	Elbersreuth- Kalk	Ockerkalk		Ockerkalk
		Ludlow	Unt. Graptolithenschiefer	Unt. Graptolithenschiefer mit Tuffen	Unt. Graptolithenschiefer	Kieselschiefer	Unt. Graptolithenschiefer
		Wenlock					
		Llandovery					

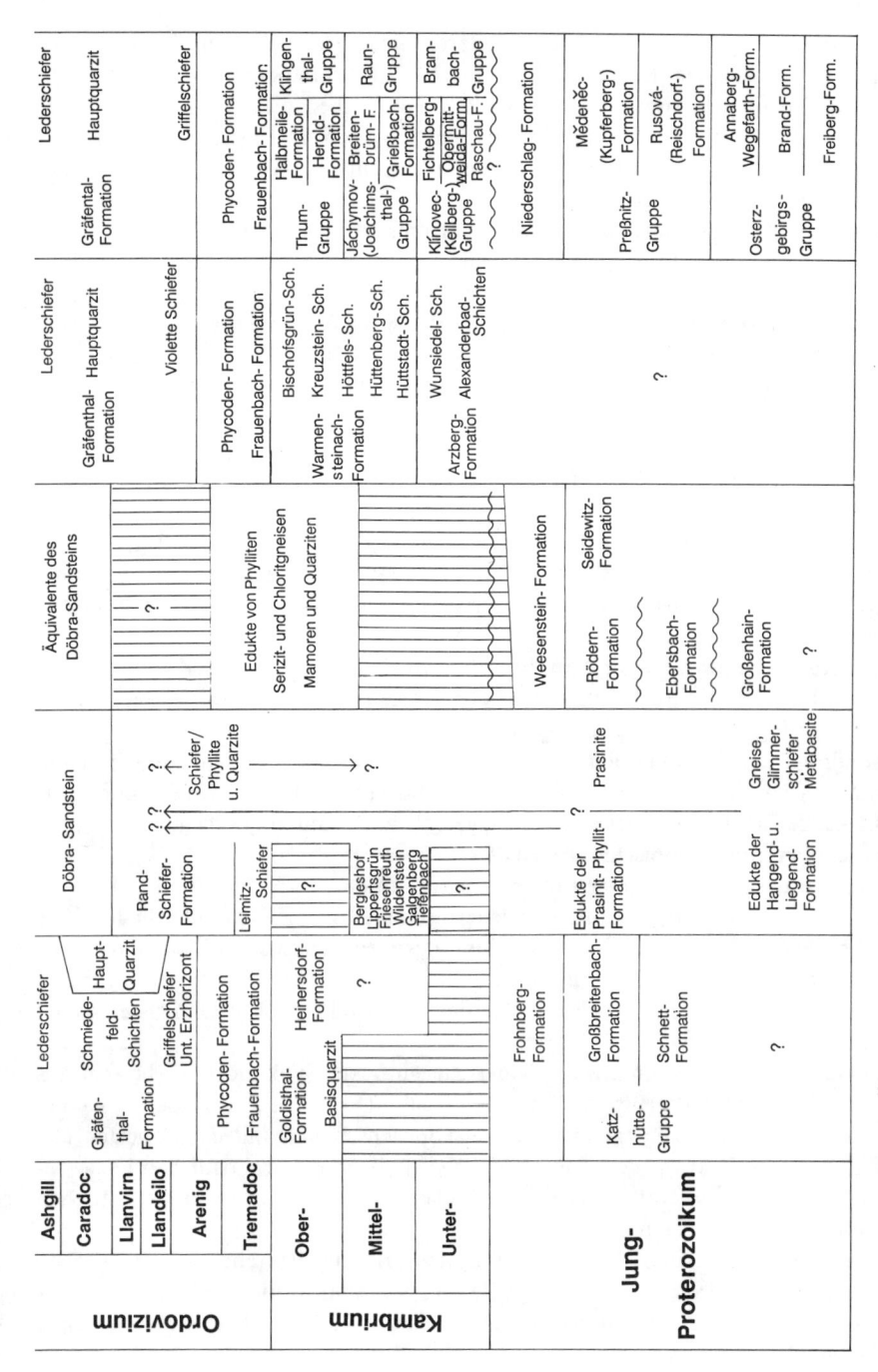

Abb. 90. Stratigraphische Übersicht für das Jungproterozoikum und Paläozoikum des Sächsisch-Thüringischen und Nordostbayerischen Grundgebirges (n. HIRSCHMANN, unveröff.).

quarzreiche Psammiten gekennzeichnet. Geschieferte Gerölle im untersten Teil der Katzhütte-Gruppe weisen auf die Existenz eines älteren Strukturstockwerks hin. Für die Großbreitenbach-Formation sind Einlagerungen von basischen, z. T. auch noch sauren Vulkaniten und Tuffen sowie Kiesel- und Alaunschiefer typisch. Der rund 500 m mächtige jüngste Profilteil, die Frohnberg-Formation, ist flyschartig entwickelt und enthält zahlreiche Horizonte synsedimentärer Konglomerate.

Das Paläozoikum des Schwarzburger Antiklinoriums ist in der für weite Bereiche des Saxothuringikums typischen thüringischen Fazies entwickelt. **Kambrium** ist in konkordantem Kontakt sowohl zum Proterozoikum als auch zum Ordovizium nur geringmächtig entwickelt (Goldisthal-Formation mit Basisquarzit). Biostratigraphisch ist als Ältestes **Ordovizium** belegt. Es erreicht eine Mächtigkeit von ca. 2.000 m. Die Gliederung in die quarzitreiche Frauenbach-Formation, die besonders mächtige Phycoden-Formation und die stratigraphisch lückenhafte Gräfental-Gruppe mit eingelagerten oolithischen Eisenerz-Horizonten hat hier ihr Typusgebiet. Das geringmächtige **Silur** gliedert sich in die Unteren Graptolithenschiefer und den Ockerkalk.

Die Oberen Graptolithenschiefer reichen in das konkordant folgende und detailliert zu gliedernde aber nur ca. 400 m mächtige **Devon**. Unter- und Mitteldevon ist schiefrig, teilweise sapropelitisch entwickelt und enthält kalkige Einlagerungen. Im Oberdevon ist die durch Knollenkalke und Kalkknotenschiefer charakterisierte Saalfeld-Formation des Famenne hervorzuheben.

Der Faltenbau des Schwarzburger Antiklinoriums ist südostvergent. Der Kernbereich ist durch intensive Interndeformation mit mehrfacher Schieferung und südostvergenten Aufschiebungen bei geringer Metamorphose gekennzeichnet.

Das **Ostthüringische Synklinorium** wird durch die NW–SE streichende Frankenwald-Querzone in ein südwestliches (Teuschnitzer) und ein nordöstliches (Ziegenrücker) Synklinorium gegliedert. Entlang der Frankenwald-Querzone sind in horst- und halbhorstartigen Hochschollen präkarbonische Gesteinsserien herausgehoben.

Kambrium wurde ca. 450 m mächtig in konkordantem Verband mit der Frauenbach-Formation bei Lobenstein erbohrt. Es gliedert sich hier in eine Quarzit-Schiefer-Serie und eine mehrteilige Kalkabfolge. Die Ausbildung des Ordoviziums bis Mitteldevons ist ähnlich wie im Schwarzburger Antiklinorium. Gleiches gilt für das Oberdevon eines westlichen Faziesbereiches, während sich die Oberdevon-Ausbildung weiter im Osten an der Entwicklung im Bergaer Antiklinorium orientiert.

Die Muldenfüllung des Teuschnitzer und des Ziegenrücker Synklinoriums besteht aus über 1.000 m mächtigen Unterkarbon-Sedimenten in Kulm-(Flysch-)Fazies. Über Russ- und Dachschiefern folgen sandgebänderte Tonschiefer (Bordenschiefer) mit eingelagerten Keratophyrtuffen und eine Grauwacken-Tonschiefer-Wechsellagerung. Im östlichen Faziesbereich ist das „Wurstkonglomerat" eingeschaltet. Die Hauptschüttungen des klastischen Materials stammen von Südosten.

Die Faltung des Ostthüringischen Synklinoriums erfolgte während der sudetischen Phase. Seine Tektonik wird durch südostvergente intensive und formenreiche Faltenbilder charakterisiert. Typisch sind aus ausgedünnten flachen Faltenschenkeln hervorgehende Untervorschiebungen.

Die **Frankenwald-Querzone** ist die bedeutendste einer ganzen Reihe von tektonischen Querzonen des Saxothuringikums. Sie erhielt ihre endgültige bruchhafte Ausgestaltung im Spätstadium der sudetischen Phase.

Postkinematisch stiegen in der Querzone und ihrer südöstlichen Verlängerung kleinere Granitstöcke auf (Thüringer Granitlinie). Teilweise ist der Granit selbst erschlossen (besonders der Henneberg-Granit), teils werden die Intrusionen durch ihre Kontaktaureolen an der Oberfläche angezeigt.

Im Kern des **Bergaer Antiklinoriums** sind vor allem die tiefordovizische Frauenbach- und Phycoden-Formation in stärker pelitischer Ausbildung weit verbreitet. Nach außen folgt die Gräfenthal-Gruppe, Silur sowie Unter- und Mitteldevon mit relativ geringen faziellen Änderungen gegenüber dem Schwarzburger Antiklinorium. Das faziell sehr wechselhafte Oberdevon ist vor allem an der Nordwestflanke gut entwickelt, während es an der Südostflanke längs der streichenden Vogtländischen Störung weitgehend unterdrückt ist. Hervorzuheben sind im Frasne grobklastische Schüttungen und bis 500 mächtige, vorwiegend basaltische Vulkanite mit daran geknüpften oxidischen Eisenerzen. Die grobklastischen Schüttungen werden von Schwellen im Bereich des heutigen Vogtländischen Synklinoriums abgeleitet.

Enger SW–NE streichender Faltenbau und straffe Südostvergenz sind im Bergaer Antiklinorium weit verbreitet. An der Nordwestflanke treten teilweise entgegengesetzte Vergenzen und Überschiebungen mit klippenartigen Strukturen auf. Das Kerngebiet bei Greiz ist durch komplizierte mehrschiefrige Deformation und Übergänge in ein Phyllitstockwerk charakterisiert. Hier treten im Ordovizium auch lagergangartig präkinematische Granitoide auf. Ihr Instrusionsalter ist wahrscheinlich ordovizisch.

Das Abtauchen des Bergaer Antiklinoriums nach Südwesten bei Bad Steben wird durch Schollenverkippungen an den Querstörungen der Frankenwälder Querzone noch verstärkt.

Nahe dem Südwestrand des Teuschnitzer Synklinoriums an der Fränkischen Linie liegt als Deckgebirgseinheit die **Rotliegend-Senke von Stockheim**. Sie ist in drei Schollen gegliedert. Unterrotliegendes ist durch Fanglomerate, im tieferen Abschnitt auch durch Andesite gekennzeichnet. Es enthält ein altersmäßig der Gehren-Formation entsprechendes Kohleflöz und wird von mehreren 100 m mächtigen Sandsteinen des Oberrotliegenden und von Zechstein überlagert.

4.11.4 Das Halle-Wittenberger und Nordwestsächsische Paläozoikum

Ähnlich wie das Thüringische Schiefergebirge gliedert sich auch das weitgehend unter känozoischer und jungpaläozoischer Bedeckung verborgene Nordwestsächsische-Südanhaltische Grundgebirge in mehrere SW–NE streichende Antiklinal- und Synklinalzonen. Dem Schwarzburger Antiklinorium entspricht der Nordsächsische Antiklinalbereich, dem Ostthüringischen Synklinorium das Nordsächsische Synklinorium. Auf letzteres folgt im Südosten die markante elliptische Baueinheit des Sächsischen Granulitgebirges.

Nördlich des Nordsächsischen Antiklinalbereichs enthält die von Tertiär und Quartär überdeckte tief eingesenkte **Synklinalzone von Delitzsch** schwach gefaltete kambrische und unterkarbonische Schichten. Unterkambrium in karbonatischer und Mittelkambrium in toniger Ausbildung wurden mit jeweils Mächtigkeiten von einigen 100 m erbohrt. Sie werden örtlich überlagert von steil einfallenden ungeschieferten sandig-tonigen und konglomeratischen Sedimenten des Unterkarbons (Visé III α). Lokal treten Tufflagen und dünne Anthrazitflöze auf. Nach Norden folgen, verdeckt durch Känozoikum und teilweise unter dem Permokarbon der Saale-Senke, metamorphe Komplexe und Plutonite der Mitteldeutschen Kristallinzone.

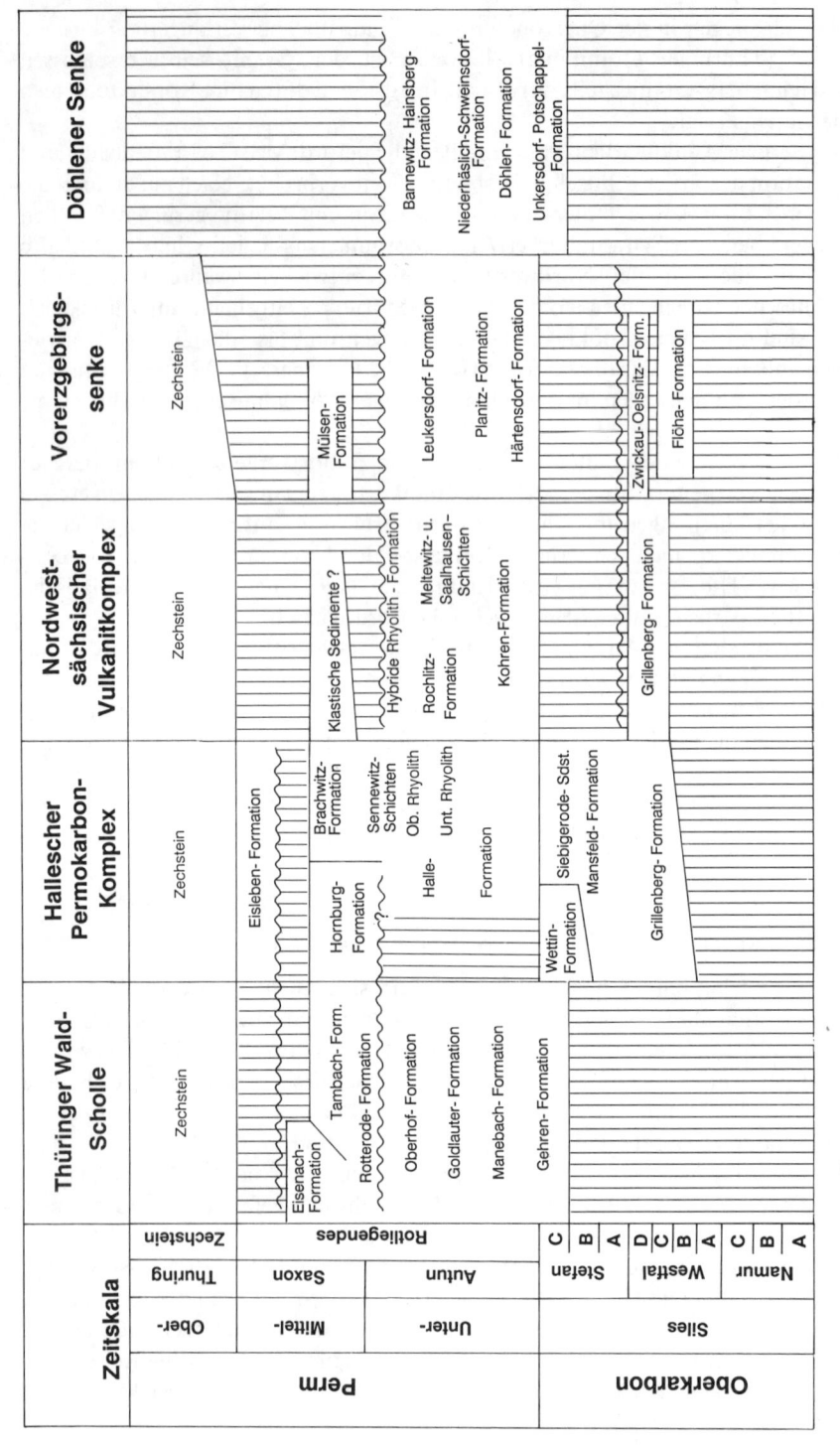

242 Das proterozoisch-paläozoische Grundgebirge

Zeitskala			Thüringer Wald-Scholle	Hallescher Permokarbon-Komplex	Nordwest-sächsischer Vulkanitkomplex	Vorerzgebirgs-senke	Döhlener Senke
Perm	Ober-	Zechstein	Zechstein	Zechstein	Zechstein	Zechstein	
	Mittel-	Thuring	Eisenach-Formation	Eisleben-Formation			
		Saxon	Tambach-Form.	Brachwitz-Formation	Klastische Sedimente ?	Mülsen-Formation	
			Rotterode-Formation	Hornburg-Formation / Sennewitz-Schichten / Ob. Rhyolith / Halle-Formation / Unt. Rhyolith	Hybride Rhyolith-Formation / Rochlitz-Formation		
	Unter-	Autun	Oberhof-Formation		Meltewitz- u. Saalhausen-Schichten	Leukersdorf-Formation	Bannewitz-Hainsberg-Formation
			Goldlauter-Formation		Kohren-Formation	Planitz-Formation	Niederhäslich-Schweinsdorf-Formation
			Manebach-Formation	Siebigerode-Sdst. / Mansfeld-Formation		Härtensdorf-Formation	Döhlen-Formation
			Gehren-Formation	Wettin-Formation			Unkersdorf-Potschappel-Formation
Oberkarbon	Siles	Stefan C/B/A		Grillenberg-Formation	Grillenberg-Formation	Zwickau-Oelsnitz-Form.	
		Westfal D/C/B/A				Flöha-Formation	
		Namur C/B/A					

Abb. 91. Stratigraphische Übersicht für das sächsisch-thüringische Jungpaläozoikum (n. HIRSCHMANN, unveröff.).

Das Grundgebirge dieser Halle-Wittenberger Scholle wird vom Permokarbon der **Halleschen** und **Südanhaltischen Mulde** als Teilen der Saale-Senke diskordant überlagert. Im Süden liegen dem gefalteten Grundgebirge mit flachem Nordwestfallen Konglomerate, Sandsteine, Ton- und Siltsteine mit Floren des Westfal A/B und D auf (Schichten von Roitzsch, Jessen-Schichten und Grillenberg-Schichten). Sie stehen am Anfang einer nach Westen und Norden rasch mächtiger werdenden Molasse-Entwicklung.

Über den Grillenberg-Schichten folgen die 600–900 m mächtigen Mansfeld-Schichten (Unteres Stefan) mit einer zyklischen Abfolge von Konglomeraten, Sandsteinen sowie roten und dunkelgrauen Tonsteinen. Darüber hinaus enthalten die nach Pflanzenfunden das obere Stefan vertretenden Wettin-Schichten (100–400 m) außer roten und grauen Sandsteinen und Tonsteinen in der grauen Fazies auch Steinkohlenflöze und erste andesitische Vulkanite (Andesite 1 und 2).

Dem Rotliegenden der Halleschen Mulde gehören wechselnd mächtige klastische Sedimentfolgen und der größere Teil der Vulkanite des Halleschen Vulkanitkomplexes an. Die zwischen 150 und 600 m mächtigen Halle-Schichten umfassen neben Sandsteinen, Tonsteinen und Konglomeraten zwei weitere Eruptionsphasen intermediärer Laven (Andesite 3 und 4) und danach einen teils subvulkanischen und teils effusiven Rhyolith (Löbejün- und Petersberg-Rhyolith). Der obere Halle-Porphyr wird von bis 500 m mächtigen Konglomeraten, Sandsteinen und Siltsteinen mit Tuffen und Brandschiefern (Sennewitz-Schichten) überlagert. Es folgen mit veränderter Beckenkonfiguration die vulkanitfreien Rotsedimente des Oberrotliegenden (Hornburg-Schichten, Brachwitz-Schichten). Die jüngsten Eisleben-Schichten überlagern mit schwacher Winkeldiskordanz die älteren Einheiten. Die saalische Bewegungsphase gibt sich im Typusgebiet durch differenzierte Vertikalbewegungen im höheren Rotliegenden zu erkennen.

Der sich südlich an die Synklinalzone von Delitzsch-Schladebach anschließende **Nordsächsische Antiklinalbereich** setzt sich aus mehreren Teilabschnitten mit unterschiedlichen Gesteinsbeständen zusammen. Im Raum Leipzig werden in kleinen Aufschlüssen und vielen Bohrungen steilstehende Grauwacken und Tonschiefer der Nordsächsischen Gruppe des jüngsten Präkambriums angetroffen. Ihre Mächtigkeit beträgt wahrscheinlich mehrere 1.000 m. Die dunklen Tonschiefer mit Lyditen könnten mit der Katzhütte-Gruppe zu parallelisieren sein. Ihre Hauptfaltung ist sicher älter als das Kambrium der nördlich angrenzenden Synklinalzone von Schladebach-Delitzsch.

Ein nordöstlich Leipzig erbohrter Paragneis ist möglicherweise älter als diese jungproterozoischen Grauwacken. An mehreren Stellen intrudierten postkinematische Granitoide möglicherweise altpaläozoischen Alters.

Im Nordostabschnitt des Nordsächsischen Antiklinalbereichs, der zu den Einheiten der Elbe-Zone überleitet, enthält im Raum Oschatz-Laas eine wahrscheinlich nur einige 100 m mächtige jüngstproterozoische Grauwackenserie auch Konglomerate. Auch hier kommen ältere Gneise und Phyllite vor.

Entlang der Südflanke der Antiklinalzone treten kambro-ordovizische Sedimente auf, u. a. die bis 1.000 m mächtigen, teilweise konglomeratischen Quarzite bzw. Grauwacken des Collmberges (Collmberg-Quarzit) als Äquivalente der Frauenbach-Formation Thüringens. Ähnliche Gesteine streichen auch weiter südwestlich bei Hainichen-Otterwisch und bei Grimma aus.

Die proterozoischen und paläozoischen Serien sind im Ostabschnitt durch Ausläufer des variszischen Meißener Syenodiorit-Granit-Massivs und durch den Laaser Granodiorit kontaktmetamorph verändert.

Zwischen dem Nordsächsischen Antiklinalbereich im Nordwesten und dem Sächsischen Granulitgebirge im Südosten erstreckt sich das verhältnismäßig schmale **Nordsächsische Synklinorium**. In seinem Kern sind Schichten des höheren Ordoviziums bis Unterkarbons erschlossen. Ihre Ausbildung und variszische Deformation ähnelt derjenigen gleichaltriger Serien im thüringisch-vogtländischen Raum.

Über weite Gebiete wird das Nordsächsische Synklinorium und der Nordsächsische Antiklinalbereich vom Nordsächsischen Vulkanitkomplex verdeckt. Verschiedene Vulkanitkörper und Tuffschichten bilden über eine zusammenhängende Fläche von mehr als 2.000 km^2 einen bis über 1.000 m mächtigen Stapel. Sedimentzwischenlagen treten nur untergeordnet auf.

Der in das Unterrotliegende eingestufte Nordsächsische Vulkanitkomplex kann drei Eruptivperioden zugeordnet werden. Zur ersten (Kohrener) Folge zählen verschiedene Decken basischer und intermediärer Gesteine (unten) und saurer Vulkanite (oben) sowie intermediäre und saure Tuffe und wenige Lagen grobklastischer Sedimente. Die zweite (Rochlitzer) Folge beginnt mit dem bis 400 m mächtigen Komplex des Rochlitzer Quarzporphyrs (Rhyolith). Er ist wie auch nachfolgende Porphyre weitgehend ignimbritischer Entstehung. Zwischengelagerte Sedimentschichten enthalten südlich von Oschatz eine Flora des Unterrotliegenden. Die dritte Vulkanitfolge besteht aus Decken von ignimbritischen Pyroxen-Quarzporphyren (-Rhyolithen), die ihrerseits von Pyroxen-Granitporphyren durchbrochen werden. Nur lokal, z. B. in der Mügelner Senke südlich Oschatz, folgen über dem Vulkanitkomplex Konglomerate, Sandsteine oder Tonsteine, die dem Rotliegenden zugerechnet werden können. Die zentralen Teile dieser Senke werden von Zechstein und Buntsandstein eingenommen.

4.11.5 Das Sächsische Granulitgebirge

Südlich des Nordsächsischen Synklinoriums befindet sich das Sächsische Granulitgebirge. Morphologisch bildet es ein durch Täler zerschnittenes schwachwelliges hügeliges Plateau.

Sein heute in der Form einer SW–NE gestreckten Ellipse mit einer Länge von etwa 50 km und einer Breite von knapp 20 km angeschnittener kristalliner Kern besteht zur Hauptsache aus leukokraten Graniten. Sie wechsellagern mit örtlich bis zu 100 m mächtigen Lagen und Linsen dunkler Orthoklas- oder Plagioklas-Pyroxen-Granulite. Serpentinisierte Ultrabasite und Gabbros sind ebenfalls eingeschaltet. Umhüllt wird der Granulitkomplex von mesozonalen und epizonalen jungproterozoischen bis frühpaläozoischen Serien.

Nach heute vorherrschender Auffassung sind die Granulite des Sächsischen Granulitgebirges aus einer sandig-pelitischen Sedimentfolge mit eingeschalteten sauren und basischen Magmatiten hervorgegangen. Ihre Ausgangsgesteine werden mit der Klet-(Leptinit-)Gruppe des Moldanubikums Böhmens korreliert, für die ein früh- bis mittelproterozoisches Alter erwogen wird. Doch gibt es bisher keine Beweise für dieses hohe Alter der Granulit-Edukte.

Ultrabasische Schmelzen des oberen Erdmantels drangen möglicherweise entlang tiefreichenden Scherzonen in die bereits metamorphe Sedimentfolge ein und wurden mit ihr zusammen unter granulitfaziellen Bedingungen metamorphisiert. In einem nachgranulitischen Stadium kam es zu einer diapirartigen Aufpressung des Granulitkörpers, verbunden mit intensiver Deformation und Diaphthorese unter amphibolitfaziellen Bedingungen.

Offen ist die Frage des Zeitpunktes der granulitfaziellen Metamorphose. Altersbestimmungen ergaben einen Wert von rd. 440 Ma. Ob dieses Alter auf eine frühpaläozoische (kaledonische?) Granulitbildung zurückgeht oder bereits deren Überprägung widerspiegelt, wird z. Z. unterschiedlich beurteilt.

Die Hüllgesteine des Granulitgebirges (Innerer und Äußerer Schiefermantel) umfassen eine lückenhafte Metasedimentfolge vom jüngsten Proterozoikum bis Altpaläozoikum. Die präkambrischen Gesteine sind in Granulitnähe vorwiegend als Gneise und Glimmerschiefer ausgebildet. Kambrium und Ordovizium umfassen hauptsächlich Metapelite in unterschiedlichen Metamorphosegraden sowie Quarzite und untergeordnet auch Amphibol- und Chloritschiefer und Serizitgneise. Letztere gingen aus Einschaltungen basischer und saurer Magmatite hervor. Biostratigraphisch belegtes Silur wird bereits zu den angrenzenden Synklinalzonen gerechnet.

Im Verlauf des möglicherweise länger andauernden diapirartigen Aufstiegs des Granulitkomplexes erfolgte im Rahmen der Durchbewegung und Durchwärmung der angrenzenden Rand- und Dachbereiche die Mobilisation granitischer Schmelzen. Als Lagergranit bilden sie kleinere Intrusionen, die aber noch deformiert wurden. Jüngste Intrusionen sind postorogene Granite, u. a. der Granit von Mittweida, mit denen die zahlreichen Pegmatitgänge des Granulitgebirges genetisch verknüpft sind. Heute ist der Kontakt zwischen Granulitkern und Schiefermantel durch markante Scherzonen charakterisiert. Ihnen sitzen stark durchbewegte Metaperidotite und Metagabbros auf, die aber keine Granulitmetamorphose durchlaufen haben.

4.11.6 Die Oberfränkisch-Vogtländisch-Mittelsächsische Synklinalzone und die Vorerzgebirgssenke

Südöstlich des Bergaer Antiklinoriums und von diesem durch die Vogtländische Störung getrennt verläuft die mehrfach in sich gegliederte Oberfränkisch-Vogtländisch-Mittelsächsische Synklinalzone. Im Südwesten besitzt sie eine Breite von ca. 30 km. Im Nordosten ist der mittelsächsische Abschnitt der Synklinalzone auf einen streckenweise nur 8 km breiten Raum zwischen der stark metamorphen südlichen Schieferhülle des Granulitmassivs und der Erzgebirgs-Nordrandzone beschränkt. Das Grundgebirge wird hier zudem größtenteils von Molasse-Sedimenten der Vorerzgebirgssenke verdeckt.

Die südöstliche Grenze der Synklinalzone gegen die Fichtelgebirgisch-Erzgebirgische Antiklinalzone wird konventionell mit dem Einsetzen einer deutlichen Metamorphose (Phyllit-Stockwerk) gezogen und entspricht über weite Strecken angenähert der Grenze zwischen Phycoden- und Frauenbach-Formation. Im Südwesten wird die Synklinalzone von der Fränkischen Linie abgeschnitten. Nach Osten geht sie in das Elbe-Synklinorium über.

Die Oberfränkisch-Vogtländisch-Mittelsächsische Synklinalzone wird vorwiegend von unmetamorphen, im Nordostteil bis schwach metamorphen Serien des Ordoviziums bis Unterkarbons aufgebaut.

Eine Besonderheit stellen drei Kristallinkomplexe verschiedener Größe mit begleitenden Paläozoikums-Einheiten in abweichender (bayerischer) Fazies dar. Im oberfränkischen Abschnitt handelt es sich um das Münchberger Massiv, im Mittelsächsischen Synklinorium um die Kristallinkomplexe von Wildenfels und Frankenberg („Sächsische Zwischengebirge"). Die Zone ihres Auftretens wird als **Zentralsächsisches Lineament** bezeichnet.

Abgesehen von diesen Kristallinkomplexen sind tiefordovizische Phyllite (Phycoden- und Frauenbach-Formation) die ältesten aufgeschlossenen Gesteine des Synklinoriums. Sie haben vor allem entlang dem Südrand seines vogtländischen Teilabschnitts weite Verbreitung.

Auch die mittel- bis oberordovizische Gräfenthal-Gruppe und Silur mit Ockerkalk sind in thüringischer Ausbildung bis in die Gegend von Wildenfels verbreitet. Die eigentliche bayerische Fazies des Ordoviziums und Silurs ist auf die Umgebung der Münchberger Gneismasse beschränkt. Wie dort, weist auch im mittelsächsischen Teilabschnitt des Synklinoriums das Unterordovizium reduzierte Mächtigkeiten auf, und das mittlere und höhere Ordovizium ist offensichtlich nur lückenhaft vertreten. Als Element der bayerischen Fazies sind Äquivalente des Döbra-Sandsteins ausgebildet.

Unter- und Mitteldevon sind im Vogtländischen Teilsynklinorium vollständig ausgebildet. Die Gliederung entspricht weitgehend derjenigen Thüringens. Im nordöstlichen Abschnitt der Synklinalzone sind die Kenntnisse über diesen Teil des Devons außerhalb der „Zwischengebirge" mangelhaft. Größere Schichtlücken sind möglich.

An der Basis des die älteren Folgen teilweise diskordant überlagernden Oberdevons finden sich in der Umgebung von Hirschberg-Gefell und Greiz-Netzschkau Konglomerate mit Granitgeröllen. Im höheren Frasne ist für die ganze Synklinalzone ein ausgeprägter Basalt-Spilit-Keratophyr-Vulkanismus charakteristisch. Das Famenne weist mit pelitischen und kalkigen Sedimenten und z. T. auch Riffkalken starke laterale Variationen auf.

Im Unterkarbon setzte in der Oberfränkisch-Vogtländisch-Mittelsächsischen Synklinalzone eine flyschartige Sedimentation von Schiefern, Grauwacken und polymikten Konglomeraten, örtlich aber auch mit Kalken (Kohlenkalk) ein. Sie endete im oberen Visé mit der sudetischen Faltung. Diese wird hier nach dem Alter diskordant auflagernder Frühmolasse-Sedimente der Vorerzgebirgssenke als Visé III β datiert.

Die nach der Hauptfaltung intrudierten älteren Granite des Saxothuringikums (Gebirgsgranite) reichen mit den Massiven von Kirchberg und Bergen aus der Fichtelgebirgisch-Erzgebirgischen Antiklinalzone bis in die südöstlichen Randbereiche des Vogtländischen Synklinoriums.

Der **Strukturbau** der Oberfränkisch-Vogtländisch-Mittelsächsischen Synklinalzone ist besonders in dem breiten vogtländischen Abschnitt deutlich asymmetrisch. Während die aus ordovizischen bis devonischen Komplexen aufgebaute Südostflanke breit entwickelt ist, ist die Nordwestflanke sehr schmal bzw. längs der Vogtländischen Störung, an der das Bergaer Antiklinorium nach Südosten auf die Synklinalzone aufgeschoben wurde, tektonisch unterdrückt. Charakteristisch ist eine typische Schiefergebirgstektonik mit engem Falten- und Schuppenbau, der vorherrschend Südostvergenz zeigt. Im Bereich des Münchberger Komplexes wird eine ältere nordwestvergente Deformation festgestellt.

Die Synklinalzone wird von mehreren NW–SE streichenden Zonen gequert, die sich bereits im geosynklinalen Ablagerungsraum wenigstens seit dem Oberdevon durch Abtragung und Diskordanz bemerkbar machten. Im Bereich der Südvogtländischen und der Greizer Querzone heben sich bei Hirschberg-Gefell und im Göltzschtal mehr oder weniger flache Kuppeln des Schichtungs- und Schieferungsgefüges heraus. Die präkinematischen Granitintrusionen von Hirschberg-Gefell und Greiz sind an diese Querzonen gebunden.

Die Struktur der Oberfränkisch-Vogtländisch-Mittelsächsischen Synklinalzone erhält ihren besonderen Charakter durch die eingelagerten Kristallinkomplexe von Münchberg, Wildenfels und Frankenberg.

In ihrem südwestlichen, oberfränkischen Anteil liegt als größte der drei vergleichbaren metamorphen Einheiten das **Münchberger Gneismassiv**. Mit seinen metamorphen Rahmengesteinen und seiner anchimetamorphen Umgebung aus paläozoischen Schichten in bayerischer Fazies wird es zum Münchberger Komplex zusammengefaßt. Als solcher steht er sowohl faziell als auch tektonisch im deutlichen Kontrast zum umgebenden Paläozoikum thüringischer Fazies.

Die Lagerung der Gneise und Rahmengesteine des Münchberger Komplexes ist etwa schüsselförmig. Fünf bzw. sechs verschiedene Gesteinseinheiten mit unterschiedlichem lithologischen Charakter und Metamorphosegrad werden unterschieden. Sie stehen untereinander jeweils in tektonischem Kontakt. Im Zentrum befindet sich das hochmetamorphe Gneismassiv, nach außen folgen schwächer metamorphe Einheiten. Im Norden fallen die Grenzen der verschiedenen Gesteinseinheiten in der Regel flach, am Südrand steiler gegen das Zentrum des Gneismassivs, d. h. unter dieses, ein.

Das Gneismassiv selbst ist weitspannig gefaltet mit SW-NE gerichteten Sattel- und Muldenachsen. Es wird aus zwei Einheiten aufgebaut, der Hangend-Formation im Zentrum und der Liegend-Formation in den peripheren Teilen.

Die Hangend-Formation besteht aus gebänderten Amphiboliten (z. T. mit Serpentiniten), gebänderten Hornblendegneisen und hellen Zweiglimmergneisen mit seltenen Karbonatlinsen und nahe der Basis eingeschuppten Eklogiten und Eklogit-Amphiboliten. Die Gesteine werden aus einer vulkano-sedimentären Folge (Basalten, Gabbros, Pyroklastika, Sedimenten) abgeleitet. Aufgrund teilweiser Ähnlichkeit mit den weniger metamorphen Rahmengesteinen und geochronologischer Informationen wird ein ordovizisches Eduktalter für möglich gehalten. Aber auch oberproterozoisches Alter analog zu den metabasitreichen Folgen des Teplá-Barrandiums kommt in Frage.

Die Liegend-Formation ist lithologisch eintöniger. Sie besteht hauptsächlich aus hornfelsartigen Biotit- bis Zweiglimmer-Paragneisen mit tektonischen Linsen von Leptinitgneisen, Eklogiten und Serpentiniten. Die Paragneise sind aus einer pelitisch-psammitischen Sedimentfolge jungproterozoischen bis eventuell kambrischen Alters hervorgegangen. In der Metasedimentfolge stecken Metagranite, Metagranodiorite und Metagabbronorite. Das Intrusionsalter der Granite, die heute als Augengneise und Orthogneismylonite vor allem an die basalen Teile der Abfolge gebunden sind, beträgt ca. 480 Ma, das der Gabbrogesteine ca. 500 Ma.

Das Alter der zunächst amphibolitfaziellen Mitteldruckmetamorphose der Liegend-Formation fällt wie dasjenige der Hangend-Formation und der in diese eingeschalteten hochdruckmetamorphen Eklogite in das frühe oder mittlere Devon (400–370 Ma). Bei abnehmender Temperatur folgen jüngere Blastomylonitstadien bis zu grünschieferfazielle Bedingungen.

Die randliche Unterlage der Münchberger Gneismasse bilden die geringer metamorphen Serien der Randamphibolite, der Prasinit-Phyllit-Formation, der Randschiefer-Formation und fossilführende Sedimente in bayerischer Fazies.

Die geschichteten und gebänderten Randamphibolite sind unter Grünschieferfazies-Bedingungen metamorphosiert. Sie enthalten Einschaltungen von Gneisen und Quarziten und werden altersmäßig mit der weiter außen folgenden ordovizischen Randschiefer-Formation verglichen. Aber auch eine teilweise Gleichstellung mit der Hangend-Formation der Gneismasse wird diskutiert.

Am Süd- und Südostrand des Münchberger Komplexes folgt im tektonisch Liegenden der Randamphibolite die Prasinit-Phyllit-Formation. Sie ist lithologisch heterogen und ähnlich ausgebildet wie die weiter außen folgende Randschiefer-Formation. Grünschieferfaziziell überprägte Metasedimente und basische und saure Metavulkanite sind intensiv zerschert und schließen zahlreiche Linsen von Serpentinit ein. Ähnliche Serpentinite kommen auch als tektonische Linsen im tieferen Teil der Liegend-Formation des Gneismassivs vor.

Die sehr niedrigmetamorphen Sedimente und Vulkanite der Randschiefer-Formation umgeben die vorgenannten Einheiten im Südwesten, Nordwesten und Nordosten. Sie bestehen außer den bunten Tonschiefern, Plattensandsteinen und einigen Karbonat- und Kieselschieferlinsen auch aus Basalt- und Keratophyrlaven und deren Tuffen. Ihr ordovizisches Alter (hohes Tremadoc bis Llandeilo) ist durch Fossilien belegt. Die Randschiefer-Formation gehört bereits zum eng verfalteten und verschuppten niedrigmetamorphen Paläozoikum in bayerischer Fazies, das die äußerste und zugleich liegendste tektonische Einheit des Münchberger Komplexes darstellt. Als dessen Ältestes sind sandig-tonige Sedimente des Mittelkambriums biostratigraphisch sicher datiert. Das unmittelbar Liegende der Randschiefer-Formation sind die fossilführenden Leimitz-Schiefer des Tremadoc. In das hohe Ordovizium gehört der Döbra-Sandstein. Im Silur wird der Ockerkalk der thüringischen Fazies durch den Orthocerenkalk vertreten. Für das Devon in bayerischer Fazies ist neben einer karbonatischen Ausbildung auch eine Kieselschieferformation von großer stratigraphischer Reichweite charakteristisch. Unterkarbon ist faziell sehr variabel flyschartig ausgebildet und enthält grobe Konglomerate sowie zahlreiche Linsen von Flachwasserkalken.

Im Nordosten, inmitten des Mittelsächsischen Abschnitts der Synklinalzone, entsprechen der Münchberger Gneismasse die wesentlich kleineren kristallinen **Komplexe von Wildenfels** südöstlich Zwickau **und Frankenberg** im Gebiet zwischen Chemnitz und Hainichen.

Im größeren Frankenberger Komplex besteht eine zentrale Kristallineinheit aus einem Paragneis-Orthogneis-Verband und einer Folge von Hornblendegneisen, Glimmerschiefern, Metagrauwacken und Amphiboliten. Als mutmaßliches Äquivalent der Preßnitz-Gruppe des Erzgebirges wird diese Kristallineinheit für jungproterozoisch gehalten. Ähnlichkeiten mit dem Kristallin der Münchberger Hangend-Formation lassen aber auch frühpaläozoisches Alter möglich erscheinen.

Nach Süden ist das Frankenberger Kristallin relativ steil auf stark verfaltetes und verschupptes Ordovizium bis Unterkarbon mit u. a. Döbra-Sandstein und einer devonischen Kieselschiefer-Formation als Elementen bayerischer Fazies überschoben, nach Norden auf eine Prasinit-Einheit unklaren Alters.

Der kleinere Wildenfelser Kristallinkörper ist intensiv mylonitisiert und diaphthoritisiert. Er liegt sehr flach auf nicht- oder schwachmetamorphem Paläozoikum.

Erschwerend für die Erkennung der Zusammenhänge der „Zwischengebirge" untereinander und zu ihrem Rahmen ist die verbreitete Bedeckung mit Molassebildungen der Vorerzgebirgssenke.

Die tektonische Interpretation der Kristallinkomplexe von Münchberg, Wildenfels und Frankenberg und des begleitenden Paläozoikums in bayerischer Fazies hat eine wechselvolle Geschichte. Bereits zu Beginn dieses Jahrhunderts wurde das Münchberger Gneismassiv als tektonische Klippe interpretiert. Später setzten sich vertikaltektonische Konzepte durch. Nach neuerer Auffassung gilt die Deutung des Münchberger Komplexes als tektonische Decke als sicher. Ihre Platznahme erfolgte am Ende des Unterkarbons zwischen dem Höhepunkt der sudetischen Niederdruck/Hochdrucktemperatur-Metamorphose ihrer Umgebung und der Intrusion der Fichtelgebirgsgranite. In bezug auf die Lage ihrer Wurzelzone besteht z. Z. noch Unsicherheit. Da aber ihre Gesteinsassoziation und Metamorphoseentwicklung gut mit derjenigen des westlichen Teplá-Barrandiums bzw. des Bohemikums verglichen werden kann, wird eine Herkunft aus südlicher Richtung aus dem Grenzbereich

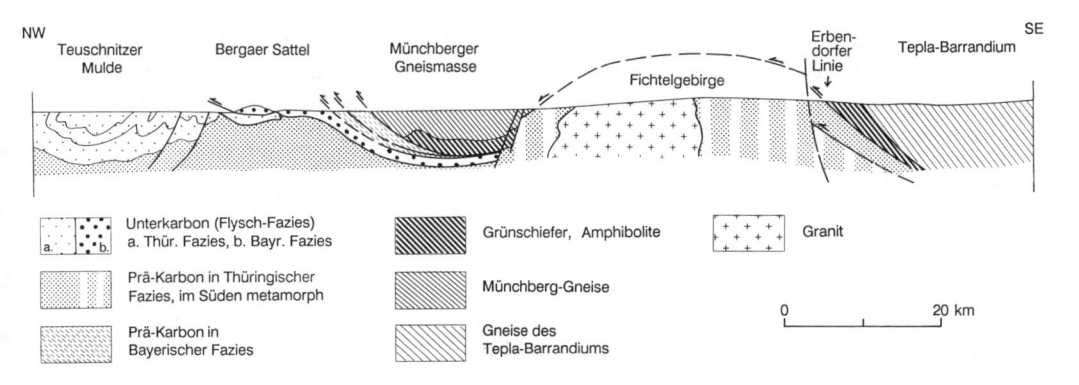

Abb. 92. Schematisches geologisches Profil durch das Nordostbayerische Grundgebirge (n. W. FRANKE 1989).

Moldanubikum-Saxothuringikum erwogen.

Im Gegensatz zur Münchberger Gneismasse wird im Falle der Sächsischen Zwischengebirge nach wie vor die Vorstellung einer parautochthonen diapirartigen Aufpressung ihres Kristallins in einer Zone besonders intensiver Krusteneinengung (Zentralsächsisches Lineament) favorisiert. Doch ist neuerdings auch für sie das Deckenkonzept wieder in der Diskussion.

Die Molassebildungen der **Vorerzgebirgssenke** (Erzgebirgisches Becken) wurden im nordöstlichen, mittelsächsischen Abschnitt der Synklinalzone zwischen den jungvariszischen Hochzonen des Erzgebirges und des Granulitmassivs abgelagert. Entsprechend zeigt die Molassesenke eine SW–NE Ausrichtung. In ihrem Westteil wird in einer Quersenke ein Umschwenken in die NW–SE-Richtung deutlich. Die Molassebildungen haben Obervisé- bis Rotliegendalter. Während des Karbons ist ein Wandern der Hauptablagerungsbereiche von Nordosten nach Südwesten festzustellen.

Nordöstlich Chemnitz wird in den beiden tiefen Mulden von Borna-Ebersdorf und Berthelsdorf-Hainichen als Frühmolasse Obervisé (Visé III β/γ) angetroffen. Diese etwa 1.000 m mächtige Hainichen-Formation beginnt mit einem Grundkonglomerat, über dem Sandsteine und Schiefertone mit geringmächtigen Steinkohleflözen folgen. Darüber liegen ein Granitkonglomerat und Hangende Schiefertone. Mit etwas nach Südwesten verlagertem Zentrum folgt in der flachen Senke von Flöha mit deutlicher Winkeldiskordanz die Flöha-Formation des Westfal B/C. Sie besteht aus Konglomeraten und tonig-sandigen Gesteinen sowie einem eingeschalteten ignimbritischen Rhyolith und Tuffen. Ganz im Westen wurden im etwa 30 km langen Trog von Zwickau-Oelsnitz während des Westfal D eine maximal 300 m mächtige Schichtenfolge aus Konglomeraten, feldspatführenden Sandsteinen und untergeordnet auch Schluffsteinen mit zahlreichen Steinkohleflözen gebildet (Zwickau-Formation). Die Kohleführung hatte im Raum Zwickau und Luga-Oelsnitz wirtschaftliche Bedeutung.

Nach einer das Stefan umfassenden Unterbrechung folgt in der Vorerzgebirgssenke weit verbreitet und diskordant Unterrotliegendes. Über Konglomeraten, Sandsteinen und Schiefertonen (Härtensdorf-Formation) finden sich im mittleren Unterrotliegenden Basalte, Andesite und deren Tuffe (Planitz-Formation) und im oberen Unterrotliegenden wieder hauptsächlich Konglomerate und Sandsteine (Leukersdorf-Formation). Nach saalischen Bewegungen an zahlreichen Störungen ist Oberrotliegendes wieder durch Konglomerate vertreten (Mülsen-Formation). Diese gehen ohne scharfe Grenze in terrestrischen Zechstein über.

4.11.7 Das Fichtelgebirge und der Nordteil des Oberpfälzer Waldes

Den Südwestabschnitt der Fichtelgebirgisch-Erzgebirgischen Antiklinalzone bildet das Fichtelgebirgs-Antiklinorium. Im Südosten wird es von dem gleichfalls SW–NE ausgerichteten Nord-Oberpfälzer Synklinorium begleitet. Das Antiklinorium wird von verschiedengradig metamorphen altpaläozoischen, z. T. vielleicht auch jungpräkambrischen Gesteinsverbänden aufgebaut. Variszische granitoide Intrusionskörper sind weit verbreitet. Das Nord-Oberpfälzer Synklinorium enthält eingemuldet und verschuppt auch Devon und eventuell Unterkarbon. Es ist ebenfalls von jungvariszischen Graniten durchsetzt.

Nach Nordosten geht die Fichtelgebirgs-Antiklinalzone in die Erzgebirgs-Antiklinalzone über. Das Nord-Oberpfälzer Synklinorium liegt in der südwestlichen Fortsetzung der Eger(Ohře)-Senke und ist entsprechend teilweise von tertiären Sedimenten und Basalten verhüllt.

Die Südwestgrenze des Fichtelgebirgs-Antiklinoriums bilden die Bruchstörungen und Flexuren der Fränkischen Linie (Fichtelgebirgsabbruch). Im Südosten verläuft die Grenze Moldanubikum/Saxothuringikum im Bereich der SW–NE streichenden Zone von Tirschenreuth-Mähring.

Die überwiegend vorordovizischen Sedimentfolgen im Kern des **Fichtelgebirgs-Antiklinoriums** werden zur Arzberg-Gruppe und Warmsteinach-Gruppe zusammengefaßt. Ihre metamorphe Überprägung und das Fehlen jeglicher Fossilien erschweren eine stratigraphische Gliederung und sichere Zuordnung. Die Arzberg-Gruppe enthält im unteren Abschnitt (Alexandersbad-Formation) Phyllite bis Glimmerschiefer, Quarzite und Amphibolite, die sich von basischen Tuffen und Effusiva ableiten. Im oberen Teil (Wunsiedel-Formation) folgen ein karbonatreicher Komplex mit z. T. massiven Kalk- und Dolomitmarmoren und einzelnen Amphiboliten sowie Phyllite bis Glimmerschiefer mit Kalksilikatbändern, Graphitphyllite und Amphibolite. Die Arzberg-Gruppe wird heute teilweise lithostratigraphisch mit den Gesteinsverbänden der Bunten Gruppe (Český Krumlov, Kropfmühl) des Moldanubikums verglichen. Je nach deren stratigraphischer Stellung würde ein proterozoisches oder altpaläozoisches Alter resultieren.

Die in ihrer Gesamtheit als kambrisch angesehene Warmsteinach-Gruppe umfaßt in ihrem unteren und oberen Teil Quarzite, z. T. Geröllquarzite, und quarzitisch gebänderte Glimmerschiefer bzw. Phyllite und im mittleren Abschnitt eine Phyllitfolge mit Grauwacken- und Quarziteinlagerungen. Bereits zum Ordovizium gehören auf den Flanken des Antiklinoriums schwächer metamorphe lithologische Äquivalente der tiefordovizischen Frauenbach- und Phycoden-Formation.

Das **Nord-Oberpfälzer Synklinorium** enthält in seinem Kern Äquivalente der höherordovizischen Gräfenthal-Gruppe Thüringens, silurische Kieselschiefer und Alaunschiefer. Am südwestlichen Grundgebirgsrand sind nördlich Erbendorf Vorkommen fossilführender Tonschiefer und Diabase des Unter-, Mittel- und Oberdevons und eventuell auch des Unterkarbons in thüringischer Ausbildung bekannt.

Die variszische Deformation vor ca. 330–320 Ma (sudetische Phase) verlief im Fichtelgebirge und nördlichen Oberpfälzer Wald mehrphasig. Auf eine enge NW-vergente Faltung

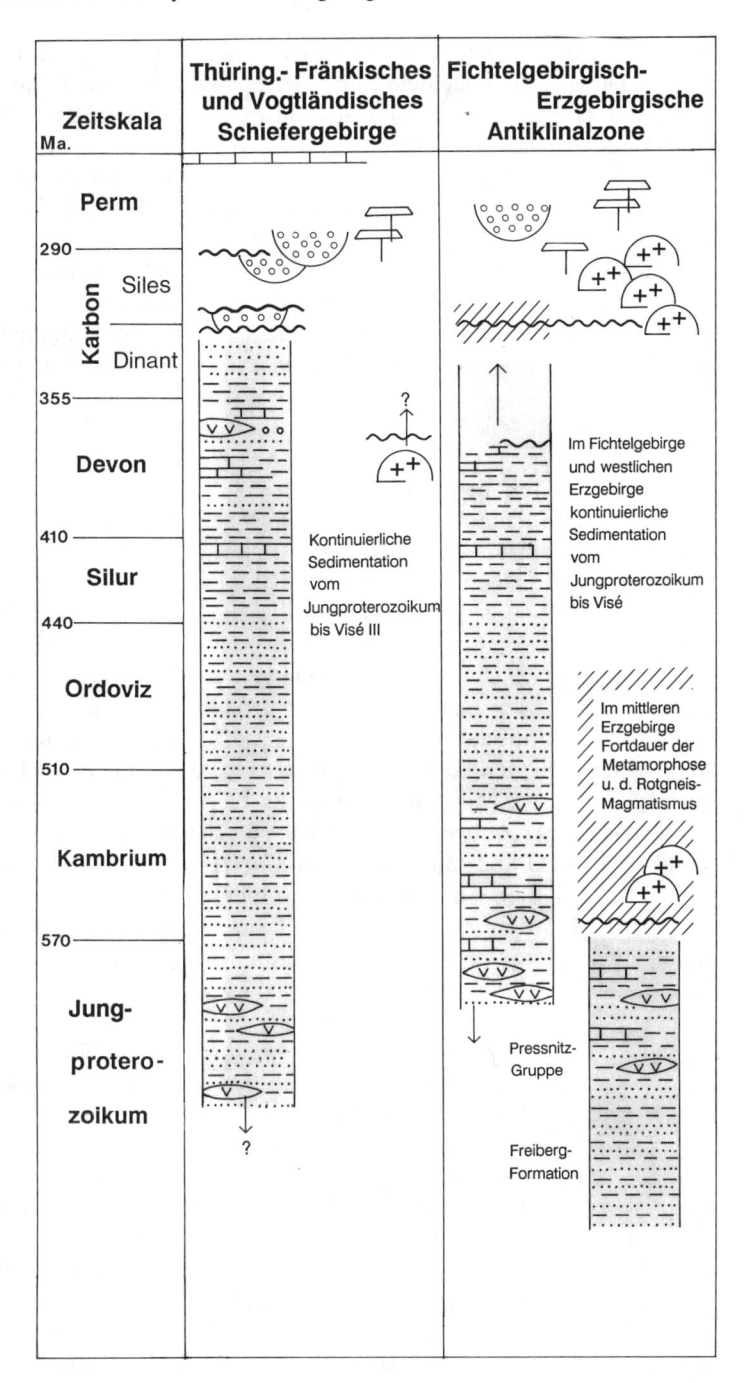

Abb. 93. Schema der geologischen Entwicklung des Sächsisch-Thüringischen und Nordostbayerischen Grundgebirges. Zeichenerklärung wie Abb. 83.

folgte enge bis offene südvergente und dann offene aufrechte Faltung. Die heutige Fichtelgebirgs-Antiklinale stellt eine in den Spätstadien dieses Ablaufs entstandene Aufsattelung dar. Eine synchron zur Deformation verlaufende einaktige Niedrigdruck/Hochtemperatur-Metamorphose erreichte ihre größte Intensität (Staurolith-Andalusit-Zone) an der Nordflanke des Fichtelgebirgs-Antiklinoriums. Am Südrand der Antiklinalzone und im Oberpfälzer Synklinorium tritt nur epimetamorphes bis anchimetamorphes Paläozoikum auf.

In Richtung auf die **Grenze Saxothuringikum/Moldanubikum** und über diese hinweg wird wieder eine kontinuierlich ansteigende Metamorphose-Zonierung von der Chloritzone bis zur Andalusit-Staurolith- und Sillimanitzone im Saxothuringikum bzw. bis zur Cordierit-Kalifeldspat-Zone im südlich angrenzenden Moldanubikum beobachtet (Zone von Tirschenreuth-Mähring). Die Grenze zwischen Saxothuringischer und Moldanubischer Zone wird hier als steile Scherzone interpretiert, entlang der Moldanubikum auf Saxothuringikum überschoben wurde.

Im Westabschnitt des Nord-Oberpfälzer Synklinoriums grenzt das Saxothuringikum an die meist zur Moldanubischen Zone gerechnete Zone von Erbendorf-Vohenstrauß. Die Grenze (Erbendorfer Linie) wird in deckentektonischen Konzepten als nachträglich überprägte flache Überschiebungsbahn (Deckenuntergrenze) gedeutet.

Im Anschluß an die Deformation und Metamorphose intrudierten im ganzen Fichtelgebirge und im südlich angrenzenden, bereits größtenteils zur Moldanubischen Zone gehörenden Oberpfälzer Wald ausgedehnte **Granitplutone**. Ihre heutigen Anschnitte nehmen fast die Hälfte der Grundgebirgsfläche ein. Die Platznahme der Granite fällt in die Zeit zwischen 320 und 290 Ma. Dioritische und granodioritische Vorläuferintrusionen (Redwitzite) leiteten die Abfolge ein. Bei den folgenden granitischen Intrusionen wird zwischen einer Älteren (postsudetischen) Gruppe mit Altern zwischen 320 und 310 Ma und einer Jüngeren (postasturischen) Gruppe zwischen 300 und 290 Ma unterschieden. Die Ältere Gruppe umfaßt u. a. den Granit von Weißenstein-Markleuthen und den Selb- und Falkenberg-Granit sowie den Mitterteich- und Steinwald-Granit. Es handelt sich um Biotitmonzogranite bis leukokrate Monzogranite. Die Jüngere Gruppe beginnt im Fichtelgebirge mit dem sogenannten Randgranit, gefolgt vom Kerngranit. Als Jüngstes intrudierte der Zinngranit. Der Randgranit und der Zinngranit sind alkalibetonte Monzogranite, der Kerngranit ist ein Syenogranit.

In Verbindung mit den Fichtelgebirgs-Graniten stehen Gänge von Aplitgraniten, Apliten, Pegmatiten und vereinzelt Lamprophyren. Darüber hinaus vorkommende Quarzporphyrgänge sind in ihrer Entstehung an die Bruchtektonik der Unterrotliegend-Zeit gebunden. Die spätvariszische und jüngere Störungstektonik am Westrand des Böhmischen Massivs (Fränkische Linie und andere Systeme) führte zu einer Zerblockung des Grundgebirges nach hauptsächlich NW–SE und NNW–SSE ausgerichteten Bruchsystemen.

In der Fortsetzung des Eger(Ohře)-Grabens sind im südöstlichen und östlichen Fichtelgebirge und im nördlichen Oberpfälzer Wald verschiedene **tertiäre Senkungsfelder** mit Schottern, Sanden und Tonen, z. T. auch mit Braunkohleflözen des Miozäns gefüllt. Das ausgedehnteste dieser Tertiärvorkommen ist das Becken von Mitterteich. Miozän-Alter haben auch die Basalte (Feldspatbasalte, Nephelinitbasalte und Olivinnephelinite) zwischen Markredwitz und Mitterteich als Ausläufer des Nordböhmischen Basaltvulkanismus.

4.11.8 Das Erzgebirge

In Fortsetzung des Fichtelgebirges nach Nordosten folgen morphologisch das südliche Vogtland mit dem Elster-Gebirge und jenseits von Klingenthal das Erzgebirge (tschech.: Krušne Hory) mit dem Keilberg (Klínovec) als höchster Erhebung (1.244 m).

Geologisch umfaßt diese Region die Erzgebirgs-Antiklinalzone, die sich aus Erzgebirgs-Zentralzone, Erzgebirgs-Nordrandzone, Erzgebirgs-Südrandzone und Südvogtländisch-Westerzgebirgischer Querzone zusammensetzt. Zusammen mit dem Fichtelgebirgs-Antiklinorium repräsentiert diese komplexe Einheit die südlichste der großen SW–NE streichenden Antiklinalzonen des Saxothuringikums.

In ihrem Nordostteil zeigt die Erzgebirgs-Antiklinalzone mit mesozonal metamorphen proterozoischen Gesteinsverbänden einen deutlich tieferen Anschnitt als im Südwesten. Nach Nordwesten, Westen und Südwesten ist ihr präkambrischer kristalliner Kern von einer kambroordovizischen Glimmerschiefer- und Phyllithülle mit nach außen kontinuierlich abnehmender epizonaler Metamorphose umgeben. Nach Nordosten wird sie durch die Mittelsächsische Störung von den Einheiten der Elbe-Zone getrennt.

Als Nordgrenze der Fichtelgebirgisch-Erzgebirgischen Antiklinalzone gegen das Vogtländisch-Mittelsächsische Synklinorium gilt im allgemeinen die nördliche Phyllitgrenze, im Nordosten die äußere Glimmerschiefergrenze. Im Süden ist das Grundgebirge entlang dem Erzgebirgsabbruch bruchschollenartig um wenigstens 1.000 m gegenüber der südlich angrenzenden Böhmischen Kreidesenke und dem Eger(Ohře)-Graben herausgehoben. Hier liegt die Südgrenze der Antiklinalzone und damit diejenige der Saxothuringischen Zone unter Kreide- und Tertiärablagerungen der Nordböhmischen Senkungszone verborgen (Ohře-Lineament).

Wie das Fichtelgebirgs-Antiklinorium ist auch die Erzgebirgs-Antiklinalzone von ausgedehnten variszischen granitoiden Intrusivkörpern durchsetzt.

Älteste Bildungen innerhalb der Erzgebirgs-Antiklinalzone sind im Osterzgebirgischen Antiklinalbereich teilweise anatektische Biotit-Orthoklas-Plagioklas-Gneise. Sie werden zur Freiberg-Formation zusammengefaßt. Die Edukte dieser mindestens 2.000–3.000 m mächtigen monotonen Gneisfolge waren vorwiegend pelitische Grauwacken-Serien. Im Hangenden folgen die Brand-Formation mit einem charakteristischen bis 80 m mächtigen Quarzithorizont sowie die wiederum monotone Annaberg-Wegefarth-Formation.

Im Hangenden dieser zur Osterzgebirgs-Gruppe zusammengefaßten Einheiten folgt die lithologisch vielfältigere Pressnitz-Gruppe. Ihr Typusgebiet befindet sich im Mittelerzgebirgischen Antiklinalbereich (Přísečnice, Marienberg). Weitere Verbreitungsgebiete sind vor allem der Osterzgebirgische Antiklinalbereich außerhalb der Freiberger Antiklinale und des Fürstenwalder Gebietes, der Bereich der Flöha-Zone und die Erzgebirgs-Südrandzone.

Die über 2.000 m mächtige Pressnitz-Gruppe besteht vor allem aus schiefrigen Muskowit-Biotit-Plagioklas-Paragneisen und glimmerreichen Gneisen. Eingeschaltet sind vorzugsweise im tieferen Teil (Rusová-Formation) Metagrauwacken zusammen mit polymikten Metakonglomeraten und Metabasiten. Im höheren Teil (Měděnec-Formation) sind mehrere Karbonatgesteins-Skarn-Horizonte und Muskowit-Gneise charakteristisch, die mindestens teilweise metavulkanischen Charakter haben. Die zeitlich mit dem Oberproterozoikum des Teplá-Barrandiums gleichgestellte Präkambriumabfolge des Erzgebirges endet mit der Niederschlag-Gruppe.

Diskordanzen innerhalb des erzgebirgischen Präkambriums sind bisher nicht sicher nachgewiesen. Auch sind seine Verbandsverhältnisse zu den nachfolgenden kambrischen

Serien im Detail noch unbekannt. Trotzdem ist nach strukturgenetischen Untersuchungen und Rekonstruktionen der Sedimentationsräume eine tektonische Prägung und Stabilisierung von Teilbereichen der Erzgebirgs-Zentralzone bereits im jüngsten Präkambrium wahrscheinlich. Eine anschließende anhaltende Aufstiegstendenz dieses Gebietes zeigte in der Folgezeit deutliche Auswirkungen auf die Sedimentationsgeschichte seines Umfeldes.

Die genetisch heterogenen **Rotgneise** granitischer bis granodioritischer Zusammensetzung (Intrusiva, Blastomylonite, Anatexite) stecken vorzugsweise in Nebengesteinen der Pressnitz-Gruppe sowie mit einigen kleineren Vorkommen in der kambro-ordovizischen Schichtenfolge. Sie belegen eine Periode prävariszischer Granitoid-Intrusionen vom Ende des Präkambriums wahrscheinlich bis in das tiefste Ordovizium. Zentren solcher intrusionsmagmatischen Aktivitäten im Jüngstpräkambrium und frühen Altpaläozoikum waren die Gebiete der heutigen Gneis-Kuppeln von Sayda und Hora Sv. Katheřiny (Katharinaberg) beiderseits der Flöha-Zone.

Im Hangenden der oberproterozoischen Schichtenfolge folgt im mittleren und westlichen Teil der Erzgebirgs-Antiklinalzone ein lithologisch abwechslungsreicherer Gesteinskomplex, der aufgrund seiner relativen stratigraphischen Position und nach lithologischen Vergleichen in das **Kambrium** gestellt wird. Der untere zur Keilberg-Gruppe zusammengefaßte Teil der Schichtenfolge dürfte dem tieferen Kambrium entsprechen. Er enthält mächtige Karbonateinschaltungen, die einerseits mit Quarz- und Granatglimmerschiefern, andererseits mit Metagrauwacken, Metakonglomeraten und Metabasiten verknüpft sind. Den Abschluß bildet eine mächtige quarzitreiche Formation.

In der folgenden Joachimsthaler Gruppe und Thumer Gruppe, die vermutlich das mittlere und höhere Kambrium repräsentieren, treten Quarzite und Metagrauwacken stark zurück und graphitführende Glimmerschieferhorizonte, Metabasite und nicht durchgängige Karbonathorizonte sind charakteristisch. Außerdem spielen in der Joachimsthaler Gruppe noch Einschaltungen von feldspatblastischen Zweiglimmergneisen vom Typ der Roten Plattengneise eine bedeutende Rolle.

Das Kambrium des westlichen und mittleren Erzgebirges erreicht eine Mächtigkeit von etwa 3.000 m. Im Osterzgebirge wird für die gleiche Zeit mit einer gegen Ende des Präkambriums erreichten Schwellensituation gerechnet, so daß wahrscheinlich nur geringmächtiges und lückenhaftes Kambrium sedimentierte.

Tiefes **Ordovizium** ist im Elster-Bergland und Westerzgebirge weit verbreitet und besitzt hier auch seine größte Mächtigkeit. Die Frauenbach-Formation im unteren Teil besteht aus verschiedenen z. T. violettgrauen Phylliten mit Einlagerungen von dunklen Quarziten sowie hellen Serizit-Quarzitschiefern. Auch basische Metavulkanite treten auf. Es folgt die Phycoden-Formation mit zunächst einförmigen, dann quarzitstreifigen Phylliten.

Die Gräfenthal-Gruppe des höheren Ordoviziums ist aus Muldenzonen der Erzgebirgs-Nordrandzone und der Südvogtländisch-Westerzgebirgischen Querzone bekannt. Sie ist durch anchimetamorphe dunkle Tonschiefer mit z. T. geröllführenden Horizonten, einen quarzitischen Sandstein im Mittelabschnitt und geringmächtige Äquivalente der auch aus Thüringen bekannten Eisenerzhorizonte gekennzeichnet.

Silur und **Unter- bis Mitteldevon** sind vor allem in der Lößnitz-Zwönitzer Mulde der Erzgebirgs-Nordrandzone erhalten. Ihre Ausbildung ähnelt gleichaltrigen Äquivalenten im nördlich gelegenen Vogtländisch-Mittelsächsischen Synklinorium. Silur ist durch Alaunschiefer und Kieselschiefer (Untere Graphtolithenschiefer) und im höheren Teil Karbonatgesteine (Ockerkalk) vertreten. Das Devon umfaßt Obere Graptolithenschiefer und Tentakulitenschiefer. Sowohl Silur als auch tieferes Devon enthalten Metadiabase und Diabastuff.

Die Deformation und das resultierende **Strukturbild** des Kristallins der Erzgebirgs-Zentralzone ist komplex und polyphas. Nach einer ersten oberproterozoischen Deformationsphase mit W–E ausgerichteten Strukturen und Anlage der Kristallisationsschieferung sowie weiteren Faltungen um N–S, NW–SE und schließlich NE–SW-Achsen bildete sich das heutige Deformationsbild heraus. Im Osterzgebirgischen Antiklinalbereich bzw. im Freiberg-Fürstenwalder Block ist der tektonische Bau durch weitspannige WNW–ESE ausgerichtete Großfalten der Kristallisationsschieferung charakterisiert. Der Metamorphosegrad erreicht hier die Almandin-Amphibolitfazies. Ganz im Osten, im Gneiskomplex von Lauenstein-Fürstenwalde, ist regionale Anatexis verbreitet. Auch der Mittelerzgebirgische Antiklinalbereich bzw. der Annaberg-Marienberger Block weist wie das Osterzgebirgs-Kristallin breite W–E bis WNW–ESE gerichtete Faltenstrukturen auf. Um die Annaberg-Marienberger Antiklinale ist eine deutliche metamorphe Zonenfolge von der Amphibolitfazies im oberproterozoischen Kern zu grünschieferfaziellen Phylliten des tieferen Ordoviziums entwickelt.

Zwischen dem Mittel- und dem Osterzgebirgischen Antiklinalbereich erstreckt sich etwa 10 km breit die NW–SE ausgerichtete Flöha-Querzone. Sie ist durch das Auftreten von metatektischen Paragneisen, Gneisen mit Granulit-Tendenz und Granuliten gekennzeichnet. Hier treten die einzigen im Erzgebirge bekannten Ultrabasite auf. Sie sind wie die Granulite an Scherzonen gebunden.

Nordwestlich und südlich wird die Erzgebirgs-Zentralzone von zwei im Gegensatz zu ihrer Innenstruktur aber konform zur Gesamterstreckung der Fichtelgebirgisch-Erzgebirgischen Antiklinalzone mehr oder weniger SW–NE (erzgebirgisch) streichenden Faltenzonen begleitet. Die nordwestliche Nordrandzone besteht vorwiegend aus kambro-ordovizischen Folgen. In ihrem Zentrum enthält sie die stark verschuppte Lößnitz-Zwönitzer Mulde mit oberordovizischen bis unter- bis mitteldevonischen Gesteinen im Kern. Die südliche Zone erstreckt sich als Erzgebirgs-Südrandzone in W–E-Richtung von Jáchymov (Joachimsthal) bis zum Erzgebirgsabbruch bei Chomutov. Sie enthält intensiv gefaltete jungpräkambrische bis kambrische Folgen.

Bisherigen radiometrischen Altersdatierungen zufolge ist ein Beginn der Regionalmetamorphose im östlichen Erzgebirge zwischen 590 und 540 Ma wahrscheinlich. Im mittleren Erzgebirge erreichte sie um rund 500 Ma ihr thermisches Maximum. Zu diesem Zeitpunkt ist hier mit einem verstärkten Rotgneismagmatismus zu rechnen. Altersdaten sowohl aus dem stark metamorphen Proterozoikum als auch von gering metamorphen mittel- bis oberordovizischen Serien verschiedener Teile des Erzgebirges zwischen 440 und 400 Ma belegen eine bis in das Silur anhaltende umfassende Regionalmetamorphose. Zeitlich entspricht ihr die Granulitbildung in der Flöha-Zone.

Der Abschluß der langandauernden tektonischen und metamorphen Entwicklung des Erzgebirgs-Antiklinoriums erfolgte spätestens im Mitteldevon vor 380 Ma. Jüngere Deformationsereignisse mit durchgreifender Faltung und Schieferung und höchstens schwacher epizonaler Metamorphose des jüngeren Paläozoikums sind auf den äußeren Rahmen des Erzgebirgs-Antiklinoriums beschränkt. Die sudetische Faltung, die die erzgebirgische Kristallinzone selbst nicht mehr betraf, wirkte sich im oberen Visé nur in der nördlich angrenzenden Vogtländisch-Mittelsächsischen Synklinalzone sowie in streichender Fortsetzung der Erzgebirgs-Antiklinalzone im Fichtelgebirgs-Antiklinorium aus.

Die für die Krustenentwicklung der Erzgebirgs-Antiklinalzone wichtigen **Intrusionen postkinematischer Granite** erfolgten zwischen 330 und 295 Ma. Es werden Granite eines älteren Intrusivkomplexes (Gebirgsgranit) und eines jüngeren (Erzgebirgsgranit) unterschieden.

Für die Gebirgsgranit-Intrusionen werden Alter zwischen 330 und 320 Ma (Grenze Visé/Namur) festgestellt. Die jüngeren Erzgebirgsgranite intrudierten zwischen 305 und 295 Ma an der Wende Westfal/Stefan.

An der Tagesoberfläche haben die Granite ihre Hauptverbreitung im Westerzgebirge. Dort liegt das große NW–SE verlaufende Eibenstock-Nejdek-Massiv. Nach Süden setzt es sich auf tschechoslowakischer Seite bis Karlovy Vary (Karlsbad) fort (Karlovy Vary-Massiv). Das Eibenstock-Nejdek-Massiv und Karlovy Vary-Massiv enthalten Granite beider Intrusivkomplexe. Der ältere Gebirgsgranit ist im Süden (Karlovy Vary, Nejdek) und im Norden (Kirchberg, Aue, Bergen) verbreitet. Er wird einer spätkinematischen postsudetischen bis erzgebirgischen Intrusionsphase zugeordnet. Porphyrische Biotit-Monzogranite herrschen vor. Die jüngeren Intrusionen des Erzgebirgsgranits erfolgten postkinematisch (post-asturisch). Sie bauen das zentrale und nördliche Eibenstock-Massiv auf. Diese jüngeren Granite umfassen leukokrate Monzogranite und Syenogranite und sind durch autometamorphe Alteration und örtliche Greisenentwicklung mit Sn-W-Mo-Mineralisationen gekennzeichnet.

Im mittleren Erzgebirge sind an der Oberfläche nur isolierte kleine Vorkommen insbesondere des jüngeren Intrusivkomplexes aufgeschlossen (z. B. Ehrenfriedersdorf).

Im Osterzgebirge repräsentieren die Vorkommen von jüngeren und älteren Graniten ein seichteres Intrusionsniveau. Die Granite von Niederbobritzsch, Flaje und Telnice gehören zur Gruppe der älteren Gebirgsgranite. Zwischen ihnen finden sich im Gebiet von Altenberg die in geringerer Tiefe steckenden Plutone der jüngeren Erzgebirgsgranite von Schellerhau, Altenberg, Zinnwald und Sadisdorf. Mit ihnen stehen u. a. die kata- und mesozonalen Zinn-Wolfram-Mineralisationen des zentralen und westlichen Erzgebirges in Verbindung.

Vor, während und nach der Intrusion der Erzgebirgsgranite erfolgte die Bildung vulkanischer und subvulkanischer Serien, u. a. der in die molassoiden Konglomerate, Sandsteine und Schiefertone mit Steinkohleflözen des Westfal B/C eingeschalteten Schönfelder Rhyolithe und Rhyodazite, der Quarzporphyrgänge des Sayda-Berggießhübeler Gangschwarms, der Teplice- und Tharandt-Rhyolithe und der Altenberg-Frauenstein-Granitporphyrgänge.

Erosionsreste **permokarbonischer Molassebildungen** treten außer im Altenberger Bruchfeld in der Flöha-Querzone auf. Nach dieser Zeit ist die Erzgebirgs-Antiklinalzone stets Abtragungsgebiet gewesen. Lediglich in der **Oberkreide** sind im östlichen Erzgebirge fluviatil-limnische Ablagerungen und später marine Sandsteine des Cenomans und Turons abgelagert worden. Örtlich finden sich im mittleren Erzgebirge im Erosionsschutz oligozäner bis mittelmiozäner basaltischer Lava- und Tuffdecken Schotterreste eines von Süden nach Norden gerichteten obereozänen bis unteroligozänen Flußsystems.

4.11.9 Die Elbe-Zone

Die NW–SE (herzynisch) streichende, zwischen 7 und 35 km breite Elbe-Zone ist Teil des Elbe-Lineaments, einer bedeutenden Bruchzone im südwestlichen Vorland der Osteuropäischen Plattform. Nach Nordwesten ist diese Bruchzone bis in das Norddeutsche Becken, nach Südosten bis mindestens an den Karpatenrand zu verfolgen. Ihr heutiger Übertageanschnitt im Kreuzungsbereich mit dem Grundgebirge der Saxothuringischen Zone geht auf dessen junge Heraushebung zurück.

Auf der Westseite der Elbe-Zone verläuft die das Erzgebirgskristallin und den Rahmen des Sächsischen Granulitgebirges nach Osten abschneidende Mittelsächsische Störung. An ihr ist das Grundgebirge der Elbe-Zone nach Südosten versetzt und gleichzeitig südwestwärts auf das Kristallin des Osterzgebirges überschoben.

Auf ihrer Ostseite wird die Elbtal-Zone durch die ältere Westlausitzer Störung und die ihr teilweise parallel verlaufende jüngere Lausitzer Überschiebung von der Lausitzer Antiklinalzone getrennt.

Die die Elbe-Zone begrenzenden Störungen fallen generell gegen Nordosten ein. Im wesentlichen gehen sie auf variszische und jüngere Bewegungen zurück. Im Falle der Westlausitzer Störung sind Aktivitäten seit dem Jungpräkambrium wahrscheinlich.

Entlang dem Südwestrand der Elbe-Zone ist ihr als Elbe-Synklinorium bezeichnetes variszisches Fundament westlich Dresden im Wilsdruff-Nossener Schiefergebirge (Nossen-Wilsdruffer Synklinorium) und südlich Dresden im Elbtal-Schiefergebirge (Maxen-Berggießhübler Synklinorium) aufgeschlossen. Beide Abschnitte bilden eine zusammenhängende Einheit, die an der Oberfläche durch die Rotliegend-Ablagerungen der Döhlener Senke unterbrochen ist.

In ihrem Zentralabschnitt ist neben weiteren kleineren, z. T. älteren Plutonen das Meißener Syenodiorit-Granit-Massiv während des hohen Unterkarbons bis tieferen Oberkarbons in das vor-oberkarbonische Schiefergebirgsstockwerk der dort stark verbreiteten Elbe-Zone intrudiert.

Von Meißen bis über die tschechoslowakische Grenze ist die Elbe-Zone weitflächig von Oberkreideschichten bedeckt. Vielfach werden die älteren Ablagerungen auch durch pleistozäne Ablagerungen verhüllt.

Das **Oberproterozoikum** der Elbe-Zone schließt sich in ihrem nordwestlichen Abschnitt an die erzgebirgische, im südöstlichen Abschnitt an die Lausitzer Ausbildung an. Die **paläozoische Schichtenfolge** spiegelt bis zur sudetischen Faltung die Verhältnisse eines langgestreckten schmalen Ablagerungsraumes wider, dessen fortwährende tektonische Mobilität zwischen den stabileren Blöcken der Erzgebirgs-Zentralzone und der Lausitzer Antiklinalzone in zahlreichen Sedimentationslücken erkennbar wird. Das tiefere Kambrium fehlt. Älteste Schichten des Elbe-Synklinoriums sind Tonschiefer und Phyllite mit Quarzitschiefern und basischen und sauren Metavulkaniten, vereinzelt auch mit kleineren Kalksteinvorkommen und Graphitschiefern. Sie sind wahrscheinlich in den Zeitabschnitt höheres Kambrium bis tiefes Ordovizium zu stellen. Nur sie sind von einer deutlichen Regionalmetamorphose betroffen.

Nach einer Schichtlücke folgen oberordovizische Sandsteine und silurische Alaun- und Kieselschiefer örtlich mit Ockerkalk. Unter- bis Mitteldevon werden wahrscheinlich durch geringmächtige Tonschiefer mit Kieselschiefern und Diabasen repräsentiert. Das Oberdevon ist durch starke Fazieswechsel zwischen Karbonaten und basischen Vulkaniten einerseits und Kieselschiefern, Tonschiefern und Grauwacken andererseits charakterisiert. Das Unterkarbon beginnt im Elbtal-Schiefergebirge mit einem Kieselschieferkonglomerat. Darüber folgen weiterhin rund 400 m unterkarbonische Tonschiefer, flyschartige Sandsteine und Grauwacken.

Das zwischen der Erzgebirgs-Zentralzone und der Lausitzer Antiklinalzone gelegene **Elbtal-Schiefergebirge** zeichnet sich insgesamt durch einen besonders intensiven, südwestvergenten Faltenbau mit zahlreichen streichenden Überschiebungen aus. Im **Nossen-Wilsdruffer Schiefergebirge** ist die tektonische Beanspruchung schwächer. Hier im nördlichen Abschnitt des Elbe-Synklinoriums bewirkten die spät- bis postorogenen Intrusivkörper des Meißener Syenodiorit-Granit-Massivs eine starke Kontaktmetamorphose der vor-oberkarbonischen Komplexe.

Das **Meißener Syenodiorit-Granit-Massiv** stellt einen stark differenzierten Pluton dar. Die Intrusionen erstreckten sich über einen längeren Zeitraum vom höheren Unterkarbon (sudetische Phase) bis längstens in das Stefan. Unterschieden werden ein peripherer Intrusivkomplex eines älteren Hornblende-Syenodiorits und ein zentraler etwas jüngerer Biotitgranodiorit. Den Abschluß bildete in wahrscheinlich größerem zeitlichen Abstand die Intrusion eines kleinen Biotitgranitkörpers, der mit den jüngeren Erzgebirgs-Graniten der Fichtelgebirgisch-Erzgebirgischen Antiklinalzone verglichen wird. Den Intrusivgesteinen des Meißener Syenodiorit-Granit-Massivs lagert ein vorwiegend aus rhyolithischen Gesteinen, Ignimbriten und Tuffen aufgebauter Vulkanitkomplex des Westfal/Stefan auf.

Südwestlich Dresden liegt diskordant über dem sudetisch gefalteten Grundgebirge des Elbe-Synklinoriums das Oberkarbon bis Unterrotliegende (Autun) der **Döhlener Senke**. Im Norden und Nordosten greift es auf das Meißener Syenodiorit-Granit-Massiv über. Zuunterst liegt die eventuell ins Oberkarbon (Westfal) zu stellende Unkersdorf-Potschappel-Formation mit Porphyriten und Tuffen, örtlich auch Konglomeraten. Darüber folgt die Döhlen-Formation, bestehend aus Konglomeraten, Sandsteinen und Schiefertonen mit Steinkohlen- und Brandschieferflözen. Die nächstjüngere Niederhäslich-Schweinsdorf-Formation aus vorwiegend Schiefertonen und Tonsteinen enthält bei Niederhäslich ein Kalksteinlager, das als Fundort fossiler Amphibien und Reptilien berühmt geworden ist. Den Abschluß der über 700 m mächtigen Schichtenfolge bildet die Bannewitz-Hainsberg-Formation mit Brekzientuffen und Tufiten und abschließend Gneiskonglomeraten. Oberrotliegendes und Zechstein wurden nicht mehr abgelagert. Die die Döhlener Senke im Streichen durchziehenden antithetischen Verwerfungen sind saalischen, vielleicht aber auch jüngeren Alters.

Einzige Anzeichen für eine Meeresverbindung zwischen der Norddeutsch-Polnischen Senke und Mähren während des frühen und mittleren Mesozoikums sind einige schollenförmige Reste von Jura-Kalken entlang der Lausitzer Überschiebung.

Von besonderer paläogeographischer Bedeutung ist die das heutige Bild der Elbe-Zone in starkem Maße prägende Deckgebirgseinheit der **Oberkreide**. Als geschlossene Bedeckung ist sie auf die im Nordosten durch die Lausitzer Überschiebung begrenzte Elbe-Senke beschränkt. Erosionsrelikte in der östlichen Erzgebirgs-Zentralzone sprechen aber für die Einbeziehung auch dieses Gebiets in die Absenkungsbewegungen. Auch nach Nordosten reichte die ursprüngliche Kreideverbreitung nachweislich über die Lausitzer Überschiebung hinaus.

Die 600–900 m mächtige Kreideabfolge beginnt mit der in flachen Senken der präcenomanen Landoberfläche abgelagerten fluviatil-limnischen Niederschöna-Formation des Oberalb bis unteren Cenomans.

Im Obercenoman erfolgte die marine Transgression über drei NW–SE verlaufende störungsbedingte Tröge. Das marine Obercenoman besteht aus Sandsteinen und im inneren Teil des Beckens aus kalkigen Sandsteinen und Kalken. Erst im höheren Obercenoman, Turon und unteren Coniac wurde der Sedimentationsraum zu einem einheitlichen Becken. Es kam zu einer deutlichen Faziesdifferenzierung in vorwiegend sandige Ablagerungen im Südosten (bis 350 m Quadersandsteine des Elbsandsteingebirges) und tonig-mergelige

Sedimente (Pläner) im Nordwesten. Der Faziesübergang wird im Gebiet von Pirna beobachtet.

Die Oberkreidesedimentation endete im unteren Coniac (subherzyne Phase) mit der Heraushebung der Antiklinalzonen des Erzgebirges und der Lausitz. Besonders entlang der Lausitzer Störung kam es zu bedeutenden Auf- und Überschiebungen.

Lückenhafte Tertiärablagerungen (besonders Miozän) sind auf den Nordteil der Elbe-Zone beschränkt.

Besonders während der Elster-Vereisung war die Elbe-Zone zeitweilig vom von Norden vordringenden Eis erfüllt. Die Gletscher der Elster-Eiszeit reichten bis Bad Schandau. Das Saale-Eis rückte dagegen nur bis in die Meißener Gegend vor. Fluviatile Aufschüttungen der Elbe lassen für das Pliozän und Pleistozän eine Heraushebung des Nordrandes des Böhmischen Massivs und vom Elster-Glazial an eine Neubelebung der Lausitzer Störungszone unter gleichzeitigem Einsinken des Elbegebietes bei Dresden erkennen.

Literatur: E. BANKWITZ & P. BANKWITZ 1975; E. BANKWITZ et al. 1984, 1989; P. BANKWITZ & E. BANKWITZ 1982; P. BANKWITZ et al. 1988; H.-J. BEHR 1961, 1978, 1983; H.-J. BEHR, W. ENGEL & W. FRANKE 1980, 1982; H.-J. BEHR et al. 1985; C. BESANG et al. 1976; P. BLÜMEL & W. SCHREYER 1976; DEUTSCHE DEMOKRATISCHE REPUBLIK 1983; W. FRANKE 1984; W. FRANKE (Ed.) 1090b; G. FRANZ, S. THOMAS & D.C. SMITH 1984; G. FREYER et al. 1982; A. FRISCHBUTTER 1982a, 1982b; J. GANDL, TH. FRIEDRICH & M. HAPPEL 1986; H.R. VON GAERTNER 1950; D. GEBAUER & M. GRÜNENFELDER 1979; H. GERSTENBERGER et al. 1984; GESELLSCHAFT FÜR GEOLOGISCHE WISSENSCHAFTEN 1983; W. GOTTE & G. HIRSCHMANN (Hrsg.) 1972; W. GOTTE & F. SCHUST 1988; H. HAUBOLD 1980; H. HAUBOLD & G. KATZUNG 1980; G. HIRSCHMANN & M. OKRUSCH 1988; J. HOFMANN, G. MATHÉ & R. WIENHOLZ 1981; J. HOFMANN et al. 1979; W. HOPPE & G. SEIDEL (Hrsg.) 1974; G. HÖSEL 1972; K. HOTH et al. 1983; K.-B. JUBITZ et al. 1985; H. KEMNITZ 1988; W. KNOTH & M. SCHWAB 1972; H. KÖHLER, G. PROPACH & G. TROLL 1989; O. KRENTZ 1984, 1985; M. KURZE 1966; M. KURZE & K.-A. TRÖGER 1990; J. LANGE et al. 1972; R. LOBST 1986; W. LORENZ 1979, 1988; W. LORENZ & G. BURMANN 1972; W. LORENZ & K. HOTH 1989; H. LÜTZNER 1981; H. LÜTZNER (Ed.) 1987; G. MATHÉ 1969; G. MATHÉ & R. BERGNER 1977; H. MIELKE, P. BLÜMEL & K. LANGER 1979; G. MÖBUS 1964; D. MÜLLER-SOHNIUS et al. 1987; W. NEUMANN 1973, 1984, 1988; W. NEUMANN & H. WIEFEL 1978; H.-J. PAECH 1989, H. PFEIFFER 1968; L. PFEIFFER, G. KAISER & J. PILOT 1986; K. PIETSCH 1962; H. PRESCHER 1981; W. REICHEL 1970; P. RICHTER & G. STETTNER 1979; V. SATTRAN & V. ŠKVOR 1966; K. SCHMIDT 1959; J. SCHNEIDER & R. WIENHOLZ 1987; A. SCHREIBER 1967; W. SCHREYER 1966; U. SCHÜSSLER et al. 1986; G.STETTNER 1979, 1980, 1981; F. SÖLLNER, H. KÖHLER & D. MÜLLER-SOHNIUS 1981a, 1981b; M. SUK et al. 1984; J. SVOBODA et al. 1966; ST. TEUFEL 1988; G. TISCHENDORF (Ed.) 1989; G. TISCHENDORF et al. 1987; K.-A. TRÖGER, H.-J. BEHR & W. REICHEL 1969; G. VOLL 1960; A. VOLLBRECHT, K. WEBER & J. SCHMOLL 1989; C. WAGENER-LOHSE & P. BLÜMEL 1984; A. WATZNAUER 1965; C.-D. WERNER 1974; C.-D. WERNER, M. SCHLICHTING & J. PILOT 1984; R. WIENHOLZ, J. HOFMANN & G. MATHÉ 1979; A. WURM 1961; ZENTRALES GEOLOGISCHES INSTITUT (Hrsg.) 1968.

4.12 Das Lausitzer Bergland und die Westsudeten (Lugikum)

4.12.1 Übersicht

Das zwischen der Elbe-Zone im Westen und der Schlesischen Nord-Süd-Zone mit der Ramsau (Ramzová)-Überschiebung im Osten gelegene Mittelgebirge der Lausitz und der Westsudeten bildet in geologischer Hinsicht den Nordostrand des Böhmischen Massivs. In einer rd. 300 km langen und 60 km breiten NW–SE streichenden Grundgebirgsscholle sind jungpräkambrische und altpaläozoische Metamorphite, variszische und ältere Granitoide und nichtmetamorphe fossilführende paläozoische Sedimentserien dicht nebeneinander aufgeschlossen. Einzelne jüngere Sedimentbecken besitzen eine karbonische und permische

Molassefüllung und werden ihrerseits z. T. von Trias- und Oberkreide-Deckgebirge überlagert.

Heute wird das Grundgebirge der Lausitz und der Westsudeten von mehrfach reaktivierten, zuletzt während des Känozoikums aktiven Bruchzonen zerteilt.

Im Nordosten trennt der zwischen Bolesławiec (Bunzlau) in Südwestpolen und Jeseník in der Tschechoslowakei NW–SE streichende morphologisch markante Sudetenrandbruch die eigentlichen Westsudeten vom tieferliegenden Vorsudetischen Block. Das Grundgebirge beider Einheiten zeigt aber viele geologische Gemeinsamkeiten.

Weiter im Nordosten, etwa entlang der Oder, sinkt das sudetische Grundgebirge entlang dem parallel zum Sudetenrandbruch verlaufenden Außenrandbruch (Oder-Lineament) noch tiefer und bildet nördlich von diesem das Fundament der Vorsudetischen Monokline. Deren leicht gegen Nordosten geneigte postvariszische Deckgebirgsfolge reicht vom unteren Perm (örtlich auch Karbon) bis in das Känozoikum.

Das Oder-Lineament bildet somit die nordöstliche Randstörung des Böhmischen Massivs gegen das Norddeutsch-Polnische Becken.

Gegen das Kerngebiet des Böhmischen Massivs im Südwesten wird die präkambrisch-paläozoische Grundgebirgsscholle des Lausitzer Berglandes und der Westsudeten durch das Störungssystem des Elbe-Lineaments abgegrenzt. Über lange Strecken bildet die Lausitzer Überschiebung die Grenze gegen die Nordböhmische Kreidesenke. Alle diese NW–SE gerichteten Lineamente verlaufen parallel zum Südwestrand der Osteuropäischen Plattform.

Das Grundgebirge der Lausitz und der Westsudeten wurde von Suess als **Lugikum** zusammengefaßt. Wie im sächsisch-thüringischen Bereich war die übergreifende Hauptorogenese in der Lausitz, in den Westsudeten und im Vorsudetischen Block variszisch. Insofern stellen diese Gebiete die unmittelbare Fortsetzung des Saxothuringikums jenseits des Elbe-Lineaments dar. Vom Saxothuringikum i. e. S. unterscheiden sie sich jedoch durch ihren stärker heterogenen Aufbau. Baueinheiten ganz unterschiedlicher Zusammensetzung, unterschiedlichen Alters und unterschiedlicher Strukturprägung finden sich, vielfach von Abschiebungen, Überschiebungen oder Seitenverschiebungen begrenzt, in unmittelbarer Nachbarschaft.

In der Hochscholle des **Lausitzer Massivs** sind in der Lausitzer Antiklinalzone anchimetamorphe und anatektisch weiterentwickelte Gesteinsverbände jungproterozoischen Alters mit cadomischer Tektogenese sowie jungproterozoische und paläozoische Granitoide erschlossen. Unmittelbar nordöstlich angrenzend finden sich im Görlitzer Synklinorium anchimetamorphe paläozoische Sedimentfolgen von Kambrium bis Unterkarbon.

In den **Westsudeten** stellt die Kristallinhülle des Iser- und Riesengebirges (poln.: Góry Izerskie – Karkonosze; tschech.: Jezerské Hory – Krkonoše) nach heutiger Auffassung eine frühpaläozoisch (frühkaledonisch) gefaltete und metamorph geprägte Grundgebirgseinheit dar, die aber im Verlauf des Devons eine weitere frühvariszische Prägung erfuhr. Cadomische bis frühvariszische Prägungen betrafen auch in unterschiedlichem Maße die größtenteils metamorphe Baueinheit des Adler-Gebirges (poln.: Góry Orlicke; tschech.: Orlicke Hory) sowie die metamorphen Komplexe des Schneegebirges (poln.: Śnieznik; tschech.: Śneżnik), des Reichensteiner (Złoty Stok-) Gebirges und des Glatzer (Kłodzko-) Berglandes.

Nördlich einer bedeutenden Störungszone, der Innersudetischen Hauptstörung, stehen diesen Kristallinaufbrüchen im Boberkatzbachgebirge (Góry Kaczawskie), im Becken von Świębodzyce (Freiburg) und im Warthaer Schiefergebirge (Góry Bardskie) niedrig- oder garnicht metamorphe im Unterkarbon und an der Wende Unterkarbon/Oberkarbon gefaltete paläozoische Baueinheiten gegenüber. Auch einige Schiefergebirgsaufbrüche im Vorsudeti-

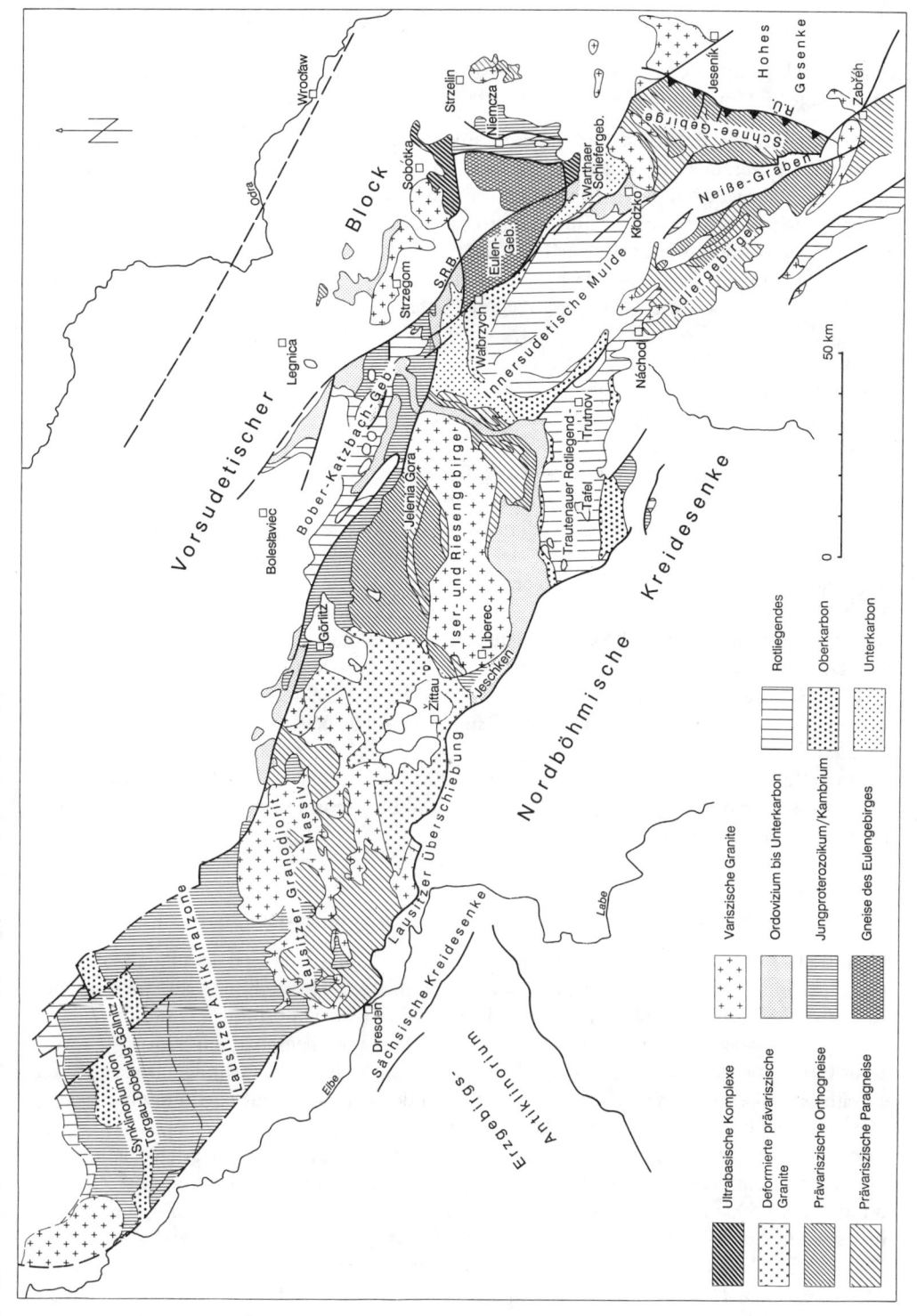

Abb. 94. Geologische Übersichtskarte des Grundgebirges der Lausitz und der Westsudeten.
S.R.B. = Sudetenrandbruch, R.Ü. = Ramzova-Überschiebung.

schen Block gehören dazu. Allein der Kristallinkomplex des Eulengebirges (Sowie Góry) stellt in dieser Umgebung eine völlig fremde Struktureinheit dar.

Soweit die vorvariszische sedimentäre Entwicklung des Gebietes heute rekonstruiert werden kann, verlief sie uneinheitlich. Sie begann und endete in den verschiedenen Gebieten zu verschiedenen Zeiten. Faziell entspricht sie dennoch in vielen Aspekten der saxothuringischen Entwicklung westlich der Elbe-Linie. Nach der abschließenden variszischen Tektogenese im Devon und Unterkarbon erfolgte die Platznahme bedeutender granitoider Intrusivkörper. Von ihnen sind der Riesengebirgs-Granit sowie die Granitmassive von Kłodzko (Glatz) – Złoty Stok (Reichenstein), Strzegom (Striegau) und Strzelin (Strehlen) – Žulova die wichtigsten.

Bereits ab den Oberdevon, verstärkt aber ab dem Oberkarbon begann im Umfeld der Antiklinalzonen der Lausitz und der Westsudeten die variszische Molasse-Entwicklung. Bedeutende Molassebecken waren hier während des Unter- und Oberkarbons und Unterperms die Innersudetische Mulde, die Nordsudetische Mulde und das südliche Riesengebirgsvorland (Krkonoše Piedmont) mit der Trautenauer (Trutnov-) Rotliegend-Senke. Der Vorsudetische Block bildete während des Perms und des Mesozoikums ein Hochgebiet zwischen den Sudeten und der Vorsudetischen Monokline.

Ablagerungen des Zechsteins und der Trias greifen nur randlich von Norden auf die Sudeten über. Erst bei maximaler Meeresverbreitung in der Oberkreide transgredierte das Meer über die Sudeten. Seine Ablagerungen sind heute vor allem in der Nordsudetischen Mulde, in der Innersudetischen Mulde und in Nordböhmen erhalten. Mit dem Einsetzen subherzyner Bewegungen im Coniac und Santon endet die Sedimentation und NW–SE bis NNW–SSE streichende Bruchstörungen zerstückelten das Gebirge. Die endgültige Heraushebung des Lausitzer Massivs und der Westsudeten erfolgte erst im Verlauf des Neogens und Quartärs.

Vom Tertiär sind das Eozän und Oliozän noch durch marine Bildungen, Miozän und Pliozän dagegen durch limnische Ablagerungen und Basalte in Fortsetzung der Nordböhmischen Vulkanzone vertreten.

4.12.2 Die Lausitzer Antiklinalzone und das Görlitzer Synklinorium

Unmittelbar östlich an das Elbe-Lineament angrenzend umfaßt das seit dem Paläozoikum in Heraushebung befindliche Lausitzer Massiv (Lausitzer Hochscholle) die tektonischen Einheiten der Lausitzer Antiklinalzone und des Görlitzer Synklinoriums. Im Südwesten wird es von der Lausitzer Störung (Lausitzer Überschiebung) begrenzt, im Nordosten vom Lausitzer Hauptabbruch. In nordwestlicher Richtung taucht das Grundgebirge unter die geschlossene känozoische Bedeckung des Südrandes der Norddeutsch-Polnischen Senke. Hier hat die nordsächsische Delitzscher Synklinalzone im Torgau-Doberluger Synklinorium ihre östliche Fortsetzung. Nach Südosten ist der Übergang in die Westsudeten nahtlos.

In der **Synklinalzone von Torgau-Doberlug** streicht zwischen Torgau und Göllnitz mindestens 1.500 m mächtig entwickeltes Kambrium als 10–15 km breiter Zug unter einer fast geschlossenen Känozoikums-Bedeckung aus.

Unterkambrium ist nach Archaeocyathiden-Funden durch die mindestens 500 m mächtige, aus Kalken, Dolomiten und Tonsteinen mit zwischengelagerten basischen Vulkaniten aufgebaute Falkenberg-Gruppe vertreten. Auch Mittelkambrium ist durch Trilobiten belegt und umfaßt flyschähnliche sandig-tonige Wechselfolgen. Eine mäßig starke Faltung der kambrischen Schichtenfolge ist sicher älter als das diskordant auflagernde Unterkaron von Doberlug, das dem oberen Visé (Unterkarbon IIIα) zugeordnet wird.

Das Unterkarbon von Doberlug ist maximal 700 m mächtig. Es umfaßt vorwiegend Grauwacken, im höheren Teil auch Tonsteine mit mehreren Anthrazitflözbereichen und abschließend bis 370 m mächtige Konglomerate. Die Sedimente sind nur schwach verfestigt und lagern flachwellig verfaltet über dem Kambrium.

Die sich südlich an das Torgau-Doberlug-Synklinorium anschließende **Lausitzer Antiklinalzone** ist weitgehend aus präkambrischen Gesteinen aufgebaut. Die Unterlage besteht wahrscheinlich wenigstens im Westteil aus mesozonal metamorphen Gesteinen vom Typ der teilweise migmatischen Großenhainer Para- und Granodioritgneise der Elbe-Zone bzw. der Osterzgebirgs-Gruppe.

Das Proterozoikum des Nordwestteils der Lausitzer Antiklinalzone besteht aus einer weit verbreiteten, weitgehend unmetamorphen und mindestens bis 2.000 m, vielleicht bis 4.000 m mächtigen monotonen rhythmischen Wechsellagerung von Grauwacken und Peliten. Das jüngst-präkambrische Alter dieser flyschartigen Kamenz-Gruppe ist durch lithostratigraphischen Vergleich und Mikroplankton gesichert.

Ihre Faltung erfolgte unmittelbar nach ihrer Ablagerung noch vor Beginn des Kambriums (cadomisch). Die Faltenachsen zeigen ein W–E bis NW–SE Streichen.

Abgegrenzt vom unmetamorphen Nordwestteil durch die Hoyerswerda-Querstörung nimmt das **Lausitzer Granit-Granodiorit-Massiv** den Südostteil der Lausitzer Antiklinalzone ein. Unmetamorphe oder kontaktmetamorphe Abfolgen finden sich nur an seinem Nordostrand. Hier wird zwischen Äquivalenten der Kamenz-Gruppe und einer älteren, stärker pelitischen Görlitz-Formation unterschieden. Beide Einheiten sind durch eine Strukturdiskordanz voneinander getrennt.

Weite Teile des Lausitzer Granit-Granodiorit-Massivs selbst bestehen aus Anatexiten. Sie sind aus ähnlichen grauwackenreichen Sedimenten, jedoch teilweise mit Einschaltungen von Metabasiten und karbonatischen Grauwacken, hervorgegangen und erreichen eine weitgehende modale und strukturelle Annäherung an echte intrusionsfähige Granodiorite. Ihre K/Ar-Alter betragen 550 Ma. Zum Lausitzer Granodiorit-Granit-Massiv gehört auch der Intrusivkörper des palingenen Zawidów-(Seidenberger) oder Ostlausitzer Granodiorits. Er ist zeitlich mit der Strukturdiskordanz zwischen der Görlitz-Folge und Kamenz-Gruppe verknüpft.

Jünger als der Seidenberger Granodiorit ist der Rumburk-(Rumburger) Granit im Grenzgebiet zur Tschechoslowakei und Polen. Er zeichnet sich u. a. durch seine Grobkörnigkeit und häufig porphyrische Ausbildung aus und weist eine starke kataklastische bis mylonitische Deformation auf. Der Rumburk-Granit ist nach Geröllfunden in den Westsudeten älter als höheres Ordovizium, was von Rb/Sr-Altersbestimmungen (ca. 480 Ma) bestätigt wird. Ein Vergleich mit den Rotgneisen der Fichtelgebirgisch-Erzgebirgischen Antiklinalzone ist möglich.

Die ausgedehnten Intrusionen des Demitzer (Westlausitzer) Granodiorits im Zentralteil der Lausitzer Antiklinalzone sind wegen ihrer Kontaktwirkungen auf das ihr randlich im Görlitzer Schiefergebirge auflagernde Tremadoc sicher nachkambrisch aber wahrscheinlich noch frühpaläozoisch (K/Ar-Alter zwischen mehr als 600 Ma und ca. 400 Ma). Der Demitzer Granodiorit entstand durch Mobilisierung der Anatexite der Lausitzer Grauwackeneinheit.

Nach der cadomischen Deformation und Metamorphoes folgte die paläozoische Entwicklung in der Lausitzer Hochscholle nach einem neuen Strukturplan. Die Antiklinalzone blieb in ihrem zentralen Teil Hebungs- und Abtragungsgebiet und wurde nur im Nordosten von geringmächtigen paläozoischen Sedimenten bedeckt. Sie wurde auch nicht mehr regionalmetamorph überprägt. Die paläozoischen Mobilzonen des Elbtal-Synklinoriums im Südwesten, des Torgau-Doberluger Synklinoriums im Nordwesten und des Görlitzer Synklinoriums im Nordosten richten sich in ihrem Verlauf nach den Konturen dieses Stabilgebietes. Mit ihnen zusammen wurden nur noch die Randbereiche der Lausitzer Antiklinalzone in die tektonischen Bewegungen der sudetischen Phase einbezogen. Im Oberkarbon intrudierten die kleinen Stockgranite von Königshain und Stolpen.

Nördlich der bedeutenden Innerlausitzer Störung (Lausitzer Hauptabbruch) als nordwestlicher Fortsetzung der Innersudetischen Hauptstörung sind im Sedimentationstrog des erst zu variszischer Zeit gefalteten **Görlitzer Synklinoriums** (Görlitzer Schiefergebirge) Kambrium und tieferes Ordovizium zunächst nur lokal und lückenhaft vertreten (vgl. Abb. 96). Unterkambrium ist nördlich von Görlitz in karbonatisch-toniger Ausbildung und mit Diabaseinschaltungen durch Trilobiten belegt. Als nächst jüngere lokale Bildung vertritt der Dubrau-Quarzit westlich von Niesky das Tremadoc. Er liegt flach und diskordant auf gefalteten Grauwacken der jungpräkambrischen Görlitz-Formation und ist stratigraphisch mit dem Collmberg-Quarzit bei Oschatz und der Frauenbach-Formation Thüringens zu parallelisieren.

Erst im höchsten Ordovizium beginnt mit dem Eichberg-Sandstein eine vollständige und lückenlose Schichtenfolge, die bis in das Unterkarbon reicht und einige Anklänge an die bayerische Fazies besitzt. Silur ist mit Alaun- und Kieselschiefern vertreten. Devon ist am weitesten verbreitet. Unterdevon umfaßt Äquivalente des Oberen Graptolithenschiefers sowie tonig-quarzitische Serien mit Geröllhorizonten, die teilweise durch eine vulkanisch-karbonatische Fazies mit Diabasen und deren Tuffen vertreten werden. Bis in das Oberdevon hält die tonig-quarzitische Entwicklung an. Markante Quarzithorizonte sind der Mönau-Quarzit im Frasne und der Caminaberg-Quarzit im höheren Oberdevon. In das Oberdevon fällt auch ein zweites Maximum des Diabas-Vulkanismus. Rotfärbung der Sedimente und das Auftreten von Kieselgesteinen sind für diese Zeit charakteristisch. Die Mächtigkeit des Devons insgesamt schwankt zwischen 100 und 400 m.

Nach schwachen tektonischen Bewegungen mit z. T. leichter Faltung im frühen Oberdevon und im Grenzbereich Devon/Unterkarbon wurden die verbleibenden schmalen Resttröge des Gebietes mit flyschartigen Folgen des Unterkarbons gefüllt. Ihre Tonschiefer, Grauwacken und Konglomerate mit eingelagerten Kalksteinhorizonten erreichen teilweise größere Mächtigkeit (bis 800 m). Durch die sudetische Faltung im obersten Unterkarbon wurden sämtliche paläozoische Schichten des Görlitzer Synklinoriums intensiv gefaltet und verschuppt. Die Faltenachsen verlaufen NW–SE, Südvergenz herrscht vor.

Auch in **postvariszischer Zeit** behielten die zentralen Teile der Lausitzer Antiklinalzone bis in das Quartär hinein ihren Schwellencharakter bei. Nördlich Görlitz umfassen isolierte Trogbildungen des Oberkarbons klastische Sedimente und intermediäre Vulkanite des Westfal B. Das Perm ist hier in der westlichen Fortsetzung der Norddeutschen Senke bzw. am Südrand der Norddeutsch-Polnischen Senke mit Sandstein-Siltstein-Wechsellagerungen des Oberrotliegenden und vorherrschend karbonatischen Gesteinen des Zechsteins vertreten.

Größere Bedeutung erlangte die Transgression des Oberkreide-Meeres von Nordosten (Rietschen-Muskauer Senke) und Südwesten (Sächsisch-Böhmische Kreidesenke).

Heute sind wesentliche Teile sowohl der Lausitzer Antiklinalzone als auch des Görlitzer Synklinoriums von tertiären und quartären Lockergesteinen bedeckt. In der Lausitzer Antiklinalzone sind die 200–400 m mächtigen miozänen Ablagerungen der **Berzdorfer** und

Zittauer (Žitava-) Senke von besonderer Bedeutung. Sie folgen einer NE–SW verlaufenden Schwächezone, in deren Nachbarschaft die Zentren eines hauptsächlich miozänen Basalt- und Phonolith-Vulkanismus lagen.

Die tektonische und sedimentäre Entwicklung der Zittauer Senke folgte weitgehend derjenigen der Tertiärbecken des Eger (Ohře)-Grabens in Nordwestböhmen bis hin zur Bildung zweier abbauwürdiger Braunkohlenflöze. Auf polnischer Seite entsprechen ihr tertiäre Einsenkungen westlich Lubań (Lauban).

Im Quartär wurde das Gebiet der Lausitzer Antiklinalzone sowohl vom Eis des Elster-Glazials als auch vom Saale-Eis erreicht. Fluviatile Bildungen aller Kaltzeiten besitzen größere Bedeutung.

4.12.3 Das Iser- und Riesengebirge (Góry Izerskie – Karkonosze; Jězerské-Hory – Krkonoše)

In der südöstlichen Fortsetzung der Lausitzer Antiklinalzone besteht das W–E verlaufende Iser- und Riesengebirge aus einem breiten Komplex epi- bis mesozonal metamorpher Kristallingesteine des Präkambriums und frühen Paläozoikums mit einem großen oberkarbonischen Granitpluton in seinem Zentrum.

Im Nordosten wird das Iser- und Riesengebirgskristallin durch die Innersudetische Hauptverwerfung vom Boberkatzbachgebirge (Góry Kaczawskie) getrennt, im Südwesten durch die Lausitzer Überschiebung von den Oberkreide-Ablagerungen der Nordböhmischen Kreidesenke. Im Südosten und Osten bildet die Überdeckung des Karbons und Perms des südlichen Riesengebirgsvorlandes und der Innersudetischen Mulde seine Grenze.

Das **Kristallingebiet nördlich des Riesengebirgsplutons** besteht in der Hauptsache aus Gneisen mit Übergängen zu Graniten, Granodioriten, Leukograniten sowie Glimmerschiefern. Amphibolite, Leptinite oder Quarzite treten seltener auf.

Die ältesten Gesteine sind mesozonale Glimmerschiefer mit Einlagerungen von Quarzfeldspatschiefern, seltener Turmalinquarziten und Karbonatlinsen. Sie gingen aus einer zweifellos suprakrustalen Gesteinsserie hervor. Heute sind ihre Vorkommen auf drei schmale langgestreckte Zonen zwischen den Gneisen und Granitoiden beschränkt.

Die als Iser-Gneise bezeichneten Gneise zeigen deutliche Unterschiede nach ihrer Zusammensetzung und Struktur. Grobkörnige Granitgneise und helle feinkörnige Gneise sind weitflächig verbreitet. Die grobkörnigen Gneise zeigen Übergänge zu porphyrischen Graniten. Ein direkter Zusammenhang mit dem Rumburk-Granit der Ostlausitz wird angenommen.

Eine weitere wichtige Gneisvarietät sind dunkle biotitreiche Granodioritgneise. Sie unterliegen nach Westen in Richtung auf den Zawidów-(Seidenberger) Granodiorit einer allmählichen Homogenisierung und werden als dessen Äquivalente interpretiert. Das Kristallisationsgefüge der Para- und Orthogesteine des Isergebirgs-Kristallins zeigt bevorzugt west–östliche Ausrichtung. Parallel dazu verlaufen auch die geologischen Grenzen.

Sowohl für die Edukte der älteren Glimmerschieferzüge als auch für die Granit- und Granodioritgneise bzw. die Granite ist aufgrund von Vergleichen mit der Lausitzer Antiklinalzone im Westen und der südlichen Schieferhülle des Iser-Riesengebirgs-Granits jungpräkambrisches bis kambrisches Alter anzunehmen. Im Verlauf einer mesozonalen Niedrigtemperatur/Hochdruck-Metamorphose und mehraktigen Deformation gingen zunächst die granodioritischen Isergebirgs-Gneise aus einer Granitisierung der älteren Paragneis-Serien hervor. Später intrudierten synkinematisch die Schmelzen der heutigen Granitgneise bzw. Granite und Leukogranite. Verschiedene radiometrische Datierungen von

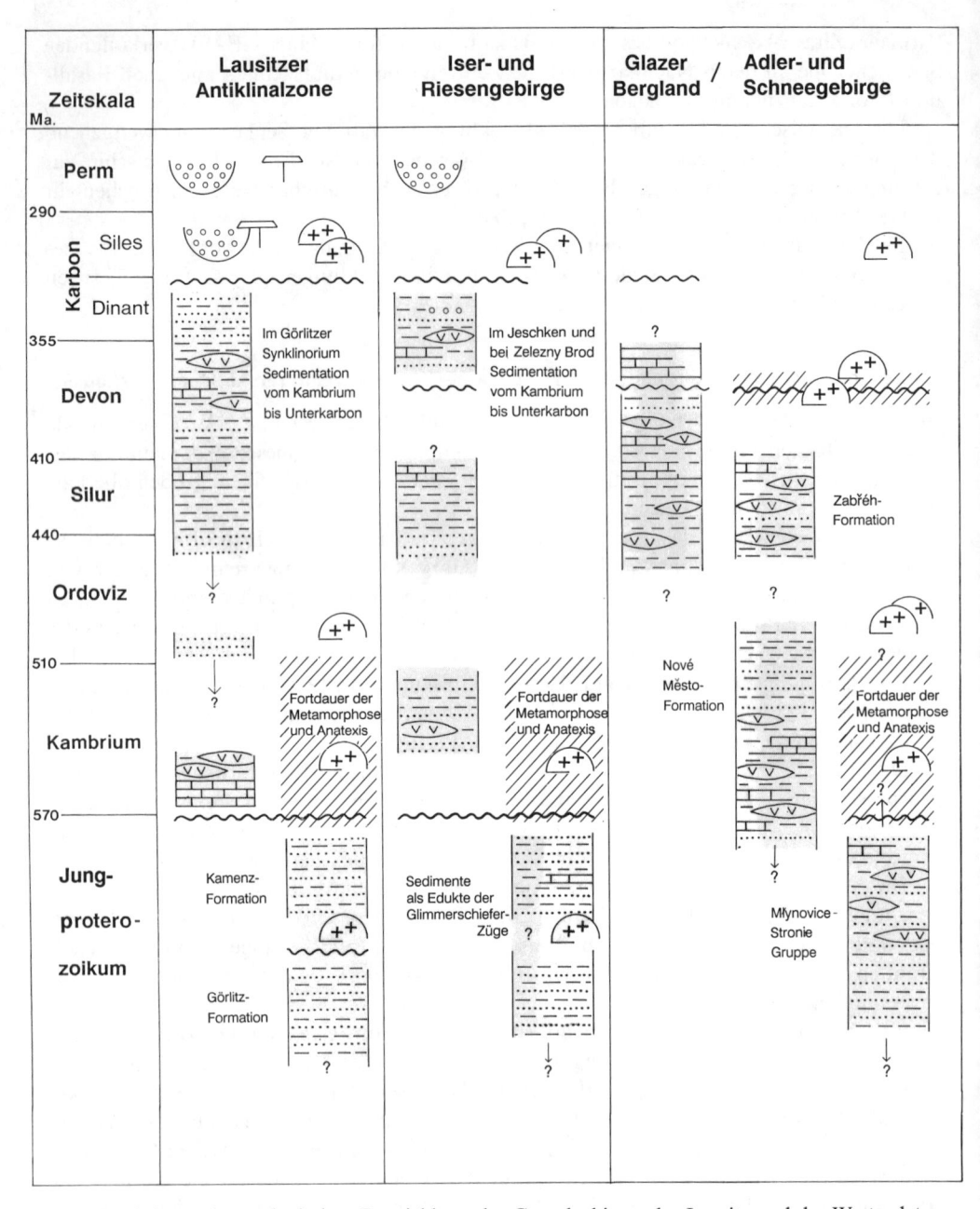

Abb. 95. Schema der geologischen Entwicklung des Grundgebirges der Lausitz und der Westsudeten. Zeichenerklärung wie Abb. 83.

Gneisen, Granodioriten und Graniten ergaben Alter zwischen 550 und 460 Ma. Spätere als diese cadomisch bis frühkaledonischen tektonisch-magmatischen Ereignisse haben das Isergebirgs-Kristallin nicht mehr wesentlich geprägt.

Die **südliche Baueinheit des Iser- und Riesengebirgs-Kristallins** umfaßt die Phyllit- und Gneiskomplexe des Jeschken-Gebirges (Ještědské pohoři), des Gebietes um Železny Brod (Eisenbrod) und des eigentlichen Riesengebirges mit der Schneekoppe (Śnieżka/Sněžka). Außer jungpräkambrischen Gesteinskomplexen ist Ordovizium und Silur sowie Oberdevon und Unterkarbon vertreten.

Die präkambrischen Kristallineinheiten sind hauptsächlich südöstlich des zentralen Granitmassivs im Riesengebirge verbreitet. Sie bestehen aus mächtigen Glimmerschiefer-Serien mit Amphiboliten und Quarziteinschaltungen und in höheren Abschnitten auch Marmoren und Graphitschiefern. In die ältesten Glimmerschiefer sind Gneise vom Typ der Isergebirgs-Gneise eingelagert. Wie diese, werden auch sie als Granitisationsprodukte bzw. als syntektonische Intrusionen im Rahmen eines cadomisch-frühkaledonischen Deformations- und Metamorphose-Ereignisses interpretiert.

Altpaläozoische Gesteine finden sich am Südrand des Riesengebirges vor allem im Gebiet um Železny Brod und im Jeschken-Gebirge. Die Schichtenfolge beginnt mit Quarziten und Phylliten mit örtlich Einschaltungen von Metakonglomeraten, Graphitschiefern, Metakieselschiefern und Grünschiefern (Metabasite). Die Serien lassen sich mit dem Kambrium anderer Aufschlußgebiete der Westsudeten vergleichen. Oberes Ordovizium und Silur hat die größte Verbreitung. Serizitquarzite mit örtlich dünnen Konglomerateinlagerungen greifen mit Diskordanz transgressiv und mit einem Metamorphosesprung auf ältere Einheiten über. Ihnen folgen graptolithenführende silurische schwarze Phyllite und Metakieselschiefer und darüber Phyllite mit Einschaltungen von Kalkmarmoren.

Jüngeres Paläozoikum ist nur im Jeschken-Gebirge in der Nähe von Jitravá mit fossilführendem Oberdevon und Unterkarbon vertreten. Die Schichtenfolge beginnt mit Quarziten und Metakonglomeraten. Diese werden von dunklen Schiefern und Kalken mit einer sicheren Oberdevon-Fauna überlagert. Basische Metavulkanite beschließen das Oberdevon-Profil. Das Unterkarbon des nordwestlichen Jeschken-Gebirges umfaßt polymikte Konglomerate, phyllitische Schiefer und als Jüngstes Konglomerate mit viel Quarz und Feldspat.

Der Kontakt des Oberdevons zu den älteren paläozoischen Schieferserien ist teils tektonisch, teils transgressiv. Der Metamorphosegrad seiner Gesteine ist deutlich geringer. Eine vor-oberdevonische jungkaledonische oder frühvariszische Faltung und Schieferung mit W–E bis NW–SE streichenden Faltenachsen und eine Anchimetamorphose gelten als sicher.

Nur wo Oberdevon und Unterkarbon erhalten sind, läßt sich auch das Ausmaß jüngerer variszischer Faltungsereignisse ermitteln. Deren Strukturen verlaufen NW–SE und damit schräg zu den Achsen der proterozoischen und ordovizisch-silurischen Komplexe.

Auch für die Kristallinkomplexe des Gebietes um Železny Brod ist mit variszischer Faltung zu rechnen. Im zentralen Riesengebirgs-Kristallinkomplex fehlen dagegen die Beweise für eine intensive variszische Überprägung der vorpaläozoischen Serien.

Im **östlichen Riesengebirge** werden zwischen dem Intrusivkörper des Riesengebirgs-Granits und der jungpaläozoischen Sedimentfüllung der Innersudetischen Mulde verschiedene N–S streichende metamorphe Serien präkambrischen und altpaläozoischen Alters unterschieden. Im Westen enthält eine komplex zusammengesetzte Gneis-Glimmerschiefer-Serie (Kowary-Gneis, Czarnow-Glimmerschiefer) auch Kalk- und Dolomitmarmore, Kalksilikatgesteine sowie Graphitschiefer und -quarzite. Sie wird überlagert von einer Metavulkanit-Serie (Leszcynice-Formation), die sich aus Eruptiva, Tuffen und Tuffiten einer Spilit-Keratophyr-Folge und untergeordnet Glimmerschiefergneisen zusammensetzt. Die altersmäßige Einstufung der mehraktigen Hauptdeformation und Hochdruck-Metamorphose als cadomisch bis frühkaledonisch beruht auf Vergleichen mit dem Isergebirgs-Kristallin und den südlichen Riesengebirgs-Gneisen.

Das letzte bedeutende variszische Ereignis, das den Iser- und Riesengebirgsblock traf, war die Intrusion des zentralen **Riesengebirgsplutons**. Er bildet ein rund 70 km langes und maximal 22 km breites Massiv, das in der geologischen Karte die Form einer liegenden Acht einnimmt. Der Kontakt zu den kristallinen Schiefern seines Rahmens ist teils konkordant, teils diskordant. Seine Rahmengesteine sind in einer Aureole von 600–2.000 m zu Hornfels und Fleckschiefern metamorphosiert. Am Westrand des Massivs sind örtlich Zweiglimmergranite das Ergebnis der Assimilation basischer Gesteine des Gneismantels. Petrographisch ist der Riesengebirgs-Granit sehr einförmig als mittel- bis grobkörniger, zum Teil porphyrischer Biotitgranit entwickelt. Nur geringe Verbreitung haben mittel- bis feinkörnige Granite als jüngere Varietäten. Die Zusammensetzung des Riesengebirgs-Granits entspricht Adamelliten, Granodioriten und in einigen Fällen einem alkalischen Granit. Nach Biotitschlieren lassen sich zwei große Gewölbestrukturen erkennen. Besonders im nordöstlichen Anteil des Massivs ist eine reiche Gangfolge von Mikrograniten, Apliten, Lamprophyren und Quarz entwickelt. Pegmatitgänge sind selten.

Die Intrusion des Riesengebirgs-Granits erfolgte nach der Faltung des Oberdevons und Unterkarbons des Jeschken-Gebirges gleichzeitig mit der Bildung der Innersudetischen Senke. Seine Gefolgschaft durchschlägt noch deren Oberkarbonsedimente. Rb/Sr-Datierungen bestätigen mit 328 Ma die Platznahme des Magmas an der Wende Visé/Namur.

Zeugen einer mesozoischen Sedimentbedeckung des Iser- und Riesengebirges sind nicht ermittelt. Unmittelbar östlich des Jeschken liegt, heute schon im Granit, das kleine **Tertiärbecken von Liberec (Reichenberg)**. Eine eozäne Lateritverwitterungsrinde wird hier von miozänen Tonen mit einem lignitischen Braunkohleflöz überdeckt. Erst im Pliozän hob sich das die Nordböhmische Kreidesenke um bis zu 500 m überragende Riesengebirge zu seiner heutigen Höhe heraus.

Im **Pleistozän** erlebte das Riesengebirge eine selbständige Vergletscherung. Auf der Nordseite entstanden nur Gehänge- und Kargletscher. Auf der Südseite des Gebirges im Elbe- und Upa(Aupa)-Tal entwickelten sich dagegen während der Saale-Vereisung bis über 5 km lange Gebirgsgletscher. Gleichzeitig drang das nordische Eis über den Nordrand des Gebirges bis in den Kessel von Jelenia Góra (Hirschberg) vor.

4.12.4 Das Boberkatzbachgebirge (Góry Kaczawskie) und das Becken von Świebodzice (Freiburg)

Nördlich der Kristallingebiete des Iser- und Riesengebirges wird das Boberkatzbachgebirge von variszisch deformierten niedrigmetamorphen Gesteinsserien des Kambriums bis Unterkarbons und oberkarbonisch-permisch-triassischen sowie auch oberkretazisch-känozoischen Deckgebirgseinheiten aufgebaut. Vom Isergebirgs-Kristallin ist es durch die Innersudetische Hauptverwerfung getrennt. Diese bildet im Nordwesten auch die südliche Grenze des Görlitzer Schiefergebirges gegen die Lausitzer Antiklinale. Nach Südosten grenzt ein komplexeres Störungssystem die Boberkatzbachgebirgs-Einheit gegen die Innersudetische Mulde und die Świebodzice-Senke ab. Örtlich wird hier auch eine Diskordanz zwischen ordovizischen Schiefern und Unterkarbon-Konglomeraten der Innersudetischen Mulde kartiert.

Den Nordostrand des Boberkatzbachgebirges bildet die während der variszischen Tektogenese angelegte, im Verlauf des Tertiärs reaktivierte und deshalb heute als deutliche morphologische Stufe erkennbare Sudeten-Randstörung. Nach Nordwesten verflacht die Morphologie des Boberkatzbachgebirges allmählich und das variszische Schiefergebirgsstockwerk taucht unter die laramisch verformte Oberkreide der breiten Nordsudetischen Mulde (Bolesławiec-Mulde).

Das variszische Stockwerk des **Boberkatzbachgebirges** enthält eine Schichtenfolge vom fraglichen Kambrium bis in das Unterkarbon. Kambrium und Ordovizium sind vor allem in den östlichen Aufschlußgebieten als eine mächtige Metabasalt-Serie (Pillowbasalte und massive Laven) mit Einschaltungen von Metarhyolithen und deren Tuffen vertreten. Im unteren Abschnitt dieser metavulkanischen Serie sind dem Kambrium zugeordnete massive Kalk- und Dolomitmarmore (Wojcieszów-Kalke) als ausgedehnte bis 500 m mächtige Linsen verbreitet. Nach Nordosten geht die Serie, die in ihren kambrischen Anteilen bis 1.000 m, in ihren nach Conodonten dem Ordovizium zugerechneten Abschnitten 2.000–3.000 m Mächtigkeit erreichen kann, zunehmend in Tonschieferfolgen mit sandigen Einschaltungen, Quarziten und örtlich Linsen mit Feinkonglomeraten, u.a. dem Tarczyn(Kuttenberg)-Quarzit, über.

Silur ist im Boberkatzbachgebirge weit verbreitet. Es ist hauptsächlich mit schwarzen graptolithenführenden Alaun- und Kieselschiefern aufgeschlossen. Quarziteinschaltungen treten auf. Die Graptolithenschieferfazies reicht bis in die Siegen-Stufe des Unterdevons.

Jüngeres Unterdevon, Mittel- und Oberdevon sind vor allem im nordöstlichen Teil des Boberkatzbachgebirges durch Conodonten belegt und ebenfalls mit dunklen Tonschiefern und Kieselschiefern vertreten. Das Famenne enthält auch Kalklinsen. Kalkig-schiefrig ist auch das Unterkarbon ausgebildet. Dunkle Schiefer enthalten im Westteil des Boberkatzbachgebirges dunkle bituminöse Kalklinsen (bei Lubań) und Einschaltungen detritischer Kalke und z.T. auch Kalkolistholite in Größen von mehreren Metern. Nach Conodonten reicht die Folge wenigstens in Teilen bis in das oberste Visé.

Unsicher ist im südöstlichen Boberkatzbachgebirge noch die Altersstellung der sogenannten Radzimowice-(Altenberger) Schiefer. Es handelt sich um eine mehr als 1.000 m mächtige eintönige Folge phyllitischer Schiefer mit Übergängen in Grauwacken und Quarzitschiefer. Basische Tuffe und sedimentäre Brekzien kommen vor. Die Radzimowice-Schiefer wurden früher in das jüngere Proterozoikum eingestuft. Wegen der Funde von Conodonten-Resten können sie nicht älter als Oberkambrium sein.

Die strukturenbildende Hauptfaltung und eine grünschieferfazielle Metamorphose erfolgte im Boberkatzbachgebirge sicher nach dem Visé. Das Ergebnis war ein vorwiegend NW–SE verlaufender enger Falten- und Schuppenbau. Die Deformation verlief zweiphasig. Die Metamorphose erreichte Bedingungen einer niedrig- bis mittelgradigen Grünschieferfazies.

Beherrschende Struktur ist im südlichen Boberkatzbachgebirge der Bolków (Bolkenhain)-Wojcieszów (Kauffunger)-Sattel. Im einzelnen werden mehrere südvergente Deckeneinheiten unterschieden. Im nördlichen Boberkatzbachgebirge wird entlang einem schmalen Ausbiß von Altpaläozoikum nordostvergenter Faltenbau festgestellt.

Zwischen dem Boberkatzbachgebirge im Nordwesten und dem nordwestlichen Eulengebirgs-Kristallin im Südosten liegt, allseits von Störungen begrenzt, die kleine Teilscholle des **Świębodzice-(Freiburger) Beckens**. Bis zu 4.000 m mächtige grobklastische Serien des Oberdevons bis möglicherweise frühen Tournai stellen hier die älteste bisher bekannte variszische Flyschablagerung in der bis dahin pelagischen westsudetischen Beckenentwick-

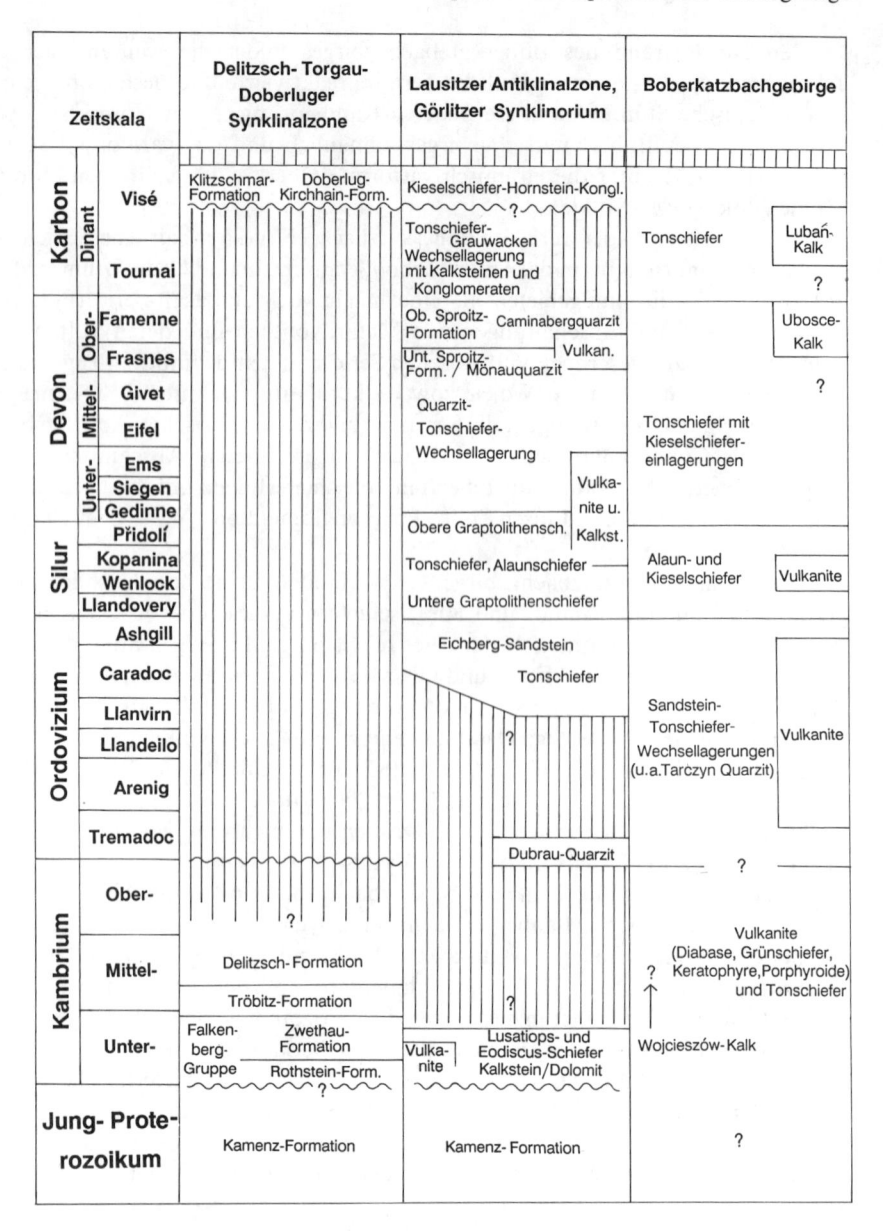

Zeitskala		Delitzsch- Torgau- Doberluger Synklinalzone	Lausitzer Antiklinalzone, Görlitzer Synklinorium	Boberkatzbachgebirge	
Karbon	Dinant – Visé	Klitzschmar-Formation / Doberlug-Kirchhain-Form.	Kieselschiefer-Hornstein-Kongl.	Tonschiefer	Luban-Kalk
	Tournai		Tonschiefer-Grauwacken Wechsellagerung mit Kalksteinen und Konglomeraten		?
Devon	Ober- Famenne		Ob. Sproitz-Formation — Caminabergquarzit		Ubosce-Kalk
	Ober- Frasnes		Unt. Sproitz-Form. / Mönauquarzit — Vulkan.		?
	Mittel- Givet		Quarzit-Tonschiefer-Wechsellagerung	Tonschiefer mit Kieselschiefer-einlagerungen	
	Mittel- Eifel				
	Unter- Ems				
	Unter- Siegen			Vulkanite u.	
	Unter- Gedinne			Kalkst.	
Silur	Přidolí		Obere Graptolithensch.		
	Kopanina		Tonschiefer, Alaunschiefer —	Alaun- und Kieselschiefer	Vulkanite
	Wenlock				
	Llandovery		Untere Graptolithenschiefer		
Ordovizium	Ashgill		Eichberg-Sandstein		
	Caradoc		Tonschiefer	Sandstein-Tonschiefer-Wechsellagerungen (u.a. Tarczyn Quarzit)	Vulkanite
	Llanvirn		?		
	Llandeilo				
	Arenig				
	Tremadoc		Dubrau-Quarzit	?	
Kambrium	Ober-	?		Vulkanite (Diabase, Grünschiefer, Keratophyre, Porphyroide) und Tonschiefer	
	Mittel-	Delitzsch-Formation	?		
		Tröbitz-Formation			
	Unter-	Falkenberg-Gruppe / Zwethau-Formation / Rothstein-Form.	Vulkanite / Lusatiops- und Eodiscus-Schiefer Kalkstein/Dolomit	Wojcieszów-Kalk	
Jung-Proterozoikum		Kamenz-Formation	Kamenz-Formation	?	

Abb. 96. Stratigraphische Übersicht für das Paläozoikum der Lausitz und der Westsudeten (nach ver-

lung dar. Im oberen Frasne und Famenne stehen sich auf engem Raum 350 m dunkle Tonschiefer mit Kalklinsen und im höheren Teil rhythmischen Sandsteineinschaltungen (Pełcznica-Formation) im Norden und bis 1.300–1.500 m Konglomerate, Grobsandsteine und Sandstein-Tonschiefer-Wechselfolgen im Süden gegenüber.

Darüber folgte eine 2.000–2.500 m mächtige Konglomerat- und Sandsteinserie (Książ-Formation und Chwaliszów-Formation). Die Konglomerate führen im Osten

Świebodzice-Senke	Warthaer-Schiefergebirge	
	Ostróg-Formation Sbrna-Gora-Form.	
	Nowawies-Form. Gologlowy-Form. Wapnica-Form.	
Książ- und Chwaliszów- Formation	Brezeznica-Sch. Mikolajow-Sch. Wilcza-Sch.	Zdanów-Folge
Pełcznica-Formation / Pogorzała-Formation ?		
	Graptolithenschiefer und Kieselschiefer	
	Jodłownik-Schichten ?	

schiedenen Autoren).

überwiegend Eulengneis-Gerölle. Weiter im Westen sind sie als sedimentäre Brekzien ausgebildet und zeigen im höheren Teil polymikte Zusammensetzung.

Als Liefergebiet des Grobdetritus gilt eine im Süden aktiv aufsteigende Hochscholle. Zum Hangenden nehmen die Beiträge des Eulengebirgs-Kristallins zu.

Die Sedimentserien des Świebodzice-Beckens wurden zu einfachen W–E streichenden Faltenstrukturen verfaltet und herausgehoben. Im Verlauf der sudetischen Phase wurde von

Norden her das Schiefergebirgsstockwerk des Boberkatzbachgebirges überschoben.

Spätkretazische (subherzyn-laramische) **Bewegungen** wirkten sich im Boberkatzbachgebirge stark aus. Schmale, dem variszischen Hauptfaltenfau parallele Grabenzonen durchschneiden das alte Gebirge. Von ihnen reicht der Wleń- (Lähner) Graben von Nordwesten her fast bis in die Höhe von Hirschberg und der Świerzawa- (Schönauer) Graben erreicht im Osten fast den Sudeten-Randbruch. Im Norden ist die aus einer Flexur hervorgehende NW–SE streichende Jerzmanice-(Hermsdorfer) Störung die bedeutendste.

Der Świerzawa-Graben ist heute mit Rotliegend-Sedimenten, Arkosen, Schiefertonen und Vulkaniten des Unterrotliegenden und Konglomeraten und Sandsteinen des Oberrotliegenden gefüllt. Im Wleń-Graben tritt das untere Perm und Buntsandstein gegenüber Cenoman- und Turon-Gesteinen ganz zurück.

Nach Nordwesten taucht der Sockel des Boberkatzbachgebirges unter das südlich und südwestlich Lwówek (Löwenberg) breit ausstreichende Rotliegende. Weiter zum Inneren der nordwestlich anschließenden Nordsudetischen Mulde (Bolesławiec-Mulde) wird es von Zechstein, Buntsandstein und dann Oberkreide überdeckt. Das bis 1.500 m mächtige postvariszische Deckgebirge der Nordsudetischen Mulde wurde nach dem Senon zu flachen Sätteln und Mulden verformt und später in NW–SE (herzynisch) verlaufende Gräben und Horste zerteilt.

Sowohl im Gebiet des Boberkatzbachgebirges als auch in dem ihm vorgelagerten Vorsudetischen Block herrschte im **Miozän** ein starker Basalt-Vulkanismus. In postmiozäner Zeit wurden die Störungen des Boberkatzbachgebirges und der Nordsudetischen Mulde reaktiviert. Gegen Ende des Pliozäns lebte der Sudeten-Randbruch wieder auf, wodurch sich das heutige Boberkatzbachgebirge heraushob.

4.12.5 Das Adlergebirge (Góry Orlickie; Orlicke Hory) und Schneegebirge (Śnieżnik; Sneznik)

Der östliche Teil der Westsudeten umfaßt die Kristallingebiete des Adlergebirges einschließlich derjenigen des nördlich angrenzenden Habelschwerter Gebirges (Bystrzyckie Góry) im Westen und des Schneegebirges im Osten. Zusammen bilden sie ein strukturelles Gewölbe (Orlica-Śnieżnik-Gewölbe), das heute durch den in der Oberkreide entstandenen N–S verlaufenden Nysa(Neisse)-Graben zerteilt wird. Morphologisch erreichen das Adlergebirge und das Schneegebirge heute Höhen bis über 1.000 m (Śnieżnik: 1.425 m).

Im östlichen Schneegebirge bildet die Ramzová (Ramsau)-Überschiebung dessen Ostgrenze und gleichzeitig die Grenze des Lugikums der Westsudeten gegen das Silesikum der Ostsudeten. Im Südwesten wird das Orlica-Śnieżnik-Gewölbe von der Bušin-Störung, einer Teilstörung des Elbe-Lineaments, abgeschnitten. Im Nordosten bildet die Sudeten-Randstörung seine nördliche Begrenzung. Im Norden trennt der spätvariszische Granodiorit-Pluton von Kłodzko (Glatz)–Złoty Stok (Reichenstein) das Schneegebirgs-Kristallin von dem in der Regel nur epimetamorphen Paläozoikum des Glatzer Berglandes und den nichtmetamorphen paläozoischen Serien des Warthaer Gebirges (Góry Bardzkie).

Als charakteristische Gesteinsverbände werden heute sowohl im **Adlergebirge** als auch im **Schneegebirgs-Kristallin** drei metamorphe Komplexe unterschieden (vgl. Abb. 95).

Die Młynowiec (Mühlenbach)-Stronie (Seitenberg)-Gruppe besteht aus einer älteren monotonen Paragneisserie (Młynowiec-Formation) und der lithologisch abwechslungsreicher zusammengesetzten jüngeren und mächtigeren Stronie-Formation. Beide werden durch einen charakteristischen Quarzithorizont voneinander getrennt. Auch in der Stronie-Formation überwiegen Glimmerschiefer und Paragneise. Darüber hinaus enthält sie helle und graphitische Quarzite, charakteristische Kalk- und Dolomitmarmore, Amphibolite und Grünschiefer sowie leptinitische Quarzfeldspatschiefer. Die Mächtigkeit der Gesteinsserien der Młynowiec-Stronie-Gruppe wird auf 6.000 bis 7.000 m geschätzt. Ausgangsgesteine waren im unteren Abschnitt einförmige sandig-tonige Sedimentgesteine und im höheren Teil Sand-Silt- und Kalk-Mergel-Wechselfolgen mit Einlagerungen basischer und saurer Tuffe und Laven. Nach mikropaläontologischen Befunden läßt sich die Stronie-Formation als jüngstpräkambrisch bis mittelkambrisch datieren.

Im westlichen Adlergebirge geht auf tschechoslowakischer Seite durch abnehmende Metamorphose aus den Glimmerschiefern und Gneisen des Młynowiec-Stronie-Komplexes die mächtige, vorwiegend aus Phylliten und Grünschiefern aufgebaute Nove-Město-Serie hervor. Örtlich treten hier Linsen von Metakieselschiefern, Quarziten und unreinen Kalken auf.

Sowohl im Adlergebirge und Habelschwerter Gebirge als auch im Schneegebirge werden die Glimmerschiefer- und Gneiszüge des Młynowiec-Stronie-Komplexes durch unterschiedlich breite Gneiskuppeln der Śnieżnik-Augengneise und der Gierałtów (Gersdorf)-Formation voneinander getrennt. Die Śnieżnik-Augengneise sind Orthogneise von granitischer Zusammensetzung. Sie zeigen verschiedene Gefügevarianten von Augengneisen mit großen Kalifeldspatporphyroblasten bis zu durch Mylonitisierung gebänderten Gneisen. Der Śnieżnik-Augengneiskomplex schneidet verschiedene lithologische Horizonte der Młynowiec-Stronie-Gruppe scharf ab.

Die räumlich und eng mit den Gneisen vom Śnieżnik-Typ verknüpfte Gierałtów-Formation beinhaltet gewöhnlich sehr feinkörnige, gebänderte oder massive Zweifeldspatgneise von häufig migmatischem Charakter (Gierałtów-Gneise) und im Schneegebirge auch einzelne Vorkommen von Granuliten und Eklogiteinschlüssen.

Nach heutiger von wenigen Altersdatierungen gestützter Interpretation sind die Ausgangsgesteine der Śnieżnik-Augengneise, ein porphyrischer Granit, im Frühpaläozoikum (Rb/Sr-Gesamtgesteinsalter ca. 480 Ma) in die bereits gefaltete und niedriggradig metamorphe Metasedimentserie der Młynowiec-Stronie-Gruppe intrudiert. In einer zweiten vor-oberdevonischen Deformationsphase führte eine N–S ausgerichtete Hauptfaltung mit ostwärts gerichteter Überschiebungs- und Deckentektonik zur Prägung der Śnieżnik-Augengneise. Die syntektonische Platznahme der migmatischen Gierałtów-Gneise und einzelner Eklogit- und Granulitschuppen war mit einer anschließenden Querfaltung verbunden. Diese Interpretation steht im Gegensatz zu der früheren Auffassung, daß die Gierałtów-Gneise (früher: Gersdorfer Gneise) ein höheres Alter besitzen als die Śnieżnik-Gneise (früher: Schneegebirgs-Gneise).

Das vor-oberdevonische Alter der zweiten und dritten Deformationsphase leitet sich ab aus wenigen K/Ar-Datierungen (ca. 380 Ma) und einer heute nur reliktisch erhaltenen Überdeckung der metamorphen Komplexe mit vermutlich oberdevonischen bis unterkarbonischen Konglomeraten und Sandsteinen.

Am Südende des Adlergebirges tritt auf tschechoslowakischem Gebiet der Zabřeh-Komplex zutage. Er ist jünger als die Paragesteine der Młynowiecz-Stronie-Gruppe und besitzt vermutlich ordovizisch-silurisch-devonisches Alter. Nach Südwesten unterlagern seine Äquivalente weitflächig die Permokarbon- und Oberkreidedeckschichten der Nordböhmischen Kreidesenke. Nur gelegentlich, u. a. im Gebiet um Polička und Letovice, sind sie hier übertage erschlossen.

Der Zabřeh-Komplex besteht aus einer monotonen Folge von Paragneisen, Glimmerschiefern und Biotitphylliten, häufig mit Einschaltungen von Amphiboliten, seltener dagegen von Quarziten und Marmoren. Zonenweise enthält er dem Streichen folgende Quarzdioritlager.

Im östlichen Schneegebirge entspricht dem Zabřeh-Komplex die Stare-Město-Einheit (früher: Altstätter Serie). Sie umfaßt mehrere NNE–SSW verlaufende Züge kristalliner Schiefer vom Typ des Zabřeh-Komplexes. Auch ihr sind mächtigere Granodioritkörper konkordant eingelagert. Zusätzlich enthält sie linsenförmige Einschuppungen von Ultrabasiten (Pyroxeniten, Peridotiten und Serpentiniten).

Die tektonische und metamorphe Prägung der Zabřeh-Einheit im Süden und der Stare-Město-Einheit als östlicher Rahmen des Orlica-Śnieżnik-Doms erfolgte im Rahmen der frühvariszischen (vor-oberdevonischen) Hauptdeformation und gegen Osten gerichteten Überschiebung des Lugikums auf das Silesikum der Ostsudeten. Die der Zabřeh-Einheit und Stare-Město-Einheit eingelagerten Granodiorite gelten als spät- oder postorogene Intrusiva.

Im westlichen Adlergebirge intrudierte zu gleicher Zeit der langgestreckte Granodioritpluton von Kudowa und das kleinere Granodioritmassiv von Čermna (auf tschechoslowakischem Gebiet Olešnice-Granodiorit bzw. Nový Hrádek-Granodiorit). Ähnliche Granodiorite tauchen auch weiter südöstlich bei Litice in kleinen Flecken unter permisch-kretazischer Bedeckung auf.

Im Reichensteiner Gebirge bildet der Javornik-Granodiorit ein größeres Intrusiv. Er gilt als ein frühes Differenziat des **Kłodzko-Złoty Stok-Granodiorits** (früher: Reichensteiner Syenit). Dessen heute zwischen Kłodzko und Złoty Stok sichelförmig ausstreichender Intrusionskörper nahm erst während des Oberkarbons als Lakkolith zwischen seinen jungpräkambrisch-altpaläozoischen Rahmengesteinen Platz. Eine mengenmäßig schwankende Aufnahme von Nebengestein läßt seine petrographische Zusammensetzung zwischen der eines Granodiorits und eines Syenits schwanken.

Die Bildung des mit Oberkreide-Sedimenten (Cenoman bis Coniac) gefüllten **Nysa(Neisse)-Grabens** zwischen Adler- und Schneegebirge erfolgte in jungkretazischer Zeit mit der Anlage NW–SE und N–S verlaufender Störungen. Er bildet die südöstliche Fortsetzung der Innersudetischen Mulde. Seine Randstörungen prägen deutlich die heutige Morphologie.

4.12.6 Das Glatzer (Kłodzko-) Bergland

Zwischen dem Kłodzko-Złoty Stok-Granodioritmassiv im Osten, der Innersudetischen Mulde im Westen und dem Kristallinaufbruch des Eulengebirges im Norden tritt in zwei durch die Innersudetische Hauptstörung getrennten Baueinheiten neben evtl. präkambrischen und altpaläozoischen mesozonalen Kristallingesteinen auch datiertes epimetamorphes und nichtmetamorphes Paläozoikum (Silur bis Oberdevon) zutage.

In der Umgebung von Kłodzko (Glatz) sind überwiegend metamorphe Serien erschlossen. Sie umfassen grünschieferfaziell bis almandin-amphibolitfaziell geprägte Phyllite mit Einschaltungen von Quarziten, Metakieselschiefern, Marmoren und Grünschiefern sowie massive Metabasalte, Metagabbros, und Metarhyolithe und örtlich Amphibolite und blastomylonitische Gneise. Der Metamorphosegrad nimmt von Süden nach Nordosten ab.

Kalkeinschaltungen im höheren Teil der Serie lieferten eine reiche Korallenfauna des höheren Silurs. Sie wird von einer weiteren mächtigen (1.000 m) vulkanisch-sedimentären

Das Lausitzer Bergland und die Westsudeten

Serie aus Grünschiefern mit Einschaltungen von Karbonaten, Metalyditen und auch Metarhyolithen überlagert.

Eine mehraktige Faltung und die Metamorphose der metamorphen Einheit von Kłodzko erfolgten wahrscheinlich frühvariszisch im Mitteldevon. Nichtmetamorphe Konglomerate und Flachwasserkalke des oberen Frasne und Famenne greifen diskordant über ihre Strukturen hinweg.

4.12.7 Das Warthaer Gebirge (Góry Barzkie)

Das nordöstlich an die metamorphen Komplexe von Kłodzko angrenzende und von diesem durch die bedeutende Innersudetische Hauptverwerfung getrennte nichtmetamorphe Paläozoikum des Warthaer Gebirges umfaßt verschiedene Sedimentfolgen von ordovizischem bis unterkarbonischem Alter, vielleicht auch noch solche des unteren Namurs (vgl. Abb. 96).

Den älteren Abschnitt bilden wenig mächtige oberordovizische Quarzite und Schiefer (40 m), gefolgt von einer ebenfalls nur geringmächtigen (60 m) Schieferfolge mit Graptolithen und anderen Fossilien des Silurs bis mittleren Unterdevons. Schwarze Tonschiefer überwiegen. Im unteren Silur sind Kieselschiefer eingeschaltet. Auch Tuffite kommen vor.

Den in pelagischer Umgebung abgelagerten Schichten des Oroviziums bis Unterdevons folgen in zahlreichen Profilen des Warthaer Schiefergebirges weiterhin tonige Sedimente mit nur untergeordnet sandigen Einschaltungen von der Eifel-Stufe bis zum Tournai in wahrscheinlich ununterbrochener Folge. Sie sind durch Conodonten datiert.

Am Nord- und Nordwestrand des Warthaer Gebirges sind Oberdevon und Karbon abwechslungsreicher entwickelt. Im Nordwesten folgen unmittelbar über einem kristallinen Fundament, das in seiner Zusammensetzung der Umgebung des Warthaer Gebirges entspricht, Kristallinkonglomerate und rund 50 m fossilführende Kalke des Frasne und Famenne. Sie werden mit erosivem Kontakt von rund 200 m unterkarbonischen Konglomeraten und Sandsteinen, deren Detritus von der Gneisscholle des Eulengebirges (Sowie Góry) abgeleitet werden kann, überlagert. Den Abschluß bildet ein wenige Meter mächtiger Kohlenkalk.

Im Norden, im unmittelbaren Kontakt zum Eulengebirgs-Gneis, ist über analogen Gneisbrekzien und -konglomeraten und geringmächtigen Kohlenkalken eine mehr als 500 m mächtige Flyschserie und dann Wildflysch evtl. frühoberkarbonischen Alters aufgeschlossen.

Eine starke Faltung ohne ersichtliche Metamorphose schloß die Sedimentation also an der Wende Visé/Namur oder im unteren Namur ab.

4.12.8 Das Eulengebirge (Sowie Góry)

Nordwestlich des Warthaer Gebirges liegt das rund 600 km^2 umfassende etwa dreieckige Gneismassiv der Eule. Von der Innersudetischen Mulde und dem Warthaer Gebirge wird es durch die Innersudetische Hauptstörung und deren südöstliche Fortsetzung getrennt. Auch sonst wird das Gneismassiv von Störungen begrenzt und durch die junge Verwerfung des Sudeten-Randbruchs in zwei Teile geteilt. Der südwestliche, zu den Sudeten gehörende kleinere Teil bildet das schmale, bis auf über 1.000 m steil aufragende Eulengebirge (Sowie Góry). Der abgesunkene größere Teil im Nordwesten gehört bereits zum Sudetenvorland und ist zumeist von Quartär, lokal auch von jungem Tertiär bedeckt.

Lithologisch setzt sich das Eulengebirgs-Kristallin aus verschiedenartigen hochgradigen Gneisen und Migmatiten zusammen. Eingeschaltet sind Amphibolitgesteine und selten auch

Quarzite und Marmorlinsen. Die Edukte der Gneise und Migmatite waren jungproterozoische bis frühkambrische überwiegend pelitisch-psammitische Gesteinsserien. Tektonische Einschuppungen sind Granulitkörper und Ultrabasite (Pyroxenite und Peridotite) eines tieferen Gneisstockwerks. Die Metamorphose erreichte Mitteldruck/Hochtemperaturbedingungen. Ihr Alter und das einer polyphasen Deformation wird durch U/Pb-Alter von Monaziten und Rb/Sr-Biotitalter als deyonisch (380 bzw. 370/360 Ma) datiert.

Gegen die niedrig- und mittelgradig metamorphen Serpentinit-Gabbro-Diabas-Komplexe und paläozoischen sedimentären Baueinheiten ihres Rahmens sind die Paragesteine und Migmatite des Eulengebirgs-Kristallins durch tektonische Störungen begrenzt.

Nach isotopischen Datierungen der Ultrabasite des Sobótka(Zobten)-Massivs und des Nova-Ruda(Neurode)-Massivs und stratigraphischen Hinweise aus seinem sedimentären Umfeld erfolgte eine rasche Heraushebung und Platznahme der Gneiskomplexe in ihrer heutigen Umgebung vom späten Mitteldevon (Świebodzice) bis frühen Visé (Warthaer Gebirge).

Im Eulengebirge selbst ist das Kristallin in tektonischen Gräben und Halbgräben von Unterkarbon in Kulm-Fazies, Konglomeraten, Grauwacken und Tonsteinen sowie untergeordnet auch Kalksteinen, bedeckt. Diese Gesteine zeigen keine Metamorphose und wurden auch tektonisch kaum beansprucht. Zusammen mit den Gneisen werden sie ihrerseits von variszischen Porphyr- und Lamprophyrgängen durchschlagen, im Vorsudetischen Block auch von jungtertiären Basalten.

Wegen seiner Ähnlichkeit mit Gneisen des Moldanubikums s.str. wurde und wird das Eulengebirgs-Kristallin vielfach auch als eine aus dem Böhmischen Massiv stammende Deckscholle interpretiert.

4.12.9 Das Subsudetische Vorland der Westsudeten

Der zwischen dem Sudeten-Randbruch und dem Außenrandbruch (Oder-Lineament) gelegene Vorsudetische Block bildet ein hügeliges Vorland der Westsudeten, aus dem sich nur das Sobótka(Zobten)-Massiv morphologisch stärker hervorhebt. Präkambrisches und paläozoisches Grundgebirge ist nur stellenweise zwischen seinen pleistozän-tertiären und mesozoischen Deckschichten aufgeschlossen.

Strukturell gehören das Fundament des Vorsudetischen Blocks und der Westsudeten zusammen. Bis zur nach-mittelmiozänen Trennung durch den Sudeten-Randbruch verlief die geologische Entwicklung beider Gebiete einheitlich. So ist der nordöstliche größere Teil des Eulengebirgs-Massivs Teil des Vorsudetischen Blocks.

Im Osten wird das Eulengebirgs-Kristallin des Vorsudetischen Blocks durch die **Mylonitzone von Niemcza** (Nimtscher Mylonit) von der annähernd Nord-Süd verlaufenden Mittelsudetischen Schieferzone getrennt. Die Mylonitzone von Niemcza ist mehrere km breit. Sie enthält neben Blastomyloniten der Eulengneise u.a. auch Kataklasite aus der östlich angrenzenden Schieferzone. Ultrabasite sind teilweise zu Serpentiniten umgewandelt. Spätvariszisch intrudierte der Niemcza-Syenit.

Die **Mittelsudetische Schieferzone** oder Schieferzone von Kamieniec-Zabkowicki (Kamenz)-Wilków Wielki (Groß-Wilkau) stellt zwischen dem Eulengebirgs-Gneis und der Niemcza-Mylonitzone im Westen und einer antiklinalen, bereits zu den Ostsudeten gerechneten Gneiszone im Osten eine relativ schmale SSW–NNE verlaufende Muldenzone dar. Sie läßt sich nordwärts mit Unterbrechungen bis in das Gebiet von Jordanów (Jordansmühl) verfolgen. Aufgeschlossen sind hauptsächlich mesozonal metamorphe Glimmerschiefer. Als

Einschaltungen werden Graphitquarzite, gelegentlich Amphibolite und Gneise beobachtet. Altersmäßig werden diese Folgen heute dem jüngeren Präkambrium oder ältesten Paläozoikum zugerechnet. Ihre letzte Deformation und Metamorphose erfolgte variszisch, vermutlich während der sudetischen oder auch bretonischen Phase.

Nördlich des Eulengebirgs-Kristallins tritt das **Grundgebirge des Vorsudetischen Blocks** nur noch in kleineren, voneinander getrennten Aufschlußgebieten zutage. Im Gebiet um Wadroże Wielki (Groß-Wandriss) sind neben Glimmerschiefern mit Graphitquarziten auch Gneise vom Typ der Isergebirgsgneise bekannt.

Darüber hinaus sind altpaläozoische Schiefer und Quarzite sporadisch aufgeschlossen bzw. unter einer jungen tertiären und quartären Bedeckung vielfach erbohrt. Die meisten Übertagevorkommen liegen zwischen Imbramowice (Ingramsdorf) und Luboradz (Lobris). Hauptsächlich handelt es sich Phyllite, seltener quarzitische Schiefer und Quarzite. Die Phyllite werden örtlich von Chloritschiefern begleitet. Die Gesteinsfolge ist am ehesten mit dem Kambroordoviz des Boberkatzbachgebirges zu vergleichen. Eine Serie von Grauwacken und Schiefern ist vermutlich jünger und eventuell dem Silurium zuzuordnen.

Das nordsudetische Präkambrium und Paläozoikum erfuhr eine intensive variszische Faltung. Dabei entstand ein im Westteil NW–SE verlaufender, weiter östlich W–E und dann nach NE streichender Faltenbau. In diesen Faltenbau intrudierte der ebenfalls in NW–SE-Richtung gestreckte **Strzegom** (Striegau)-**Sobótka**(Zobten)-**Granit**.

Im Südosten zeigt er die Zusammensetzung von biotitführender Granodioriten während in seinen zentralen und nordwestlichen Abschnitten Zweiglimmer-Leukogranite und im Nordwesten Biotit-Hornblende-Monzogranite vorherrschen. Rb/Sr-Altersbestimmungen ergaben für die Granodiorite 330 Ma, für die Monzogranite 280 Ma.

Am Ostrand des Strzegom-Sobótka-Massivs liegt das **Ślęża-Massiv**, eine kleiner, den Gipfel des Ślęża (Zobten) bildender Gabbrostock. An ihn schließt sich bis an den Eulengneis das ausgedehnte **Serpentinmassiv von Gogołów** (Goglau)-**Jordanów** (Jordansmühl) an. Nach heutiger Auffassung stellen diese und weitere Basite und Ultrabasit-Komplexe in der Umgebung des Eulengebirgsblocks wie z. B. Nowa Ruda (Neurode) im Südwesten, Brzeznica (Briesnitz) und Szkalary (Gläsendorf) im Südosten ozeanische Krustenfragmente devonischen Alters (350 Ma) dar.

Neben einer geringmächtigen Tertiär- und Quartärbedeckung des jungpräkambrisch-paläozoischen Fundaments des Vorsudetischen Blocks finden sich vor allem nordöstlich des Boberkatzbachgebirges weit verbreitet und meist an junge Störungen gebunden **jungtertiäre Basaltdurchbrüche**.

4.12.10 Die Innersudetische Senke

Die rd. 65 km lange und 25 km breite tektonische Depression der Innersudetischen Senke (Niederschlesisches Steinkohlenbecken) wird umrahmt von den teils kristallinen, teils niedrigmetamorphen Baueinheiten des Riesengebirges und Boberkatzbachgebirges im Nordwesten, des Eulengebirges und Glatzer Berglandes im Nordosten und des Adlergebirges und Habelschwerter Gebirges im Süden. Nur auf ihrer Südwestflanke steht sie in tektonischem Kontakt mit jüngeren Deckgebirgsschichten.

Die Füllung der Senke besteht in der Hauptsache aus einer teils terrestrischen, teils marinen frühvariszischen Molasse-Folge des Unterkarbons und z. T. kohleführenden limnisch-fluviatilen Molasse-Sedimenten und Vulkaniten des Oberkarbons und Unterrotliegenden (Autun) (vgl Abb. 106). Die Vulkanite sind im wesentlichen auf das Autun beschränkt. Im Inneren der Senke werden diese Serien von Deckgebirgsschichten des Zechsteins, des Unteren Buntsandsteins und der Oberkreide überlagert.

Die Achse der Innersudetischen Senke verläuft NW–SE. Nach Südosten bildet der in der Oberkreide eingesunkene Nysa(Neisse)-Graben ihre Fortsetzung. Ihr Südwestflügel, weitgehend auf tschechoslowakischem Gebiet gelegen, ist durch die Hronov-Poříči-Störung gegen das Adlergebirge und das Trutnov(Trautenau)-Náchod-Becken abgegrenzt. Ihre breite Nordostflanke bildet auf polnischem Territorium eine breite Monoklinale, deren Bau im einzelnen durch mehrere parallele oder schräg zum Muldenrand verlaufende Staffelbrüche kompliziert gestaltet ist. Die erste Anlage der Innersudetischen Senke im frühen Karbon fällt mit der starken frühvariszischen Heraushebung der umliegenden Grundgebirgsmassive zusammen. Die sehr abwechslungsreiche Lithologie und die sehr unterschiedlichen Mächtigkeiten ihrer Molassefüllung wurden wesentlich durch störungskontrollierte synsedimentäre Blockbewegungen ihres überwiegend kristallinen Rahmens und Untergrundes bestimmt.

Unterkarbon ist vor allem im Norden und Westen der Senke verbreitet. Seine Ablagerungen erreichen Mächtigkeiten zwischen 4.500 und 6.500 m. Sie bestehen in der Hauptsache aus Konglomeraten und sedimentären Brekzien und nur untergeordnet Sandsteinen und Tonsteinen. Überwiegend handelt es sich um kontinentale oder im Deltabereich gebildete Sedimente. Pflanzenreste sind weit verbreitet und örtlich kommen dünne Kohlenflöze vor. Mit Ausnahme der sedimentären Brekzien wechseln die Konglomerate, Sandsteine und Tonsteine in zyklischer Folge.

Das Unterkarbon (Dinant) der Innersudetischen Senke steht in der Regel in tektonischem Kontakt mit älteren Baueinheiten. Im Nordwesten wird örtlich ein diskordantes sedimentäres Auflager auf ordovizischen Metakonglomeraten beobachtet.

Obervisé ist bei Wałbrzych (Waldenburg) als marine turbiditische Konglomerat-Tonstein-Wechselfolge als Szczawno (Bad Salzbrunn)-Formation entwickelt. Zum Hangenden gehen diese Sedimente eines tieferen Beckens in kontinentale Konglomerate, Sandsteine und Tonsteine über, die ohne Unterbrechung in die ebenfalls festländische bereits **oberkarbonischen** Wałbrzych-Schichten (Namur A und B) überleiten. Im Westteil der Innersudetischen Senke besteht eine Schichtlücke zwischen Obervisé und Namur C.

Die Wałbrzych-Formation ist am Ostrand der Innersudetischen Mulde in zwei getrennten Vorkommen aufgeschlossen, im Wałbrzych-Becken und im Becken von Nowa Ruda (Neurode). Bei Wałbrzych erreicht sie eine Mächtigkeit von 250–330 m. Sie besteht hier hauptsächlich aus Sandsteinen und Tonsteinen, an der Basis untergeordnet auch Konglomerate und enthält bauwürdige Kohlen,flöze.

Mit weiteren Konglomeraten, Sandsteinen und Tonsteinen mit nur dünnen Kohleflözen, der Biały-Kamien (Weißstein)-Formation, beginnt im Namur C in der ganzen Innersudetischen Mulde die Žacler (Schatzlar)-Formation. Sie reicht bis in das Westfal C. Ihre zyklisch aufgebauten Sandstein-Tonstein-Folgen enthalten im Westfal B und C zahlreiche bauwürdige Steinkohleflöze. Die Mächtigkeit der Žacler-Formation schwankt zwischen 400 m im Becken von Nowa Ruda im Südosten und über 900 m im Wałbrzych-Becken und bei Žacleř (Schatzlar). Auf böhmischem Gebiet greift sie teilweise unmittelbar auf das kristalline Fundament des östlichen Riesengebirges über.

Im Gebiet um Wałbrzych wird die Žacler-Formation ab dem Westfal C durch zunehmend rotfarbene Sandsteine, Konglomerate und Tonsteine der Glinik (Großhain)-Kamionki(Steinkunzendorf)-Formation abgelöst. Ihr entspricht auf tschechoslowakischem Gebiet die weniger konglomeratreiche gleichalte Odolov-Formation.

Bei Nowa Ruda besteht das Stefan aus polymikten Konglomeraten, Arkosesandsteinen und untergeordnet dunklen Tonsteinen. Im oberen Westfal und Stefan sind im Wałbrzych-Gebiet saure subvulkanische Bildungen die ersten Anzeichen einer magmatischen Aktivität.

Das **Unterrotliegende** (Autun) ist auf der Nordostflanke der Innersudetischen Mulde im Gebiet von Nowa Ruda besonders weit verbreitet. Seine bis 1.250 m mächtige vulkanisch-sedimentäre Gesteinsfolge repräsentiert den jüngsten Abschnitt der spätvariszischen Molasse-Entwicklung. Kennzeichnend sind an der Basis rote Konglomerate und Arkosen. Hinzu kommen rote Sandsteine und Siltsteine sowie rote oder auch dunkle, zum Teil bituminöse Tonsteine. Im mittleren Anteil werden mehrere Sequenzen von Andesiten und Rhyodaziten bzw. Rhyolithen und deren Tuffen beobachtet.

Unterrotliegendes und **Oberrotliegendes** (Saxon) werden auf der Südwestflanke der Innersudetischen Senke durch eine Erosionsdiskordanz voneinander getrennt. Das Saxon ist mit nur geringmächtigen polymikten Konglomeraten vertreten. Ebenfalls mit schwacher Diskordanz greift an den Beckenrändern detritisch-kalkig ausgebildeter Zechstein auf verschiedene Rotliegend-Stufen und Oberkarbon über.

Erst mit dem Mittleren Buntsandstein endete die festländische Sedimentationsphase der Innersudetischen Senke. Das Meer hatte danach erst wieder in der **Oberkreide** Zutritt. Die heute muldenförmig gelagerten marinen Schichten des Cenomans bis Coniacs liegen dem Zechstein und auch der Untertrias diskordant auf. Quadersandsteine und Plänerkalke des Turons und Coniacs bilden heute eine für den Kernbereich der Senke bezeichnende Schichtstufenlandschaft.

Der Synklinalbau der Innersudetischen Senke wie auch die Störungstektonik auf ihren Flanken sind das Ergebnis spätkretazischer (subherzyn-laramischer) Schollenbewegungen. Die Achse der jungen Einmuldung folgt, etwas nach Südwesten verlagert, weitgehend der NW–SE-Richtung der jungpaläozoischen Beckenachse.

Den Südwestrand der Innersudetischen Senke bildet heute der gleichfalls NW–SE streichende, in sich aber stark gestörte **Hronov-Poříči-Sattel**. Seine flachliegende Nordostflanke ist entlang der Hronov-Poříči-Störungszone auf seine steiler stehende und zum Teil gegen Südwesten überkippte Südwestflanke überschoben.

4.12.11 Das südliche Riesengebirgsvorland (Krkonoše Piedmont)

Südwestlich der Innersudetischen Senke und des Riesengebirges ist das Riesengebirgsvorland bis zum Elbe-Lineament mit kontinentalen klastischen Sedimenten des Oberkarbons, des Perms und der Trias bedeckt. Größtenteils werden diese ihrerseits von marinen Deckschichten der nordböhmischen Oberkreide überlagert.

Das **südliche Riesengebirgsvorland** war vom Westfal C bis an das Ende des Unterrotliegenden (Autun) Teil eines ausgedehnten intramontanen Senkungsgebietes, das vom Innersudetischen Becken im Nordosten bis Plzeň (Pilsen) im Südwesten reichte. Die Schichtentwicklung ist ähnlich wie in der Innersudetischen Senke (vgl. Abb 106). Am Nordrand des Gebietes, gegen das Riesengebirge, sind Ablagerungen des Westfal C/D und Stefan A/B die ältesten Schichten. Die Kohleführung beginnt allerdings erst im Stefan B. Durch saalische Bewegungen am Ende des Unterrotliegenden wurde die Sedimentation im südlichen Riesengebirgsvorland unterbrochen.

Weiter südostwärts im Gebiet von Trutnov (Trautenau) und Náchod sind festländische Bildungen des Oberrotliegenden, des Zechsteins und des Buntsandsteins durchgehend verbreitet. Auch sie entsprechen in ihrer Ausbildung weitgehend gleichaltrigen kontinentalen

Serien der Innersudetischen Senke. Heute wird das **Trutnov-Náchod-Teilbecken** von mehreren markanten NW–SE streichenden Störungen durchzogen. Im Norden sind die Schichten im unmittelbaren Kontakt mit dem Riesengebirgs-Kristallin steil gestellt und teilweise auch von diesem überschoben.

Vor dem Südrand des südlichen Riesengebirgs-Vorlandes erhebt sich aus dem Kreideplateau Nordböhmens die kleine Grundgebirgsscholle von **Zvičina** (Switschin). Sie besteht aus schwachmetamorphen Metagrauwacken, Metasandsteinen, Metaarkosen und Phylliten mit Einlagerungen von Grünschiefern. Das Alter dieser Serie ist unklar. Wahrscheinlich handelt es sich um z. T. jungproterozoische, überwiegend aber altpaläozoische Gesteine.

Literatur: P. BANKWITZ & E. BANKWITZ 1982; P. BANKWITZ et al. 1988; Z. BARANOWSKI & S. LORENC 1986; Z. BARANOWSKI et al. 1984, 1990; K. BOJKOWSKI & J. PORZYCKI (Hrsg.) 1983; M. BORKOWSKA, J. HAMEURT & P. VIDAL 1980; H. BRAUSE 1969; O. VAN BREEMEN et al. 1988; J. CHALOUPSKÝ & J. CHLUPAČ 1984; J. CHALOUPSKÝ et al. 1988; T. DEPCIUCH 1971; J. DON 1982, 1990; J. DON & A. ZELAŹNIEWICZ 1990; J. DON, S. LORENC & A. ZELAŹNIEVICZ (Hrsg.) 1990; J. DON et al. 1990; M. DUMICZ 1979; K. DZIEDZIC 1980, 1985, 1989, 1990; K. DZIEDZIC & A.K. TEISSEYRE 1990; GESELLSCHAFT FÜR GEOLOGISCHE WISSENSCHAFTEN 1969; W. GOTTE & G. HIRSCHMANN (Hrsg.) 1972; J. HAYDUKIEWICZ 1990; G. HIRSCHMANN 1966; K.-B. JUBITZ et al. 1985; D.C. LIEW & A.W. HOFMANN 1988; S. LORENC 1983; A. MAJEROWICZ 1972, 1986; M.P. MIERZEJEWSKI & T. OBERC-DZIEDZIC 1990; G. MÖBUS 1964; W. NAREBSKI, J. DOSTAL & C. DUPUY 1986; W. NEMEC, S. POREBSKI & A.K. TEISSEYRE 1982; J. OBERC 1977; K. PIETZSCH 1962; C. PIN, A. MAJEROWIEZ & J. WOJCIECHOWSKA 1988; S.J. PORĘBSKI 1990; W. POŻARYSKI (Hrsg.) 1977; S. SOKOŁOWSKI (Hrsg.) 1976a, 1976b, E. STUPNICKA 1989; M. SUK et al. 1984; J. SVOBODA & J. CHALOUPSKÝ 1966; J. SVOBODA et al. 1966; R. TÁSLER 1966; H. TEISSEYRE 1976, 1980; Z. URBANEK 1978; B. WAJSPRYCH 1986; J. WOJCIECHOWSKA 1986, 1990; A. ZELAŹNIEWICZ 1990; ZENTRALES GEOLOGISCHES INSTITUT (Hrsg.) 1968.

4.13 Der Ostrand des Böhmischen Massivs (Moravo-Silesikum, Sudetikum)

4.13.1 Übersicht

Die östlich der Ramzová(Ramsau)-Überschiebung gelegenen vorvariszischen und variszischen metamorphen Komplexe des Altvatergebirges oder Hohen Gesenkes (Hrubý Jeseník) und in ihrer südlichen Fortsetzung die durch die Moldanubische Überschiebung vom Kern des Böhmischen Massivs abzutrennenden Kristallingebiete der Thaya(Dyje)- und Svratka(Schwarzawa)-Kuppel gehören im Rahmen der Gliederung des mitteleuropäischen Variszikums zur **Moravo-Silesischen Zone**.

Östlich der Červenohorskí Sedlo-Faltenzone der Ostsudeten und der Boskovice-(Boskowitzer) Furche in Mähren schließt sich eine weniger komplex gestaltete variszische Außenzone an. Auch sie wird häufig noch zur Nord-Süd-Zone des Moravo-Silesikums gerechnet. Sie entwickelte sich über einem nur teilweise in die variszische Faltung einbezogenen proterozoischen kristallinen Fundament, dem **Bruno-Vistulikum**, das nach Bohrungen bis unter das Oberschlesische Kohlenbecken und in den tieferen Untergrund der Karpaten zu verfolgen ist. Die das proterozoische Stockwerk des Bruno-Vistulikum überlagernden hauptsächlich aus nicht oder nur schwach metamorphem Devon und Karbon bestehenden Faltenzüge des Niederen Gesenkes (Nízký Jeseník) im Norden einschließlich des Westrandes des Oberschlesischen Kohlenbeckens und des Drahaner Plateaus (Drahanská Vrchovina) im Süden werden heute auch als **Sudetikum** zusammengefaßt.

Das prädevonische Stockwerk der Moravo-Silesischen Zone umfaßt überwiegend **proterozoische** metamorphe und plutonische Einheiten. Zusammen mit datierten Devongesteinen ist es aber auch noch in die variszische Tektogenese mit einbezogen.

Der Ostrand des Böhmischen Massivs

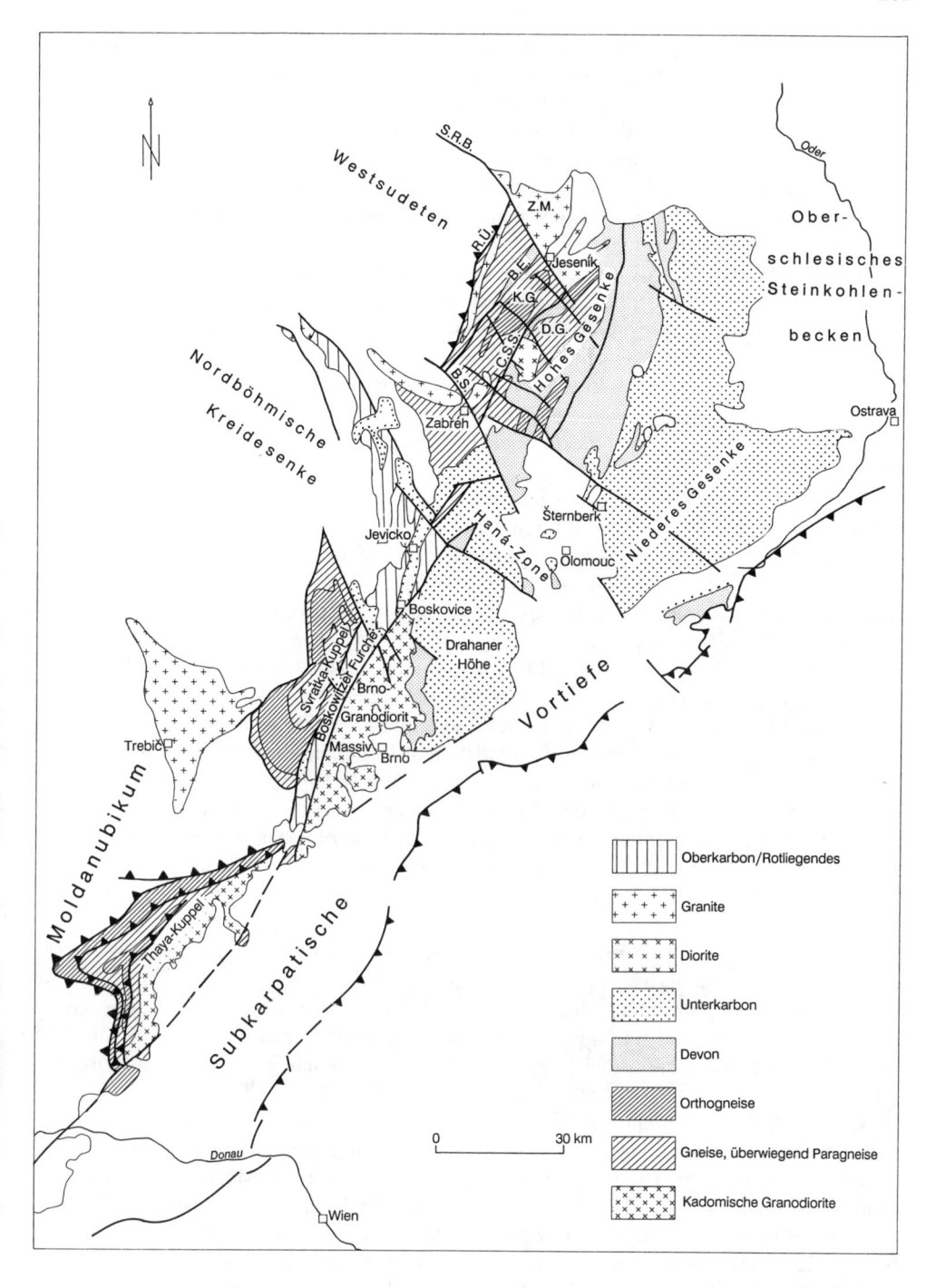

Abb. 97. Geologische Übersichtskarte des Südostrandes des Böhmischen Massivs. B.E. = Branna-Einheit, B.S. = Bušhín-Störung, C.S.S. = Červenohorskí Sedlo-Scherzone, D.G. = Desná-Gewölbe, K.G. = Keprnik-Gewölbe, R.Ü. = Ramzová-Überschiebung, Z.M. = Žulová-Massiv.

Das ausschließlich proterozoische Bruno-Vistulikum besteht im Norden aus höhermetamorphen Gneisen und Metagranitoiden sowie Ultramyloniten. Südlich der Haná-Störung, einer südöstlichen Fortsetzung des Elbe-Lineaments, nimmt vor allem der plutonische Kristallinkomplex des bei Brno (Brünn) auch übertage erschlossenen Brno-(Brünner) Granodioritmassivs weite Bereiche ein.

Altpaläozoikum ist im Bereich des Bruno-Vistulikums bei Stínava im Drahaner Hügelland mit unmetamorphen silurischen Schiefern nachgewiesen. Sein Kontakt gegen das Devon ist tektonisch überprägt.

Devon folgt meist klar diskordant über dem präkambrischen Kristallin oder jeweils mit einem deutlichen Metamorphoseunterschied zu diesem. Im Süden greift Unterdevon in Old-Red-Fazies auf das Brno-Granodioritmassiv über. Im weiteren Verlauf des Unter- und Mitteldevons führte eine allgemeine Transgression aus nördlicher Richtung im Gebiet des Hohen Gesenkes zu mächtiger klastischer Beckensedimentation, verbunden mit basischem Vulkanismus hauptsächlich während des Ems und Mitteldevons. Im Süden und Osten herrschten dagegen anhaltend flachneritische Bedingungen. Devon ist hier vorwiegend kalkig ausgebildet (Mährischer Karst).

Die variszische Tektogenese erfolgte in der Moravo-Silesischen Zone einschließlich des Sudetikums von Westen nach Osten fortschreitend vom höheren Frasne bis in das Namur A. Dabei wurden im Westteil der Moravo-Silesischen Zone auch die vordevonischen Baueinheiten in die Deformation und eine epizonale, für sie retrograde, Metamorphose mit einbezogen. Es entstanden charakteristische breite Gewölbestrukturen mit Gneiskernen. Als bedeutende tektonische Bewegungszone entstand u. a. zwischen den West- und Ostsudeten die Ramzová-Linie, und im Kontakt zum Moldanubikum wurde die Moldanubische Überschiebung wiederbelebt.

Nach Osten umfaßt die Faltenzone des Sudetikums intensiv gefaltete Flyschsedimente des Oberdevons und **Unterkarbons**. Während im Nordosten die klastischen Schüttungen von Westen bis in das **Oberkarbon** anhielten und die Flyschfazies in Richtung auf das Oberschlesische Kohlenbecken allmählich von einer paralischen Molassefazies abgelöst wurde, brach die Flyschsedimentation im Süden bereits im obersten Visé mit konglomeratischen Molassebildungen ab. Weiter im Osten ist auch hier unter den Karpaten flözführendes Oberkarbon erbohrt. Nächstjüngere Bildungen, limnische Sedimente des Stefans und unteren Perms, sind im Boskovice-Graben bekannt.

Ein variszischer Plutonismus ist im Hohen Gesenke durch die granitoiden Massive von Žulová und Šumperk vertreten.

Trias-Sedimente wurden entlang dem Ostrand des Böhmischen Massivs nie abgelagert. Auch **Jura**-Gesteine sind übertage nur von wenigen Stellen in der Umgebung von Brno bekannt. Doch wurde südöstlich von Brno bis 1.000 m mächtiger Mittel- und Oberjura erbohrt.

Erst das Epikontinentalmeer der **Oberkreide** überflutete von Nordwesten her Teile von Mähren. Es hinterließ in einigen tektonischen Senken Sedimente des Cenomans bis Coniacs.

Die **Tertiär**ablagerungen im östlichen Vorland des Böhmischen Massivs haben überwiegend Miozän-Alter. In der Hauptsache gehören sie zur Füllung der Karpatenvortiefe. In einzelnen Buchten griff die tertiäre Sedimentation aber auch weit auf nordöstliche und östliche Teile des Böhmischen Massivs über, wo sie heute z. B. in der Tertiärsenke von Olomouc(Ölmütz)-Haná noch weitflächig erhalten sind.

Die quartäre Bedeckung des Moravo-Silesischen Grundgebirges ist unter anderem gekennzeichnet durch periglaziale Phänomene wie fluvio-glaziale Ablagerungen im Norden und Löß im Süden.

4.13.2 Das Altvatergebirge (Hrubý Jeseník)

Im nördlichen Abschnitt der Moravo-Silesischen Zone, dem Silesikum, wird das kristalline Grundgebirge des Hohen Gesenkes durch die Ramzová-Überschiebung im Westen und das Kulm-Gebiet des Niederen Gesenke (Nízký Jeseník) im Osten begrenzt. Im Nordwesten bildet das Žulová-Granodioritmassiv und seine metamorphen Mantelgesteine das Fundament des Vorsudetischen Blocks. Nach Süden grenzt die zum Elbe-Lineament gehörende Bušín-Störung das Hohe Gesenke gegen das Kristallin des Zábřeh-Synklinoriums ab.

Das Grundgebirge des Hohen Gesenkes läßt sich weiter unterteilen in zwei NNE–SSW verlaufende, in variszischer Zeit angelegte Antiklinalzonen, das **Keprnik(Kepernik)-Gewölbe** im Westen und das **Desná(Tess)-Gewölbe** im Osten. Beide sind durch eine intensiv verschuppte Muldenzone, die **Červenohorské Sedlo-Einheit**, voneinander getrennt.

Die Antiklinalstrukturen des Keprnik- und Desná-Gewölbes enthalten in ihrem Kern Orthogneise (Keprnik-Gneis, 546 Ma) und jungproterozoische Biotitparagneise (Desná-Gneis) sowie Migmatite und Staurolithglimmerschiefer. Die Ortho- und Paragesteine des Desná-Gewölbes zeigen dabei deutliche Ähnlichkeiten mit dem bis unter das Oberschlesische Steinkohlenbecken zu verfolgenden vistulischen Fundament.

Ummantelt werden die Gneise, Migmatite und Metagranitoide von im Westen mehr, im Osten weniger regionalmetamorphen Sedimentserien und Vulkaniten des Devons. Auf der Ostflanke des Desná-Gewölbes werden diese stratigraphisch zur Vrbno(Würbenthal)-Gruppe zusammengefaßt. Sie überlagert die Desná-Gneise transgressiv und beginnt in den meisten Fällen mit grobklastischen Sedimenten, Quarziten und Metakonglomeraten. Die Quarzite enthalten eine reiche Schalenfauna der Siegen-Stufe. Darüber folgen graue bis schwarze Phyllite mit im höheren Teil Grünschiefer-Einlagerungen. Diesen epizonal metamorphen basischen Effusivgesteinen wird zeitlich die Intrusion zweier größerer Amphibolit-Massive (Jeseník und Sobotín) gleichgestellt. Im oberen Teil der Vrbno-Gruppe überwiegen dann hellgraue Kalke, die das Givet und untere Frasne vertreten und ihrerseits über kalkige Quarzsandsteine in kalkige Grauwacken, Schiefer und Siltsteine der oberdevonischen Andělská Hora-Formation übergehen.

Devonische Gesteine vom Typ der Vrbno-Gruppe treten auch höhermetamorph in der Červenohorské Sedlo-Scherzone zwischen dem Desná- und Keprnik-Gewölbe auf und sind mit Quarziten und Kalkmarmoren auch am Aufbau der Branna-Einheit des westlichen Rahmens der Keprnik-Gneise beteiligt. Ihr ist hier entlang der Ramzová-Linie von Westen her die Staré-Město-Einheit der Westsudeten aufgeschoben.

Die variszische Faltung und Metamorphose des Devons und seines präkambrischen kristallinen Fundaments begann vor Ende des Oberdevons. Obervisé-Konglomerate der variszischen Flyschentwicklung weiter im Osten enthalten bereits Gerölle devonischer Phyllitgesteine. Die proterozoischen Kristallinkomplexe wurden im Rahmen einer intensiven gegen Osten gerichteten Überschiebungstektonik mit ihren devonischen Hüllgesteinen verschuppt. In diesen führte die tektonische Einengung zu einem engen ostvergenten Falten- und Überschiebungsbau.

Zwischen dem Desná-Gewölbe und der Šternberk-Horní-Benešov-Zone weiter im Osten überwiegen dann zunächst westverengte Faltenzüge.

In die Zeit der devonischen Sedimentation und variszischen Deformation gehört auch die Reaktivierung proterozoisch angelegter tiefreichender Transversalstörungen, die das Grundgebirge des Hohen Gesenkes in NW–SE-Richtung queren und in einzelne gegeneinander verschobene Blöcke zerlegen. Im Norden ist dies vor allem die südöstliche Fortsetzung des

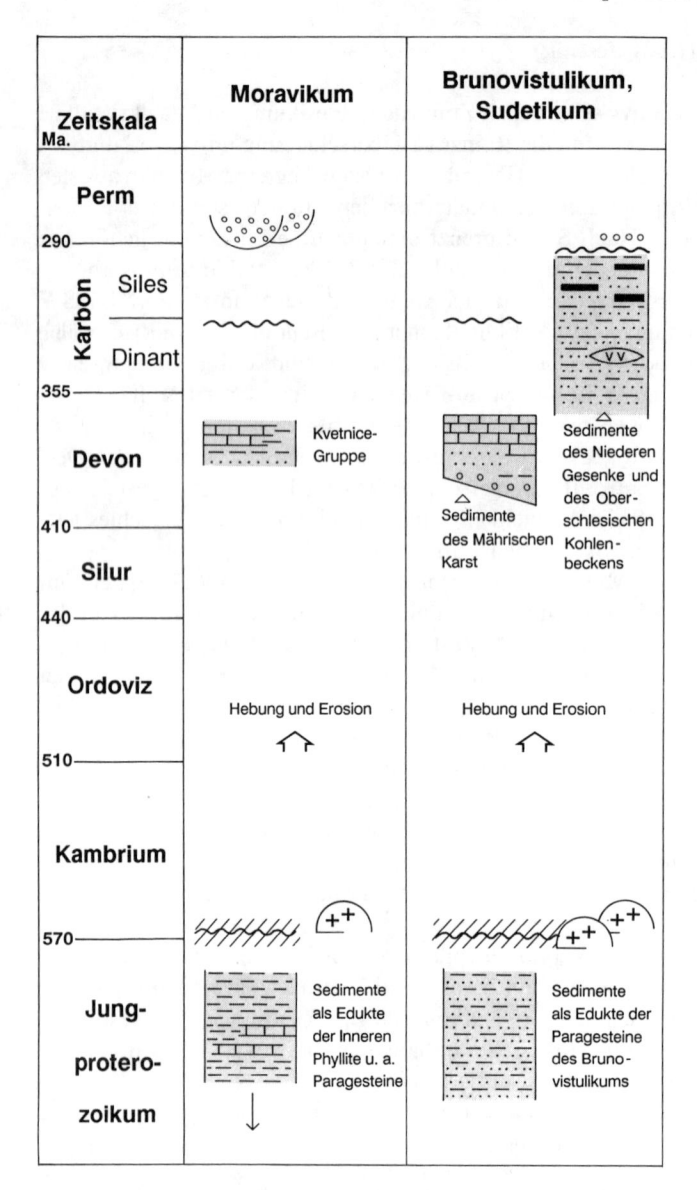

Abb. 98. Schema der geologischen Entwicklung des Grundgebirges am Südostrand des Böhmischen Massivs. Zeichenerklärung wie Abb. 83.

Sudeten-Randbruchs und im Süden die Bušín-Störung als südliche Begrenzung der tektonischen Einheit des Hohen Gesenkes. Posttektonisch erstarrten die bereits syntektonisch intrudierten Granitoide des ausgedehnten **Žulová-Massivs** im Norden und der kleinere **Šumperk-Granodiorit** im Süden.

Das nördlich des Sudeten-Randbruchs gelegene **Žulová-Granitmassiv** reicht, meist unter geringmächtiger känozoischer Bedeckung, nach Norden weit über die tschechoslowakische

Grenze nach Polen hinein. Es setzt sich aus mehreren Intrusionskörpern zusammen, einem frühen Granodiorit und Hornblendediorit am Sudetischen Randbruch, einem kalifeldspatreichen Randgranit, dem mittel- bis grobkörnigen Žulová-Hauptgranit bzw. -granodiorit und im Norden weiteren randnahen Granitvarietäten.

Zwischen dem Žulová-Massiv und der Niemcza-Schieferzone ist das ostsudetische Grundgebirge bis in die Umgebung von Strzelin (Strehlen) zu verfolgen. Zwischen Doboszowice und Strzelin ist das proterozoische Stockwerk mit verschiedenen Gneisen und untergeordnet Glimmerschiefern erschlossen, bei Strzelin auch mit Übergängen in einen homogenen Granit. Im Strehlener Hügelland ist das präkambrische Kristallin mit vermutlich devonischen Quarziten und Quarzitschiefern, gelegentlich auch Metakonglomeraten eng verfaltet. Letztere werden der unter- und mitteldevonischen Vrbno-Gruppe im Hohen Gesenke gleichgestellt. Devonkalke und Metavulkanite werden hier allerdings nicht beobachtet.

Auch östlich des Žulová-Massivs zeigt der Vorsudetische Block noch gelegentlich Ausbisse von proterozoischen Kristallingesteinen.

4.13.3 Das Moravikum

Westlich der bereits jungproterozoisch angelegten Boskovice-(Boskowitzer) Furche bilden zwei kristalline Domstrukturen, die **Svratka (Schwarzawa)-Kuppel** und die **Thaya(Dye)-Kuppel** den südlichen Abschnitt der Moravo-Silesischen Zone.

Struktur, Gesteinsabfolge und Metamorphose beider Baueinheiten sind annähernd identisch. Vom westlich angrenzenden Moldanubikum unterscheiden sie sich durch die Edukte ihrer Para- und Orthogesteine, durch einen generell geringeren Metamorphosegrad und durch ihren tektonischen Bau. Die Grenze bildet die Moldanubische Überschiebung entlang der das hochkristalline Moldanubikum von Westen her auf die Svaratka-Kuppel und die Thaya(Dye)-Kuppel überschoben wurden. Heute bilden beide Kuppeln tektonische Halbfenster, die im Osten von den Randverwerfungen der Boskovice-Furche und der diese nach Süden fortsetzenden Diendorfer Störung abgeschnitten werden bzw. von der tertiären Molassefüllung der Karpatenvortiefe überdeckt sind.

Den äußeren Rahmen der Svratka und Thaya-(Dye-)Kuppel bilden eine zum überschobenen Moldanubikum gehörende Glimmerschiefereinheit mit Marmor- und Amphibolitzügen und außerdem Quarzit- und Orthogneis-Einlagerungen. Sie stellt das tektonische Hangende der Moravischen Gesteinskomplexe dar.

Der Kern der Thaya(Dye)-Kuppel besteht aus dem langgestreckten Thaya-Granitoidmassiv. Es zeigt im Westen und Süden hauptsächlich Granite. Im Zentrum des Plutons herrscht granodioritische Zusammensetzung vor. Im Osten treten auch Quarzdiorite auf. Diese Tiefengesteine gehören bereits zum Brno-Granodioritmassiv, von dem sie durch die Randstörungen der Boskovice-Furche und die Diendorfer Störung getrennt sind. Wie der Brno-Pluton (585 Ma) besitzen sie nach Rb/Sr-Datierungen (551 Ma) jungproterozoisches bzw. frühkambrisches Alter.

Örtlich wird der Thaya(Dye)-Batholith von schwachmetamorphen, vermutlich altpaläozoischen Quarziten und fossilführenden Quarziten und Kalksteinen des höheren Devons (Givet-Frasne) überlagert. Auf diese wurden die höher metamorphen Serien des Moravikums überschoben.

Tektonisch im Hangenden folgt zunächst eine Glimmerschiefer- und Phyllithülle mit wiederum Quarziten und ausgedehnten Marmorzügen (Innere Phyllite). Für ihre Ausgangsgesteine wird proterozoisches Alter angenommen. Die Serie der Inneren Phyllite, deren Äquivalente auch das Zentrum der Svratka-Kuppel einnehmen, umfaßt auch saure Metaplutonite, den Pleissing-Orthogneis und darüber den Bittescher (Bíteš-)Orthogneis in der Thaya(Dye)-Kuppel bzw. den Bíteš-Orthogneis in der Svratka-Kuppel.

Die Bittescher (Bíteš-)Orthogneise sind ein für das Moravikum besonders charakteristisches blastomylonitisches Gestein von granitisch-granodioritischer Zusammensetzung. Rb/Sr-Gesamtgesteinsalter schwanken zwischen 790, 560 und 480 Ma.

Die Bittescher Gneise unterlagern ihrerseits eine weitere metamorphe Serie, die Vranov-Olešnice-Gruppe (Äußere Phyllite). Die Vranov-Olešnice-Gruppe als tektonisch höchster metamorpher Komplex des Moravikums besteht aus Zweiglimmer- und Biotitparagneisen mit eingelagerten Amphiboliten, kristallinen Kalksteinen, Quarziten, Graphitquarziten und Graphitschiefern. Sie wird ebenfalls als jungproterozoisch eingestuft. Teilweise werden die Bittescher Gneise auch unmittelbar von einer bereits zum überschobenen Moldanubikum gehörenden Glimmerschiefereinheit abgedeckt.

Die Tatsache, daß sowohl in der Thaya(Dye)-Kuppel als auch in der Svratka-Kuppel die Metamorphose in den äußeren Randpartien höher ist als im tektonisch liegenden Innenbereich, führte bereits früh zu der Annahme, daß hier Decken mit unterschiedlichen Metamorphosegraden über einem autochthonen Granitoidmassiv und seiner devonischen Hülle liegen. In der Thaya(Dye)-Kuppel sind dieses die Pleissing-Decke (unten) und die Bittescher (Bíteš-)Gneis-Decke (oben).

Die ostwärts gerichtete Verschuppung und Deckenüberschiebungen im südlichen Moravosilesikum einschließlich der Moldanubischen Überschiebung erfolgte in variszischer Zeit. Für die damit verbundene grünschieferfazielle bis amphibolitfazielle Regionalmetamorphose mit nachfolgender Diaphthorese wurde ein Alter von 328 Ma ermittelt.

Eine jüngere Störungstektonik führte unter anderem zur Zerblockung der Svratka-Kuppel durch ein kompliziertes Querstörungssystem. Im Stefan und Perm entwickelte sich die den heutigen Bau des Moravikums beherrschende Grabenstruktur der Boskovice-(Boskowitzer) Furche.

4.13.4 Das Brno-(Brünner) Granodioritmassiv

Zwischen der Drahaner Höhe mit dem Mährischen Karst im Nordosten und dem annähernd N–S verlaufenden Boskovice-Rotliegendgraben im Westen tritt ein Teil des jungproterozoischen Sockels des Bruno-Vistulikums als Brno-(Brünner) Granodioritmassiv zutage. Nach Nordosten bildet es die Basis des im Mährischen Karst und in der übrigen Drahaner Hochfläche aufgeschlossenen Devons und Karbons. Ähnliche Magmatite treten auch in der Umgebung von Olomouc (Olmütz) auf kleiner Fläche zutage bzw. werden hier unter dünner Miozän-Bedeckung durch Bohrungen angetroffen.

Das Brno-Granodioritmassiv setzt sich aus verschiedenen Intrusionen zusammen. Im Osten und Westen überwiegen granitische Gesteine, Quarzdiorite, Granodiorite und leukokrate Gänge. Mehr basische Tiefengesteine, wie Hornblende-Gabbros und Diorite, sind hauptsächlich in einem zentralen Sektor vertreten. Die Intrusiva werden überall von Apliten und Pegmatiten durchschlagen. Lamprophyre beschränken sich dagegen auf die für älter gehaltenen basischen Komplexe.

Die Platznahme des Brno-Granodioritmassivs in einem epizonal metamorphen Rahmen erfolgte nach U/Pb-Datierungen seiner Zirkone um 585 Ma gegen Ende des Jungproterozoikums. Variszische und jüngere Deformationen äußerten sich in einer intensiven Zerklüftung und Zerscherung seiner Gesteine.

Granitoide Gesteine analog dem Brno-Granodioritmassiv wurden in zahlreichen Bohrungen auch östlich und südöstlich der Drahaner Höhe in den Flyschkarpaten unter einer devonisch-karbonischen Plattformbedeckung nachgewiesen.

4.13.5 Die Drahaner Höhe (Drahanská Vrchovina)

Die Drahaner Höhe (Drahanská Vrchovina) und das Niedere Gesenke (Níský Jeseník) bilden über die Tertiärsenke von Olomouc(Olmütz)-Haná hinweg geologisch und auch morphologisch eine Einheit.

In der **Drahaner Höhe** werden tonschiefrig und randlich und im Süden kalkig ausgebildetes Devon und flyschartige Tonschiefer-Grauwacken-Folgen des Unterkarbons weitflächig vom proterozoischen Kristallin des Brno-Granodioritmassivs unterlagert. Nur von einem einzigen Aufbruch bei Stínava im Nordostteil der Drahaner Höhe ist auch Altpaläozoikum in Form von nicht nennenswert metamorphen graptolithenführenden Tonschiefern des mittleren und höheren **Silurs** bekannt.

Das **Devon** der Drahaner Höhe zeigt eine deutliche Faziesdifferenzierung in eine litorale, rein kalkige Entwicklung (Mährischer Karst) im Südwesten und sandig-tonige Beckenablagerungen mit basischen Effusivgesteinen im Norden und Nordwesten. Zwischen beiden Fazies vermittelt eine Übergangsfazies.

Die Devonabfolge des **Mährischen Karsts** entspricht derjenigen einer stabilen Schwellenregion mit langanhaltender Flachwassersedimentation. Die Ablagerungen beginnen über den proterozoischen Granitoiden des Brno-Plutons mit einem mächtigen Basalkonglomerat und Rotsandsteinen des Unter- und Mitteldevons. Die Gerölle des Konglomerats bestehen außer aus Quarz örtlich auch aus Gneisen, Granitoiden und porphyrischen Kristallingesteinen, die teilweise aus dem Moravikum abgeleitet werden können. Außerdem kommen dunkle und helle Quarzite und vereinzelt weitere Kristallingesteine unbestimmter Herkunft vor. Diese basale terrestrische Folge des Devons erreicht südlich von Brno eine Mächtigkeit von über 1.400 m.

Über dem Transgressionskonglomerat folgen durchgehend Karbonatgesteine von der höchsten Eifel-Stufe bis in das Unterkarbon. Am Anfang stehen bis 80 m dunkle, oft dolomitische und auch noch sandige Brachiopodenkalke. Sie werden überlagert von teilweise ebenfalls noch zum Givet zu rechnenden bis 600 m mächtigen dunklen Riffkalken. Die größte Mächtigkeit (bis 400 m) wird von einem darüber anschließenden hellgrauen Korallenkalkkomplex des Givet und Frasne erreicht. In der Zeit des Famenne bis Tournai kamen rote Knollenkalke und im Süden auch dunkle organodetritische Kalke zur Ablagerung. Sie reichen örtlich bis in das Obervisé.

In den **nördlichen Drahaner Höhen** beginnt die Beckenfazies des Devons mit sandig-tonigen Sedimenten des Unterdevons. Im Mitteldevon überwiegen Tonschiefer, und ein intensiver basischer submariner Vulkanismus ist kennzeichnend. Kalkeinschaltungen im höheren Teil sind in der Regel geringmächtig oder fehlen ganz. Das Devon endet mit Schiefern und Kieselschiefern.

Auch im Gebiet des faziellen Übergangs zu der karbonatischen Devon-Entwicklung des Mährischen Karsts setzt die Devonsedimentation bereits im höheren Unterdevon ein. Die

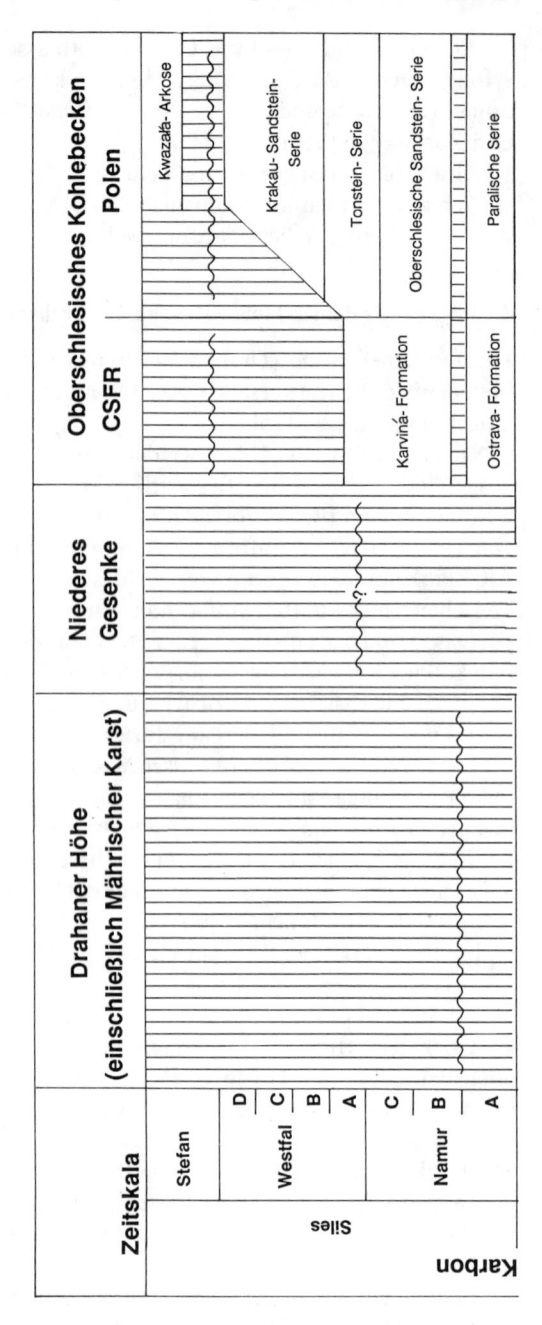

Vulkanite des Mitteldevons fehlen hier. Im Givet und Frasne entwickeln sich bereits Kalke, die sich gut mit denen des Mährischen Karsts korrelieren lassen. Am Ende des Devons stehen Tonschiefer mit Kieselschiefer-Einschaltungen.

Im **Unterkarbon** folgen im ganzen Gebiet der Drahaner Höhe, nach Osten und Süden übergreifend, Tonschiefer- und Grauwackenserien sowie im Südwesten mächtige Konglome-

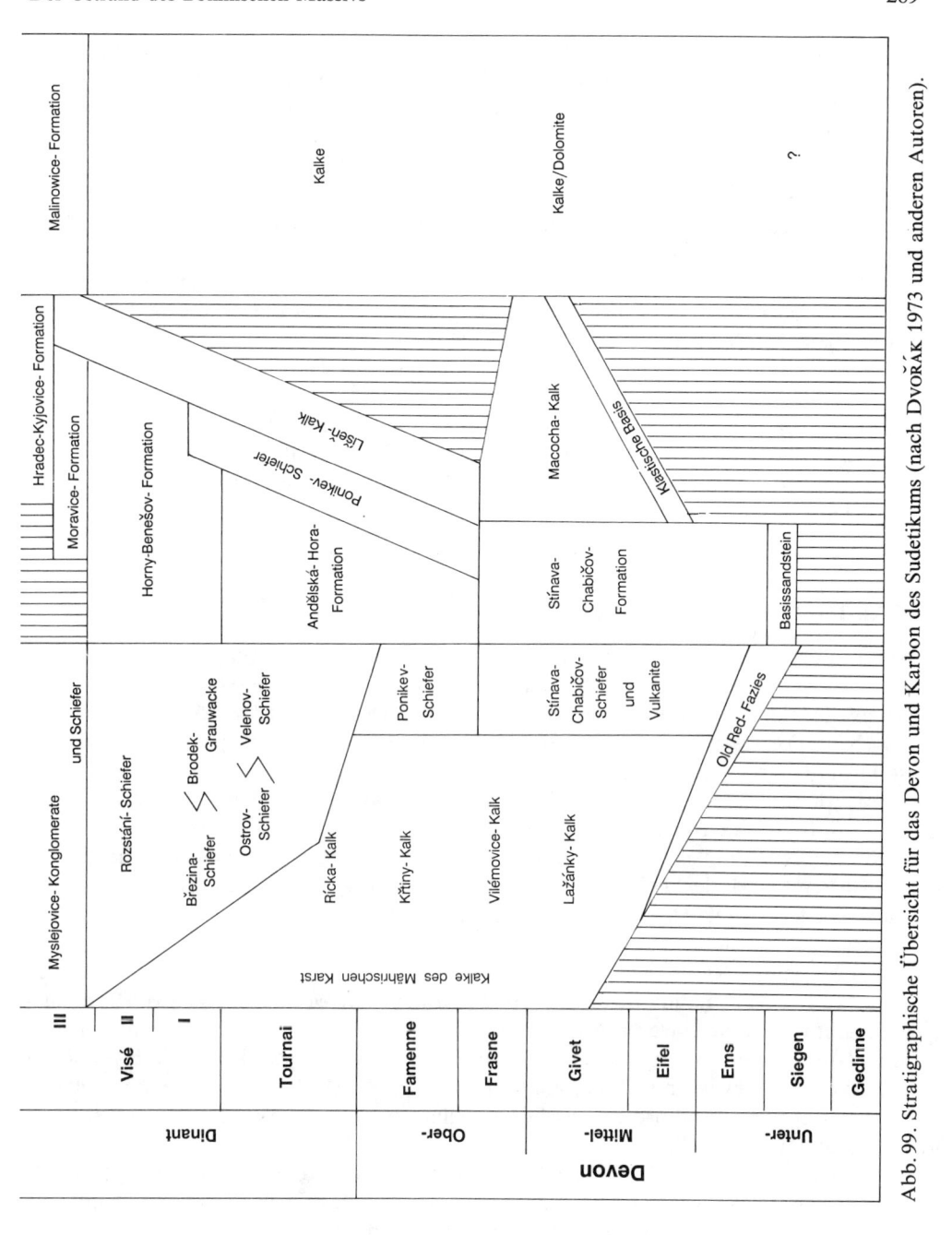

Abb. 99. Stratigraphische Übersicht für das Devon und Karbon des Sudetikums (nach DVOŘÁK 1973 und anderen Autoren).

rate. Ihre Sedimentation hielt bis in das oberste Visé an. Sie wurde gesteuert durch synsedimentäre Bewegungen an von Nordwesten nach Südosten quer zur Beckenachse verlaufenden Störungssystemen in der südöstlichen Fortsetzung des heutigen Elbe-Lineaments.

Die **Faltung** der Devon- und Karbonfolgen der Drahaner Höhe einschließlich des Mährischen Karsts erfolgte während des Visé. Die Faltenachsen streichen NE–SW bis NNE–SSW. Die Falten zeigen überwiegend Südost- bis Ostvergenz. Die Intensität der tektonischen Deformation nimmt von Westen nach Osten ab. Die massiven Kalkzüge des Mährischen Karsts zeigen einen überwiegend einfachen Faltenbau mit sowohl gegen SE als auch gegen NW gerichteten Überschiebungen.

Nachvariszische Bildungen sind im Bereich des Mährischen Karsts Erosionsrelikte mariner Oberjura-Kalke sowie isolierte Vorkommen von Cenoman-Ablagerungen. Zwischen der Oberkreide und einer allgemeinen Neogentransgression lag eine Phase subaerischer Erosion und einer lebhaften Störungstektonik. Während des Miozäns wurde das Gebiet von der Karpatischen Vortiefe her erneut marin überflutet.

Die heute zu beobachtende intensive Verkarstung der Devon-Kalke des Mährischen Karsts erfolgte in mehreren Zyklen. Sie begann in der Unterkreide, während der sich bis zu 200 m tiefe Karstschlotten mit Kaolinsanden und Bohnerzen füllten.

Ihre letzte Phase führte während des Pliozäns und Quartärs zur Bildung zahlreicher spektakulärer Dolinen- und Höhlensysteme. Die bekanntesten von ihnen sind der 138 m tiefe Macocha-Abgrund und die Punkva-Höhlen mit der Punkva-Karstquelle.

4.13.6 Das Niedere Gesenke (Nísky Jeseník)

Nördlich der Tertiärsenke von Olomouc (Olmütz)-Haná wird die Rumpfflächenlandschaft des Niederen Gesenkes (Nísky Jeseník) zwischen dem Hohen Gesenke im Westen und Ostrava (Mährisch-Ostrau) im Osten von gefalteten Devon- und Unterkarbon-Gesteinen aufgebaut. Die aus metamorphen Ortho- und Paragneisen aufgebaute proterozoische Basis ist nur im Osten erbohrt.

Als Ältestes ist **Unter- und Mitteldevon** in einer Reihe von isolierten Aufbrüchen entlang der Linie Šternberk-Horní-Benešov (Sternberg-Bennisch) bekannt. Es umfaßt einen Spilit-Keratophyr-Komplex mit Einlagerungen von dunklen Schiefern mit einer reichen Fauna des Oberems und der Eifel-Stufe. Darüber folgen örtlich Kalke sowie Schiefer und Kieselschiefer des **Oberdevons** und **Tournai**. Lokal bildeten sich im höchsten Tournai auch terrestrische Sandsteine und Quarzkonglomerate.

Im Westteil des Niederen Gesenkes besteht die in das Oberdevon und Tournai zu stellende Andělská Hora-Formation bereits aus einer rhythmischen Wechsellagerung von Tonschiefern, Grauwacken und gelegentlich Konglomeraten. Faziell gleicht sie damit den folgenden unterkarbonischen Flyschgesteinsserien weiter im Osten. Diese umfassen bis 4.000 m Tonschiefer, Grauwacken und Siltsteine und im unteren Teil auch Konglomerate. Liefergebiet war das vorwiegend proterozoische Kristallin der westlich gelegenen Westsudeten und des Silesikums.

Stratigraphisch reicht die **Flyschfolge** des Niederen Gesenkes bis in das tiefste Namur A. Die Zone maximaler Sedimentation verlagerte sich im Laufe des Oberdevons und Unterkarbons immer rascher nach Osten. Gleichzeitig rückte die Faltung und Heraushebung der Abtragungsgebiete sukzessive nach Osten vor. Im Namur A erfolgte ganz im Osten der Übergang in die flözführende Molasse-Fazies des Oberschlesischen Beckens.

Tektonisch weisen die ziemlich eintönigen Schiefer- und Grauwackenfolgen des Niederen Gesenkes einen relativ einfachen Faltenbau und westlich der Šternberk-Horní-Benešov-Zone auch Schieferung auf. Bei generellem NNE–SSW-Streichen zeigt sich im Westen

Westvergenz, im Osten dagegen allgemein Ostvergenz. Die Faltungsintensität und die epizonale und anchizonale Metamorphose nehmen in östlicher Richtung ab, ebenso das Alter der Faltung. Im Westen wurden die devonischen Serien bereits gegen Ende des Oberdevons deformiert und herausgehoben. Ganz im Osten wurden die jüngsten Flyschsedimente zusammen mit dem flözführenden Oberkarbon des Oberschlesischen Beckens wahrscheinlich erst an der Wende Namur A/B gefaltet.

Als jüngste Gesteine sind für das Niedere Gesenke Durchbrüche jungtertiärer und frühquartärer Basalte kennzeichnend. Sie treten vor allem im Raum von Bruntál (Freudenthal) auf, reichen aber vereinzelt auch ostwärts bis Ostrava, also bis an den Rand des Oberschlesischen Kohlenbeckens. Vereinzelt bilden sie heute Maare.

4.13.7 Das Oberschlesische Steinkohlenbecken

Das Oberschlesische Steinkohlenbecken wird im Westen und Nordwesten von den aus dem Niederen Gesenke in NNE-Richtung streichenden Faltenzügen unterkarbonischer Flyschablagerungen begrenzt. Im Nordosten wird es durch die NW–SE verlaufende, ältere Krakauer (Krakau-Myśkow-) Faltenzone vom Małpolska-Massiv getrennt. Die Nordgrenze des Oberschlesischen Steinkohlenbeckens ist erosionsbedingt und wird gewöhnlich von mesozoischen Deckschichten überlagert. Nach Süden und Südosten setzt sich die kohleführende Molassefüllung des Beckens unter die miozänen Ablagerungen der Karpatenvortiefe fort. Auch noch unter den Deckenstrukturen der Karpaten wird sie von Tiefbohrungen erreicht.

Das **Oberkarbon** des Oberschlesischen Steinkohlenbeckens ist unter der Quartärdecke der Schlesischen Ebene nur an wenigen Stellen übertage aufgeschlossen. Seine Stratigraphie und sein tektonischer Bau sind jedoch durch Bergbau und Explorationsbohrungen gut bekannt.

Der Übergang aus der unterkarbonischen Flyschentwicklung in die kohleführenden Molasse-Ablagerungen des Oberschlesischen Beckens wird nur in seinen Randgebieten beobachtet. Im Westen bilden Flyschsedimente des **Visé** und **untersten Namur A** das Unterlager. Sie stammen aus westlich gelegenen Abtragungsgebieten und wurden durch Trogachsen-parallele Strömungen im Becken von Süden nach Norden verteilt. Ihre Obergrenze bildet der fossilreiche marine Štůr-Horizont.

Im Nordost- und Südostteil des Beckens sind gleichalte Ablagerungen überwiegend tonig und geringmächtig (ca. 150 m) ausgebildet. Im Südosten enthalten sie an der Basis Einschaltungen von biodetritischen Kohlenkalken des Obervisé.

Das kohleführende Oberkarbon des Oberschlesischen Beckens wird in vier lithostratigraphisch definierte Serien unterteilt. Marine Einschaltungen sind nur in der ersten Serie, der Paralischen Serie, enthalten. Die höheren Einheiten umfassen ausschließlich kontinentale Ablagerungen.

Die **Paralische Serie** (Ostrava-Schichtenfolge auf tschechoslowakischem Gebiet) umfaßt stratigraphisch die untere Hälfte des Namur A. Sie besteht hauptsächlich aus dunkelgrauen feinkörnigen Sandsteinen und Tonsteinen, gelegentlich auch Konglomeraten. Zahlreiche marine Einschaltungen, aber auch ca. 100 Kohleflöze sind in dieser Serie enthalten. Die Mächtigkeit der Paralischen Serie insgesamt beträgt im Westen 3.780 m. In Richtung auf dem östlichen Beckenteil nimmt sie auf einige 100 m ab. Die Mächtigkeit der Flöze liegt gewöhnlich unter 1 m. In Einzelfällen erreicht sie 2 m. Das abschließende 5 m mächtige Flöz

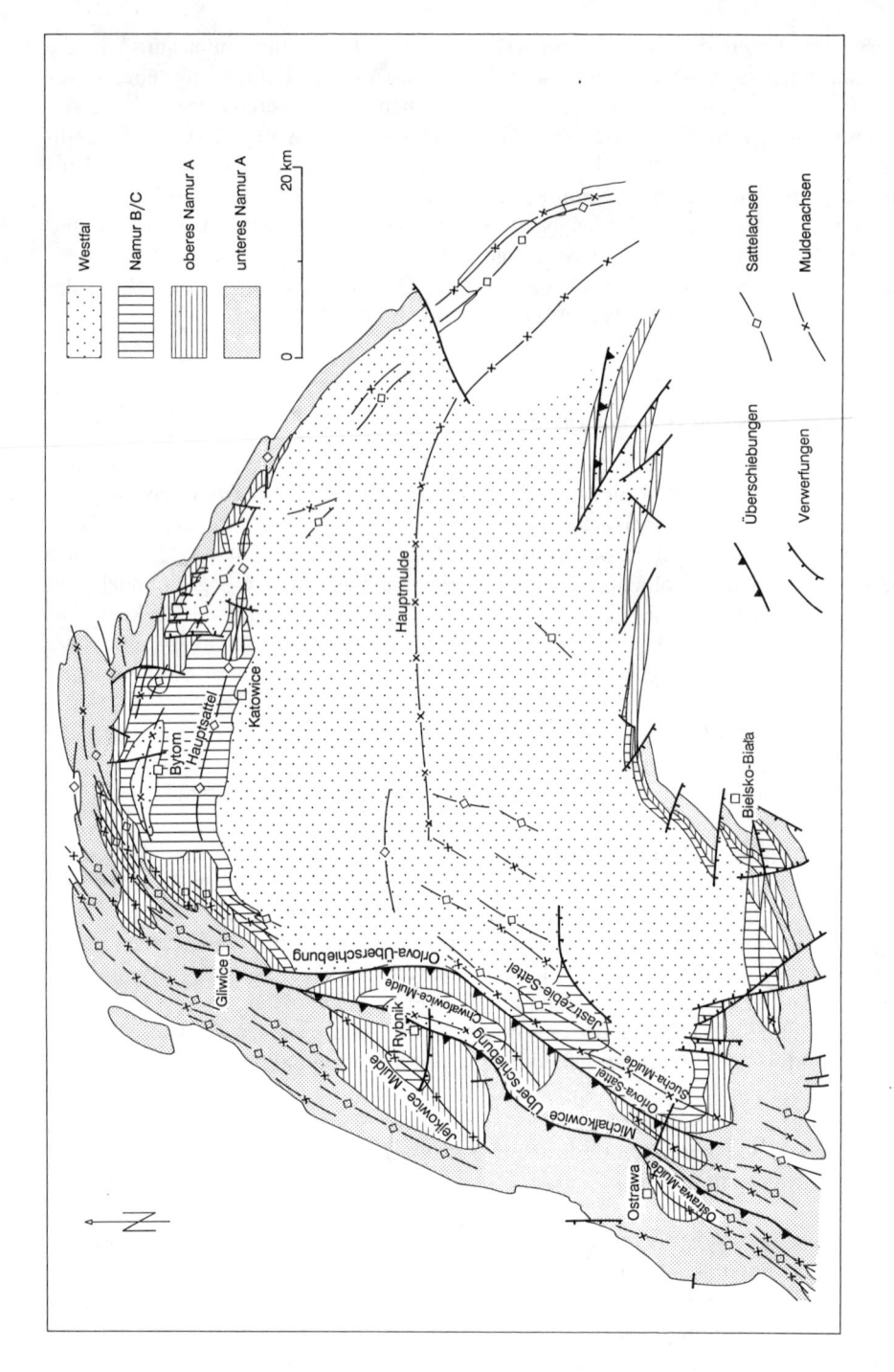

Abb. 100. Abgedeckte geologische Übersichtskarte des Oberschlesischen Steinkohlenbeckens (n. POŻARYSKI 1977).

Prokop (höheres Namur A und tieferes Namur B) repräsentiert eine Stagnation in der Absenkung, die länger war als die Ablagerungszeit der Paralischen Serie insgesamt.

Die folgende **Oberschlesische Sandsteinserie** (Sattel- und Ruda-Schichten auf polnischem Gebiet; Karvina-Folge auf tschechoslowakischem Territorium) umfaßt stratigraphisch das höhere Namur B und C. Sie besteht hauptsächlich aus hellgrauen fein- und mittelkörnigen Sandsteinen. Im Westteil des Beckens wird sie bis 900 m mächtig, nach Osten keilt sie aus. Diese Serie enthält die mächtigsten Steinkohleflöze der ganzen Oberkarbon-Folge (bis 24 m mächtige Flöze in den Sattelschichten). Die Sedimentationsbedingungen der Oberschlesischen Sandsteinserie entsprechen einem Übergang von einem Delta in eine Alluvialebene.

Die als dritte Einheit des kohleführenden Oberkarbons vom Westfal A bis in das höhere Westfal B reichende **Tonsteinserie** umfaßt auf polnischem Gebiet die Załeze- und Orzesze-Schichten und in der Tschechoslowakei die oberen Suchá-Schichten und Doubrava-Schichten. Sie erreicht ihre größte Mächtigkeit (ca. 2.000 m) im nördlichen Teil des Oberschlesischen Steinkohlenbeckens. Im Osten folgt sie nach einer Schichtlücke unmittelbar auf die Paralische Serie. Tonsteine überwiegen, Sandsteine kommen nur noch untergeordnet vor. Ca. 150 Steinkohleflöze sind in diese von mäandrierenden Flüssen einer Alluvialebene sedimentierte Serie eingelagert. Sie zeigen zahlreiche Flözunregelmäßigkeiten und erreichen selten Mächtigkeiten über 2 m.

Das kohleführende Oberkarbon des Oberschlesischen Steinkohlenbeckens endet mit der **Krakauer Sandsteinserie**. Sie wird als oberstes Westfal B und Westfal C und D datiert. Diese Serie ist nur im nordöstlichen Teil des Beckens vertreten. Sie besteht hier überwiegend aus grob- und mittelkörnigen Sandsteinen. Kohleflöze sind selten, aber gewöhnlich mächtiger (bis zu 5 m). Auch die Krakauer Sandsteinserie wurde durch sandreiche Flüsse auf einer Alluvialebene abgelagert. Ihre Gesamtmächtigkeit erreicht maximal 1.400 m.

Ganz im Osten des Beckens wird noch eine flözleere Arkose (**Kwascala-Arkose**) dem Stefan zugeordnet. Sie wurde unter offensichtlich trockeneren Bedingungen als die flözführenden Schichten abgelagert und erreicht eine Mächtigkeit von 100–500 m. Der nächstjüngere Karniovice-Travertin (15 m) gehört nach paläontologischen Befunden bereits dem untersten Rotliegenden an. Er bildete sich in flachen Senken aus karbonatreichen Oberflächenwässern.

Die auf den West- und Nordrand des Oberschlesischen Beckens beschränkte variszische Faltung der Molassesedimente begann im Westen bereits an der Wende Namur A/B. Jüngere Schichten des Namur B bis Westfal D sind kaum noch von Faltungsvorgängen betroffen.

Der **tektonische Bau** des Oberschlesischen Steinkohlenbeckens ist im Westen durch NNE–SSW streichende Großfalten und mehrere gegen Osten gerichtete Überschiebungen gekennzeichnet. Die Großfalten zeigen eine Quergliederung durch W-E verlaufende Achsenkulminationen und -depressionen. Zu den tiefer eingefalteten NNE–SSE streichenden Muldenstrukturen gehören im Süden (auf tschechoslowakischem Gebiet) die Ostrava-(Ostrauer) Mulde und die Petřvald-(Peterswalder) Mulde und in deren nördlicher Fortsetzung (in Polen) die Jejkowice-(Jeykowitzer) Mulde und die Chwałowice-(Chwallowitzer) Mulde. Sie werden durch den Michałkowice-Rybnik-Sattel mit der gegen Osten gerichteten Michałkowice-Überschiebung voneinander getrennt. Letztere erreicht Überschiebungsweiten von 2.000–2.400 m. Östlichste Struktur ist im Süden der stärker verschuppte Orłowá-(Orlauer) Sattel, an dessen Ostflanke bereits der ungefaltete Teil des Beckens beginnt. Die Faltenachsen tauchen jeweils nach Norden ein. In dieser Richtung werden die Schichten auch mächtiger und sind intensiv gefaltet und durch Überschiebungen gestört.

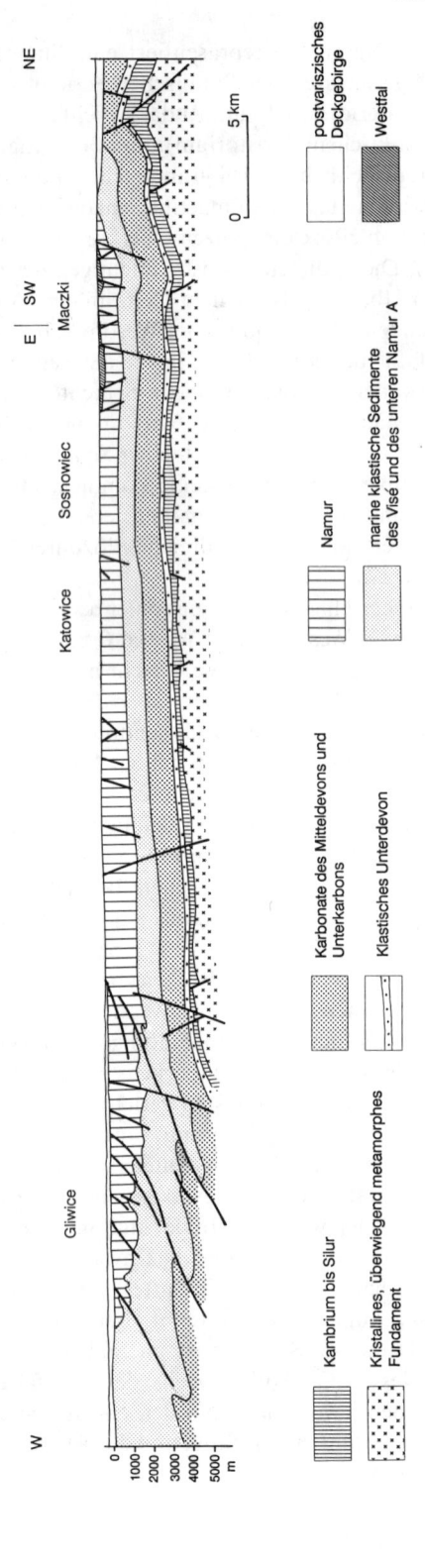

294 Das proterozoisch-paläozoische Grundgebirge

Abb. 101. Schematisches geologisches Profil durch das nördliche Oberschlesische Steinkohlenbecken (n. POŻARYSKI 1977).

Im Norden schwenken die Faltenachsen nördlich Gliwice (Gleiwitz) aus der NNE–SSW-Richtung bogenförmig nach Osten (bis Südosten) ein. Wichtigste Faltenstrukturen sind hier die Oberschlesische Antiklinale und nördlich anschließend die Bytom-(Beuthener) Mulde. Das Umlenken der Faltenachsen in den W–E- und weiter in einen WNW–ESE-Verlauf geschieht allmählich. Auch der Nordostrand des Oberschlesischen Beckens wird weithin von flachen NW–SE streichenden Falten begleitet. Das Zentrum des Oberschlesischen Steinkohlenbeckens und sein Ostteil blieben dagegen weitgehend ungefaltet. Diese Gebiete sind nur von überwiegend W–E streichenden Abschiebungen betroffen. Der mittlere Becken-Südostrand ist dagegen wieder durch eine leichte Aufwölbung der Oberkarbonschichten charakterisiert.

Entlang dem Nordostrand des Oberschlesischen Beckens liegen heute Sedimente des **Unterrotliegenden** diskordant auf tektonisch gestörtem und leicht gefaltetem Oberkarbon. Konglomerate (Myślachowice-Konglomerat) mit Geröllen unterkarbonischer und devonischer Karbonatgesteine verzahnen sich mit feinerkörnigen klastischen Rotsedimenten. In ihrem südöstlichen Verbreitungsgebiet enthalten sie Einschaltungen von Melaphyr-Laven, Quarzporphyren und Tuffen.

Im übrigen folgt im östlichen Teil des Oberschlesischen Steinkohlenbeckens Buntsandstein leicht diskordant über dem Karbon. Zusammen mit Wellenkalken des Unteren Muschelkalks und Mittlerem und Oberem Muschelkalk bildet er die **Oberschlesische Triasfaltenzone.**

Weitere mesozoische Ablagerungen fehlen heute im näheren Umkreis des Oberschlesischen Beckens. Hingegen findet sich weit verbreitet unteres **Miozän.** Am Karpatenrand, zwischen Opava (Troppau) und Wieliczka, südöstlich von Krakau, ist die bis in das Pliozän reichende Jungertiär-Folge noch bis 1.000 m mächtig und durch Salinarbildungen (Steinsalz bei Wieliczka) gekennzeichnet. Nach Norden nimmt ihre Mächtigkeit rasch ab und bei Gliwice geht die marine Folge in brackische und limnische Ablagerungen über.

Während des **Pleistozäns** bedeckte das Eis des Elster-Glazials und vor allem der Saale-Eiszeit ganz Oberschlesien. Die Grundmoränen beider Eiszeiten erlangten gebietsweise Mächtigkeiten von über 100 m.

4.13.8 Die Boskovice-(Boskowitzer) Furche

Das jüngste paläozoische Bauelement des Moravo-Silesischen Gebiets ist die gut 150 km lange, aber nur 5 bis höchstens 12 km breite Boscovice-(Boskowitzer) Furche. Ihr SSW–NNE streichender Südabschnitt trennt die Baueinheit des ungestörten Bruno-Vistulikums im Osten von den gleichaltrigen moravischen Kristallinkomplexen. Nördlich Boscovice (Boskowitz) biegt die Boscovice-Furche in die Nordwestrichtung um. Sie verläuft hier parallel zum Elbe-Lineament und bildet streckenweise die tektonische Grenze zwischen dem Lugikum und Moldanubischer Zone.

Die Boskovice-Furche entstand als intramontane Senke im **Stefan** und **unteren Perm.** Als Halbgraben füllte sie sich mit überwiegend limnisch-deltaischen Rotsedimenten. Unterschiedliche Hebungsraten ihrer westlichen und östlichen Grabenschultern führten zu einer Faziesdifferenzierung in mächtige grobdetritische Schuttablagerungen und alluviale Brekzien entlang der sich abrupt heraushebenden Ostflanke und weniger mächtige, gegen Osten geneigte sandig-tonige Ablagerungen mit einzelnen Kohleflözen im Westen. Größte Absenkungsraten erreichte die Boskovice-Furche im Kreuzungspunkt mit zwei Quersenken bei Rosice-Oslavany im Süden und bei Letovice im Norden. Bei Rosice bildeten sich über einem maximal 300 m mächtigen Basiskonglomerat des obersten Karbons (Stefan C) in mehreren Zyklen Kohlenflöze. Zwei von ihnen werden über größere Strecken abgebaut. Die Mächtigkeit der kohleführenden Schichten von Rosice-Oslavany erreicht 400 m.

Im Verlauf des Unterrotliegenden sedimentierten in der Boskovice-Furche überwiegend rotbraune und rote Konglomerate, Arkosen und Ton- und Siltsteine, teilweise auch Zwischenlagen bituminöser Mergel oder Kalke. Letztere sind durch reiche Fisch- und Stegocephalenfunde berühmt geworden. Die Gesamtmächtigkeit dieser Schichten erreicht bis 3.000 m.

Die weitere tektonische Ausgestaltung der Boskovice-Furche erfolgte an der Wende vom Unterrotliegenden zum Oberrotliegenden durch die steile Aufschiebung des Brno-Granodioritmassivs auf flexurartig aufgebogene Konglomerate des Perms. Heute stellt die Boskovice-Furche eine wohl im Jungtertiär geschaffene Senke dar, mit einer Bruchstufe entlang ihres Ostrandes.

Literatur: Z. BELKA 1987; K. BOJKOWSKI & J. PORZYCKI 1983; O. VAN BREEMEN et al. 1982; T. BUDAY & I. CICHA 1968; J. CHÁB & M. OPLETAL 1984; J. CHÁB et al. 1984; J. CHLUPÁČ 1966, 1987; A. DUDEK 1980; A. DUDEK & J. WEISS 1966; J. DVOŘÁK 1973, 1975, 1978, 1982, 1985, 1986, 1989; J. DVOŘÁK & E. PAPROTH 1969; J. DVOŘÁK & M. WOLF 1979; J. DVOŘÁK & M. NOVOTNY 1984; J. DVOŘÁK, O. FRIAKOVA & I. LANG 1976; G. FRASL et al. 1977; V. HAVLENA 1966a, 1966c; A. KOTAS 1977, 1985; O. KUMPERA 1971, 1972; A. MATURA 1976; R. OBERHAUSER (Hrsg.) 1980; Z. POUBA 1966; W. POŻARYSKI (Hrsg.) 1977; A. RADOMSKI & R. GRADZINSKI 1978, 1981; P. RAJLICH 1990; S. SCHARBERT & P. BATIK 1980; S. SOKOLOWSKI (Hrsg.) 1976; W. SORAUF & E. JÄGER 1982; E. STUPNICKA 1989; M. SUK et al. 1984; A. TOLLMANN 1982, 1985; R. UNRUG & Z. DEMBOWSKI 1971; A. WATZNAUER, K. A. TRÖGER & G. MÖBUS 1976; J. WEISS 1966.

4.14 Der Kern des Böhmischen Massivs

4.14.1 Übersicht

Eingerahmt vom Saxothuringikum und Lugikum im Nordwesten und Nordosten und vom Moravo-Silesikum im Osten bildet der Böhmische Block als Kernstück des Böhmischen Massivs den wichtigsten Teilausschnitt der Moldanubischen Zone des mitteleuropäischen Variszikums. Im Westen und Südwesten bewirkt das kulissenartig versetzte System von Fränkischer Linie, Pfahlstörung und Donaurandbruch den tektonischen Zuschnitt des Böhmischen Kristallins. Nach Süden reicht es bis unter die Decken der Ostalpen.

Das Grundgebirge des so umgrenzten Kerngebiets des Böhmischen Massivs läßt sich nach seinem Strukturbau und seiner Strukturentwicklung in zwei Großeinheiten gliedern: im Südosten, Süden und Südwesten die hochmetamorphe und komplex deformierte Moldanubische Region (Moldanubikum) mit Anteilen in Südböhmen, Mähren, Niederösterreich und Bayern, im Nordwesten und Norden die Mittelböhmische Region (Bohemikum) mit dem Teplá-Barrandium und dem Elbe-Gebiet.

Das **Moldanubikum** umfaßt verschiedenartige Ortho- und Paragesteinsserien, in die weitflächig variszische Plutonite intrudierten. Bezeichnend sind unter den metamorphen Gesteinen die aus Metapeliten und Metagrauwacken hervorgegangenen Biotit-Cordierit- und Sillimanitgneise. Eine ältere Monotone Gruppe besteht im wesentlichen aus einförmigen Paragneisen mit Einschaltungen von Quarziten und Amphiboliten. Eine jüngere Bunte Gruppe umfaßt neben Paragneisen und Glimmerschiefern auch häufig Züge von Marmoren, Kalksilikatgesteinen, Quarziten und graphithaltigen Gesteinen sowie Amphiboliten. Zwischen beiden Einheiten gibt es Übergänge. Beide Serien können sich auch faziell vertreten. Im Grenzbereich beider Serien treten mitunter Granulitkörper und Leptinite auf.

Das **Bohemikum** umfaßt niedriger metamorphe, örtlich auch nichtmetamorphe Gesteinsserien des Jungproterozoikums und Paläozoikums (Kambrium bis Mitteldevon). Das jüngere Proterozoikum besitzt seine größte Verbreitung und Mächtigkeit in der Region des Barrandiums. Es bildet hier die Unterlage des fossilführenden Kambriums und ist nur schwach metamorph aber teilweise doch stark gefaltet. Neben bis mehrere 1.000 m mächtigen einförmigen pelitisch-psammitischen Sedimenten ist ein Basalt-Spilit-Keratophyr-Vulkanismus bezeichnend. Das Moldanubikum und das Bohemikum werden durch bedeutende Störungszonen, u.a. die Zentralböhmische Störung und die Westböhmische Störung bzw. den Böhmischen Pfahl, voneinander getrennt.

Während die Gesteinsserien der Mittelböhmischen Region (Bohemikum) wenigstens örtlich sicher dem Jungproterozoikum und Paläozoikum zugeordnet werden können, bestehen noch Unklarheiten über das Alter der Edukte der metamorphen Einheiten der Moldanubischen Region. Sowohl mittel- und jungproterozoische als auch altpaläozoische Ausgangsgesteine kommen in Frage.

Bezüglich der **tektonischen Entwicklung** des Bohemikums und des Moldanubikums steht fest, daß ihre Gesteinsbestände und Gesteinsgefüge das Ergebnis mehrerer Metamorphosen und Deformationen sind.

Im Bohemikum läßt sich durch Gerölle in oberproterozoischen Grauwacken die Existenz einer vor-cadomischen Metamorphose für deren Liefergebiete nachweisen. Bestimmende Bedeutung hatte hier eine cadomische Tektogenese und Metamorphose. Sie wird im Barrandium durch eine Diskordanz zwischen abschnittweise fossilführendem Kambrium und gefaltetem, teilweise metamorphem Jungproterozoikum belegt, im Barrandium und Eisengebirge (Železné Hory) auch durch einen entsprechenden Geröllbestand und Detritus in kambrischen und ordovizischen Sedimentserien. Radiometrische Altersbestimmungen datieren das cadomische Ereignis zwischen 600 und 550 Ma. Eine variszisch-tektonische Reaktivierung führte im Gebiet des Barrandiums zu einfacher südostvergenter Faltung der paläozoischen Sedimente bei nur geringer Metamorphose.

Nach Südwesten, Westen und Nordwesten nimmt die tektonische Durchbewegung und die Intensität einer zunächst für cadomisch gehaltenen regionalen Metamorphose zu. Ganz im Nordwesten wird eine entsprechende Mitteldruck-Metamorphose allerdings als frühvariszisch (385 Ma) datiert.

Den Abschluß der Metamorphose-Entwicklung des nordwestlichen Bohemikums bildete eine spätunterkarbonische (330 Ma) Niedrigdruck-Hochtemperatur-Metamorphose.

Auch das Moldanubikum hat eine komplexe mehrphasige tektonisch-metamorphe Geschichte. Reliktisch werden, vor allem im südwestlichen Teilabschnitt der Moldanubischen Region, kaledonische Prozesse mit 485–455 Ma datiert. Hier ist örtlich auch eine frühvariszische (unterdevonische) Mitteldruck-Metamorphose zu rekonstruieren.

Als jüngstes Metamorphose-Ereignis trat zwischen 330 und 320 Ma eine allgemeine Aufheizung ein. Sie verlief synchron mit der Anlage weitverbreiteter Blastomylonit- und Blasto-Kataklasitzonen innerhalb des Moldanubischen Kristallins und entlang seiner tektonischen Grenzen.

Der heutige Anschnitt des Modanubikums zeigt weitverbreitet variszische Granitplutone, deren Intrusionsalter zwischen 360 und 270 Ma liegt.

Lange Zeit sind das Bohemikum und Moldanubikum als ein intramontaner stabiler Block mit hauptsächlich präcadomisch/cadomischer und nur schwacher variszischer Struk-

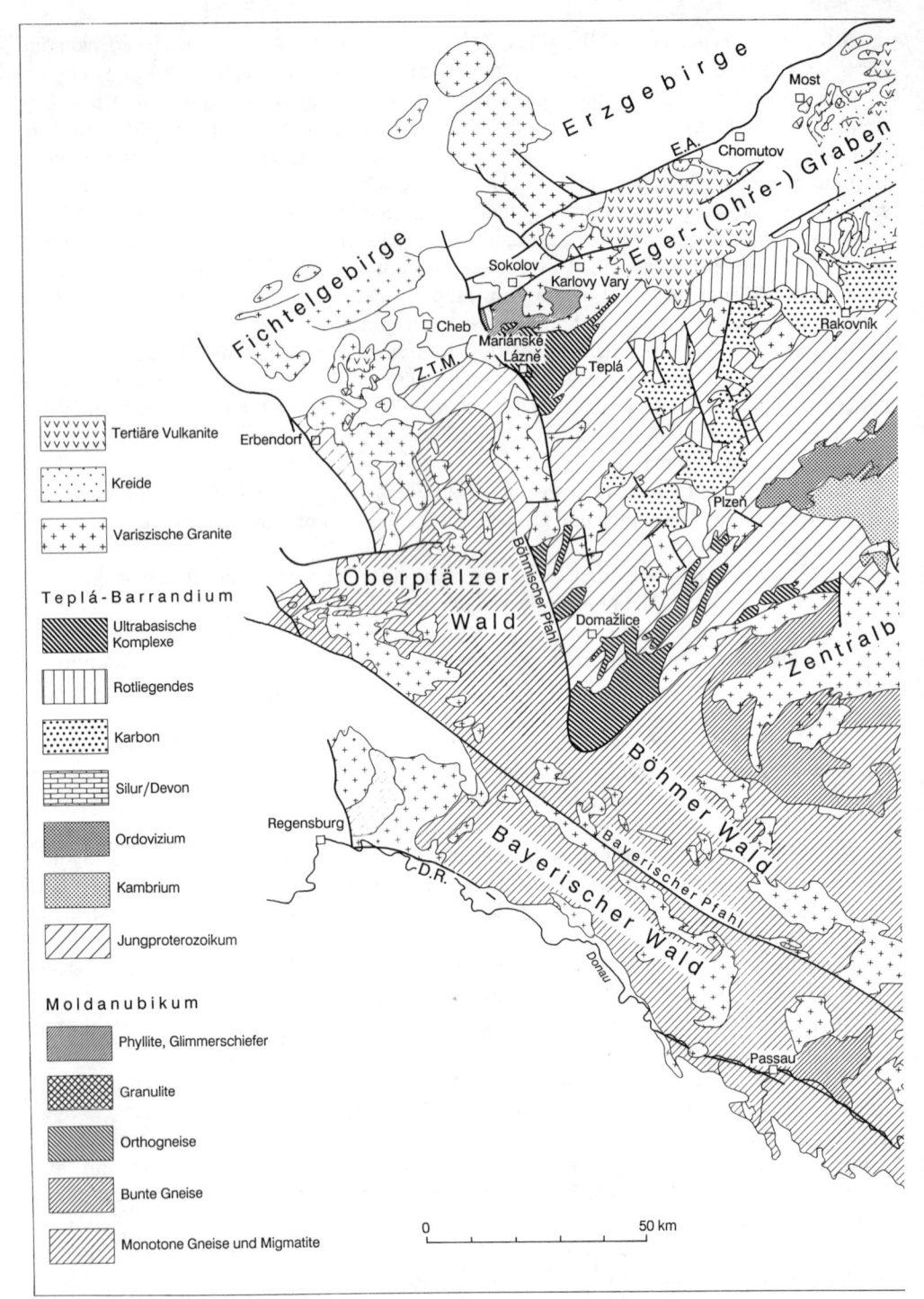

298   Das proterozoisch-paläozoische Grundgebirge

Abb. 102. Geologische Übersichtskarte des Kerns des Böhmischen Massivs.
B.G. = Blanice-Graben, E.A. = Erzgebirgsabbruch, D.R. = Donau-Randbruch, M.Ü. = Moldanu-

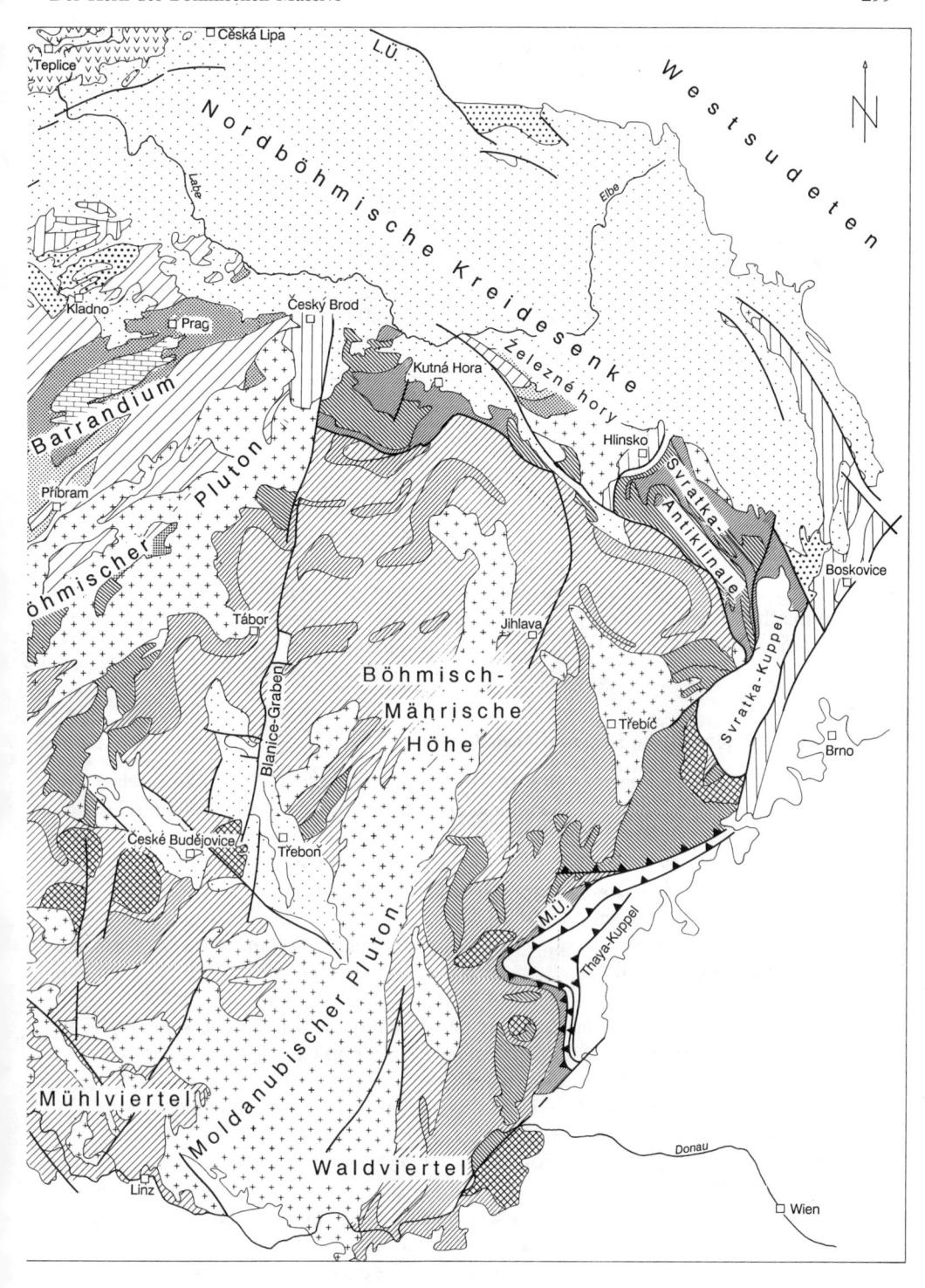

bische Überschiebung, Z.T.M. = Zone von Tirschenreuth-Mähring.

turprägung angesehen worden. Nur die großen Granit-Intrusionen wurden einem variszischen Ereignis zugeschrieben.

Radiometrische Datierungen von Metamorphose-Ereignissen und die genaue Kenntnis jüngerer regional bedeutsamer Scher- und Überschiebungszonen innerhalb des Massivs und in seinen Randzonen ließen später eine kräftige nach außen gerichtete paläozoische Überschiebungs- und Deckentektonik annehmen. Das gilt vor allem für die Moldanubische Überschiebung im Osten und die Grenzzone gegen das Saxothuringikum und Lugikum im Nordwesten und Norden. Nach extremen, allerdings nicht unwidersprochenen Deckenvorstellungen stellen heute sowohl das Moldanubikum als auch das Bohemikum allochthone Deckenstapel dar, deren Wurzelzonen in der südlichen Grenzzone des Barrandiums bzw. im Grenzbereich zwischen Saxothuringischer und Moldanubischer Zone gesehen werden.

Als **postvariszische Deckgebirgseinheiten** lassen sich heute im Kernbereich des Böhmischen Massivs ein spätvariszisches Molasse-Stockwerk und ein mesozoisch-känozoisches Deckgebirge unterscheiden.

Die permokarbonischen Innensenken im Nordwesten paßten sich in ihrem Verlauf noch weitgehend dem Bau der Grundgebirgseinheiten an oder folgen tiefreichenden Bruchzonen. Jüngere Deckgebirgseinheiten zeigen in verstärktem Maße diskordanten Verlauf. Das bedeutendste mesozoische Sedimentbecken wurde die Nordböhmische Kreidesenke. In ihrem Untergrund verläuft heute die Grenze zwischen dem Kern des Böhmischen Massivs einerseits und dem östlichen Saxothuringikum bzw. Lugikum andererseits. Im Tertiär senkte sich über den alten Strukturen im Nordwesten der Eger(Ohře)-Graben ein. In der Moldanubischen Region bildeten sich die Oberkreide- und Tertiärsenken von Budějovice und Třeboň sowie ganz im Südwesten das Bodenwöhrer Becken.

4.14.2 Die Mittelböhmische Region (Bohemikum)

Zur Region des Bohemikums gehören die jungproterozoischen und paläozoischen Gesteinsserien des Barrandiums in Mittelböhmen. Höhermetamorphe proterozoische Gesteinskomplexe sowie die Metabasit-Massive von Mariánské Lázně (Marienbad) und Kdyně – Hoher Bogen bauen die Kristallingebiete von Domažlice (Taus) und Teplá auf. Nach Osten bilden die „Metamorphen Inseln" des Mittelböhmischen Plutons die Fortsetzung des Barrandiums. Nach Nordosten setzt sich die Struktureinheit des Teplá-Barrandiums im Untergrund der Böhmischen Kreidesenke fort. Vor deren Südrand wird wegen seiner Ähnlichkeit mit dem Teplá-Barrandium auch das Eisengebirge (Železné Hory) noch zum Bohemikum gerechnet.

Als **Barrandium** wird ein im Zentrum des Böhmischen Massivs gelegenes NE–SE streichendes Synklinorium bezeichnet, in dem neben niedrigmetamorphem Jungproterozoikum auch nichtmetamorphe Schichtfolgen des Kambriums bis Mitteldevons eingefaltet sind. Die Namengebung erfolgte nach dem französischen Erforscher des böhmischen Altpaläozoikums JOACHIM BARRANDE (1799–1883).

Sedimentär-vulkanische Gesteinsfolgen des **Jungproterozoikums** nehmen die peripheren Teile des Barrandiums ein. Eine erste Gliederung unterschied nach dem Auftreten von Vulkaniten eine Präspilitische, eine Spilitische und eine Postspilitische Serie. Heute werden die gleichen Gesteinskomplexe unterschiedlich gegliedert.

Die Teplá-Blovice-Gruppe und Davle-Jilové-Gruppe entsprechen der ehemaligen Präspilitischen und Spilitischen Serie. Im Südteil des Barrandiums werden sie zur Krap-

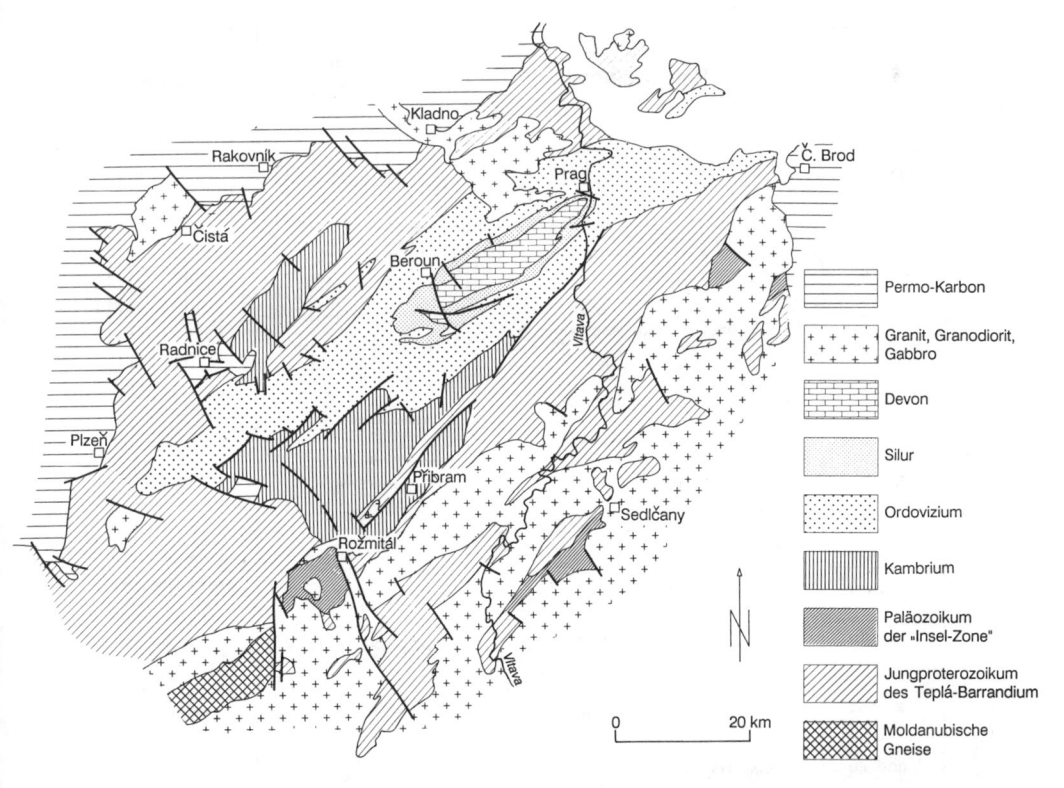

Abb. 103. Geologische Übersichtskarte des Barrandiums (n. SVOBODA 1966).

lupy-Zbraslav-Gruppe zusammengefaßt. Außer mächtigen Grauwacken, Siltsteinen und Tonschieferfolgen, die zeitlich in Phyllite, Glimmerschiefer und Paragneise übergehen, umfassen sie auch die bezeichnenden Spilite und Keratophyre. Deren jüngste Abfolgen bestehen aus kalkalkalischen Albitophyren, Quarz-Albitophyren und Albitrhyolithen. Der höhere Hauptteil der Davle-Jilové-Gruppe mit seinem sauren Vulkanismus wird vielfach als etwas jünger angesehen als die spilitführenden Einheiten des Nordwestflügels des Synklinoriums.

Der ehemaligen Postspilitischen Serie entspricht die Štěchovice-Gruppe. Sie ist eine typische Flyschfolge und bildet den Abschluß der jungpräkambrischen Sedimentation. Vor ihrer Ablagerung ereigneten sich offenbar erste cadomische Bewegungen. Das zeigen Diskordanzen und polymikte Konglomerate mit u. a. Geröllen von Graniten, Granodioriten, Quarzdioriten und kontaktmetamorphen Gesteinen aus südöstlichen Liefergebieten.

Nach Ablagerung der Štěchovice-Gruppe erfolgte die cadomische Faltung der jungproterozoischen Folgen. Ihr werden auch größere Überschiebungen zugeordnet. Die mit der Tektogenese verbundene regionale Metamorphose verlief im Barrandium generell sehr niedriggradig. Die cadomische Faltung hatte eine bis in das Unterkambrium hineinreichende Flächenverwitterung und Abtragung zur Folge.

Die paläozoischen Sedimente und Vulkanite des Barrandiums finden sich heute in der Prager Mulde mit eng verfalteten silurischen und devonischen Schichten im Kern und breit

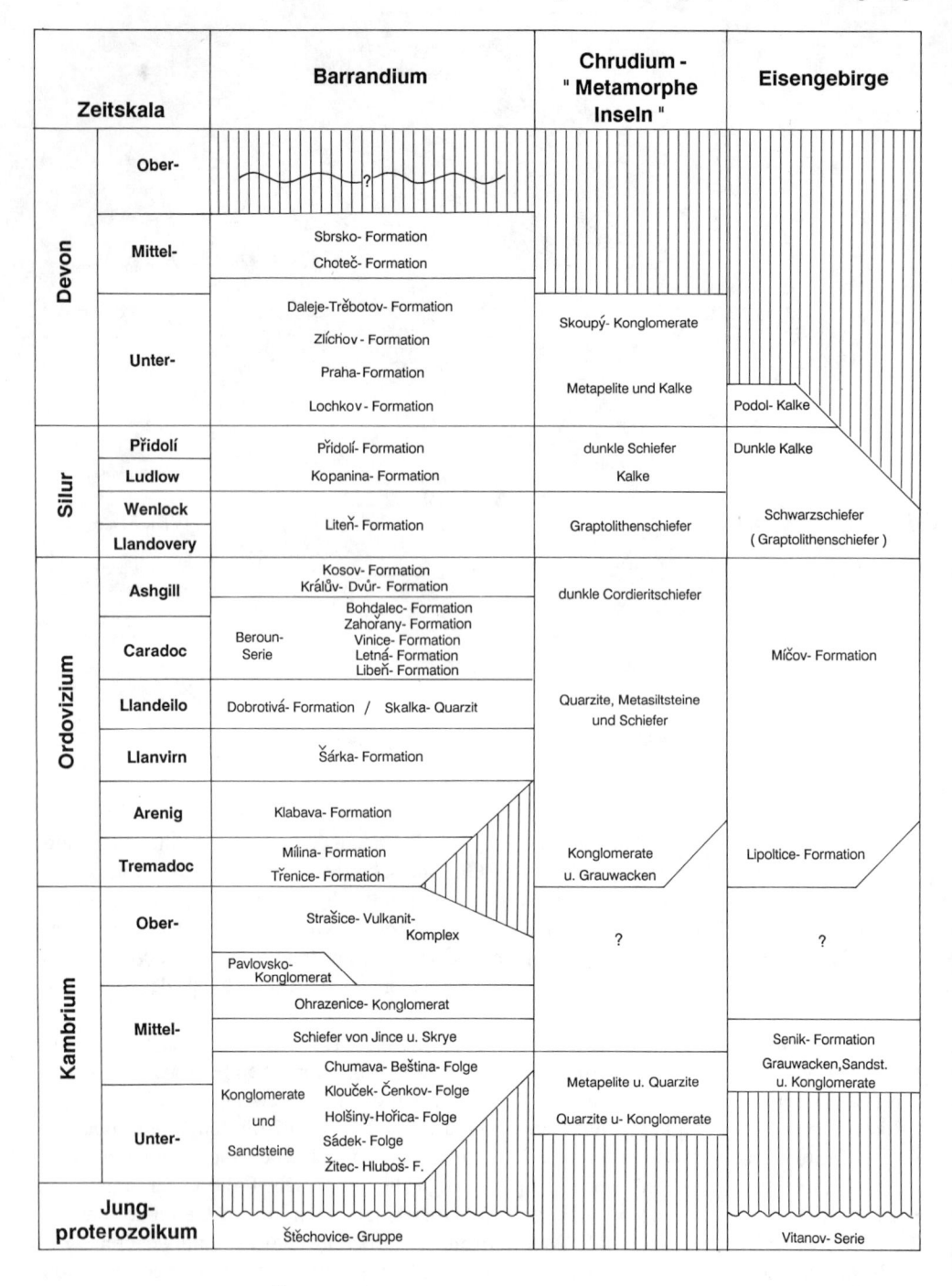

Zeitskala		Barrandium	Chrudium - "Metamorphe Inseln"	Eisengebirge
Devon	Ober-	?		
	Mittel-	Srbsko- Formation / Choteč- Formation		
	Unter-	Daleje-Třebotov- Formation / Zlíchov - Formation / Praha- Formation / Lochkov - Formation	Skoupý- Konglomerate / Metapelite und Kalke	Podol- Kalke
Silur	Přídolí	Přídolí- Formation	dunkle Schiefer	Dunkle Kalke
	Ludlow	Kopanina- Formation	Kalke	
	Wenlock	Liteň- Formation	Graptolithenschiefer	Schwarzschiefer (Graptolithenschiefer)
	Llandovery			
Ordovizium	Ashgill	Kosov- Formation / Králův- Dvůr- Formation	dunkle Cordieritschiefer	Míčov- Formation
	Caradoc	Beroun-Serie: Bohdalec- Formation / Zahořany- Formation / Vinice- Formation / Letná- Formation / Libeň- Formation		
	Llandeilo	Dobrotivá- Formation / Skalka- Quarzit	Quarzite, Metasiltsteine und Schiefer	
	Llanvirn	Šárka- Formation		
	Arenig	Klabava- Formation		
	Tremadoc	Mílina- Formation / Třenice- Formation	Konglomerate u. Grauwacken	Lipoltice- Formation
Kambrium	Ober-	Strašice- Vulkanit- Komplex / Pavlovsko- Konglomerat	?	?
	Mittel-	Ohrazenice- Konglomerat / Schiefer von Jince u. Skrye		Senik- Formation
	Unter-	Konglomerate und Sandsteine: Chumava- Beština- Folge / Klouček- Čenkov- Folge / Holšiny-Hořica- Folge / Sádek- Folge / Žitec- Hluboš- F.	Metapelite u. Quarzite / Quarzite u- Konglomerate	Grauwacken, Sandst. u. Konglomerate
Jung-proterozoikum		Štěchovice- Gruppe		Vitanov- Serie

Abb. 104. Stratigraphische Übersicht für das Paläozoikum des Teplá-Barrandiums (n. SUK et al. 1984).

ausstreichendem Ordovizium auf den Flanken. **Kambrium** ist im Süden im Příbram-Jince-Gebiet und im Norden bei Skryje-Křivoklát verbreitet.

Unterkambrium mit kontinentalen Konglomeraten und Sandsteinen folgt diskordant den gefalteten jungproterozoischen Serien. Die geringmächtigen Žitec-Konglomerate enthalten Geröllkomponenten aus beiden Gruppen des Jungproterozoikums und seltener Gerölle präkambrischer Granite. Die roten Hluboš-Konglomerate bestehen überwiegend aus Quarzgeröllen. Die Sandsteine der Sádek-Formation stellen den Schutt tiefgründig verwitterter Granitmassive dar. Porphyre und Porphyrittuffe in verschiedenen Horizonten zeigen einen unterkambrischen Vulkanismus an.

Die mittelkambrische Jince-Formation ist marin und besteht aus Grauwacken, Sandsteinen und fossilreichen Schiefern. Darüber folgen als wieder kontinentale Sedimente die limnischen Ohrazenice-Konglomerate. In einem kleinen Sonderbecken entwickelten sich die Pavlov-Konglomerate. Im Oberkambrium geförderte Dacite, Andesite und Rhyodacite und Rhyolithe erreichen eine Gesamtmächtigkeit von 700 m (Strašice-Komplex und Křivoklát-Rokycany-Komplex).

Während des Kambriums hatte die Achse des Sedimentationstroges (Příbram-Jince-Becken) auf der Südostflanke des heutigen Barrandiums gelegen, so daß im Brdy-Gebiet bis 3.000 m Molasseablagerungen sedimentiert wurden. Mit Beginn des Ordoviziums hob sich die zuvor zentral gelegene Brdy-Zone heraus und es entstanden eine nordwestliche und eine südöstliche Randsenke. Die nordwestliche Randsenke, das eigentliche Prager Becken, entwickelte sich zum heutigen Barrandium und nahm vom Ordoviz bis zum Devon bis 3.500 m Sedimente auf. Die weniger ausgeprägte südöstliche Randsenke lag im Bereich der heutigen „Metamorphen Inseln" des Mittelböhmischen Plutons.

Das marine **Ordovizium** entwickelte sich somit auf einem gegliederten kambrisch-jungproterozoischen Relief. Es umfaßt mehrere Faziesbereiche, eine küstennahe Quarzitfazies als Randfazies, eine Schieferfazies im Beckeninneren und eine durch mächtige submarine Vulkanite, spilitisierte Tholeiite und subalkalische Basalte gekennzeichnete vulkanische Fazies. Oolithische Eisenerze kommen in verschiedenen Horizonten vor. Die wichtigsten konzentrieren sich auf die Šárka-Formation des Llanvirn (Erzhorizonte von Klabava-Osek) und auf das Caradoc (Erzhorizont von Nučice-Chrustenice). Im höheren Ashgill spiegelt die vorwiegend sandige Kosov-Formation eine allgemeine Absenkung des Meeresspiegels wider.

Silur beginnt mit dunklen Graptolithenschiefern, über denen vom Wenlock an bis in das Přídoli fossilreiche Kalkschiefer und Plattenkalke folgen. Kalkriff-Fazies tritt noch zurück. Der basische Vulkanismus, der bereits im Ordovizium einsetzte, erreichte im Wenlock bis Unterludlow einen Höhepunkt.

Die Kalkfazies des oberen Silurs überschreitet ohne Unterbrechung die Grenze zum **Devon**. Das Lochkov enthält noch häufig Graptolithen. In der Prag-Stufe stellte sich eine deutliche Faziesgliederung ein. Massige Riffkalke (Stromatoporen und Korallen) wechseln mit fossilreichen Schuttkalken. Die Kalke des Zlíchov enthalten die ersten Goniatiten. Erst nach den Choteč-Kalken der Eifel-Stufe wurde ein Sedimentwechsel eingeleitet, der auf die beginnende Hebung im Kernbereich des Böhmischen Massivs hinweist. Die tonig-sandigen Ablagerungen des oberen Teils der Srbsko-Formation (Roblín-Schichten) enthalten kaum noch marine Fauna. Landpflanzenreste zeigen die Verlandung des Beckens an.

Die Heraushebung und Faltung des Paläozoikums des Prager Beckens und seiner Umgebung kann keiner bestimmten variszischen Phase zugeordnet werden. Wahrscheinlich begann sie bereits im Verlauf des höheren Devons.

Der Nordostteil des Barrandiums ist zwischen Prag und Zdice außer durch eine vorwiegend südostvergente Faltung auch durch verschiedene streichende Überschiebungen gekennzeichnet. Nach Südwesten nimmt die Intensität der Faltung ab. Etwas jünger als die Faltung sind streichende Abschiebungen. Engständige N–S bis NW–SE verlaufende Querstörungen zerlegen den Faltenbau in schmale Schollen. Auf das unterlagernde Präkambrium hatte die variszische Faltung wohl nur geringe Auswirkungen.

Nach Südwesten und Westen wird eine Zunahme der Metamorphose der jungproterozoischen Gruppen des Barrandiums bis in die **Glimmerschieferzone** von **Domažlice (Taus)** beobachtet. Auf kurze Entfernung überschreiten die Metapelite, Metapsammite und Metavulkanite alle Metamorphosegrade bis zur Sillimanitzone. Weiter im Westen bildet die Störungszone des Böhmischen Pfahls die konventionelle Grenze zum Moldanubikum des Böhmer und Bayerischen Waldes.

Auch nach Nordwesten ist eine zunehmende Metamorphose des Jungproterozoikums der nordwestlichen Randzone des Barrandiums über Phyllite und Glimmerschiefer bis in die Gneise und Migmatite des **Teplá-Hochlandes (Tepelská Plošina)** festzustellen. Die metamorphen Serien enthalten hier auch Quarzite, Graphitschiefer, Amphibolite und selten Marmore (vgl Abb. 107).

Die tiefsten Anschnitte des Teplá-Barrandiums liegen bei Teplá und Michalovy Hory, wo Biotitgranit-Gneise und Migmatitverbände einer wahrscheinlich cadomischen Anatexis auftreten. Auch im Kaiserwald (Slavkovský les) zwischen Karlovy Vary (Karlsbad) und dem Tertiär des Cheb (Eger)-Beckens ist ein NE–SW verlaufender antiklinaler Kristallinkomplex aus Glimmerschiefern und Para- und Orthogneisen erschlossen. Er muß aber wohl bereits zum Saxothuringikum gerechnet werden.

Nach Westen bildet die bedeutende NNW–SSE streichende steilstehende Mariánské Lázně-(Marienbader) Störung die Grenze des Teplá-Barrandiums gegen das Moldanubikum der Oberpfalz. In ihrem Kreuzungsbereich mit der Nordwestgrenze des Bohemikums in der westlichen Fortsetzung der Litoměřice-(Leitmeritzer) Tiefenstörung liegt das große **Mariánské Lázně-Metabasitmassiv**. Es stellt den wohl größten Metabasitkörper des Böhmischen Massivs dar und besteht fast ausschließlich aus Metavulkaniten. Im Süden entspricht ihm das ähnlich bedeutende aus basischen Metavulkaniten und Metaplutoniten aufgebaute **Kdyně – Hoher Bogen-Massiv** an der Schnittstelle zwischen der Westböhmischen und Zentralböhmischen Störungszone. Dazwischen sind entlang der NNW–SSE streichenden Westböhmischen Störungszone weitere kleinere Intrusivkörper mit einem breiten Spektrum basischer Tiefengesteine angeschnitten.

Im Nordabschnitt des Teplá-Barrandiums liegen nördlich Plzeň (Pilsen) inmitten von phyllitischem Jungpräkambrium und teilweise unter jungpaläozoischen Sedimenten verborgen der ausgedehnte Tiefengesteinskörper des **Čistá-Louny-Plutons** und nördlich von Prag der **Neratovice-Magmenkomplex**. Für das Neratovice-Massiv ist jungproterozoisches Alter (535–573 Ma) nachgewiesen. Für das große Louny-Granitmassiv wird es vermutet.

Auch einige entlang der Westböhmischen Störungszone verbreitete Granitoidmassive besitzen wahrscheinlich jungproterozoische Alter, u.a. das Lestkov-Massiv, das Hanov-Massiv und nordwestlich Domažlice das Mráčnice-Jeníkovice-Massiv. Entsprechende radiometrische Datierungen (556 Ma bzw. 510–530 Ma) liegen auch für einzelne Intrusionen des Bor-Massivs und für das Stod-Massiv vor.

Bei Karlovy Vary (Karlsbad) werden die metamorphen Gesteine des Teplá-Hochlandes von einem ausgedehnten variszischen Granitmassiv (**Karlovy Vary-Granit**) durchbrochen. Es setzt sich über den Kaiserwald bis in das Erzgebirge fort (Eibenstock-Granit). Weitere variszische granitoide Intrusivkörper innerhalb des Teplá-Barrandiums finden sich u. a. im Bor-Massiv und im Kladruby-Massiv, möglicherweise als Teile eines in der Tiefe ausgedehnteren **Westböhmischen Plutons**, sowie in kleineren Tonalitstöcken bei Štěnovice und Bohutín.

Welchen Einfluß die **variszischen Deformation** und **Metamorphose** auf das vermutlich weitgehend proterozoische Stockwerk des westlichen Teplá-Barrandiums (Zone von Teplá-Domažlice) insgesamt hatte, läßt sich noch schwer abschätzen.

Teilweise wird diese Zone heute als variszischer Deckenkomplex angesehen, der in Analogie zur oberpfälzischen Zone von Erbendorf-Vohenstrauß ein autochthones nordostbayerisches bzw. nordwestböhmisches Moldanubikum überlagert. Eine frühvariszische Mitteldruck-Metamorphose mit 385 Ma ist älter als die Platznahme einer solchen Decke. Eine jüngere variszische Niedrigdruck-Metamorphose (330–320 Ma) hat das Moldanubikum und basale Teile des möglicherweise überschobenen westlichen Teplá-Barrandiums gleichzeitig betroffen.

In der Südumrahmung des Barrandiums erfolgte im Verlauf der variszischen Orogenese über einen längeren Zeitraum die Intrusion des ausgedehnten **Zentralböhmischen Plutons.** Sein Kontakt fällt steil nach Südosten ein. Reste des ehemaligen Schieferdaches des Plutons sind in den zentralböhmschen „**Metamorphen Inseln**" enthalten, die sich in NE–SW-Richtung zwischen Říčany und Mirovice erstrecken. Sie umfassen Erosionsrelikte des Jungproterozoikums und in einigen Fällen auch paläontologisch nachweisbares Ordoviz, Silur und Devon (Inseln von Tehov, Voděrady-Zvánovice und Sedlčany-Krásná Hora). Die „Metamorphen Inseln" unterlagen vor der Intrusion des Zentralböhmischen Plutons einer variszischen duktilen Deformation.

Weiter östlich bildet am Südrand der Böhmischen Kreidesenke das **Eisengebirge (Železné Hory)** einen Halbhorst aus kristallinen proterozoischen Komplexen und weniger metamorphem Paläozoikum (vgl. Abb. 104). Nach Nordosten taucht er unter die Kreidebedeckung der Ostböhmischen Ebene, nach Süden bricht er steil gegen die ebenfalls mit Kreide gefüllte Doubrava-Senke ab.

Das Basiskristallin des Eisengebirges umfaßt Paragneise, Amphibolite und Glimmerschiefer. Mit tektonischem Kontakt wird es von sicher jungproterozoischen phyllitischen Schiefern, Grauwacken und eingeschalteten Spiliten und deren Tuffen sowie mächtigen Konglomeraten (Litošice-Konglomerat) überlagert. Diese Serien lassen sich gut mit dem Jungproterozoikum des Teplá-Barrandiums vergleichen. Von besonderer Bedeutung ist hier ein Schwarzschieferhorizont mit massiven Pyriterzlagen und Einschaltungen karbonatischer Eisen-Mangan-Erze.

Über den cadomisch stark deformierten, NW–SE streichenden jungproterozoischen Gesteinsserien folgt im Eisengebirge diskordant Kambrium. Seine Sedimente (Tonschiefer und Grauwacken) sind nur wenig metamorph. Mittelkambrium ist durch Fauna nachgewiesen. Eine jünger-paläozoische Schichtenfolge ist in der Mulde von Vápenný Podol entwickelt. Deren Rahmen wird von ordovizischen Gesteinen gebildet. Ihr Kern enthält außer silurischen Kiesel- und Graptolithenschiefern auch noch Kalke des ältesten Devons.

Der östliche Teil des Eisengebirges wird vom variszischen Nasavkry-Granit diskordant durchbrochen. Auf dessen Südostseite ist die NNE–SSW streichende Zone von Hlinsko-Skuteč mit wieder niedrigmetamorphen spätproterozoischen und paläozoischen Gestei-

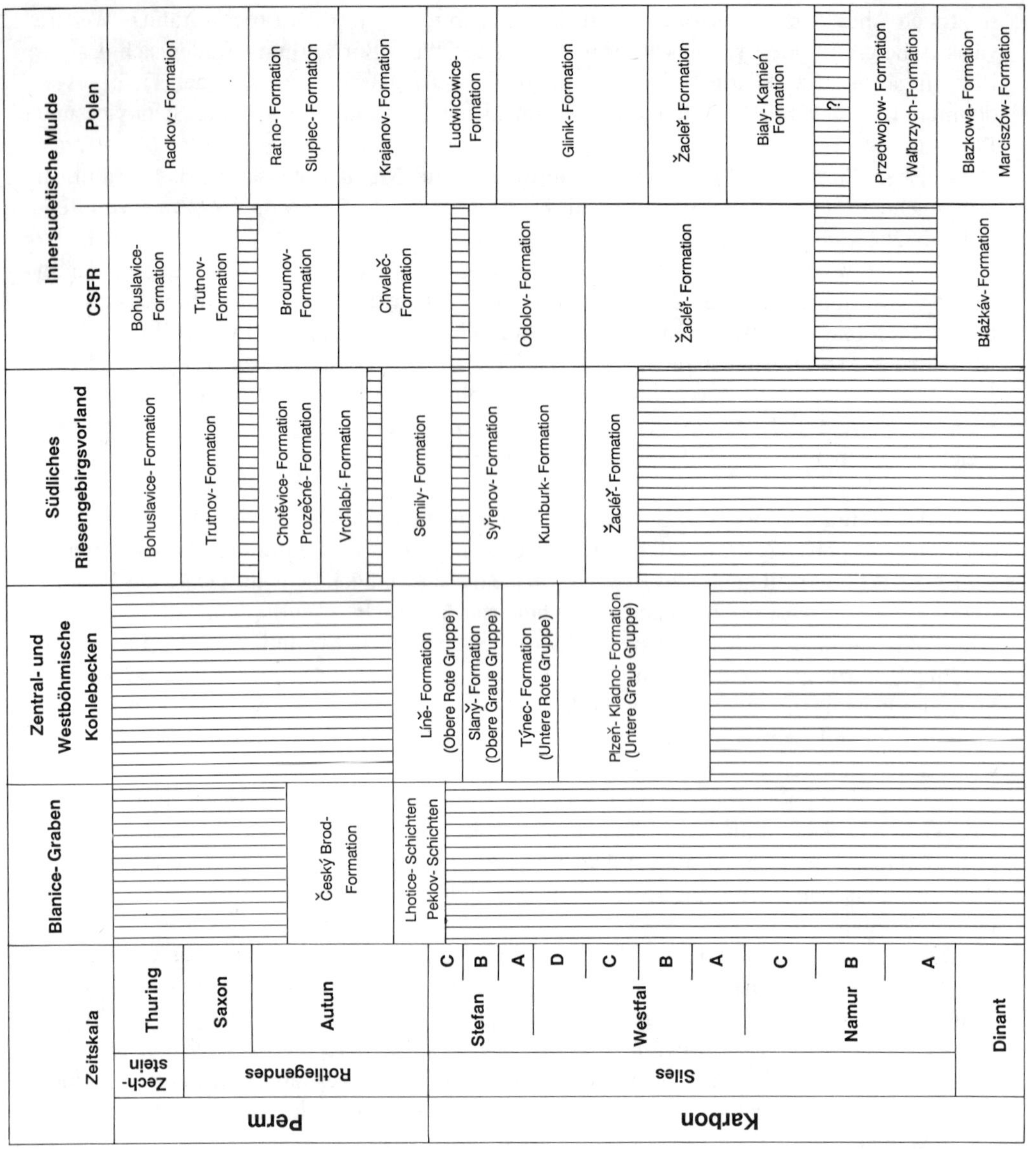

Abb. 105. Stratigraphische Übersicht für das Jungpaläozoikum im Kernbereich des Böhmischen Massivs und der Innersudetischen Mulde (n. SUK et al. 1984).

nen auf das Kristallin der östlich angrenzenden, dem Moldanubikum nahestehenden Svratka-Antiklinale überschoben.

In seinen zentralen Bereichen wird das überwiegend kristalline Grundgebirge des Teplá-Barrandiums zwischen Plzeň (Pilsen) im Südwesten und der Böhmischen Kreidesenke im Nordosten weitflächig von flach gelagerten kohleführenden Molassefolgen des Permokarbons überdeckt. Nach Osten setzen sich diese auch unter das Kreidedeckgebirge fort.

Der Kern des Böhmischen Massivs 307

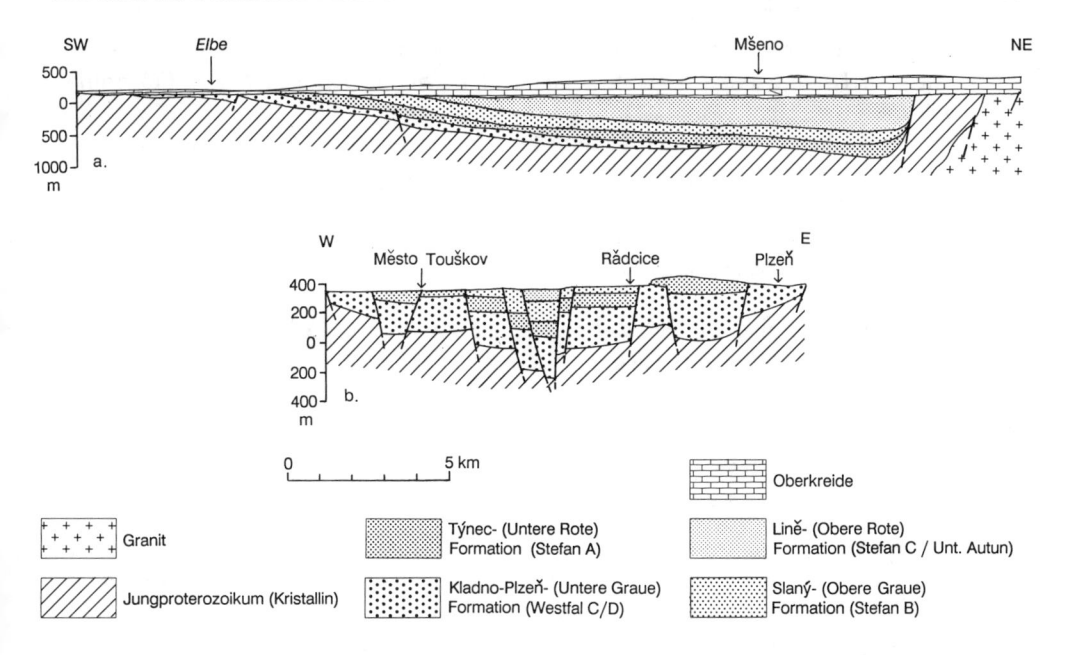

Abb. 106. Schematisches geologisches Profil durch das Mšeno-Becken und das Becken von Plzeň.

Von Südwesten nach Nordosten werden als Einzelbecken die Karbonvorkommen von Stríbro, die Becken von Plzeň, Manětín, Radnice, Žihle, Rakovník und Kladno unterschieden sowie unter der Nordböhmischen Kreidesenke die Becken von Roudnice, Česká-Kamenice und Mšeno.

Die Molasse-Sedimentation begann in den einzelnen Depressionen oder tektonisch kontrollierten Senkungszonen im Verlauf des Westfal B und C. Sie setzte sich über das Westfal D und unter Zusammenschluß der zunächst isolierten Sedimentationsgebiete über die verschiedenen Unterstufen des Stefans bis in das untere Unterrotliegende (Autun) fort. Zwischen Westfal C und D und im Übergang vom Stefan B zum Stefan C kam es infolge tektonischer Unruhen zur Bildung von örtlichen Schichtlücken und Diskordanzen.

Stratigraphisch werden die durchweg limnischen Permokarbon-Ablagerungen West- und Zentralböhmens in vier Formationen unterteilt. Eine **Untere Graue Formation** (Kladno-Plzeň-Formation) umfaßt Westfal C und D und besteht hauptsächlich aus Konglomeraten, Sandsteinen und Arkosen. Sie wechsellagern mit Siltsteinen, Tonsteinen und Kohleflözen und enthalten Einschaltungen von tuffitischen Lagen. Die zyklisch aufgebaute Schichtenfolge enthält u. a. die wichtige Radnice-Flözgruppe und Nýřany-Flözgruppe.

Für die nachfolgende **Untere Rote Formation** (Týnec-Formation) des Stefan A sind ebenfalls Arkosen, Sandsteine und Konglomerate kennzeichnend. Tonige Einlagerungen und Kohleflöze treten zurück.

Mit scharfer lithologischer Grenze setzt sich die **Obere Graue Formation** (Slaný-Formation) des Stefan B von der Unteren Roten Formation ab. Die Obere Graue Formation besteht hauptsächlich aus gut gebankten grauen Sandsteinen, Siltsteinen und Tonsteinen mit eingelagerten rhyolithischen Tuffen und Tuffiten. Ihr mittlerer Abschnitt umfaßt eine in allen Teilbecken ausgebildete Folge dunkler bituminöser Tonsteine. Im Plzeň-

und Mšeno-Becken enthält die Obere Graue Formation in ihrem unteren Teil Kohleflöze. In den Becken von Kladno und Rakovník ist im höheren Teil die wichtige Kounov-Flözgruppe abbauwürdig.

Nach einer Sedimentationsunterbrechung zwischen Stefan B und C bildet die **Obere Rote Formation** (Líně-Formation) mit Konglomeraten, bunten Arkosen, Sandsteinen und bunten Tonsteinen den Abschluß der kontinentalen Molassefolge. Sie enthält einzelne Kohleflöze und Süßwasserkalke und außer rhyolithischen und seltener basischen Tuffen vereinzelt auch basaltische und andesitische Laven. Stratigraphisch umfaßt die Líně-Formation auch noch Teile des unteren Autun.

Heute bilden die meisten zentralböhmischen Kohlenbecken große asymmetrische Muldenstrukturen. Im Westen werden die Becken von Plzeň, Manětín, Žihle und Radnice von N–S und NW–SE ausgerichteten Abschiebungen mit Sprunghöhen von bis zu 400 m in zahlreiche Horst- und Grabenschollen zerlegt.

4.14.3 Die Moldanubische Region (Moldanubikum)

Zwischen dem Bohemikum im Nordwesten und dem Moravikum im Osten treten in der Zentral- und Ostmoldanubischen Region im Böhmerwald (Český les), im Šumava-Bergland und im Gebiet der Böhmisch-Mährischen Höhe (Českomoravská Vrchovina) auf weiter Fläche Para- und Orthogneise des Moldanubikums und ausgedehnte variszische Granitkomplexe zutage. Im Nordwesten verschleiert der variszische Zentralböhmische Pluton die tektonische Grenze zum Teplá-Barrandium (Zentralböhmische Störungszone). Als Grenze gegen das Moravikum gilt die ostwärts gerichtete Moldanubische Überschiebung. Im Süden reicht das Moldanubikum bis zur Donaulinie nach Oberösterreich und Bayern hinein.

Der größere Teil dieses moldanubischen Kerngebietes des Böhmischen Massivs wird von Gneisen einer Monotonen Gruppe und einer Bunten Gruppe eingenommen. Im Kartenbild zeigen sie einen bogenförmigen Verlauf um den gegen Norden abtauchenden variszischen Tiefengesteinskomplex des Südböhmischen Plutons.

In dessen unmittelbarer Umgebung hat auf breiter Fläche die **Monotone Gruppe** (Želiv-Gruppe), im Osten östlich, im Westen westlich einfallend, ihr Hauptverteilungsgebiet. Sie umfaßt Biotit-Sillimanit-Gneise, Cordierit-Gneise und verschiedengradige Migmatite ohne nennenswerte weitere Einschaltungen. Die Mächtigkeit ihrer pelitisch-psammitischen Ausgangsgesteine wird auf mehrere tausend Meter geschätzt. Die Monotone (Želiv-)Gruppe gilt als älter als die Bunte Gruppe. Teile von ihr stellen möglicherweise aber auch deren fazielle Vertretung dar.

Die **Bunte Gruppe** folgt in einem schmaleren, im Kartenbild mehrfach unterbrochenen äußeren Bereich. Als Český-Krumlov-Gruppe gliedert sie sich nach der heute gültigen Lithostratigraphie in die Klet-Formation, die Krumlov-Formation und die Kaplice-Formation. Sie zeichnet sich durch häufige Einlagerungen von Quarziten, Marmoren, Graphitschiefern und Amphiboliten zwischen Paragneisen aus. Diese Einlagerungen lassen sich gewöhnlich mit mehreren 100 m Ausstrichbreite über größere Entfernung verfolgen und stellen wichtige Leitlinien für den Strukturbau dar. Eine altersmäßige Zuordnung der Eduktgesteine der Bunten Gruppe ist noch unsicher. Jüngeres Proterozoikum oder, nach Funden von Acritarchen und graphitischen Gefäßpflanzenresten, auch tieferes Altpaläozoikum (Kambrium bzw. Silur) kommen in Frage. Mit der Krumlov-Formation lassen sich altersmäßig wahrscheinlich auch verschiedene andere bunte Gruppen im bayerischen Westteil des Moldanubikums vergleichen.

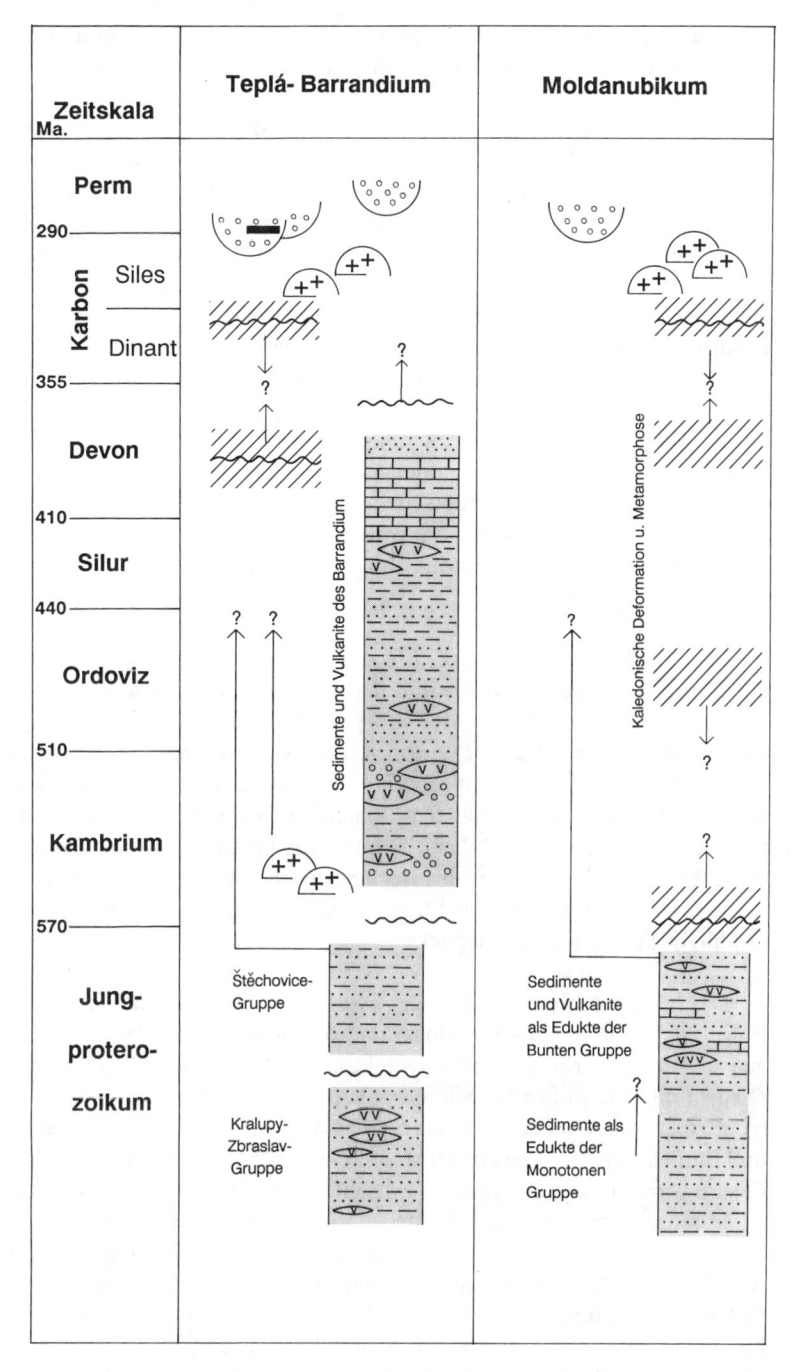

Abb. 107. Schema der geologischen Entwicklung des Grundgebirges im Kern des Böhmischen Massivs. Zeichenerklärung wie Abb. 83

Neben den Gneisen der Monotonen (Želiv-)Gruppe und Bunten (Český-Krumlov-)Gruppe gehören **Granulite** zu den typischen Gesteinen des Moldanubischen Kristallins. Als größere Massive treten sie vor allem im Süd- und Südostteil der Moldanubischen Region auf. Im böhmischen Teil gehören westlich der Kreide- und Tertiärsenke von České-Budějovice (Böhm. Budweis) das Křišťanov-Massiv, das Prachatice-Massiv und das Massiv von Blanský les dazu. Östlich dieser Senke liegt das kleinere Lišov-Granulitmassiv. Häufig sind die Granulite mit hochmetamorphen Orthogneiskörpern sowie stark migmatitischen Serien und begleitenden Serpentiniten und Amphiboliten vergesellschaftet.

Im mährisch-österreichischen Teil des Moldanubikums nehmen die Granulite zusammen mit granitischen Orthogneisen (Gföhl-Gneise) und teilweise migmatische Paragneise als **Gföhler Einheit** breite Gebiete ein. Sie überlagert hier der Monotonen und Bunten Gruppe entsprechende weniger metamorphe nicht-migmatisierten Gneisserien (**Drosendorfer Einheit**).

Der tektonische Kontakt zwischen beiden Einheiten gibt Anlaß zur Annahme eines weitverbreiteten und weitreichenden Deckenbaus innerhalb des Moldanubikums. Die Frage nach der Schubrichtung, Schubweite und vor allem nach dem Ort der Einwurzelung solcher Decken wird bis heute kontrovers diskutiert. Postuliert wird u. a. eine Herkunft aus der Zentralböhmischen Störungszone am Südrand des Barrandium, wo später der Zentralböhmische Pluton Platz nahm.

Den nördlichen Rahmen des Moldanubischen Gewölbes bilden die Kristallinkomplexe von Kutná-Hora (Kuttenberg) und der Svratka-Antiklinalzone.

Im Westen besteht das Metamorphikum von **Kutná Hora** hauptsächlich aus roten Zweiglimmer-Orthogneisen (Kouřim-Gneis) und Migmatiten. Außerdem umfaßt es Paragneise, Glimmerschiefer, Amphibolite sowie seltener kristalline Karbonate und graphitführende Gesteine. Die vom noch dem Bohemikum zugerechneten Eisengebirge (Železné Hory) bis zur Moldanubischen Überschiebung im Osten reichende **Svratka-Antiklinalstruktur** umfaßt vergleichbare mittel- bis hochgradig metamorphe Para- und Orthogneiskomplexe sowie Migmatitserien und wird heute gelegentlich wie auch das Kutná Hora-Kristallin der Gföhl-Deckeneinheit zugeordnet.

Das heutige tektonische Bild des Moldanubischen Grundgebirges ist das Ergebnis einer Folge von mehreren **Deformations-** und **Metamorphoseprozessen**. Ob eine erste gefügeprägende Hauptdeformation und syntektonische regionale Mitteldruck-Metamorphose mit Disthen und Staurolith bis Sillimanit cadomisches oder kaledonisches Alter besitzt, bleibt nicht zuletzt angesichts der Unsicherheit des Alters der Ausgangsgesteine der Monotonen und Bunten Gneisgruppe zunächst noch unsicher. Für die Granulitbildung und die Gföhler Gneise wurden mit Alterswerten zwischen 486 und 340 Ma sowohl kaledonische als auch variszische Metamorphosevorgänge datiert. Die Verfrachtung dieser hochmetamorphen Kristallinkomplexe auf schwächer metamorphe, nicht migmatisierte Gneise und Glimmerschiefer der Monotonen und Bunten Serie der Drosendorf-Einheit erfolgte deshalb frühestens in frühvariszischer Zeit. Die sicher spätere Überschiebung des Moldanubischen Kristallins auf das östlich gelegene Moravikum verbunden mit mäßiger Metamorphose und Deformation fiel an die Wende Unter-/Oberkarbon. Jedenfalls schneidet die Moldanubische Hauptüberschiebung den nach Osten abtauchenden regionalen Innenbau des Moldanubikums diskordant. Mit den möglicherweise kaledonischen und mit den variszischen Metamorphosevorgängen waren weitverbreitet Migmatisierungen verbunden.

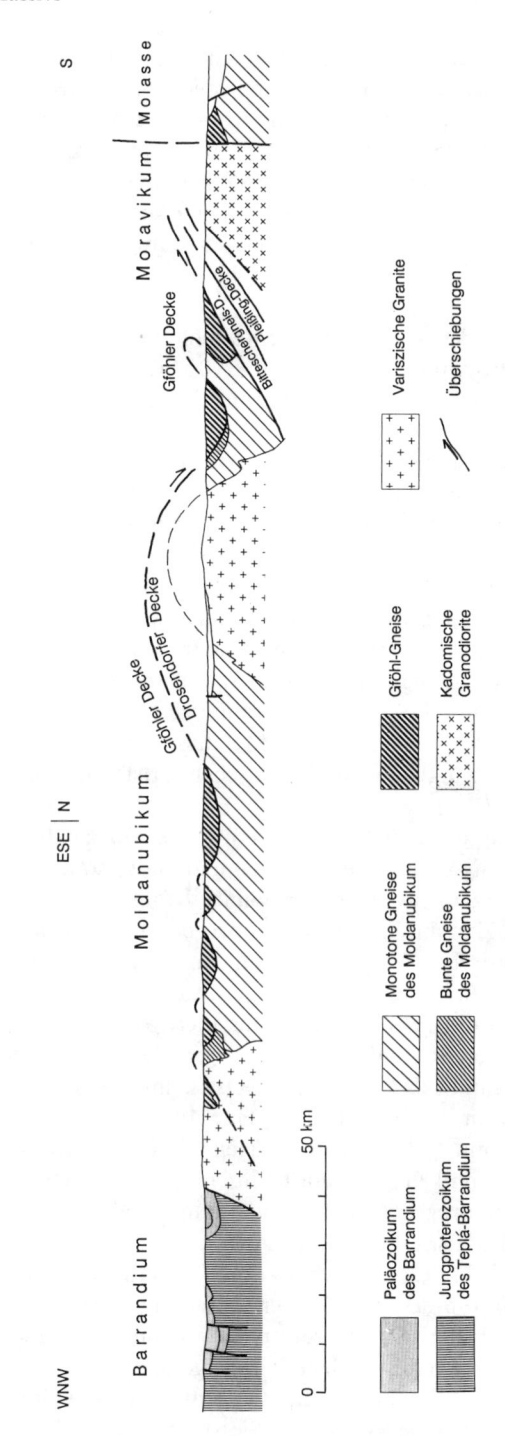

Abb. 108. Schematisches Profil durch den Kern des Böhmischen Massivs (n. TOLLMANN 1985).

Das Moldanubische Kristallin im Kern des Böhmischen Massivs wird heute von bedeutenden variszischen Scherzonen durchzogen. Sie besitzen sowohl Seitenverschiebungs- als auch Überschiebungscharakter sowie Kombinationen von beidem. Im Osten dominiert das NE–SW bis NNE–SSW streichende Störungssystem der Moldanubischen Hauptüberschiebung. Parallel dazu sind die Přibyslav-Scherzone im Bereich der Böhmisch-Mährischen Höhe (Českomoravská Vrchovina) und eine heute vom Zentralböhmischen Pluton markierte Zentralböhmische Scherzone ausgerichtet. Im südwestlichen, südböhmischen, österreichischen und deutschen Teil des Moldanubikums sind NW–SE streichende Scherzonen bestimmend.

Die Intrusionen der in Süd- und Zentralböhmen und Oberösterreich weit verbreiteten Granitoide werden als jungvariszisch (320–290 Ma) datiert. Sie erscheinen in der Übersichtskarte ziemlich einheitlich. Im einzelnen sind sie jedoch recht komplex gestaltet.

Der **Zentralböhmische Pluton** intrudierte um 330 Ma entlang der Grenze zwischen Barrandium und Moldanubischem Kristallin. Im Nordwesten überwiegen im Kontakt zum zentralböhmischen Jungpräkambrium grobkörnige, zum Teil porphyrische Biotit- und Zweiglimmergranite und Granodiorite. In einer zentralen Zone, die örtlich aber auch den Nordwestrand des Plutons erreicht, herrschen Granodiorite und Tonalite vor. Letztere enthalten oft zahlreiche Einschlüsse und kleinere Massive von Dioriten und Gabbros. Eine dritte Zone entlang dem Kontakt zum Moldanubikum ist durch Durbachite, biotitreiche Hornblende- und Pyroxengranite, Monzogranite und Syenodiorite sowie zahlreiche größere und kleinere Körper leukokrater Aplitgranite charakterisiert. Zum angrenzenden Barrandium sowie zu den Sedimentfolgen der Metamorphen Inseln bestehen thermometamorphe Kontakte. Im Übergang zum Moldanubischen Kristallin sind Migmatite entwickelt.

Die Anordnung der granitischen Massive des **Moldanubischen Plutons** in Südböhmen verläuft bogenförmig parallel zum Südost- und Südwestrand des Moldanubischen Kristallins. Bei Jihlava (Iglau) in Mähren beginnend folgen sie dem regionalen Verlauf der sie umhüllenden Moldanubischen Gneise über das österreichische Waldviertel bis in den Böhmer und Bayerischen Wald. Abgesehen von kleineren älteren Stöcken aus Olivinfels und Gabbros besteht nahezu die gesamte Tiefengesteinsmasse des Moldanubischen Plutons aus variszischen Granitoiden. Ihre Abkühlungsalter reichen von 330 bis 280 Ma.

Die Intrusionsfolge umfaßt ältere synorogene Granitoide und jüngere spät- bis postorogene intrusive Granite. Sie beginnt im Osten im österreichischen Waldviertel mit dem Rastenberger Pluton. Er besteht in der Hauptmasse aus grobporphyrischen granodioritischen Gesteinen mit großen dicktafeligen Kalifeldspat-Einsprenglingen. Typisch sind reliktische Diorite und Gabbrodiorit-Einschlüsse. Im Gebiet der Böhmisch-Mährischen Höhe nehmen der ausgedehntere Třebíč-Pluton und ein Granodioritmassiv östlich von Jihlava eine vergleichbare Position ein.

Die weiteste Verbreitung innerhalb des Moldanubischen Plutons besitzen grobkörnige Biotitgranite vom Typ des Weinsberger Granits im österreichischen Waldviertel. Sie sind besonders grob-porphyrisch mit grob- und riesentafeligen Mikroklineinsprenglingen. Vielfach zeigen sie schlierige bis flächige Parallelgefüge.

Etwas jünger sind verschiedene Generationen kleinerer, noch synorogener Diorit-Intrusionen (Diorittypen I und II). Sie stehen altersmäßig zwischen dem Weinsberger Granit und jüngeren Feinkorngraniten. Letztere drangen, wie ihre Kontakte zu älteren Gesteinen und ihr Gefüge zeigen, spät- bis posttektonisch auf. Unter anderem gehören der im österreichischen Mühlviertel weit verbreitete Mauthausen-Granit, der Schrems-Granit und der Freistädter Granit zu dieser Gruppe. Es handelt sich um fein- bis mittelkörnige Zweiglimmergranite.

Das jüngste Glied des moldanubischen Intrusionsgeschehens sind mittel- bis grobkörnige Zweiglimmergranite vom Typ des Eisgarner Granits. Sie sind aus der Anatexis hoch metamorpher Gesteine hervorgegangen. Granite dieses Typs sind außer im oberösterreichischen Waldviertel auch im böhmisch-mährischen Anteil des Moldanubischen Plutons weit verbreitet. Ihre Verbreitung folgt hier einer NNE–SSW verlaufenden Antiklinalstruktur, die auf beiden Flanken von migmatitischen Kontakten begleitet wird.

Die Feinkorngranite und der Eisgarner Granit durchschwärmen ihre Umgebung mit Granit- und Granitporphyrgängen. Aplite und Pegmatite sind schwieriger zuzuordnen. Das gilt auch für Diorit-Porphyrite und Lamprophyre als jüngste Bildungen des variszischen Magmatismus.

Nach Westen setzt sich das Kristallin der Zentral- und Ostmoldanubischen Region und Oberösterreichs in das westliche Mühlviertel und in den Bayerischen Wald fort. Im Nordwesten reicht es bis in den Oberpfälzer Wald. Dieser auch als **Bavarikum** bezeichnete Südwest- und Westteil des Böhmischen Massivs ist wie das Zentrale Moldanubikum durch das Vorherrschen einförmiger Metapelit- und Metapsammitfolgen charakterisiert. Als monotone Glimmerschiefer-Gneis-Anatexit-Folge sind sie lithologisch mit der moldanubischen Monotonen Gruppe Zentralböhmens zu vergleichen. Aus dem östlichen und nördlichen Teil des Bayerischen Waldes werden in den Metapsammiten und -peliten mit Marmor- und Amphiboliteinschaltungen des Künischen Gebirges einschließlich des Gebietes von Rittsteig sowie in der Kropfmühlserie Äquivalente der Bunten Gruppen gesehen. Im Oberpfälzer Wald ist die Zuordnung solcher Serien mit Kalksilikatgesteinen und -marmoren, Graphitquarziten und -schiefern sowie basischen und sauren Metamagmatiten problematischer. Möglicherweise handelt es sich um etwas stärker differenzierte Teile der Želiv-Gruppe sowie Äquivalente der Klet-Formation. Im Südteil des Oberpfalz-Westböhmischen Moldanubikums sind in der Winklarner Serie mit den Paragneisen größere Körper von Eklogit-Amphiboliten und Serpentinit vergesellschaftet.

Der tektonische Bau des Südwestteils des Böhmischen Massivs im Bayerischen Wald und südlichen Oberpfälzer Wald wird heute überwiegend durch ein WNW–ESE orientiertes Hauptstreichen der allgemein relativ flachliegenden Gneise bestimmt. Abweichend hiervon werden im Regensburger Wald und im östlichen Bayerischen Wald auch SW–NE orientierte offene Mulden- und Antiklinalstrukturen beobachtet.

Den gefalteten Moldanubischen Gneisen sind allerdings WNW–ESE streichende, nach Nordosten einfallende hoch- bis niedrigmetamorphe Scherzonen aufgeprägt, die in flächiger Verbreitung als Perlgneise bzw. in schmalen Zonen als Blastomylonite (Bayerischer Pfahl-Zone, Rundinger Zone) in Erscheinung treten.

Die metamorphen Serien im Südwestteil des Böhmischen Massivs liegen über weite Strecken in der Mineralfazies der Cordierit-Sillimanit-Kalifeldspat-Zone mit Anatexis vor. Sillimanit ist zumeist syntektonisch kristallisiert, Cordierit und Kalifeldspat spättektonisch. Charakteristisch sind auch cordieritführende anatektische Mobilisate. Übergänge zu niedrigeren Metamorphosegraden werden im nördlichen Bayerischen Wald in den grünschieferfaziellen Künischen Schiefern und in der Oberpfalz im Übergang zu Glimmerschiefern des Saxothuringikums festgestellt.

Die **metamorphe Entwicklung** des Moldanubikums des südwestlichen Böhmischen Massivs ist wie in seinem Kerngebiet polymetamorph. Das Alter einer älteren regionalen Metamorphose liegt nach Rb/Sr-Gesamtgesteinsalter-Analysen an Paragneis-Anatexiten um 450–480 Ma und ist damit ordovizisch. Relikteinschlüsse von Disthen in Cordierit und Feldspäten sowie Linsen von Granulitgneisen und Eklogit-Amphiboliten in anatektischen Cordieritgneisen des nördlichen Bayerischen Waldes und des Oberpfälzer Waldes lassen auf die Existenz einer noch älteren Hochdruck-Metamorphose schließen. Als weitere Metamorphose-Ereignisse werden eine Mitteldruck-Metamorphose zwischen 380 und 420 Ma und eine umfassende Niedrigdruck-Metamorphose mit Anatexis um 330–320 Ma datiert.

Die regionale Hauptmetamorphose dauerte auch noch an, als sich in der Cordierit-Sillimanitgneis-Region NW–SE streichende Scherzonen zu entwickeln begannen, in denen die Gesteine zunächst flächenhaft zu Perlgneisen und später entlang schmalen Scherbahnen zu Blastomyloniten umkristallisierten (Bayerischer Pfahl-Zone, Rundinger Zone).

Die Nordwestgrenze der Moldanubischen Zone gegen die Saxothuringische Zone verläuft im Oberpfälzer Wald im Bereich der SW–NE streichenden **Zone von Tirschenreuth-Mähring.** Östlich des Falkenberger Granits werden zwischen Tirschenreuth und Mähring auf der Südostflanke des noch zum Saxothuringikum gehörenden Nord-Oberpfälzer Synklinoriums lithologisch eintönige und schwächermetamorphe Glimmerschiefer-Quarzit-Folgen nach Süden durch zunehmend buntere Serien von Gneisen mit eingelagerten Kalksilikatgneisen, Orthogneisen und Eklogit-Amphiboliten abgelöst. Gleichzeitig erhöht sich die Regionalmetamorphose von Andalusit-Glimmerschiefern zu Sillimanit-Glimmerschiefern und Cordierit-Sillimanit-Kalifeldspat-Gneisen.

Die Zone von Tirschenreuth-Mähring als Grenze zwischen Moldanubikum und Saxothuringikum entstand im Rahmen der variszischen Einengungstektonik. Sie zeichnet sich durch Steilstellung und Scherzonenbildung unter diaphtoritischen Bedingungen aus. In struktureller Hinsicht besitzt sie eher Übergangscharakter. Lithostratigraphisch gehört sie möglicherweise ganz zum Moldanubikum.

Westlich des Falkenberg-Granits, der die Grenze Moldanubikum/Saxothuringikum durchbricht, fehlt der Südostflügel des Nord-Oberpfälzer Synklinoriums. Er wurde von Südosten her von der Erbendorfer Phyllit-Prasinit-Serie und Gneisen der Zone von Erbendorff-Vohenstrauß überschoben.

Die **Zone von Erbendorf-Vohenstrauß** umfaßt außer Zweiglimmergneisen und Granat-Sillimanit-Gneisen Amphibolite und Granatamphibolite, Metagabbros, Amphibolgneise und Orthogneise. Auch Graphitführung und kalksilikatische Einlagerungen treten bereichsweise auf. Zusammen mit der Phyllit-Prasinit-Serie entlang ihrer Nordgrenze ähnelt sie damit teilweise dem Kristallin des Münchberger Komplexes. Ebenso bestehen petrofazielle Ähnlichkeiten mir dem Metamorphikum der Zone von Teplá-Domačlice entlang dem Westrand des Bohemikums. Insofern wird heute ein Zusammenhang der Zone von Erbendorf-Vohenstrauß mit dem Teplá-Barrandium als ehemals durchgängiger tektonischer Hüll-Serie des Nordostbayerischen Moldanubikums diskutiert. Wie diese erlebte auch sie als jüngstes regionalgeologisches Ereignis eine Mitteldruck-Metamorphose um 400–380 Ma. Während oder nach der gemeinsamen Niedrigdruck-Metamorphose von Moldanubikum und Saxothuringikum in diesem Gebiet um 330–320 Ma wurde sie deckenartig von Süden her überschoben (vgl. Abb. 92).

Die Intrusionsfolge der postmetamorphen **variszischen Granitoide** Ostbayerns entspricht derjenigen des südlichen und südöstlichen Moldanubikums. Fast ausschließlich wurden granitische bis dioritische Gesteine gebildet. Zu den älteren Granit-Intrusionen gehören die Kristallgranite I und II und Diorite des Regensburger Waldes. Ihre Platznahme erfolgte zwischen 349 und 319 Ma. Der Leuchtenberger und Falkenberger Granit in der nördlichen Oberpfalz und mit ihnen im Zusammenhang die dioritischen und granodioritischen Gänge und Intrusionen der Redwitzite intrudierten etwas später (320 bzw. 310 Ma). Der Leuchtenberger Granit und der Falkenberger Granit sind wie die Kristallgranite mittel- bis grobkörnig ausgebildet und zeichnen sich durch große Kalifeldspatkristalle aus. Sie entsprechen dem Weinsberg-Granit des österreichischen Waldviertels.

Die Platznahme der Hauptmasse der Granite des Ostbayerischen Moldanubikums erfolgte postmetamorph. Diorit- und Granodiorit-Intrusionen gingen der Platznahme der Massivgranite zeitlich voraus. Die Granite von Oberviechtach und Hauzenberg entsprechen dem Mauthausen-Granittyp Niederösterreichs. Die übrigen Granite zwischen Flossenbürg und dem Dreisesselberg gehören zum jüngeren Eisgarn-Typ. Der Flossenbürger Granit in der Oberpfalz wird mit 310–290 Ma als jungvariszisch datiert.

Zwischen dem Oberdevon und Oberkarbon entstand im Grundgebirgskristallin des Bayerischen Waldes die Scherzone des **Bayerischen Pfahls**. Dextrale Seitenverschiebungen und vertikaler Versatz führten zu einer Mylonitisierung unmittelbar benachbarter Perlgneise, migmatitischer Gneise und Anatexite (Pfahlschiefer-Mylonite). Vom Oberkarbon an war die Zone der Pfahlschiefer-Mylonite eine Störungszone, entlang der Fiederklüfte und -spalten in mehrfachen Schüben bis in das obere Perm einer intensiven Quarzmineralisation unterlagen. Heute stellt der morphologisch als Härtling aus der Senke der ihn umgebenden Pfahlschiefer emporragende Bayerische Pfahl eine ca. 140 km lange, stellenweise allerdings unterbrochene Gangquarz-Zone dar, deren Breite zwischen wenigen Zentimetern und bis zu 100 m schwankt und die von zahlreichen Nebenpfählen, Gangquarzen gleicher Entstehung, begleitet wird. Der bedeutendste von ihnen ist der Halser Nebenpfahl. Er quert bei Passau die Donau.

Als Böhmischer Pfahl wird ein ähnlicher 60 km langer nordsüdstreichender Quarzgang bezeichnet, der entlang der Grenze des Oberpfälzer Moldanubikums gegen das Teplá-Barrandium verläuft.

Eine der bedeutendsten jüngeren Störungszonen innerhalb des Moldanubischen Sockels ist der NNE–SSW verlaufende **Blanice-Graben**. Von Český Brod im Norden läßt er sich über eine Entfernung von 130 km über Tábor bis nach České Budějovice (Böhmisch Budweis) verfolgen. Der bereits im Oberkarbon (asturisch) angelegte Graben zeichnet sich heute auch morphologisch als solcher ab. Er wird maximal 12 km breit. Infolge der langen Abtragungszeit tritt die ursprüngliche Permo-Karbon-Füllung aber nur in isolierten Resten auf (vgl. Abb. 105).

Die Sedimentation setzte im Stephan C ein. Zunächst graue, später im Verlauf des Unterrotliegenden (Autun) rote fluviatile und lakustrine Konglomerate und Siltsteine erreichen bei Cesky Brod 700 m Mächtigkeit, bei Chýnov östlich von Tábor ca. 800 m, bei České Budějovice dagegen nur 250 m. Bei Český Brod sind geringmächtige nicht abbauwürdige Steinkohleflöze erhalten.

Westlich Vlašim findet sich ein dünnes Anthrazitflöz des unteren Unterrotliegenden. Auch bei České Budějovice treten unterpermische Anthrazitkohlen auf. Die Deformation der Schichten ist saalischen und jüngeren Bewegungen zuzuschreiben.

Literatur: D. ANDRUSOV & O. ČORNÁ 1976; A. ARNOLD & H. SCHARBERT 1973; K. BENEŠ 1966; J. H. BERNARD & J. K. KLOMINSKY 1975; P. BLÜMEL 1982, 1983, 1986; P. BLÜMEL & G. SCHREYER 1976; O. VAN BREEMEN et al. 1982; J. CHÁB & M. SUK 1978; J. CHALOUPSKÝ 1978; I. CHLUPÁČ 1968, 1981, 1986; DEKORP RESEARCH GROUP 1988; R. EMMERMANN & J. WOHLENBERG (Eds.) 1989; W. FRANKE 1989; W. FRANKE (Ed.) 1990b; G. FRASL et al. 1977; G. FUCHS 1971, 1976; G. FUCHS & A. MATURA 1976; R. M. GOROCHOV et al. 1983; V. HAVLENA 1966b, 1966c; P. K. HOLL et al. 1989; V. M. HOLUB 1976a, 1976b; V. M. HOLUB & R. TÁSLER 1980; V. M. HOLUB, V. SKOČEK & R. TÁSLER 1975; J. HOLUBEC 1966, 1973, 1974a, 1974b; O. KODYM 1966a, 1966b; H. KÖHLER & D. MÜLLER-SOHNIUS 1980, 1985, 1986; H. KÖHLER, G. PROPACH & G. TROLL 1989; M. KONZALOVA 1980, 1981; H. KOZUR 1988; H. KREUZER et al. 1989; O. KUMPERA & M. SUK 1985; A. MATURA 1976; R. OBERHAUSER (Hrsg.) 1980; G. PROPACH & M. OLBRICH 1984; P. RAJLICH 1987; P. RAJLICH & J. SYNEK 1987; E. REITZ & R. HÖLL 1988; P. RICHTER & G. STETTNER 1983; H. G. SCHARBERT 1968; U. SCHÜSSLER et al. 1986; E. STEIN 1988; G. STETTNER 1972, 1975, 1981, 1986; M. SUK & J. WEISS 1981; M. SUK et al. 1984; J. SVOBODA 1966a, 1966b; J. SVOBODA et al. 1966; ST. TEUFEL 1988; O. THIELE 1970, 1976, 1977, 1984; A. TOLLMANN 1982, 1985; G. TROLL 1974; Z. VEJNAR 1971, 1982, 1986; G. VOLL 1960; A. VOLLBRECHT, K. WEBER & J. SCHMOLL 1989; C. WAGNER-LOHSE & P. BLÜMEL 1984; A. WURM 1961; V. ZOUBEK 1982; V. ZOUBEK (Ed.) 1988; V. ZOUBEK et al. 1988.

5. Das jungpaläozoische, mesozoische und känozoische Deckgebirge des Mitteleuropäischen Schollengebiets

5.1 Die Niederrheinische Bucht

5.1.1 Übersicht

Am Nordwestrand des variszischen Faltungsgebietes Mitteleuropas ist die Niederrheinische Bucht ein großes NW–SE gestrecktes tektonisches Senkungsfeld zwischen der Südlimburgischen Kreidetafel und der Nordeifel im Westen und der südlichen Münsterländer Oberkreidemulde und dem Bergischen Land im Osten. Nach Süden erstreckt sie sich bis etwa Bonn in das Rheinische Schiefergebirge hinein. Nach Nordwesten setzt sie sich, breiter werdend, bis in die östlichen Niederlande fort. Ihre tektonische Fortsetzung bildet hier der nach Westen versetzte Niederländische Zentralgraben. Auch morphologisch stellt die Niederrheinische Bucht wenigstens in ihrem südlichen Teil zwischen den herausgehobenen Grabenschultern des Rheinischen Schiefergebirges eine Senke dar.

In tektonischer Hinsicht zeichnet sich das Senkungsfeld der Niederrheinischen Bucht durch eine intensive tertiäre und bis heute aktive Schollentektonik aus. NW–SE und untergeordnet auch WNW–ESE streichende Störungszonen und Einzelstörungen gliedern es in langgestreckte Horste und Gräben. Einige dieser Störungslinien weisen besonders hohe Verwurfsbeträge auf und umgrenzen als Rahmenstörungen größere Baueinheiten. Die meisten Bruchschollen sind neben einer allgemeinen Schrägstellung des gesamten Schollenmosaiks gegen Nordwesten zusätzlich in nordöstlicher Richtung verkippt. Das nordwestliche Großgefälle und die gleichzeitige Verkippung der Einzelschollen gegen Nordosten wirkt sich in Unterschieden der Mächtigkeit und Fazies des Oberoligozäns bis Pliozäns und auch des Pleistozäns aus. Seit dem Eozän kam es entlang der großen NW–SE streichenden Verwerfungen des Niederrheins auch zu Horizontalverschiebungen.

Das Fundament der Niederrheinischen Bucht bilden Gesteine des Devons und des Karbons. Sie sind variszisch gefaltet. Ihre Ausbildung entspricht derjenigen der Nordeifel und ihres nördlichen Vorlandes bzw. des Bergischen Landes und des westlichen Ruhrgebietes. Stellenweise mögen auch vordevonische Schichten unter dem nachvariszischen Deckgebirge ausstreichen.

Der variszische Faltenbau des tieferen Untergrundes der Niederrheinischen Bucht entspricht im großen und ganzen dem seiner variszischen Umrandung.

5.1.2 Geologische Entwicklung, Stratigraphie

Die Schichten des höheren Perms und des Mesozoikums sind in der Niederrheinischen Bucht vielfach erbohrt und in ihrem südlichen Teil am Rand der Nordeifel im Mechernicher Trias-Dreieck auch übertage aufgeschlossen.

Während des **Zechsteins** entstand im Bereich des nördlichen Niederrheins eine Meeresbucht, die durch die Schwelle von Winterswijk vom norddeutschen Zechsteinbecken getrennt

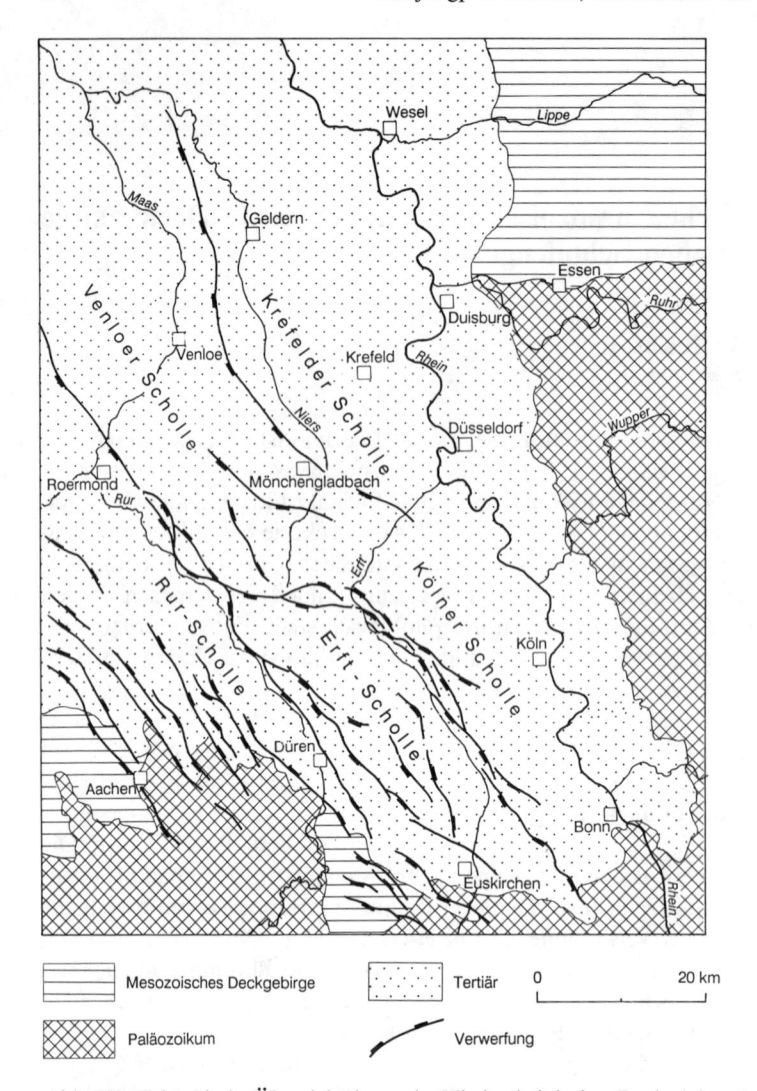

Abb. 109. Tektonische Übersichtskarte der Niederrheinischen Bucht (ohne Quartärbedeckung) (n. GEOLOGISCHES LANDESAMT NORDRHEIN-WESTFALEN 1988).

war und lagunären Bedingungen unterlag. Im Zechstein 1 (Werra-Folge) und teilweise auch im Zechstein 2 (Staßfurt-Folge) kam es zur Bildung von Steinsalz, im ersten Salzabscheidungszyklus auch zur Bildung von Kalisalzen. Die Zechsteinzyklen 3 und 4 sind nur unvollständig entwickelt. Die in Nordwestdeutschland nachgewiesenen salinaren Serien des Zechstein 5 (Ohre-Folge) und Zechstein 6 (Friesland-Folge) sind am Niederrhein in der Bröckelschieferfazies des Buntsandsteins entwickelt. Übertage ist Zechstein, dessen ursprüngliche Mächtigkeit bis 500 m betragen haben mag, nirgends aufgeschlossen.

Während der **Trias** reicht die Rotsedimentation des Buntsandsteins in südlicher Richtung weit in die heutige Eifeler Nord-Süd-Zone hinein und zeitweilig auch über sie hinweg. Im Norden kam es während des Röt abermals zur Salzablagerung. Im Süden liegen im

Die Niederrheinische Bucht 319

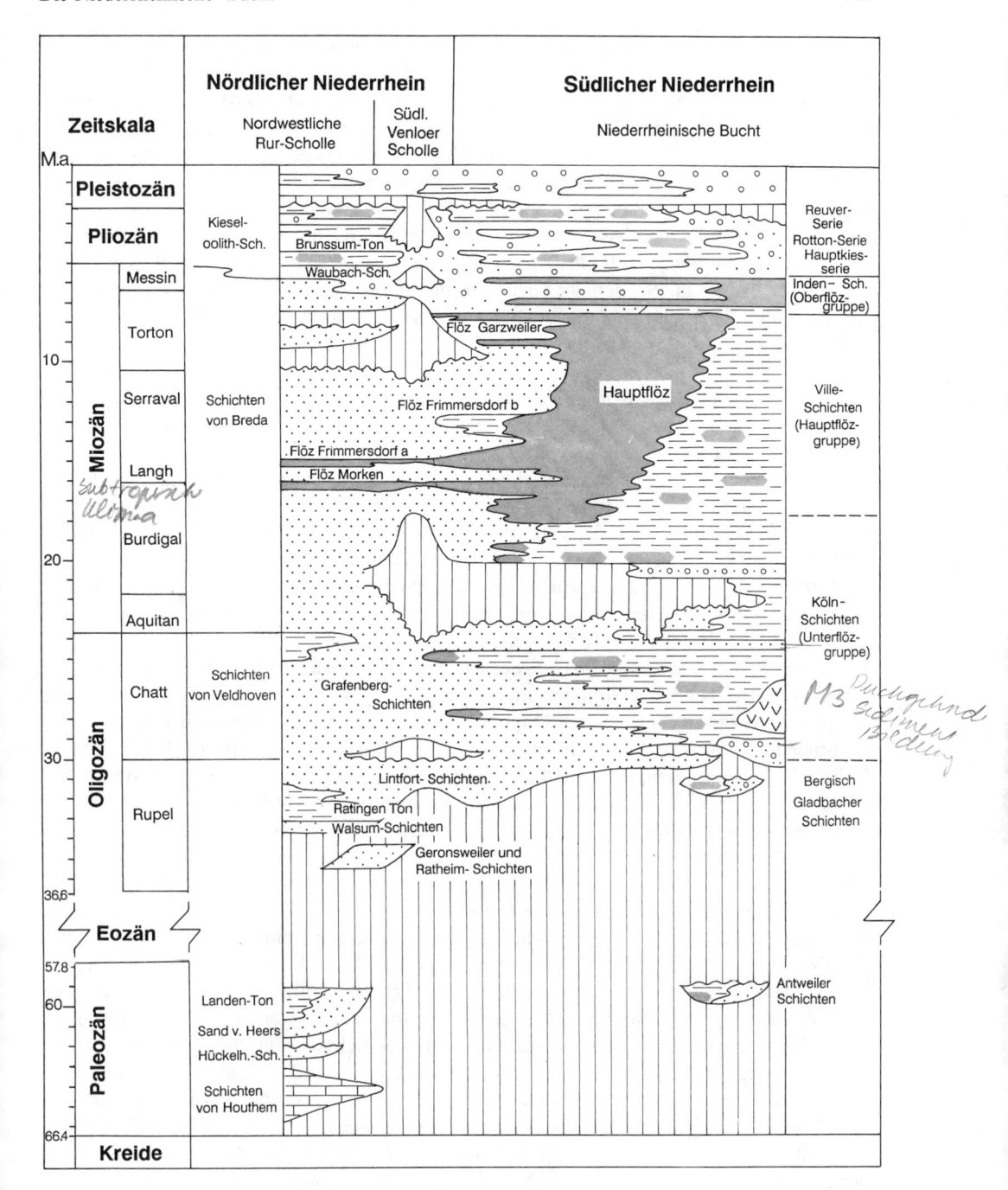

Abb. 110. Lithologie und stratigraphische Gliederung des Tertiärs der Niederrheinischen Bucht (n. GEOLOGISCHES LANDESAMT NORDRHEIN-WESTFALEN 1988).

Mechernicher Trias-Dreieck Mittlerer und Oberer Buntsandstein unmittelbar auf gefaltetem Unter- und Mitteldevon.

Im Unteren Muschelkalk war noch das ganze Gebiet der Niederrheinischen Bucht überflutet. Mittlerer und Oberer Muschelkalk sind dagegen im Norden nur reliktisch und mit stark reduzierten Mächtigkeiten überliefert. Vom Keuper kennt man hier nur das transgredierende Rhät. Im Süden, im Mechernicher Trias-Dreieck, sind Muschelkalk und Keuper dagegen in deutlich randnaher Ausbildung ziemlich vollständig entwickelt.

Vom **Jura** sind im Gefolge der allgemeinen Meerestransgression im Rhät marine Mergel und Tone des unteren und mittleren Unterjuras wieder weit verbreitet. Im mittleren Unterjura entstand im Norden der Niederrheinischen Bucht ein oolithisches Eisenerzlager, das, tektonisch bedingt, heute nur noch in einer kleinräumigen Grabenstruktur vorkommt.

Während des Mittel- und Oberjuras und während der Unterkreide war das Gebiet der heutigen Niederrheinischen Bucht dagegen Festland. Nördlich Krefeld sind die Kuhfeld-Schichten, *Minimus*-Grünsand und Flammenmergel der obersten **Unterkreide** nachgewiesen. Dort kennt man aus Spaltenfüllungen des Steinkohlengebirges auch Reste von marinem Hauterive.

Von der **höheren Kreide** ist rechtsrheinisch in der Münsterschen Bucht eine vollständig erhaltene marine Sedimentfolge des Albs bis Campans überliefert. Im Norden der Niederrheinischen Bucht wurden zwischen Rhein und Maas nur lückenhafte Ablagerungen des Cenomans, Coniacs, Santons und Maastrichts erbohrt. In Südlimburg und am Nordrand der Eifel kam es vom Santon an zur Ablagerung mächtigerer Kreidekalke. Sie hielt bis über die Kreide/Tertiär-Grenze hinweg an. Zwischen beiden Sedimentationsräumen lag das Hochgebiet der Krefelder Aufwölbung.

Im Alttertiär blieb das Gebiet der Niederrheinischen Bucht abgesehen von den Kreide/Tertiär-Übergangsbildungen im Westen zunächst sedimentfrei. Zwar kam es im höheren **Paleozän** und im **unteren Oligozän** im Nordwesten und Westen bereits zu ersten Einbrüchen der Nordsee, im größeren Teil des Gebietes akkumulierten jedoch höchstens in örtlich begrenzten Senkungszonen geringmächtige Sande und Tone als festländische Ablagerungen. Ein Beispiel ist der Antweiler Graben in der Nordeifel.

Im **mittleren Oligozän** begann das Gebiet zwischen der Eifel und dem Rechtsrheinischen Schiefergebirge einzusinken, und das Meer drang aus nordwestlicher Richtung bis in den Raum westlich Köln vor. Im Oberoligozän erreichte der Vorstoß der tertiär-zeitlichen Nordsee seinen Höhepunkt. Das Meer reichte vorübergehend bis in den Bonner Raum. Kurzzeitig bestand sogar über das Rheinische Schiefergebirge hinweg eine marine Verbindung zum Oberrheintalgraben. Relikte einer ursprünglich geschlossenen Sedimentdecke aus oberoligozänen Meeressanden sind heute noch auf der Rumpffläche der Nordeifel bis weit über Aachen hinaus verbreitet. Zwischen Bonn und Köln lagerten sich im zeitweiligen Küstenbereich erste Braunkohlensande ab (Kölner Schichten, Unterflözgruppe).

Nach kurzzeitiger Sedimentationsunterbrechung am Ende des Oligozäns und im oberen Untermiozän setzte im frühen **Mittelmiozän** die nur noch von einzelnen kleineren Vorstößen unterbrochene endgültige Regression der tertiären Nordsee aus der Niederrheinischen Bucht ein. Limnisch-fluviatile Sande, Kiese und Tone aus südlichen Liefergebieten bestimmten das weitere sedimentäre Geschehen. Wo sich weder kontinentale noch marine klastische Sedimente ausbreiteten, akkumulierte im subtropisch-warmen Klima des Miozäns eine im Bereich der heutigen Ville bis über 400 m mächtige Torfschicht. Aus ihr bildete sich in der Folgezeit das hier maximal 100 m mächtige Hauptflöz der Ville-Schichten. Nach Nordwesten spaltet es sich in mehrere Teilflöze auf, die von Meeressanden getrennt sind. Das Hauptflöz der Ville-Schichten bzw. seine Teilflöze bilden heute die Grundlage ausgedehnter Braunkohle-Tagebaue im Zentrum und im Nordwesten der Niederrheinischen Bucht.

Die tertiären Deckschichten der Braunkohlen-Formation der Niederrheinischen Bucht umfassen Ablagerungen des **höheren Miozäns** und des **Pliozäns**. Sie bestehen aus einer Wechselfolge von Sanden und Kiesen mit Ton und auch mit Braunkohle (Oberflözgruppe) und spiegeln generell das Milieu eines marinen Deltas bzw. eines Ästuars wider.

Seit der Wende Miozän/Pliozän war der Rückzug der Nordsee aus der Niederrheinischen Bucht bereits so weit fortgeschritten, daß das Meer nur noch selten kurzzeitig bis in ihre Innenbereiche vordringen konnte. Für die mächtigen Flußsande und Kiese des Pliozäns ist eine südliche Erweiterung des Einzugsgebietes des nunmehr erkennbaren Urrheins über das Rheinische Schiefergebirge hinweg bis in die alpine Molasse zu erkennen.

Das **Quartär** ist im Süden der Niederrheinischen Bucht in der Hauptsache mit fluviatilen Sedimenten des Rhein-Maas-Flußsystems vertreten (vgl. Abb. 59). Im Norden kommen die vom saalezeitlichen Inlandeis aufgepreßten Stauchmoränen und dessen Schmelzwasserablagerungen hinzu. In weiten Teilen des Niederrheingebietes werden diese Schichten von äolischen Sedimenten überdeckt.

Die im Hebungsgebiet des Rheinischen Schiefergebirges entwickelten Flußterrassen des Rheins und der Maas lassen sich unter Abnahme der vertikalen Abstände aus dem Mittelgebirge bis in die Niederrheinische Bucht hinein verfolgen. Mit einiger Entfernung vom Gebirgsrand, bei Nijmegen, kommt es zur Kreuzung der altpleistozänen Terrassen. Von da an liegen die älteren Flußschotter unter den jüngeren begraben.

Je vier Terrassenkörper werden der Älteren und Jüngeren Hauptterrasse zugeordnet. Die Schotter der Jüngeren Hauptterrasse wurden in der Zeit zwischen Tegelen-Warmzeit und Elster-Kaltzeit abgelagert. Sie nehmen besonders im Süden der Niederrheinischen Bucht große Gebiete zwischen Rhein und Maas ein. Außerdem werden drei elsterzeitliche Obere Mittelterrassen und die Rinnenschotter, die mit der Mittleren Mittelterrasse des Mittelrheintals verknüpft werden können, unterschieden.

Während der Saale-Kaltzeit entstanden vier Untere Mittelterrassen, von denen eine in direktem Zusammenhang mit dem vorstoßenden Inlandeis sedimentiert wurde.

Im Laufe der Weichsel-Kaltzeit wurden zwei Niederterrassen aufgeschüttet. Die jüngere von beiden ist durch die Einlagerung von Bims gekennzeichnet, der dem allerödzeitlichen Ausbruch des Laacher Kessels entstammt.

Im Jungpleistozän war die Talvertiefung durch den Rhein und die Maas weitgehend abgeschlossen, so daß die im Drenthe-Stadium und Warthe-Stadium der Saale-Kaltzeit gebildeten Unteren Mittelterrassen und die weichselzeitlichen Niederterrassen weitflächig den sich nach Norden verbreiternden Talgrund sowohl des Rheins als auch der Maas füllen.

Im Norden der Niederrheinischen Bucht wurden zwischen Nijmegen und Krefeld neben älteren Terrassen auch die jüngeren Mittelterrassen durch das vorrückende Eis des Drenthe-Stadiums zu Stauchmoränen umgeformt.

Bei den äolischen Bildungen, die bis zu 20 m mächtig die Terrassenlandschaft der Niederrheinischen Bucht weitflächig bedecken, unterscheidet man zwischen einem älteren, saalezeitlichen und einem jüngeren, weichselzeitlichen Löß bzw. Flugsand.

5.1.3 Geologischer Bau

Der variszische Faltenbau des tieferen Untergrundes der Niederrheinischen Bucht entspricht im großen und ganzen dem seiner variszischen Gebirgsumrandung. Eine Sonderstellung im

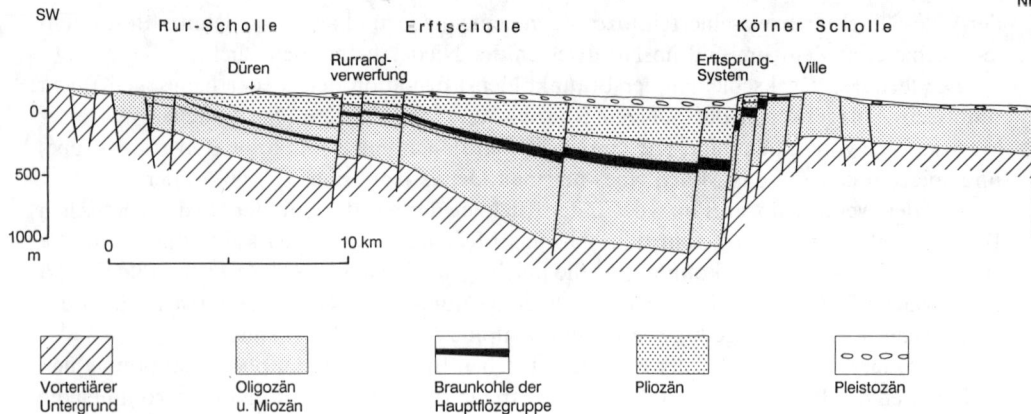

Abb. 111. Geologisches Profil durch die Niederrheinische Bucht (n. GEOLOGISCHES LANDESAMT NORDRHEIN-WESTFALEN 1988).

Fundament der Niederrheinischen Bucht nimmt die NNW–SSE streichende **Krefelder Aufwölbung** ein. Hier sind die variszischen Faltenachsen durch eine deutliche Queraufwölbung gekennzeichnet. Die die Krefelder Aufwölbung heute abgrenzenden tektonischen Bruchlinien folgen zwar variszischen Vorzeichnungen. Sie verdanken ihre Entstehung aber jüngeren Entwicklungen. Daher wird zwischen der variszischen Krefelder Aufwölbung und der östlich des heutigen Viersener Sprungsystems gelegenen postvariszisch durch Störungen begrenzten Krefelder Scholle unterschieden.

Die Krefelder Aufwölbung wird wie auch der übrige variszische Unterbau der Niederrheinischen Bucht aus Devon- und Karbon-Schichten aufgebaut, nach seismischen Untersuchungen wahrscheinlich auch einer mehrere 1.000 m mächtigen altpaläozoischen Schichtenfolge. Über dem gefalteten Grundgebirge schalten sich zwischen Karbon und Tertiär flachliegend und nach Norden immer vollständiger werdend Zechstein, Trias, Jura und Kreide ein.

Der tektonische Bau der Tertiärfüllung der Niederrheinischen Bucht ist in seinen großen Zügen gut bekannt. In ihrem südlichen Teil gliedert sich das Feld der NW–SE streichenden Hochschollen von Westen nach Osten in die Rurscholle, die Erftscholle und die Kölner Scholle. Letzterer gehört die Ville an.

Die **Rurscholle** stellt den südöstlichen Ausläufer des Niederländischen Zentralgrabens dar. Dessen südwestliche Randstörungen gegen die Limburger Kreidetafel, die Heerlerheider Störung und der Feldbiß, werden nach Südosten durch ein fiederartig gestaffeltes System weiterer NW–SE streichender und gegen Nordosten einfallender Abschiebungen abgelöst. An ihnen sinkt die Rurscholle gegenüber dem Grundgebirge der Nordeifel stufenweise ab.

Die Nordostbegrenzung der Rurscholle gegen die Erftscholle stellt die bedeutende Rurrand-Verwerfung dar. Deren Fortsetzung nach Nordwesten ist die Peelrand-Verwerfung. An der Rurrand-Verwerfung ist die Erftscholle, an der Peelrand-Verwerfung die Venloer Scholle antithetisch herausgehoben.

Die wie die Rurscholle nach Osten stark eingekippte **Erftscholle** ist ihrerseits nach Nordosten durch die bedeutende Störungszone des Erft-Sprungsystems gegenüber der wieder höher gelegenen Kölner Scholle bzw. der Ville abgegrenzt.

Im Nordwesten bildet eine aus Erkelenzer Horst (auf niederländischer Seite: Peel-Gebiet) und **Venloer Scholle** zusammengesetzte Schollenkombination die Fortsetzung der Erftscholle. Im Erkelenzer Horst ist unter einer nur 300 m mächtigen Tertiärdecke in der nördlichen Fortsetzung des Wurmreviers flözführendes Oberkarbon (Westfal A) bergmännisch erschlossen. Von der Venloer Scholle wird die Erftscholle durch den Jackerather Horst, ebenfalls eine hochliegende Spezialscholle, abgegrenzt.

Vor dem Erft-Sprungsystem und dem die Erftscholle vom Jackerather Horst trennenden Swistsprung erreicht die känozoische Grabenfüllung der südlichen Niederrheinischen Bucht mit bis zu 1.000 m ihre größte Mächtigkeit. Weiter im Nordwesten wechselt die Zone maximaler Absenkung von der Erftscholle zur Rurscholle über. Noch größer werden die Mächtigkeiten des Känozoikums in dessen nordwestlicher Fortsetzung, im Niederländischen Zentralgraben.

Östlich des Erft-Sprungsystems folgt, gegenüber der Erftscholle stark herausgehoben, die schmale stark zerstückelte **Ville**. Als Teilscholle der **Kölner Scholle** leitet sie zu dem rechtsrheinisch wieder herausgehobenen paläozoischen Grundgebirge des Bergischen Landes über. Das Tertiär der Ville und der Kölner Scholle ist im Gegensatz zu den westlichen Großschollen der Niederrheinischen Bucht durch fast flache Schichtlagerung und nur mäßige Absenkung und damit auch geringere Mächtigkeiten des Tertiärs und Quartärs charakterisiert. Ähnlich flachgründig ist in der nördlichen Fortsetzung der Ville die Krefelder Scholle von der Venloer Scholle durch das bedeutende Viersener Sprungsystem abgegrenzt.

Die Abgrenzung der Kölner Scholle und der Krefelder Scholle gegen das Grundgebirge des Bergischen Landes und das südwestliche Münsterland besorgen wenig bedeutende Staffelbrüche.

In früherer Zeit lagen die Schwerpunkte des Braunkohleabbaus in der südlichen Kölner Scholle mit ihren hochliegenden Flözen. Heute hat sich der Tagebau nach Norden und Westen in Gebiete mit wesentlich größerer Abraumüberlagerung verschoben.

Der **zeitliche Verlauf** der jungen Absenkungsbewegungen der Niederrheinischen Bucht kann aus den Mächtigkeiten des Tertiärs (bis maximal 1.200 m) und des Quartärs (bis maximal 100 m) für jede der beteiligten Großschollen und ihre Teilschollen rekonstruiert werden. Erste mit Bruchbildung verbundene Senkungstendenzen sowie Horizontalverschiebungen machten sich mit der Transgression des Oligozän-Meeres in eine schmale NW–SE-Depression des Rheinischen Schiefergebirges bemerkbar. Im folgenden Jungtertiär und Quartär entwickelte sich eine lebhaft synsedimentäre Bruchschollentektonik besonders am Erft-Sprungsystem, am Viersener Sprungsystem und entlang dem Nordostrand des Niederländischen Zentralgrabens an der Peelrand- und Rurrand-Verwerfung.

Nordöstlich des Erft-Sprungsystems und des Viersener Sprungsystems, d. h. im gesamten Bereich der Kölner und Krefelder Scholle, waren die Senkungsbewegungen und Bruchbildungen schon am Ende des Jungtertiärs im wesentlichen abgeschlossen. Südwestlich davon hielten die Absenkungen und Verkippungen der Schollen länger an. Deutliche Höhepunkte werden für die Zeit des Übergangs vom Pliozän zum Pleistozän und im älteren Pleistozän festgestellt.

Bis in die Gegenwart leben die Bewegungen an einigen Schollengrenzen fort. Das geht aus den Verkippungen der Oberfläche der Jüngeren Hauptterrasse am Erft-Sprungsystem und an der Rurrand-Verwerfung um bis zu 40 m und aus wiederholten Feinnivellements hervor. Auch die Hypozentren von Erdbeben im westlichen Teil der Niederrheinischen Bucht sind deutlich an diese bis heute noch nicht zur Ruhe gekommenen Störungslinien gebunden.

Literatur: L. Ahorner 1962, 1975, 1983; H. Arnold et al. 1978; W. Boenigk 1978; W. Boenigk, G. Kowalczyk & K. Brunnacker 1972; K. Brunnacker 1978a, 1978b; K. Brunnacker et al. 1978; G. Buntebarth, W. Michel & R. Teichmüller 1982; C.-D. Clausen, H. Jödicke & R. Teichmüller 1982; Geologisches Landesamt Nordrhein-Westfalen (Hrsg.) 1977, 1979, 1988; H. Hager 1981; J. Hesemann 1975b; J. Klostermann 1981, 1983, 1985, 1990; E. Plein, W. Dörholt & G. Greiner 1982; H. W. Quitzow 1984; P. van Rooijen et al. 1984; R. Teichmüller 1973; R. Vincken (Ed.) 1988; R. Wolf 1985; V. Wrede & M. Zeller 1983; M. Zeller 1987.

5.2 Die Münsterländer Oberkreidemulde

5.2.1 Übersicht

Morphologisch bildet die Münsterländer Oberkreidemulde (oder Münstersche bzw. Westfälische Bucht) eine weitflächige Verebnung, aus der sich im Zentrum als wichtigste Schichtstufen die Beckumer Berge und die Baumberge herausheben. Im Süden bildet die Mittelgebirgslandschaft des Bergischen Landes und Sauerlandes ihre Grenze. Im Osten hebt sie sich zur Paderborner Hochfläche heraus. Im Norden wird sie durch die Höhenzüge des Teutoburger Waldes und des Wiehengebirges vom Nordwestdeutschen Tiefland getrennt.

Der Morphologie entspricht der geologische Bau. Die Münsterländer Oberkreidemulde bildet eine breite Schüssel aus Oberkreidesedimenten, die nach Westen und Nordwesten geöffnet ist. Das Muldentiefste folgte etwa der Linie Rheine–Ladbergen. Die Südflanke der

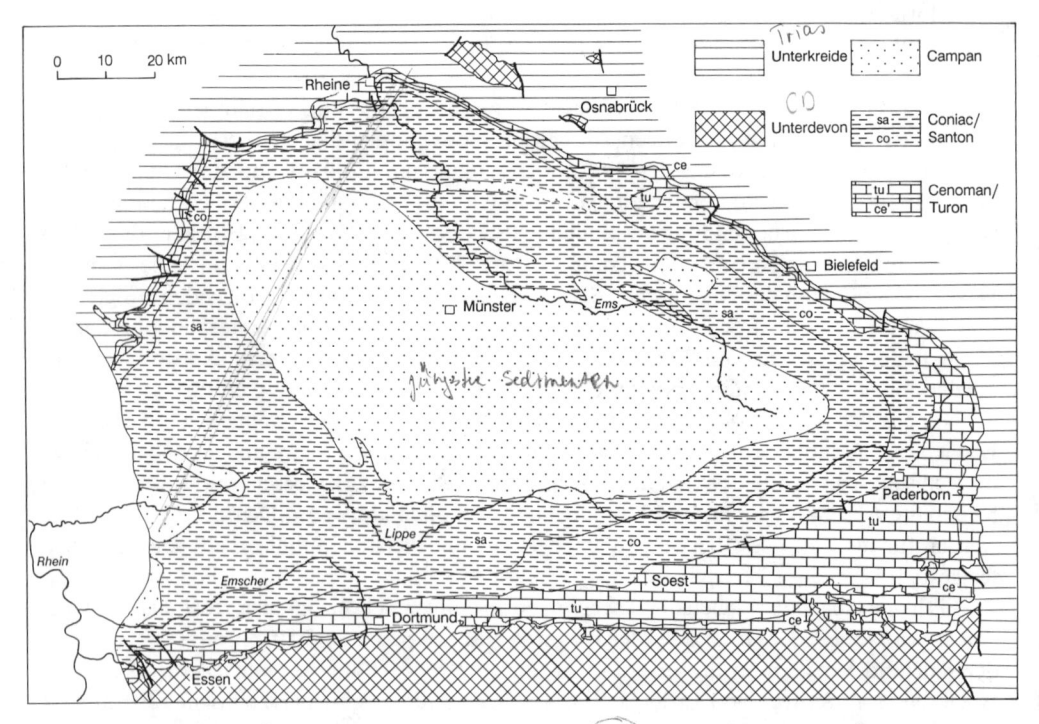

Abb. 112. Geologische Übersichtskarte der Münsterländer Oberkreidemulde (ohne Quartärbedeckung) (n. Arnold 1964).

Mulde steigt sehr flach nach Süden an. Am Haarstrang und in der östlich anschließenden Paderborner Hochfläche überlagern nur wenige Grad nach Norden einfallende Kreideschichten das variszisch gefaltete Oberkarbon des Ruhrgebiets und des nördlichen Sauerlandes diskordant. An ihrem Ostrand, dem Egge-Gebirge, liegen sie flach westfallend auf jungkimmerisch dislozierten Trias- und Juraschichten der nördlichen Hessischen Senke und des Weserberglandes. Auf dem Nord- und Nordostflügel stehen die Oberkreideschichten steil, teilweise sogar nach Süden überkippt. Hier bilden die Osning-Überschiebung am Südrand der Nordwestfälisch-Lippischen Schwelle und ihre westlichen Ausläufer die geologische Grenze des Beckens. Nach Westen ist der Abschluß der Münsterländer Kreidemulde durch die östlichen Randbrüche der Niederrheinischen Bucht gegeben.

Unter einer heute noch nahezu geschlossenen quartären Bedeckung sind im wesentlichen Sandsteine und Mergel und Kalksteine des unteren Cenomans bis Campans am Aufbau des Münsterschen Beckens beteiligt. Im Norden erreichen sie eine Mächtigkeit bis über 2.000 m. Im Südwesten des Beckens ist ihre Schichtenfolge wegen primär geringerer Sedimentationsraten und primärer Schichtlücken auf weniger als 500 m reduziert. In den zentralen Teilen der Münsterländer Oberkreidemulde sind die jüngsten Schichten des Campans in den Baumbergen und Beckumer Bergen erschlossen.

Auskunft über den Aufbau des Fundaments der Münsterländer Kreidemulde geben der Bergbau des Rheinisch-Westfälischen Steinkohlenreviers, Tiefbohrungen und geophysikalische Untersuchungen.

5.2.2 Geologische Entwicklung, Stratigraphie

Die postvariszische sedimentäre Überlieferung beginnt in der Münsterschen Bucht erst mit dem allgemeinen Meeresspiegelanstieg während der obersten **Unterkreide** und der damit verbundenen Transgression des Kreide-Meeres über den Nordrand der Rheinischen Masse. Das Meer drang aus nordwestlicher und nördlicher Richtung über das gefaltete und eingeebnete Karbon nach Süden vor. Im Teutoburger Wald und im südlichen Emsland ist die Unterkreidefolge des südlichen Niedersächsischen Beckens noch vollständig entwickelt. Weiter südlich sind bis etwa zur Lippe geringmächtige, z. T. mergelige glaukonitische Sande, örtlich auch konglomeratische Lagen Anzeichen des Fortschreitens der Transgression nach Süden während des Alb.

Zur **Cenoman**-Zeit hatte das Oberkreide-Meer den heutigen Südrand der Münsterschen Bucht in südlicher Richtung überschritten. Hier ist in den südwestlichen Aufschlußgebieten des Ruhr-Reviers (Mülheim, Essen) das ganze Cenoman als Grünsand entwickelt (Essener Grünsand). Nach Nordosten treten zunächst in seinen höheren und weiterhin auch in seinen tieferen Profilteilen die Grünsande zurück. Entlang dem Teutoburger Wald besteht das ganze Cenoman aus überwiegend Mergeln, Mergelkalken (Plänerkalke) und reinen Kalksteinen, die in küstenferneren aber wenig tiefen Meeresbereichen entstanden.

Auch im **Turon** finden sich in der südlichen Münsterländer Oberkreidemulde noch zweimal Grünsandstein-Lagen (Bochumer und Soester Grünsand) als küstennahe Bildungen zwischen sonst zuerst mergeligen und dann überwiegend kalkigen Gesteinen. Doch sind auch die Grünsand-Lagen nach Osten bereits durch einen höheren Karbonatanteil charakterisiert. Nördlich der heutigen Lippe, im östlichen Haarstrang und östlichen und nördlichen Münsterland ist die Grünsandfazies ganz ausgeklungen. Das Turon ist im unteren Teil noch durch graue mergelige Kalke und dann überwiegend durch helle Plänerkalke und reine Kalksteine vertreten. Die heutige durch Erosion bedingte Südgrenze der Kreideablagerungen entspricht nicht dem Küstenverlauf des Turon-Meeres. Am Nordrand der Münsterschen Bucht werden bei Halle in Westfalen örtlich begrenzte, verschiedene stratigraphische Zonen des Turons erfassende submarine Gleithorizonte beobachtet.

An die Wende vom Turon zum **Coniac** fällt in der Münsterländischen Oberkreide eine allgemeine Umstellung der Sedimentation und ein fazieller Wechsel von den Plänerkalksteinen zu einförmigen grauen Tonmergeln (Emscher Mergel). Letztere repräsentieren das ganze Coniac und das Untersanton. Im Südwesten und Westen weist die tonig-mergelige Fazies des Coniac und unteren Santons einen geringen Feinsandgehalt auf.

An der Wende zum **Santon** erreichte die Oberkreide-Transgression ihren Höhepunkt. Zunehmende Bodenunruhen führten zu Reliefunterschieden und damit zu Faziesdifferenzierungen. Im Beckentiefsten blieb es bei der Bildung dunkler, eintönig ausgebildeter Tonmergel und Mergelsteine. Im Süden und Südwesten der Münsterländer Kreidebucht ist das Mittel- und Obersanton dagegen durch glaukonitische, schwach karbonatische Feinsandsteine und Kalksandsteine (Recklinghäuser Sandmergel) bzw. durch heute noch weitgehend unverfestigte fossilreiche Fein- und Mittelsande (Halterner Sande) vertreten.

Anstehendes **Campan** ist wegen der inzwischen erfolgten Abtragung heute auf den Zentralteil der Münsterschen Bucht beschränkt. Im Gebiet der Baumberge umfaßt es im unteren Teil sandige Mergel mit Kalksandstein-Lagen (Dülmener Schichten). Darüber folgen vorwiegend Tonmergel mit Einlagerungen von Sandmergeln, Kalkmergeln und sandigen Kalksteinen (Osterwicker Schichten und Coesfelder Schichten) und abschließend Mergelkalken mit einer kalkreichen Sandstein-Einlagerung, den Baumberger Schichten.

Auch im Gebiet der Beckumer Berge zeigt das Campan vorherrschend Tonmergelausbildung mit häufigen Einschaltungen von Kalkmergeln (Stromberger, Beckumer und Vorhelmer Schichten). In den Beckumer Schichten sind ebenso wie in den Baumberger Schichten mehrfach synsedimentäre Lagerungsstörungen Anzeichen für subaquatische Gleitvorgänge.

Gegen Ende des Campans zog sich das Meer im Rahmen einer allgemeinen Regression aus dem Gebiet der Münsterschen Bucht zurück, nachdem bereits vorher der Aufstieg der Nordwestfälisch-Lippischen Schwelle im Norden zu einer Einengung des Sedimentationsgebietes geführt hatte.

Ablagerungen des Maastrichts sind in der Münsterschen Bucht nicht bekannt. Als Rest einer tertiären Sedimentbedeckung ist nur im Bereich der westlichen Randstaffeln zum Niederrhein eine marine Randfazies des Oligozäns und Miozäns überliefert. Im Zentrum und Ostteil des Beckens fehlte sie wahrscheinlich primär.

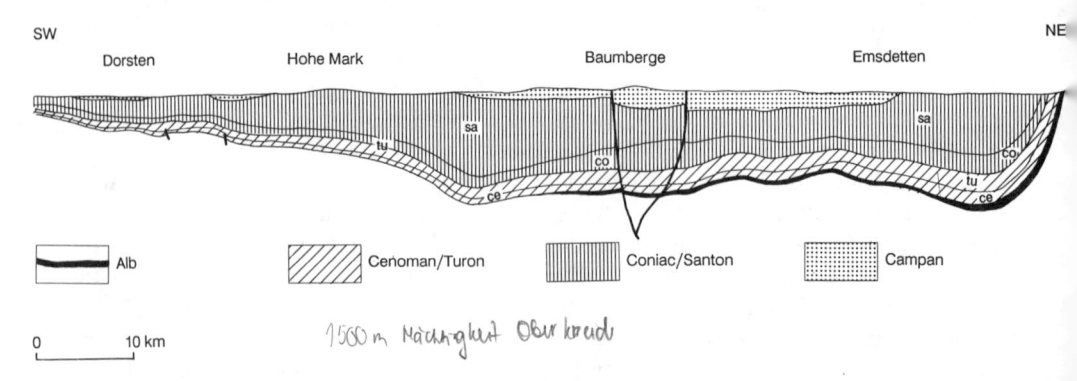

Abb. 113. Geologisches Profil durch die Münsterländer Oberkreidemulde (n. ARNOLD 1964).

Die heutige Morphologie der Münsterschen Bucht entstand aus einer pliozän-**pleistozänen** Erosionslandschaft mit Schichtstufenentwicklungen sowohl entlang ihres Süd- und Ostrandes (Haarstrang und Egge-Gebirge) als auch in ihrem Zentrum (Baumberge und Beckumer Berge).

Während des mittleren Pleistozäns war das Gebiet vom drenthestadialen Eis der Saale-Eiszeit bedeckt. Ein Vordringen auch des Elster-Eises bis in die Münsterländer Oberkreidemulde ist wahrscheinlich. In der nachfolgenden Eem-Warmzeit setzte in einem neugebildeten Flußsystem eine verstärkte Tiefenerosion ein. Während der Weichsel-Kaltzeit kam es zur Aufschüttung weiter Niederterrassen und zur Anwehung von Jüngerem Löß.

5.2.3 Geologischer Bau

Mit Ausnahme ihrer nordwestlichen Randzone und im Gebiet um Lippstadt werden die Kreidegesteine der Münsterländer Kreidemulde von mächtigen variszisch gefalteten Oberkarbonschichten (Namur bis Westfal D) unterlagert (vgl. Abb. 72). Die Karbonoberfläche, über die das Kreide-Meer sukzessive transgredierte, ist eine Erosionsfläche, die von ihrer südlichen Ausbißlinie entlang des Haarstrangs nach Norden auf über 2.000 m Tiefe im nördlichen Münsterland absinkt. In den Forschungsbohrungen Münsterland und Versmold sind unter dem Oberkarbon auch Unterkarbon in geringmächtiger Kohlenkalkfazies, oberdevonische Sandsteine und Schieferfolgen sowie als Ältestes Stromatoporenriffkalke des Mitteldevons erbohrt.

Im östlichen Münsterland bildet das Lippstädter Gewölbe eine quer zum variszischen Faltenbau verlaufende Zone axialer Aufwölbungen, in deren Zentrum unmittelbar unter der Kreidebasis devonische Massenkalke durch Bohrungen nachgewiesen sind. Am Südrand des Beckens traf die Bohrung Soest/Erwitte auf variszisch gefaltete Tonschiefer möglicherweise ordovizischen Alters.

Im nordwestlichen Übergang der Münsterländer Oberkreidemulde zur nördlichen Niederrheinischen Bucht sind Zechstein, Trias und z. T. auch Jura in einzelnen, im Oberjura entstandenen Grabenstrukturen erhalten geblieben.

Die Anlage der heutigen **Muldenstruktur** der Oberkreideschichten der Münsterschen Bucht fällt mit der Inversion des nördlich gelegenen Niedersächsischen Beckens in subherzyn-laramischer Zeit zusammen. Entsprechend gestaltete sich die Deformation entlang dem Nordrand des Beckens gegen das Emsland und entlang den südlichen Ketten des Teutoburger Waldes besonders intensiv. Die Heraushebung der Nordwestfälisch-Lippischen Schwelle führte hier zur steilen Aufrichtung der Oberkreideschichten sowie zur Bildung von Flexuren und gegen Süden gerichteten Überschiebungen des im Norden in größerer Vollständigkeit entwickelten Mesozoikums über Oberkreide (Osning-Überschiebung).

Über dem variszisch gefalteten Fundament der Rheinischen Masse blieb es dagegen bei einer allgemein ruhigen, sehr flach ($1-4°$) nach Norden geneigten Lagerung des Kreide-Deckgebirges. Das Beckenzentrum ist deutlich nach Norden verschoben. Es wird nur von einzelnen NW–SE streichenden Verwerfungen mit im Norden bis 300 m Sprunghöhe gequert. Sie folgen alt angelegten variszischen Störungsbahnen. Zum Westrand der Scholle gegen die Niederrheinische Bucht verdichtet sich das junge Bruchmuster. Hier wurden die Störungszonen der einsinkenden Grabenschollen mit Zechstein und Trias zum Teil reaktiviert, häufig mit umgekehrtem Bewegungssinn. Im Deckgebirge der südwestlichen Münsterländer Oberkreidemulde sind außerdem einige nachgeordnete flexurartige Kreidesättel und -mulden mit WNW–ESE streichendem Verlauf zu beobachten.

Heute wird die **Morphologie** der Münsterländer Oberkreidemulde weitgehend geprägt durch eine mehr oder weniger mächtige Auflage mittel- und jungpleistozäner Lockerablagerungen. Im Nordosten sind dies die unmittelbar vor dem Südrand des Teutoburger Waldes während der Saale-Eiszeit gebildeten Sander der Sennesande und die große weichselzeitliche Niederterrasse der Ems. Im Zentrum entwickelte sich eine morphologisch höhergelegene, sich nach Westen verbreiternde Zone mit vorwiegend drenthestadialen Grundmoränenablagerungen und Os-artigen Kiessandrücken. Der Süden der Münsterschen Bucht ist wieder geprägt durch weichselzeitliche Niederterrassenbildungen der Lippe und Lößaufwehungen entlang dem Haarstrang. Hinzu kommen überall im Münsterland Flugdecksande und die Bildung von Inselterrassen und Talauen während des Weichselspätglazials des Holozäns.

Literatur: H. ARNOLD 1964a, 1964b, 1964c; C.-D. CLAUSEN, H. JÖDICKE & R. TEICHMÜLLER 1982; C.-D. CLAUSEN & K. LEUTERITZ 1982; C. FRIEG, M. HISS & M. KAEVER 1990; GEOLOGISCHES LANDESAMT NORDRHEIN-WESTFALEN (Hrsg.) 1963, 1964; C. HAHNE & R. SCHMIDT 1982; J. HESEMANN 1975b; J. HESEMANN & LÖGTERS 1963; M. HISS & E. SPEETZEN 1986; P. HOYER, R. TEICHMÜLLER & J. WOLBURG 1969; H. JORDAN 1982; K.-H. JOSTEN & R. TEICHMÜLLER 1971; M. KAEVER 1983; M. KAEVER (Hrsg.) 1982, 1985; M. KAEVER & U. ROSENFELD 1980; P. KUKUK 1938; U. ROSENFELD 1978, 1983; E. SEIBERTZ 1980; E. SPEETZEN 1986; A. THIERMANN 1974; A. THIERMANN & H. ARNOLD 1964; K.N. THOMÉ 1980, 1983; E. VOIGT 1962, 1977.

5.3 Die Hessische Senke und die Rhön

5.3.1 Übersicht

Die Hessische Senke verläuft in annähernd nordsüdlicher Richtung zwischen dem Rheinischen Schiefergebirge und der nördlich angrenzenden Münsterländer Oberkreidemulde im Westen und dem Harz, dem Thüringer Becken und den nördlichen Ausläufern des Thüringer Waldes im Osten.

Morphologisch tritt sie heute eher als Bergland in Erscheinung. Geologisch läßt sich dagegen ihr Senkencharakter an der Mächtigkeitsentwicklung vieler nachvariszischer Schichtfolgen nachweisen. Insgesamt über 2.500 m permische und mesozoische sowie känozoische Sedimente wurden zumindest in ihrem nördlichen Abschnitt abgelagert. Dieser nördliche Teil der Hessischen Senke scheint präpermisch angelegt worden zu sein, denn sowohl im östlichen Rheinischen Schiefergebirge als auch im Harz fallen die variszischen Faltenachsen in ihre Richtung ein. Während des Unter- und Mitteljuras und während des mittleren Oligozäns hatte die Senke als Verbindungsstraße zwischen dem Nordwestdeutschen und dem Süddeutschen Meer große paläogeographische Bedeutung.

Tektonisch ist der nördliche Abschnitt der Hessischen Senke heute durch zwei große Bruchsysteme gekennzeichnet, die seinen östlichen und seinen westlichen Rand begleiten. Es sind dies der Leinetalgraben und Altmorschen-Lichtenauer Graben im Osten bzw. Südosten (Leine-Lineament) und das Egge-Bruchsystem und seine südliche Verlängerung im Westen (Egge-Lineament). Zwischen diesen beiden auch bereits im Verlauf der geologischen Entwicklung der nördlichen Hessischen Senke paläogeographisch wirksamen Lineamenten liegt die Solling-Scholle. Nach Süden konvergieren Leine-Lineament und Egge-Lineament

Abb. 114. Geologische Übersichtskarte der Hessischen Senke und des Thüringer Beckens. A.G. = Altmorschener Grabenzone, F.G. = Falkenhagener Graben, F.N.G. = Fritzlar-Naumburger Grabenzone, Fu.G. = Fuldaer Graben, K.G. = Kasseler Grabenzone, W.S. = Warburger Störungszone, W.V.S. = Wolfhagen-Volkmarsener Störungszone.

Die Hessische Senke und die Rhön   329

im nördlichen Vorfeld des Vogelsberges. Dessen Lavadecken verhüllen weite Flächen des Mittelabschnittes der Hessischen Senke. In der südlich anschließenden Wetterau sind bereits die nördlichen Ausläufer des Oberrheingrabens und seiner östlichen Begleitstörungen strukturbestimmend. Östlich des Vogelsberges gehört die Rhön schon einer anderen tektonischen Einheit, der Süddeutschen Großscholle, an.

Der tiefere Untergrund der Hessischen Senke ist Teil der Rhenoherzynischen Zone der mitteleuropäischen Varisziden. Das ergibt sich aus der engen faziellen und tektonischen Korrelation des Präperms des westlich benachbarten Rechtsrheinischen Schiefergebirges einerseits und des nordöstlich gelegenen Harzes andererseits. Das zeigen auch einige Grundgebirgsaufbrüche im mittleren Teil der Hessischen Senke sowie eine größere Zahl von Tiefbohrungen. Am deutlichsten sind diese Beziehungen im Unterwerra-Sattel zu erkennen.

5.3.2 Geologische Entwicklung, Stratigraphie

Perm (Rotliegendes und Zechstein) ist von den Flanken der Hessischen Senke und einzelnen Aufbrüchen sowie aus Bohrungen und durch den Bergbau bekannt. Während des **Rotliegenden** orientierte sich die Paläogeographie noch wesentlich an Strukturrichtungen des variszischen Unterbaus.

Im Norden entwickelte sich am Oberlauf der Weser ein breites, dem Norddeutschen Becken angeschlossenes Sedimentationsgebiet, der Weser-Trog. Weiter südlich entwickelte sich zwischen den Abtragungsgebieten der Hunsrück–Taunus–Oberharzschwelle und der Odenwald–Spessart–Rhönschwelle in der nordöstlichen Fortsetzung des Saar–Nahe-Troges der Hessische Trog. Er nahm zwischen Wetterau und Richelsdorfer Gebirge bis 1.000 m Rotliegend-Sedimente auf.

Von der Weser-Senke aus erfolgte in der **Zechstein**-Zeit eine weiträumige marine Transgression bis in das heutige Oberrheingebiet. Die Faziesverteilung der beiden ersten Zechstein-Zyklen, der Werra-Serie und der Staßfurt-Serie, dokumentiert noch eine Vergitterung des alten variszisch angelegten Strukturplans mit diesem neuen NNE–SSW gerichteten Strukturmuster der Hessischen Senke. Später beherrschten dann die N–S verlaufenden Faziesgrenzen das paläogeographische Bild.

Vollständige salinare Abscheidungsfolgen des Zechsteins sind östlich der ehemaligen Taunus–Oberharzschwelle im Beckentiefsten der Weser-Senke für die Zechsteinfolgen 2–4 entwickelt, in der Staßfurt-Folge (Z 2) auch mit geringmächtiger Kalisalzbildung. Im Werra–Fulda-Gebiet umfaßt nur die Werra-Folge (Z 1) bis über 200 m Steinsalz und 2 Kaliflöze (Thüringen und Hessen).

Im Verlauf der **Trias** stellte sich im Bereich der Hessischen Senke eine endgültige Verbindung zwischen dem norddeutschen und dem süddeutschen Sedimentationsgebiet ein. Besonders weitflächig sind heute noch die Ablagerungen des Buntsandsteins erhalten. Ihre fazielle Ausbildung und Mächtigkeitsverteilung bildet den in dieser Zeit von variszischen Richtungen weitgehend unbeeinflußten N–S-Verlauf der Senkungszone deutlich ab. Der Hauptstrom der Sedimente folgte der Achse dieser Depression von Süden nach Norden. Im Mittleren Buntsandstein sind die größten Mächtigkeiten (über 600 m) im Norden der Hessischen Senke im Gebiet des Sollings anzutreffen, während auf ihren Flanken infolge geringerer Sedimentation und Schichtlücken nur annähernd 100 m überliefert sind.

Sedimente der mittleren und oberen Trias und des unteren **Juras** sind in der Hessischen Senke infolge späterer Abtragung nur sehr lückenhaft überliefert. Der Senkungscharakter der Hessischen Senke bestand jedoch fort, wenn auch in modifizierter Form. Mit Sicherheit existierte während des Muschelkalks, im Unterjura und Teilen des Mitteljuras eine marine Verbindung zwischen den Epikontinentalmeeren Nord- und Süddeutschlands.

Bereits im Verlauf des Mitteljuras schloß sich die Hessische Senke wieder. Gleichzeitig mit der Bildung des Niedersächsischen Beckens im Norden unterlag sie einer großräumigen Hebung. Mit ihr war die Bildung der Mehrzahl der heute in der Hessischen Senke sichtbaren tektonischen Bruchzonen verbunden. Die nachhaltige Beeinflussung dieser Strukturen durch das Zechsteinsalz und ein Nacheinander von Dehnung und nachfolgender Pressung entlang NW–SE (herzynisch) und NNW–SSE (eggisch) streichenden Bruchlinien sind ein Kennzeichen dieser jungkimmerischen und später intra- und postkretazischen Bruchschollentektonik. Während des ausgehenden Mesozoikums unterlag die Hessische Senke flächenhafter Erosion. Sichere Anzeichen für weitverbreitete marine Kreidebedeckung fehlen in der Senke, mit Ausnahme ihres nördlichsten Teils.

Erst wieder der Verlauf der Küstenlinie des mittleren **Oligozäns** markiert ein großräumiges Senkungsfeld im Gebiet der heutigen Hessischen Senke und eine wieder wichtige marine Nord–Süd-Verbindung zwischen Nordsee und Oberrheingebiet.

Auch nachfolgende limnische und fluviatile Regressionssedimente des oberen Oligozäns und des **Miozäns** bevorzugten diesen Raum noch als Akkumulationsgebiet, wenn auch lebhafte tektonische Bewegungen entlang jungkimmerisch vorgegebener Bruchmuster zu z. T. erheblichen faziellen Unterschieden und Schichtausfällen führten. Insgesamt wurden in Nordhessen zwischen Mitteleozän und Mittelmiozän bis zu 300 m Sedimente abgelagert.

Die allgemeine großräumige Heraushebung der Hessischen Senke zu Beginn des Miozäns war mit einer weiteren Phase intensiver Bruchtektonik verbunden. Die Richtungen der entstehenden Bruchstrukturen spiegeln das auch in anderen Bereichen Mitteleuropas festgestellte Spannungsfeld mit NNW–SSE gerichteter Hauptnormalspannung wider. Gleichzeitig wurde die Hessische Senke Schauplatz eines intensiven Vulkanismus in Nordhessen, wo mehrere separate Zentren beobachtet werden, sowie im Gebiet des Vogelsberges und in der Rhön.

Bereits vor der vulkanischen Aktivität im Mittel- und Obermiozän begann eine verstärkte bis in das **Quartär** anhaltende Erosion, die die ursprünglich großflächige tertiäre Sedimentdecke weitgehend wieder beseitigte. Zahlreiche Subrosionssenken und Erdfälle im nördlichen Teil der Hessischen Senke und im Werra–Fulda-Gebiet zeugen von der unterirdischen Auslaugung der Salinargesteine des Zechsteins und zum Teil auch des Oberen Buntsandsteins.

5.3.3 Geologischer Bau

Die nordwestliche Begrenzung der Hessischen Senke bildete das WSW–ENE verlaufende **Falkenhagener Störungssystem**. Mit fünf fiedrig angeordneten Teilgräben stellt es eine Zerrungsstruktur dar.

Im Südosten lassen sich der Solling, der Bramwald und der bereits westlich der Weser gelegene Reinhardswald als **Solling-Gewölbe** zusammenfassen. In der breit angelegten Beulenstruktur mit annähernd N–S-axialer Scheitelzone tritt hauptsächlich Mittlerer Buntsandstein zutage. Er wird vom Salinar der ersten 4 Zechsteinzyklen unterlagert.

Die Heraushebung des Solling-Gewölbes und seiner Nachbargebiete erfolgte in der jungkimmerischen Tektogenese. Salztektonische Bewegungen scheinen bei der Gewölbebildung eher eine modifizierende Rolle gespielt zu haben. Kennzeichnend sind außerdem einige schmale tektonische Gräben, die zwischen dem jüngeren Miozän und älteren Pleistozän angelegt wurden und die mit Unterem Wellenkalk, marinem Oligozän oder limnischem Miozän bzw. Pliozän gefüllt sein können. Weit verstreut finden sich zahlreiche obermiozäne Basaltdurchbrüche.

Den Ostrand des Solling-Gewölbes bildet der in N–S-Richtung verlaufende **Leinetalgraben**. Keuper und in einzelnen Erosionsrelikten auch Lias sind in diesem bis 8 km breiten und 40 km langen Zerrungsgraben erhalten geblieben. Der westliche Grabenrand wird aus ungefähr N–S streichenden Abschiebungen, der Ostrand aus vorwiegend fiedrig angeordneten NNE–SSW (rheinisch) verlaufenden Störungen gebildet. Streckenweise ist entlang den Randverwerfungen Zechsteinsalinar aufgedrungen, das die Erdoberfläche jedoch nicht erreichte.

Der geradlinige N–S-Verlauf des Leinetalgrabens endet im Norden an der NW–SE (herzynisch) streichenden Ahlsburg-Überschiebung. Diese bildet zusammen mit der ebenfalls herzynisch ausgerichteten Elfas-Überschiebung und dem dazwischen eingesenkten Einbeck–Markoldendorfer Liasbecken den Nordrand des Solling-Gewölbes. Das Elfas- und das Ahlsburg-Überschiebungssystem sind im Oberjura und Wealden durch ein Zusammenwirken tektonischer Einengung und halokinetischer Bewegungen entstanden.

Das Südende des Leinetalgrabens ist durch sein Zusammentreffen mit dem von Südosten hinzutretenden herzynisch verlaufenden Eichenberg–Gothaer-Graben des Thüringer Beckens gegeben. Von hier an bildet die Lichtenauer Grabenzone den südwestlichen Teilabschnitt des Leine-Lineaments.

Nach Westen schließen sich an das Solling-Gewölbe die **Nethe-Scholle** und die **Zierenberg-Scholle** als wichtigste westliche Teilschollen der nördlichen Hessischen Senke an. Die Grenze zum Solling-Gewölbe wird durch ein flexurartiges Abtauchen des Buntsandsteins nach Westen ohne bedeutende randliche Brüche markiert. Die Nethe-Scholle umfaßt als Hauptelemente die Brakeler Muschelkalkschwelle im Norden und die Borgentreicher Keupermulde im Süden. Als Einzelstrukturen schließt sie den Schmächtener Graben und den Peckelsheimer Graben mit ein. Zwischen Nethe-Scholle und Zierenberg-Scholle verläuft die **Warburger Störungszone**. In ihr treten Gesteine des Röts bis Unterjuras zutage. Nach Osten verliert sich die Intensität der Störungstektonik mit Annäherung an das Solling-Gewölbe. Nach Westen mündet die Warburger Störungszone in das Egge-System ein.

Das **Egge-Störungssystem** besitzt eine Gesamtlänge von rund 40 km. Es begrenzt die Nethe-Scholle im Westen. Nach Westen werden seine Strukturen von flachliegenden Unterkreideschichten der Münsterländer Oberkreidemulde diskordant abgedeckt. Zutage treten im Egge-System Schichten vom Buntsandstein bis Oberjura. Unterer Buntsandstein, Zechstein und Rotliegendes wurden erbohrt. Gegliedert werden die zum Egge-System gerechneten Strukturen in ein südliches und ein nördliches NNW–SSE (eggisch) streichendes breites Senkungsfeld mit vorherrschend Mittlerem und Oberem Keuper und Lias als jüngeren Schichtgliedern. Dazwischen befinden sich schmale, in sich vielfach gestörte Hebungszonen (Warburger Achse, Drieburger Achse und Berlebecker Achse).

Im Süden setzt sich das Egge-Lineament im **Wolfhagen-Volkmarsener Störungssystem** und in der **Fritzlar–Naumburger Grabenzone** in Richtung auf den Vogelsberg fort. Zwischen diesen südlichen Teilabschnitten und dem Rheinischen Schiefergebirge ist in der Korbacher Bucht eine Randstaffel von Zechstein-Deckgebirge eingeschaltet.

Am Übergang des Wolfhagen-Volkmarsener Störungssystems in den Fritzlar–Naumburger Graben zweigt die schmale **Kasseler Grabenzone** nach Osten ab. Bis Kassel stellt sie eine in sich kompliziert gebaute Störungszone dar, in der Mittlerer Buntsandstein bis unterer

Unterjura zutage treten. Östlich von Kassel läßt sie sich, wenn auch abgeschwächt, entlang dem Südrand des Kaufunger Waldes bis zum Leine-Lineament verfolgen.

Südlich der Kasseler Grabenzone beginnt die **Niederhessische Senke**. In ihren Randzonen und in ihrem prätertiären Untergrund besteht sie vor allem aus Buntsandstein und untergeordnet aus Muschelkalk. In ihren Kernbereichen finden sich tertiäre Ablagerungen und die basaltischen Decken des Habichtswaldes und des Knülls sowie zahlreiche vulkanische Einzeldurchbrüche.

Im einzelnen ist das Gebiet der Niederhessischen Senke durch eine Kombination älterer, jungkimmerischer, und jüngerer, miozäner und postmiozäner, Bruchsysteme kompliziert gestaltet. U. a. geht die starke Zerstückelung des Borkener Reviers, wo eozäne Braunkohle im Tagebau abgebaut wird, auf eine intensive jungtertiäre Bruchtektonik zurück. Es dominieren die NNW–SSE (eggisch) ausgerichteten Strukturen der Fritzlar–Naumburger Grabenzone und ihrer südlichen Fortsetzung, der aus vielen Einzelgräben und -senken bestehende Englis–Seigertshausener Grabenzone, sowie die NW–SE (herzynische) Richtung, letztere beispielsweise im Homburg–Lendorfer Graben. Im Osten beherrschen der schmale **Altmorschener Graben** und in seiner etwas nach Westen versetzten südlichen Fortsetzung, der **Remsfelder Graben** das Bild.

Mit der intensiven jungen tektonischen Zerstückelung der Niederhessischen Senke steht die in diesem Raum besonders starke vulkanische Aktivität des Jungtertiärs im engen Zusammenhang. Insgesamt werden mehr als 1.000 Einzelvorkommen basaltischer Gesteine im **Nordhessischen Vulkangebiet** nördlich des Vogelsberges gezählt. Alkali-Olivin-Basalte überwiegen. Hinzu kommen nephelinführende und tholeiitische Gesteine. Die Magmen dieser Gesteine werden aus peridotitischen Teilschmelzen des oberen Mantels abgeleitet. Die vulkanische Aktivität begann vor 20 Ma im Untermiozän und endete vor 7 Ma im oberen Miozän. Bei 12–13 Ma (mittleres bis oberes Miozän) zeigt sie ein Maximum.

Südwestlich des NNE–SSW (rheinisch) verlaufenden Leine-Lineaments aus Lichtenauer, Altmorschener und Remsfelder Graben dominieren NW–SE (herzynisch) streichende Strukturen.

Eine auffallende Struktur dieses Bereiches ist der **Unterwerra-Sattel**. In dessen von Zechstein ummanteltem Kern tritt variszisch gefaltetes Paläozoikum über eine Länge von 15 km und maximal 4 km Breite zutage. Der Sattelkern wird von tiefoberdevonischen Grauwacken (Werra-Grauwacken) eingenommen. Im Südosten sind auch unter-, mittel- und oberdevonische Schiefer und Karbonatgesteine aufgeschlossen. Tektonisch stellt der Aufbruch des Unterwerra-Sattels eine im Nordosten gegenüber ihren permischen und mesozoischen Deckschichten um mehr als 500 m herausgehobene Pultscholle dar.

Auch in zentralen Teilen der Hessischen Senke sind in weiteren kleineren Aufbrüchen des variszischen Unterbaus (bei Baumbach, Mühlbach und Ruhlkirchen) tiefoberdevonische Grauwacken nachzuweisen bzw. zu vermuten.

Parallel zur NW–SE ausgerichteten Randstörung des Unterwerra-Sattels verlaufen auch die Störungslinien des **Netra-** und **Sontra-Grabens** sowie die Grenzstörungen des Thüringer Waldes und die nördliche Randstörung des Zechsteinaufbruchs des Richelsdorfer Gebirges. Alle diese Störungszonen sind vermutlich in ihrer ersten Anlage jungkimmerisch entstanden.

Zu Beginn des Zechsteins bildete das dem Hessischen Trog angehörende **Werra-Fulda-Gebiet** zwischen dem nördlichen Thüringer Wald und dem Ostrand des Rheinischen Schiefergebirges ein Randbecken des Zechstein-Meeres. Die im ausgedehnten nordöstlichen Werra-Becken und im kleineren südwestlich des Fulda-Grabens gelegenen Fulda-Becken gewonnenen Kalisalze des Zechstein 1 besitzen heute wirtschaftliche Bedeutung.

Der westlich der Fuldaer Senke gelegene flach schildförmige **Vogelsberg** ist mit rund 2.500 km² das größte zusammenhängende Vulkangebiet Mitteleuropas. Er setzt sich aus einer Vielzahl von Einzelvulkanen zusammen, deren Lavaströme sich gegenseitig überlappen. Seine heutige Form mit einem zentralen Hochgebiet und allseits gleichmäßiger Abdachung ist ausschließlich das Ergebnis allseitig wirkender Abtragung, modifiziert durch zeitweilig auftretende örtliche Hebungen. Der Vogelsberg-Vulkanismus war im Mittelmiozän aktiv, nach K/Ar-Datierungen zwischen 18,5 und 10 Ma vorwiegend aber zwischen 17 und 15 Ma.

Die vulkanischen Bildungen des Vogelsberges sind größtenteils subaerisch entstandene Laven und Pyroklastite. Zuerst wurden Trachyte und Phonolithe gefördert, später Alkali-Olivin-Basalte im Wechsel mit Tholeiiten. Unter den Laven überwiegen die Basaltgesteine bei weitem. Ihre lateritische Verwitterung im Spättertiär führte zur Bildung roter Tone und zur Anreicherung von Tonerde in Blöcken von Bauxit sowie zur Bildung von Basalteisenstein. Für die Schottergewinnung und als Bausteine haben die Basaltgesteine des Vogelsberges überregionale Bedeutung. Bis in das Untermaingebiet sind heute Reste von Basaltdecken, die mit dem Vogelsberg-Vulkanismus im Zusammenhang stehen, verbreitet.

Der Vulkankomplex des Vogelsberges wird teils von bereits spätmesozoisch freigelegtem Buntsandstein teils von tertiären Sanden unterlagert. In seinem östlichen Umfeld sind in der zwischen dem Vogelsberg und der Rhön NW–SE (herzynisch) ausgerichteten **Fuldaer Grabenzone** auch Muschelkalk und Reste von Keuper erhalten.

Das Buntsandsteingebiet von Fulda sowie die morphologisch höhergelegene **Rhön** gehören tektonisch bereits zur Süddeutschen Großscholle. Die Rhön war während des Perms als Teil der Spessart–Rhön-Schwelle ein paläogeographisch wirksames Schwellen- und Abtragungsgebiet. Vergleichende Untersuchungen eines in der Rhön erbohrten kristallinen Fundaments ergaben eine gute Übereinstimmung seiner Metasedimente und Orthogneise mit dem kristallinen Grundgebirge des Spessarts. Erst in der Mittleren Trias verlor die Schwelle ihre Bedeutung.

Im Oberjura führte eine jungkimmerische Heraushebung zum Einbruch eines bedeutenden, das Fuldaer Gebiet und die Rhön in NW–SE-Richtung querenden Grabensystems. Dessen Einzelabschnitte sind die Fuldaer Grabenzone im Nordwesten und die Heustreu- und Haßberg-Zone im Südosten. Sowohl in diesen Grabenzonen als auch im Schutz vulkanischer Deckenergüsse der Tertiärs ist heute außer Buntsandstein auch Muschelkalk und örtlich Keuper erhalten geblieben. Entsprechend einer das Tertiär überdauernden relativen Hochlage der Rhön gegenüber der Hessischen Senke wurde ihre bis über 200 m mächtige Tertiärüberdeckung unter limnischen Bedingungen gebildet. Sie besteht aus miozänen Sanden und Tonen, die z.T. auch Braunkohlenflöze sowie Kalksteine enthalten.

Die Vulkanbauten der Rhön sind in einem weiten, nach Westen offenen Bogen angeordnet. In der Hauptsache handelt es sich um ausgedehnte Deckenergüsse, die im Osten in der Hohen Rhön z.T. noch große zusammenhängende Flächen aufbauen. Im Westen und Nordwesten, in der Kuppen-Rhön, finden sich eher durch Erosion isolierte Deckenreste und herauspräparierte Zufuhrkanäle.

Die Hauptgesteinstypen der Rhön sind Olivin-Nephelinite, Tephrite und Basanite. Untergeordnet sind Phonolite, Feldspatbasalte und Dolerite. Ihr Alter wird im Gegensatz zu den Vulkaniten des Vogelsberges und Nordhessens überwiegend zwischen 22 und 18 Ma (oberes Oligozän, unteres Miozän) datiert. Jüngste Alterswerte liegen bei 11 Ma. Wie im Basaltgebiet des Vogelsberges hat sich auch in der Rhön eine bedeutende Steinbruchindustrie entwickelt. Ihre heutige Höhenlage verdankt die Rhön einer gegen Ende des Tertiärs beginnenden und bis in das Pleistozän anhaltenden Aufwölbung.

Als südlichster Abschnitt der Hessischen Senke gilt das Becken der **Wetterau** im Untermaingebiet zwischen Vogelsberg, Taunus und Spessart. Die wichtigste Struktur ist hier der NNE–SSW (rheinisch) streichende Nidda-Graben, eine stark verschmälerte Fortsetzung des Oberrheingrabens. Seine Füllung aus mittlerem Oligozän und unterem Miozän ist zunächst marin, später limnisch, z. T. mit Braunkohleflözen, entwickelt. Nach Osten bildet der Vilbeler Rotliegend-Horst die nördliche Fortsetzung des Sprendlinger Horstes am Nordende des Bergsträsser Odenwaldes. Zwischen ihm und dem Spessart liegt die flache, mit tertiären und quartären Sedimenten gefüllte Hanau–Seligenstädter Senke. Bis hierher reichende Tertiärbasaltvorkommen haben obermiozänes Alter.

Nach Nordosten geht aus dem Nidda-Graben der NNE–SSW (rheinisch) streichende Horloff-Graben hervor, der ebenfalls im Zusammenhang mit Einbruchsbewegungen des Oberrheintalgrabens an der Wende Unter-/Oberpliozän entstand. Im Horloff-Graben, der auch morphologisch eine bis 100 m tiefe Senke darstellt, bildete sich im Oberpliozän in mehreren Flözen bis 28 m Braunkohle. Sie wurde bei Wölfersheim im Tagebau gefördert.

Literatur: H.-J. ANDERLE 1970; R. BAUMEISTER & C. SCHORER 1977; W. M. BAUSCH 1978; W. FRANKE, J. PAUL & H. G. SCHRÖDER 1977; A. HERRMANN, C. HINZE & V. STEIN 1967; A. HERRMANN et al. 1968; C. HINZE & H. JORDAN 1981; V. JACOBSHAGEN et al. 1977; H. JORDAN et al. 1986; K. CH. KÄDING 1978; G. KOWALCZYK 1978, 1983; G. KOWALCZYK & J. PRÜFERT 1974; G. KOWALCZYK, H. MURAWSKI & A. PRÜFERT 1978; J. KULICK & G. KOWALCZYK 1987; J. KULICK & G. RICHTER-BERNBURG 1987; J. KULICK & J. PAUL (Hrsg.) 1987a, 1987b; J. KULICK et al. 1984; J. LEPPER 1979; H.J. LIPPOLT 1978, 1983; P. MEIBURG 1982; H. MURAWSKI 1960; H. MURAWSKI et al. 1983; J. PAUL 1980, 1982, 1987; E. RUTTE & N. WILCZEWSKI 1983; F.-P. SCHMIDT, Y. GEBREJOHANN & M. SCHLIESTEDT 1986; C. SCHUMACHER, E. KAIDIES & F.-P. SCHMIDT 1984; K. H. WEDEPOHL 1978, 1982, 1983a, 1983b; R. WEYL 1967; R. WITTIG 1968, 1970; H. G. WUNDERLICH 1957, 1966.

5.4 Das Thüringer Becken und das ostthüringisch-sächsische Grenzgebiet

5.4.1 Übersicht

Zwischen dem Harz im Norden und dem Thüringer Wald und Thüringischen Schiefergebirge im Südwesten und Südosten bildet das Thüringer Becken eine flach schüsselförmige Einsenkung des Deckgebirges des nördlichen Saxothuringikums.

Nach Nordwesten wird es durch die Buntsandstein-Aufwölbung der Eichsfeld-Scholle vom Leinetalgraben getrennt. Nach Nordosten setzt sich das ausgedehnte Buntsandsteingebiet der Hermundurischen Scholle zwischen Harz und Nordwestsächsischem Porphyrgebiet fort, zunehmend verhüllt durch tertiäre und quartäre Sedimente.

Mehr oder weniger weit durchhaltende herzynisch streichende Störungszonen gliedern das Thüringische Becken in eine Reihe schmal flachwellig gefalteter Schollen.

Die im Thüringer Becken aufgeschlossene nachvariszische Schichtenfolge umfaßt im wesentlichen Zechstein und Trias-Gesteine. Ihre größte Mächtigkeit erreichen sie im Nordosten mit rd. 2.200 m. Teilweise treten mächtige oberkarbonische und unterpermische Rotsedimente im Liegenden des Zechsteins auf. Sie sind an einzelne kleinere Becken gebunden oder gehören zum Saale-Trog, der NE–SW streichend über der Mitteldeutschen Kristallinschwelle angelegt ist. Kleine Erosionsreste von Unterjura und Cenoman lassen vermuten, daß auch diese Stufen ursprünglich weit verbreitet waren.

Das varoszische Grundgebirge im tieferen Untergrund des Thüringer Beckens kennt man nur in groben Zügen aus Bohrungen. Sein metamorpher Anteil (Quarzdiorit- und Granodioritgneise) entspricht wie auch das Kyffhäuser-Kristallin dem jüngeren präkambrischen Strukturstockwerk des Ruhlaer Grundgebirgsaufbruchs im Thüringer Wald.

5.4.2 Geologische Entwicklung, Stratigraphie

Die geologische Entwicklung des Deckgebirgsstockwerks begann im Thüringer Becken mit der **Transgression** des **Zechsteins**. Sedimente des Zechsteins treten am Südwest- und Südostrand sowie am Kyffhäuser und entlang dem Harzsüdrand in schmalen Streifen zutage und sind auch im Beckeninneren aus Bohrungen bekannt. Die vier ersten Zechstein-Zyklen sind in ähnlicher Ausbildung wie im Germanischen Hauptbecken vertreten. Ihr Ablagerungsgebiet gehörte zum NNE–SSW (rheinisch) streichenden südlichen Teiltrog der deutsch-polnischen Zechsteinsenke. Mächtigkeits- und Faziesverteilung der Werra-Serie nehmen jedoch bereits die heutige NW–SE-Erstreckung des Thüringer Beckens deutlich vorweg. Für die jüngeren Zechsteinfolgen überquert eine breite Zone erhöhter Mächtigkeit und relativer Beckenfazies in annähernd NNE–SSW-Ausrichtung das Thüringer Becken. Als Thüringer Senke war sie noch während der Trias wirksam. Vom Zechstein haben die Kalisalze des Zechstein 2, die zwischen dem Ohm-Gebirge und Sondershausen in den Schachtanlagen des Südharzkali-Reviers sowie in der Grube Volkenroder-Töthen abgebaut werden, wirtschaftliche Bedeutung.

Auch die Ausbildung der **Trias**-Sedimente, die den größten Teil des Thüringer Beckens aufbauen, unterscheidet sich nicht von derjenigen Norddeutschlands oder auch Süddeutschlands. Die von dort bekannten Gliederungen lassen sich auch im Thüringer Becken anwenden.

Die klassischen, faziell stark aufzugliedernden Sedimente des **Buntsandsteins** sind fluviatile und limnische Bildungen eines Wechsels von Überflutung und Trockenfallen.

Das in Norddeutschland für den Buntsandstein erkannte zyklische Gliederungsprinzip ist auch im Thüringer Becken und seinen Randgebieten anwendbar. Die sandigen Schüttungen waren generell gegen Norden gerichtet.

Der Untere **Muschelkalk** besteht im ganzen Thüringer Gebiet sehr einheitlich aus Mergelkalken mit Einschaltungen von massiven Kalkbankzonen. Im Mittleren Muschelkalk machten sich starke epirogene Bewegungen durch Zunahme der Mächtigkeit und Bildung mächtiger Sulfat- und Steinsalzlager im zentralen Bereich des Thüringer Beckens bemerkbar. Im Bereich der westlich gelegenen Eichsfeld-Schwelle und im ostthüringischen Randgebiet überwiegen dagegen weniger mächtige Dolomite und Ton- und Mergelsteine. Auch in der Ausbildung des Trochitenkalks und in der Mächtigkeit der Ceratitenschichten des Oberen Muschelkalks kommt die epirogene Gliederung in Eichsfeld-Schwelle, Thüringer Senke und Südostthüringischem Randgebiet zum Ausdruck.

Keuper-Sedimente treten nur im zentralen Teil des Thüringer Beckens in geschlossener Verbreitung auf. Die sandig-tonige Schichtenfolge des Unteren Keupers spiegelt relativ ausgeglichene Ablagerungsbedingungen wider. Die Sandschüttungen des Lettenkohlensandsteins waren entgegengesetzt zum Materialstrom des Buntsandsteins nach Südwesten bis Süden gerichtet. Die bunten, vorwiegend tonig-mergeligen Sedimente des Mittleren Keupers bildeten sich unter stärker kontinentalem Einfluß. In tieferen Beckenbereichen bildeten sich Evaporite vor allem im Gipskeuper, örtlich auch Steinsalz. Mit dem Schilfsandstein des Oberen Keupers kehrten ähnliche Ablagerungsbedingungen wie im Unteren Keuper wieder.

Rhät ist nur örtlich erhalten, und auch **Jura** ist im Thüringer Becken nur mit wenigen Teilprofilen des Unterjuras in der Eichenberg–Gothaer–Saalfelder Störungszone und im Netra-Graben bekannt. Nach wechselnder Ton-Sand-Sedimentation im unteren Unterjura ist der höhere Unterjura als Posidonienschiefer und zuoberst auch merklich kalkig ausgebildet. Mit ihm endet das bis dahin kontinuierliche Profil des postvariszischen Deckgebirges.

In einem Grabeneinbruch des Ohmgebirges ist marines **Cenoman** als Rest eines ehemals weite Teile des Thüringer Beckens überdeckenden Oberkreide-Meeres erhalten. Es umfaßt an der Basis Glaukonitsande, darüber vorwiegend Plänerkalke.

Wegen des Fehlens jüngerer Ablagerungen lassen sich die Vorgänge der jungmesozoisch-känozoischen Tektonik im Thüringer Becken zeitlich nicht genau fixieren. Die Bewegungen setzten wahrscheinlich als mittel-kimmerische Bewegungen im mittleren Jura ein und hielten bis in das Tertiär an.

Im **Paläogen** akkumulierten sowohl im Thüringer Becken als auch in sehr viel stärkerem Ausmaß im thüringisch-sächsischen Grenzgebiet fluviatile und limnische Sedimente, einschließlich Braunkohle. Besonders große Mächtigkeiten erreichen sie in beckenartigen Depressionen, die durch Auslaugung des Zechstein-Salinars entstanden.

Das **Pliozän** und frühe **Pleistozän** ist geprägt durch epirogen bedingte fluviatile Erosion und erste präglaziale Aufschotterungen (Zersatzgrobschotter, Ältere und Jüngere Grobschotter). In die Zeit nach dem Rückzug des bis in das zentrale Thüringer Keuperbecken vorgestoßenen Elster-Eises fällt die Bildung der mehrfach zu gliedernden Mittelterrassenschotter und der Niederterrassenschotter entlang den heutigen Flußtälern sowie des Älteren und Jüngeren Löß.

5.4.3 Geologischer Bau

Für das heutige Strukturbild des Thüringer Beckens und seiner nordöstlichen Randgebiete ist seine Aufteilung in mehrere bis rd. 30 km breite NW–SE ausgerichteten Leistenschollen bezeichnend. Die Schollenränder sind durch schmale, lang durchziehende NW–SE (herzynisch) streichende Störungszonen markiert. Diese Störungszonen entstanden als Dehnungsfugen mit Abschiebungen und Grabenstrukturen über größtenteils bereits variszisch angelegten Verwerfungen des Grundgebirgssockels. Nachfolgende Einengung erzeugte einen flachwelligen herzynischen Sattel- und Muldenbau und überpreßte die Störungszonen mit z. T. bedeutenden Einengungsbeträgen. In Bereichen besonders großer Mächtigkeit der Zechsteinsalze gibt es Anzeichen für Halotektonik. Zur Bildung größerer Salzdiapire kam es jedoch nicht. In den Randbereichen des Beckens mit geringeren Salzmächtigkeiten treten neben herzynischen Richtungen auch NNE–SSW (rheinisch) und NE–SW (erzgebirgisch) streichende Kleinstörungen stärker in Erscheinung.

Von den herzynisch ausgerichteten Störungszonen ist die 120 km lange **Eichenberg–Gotha–Saalfelder Störungszone**, die das Thüringer Becken vom Leinetalgraben im Nordwesten bis an den Rand des Thüringischen Schiefergebirges durchquert, die bedeutendste. Auch andere Störungszonen, wie die **Erfurter Störungszone** und der **Leuchtenburg–Magdalaer** und **Schlotheimer Graben** sind in den randlichen, von Buntsandstein und Muschelkalk aufgebauten Beckenteilen als markante Bruchstrukturen entwickelt. Beim Eintritt in das mit Keuper erfüllte Beckenzentrum verlieren sie jedoch an Wirksamkeit. Die über 100 km zu verfolgende **Finne-Störung** markiert die Nordostgrenze des Thüringer Beckens zur Hermundurischen Scholle.

Abb. 115. Geologisches Profil durch das Thüringer Becken (n. HOPPE & SEIDEL 1974).

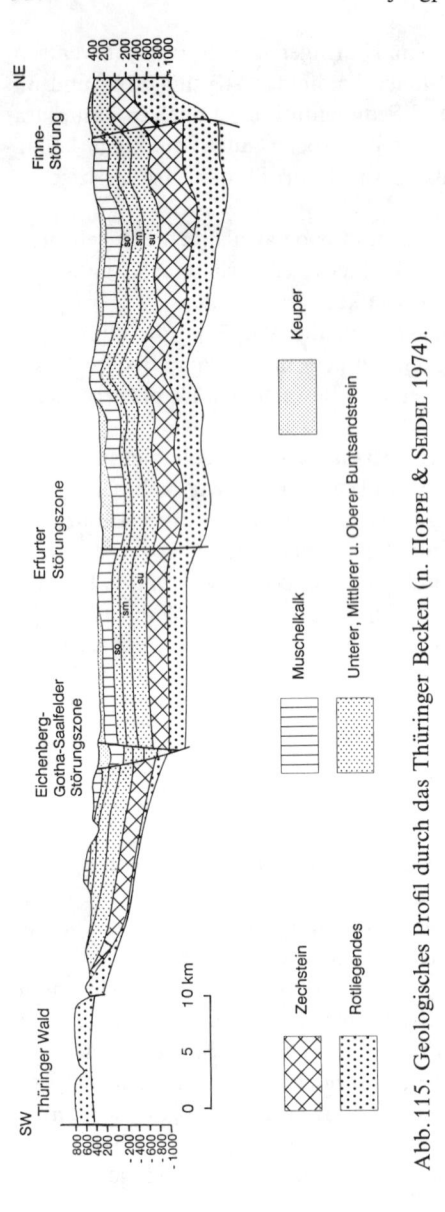

Die zwischen den großen Störungszonen gelegenen etwa gleich breiten Schollen von Mülhausen–Erfurt im Südwesten und Ebeleben–Apolda im Nordosten weisen neben einer Vielzahl von flachen herzynisch streichenden Sätteln und Mulden auch einige größere beulenartige Aufwölbungen auf, wie z. B. das Fahner Gewölbe und das Tannrodaer Gewölbe der Mülhausen–Erfurt-Scholle.

Nach Nordwesten laufen die herzynischen Störungszonen in der Eichsfeld-Scholle aus, oder sie münden in die rheinisch verlaufenden Gräben der Hessischen Senke, ohne daß zu diesen ein grundsätzlicher Altersunterschied besteht. Nach Südwesten setzen sich die

Gotha–Saalfelder Störungszone und die Finne-Störung in Querverwerfungen des Thüringischen Schiefergebirges fort.

Nach Nordwesten wird das Thüringer Becken vom **Eichsfeld** abgeschlossen und begrenzt. Es wird von den Sedimentgesteinen des Buntsandsteins und Muschelkalks beherrscht. Tektonisch wird das Eichsfeld von flachen Sätteln und Mulden durchzogen, die im östlichen Teil noch vorwiegend NW–SE (herzynisch) ausgerichtet sind. So liegt auch dem Muschelkalkrest des Ohmgebirges eine herzynische Einmuldung zugrunde. Das westliche Eichsfeld ist dagegen bereits in stärkerem Maße durch NNE–SSE (rheinisch) streichende Elemente geprägt. Die wichtigsten von ihnen sind der Duderstädter Sattel und die fiederförmig gegeneinander abgesetzten Ohmgebirgs-Gräben.

Nordöstlich der Finne-Störung bildet die **Hermundurische Scholle** den nordöstlichen Abschluß des eigentlichen Thüringer Beckens. Als ca. 10–15 km breite Hochscholle ist sie vom horstartig herausgehobenen Geraer Vorsprung des Thüringischen Schiefergebirges über den Kyffhäuser bis an die südlichen Randstaffeln des Harzes zu verfolgen. Zwischen Geraer Vorsprung und Kyffhäuser ist ihre Heraushebung im Bereich des Saale-Tales weniger deutlich. Hier wird sie weitgehend ungestört von der Naumburger Muschelkalkmulde gequert, die in das östliche Harzvorland überleitet.

Der **Kyffhäuser** stellt zusammen mit dem Bottendorfer Höhenzug ähnlich wie der Harz eine nach Norden überschobene Schrägscholle dar. Auf seinem steilen Nordostabbruch ist unter Molassesedimenten des höchsten Oberkarbons (Mansfelder Schichten) das kristalline Grundgebirge der Mitteldeutschen Schwelle durch Erosion freigelegt.

Das Gebiet zwischen Hermundurischer Scholle und Hallescher Störung ist weitgehend von tertiären und quartären Sedimenten bedeckt. Das mesozoische Deckgebirge gliedert sich hier in eine Reihe von flachen NW–SE (herzynisch) streichenden Sattel- und Muldenstrukturen. Im subsalinaren Stockwerk entspricht ihnen eine NW–SE oder SW–NE (erzgebirgisch), untergeordnet auch E–W gerichtete Schollenaufteilung. Zu den erzgebirgischen Störungen zählt die Hornburger Tiefenstörung, die von der Finne-Störung im Südwesten bis zur Halleschen Störung im Nordosten reicht.

Zwischen der Hermundurischen Scholle und dem südöstlichen Unterharz liegt die überwiegend aus Unterem Buntsandstein bestehende und im Norden von Zechstein umgebene **Sangershäuser Mulde**. Sie mündet nach Südosten in die **Querfurter Mulde**, deren Kern noch flachliegenden Unteren und Mittleren Muschelkalk enthält. Ostwärts schließt sich die **Merseburger Buntsandsteinplatte** an, deren flach nach Westen einfallender Unterer und Mittlerer Buntsandstein meist durch Eozän und Quartär verhüllt ist. Über einer Senke, die durch Auslaugung von Rötgips und Zechstein-Salinar entstand, bildete sich hier die mitteleozäne Braunkohlenlagerstätte des Geiseltales. Gegen Südosten taucht die Merseburger Buntsandsteinplatte unter das Tertiär der Leipziger Tieflandbucht.

Nach Nordosten begrenzt der **Teutschenthaler Sattel** die Merseburger Buntsandsteinplatte und auch die Querfurter Mulde. Ihm schließt sich nordwärts die **Mansfelder Mulde** an. In der westlichen Umrahmung dieser NW–SE (herzynisch) streichenden tief eingesenkten Muldenstruktur tritt Zechstein zutage. Infolge fast vollständiger Ablaugung seines Salinars ist er hier weit geringmächtiger als im Muldeninneren. Auf den nur 30–40 cm mächtigen Kupferschiefer an seiner Basis geht seit über 700 Jahren Bergbau um. Über dem Zechstein folgen Unterer und Mittlerer Buntsandstein und im Kern der Mansfelder Mulde auch Unterer Muschelkalk.

Literatur: M. Assazuri & R. Langbein 1987; G. Beutler 1987; J. Dockter 1974; H. J. Franzka & J. Schubert 1987; W. Hoppe 1974; W. Hoppe & G. Seidel (Hrsg.) 1974; D. Klaua 1974a, 1974b; R. Langbein & G. Seidel 1976, 1980; H. Lützner (Ed.) 1987; G. Merz 1987; G. Seidel 1965, 1974a, 1974b, 1974c, 1978; W. Steiner 1974; A. Steinmüller 1974; K. P. Unger 1974; O. Wagenbreth & W. Steiner 1989; H. Wiefel & J. Wiefel 1980; Zentrales Geologisches Institut 1968.

5.5 Das Linksrheinische Mesozoikum zwischen dem Ardennisch-Rheinischen Schiefergebirge und den Vogesen

5.5.1 Übersicht

Westlich des Oberrheingrabens bedecken allgemein flachlagernde Schichten der Trias und des unteren und mittleren Juras das Gebiet zwischen Ardennen, Rheinischem Schiefergebirge und Vogesen. Sie lagern der Rhenoherzynischen, Saxothuringischen und Moldanubischen Zone des variszischen Grundgebirges auf und bilden so das Gegenstück zum mesozoischen Deckgebirge der Süddeutschen Scholle. Nach Westen leiten sie zum Ostrand des Pariser Beckens über.

Im einzelnen folgt der heutige Bau des Linksrheinischen mesozoischen Deckgebirges einem variszisch vorgegebenen und während der Trias und des Juras auch durchgehend paläogeographisch wirksamen Strukturmuster. Beherrschende Elemente sind einerseits die N–S orientierten Großstrukturen der Eifeler Nord–Süd-Zone zwischen den Ardennen und dem Rheinischen Schiefergebirge und der diese nach Süden fortsetzenden Lothringischen Quersenke. Zum anderen folgen einige breite SW–NE und SSW–NNE streichende Auf- und Einwölbungen der mesozoischen Deckschichten variszischen Anlagen. Im Schnitt dieser unterschiedlich ausgerichteten Strukturelemente bildete sich ein teilweise komplexes tektonisches Schollenmosaik.

Die ausgedehnte Verbreitung der am Aufbau des Linksrheinischen Mesozoikums beteiligten Trias- und Juragesteine wird durch ihre flache Schichtlagerung bestimmt. Im Norden greifen in der Trierer Bucht Buntsandstein, Muschelkalk, Keuper und Unterjura von Südwesten her auf das Schiefergebirge der Südeifel vor. Im Osten reicht Buntsandstein zwischen dem Saar–Nahe-Gebiet und den Vogesen in der breiten Pfälzer Mulde bis an die westlichen Randbrüche des Oberrheingrabens. Zwischen diesen beiden Senkungsgebieten befinden sich heute das Hunsrück-Antiklinorium und der Saarbrücker Hauptsattel in tektonischer Hochlage und drängen die mesozoischen Deckschichten weit nach Westen zurück.

Mit dem generellen Einfallen der Schichten des Linksrheinischen Mesozoikums nach Westen werden in dieser Richtung immer jüngere Sedimente angetroffen. Wie in der süddeutschen Schichtstufenlandschaft spiegelt sich deren unterschiedliche Lithologie in der Morphologie wider, doch sind es z. T. andere Stufenbildner. Die erste, östlichste Schichtstufe besteht wie auch im Gebiet der Süddeutschen Scholle aus verwitterungsbeständigem Mittleren Buntsandstein, der das Gebiet von den Ardennen bis zu den Vogesen als im Norden schmaler, im Süden breiterer Saum umrahmt. Muschelkalk und Keuper bilden im Gegensatz zum südwestdeutschen Raum eine eher reliefarme Morphologie. Sie zeigen im Süden in der Saargemünd–Zweibrücker Senke besonders weite Verbreitung. Nach Norden setzen sie sich als schmalerer Zug bis nach Luxemburg und in die Trierer Bucht fort.

Für den unteren Unterjura Luxemburgs und Lothringens führt die klastische Sandfazies des Luxemburger Sandsteins, für den oberen Unterjura und den Mitteljura führen

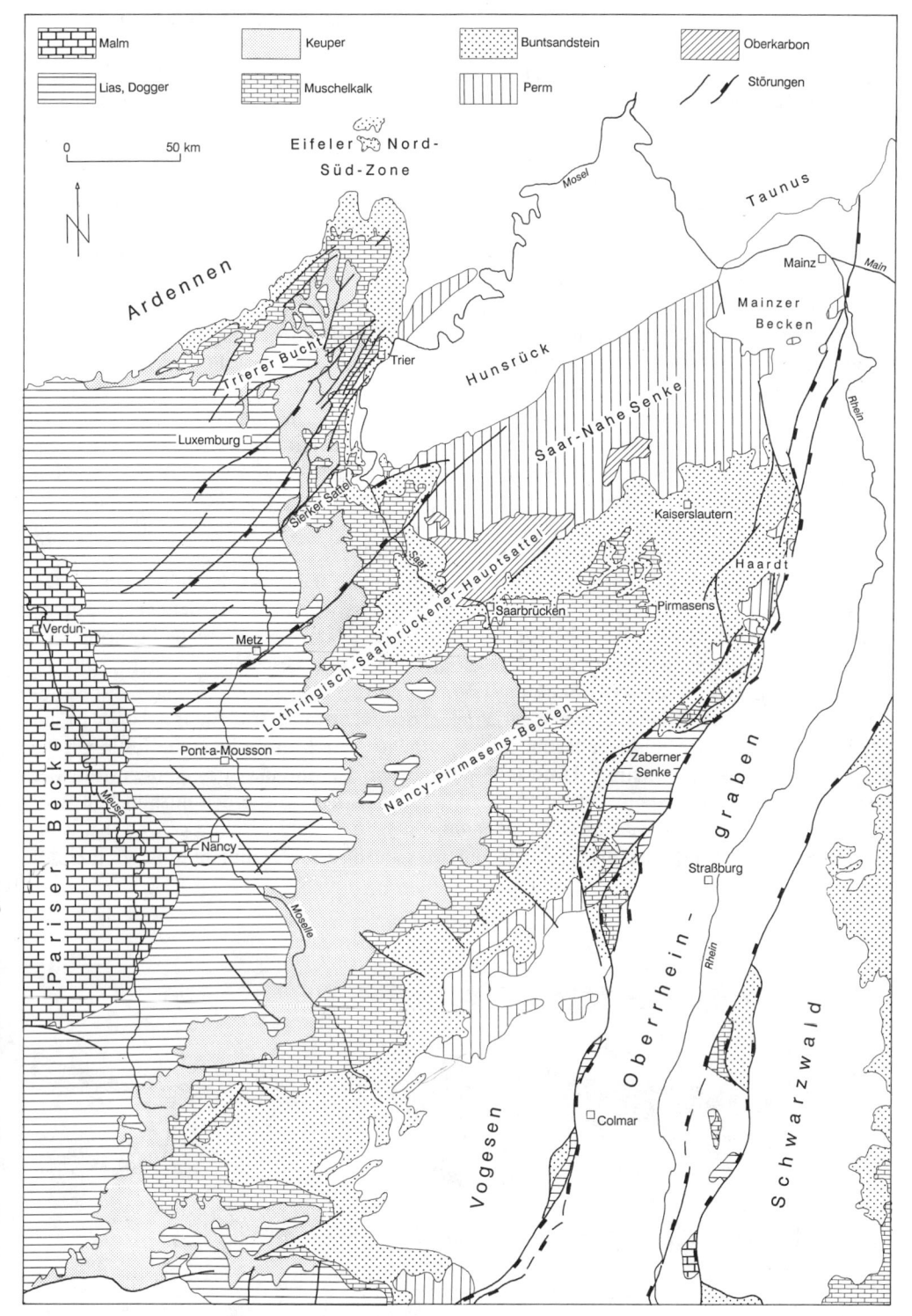

Abb. 116. Geologische Übersichtskarte des linksrheinischen Mesozoikums zwischen Ardennen und Vogesen.

eisenschüssige Kalksteine und Sandsteinc wieder zur Ausbildung ausgeprägter Schichtstufen. Mit ihnen beginnt nach Westen die weitgespannte Stufenlandschaft des Pariser Beckens.

5.5.2 Geologische Entwicklung, Stratigraphie

Unterlagert wird das Linksrheinische Mesozoikum im Norden vom variszischen Faltengebirgsstockwerk der Ardennen und des Linksrheinischen Schiefergebirges. Im Kern des Givonne-Antiklinoriums wird auch kaledonisch gefaltetes Kambrium von transgredierendem Jura direkt überdeckt. In der Trierer Bucht taucht die variszische Molasse der Wittlicher Rotliegend-Senke nach Westen unter diskordant übergreifenden Buntsandstein.

Auch südlich der die Saxothuringische Zone von der Rhenoherzynischen Zone trennenden Hunsrück-Südrandstörung und Metzer Störung bilden **permische Serien** in Rotliegend-Fazies das Unterlager der Trias. Als Sedimentfüllungen der seit dem Oberkarbon existierenden Saar–Nahe-Senke und Vogesen–Kraichgau-Senke sind sie heute in der östlichen Umrandung der Pfälzer Mulde aufgeschlossen. Nach Bohrungen gehören sie einem im Perm weiter ausgedehnten Lothringisch-Saarpfälzischen Becken an, das sich bis über Nancy nach Westen verfolgen läßt. Im oberen Perm reichten geringmächtige Dolomite als Randbildungen des nach Süddeutschland vorgedrungenen Zechstein-Meeres nur wenig weit über das Gebiet des heutigen Oberrheingrabens nach Westen.

Während der **Trias** weitete sich das Südwestdeutsche Becken über die Pfalz nach Westen aus. Vor dem westlich gelegenen Gallischen Land zwichen den Ardennen und dem zentralfranzösischen Morvan bestimmten zunächst die N–S ausgerichtete Lothringische Quersenke und die Eifeler Nord–Süd-Zone das Sedimentationsgeschehen. Letztere stellte die Verbindung zum norddeutschen Senkungsraum her und ermöglichte während des Buntsandsteins einen generell nach Norden gerichteten Sedimenttransport. **Buntsandstein** ist im linksrheinischen mesozoischen Raum im wesentlichen durch grobklastische festländische Rotsedimente gekennzeichnet. Unterer Buntsandstein ist nur im Subsidenzzentrum der Südwestpfalz als Sandstein von Annweiler ausgebildet. Der Mittlere Buntsandstein wird dort, beginnend mit dem Eck'schen Konglomerat, in Trifels-, Rehberg- und Karlstal-Schichten gegliedert. In den übrigen Gebieten, wo seine fluviatile Sedimentation wechselhaft

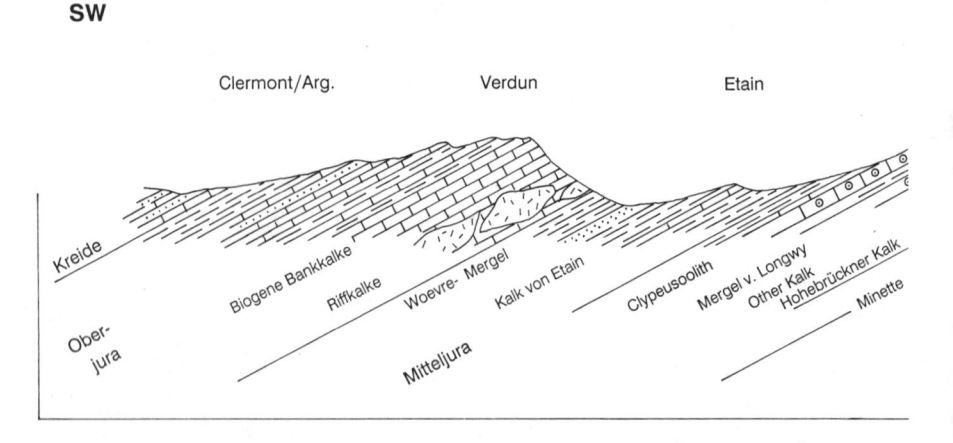

Abb. 117. Lithologie und Stratigraphie der Trias und des Jura am Nordostrand des Pariser Beckens

verlief und von meist groben Schüttungen variabler Mächtigkeit beherrscht wird, wird er zum Vogesen-Sandstein zusammengefaßt. Er beginnt hier gewöhnlich mit einem Hauptkonglomerat. Die Grenze zum Oberen Buntsandstein wird durch die Bodenhorizonte der Violetten Grenzzonen festgelegt.

Im Oberen Buntsandstein stellten sich mit verflachendem Relief zunehmend deltaische Ablagerungsbedingungen ein. Weitere Bodenbildungen mit Aufarbeitungslagen (Dolomitbröckelbänke) sind lokal eingeschaltet. Der Voltzien-Sandstein der Pfalz, des Saarlandes und der Nordvogesen ist ein beliebter Bausandstein. In ihm werden neben zahlreichen Pflanzenresten erste brackisch-marine Fossilien angetroffen.

Im **Muschelkalk** griff das Trias-Meer vor allem in südwestlicher Richtung über die Verbreitung des Buntsandsteins vor. Wahrscheinlich bestand über die Eifeler Nord–Süd-Zone eine Verbindung zum norddeutschen Muschelkalk-Meer. Am Süd- und Ostrand der Ardennen verzahnen sich die marinen, chemisch-feinklastischen Sedimente mit dem Schuttsaum der kontinentalen Trias.

Die Gesteine des Muschelkalks haben besonders auf den Flanken der Saargemünd-Zweibrückener Senke weite Verbreitung. Der flachmarine Untere Muschelkalk ermöglicht in der Südwestpfalz mit der Volmünster-Folge (Wellenmergel, Wellenkalk, Schaumkalk) den Anschluß an die südwestdeutsche Gliederung. Nach Westen und Nordwesten schließt mit dem Muschelsandstein eine Randfazies an.

Der lagunär-evaporitische Mittlere Muschelkalk wird von tonig-siltigen bunten Mergeln beherrscht, in die sich zum Hangenden zunehmend Dolomitbänke einschalten (Lingula-Dolomit). In der Saargemünd–Zweibrückener Senke sind Steinsalzlager eingeschaltet. In den übrigen Gebieten äußert sich der salinare Einfluß in häufig zu beobachtenden Steinsalz-Pseudomorphosen.

Der wieder marine Obere Muschelkalk wird in Trochiten- und Ceratiten-Schichten gegliedert. Während Trochiten verbreitet sind, werden Ceratiten nur selten gefunden. Auf der Siercker Schwelle in der westlichen Verlängerung des Hunsrücks ist eine Flachwasserfazies mit Oolithen und schräggeschichteten Biokalkareniten entwickelt. Südöstlich der Siercker Schwelle sind die Karbonate kalkig, nordwestlich dagegen dolomitisch.

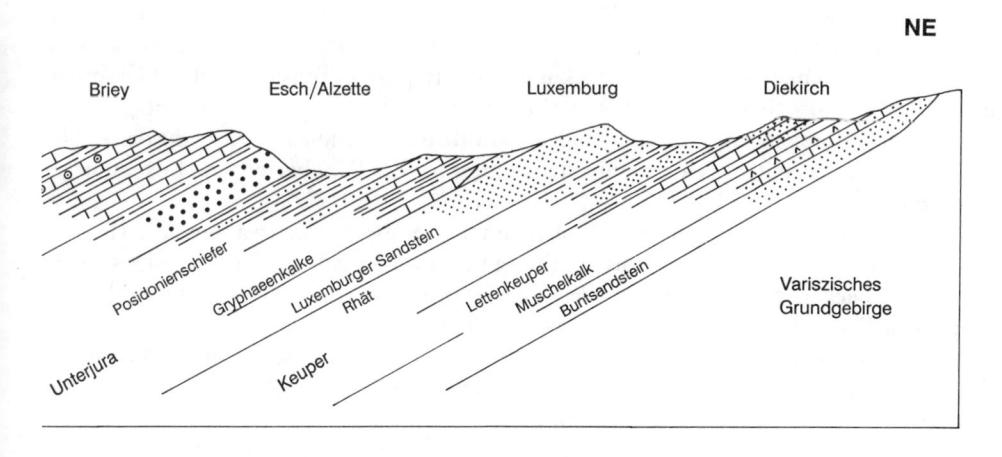

(stark überhöht) (n. Siehl & Thein, unveröff.).

In der oberen Trias dehnte sich das Becken weiter nach Westen auf das Gallische Festland aus. Gesteine des **Keupers** stehen vor allem in Lothringen und Luxemburg in weiter Verbreitung an. Als marin-lagunäre Fazies sind sie durch bunte Mergel mit Dolomiteinschaltungen charakterisiert.

Im Nordwesten führen sie in mehreren Horizonten auch Konglomerate. In der Saargemünd–Zweibrückener Senke treten Steinsalzlager mit Gips und Anhydrit auf (Salzkeuper). In den übrigen Gebieten äußert sich der evaporitische Einfluß durch Gips- und Anhydritvorkommen sowie Steinsalz-Pseudomorphosen. Schilfsandstein-Rinnenfüllungen sind lokal eingeschaltet. In den Mergeln im Hangenden des Schilfsandsteins treten nach einer zum Teil ebenfalls mächtigen salinaren Folge mit zunehmend marinem Einfluß verstärkt Dolomitlagen auf (Steinmergelkeuper).

Mit der Transgression des Rhäts erreichte das triassische Sedimentationsgebiet seine größte Ausdehnung. Dieser Meeresvorstoß drang über Nordfrankreich (Picardie) und die Eifeler Nord–Süd-Zone bis westlich Paris vor. Zwischen den Ardennen im Norden, dem Hunsrück im Nordosten, dem Französischen Zentralmassiv im Süden und dem Armorikanischen Massiv im Westen stellte das Pariser Becken ein eigenständiges Sedimentbecken dar. Bruchtektonische Bewegungen an der Wende Trias/Jura im Pfälzischen Raum führten zu einer kurzfristigen Abtrennung vom Südwestdeutschen Becken.

Die Sedimente des Rhäts im Raum der Südeifel, Luxemburgs und Lothringens gliedern sich in zwei Gruppen. Unten bestehen die Sande von Mortinsart aus flachmarinen bis deltaischen Konglomeraten, Sandsteinen und schwarzen Tonen. Während in der Trier–Luxemburger Bucht gezeitenbeeinflußte Rinnensande vorherrschten, dominieren südlich der Siercker Schwelle in Lothringen küstennahe Sande und Schlickwatt-Ablagerungen sowie deltaische Sandsteine. Die hangende Gruppe des Rhäts, die Serie von Levallois, besteht aus roten marin-lagunären Tonen und Mergeln. Sie markiert eine kurze regressive Phase.

Zu Beginn des **Unterjuras** stieß das Meer wieder von Norden her in das Pariser Becken vor und griff hierbei weit über die Verbreitung der Trias-Sedimente hinaus. Auch die eingeebneten randlichen Bereiche der Ardennen, der Eifel und des Hunsrücks wurden im Rahmen dieser Transgression überflutet. Lediglich die Kernregionen dieser Massive blieben als Hochgebiete erhalten. Im östlichen Pariser Becken lag die Hauptsenkungszone südlich der Ardennen. Die Sedimentation der in Lothringen und Luxemburg weit verbreiteten Unterjura-Ablagerungen ist durch ausgeprägt zyklisch gegliederte blaugraue pelitisch-karbonatische Folgen gekennzeichnet, wobei die Entwicklung in der Regel von Tonsteinen über Mergelsteine zu reinen Kalksteinen führt. Diese lothringische Fazies des Unterjuras entspricht in Lithologie und Fauna weitgehend derjenigen Schwabens. Am südlichen Ausgang der Eifeler Nord–Süd-Zone schalten sich im untersten Unterjura die Sandbarren des Luxemburger Sandsteins ein.

Die Schüttungen seiner Sande und Biokalkarenite verlagerten sich während des Hettang und Sinemur diachron nach Nordwesten. Dabei beschränkte sich der Transgressionsweg in das Pariser Becken nicht länger auf die Eifeler Nord–Süd-Zone. Auch weite Areale des vormaligen Hochgebietes der Ardennen wurden überflutet.

Weitere kalkig-siltige Sandsteine treten in Westluxemburg und Belgien im mittleren und oberen Unterjura auf. Sie sind eisenschüssig. Derjenige des oberen Unterjuras ist lateral mit den lothringischen Minette-Erzen verzahnt.

An der Wende zum **Mitteljura**, dessen Schichtstufe sich westlich der Mosel in Lothringen und Südwestluxemburg erhebt, bildete sich zwischen Ardennen und Hunsrück ein ästuariner

Ablagerungsraum, in dem während des regressiven oberen Toarc und Aalen eisenoolithführende karbonatische Silt- und Sandsteine der Minette-Formation in 10–65 m Mächtigkeit abgelagert wurden. Die Eisenooide bildeten sich wenigstens teilweise auch auf dem Festland unter subtropischem Klima in hydromorphen Böden. Unter dem Einfluß von Gezeitenströmen wurden sie in subtidalen Sandbänken akkumuliert. Als Zonen größter Erzanreicherung bildeten sich vier NE–SW orientierte Teilbecken (Differdange-Longwy, Esch-Ottange, Briey-Orne und Nancy). Die Erzlager sind 2–3 m mächtig, örtlich bis 9 m, und bilden jeweils den obersten Teil von Verlandungszyklen. Der Eisengehalt liegt wenig über 30%. Am Top der Minette-Formation kam es im Verlauf einer Regression am Ende des Aalen zwischen Südluxemburg und Nancy zur Erosion und Ausbildung einer Emersionsfläche.

Das erneut transgressive Bajoc entwickelte sich ausgehend von glimmerreichen sandigen Mergeln über sandige Kalke zu reinen Korallenkalken in Südwestluxemburg. Im südlich angrenzenden Lothringen schließt es mit den Mergeln von Longwy ab. Weiter westwärts folgen die weiteren Stufen des Mittel- und Oberjuras.

Mit der Aufwölbung des Rheinischen Schildes gegen Ende des Juras wurde das Gebiet zwischen Ardennen, Hunsrück und Vogesen von der marinen Entwicklung im Zentrum des Pariser Beckens abgetrennt. Junge Verwitterung und Abtragungsvorgänge lassen keinen Schluß auf eine ehemalige Überdeckung durch Kreide und Tertiär zu.

Das heutige Strukturbild des linksrheinischen mesozoischen Deckgebirges verdankt der jungmesozoisch-frühkänozoischen Heraushebung seine Entstehung, ohne daß eine zeitliche Festlegung auf spätjurassisch-frühkretazische (jungkimmerische), spät-oberkretazische (subherzyne) oder frühtertiäre (laramische) kompressive Bewegungen möglich wäre.

Die Gestaltung der heutigen **Morphologie** begann mit der allgemeinen Heraushebung des Pariser Beckens im Verlauf des Plio-/Pleistozäns. Vor allem im Bereich seiner nördlichen und östlichen Peripherie waren die Hebungsraten besonders groß, so daß es hier zur Ausbildung der heutigen charakteristischen Schichtstufenlandschaft kam. Die Saar, die Mosel und die Meuse (Maas) entwickelten sich zu über weiten Strecken parallel zu den Schichtstufen verlaufenden subsequenten Flüssen.

5.5.3 Geologischer Bau

Die der variszischen Streichrichtung folgende Strukturgliederung des mesozoischen Deckgebirges ist über dem rhenoherzynischen Fundament im Norden deutlich enger als auf saxothuringischem Untergrund.

Beherrschende Strukturelemente im mesozoischen Oberbau südlich der Ardennen und des Hunsrücks sind der Südteil der **Eifeler Nord–Süd-Zone** und die südlich anschließende **Lothringische Quersenke**. Sie sind besonders im nördlichen Abschnitt der Senke intern gegliedert durch eine Reihe SW–NE streichender Bruchschollen. Es handelt sich um Horste und Gräben, die z. T. durch Randflexuren voneinander getrennt sind und mitunter auch breiten Sätteln und Mulden ähneln können.

Die generell N–S orientierten Großstrukturen der Eifeler Nord–Süd-Zone zwischen den Ardennen und dem Rheinischen Schiefergebirge und der Lothringer Quersenke zwischen dem ehemaligen Gallischen Land und der Pfalz entwickelten sich aus Faltenachsendepressionen ihres variszischen Unterbaus. Nach der variszischen Tektogenese setzten sich diese Senkungstendenzen entlang von Bruchstrukturen fort. Im mesozoischen Deckgebirge bilden sowohl N–S ausgerichtete Flexuren als auch in gleicher Richtung verlaufende Verwerfungen die randlichen Begrenzungen dieser Senkungszonen.

Weiträumige, von Brüchen begleitete SW–NE und SSW–NNE verlaufende Verbiegungszonen folgen dem Streichen variszischer Faltenstrukturen. Über variszischen Sätteln entwickelten sich Hochschollen bzw. Aufwölbungen, über den dazwischen gelegenen Mulden tektonische Depressionen.

Beide tektonische Hauptrichtungen und darüber hinaus besonders in Lothringen NW–SE ausgerichtete Bruchlinien bedingen heute eine intensive bruchtektonische Zergliederung des linksrheinischen mesozoischen Deckgebirges. Dies gilt vor allem für die Umrandung der paläozoischen Massive und die westlichen Randschollen des Oberrheingrabens.

Die westwärtige Verlängerung des paläozoischen Hunsrück-Südsattels bildet der **Siercker Sporn**. In seinem Kern tritt unter unterer und mittlerer Trias noch Taunus-Quarzit zutage. Die Siercker Schwelle war seit dem Karbon eine paläogeographisch bedeutsame Hochstruktur. Sie trennte die Eifeler Nord–Süd-Zone im Norden von der Lothringer Quersenke im Süden.

Dem Siercker Sporn folgt nach Süden die **Merziger Mulde** und die bedeutende Störung von Metz. Letztere markiert die Strukturgrenze Rhenoherzynikum/Saxothuringikum im Untergrund. Südlich der sich aus der Saar–Nahe-Senke nach Südwesten eintiefenden **Prims-Mulde** mit Trias als jüngster Füllung liegt in der streichenden Fortsetzung des Pfälzer und Saarbrücker Hauptsattels der **Lothringische Hauptsattel**. Er läßt sich bei Pont-à-Mousson bis über die Mosel verfolgen. Unterhalb seiner mesozoischen Deckschichten ist in nach Südwesten zunehmender Tiefe flözführendes Oberkarbon erbohrt. In der unmittelbaren Nachbarschaft zum Saargebiet wird Steinkohle abgebaut.

Wie der Pfälzer und Saarbrücker Hauptsattel erhielt die Hochstruktur des Lothringischen Sattels ihre erste Anlage bereits im Rotliegenden und zeichnet sich bis in den Mitteljura durch Hebungen aus. Heute trennt sie die beiden Minette-Becken von Briey und Nancy.

Zwischen den Sätteln des südlichen Saar–Nahe-Gebietes und den Vogesen bildet die **Pfälzer** (oder **Vorhaardt-**)**Mulde** eine besonders breite Senke. Im Kartenbild gibt sich als weniger bedeutende Teilsenke im Südosten die **Südpfälzer Mulde** zu erkennen. Die Pfälzer und die Südpfälzer Mulde sind im Osten stark von den Randverwerfungen des Oberrheingrabens betroffen. Nach Südwesten setzen sie sich als **Pirmasens–Nancy-Becken** bis an die Mosel fort.

Literatur: H. P. Berners 1988; H. P. Berners & A. Muller 1984; H. P. Berners, J. Bintz & T. Teyssen 1984c; H. P. Berners et al. 1984a, 1984b; J. Bintz, A. Hary & A. Muller 1973; H. Bock 1988; H. Bock et al. 1987; L. Bubenicek 1971; C. Cavelier et al. 1980; W. Dachroth 1988; J. P. von Eller 1976; J. P. von Eller & C. Sittler 1974; J. C. Gall 1971; J. C. Gall, M. Durand & E. Müller 1977; A. Hary & H. P. Berners 1984; J. Hilby & B. Haguenauer 1979; M. Lucius 1945, 1948, 1950; C. Mégnien (Ed.) 1980; A. Muller 1980; A. Muller, H. Parting & J. Thorez 1973; A. Muller, F. Preugschat & H. Schreck 1976; J. F. W. Negendank 1983; C. Pomerol 1974, 1978; W. Schneider 1973; A. Siehl & J. Thein 1978, 1989; T. A. L. Theyssen 1984; J. Thein 1975; Ch. E. Weiss 1969; M. Wiebel 1968.

5.6 Der Oberrheingraben

5.6.1 Übersicht

Der Oberrheingraben erstreckt sich als NNE–SSW (rheinisch) streichender junger tektonischer Einbruch vom Südrand des Taunus bis zum Schweizer Jura bei Basel. Er ist etwa 300 km lang und durchschnittlich 35–40 km breit.

Der Oberrheingraben 347

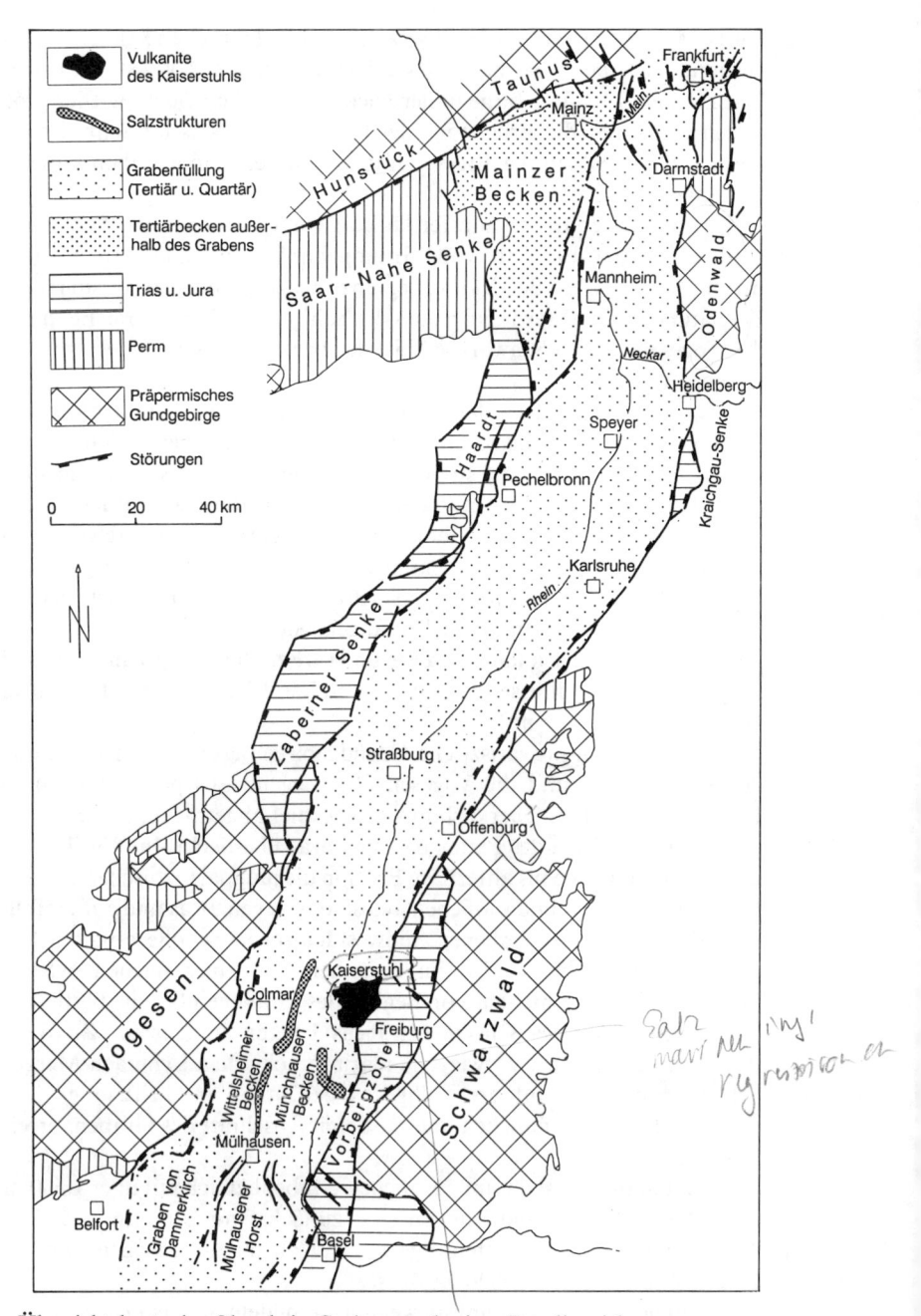

Abb. 118. Tektonische Übersichtskarte des Oberrhein-Grabens und seiner Randbereiche.

Im tektonischen Gesamtbild Westeuropas bildet der Oberrheingraben ein Teilstück einer von der Nordsee bis zum Mittelmeer reichenden, mehrfach abgesetzten und sich gabelnden überregionalen Bruchzone. Nach Norden findet er seine in der Senkungszone der Wetterau etwas nach Osten versetzte Fortsetzung in der Hessischen Senke. Ein nordwestlicher Zweig gewinnt nach einer Reihe von weniger deutlichen NW–SE streichenden Störungen im Rheinischen Schiefergebirge in der Niederrheinischen Bucht wieder größere Bedeutung. Im Süden verspringt die Bruchzone des Oberrheingrabens im Schweizer Jura ein Stück nach Westen. Dann bilden der Bresse-Graben und der Rhônegraben seine Fortsetzung bis zum Mittelmeer.

Die auf voller Breite mit Tertiär und Quartär aufgefüllte Senke des Oberrheingrabens wird an beiden Flanken von Grundgebirgsrümpfen des Innenvariszikums und deren permo-mesozoischer Bedeckung begrenzt. Dazu gehören im Westen die Vogesen, das Pfälzer Bergland und die Haardt, im Osten der Schwarzwald, der Kraichgau und der Odenwald. In den Vogesen und im Schwarzwald ist das begleitende Grundgebirge am stärksten hervorgehoben.

Im Graben selbst liegt das prätertiäre Fundament gegenüber seinen Entsprechungen auf den Grabenschultern bis zu 4.500 m tiefer. Die Randverwerfungen, an denen der Hauptversatz stattgefunden hat, streichen im Süden NNE–SSW, im nördlichen Teil biegen sie teilweise bis in die N–S-Richtung um. Sie werden von Staffelbrüchen geringerer Verwurfshöhe begleitet, die zwischen den morphologisch deutlich hervortretenden Grabenschultern und dem Schollenmosaik des Grabeninneren vermitteln. Als Vorberg-Zonen bestehen sie in der Hauptsache aus Trias, Jura und Alttertiär. Im Norden ist dem Oberrheintalgraben linksrheinisch das Mainzer Becken angegliedert.

Über den **permisch-mesozoischen** und **variszischen Unterbau** des Oberrheingrabens geben bergbauliche Aufschlüsse, Bohrungen und Vergleiche mit Übertageaufschlüssen entlang den Grabenflanken Auskunft.

Das variszisch-prävariszische Grundgebirge besteht wie der Kristalline Odenwald oder der Schwarzwald und die Vogesen überwiegend aus paläozoischen Metamorphiten und Intrusiva. Im späten Oberkarbon wurde es tief abgetragen, eingeebnet und diskordant von einer Schichtenfolge des Perms bis Oberjuras überdeckt. Im nördlichen Grabengebiet legte eine oberkretazische bis alttertiäre Erosion die jungpaläozoischen Deckschichten wieder frei. In seinem mittleren und südlichen Teil sind dagegen Trias und Jura infolge einer prätertiären Neigung der herausgehobenen Südwestdeutschen Scholle erhalten geblieben. Ihr Ausbiß unter der Tertiärbasis wird im einzelnen von einer flachen WSW–ENE streichenden Verbiegung ihrer Schichten vor Beginn des Grabeneinbruchs bestimmt.

Der **Einbruch des Oberrheingrabens** begann im Eozän. Zu den Ablagerungen des Alttertiärs gehören die vorwiegend marin-brackischen Lymnäen-Mergel, die Pechelbronner Schichten und die mit der völligen Überflutung im Mitteloligozän einsetzende Graue Schichtenfolge. Im südlichen und mittleren Abschnitt des Grabens erreichen sie bis 3.000 m Mächtigkeit.

Oberoligozän und das im nördlichen Grabenbereich mit über 1.500 m besonders mächtig entwickelte Miozän und Pliozän sind zunächst noch marin oder brackisch, später limnisch-fluviatil. Die Schichtenfolge schließt ab mit überwiegend fluviatilen Bildungen des Rheins und seiner seitlichen Zuflüsse.

Bezüglich ihrer Senkungsbewegungen bildete die eingebrochene Grabenzone keine einheitliche Scholle. Die Hauptsenkung lag anfangs im Süden. Vom Mitteloligozän an verlagerte sie sich in den Nordteil des Grabens. Die Gesamtmächtigkeit der tertiären Ablagerungen beträgt von Süden nach Norden im jeweils Trogtiefsten zwischen 1.800 und 3.000 m. Regionale Mächtigkeits- und Fazieskänderungen deuten aber auf eine mehrfache Verlagerung der Achse des Haupttroges hin. Die Bewegungen folgten an Brüchen synsedi-

Der Oberrheingraben 349

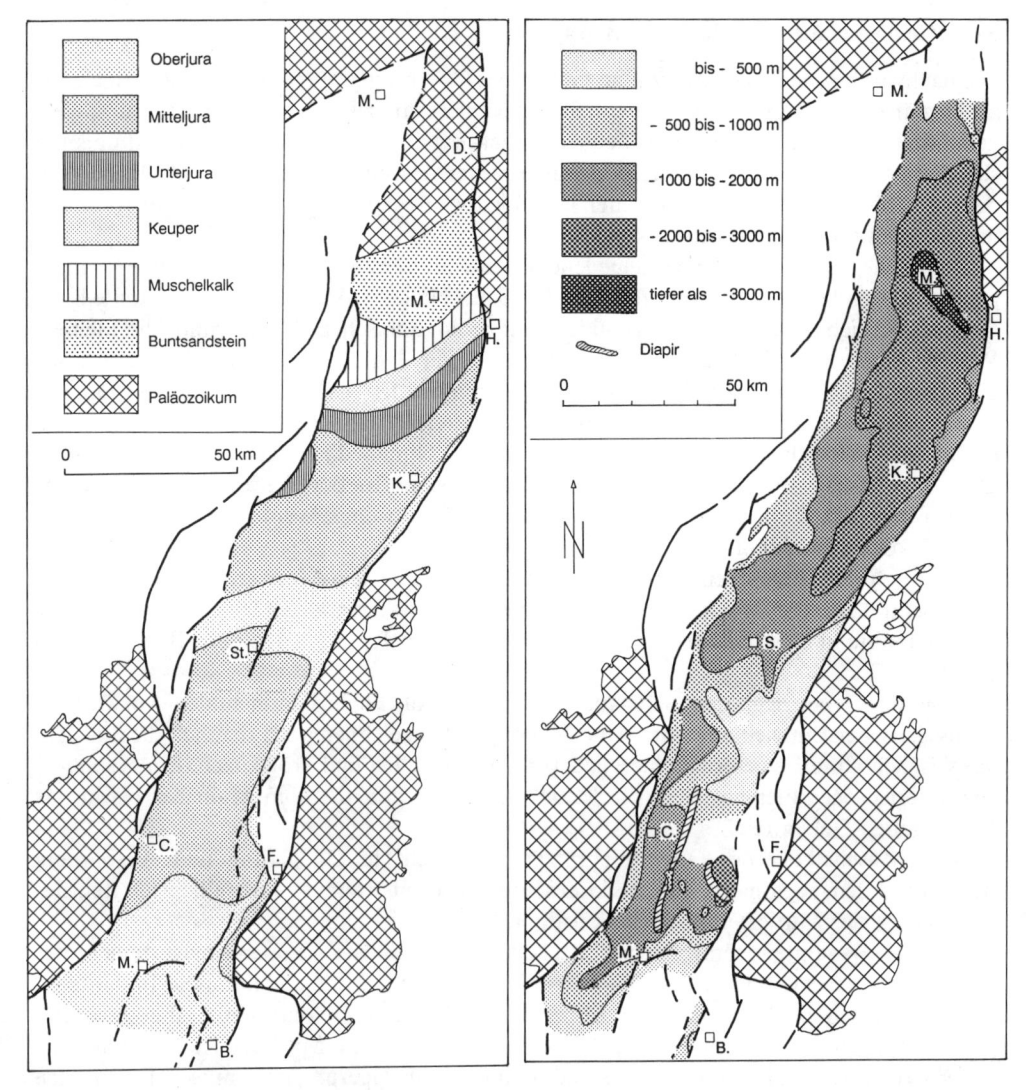

Abb. 119. Das Liegende der Tertiärfüllung des Oberrheingrabens (n. PFLUG 1982).

Abb. 120. Tiefenlinien der Tertiärbasis des Oberrheingrabens, bezogen auf NN (n. PFLUG 1982).

mentär und führten zur Bildung eines komplizierten Schollenmosaiks. Nachläufer der Grabenabsenkung sind bis heute anhaltende Vertikalbewegungen und eine seismische Aktivität.

In direktem Zusammenhang mit der Grabenbildung standen vulkanische Ereignisse. Sie erreichten ihren Höhepunkt in der Förderung olivin-nephelinitischer Magmen im Vulkangebiet des Kaiserstuhls vor dem Ostrand der südlichen Oberrheintal-Ebene.

5.6.2 Geologische Entwicklung, Stratigraphie

Die nachvariszische Sedimentation im Gebiet des Oberrheingrabens war im **Perm** noch eng an einzelne Senkungszonen, die dem Streichen der variszischen Großstrukturen folgen, gebunden. Im Verlauf eines zunehmenden Reliefausgleichs während des Mesozoikums hat sich diese Abhängigkeit vom Unterbau immer weiter verringert. Verteilung und Mächtigkeit der mesozoischen Deckgebirgseinheiten lassen jedoch noch keine Beziehungen zur Richtung des späteren Grabeneinbruchs erkennen.

Im Rotliegenden kreuzten verschiedene bedeutende Senkungszonen das heutige Grabengebiet. Es sind dies ganz im Norden die Saar–Nahe-Senke, in seinem Mittelteil die Vogesen–Kraichgau-Senke und im Süden, auf moldanubischem Untergrund, die kleinere Weiler–Offenburg–Tainacher Senke und Burgundische Senke. Dazwischen lagen z. T. noch als Abtragungsgebiete Schwellenzonen. Die Senken dienten als Sammelbecken für Fanglomerate, Arkosen und auch pelitisches Sedimentmaterial, das ihnen unter anfangs humiden, später im Oberrotliegenden (Saxon) mehr ariden Klimabedingungen zugeliefert wurde. Charakteristisch war ein lebhafter Poryphyr-Vulkanismus. Im Bereich des Oberrheingrabens selbst wurde das Rotliegende bisher allerdings nur von wenigen Bohrungen über größere Mächtigkeiten durchteuft.

Das von der Hessischen Senke her vorgreifende Zechstein-Meer erreichte das heutige Oberrheintal nur im Norden. Noch nördlich des Schwarzwaldes gehen seine randlichen Tone und Dolomite in eine terrestrische Fazies über, die dem Rotliegenden oder Buntsandstein ähnelt.

Von der **Trias** liegt der Buntsandstein in ausschließlich kontinentaler, vorwiegend grobklastischer Entwicklung vor. Seine Mächtigkeiten zeichnen noch deutlich die aus dem variszischen Unterbau ererbte Querschgliederung in Schwellen und Tröge nach. Ein besonders charakteristisches Element stellt die Kraichgau-Senke dar, die vom Main her bis in das Rheingraben-Gebiet reicht.

Der Muschelkalk des Oberrheingrabens entspricht in Gliederung und Ausbildung weitgehend dem regionalen Faziesbild des süddeutschen Raumes. Im südlichsten Teil des Grabens ist der Mittlere Muschelkalk salinar.

Wie im gesamten süddeutschen Becken sind auch die Keuper-Ablagerungen des Oberrheingebietes teils marin und lagunär-salinar, teils brackisch und limnisch. Im Unteren Keuper wurden noch im marinen Milieu Tonsteine und Dolomitbänke abgesetzt. Als Einschaltungen treten bereits sandige Rinnenbildungen auf. Im Mittleren Keuper führte die allgemeine Verflachung und ein Beckenabschluß zur Ablagerung dolomitischer Tonsteine mit im unteren Teil häufig Anhydritbänken und -linsen. Die Ausbreitung eines großen Deltas von Norden her führte zur Bildung des Schilfsandsteins. Vom Obersten Keuper an war das Gebiet wieder Teil des süddeutschen Flachmeeres mit einer in Fazies und Mächtigkeit sehr einheitlichen Ablagerungsfolge.

Unterer **Jura** besteht aus dunklen Tonsteinen, Mergelsteinen und Kalksteinbänken. Posidonienschiefer ist in typischer Ausbildung vorhanden und bis zu mehr als 30 m mächtig. Auch die Ablagerungen des Mitteljuras sind zunächst tonig. Dann schieben sich Sandsteinlinsen und Sandsteine sowie eisenoolithische Kalk- und Mergelsteine in die Schichtfolge ein. Im Bajoc beginnt die rauracische Fazies-Entwicklung mit dem über 80 m mächtigen kalkoolithischen Hauptrogenstein. Darüber folgen mächtige Tonsteinserien des Callov und tieferen Oxford.

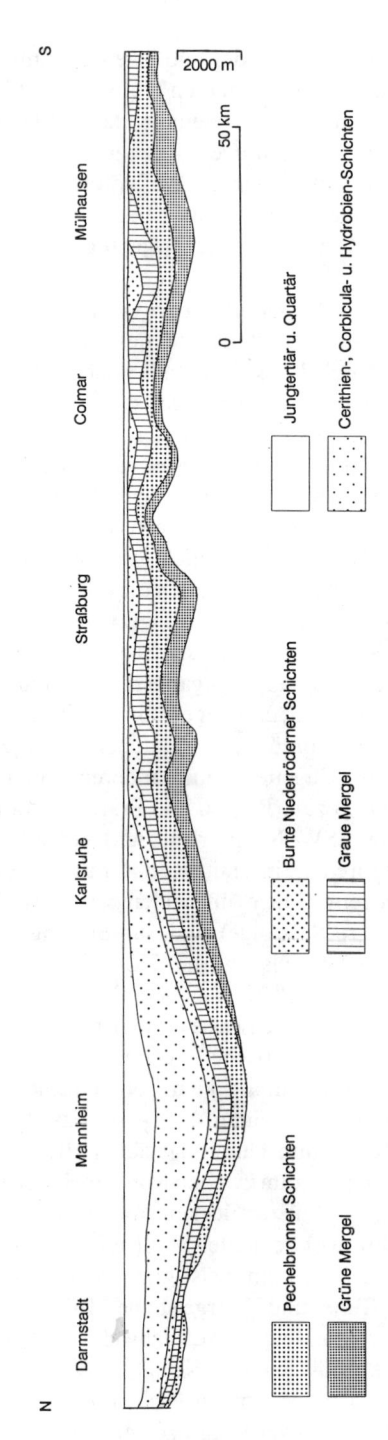

Abb. 121. Längsprofil durch die tertiäre Füllung des Oberrheingrabens (n. PFLUG 1982).

Im Oberjura blieb nur in der südlichen Rheinregion eine Bucht des schweizerischen Oberjura-Meeres bestehen. Im oberen Oxford findet sich hier die kalkige korallenführende Fazies des „Rauracien", die ihrerseits in Bankkalke des „Sequanien" übergeht.

Ursache für den vollständigen Rückzug des Oberjura-Meeres aus dem Gebiet des heutigen Oberrheingrabens war die Aufwölbung des Rheinischen Schildes. In seinem am Nordende des heutigen Oberrheins gelegenen Hebungszentrum wurde im Verlauf der Kreidezeit mehr als 1.000 m Deckgebirge abgetragen.

Die ältesten **Tertiär-Ablagerungen** des Oberrheingrabens bilden kontinentale bohnerzführende Verwitterungstone und -sande des unteren **Eozäns**. Sie liegen auf verkarsteten Jura-Kalken und Muschelkalk. Ebenfalls noch im Untereozän bildeten sich die weißen oder bunten sandigen Tone des Eozänen Basistons. Diese terrestrisch-limnischen Ablagerungen sind auch im Mainzer Becken vorhanden.

Dem Mitteleozän (Lutet) gehören verschiedene Süßwasserkalke an, die unter der Bezeichnung *Planorbis*-Kalke zusammengefaßt werden. Sie sind nicht durchgehend nachgewiesen aber dennoch im Oberrheingraben weit verbreitet. Am bekanntesten sind die Kalke von Buchsweiler (Bouxwiller) nördlich Straßburg im Elsaß.

In einem Süßwassersee wurden auch die mitteleozänen Ölschiefer von Messel abgelagert. Das Vorkommen liegt nördlich von Darmstadt auf kristallinem Grundgebirge und Rotliegendem des Sprendlinger Horsts. Die 190 m mächtigen Ölschiefer sind aus sapropelitischen Vollfaulschlämmen hervorgegangen. Wegen ihres hohen Bitumengehaltes wurden sie lange Zeit zur Verschwelung und Ölgewinnung abgebaut. Heute liegt ihre Bedeutung in ihrem großen Reichtum an vorzüglich erhaltenen Pflanzen, Insekten, Fischen, Schildkröten, Krokodilen, Vögeln, Säugetieren und anderen Fossilien des Eozäns.

Erst im jüngeren Eozän (Barton und Priabon) drang das Meer von Süden her in die sich stärker einsenkende SSW–NNE (rheinisch) verlaufende Grabenzone ein. Im Süden sind Grüne Mergel verbreitet, im mittleren Grabenabschnitt Lymnäen-Mergel. Zeitweiliger Abschluß des Beckens führte im Süden zur Ausscheidung einer bis 280 m mächtigen Steinsalzfolge (Untere Salzfolge) und zur Bildung limnischer Melanien-Kalke. Auch die Lymnäen-Mergel zeigen bis in die Höhe von Karlsruhe–Pechelbronn noch salinare Einschaltungen. Weiter nach Norden nehmen sie rein limnischen Charakter an. Sie bestehen aus grünlichen und grauen, teilweise anhydritischen Kalk- und Dolomitmergelstein-Folgen. Randwärts sind konglomeratische Lagen und Sandsteinbänke eingeschaltet. Im nördlichen Grabenbereich, wo flächenhaft keine obereozänen Sedimente nachgewiesen sind, sind zahlreiche Vulkanschlote eozänen Alters mit basaltischer Füllung bekannt.

Im jüngsten Eozän und **Unteroligozän** (Lattorf) wurden die Pechelbronner Schichten gebildet. Das Meer drang zum zweiten Mal von Süden her in den Graben ein und erreichte im Lattorf zeitweise das Mainzer Becken, die Wetterau und die Hessische Senke. Im Süden werden die Pechelbronner Schichten als Streifige Mergel und im oberen Teil als Bunte Mergel bezeichnet. Es handelt sich um meist graue oder graugrüne, teils bituminöse teils gips- und anhydritführende Tone und Mergelsteine. In Einzelbecken bildete sich auch Steinsalz (Mittlere und Obere Salzfolge). Auf Schwellen und Horsten sowie auch vor den Grabenschultern sind Kalksandsteine und Konglomerate eingeschaltet. In der Oberen Steinsalzfolge, die den tiefsten Teil der Oberen Pechelbronner Schichten bildet, sind neben Anhydrit, Gips und Steinsalz auch zwei Kaliflöze entwickelt. Sie werden auf elsässischem Gebiet bei Wittelsheim nordwestlich Mülhausen abgebaut. Auf badischem Gebiet wurde bei Buggingen Kalisalz gefördert.

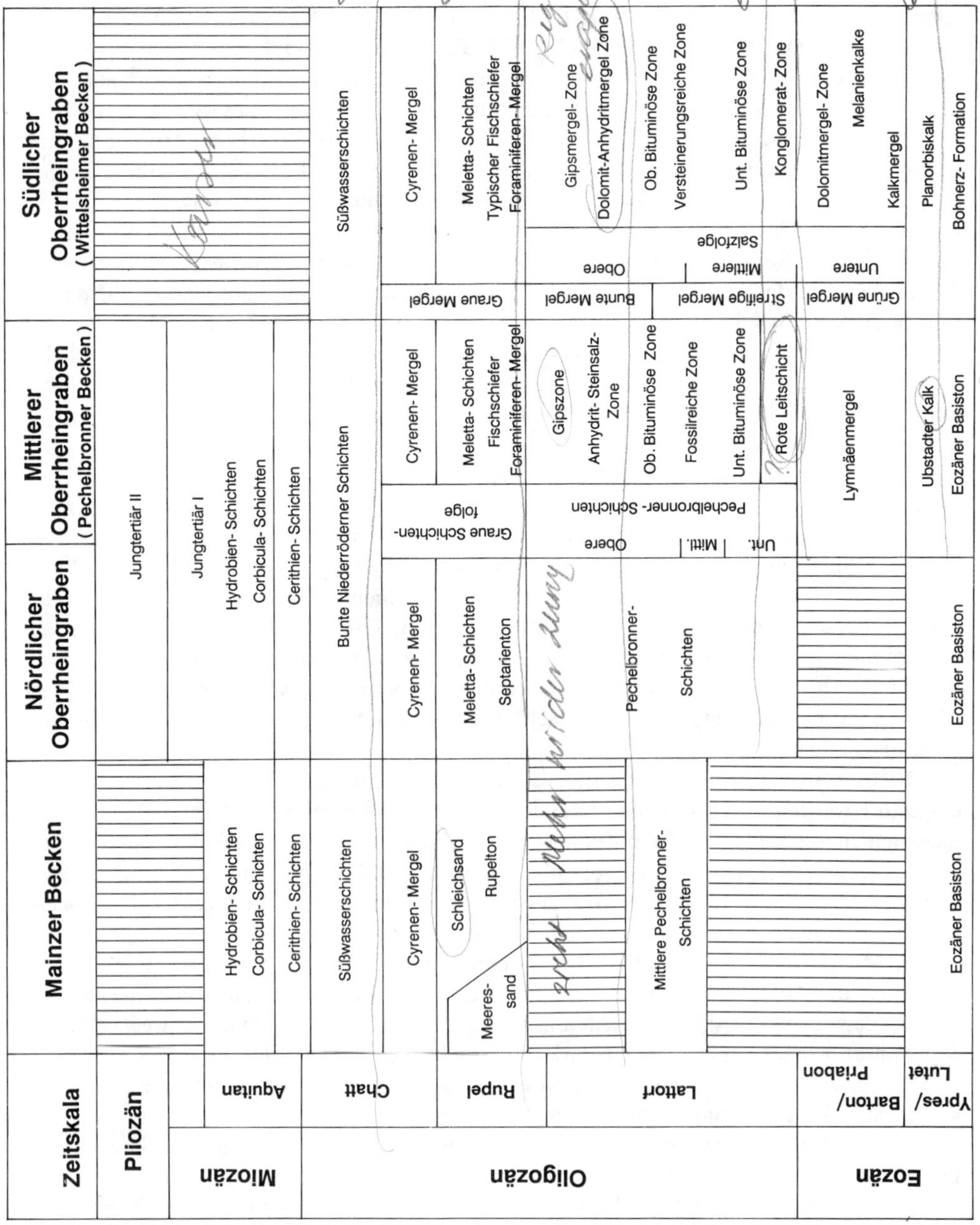

Zeitskala		Mainzer Becken	Nördlicher Oberrheingraben	Mittlerer Oberrheingraben (Pechelbronner Becken)	Südlicher Oberrheingraben (Wittelsheimer Becken)
Pliozän					
Miozän	Aquitan	Hydrobien-Schichten / Corbicula-Schichten / Cerithien-Schichten	Jungtertiär II / Jungtertiär I / Hydrobien-Schichten / Corbicula-Schichten / Cerithien-Schichten		
	Chatt	Süßwasserschichten	Bunte Niederröderner Schichten		Süßwasserschichten
Oligozän	Rupel	Cyrenen-Mergel / Schleichsand / Rupelton / Meeressand	Cyrenen-Mergel / Meletta-Schichten / Septarienton	Cyrenen-Mergel / Meletta-Schichten / Fischschiefer / Foraminiferen-Mergel	Cyrenen-Mergel / Meletta-Schichten / Typischer Fischschiefer / Foraminiferen-Mergel
	Lattorf	Mittlere Pechelbronner Schichten	Pechelbronner-Schichten	Obere / Mittl. / Unt. Pechelbronner-Schichten (Graue Schichtenfolge; Gipszone; Anhydrit-Steinsalz-Zone; Ob. Bituminöse Zone; Fossilreiche Zone; Unt. Bituminöse Zone; Rote Leitschicht)	Graue Mergel / Bunte Mergel / Streifige Mergel / Grüne Mergel (Obere/Mittlere/Untere Salzfolge: Gipsmergel-Zone; Dolomit-Anhydritmergel Zone; Ob. Bituminöse Zone; Versteinerungsreiche Zone; Unt. Bituminöse Zone; Konglomerat-Zone; Dolomitmergel-Zone)
Eozän	Bartón/ Priabon	Eozäner Basiston	Eozäner Basiston	Lymnäenmergel / Ubstadter Kalk / Eozäner Basiston	Melanienkalke / Kalkmergel / Planorbiskalk / Bohnerz-Formation
	Ypres/ Lutet				

Abb. 122. Stratigraphische Gliederung und Korrelation des Tertiärs des Oberrheingrabens und des Mainzer Beckens (n. PFLUG 1982 und anderen Autoren).

Im mittleren und nördlichen Oberrheingraben greifen die Pechelbronner Schichten weit über die Lymnäen-Mergel nach Norden hinaus. Die Unteren Pechelbronner Schichten sind hier z. T. als rote, z. T. als bituminöse Tonmergelsteine mit Dolomit- und Anhydritbänken und

Steinsalzlagen entwickelt. Randlich finden sich auch hier Konglomeratbildungen. Die Mittleren Pechelbronner Schichten stellen sich als eine marin-brackische Folge aus grauen Tonmergelsteinen mit küstenwärts wieder sandigen Einschaltungen dar. Sie gelten als „Versteinerungsreiche Zone". Im Zuge einer allgemeinen Regression des Meeres gegen Ende des Lattorf sind die Oberen Pechelbronner Schichten wieder als bunte Tonmergel mit kalkigen und dolomitischen Bänken entwickelt. In tieferen Beckenteilen enthalten sie auch bituminösen Mergel und zum Abschluß viel Anhydrit, Steinsalz und Gips.

Durch einen dritten Meeresvorstoß von Süden her und dieses Mal auch von Norden aus der Hessischen Senke wurde der Oberrheingraben im **Mitteloligozän** (Rupel) zu einer durchgehenden Meeresstraße zwischen der subalpinen Molasse-Vortiefe und dem Nordmeer. Marine Ablagerungen aus dieser Zeit sind die Grauen Mergel, die außer dem Mitteloligozän auch ältestes Oberoligozän (Chatt) umfassen. Ihre Mächtigkeit und Fazies ist einheitlicher als die der älteren Formationen. Überwiegend graue Tonmergel und Mergel mit wechselnden Feinsandgehalten kamen zur Ablagerung. Küstensande zeichnen die Ränder des Sedimentationsgebietes nach, das vermutlich etwas weiter über die Grabenrandstörungen hinweggriff als vorher. Gegliedert werden die Grauen Mergel (von unten nach oben) in Foraminiferenmergel, Fischschiefer, *Meletta*-Schichten (Rupel) und Cyrenen-Schichten (unteres Chatt). Letztere zeigen in dem nördlichen Oberrheingraben und im Mainzer Becken bereits wieder brackisch-limnische Ausbildung, wobei auch Braunkohlenlagen auftreten können.

Dem oberen Chatt gehören im mittleren und nördlichen Grabenabschnitt die Bunten Niederrödener Schichten an. Sie sind wieder vorwiegend limnisch. Ihre teils rotbraunen, teils gelbbraunen Tonmergelsteine enthalten rasch wechselnde fluviatile Sandstein-Einschaltungen. Südlich des Kaiserstuhls werden sie durch die Süßwasserschichten vertreten. Diese bestehen aus bunten Mergeln mit eingeschalteten Süßwasserkalken und im Oberelsaß auch Kalksandsteinen.

Die folgenden Cerithien-Schichten, die heute ebenfalls noch in das oberste Oligozän eingestuft werden, umfassen hauptsächlich wieder Tonmergel und Mergelsteine, die mit Sandsteinen wechsellagern. Im mittleren und vor allem höheren Teil enthalten sie aber auch zu wechselnden Anteilen Kalke, Dolomit, Anhydrit und Steinsalz. Damit ist an der Wende Oligozän/Miozän im nördlichen Grabengebiet zum vierten Mal ein Wechsel der Ablagerungsbedingungen von limnisch-brackisch zu brackisch-marin angezeigt.

Im Mittel- und Nordteil des Oberrheingrabens und im Mainzer Becken zeigen die *Corbicula*- und Hydrobien-Schichten des beginnenden **Miozäns** (Aquitan) noch eine ähnliche Lithologie wie die Cerithien-Schichten in ihrem höheren Teil. Nach wie vor wechselten die Sedimentationsverhältnisse jedoch stark. So verschob sich die brackische Fazies allmählich wieder zugunsten der limnischen. Größere Unterschiede in der Mächtigkeit sind auf synsedimentäre Bewegungen im Grabengebiet zurückzuführen.

Das heutige Verbreitungsgebiet der als Jungtertiär I zusammengefaßten mergelig-sandigen Süßwasserbildungen des höheren Untermiozäns bis Obermiozäns umfaßt nur noch den nördlichen Teil des Rheingrabens. In südlicher Richtung werden ihre Äquivalente zunehmend von fluviatilen und limnisch-lakustrischen Sedimenten des **Oberpliozäns** (Jungtertiär II) gekappt. Am Aufbau des Jungtertiärs I sind vor allem bunte, vorherrschend ockerfarbene Tonsteine und Tonmergelsteine mit Einschaltungen von Feinsandsteinen beteiligt. Im herausgehobenen südlichen Abschnitt des Oberrheingrabens entstanden im Miozän die Schichtvulkane des Kaiserstuhls.

Der jüngste Abschnitt der Sedimentationsgeschichte des Oberrheingrabens wird von fluviatilen Bildungen beherrscht. Im Verlauf des Pliozäns und Quartärs entwickelte sich das heutige Flußnetz. Zu Beginn des Pliozäns lag der Ursprung des Urrheins noch im südlichen Grabengebiet. Südlich des Kaiserstuhls entwässerte dieses zur Rhône hin. Die Anzapfung dieses südlichen Flußnetzes durch den Rhein erfolgte im Altpleistozän. Das geht aus dem ersten Auftreten von alpinem Geröllmaterial in der Rheinhauptterrasse hervor.

Zu den Ablagerungen des Pliozäns (Jungtertiär II) gehören vor allem feinsandige Tone, Sande, gelegentlich auch Kiese und vereinzelt Torfbildungen. Sie lagerten sich in langsam fließenden Gewässern, Altwässern und Seen ab. Vor den sich seit dem Jungpliozän stärker heraushebenden Grabenrändern entwickelten sich Schwemmfächer mit gröberem Material.

Die **pleistozänen** Kaltzeiten sind durch die Aufschüttung mächtiger Kiesabsätze gekennzeichnet, die vor allem aus dem glazialen Alpenvorland stammen. Während der Warmzeiten schalteten sich feinklastische Sedimente ein. Jüngste Bildungen sind die Niederterrassenschotter der letzten (Würm-)Eiszeit und holozäne Rheinaue-Sedimente. Hinzu kommen weit verbreitet pleistozäner Löß und Flugsand.

Stark unterschiedliche Mächtigkeiten der fluviatilen Sedimente des Pliozäns und Quartärs im Grabenbereich spiegeln dessen stark wechselndes Absenkungsverhalten während dieses Zeitabschnittes wider. Im nördlichen Graben, wo sich die Achse größter Absenkung zum östlichen Grabenrand hin verlagerte, werden im Bereich des Nekkar-Schwemmfächers mit über 600 m Pliozän und fast 400 m Quartär die größten Mächtigkeiten festgestellt (Heidelberger Loch).

Höhenunterschiede der Niederterrassen-Oberkante gegenüber der rezenten Talaue deuten auf junge Bewegungen im Oberrheingraben hin. Über Diapirstrukturen im Oberelsaß haben sehr junge halokinetische Bewegungen zu einer leichten Anhebung der Niederterrassen-Sedimente geführt.

Rezente Vertikalbewegungen sind aus Feinnivellements abzulesen. Im südlichen Oberrheingraben belegen sie eine vorherrschende Senkungstendenz von durchschnittlich 0,5 mm/Jahr. Im nördlichen Grabenbereich wird sowohl Senkung als auch Hebung festgestellt.

Auch erdbebenseismisch ist der Oberrheingraben durch eine erhöhte Aktivität gekennzeichnet. Schadenbeben mit der Magnitude von 4,9 treten im Mittel jedoch nur 2–3 mal pro Jahrhundert auf.

5.6.3 Geologischer Bau

Regional gliedert sich der Oberrheingraben in den tief eingesenkten Trogbereich und einen westlichen und einen östlichen Grabenrandbereich. Nach außen schließen die verschieden stark herausgehobenen Grabenschultern an.

Die Hauptrandverwerfungen, die den Trogbereich im Osten und Westen begrenzen, stellen grabenwärtig mit 55°–85° einfallende Abschiebungen dar. Ihre Sprunghöhen betragen bis zu 1.000 m, am Rand des Odenwaldes auch mehr. Die größte tektonische Absenkung weisen der nördliche und mittlere Grabenbereich sowie sein südlichster Abschnitt auf. Die Relativbewegungen zwischen dem Grabentiefsten und den am höchsten herausgehobenen Flankenbereichen erreichen Beträge bis 4.500 m.

Sowohl der Trogbereich als auch die Grabenrandbereiche sind durch Störungen in eine Vielzahl von Gräben, Horsten und Staffelschollen zerlegt. Die Störungen fallen in der Regel steil sowohl synthetisch als auch antithetisch zu den Hauptrandverwerfungen ein. In den meisten Fällen handelt es sich um Abschiebungen. Vielfach werden Anzeichen für horizontale und subhorizontale sinistrale Seitenverschiebungen beobachtet. Die Summe

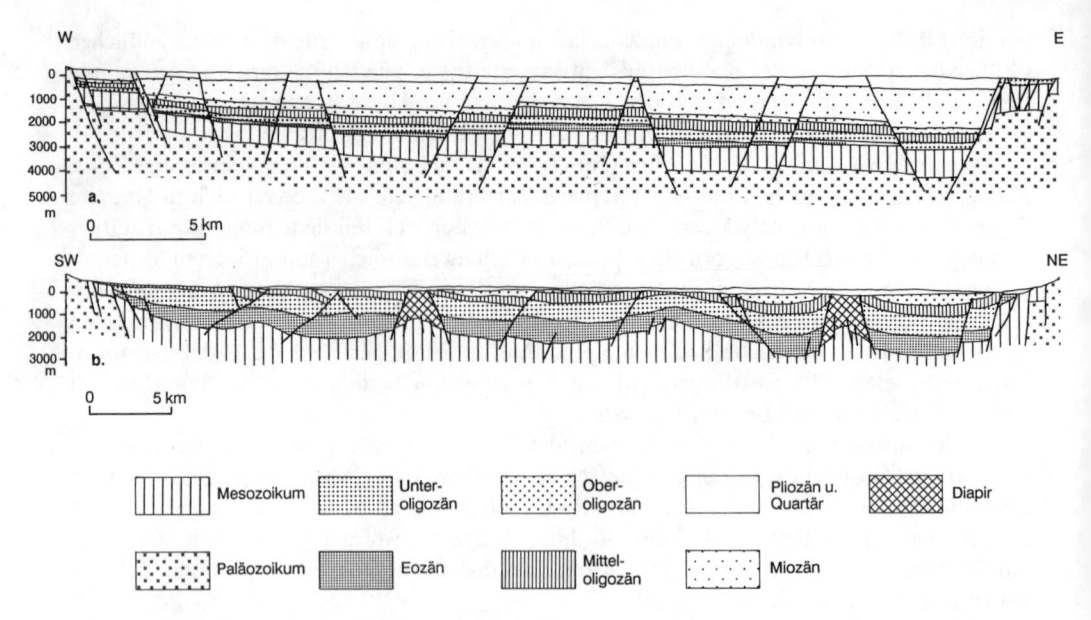

Abb. 123. Geologische Profile durch den Oberrheingraben südlich Speyer (a) und nördlich Mülhausen (b) (n. PFLUG 1982).

ihrer Teilbeträge wird auf 15–18 km geschätzt. Der Dehnungsbetrag senkrecht zur Grabenachse liegt zwischen 4–5 km.

Im **Süden** ist der Oberrheingraben weiter zu untergliedern in den breiten, besonders tief eingesenkten Graben von Dammerkirch (Dannemarie) im Westen, den Mülhausener Horst südlich Mülhausen und den schmalen Graben von Sierentz–Allschwil im Osten. Weiter nördlich werden das Wittelsheimer und Münchhauser (Grießheimer) Becken unterschieden. Bemerkenswerte Strukturen im südlichen Oberrheingraben sind Diapirstrukturen obereozäner und unteroligozäner Salzfolgen. Die Salze sind bis zu 1.000 m über altersgleiche Gesteine aufgestiegen. Zwischen Mülhausen und Colmar erreichen sie die Basis der quartären Rheinschotter.

Im **Norden** bildet das **Mainzer Becken** eine bruchtektonisch in sich stark gegliederte randliche Hochscholle des Oberrheingrabens. Vom Obereozän bis in das untere Miozän stellte es mit Unterbrechungen eine flache Ausbuchtung der nördlichen Rheintalsenke dar.

Der durchweg aus Oberrotliegendem bestehende Unterbau des Mainzer Beckens gehört der Nahe-Mulde, dem Pfälzer Sattel und der Vorhaardt-Mulde an. Er ist entlang dem Beckenwestrand und im Niersteiner Horst unmittelbar vor der Hauptrandverwerfung zum Oberrheingraben aufgeschlossen.

Seit dem Keuper unterlag das Gebiet des Mainzer Beckens der Abtragung und Einebnung. Mit Beginn der Rheingrabenentwicklung lagerten sich in alten Tälern und neugebildeten tektonischen Gräben Eozäne Basistone ab. Danach hatten zunächst nur die marin bis brackisch entwickelten Mittleren Pechelbronner Schichten größere Verbreitung. Äquivalente der Unteren und Oberen Pechelbronner Schichten des Oberrheingrabens fehlen primär.

Seit Beginn des Mitteloligozäns (Rupel) wurde auch die Bucht des Mainzer Beckens zunehmend vom Meer überflutet. Erhebliche Unterschiede in den Mächtigkeiten seiner Ton- und Mergelsteine (Rupeltone) lassen auf stark unterschiedliche Absenkungsraten schließen. Als zeitgleiche küstennahe Bildung ist an den Westrändern des Beckens der Untere Meeressand verbreitet. Auch der Schleichsand, mit dem das mittlere Oligozän abschließt, ist noch ein brackisch-marines Sediment.

Es folgen die oberoligozänen meist nur noch brackischen Cyrenen-Mergel und dann die Süßwasserschichten mit Mergeln und einzelnen Bänken von Süßwasserkalken.

Gegen Ende des Oligozäns kam es von der Rheingrabensenke her noch einmal zu teilweiser Überflutung des Mainzer Beckens. Cerithien-Schichten, *Corbicula*-Schichten und Hydrobien-Schichten sedimentierten in wechselnd marin-brackischen und brackisch-limnischen Ablagerungsräumen. Die Sedimentation endete noch im unteren Miozän (Aquitan).

Als nächstjüngere Schichten sind die heute an die Wende Mittel-/Obermiozän zu stellenden Dinotherien-Sande mit einer reichen Säugetierfauna bekannt. Sie gelten als Ablagerungen eines Urrheins, der aus der Umgebung von Worms fast geradlinig über das heutige Rhein-Hessische Plateau nach Bingen floß.

Heute tritt der Rhein bei Oppenheim über die westliche Hauptrandverwerfung des Oberrheingrabens in das Mainzer Tertiärbecken ein. Dieses nahm an den jüngsten pliozänen bis pleistozänen Senkungsbewegungen des Rheintrogs nicht teil. Es wurde vielmehr in abgeschwächtem Maße in die junge Hebung des Rheinischen Schiefergebirges mit einbezogen. Entsprechend lassen sich entlang des Rheins Hangterrassen beobachten, zwischen denen Tertiär- und streckenweise auch ältere Gesteine des Rotliegenden zutage treten.

Südlich des Mainzer Beckens und einer nur schmalen Bruchzone entlang dem Ostrand der Haardt begrenzt eine bedeutende Äußere Randverwerfung (**Vogesen-Störung**) den mittleren und südlichen Abschnitt des Grabenrandbereichs nach Westen. Zwischen ihr und der eigentlichen Trogzone des Oberrheingrabens sind mehrere Bruchfelder eingeschaltet, in denen das Grundgebirge der Vogesen und sein permisch-mesozoischer Rahmen an größtenteils rheinisch verlaufenden Brüchen staffelförmig gegen das Grabeninnere absinken. Von Norden nach Süden gehören zu dieser westlichen Vorberg-Zone das ausgedehnte **Bruchfeld von Zabern** (Saverne), das **Bruchfeld von Rappoltsweiler** (Ribeauville) und nordwestlich und südwestlich von Colmar das **Bruchfeld von Gebweiler** (Guebwiller). Im 80 km langen und bis 20 km breiten Zaberner Bruchfeld am Nordende der Vogesen reicht die durch den Einbruch vor der Abtragung geschützte Schichtenfolge von der unteren Trias bis in den untersten Weißjura und umfaßt außerdem noch Eozän (Lutet) und Oligozän (Latorf). Auch die wesentlich kleineren Bruchfelder von Rappoltsweiler und Gebweiler umfassen außer Schollen des variszischen Unterbaus der Vogesen solche mit Trias-, Jura- und Tertiärgesteinen.

Entlang dem **Ostrand des Oberrheingrabens** ist nur im Süden eine breitere Vorberg-Zone übertage erschlossen. Auch hier handelt es sich um tektonische Bruchfelder, in denen die Deckschichten des mittleren und südlichen Schwarzwalds zwischen dessen Hauptrandverwerfung und der Oberrheinebene in Staffelbrüchen gegen das Grabeninnere absinken. Ihre Schollen treten heute vor dem Gebirgsrand morphologisch deutlich in Erscheinung.

Im äußersten Süden liegt der Isteiner Klotz, eine von NW–SE (herzynisch) und NNE–SSW (rheinisch) verlaufenden Störungen durchsetzte Jurascholle. Auf verkarsteten Oberjura-Kalken lagern alttertiäre Verwitterungsbildungen und unteroligozäne Schichten.

Von den weiter nördlich folgenden Bruchfeldern zwischen Rhein und Schwarzwald sind die **Müllheim–Kanderner Vorberg-Zone**, die **Freiburger Bucht** und die **Emmendingen–Lahrer**

Vorberg-Zone die bedeutendsten. Die Scholle der Müllheim–Kanderner Vorberg-Zone besteht in ihrem östlichen Teil hauptsächlich aus Jura. Der westliche Teil ist tertiäres Hügelland. Trias ist auf einen schmalen Streifen entlang dem östlichen Randbruch beschränkt.

Die Vorberg-Zone der Freiburger Bucht ist größtenteils von spätglazialen Schwarzwaldschottern und Löß bedeckt. Nur in Einzelschollen ragen Buntsandstein und Mitteljura aus der Schotterebene heraus. Örtlich tritt Oligozän zutage. Im Westen wird die Freiburger Bucht außer durch den Kaiserstuhl durch die Tuniberg-Verwerfung gegen die eigentliche Rheintal-Trogzone begrenzt.

Nördlich der Freiburger Bucht schließt die 35 km lange und bis 15 km breite Emmendingen–Lahrer Vorberg-Zone an. Sie besteht in der Hauptsache aus Buntsandstein. Im Westen und Südwesten sind ihr auch Schollen von Unterem Muschelkalk und Mitteljura vorgelagert.

Zwischen Offenburg und Baden-Baden zeigt sich die rechtsrheinische Vorberg-Zone nur noch an wenigen Stellen mit kleineren aufragenden Schollen von Buntsandstein, Muschelkalk, Keuper oder Jura. Weiter im Norden ist sie ganz von jungen Bildungen bedeckt.

Das **Vulkangebiet des Kaiserstuhls**, das die Freiburger Bucht nach Westen abschließt, entstand während des Miozäns. Zahlreiche zusätzliche Eruptivgesteinsgänge und Tuffschlote in seiner weiteren rechtsrheinischen Umgebung besitzen teilweise ebenfalls miozänes, teilweise aber auch ein höheres Alter (Eozän und sogar mittlere Oberkreide). Die Eruptivgesteinsgänge beinhalten meist melilithführende Olivin-Nephelinite. Auch die Tuffschlote enthalten diese Gesteine, zusammen mit Fragmenten des Grund- und Deckgebirges.

Die heute stark abgetragene und mit Löß ummantelte Vulkanruine des Kaiserstuhls überragt die Rheinebene um mehr als 350 m. Das Vulkangebiet selbst weist einen größten Durchmesser von 16 km auf. Im Osten ist sein sedimentärer Sockel aus verschiedenaltrigen Oligozän-Gesteinen (Pechelbronner Schichten, Cyrenen-Mergel) und Mitteljura (Hauptrogenstein) aufgeschlossen. Das Zentrum bilden subvulkanische Eruptivgesteine. Nach Norden, Westen und Süden schließen sich die Überreste des eigentlichen Stratovulkans an.

Unterlagert werden die Vulkanite von rund 1.200 m alttertiären und etwa 600 m mesozoischen Schichten, die ihrerseits auf Gneisen und variszischen Graniten liegen. Der Magmenaufstieg erfolgte in einer von NW–SE (herzynisch) und NNE–SSW (rheinisch) verlaufenden Brüchen durchsetzten Scholle. Die vulkanische Tätigkeit begann nach einer postoligozänen Erosionsphase im Miozän mit einer starken explosiven Förderung polygener Tuffe und Tuffbrekzien. Erst danach entstanden mehrere Stratovulkane aus einer vielfachen Wechsellagerung überwiegend leucit-tephritischer Laven, Tuffe und Tuffbrekzien. Von Osten nach Westen sind immer jüngere leucit-tephritische Förderprodukte aufgeschlossen. Sie gehen schließlich in Limburgite, olivinführende Tephrite sowie Olivin- und Alkalifeldspat-Nephelinite über. Die Laven und Tuffe sind von zahlreichen Essexit- und Theralit-Porphyrit-Gängen durchsetzt.

Die subvulkanischen Gesteine im Zentrum des Vulkangebietes sind intrusiv-magmatischer Entstehung und jünger als die Oberflächenmagmatite. Als älteste Intrusiva gelten Essexite und Theralite. Jünger sind Phonolite, Ledmorite und Alkalisyenite. Hinzu kommen Intrusionen von Karbonatiten. Dem Aufstieg der Subvulkanite folgte eine Vielzahl von Ganggesteinen sowohl der essexitisch-theralitischen als auch der foidsyenitisch-phonolithischen Familie.

K/Ar-Altersbestimmungen ergaben für die Gesteine des Kaiserstuhls ein Alter von 18–16 Ma. Das stimmt mit der Einstufung einer aus Tuffen gewonnenen Säugetierfauna in das Mittelmiozän überein. Der wesentliche Abtrag des Stratovulkans erfolgte zwischen dem Mittelmiozän und Altpleistozän.

Dem Kaiserstuhl gegenüber zeigt sich auch am Westrand des Oberrheingrabens ein junger basaltischer Vulkanismus mit Schloten und Gängen bei Rappoltsweiler und Colmar. Soweit radiometrische Datierungen vorliegen, haben diese Gesteine eozänes Alter. Auf einen gleichaltrigen Vulkanismus am Nordende des Oberrheingrabens, vor allem am Südostrand des Taunus und im Sprendlinger Horst wurde an anderer Stelle hingewiesen.

Das heutige Bild der **Oberrheinebene** wird durch die Schotterflur der würmglazialen Niederterrasse bestimmt. In sie hat sich der postglaziale Rhein eingeschnitten und eine mehrere Kilometer breite Aue geschaffen, die mit 5–18 m hohen Kanten an die Niederterrasse grenzt. Vor den Talöffnungen der östlichen Flanke des Grabens treten breite Schwemmkegel aus, welche vielfach den Niederterrassenschotter überlagern. Auf der westlichen Grabenseite werden dagegen nördlich Straßburg noch innerhalb des Grabens Kreuzungen der Niederterrasse mit älteren (bis pliozänen) Einebnungsflächen beobachtet.

Weit verbreitet findet sich auf der Niederterrasse Schwemmlöß, der sich aus dem vor allem auf den randlichen Terrassen und Vorbergflächen sowie um den Kaiserstuhl sehr mächtig entwickelten Löß herleitet. Im nördlichen Teil des Grabens sitzen der Niederterrasse ausgedehnte postglaziale Dünenfelder aus Flugsand auf.

Das natürliche Bild der Rheinaue ist heute als Folge der Rheinkorrektur im vorigen Jahrhundert weitgehend zerstört. Diese verkürzte den Rheinlauf und vertiefte auf diese Weise die Flußsohle und legte viele Altwässer trocken.

Literatur: L. AHORNER & G. SCHNEIDER 1974; H.-J. ANDERLE 1974, 1987; I. BARANYI, H.J. LIPPOLT & W. TODT 1976; J. BARTZ 1974; H. BOIGK 1981; J.-Y. CALVEZ & H.J. LIPPOLT 1980; P. CHAUVE et al. 1980; F. DOEBL 1967, 1970; F. DOEBL & R. TEICHMÜLLER 1979; J.P. VON ELLER 1976; K. FUCHS, K.P. BONJER & C. PRODEHL 1981; GEOLOGISCHES LANDESAMT BADEN-WÜRTTEMBERG (Hrsg.) 1977; O.F. GEYER & M.P. GWINNER 1986; P. HORN, H.J. LIPPOLT & W. TODT 1972; J.H. ILLIES 1974, 1977; J.H. ILLIES & ST. MÜLLER (Eds.) 1970; J.H. ILLIES & K. FUCHS (Eds.) 1974; J.H. ILLIES & G. GREINER 1978a, 1978b; J.H. ILLIES, H. BAUMANN & B. STOFFERS 1981; J. KELLER 1984; H.P. LAUBSCHER 1970, 1973; H.J. LIPPOLT, I. BARANYI & W. TODT 1975; ST. MÜLLER et al. 1973; R. PFLUG 1982; H.W. QUITZOW 1974; M. RAAB 1980; G. RICHTER-BERNBURG 1974; K. ROTHAUSEN (Hrsg.) 1988; K. ROTHAUSEN & V. SONNE 1980, 1987; ST. SCHAAL & W. ZIEGLER (Hrsg.) 1988; C. SITTLER 1969a, 1969b, 1974; V. SONNE 1974; K.R.G. STAPF 1988; M. TEICHMÜLLER & R. TEICHMÜLLER 1979; L. TRUNKÓ 1984; W. WIMMENAUER 1970, 1972.

5.7 Das Süddeutsche Schichtstufenland

5.7.1 Übersicht

Trias- und Jura-Ablagerungen beherrschen das Gebiet zwischen Schwarzwald und Böhmischem Massiv und dem Molasse-Becken im Alpenvorland. Sie liegen der Süddeutschen Großscholle auf, einem Krustenabschnitt, der in seiner jüngeren geologischen Geschichte eine gewisse Einheit darstellte.

Der heutige tektonische Zuschnitt der Süddeutschen Großscholle ist der eines nahezu gleichseitigen Dreiecks. Den Westrand bildet die östliche Randstörung des Oberrheingrabens. Im Norden sind bei teilweiser Überdeckung durch die tertiären Vulkanite des Vogelsberges die Gräben der Hessischen Senke ihre sichtbare Grenze. Nach Nordosten setzt sich das mesozoische Deckgebirge der Süddeutschen Scholle durch ein System von NW–SE streichenden Großstörungen gegen das Grundgebirge des Böhmischen Massivs ab. Die

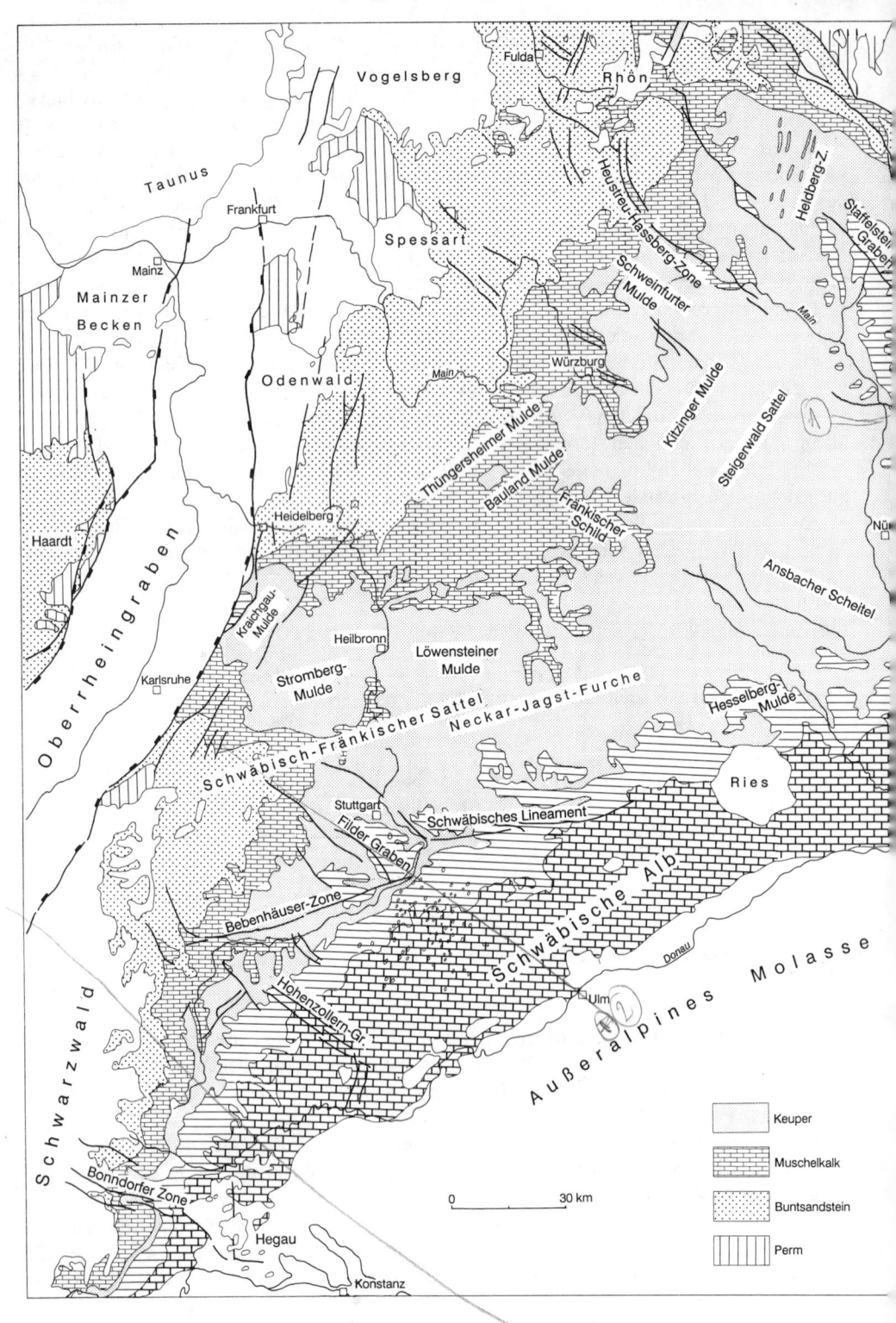

360   Das jungpaläozoische, mesozoische und känozoische Deckgebirge

Vogelsberg · Fulda · Rhön · Taunus · Frankfurt · Spessart · Heustreu-Hassberg-Zone · Heldberg-Z. · Staffelstein Graben · Mainz · Mainzer Becken · Schweinfurter Mulde · Odenwald · Main · Würzburg · Kitzinger Mulde · Steigerwald Sattel · Thüngersheimer Mulde · Bauland Mulde · Fränkischer Schild · Nü · Haardt · Heidelberg · Ansbacher Scheitel · Kraichgau-Mulde · Heilbronn · Löwensteiner Mulde · Karlsruhe · Stromberg-Mulde · Hesselberg-Mulde · Schwäbisch-Fränkischer Sattel · Neckar-Jagst-Furche · Ries · Stuttgart · Schwäbisches Lineament · Filder Graben · Schwäbische Alb · Bebenhäuser-Zone · Donau · Hohenzollern Gr. · Ulm · Außeralpines Molasse · Schwarzwald · Bonndorfer Zone · Hegau · Konstanz

Oberrheingraben

0   30 km

Keuper
Muschelkalk
Buntsandstein
Perm

Das Süddeutsche Schichtstufenland   361

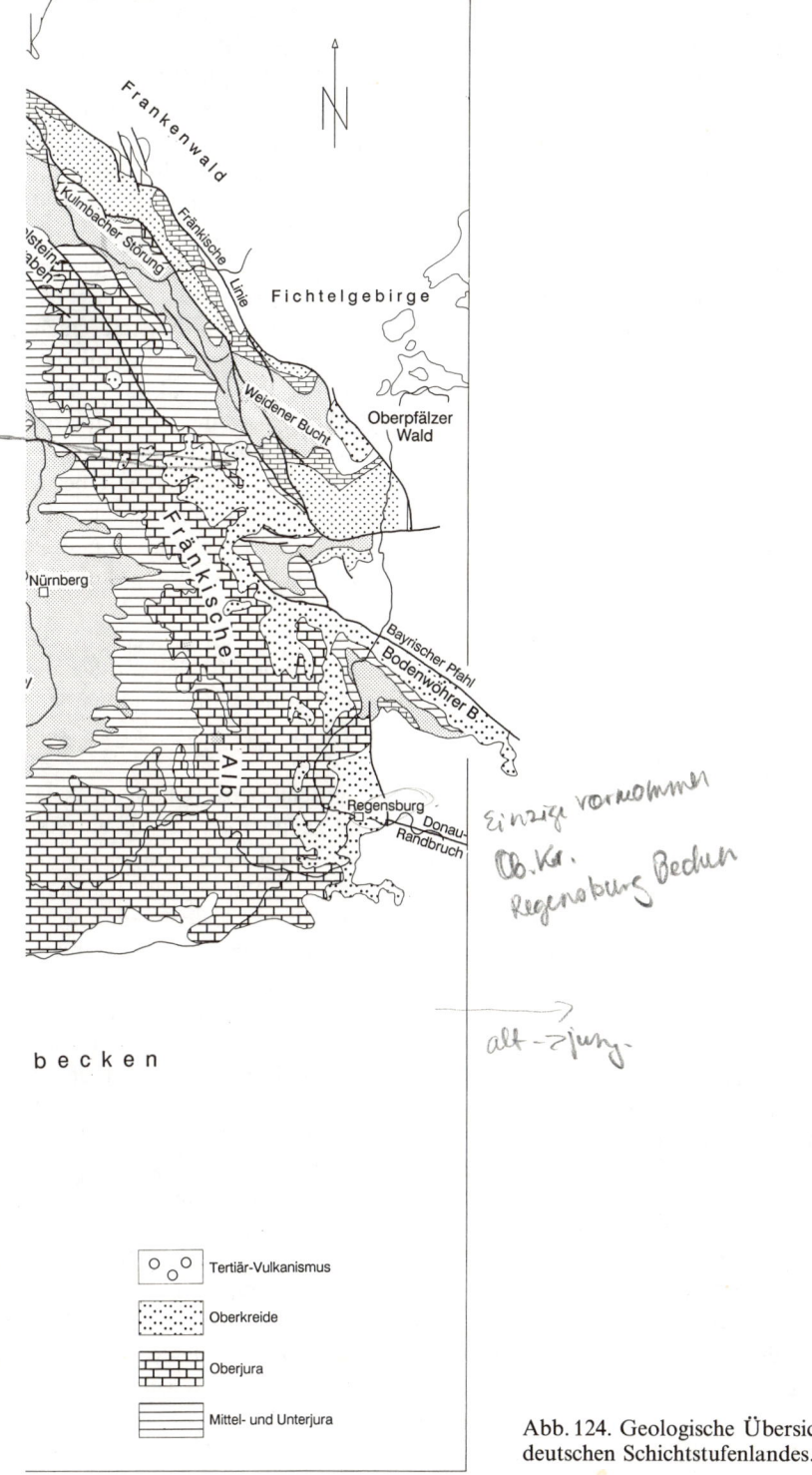

Abb. 124. Geologische Übersichtskarte des Süddeutschen Schichtstufenlandes.

Fränkische Linie bildet die Grenze zum Thüringer Wald, Frankenwald und Fichtelgebirge, die Pfahlstörung und der Donaurandabbruch zum Moldanubischen Kristallin des Bayerischen Waldes. Als geographischer Südrand der Süddeutschen Großscholle gilt die Grenze zwischen der ungefalteten Außeralpinen und der gefalteten Subalpinen Molasse vor dem Alpennordrand.

Das **Grundgebirgsstockwerk** der Süddeutschen Scholle gehört der Saxothuringischen und der Moldanubischen Zone des mitteleuropäischen Variszikums an. Es ist im Odenwald, Spessart und Schwarzwald direkt erschlossen. Jenseits der östlichen Randstörungen ist das Grundgebirgsstockwerk im Thüringer Wald und Frankenwald, im Fichtelgebirge und im Oberpfälzer und Bayerischen Wald seit Ende des Juras herausgehoben.

Zwischen den Grundgebirgsaufbrüchen im Westen (Schwarzwald), Nordwesten (Odenwald/Spessart) und Osten (Böhmisches Massiv) geben neben von tertiären Vulkanen geförderten Xenolithen und den kristallinen Auswurfmassen des Ries-Impaktkraters vor allem Tiefbohrungen Auskunft über den Aufbau und die Zusammensetzung des präpermischen Sockels der Süddeutschen Scholle. Seine lithologische Zusammensetzung und sein Verformungs- und Metamorphosegrad entspricht weitgehend den randlichen Übertageaufschlüssen. Selbst eine Zuordnung zum Saxothuringikum im Norden und Moldanubikum im Süden läßt sich grob durchführen. Die Grenze verläuft von der Erbendorfer Linie der Oberpfalz über Nürnberg, Ansbach, Crailsheim in südwestlicher Richtung auf den nördlichen Schwarzwald zu.

Die Tiefenlage des Grundgebirges der Süddeutschen Scholle ist unterschiedlich. Die mächtigsten Überdeckungen, z. T. mehr als 1.500 m, werden in den Rotliegend-Senken erreicht. Nach Süden steigt die Oberfläche des Kristallins in Richtung auf die Donau auf gebietsweise nur 300 m unter Geländeoberkante an. Südlich der Donau sinkt sie zum Molassebecken rasch wieder ab.

Seit dem Perm hat sich der variszische Sockel der Süddeutschen Großscholle in seiner Struktur kaum verändert. Die Verbreitung von Rotliegend-Sedimenten ist auf einzelne Senken zwischen größeren sedimentfreien Schwellen beschränkt. Im Zechstein erfolgte im Norden die erste marine Eindeckung des variszischen Untergrundes. Während der Trias kam es zu weit verbreiteter Ablagerung von hauptsächlich fluviatilen Buntsandstein-Sedimenten, flachmarinem Muschelkalk und lagunären Keuper-Schichten. Alle Anzeichen eines stabilen, tektonisch ruhigen Ablagerungsraumes sind für diese Zeit gegeben.

Der Jura ist in der Süddeutschen Großscholle wie auch sonst in West- und Mitteleuropa durch flachmarine Ingressionen gekennzeichnet. Bezeichnende Sedimente sind dunkle Tonsteine und Mergel im Unterjura, Tonsteine, teilweise Sandsteine und Oolithe im Mitteljura sowie Flachwasser-Kalksteine im Oberjura. Vom Unterbau vorgegebene variszische Strukturmuster haben die mesozoische Sedimentation kaum beeinflußt.

Mit dem Rückzug des Meeres am Ende der Jura-Zeit begann die Festlands- und Landschaftsentwicklung Süddeutschlands. Sie war zunächst gekennzeichnet durch eine leichte Verkippung seiner Deckgebirgsschichten im Rahmen der Heraushebung des Rheinischen Schildes und im Osten durch ihre Zerlegung in einzelne tektonische Schollen.

Die Kreide und das Känozoikum waren für die Süddeutsche Großscholle weitgehend Zeiten tiefgreifender Abtragung der bis dahin rd. 1.500 m mächtigen Deckgebirgsschichten bis auf die Trias. In den Hebungsgebieten des Schwarzwaldes, des Odenwaldes, des Spessarts sowie auch jenseits des Ostrandes der Scholle wurde der variszische Sockel freigelegt. Nur im Osten kam es in der Oberkreide noch einmal kurzzeitig zu mariner Sedimentation. Im Süden reichte das Sedimentationsgebiet der oligozänen und miozänen Molasse-Ablagerungen nicht wesentlich über ihre heutige Verbreitungsgrenze hinaus.

Vom Schwarzwald und Odenwald/Spessart fallen deren mesozoische Deckschichten flach gegen Osten bzw. Südosten ein. Wegen dieser Lagerungsform und wegen der unterschiedlichen Erosionsanfälligkeit ihrer einzelnen Schichtglieder hat sich im Verlauf des Känozoikums eine für Schwaben und Franken sehr charakteristische **Schichtstufenlandschaft** entwickelt.

Markanteste Schichtstufenbildner sind der Hauptbuntsandstein, verschiedene Sandsteinhorizonte des Keupers und besonders die mächtigen Kalke des Oberjuras an den Stufenrändern der Schwäbischen und Fränkischen Alb. Die Schichtstufen haben sich seit dem Tertiär von Westen und Nordwesten nach Osten bzw. Südosten verschoben. Ihr heutiger Verlauf im Kartenbild entspricht der strukturellen Gliederung der Süddeutschen Scholle in flache Mulden und Sättel, Furchen und Schilde. Ein bemerkenswertes Ereignis der jüngsten Entwicklungsetappe der Süddeutschen Scholle ist ein vorwiegend jungtertiärer Vulkanismus.

5.7.2 Geologische Entwicklung, Stratigraphie

Nach Faltung, Metamorphose und teilweise granitischer Durchtränkung des variszischen Gebirges gehörte das Gebiet der Süddeutschen Scholle zunächst einem großen Festlandsbereich an. Es kam zur weitflächigen Erosion und zur Einsenkung **intramontaner Becken**, die sich mit dem Abtragungsschutt der zwischen ihnen aufsteigenden jungpaläozoischen Schwellenzonen füllten. Heute sind diese tektonischen Senken, die dem variszischen SW–NE ausgerichteten Gebirgsstreichen weitgehend folgen, größtenteils von jüngeren mesozoischen Deckschichten verdeckt.

Zu unterscheiden sind von Norden nach Süden die östliche Fortsetzung des Saar–Nahe-Beckens, das Kraichgau-Becken mit einer wahrscheinlichen Verbindung zum Würzburger oder Main-Becken, das Schramberg–Urach–Ries-(oder Alb-)Becken und eine aus Burgund nach Nordosten bis unter den Bodensee reichende Bodensee-Senke. Auch im Osten kam es entlang der heutigen Fränkischen Linie in kleineren Einzelbecken, u.a. im Naab-Trog, zur Ablagerung festländischer Rotliegend-Sedimente. Örtlich, z. B. im Weidener Becken, begann die Sedimentation bereits im hohen **Stefan**.

Als Ablagerungen der intramontanen Becken wechseln Konglomerate, Fanglomerate und Arkosesandsteine mit grünlichen und grauen Sanden und oft auch rötlichen sandigen Schiefertonen. Im Osten verlief die Absenkung der Becken vor dem sich heraushebenden Böhmischen Massiv störungskontrolliert. Auch das höhere **Rotliegende** umfaßte grobschuttreiche Fanglomerate mit Sandsteinen und meist sandigen Schiefertonen. Teilweise ist es aber auch feinerklastisch als das tiefere Rotliegende ausgebildet. Unregelmäßig eingeschaltet sind Quarzporphyre und ihre Tuffe. Sie sind vor allem in den Mantelschichten des Schwarzwaldes und des südlichen Odenwaldes, aber auch entlang der Fränkischen Linie übertage erschlossen.

Die Mächtigkeit der Stefan- und Rotliegend-Sedimente erreicht in den Absenkungszentren der Becken in der Regel mehrere 100 m, in den besonders stark subsidierenden Becken vor der Fränkischen Linie sogar bis 2.000 m. Im Stockheimer und Erbendorfer Becken kam es im Stefan bis tiefen Rotliegenden zur Bildung zeitweilig abbauwürdiger Steinkohlenflöze. Am Ende der Rotliegend-Zeit war das variszische Gebirge durch Abtrag der Hebungsgebiete und Auffüllung der Becken weitgehend eingeebnet.

Im obersten Perm drang das **Zechstein-Meer** über die Hessische Senke gegen Süden vor und überdeckte in Süddeutschland große Teile des früheren saxothuringischen Bereichs. Es kam zur Bildung von Dolomiten, die mit Tonen und Mergeln wechsellagern. Landwärts schließen sich die Dolomite zu einem einheitlichen Karbonatkomplex zusammen. In zentralen Beckenteilen haben Tiefbohrungen bis über 200 m marine Zechstein-Ablagerungen durchteuft, im Coburger Becken über 100 m Steinsalz. Im Odenwald sind bei Heidelberg bis 5 m Dolomite und rote und grünliche Tone des Zechsteins übertage aufgeschlossen.

Südlich der Linie Ettlingen–Nürnberg–Kulmbach vollzieht sich der Wechsel vom marinen Zechstein in eine dem Rotliegenden oder auch Unteren Buntsandstein ähnliche kontinentale Fazies. In der östlichen Umrandung des Nordschwarzwaldes sind die Karneol-Dolomit-Schichten im Grenzbereich Perm/Buntsandstein zeitliche Vertreter des Zechsteins.

Im **Buntsandstein** bestand das flache, wieder festländische Sedimentbecken Süddeutschlands zunächst fort. Dabei dehnte sich der Ablagerungsraum immer weiter nach Südsüdwesten und Südosten aus. Das Verbreitungsgebiet der basisnahen Bröckelschiefer, das sind dunkelrotbraune, zum Teil feinsandige Tonsteine mit gelegentlich eingeschalteten dünnen Dolomitbänken, hält sich noch eng an die Grenzen des Zechsteins. Danach kamen helle gelbliche Sandsteine, z.T. als Tigersandstein mit dunklen Flecken von Eisenmanganoxid, aber auch rötliche Sandsteine zur Ablagerung.

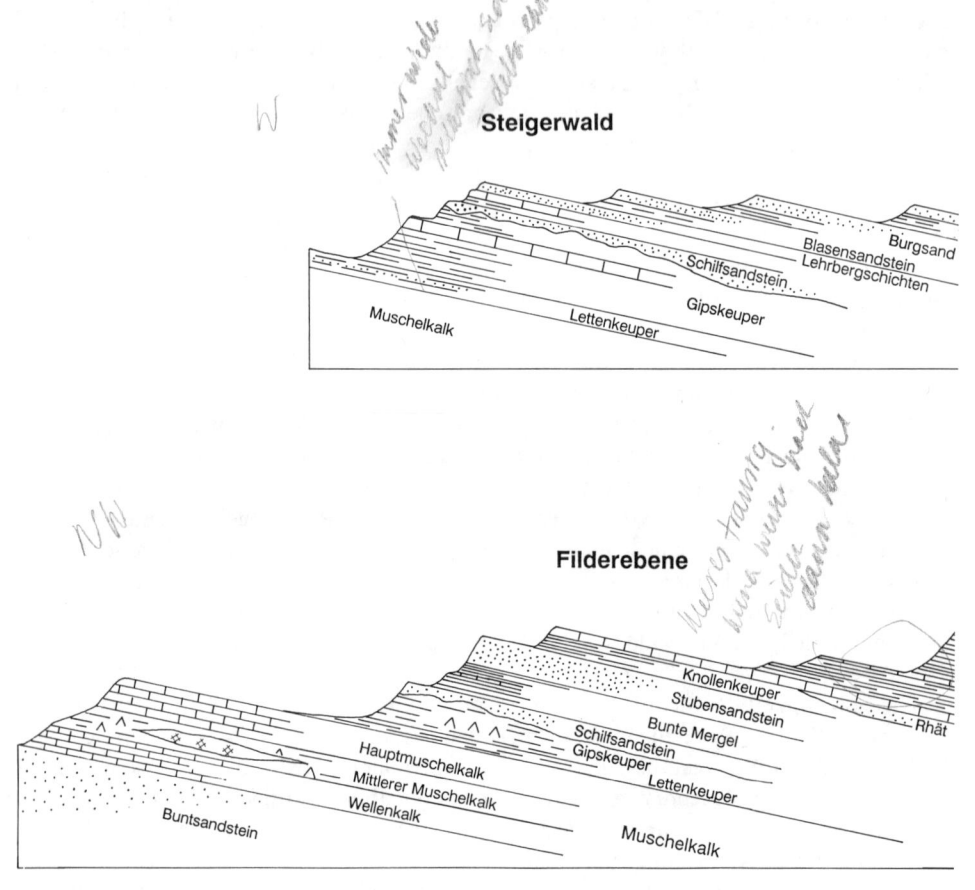

Abb. 125. Lithologie und Stratigraphie der Trias und des Jura im Süddeutschen Schichtstufenland

Das Süddeutsche Schichtstufenland 365

An der Basis des Mittleren Buntsandsteins folgt das für die Umgebung des Schwarzwaldgrundgebirges charakteristische Eck'sche Konglomerat. Gleiches Alter hat das am Rand des Fichtelgebirges auftretende Kulmbacher Konglomerat. Der höhere Teil des auch als Hauptbuntsandstein bezeichneten Mittleren Buntsandsteins umfaßt vorwiegend Sandsteine, die als Bausandsteine Verwendung fanden. In Randnähe sind sie geröllführend ausgebildet. Von Westen und Nordwesten brachten Flüsse die Sand- und Geröllmassen vom westlich gelegenen Gallischen Land und von der Rheinischen Masse. In Nordostbayern stammen die Geröllanteile aus östlich gelegenen kristallinen Abtragungsgebieten.

Der Obere Buntsandstein Süddeutschlands umfaßt neben Plattensandsteinen und roten Tonen wieder charakteristische Karneol-Dolomit-Krusten, die eine Unterbrechung der Sedimentation und Bodenbildungsprozesse anzeigen. In Nordostbayern enthalten die Sandstein-Tonstein-Wechsellagerungen einen Fränkischen **Chirotherium**-Horizont.

Das Meer des **Muschelkalks** war ein flaches Nebenmeer der Tethys mit nur eingeschränkter Verbindung zum offenen Ozean. Im Osten bog die Küstenlinie vor dem Böhmischen Massiv nach Norden. Dieses lieferte auch klastische Sedimente. Im Südosten lag im Bereich des heutigen außeralpinen Molasse-Beckens ein ebenfalls kristallines Hebungsgebiet, das Vindelizische Land. Gegen Westen dehnte sich das Muschelkalk-Meer bis in den Ostteil des späteren Pariser Beckens aus.

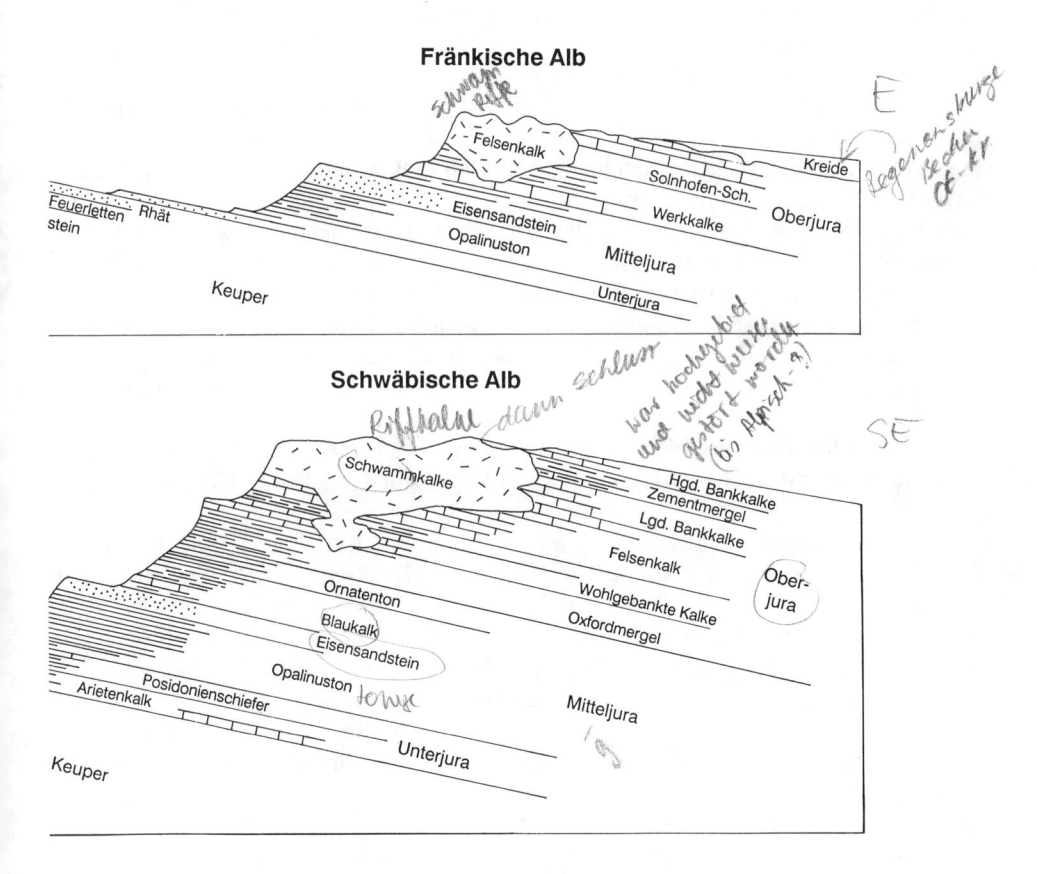

(stark überhöht) (n. WAGNER).

Die untere Abteilung des Muschelkalks besteht aus einer Wechselfolge wellig-dünnplattiger grauer Kalke und Mergel und oft bräunlicher bis gelblicher Dolomite. Aus zusammengeschwemmten Muschel- und Terebratelschalen bzw. Kalkooiden entstandene Schaumkalksteinbänke stellten früher einen beliebten Baustein dar. Am Ostrand des Schwarzwaldes wird die hauptsächlich in Main-Franken verbreitete kalkigere Meininger Fazies durch die stärker dolomitische Freudenstädter Fazies ersetzt.

Im Mittleren Muschelkalk war die Verbindung zum offenen Meer noch stärker eingeschränkt. In einer zentralen, von Schweinfurt a. Main über Heilbronn zum Baseler Hochrhein verlaufenden Rinne kam es zur Eindampfung und Abscheidung salinarer Gesteine wie Anhydrit, Gips und Steinsalz. Letzteres kann bis etwa 50 m Mächtigkeit erreichen und hat im Gebiet um Heilbronn wirtschaftliche Bedeutung. Im Fränkischen Bruchschollenland wird ostwärts eine rasch zunehmende Versandung der Schichten beobachtet.

Der Obere Muschelkalk oder Hauptmuschelkalk stellt eine regelmäßige Wechselfolge von Kalkbänken und Mergelzwischenlagen dar. Im unteren Teil sind die Kalksteine als Trochitenkalke ausgebildet. Gegen den Rand des Ablagerungsraumes und nach oben werden die Kalke mit zunehmender Verflachung des Beckens durch Dolomite, randnah auch wieder durch Sandsteine ersetzt.

Während sich im **Keuper** der Ablagerungsraum triassischer Sedimente weiter nach Westen in den Bereich des Pariser Beckens ausdehnte, machte sich im Südosten das Vindelizische Land als Sedimentlieferant stärker bemerkbar.

Der Untere Keuper ist in Süddeutschland noch überwiegend marin ausgebildet. Er besteht hauptsächlich aus grauen und grünlichen Tonsteinen und Dolomitbänken. Eingelagerte Sandsteinbänke enthalten zusammengeschwemmte Pflanzenreste, die sich teilweise in kleinen Flözen unreiner Kohlen konzentrieren.

Im Mittleren Keuper gliederte sich das Becken in ein Binnenmeer und Lagunen mit brackigen und salinaren Verhältnissen. An der Basis kam es zur Abscheidung von Gips, danach zur Ablagerung von bunten Tonsteinen und Steinmergelbänken. Der sich anschließende Schilfsandstein besteht aus grünlichen und rötlichen feinkörnigen Sandsteinen und sandigen glimmerführenden Tonsteinen. Er sedimentierte in breiten Rinnen eines weit verzweigten nordstämmigen Deltasystems. In vielen Steinbrüchen wurde er als Werkstein abgebaut.

Über dem Schilfsandstein folgen verschiedenfarbige mergelige Tone. Ihnen sind Sandsteinschüttungen aus dem Gebiet des Böhmischen Massivs und aus dem Vindelizischen Land eingelagert. Am weitesten drang der Stubensandstein (Burgsandstein) in das Becken vor. Der Mittlere Keuper endet in Süddeutschland mit den roten Knollenmergeln (Feuerletten). Es sind kalkhaltige, stark quellfähige und damit heute stark rutschgefährdete Tonsteine mit Einlagerungen von Karbonatkonkretionen.

Das Rhät (Oberer Keuper) bildet die fazielle Überleitung der Trias zum Jura. Nach mariner Ingression aus nördlicher Richtung kam es zur Ablagerung von zunächst wenigmächtigen feinkörnig-kieseligen oder feinkörnig-tonigen Rhätsandsteinen und darüber dunkleren sandigen Tonschiefern. Nur am Ostrand der Süddeutschen Großscholle ist der Obere Keuper wie auch der basale Jura zunächst noch in festländisch sandiger Ausbildung vertreten.

Die paläogeographischen Verhältnisse des **Juras** waren durch eine offene Meeresverbindung des Süddeutschen Jura-Beckens zum Pariser Becken und über die Hessische Straße zum norddeutschen Raum gekennzeichnet. Im Süden bestand zunächst noch das Vindelizische

Land. Im Laufe des Mitteljuras änderte sich dieses Bild. Die Verbindung nach Norden durch die Hessische Straße wurde unterbrochen und die Vindelizische Schwelle überflutet. Das süddeutsche Oberjura-Meer wurde damit zu einem Randmeer der Tethys.

Vorwiegend dunkle Tone und Tonmergel und untergeordnet fossilreiche Kalksteinbänke kamen im **Unterjura** zur Ablagerung, der deshalb in Süddeutschland als Schwarzer Jura bezeichnet wird. In Küstenregionen sind Sandsteineinschaltungen und sandige Tone charakteristisch. Besonders einheitlich ist die Fazies der feinschichtigen bituminösen und mergeligen Schiefertone des Posidonienschiefers im Schwarzen Jura ε. Sie sind u. a. durch ihren Fossilreichtum, vor allem Fische und Saurier, bekannt geworden. Im Osten stieß das flache Unterjura-Meer auch weit über das Böhmische Massiv vor.

Der **Mitteljura** oder Braune Jura beginnt in Süddeutschland mit der mächtigen Stufe des Opalinus-Tons. In der Frankenalb und östlichen Schwäbischen Alb wird dieser von feinkörnigen Braunjura-Sandsteinen mit Eisenoolith-Flözen überlagert. Letztere besaßen früher erhebliche wirtschaftliche Bedeutung.

Niveaus mit stärkerer Eisenoolithführung kennzeichnen hier auch die nachfolgenden Wechselfolgen des mittleren und oberen Braunen Juras, die hauptsächlich aus Tonstein- und Tonmergelsteinfolgen aufgebaut sind.

Im **Oberjura** oder Weißen Jura bildeten sich im flachen Meer des nunmehr ganz überfluteten Vindelizischen Landes in erster Linie gebankte Kalk- und Mergelsteine. Im mittleren und oberen Weißen Jura zeigt eine massig ausgebildete Schwammkalkfazies große Verbreitung. Hinzu kommen Korallenkalke, Kalkoolithe und Dolomite. Die Schwammkolonien bildeten flache Rasen oder kuppelartige Erhebungen am Meeresboden. Ihr Wachstum begann z. T. bereits im Weißen Jura α. Seinen Höhepunkt erreichte es hier im oberen Weißen Jura δ und Weißjura ε mit der Bildung von weit verbreiteten Schwamm-Stromatolith-Massenkalken und dazwischen gebankten Kalken und Mergelkalken.

Auch im Gebiet der mittleren und nördlichen Frankenalb kommen nebeneinander eine gut bankig gegliederte Kalkmergel-Fazies und eine aus massigen Riffdolomiten und Riffkalksteinen bestehende Kieselschwamm-Stromatolith-Riff-Fazies vor. Auch hier nimmt der Anteil der Massenkalkfazies im Verlauf des Weißjura γ und δ zu. Im höheren Weißjura δ bestanden nur noch wenige Gebiete mit schichtiger Faziesentwicklung. Mit Beginn des Weißjura ε entstanden in den Wannen zwischen den Riffen charakteristische Bank- und Plattenkalksteine. Die Massenkalke und Bankkalke bilden heute die Felskante des Albtraufs.

In der südlichen Frankenalb reicht die Schichtentwicklung des Oberjuras höher hinauf als in Schwaben. Im Altmühltal besteht der Weißjura ζ noch vorwiegend aus Korallen- und Schwammriffkalken und dazwischen extrem feinkörnigen Plattenkalken. Von diesen sind die Solnhofener Plattenkalke wegen ihres reichen und gut erhaltenen Fossilinhalts in der ganzen Welt berühmt geworden.

Mit dem Auftauchen der mesozoischen Tafel gegen Ende des Juras begann die Verkarstung der Weißjura-Kalke. Gleichzeitig setzte, beginnend an der Stelle der höchsten Heraushebung im Gebiet des Odenwaldes, die Abtragung des bis 2.000 m mächtigen Deckgebirges der Süddeutschen Großscholle ein.

Auch der tektonische Ausbau des Nordostrandes der Süddeutschen Scholle begann zwischen Jura und **Oberkreide**. Präcenomane Verbiegungen und erste Brüche in NW–SE-Richtung spielten hierbei eine wichtige Rolle. Die Fränkische Linie wurde bereits eine aktive Störungszone. Die östlich angrenzende Scholle des Böhmischen Massivs wurde um mindestens 1.500 m gehoben. Auch ihr westliches Vorland war bereits verbogen und durch NW–SE streichende Störungen in Blöcke zerteilt. Anschließend überlagerten hier

Sedimente der Oberkreide ein Schollenmosaik aus metamorphem Grundgebirge im Osten, Oberjura im Westen und Südwesten und dazwischen auch Trias.

Mit Beginn der Oberkreide kam es zwischen der südlichen Frankenalb und dem Kristallin des Bayerischen und Oberpfälzer Waldes in Erosionsrinnen und auf verkarsteten Oberjura-Kalken zum Absatz limnischer Tone und Sande. Ausfällung von Brauneisen aus Verwitterungslösungen, die aus der Braunjura-Bedeckung des östlich gelegenen Grundgebirges stammten, führten zur Bildung der Amberger Erzformation. Im Raum Auerberg–Amberg waren diese bauwürdig. Seitlich verzahnt sich die Amberger Erzformation mit limnischen und fluviatilen Quarzsanden der cenomanzeitlichen, evtl. aber auch älteren Schutzfels-Schichten.

Im Obercenoman stieß das Oberkreide-Meer der südlichen Molasse-Senke und des Alpenraums rasch in die sich absenkende Fränkische Alb und das östlich angrenzende Triasgebiet vor. Als erstes marines Sediment lagerte sich im Süden der glaukonitische Regensburger Grünsand ab, während im Norden die fluviatil-limnische Sedimentation anhielt. Erst im Verlauf des Turons überdeckte das Meer vorübergehend die ganze Frankenalb und das Oberfränkisch-Oberpfälzische Bruchschollengebiet bis weit nach Nordwesten und hinterließ marine Sande, Tone, Mergel und auch Kreidekalk. Im Coniac und Santon führte dann die Hebung der Fränkischen Alb und des Ostbayerischen Grundgebirges wieder zu limnisch-fluviatilen Ablagerungsbedingungen in diesem Raum.

Der westliche Teil der Südwestdeutschen Großscholle lag während der ganzen Kreidezeit und auch noch im frühesten Tertiär über dem Meeresspiegel. Die Verkarstung der Weißjura-Tafel ging auf großer Fläche ununterbrochen weiter. Jedenfalls reichte die Jurabedeckung nach Einschlüssen von Opalinus-Ton in der Schlotfüllung des frühtertiären Katzenbuckel-Vulkans östlich Heidelberg noch bis in den südlichen Odenwald.

Das **Tertiär** war für die heutige Gestaltung des süddeutschen Landschaftsbildes von maßgebender Bedeutung. Marine Ablagerungen treten nördlich der Donau weitgehend zurück. Nur während des Burdigal (oberes Untermiozän) wurden zeitweise die südöstlichen Randgebiete der Schwäbischen Alb vom Molassebecken her überflutet. Die Klifflinie dieses Burdigal-Meeres ist heute noch zu verfolgen und z. B. bei Heldenfingen als Hohlkehle mit Bohrmuschellöchern gut zu beobachten.

Als terrestrische Tertiärbildungen auf den Hochgebieten sind vor allem tonige Verwitterungsrückstände zu nennen, die sich in geschützter Lage meist in Karstspalten des Muschelkalks und vor allem der Weißjura-Kalke der Schwäbischen Alb erhalten haben.

Vor dem Obermiozän führte allitische Verwitterung auf den Weißjura-Kalken zur Bildung von Roterde und in diesem Zusammenhang auch zur Entstehung von Bohnerzen. Als konzentrisch-schalige Brauneisenkonkretionen reicherten sie sich in Karstspalten und -senken zu früher bauwürdigen Konzentrationen an.

In den Karsthohlräumen sind Reste einer tertiären Landfauna überliefert, insbesondere Knochen und Zähne von Säugetieren und anderen Vertebraten, daneben auch Landschnecken. Sämtliche Stufen des Tertiärs bis ins Pliozän sind nachzuweisen. Auf der Frankenalb waren obermiozäne Süßwasserkalke als Absätze größerer Seen ursprünglich weit verbreitet. Etwa gleichzeitig kamen limnische Südwasserkalke auch im Ries und Steinheimer Becken zur Ablagerung.

Obermiozänes Alter haben auch unter limnisch-fluviatilen Bedingungen vor dem Westrand des aufsteigenden Bayerischen Waldes sedimentierte Sande, Tone und Braunkohlen im Naab-Tal nördlich Regensburg.

In die Zeit des Tertiärs fällt die tektonische Absenkung des Oberrheingrabens bei gleichzeitiger Heraushebung seiner Grabenschultern. Im Jungtertiär wurden im Alpenvorland die südlichen Teile des Molassebeckens in die alpinen Überschiebungsvorgänge mit einbezogen. Diese tektonischen Vorgänge bewirkten im Hochgebiet der Süddeutschen Großscholle eine leichte Schrägstellung ihrer Schichten (maximal 3–5°) verbunden mit weitspannigen Verbiegungen und Bruchbildung und eine vielfältige vulkanische Aktivität.

Der älteste vulkanische Ausbruch ereignete sich am Katzenbuckel im südlichen Odenwald. Mit einem Alter von etwa 65 Ma liegt seine Tätigkeit an der Grenze Kreide/Tertiär. In der Schwäbischen Alb herrschte im Urach–Kirchheimer Vulkangebiet vor 20–16 Ma im Miozän ein hochexplosiver Vulkanismus. Auf einer Fläche von 40–50 km im Durchmesser durchschlug er die Alb an über 300 Stellen und förderte ausschließlich Tuffe. Im Hegau am Südwestrand der Schwäbischen Alb erfolgte die explosive Förderung von großen Mengen vulkanischer Tuffe und anschließend die Bildung basaltischer Gesteine und das Aufdringen phonolithischer Quellkuppen im Mittel- und Obermiozän. Auch nordwestlich der Frankenalb zeigen sich Durchbrüche eines jungtertiären Vulkanismus im Gebiet von Hofheim–Heldburg (Heldburger Gangschar) und weiter verstreut in der Alb südöstlich Bamberg und im Oberfränkisch-Oberpfälzischen Bruchschollengebiet.

Die heutige süddeutsche **Schichtstufenlandschaft** umfaßt vier große morphologische Stufen und die entsprechenden Stufenflächen. Die erste Stufe ist die des Buntsandsteins über den Abtragungsflächen des Grundgebirges von Schwarzwald, Odenwald und Spessart. Die zugehörige Stufenfläche liegt teils im Mittleren und teils im Oberen Buntsandstein. Der zweite Stufenrand ist derjenige des Muschelkalks. Er wird im Maingebiet vom Unteren Muschelkalk, weiter südlich vom Hauptmuschelkalk gebildet und hat nur eine mäßige Höhe. Ihm folgt eine Stufenfläche aus Muschelkalk und Lettenkeuper. Diese wird nach Südosten und Osten von der Keupersandstein-Stufe der Stuttgarter und Waldenburger Berge, der Frankenhöhe und des Steigerwaldes bis zu den Haßbergen begrenzt. Die Keuperstufenfläche darüber trägt auch noch Lias. Als vierte und ausgeprägteste Schichtstufe ist die Schwäbische und Fränkische Alb aus Weißjura-Kalken aufgebaut.

Die Stufenlandschaft war wahrscheinlich z. T. bereits im Alttertiär angelegt. Die einzelnen Stufen lagen aber jeweils weiter nordwestlich bzw. westlich als heute. Der Katzenbuckel im Odenwald und Basalte bei Bad Orb und Sinsheim enthalten in ihrem Schlot Einschlüsse als Zeugen älterer Überdeckung. Im Miozän reichte die Hochfläche des Alb noch bis in die Gegend von Stuttgart.

Nach dem Obermiozän begann die Entwicklung des rezenten Flußnetzes. Im obersten Miozän bis Pliozän entstand die Ur-Donau, der neben den Alb-Zuflüssen zunächst auch noch die Aare und der Oberrhein tributär waren. Die Aare schwenkte an der Wende Pliozän/Pleistozän zum Oberrhein ab. Von Norden her lenkte der Neckar die Jagst und den Kocher sowie andere ursprüngliche Zuflüsse der Donau um.

Auch das Maintal entwässerte im Miozän noch nach Süden zum Molasse-Meer. Dem Rhein floß damals ein nur kurzer Ur-Main vom Spessart her und später aus der Gegend des Steigerwaldes zu. Sein heutiges Einzugsgebiet nimmt der Main erst seit der Wende Jungpliozän/Altpleistozän ein.

Ein Kaltzeit-Warmzeit-Wechsel des **Pleistozäns**, der zur wiederholten Vergletscherung der Alpen und zeitweise auch des südlichen Schwarzwaldes führte, bewirkte im periglazialen Süddeutschland zusammen mit einer anhaltenden tektonischen Hebung eine starke Eintiefung der Flüsse und die Anlage mehrfach gegliederter Terrassensysteme. In der Alb entstanden durch rückschreitende Erosion canyonartig steile Taleinschnitte. Die Höhlenfüllungen der Frankenalb sind reich vor allem an jungpleistozänen Wirbeltierresten.

Die flächenhafte Abtragung wurde während der pleistozänen Kaltzeiten durch weitreichende Solifluktionsvorgänge intensiviert. Löß-Ablagerungen bedecken heute weite Flächen, unter anderem im Kraichgau, auf den Gäuflächen und auf der Filderebene.

5.7.3 Der geologische Bau des südwestdeutschen Triasbereichs

Die großtektonischen Bauelemente der Süddeutschen Tafel sind teils weit gespannte, in einzelnen Aufschlüssen kaum erkennbare Aufwölbungen und Einmuldungen, teils weit durchziehende Bruchzonen. Die nur in Strukturkarten deutlich in Erscheinung tretenden Schichtverbiegungen zeigen keine ausgeprägten Längsachsen. Dagegen ist die Störungstektonik durch bevorzugte Richtungen charakterisiert. Zahlreiche Verwerfungslinien verlaufen in rheinischer Richtung, also etwa parallel zum Oberrheingraben NNE–SSW. Besonders gilt das für die Störungslinien in der Nähe des Oberrheingrabens. Eine andere bevorzugte Orientierung von Bruchzonen ist die NW–SE-Richtung (herzynisch). Diese Störungen treten vielfach in Grabenanordnung auf. Die rheinischen Störungen haben wie auch das Entstehen des Oberrheingrabens frühtertiäres Alter.

Von besonderer Art ist eine dritte Gruppe von Lineamenten, deren Verlauf WSW–ENE ausgerichtet ist. Die Anordnung dieser Bruchzonen läßt vermuten, daß sich hier Internstrukturen des variszischen Sockels in das jüngere Deckgebirge durchpausen.

Im Westen und Nordwesten wird die Schichtlagerung des Buntsandsteins durch die jungen Aufwölbungen des **Schwarzwaldes** und des **Odenwald-Spessart-Kristallins** bestimmt. Im südöstlichen Odenwald überragt östlich von Eberbach der herauspräparierte vulkanische Schlot des Katzenbuckels die Buntsandsteinstufen.

Zwischen Schwarzwald und Odenwald sinken die Deckgebirgsschichten zur **Kraichgau-Mulde** ab. Seit dem Rotliegenden war das Gebiet des Kraichgaus ein altes Senkungsfeld. Ihre heutige Form erhielt die Mulde allerdings erst mit dem Einbruch des Oberrheingrabens. NNE–SSW (rheinisch) ausgerichtete Bruchlinien bewirkten ein gestaffeltes Absinken des Gebirges gegen den östlichen Grabenrand. In der am tiefsten abgesunkenen Randscholle ist zwischen Bruchsal und Langenbrücken noch Oberer Keuper und Jura bis zum Aalen erhalten. Im Hauptmuschelkalk der Nordflanke der Kraichgau-Mulde befindet sich in Grabennähe die hydrothermale Bleiglanz-Zinkblende-Lagerstätte von Wiesloch. Die rheinisch ausgerichteten Staffelbrüche des Kraichgaus lassen sich z.T. bis in den Odenwald verfolgen.

Der Kraichgau-Mulde schließt sich nach Osten die **Stromberg-Mulde** und jenseits des Neckars die **Löwensteiner Mulde** an. In ersterer reicht die Schichtenfolge im Stromberg und Heuchelberg bis zu den Keuper-Sandsteinen. In letzterer sind den Stufenflächen der Löwensteiner Berge noch Schwarzjura α-Zeugenberge über Knollenmergeln aufgesetzt.

Zwischen Bad Mergentheim, Schwäbisch-Hall und Rothenburg bildet der **Fränkische Schild** zwischen dem mittleren Kocher und der oberen Tauber ein weitgespanntes Gewölbe. An der Tagesoberfläche besteht er hauptsächlich aus tief zerschnittenem Oberem Muschelkalk und Unterem Keuper. Seine kuppelartige Schichtaufbeulung verursacht hier ein weites Zurückweichen der Keupersandstein-Schichtstufe nach Osten bis zur Frankenhöhe. Mehrere NW–SE (herzynisch) streichende Abschiebungen begrenzen den Fränkischen Schild nach Südwesten gegen die Löwensteiner Mulde. Er selbst wird durch die schmale NE–SW streichende Hollenbacher Mulde in einen nördlichen (Assamstädter) und einen südlichen (Schrozberger) Teilschild unterteilt.

Nach Nordwesten schließt die in gleicher Richtung auf Würzburg zulaufende **Bauland-Mulde** und etwas gegen Norden versetzt der **Thüngersheimer Sattel** an. In Main-Franken stellen die **Kitzinger Mulde** und der **Steigerwald-Sattel** ähnliche in NE–SW-Richtung gestreckte flache Schichteinsenkungen und -aufbeulungen dar. Alle genannten Strukturen entwickelten sich über einem saxothuringischen Fundament, das während des Perms und der Trias eine stärkere Subsidenz zeigte.

Den Schrozberger Schild zerteilt im Süden die ENE–WSW streichende **Fränkische Furche**. Es handelt sich um eine 3–4 km breite Mulden- und Grabenzone mit Einsenkungsbeträgen von 20–40 m. Sie kann vom Südrand der Stromberg-Mulde bis westlich Ansbach an die obere Altmühl verfolgt werden. Fast parallel zu ihr und im Bereich des Neckars gegen sie konvergierend verläuft wenig südlich die **Neckar-Jagst-Furche**. Im variszischen Sockel entspricht ihr die Grenzregion zwischen Saxothuringischer und Moldanubischer Zone.

Südlich dieser Störungszone zieht vom Gebiet der Hornisgrinde im Nordschwarzwald die langgestreckte Aufwölbung des **Schwäbisch-Fränkischen Sattels** in nordöstlicher Richtung. In derselben Richtung streicht noch weiter südlich das **Schwäbisch-Fränkische Lineament**, eine schmale Bruchzone, die bei Freudenstadt im Schwarzwald beginnt und über Tübingen entlang dem Nordrand der Schwäbischen Alb bis Aalen und östlich des Ries über 140 km Länge verfolgt werden kann. Streckenweise ist diese auch als **Bebenhäuser Zone** bezeichnete Störungszone als schmaler Graben ausgebildet, dann wieder als „Furche" mit flexurartig eingebogenen Rändern oder einfach als Einmuldung. Die Einsenkung ist generell gering, häufig nur 10–30 m, selten bis 70 m.

Im östlichen Schwarzwald-Vorland wird das System der WSW–ENE (schwäbisch) streichenden Lineamente von NW–SE verlaufenden Grabenzonen abgelöst. Der nördlichste von ihnen ist der **Filder-Graben**. Seine Tiefscholle ist in Staffelbrüchen um rund 100 m eingesunken. Als Jüngstes ist Schwarzjura, in begrenzten Vorkommen auch noch Braunjura α erhalten. Die Grabenschultern bildet der Stubensandstein. Der Filder-Graben ist querschlägig vom NNE–SSW (rheinisch) ausgerichteten Einbruchsfeld des Stuttgarter Kessels mit Sprunghöhen bis 40 m getrennt. An seinem östlichen Randbruch, der Schurwald-Verwerfung, finden sich bei Bad Cannstatt wie auch im Stuttgarter Kessel Riß-Würminterglaziale Travertine (Sauerwasserkalke) als Absätze dort ausgetretener Mineralquellen.

Wie im nördlichen Schwaben wird auch im **Main-Fränkischen Triasbereich** der tektonische Bau in seinen wesentlichen Zügen durch flache, meist weiträumige Auf- und Einwölbungen bestimmt. Daneben treten aber auch bereits verschiedene NW–SE (herzynisch) streichende Störungszonen in den Vordergrund. Die übergreifende, die allgemein schwache südöstliche Schichtneigung der Trias-Deckschichten verursachende Struktur ist hier der **Spessart-Rhön-Schild** im Norden. Sein Verlauf folgt der Mitteldeutschen Kristallinschwelle des variszischen Untergrunds. Der Spessart-Teilschild mit seinem Kristallinkern und der Rhön-Teilschild als Unterfränkischer Hauptsattel mit inselartigen Aufbrüchen von Unterem Buntsandstein in seinem Achsialbereich werden in Höhe des Vogelsberger Vulkangebietes durch eine leichte Quereinmuldung voneinander getrennt.

In gleicher Richtung wie die Spessart-Rhön-Schwelle verlaufen weiter südöstlich weitere Sättel und Mulden von geringerer Größenordnung. Der Thüngersheimer und der Steigerwald-Sattel sowie die sich dazwischen einsenkende Kitzinger Mulde wurden bereits erwähnt.

In der Höhe von Würzburg stellen sich auch NW–SE (herzynisch) streichende Faltungselemente und Störungszonen ein. Zur ersteren zählen von Südwesten nach Nordosten die **Schweinfurter Mulde**, die Aufwölbung von Haßfurth und die **Grabfeld-Mulde**, welche nach Süden in die Frankenjura-Mulde übergeht. Daneben sind die herzynisch streichende, etwa 60 km lange Heustreuer Störungszone und die Kissingen–Haßfurter Störungszone von besonderer Bedeutung.

Die **Heustreuer Dislokationszone** beginnt am Ostabhang der Hohen Rhön und setzt sich aus verschiedenen Teilstörungen zusammen. Von ihnen zeigen die vorwiegend NW–SE (herzynisch) verlaufenden Verwerfungen und die weniger häufigen NNW–SSE (eggisch) streichenden Störungslinien Merkmale sowohl von Zerrungs- als auch von Pressungsbeanspruchung, während NNE–SSW (rheinisch) verlaufende Brüche auf reine Zerrung zurückgehen. In der südöstlichen Fortsetzung der Heustreuer Störungszone liegt an der Westflanke der Grabfeld-Mulde der 15 km lange, über 100 m eingesunkene **Haßberg-Graben**.

Nordöstlich der Heustreuer Störungszone durchziehen ähnliche Brüche das südwestthüringische Triasgebiet in SE–NW-Richtung. An eine der Störungszonen ist westlich von Schleusingen auch ein kleiner Grundgebirgsaufbruch gebunden, der in der geologischen Literatur als **Kleiner Thüringer Wald** bezeichnet wird.

Von gleicher Größenordnung und gleichem tektonischen Charakter wie die Heustreuer Störungszone ist die weiter im Südwesten anzutreffende ebenfalls NW–SE (herzynisch) ausgerichtete **Kissingen–Haßfurter Störungszone**. Sie begleitet die Aufwölbung von Haßfurth auf ihrer Südwestflanke. Südostwärts ist sie im nördlichen Steigerwald bis Bamberg zu verfolgen. Ihre Fortsetzung nach Nordwesten scheint in der herzynisch ausgerichteten Fuldaer Grabenzone zu liegen. Auch die Kissingen–Haßfurter Störungszone setzt sich wie die Heustreuer Dislokationszone aus verschiedenen Einzelelementen zusammen. Wie diese zeigt sie Gräben und Horste und örtlich starke Faltung.

Weitere herzynisch ausgerichtete Bruchzonen von geringerer Längserstreckung sind die schmale, aber deutlich in Erscheinung tretende Störungszone von Wipfeld mit stark verstellten horstartigen Muschelkalk-Vorkommen und örtlich auch stärkerer Faltung des Muschelkalks sowie das breitere Störungsgebiet von Karlstadt–Würzburg–Kitzingen, das wiederum aus mehreren kleinen herzynisch streichenden Störungssystemen besteht.

Nach Südosten ist das ausgedehnte Keupersandstein-Gebiet im Vorland der Frankenalb tektonisch nicht sonderlich stark verformt. Allein die Kulmination des **Ansbacher Scheitels** bedingt hier die auffällige Umbiegung des Albrandes.

Für eine altersmäßige Eingliederung der tektonischen Vorgänge im Schwäbisch-Fränkischen Triasgebiet fehlen konkrete Anhaltspunkte. Größere Bedeutung erlangten diese Bewegungen jedenfalls während des Obermiozäns. Sie dauern bis in die Gegenwart an, wie die Gefällsverhältnisse der Flüsse, die Talformen und Flußterrassen deutlich zeigen.

Jungtertiäres Alter haben auch die Basaltgänge und -förderröhren der sogenannten **Heldburger Gangschar** zwischen dem nördlichen Steigerwald und dem Oberlauf der Werra. Die nahezu 60 km lange und bis 20 km breite Gangzone umfaßt eine Schar NNE–SSW (rheinisch) streichender fiedrig angeordneter Gänge von Nephelin-, Melilith-, Feldspat- und Glas-Basalten. Die Gänge sind gewöhnlich weniger als 1 m breit und lassen sich meist auch nur einige hundert Meter weit verfolgen. Gelegentlich sind sie stockförmig erweitert. In solchen kleineren Förderröhren sind außer Xenolithen aus der Tiefe auch Einschlüsse aus bereits abgetragenen Schichtkomplexen des Obersten Keupers und Juras erhalten.

5.7.4 Die Schwäbische Alb und ihr Vorland

Nach Süden beschließt der Höhenzug der Schwäbischen Alb die weiträumige Schichtstufenlandschaft des süddeutschen Triasgebietes. Zusammen mit der Fränkischen Alb ist sie die bedeutendste Schichtstufe Mitteleuropas. Mit Höhen zwischen 700 und 1.000 m über NN stellt sie den am stärksten herausgehobenen Teil des Süddeutschen Schichtstufenlandes dar.

In der Mittleren und Ostalb sind die Schichten nur flach nach Südosten und Südsüdosten geneigt. Infolgedessen ist die Ostalb hier relativ breit. In der Westalb herrscht steileres Einfallen nach Südosten. Dementsprechend schmal ist auch der dortige Jura-Ausstrich. Im Süden grenzt die Schwäbische Alb an das Voralpine Molasse-Becken.

Die Stirn der Albhochfläche bilden in der Westalb die Schichten des Weißjura β und in der Mittleren und Ostalb die Felsenkalke des Weißjura δ und ε. Vor der Hauptstufe haben Sandsteine und Mergelkalke des Braunen Juras lokale Bedeutung als Stufenbildner.

Der Albtrauf in seiner heutigen Lage dürfte in groben Zügen bereits vorpleistozänes Alter besitzen. Häufig sind der Hauptstufe Zeugenberge vorgelagert, die vielfach Burgen tragen (Hohenstaufen, Rechberg, Achelen, Hohenzollern usw.). Auf der Albhochfläche bilden gebankte Weißjura-Kalke die Schichtflächenalb. Kalke der Riffazies erzeugen hier ein meist flachkuppiges Gelände, die Kuppenalb. Südlich der auf der Hochfläche über weite Strecken zu verfolgenden Klifflinie des miozänen Molasse-Meeres bildet dessen Abrasionsfläche die weiten Verebnungen der Flächenalb.

Als tektonische Störungszone wurde das Schwäbisch-Fränkische Lineament als Nordrandverwerfung der Ostalb bereits genannt. Darüber hinaus ist in der Westalb und ihrem Vorland der NNE–SSW (rheinisch) angelegte Lauchert-Graben und der ihn kreuzende NW–SE (herzynisch) ausgerichtete Hohenzollerngraben von Bedeutung. Der **Lauchert-Graben** reicht mit einer Breite von 4–5 km von Sigmaringen etwa 20 km nach Norden. Seine Sprunghöhe beträgt im Westen 80 m, im Osten bis über 100 m. Der Hohenzollerngraben erstreckt sich bis in das Albvorland. Er hat eine Länge von über 30 km. Seine Breite beträgt im Mittel nur 1,5 km. Die größte Sprunghöhe liegt bei 100 m. Das Gebiet des **Hohenzollerngrabens** ist heute eines der aktivsten Erdbebenzentren Mitteleuropas. Bebenstärken bis 7–8 wurden registriert. Bei Herdtiefen von 2–20 km haben die Beben ihre Ursache in gegen Norden und Nordosten gerichteten sinistralen Horizontalverschiebungen in der oberen Erdkruste.

Als ein weiteres, dem Hohenzollerngraben parallel verlaufendes herzynisches Störungsbündel kreuzt die **Bonndorfer Grabenzone** die südwestliche Schwäbische Alb und den Hegau. Auch rheinisch streichende Strukturen finden sich hier, wie z. B. die Immendinger Flexur, die in Immendingen das Donautal quert und an der die Schichten des Juras und der oberen Meeresmolasse um 50–100 m nach Osten abbiegen.

In der mittleren Schwäbischen Alb entstand im Miozän das **Urach-Kirchheimer Vulkangebiet** mit Urach als Zentrum. Auf einer Fläche von 30–50 km Durchmesser kennt man heute etwa 300 mit Tuff sowie Grund- und vor allem Deckgebirgstrümmern gefüllte Ausbruchröhren. Die Schlote wurden durch einmalige oder wiederholte Gaseruptionen freigelegt. Anschließend erfolgte ein ruhigeres Nachdringen basaltischer Magmen, die aber nur an wenigen Stellen bis in das heutige Aufschlußniveau gelangte.n Petrologisch handelt es sich bei dem liquid-magmatischen Nachschub um Melilith-Basalte. Auch die Tuffe haben im allgemeinen diese Zusammensetzung. Nach den Eruptionen blieben häufig maar-artige Vertiefungen zurück. In einigen von ihnen bildeten sich Seen, in denen mergelige, kalkige und auch faulschlammartige Sedimente abgelagert wurden. Neben Pflanzenresten ist aus ihnen auch eine reiche Fauna des mittleren und oberen Miozäns bekannt geworden. Ein Beispiel ist das durch die rückschreitende Erosion am Albtrauf angeschnittene Randecker Maar.

Weiter im Albvorland gelegene Eruptionsschlote des Urach-Kirchheimer Vulkangebiets sind infolge der Rückverlegung des Albtraufs tief abgetragen. Ihre Füllungen ragen oft als Härtlinge über ihre Umgebung aus Schwarzjura- und Braunjura-Gesteinen hinaus. Ein ursprünglich postulierter Zusammenhang zwischen dem Vulkanismus des Urach-Kirchheimer Gebietes und einer im gleichen Raum beobachteten Wärmeanomalie mit einer geothermischen Tiefenstufe von 10–18 m/°C wird heute in Frage gestellt.

In seinem zeitlichen Ablauf und auch petrographisch steht dem Urach-Kirchheimer Vulkanismus der Vulkanismus im **Hegau** nahe. Dieser liegt gemeinsam mit dem Kaiserstuhl und einigen kleineren Melilith-Vorkommen in den Ostvogesen auf einer NW–SE verlaufenden Linie.

Der Vulkanismus des Hegaus fällt in die Zeit zwischen 14 und 7 Ma vor heute. Er hat damit mittel- bis obermiozänes Alter. Seine Eruptionspunkte ordnen sich sowohl parallel zu den NW–SE streichenden Störungslinien des südöstlichen Bonndorfer Grabens als auch in N–S-Reihen an. Die vulkanische Förderung begann mit großen Mengen von Deckentuffen. Sie besitzen heute weite Verbreitung und zeigen noch Mächtigkeiten bis 100 m. Später drangen basaltische Schmelzen auf. Ihre Gesteine haben die Zusammensetzung von Melilith-Nepheliniten. Sie bilden die meisten Hegauvulkane (Hohenstoffeln, Hohenhewen, Hewenegg, Wartenberg usw.). Neben den Deckenbasalten treten Vulkangänge und Basalttuffe auf. Jüngeren Alters ist die Förderung von Hornblendetuffen und abschließend von Phonolithen. Letztere blieben als Quellkuppen in den Deckentuffen und Molasse-Sedimenten stecken und erstarrten noch unter deren Bedeckung. Heute sind sie gegenüber ihrer weicheren Umgebung freigeräumt (Hohentwiel, Hohenkrähen, Mägdeberg, Staufen u. a.).

An der Grenze zwischen Schwäbischer und Fränkischer Alb stellt das **Nördlinger Ries** eine nahezu kreisrunde Eintiefung von etwa 26 km Durchmesser in der Jura-Tafel dar. Als weitgehend ebener Rieskessel ist sie von einem im Süden fast 100 m hohen, im Norden dagegen flacheren Wall von bunten Trümmermassen aus tonigen, sandigen und kalkigen Gesteinen des Keupers und Juras umgeben (Bunte Brekzie). Dieser völlig zertrümmerte und durcheinander gemengte Fremdschutt bedeckt bis zu 25 km vom Rand des Kessels entfernt als mehr oder weniger dicker Schleier die Weißjura-Kalke der Alb. Hinzu kommen ausgeworfene Schollen von kristallinem Grundgebirge sowie Kristallinbrekzien. Sie weisen weitgehende Übereinstimmung mit dem Kristallin des Moldanubikums im Oberpfälzer Wald und Kristallineinschlüssen von Schlotfüllungen im Urach-Kirchheimer Vulkangebiet auf. Bezeichnend sind weiterhin glashaltige Suevite, das sind Brekzien aus überwiegend kristallinen Gesteinen in verschiedenen Umwandlungs- und Aufschmelzungsstadien.

Im Gegensatz zu der früher diskutierten vulkanischen Sprengtheorie wird die Entstehung des Nördlinger Ries heute auf den Einschlag eines kosmischen Körpers vor etwa 15 Ma während des frühen Mittelmiozäns zurückgeführt. Dafür sprechen seine runde Form, das Vorkommen von glashaltigen Sueviten und der SiO_2-Hochdruckmodifikationen Coesit und Stishovit, die Zertrümmerung der anstehenden Gesteine bis in rund 1.000 m Tiefe sowie die Art des Auswurfs und der Auspressung der Trümmermassen. Der Meteorit selbst verdampfte vollständig.

Nach dem Ries-Ereignis bildete sich im Krater ein Süßwassersee, in dem nach zunächst grobkörnigen brekziösen Gesteinen dünnschichtige Tone und Mergel sedimentierten und am Rand und auf Untiefen auch Algenriffe und Stromatolithenkalke entstanden. Heute ist die

Ries-Ebene nach teilweiser Wiederausräumung mit einer geschlossenen Lößlehmdecke versehen.

Wie das Nördlinger Ries, stellt auch das wenig westlich gelegene viel kleinere **Steinheimer Becken** einen Einschlagkrater dar. Westlich Heidenheim bildet es eine fast kreisrunde Einsenkung mit einem mittleren Durchmesser von 3.500 m und einer Tiefe von 100 m. Auch hier finden sich im Beckenzentrum und an den Rändern Schollen- und Gesteinstrümmer aus verschiedenen Stufen des Braunen und Weißen Juras, die bei ungestörter Lagerung erst 130–330 m tiefer anstehen müßten. Auch treten miozäne Seeablagerungen auf, Süßwasserkalke und Kalksande mit u.a. reicher Schnecken- und Wirbeltierfauna. Die Entstehung des Steinheimer Beckens durch den Einschlag eines extraterrestrischen Körpers erfolgte wie das gleichartige Ries-Ereignis im frühen Mittelmiozän.

Die Schwäbische Alb ist ein stark **verkarstetes** Gebirge. Ein erstes Karststockwerk bilden die Wohlgeschichteten Kalke des Weißjuras β, ein höherliegendes zweites die Bankkalke des Weißen Juras δ bis ζ.

Die Verkarstung erfolgte seit der Kreide durchgehend bis zum Pleistozän. Auf der Albhochfläche findet sie ihren morphologischen Ausdruck in großen Trockentalzügen, in Dolinen und oberirdisch abflußlosen Kesseltälern sowie in einer großen Zahl von Höhlen. Karsthydrographisch sind eine große Zahl von Versickerungsstellen und viele Schicht- und Karstquellen bezeichnend. Eine Karstquelle mit sehr starker Schüttung (0,35–26,2 m^3/sec) ist der Blautopf in Blaubeuren.

Im Hegau führte die Verkarstung des Oberjuras zu den bekannten Donauversickerungen zwischen Immendingen und Beuren. Bei Immendingen versinkt das Donauwasser in Kalken des Weißjuras β und tritt in etwa 12 km Entfernung im 183 m tiefer gelegenen Aachtopf im Weißen Jura ζ wieder aus. Mit einer Schüttung von durchschnittlich 10 m^3/sec (im Minimum 1,35 m^3/sec, im Maximum 24,8 m^3/sec) stellt die Aachquelle, die zu zwei Dritteln Donauwasser führt, die größte Karstquelle in Deutschland dar.

5.7.5 Die Fränkische Alb und das Oberfränkisch-Oberpfälzische Bruchschollenland

Östlich des Nördlinger Ries bildet der Höhenzug der Frankenalb die östliche und nordöstliche Fortsetzung der Weißjura-Schichtstufe der Schwäbischen Alb.

Auffallendes Kennzeichen der **Frankenalb** ist ihr knieförmiges Umbiegen aus der Ostwestrichtung der Schwäbischen Alb in die Nordsüdrichtung. Das ist durch die heutigen Lagerungsverhältnisse bedingt. Aber auch sonst bestehen deutliche Unterschiede zwischen der N–S ausgerichteten nördlichen und mittleren Frankenalb zwischen Coburg und Regensburg und der E–W verlaufenden südlichen Alb. Ihre Jura-Ablagerungen sind durchweg weniger mächtig als die in Schwaben. Nur die Eisensandsteine des Mitteljuras sind mächtiger vertreten. Die mittlere und nördliche Frankenalb zeichnet sich zudem durch eine starke Dolomitisierung des höheren Oberjuras aus (Frankendolomit).

In ihrem nördlichen und mittleren Teil ist die Frankenalb weniger herausgehoben als ihre südwestlich anschließenden Teile und die Schwäbische Alb. Der Jura wird hier von Resten einer im Südosten ziemlich mächtigen Oberkreide-Bedeckung überlagert, während sich in der Südalb direkt über den Kalken tertiäre Molasse-Ablagerungen ausbreiten. Schließlich stellt die nördliche und mittlere Frankenalb strukturell einen breiten NW–SE verlaufenden Muldenzug dar, der parallel zum Nordostrand der Süddeutschen Großscholle verläuft und auf dessen Ostflanke wieder Trias zutage tritt.

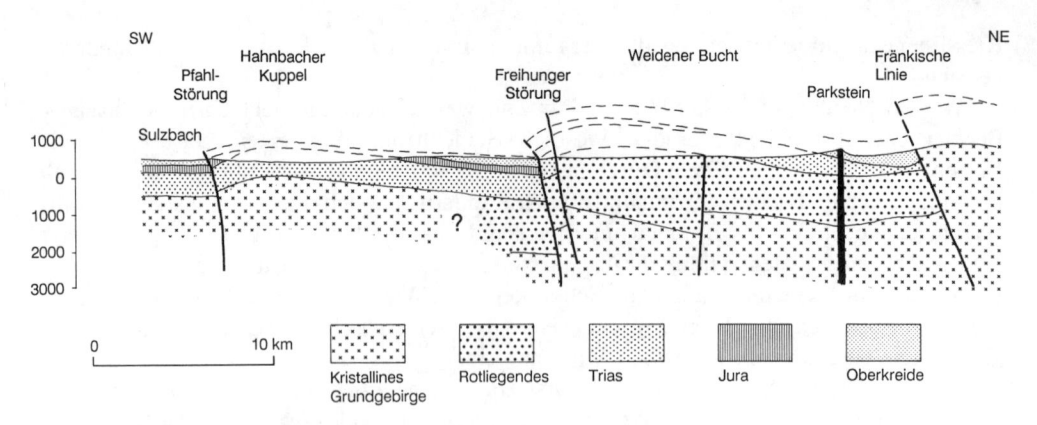

Abb. 126. Schematisches geologisches Profil durch den Hahnbacher Sattel und die südliche Weidener Bucht (n. SCHRÖDER 1987).

Die **Frankenalb-Mulde** geht im Nordwesten aus der gegen Südosten eintauchenden Grabfeld-Mulde hervor. In ihrem Muldenzentrum ist sie entlang der Staffelsteiner und Lichtenfelser Störungszone grabenförmig eingebrochen. Muldenachse und -brüche verlaufen etwa parallel. Weiter südlich besteht der Muldenkern in der kleinen **Hollfelder Kreidemulde** und dann von der **Veldensteiner** und **Vilsecker Kreidemulde** bis Regensburg durchgehend aus Oberkreide-Schichten. Im Süden ist dieser Kreidezug in der unmittelbaren Nähe zum Ostrand der Großschollen allerdings tektonisch stark gestört.

Von den zahlreichen am **Ostrand der Frankenalb-Mulde** vorhandenen kleineren Einmuldungen und Aufbeulungen ist der nördlich Amberg gelegene **Hahnbacher Sattel** die markanteste Struktur. Mit einem Keuperkern als Niederung und Flanken aus höhenbildenden Jura-Gesteinen stellt er ein gutes Beispiel für Reliefumkehr dar. Die mit flacher Nordostflanke und steiler Südwestflanke asymmetrische Aufsattelung wird nach Südwesten von der Amberg-Sulzbacher Aufschiebungszone begrenzt. Diese stellt die Fortsetzung der Pfahlstörung des Bayerischen Waldes in das Deckgebirge dar.

Östlich der Hahnbacher Kuppel ist zwischen der Freihunger Störung im Norden und der Amberg-Sulzbacher Störungszone und Pfahlstörung im Südwesten das Kristallin des fast E–W verlaufenden Naab-Gebirges weit herausgehoben. Nach Nordwesten wird es von Trias überdeckt und weiter von Jura und von der Oberkreide der Vilsecker Mulde. Gegen den Hahnbacher Sattel ist das Kristallin durch eine von der Pfahlstörung abzweigende steile Aufschiebung abgegrenzt.

Entlang der WNW–ESE verlaufenden Pfahlstörung springt Mesozoikum einschließlich der Oberkreide im **Bodenwöhrer Halbgraben** etwa 50 km nach Südosten vor. Streckenweise ist hier das Kristallin des Naab-Gebirges und des Hinteren Oberpfälzer Waldes auf die steilstehende und überkippte mesozoische Grabenfüllung überschoben. Entlang dem Südwestrand des Halbgrabens lagert das Mesozoikum dem Kristallin des Vorderen Bayerischen Waldes normal auf.

Die westliche Begrenzung des Vorderen Bayerischen Waldes bildet die fast N–S verlaufende Keilberg-Störung, eine steil nach Westen einfallende Abschiebung, die örtlich auch zu einer steil nach Osten einfallenden Aufschiebung umgebildet sein kann. Im Süden trifft die Keilberg-Störung östlich von Regensburg auf den parallel zur Pfahlstörung verlaufenden Donau-Randbruch. In ihrer nördlichen Fortsetzung liegt der schmale, aber deutlich ausgeprägte **Schwandorfer Sattel** mit Keuper im Kern.

Die **westliche Flanke der Frankenalb-Mulde** zeigt generell ein geringeres Einfallen der Schichten und weniger Komplikationen durch Schichtverbiegungen, Flexuren oder streichende Störungen als ihr Ostrand. Nahe Heiligenstadt östlich Bamberg finden sich entlang einer NNE–SSW (rheinisch) verlaufenden Linie einige Durchbruchstellen von Nephelin-Basalt. Eine ähnliche Tektonik besteht in der Südlichen Frankenalb. Die Schichten zeigen hier generelles W–E-Streichen und allgemein nur geringes Südeinfallen. Auch hier treten Verwerfungen im tektonischen Gesamtbild stark zurück.

Als östlichstes Teilstück des Schwäbisch-Fränkischen Lineaments reicht eine W–E streichende Abschiebung von der Schwäbischen Alb her in das Gebiet. Im Süden ist der Neuburger Jura-Sporn mit den jüngsten Schichtgliedern des süddeutschen Oberjuras durch den ebenfalls W–E ausgerichteten Donausprung von der Alb getrennt. Nördlich Ingolstadt bildet die obermiozäne Alb-Südrandflexur ein auffallendes tektonisches Element.

Die Weißjura-Tafel der Frankenalb ist wie diejenige der Schwäbischen Alb durch besonders zahlreiche **Karsterscheinungen** wie Höhlen, Dolinen und Karstquellen usw. gekennzeichnet. Die erste Verkarstung erfolgte in der Unterkreide. Ihre kegelkarstähnlichen Bildungen wurden zunächst durch oberkretazische Ablagerungen plombiert.

Die tertiäre Hauptverkarstung der Südlichen Frankenalb ist prä-obermiozän. Die bis heute andauernde, mit der jüngsten Heraushebung der Frankenalb zusammenhängende Verkarstung setzte im Pliozän ein.

Zwischen der Nördlichen Frankenalb im Westen und dem östlich der Fränkischen Linie gelegenen Grundgebirge Nordostbayerns liegt ein 15–20 km breiter Trias-Streifen, der durch NNW–SSE ausgerichtete Störungszonen in mehr oder weniger schmale Bruchschollen zerteilt ist, das **Oberfränkisch-Oberpfälzisches Bruchschollengebiet**. In seinem nördlichen, oberfränkischen Anteil ist er vorwiegend aus Buntsandstein, Muschelkalk und Keuper aufgebaut. Darüber legt sich im Coburger Gebiet Unterjura und nordwestlich Kulmbach auch Mittel- und Oberjura. In der Ausbildung der Trias-Sedimente macht sich nach Südosten zunehmend die Nähe und der Einfluß des angrenzenden Böhmischen Massivs bemerkbar.

Nach Südosten verliert sich die tektonische Stückelung und das Oberfränkisch-Oberpfälzische Bruchschollengebiet endet in der **Weidener Bucht**. Hier tritt an einigen Stellen das Rotliegende des Naab-Troges zutage. Es wird von Buntsandstein und litoral-klastischen Gesteinen der mittleren Trias überlagert. Im Raum Neustadt–Pressath–Parkstein folgt Keuper, der streckenweise von terrestrischer jüngerer Oberkreide überdeckt wird. Hier liegen eine Reihe von Basaltkegeln, u. a. diejenigen des Parksteins und des Rauhen Kulm. Sie entstanden im Zusammenhang mit der Bildung der Tertiär-Becken des südlichen Fichtelgebirges und Eger-Grabens während des Oligozäns und Miozäns.

Gegen das Grundgebirge des Böhmischen Massivs und des Thüringisch-Sächsischen Raums wird das Oberfränkisch-Oberpfälzische Bruchschollenland durch die **Fränkische Linie** begrenzt. Als erstrangige Schollengrenze läßt sie sich vom Südwestrand des Thüringer Waldes bis südöstlich Weiden verfolgen. An ihr setzt sich der Grundgebirgssockel auch morphologisch deutlich gegenüber seinem westlichen Vorland ab. Über große Strecken zeigt die Störungszone der Fränkischen Linie gleichbleibendes NW–SE (herzynisches) Streichen. Im einzelnen gabelt sie sich aber immer wieder auf oder wird fiederartig versetzt. Letzteres ist beispielsweise bei Stockheim der Fall. Hier wird die Fränkische Linie über mehrere NNE–SSW streichende Teilstörungen nach Westen versetzt, so daß die das paläozoische Grundgebirge dort diskordant überdeckenden Rotliegend-Sedimente des Stockheimer

Troges im Süden normal von einer nach Westen einfallenden Zechstein-Buntsandstein-Folge überlagert werden. Ähnliches gilt für den Südwestabbruch des Fichtelgebirges.

Bis in die Höhe des Fichtelgebirges gilt der nördliche Abschnitt der Fränkischen Linie als reine Abschiebung mit einer Sprunghöhe von mindestens 1.000 m. Weiter südöstlich sind deutliche Pressungserscheinungen bekannt, so daß sie als steile gegen Südwesten gerichtete Aufschiebung des variszischen Grundgebirges auf sein mesozoisches Vorland angesehen werden muß. Bei Kemnath wird mit Verschiebungsbeträgen von 1.900 m bis 2.300 m gerechnet.

Parallel zur Fränkischen Linie verlaufen im Nordfränkisch-Oberpfälzischen Bruchschollengebiet zwei weitere bedeutende Störungslinien. Im Norden verläuft in 7–9 km Abstand die **Eisfeld-Kulmbacher Störungszone**. Auch sie setzt sich aus verschiedenartigen Einzelstörungen zusammen, die fiedrig gegeneinander abgesetzt sind und die in Flexuren übergehen können. Nördlich Kulmbach werden vertikale Verschiebungsbeträge von über 900 m erreicht. Je nach Einfallsrichtung hat diese Störungszone Abschiebungscharakter oder sie stellt eine gegen Südwesten gerichtete Aufschiebung dar.

Südöstlich Bayreuth bildet die **Kirchenthumbach-Freihunger Störungszone** den Südwest- und Südrand des Oberpfälzer Schollenlandes. In Anlage und Entwicklung stimmen diese beiden Teilstörungen mit den anderen großen Störungen überein. Die Kirchenthumbacher Störung ist eine nach Südwest einfallende Abschiebung. Die Freihunger Störungszone ist eine aus einer Flexur hervorgegangene gegen Südwesten und Süden gerichtete Aufschiebung. Zwischen den Störungen sind die Schichten teilweise verbogen. Zu nennen sind hier das Creussener Gewölbe und die Mulde von Kirchenlaibach südlich und südöstlich Bayreuth sowie die Hessenreuther Kreidemulde und die Kaltenbrunner Kuppel aus Permotrias in der Weidener Bucht.

Die **Bruch- und Verbiegungstektonik** zwischen der Fränkischen Linie und der Frankenalb erfuhr ihre erste markante Ausgestaltung präoberkretazisch, da Oberkreide den Schichten der Trias und des Juras diskordant aufliegt. Ein genauerer Zeitpunkt ist wegen des Fehlens datierbarer Unterkreide-Sedimente nicht festzulegen. Trias und Jura wurden im Rahmen einer gegen Südwesten gerichteten Überschiebungstektonik weitflächig herausgehoben und verkippt. Jura ist deshalb heute nur noch in einigen schmalen Halbgräben erhalten. Mit über 1.500 m erfuhr die Böhmische Masse jenseits der Fränkischen Linie die weiteste Heraushebung.

Spätere tektonische Bewegungen in der höheren Oberkreide oder nach der Oberkreide lassen sich für dieses Gebiet nur anhand von wenigen Sedimenten und Vulkaniten des späten Oligozäns und Miozäns rekonstruieren. Sie standen auch weiterhin im Zusammenhang mit der Heraushebung des Böhmischen Massivs gegenüber der Süddeutschen Tafel und zeigen außerdem Beziehungen zum Einsinken des NE–SW streichenden Eger (Ohře)-Grabens.

Literatur: TH. AIGNER 1984; TH. AIGNER & G. H. BACHMANN 1989; H. ALDINGER 1968; BARTZ 1961; BAYERISCHES GEOLOGISCHES LANDESAMT (Hrsg.) 1977, 1981; K. BEURLEN 1982; W. CARLÉ 1955; E.T.C. CHAO 1977; B. VON FREYBERG 1969; O. F. GEYER & M. P. GWINNER 1979, 1986 (hier zahlreiche weitere Literatur); H. GUDDEN 1984; M. P. GWINNER 1976, 1977, 1980, 1981; M. P. GWINNER & K. HINKELBEIN 1976; M. P. GWINNER & G. H. BACHMANN 1979; R. HAENEL (Ed.) 1982; K. E. HELMKAMPF, J. KUNEMANN & O. KAISER 1982; H. D. HERM 1979; HÖLDER 1964; W. HOPPE & G. SEIDEL (Hrsg.) 1974; H. G. HUCKENHOLZ & B. SCHRÖDER 1981, 1985; F. LEITZ & B. SCHRÖDER 1985; M. MÜLLER 1984; C. MUNK 1985; J. PAUL 1985; J. PFEUFER 1983; W. RIEGRAF et al. 1984; E. RUTTE & N. WILCZEWSKI 1983; K. SCHÄFER 1985; H. SCHMIDT-KALER & A. ZEISS 1973; G. SCHÖNENBERG 1973; A. SCHREINER 1976; B. SCHRÖDER 1968, 1971, 1976, 1977, 1987; V. SCHWEIZER 1982; R. STAMM & F. GOERLICH 1987; G. WAGNER 1960; G. WAGNER & A. KOCH 1961; W. WEISKIRCHNER 1975, 1980; P. WURSTER 1964, 1968; B. ZIEGLER 1977.

5.8 Die mesozoischen und tertiären Becken des Böhmischen Massivs
5.8.1 Übersicht

Im Gegensatz zur Süddeutschen Großscholle blieb der Bereich des Böhmischen Massivs während der längsten Zeit des Mesozoikums und Känozoikums Hochgebiet und damit Liefergebiet für klastische Schüttungen in angrenzende Senkungszonen. Zeitweilige Ausnahmen machten nach nur kurzer Öffnung einer schmalen marinen Meeresstraße quer über das ganze Massiv während des Oberjuras das Gebiet des heutigen Nordböhmischen Kreide-Beckens und der im Tertiär einsinkende Eger(Ohře)-Graben.

Marine Oberjura-Ablagerungen (Kalke und Dolomite sowie auch Sandsteine und Tonsteine) sind nur in wenigen Erosionsresten in Mächtigkeiten von wenig mehr als 100 m entlang der Lausitzer Überschiebung in Nordböhmen und in der Elbtalzone erhalten.

Die **Nordböhmische Kreidesenke** bildet heute eine rund 80 km breite und 200 km lange flache Deckgebirgseinmuldung, deren Achse von Děčín (Tetschen) im Nordwesten bis nach Boskovice (Boskowitz) im Südosten verläuft. Im Nordosten bildet die Lausitzer Überschiebung die Grenze.

Die marinen Kreide-Ablagerungen der Nordböhmischen Kreidesenke umfassen Sedimente des Alb/Cenomans bis Santons. Sie zeichnen sich durch eine stark wechselnde Lithofazies und große Mächtigkeitsschwankungen aus. Ihre maximale Mächtigkeit beträgt 900–1.000 m.

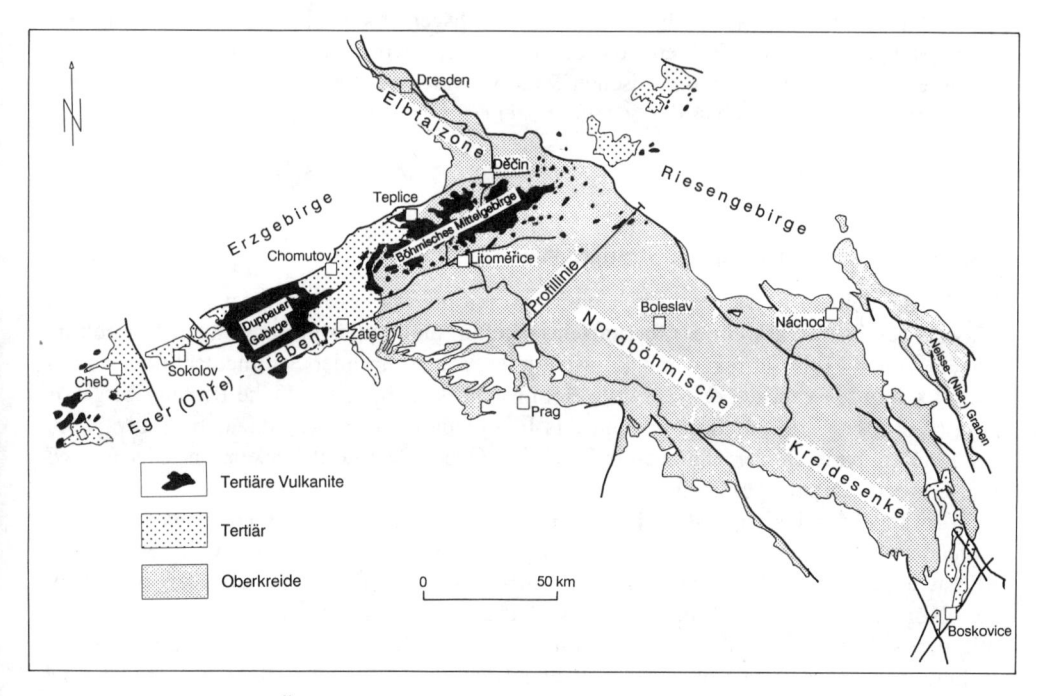

Abb. 127. Geologische Übersichtskarte der Nordböhmischen Kreidesenke und des Eger(Ohře)-Grabens.

Im Nordwesten reichte die Nordböhmische Kreidesenke bis in die Elbtalzone. Im Nordosten entwickelte sich gleichzeitig, aber unabhängig von ihr das Kreidegebiet des NW–SE streichenden Neiße-Grabens.

Im moldanubischen Kristallin Südböhmens kam es während der höheren Oberkreide (Coniac/Santon) zur Einsenkung der **Becken von České Budějovice** (Böhmisch-Budweis) und **Třeboň**, die aber nur limnische Sandsteine, Konglomerate und Tonsteine aufnahmen. Später entwickelten sich aus diesen Senken schmalere NW–SE streichende tektonische Gräben, die sich mit neogenen Süßwassersedimenten füllten.

Während des späten Oligozäns entstand im Nordwesten des Böhmischen Massivs der **Eger(Ohře)-Graben**. Er ist Teil einer bedeutenden tektonischen Senkungszone, die sich in wechselnder Breite von der Fränkischen Linie im Südwesten bis zur Sudeten-Hauptrandverwerfung im Nordosten verfolgen läßt und sich bis in das Pleistozän durch lebhaften Vulkanismus auszeichnet. Auch die tektonische Aktivität dieser Zone hält bis heute an.

Der eigentliche Eger-Graben wird im Norden vom Erzgebirgsabbruch begrenzt. Seinen Südostrand bildet der von der Elbe bis nach Podbořany im Südwesten erkennbare Staffelbruch von Litoměřice (Leitmeritz). Während der nördliche Erzgebirgsabbruch Sprunghöhen von bis über 1.000 m aufweist, spielten sich entlang diesem südlichen Randbruch nur vergleichsweise geringere vertikale Bewegungen ab.

Im schmaleren Westteil des Eger-Grabens liegen die heute durch einen Kristallin-Aufbruch getrennten Becken von Cheb (Eger) und Sokolov (Falkenau). Östlich des vulkanischen Duppauer Gebirges (Doupovské hory) erweitert sich der Graben. Hier liegt das Nordböhmische Braunkohlenbecken von Chomutov-Most-Teplice. Ihm folgt nach Nordosten das wiederum aus Vulkanen aufgebaute Böhmische Mittelgebirge (České Středohoří).

In der westlichen Lausitz liegen das Einbruchsgebiet der Zittauer (Zitava) und der Berzdorfer Senke in der direkten Fortsetzung des Eger-Grabens.

Innerhalb des Kerns des Böhmischen Massivs waren die tertiären Senkungsgebiete von **České Budějovice** und **Třeboň** die bedeutendsten.

5.8.2 Geologische Entwicklung, Stratigraphie

Im Rahmen einer spätvariszischen Dehnungstektonik war es im Gebiet des Böhmischen Massivs bereits im Verlauf des **Oberkarbons (Stefan)** und **Unterrotliegenden** zur Einsenkung verschiedener Molassebecken mit kontinentaler kohleführender Sedimentfüllung gekommen. Im Norden gehören das Zentrale Böhmische Becken, das südliche Riesengebirgsvorland (Krknoše-Piedmont-Becken) und das Innersudetische Becken dazu. In Zentral- und Ostböhmen bildeten der Blanice-Graben, das Orlice-Piedmont-Becken und der Boskovice-Graben schmalere Einbrüche.

Von der **Trias** bis zum **Mitteljura** bildete das Böhmische Massiv ein Hochgebiet, das laufender Abtragung unterlag. Erst während des späten Callov bildete sich quer über das Massiv eine wahrscheinlich nur schmale marine Verbindung vom Schelfgebiet der Tethys zum Nordwesteuropäischen Becken. Sie verband den Südostrand des Böhmischen Massivs mit der sächsischen Elbtalzone und führte zur Ablagerung von heute innerhalb des Böhmischen Massivs nur örtlich erhaltenen Karbonatgesteinen und untergeordnet auch Klastika des Callov bis Tithon. Die seitliche Ausdehnung des Jura-Meeres über nordöstliche und südwestliche Teile des Böhmischen Massivs ist heute nicht mehr zu rekonstruieren.

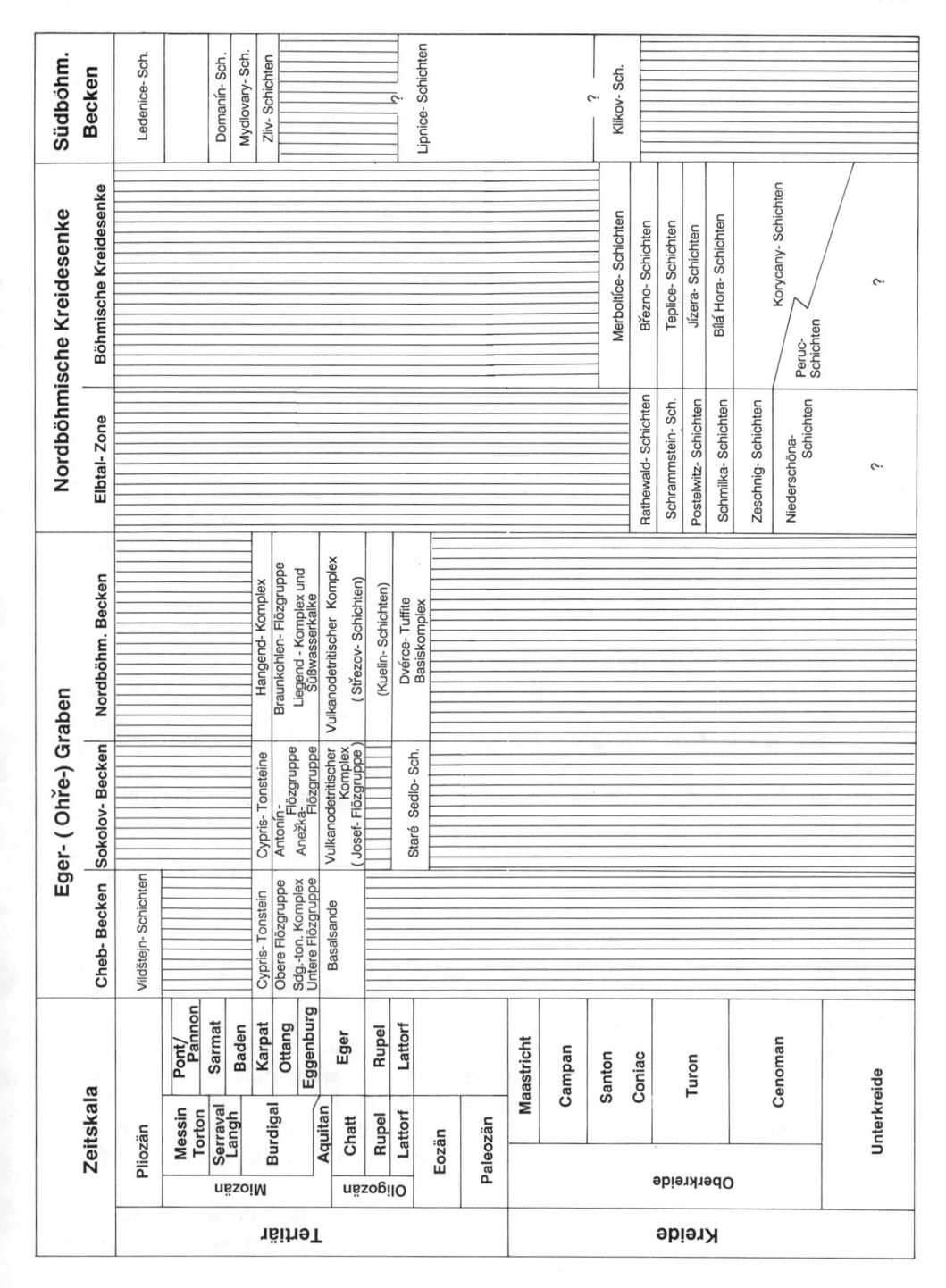

Abb. 128. Stratigraphische Übersicht für die Kreide- und Tertiärbedeckung des Böhmischen Massivs (nach verschiedenen Autoren).

Eine erneute Heraushebung des gesamten Böhmischen Massivs und allgemeine Absenkung des Meeresspiegels an der Wende Jura/Kreide waren die Ursache für eine erneute regionale Regression.

Nach längerer Sedimentationsunterbrechung und Reliefeinebnung begann dann ab der höchsten Unterkreide (Alb) die Eintiefung der **Nordböhmischen Kreidesenke**. Bis in das mittlere Cenoman wurden vorwiegend fluviatile Sedimente gebildet. Während des Obercenomans drang das Meer von Südosten her durch den sich öffnenden Blansko-Graben weit über die flache Einebnungsfläche vor. Zunächst wurden überwiegend Sandsteine abgelagert. In Randgebieten und im Bereich vereinzelter morphologischer Erhebungen innerhalb des Beckens kam es zur Ausbildung einer fossilreichen Küsten- bzw. Klippenfazies. Im unteren Turon vertiefte und erweiterte sich das Becken. Sandige Mergel und kalkige Sandsteine sowie Glaukonitsandsteine bildeten sich. Im Mittelturon entwickelte sich nach Aktivierung der Lausitzer Grenzstörungen im Nordosten eine küstennahe Quadersandsteinfazies. Beckenwärts wird sie von einer feinsandig mergeligen Plänerfazies und diese wiederum im Zentrum des Beckens von einer Tonmergelfazies abgelöst. Für das höhere Turon besteht entlang der Lausitzer Störungszone örtlich eine Schichtlücke. Sonst sind nach glaukonitischen Sanden und Mergeln weiterhin Tonmergel mit tonigen Kalken als Einschaltungen für größere Teile des Beckens charakteristisch. Auch während des Coniac hielt die pelitische Sedimentation zunächst noch an. Sandsteine des oberen Coniac und unteren Santons beschließen die marine Oberkreidefolge. Im Rahmen subherzyner tektonischer Hebung und Deformation zog sich das Oberkreide-Meer endgültig aus der Nordböhmischen Kreidesenke zurück.

Im südlichen Moldanubikum kam es in den wie die nördliche Kreidesenke herzynisch (NW–SE) ausgerichteten flachen Becken von C. Budějovice und **Třeboň** zur Zeit des Oberconiacs bis Obersantons zur Bildung von bis zu 350 m limnischen Sandsteinen, Konglomeraten und Tonsteinen.

Die **känozoische Entwicklung** des Böhmischen Massivs war durch Dehnungstektonik bestimmt. Ihr wichtigstes Ergebnis war die Anlage des vulkanisch-tektonischen **Eger(Ohře)-Grabens**. Seine Absenkung begann im späten Oligozän und hielt bis in das Pleistozän an.

Die Sedimentfüllung des Eger-Grabens ist nicht einheitlich. Die präoligozäne Landoberfläche war von einer bis 50 m tiefreichenden Kaolinkruste alttertiären Alters bedeckt. Sie liegt meist auf Graniten, stellenweise auch auf Gneis. Im späten Eozän begannen sich in verschiedenen flachen Depressionen mit Konglomeraten Kaolinsandsteine und sandige Tone zu sammeln (Staré-Sedlo-Schichten, Podbořany-Sande). Diese ältesten Tertiär-Sedimente finden sich im Sokolov-Becken und im südwestlichen Teil des Nordböhmischen Braunkohlenbeckens.

Im oberen Oligozän unterbrachen tektonische Bewegungen diese Sedimentation. Im Duppauer Gebirge (Doupovski hory) kam es zur Förderung erster Tuffe und im Böhmischen Mittelgebirge (Ceské Středohoří) erfolgte die Hauptförderung überwiegend basaltischer Laven. Gleichzeitig mit dieser vulkanischen Aktivität entstanden im südlichen Vorland des Erzgebirges erneut senken, deren Basissedimente überwiegend vulkanischen Ursprungs sind, aber auch Tone, Diatomite und Kalke umfassen.

Nach Beendigung der vulkanischen Förderungen sanken diese Becken weiter ein und füllten sich im Verlauf des unteren Miozäns (Aquitan bis Helvet) mit sandig-tonigen Südwasserablagerungen. Eine reiche Vegetation führte im ganzen Gebiet zur Bildung einer bedeutenden Braunkohlenformation.

Durch Vertiefung der Becken vor Beginn des Karpat (oberes Helvet) wurde die Braunkohlenbildung unterbrochen. Die Ablagerungen des jüngeren Miozäns werden heute mehrere 100 m mächtig. An der Basis liegen Konglomerate und Sandsteine, die in pelitische Sedimente übergehen. Tektonische Bewegungen und eine zweite vulkanische Förderphase, die Hauptförderung im Duppauer Gebirge, schlossen diese Entwicklung ab.

Sedimente des Pliozäns und Pleistozäns finden sich vorwiegend im Becken von Cheb. Während des Pleistozäns kam es hier zu einer dritten vulkanischen Phase. Nachklänge des Vulkanismus sind in ganz Nordböhmen Mineral- und Thermalquellen (Nordböhmische Thermal-Linie) sowie eine lokal auffallend niedrige geothermische Tiefenstufe (Karlovy Vary 2,5 m/°).

Im Gebiet des moldanubischen Kristallins sind in den Becken von **Č. Budějovice** und **Třeboň** limnische Ablagerungen des Olizogäns und Miozäns weniger weit verbreitet als solche der Kreide. Das Miozän umfaßt neben Konglomeraten, Sandsteinen und Tonen auch zwei oder drei Braunkohlenflöze und Kieselgur. Teilweise lassen brackische Einlagerungen eine episodische Verbindung zum subalpinen Molasse-Becken erkennen. Jüngste vorquartäre Ablagerungen sind hier tonige Sande des Pliozäns.

5.8.3 Die Nordböhmische Kreidesenke

Die Nordböhmische Kreidesenke entwickelte sich über einem recht verschiedenartigen Untergrund. Im Nordwesten bildet das Kristallin des abgesunkenen Erzgebirgs-Südrandes die Kreidebasis, weiter südwärts das Oberkarbon des Kladno- und Krknoše-Piedmont-Beckens. Der größte Teil des Kreide-Untergrundes wird von proterozoischen und evtl. auch jüngeren Phylliten und Kristallingesteinen gebildet.

Die Kreidesenke zeigt ein asymmetrisches tektonisches Profil. Ihre Nordostflanke ist vor der Lausitzer Überschiebung am weitesten eingesunken. Auch das Muldeninnere wird von NW–SE streichenden Störungen durchzogen. Sie werden auf spätkretazisch-frühtertiäre Einengungs- und Scherungsbeanspruchung zurückgeführt. Zu ihnen gehört im Süden der bedeutende Zelezné hory(Eisengebirgs)-Randbruch. Gleich alt wie die Störungen sind auch verschiedene NW–SE streichende flache Aufsattelungen und Einmuldungen der Oberkreide-Schichten. Im Südosten der Kreidesenke herrschen NNE–SSW verlaufende Bruchzonen und Sättel vor. Sie begrenzen zum Teil bereits während des Permokarbons aktiv eingesunkene Grabenzonen. Auch sie sind mit deutlichen Verbiegungen der Kreide-Schichten verbunden.

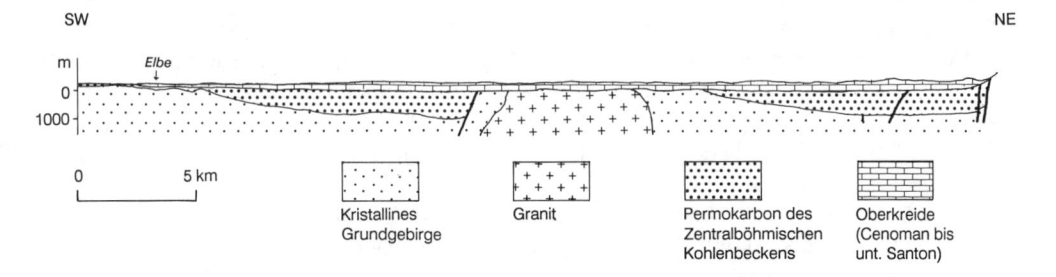

Abb. 129. Schematisches geologisches Profil durch die Nordböhmische Kreidesenke (n. MALKOWSKÝ 1987). Lage vgl. Abb. 127.

In ihrem Nordwestteil wird die Nordböhmische Kreidesenke heute von WSW−ENE ausgerichteten jüngeren Störungssystemen des Eger-Grabens gequert.

Die Fazieseverteilung des marinen Turons in der Nordböhmischen Kreidesenke zeigt, daß das Ursprungsgebiet des groben psammitischen Materials im Bereich einer westsudetischen Insel lag, d. h. im Gebiet des heutigen Lausitzer Massivs und des Iser- und Riesengebirges. Deren psammitischer Detritus wurde in Abhängigkeit von der Intensität ihrer tektonischen Heraushebung unterschiedlich weit in das Beckenzentrum transportiert. Der stark eingeebnete und tektonisch weniger aktive Südwestteil des Böhmischen Massivs lieferte höchstens feinklastisches Sedimentmaterial nach Norden.

Entsprechend gliedert sich die Nordflanke der Nordböhmischen Kreidesenke heute von Nordwesten nach Südosten in ein Lausitzer Faziesgebiet mit überwiegend sandiger Entwicklung, ein Iser-Faziesgebiet mit vorherrschend kalkigen Sandsteinen, eine Elbe-Region mit mergelig-tonigen Sedimenten sowie eine Orlice-Žďár-Region mit wieder überwiegend kalkigen Sandsteinen. Entlang ihrem Südwestrand werden nach der Fazies eine Eger-Region mit tonig-mergeliger Entwicklung, eine Vltava-Berounka-Region mit vorwiegend mergeligen Sedimenten und eine Kolin-Region mit z. T. litoralen Riffkalken unterschieden.

5.8.4 Der Eger(Ohře)-Graben

Der Eger-Graben wird anders als der Oberrheingraben nicht als Ergebnis einfacher Dehnungstektonik, sondern als vulkano-tektonisches Senkungsgebiet nach der Hauptförderphase am Ende des Oligozäns interpretiert. Jedes seiner Teilbecken hat seine eigene Geschichte.

Im Westen wird das kleine **Cheb(Eger)-Becken** von NNW−SSE verlaufenden Randstörungen begrenzt. Es liegt in der Fortsetzung des Cheb-Domažlice-Grabens im südlich angrenzenden Kristallin. Die maximale Absenkung des Beckens beträgt in seinem Nordostteil 300−400 m. Im unteren Miozän (Burdigal bis unteres Helvet) entwickelte sich über basalen Sanden der Staré Sedlo-Formation ein bis 32 m mächtiges Braunkohlenflöz. Es wird seinerseits von Tonsteinen der *Cypris*-Formation (höheres Untermiozän) und mächtig entwickelten pliozänen Sedimenten überlagert.

Gegen Ende des Pliozäns kam es zur Bildung feuerfester Tone der Vildstein-Formation. Im Pleistozän entstanden die Tuffkegel des Železná Hůrka (Eisenbühl; 1,0−5,0 Ma) und Komorní Hůrka (Kammerbühl; 0,26−0,85 Ma).

Das Cheb-Becken ist heute der seismisch aktivste Teil des ganzen Böhmischen Massivs.

Das **Sokolov(Falkenau)-Becken** wird im Gegensatz zum Cheb-Becken hauptsächlich von WSW−ENE streichenden Störungen kontrolliert. Über der spätoozänen Staré-Sedlo-Formation bildeten sich zu Beginn des Miozäns die Josef-Flöz-Formation und nach vulkanogenen Zwischenschichten, deren Material aus dem Duppauer Gebirge abgeleitet werden kann, die Hauptbraunkohlenformation mit den Flözen Anežka (5−12 m) und Antonín (20−30 m). Südwestlich Sokolov schließen sich letztere zu einem maximal 62 m mächtigen Braunkohlenflöz zusammen.

Der zwischen dem Becken von Sokolov und dem Nordböhmischen Becken gelegene 400 m mächtige Vulkankomplex des **Duppauer Gebirges (Doupovské hory)** bildet nach dem Vogelsberg das zweitgrößte zusammenhängende Vulkangebiet Mitteleuropas. Er erscheint zwar als einheitlicher Stratovulkan, doch sind mehrere verschiedenaltrige Eruptivzentren vorhanden. Gefördert wurden Leuzitite, Tephrite und Basalte. In der ersten Förderphase während des frühen Oligozäns wurden nur Tuffe ausgeworfen. Die Haupteruptionen erfolgten in der zweiten vulkanischen Phase im unteren Miozän. Ihr sind auch Gangbasalte zuzuordnen.

Das **Nordböhmische Becken** gilt als typisches Beispiel für eine vulkanotektonische Senke. Der Südwestteil des Beckens um Žatec entstand über der Magmenkammer der Vulkankomplexe des Duppauer Gebirges. Das Gebiet um Most im Nordosten sank nach der vulkanischen Hauptphase des Böhmischen Mittelgebirges ein. Über basalen eozänen Sanden und vulkanogenen Sedimenten erreicht die untermiozäne Sedimentfüllung des Beckens mehr als 500 m Mächtigkeit. Bei Chomutov, Most und Teplice schließt sie ein über 40 m mächtiges Braunkohleflöz ein. Gegen Süden spaltet sich dieses in drei durch Sande und Tone voneinander getrennte Teilflöze auf.

Auch das **Böhmische Mittelgebirge (Ceské Středohoří)** besteht, ringsum von der Böhmischen Kreide umschlossen, hauptsächlich aus vulkanischen Gesteinen. Eingelagerte Sedimente gehören ins Oligozän. Vulkanisch geförderte Grundgebirgskomponenten zeigen, daß die Vulkanite den Grau- und Rotgneisen sowie einem Granitpluton des eingesunkenen Erzgebirgssüdflügels aufliegen. Von Süden reicht nach Bohrungen das Permokarbon des Kladno-Beckens bis an den Südrand des Böhmischen Mittelgebirges.

Die Decken der Ergußgesteine und Tuffe des Böhmischen Mittelgebirges erreichen heute eine Mächtigkeit von rund 400 m. Die Eruptionen begannen wie im Duppauer Gebirge während des Oberoligozäns mit Ergüssen von Basalten und Nephelinithen. Danach folgten Tephrite, Trachyte und Phonolithe. Gleichzeitig entstanden dicht unter der Erdoberfläche Essexit-Lakkolite. Die vulkanische Aktivität endete im späten Miozän mit der Bildung von basaltischen Tuffschloten und Kegelbergen sowie Gängen von Basalt, Phonolith und Polzeit zwischen dem Böhmischen Mittelgebirge und dem Jeschkengebirge der Westsudeten.

Literatur: M. ELIAS 1981; H.G. HUCKENHOLZ & B. SCHRÖDER 1985; V. KLEIN & J. SOUKUP 1966; V. KLEIN, V. MÜLLER & J. VALEČKA 1979; M. MALKOVSKY 1975, 1976, 1980a, 1980b, 1987; H. PRESCHER 1981; V. ŠIBRAVA & P. HAVLÍČEK 1980; V. SKOČEK & J. VALEČKA (1983); M. SUK et al. 1984; J. SVOBODA et al. 1984; J. Svoboda et al. (Eds.) 1966; P.A. ZIEGLER 1987b.

5.9 Der Schweizer und Französische Jura

5.9.1 Übersicht

Der Schweizer und Französische Jura ist ein junges Gebirge, das im späten Miozän und Pliozän im nordwestlichen Vorland der Alpen entstand. Vom Südrand des Schwarzwaldes läßt es sich, gegen Südwesten rasch breiter werdend, in weitem Bogen am Neuenburger und Genfer See vorbei nach Südwesten und Süden verfolgen. Nördlich Grenoble vereinigt sich das Juragebirge mit den äußersten Faltenzonen des gleichaltrigen französischen Subalpins. Benachbarte Strukturen, die das Juragebirge in seiner tektonischen Entwicklung beeinflußt haben, sind im Norden der Oberrheingraben, im Westen der Bresse-Graben und im Südosten das tertiäre voralpine Molasse-Becken. Zwischen ihnen befand sich der mesozoische Deckgebirgskomplex des Juras seit dem Oligozän in tektonischer Hochlage.

Aufgeschlossen und in die junge Deformation mit einbezogen ist eine lückenlose marine Schichtenfolge von der Obertrias bis zum Oberjura und zur Oberkreide. Nach eozäner Verlandung folgt noch einmal Oligozän und Miozän in teils mariner, teils festländischer Entwicklung.

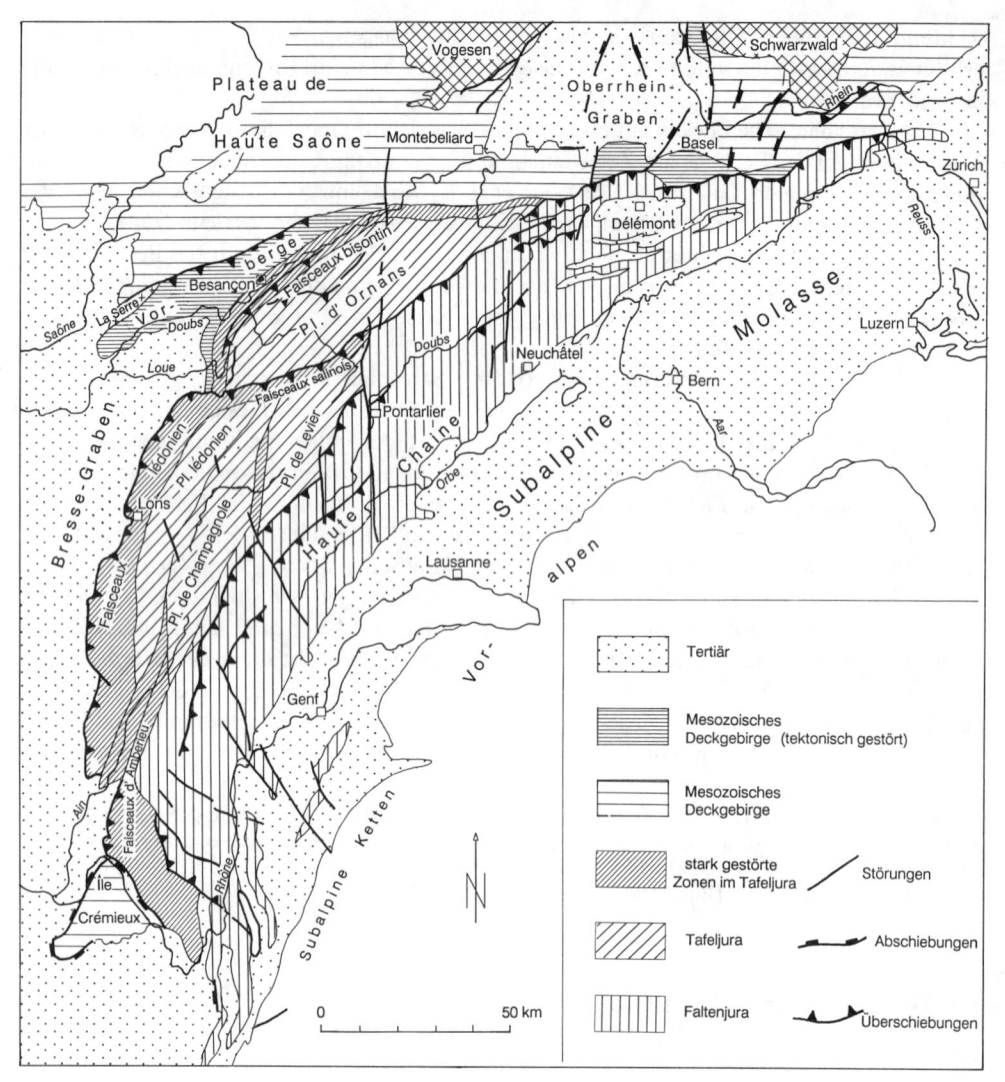

Abb. 130. Geologische Übersichtskarte des Schweizerischen und Französischen Faltenjura (n. TRÜMPY 1980).

Die jungmiozän-frühpliozäne Einengung führte zur Abscherung der mesozoisch-tertiären Deckgebirgsschichten des Juras über sein flach nach Südosten geneigtes vormesozoisches Fundament. Als Abscherungshorizonte wirkten salinarer Mittlerer Muschelkalk und Mittlerer Keuper.

Die tektonische Verkürzung der Deckgebirgsschichten durch Faltung und Überschiebung beträgt im mittleren Juragebirge rd. 25 km. Die Wurzel der Abscherungsfläche ist noch südöstlich des Molasse-Beckens am Nordrand der alpinen parautochthonen Grundgebirgsmassive zu vermuten.

Regionalgeologisch gliedert sich das Juragebirge in den Schweizer und Französischen Faltenjura (Innerer Jura) und den Französischen Plateau-Jura (Äußerer Jura). Im Norden und Nordwesten schließt der Tafeljura als Vorjura an. Der Faltenjura bildet den am höchsten (bis über 1700 m) aufragenden Teil des Juragebirges. Er zeichnet sich durch einen mehr oder weniger regelmäßigen Faltenbau mit symmetrischen und asymmetrischen Faltenformen, aber auch streichenden Störungen und charakteristischen Seitenverschiebungen aus. Im Bruchschollengebiet des Äußeren Juras grenzen in der Regel schmale stark deformierte Falten- und Störungszonen mehr oder weniger breite, subhorizontale oder monoklinal gegen Süden geneigte Großschollen aus Mittel- und Oberjura-Gesteinen gegeneinander ab. Der Tafeljura im nördlichen und nordwestlichen Vorland des Juragebirges umfaßt die im wesentlichen durch eine N–S ausgerichtete oligozäne Bruchtektonik zerbrochenen mesozoischen Gebirgstafeln entlang dem Südrand des Schwarzwaldes, des Oberrheintalgrabens und der Vogesen sowie im Übergang zum Plateau der Haute-Saône des südlichen Pariser Beckens.

Der Schweizer und Französische Jura ist in seinem nördlichen und westlichen Teil durch die der Saône und Rhône zufließenden Flüsse stark zertal. Hier treten auch oberste Trias und unterer Jura zutage. Im Südwestjura reichte die Erosion weniger tief.

5.9.2 Geologische Entwicklung, Stratigraphie

Im Juragebirge sind wegen der Abscherungstektonik keine älteren Gesteine als oberste Trias übertage aufgeschlossen. Der **vormesozoische Sockel** ist deshalb übertage nur aus dem südlichen Schwarzwald und den Vogesen sowie in der südwestlichen Fortsetzung der Vogesen aus dem kleinen Massiv der Serre und ganz im Süden in der Île-Cremieux nahe Lyon bekannt. Hinzu kommen Bohrungen. Nach diesen Informationen folgt über variszischem Kristallin in einzelnen Trogzonen kohleführendes Stefan. Es wurde am Westrand des Außenjuras bei Lons-le-Saunier erbohrt. Auch unteres und mittleres Perm in Rotliegend-Fazies sind sowohl von Lons-le-Saunier als auch westlich Basel aus dem Hochrhein-Trog durch Bohrungen bekannt. Beide Vorkommen setzen sich wahrscheinlich ebenso wie die große Burgundische Senke vor dem Südrand der Vogesen mit SW–NE-Streichen unter dem Juragebirge fort.

Die **Trias**, deren Mächtigkeit im zentralen Juragebirge (bei Pontarlier) 1.300 m erreicht, ist wie im übrigen Mitteleuropa in Germanischer Fazies entwickelt. Die vom Südrand des Schwarzwaldes und der Vogesen bekannten roten Sandsteine, Konglomerate und Tonsteine des Mittleren und Oberen Buntsandsteins und Wellenkalke des Unteren Muschelkalks treten allerdings noch nicht zutage.

Im Mittleren Muschelkalk kam es im Nord- und Ostteil des Juras u.a. zur Bildung von Anhydrit und Steinsalz. In einer NE–SW verlaufenden Depression erreichte die Anhydrit-Gruppe eine Mächtigkeit von 80–90 m bei Basel, weiter im Südwesten möglicherweise auch mehr. Im Schweizer Jura bildet das Salinar des Mittleren Muschelkalks den bevorzugten Abscherungshorizont bei der Jurafaltung. Weiter westlich übernahmen Keuperevaporite diese Rolle.

Im Oberen Muschelkalk (Hauptmuschelkalk) folgen fossilreiche marine Kalke. Im unteren Teil sind sie als Trochitenkalke ausgebildet. Ihre Mächtigkeitsabnahme von Süden nach Norden und ein in gleicher Richtung zunehmender Dolomitgehalt deuten den Übergang in eine Randfazies an.

Keuper umfaßt im wesentlichen geringmächtige Mergel und Dolomite des Lettenkohlenkeupers, bunte Tonsteine mit Anhydriteinlagerungen des Gipskeupers und anschließend teilweise fluviatile Sandsteine (Schilfsandstein), bunte Tonsteine und Rhätsandsteine.

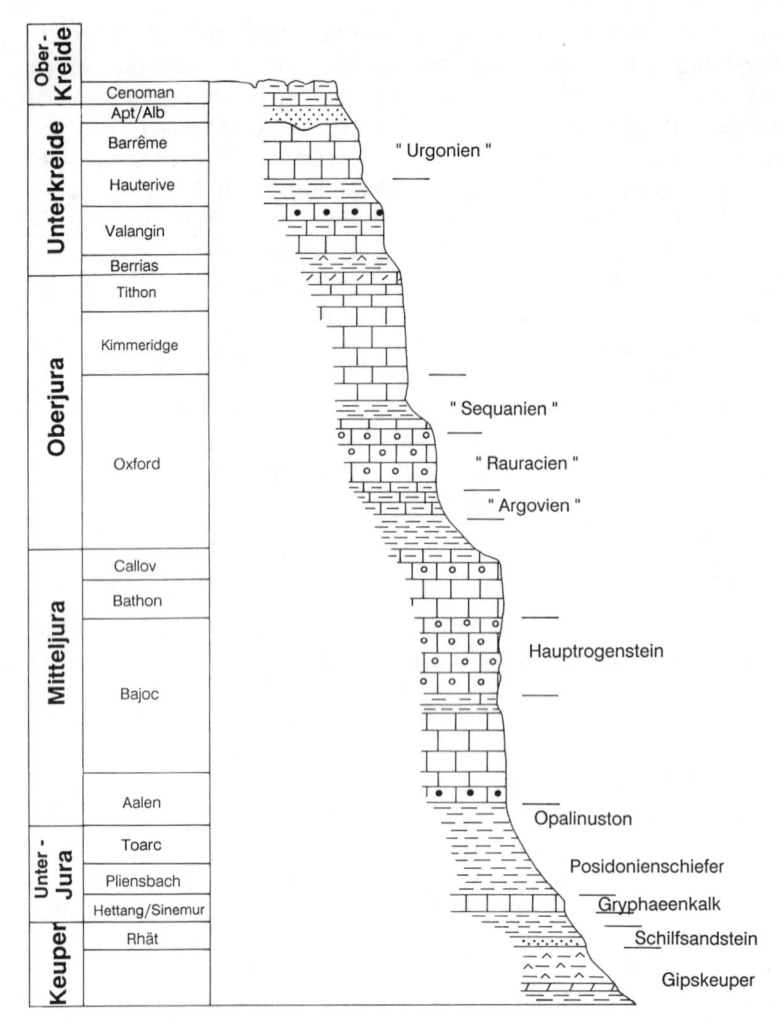

Abb. 131. Lithologie und Stratigraphie des Mesozoikums im Französischen Plateau-Jura (Äußeren Jura) zwischen Besançon und Salins (n. CHAUVE & BERRIAUX 1971).

Letztere sind zum Teil auch als Bonebed ausgebildet. Im westlichen und südwestlichen Juragebiet nimmt die Mächtigkeit des Gipskeupers stark zu. Im Westen enthält er auch Steinsalz.

Kennzeichnende Gesteine der **Jura-Zeit** sind überwiegend fossilreiche Kalke und Kalkmergelsteine als Ablagerungen eines epikontinentalen Flachmeers vor dem Rand der alpinen Tethys. Unterjura ist vor allem im Norden und Westen des Gebietes verbreitet. Er ist weitgehend tonig-mergelig ausgebildet. Bemerkenswerte Einschaltungen sind Gryphaeen-Kalke und bituminöse Posidonienschiefer. Die Mächtigkeit wechselt stark zwischen im Minimum 25 m im Nordosten (Aargau) und über 150 m und mehr.

Mitteljura beginnt mit den auch für den Schwäbischen Jura charakteristischen dunklen *Opalinus*-Tonen. Danach stellten sich für den größeren Teil des Juragebietes Flachwasserbedingungen ein. Sie führten u: a. zur Bildung massiver Crinoidenkalke, örtlich auch Korallen- und Bryozoenkalke, sowie oolithischer Kalke, hier u. a. des Hauptrogensteins. Nur ganz im Nordosten bestand die überwiegend mergelig-tonige Sedimentation eines tieferen Beckens fort. Doch sind auch hier Crinoidenkalke, Kalksandsteine und vor allem Eisenoolithbänke charakteristische Ablagerungen.

Auch während des Oberjuras standen sich eine mehr mergelig-kalkige Sedimentation im östlichen und südöstlichen Faltenjura und eine überwiegend massiv kalkige Faziesentwicklung im Nordwesten und Westen gegenüber. Das gilt beispielhaft für den höheren Malm α. Dessen im Aargau und weiter östlich erschlossene Mergel und Mergelkalke gehen nach Westen in massive oolithische und korallogene Fossilkalke des Rauraciums über. Im Osten stellen die Mergelschiefer und Mergelkalke der Effinger Schichten ein wichtiges Rohmaterial für die Zementproduktion des Aargaus dar. Auch im Malm β bis ε wurden im Nordosten weiterhin helle Kalke und Mergelkalke, teilweise Schwammkalke sedimentiert, während in den übrigen Teilen des Juragebirges Riffkalke und Rückriffkalke und -mergel des Sequaniums verbreitet sind. Im Malm ζ treten allgemein Dolomite und dolomitische Kalke sowie Kalksteine dazu. An der Grenze zur Kreide kam es im Rahmen einer allgemeinen Regression örtlich zur Bildung von Brackwasserkalken und -tonen, teilweise mit Gips.

In der **Kreidezeit** war der nordöstliche Jura Festland. Ablagerungen des von Süden übergreifenden Unterkreide-Meeres sind nur in randnaher Ausbildung im mittleren und südlichen Jura erschlossen. Bei Neuchâtel (Neuenburg) sind sie über zunächst festländischem Purbeckium hauptsächlich mit Mergeln, Kalken und örtlich glaukonithaltigen Sanden vertreten.

Mit Beginn der Oberkreide wurde das westliche Juragebiet Teil eines von Norden aus dem Pariser Becken transgredierenden Flachmeeres. Aus dem westlichen und mittleren Jura sind marines Cenoman, Turon und Senon als Erosionsreste in den Kernbereichen verschiedener Mulden bekannt. Am Anfang des Cenomans stehen Sandsteine. Darüber folgt Kalk in Schreibkreide-Fazies. Feuersteingerölle sind oft die einzigen Anzeichen ihrer ursprünglichen Verbreitung. Die jüngsten haben Maastricht-Alter.

An der Wende Kreide/Tertiär wurde das Gebiet des heutigen Juras und seine Umgebung vollständig herausgehoben. Am stärksten war die Heraushebung und Erosion im Osten zwischen Schwarzwald und Aar-Massiv. Das nachfolgende **Tertiär** greift hier diskordant über Oberjura und sogar mittleren Jura über. Als Verwitterungsprodukte der festländischen Periode des Eozäns sind Bohnerze in Karsthohlräumen des Oberjurakalks, Quarzsande und Tone sowie örtlich Süßwasserkalke überliefert.

Im Oligozän begann im Südosten die Absenkung des Molasse-Beckens und der Einbruch des Oberrheingrabens und Bresse-Grabens im Nordosten bzw. Westen. Mit dem Graben von Dammerkirch reichte der Oberrheingraben bis in das Gebiet des späteren Faltenjuras hinein. Im oberen Oligozän (Chatt) bestand hier eine Verbindung zum Molasse-Becken. Zahlreiche weitere den Grabenstörungen parallele N–S bis NNE–SSW streichende Abschiebungen zerteilten das Hochgebiet des Juras zwischen dem Oberrheingraben und dem Bresse-Graben. Der Nordwestrand des spätoligozän-frühmiozänen Molasse-Meeres im Südosten deckt sich mit der heutigen Südostgrenze des Faltenjuras.

Im höheren Untermiozän (Burdigal) und Mittelmiozän (Helvet) transgredierte zum letzten Mal das Meer der Oberen Meeresmolasse über den östlichen Faltenjura und hinterließ geröllführende glaukonitische Sande und sandige Tone. Zur gleichen Zeit war auch im Westen der Bresse-Trog bis in die Höhe von Lons-le-Saunier vom Meer bedeckt. Jüngeres Alter (Obermiozän oder Pliozän) haben örtliche Vorkommen festländischer Sedimente, z. B.

Süßwassermergel und Kalke der Oberen Süßwassermolasse, fluviatile Konglomerate aus dem Schwarzwald und Sande und Schotter aus den Vogesen. Sie sind älter als die Jurafaltung.

Die Hauptfaltung und Abscherung der mesozoischen Deckschichten des Juras setzte wahrscheinlich bereits im oberen Miozän (Pont) ein. Sie hielt vermutlich bis in das Unterpliozän an.

Nach Heraushebung und beginnender Abtragung waren höherliegende Gebirgsteile des Faltenjuras während des Pleistozäns wenigstens während der beiden letzten Eiszeiten (Riß und Würm) ganz oder teilweise von Gletschern bedeckt.

5.9.3 Geologischer Bau

In die tektonische Einengung des Juragebietes war sein prämesozoischer Sockel wahrscheinlich nicht wesentlich einbezogen. Er wurde nur von steilstehenden N–S bis NNE–SSW streichenden Störungen, zumeist Abschiebungen, betroffen.

Der **Faltenjura**, der den Innenbogen des Juragebietes bildet, beginnt nordwestlich von Zürich mit einem einzelnen Sattel. Unter Angliederung zahlreicher weiterer Antiklinalen und Synklinalen nach Südwesten verbreitet er sich rasch. Gegen Norden ist er entlang einer markanten Überschiebung auf den Tafeljura vor dem Südrand des Schwarzwaldes überschoben. Nach Westen verliert diese ihre Bedeutung.

Seine größte Breite erreicht der Faltenjura nordwestlich des Neuenburger Sees mit 40 km. Da die Mächtigkeit der in die Faltung einbezogenen Kalke und Mergel des Juras und der Kreide von Norden nach Süden zunimmt, vergrößern sich die Amplituden der Sättel und Mulden in dieser Richtung. In der Höhe von Genf biegen die Ketten des Faltenjuras nach Süden um und verschmälern sich wieder. Mit seinen äußeren Faltenzonen schließt er an die gleichaltrigen parautochthonen Sättel und Mulden der französischen Subalpinen Ketten an.

Der tektonische Baustil des Faltenjuras ist durch flache, im allgemeinen breite Synklinalen und dazwischen engere Koffersättel oder durch Überschiebungen und komplizierte Antiklinalstrukturen gekennzeichnet. Infolge der geringen Sedimentüberdeckung zur Zeit der Tektogenese ist die bruchlose Verformung nur auf Ton- und Mergelsteine sowie auf Anhydritgesteine beschränkt. Charakteristische Faltenelemente für die kompetenteren Kalke sind durch Knickung steilgestellte und teilweise auch überkippte Sattel- und Muldenflanken mit disharmonischer Faltung der inkompetenteren Formationen in den Kernen.

Einzelne Faltenstrukturen lassen sich nicht über lange Strecken verfolgen. Das Einfallen der Faltenachsen ist uneinheitlich. Aus gestörten Antiklinalstrukturen gehen Überschiebungen hervor mit vorzugsweise nach außen, d.h. gegen Norden bis Nordwesten gerichteten Transportrichtungen. Besonders am nördlichen Außenrand und im westlichen Faltenjura haben sie größere Bedeutung. Am Innenrand sind vor allem Falten und Rücküberschiebungen verbreitet.

Charakteristische tektonische Elemente des Faltenjuras sind auch über weite Strecken zu verfolgende vorwiegend sinistrale Seitenverschiebungen. Sie werden besonders in seinem zentralen und südöstlichen Abschnitt beobachtet. Sie verlaufen N–S bis NNW–SSE und damit diagonal zum Streichen der Faltenachsen. Wenn ihre erste Anlage auch wahrscheinlich auf N–S ausgerichtete oligozäne Bruchlinien zurückgeht, so zeigt ihre mit dem Umbiegen der Faltenstrukturen einhergehende Rotation doch einen engen Zusammenhang mit der neogenen Abscherungsbewegung und Faltung.

Der Schweizer und Französische Jura 391

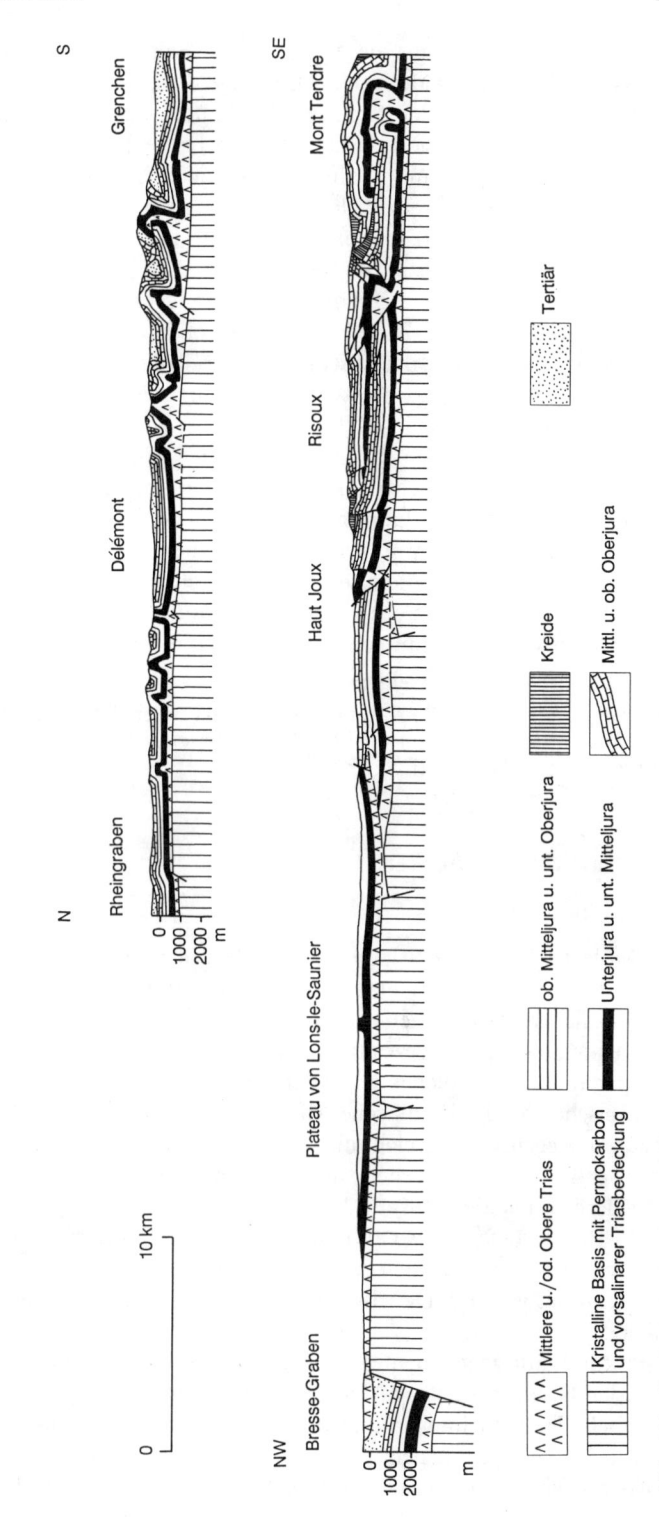

Abb. 132. Geologische Profile durch den östlichen und zentralen Faltenjura (n. TRÜMPY 1980).

Nach Südosten klingt die Faltung des Faltenjuras gegen den Nordwestrand des Molasse-Beckens aus, wahrscheinlich infolge dessen mächtiger Tertiärfüllung.

Der **Äußere Jura** oder **Französische Plateau-Jura** ist im Kartenbild und nach der Morphologie charakterisiert durch besonders breite, leicht gewellte oder auch von einzelnen Störungen durchzogene monokline Großschollen. Sie werden von komplexen Falten- und Störungsbündeln eingegrenzt. Neogene Einengung hat hier zu nicht lang durchgehenden Faltenstrukturen geführt. In Verbindung mit einer älteren oligozänen Dehnungstektonik entstanden teilweise Pressungsgräben. Gelegentlich ist die Einengung auch kombiniert mit sinistralen oder dextralen Horizontalverschiebungen.

Breite stark gestörte Zonen dieser Art bilden auch den westlichen Außenrand des Juragebirges. In dessen Mittelabschnitt ist Mesozoikum mindestens 5 km weit subhorizontal über die Tertiärfüllung des Bresse-Grabens überschoben. Bei Salins spaltet sich die Falten- und Störungszone von Salins (Faisceau salinois) vom westlichen Außenrand nach Ostnordosten ab. Ein Teil der von ihr aufgenommenen Einengung wird weiter im Osten von der Schichtfaltung des nördlichen Faltenjuras übernommen. Auch entlang der sich von Salins aus nach Norden und dann nach Nordosten fortsetzenden Überschiebungszone von Besançon (Faisceau bisontin) verringern sich die Überschiebungsweiten allmählich. Östlich Besançon verwischt sich diese tektonische Grenze ganz.

Im **Vor-** oder **Tafeljura** des südlichen Vorlandes der Vogesen, des Oberrheingrabens und des Schwarzwaldes bestimmen oligozäne N–S bis NNE–SSW (rheinisch) streichende Dehnungsbrüche das tektonische Bild.

Literatur: F. BERGERAT 1977; A. CAIRE 1963; P. CHAUVE et al. 1975; P. CHAUVE & J. PERRIAUX 1971; P. CHAUVE et al. 1980; M.A. KOENIG 1978; H.P. LAUBSCHER 1965, 1973, 1980, 1986; H. LINIGER 1967; R. TRÜMPY 1960; R. TRÜMPY (Ed.) 1980; P.A. ZIEGLER 1987b.

5.10 Das Molasse-Becken

5.10.1 Übersicht

Das Molasse-Becken der Alpen erstreckt sich über eine Länge von mehr als 1.000 km vom Gebiet des Genfer Sees über das Schweizer, Bayerische und Österreichische Alpenvorland bis zum westlichen Vorland der Karpaten in der Gegend von Brno. Sein ausstreichender Teil, auch als Molasse-Zone bezeichnet, wird im Süden von den Gebirgsketten der West- und Ostalpen und der westlichen Karpaten begleitet. Im Norden bilden der Schweizer Jura, die Schwäbische und die Fränkische Alb und das Böhmische Massiv seine Begrenzung. In der Höhe von Regensburg erreicht die Molasse-Zone ihre größte Breite von über 120 km. Nach Osten verengt sie sich zwischen Amstetten und St. Pölten auf kaum 10 km und erweitert sich in Niederösterreich erneut auf 25–30 km.

Als Restvortiefe der Alpen nahm das Molasse-Becken vom Obereozän an den Abtragungsschutt der nach Norden vorrückenden und sich heraushebenden Alpendecken auf. Nur untergeordnet ist auch Detritus aus ihrem nördlichen Vorland an seiner Sedimentfüllung beteiligt.

Profilschnitte zeigen heute das Bild eines asymmetrischen Beckens, das weit nach Süden unter den Deckenstapel der Alpen reicht und dessen Tiefstes südlich des Alpenrandes liegt. Seismische Untersuchungen und Bohrungen in den Alpen haben gezeigt, daß noch 50 km südlich des heutigen Alpenrandes Molassesedimente in der Tiefe anzutreffen sind. Das Molasse-Becken war also ursprünglich sehr viel breiter als es heute den Anschein hat.

Das Molasse-Becken 393

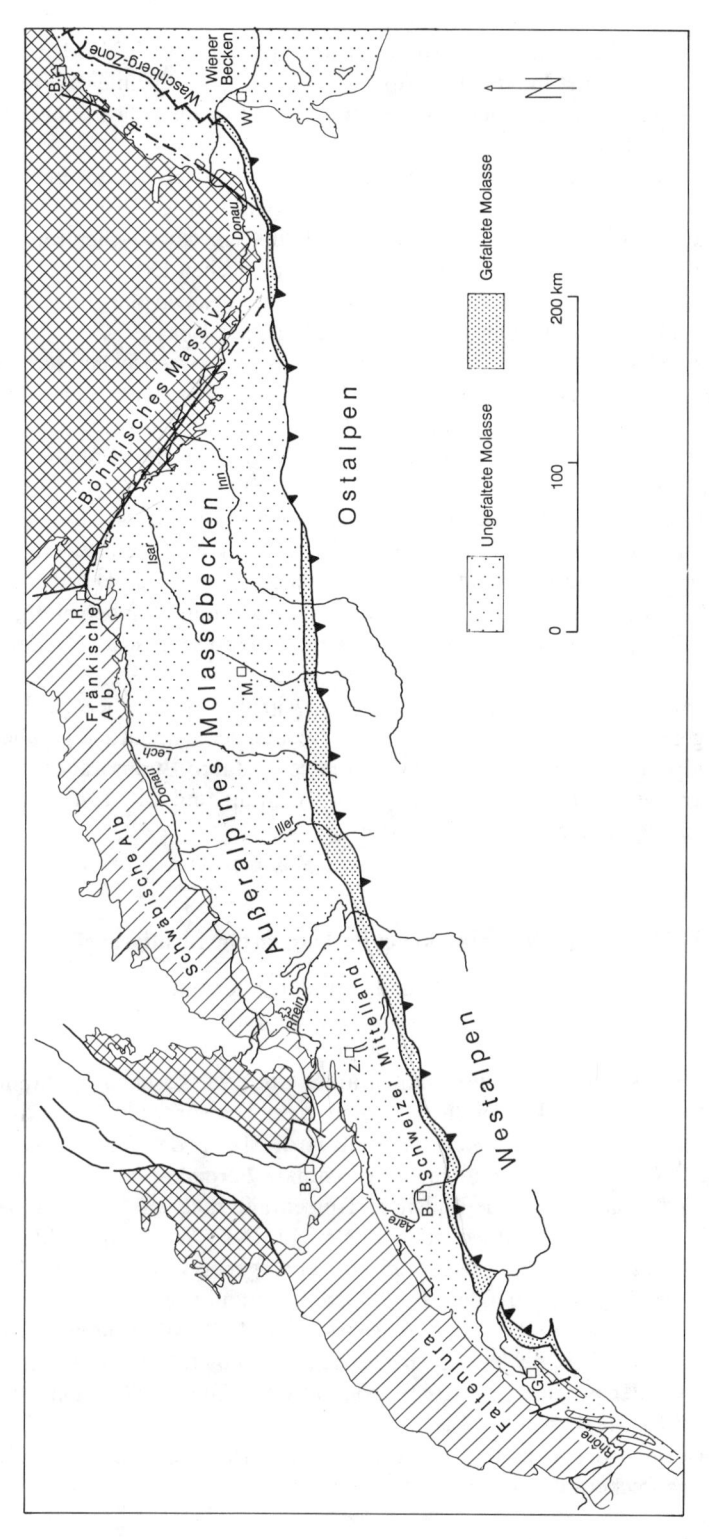

Abb. 133. Geologische Übersichtskarte der Molasse-Zone.

Ursprünglich griffen die Molassesedimente auch nach Norden weit über ihr heutiges Verbreitungsgebiet hinaus. Das läßt sich u. a. an der Klifflinie des Burdigal-Meeres auf der Schwäbischen Alb und den Molasse-Resten im nordöstlichen Schweizer Faltenjura erkennen.

Im Gebiet des Molasse-Beckens lassen sich zwei Stockwerke unterscheiden. Beide unterscheiden sich deutlich durch ihren lithologischen Aufbau und ihre paläogeographische und tektonische Entwicklung. Die Basis bildet ein variszisches Fundament mit einzelnen Permokarbon-Trögen und 500–1.000 m mesozoischen Deckgebirgsschichten der Trias, des Juras und örtlich auch der Unter- und Oberkreide. Darüber folgt nach einer allgemeinen Schichtlücke und mit Diskordanz die eigentliche Molasse.

Die Mächtigkeit der Sedimentfüllung des Molasse-Beckens nimmt von Norden nach Süden zu. Im bayerischen Abschnitt sinkt die Tertiärbasis unter dem Alpennordrand auf über 4.500 m unter NN. Im österreichischen Anteil der Molasse-Zone vollzieht sich diese Mächtigkeitszunahme in der südlichen Umgebung des Böhmischen Massivs weniger gleichförmig.

Die enge Verknüpfung der Molassesedimentation mit der alpinen Orogenese kommt in einer sukzessiven Verlagerung der Beckenachse vom Obereozän bis oberen Miozän um mehrere Zehner km von Süden nach Norden zum Ausdruck. Darüber hinaus haben Faltung und Überschiebungen den Südrand der Molasse nachhaltig betroffen, so daß übertage eine Zweiteilung in die autochthone Ungefaltete Vorlandmolasse im Norden und die allochthone Faltenmolasse im Süden vorgenommen wird.

Heute bilden die tektonisch in den Alpenkörper einbezogenen widerstandsfähigen Ablagerungen der Faltenmolasse langgestreckte, dem Alpenrand parallel laufende Bergzüge. Die nördlich anschließende Vorlandmolasse ist durch Endmoränen und Schotterfluren der pleistozänen Vergletscherung weitgehend verhüllt und tritt erst weiter im Norden wieder großflächig zutage.

5.10.2 Die geologische Entwicklung im Vorquartär, Stratigraphie

Im nördlichen Alpenvorland sind bei der Suche nach Erdöl und Erdgas zahlreiche Tiefbohrungen niedergebracht worden, so daß auch der **vortertiäre Untergrund** der Molasse-Zone heute gut bekannt ist.

Die Basis bilden Gneise und Granite eines variszischen kristallinen Sockels, wie sie übertage aus dem Böhmischen Massiv, dem Schwarzwald und – in heute allochthoner Situation – auch aus dem Aar- und Gotthardt-Massiv der Westalpen bekannt sind. In dieses kristalline Fundament sind mehrere schmale **Permokarbon-Tröge** eingesenkt. Der durch Bohrungen nachgewiesene Bodensee-Trog enthält mehrere 100 m Sandsteine und Tonsteine des Westfals und des Rotliegenden. Er streicht ENE–WSW und steht in direkter Verbindung mit dem unter dem Schweizer Tafeljura verborgenen Burgundischen Trog. Im parallel zum Bodensee-Trog verlaufenden Entlebuch-Trog unter der Schweizerischen Faltenmolasse wurden seismisch und durch eine Bohrung bis 1.500 m Permokarbon-Sedimente geortet.

Anders als diese beiden der variszischen Richtung folgenden Senken folgt nordöstlich von München der permische Giftthal-Trog mit einer über 1.000 m mächtigen Sedimentfüllung einer NW–SE Richtung.

Während der **Trias** und des **Unter- und Mitteljuras** bildete der variszische Sockel des Molasse-Beckens das sogenannte Vindelizische Land. Dessen Rolle als trennende Schwelle zwischen dem Germanischen Becken und der Tethys wurde allerdings lange Zeit überschätzt. Es wurde von der Trias bis zum Oberjura von Nordwesten und wohl auch Süden her schrittweise mit Sedimenten überdeckt.

Das Sedimentationsgebiet des Buntsandsteins reichte am Bodensee und nördlich der Donau gerade noch in das Gebiet des heutigen süddeutschen Molasse-Beckens hinein.

Das Muschelkalk-Meer rückte von Westen her bis in das Gebiet des Aar-Massivs und etwa bis an die Iller vor. Randnah ist der Muschelkalk in sandiger und dolomitischer Fazies ausgebildet (Mels-Sandstein, *Trigonodus*-Dolomit). Wo er mächtiger als 50–100 m entwickelt ist, umfaßt er marine Karbonate und in seinem mittleren Abschnitt Evaporite einschließlich Steinsalz.

Im Keuper setzte sich die Erweiterung des Trias-Beckens nach Osten noch fort. Dabei machte die Überflutung des Vindelizischen Landes wahrscheinlich im Norden größere Fortschritte als im Süden.

Generell entsprechen die Profile des Keupers denjenigen des nördlich der Schwäbischen Alb gelegenen Triasgebietes. Der Untere Keuper umfaßt marine und lagunäre Tonsteine und Karbonate mit dem deltaischen Lettenkeuper-Sandstein. Der Mittlere Keuper besteht überwiegend aus Rotsedimenten und fluviatilen und Delta-Sandsteinen und nur gelegentlich marinen Einschaltungen. Oberer Keuper (Rhät) ist mit marinen Tonsteinen und Delta-Sandsteinen vertreten. Im Untergrund der Zentral- und Westschweizerischen Molasse sind Keuper-Evaporite weit verbreitet.

Im Verlauf des Unterjuras begann vor dem heutigen Südwestrand des Böhmischen Massivs die Einsenkung des Ostbayerischen Randtroges. Im Mitteljura erreichte das Meer die endgültige Abtrennung der südlichen Restgebiete des Vindelizischen Landes vom Böhmischen Massiv.

Die Unterjura- und Mitteljura-Sedimente des süddeutschen und schweizerischen Molasse-Untergrundes bestehen überwiegend aus dunklen Tonsteinen mit gelegentlich Einschaltungen von Sandsteinen und oolithischen Kalksteinen. Die bituminösen Posidonienschiefer des Toarc sind Erdölmuttergesteine. Im oberösterreichischen und niederösterreichischen Molasse-Becken kamen zu Beginn des Mitteljuras erstmals terrestrische und flachmarine Sandsteine, Flachwasserkalke und Tonsteine zur Ablagerung.

Im **Oberjura** war das gesamte Gebiet des heutigen Molasse-Beckens vom Meer bedeckt. Westlich der Isar verzahnen sich Schwamm- und Algenriffe mit zwischengeschalteten Bankkalken und Mergeln des schwäbischen Weißjuras mit dickgebankten dunklen mikritischen Kalksteinen der helvetischen Fazies der nördlichen Tethys. Ein Beispiel sind die aus dem Bereich der Tethys weit in das Alpenvorland reichenden bituminösen Quintener Kalke. Im österreichischen Abschnitt der Molasse-Zone greifen oberjurassische Flachwasserkalke über die Sandsteine und Tonsteine des Mitteljuras und auch auf bis dahin noch sedimentfreies Kristallin des Böhmischen Massivs über.

Am Ende des Oberjuras wurde nahezu die gesamte Fläche der späteren Molasse-Zone vom Meer wieder freigegeben. Ein bezeichnendes tektonisches Element dieser Rückzugsphase ist der Wasserburger Trog südöstlich von München, dessen salinare Regressionssedimente des Purbecks nach oben in Süßwasserablagerungen übergehen.

Auch in der Südwestschweiz verringerte sich die seit dem frühen Mesozoikum wirksame Senkungstendenz allmählich.

Zwischen Südostbayern und der Westschweiz blieb bis zum Ende der **Kreide** ein Festland bestehen. Es bestand aus tief verkarstenden Oberjura-Kalken, auf denen sich lateritische Böden mit Bohnerz bildeten.

In der Westschweiz liegt Unterkreide in der nördlichen Randfazies der Helvetischen Kreide vor. Über nichtmarinem Purbeck, das die jüngste jurassische Regressionsperiode markiert, folgt die marine Neuenburger Kreide mit Mergeln, Kalken und Kalksandsteinen des Berrias bis Cenomans.

In Südostbayern führte ein kurzfristiger Meeresvorstoß im Valendis (Valangin und Hauterive) zur Ablagerung von Mergeln und Kalken. Aber erst im Verlauf einer im Apt beginnenden und bis in das Campan anhaltenden erneuten Meerestransgression kam es zur vollständigen Überflutung dieses Raums. Die stärksten Absenkungen erfolgten beiderseits des späteren Landshut-Neuöttinger Hochs. Im Südwesten verzahnen sich bis 1.000 m mächtige, z. T. glaukonitführende Sandsteine mit Kalksteinen und Mergelsteinen des Apts bis Campans.

Auch im nordöstlich dieses Subsidenzraumes und im österreichischen Molassegebiet folgen über verkarsteten Oberjura-Kalken oder auch unmittelbar über dem kristallinen Fundament des Böhmischen Massivs kretazische kontinentale oder deltaische Sandsteine, die in Kalksandsteine, sandige Mergel und örtlich auch Flachwasserkalksteine übergehen.

In der höchsten Oberkreide wurde das Böhmische Massiv entlang einem System NW–SE streichender steilstehender Störungen herausgehoben. Auch im Untergrund des heutigen Molasse-Beckens läßt sich noch eine entsprechende Bruchtektonik feststellen. Ein bedeutendes Beispiel ist die Inversionsbewegung des Landshut-Neuöttinger Hochs. Über 150 km lang läßt es sich als nach Nordosten verkippte Blockscholle in südöstlicher Richtung bis unter die alpine Deckenfront verfolgen. Nach Südwesten wird es z. T. durch eine Aufschiebung von über 1.500 m vertikaler und über 1.000 m horizontaler Verwurfsweite begrenzt.

Die Störungsaktivität und die damit verbundene allgemeine Heraushebung des schweizerischen, süddeutschen und österreichischen Molasse-Untergrundes reichte zeitlich vermutlich vom oberen Campan bis zum mittleren Paläozän. Sie wird wie auch andere subherzyn-laramische Inversionsbewegungen im übrigen außeralpinen Mitteleuropa als Ausdruck einengender Scherbewegungen im Gefolge des Zusammenschlusses der Adriatisch-Afrikanischen Platte mit der Europäischen Platte interpretiert.

Die Sedimentation im Molasse-Becken als Nordalpiner Vortiefe begann im **Obereozän**. Ursache war die sukzessive Absenkung des Südrandes der Europäischen Kontinentalplatte unter der Last der von Süden heranrückenden Ostalpinen, Penninischen und Helvetischen Decken und der von ihnen ausgehenden Sedimentschüttungen.

Regional wurde die Konfiguration des Molasse-Beckens durch zwei Hebungsgebiete modifiziert, den Südrand der Schwarzwald-Vogesen-Schwelle in der nordöstlichen Schweiz und den südlichen Sporn des Böhmischen Massivs, der den südostbayerischen und oberösterreichischen Abschnitt des Molasse-Beckens von seinem niederösterreichischen Anteil trennt.

Zwei große Zyklen lassen sich in der Molasse-Entwicklung des Alpenvorlandes deutlich erkennen. Der erste Zyklus begann im Obereozän mit der Unteren Meeresmolasse (UMM) und reichte mit der Unteren Süßwassermolasse (USM) bis in das Aquitan (Ober-Eger). Infolge einer erneuten marinen Transgression setzte in Eggenburg der zweite Zyklus mit der Oberen Meeresmolasse (OMM) ein. Er endete nach Rückzug des Meeres mit der Oberen Süßwassermolasse (OSM) im oberen Miozän.

In der österreichischen Molasse-Zone besteht vom Obereozän bis zum Burdigal (Ottnang) eine durchgehende marine Ausbildung der Sedimente, gefolgt von Süßwasserschichten des höheren Miozäns. Nördlich der Donau reicht hier im außeralpinen Wiener Becken die marine Schichtenfolge bis in das Pannon.

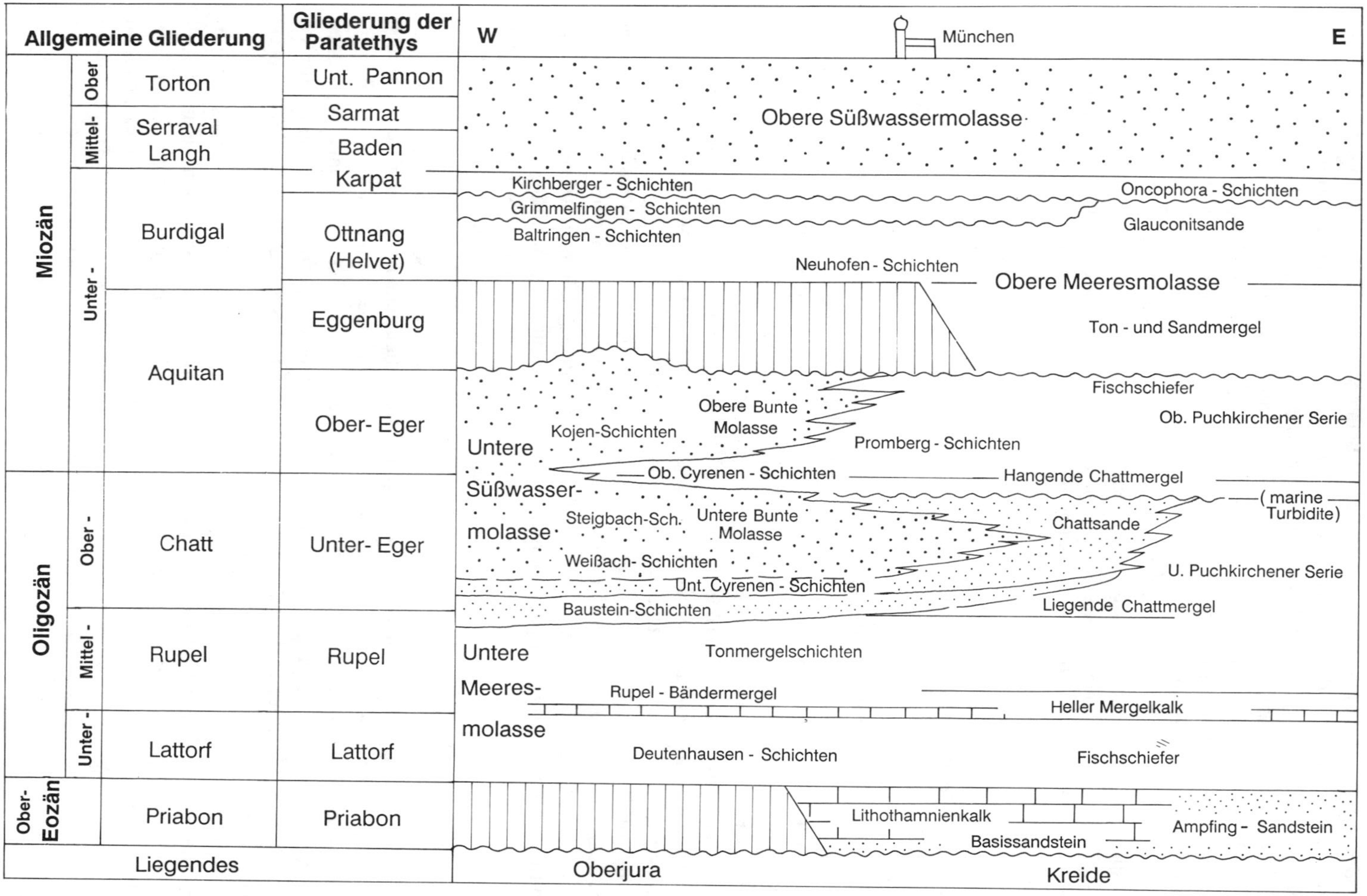

Das Molasse-Becken 397

Abb. 134. Lithologie und stratigraphische Gliederung des Tertiärs des bayerischen Molassebeckens (n. BACHMANN & MÜLLER 1990 und anderen Autoren).

Die **Untere Meeresmolasse (UMM)** beginnt in der Schweizer Molasse-Zone nördlich des Aar-Massivs mit noch flyschartigen, etwa 1.500 m mächtigen Sandstein-Tonstein-Wechselfolgen des Unteroligozäns mit konglomeratischen Einschaltungen (Altdorfer Sandstein, Glarner Dachschiefer), die bereits Molasse-Eigenschaften zeigen (Flysch-Molasse).

In Vorarlberg, im Allgäu und in Oberbayern entsprechen ihr die ebenfalls noch flyschartigen Deutenhausen Schichten (Lattorf), die sich in ähnlicher Ausbildung bis zur Ammer verfolgen lassen.

In der Rupelstufe (Mitteloligozän) lag das Gebiet der stärksten Subsidenz nur wenig nördlich des Aar-Massivs. Vorwiegend tonig marine Schichten (Grisigen-Tonsteine) mit abschließend Sandsteinen (Horw-Sandsteine u. a.) kamen bis im unteren Chatt (Oberoligozän) zur Ablagerung. In Süddeutschland entsprechen ihnen zeitlich und faziell die Tonmergel-Schichten und Baustein-Schichten des Rupel. Die Schüttung der UMM war in diesem westlichen Abschnitt der Molasse-Zone vorwiegend nach Osten gerichtet.

In Ostbayern und angrenzenden Teilen Oberösterreichs drang bereits im Obereozän das Meer von Süden her schrittweise in die Kreidemulde vor dem Südwestrand des Böhmischen Massivs ein. Über basalen Sandsteinen hinterließ es Flachmeerablagerungen helvetischen Charakters (Lithothamnien-Kalke). Die darüber folgenden bituminösen Fischschiefer der Lattorf-Stufe (Unteroligozän) sind wichtige Erdölmuttergesteine. Sie gehen zum Hangenden in Mergelkalke, Bändermergel und dann Tonmergel der Rupel-Stufe über. Letztere enthalten in ihren südlichen Verbreitungsgebieten die ersten Anzeichen einer turbiditischen Sedimentzufuhr aus dem alpinen Gebiet. Zuvor war die Anlieferung des klastischen Materials noch vorwiegend vom Kristallin des Böhmischen Massivs erfolgt.

In Niederösterreich hinterließ das erst im Verlauf des Oligozäns über das Kristallin des südlichen Böhmischen Massivs und im Norden auch über seine mesozoischen Deckschichten transgredierende Meer hauptsächlich Sandsteine (Melker Schichten).

Im basalen Unter-Eger (Oberoligozän) bewirkten eine weltweit nachgewiesene allgemeine Meeresspiegelabsenkung und eine stark erhöhte Sedimentzufuhr eine generelle Verflachung des Molasse-Beckens vor allem im Westen. Die **Untere Süßwassermolasse** spiegelt hier während des Egers (Oberoligozän/Unteres Miozän) und unteren Aquitans (Untermiozän) gewaltige limnisch-fluviatile Materiallieferungen aus den West- und Ostalpen wider. Dagegen kam es im südöstlichen Bayern und Oberösterreich in dem noch tieferen Meer zu Turbiditbildungen.

In der Schweiz und im Allgäu entstanden während des Chatt vor der Front der aufsteigenden Westalpen eine größere Zahl von nur ungenau gegeneinander abzugrenzenden Schuttfächern, u. a. die Rigi-, Speer-, Napf-, Pfänder-, Peißenberg- und Auerberg-Schüttung. Nach außen gingen sie in Schwemmebenen und Süßwasserseen über. Zur Ablagerung kamen anfangs bunte sandige Tonsteine (Molasse Rouge in der Westschweiz, Untere Bunte Molasse und Weißach-Schichten in der Ostschweiz und im Allgäu). Insbesondere in der Westschweiz bildeten sich zu dieser Zeit auch Kohlenflöze.

Über den Bunten Molassesedimenten folgen sich rasch vergröbernde mächtige fluviatil-terrestrische Nagelfluh-Schüttungen (Steigbach- und Kojen-Schichten) in der Vorarlberger und Allgäuer Faltenmolasse. Sie zeigen zyklischen Aufbau. In ihren Geröll- und Schwermineralspektren spiegelt sich die Abtragungsgeschichte ihrer penninischen und ostalpinen Liefergebiete wider. Eine sukzessive Verlagerung der Senkungsachse nach Norden im Verlaufe des Chatts und Aquitans führte zum allmählichen Übergreifen jeweils jüngerer Geröllschübe über Mergel und Sandsteinschichten des Beckeninneren und in ihrem

Das Molasse-Becken 399

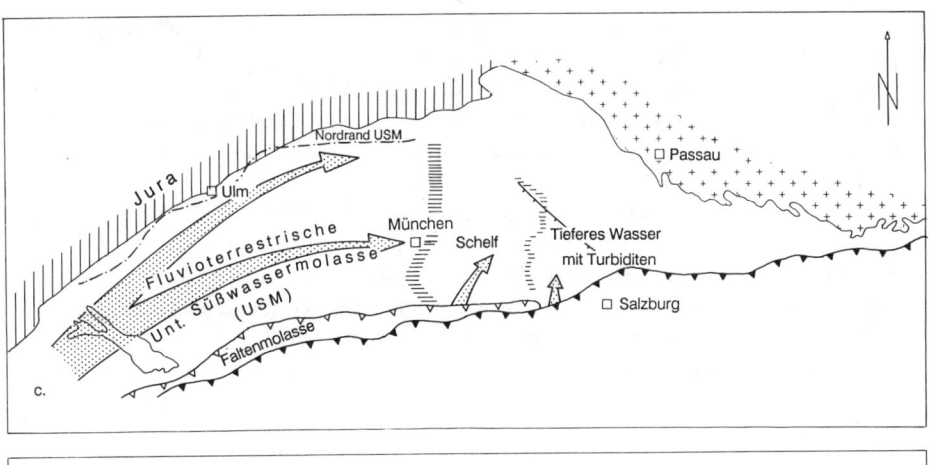

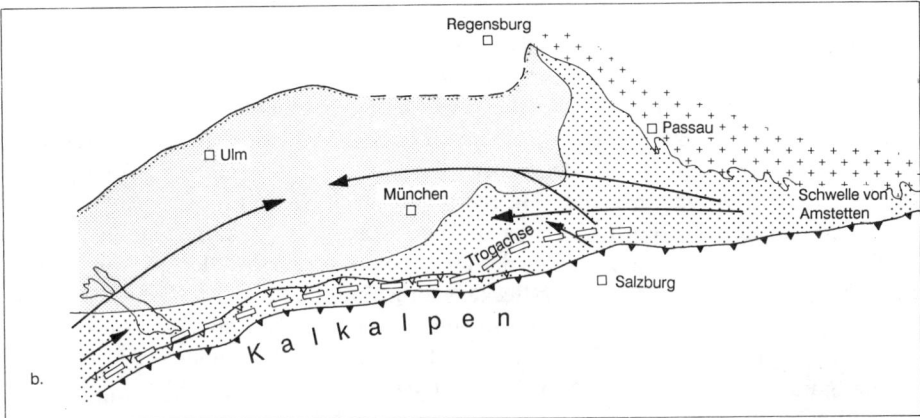

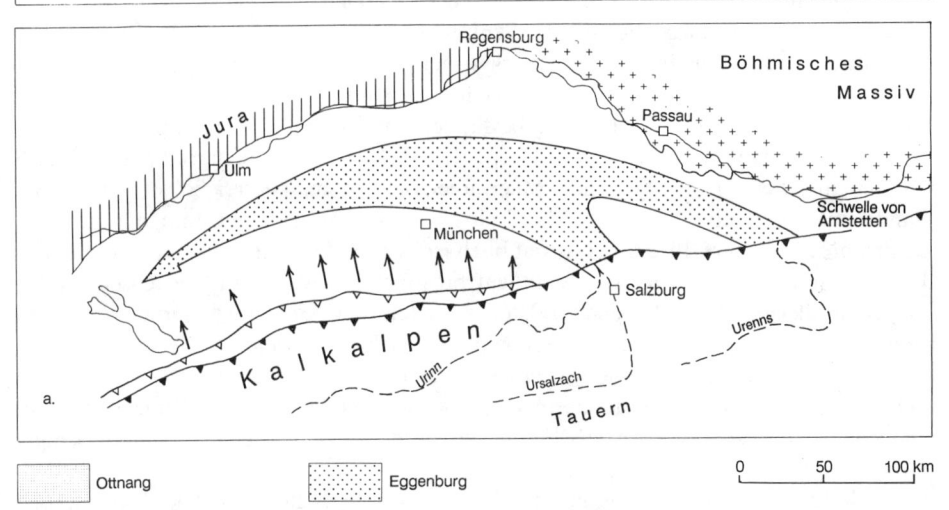

Abb. 135. Die geologische Entwicklung der Molassevortiefe der Ostalpen (n. LEMCKE 1988). (a) Untere Süßwassermolasse, (b) Obere Meeresmolasse, (c) Obere Süßwassermolasse.

nördlichen Vorfeld gleichzeitig auch zu bevorzugtem trogachsenparallelem Sedimenttransport in östlicher Richtung.

Die Untere Süßwassermolasse hat den größten Anteil an der Füllung des schweizerischen und süddeutschen Molasse-Beckens. Mächtigkeiten bis über 5.000 m werden hier festgestellt. Heute liegt die Achse stärkster Absenkung unter den alpinen Decken der Schweiz und des Allgäus begraben.

Der vorwiegend limnisch-fluviatilen Sedimentation des Egers (Chatt, unteres Aquitan) im Westen stand in Südostbayern und im angrenzenden Oberösterreich ein Bereich brackisch-mariner Fazies gegenüber. Im Norden lagern die Linzer Sande dem kristallinen Rand des Böhmischen Massivs auf. Doch spielte die Sedimentzulieferung von Norden während der Zeit der Unteren Süßwassermolasse nur eine untergeordnete Rolle. Die zentralen Teile des Molasse-Beckens füllten sich mit dem sogenannten „Schlier", mächtigen Tonmergelfolgen mit häufig Sandlagen und teilweise dicken Sandsteinbänken (Puchkirchen-Schichten).

Die Einschüttung des gröberen klastischen Detritus erfolgte während des Egers in das südbayerische und oberösterreichische Becken größtenteils parallel zur Trogachse aus den Hebungszentren der westlichen Alpen. In den während des Egers recht ortsfesten Küstenbereichen bei München kam es in einer Übergangszone zu brackischer Sedimentation, während des Unter-Egers zur Bildung der sogenannten Pechkohlen. Sie wurden über lange Zeit in mehreren oberbayerischen Kohlenzechen abgebaut. An der Grenze Unter-/Ober-Eger erfolgte hier ein vorübergehender Meeresvorstoß nach Westen, dessen Ablagerungen als Cyrenen-Schichten bis etwa zur Iller reichen. Die den Kalkalpen auflagernden limnisch-fluviatilen Angerberg-Schichten des Unterinntal-Tertiärs werden als Ablagerungen im Bereich des Südrandes des Molasse-Beckens aufgefaßt.

In Niederösterreich verlief die Küstenlinie des Egers etwa am Südrand der heutigen Kristallingebiete des Böhmischen Massivs. Das Meer hinterließ hier als Äquivalente der Linzer Sande Oberösterreichs hauptsächlich Quarzsande (Melker Schichten).

Im Eggenburg (Burdigal) stieß das Meer der **Oberen Meeresmolasse** von Westen her aus dem Rhône-Tal vor und stellte über den Senkungsraum des Alpenvorlandes eine durchgehende marine Verbindung zum Wiener Becken her. Gleichzeitig wurde der Südrand und der Ostrand des Böhmischen Massivs großflächig überflutet.

In der Schweiz und in Vorarlberg bestanden am südlichen Beckenrand die Konglomerat-Einschüttungen einiger Deltas fort (u. a. Napf-, Hörnli- und Hochgrad-Schüttung). Sonst wurden in einem generell flachen Meer überwiegend feldspatreiche, oft glaukonitische Sandsteine, im Helvet (unteres Mittelmiozän) auch zunehmend tonige und mergelige Sedimente abgelagert. Ihre Mächtigkeit blieb jedoch relativ gering gegenüber derjenigen der Unteren Süßwassermolasse. Der Sedimenttransport war weiterhin trogachsen- und damit küstenparallel gegen Nordosten und Osten gerichtet. In der Schweiz enthalten Konglomerate (Nagelfluh) des Helvet die ersten Gerölle mesozoischer Gesteine der Helvetischen Decken.

Nach Osten verbreiterte und vertiefte sich das Becken. Im Schweizer Tafeljura und in der Schwäbischen Alb ist der Verlauf seiner Nordküste noch heute als Klifflinie erkennbar. Die südliche Begrenzung des Beckens könnte im Bereich der heutigen Faltenmolasse gelegen haben.

In Südostbayern und im angrenzenden oberösterreichischen Anteil des Molasse-Beckens kam es zur Zeit des oberen Burdigal (Eggenburg) zur Ablagerung einer wieder mächtigen feinsandig-mergeligen Sedimentfolge (Haller Schlier, Innviertler Schlier). Die Zulieferung des Detritus erfolgte weiterhin aus westlicher Richtung. Doch wurden erstmals auch in größerem Umfang klastische Sedimente aus den Ostalpen nach Westen verfrachtet. Der im Hegau von Nordwesten eingeschüttete Ältere Jura-Nagelfluh deutet zudem auf frühe Hebungen im Bereich des späteren Schwarzwaldes hin, die dort zur Abtragung von Malm und Dogger führten.

Die marine Sedimentation der Oberen Meeresmolasse Südostbayerns und Oberösterreichs schließt ab mit brackischen *Oncophora*-Schichten des Ottnangs (oberes Helvet). Vor dem Südrand der Schwäbischen Alb kam es etwa bis zum Landshut–Neuöttinger Hoch zur Ablagerung der ebenfalls brackischen Kirchberg-Schichten. In der niederösterreichischen Molasse-Zone kamen während des Burdigal entlang dem Randsaum des Kristallins des Böhmischen Massivs marine Flachwassersande und Kalke zur Ablagerung (Eggenburg). In der eigentlichen Trogzone der Molasse (Äußeres Wiener Becken und Waschbergzone) umfaßt die Eggenburg-Schichtgruppe wieder mächtigere Tonmergel-Serien (Schlier) mit eingelagerten Sandsteinen und im Südosten auch Grobsanden und Konglomeraten. Am Ende der Oberen Meeresmolasse (Ottnang, unteres Helvet) stehen auch in Niederösterreich die brackischen, überwiegend als Quarzsande ausgebildeten Oncophoren-Schichten.

Nach dem Rückzug des Meeres bis in die westliche Schweiz im oberen Helvet entwickelte sich westlich der aufsteigenden Südspitze des Böhmischen Massivs in der der Oberen Meeresmolasse folgenden Zeit (Karpat bis Pont, oberstes Untermiozän bis unteres Pliozän) das limnisch-fluviatile Sedimentbecken der **Oberen Süßwassermolasse**.

Die Sedimente dieses nach Westen entwässernden Schwemmlandes bilden heute weithin die Oberfläche der ungefalteten Vorlandmolasse im Schweizer Mittelland und im bayerischen und oberösterreichischen Alpenvorland. Charakteristische Ablagerungen sind hier helle glimmerreiche, im Osten zunehmend geröllführende Sande und bläulich-graue bis rötlich-bunte Mergel. In Mergeln des Sarmat (oberes Mittelmiozän) liegt bei Öhningen am Westende des Bodensees eine bekannte Fossilfundstelle mit vielfältigen Pflanzen und einer großen Zahl von Insekten, Fischen, Amphibien, Reptilien, Vögeln und Säugetieren. Örtlich treten Kohlenflöze auf, die auch zum Teil wirtschaftliche Bedeutung erlangten.

Weit verbreitet sind in der Oberen Süßwassermolasse in Bentonite umgewandelte Glastuffe, örtlich auch vulkanische Auswürflinge. Die vulkanischen Eruptionszentren lagen teils vor den Beckenrändern, teils innerhalb des Molasse-Beckens. Der Hegau ist ein Beispiel dafür.

Im westlichen Molassegebiet bestanden am Rand der alpinen Decken die Schuttkegel der Napf-, Hörnli-, Bodensee- und Hochgrad-Schüttung fort. Die Mächtigkeit ihrer Konglomerate kann in ihrem Kern auf zum Teil über 1.500 m anschwellen.

Aus dem Hochgebiet der heutigen Schwäbischen Alb und des Schwarzwaldes stammt Jura-Nagelfluh, dessen oft große Gerölle überwiegend aus Malmkalken bestehen. In jüngsten Lagen treten auch Buntsandstein und Granitgerölle auf und dokumentieren die zunehmende Heraushebung und Abtragung des Schwarzwaldes.

Im Gegensatz zur limnischen Entwicklung des Böhmischen Massivs stellten sich in Niederösterreich während des Karpat, Baden und Sarmat (höchstes Untermiozän und Mittelmiozän) wieder vollmarine Ablagerungsbedingungen ein. Über einen älteren Schuppen- und Deckenbau der Waschberg- und Flyschzone hinweg transgredierte das Meer aus dem Wiener Becken bis in den Bereich der Ungestörten Molasse.

Das Karpat liegt im Außeralpinen Wiener Becken und in der Waschbergzone in Form der bis 2.000 m mächtigen Laaer Serie vor. Sie besteht in der Hauptsache aus marinen graugrünen Tonmergeln mit dünnen Sandsteinlagen. Ablagerungen von Tonmergeln und Sandsteinen des Badens und Sarmats sind weniger weit verbreitet. In der Waschbergzone lagert das Baden diskordant dem Schuppenbau der älteren Molasse-Schichten auf, so daß sich die tektonische Hauptdeformation hier zwischen dem Karpat und Baden ereignete.

Vom Pannon (unteres Obermiozän) an entstanden in der niederösterreichischen Molasse-Zone nur noch fluviatile Sande und Schotter und örtlich limnische Ablagerungen.

5.10.3 Geologischer Bau

Der nördliche, größere Teil des heutigen Molasse-Beckens gehört zur tektonisch wenig gestörten sogenannten Vorlandmolasse. Im Süden wurde ein durchgehender schmalerer Streifen vor allem an der Wende Oligozän/Miozän (savische Phase) und weiterhin während des oberen Miozäns und unteren Oligozäns in die alpine Verschuppung und Faltung mit einbezogen.

Die Molasse-Serien wurden von Norden nach Süden in immer tieferen Horizonten abgeschert und zur Faltenmolasse zusammengeschoben. Die tektonische Grenze der Alpen ist am Nordrand dieser Strukturzone zu sehen.

In der **Schweiz** zeigt die **Ungefaltete Vorlandmolasse** (Mittellandmolasse oder Autochthonmolasse) überwiegend flache Schichtlagerung. Ein leichtes Einfallen gegen Südosten (5°) dokumentiert die Trogabsenkung und wird durch die Zunahme der Schichtmächtigkeiten in diese Richtung kompensiert.

Vor dem Südrand des Faltenjuras ist die Mittelland-Molasse zu einigen breiten parallel zum Alpenrand verlaufenden Aufwölbungen und Mulden verbogen. Am Jurarand steht sie steil. Diese Verstellung steht mit der Jurafaltung im späten Miozän bis frühen Pliozän im Zusammenhang. In der Ostschweiz haben NW–SE (herzynisch) streichende steilstehende Abschiebungen zur Entstehung der jungen Bodensee-Depression beigetragen.

Im Ostteil des Schweizer Molasse-Beckens ist auch der Übergang der Ungefalteten Molasse in eine schmale Zone mit parautochthoner **Gefalteter Molasse** zu beobachten. Ihre Falten sind über im Untergrund flachliegendem Jura abgeschert. Die Faltung äußert sich in breiten Muldenzügen und dazwischen in der Regel engen gestörten Sätteln mit steilstehenden Schichten der Unteren Süßwassermolasse oder Unteren Meeresmolasse im Kern. Von Scherflächen begrenzt sind auch die verschieden steil nach SE bzw. SSE einfallenden

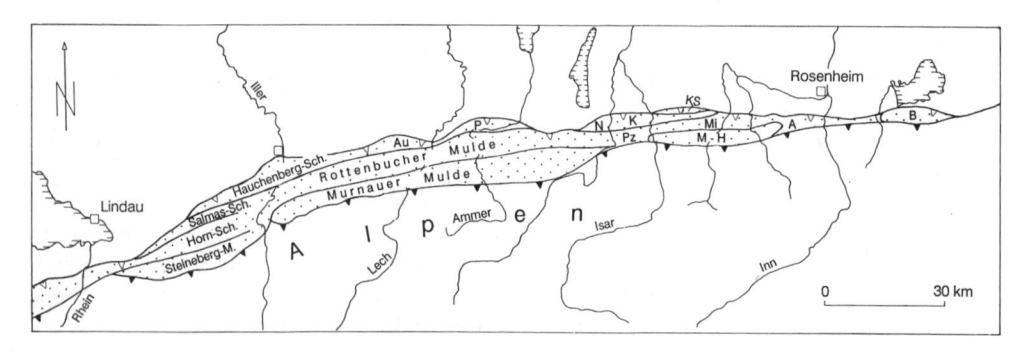

Abb. 136. Geologische Übersichtskarte der Faltenmolasse (n. LEMCKE 1988). A = Auer Mulde, Au = Auerberg-Schuppe, B = Bernauer Mulde, K = Kirchbiehl-Mulde, KS = Kirchsee-Mulde, Mi = Miesbacher Mulde, M-H = Marienstein-Hausham-Mulde, N = Nonnenwald-Mulde, P = Peissenberg-Schuppe, Pz = Penzberger Mulde.

Das Molasse-Becken

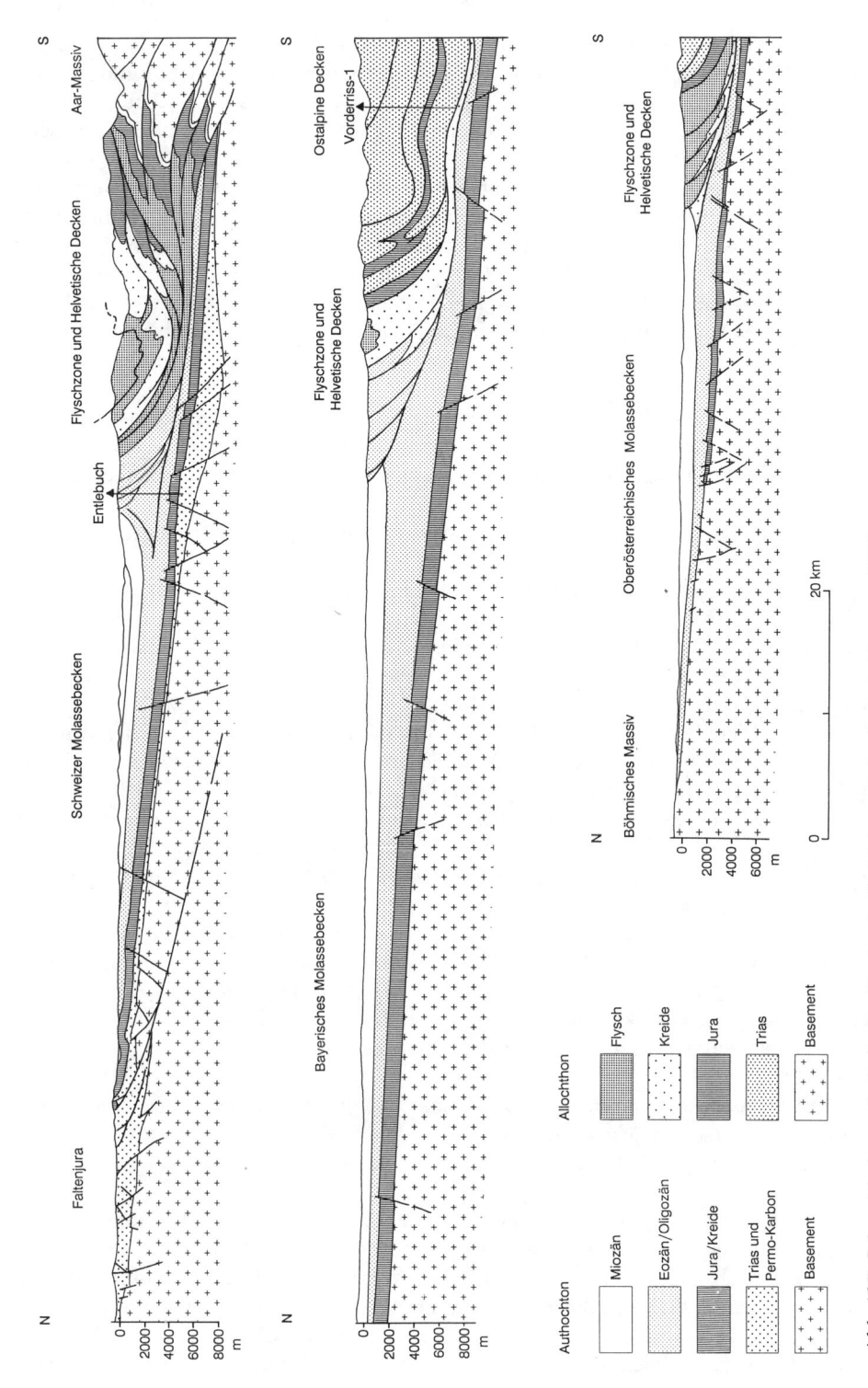

Abb. 137. Schematische geologische Profile durch die Molasse-Zone (n. P. A. ZIEGLER 1988).

Schuppen der eigentlichen Faltenmolasse, die in der Nordostschweiz die Front der Helvetischen Decken begleitet. Sie ist aus Gesteinen der Unteren Meeresmolasse und hauptsächlich mächtigem Nagelfluh der Unteren Süßwassermolasse aufgebaut. An ihrem allochthonen Charakter als von Süden stammender Deckenstapel wird nach seismischen Daten nicht gezweifelt.

Im **süddeutschen Alpenvorland** erscheint die vortertiäre Basis der **Ungefalteten Vorlandmolasse** als einfache, zum Alpenrand hin einfallende Platte. Im Nordosten, in Richtung auf das Böhmische Massiv, sind ihr kristalliner Sockel und seine paläozoisch-mesozoische Bedeckung von einer vor-eozänen NW–SE (herzynisch) ausgerichteten Bruchtektonik betroffen. So kontrollieren NW–SE verlaufende Auf- und Abschiebungen das Landshut-Neuöttinger Hoch und seine Fortsetzung auf oberösterreichischem Gebiet, die Hochzone von Mühlleiten-Puchkirchen. Über dem Landshut-Neuöttinger Hoch wurden nach dem Untercampan bis 1.000 m mesozoische Sedimente erodiert. Auch der unmittelbare Südwestrand des Böhmischen Massivs wird heute von bereits vor dem Eozän aktiven NW–SE streichenden Aufschiebungen begleitet (Donaurandbruch, Steyr-Störung). In einigen Fällen sind Störungen mit dieser Ausrichtung allerdings auch noch bis in das jüngste Tertiär aktiv geblieben.

Die flexurartige Abbiegung der Tertiärbasis der Molasse-Zone während des Vorrückens des alpinen Deckenstapels vor allem am Ende des Eozäns (pyrenäische Phase) und weiterhin am Ende des Oligozäns (savische Phase) führte bis in das obere Miozän zur Dehnung und zum Aufreißen annähernd beckenparallel W–E gerichteter synthetischer und antithetischer Abschiebungen. Für die Oberkante des Eozäns betragen die Sprunghöhen maximal 300 m. Die antithetischen Abschiebungen sind die wesentlichen Erdöl- und Erdgasfallen der Vorlandmolasse.

Im Bereich der überschobenen Faltenmolasse ist die Tertiärbasis heute in Tiefen von mehr als 4.500 m unter NN versenkt. Entsprechend erreicht die Molasse vor deren Stirn mit etwa 5.000 m Sediment ihre größte nachweisbare Schichtmächtigkeit. Im Gegensatz zur Tertiärbasis zeigen jedoch Streichlinienkarten höherer Horizonte, z. B. der Oberkante der Oberen Meeresmolasse, das Bild einer langgestreckten asymmetrischen Großmulde. Darin zeigt sich die allgemeine Verlagerung der Trogachse von Süden nach Norden im Zusammenhang mit dem Vorrücken der alpinen Deckenfront. Vom Bodenseegebiet nach Südwesten hebt sich die Achse dieser Großmulde bis in die Gegend von Bern um ca. 1.200–1.300 m heraus. Im Osten steigt die Achse um ca. 700 m auf. Die Heraushebung im Südwesten scheint jünger zu sein und steht wahrscheinlich mit den jungen Hebungen der Westalpen und des Faltenjuras im Zusammenhang. Sie bewirkte eine Umkehr der zur Zeit der Oberen Süßwassermolasse nach Westen gerichteten Sedimenttransporte nach Nordosten, wie er auch bis zur Gegenwart anhält.

Die **Süddeutsche und Vorarlberger Faltenmolasse** stellt die Fortsetzung der Allochthonen Subalpinen Molasse der Schweiz dar. Wie diese gehört sie strukturell zu den Alpen. Ihre Breite, die im Allgäu mit 16 km am größten ist, nimmt bis zu ihrem Verschwinden östlich des Chiemsees stetig ab.

Die Faltenmolasse ist nach Norden der Vorlandmolasse aufgeschoben und wird von Süden her von den Decken des Helvetikums bzw. des Flysches überfahren.

Die als Allochthone Molasse zu charakterisierende Bayerische Faltenmolasse zeigt im Kontakt zu den südlich gelegenen höheren Decken (Helvetikum, Flysch) verschiedene Mulden (Steineberg-Mulde, Murnauer Mulde). Nach seismischen Daten besteht sie im übrigen aber hauptsächlich aus mehr oder weniger ausgedehnten Schuppen. Zum ungefalteten Vorland hin finden sich örtlich auch wieder Sattel- (Nördliche Antiklinale südlich Kempen) und Muldenstrukturen (Kirchsee-Mulde). Die an der Stirnseite steilstehenden Mulden- und Schuppengrenzen verflachen sich zur Tiefe hin zu oft annähernd schichtparallelem Verlauf.

Die übertage am weitesten nördlich erkennbare Aufschiebungsbahn wird heute als Nordgrenze des Alpenkörpers angesehen. Nach Bohrungen und geophysikalischen Untersuchungen setzen sich aber die Aufschuppungen der Molasse auch noch als Duplexstrukturen weiter nach Norden fort.

Wie die Schweizerische Subalpine Molasse, sind auch die Muldenfüllungen der Süddeutschen Faltenmolasse überwiegend aus den mächtigen und erosionsresistenten Konglomeratserien der Unteren und seltener der Oberen Süßwassermolasse aufgebaut. Im westlichen Allgäu können vier, im östlichen drei Muldenzonen bzw. Schuppen unterschieden werden. Nach Osten nimmt ihre Zahl weiter ab. Der südlichen Faltenmolasse gehören (von W nach E) die Steineberg-Mulde, die Murnau-Mulde und die Marienstein-Hausham-Mulde an. Nördlich schließt die Horn- und die Salmas-Schuppe und die Rottenbuch-Schuppe an. Östlich der Ammer folgen die Penzberger, die Miesbacher, die Auer- und die Bernauer Mulde.

Der Nordrand der Faltenmolasse ist entweder durch eine Überschiebung oder durch einen Sattel vom aufgerichteten Südrand der Vorlandmolasse getrennt. Er wird von der Hauchenberg-, der Auerberg- und der Peissenberg-Schuppe und weiter im Osten der Nonnenwald-, der Kirchbichl- und der Kirchsee-Mulde gebildet. Im Traun-Profil fehlt die Gefaltete Molasse bereits. Hier grenzt die aufgerichtete Vorlandmolasse mit mächtigem marinen Oligozän an das steil überschobene Helvetikum.

Der tektonische Kontrast zwischen der Faltenmolasse und der von ihr überfahrenen tektonisch reduzierten Autochthonen Molasse zeigt, daß die Faltenmolasse beim Vorrücken der nordalpinen Decken von ihrer Unterlage abgeschert und unter starker Einengung nach Norden überschoben wurde. Die mächtigen inkompetenten Tonmergel der Rupel-Stufe (mittleres Oligozän) wirkten dabei über weite Erstreckung als Abscherhorizont.

Im oberösterreichischen Abschnitt der Molasse-Zone werden verschiedene in die jüngsten Anteile der Puchkirchener Schichten (Eger) eingelagerte ältere Molasse-Schollen auch als synsedimentäre Eingleitungen interpretiert.

Die Hauptabscherung und Hauptdeformation der Faltenmolasse erfolgte nach dem Sarmat (oberes Mittelmiozän), im Pont (oberes Miozän) und auch noch danach. Es gibt Hinweise dafür, daß sich die südliche Faltenmolasse bereits vom Eggenburg an in Bewegung befand.

Auch im **niederösterreichischen Alpenvorland** wird eine nicht oder nur wenig deformierte Ungestörte Vorlandmolasse von einem südlichen durch Aufschuppungen getrennten Streifen einer Gestörten Molasse mit schwacher Faltung unterschieden. Nördlich der Donau umfaßt die Ungestörte Molasse das sogenannte Außeralpine Wiener Becken, und die Gestörte Molasse setzt sich in dem nach Nordosten zu den Karpaten überleitenden Überschiebungs- und Faltenkomplex der Waschberg-Zone fort.

Im Bereich des gegen Südosten als Hochscholle vorstoßenden südlichen Sporns der Böhmischen Masse zwischen der oberösterreichischen und niederösterreichischen Molasse-Zone sind die hier nur schmal zutage tretenden Molasse-Ablagerungen von einer extremen Überschiebungstektonik der alpinen Decken betroffen. Wie die Bohrung Urmannsau 1 bei Gaming zeigt, ist hier die Allochthone Molasse um mindestens 15 km vom Alpenkörper überschoben.

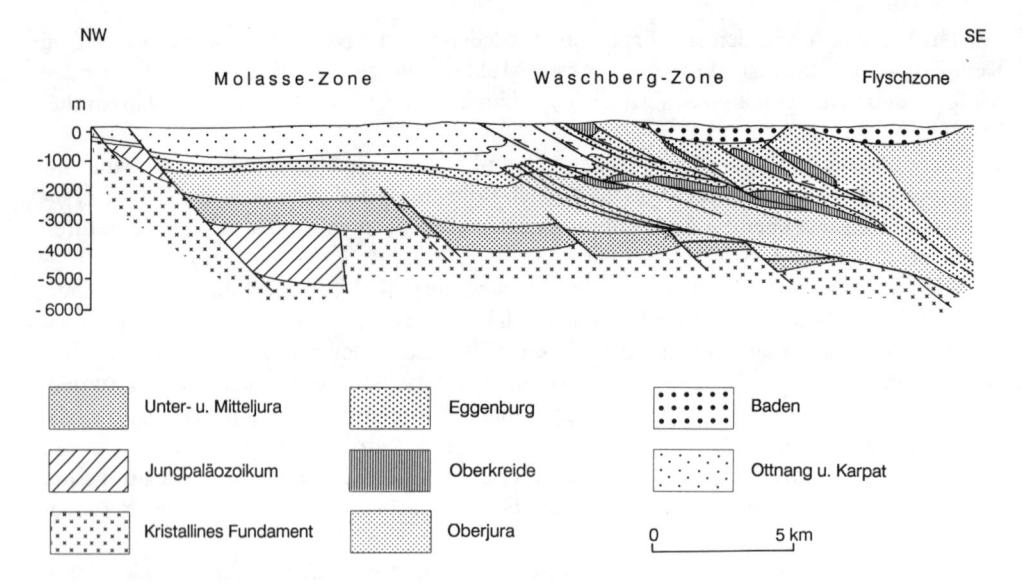

Abb. 138. Geologisches Profil der Molasse-Zone, der Waschberg-Zone und des Wiener Beckens in Niederösterreich, nördlich der Donau (n. TOLLMANN 1985).

Im ungestörten Anteil der niederösterreichischen Molasse südlich der Donau dominieren z. T. wieder auflebende ältere, NE–SW verlaufende Störungssysteme, wie z. B. die Diendorfer Störung. Sie bewirkten auch kräftige Versetzungen der Molasse-Basis. Die Grenze der Ungestörten Vorlandmolasse zur Gestörten Molasse bildet hier die St. Pöltener Störung. Sie läßt sich von St. Pölten bis zur Donau und noch darüber hinaus entlang dem Außenrand der Waschberg-Zone verfolgen.

Nördlich der Donau weist die wieder verbreiterte Zone der Ungestörten Vorlandmolasse des **Außeralpinen Wiener Beckens** ein stufenweises Absinken der Tertiärbasis von wenigen 100 m im Westen auf über 1.000 m und bis fast 2.000 m im Osten auf. Hier ist in der Fortsetzung der Subalpinen Faltenmolasse die **Waschberg-Zone** weit und flach auf die Ungestörte Vorlandmolasse überschoben. Die Waschberg-Zone besteht aus intensiv und eng verschuppten Molasse-Anteilen und auch älteren Schollen von Jungmesozoikum (Malm und Oberkreide), die die weicheren Tertiärmergel zum Teil als Klippen durchspießen (Äußere Klippenzone).

Da bereits Schichten des Baden (unteres Mittelmiozän) über diesen Schuppenbau transgredierten, gilt der Übergang Karpat/Baden als Alter der Hauptdeformation der Waschberg-Zone (steyrische Phase).

Unmittelbar nach der Überschiebungs- und Schuppentektonik folgend begann eine intensive Zerlegung des Gebirges durch NW–SE (herzynisch) streichende Brüche. Durch sie wurden die Schuppenmassen in Schollen zerlegt und neue Sedimentationsräume geschaffen. Einige dieser größeren Tertiärbrüche folgen mesozoisch angelegten Strukturen. Die Bewegungen hielten mit unterschiedlicher Intensität bis in das Quartär an.

5.10.4 Das Quartär der Voralpen

Während des Pleistozäns traten wiederholt Gletscher aus den Alpen auf das nördliche Molassevorland aus und hinterließen dort Moränen und Schmelzwasserablagerungen. Deren Mächtigkeiten können bis mehrere 100 m betragen. Auf der Staffelung der Moränenwelle und der vertikalen Abfolge der aus den Schmelzwässern akkumulierten Terrassensedimente basiert die klassische Gliederung des alpinen und voralpinen Pleistozäns in die vier Glaziale Günz, Mindel, Riß und Würm und entsprechende Zwischeneiszeiten.

Ältere Abschnitte des Pleistozäns werden heute nach weiteren Kaltzeiten gegliedert. Danach geht der Günz-Eiszeit die **Donau-Kaltzeit** voraus. Ihre Reste finden sich heute auf hochliegenden Schotterplatten im Iller-Lech-Gebiet.

Auch das **Günz-** und das **Mindel-Glazial** sind heute wesentlich mit hochliegenden tiefgründig verwitterten fluvioglazialen Schottern, den Oberen und Unteren Deckenschottern vertreten. An wenigen Orten, u. a. im Bereich des Rhein-Gletschers, des Inn-Chiemsee-Gletschers und des Salzach-Gletschers, finden sich auch noch Moränenreste der Mindel-Vereisung. Diese reicht wenigstens örtlich über die rißeiszeitliche Vergletscherung hinaus.

Günz- und Mindel-Eiszeit sind durch ein Interglazial getrennt, während dessen zu stärkerer Erosion kam. Ebenso vollzog sich während des Mindel-Riß-Interglazials, der längsten Zwischeneiszeit innerhalb des Pleistozäns, eine intensive Talbildung. Durch sie wurde ein Großteil der Talstrecken der heutigen Flüsse angelegt.

In der **Riß-Eiszeit** vollzog sich der weiteste Eisvorstoß in das Alpenvorland. Er spielte sich in mehreren Phasen ab, wobei die maximale Eisverbreitung für die ältere Riß-Eiszeit beobachtet wird. Sie ist durch Grundmoränen und die Verbreitung ihrer Geschiebe gut dokumentiert. Der Rhône-Gletscher bedeckte während seines Maximalstandes in der Riß-Eiszeit nicht nur weite Teile des Schweizer Mittellandes, sondern auch Teile des nördlichen Faltenjuras. Nach Südwesten reichte er bis Lyon. Eine scharfe Abtrennung vom Verbreitungsgebiet des nordwestlich gelegenen gleichaltrigen Reuß-Aare-Gletschers und Linth-Gletschers ist nicht möglich, ebenso wenig zwischen den letzteren und dem nordostwärts anschließenden Rhein-Gletscher. Der Rhein-Gletscher reichte bei Sigmaringen über die Donau hinaus bis in den Bereich der Schwäbischen Alb.

Auch im südbayerischen Alpenvorland brachte die Riß-Vereisung die am weitesten nach Norden reichenden Gletscher mit sich. Soweit ihre Moränen später nicht vom Eis des Würm-Glazials überfahren wurden, bilden sie heute eine ausgeglichene Altmoränenlandschaft ohne Seen und Moore. Ihre zugehörigen Schotter bilden heute die Hochterrasse der Donau-Zuflüsse. Fluviatile Sedimente, Seetone und Schieferkohlen sind häufige Ablagerungen des Riß-Würm-Interglazials. Hinzu kam die Bildung von Böden und am Ende wiederum eine Phase der Erosion.

Kennzeichen der jüngsten Vorlandvereisung, der **Würm-Eiszeit**, ist ein nicht so weiter Vorstoß und eine nicht so geschlossene Front ihrer Eismassen wie zur Zeit des Riß-Glazials, dafür aber eine gute Erhaltung ihrer Moränen und zugehörigen Schotterflächen. Die Endmoränenzüge des Würm-Gletschers ragen gewöhnlich als Einzelloben weit in das Alpenvorland hinein.

Die Eisvorstöße erfolgten in verschiedenen Phasen. Überfahrungen älterer Stadien ließen Drumlins entstehen. Verschiedene Rückzugstadien führten zu einer staffelartigen Anordnung der einzelnen Endmoränenwälle und -kuppen. In den Talzügen des Gletschervorlandes akkumulierten die fluvioglazialen Schotter zu Niederterrassen, in die sich die heutigen Flüsse mit ihrer Talaue nur wenig einschnitten. Teilweise wurde Löß angeweht.

Der westlichste der würmzeitlichen Gletscher war wieder der **Rhône-Gletscher**. Seine Endmoräne reichte nach Nordosten in das Aaretal nordöstlich Solothurn. In seinem Zungenbecken entstand hier vor den Endmoränen ein großer Solothurner See, dessen zumeist verlandeten Rest heute der Bieler See und der Neuenburger See darstellen. Der **Reuß-** und der **Linth-Gletscher** blieben weit hinter ihrer Verbreitung zur Zeit der Riß-Vereisung zurück. Der aus dem alpinen Rheintal herausreichende **Rhein-Gletscher** reichte dagegen im Hegau teilweise wieder an seine rißzeitliche Verbreitungsgrenze heran. Sein äußerster Vorstoß erreichte Schaffhausen. Auch nach Norden und Osten bildete er einen besonders breiten, durch mehrere Endmoränenzüge zu gliedernden Lobus. Im Zungenbecken des Rhein-Gletschers liegt der Bodensee. Seine Entstehung ist weitgehend auf glaziale und fluvioglaziale Erosion zurückzuführen. Bei der Anlage seiner westlichen Zweigbecken, des Überlinger Sees und des Zeller Sees, spielten aber auch tektonische Bewegungen an NW–SE streichenden Verwerfungen eine Rolle. Rißzeitliche Ablagerungen wurden im Bodensee nicht mit Sicherheit nachgewiesen. Die Ausräumung seines Seebeckens wird deshalb auf den würmzeitlichen Rhein-Gletscher zurückgeführt.

Ostwärts folgen die kleinen Loben des **Iller-** und **Lech-Gletschers**. Hier war die Vorlandvergletscherung verhältnismäßig gering. Die Niederterrassenschotter dieser Flüsse erreichen dafür eine größere Ausdehnung und beherrschen bis zur Donau das Landschaftsbild.

Breiter entwickelt sind wieder die Moränengürtel des **Ammer-, Würm-** und **Isar-Gletschers**. Sie reichen auch wieder weiter in das Vorland hinaus. Der Ammersee und Starnberger See sind größere ehemalige Zungenbecken. Nach dem Glazial sind sie in ihrem Südteil verlandet, ebenso wie der einstige Wolfratshauser See beiderseits der Isar. Zwischen den Endmoränen der Nordostflanke des Isar-Gletschers und denjenigen des östlich folgenden Inn-Gletschers liegen die beiden Würm-Gletschern zuzuordnenden Niederterrassenschotter der großen Münchener Schotterfläche. Ihre Oberfläche senkt sich von Süden nach Norden um nahezu 300 m. In gleicher Richtung nimmt auch ihre Mächtigkeit ab. Infolgedessen tritt im Norden der Grundwasserspiegel zutage, wodurch Quellmoore, u. a. das Dachauer und Erdinger Moos, entstanden.

Einen klassischen Lobus bilden die nach Norden bis 40 km vor dem Alpenrand reichenden Endmoränen-Girlanden des **Inn-Gletschers**. Nach Osten schließen sich diejenigen des kleineren Chiemsee-Gletschers an. Um Rosenheim bildete sich im Spätglazial beiderseits des Inns ein großer Eisstausee. Seine limnischen Sedimente sind bis über 150 m mächtig. Heute liegt die Talsohle des Inns 40 m tiefer als der Seeboden des ehemaligen Rosenheimer Sees. Auch der heutige Chiemsee stellt einen im Süden zur Hälfte aufgefüllten Schmelzwasser-Restsee dar.

Der östlichste der großen würmzeitlichen Vorlandgletscher war der **Salzach-Gletscher**. Auch für diesen sind mehrere hintereinander angeordnete Endmoränenzüge der Hauptvereisung zu unterscheiden. Aus einem großen Stammbecken bei Salzburg, in dem sich postglazial ein Salzburger See aufstaute und dann wieder verlandete, wurden verschiedene Zweigzungenbecken gebildet, in denen sich heute kleinere Seen und Moore entwickelt haben.

Östlich des Salzach-Gletschers und des sehr kleinen Vergletscherungsgebietes der Traun gelegene Alpengletscher haben das Alpenvorland mit ihren Endmoränen nicht mehr erreicht.

Literatur: G. H. Bachmann & K. Koch 1983; G. H. Bachmann & M. Müller 1981, 1990; G. H. Bachmann, M. Müller & K. Weggen 1987; Bayerisches geologisches Landesamt (Hrsg.) 1981; H. Bögel & K. Schmidt 1976; H. Boigk 1981; F. Brix, A. Kröll & G. Wessely 1977; U. P. Büchi & S. Schlanke 1977; F. Čech 1984; M. Elias 1977; W. Fuchs 1976; R. Fuchs & G. Wessely 1977; H. Füchtbauer 1964, 1967; Geologische Bundesanstalt Wien 1980; O. F. Geyer & M. P. Gwinner 1986; M. P. Gwinner 1978; R. Hantke 1978, 1980, 1983; H. Hauschild & H. Jerz (Hrsg.) 1981; R. Janoschek & A. Matura 1980; M. A. Koenig 1978; K. Kollmann & O. Malzer 1980; A. Kröll 1980a, 1980b; A. Kröll, F. Brix & G. Wessely 1977; H. P. Laubscher 1974; K. Lemcke 1973, 1974, 1975, 1978, 1988, M. Müller 1984; M. Müller, F. Nieberding & A. Wanninger 1988; W. Nachtmann & L. Wagner 1987; A. Penck & E. Brückner 1901/09; D. Robinson & W. Zimmer 1989; F. F. Steininger et al. 1985; M. Teichmüller & R. Teichmüller 1975; A. Tollmann 1985; R. Trümpy (Ed.) 1980; G. Wessely, O. S. Schreiber & R. Fuchs 1981; P. Woldstedt 1954/58; P. A. Ziegler 1982, 1987b.

6. Bodenschätze Mitteleuropas. – Ein Überblick

von Hansjust W. WALTHER und Harald G. DILL*

Vorbemerkung

In dem hier behandelten, rund 1 Mio. km² großen Teilgebiet Mitteleuropas liegen die Anfänge des Bergbaus mehr als 5.000 Jahre zurück. Es ist ein ursprünglich an Lagerstätten überdurchschnittlich reicher Krustenteil. Allein im westlichen Deutschland mit 0,17 % der Erdoberfläche wurden 1980 noch knapp 1 % der Weltförderung an mineralischen Rohstoffen gewonnen, obwohl vor allem der Erzbergbau nach jahrhundertelanger Aktivität infolge Erschöpfung oder Unwirtschaftlichkeit allmählich zu Ende geht.

In Tab. 1 ist für einige Rohstoffe die Entwicklung der Bergwerksförderung in Mitteleuropa, das 0,7 % der Erdoberfläche umfaßt, zusammengestellt. Dabei wurden, wie auch in

Tabelle 1. Prozent-Anteile Mitteleuropas an der Weltförderung einiger mineralischer Rohstoffe (Metallinhalt bzw. Rohförderung; Förderzahlen aus verschiedenen Quellen).

	1960	1975	1987
Silber	3,6	6,0	6,8
Kupfer	0,8	3,5	5,3
Zink	8,6	6,0	4,0
Blei	4,3	3,5	2,2
Zinn	0,6	0,6	1,9
Antimon	3,1	1,0	1,0
Nickel	0,4	0,5	1,0
Eisen	11,8	3,2	0,7
Flußspat	12,0	6,1	4,1
Schwerspat	18,6	7,2	6,3
Diatomit	3,8	1,2	0,5
Graphit	24,5	20,3	15,2[1]
Braunkohle	60,5	56,9	47,3
Steinkohle	17,7	13,1	9,1
Erdöl	ca. 1	ca. 0,5	ca. 0,5
Erdgas	ca. 1,7	ca. 9,7	ca. 6,7

[1] 1988: 10,8 nach Stillegung des Reviers Mühldorf, Niederösterreich.

* Die Autoren danken zahlreichen Fachkollegen für Diskussionen und die Durchsicht einzelner Abschnitte, insbesondere den Herren Prof. Dr. L. BAUMANN, Freiberg; Dozent Dr. F. DAHLKAMP, Bonn; Prof. Dr. K. von GEHLEN, Frankfurt a. M.; Prof. Dr. R. HÖLL, München; Dr. H. SCHMIDT, Prof. Dr. L. SCHRÖDER, Dr. H. SCHÜTTE, Prof. Dr. V. STEIN, alle Hannover; Dozent Dr. M. STEMPROK, Prag, und Prof. Dr. Dr. M. WOLF, Freiberg. Den Herren Prof. Dr. W. E. PETRASCHECK, Wien, und Prof. Dr. H. PUTZER, Hannover, danken wir für die Durchsicht des Manuskripts und den BGR-Referaten Geofiz und Bibliothek/Dokumentation für umfangreiche Unterstützung bei der Literaturerfassung.

allen späteren Tabellen, bei denjenigen Ländern, deren Territorium über den Kartenbereich der Abb. 140 hinausreicht, lediglich die Teilproduktionen der hier behandelten Gebiete berücksichtigt. Die genannten Zahlen sind deshalb entsprechend kleiner als die in den amtlichen Produktionsstatistiken.

6.1 Erze

6.1.1 Metallogenetische Epochen und Provinzen

Nach der Zeitlichkeit der Bildung von Lagerstätten werden in Mitteleuropa folgende metallogenetischen Epochen unterschieden (Beispiele in Klammern):
- Oberproterozoikum mit hydrothermal-sedimentären Sulfidlagern (Bodenmais, Erzlager der Spilit-Serie der Prager Mulde)
- Altpaläozoikum mit hydrothermal-sedimentären Sulfidlagern (Bayerland, Kupferberg–Wirsberg)
- Devon und Unterkarbon mit hydrothermal-sedimentären Roteisenerzlagern (Lahn-Dill-Bezirk, Ostsudeten) und Sulfidlagern (Rammelsberg, Meggen, Zlaté Hory (Zuckmantel))
- Oberkarbon und Unterperm mit epigenetisch hydrothermalen Erz- und Mineralgängen im Zuge der variszischen Orogenese, mit Spätphasen bis in das älteste Mesozoikum (Rhenoherzynikum mit Siderit im Siegerland, und zahlreichen Blei-Zink- und Kupfer-Erzgängen; Saxothuringikum mit Zinn-Wolfram-(Lithium-)Erzen im Erzgebirge; Moldanubikum mit Gold-Antimon-Erzen in Zentral- und Südböhmen; Saxothuringikum und Moldanubikum mit Uran-Erzen)
- Oberperm mit dem Kupferschiefer sowie Steinsalz- und Kalisalz-Lagerstätten
- Trias mit schichtgebundenen Kupfer- (Helgoland) und Blei-Zink-Erzlagerstätten (Oberschlesien)
- Jura und Kreide mit marin-sedimentären oolithischen und konglomeratischen sowie limnischen Eisenerzlagern (Lothringen, Salzgitter, Amberg)
- Mesozoikum und Tertiär mit epigenetisch-hydrothermalen Erz- und Mineralgängen (Baryt, Fluorit, Kupfer, Kobalt, Blei-Zink) sowie schichtgebundenen Imprägnationslagerstätten (Maubach-Mechernich) im Zusammenhang mit junger Bruchtektonik
- Oberkreide und Tertiär mit Verwitterungslagerstätten (Kaolin der Oberpfalz, Eisen-Mangan-Erze des Hunsrück-Typs).

Lagerstättenbildungsprozesse sind Teil der geodynamischen Krustenentwicklung. Daher bestehen in Abhängigkeit von der Strukturgliederung auch erhebliche regionale Unterschiede im Lagerstätteninventar Mitteleuropas. Nicht selten stehen die Prozesse auch unmittelbar mit Vorgängen und/oder Zuständen in der Unterkruste und im Mantel in Verbindung. Darauf wird z. B. die im einzelnen noch nicht verstandene ungleiche Verteilung von Blei-Zink und Kupfer in Mitteleuropa (s. 6.1.6.5) zurückgeführt. Je nach Form und Größe werden metallogenetische Provinzen, Gürtel, Bezirke, Reviere usw. unterschieden. Auf sie wird in der nachfolgenden Beschreibung ausführlich eingegangen werden.

Vielfach kommt es in einzelnen Bereichen auch zu einer zeitlichen Aufeinanderfolge unterschiedlicher Mineralisationen, die verschiedenen metallogenetischen Epochen angehören können. Derartige aus stofflich unterschiedlichen und verschieden alten Paragenesen bestehende Mineralassoziationen auf den gleichen Gangstrukturen wurden zu Anfang des 20. Jahrhunderts zuerst im Rheinischen Schiefergebirge erkannt und Mitte der 50er Jahre im

Erzgebirge radiometrisch nachgewiesen (Abb. 139). In Mitteleuropa handelt es sich dabei meist um variszische und postvariszische, mesozoische bis tertiäre Lagerstättenformationen.

6.1.2 Eisen und Mangan

Der Eisenerzbergbau in Mitteleuropa geht bis in die La Tène-Zeit zurück und war später zusammen mit der Kohlegewinnung die Grundlage für die industrielle Entwicklung dieses Gebiets. Lagerstätten von heute weltwirtschaftlicher Bedeutung mit mindestens 60 % Fe im Erz oder Konzentrat sind jedoch nicht vorhanden. Die mitteleuropäischen Eisenerze führen zwischen 25 und 50 % Fe, woraus sich der Rückgang ihres Anteils an der Weltförderung von knapp 18 % 1960 auf 1,3 % oder 11 Mio. t Erz 1987 erklärt.

Zu den ältesten Eisenerzen in Mitteleuropa zählen proterozoische Magnetitbändererze bei Sumperk (Mährisch-Schönberg), die hydrothermal-sedimentär gedeutet werden. Bedeutende marin-sedimentäre Hämatit-Siderit-Erze entstanden im Ordovizium der Prager

---

Abb. 139. Die Lagerstätten des metallogenetischen Bezirks des Erzgebirges und einiger Randgebiete (n. BAUMANN 1965, 1970 u. WASTERNACK et al. 1974).

Felsit- und Skarn-Horizonte, SnO_2, FeS_2 (Protoerze).

Prä- und früh-variszische präorogene Lagerstätten
1 = Gera-Ronneburg U, pl1, 2 = Möschwitz U, pl1, 3 = Luby (Schönbach) Hg, pl1, 4 = Klingenthal-Kraslice (Graßlitz) Cu, pl1, 5 = Breitenbrunn Fe, Skarn, 6 = Měděnec (Kupferberg) Cu, pr, 7 = Přísečnice (Preßnitz) Fe, pr, 8 = Hermsdorf Pb-Zn, pl1, 9 = Berggießhügel Fe, d3.

Variszische spät- und postorogene Lagerstätten
Pegmatitisch-pneumatolytische Zinn-Wolfram-Molybdän-Abfolge
1 = Vernerov (Wernsdorf), 2 = Eich W, 3 = Tirpersdorf W, 4 = Pechtelsgrün W, 5 = Gottesberg, 6 = Mühlleithen, 7 = Prebuž (Frühbuß), 8 = Rotava (Rothau) W, 9 = Krásno (Schönfeld), 10 = Horní Slavkov (Schlaggenwald), 11 = Eibenstock, 12 = Aue, 13 = Schwarzenberg, 14 = Pöhla, 15 = Breitenbrunn, 16 = Hora Blatna (Platten), 17 = Schlettau, 18 = Geyer, 19 = Ehrenfriedersdorf, 20 = Marienberg, 21 = Pobershau, 22 = Seiffen, 23 = Sadisdorf, 24 = Hegelshöhe, 25 = Altenberg, 26 = Löwenhain, 27 = Zinnwald-Cínovec, 28 = Krupka (Graupen), 29 = Bergießhübel.

Hydrothermale Abfolgen
Abfolgen der kiesig-blendigen Bleierzformation (kb): 1 = Annaberg, 2 = Marienberg, 3 = Freiberg (Zentralgebiet), 4 = Mikulov (Niklasberg).
Uran-Quarz-Kalzit-Abfolge (uq): 1 = Schneeberg, 2 = Aue, 3 = Schwarzenberg-Pöhla, 4 = Johanngeorgenstadt, 5 = Jáchymov (St. Joachimsthal), 6 = Horní Slavkov, 7 = Annaberg, 8 = Marienberg.
Abfolgen der edlen Braunspatformation (eb): 1 = Freiberg (Randgebiete), 2 = Marienberg.

Postvariszische hydrothermale Abfolgen
Eisen-Baryt-Abfolge (eba): 1 = Brunndöbra, 2 = Schwarzenberg, 3 = Johanngeorgenstadt.
Fluorit-Baryt-Abfolge (fba): 1 = Schönbrunn F, 2 = Zobes Ba, F, 3 = Olivi (Bleistadt) Pb, 4 = Breitenbrunn F, 5 = Halsbrücke Pb, 6 = Hradiste F, 7 = Moldava (Moldau), F, 8 = Teplice (Teplitz) F, 9 = Jilove (Eulau) F.
Wismut-Kobalt-Nickel-Silber-Abfolge (Bi-Co-Ni): 1 = Schneeberg, 2 = Johanngeorgenstadt, 3 = Jáchymov, 4 = Annaberg, 5 = Niederschlag, 6 = Marienberg, 7 = Freiberg-Halsbrücke.

Sonstige postvariszische Lagerstätten
Uranerze in Sedimenten: 1 = Freital, p1, 2 = Teplitz, c2, 3 = Königstein, c2.
Verwitterungserze: St. Egidien Ni.
Zinn-Seifen.

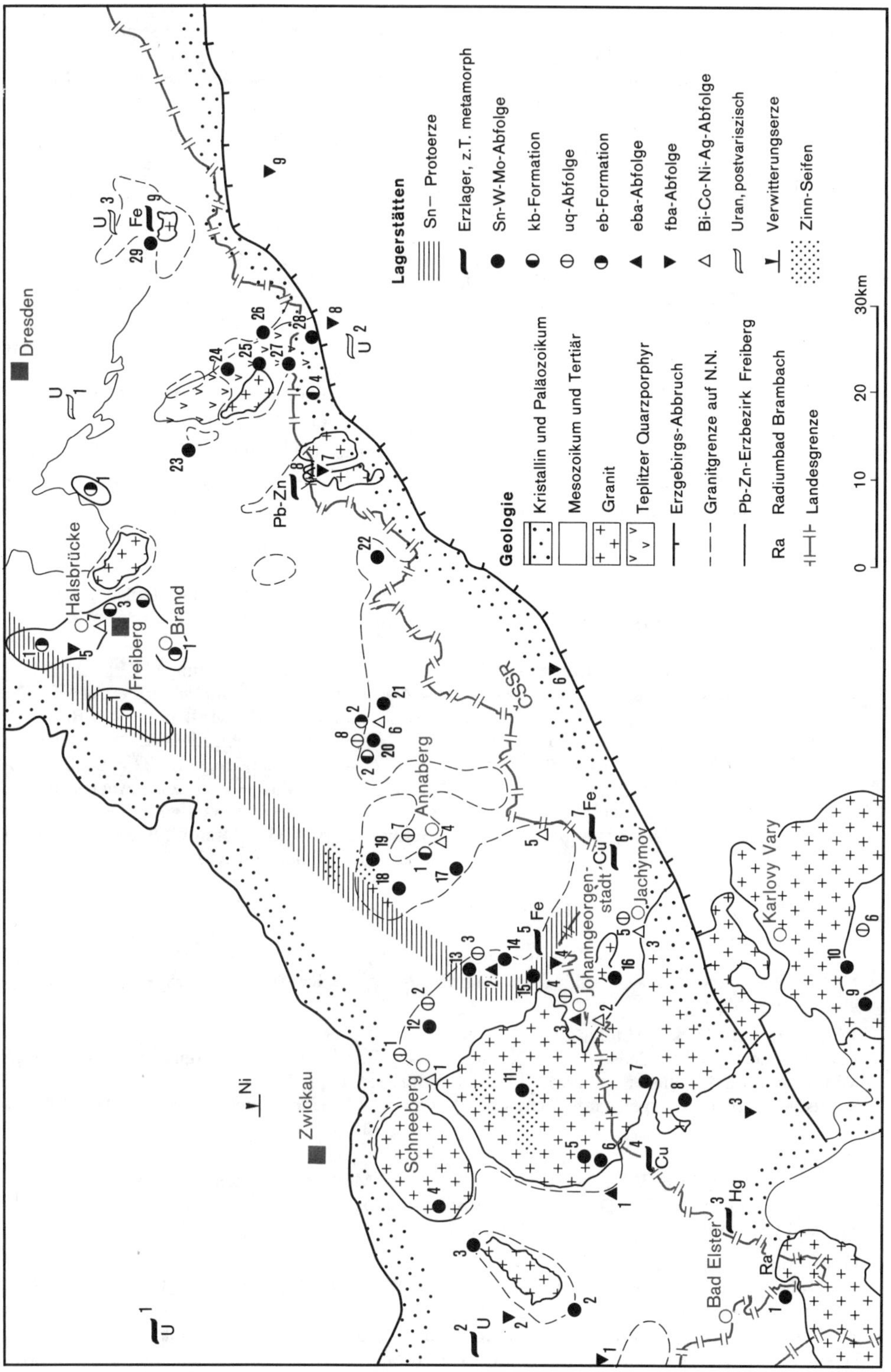
Lagerstätten
Sn– Protoerze
Erzlager, z.T. metamorph
Sn-W-Mo-Abfolge
kb-Formation
uq-Abfolge
eb-Formation
eba-Abfolge
fba-Abfolge
Bi-Co-Ni-Ag-Abfolge
Uran, postvariszisch
Verwitterungserze
Zinn-Seifen
Geologie
Kristallin und Paläozoikum
Mesozoikum und Tertiär
Granit
Teplitzer Quarzporphyr
Erzgebirgs-Abbruch
Granitgrenze auf N.N.
Pb-Zn-Erzbezirk Freiberg
Ra Radiumbad Brambach
Landesgrenze
0 10 20 30km
Dresden
Zwickau
Freiberg
Halsbrücke
Brand
Annaberg
Schneeberg
Johanngeorgenstadt
Jachymov
Karlovy Vary
Bad Elster
ČSSR
Pb-Zn
Fe
Cu
Hg
Ni
U

Tabelle 2. Eisenerzförderung 1987 in Mitteleuropa (10^3 t) (n. Unterlagen der Bundesanstalt für Geowissenschaften und Rohstoffe und Mineral Yearbook).
(Die Förderung Österreichs und der Tschechoslowakei von zusammen 4,8 Mio t Erz mit 1,4 Mio t Fe stammt aus den Alpen bzw. Karpaten.)

	Erz	Fe-Inhalt	Fe-Gehalt
westl. Deutschland[1]	247	68	27%
Frankreich	10.852	3.255	30%
Polen	6	<2	~25%
	11.105	3.325	
Weltanteil	1,3%	0,7%	

[1] 1988, nach Stillegung der Grube Leonie bei Auerbach, Opf.: 69.000 t Erz mit 11,5% Fe.

Mulde, wo die Lagerstätten Ejpovice, Krusná Hora, Nučice u.a. Gesamtvorräte von 600 Mio. t Erz führen. Der Abbau wurde 1967 eingestellt. Das kleine Revier von Schmiedefeld-Wittmannsgereuth in Thüringen mit Chamosit-Siderit-Thuringit-Erzen wurde bis 1971 gebaut. Hämatitoolith-Erze treten im Oberdevon der Ardennen bei Namur und im Unterdevon der Eifelkalkmulden auf.

Abb. 140. Lagerstätten der Erze und Industrieminerale in Mitteleuropa (Lagerstättenliste):
(A = alpidisch, V = variszisch). Für Abb. 1, südlich Leipzig, lies Abb. 139.
1. Eisen-Mangan
   1 = Namur – Liège, d3, 2 = Lothringen, j1/2, 3 = Eifel, d2, 4 = Waldalgesheim, Mn-Fe, t, 5 = Hüggel, A, 6 = Damme, kr 2, 7 = Staffhorst, j2, 8 = Nammen, j3, 9 = Ruhr, c2, 10 = Adorf, d2/3, 11 = Siegerland-Wied, V, 12 = Lahn-Dill, d2/3, 13 = Lindener Mark, Mn-Fe, t, 14 = Bieber, A, 15 = Gutmadingen-Blumberg, j2, 16 = Gifhorn j3, 17 = Peine-Bülten-Lengede, kr 2, 18 = Salzgitter, kr 1, 19 = Lerbach, d2, 20 = Elbingerode, d2, 21 = Schmalkalden, A, 22 = Saalfeld, A, 23 = Schmiedefeld-Wittmannsgereuth, o, 24 = Schleiz, d3, 25 = Arzberg, A, 26 = Auerbach, kr 2, 27 = Amberg-Sulzbach-Rosenberg, kr 2, 28 = Prager Mulde, o, 29 = Fyledalen, j2, 30 = Kowary, pr + V, 31 = Moravský Krumlov, pr, 32 = Šumperk, pr, 33 = Jeseník (Gesenke), d + V, 34 = Łęczyca, j2, 35 = Tschenstochau – Zawiercie, j2, 36 = Opoczno, j2, 37 = Krzemianka, Fe-Ti, pr.
   Breitenbrunn, Přísečnice und Berggießhübel s. Abb. 139.
2. Chrom, Nickel, Titan
   1 = Midlum, Ti-Seife, ng, 2 = Weilburg-Odersbach, Ni, V, 3 = Harzburg, Ni, V, 4 = St. Egidien, Ni, t, 5 = Sohland–Šluknov, Ni, V, 6 = Křemže, Ni, t, 7 = Ransko, Ni, pr, 8 = Taplada, Cr, pr, 9 = Szklary, Ni, t.
3. Wismut-Kobald-Nickel-Abfolge
   1 = Wittichen, 2 = Freudenstadt, 3 = Neubulach, 4 = Bad Liebestein- Schweina. Sainte-Marie-aux Mînes s. Pb-Zn 15, Bieber s. Fe-Mn 14, Richelsdorf s. Cu- + Pb-Zn-Lager 3, Saalfeld s. Fe 22, Schneeberg, Johanngeorgenstadt, Jáchymov, Annaberg, Marienberg und Freiberg s. Abb. 139, Kowary s. Fe-Mn 30.
4. Zinn-Wolfram
   1 – 29 s. Abb. 139, 30 = Weißenstadt, Sn, W, 31 = Nové Město pod Smrkem, Sn-Co, 32 = Giercyn – Krobica, Sn-Co, 33 = Obří Důl, W, 34 = Horní Babakoc, W.
   Moravský Krumlov (Sn-W-Co) s. Fe-Mn 31.
5. Gold, Antimon, Quecksilber
   1 = Hohes Venn, d1, 2 = Brück a.d. Ahr, Sb, A, 3 = Raupach (Grube Apollo), Sb, A, 4 = Arnsberg, Sb, A?, 5 = Korbach-Goldhausen, c1, 6 = Landsberg – Obermoschel, Hg, V, 7 = Stahlberg, Hg, V, 8 = Rheingold, h, 9 = Brandholz-Goldkronach, Au-Sb, V, 10 = Kašperské Hory, Au, V, 11 = Kasejovice, Au, V, 12 = Novy Knín – Psí Hory, Au, V, 13 = Jílové, Au, V, 14 = Milešov –

Erze 415

Legende zu Abb. 140 Fortsetzung

Krásná Hora, Au-Sb, V, 15 = Roudný, Au, V, 16 = Wleń, Au-As, V, 17 = Złoty Stok, Au-As, V. Luby, Hg s. Abb. 139.

6. Blei-Zink- und Kupfer-Erzgänge und Verwandte
1 = Ruhr-Revier, V?, 1'Erkelenz, V?, 2 = Velberter Sattel, V?, 3 = Ramsbeck, V, 4 = Bensberg, V, 5 = Aachen – Moresnet, A, 6 = Maubach – Mechernich, A, 7 = Bleialf – Rescheid, Pb, A, 8 = Rheinbreitbach, Cu, A, 9 = Mühlenbach, V, 10 = Ems – Braubach, V, 11 = Holzappel, V, 12 = Werlau, V, 13 = Tellig – Altlay, V, 14 = Fischbach, Cu, V, 15 = Sainte-Marie-aux-Mines, A?, 16 = Giromagny, A?, 17 = Schauinsland, A?, 18 = Grund – Oberharz, A?, 19 = Stříbro, V, 20 = Příbram, V, 21 = Kutná Hora, V, 22 = Miedzianka – Stara Góra, V.
Oloví, Annaberg, Marienberg, Freiberg, Halsbrücke und Mikulov s. Abb. 139.

7. Kieserz- und Baryt-Lager
1 = Chaudfontain, Ba, d3, 2 = Iserlohn – Schwelm, Zn, d2/3, 3 = Meggen, py-Zn, d2/3, 4 = Eisen, Ba, d2/3, 5 = Rammelsberg, Zn-Pb-Cu-Au-Ag, d2, 6 = Kupferberg-Wirsberg, Cu, o, 7 = Bayerland, py-Zn, cb, 8 = Lam, py, pr, 9 = Bodenmais, py, pr, 10 = Chvaletice, py-Mn, pr, 11 = Wieściszowice, py, pr, 12 = Zlaté Hory, Zn-Pb-Cu-Au-Ag, d, 13 = Horní Benešov, py-Pb-Zn, d.
Elbingerode, py. s. Fe 20. Měděnec, Klingenthal und Hermsdorf s. Abb. 139.

8. Pyritarme Kupfer- und Blei-Zink-Lager
1 = Helgoland, Cu s, 2 = Wiesloch, Zn(-Pb), ng?, 3 = Richelsdorf, Cu, z1, 4 = Mansfeld- Sangerhausen, Cu, z1, 5 = Weidener Bucht (Freihung), Pb, m-k, 6 = NE-Rand Vorsudetischer Block, Polkowice – Lubin, Cu, z, 7 = Nordsudetische Mulde, Konrad – Lena, Cu, z, 8 = Nordböhmische Rotliegend-Tafel – Nowa Ruda, Cu, p, 9 = Oberschlesien, Zn-Pb, m.

9. Kupfer-Porphyries
1 = Zawiercie, V, 2 = Pilica, V, 3 = Dolina Bedkowska, V. vgl. Miedzianka – Stara Góra, Pb-Zn 22.

10. Niob, Lithium
1 = Schnellingen, Nb, t, 2 = Hagendorf, Li, q-fs, V, 3 = Jihlava, Li, V.

11. Industrieminerale
(as = Asbest, ba = Baryt, baf = Baryt-Fluorit, be = Bentonit, bst = Bernstein, bx = Bauxit, C = Graphit, f = Fluorit, fba = Fluorit-Baryt, fe = Farberden, fs = Feldspat, k = Kaolin, Mg = Magnesit, P = Phosphorit, py = Pyrit, q = Quarz, S = Schwefel, tk = Talk)
1 = Baudour, P, 2 = Ciply, P, 3 = Rocour, P, 4 = Haut-Fays, k, 5 = Nohfelden, fs, 6 = Voltenne, f, 7 = Reclesne, fba, 8 = Faymont, fba, 9 = Münstertal, fba, 10 = Clara, baf, 11 = Käfersteige, f(ba), 12 = Neuhütten, ba, 13 = Geisenheim, k, 14 = Lahn, P, 15 = Vogelsberg, bx, 16 = Dreislar, ba, 17 = Richelsdorf, ba, 18 = Lauterberg, ba, 19 = Rottleberode, baf, 20 = Ilmenau, fba, 20' = Weferlingen, q, 21 = Landshut, be, 22 = Pfahl, q, 23 = Hoher Bogen, as, 24 = Nabburg, f(ba), 25 = Hirschau – Schnaittenbach, q-fs-k, 26 = Neukirchen, fe, 27 = Pegnitz, fe, 28 = Püllersreuth, fs, 29 = Tirschenreuth, k, 30 = Göpfersgrün, tk, 31 = Schwarzenbach a.d. sächs. Saale, tk, 32 = Münchberg, fs-q, 33 = Halle a.d. Saale, k, 34 = Merseburg, k., 35 = Kemmlitz, k, 36 = Meißen, k, 36' = Hohenbocka, q, 36" = Friedland, be, 37 = Kamenz – Bautzen, k, 38 = Karlovy Vary, k, 39 = Plzeň, k, 40 = Kropfmühl, C, 41 = Cerná, C, 42 = Český Krumlov, C, 43 = Linz, P, 44 = Schwertberg, k, 45 = Mühlberg, C, 46 = Retz - Znojmo, k, 47 = Staré Město, C, 48 = Harrachov, fba, 49 = Czerwona Woda, k, 50 = Zebrzydowa, k, 50' = Berzdorf, be, 51 = Stanisławów, baf, 52 = Żarów, k, 53 = Sobótka, Mg, 54 = Wyszonowice, k, 55 = Szklary, Mg, 56 = Braszowice, Mg, 57 = Nowa Ruda, bx, 58 = Kletno, f, 59 = Radzionków, be, 60 = Chmielnik, be, 61 = Staszów – Tarnobrzeg – Lubaczow, S, 62 = Rudki, py, 63 = Burzenin, P, 64 = Radom – Annopol, P, 65 = Michów – Branica, P, 66 = Darłowo (Rügenwalde), bst, 67 = Łeba, P, 68 = Sztutowo (Stutthof), bst, 69 = Jantarnj (Palmnicken), bst, 70 = Rönne, Bornholm, k.

Bodenschätze Mitteleuropas

ERZE UND INDUSTRIEMINERALE IN MITTELEUROPA

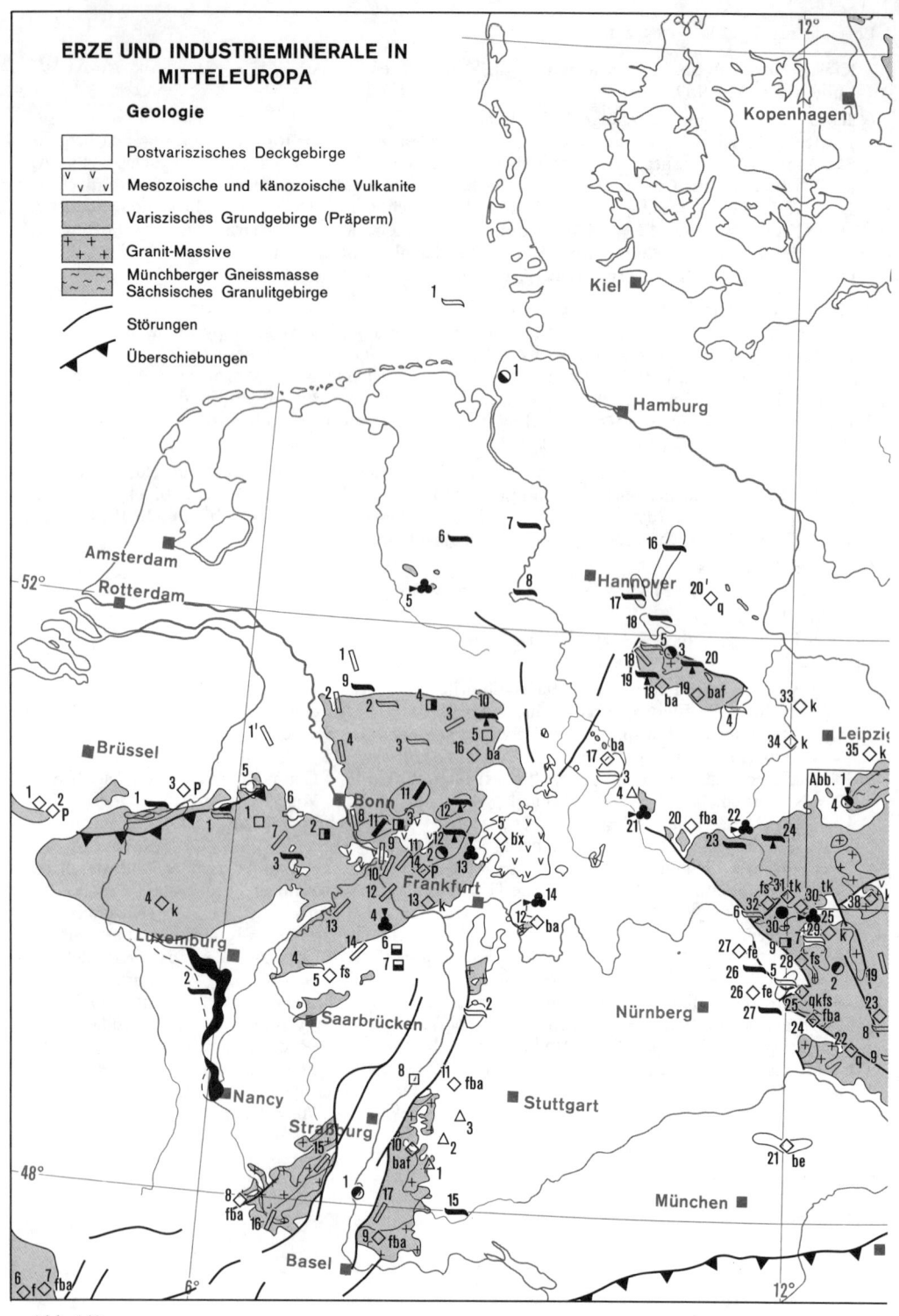

Geologie

- Postvariszisches Deckgebirge
- Mesozoische und känozoische Vulkanite
- Variszisches Grundgebirge (Präperm)
- Granit-Massive
- Münchberger Gneissmasse / Sächsisches Granulitgebirge
- Störungen
- Überschiebungen

Abb. 140

Erze 417

Lagerstätten

	Sideritgänge
	Fe−Erzlager, sedimentär
	−,−, vulkano−sedimentär
	−,−, metamorphosiert
	Fe−Erze, massig, z.T. schichtgebunden
	−, liquid−magmatisch
	−, Verwitterungserze
	Nickelsulfide
	Nickelsilikate
	Chromit, Titanerz
△	Bi−Co−Ni−Erzgänge

● Zinn−(Wolfram−)Lagerstätten
⊙ Wolfram−Lagerstätten
▫▫ Au− und Au−Sb−Erze
▫ Antimonit−Erze
▪ Quecksilbererze
⟋ Pb−Zn− und Cu−Erzgänge
⟐ massige bis schichtgeb. Pb−Zn−L.
⟅ hydrothermal−sedimentäre Kieserz− und Barytlager
pyritarme Cu− und Pb−Zn−L.
♣ Kupfer−Porphyries
◐ Nb− und Li−Lagerstätten
◇ Industrieminerale: as Asbest, ba Baryt, baf Baryt−Fluorit, be Bentonit, bst Bernstein, bx Bauxit, C Graphit, f Fluorit, fba Fluorit−Baryt, fe Farberden, fs Feldspat, k Kaolin, P Phosphat, py Pyrit, q Quarz, S Schwefel, tk Talk.

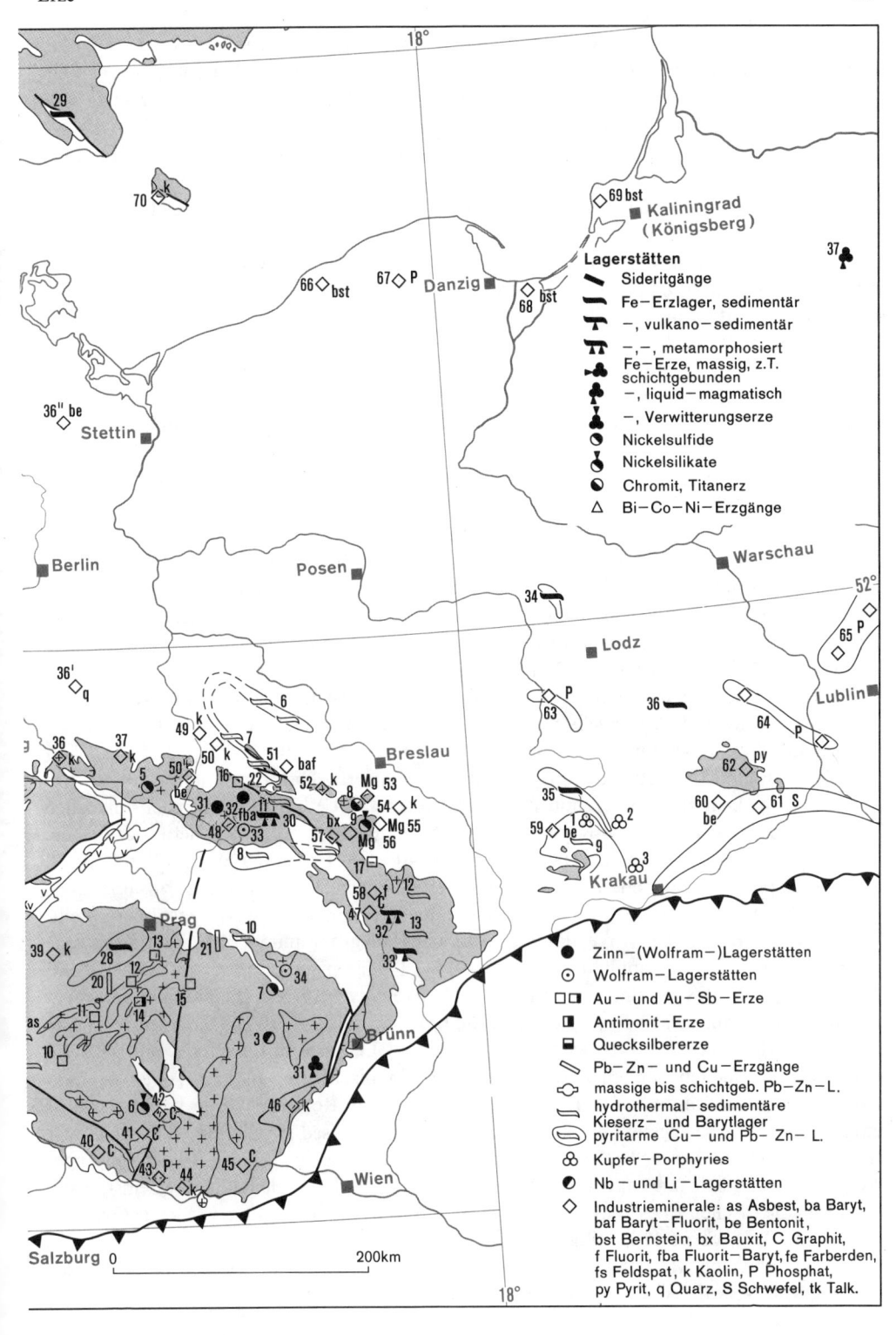

0 200km

Im varistischen Geosynklinalgebiet sind Hämatiterzlager recht verbreitet, die über CO_2-reiche $FeCl_2$-Lösungen vulkano-sedimentär an den mitteloberdevonischen Diabas-Vulkanismus gebunden sind. Nach dem Hauptgebiet um Weilburg, Wetzlar und Dillenburg, in dem bis 1973 97 Mio. t Erz gefördert wurden, werden sie als Lahn-Dill-Typ zusammengefaßt. Sie standen ferner im Sauerland (Gesamtförderung 3 Mio. t), im Harz, vor allem bei Lerbach, Zorge und Elbingerode (3 bzw. 25 Mio. t), in Thüringen, im Frankenwald und Jesenik (3 Mio. t) in den Ostsudeten in Abbau. Metamorphosierte Erzlager dieses Typs wurden im Soonwald, Erzgebirge und Riesengebirge gebaut. Im Unterkarbon führten ähnliche Prozesse zur Entstehung von Eisenkiesellagen sowie im Nordosten der Dill-Mulde mit Laisa als relativ größtem Vorkommen und im Kellerwald zu Manganerzlagern mit Rhodonit ($MnSiO_3$) und Rhodochrosit ($MnCO_3$).

Die kontinental-sedimentären Kohleneisensteine, Sideritflöze mit höherem Kohlegehalt (engl. "black bands"), die bauwürdig vor allem im Namur C und Westfal A auftreten, waren nach 1852 im Ruhrgebiet, Toneisensteinflöze des höheren Westfal im Saarland die Basis für die Entwicklung der Eisenindustrie. Sie standen bis 1912 und vereinzelt noch im 2. Weltkrieg in Abbau.

Die größte Konzentration an Eisenerzen in Mitteleuropa bilden die rd. 10 Mrd. t marin-sedimentärer oolithischer Goethit-(Chlorit-Siderit-)Erze der Lothringer Minette (franz. Minette = kleine Mine) im Unter- und unteren Mitteljura am Nordostrand des Pariser Beckens. Sie führen um 35 % Fe, 0,7 % P und 0,2 % V. Ihre Förderung ist von 1960 mit 63 Mio. t bis 1987 mit 10 Mio. t Erz laufend zurückgegangen. Auf den übrigen bis nach Schonen und Südpolen verbreiteten Jura-Erzen liegen heute die meisten Gruben still. Als letzte im westlichen Deutschland fördert die Grube Nammen in Porta Westfalica aus dem Korallenoolith Zuschlagerze mit 13 % Fe. Das Eisen wurde im Sublitoral der sich über den Meeresspiegel erhebenden Schwellenregionen, der cimbrischen Schwelle im Norden, der Ardennisch-Rheinischen Schwelle im Westen, dem Böhmischen Massiv mit der Vindelizischen Schwelle im Osten und Süden sowie der Łysa Góra in Südpolen sedimentiert und später z. T. über submarine Aufarbeitung weiter konzentriert. Die Erze führen neben tonig-sandigem Detritus an Erzmineralen vorwiegend Goethit und, je nach örtlichen Eh/pH-Bedingungen, auch Fe-Karbonate und -Silikate sowie selten Magnetit, der örtlich, z. B. in Staffhorst, nordwestlich Nienburg, bis zu 40 % im Erz enthalten sein kann. Heute werden die phanerozoischen, marin-sedimentären Eisenerze als "ironstones" zusammengefaßt und den präkambrischen Eisenformationen (banded iron formations) gegenübergestellt.

Die kieselsäurereichen Erze des Neokom von Salzgitter mit $\pm 30\%$ Fe führen teils Trümmererze mit ausgespülten und oxidierten Toneisensteinknollen des Unter- und Mitteljuras, teils Oolithe und wurden in sog. Kolken, synsedimentär halokinetisch abgesenkten Halbgräben, als Erzfallen in Mächtigkeiten bis zu 100 m konzentriert. Die kalkreichen Erze des Santons bei Peine, Bülten und Lengede mit ebenfalls um 30 % Fe entstanden in flachen Senken und führen submarin bis litoral aus den Tonen des Alb ausgespülte reine Trümmererze. Der Abbau in den beiden Revieren wurde 1982 bzw. 1977 eingestellt. In vorwiegend limnisch-fluviatilem Milieu sedimentierten die Erze der tief-cenomanen Amberger Erzformation in Karsttrögen, die Flexurzonen in der Verlängerung der Pfahl-Störung aufsitzen. Von der Hochscholle abgleitende Gesteinsmassen schützten die frischen Erze weitgehend vor Ausräumung und Abtragung. Die letzte Grube in Auerbach (Opf.) wurde 1986 stillgelegt.

Im ausgehenden Mesozoikum und im Tertiär kam es auf dem Festland verbreitet zur Bildung von Verwitterungslagerstätten von Eisen und Mangan, die in der Frühzeit der

Industrialisierung eine bedeutende Rolle gespielt haben. Die Erze des Hunsrücktyps auf paläozoischen Schiefern, Kalken und Tuffen führen um 20–35% Fe. Auf devonischem Massenkalk in Nassau tritt daneben um 4% Mn im Erz auf und westlich Bingen sowie bei Gießen wurden Erze mit 20–40% Fe und 15–20% Mn aus Karstschlotten bis 1971 bzw. 1968 gewonnen. Mn-arme bis -freie Erze wurden aus verkarsteten Zechsteinkalken und als Bohnerze aus Taschen und Schlotten in Trias- und Oberjura-Kalken in vielen Gebieten abgebaut. Die subrezenten bis rezenten See- und Sumpferze (= Raseneisenerze) spielten in Nord-Mitteleuropa bereits in prähistorischer Zeit eine Rolle und wurden auch nach dem 2. Weltkrieg wieder für kurze Zeit genutzt.

Eisenerzgänge sind im präpermischen Grundgebirge weit verbreitet. Wichtigstes Eisenspatrevier war das Siegerland. Seine spätvariszischen Gänge mit Siderit und Quarz werden bis 12 km lang, bis 10 m mächtig, reichen 1.000 m tief und sitzen einer unterdevonischen Grauwacken-Schiefer-Serie auf. Der Siderit führt 35% Fe und, bis 1960 werterhöhend, 6–7% Mn. Beibrechende Minerale sind Kupferkies und jeweils in Teilgebieten Pb-Zn-, Co-Ni-As- und Sb-Sulfide. Seit 1965 ruht der Bergbau nach rund 2.000jähriger Aktivität. Die Sideritgänge in Oberfranken und Thüringen führen meist eine Paragenese mit Baryt und Fluorit und sind postvariszischen Alters. Hämatitgänge haben seit langem keine wirtschaftliche Bedeutung mehr.

Von lokaler Bedeutung waren metasomatische, oft supergen in Brauneisen umgewandelte Sideriterze bei Arzberg im proterozoisch-frühkambrischen Wunsiedel-Marmor, hier vermutlich mit sedimentärer Voranreicherung, am Hüggel bei Osnabrück im Zechsteinkalk, wo sie auf das Massiv von Bramsche bezogen werden, sowie ähnliche Lagerstätten im Spessart, bei Schmalkalden und Saalfeld in Thüringen, und der Łysa Góra und andernorts.

Einzelne, meist kleine Skarnlagerstätten treten im Erzgebirge, Riesengebirge und im südlichen Böhmischen Massiv auf. Es sind teils metamorphosierte Erze des Lahn-Dill-Typs, z.B. bei Berggießhübel und die proterozoischen Erzlager von Kowary (Schmiedeberg im Riesengebirge), teils am Granitkontakt vererzte Karbonathorizonte, z.B. Breitenbrunn, oder

Tabelle 3. Alter und ungefährer Anteil der Lagerstättentypen an der Gesamt-Eisenerz-Förderung seit Beginn des Bergbaus im Gebiet Westdeutschlands (ergänzt nach Neumann-Redlin et al. 1977 und Simon 1986)

Typ und Typlagerstätte	Alter	Roherz (10^6t)	Fe-Inhalt (10^6t)	Anteil %
marin-sedimentär, Trümmererze, Peine	kro	143	35	15
kontinental-sed., Amberg	kro	50	20	9
marin-sed., Trümmer und oolithisch, Salzgitter	kru	165	50	22
marin-sed., oolithisch, Typ Lothringen	jm	35	} 22	} 9
	jd	38		
	jl	15		
kontinental-sed., Ruhr	cs	10	4	2
Erzgänge, Siegerland	cd	180	53	23
vulkano-sedimentär, Lahn-Dill-Typ	dm/o	104	40	17
metasomatisch, sonstige		12	8	3
		752	232	

polymetamorphe Lagerstätten, deren Primärgenese strittig ist, z. B. Prísečnice, sowie bei Moravský Krumlow (Mährisch Krumlov) westsüdwestlich Brno. Im Harz gehören zu diesem Typ die am Brockenkontakt metamorphosierten Roteisenerze des Oberharzer Diabaszuges.

Eine liquidmagmatische Ilmenit-Magnetit-Lagerstätte mit mehreren 100 Mio. t Erz wurde bei Krzemianka nördlich Suwałki, Nordost-Polen, in Anorthositen und Noriten des Masuren-Hochs der Russischen Plattform unter 300–800 m Deckgebirge erbohrt.

Die frühere wirtschaftliche Bedeutung einzelner Grubenreviere oder Erzbildungsepochen ergibt sich aus der Gesamtförderleistung. Der Eiseninhalt der gesamten Erzförderung der Lothringer Minette beläuft sich auf 900 Mio. t Fe, in der Prager Mulde auf 35 Mio. t Fe und im westlichen Deutschland auf rund 230 Mio. t Fe (Tab. 3).

6.1.3 Chrom, Nickel, Kobalt, Platin, Titan, Wismut

Außer Wismut sind die Metalle dieser Gruppe in ihren primären Lagerstättentypen entweder ausschließlich an Ultramafit-Gesteine gebunden (Cr) oder wesentlich an Mafit- und Ultramafit-Komplexe. Da diese Gesteine jedoch in Mitteleuropa wenig verbreitet sind, treten große Lagerstätten dieser Metalle nicht auf. Nickel und Kobalt finden sich auch und oft zusammen mit Wismut auf Gängen, zu denen die mitteldeutschen Kobaltrücken gehören. Platin wurde um 1980 im schlesischen Kupferschiefer entdeckt. Titan tritt auch in Seifen auf.

Die einzige **Chrom**-Lagerstätte ist Tapadla (Tampadel) in Niederschlesien, wo im Serpentinstock der Góra Sleża (Zobten) im 19. Jahrhundert Nester von einigen 100 bis wenigen 1.000 t Chromit, die in Dunit und Diallagperidotit auftreten, gebaut wurden. Kleine Vorkommen gibt es auch bei Ząbkowice Śląskie (Frankenstein i. Schl.).

Meist kleine **Nickel**-Lagerstätten verschiedener Typen sind recht verbreitet. Im proterozoischen Peridotit-Gabbro-Massiv von Staré Ransko, 40 km südlich Pardubice, wurden 1957 liquidmagmatische Ni-Cu-Erze mit Magnetkies, Kupferkies, Pentlandit und geringer Platinführung erbohrt. Sie gelten als Zukunftsreserve. Ihre silikatischen Verwitterungserze wurden vor 1850 abgebaut. Im Harzburger Gabbro wurden um 1980 Sulfidschlieren mit 0,7% Ni und 0,3% Cu untersucht. Ähnliche, häufig erwähnte Vorkommen von lediglich Fundpunktcharakter sind Horbach und Todtmoos im Südschwarzwald.

In Sohland a.d. Spree tritt eine kleinräumige Vererzung mit ca. 5% Ni und 2% Cu in einem Lamprophyr im Lausitzer Granit auf. Sie stand um 1900 wenige Jahre in Abbau. Ihre Fortsetzung bei Sluknov (Schluckenau) südlich der böhmischen Grenze gilt als Hoffnungsgebiet. In Dill- und Lahnmulde wurden bei Bottenborn und Bellnhausen zwischen Nanzenbach und Gladenbach bzw. bei Weilburg-Odersbach im 19. Jahrhundert zeitweilig und jeweils kurzfristig mehrere Gruben betrieben, die Erze mit ca. 1,5% Ni und 2% Cu aus unterkarbonischen Pikrit- und Diabas-Gängen förderten. Die Vererzungen erfolgten wahrscheinlich im Zuge einer Alteration dieser Ganggesteine.

Von größerer Bedeutung sind lateritische Nickelerze, die während Kreide und Tertiär auf Ultramafit-Gesteinen entstanden. Sie führen Ni-Mg-Hydrosilikate und können örtlich Anreicherungen von Kobalt enthalten. Hierzu gehört die größte Nickel-Lagerstätte Mitteleuropas bei Szklary (Gläsendorf) und Ząbkowice Śląskie (Frankenstein) in Niederschlesien, die mit 0,5–2,5% Ni von 1891 bis 1983 in Abbau stand. Die Erze liegen auf serpentinisierten Ultrabasiten, finden sich in einem „stockwerk"-artigen Netz von Trümern und in derben Massen, z.T. in tiefreichenden Bruchzonen. Eine Kleinlagerstätte steht im westlichen

Granulitgebirge bei St. Egidien, südöstlich Glauchau in Abbau, aus deren Erzen 1987 2.000 t Nickel produziert wurde. Weitere Lateriterz-Vorkommen liegen in Westmähren und Südböhmen, wo die Lagerstätte bei Krěmže (Krems) als Zukunftsreserve gilt.

Nickel- und **Kobalt**-Minerale wurden im 15. Jahrhundert in den Silbergruben von Schneeberg im Erzgebirge gefunden, aber zunächst als wertlos verworfen. Als ihre Nutzbarkeit erkannt worden war, entwickelte sich besonders der Kobaltbergbau und die ihm angeschlossenen Blaufarbenmühlen von 1540 bis zur Entdeckung des Ultramarin 1836 zu einem blühenden Industriezweig. Nickel wurde um 1820 mit dem Aufkommen des Neusilbers interessant. Zusammen mit **Wismut**, dessen Verwendung als Legierungsmetall bereits AGRICOLA bekannt war, treten die genannten Metalle in der Co-Ni-Bi-As-Ag-(U-)Gangformation auf, deren Uranführung umgelagert und älter ist, als die anderen, postvariszisch abgesetzten Metalle. Neben Schneeberg gehören dazu im Erzgebirge u. a. die Gänge von Johanngeorgenstadt, Jachymov (St. Joachimsthal), Annaberg, Marienberg und die Freiberger Formation der Edlen Geschicke, ferner Kowary (Schmiedeberg) (s. 6.1.2) in den Westsudeten, Wittichen im Schwarzwald sowie Sainte-Marie-aux-Mînes (Markirch) in den Vogesen.

Mit diesen Gängen werden zum einen die Kobaltrücken am Rande des Thüringer Waldes verglichen, so bei Schweina und Saalfeld, sowie bei Richelsdorf und Bieber am Spessart. Es sind Barytgänge, die im Niveau des Kupferschiefers, den sie um einige bis 20 m verwerfen oder „verrücken", auf meist nur 10–20 m Höhe Co-Ni-Arsenide und gelegentlich -Sulfide führen. Zum anderen entsprechen ihnen die Cu-Bi-Gänge bei Freudenstadt und Neubulach im Nordschwarzwald und in den Vogesen.

Sehr lokale Anreicherungen von **Platin**-Metallen (Pt, Pd) bis zu einigen 100 ppm neben Gold, Quecksilber und Silber wurden aus der Kupferschiefergrube Lubin (Lüben) in Niederschlesien (s. 6.1.6.3) zuerst 1975 beschrieben. Sie entstanden auf dünnen Lagen (0–4 cm) von Schwarzschiefern, die auch Thucholith führen, im Zuge der Zersetzung organischen Materials.

Die liquidmagmatische **Titan**-Eisen-Lagerstätte Krzemianka in Nordostpolen wurde unter Eisen genannt (s. 6.1.2). Um 1980 entdeckte Küstenseifen bei Midlum, 15 km südlich Cuxhaven, führen 110 Mio. t Rohsand mit 4 % Ilmenit neben 0,9 % Zirkon und 0,5 % Rutil.

6.1.4 Zinn und Wolfram

Zinnstein (SnO_2)- und Wolframit ($(Fe, Mn)WO_4$)-Lagerstätten finden sich fast ausschließlich im Saxothuringikum. Sie sind im Erzgebirge und Slavkovský les (Kaiserwald) verbreitet, und westliche Ausläufer erstrecken sich bis in das Fichtelgebirge. Ein Sondertyp mit Sn-Co-Cu-Erzen ist in den Westsudeten bekannt. Häufig gemeinsam auftretend sind Zinn und Wolfram an die Kontaktbereiche der jüngsten, hoch differenzierten variszischen Granite, der sog. Zinngranite, gebunden. Dabei tritt das Zinn bevorzugt in den höher temperierten pegmatitisch-pneumatolytischen (bis hydrothermalen) Bereichen auf, während Wolfram sich überwiegend in pneumatolytisch-hydrothermalen Übergangsparagenesen auf Gängen mit Quarz und Sulfiden findet, die in rein hydrothermale Absätze übergehen.

Der Zinnbergbau ist im Erzgebirge örtlich im frühen 12. Jahrhundert belegt und wurde bis 1991 betrieben. Im östlichen Deutschland wurden 1982 1.800 t und 1987 3.000 t Zinnmetall produziert und in der Tschechoslowakei 200 bzw. 500 t. Früher wurden örtlich auch Lithium und Molybdän gewonnen.

I Greisen–body type
(mineralization within granite cupola)

II Mixed greisen-vein type (mineralization partly within granite cupola, partly in overlying top zone)

III Vein type (mineralization within top zone only)

Granite

Marginal pegmatite ('Stockscheider')

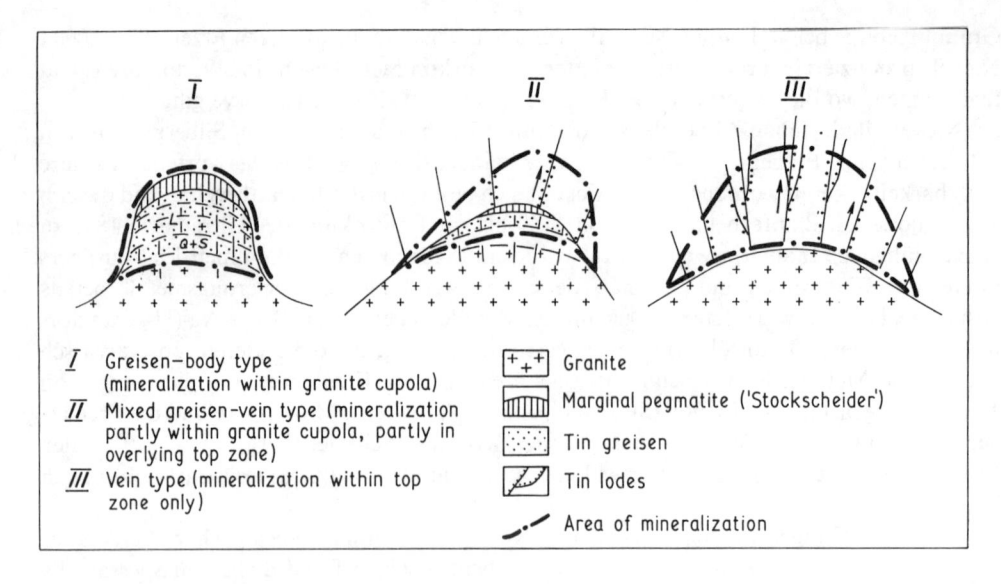

Tin greisen

Tin lodes

Area of mineralization

Abb. 141. Strukturtypen der primären Zinn-Wolfram-Lagerstätten im Erzgebirge (n. BAUMANN 1970). I = Typ Greisenstock mit Zinn-(Wolfram-)Erzen; Beispiele: Altenberg, Geyer, Zinnwald, II = Mischtyp von Greisenstock und Erzgängen; Beispiele: Ehrenfriedersdorf, Krupka, III = Gangtyp, z. T. mit Wolframerzen, die nur sporadisch Zinnstein führen.

Im Erzgebirge werden folgende Typen von Sn-W-Lagerstätten unterschieden (Abb. 141):

1. Imprägnationen und Stockwerksvererzungen im endogenen Kontakt in den höchsten Aufwölbungen der Granite (als „zinnerne Haube"), die autometamorph zu Greisen umgewandelt wurden (Typ Altenberg). Im Greisen sind die Primärminerale, besonders Feldspat und Mafite, durch viel Quarz sowie Topas, Turmalin, Zinnwaldit (Li-Glimmer), Muskovit u. a. verdrängt. Bedingt durch die höhere Dichte der Verdränger haben Greisen oft miarolitisches Gefüge, in dessen Zwickel akzessorische Erzminerale wie Zinnstein, Wolframit, Molybdänit (MoS_2) und Arsenkies (FeAsS) sitzen, begleitet von ged. Wismut, Wismutglanz (Bi_2S_3) u. a. und z. T. auf Gängen, gefolgt von hochhydrothermalen Buntmetallsulfiden. Gelegentlich werden die Greisenstöcke durch pegmatitische Zonen, sog. „Stockscheider", abgedichtet. Wenn Lagerklüfte infolge Schrumpfung der kristallisierenden tieferen Partien des Granits klaffen, können in diesen Spalten lagergangartige Erz-„Flöze" von 0,5 (bis 2) m Mächtigkeit entstehen (Typ Zinnwald). Gelegentlich sind auch Nebengesteine wie Gneis oder älterer Granit vergreisent.
2. Mischtypen von Greisenstöcken und hydrothermalen Erzgängen (Typ Ehrenfriedersdorf).
3. Erzgänge, die sowohl im endogenen Kontaktbereich als auch in Kontaktschiefern auftreten (Typ Pechtelsgrün).
4. In karbonatischen Nebengesteinen können schichtgebundene kontaktmetasomatische Zinnstein- und Scheelit-($CaWO_4$)Erzkörper vorkommen. Dabei treten in Kalksilikatfelsen auch Sn-Silikate auf, wie der kürzlich bei Ehrenfriedersdorf entdeckte Malayait ($CaSn[O/SiO_4]$).

5. Zinnseifen sind in der Umgebung ausbeißender Primär-Lagerstätten verbreitet und waren früher besonders im westlichen Erzgebirge und im Fichtelgebirge wirtschaftlich wichtig. Wolframit hat wegen seiner Sprödigkeit nur geringe Bedeutung als Seifenmineral.

Es sind mehrere Reviere zu unterscheiden:

Im **Osterzgebirge** sind bedeutende Lagerstätten an den Granit von Schellerhau gebunden, vor allem die Greisenstöcke von Altenberg, bestehend aus Quarz, Topas und Zinnwaldit (60:32:2 Gew.-%), und Sadisdorf sowie Zinnwald mit schalenartigen Erz-„Flözen" und die zum Mischtyp gehörenden Lagerstätten von Krupka (Graupen). Zinnstein tritt auf manchen Freiberger Erzgängen als hydrothermales „Nadelzinn" auf neben jüngerem Zinnkies (Cu_2FeSnS_4), der am Ausbiß zu „Holzzinn" verwitterte. Dieser „zinnerne Hut" wurde im Mittelalter abgebaut.

Im **Mittelerzgebirge** sind Granite kaum von der Erosion angeschnitten. In Geyer ist ein Greisenstock entwickelt und im exogenen Kontakt tritt Zinn-Skarn in karbonatischem Nebengestein auf. In Ehrenfriedersdorf sind drei kleine Greisenstöcke durch einen Gangschwarm verbunden, der Zinn-Arsenerze neben Wolframit und Molybdänit führt. Bei Pobershau sind lediglich Sn-W-Gänge mit Arsenkies erschlossen.

Im **Westerzgebirge** und Slavkovský les (Kaiserwald) sind zahlreiche Sn-W-Lagerstätten an den großen Granitstock von Kirchberg–Eibenstock–Karlovy Vary (Karlsbad)–Slavkovský les und den Granit nordwestlich Mariánské Lazné (Marienbad) gebunden. Während das Zinn in den östlichen Revieren meist deutlich vorherrscht, kommen hier beide Metalle auch zu etwa gleichen Teilen vor und im Nordwestteil dieses Reviers treten im Vogtland eine Reihe von Quarz-Wolframit-Gängen auf. Der einzigartige Greisenschlot von Mühlleithen folgt mit 20–50 m Durchmesser auf 220 m Länge dem Granitkontakt und führt vorwiegend Zinn. Horní Slavkov (Schlangenwald) gehört zum Mischtyp. Im Granit einer älteren Phase, dem Erzgebirgsgranit, liegt die Stockwerkslagerstätte von Rotava (Rothau), mit Quarz, Wolframit, Turmalin und Arsenkies, aber ohne Zinn. Die zinnfreien pneumatolytischen Quarz-Wolframit-Gänge von Pechtelsgrün, Tirpersdorf und Eich, die erst während der letzten 100 Jahre entdeckt wurden, sitzen dem Kirchberg-Granit bzw. Kontaktschiefern auf.

Im **Fichtelgebirge** lag die Blütezeit des Zinnbergbaus bei zurücktretender Wolframführung um und südlich Weißenstadt vor dem Dreißigjährigen Krieg. Die Zinnseifen zwischen Weißenstadt und Wunsiedel waren wichtiger als die Primärerze. Am östlichsten Fichtelgebirgs-Granit liegt bei Asch das Sn-Li-As-Gangvorkommen von Vernerov (Wernsdorf).

Um 1960 wurde zunächst bei Freiberg im Felsithorizont von Halsbrücke in der proterozoischen Pressnitz-Serie ein für das Erzgebirge neuer Zinnerz-Typ entdeckt, der zunächst hydrothermal-sedimentär gedeutet wurde. Nach neueren Untersuchungen erfolgte der Absatz der pseudo-stratiformen Kassiterit-Sulfid-Vererzung niedrig-thermal und spät- bis postdeformativ. Träger der Vererzung sind Quarz-Serizit-Chlorit-Kryptofelse („Melanomylonite"). Offen bleibt, ob es sich um Umlagerung älterer Erzführung oder um Neuzufuhr auf Tiefenstörungen und Absatz auf parallel verlaufenden Mylonitisierungsbahnen handelte (BAUMANN, pers. Mitt.).

In den **Westsudeten** treten südlich des Snieżka (Schneekoppe) am Kontakt des Karkonosze (Riesengebirgs)-Granits im Riesengrund bei Obří Důl Scheelit-Mo-As-(Sn-)Mineralisationen unklarer Genese auf (metamorphogen oder prägranitisch metamorphosiert?). Weiter nördlich finden sich im Isergebirge (tsch. Jízerské Hory, poln. Góry Izerskie) gebunden an einen Zug proterozoischer Granat-Serizit-Schiefer die schichtgebundenen Lagerstätten von Nové Město pod Smrkem (Neustadt an der Tafelfichte) auf böhmischer und Giercyn (Giehren) und Krobica (Queren) auf schlesischer Seite. Sn-Co-Cu-Erze sitzen in Zwickeln in Quarztrümchen. Auch hier ist die Genese umstritten. Einige Autoren halten die Erze für epigenetisch-hydrothermal, andere für hydrothermal-sedimentär, d. h. sie wären mit dem Felsit-Horizont des Erzgebirges vergleichbar.

Im **Moldanubikum** sind Konzentrationen von Zinn und Wolfram spärlich. In Südmähren treten in den früher gebauten Magnetitskarnen westlich Moravský Krumlov (Mährisch Krumlov) Sn-W-Co-Erze auf, die als höffig gelten. Am Nordostrand des Moldanubikums sind in Horní Babakov, nordwestlich Hlinsko im Kutná Hora (Kuttenberg)-Komplex Wolframitgänge entwickelt.

6.1.5 Gold, Antimon, Quecksilber

Gold tritt in Mitteleuropa verbreitet in kleinen und wenigen mittelgroßen Lagerstätten auf. Es sind vor allem Goldquarzgänge, z. T. mit Pyrit, Arsenkies, gelegentlich Au-Telluriden, Buntmetall-Sulfiden und Antimonit sowie selten Wolframit. Goldwäscherei wurde früher an zahlreichen Flüssen betrieben. Daneben findet sich Gold in einigen Kieserzlagern als Beiprodukt. Zu den größten Goldkonzentrationen in Mitteleuropa gehören die Erzlager des Rammelsberges bei Goslar mit >20 t Au und die kontaktmetasomatische Au-As-Lagerstätte Złoty Stok (Reichenstein) in Schlesien mit ca. 15–20 t Au als jeweils geschätztem Inhalt der unverritzten Lagerstätte.

Antimonerzgänge, gelegentlich mit Goldführung, finden sich als vereinzelte Vorkommen im ganzen Gebiet. Das mit ihm verwandte Quecksilber ist seltener und lediglich die Lagerstätten im Pfälzer Hauptsattel hatten zeitweilig erhebliche Bedeutung.

Die Entwicklung Böhmens und Schlesiens im Mittelalter beruhte nicht zuletzt auf ihrem Reichtum an Edelmetallen. Jílové (Eule) südlich Prag (tschech. jilovati = seifen) galt im 14. Jahrhundert als das reichste **Gold**-Vorkommen des Abendlandes. Die letzte Schließung erfolgte 1969. Jílové liegt am Nordost-Rand des Goldquarzgang-Reviers, das sich, der Nahtzone am Nordrand des Zentralböhmischen Granits folgend, nach Südwesten bis Kasejovice, 40 km südöstlich Plzeň (Pilsen) erstreckt. In der bis über Novy Knín hinausreichenden, etwa 20 km langen „Zone von Jílové" treten bis 1 m mächtige Gänge mit rund 10 g Au/t sowie Stockwerke und Imprägnationszonen mit 8–1 g Au/t in vulkano-sedimentären Gesteinen der Prager Mulde am Granitkontakt auf. Sie führen ged. Au und Quarz neben Au-Telluriden, Pyrit, Arsenkies, örtlich auch Magnetkies, W-, Mo-, Bi-Mineralen und zahlreichen Sulfiden. Die primäre Goldführung basisch-intermediärer Vulkanite wurde durch den variszischen Granit mobilisiert und konzentriert. Um 1980 wurde am Südwestende der Zone von Jílové unweit des Vorkommens Libčice die Lagerstätte Psí Hory mittels geochemischer Prospektion und Bohrungen wiederentdeckt. Im Revier Kasejovice stammt das Gold bei ähnlicher Paragenese aus wahrscheinlich proterozoischen Gesteinen der Bunten Gruppe des Moldanubikums. Bei Milešov (Milleschau) und Krásná Hora (Schönberg), 20 km südlich Příbram, treten absätzige Antimonitgänge mit Goldführung auf.

Roudný, bereits östlich außerhalb des Reviers in Gneisen der Blanice-Furche gelegen, führt eine arme Paragenese ohne W-, Mo-, Bi- und Te-Minerale. Die Grube wurde 1903 wieder eröffnet und soll bis in die 1940er Jahre der damals größte Einzelproduzent an Gold in Europa gewesen sein. Das Goldquarzgang-Revier von Kašperské Hory (Bergreichenstein) an der Otava im Sumava-Gebirge (Böhmerwald) und bei Písek mit mineralarmer Paragenese hatte im Mittelalter eine ähnliche Bedeutung wie Jílové. Im oberen Otava-Tal fand umfangreicher Seifenbergbau statt.

In den Randbereichen des Böhmischen Massivs treten Gold-Arsen-Erzkörper in den Sudeten und Gold-Antimon-Gänge im Fichtelgebirge auf. In Złoty Stok (Reichenstein) sind Karbonatlinsen in präkambrischen Gneisen am Ostrand der Syenitmasse von Kłodzko (Glatz)-Złoty Stok verskarnt und mit Au-haltigem Arsenkies und Löllingit (FeAs$_2$) vererzt. Früher gebaute Massiverze führten 40% As mit 40 g Au/t und bis 1963 wurden Erze mit 5–20% As und 1–8 g Au/t gewonnen. Ähnliche Lagerstätten in den schlesischen Westsudeten, z. B. Złotoryja (Goldberg) und ihre Seifen im Vorland waren im Mittelalter wichtig. In Oberfranken wurden die in Ordoviz-Schiefern steckenden Gänge von Brandholz-Goldkronach, deren Inhalt aus Mobilisaten der variszischen Metamorphose bezogen wird, zuletzt um 1924 und 1975 untersucht.

Die einzige nennenswerte Goldlagerstätte im Rhenoherzynikum liegt im Eisenberg bei Korbach-Goldhausen in unterkarbonischen Schwarzschiefern. Ged. Gold tritt mit wenig Sulfiden und Seleniden schichtgebunden auf Scher- und Kluftflächen auf. Die Erze und ihre Sekundärbildungen am Osthang des Eisenberges wurden früher zeitweilig gebaut.

Fossile **Gold-Seifen** sind z. B. im Böhmischen Massiv und am Ostrand des Rheinischen Schiefergebirges bekannt. Von wirtschaftlicher Bedeutung war auch die Goldführung tief-unterdevonischer Arkosen im Hohen Venn und den östlichen Ardennen zu keltischer und gallorömischer Zeit. 1911 erlebte das Gebiet einen kurzen Goldrausch.

Goldwäscherei auf (sub-)rezente Seifen, beginnend in der früheren Bronzezeit in den Sudeten, wurde an praktisch allen Flüssen im mitteleuropäischen Bergland betrieben. Am bekanntesten sind in Deutschland das Rheingold, erstmals 390 n. Chr. erwähnt und bis 1874 gewonnen, und das Edergold, das aus dem Unterkarbon des Eisenberges und seiner Umgebung stammt.

Nebenprodukt ist Gold in den Kieserzlagern von Złate Hory (Zuckmantel) in den Ostsudeten (Tschechoslowakei) und am Rammelsberg, wo es bis zur Stillegung (1986 1 kg Au) gewonnen wurde (s. 6.1.6.2).

Recht verbreitet sind kleine, meist absetzige **Antimon**-Vorkommen, die zu oft nur kurzfristiger Gewinnung geführt haben. Schichtgebundene, primär syngenetische und intraformational umgelagerte Antimonerze im Unterkarbon bei Arnsberg im Sauerland wurden vom 18. Jahrhundert bis 1885 gebaut. Die im südwestlichen Siegerland z. B. in der Grube Apollo bei Raupach, auftretende Antimonit-Phase mit Quarz, Pyrit, Berthierit u. a. Sulfiden wird den postvariszischen Paragenesen der Sideritgänge zugerechnet. Mit ihr sind die Gänge von Brück a. d. Ahr und andere Vorkommen im linksrheinischen Schiefergebirge bis nach Luxemburg zu vergleichen. Zum gleichen Typ sollen die Gänge bei Schleiz und Greiz im Vogtland gehören, die vor dem 30jährigen Krieg und z. T. auch später gebaut wurden. Die goldführenden Antimonitgänge von Brandholz-Goldkronach in Nordostbayern und Krásná Hora in Zentralböhmen wurden bereits erwähnt.

Die postvulkanischen niedrigthermalen **Quecksilber**-Imprägnationen in Vulkaniten und Sandsteinen des Rotliegenden der östlichen Nahe-Senke standen bereits im frühen 15. Jahrhundert in Abbau. Sie gehörten von 1740 bis nach 1800 zu den führenden Produzenten in Europa und erlebten nach 75jähriger Pause von 1934–1942 eine letzte Betriebsperiode. Neben Zinnober als Hauptmineral treten ged. Quecksilber, das γ-Amalgam Landsbergit (Ag$_5$Hg$_8$) und zahlreiche Sulfide auf. Lokale Hg-Anreicherungen wurden um 1875 im Siegerland und bei Bensberg gewonnen. In der Böhmischen Masse wurde im 14. Jahrhundert bei Luby (Schönbach) im westlichen Erzgebirge und in der Prager Mulde Quecksilber aus ordovizischen Nebengesteinen abgebaut, das vermutlich an vulkano-sedimentäre Prozesse gebunden war. Im Raum Schneeberg–Zwickau tritt in vergleichbaren Nebengesteinen Zinnober sowohl schicht- als auch, umgelagert, ganggebunden auf.

6.1.6 Kupfer-, Silber-, Blei-, Zink- und Eisensulfide

Buntmetall- und Eisensulfide kommen auf Lagerstätten häufig gemeinsam vor und gelegentlich alle in gewinnbaren Mengen. Dabei bestehen zwischen Blei und Zink besonders enge Beziehungen. Silber wird weltweit zu 90 % als Nebenprodukt gewonnen, davon rd. zwei Drittel aus Blei-Zink- und ein Drittel aus Kupfer- und Kupfer-Nickel-Erzen. Eigentliche Silber-Lagerstätten treten in Mitteleuropa nicht auf, obwohl zahlreiche Blei-Zink-Erzgänge in Mittelalter und früher Neuzeit nur auf Silber gebaut und bis in die jüngste Zeit als Silber-Lagerstätten bezeichnet wurden, z. B. St. Andreasberg im Harz. Allgemein hatte diese Element-Assoziation für Mitteleuropa große lagerstättenkundliche und wirtschaftliche Bedeutung. Ein bis in das Hochmittelalter zurückgehender und z. T. älterer Bergbau machten das Heilige Römische Reich in der ersten Hälfte des 16. Jahrhunderts zum größten Silberproduzenten der damals bekannten Welt. Heute ist Polen durch die Entwicklung des niederschlesischen Kupferschiefers ein bedeutender Kupferproduzent.

Kupfer- und Blei-Zink-Erze sind regional sehr unterschiedlich verbreitet. 94 % der im westlichen Deutschland aus Produktion und Restvorräten bekannten Pb-Zn-Erze sind im Rhenoherzynikum konzentriert. Weiter östlich liegen die größten Lagerstätten im Erzgebirge und in Oberschlesien. Bedeutende Kupfer-Lagerstätten sind dagegen auf den „Osteuropäischen Kupfergürtel" beschränkt.

Die klassischen Blei-Zink-Lagerstätten sind die Erzgänge, die sich im variszischen Grundgebirge Mitteleuropas in großer Verbreitung finden. Die sedimentären Kieserzlager wurden in ihrer weltweiten Verbreitung und wirtschaftlichen Bedeutung erst vor wenigen Jahrzehnten erkannt. Die Großlagerstätten Rammelsberg und Meggen galten bis um 1960 als Ausnahmen. Die bedeutendste mitteleuropäische Kupfer-Lagerstätte ist der permische Kupferschiefer. Er ist ebenso wie die triassischen Pb-Zn-Erze Oberschlesiens schichtgebunden und pyritarm. Nordnordwestlich Krakau wurden kürzlich im Liegenden dieser Lagerstätte porphyrische Kupfer-Lagerstätten oberkarbonischen Alters erbohrt.

6.1.6.1 Erzgänge

Zahlreiche Blei-Zink-Erzgänge mit den Hauptmineralen Pyrit (FeS_2), Zinkblende (ZnS) und Bleiglanz (PbS), oft mit gewinnbaren Silbergehalten, sind vorwiegend im variszischen

Tabelle 4. Metallinhalt der Bergwerksförderung von Kupfer- und Blei-Silber-Zinkerzen der Jahre 1960, 1975 und 1987 in Mitteleuropa (aus Metallstatistik).

	Kupfer (10^3 t)			Blei (10^3 t)			Silber (t)			Zink (10^3 t)		
	1960	1975	1987	1960	1975	1987	1960	1975	1987	1960	1975	1987
westl. Deutschland	2,2	2,0	1,5	50,0	43,0	24,5	57,2	33,6	30,9	114,5	144,4	98,9
östl. Deutschland	21,5	16,5	11,0	7,0	-	-	150,0	55,0	41,0	7,0	-	-
Polen	10,7	230,0	438,0	39,2	77,0	48,8	4,0	549,0	831,0	144,0	210,0	185,8
Tschechoslowakei[1]	-	10,7	9,4	6,0	4,7	2,8	50,0	37,0	34,0	-	8,0	7,0

[1] einschl. eines geringen Anteils aus dem slowakischen Erzgebirge.

Grundgebirge Mitteleuropas entwickelt und hatten nach einer keltisch-römischen Frühphase in Mittelalter und Neuzeit sowie besonders zwischen 1850 und 1970 große wirtschaftliche Bedeutung. Nach 1960 ging die Zahl der Gruben und ab etwa 1970 auch die Bergwerksproduktion allmählich zurück, und in Deutschland ist das Ende des Metallerzbergbaus abzusehen.

Von den im westlichen Deutschland ursprünglich in Lagerstätten konzentrierten Metallmengen von >32 Mio. t Pb + Zn stammen rund 97% aus Rheinischem Schiefergebirge, Ruhrgebiet und Westharz und 19 Mio. t oder 60% dieser Menge aus Gängen und mit Gängen in Beziehung stehenden Lagerstätten.

Bedeutende Lagerstätten liegen in den variszischen Gangrevieren von Bensberg und Ems-Mühlenbach mit 1,63 bzw. 1,15 Mio. t Pb + Zn, die in ihrer Gangtektonik mit Quer- und Diagonalgängen und im Chemismus ihrer Vorphasen-Siderite enge Beziehungen zum Siegerland mit Fe:Mn = 5–6 im Siderit aufweisen. Übergänge bilden Randlagerstätten des Siegerlandes, die in oberen Teufen früher gebaute Pb-Zn-Erze führen (6.1.1 und 6.1.2). Östlich einer von Soest nach Siegen und Nassau a. d. Lahn streichenden Zone sowie im Hunsrück treten dagegen der Schieferung aufsitzende sog. „Schieferungsgänge" auf, in denen die Fe:Mn-Verhältnisse der Karbonate $\leq$ 1 liegen. Typische Vertreter sind Holzappel und Werlau mit 0,6 bzw. 0,14 Mio. t Pb + Zn und die Kleinlagerstätten Tellig und Altley. Zu einem etwas abweichenden Typ gehören die tektonisch komplizierten Gänge der Großlagerstätte Ramsbeck im Sauerland mit 1,14 Mio. t Pb + Zn. Anlage und Füllung der Gänge erfolgten im Zuge der variszischen Faltung um die Wende Dinant/Namur.

Jünger sind die Gänge im Oberharz mit 3,5 Mio. t Pb + Zn, wo das Erzbergwerk Grund seit 1831 in Abbau steht, sowie im Ruhrgebiet und Velberger Sattel mit 1,4 Mio. t Pb + Zn. Sie treten meist in Gesteinen des Karbons auf, führen im Gegensatz zu den älteren Gängen mehr Blei als Zink und als Gangart überwiegend Kalkspat, zeigen eine enge Bindung an das Spätstadium der Faltung und werden, z. B. im Oberharz, wegen stark unterschiedlicher Verwürfe von Kulm und Zechstein, als prä-Zechstein eingestuft. Diese Altersstellung blieb jedoch nicht unwidersprochen, da geochemische Daten und K/Ar-Datierungen an Einzelmineralen ein postvariszisches Alter nicht ausschließen.

Aus der Mehrzahl der genannten Gangreviere wurden ferner geringe Absätze postvariszischer Paragenesen, z. B. der Bi-Co-Ni-Ag-Abfolge beschrieben. Daneben gibt es silberarme Bleiglanzgänge mit meist <100 g gegenüber 100–>2.000 g Ag/t PbS in den variszischen Gängen, z. B. in der Westeifel und im westlichen Hunsrück. Mit dem Bleialf-Rehscheider Gangzug, der sich unter dem Trias-Dreieck fortsetzt und dessen Erze bei Kall im Devon angefahren wurden, steht die schichtgebundene Großlagerstätte von Mechernich in Sandsteinlagen des Mittleren Buntsandsteins mit 6,9 Mio. t Pb + Zn in genetischem Zusammenhang. Entsprechendes gilt für die benachbarte Lagerstätte Maubach mit 0,3 Mio. t Pb + Zn. Im Ländereck von Aachen–Moresnet bilden Erzgänge und -stockwerke mit bauwürdigen Erzkörpern in teilweise verkarsteten Devon- und Karbonkalken einen weiteren Erztyp. Die ursprünglichen Vorräte werden mit >2 Mio. t Pb + Zn angegeben. Die Blei-Isotopie dieser Lagerstätten zeigt untereinander und mit derjenigen paläozoischer Schiefer des Gebiets gute Übereinstimmung. Geringe Unterschiede zu der variszischer Erze deuten an, daß die gleichen Quellen zu verschiedenen Zeiten Blei geliefert haben.

In Schwarzwald und Vogesen gibt es vergleichsweise wenige Reviere wie den Schauinsland bei Freiburg bzw. Sainte-Marie-aux-Mînes (Markirch) mit je 0,1 Mio. t Pb + Zn.

Im Siegerland und in einigen Blei-Zink-Revieren wurden **Kupfer**-Erze als Nebenprodukt gewonnen. Die einzige größere Kupfer-Lagerstätte im Rheinischen Schiefergebirge stand in

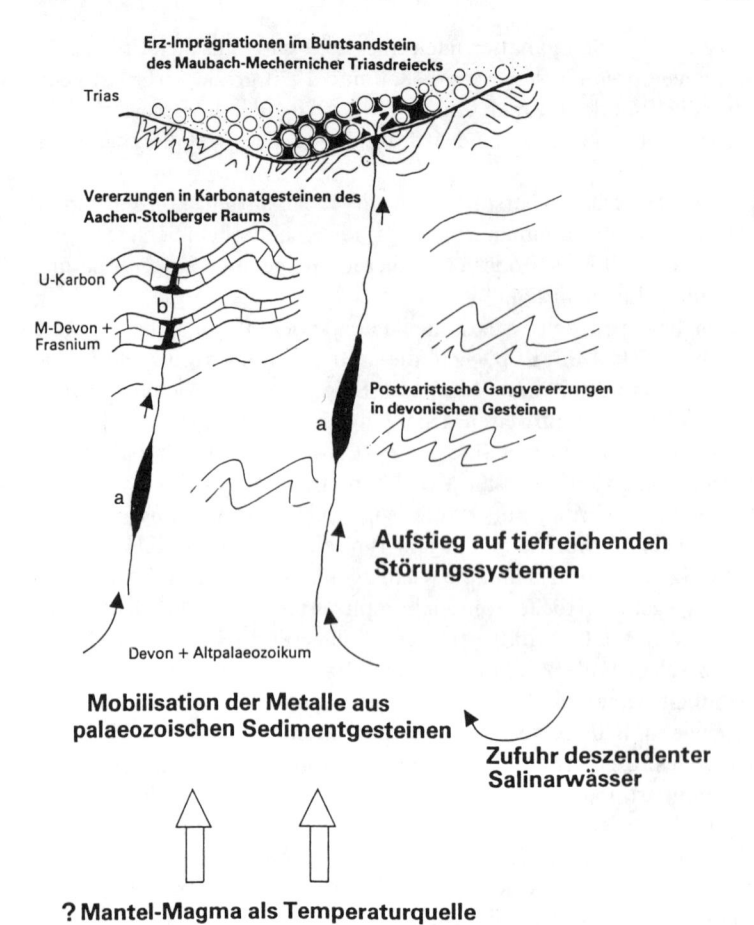

Abb. 142. Schemaprofil zur genetischen Deutung der postvariszischen Lagerstättentypen in der Nordeifel (ergänzt n. KRAHN 1988).
a = Erzgänge der Gangzüge von Brandenberg bzw. Bleialf-Rescheid, b = An Erzgänge gebundene „Kontaktlager" an den Liegend- und Hangendgrenzen der Karbonatgesteine, c = Erzgang im Mitteldevon und Imprägnationserze im Buntsandstein der Grube Kallerstollen im Südwestteil der Lagerstätte von Mechernich.

Marsberg, Nordostsauerland, rund 1.000 Jahre bis 1945 in Abbau. Protoerze bildeten unterkarbonische Schwarzschiefer mit geringhaltiger stratiformer und hydrothermal-sedimentär gedeuteter Sulfidführung. Intraformationale Umlagerung des Kupfers im Zuge von Faltung und Anchimetamorphose führte zu Konzentrationen auf Spalten und in Stockwerken, wo sich, z.T. verstärkt durch deszendente Zementation, u.a. Reicherzkörper mit bis zu 16% Cu bildeten. Der Inhalt der unverritzten Lagerstätte wurde auf 63.000 t Cu veranschlagt.

Postvariszische Quarz-Kupferkies-Gänge wurden u.a. an der Daade, im Lahn-Dill-Gebiet, bei Bad Honnef und in der Eifel gebaut. Mit Ausnahme von Marsberg wurden aus Gängen des Rheinischen Schiefergebirges Erze mit rund 0,1 Mio. t Cu gefördert. Die an die

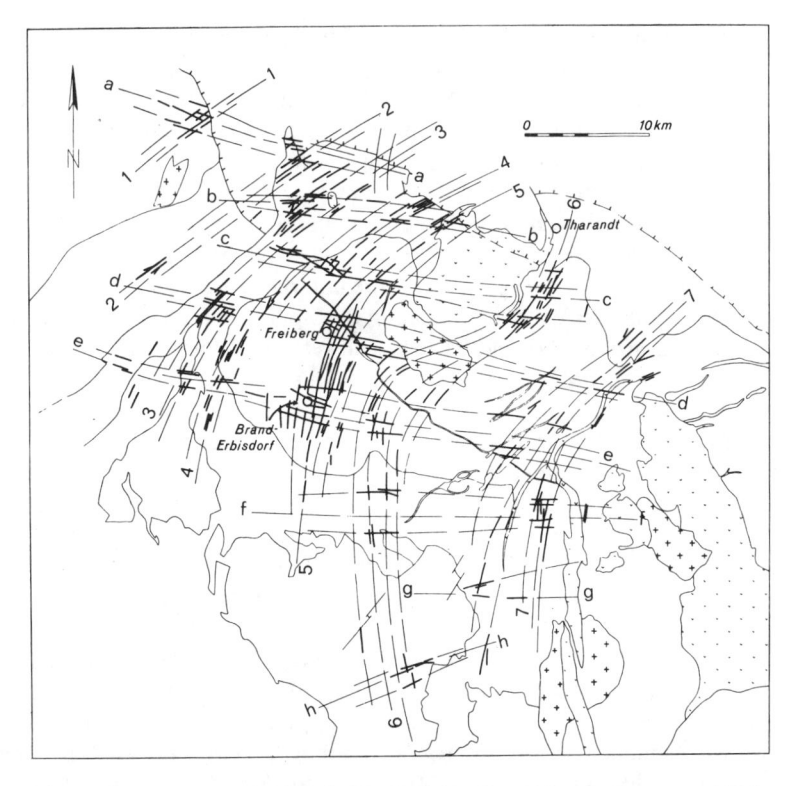

Abb. 143. Das Gangnetz des Freiberger Lagerstättenreviers im östlichen Erzgebirge (n. BAUMANN 1965). 1–1 bis 7–7: Gangzüge des N bis NE streichenden Gangsystems, a–a bis h–h: Gangzüge des W bis WNW streichenden Gangsystems, dicke Linien: Gang bauwürdig vererzt.

Rotliegend-Magmatite der Saar-Nahe-Senke gebundenen Kupfergänge von Fischbach und Imsbach lieferten zusammen etwa 0,02 Mio. t Cu.

Im Böhmischen Massiv gibt es eine Vielzahl von meist kleinen Pb-Zn-Ag-Erzgängen, die bereits im Mittelalter auf Silber gebaut wurden. Nur wenige Reviere erreichten eine Förderung von 10^5 t Metall, darunter das weitaus bedeutendste Gangrevier Mitteleuropas von Freiberg in Sachsen, wo aus über 1.000 Einzelgängen mit komplexer Mineralisation, deren Abfolgen oft an bestimmte Gangstreichen gebunden sind, von 1163–1968 rund 14 Mio. t Pb + Zn mit 5.200 t Ag gewonnen wurden. 1968 wurden die Gruben wegen Erschöpfung stillgelegt. Weitere Reviere, die noch nach 1950 nennenswerte Förderungen erbrachten, sind Příbram, südwestlich Prag, mit einer Produktion von ca. 0,4 Mio. t Pb und 3.000 t Ag sowie ursprünglichen Vorräten von ca. 50.000 t U_3O_8, Stříbro (Mies), südwestlich Plzeň, und Kutna Hora (Kuttenberg). In den Sudeten treten Pb-Zn-Erze gegenüber Kupfer in den Gängen zurück. In Kontaktschiefern am Riesengebirgsgranit liegen die Gänge von Miedzianke (Kupferberg) mit Cu-Zn-(As-Pb), und 5 km vom Kontakt entfernt sind die Gänge von Stara Góra (Altenberg) mit einer Cu-As-Au-Ag(Pb-Zn)-Paragenese an einen Porphyr-Aufbruch gebunden. Diese Lagerstätten wurden nach dem Auffinden von Kupfer-Porphyries bei Krakau als möglicherweise zum gleichen Typ gehörig angesprochen (s. 6.1.6.4).

6.1.6.2 Pyritreiche Kupfer-Zink-Blei-Schwerspat-Lager

Sedimentär-hydrothermale Kieserzlager (engl.: massive sulfide deposits) mit mehreren Untertypen sind in Mitteleuropa mit einigen großen Lagerstätten im Rhenoherzynikum und in den Ostsudeten sowie vor allem im Böhmischen Massiv mit zahlreichen kleinen, heute meist abgebauten Erzkörpern verbreitet. Zu den ältesten Kieserzlagern gehören im Oberproterozoikum Bodenmais und Lam in Bayern sowie Wieściszowice (Rhonau) in Niederschlesien. Sie treten in Paragesteinen auf und führen Pyrit und/oder Magnetkies neben wenig bis Spuren an Kupfer, Zink und Blei. Ähnliche Lager finden sich in Sedimentfolgen mit mafischen Vulkaniten, z. B. in der Spilit-Serie des Barrandiums. Zur gleichen Serie gehört das große, aber mit ca. 8% schwefelarme Pyrit-Mn-Silikat-Lager bei Chvaletice, östlich Kolín. Bei Médénec (Kupferberg) und Bozí Dar (Gottesgab) im Erzgebirge treten am Granitkontakt Magnetit-Skarne mit Metabasiten auf, deren Cu-Zn-Sn-Führung zu den Protoerzen des Felsithorizonts von Halsbrücke überleitet.

Im Altpaläozoikum kam es erneut zur Bildung pyritreicher Erzlager, die aber weitgehend auf das Saxothuringikum in der Oberpfalz und im Westerzgebirge beschränkt blieben. In Phyllit-Serien mit geringen Anteilen an intermediären Tuffen liegen die Erzkörper von Waldsassen, die bis 1971 in der Grube Bayerland gebaut wurden, und von Klingenthal-Kraslice (Graslitz) am Westrand des Eibenstock-Granits. Hier wurde in der Grube Tisová die Bindung der Sulfide an C_{org}-reiche Horizonte nachgewiesen. Am Ostkontakt des Massivs wurden bei Schwarzenberg, Pöhla, Breitenbrunn und Geyer aus verskarnten Karbonatlagen neben Magnetit wenig Sulfide gewonnen. Die Erzlager von Kupferberg-Wirsberg u. a. sind an die vulkano-sedimentäre Randschiefer-Serie der Münchberger Masse gebunden. Sie werden als Inselbogen- oder Besshi-Typ gedeutet. Bei Hermsdorf-Rehefeld im Osterzgebirge tritt ein Pyrit-Blei-Zink-Lager auf.

Die weitaus wichtigsten Kieserzlager Mitteleuropas liegen im Mitteldevon des Rhenoherzynikums und seines südöstlichen Äquivalents, dem Moravosilesikum. Die Erzlager im Rammelsberg bei Goslar sind die Typlagerstätte für Pyrit-Buntmetallager in pelitischen Sedimenten. Unter dem Lager wurde der noch unverfestigte Wissenbacher Schiefer von den durchströmenden aszendenten Lösungen geochemisch und mineralogisch zum „Kniest" verändert. Die an Mineralen wie auch gewinnbaren Elementen reichen Lagererze zeigen von unten nach oben eine Abfolge mit Pyrit-, Kupfer(-Gold)-Zink-, Zink-Blei(-Ag)- und Blei-Baryt-Erz mit nach oben abnehmenden Pyritgehalten sowie als Nachphase ein Barytlager. Der Gesamtinhalt betrug 22 Mio. t Lagererz mit 19% Zn, 9%Pb, 1% Cu und 22% Baryt und 5 Mio. t Banderz mit 9% Metall. Abbau fand bereits zu spätrömischer Zeit statt und wurde 1988 nach über 1.000jährigem Betrieb wegen Erschöpfung eingestellt.

Das jüngere Meggener Lager entstand an der Grenze Mittel-/Oberdevon in einer riffgeschützten Lagune und ist gleichaltrig mit den Lahn-Dill-Erzen im östlichen Rheinischen Schiefergebirge. Es zeigt einen konzentrischen Aufbau mit innen Schwefelkies(Pyrit, Markasit u. a.)-Zink-Blei-Erz umgeben von Kieserz und einem Barytsaum. Das unverritzte Sulfidlager enthielt 50 Mio. t Erz mit 36% S, 10% Zn, 1,6%Pb, 0,03 % Cu und 1 %Baryt und der Barytsaum 10 Mio. t Baryterz. Hier und am Rammelsberg treten wenige dünne Lagen saurer Tuffe in der Sedimentfolge als einziger Hinweis auf benachbarten Vulkanismus auf.

Gleichaltrig mit dem Meggener Lager ist das kleine Barytlager von Eisen im Saarland, das bis 1988 in Abbau stand, und etwas jünger das – ähnlich Meggen – in einem "back reef"-Milieu sedimentierte Barytlager von Chaudfontaine, 8 km südöstlich Lüttich. Vermutlich sind auch die als metasomatisch beschriebenen Pyrit-Zn-Pb-Erze von Iserlohn-Schwelm,

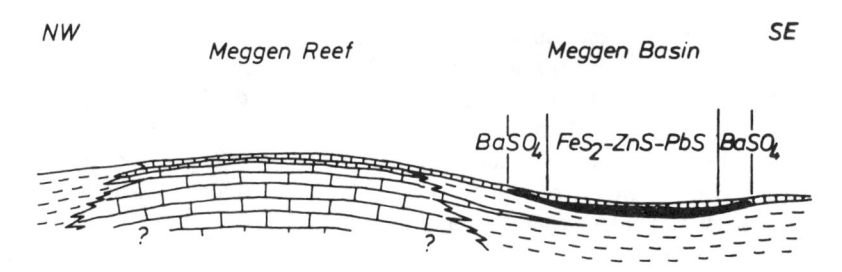

Abb. 144. Profil durch das ungefaltete Meggener Erzlager und das Meggen-Riff (n. KREBS 1981).

die bis 1899 in Abbau standen, in ihrer ersten Anlage hydrothermal-sedimentäre Absätze. Ein reines Pyritlager mit nur Spuren von Cu-Zn-Pb entstand im oberen Mitteldevon im Zentrum des Elbingeröder Komplexes im Ostharz in der Nachbarschaft der Fe-Erze vom Lahn-Dill-Typ.

In den Ostsudeten treten zwei größere Kieserzlager in mitteldevonischen Phylliten und in enger Beziehung zu Metaspiliten, Metakeratophyren und Lahn-Dill-Erzen (s. 6.1.2) auf. Bei Zlaté Hory (Zuckmantel), 15 km nordöstlich Jeseník (Freiwaldau), wurden vor 1650 vor allem Gold aus Seifen, später daneben Ag, Pb, Cu, Fe und schließlich auch Zn gewonnen. Das Haupterzlager zwischen Quarzit und Graphitschiefer mit Quarzkeratophyren enthält über 2 Mio. t Metall und führt mehrere Erzsorten mit unten Cu-Erz, darüber Zn-Pb-Cu- und oben Pb-Zn-Erz mit 2 g Au/t im Pyrit und 2.000 g Ag/t im Bleiglanz. Lokal tritt Baryt auf. Neben schichtigen Erzen gibt es Quarz-Kupferkies-Gänge, Imprägnationen und metasomatische Erze. Horní Benešov (Bennisch), 20 km westnordwestlich Opava (Troppau) ist ein schichtgebundenes, niedrighaltiges Zn-Pb-Ag-Ba-Lager mit Zn:Pb = 2:1 in zahlreichen Erzlinsen. Die Erzgefüge sind epigenetisch mit Imprägnationen, Stockwerken, Metasomatosen u. a. und werden meist auf postsedimentäre Umlagerung im Zuge von Faltung und Metamorphose zurückgeführt. Die Lagerstätte wird mit dem Kuroko-Typ verglichen.

6.1.6.3 Pyritarme schichtgebundene Kupfer- und Blei-Zink-Lagerstätten

Im Zuge der Abtragung des variszischen Gebirges entstanden in Rotliegend-Schuttwannen arme aber verbreitete Kupferkonzentrationen vom Red Bed-Typ. Später kam es im Zusammenhang mit großräumiger Riftbildung und marinen Ingressionen im Zechstein und Muschelkalk zu ausgedehnten Kupfer- bzw. Blei-Zink-Lagerstätten.

Kupfer-Red Beds sind im **Stefan** und **Rotliegenden** der Innersudetischen Mulde, in der Nordböhmischen Rotliegendtafel südlich des Riesengebirges und westlich Prag verbreitet und finden sich unregelmäßig in Sandsteinen, bituminösen Peliten und Kohlen als Konkretionen und Krusten. Bei Nowa Ruda (Neurode), Niederschlesien, sind es 0,2–1 m mächtige Schiefer mit 0,1–2,25 % Cu, das vermutlich aus jungpaläozoischen Vulkaniten stammt und noch um 1960 örtlich gewonnen wurde. Ähnliche Erze gibt es im Thüringer Wald und in der Pfalz sowie verbreitet im Buntsandstein, aus dem sie zur Bronzezeit und im Mittelalter in Helgoland und im 3. Jahrhundert n. Chr. bei Wallerfangen im Saarland gewonnen wurden.

Der **oberpermische Kupferschiefer** führt auf rund 1 % seines Verbreitungsgebiets an seinem Südrand $\geq$ 0,3 % Cu, aber nur 0,2 % sind bauwürdig vererzt. Dieser mitteleuropäische Kupfergürtel reicht von der Hessischen Senke mit der Hauptlagerstätte Richelsdorf über den Thüringer Wald, Sangerhausen und Mansfeld am Ostharz, die Oberlausitz und die Nordsudetische Mulde bis zur 1957 entdeckten Großlagerstätte am Nordwestrand des Vorsudetischen Blocks bei Lubin (Lüben) in Niederschlesien. Die Metallführung tritt im Bereich der Mitteldeutschen Kristallin-Schwelle und bevorzugt über Rotliegend-Trögen auf. Wärmefluß im Zusammenhang mit spätvariszischen Plattenbewegungen und dem damit verbundenem Oberrotliegend-Vulkanismus bewirkten intraformationale Metallverschiebungen, die zu hydrothermaler syn- und dia- bis epigenetischer Zufuhr und Absatz in reduzierendem Milieu führten. Dabei sind nur am Rande der sogenannten „Roten Fäule", einer epigenetischen Hämatit-Fazies, bauwürdige Vererzungen zu erwarten. Beckenwärts erscheinen bei zunehmend reduzierender Fazies aufeinander folgende Paragenesen mit den Hauptmineralen Covellin (CuS, selten), Chalkosin (Cu_2S), Bornit (Cu_5FeS_4), Kupferkies ($CuFeS_2$) mit z. T. reichlich Tennantit ($Cu_3AsS_{3,25}$) ferner mit Pb + Zn >Cu Bleiglanz (PbS), Zinkblende (ZnS) und schließlich im Beckentiefsten die Pyrit-(FeS_2-)Fazies normaler Schwarzschiefer. Diese postsedimentären Umlagerungen, z. T. unter Fortsetzung der Metallzufuhr, führten in Teilbereichen zu Erzmächtigkeiten von mehreren Metern. Zur Platinführung des Kupferschiefers von Lubin s. 6.1.3.

Ab der mittleren Trias überwiegt Blei-Zink- gegenüber Kupferführung in der Gesteinsfolge. In **Muschelkalk** und **Keuper** treten in Teilbereichen um 0,01 – 1 % Pb + Zn als schichtig in z. T. mehreren Bänkchen eingelagerte Sulfide auf. In der Weidener Bucht reichen derart erhöhte, faziell an Sandsteine am Beckenrand gebundene und mit ihm wandernde Bleigehalte von der mittleren Unter- bis in die Obertrias. Am bekanntesten ist die Bleiglanzbank des Mittelkeupers, die auf eine Regressionsphase unter Sabhka-Bedingungen zurückgeführt wird.

Bei Freihung entstand aus diesen Protoerzen durch intraformationale Umlagerungen im Zuge junger Bewegungen eine Lagerstätte mit 0,2 Mio. t Pb. Auf ähnliche Protoerze mit Zinkvormacht im Trochitenkalk des Kraichgaus und im Oberrheingraben wird die über mehr als 1.500 Jahre bis 1953 gebaute Lagerstätte Wiesloch bei Heidelberg mit 0,15 Mio. t Zn + Pb zurückgeführt. Die bauwürdigen Erze sind hier jünger als das aus dem Graben im Tertiär eingewanderte Erdöl.

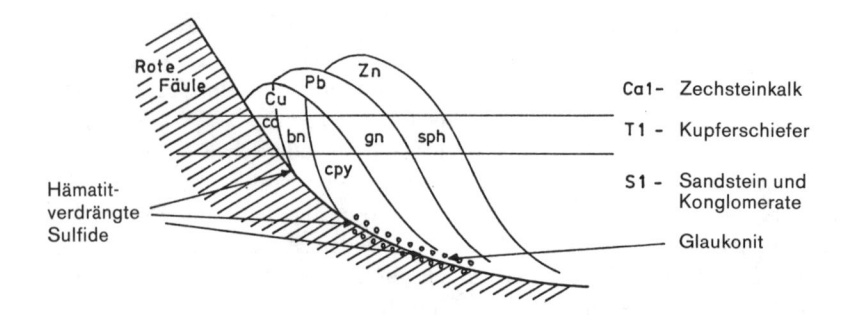

Abb. 145. Zonare, dia- bis epigenetische Verteilung von Hämatitfazies (Rote Fäule) und Sulfiden in bauwürdig vererztem Kupferschiefer (n. RENTZSCH 1974 aus SCHMIDT & FRIEDRICH 1988). Die Diskordanz von 1° bis max. 5° zwischen Kupferschieferhorizont und Roter Fäule ist stark überhöht.

Erze 433

In Oberschlesien, am äußersten Südostrand des Beckens, liegt im Unteren Muschelkalk die größte Blei-Zink-Konzentration Mitteleuropas mit ursprünglich 30 Mio. t Zn + Pb im Verhältnis 5:1. Die schichtgebundenen, z. T. stratiformen Erzlager treten in fünf Regionen zwischen Bytom (Beuthen) und Chrzanow, westnordwestlich Krakau, auf und zeigen z. T. Beziehungen zur Nebengesteinsfazies. Die bauwürdigen Erze führen $\pm$ 6% Metall und sind umgelagert oder epigenetisch. Die Genese wird sedimentär mit diagenetischen Konzentrationen, hydrothermal-sedimentär oder epigenetisch gedeutet. Eine Beziehung zwischen den paläozoischen (s. unten) und den triassischen Zn-Pb-Mineralisationen ist u. a. isotopengeochemisch belegt.

6.1.6.4 Die porphyrischen Kupfer-Molybdän-Lagerstätten der Krakoviden (Polen)

Erst in den letzten Jahrzehnten wurden in Bohrungen zwischen 17 und 75 km nordnordwestlich Krakau mehrere porphyrische Cu-Mo-Erzstöcke unter 70–300 m Mesozoikum entdeckt. In das kaledonisch gefaltete Altpaläozoikum und das Devon der Krakoviden am Nordostrand des proterozoisch konsolidierten Oberschlesischen Massivs intrudierten im Oberkarbon Rhyodazite und Monzonit-Porphyre, an die die Cu-Mo-Erze gebunden sind. Sie zeigen die typischen hydrothermalen Alterations- und Mineralisationszonen mit innen Mo- und Cu-Mo- und außen Pb-Zn-Erzen. HARANCZYK vermutet eine metallogenetische Entwicklung in einem Inselbogen-Milieu im Grenzbereich von Ost- und Mitteleuropäischer Platte. Sie begann mit polymetallischen Skarn- und Gangerzen im Altpaläozoikum und reichte über die oberkarbonischen Porphyries bis zu den schichtgebundenen Zn-Pb-Erzen im Muschelkalk. Auch die niederschlesischen Lagerstätten von Miedzianka (Kupferberg) und Stara Góra (Altenberg, s. 6.1.6.1) werden von polnischen Geologen als Cu-Porphyries gedeutet.

6.1.6.5 Zur regionalen Verbreitung von Blei-Zink und Kupfer in Mitteleuropa

Die Blei-Zink-Lagerstätten wurden von ROUTHIER in etwa E–W streichende Zonen zusammengefaßt, deren Verlauf unabhängig ist von dem der geologischen Struktureinheiten, die sie passieren. Von acht unterschiedenen Zonen liegen die Armorica-Ardennen-Oberharz-Zone teilweise und die Hunsrück-Lahn-(Unterharz-)Zone sowie die Oberpfalz-Böhmen-Oberschlesien-Zone vollständig in Mitteleuropa. Daneben gibt es in Europa einzelne insulare, oft besonders große Reviere, zu denen Freiberg im Erzgebirge zu rechnen ist. Die Ursachen für diese Pb-Zn-Verteilung sind unbekannt; vermutet werden Inhomogenitäten in der tieferen Kruste und mögliche ältere im oberen Mantel.

Das Kupfer zeigt dagegen eine völlig andere Verbreitung. Große und mittelgroße Kupferlagerstätten finden sich nur nordöstlich einer Linie Dortmund–Wien mit den Kupferschiefer-Lagerstätten von Richelsdorf, Mansfeld-Sangerhausen und Nieder-Schlesien, den polymetallischen Erzlagern des Rammelsberges, die 0,26 Mio. t Cu enthielten, und der Stockwerkslagerstätte von Marsberg mit 63.000 t Cu. Nahe der Linie Dortmund–Wien liegen in Nordost-Bayern die Kieserzlager von Bodenmais und Lam mit je 15.000 t Cu und Kupferberg–Wirsberg mit 32.000 t Cu. Im Rheinischen Schiefergebirge und im Nahe-Gebiet treten nur noch kleinere Gangreviere auf, die bis zu 10.000 t Cu, meist jedoch erheblich weniger geliefert haben. Das Kieserzlager von Meggen enthält mit rd. 15.000 t Cu weniger als ein Zehntel der Kupferführung des Rammelsberges. Man hat daher einem osteuropäischen Kupfergürtel eine kupferarme Zone (depressed domain with small deposits) in Mittel- und Westeuropa gegenübergestellt.

6.1.7 Sondermetalle: Lithium, Niob

Zwei Sondermetallvorkommen, die vor einigen Jahrzehnten wirtschaftliches Interesse hatten, sind die **Lithium**-Phosphate im Pegmatit-Stock von Hagendorf-Süd und die Niob-Lagerstätte von Schnellingen im Kaiserstuhl. Im größten Pegmatit-Stock Mitteleuropas bei Hagendorf, östlich Weiden i. d. Oberpfalz, tritt im Zentrum eine schmale Zone mit Albit (Clevelandit) und verschiedenen, z. T. seltenen Phosphatmineralien auf, darunter Triphylin (LiFe[PO_4]) mit 8,6 % Li_2O als Hauptmineral. Von 1960–1972 wurden rd. 1.000 t Li-Erze gewonnen.

In den Zinngreisen von Cinovec (Zinnwald) und Altenberg im Osterzgebirge ist Lithium als Zinnwaldit ($K(Li,Fe^{2+}, Al)_3[(OH)_2AlSi_3O_{10}]$) vorhanden. In den Lithium-Pegmatiten bei Vernerov (Wernsdorf) südöstlich Asch findet es sich als Amblygonit (($Li,Na)Al[(F,OH)PO_4]$) zusammen mit Sn-W-Mineralen und in Pegmatiten im Syenit von Jihlava (Iglau) in Mähren als Lepidolit ($KLi_2Al(F,OH)_2/Si_4O_{10}$).

Die **Niob**-Lagerstätte von Schnellingen liegt in einem Karbonatit-Stock, der zusammen mit Essexit, Ledmorit und anderen Subvulkaniten in einen aus leuzittephritischen Laven und Pyroklastika aufgebauten Komplex intrudierte und akzessorisch Pyrochlor

---

Abb. 146. Kali- und Steinsalzbergwerke sowie Salinen- und Aussolungsbetriebe in Mitteleuropa (Verbreitung der Zechsteinsalze nach CARLÉ 1975 und KOZUR 1984, Lagerstätten nach verschiedenen Autoren in DUNNING & EVANS 1986 und LAFFITTE & EMBERGER 1984), Salinen nach EMONS & WALTER 1988).

Niederlande
  1 = Veendam-Salzstock, Groningen, Z3 (Aussolung mit Gewinnung von Steinsalz und K-Mg-Salzen), 2 = Winschoten-Salzstock, Groningen, Z2 (Aussolung von Steinsalz), 3 = Zuidwending-Salzstock, Groningen, Z2 (Aussolung von Steinsalz), 4 = Weerselo-Salzstock, Overijssel, NE Hengelo, Z1 + 2 (Aussolung von Steinsalz geplant), 5 = Hengelo, tru (Aussolung von Steinsalz, a = Twente-Rijn-Konzession seit 1936, b = Boekelo-Konzession von 1919–1952).

NE-Frankreich
  6 = Dieuze, tro (Steinsalz-Bergbau), 7 = Nancy, tro (Steinsalz-Bergbau), 8 = Mulhouse (Mühlhausen) (vgl. Buggingen, Nr. 35), ng (Oligozän) (Kalisalz-Bergbau, nur Sylvinit, kein Carnallitit; Nebenprodukte Brom u. Steinsalz), 9 = Arc-et-Senans, südwestl. Besançon, tro (Saline 1779–1894, UNESCO-Kulturgut), 9a = Salins, 12 km südlich Arc-et-Senans, ng (Oligozän) (Steinsalz-Bergbau).

Schweiz
  10 = Rheinfelden, trm (Aussolung von Steinsalz), 11 = Zurzach (vgl. Rheinheim, Nr. 36), trm (Aussolung von Steinsalz).

Dänemark
  12 = Hvornum-Salzstock, 6 km östlich Mariger, Z1 + 2 (Aussolung von Steinsalz, Kalisalze erbohrt).

Deutschland
- Nordwestdeutsches Becken,
  13 = Salzstock Stade, Saline Unterelbe, Z (Aussolung von Steinsalz), 14 = Salzstock Harsefeld, Saline Ohrensen, Z (Aussolung von Steinsalz), 15 = Salzstock Lüneburg, Z (vor 956–1980, im Mittelalter bedeutendste Saline Mitteleuropas), 16 = Salzstock Wathlingen, Z (Kalisalzbergwerk Niedersachsen und Steinsalzbergwerk Riedel), 17 = Salzstock Bokeloh, Z (Kalisalzbergwerk Sigmundshall), 18 = Salzstock Lehrte-Sehnde, Z (Kalisalzbergwerk Bergmannssegen-Hugo; Beiprodukt Mg-Salze), 19 = Salzaufpressung an der Allertal-Störung, Z (Steinsalzbergwerk Braunschweig-Lüneburg), 20 = Salzstruktur Hildesheimer Wald mit Aufpressungen an Störungen, Z (Kalisalzbergwerk Salzdetfurth; Beiprodukt Mg-Salze, Brom).
- Südniedersachsen – Oberweser
  21 = Salzaufpressung am Westrand des Leinetalgrabens, Z (Saline Luisenhall in Göttingen-Grone,

Legende zu Abb. 146 Fortsetzung

Aussohlung von Steinsalz), 22 = Solebrunnen, Z, ? tru (Bad Karlshafen, NaCl-Sole), 23 = Solebrunnen, Z (Kassel-Wilhelmshöhe, NaCl-Sole).
- Ems-Niederrhein
  24 = Salzaufpressung an der Gronau-Störung, Z1 (Solbetrieb Epe), 25 = Steinsalzbergwerk Borth, Z1 (flache Lagerung).
- westl. Werra-Becken, flache Lagerung
  26 = Kalisalzbergwerk Wintershall, Z1 (Beiprodukt Mg-Salze), 27 = Kalisalzbergwerk Hattorf, Z1 Beiprodukt Mg-Salze, Steinsalz), 28 = Kalisalzbergwerk Neuhof-Ellers, Z1 (Beiprodukt Mg-Salze).
- Mainzer Becken
  29 = Solebrunnen Bad Kreuznach, pg (Oligozän), (allochthone NaCl-Sohle), 30 = Sole aus Bohrungen, Bad Münster am Stein, pg (Oligozän), (allochthone NaCl-Sohle), 31 = Sole aus Bohrungen, Saline Philippshall in Bad Dürkheim ng? (allochthone NaCl-Sole).
- Südwest-Deutschland – Hochrhein, flache Lagerung
  32 = Steinsalzbergwerk Bad Friedrichshall-Kochendorf, trm, 33 = Steinsalzbergwerk Heilbronn, trm, 34 = Steinsalzbergwerk Stetten, trm, 35 = Kalisalzbergwerk Buggingen (1925–1973), pg (Oligozän), 36 = Solebetrieb Rheinheim, trm (Aussolung von Steinsalz).
- Oberbayern
  37 = Saline Rosenheim (1810–1958) und 38 = Saline Traunstein (1619–1912).
  (Verarbeitung von NaCl-Solen aus dem triassischen Haselgebirge, die über Pipelines aus Berchtesgaden und Reichenhall zugeleitet wurden)
- Mecklenburg
  39 = Saline Bad Sülze, NaCl-Sole, allochthon aus benachbartem Zechstein-Salzstock (1243–1907, war wichtig für regionale Versorgung).
- Scholle von Calvörde
  40 = Kalisalzbergwerk Zielitz, Z 3 (Flöz Ronnenberg; Beiprodukt Steinsalz).
- Allertal-Graben und Subherzynes Becken
  41 = Steinsalzbergwerk Bartensleben-Marie, 42 = Saline Schönebeck-Salzelmen (12. Jh.–1967, neben Halle von überregionaler Bedeutung), 43 = Saline Staßfurt (vor 1170–1859; 1861–1912 Kalisalzförderung), 44 = Steinsalzbergwerk Bernburg-Gröhna
- Querfurt-Mulde
  45 = Saline Halle a. d. Saale, Z2 (Neolithikum, 961–1964, NaCl-Brunnensole von überregionaler Bedeutung), 46 = Kalisalzbergwerk Roßleben – Georg-Unstrut, Z 2,
- Thüringer Becken
  47 = Kalisalzbergwerk Bischofferode, Z 2, 48 = Kalisalzbergwerk Bleicherode, Z 2, 49 = Kalisalzbergwerk Sondershausen, Z 2 (Beiprodukt Br-Salz), 50 = Kalisalzbergwerk Sollstedt, Z 2, 51 = Kalisalzbergwerk Volkenroda-Päthess, Z 2, 52 = Saline Oberilm, Z 1.
- östl. Werra-Becken, Z 1 53 = Kalisalzbergwerk Springen (Beiprodukt Brom), 54 = Kalisalzbergwerk Unterbreizbach, 55 = Kalisalzbergwerk Merkers (Beiprodukt Steinsalz, Brom).

Polen
- Pommern (Pomorze)
  56 = Saline Kołobrzeg (Kolberg) (ca. 1000–1858, Brunnensole aus Bohrungen, war regional wichtig), 57 = Łeba-Hoch, Z 2 (flache Lagerung, Steinsalz und Kalisalze in Exploration).
- Mogilno-Łodź-Senke
  58 = Salzstock Mogilno, Z 2 + 3 (NaCl-Solebetrieb), 59 = Salzstock Inowrocław (Hohensalza), Z 2 + 3 (NaCl-Solebetrieb in Góra), 60 = Salzstock Kłodawa, Z 2 + 3 (Steinsalzbergwerk).
- Vorsudetische Monokline
  61 = Nowa Sól (Neusalz a. d. Oder), Z 2 (Steinsalz und Kalisalze, in Exploration).
- Karpatenrand
  62 = Barycz, ng (Miozän) (Lösungsbergbau mit Sinkwerken), 63 = Wieliczka, ng (Miozän) (Lösungsbergbau mit Sinkwerken), 64 = Lezkowice, ng (Miozän) (NaCl-Sole aus Bohrungen), 65 = Bochnia, ng (Miozän) (Lösungsbergbau mit Sinkwerken).

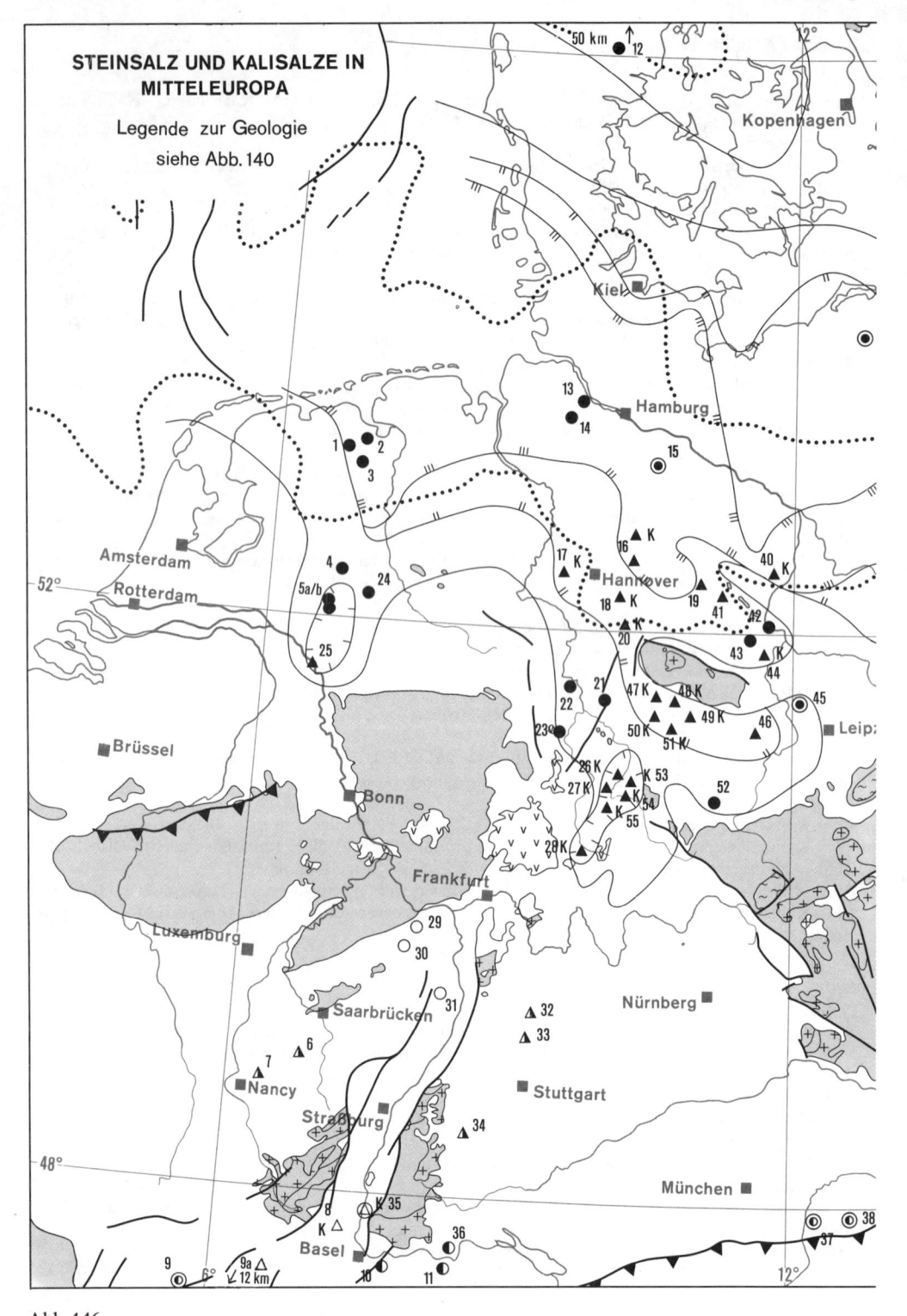

Abb. 146

STEINSALZ UND KALISALZE IN MITTELEUROPA

Legende zur Geologie siehe Abb. 140

Erze 437

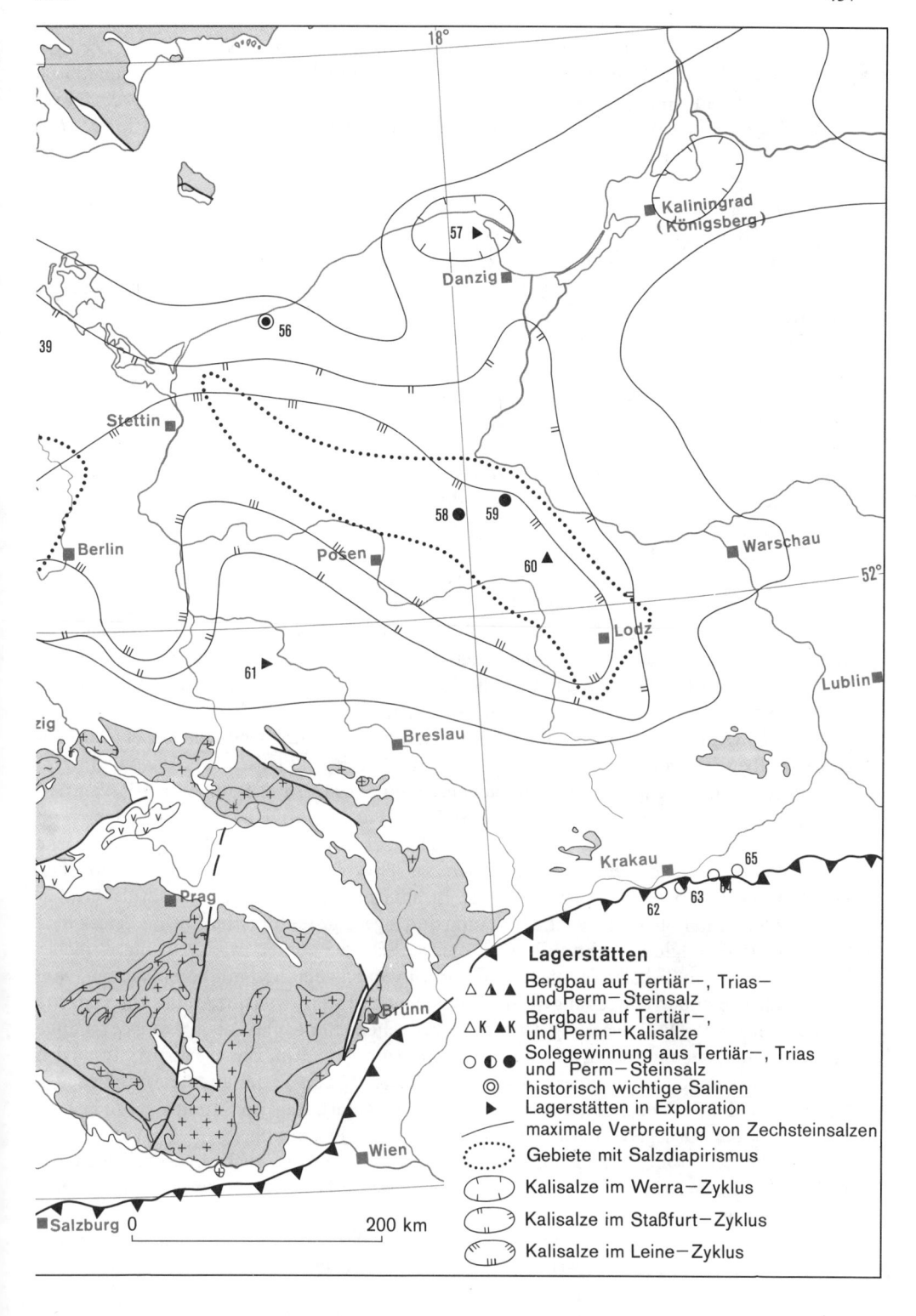

Lagerstätten

△ ▲ ▲ Bergbau auf Tertiär−, Trias− und Perm−Steinsalz
△K ▲K Bergbau auf Tertiär−, und Perm−Kalisalze
○ ◐ ● Solegewinnung aus Tertiär−, Trias und Perm−Steinsalz
◎ historisch wichtige Salinen
▶ Lagerstätten in Exploration
— maximale Verbreitung von Zechsteinsalzen
⋯ Gebiete mit Salzdiapirismus
Kalisalze im Werra−Zyklus
Kalisalze im Staßfurt−Zyklus
Kalisalze im Leine−Zyklus

((Na,Ca$_2$)(Nb,Ti,Ta)$_2$O$_6$ (OH,F,O)) und Nb-Perowskit ((Ca,Na)(Ti,Nb)O$_3$) führt. Die Erze mit Gehalten von durchschnittlich 0,078 % Nb wurden vor 1952 einige Jahre bergmännisch gewonnen. Die an Columbit ((Fe,Mn)Nb$_2$O$_6$) gebundenen Nb-Gehalte in der nordostbayerischen Pegmatitprovinz (z. B. Hagendorf) sind von lediglich mineralogischem Interesse.

6.2 Steinsalz und Kalisalze

Salzlagerstätten entstehen durch Evaporation als chemische Sedimente unter ariden, vorwiegend tropischen Klimabedingungen in zeitweilig abgeschlossenen Meeresbecken oder in Salzseen. In Mitteleuropa bestanden die Bedingungen für die Bildung von Salzlagerstätten im Perm, mehrfach in Mesozoikum und im Tertiär. Präpermische Salinare gibt es im Devon und Unterkarbon in der Umrandung des Brabanter Massivs. Ihre Untersuchung steht in den Anfängen. Zur Ausfällung von Kalisalzen kam es nur im Zechstein-Becken und im Tertiär des südlichen Oberrheingrabens.

Das **Zechstein**-Meer, das sich im Norden über einer 1.500 m mächtigen Ton-Salz-Folge des Oberrotliegend-Beckens, dem sog. „Haselgebirge" entwickelte, war zunächst einige hundert Meter tief und wurde durch Evaporite allmählich aufgefüllt. An den Küsten bildeten sich ausgedehnte Salzmarschen, Sabkhas, die landeinwärts in Rotsedimente (Red Beds), übergingen. Das Meer erstreckte sich nördlich des weitgehend eingeebneten Variszischen Gebirges zwischen Ostengland, dem Baltikum und Südostpolen und hinterließ von Groningen und Wesel im Westen bis zum Werra-Revier im Süden und über die Weichsel hinaus im Osten Salzablagerungen, die im Beckenzentrum mehr als 1.000 m Mächtigkeit erreichten. Von den sieben Zyklen des Zechstein-Salinars, von denen die drei jüngsten erst kürzlich erkannt wurden und nicht flächenhaft Chloride enthalten, führen nur die drei älteren, die Werra-, die Staßfurt- und die Leine-Serie, die für die Düngemittel-Industrie wichtigen Kalisalze in zusammen etwa 40 m Mächtigkeit.

In Abhängigkeit von Mächtigkeiten und Lagerungsverhältnissen kam es über auslösenden Bruchbewegungen im präsalinaren Untergrund zu halokinetischen Salzwanderungen, die zur heutigen Unterscheidung von flachliegenden Salzlagern, z. B. im Werra-Revier und im Thüringer Becken, am Niederrhein und bei Puck (Putzig) nördlich Danzig, von Salzkissen sowie von Salzstöcken und Salzmauern mit steiler Lagerung führen. Salzkissen, Salzstöcke und Salzmauern sind heute hauptsächlich im Nordwestdeutschen und im südlichen Nordseebecken, wo sie wichtige Fallen für Erdöllagerstätten bilden, sowie in der Mogilno-Łódź-Senke in Polen verbreitet. Die häufig durch geringe tektonische Unruhe eingeleitete Salzmigration erfolgte in Richtung auf tektonische Schwächezonen. An Kreuzungen solcher Zonen kam es zum disharmonischen Durchbruch von Salzdiapiren mit komplizierten, vom tektonischen Bau der Umgebung völlig abweichenden Internstrukturen. Als Anhaltswerte für den Beginn der Mobilisierung des Steinsalzes gelten eine Auflast ab 400 m Deckgebirge bei einer geschätzten primären Salzmächtigkeit von etwa 1.000 m. Dieser Diapirismus in den tieferen Beckenteilen hat zu einer innigen Durchdringung und Verfaltung der verschiedenen Salzarten und ihres Nebengesteins geführt. Für die Exploration von Salzlagerstätten ist die Erkundung des vorliegenden Strukturtyps von größter Bedeutung.

Zechsteinsalze werden in Gruben und Salinen zwischen den östlichen Niederlanden und Kujawien in Polen sowie nördlich des Ringköbing-Fünen-Hochs im Norwegisch-Dänischen Becken gewonnen.

Auch in der **Trias** kam es mehrfach zur Isolierung des Mitteleuropäischen Beckens vom offenen Meer und zum Absatz von Steinsalz. Rötsalze werden bei Hengelo in den

Niederlanden gesolt. Im Muschelkalk erreichte das Salz in einem nach Südsüdwesten bis zum Schweizer Jura reichenden Meeresarm bis zu 40 m Mächtigkeit. Bei Bad Friedrichshall, Heilbronn und in Haigerloch-Stetten in Württemberg wird es bergmännisch und am Hochrhein östlich Basel durch Aussolung gewonnen. Bei Nancy und Dieuze wird Steinsalz aus dem Lothringer Salzkeuper abgebaut.

Im **Tertiär** drang ab Obereozän die Tethys von Süden her im Oberrheingraben vor, und es entstand eine mehr als 1.000 m mächtige Mergelfolge mit Anhydrit- und Salzbänken. In den unteroligozänen Pechelbronner Schichten kam es im Süden zur Ausfällung von zwei Kaliflözen, die bei Mühlhausen im Elsaß abgebaut werden. Bei Buggingen, südwestlich Freiburg i. Br., wurde der Bergbau 1973 eingestellt. Im letzten vollen Betriebsjahr lieferte Buggingen mit 0,12 Mio. t K_2O knapp 4,5 % der westdeutschen Kaliproduktion. Im Miozän kam es im nördlichen Rheingraben zwischen Karlsruhe und Mainz erneut zum Absatz von Steinsalz, das neben mesozoischen Salzen die Solquellen im Rheingraben speist.

Zwischen Rybnik, Oberschlesien, und Tarnów, östlich Krakau, ist eine miozäne Salz-Ton-Folge entwickelt, die hier, im Gegensatz zu Ostgalizien, keine Kalisalze führt. Sie ist am Karpatenrand bei und östlich Krakau durch die Flysch-Überschiebung verschuppt und intensiv tektonisch gestört worden. Seit dem Mittelalter wurde bei Wieliczka und Bochnia Steinsalz bis 1965 bergmännisch abgebaut. Heute wird es durch Lösungsbergbau gewonnen. Die ältesten Spuren belegen Siedesalzgewinnung in diesem Gebiet bereits vor rund 5.000 Jahren. Um 1850 waren 26 Salzwerke in Betrieb.

Steinsalz wird in Mitteleuropa seit dem frühen Neolithikum aus Quellsohlen in Salinen gewonnen, z. B. in Halle a. d. Saale und bei Wieliczka. Um 1900 waren im damaligen Deutschen Reich rund 80 Salinen in Betrieb. Die erste Tiefbohrung zur Soleförderung wurde 1816 in Friedrichshall niedergebracht. Die Steinsalzgewinnung untertage begann 1824 in Schwäbisch-Hall und auf Zechstein-Steinsalz 1856 in Staßfurt, wo ab 1861 auch Kalisalze gefördert wurden. 1987 betrug der Anteil Mitteleuropas an der Weltproduktion für Steinsalz 18 % und für Kalisalze 24 %.

6.3 Industrieminerale

Industrieminerale sind monomineralische Rohstoffe mit Ausnahme der Metallrohstoffe (Erze i.e.S.) und der Salze. Nutzbare Gesteine sind Mineralgemenge und werden als Steine und Erden zusammengefaßt.

Tabelle 5. Steinsalz- und Kalisalz-Produktion 1987 in Mitteleuropa (10^3 t) (nach Unterlagen der Bundesanstalt für Geowissenschaften und Rohstoffe und Mineral Yearbook).

	NaCl[1]	Siedesalz NaCl-Inhalt	Kalisalz K_2O-Inhalt
westl. Deutschland	12.862	604	2.201
östl. Deutschland (1988)[2]	5.300	~ 60	3.500
Dänemark		499	
Frankreich	7.700		1.550
Niederlande	3.979		
Polen	4.400		
Schweiz		372	
	34.241	1.535	7.251

[1] aus Bergwerksförderung und Industriesole.
[2] nach Jung et al. 1990.

Bei den grundeigenen Bodenschätzen im Sinne des Bundesberggesetzes, die in den Abschnitten 6.3.5–6.3.7 behandelt werden, wird von der amtlichen Statistik lediglich die Produktion von den der Bergaufsicht unterstehenden Betrieben erfaßt. Es können daher für die Bundesrepublik Deutschland lediglich Schätzwerte genannt werden.

6.3.1 Schwefel

Schwefel-Rohstoffe sind ged. S, Pyrit (FeS$_2$) und andere Sulfide sowie, seit etwa 1970 in zunehmendem Maße, der Schwefelgehalt des mit >1% H$_2$S als Sauergas bezeichneten Erdgases (s. 6.4.2.1), aus dem 80% des in der Bundesrepublik gewonnenen Schwefels stammen.

Ged. Schwefel tritt im Torton der Karpaten-Vortiefe auf, wo er von reduzierenden Bakterien aus Gips über H$_2$S abgesetzt wurde. In der westlichen Vortiefe wurde die Schwefelgewinnung nach 500 Jahren 1884 eingestellt. Die um 1952 bei Staszów, südöstlich der Łysa Góra, entdeckten Lagerstätten führen im Mittel 24% S, der mittels in-situ-Schmelzen (Frasch-Verfahren) gewonnen wird, und machten Polen zum Exportland für Schwefel.

Pyrit (= Schwefelkies) wird vor allem aus Kieserzlagern gewonnen. Wichtige Produzenten sind oder waren Meggen, Rammelsberg (bis 1988), Elbingerode (heute als Hüttenzuschlag) und Wiesciszowice (Rhonau) in Niederschlesien (bis 1925; s. 6.1.6.2). Der Pyrit-Abbau bei Chvaletice in Böhmen wurde nach der Erschließung der polnischen Lagerstätten eingestellt. Bei Rudki (Łysa Góra) wurde unter einem bereits zu keltischer Zeit genutzten Eisenerzgang eine große Pyritlinse mit deutlich <1% an Buntmetallen von 1925–1969 abgebaut. Von störenden Bestandteilen weitgehend freie Kiesabbrände waren früher als Eisenerze begehrt.

In jüngster Zeit begann die Schwefelproduktion aus der Entschwefelung der Rauchgase von Kohlekraftwerken. Im Kraftwerk Buschhaus, südöstlich Helmstedt, wo die Anlage 1987 in Betrieb ging, ist eine Produktion von jährlich 85.000 t Reinschwefel vorgesehen

Tabelle 6. Schwefelproduktion 1987 in Mitteleuropa (10^3 t) (n. Mineral Yearbook und Unterlagen der Bundesanstalt für Geowissenschaften und Rohstoffe).

	ged. Schwefel	Pyrit u. a. Sulfide	Kohlen-wasserstoffe	Sonstige (meist Beiprodukte)	Summe
Belgien	0,1	-	-	0,2	0,3
westl. Deutschland	-	150	1.029	50	1.229
östl. Deutschland	-	75	-	240	315
Dänemark	-	-	13	-	13
Frankreich	-	-	1.150	156	1.306
Niederlande	-	-	0,3	-	0,3
Österreich	-	-	29	-	29
Polen	4.893	170	30	20	5.113
Tschechoslowakei	6	60	-	11	77
	4.899	455	2.251	477	8.082

6.3.2 Flußspat, Schwerspat und Kalkspat

Fluorit (CaF_2) und **Baryt** ($BaSO_4$) werden in Mitteleuropa nahezu ausschließlich aus Mineralgängen, Baryt auch aus mit ihnen verbundenen metasomatischen Lagerstätten gewonnen (Tab. 7). Daneben sind sie häufig Gangarten in Pb-Zn-Erzgängen. Sedimentäre, um 0,5–10 m mächtige Lagen von fluoritführenden Zechsteinkarbonaten zwischen Harz und Thüringer Wald sind ohne wirtschaftliche Bedeutung. Hydrothermal-sedimentäre Barytlager haben weltweit das größte Vorratspotential, spielen jedoch in Mitteleuropa seit der Erschöpfung des Meggener Barytlagers (1977) und der Gruben Rammelsberg und Eisen (1988) keine Rolle mehr.

Die postvariszischen Eisen-Baryt- und Fluor-Baryt-Abfolgen (6.1) sind verbreitet im Erzgebirge, Vogtland und Thüringer Wald. Auf den Randspalten des letzteren liegen im Südwesten bei Schmalkalden (Fe-Ba- und F-Ba-Abf.) und im Nordosten bei Ilmenau (F-Ba-Abf.) die größten Lagerstätten. Metasomatische Eisenerze im Zechsteinkalk waren bei Schmalkalden und Saalfeld bereits im Mittelalter die Basis einer bedeutenden Eisenindustrie.

In vielen Einzelheiten vergleichbare Reviere sind in Unter- und Mittelharz bei Rottleberode (F-Ba-Abf.) bzw. Bad Lauterberg (Fe-Ba-Abf.), hier mit ursprünglichen Vorräten von 6 Mio. t Baryt und sehr wenig Fluorit, entwickelt. Auch die anderen Reviere sind von ähnlicher Größenordnung. Die Barytgänge im Bereich der Hessischen Senke führen im Niveau des Kupferschiefers die Kobaltrücken-Paragenese (s. 6.1.3).

Darüber hinaus sind vorwiegend um NW streichende F-Ba-Gänge in Mitteleuropa von den Vogesen und Ardennen bis zur Łysa Góra verbreitet, wobei Fluorit im Süden überwiegt, während er in Ardennen, Rheinischem Schiefergebirge, Hessischer Senke, Spessart, Odenwald und Westharz fast nie bauwürdig wird und oft fehlt.

Die Bildungsalter der Gangmineralisationen erstrecken sich nach geologischen Befunden, z. B. Umlagerungen von Gangmaterial im Perm und Buntsandstein, und radiometrischen Datierungen an Gangart- und Erzmineralen über einen Zeitraum vom Jungpaläozoikum bis in das Tertiär. Jungpaläozoische K/Ar-Alter gaben Adulare aus CaF_2-Gängen im Morvan, die mit solchen der Vogesen verglichen werden, und aus dem Nabburg-Revier. Sie werden hier durch Sm/Nd-Alter von Fluoriten gestützt. Die Baryt-Gänge der Saar-Nahe-Senke werden auf Grund ihrer tektonischen Position als jungvariszisch angesehen. In den Buntsandstein hinauf reichen die Gänge der Gruben Clara (F + Ba) und Käfersteige (F) im Schwarzwald sowie die in Spessart und Hessischer Senke. Oberkretazische

Tabelle 7. Flußspat- und Schwerspat-Produktion 1987 in Mitteleuropa (in t) (n. Unterlagen der Bundesanstalt für Geowissenschaften und Rohstoffe und Mineral Yearbook).

	Flußspat	Schwerspat
Belgien	-	39.900
westl. Deutschland	85.201	154.027
östl. Deutschland (1988)[1]	104.000	91.000
Frankreich-NE	1.000	-
Polen	-	59.000
Tschechoslowakei	95.000	(60.000)[2]
Zusammen	285.201	243.927
Weltanteil	6,1 %	5,3 %

[1] nach Jung et al. 1990.
[2] Westkarpaten.

Kalkmergel sind nordöstlich Brilon barytisiert, und Sandsteinen der Nordböhmischen Kreidesenke sitzen die bedeutenden Fluorit-Gänge von Teplice (Teplitz) und Jílové (Eulau) auf. Die gleichaltrigen Gänge von Harrachov (Harrachsdorf) stecken randlich im Riesengebirgsgranit. Bei Creußen, südlich Bayreuth, und bei Wendelstein, südlich Nürnberg, treten kleine Baryt-Gänge in der Obertrias auf.

Die zonare Mineralisation um die oberkretazischen Massive von Bramsche u.a. im Niedersächsischen Block führt (von innen nach außen) 1. Siderit-CaF_2-Gänge, 2. Siderit-Hauptphase metasomatisch im Zechsteinkalk (+ Pb-Zn-Ba), 3. Pb-Zn-Sulfide.

Fluorit-Gänge treten überwiegend in Gebieten mit jungvariszischen Graniten auf. Diese werden von einigen Autoren als Fluorquelle angesehen. So führen die Zinngranite in Erz- und Fichtelgebirge 0,2–1,1 % F, und die REE-Verteilungsmuster, z. B. der Grube Clara im Schwarzwald, belegen ihre Umlagerung aus magmatisch-pegmatitischen Primärabsätzen. Die $\delta^{34}S$-, $^{87}Sr/^{86}Sr$- und REE-Daten des Baryts machen dagegen eine juvenil-magmatische Quelle für das Barium unwahrscheinlich. Vielmehr weisen sie eindeutig auf eine krustale Herkunft hin. Analysen von Flüssigkeitseinschlüssen an postvariszischem Material ergaben Bildungstemperaturen für Baryt von $\leq 70\,°C$ und für Fluorit von $\leq 150\,°C$ bei relativ hohen Salinitäten.

Barytlager wurden bereits erwähnt. Eine Barytlagerstätte unklarer Genese ist Fleurus, 20 km westlich Namur, mit ursprünglich 1,5 Mio. t Baryt in verkarstetem Kohlenkalk. Fleurus stand ca. 40 Jahre bis 1928 in Abbau und wurde 1979 wieder in Betrieb genommen.

Kalkspat von hohem Reinheitsgrad wurde aus rd. 5–45 m mächtigen Gängen von 1900 bis 1985 im Sauerland, zuletzt bei Brilon im Tiefbau gewonnen und in der Baustoffindustrie sowie als Ziersplitt genutzt. Die Produktion belief sich in den 1960er Jahren auf 30.000–45.000 t/a und ging ab 1980 auf wenige 1.000 t zurück. Hochwertige Kalksteine für die Glasindustrie mit < 0,02 % Fe stehen im Thüringer Becken bei Herbsleben und Ammern in Abbau (1988: 23.000 t).

6.3.3 Magnesit

Magnesit ($MgCO_3$) wird als kaustische Magnesia in der Baustoffindustrie verwendet, und Sinter-Magnesit ist ein wichtiger Rohstoff in der Feuerfestindustrie. Stockwerksvererzungen von dichtem Magnesit stehen in Niederschlesien bei Sobótka (Zobten) und Ząbkowice Śląskie (Frankenstein i. Schl.) seit 1912 in Abbau. Sie sind an die Serpentinstöcke gebunden, die sich bei Sobótka im Norden, bei Sklary (Gläsendorf) im Osten und bei Braszowice (Baumgarten) im Südosten an das Gneismassiv des Eulengebirges (Sowie Gory) anlehnen und die erwähnten Nickelerze und Chromite führen. Magnesit tritt hier in 0,1–3 (–5) m mächtigen, senkrecht bis diagonal zum Gneiskontakt streichenden Gängen auf, die in einem so dichten Netzwerk von Millimeter bis 10 cm mächtigen Magnesittrümern liegen, daß die ganze Masse als Erz gewonnen wird. Die Förderung betrug 1988 rd. 16.000 t Magnesit. Sinter-Magnesit wird in Teutschenthal bei Halle a. d. Saale aus „$MgCl_2$-Edelsole", die bei der Kalirohsalzverarbeitung anfällt, gewonnen.

6.3.4 Gips und Anhydrit

Anhydrit ($CaSO_4$) tritt in Salinarformationen zwischen Karbonaten und Chloriden auf. Gips ($CaSO_4 \cdot 2\,H_2O$) entsteht aus kühlen wässerigen Lösungen, vor allem aber durch Wasseraufnahme aus Anhydrit. Gipssteine mit $\geq 80\,\%$ Gips finden hauptsächlich in der Bau- und

Tabelle 8. Produktion von Gipsstein 1987 in Mitteleuropa
(10^3 t) (meist Mineral Yearbook).

westl. Deutschland	ca. 4.000
östl. Deuschland[1]	2.800[2]
Frankreich-NE	422[3]
Luxemburg	0,5
Polen	1.107
Schweiz-N	ca. 120
zusammen	ca. 8.500

[1] nach JUNG et al. 1990
[2] einschl. 1,6 Mio t Anhydritstein
[3] einschl. 368.006 t Anhydritstein

Zementindustrie Verwendung und ein geringer Teil mit 90– >95% Gips dient für vielfältige Zwecke als Sondergips. Anhydritsteine mit $\geq 90\%$ Anhydrit werden wie Gips in der Zementindustrie und zunehmend als „Bergbauanhydrit" zur Streckenverdämmung eingesetzt.

Gips- und Anhydritsteine sind in Mitteleuropa verbreitet und die Basis eines bedeutenden Industriezweiges. Die wichtigsten Lagerstätten liegen im Zechstein am südlichen Harzrand und in der Hessischen Senke, im Mittleren Keuper Süddeutschlands sowie im Miozän des Karpatenvorlandes. Bei örtlich angespannter Vorratslage spielen synthetische Gipse, z.B. aus Rauchgas-Entschwefelungsanlagen (REA-Gips), eine zunehmende Rolle.

Bei Osterode und Bad Sachsa am Harzrand, in den Zechsteinaufbrüchen im Bereich der Hessischen Senke von Stadtoldendorf im Norden bis Rotenburg a.d. Fulda und bei Adorf am Ostrand des Rheinischen Schiefergebirges stehen Gipssteinlager der Zechstein-Zyklen 1–3 in Abbau. Die Lagermächtigkeiten betragen i.a. zwischen 10 und 25 m (–55 m). Die oft sehr reinen Z1-Gipssteine mit 95–99% Gips werden vielfach zur Herstellung von Spezialgipsen genutzt.

Die verbreiteten Gipssteine des Mittleren Muschelkalks sind zwischen 4 und >10 m mächtig und i.a. von mittlerer Qualität mit 70–80% Gips. Sie werden bei Hofgeismar, längs des Moseltales im Saarland und in Rheinland-Pfalz sowie am unteren Neckar untertägig gewonnen. Bei Döhlau nordöstlich Bayreuth wird Anhydrit abgebaut.

Im mittleren Keuper Frankens und Württembergs treten in einer N–S streichenden Zone von Bad Königshofen im Grabfeld über Iphofen, Rothenburg o.d. Tauber und Crailsheim bis Schwäbisch Hall meist kleine bis mittelgroße Lagerstätten auf. Sie werden 5–10 m mächtig und sind mit 80–95% Gips von vorherrschend guter Qualität. Eine Fortsetzung findet die Zone östlich des Schwarzwaldes zwischen Herrenberg und Rottweil.

Rottleberode am Südrand des Unterharzes deckte 1988 aus dem Zechstein annähernd zwei Drittel des Gipsbedarfs im östlichen Deutschland. Ferner werden in Thüringen Trias-Gipse gewonnen. Anhydrit wird ausschließlich bei Niedersachswerfen, nördlich Nordhausen, abgebaut.

In Polen werden Gips- und Anhydritsteine des Zechsteins in der Nordsudetischen Mulde um Luban (Lauban) östlich Görlitz abgebaut. Der im Mittel 23 m mächtige Anhydrit des Zechsteins 2 ist im Oberflächenbereich in 96%igen Gipsstein umgewandelt. Ein sehr bedeutender, erst teilweise erschlossener Gipsbezirk liegt im Karpatenvorland, wo in drei Teilgebieten Gipsstein aus dem Obermiozän gewonnen wird. Der Zentralbereich mit mehreren Teilrevieren reicht von südlich Krakau über das Hauptrevier an der unteren Nida bis zum Südrand der Łya Góa. Feinkristalliner, 65–85%iger Gipsstein ist örtlich rekristallisiert und dabei zu 94–99%igem Gips angereichert. Im Ostrevier um Rzeszów treten bei

Przemyśl 10 cm große Alabasterknollen auf. Von geringer Bedeutung ist das Westrevier um Rybnik in Oberschlesien.

Rund 1 % der Gipssteingewinnung Frankreichs stammt aus dem Lothringer Salzkeuper, ebenso wie der überwiegende Anteil an Anhydritstein (ca. 95 %), der hauptsächlich bei Königsmachern, 35 km nördlich Metz, abgebaut wird. Geringe Mengen an Gipsstein stammen aus dem Elsaß sowie aus Luxemburg. Etwa die Hälfte der schweizerischen Gipsproduktion wird in der Nordschweiz im Einzugsgebiet der unteren Aare aus dem Mittleren Muschelkalk im Bereich des Tafeljura gewonnen.

6.3.5 Quarz und Feldspat

Den mengenmäßig wichtigsten **Quarz**-Rohstoff stellen Industriesande mit $\geq 98\%$ SiO_2. Im westlichen Deutschland beträgt ihr Anteil an der gesamten Sand- und Kiesgewinnung rd. 5 % und im östlichen rd. 3 %. Dazu kommen sehr reine Gangquarze, Fels- und Zementquarzite. Industriesande für die Glas-, Gießerei- und chemische Industrie werden in großen Mengen gewonnen in der Weidener Bucht bei Hirschau und Schnaittenbach sowie bei Sonneberg und Jena in Thüringen (aus Arkosen des Buntsandsteins, nebst Feldspat und Kaolin (s. 6.3.7) sowie aus Dogger β-Sandstein), im Südwest-Münsterland und in der Nordböhmischen Kreidesenke (aus Oberkreidesanden), in Südböhmen (aus Arkosen der Kreide und des Tertiärs), in Österreich am Südwest- und Ostrand des Böhmischen Massivs (meist aus Oligozänsanden) sowie in der Niederrheinischen Bucht und in Südwest- und Südniedersachsen (aus Miozänsanden). Die wichtigsten Quarzsand-Lagerstätten im östlichen Deutschland liegen bei Hohenbocka, südlich Senftenberg in der Niederlausitz (hochwertige Glassande des Miozäns im Liegenden der Braunkohle) und bei Weferlingen, nördlich Marienborn (hochoberkretazische Glassande im Allertalgraben).

Tabelle 9. Gewinnung und Nutzung von Quarzrohstoffen mit $\geq 95\%$ SiO_2 im östlichen Deutschland (10^3 t) (nach Blankenburg et al. 1988).

Verwendung	Menge	Rohstoff und Lagerstätte
Gießereiformstoffe	1.200	Quarzsand, Hohenbocka üb. Ruhland, Weferlingen über Haldensleben u. a. O. in der Niederlausitz sowie in Sachsen-Anhalt
Silikatgläser	1.000	
Ferrosilizium, Si-Metall	170	Quarzkies, Laußnitz bei Ottendorf-Okrilla, nördl. Dresden, ferner um Gera – Chemnitz
Silikaterzeugnisse	130	Kieselschiefer, Oberlausitz Kies-, Schluff- und Feinsande, Oberlausitz Quarzkies, Ottendorf-Okrilla, nördl. Dresden Quarzit, sedimentär, bei Oschatz, Sachsen Quarzit, metamorph, Oberlausitz Flint, Rügen
Phosphor-Herstellung	60	Quarzkies (sog. Chemiekies), Raum Leipzig – Altenburg sowie bei Bitterfeld (hier 90–95 % SiO_2)
Wasserglas	40	Quarzsand, Hohenbocka üb. Ruhland
Siliziumkarbid	12	sehr reiner Quarzsand, Hohenbocka
Filtermaterialien	215	Quarzsand und -kies, verschiedene Lagerstätten Kieselgur, Anhalt
Bauindustrie	~ 50.000	verschiedene Lagerstätten

Quarze und hochreine Quarzite werden in der Silicium-Metallurgie, für Quarzgläser u. a. verwendet. Zement- und in zweiter Linie Felsquarzit dienen als Feuerfestrohstoffe. Felsquarzite werden im Unterdevon des Hunsrücks und des Taunus abgebaut. Tertiäre Zement- oder Braunkohlenquarzite gibt es im Westerwald, in der Hessischen Senke und in Südniedernachsen sowie, als Dinasquarzit bezeichnet, in der Kreide und im Tertiär Nordostböhmens. Gangquarze werden bei Altrandsberg am Bayerischen Pfahl, bei Usingen im Taunus, hier mit 99,5 % SiO_2, ferner in Niederschlesien im Strzegom-(Striegau-)Granit sowie im Isergebirge (Góry Izerskie) und in der Tschechoslowakei gewonnen. Bis zu 99 % Gangquarz auf sekundärer Lagerstätte führen die pliozänen Kieseloolith-Schotter bei Köln und Neuwied und manche Hochterrassenkiese. Kieselschiefer als Feuerfestrohstoff wird bei Pansberg, Sachsen, gewonnen.

Diatomit, Tripel und Kieselerde sind pelitische SiO_2-reiche Lockergesteine, die hauptsächlich als Filter- (Diatomit) und Poliermittel dienen. Diatomit wird in der Lüneburger Heide und in geringen Mengen bei Eggenburg, Niederösterreich, gewonnen. Der Tripelbergbau aus dem Muschelkalk des Kraichgaus wurde 1966 eingestellt. Kieselerde ist weltweit nur aus dem Turon von Neuburg a. d. Donau bekannt, wo jährlich rund 100.000 t abgebaut werden.

Feldspäte und Feldspatgesteine werden überwiegend als Flußmittel in der Keramik und der Glasindustrie verwendet. Ihre Gewinnung als Nebenprodukt von Arkosen und Kaolinsanden in der Umgebung des Böhmischen Massivs wurde erwähnt. Meist zusammen mit Quarz finden sich Feldspäte in Pegmatiten, z. B. bei Hagendorf, Oberpfalz, Pobezowice (Ronsberg) und Domažlice (Taus) in Westböhmen und Dolní Bory nordwestlich Brno (Brünn), in Ober- und Niederösterreich sowie in Odenwald und Spessart, ferner in Metapegmatiten, z. B. bei Püllersreuth, nördlich Weiden, und in den Albitpegmatoiden der Münchberger Gneismasse. Helle Granitoide werden bei Waidhaus in der Oberpfalz, bei Auerbach (Vogtl.) und bei Meißen, ferner bei Krásno (Schönfeld) südsüdwestlich Karlovy Vary (Karlsbad) und in Niederschlesien als Feldspatrohstoff gewonnen.

Feuerstein gehört zu den ältesten bergmännisch gewonnenen Industriemineralen. Jungsteinzeitliche Tage- und Tiefbaue sind in fast allen Ländern Mitteleuropas bekannt. Seine Gewinnung reicht an wenigen Stellen bis in die Gegenwart. In Belgien wurde er nördlich Lüttich bis um 1970 zu Silex-Futtersteinen für Porzellanmühlen verarbeitet und in Dänemark findet kalzinierter Feuerstein als heller und griffiger Zuschlag für Straßenbeläge Verwendung.

6.3.6 Talk und Asbest

Talk ($Mg_3[(OH)_2/Si_4O_{10}]$) findet vielfältige Verwendung in der Keramik, Farben-, Papier-, pharmazeutischen und anderen Industrien. Steatit oder Speckstein ist eine dichte Talk-Varietät. Daneben ist Steatit auch eine Handelsbezeichnung für Mineralgemenge mit vergleichbaren Eigenschaften. Der häufigere Talkschiefer ist z. T. sehr feinschiefrig. In Mitteleuropa nördlich der Alpen und Karpaten wird Talk lediglich am Westrand des Böhmischen Massivs aus Lagerstätten unterschiedlicher Lithologie gewonnen. In der Randzone der Münchberger Gneismasse entstand Talk an Serpentinit-Grünschiefer-Kontakten im Verlauf der Diaphthorese durch zirkulierende Wässer aus Chlorit in den Grünschiefern und aus Tremolit im Serpentinit. Talkschiefer werden in Schwarzenbach a. d. Saale und in der Grünschieferzone von Erbendorf gewonnen. Bei Göpfersgrün findet sich am Kontakt zwischen Wunsiedel-Marmor und Weißenstadt-Marktleuthen-Granit eine hydrothermal-metasomatische Talk-Chlorit-Paragenese, die als Steatit in den Handel kommt. 1987 betrug die Förderung aus insgesamt 5 Gruben 6.367 t Talkschiefer und 13.418 t Speckstein.

Mitteleuropa ist arm an **Asbest**. Kleine Vorkommen des spinnfähigen Faser- oder Serpentin-Asbest Chrysotil ($Mg_6[(OH)_8/Si_4O_{10}]$) wurden in Mangelzeiten ausgebeutet, z. B. im Serpentinitstock des Hohen Bogen, nordwestlich Lam, sowie im Frankenwald bei Carlsgrün, nordwestlich Bad Steben, und 12 km im Nordwesten bei Wurzbach in Thüringen. Weitere Vorkommen sind in Mähren und im Waldviertel bekannt.

6.3.7 Kaolin, Bauxit-Tone, Bentonit, Farberden

Kaolin-Lagerstätten entstanden durch chemische Verwitterung oder/und durch hydrothermale Zersetzung feldspatreicher Gesteine. Nutzmineral ist Kaolinit ($Al_4[(OH)_8/Si_4O_{10}]$) neben dem Hauptmineral Quarz im Rohkaolin. Unterschieden werden Kaoline auf primärer Lagerstätte von sedimentär umgelagerten kaolinitischen Tonen mit meist fehlgeordnetem Kaolinit. Feuerfest-Tone haben hohe Al_2O_3- und SiO_2-Gehalte und Erweichungspunkte oberhalb 1.580 °C. Bauxit-Tone sollen dagegen arm an SiO_2 sein. Bentonite sind an Mineralen der Smektit-Gruppe reiche Tone, die, wie der dazu gehörende Montmorillonit ($[Al,Mg]_2 [(OH)_2/Si_4O_{10}]) [Na,Ca,Mg]_x [H_2O]_n$), durch innerkristalline Quellfähigkeit ausgezeichnet sind. Sie sind vielfach durch Zersetzung oder Verwitterung vulkanischer Gesteine entstanden oder marin-sedimentäre smektitische Tone. Farberden sind zumeist erdige Fe-Oxihydrate oder -Silikate wie Ocker, Umbra, Rötel u.a. sowie Fe-arme, SiO_2-reiche Weißerden.

Günstige Bedingungen für die Entstehung bedeutender **Kaolin**-Lagerstätten bestanden im Böhmischen Massiv und an seinen Rändern. So stammen >90% des im westlichen Deutschland produzierten Kaolins aus zwei Oberpfälzer Revieren. Bei Tirschenreuth ist der Falkenberg-Granit in mehreren km² großen Flächen 10–30 m, örtlich >60 m tief zersetzt. Neben residualem werden auch geringe Mengen von umgelagertem Kaolin gewonnen. In der Weidener Bucht besteht der 40 m mächtige Mittlere Buntsandstein aus einer von Südosten geschütteten Arkose, die postsedimentär, vermutlich prä-Röt, kaolinisiert wurde. Die Kaolinsandsteine mit 10–25% Kaolinit, 80% Quarz und um 5%, örtlich bis >20% Feldspat werden bei Hirschau, Schnaittenbach und Kaltenbrunn gewonnen und stellen rd. 90% der bayerischen Kaolinproduktion. Die Vorräte in Nordostbayern belaufen sich auf rd. 50 Mio. t Rohkaolin.

Kleinvorkommen von Kaolinsandsteinen bei und nordwestlich Kronach und in Thüringen leiten über zu dem W–E streichenden, 10–50 km breiten Kaolingürtel am Rand der Mittelgebirge im östlichen Deutschland. Dieser reicht vom Quarzporphyr-Gebiet nordwestlich Halle und der Merseburger Buntsandstein-Platte über die nordwestsächsischen Quarzporphyre zwischen Mulde und Elbe, das Meißener und das Lausitzer Massiv mit Granitoiden und präkambrischen Grauwacken bis zur Görlitzer Neiße. Aus den genannten Ausgangsgesteinen entstanden teils im prä-Cenoman, hauptsächlich aber in der Oberkreide und im Tertiär in-situ-Kaoline, die bereichsweise im Liegenden der mitteldeutschen und Lausitzer Braunkohlen durch die bleichende Wirkung deszendenter huminsaurer Wässer sehr gute Qualitäten erreichen. Die Kaolingewinnung konzentriert sich hier auf die Reviere Salzmünde bei Halle a. d. Saale, um Oschatz und Meißen in Sachsen.

Jenseits der Görlitzer Neiße wurde in dem Schollenmosaik der Nordsudetischen Senke die Verwitterungsdecke abgetragen und während der Oberkreide in Kaolinsandsteinen mehr oder weniger sortiert abgesetzt. Bei Czerwona Woda (Rothwasser), 20 km nordwestlich Görlitz, und bei Zebrzydowa (Siegersdorf) stehen sie in Abbau. Die bedeutendsten Lagerstätten Polens finden sich auf dem Vorsudetischen Block bei den Graniten von Strzegom (Striegau) und Strzelin (Strehlen), wo sich in-situ-Kaolin in Senken bis zu > 40 m mächtig erhalten hat und z. B. bei Zarow (Saarau) in Abbau steht. Kaolinsandsteine aus senonen Deltaschüttungen werden bei Bolesławice (Bunzelwitz) und im Tertiär zusammengeschwemmter Kaolin am Rande des Strzegom-Granits bei Roztoka (Rohnstock) gewonnen. Im tschechischen Teil des Böhmischen Massivs liegen im Nordwesten sehr bedeutende Lagerstätten zumeist in situ auf Granit bei Karlovy Vary (Karlsbad), deren Kaolin z. T. zur Porzellanherstellung geeignet ist, weitere auf oberkarbonischen, bereits im Karbon verwitterten Arkosen und Feldspatsandsteinen in den Becken von Plzeň (Pilsen) und Podbořany (Podersam) und auf Gneisen bei Kadany (Kaaden). Das kleine südmährische Revier bei Znojmo (Znaim) mit Kaolinen auf Granit und Orthogneis setzt sich nach Niederösterreich in den Raum Retz fort. Wichtiger sind die Lagerstätten auf Granit bei Schwertberg, 25 km östlich Linz, die, z. T. im Tiefbau, 36 % der österreichischen Kaolingewinnung liefern.

Im westlichen Mitteleuropa werden kleinere in-situ-Kaolinkörper auf Devon-Sedimenten im Rheinischen Schiefergebirge südlich Bonn und in den südost-belgischen Ardennen gebaut sowie auf Quarzkeratophyren bei Limburg a. d. Lahn und früher bei Geisenheim im Rheingau.

Eine in-situ-Lagerstätte von lokaler Bedeutung steht auf Bornholm über dem Rönne-Granodiorit und unter Unterkreide-Tonen in Abbau. In Südschweden sind sedimentäre neben in-situ-Kaolinen recht verbreitet; sie waren in den beiden Weltkriegen von erheblicher Bedeutung. Bei Hagstad wurde die Produktion um 1980 neu aufgenommen. In beiden Ländern wird die Kaolinisierung auf Verwitterung zurückgeführt.

Zu den wenigen bekannten **hydrothermalen Kaolinen** gehört die Lagerstätte im Porphyr von Nohfelden in der Saar-Nahe-Senke, in dem die Kaolinisierung tektonischen Zonen folgt. Das gewonnene Material geht als „Birkenfelder Feldspat" in den Handel. Weitere Beispiele sind die abgebaute Lagerstätte von Aue im Erzgebirge, die durch die Umwandlung nicht zu Tage anstehender Pegmatitlinsen entstand, und deren Kaolin BÖTTGER 1709 für die Herstellung seines ersten weißen Porzellans benutzte, sowie das kleine Vorkommen im Granit von Kyselka (Kysibl), nordnordöstlich Karlovy Vary.

Kaolinitische Tone verschiedener Typen und Qualitäten stehen im Westerwald zwischen Lahn und Sieg an zahlreichen Stellen in Abbau. Verwitterungsmaterial wurde im Alttertiär in kleinen Becken zusammengeschwemmt, dabei zu reinen Tonen bis tonigen Feinsanden mehr oder weniger sortiert und durch auflagernden Basalt oder Tuff vor Erosion geschützt. In Nordostbayern sind bedeutende Vorkommen kaolinitischer Tone tertiären Alters in drei Bereichen erschlossen: im Becken von Mitterteich, im unteren Naabtal zwischen Nabburg und Regensburg und in der Tertiärbucht südöstlich von Deggendorf. Oberkretazische Spezialtone stehen bei Ehenfeld nördlich Hirschau in Abbau. Die genannten Tone finden in der keramischen und der Feuerfestindustrie vielfache Verwendung. Im östlichen Deutschland stehen kaolinitische Tone bei Halle und Leipzig in Abbau.

Bauxit tritt auf Basalt als Relikt lateritischer Verwitterungsdecken auf und wurde am Vogelsberg, südöstlich Gießen, bis 1976 in geringen Mengen gewonnen. Bei Nowa Ruda (Neurode) im polnischen Teil der Innersudetischen Mulde findet sich Bauxit als unregelmäßige Lage in einem Verwitterungsprofil auf Gabbro und unter Westfal A-Schiefern. Bauxite und Schiefer finden als feuerfeste Tone Verwendung. Mit aluminiumreichen Tonen von

Bautzen in Sachsen wurde ein Verfahren zur Herstellung von Tonerde für die Aluminium-Gewinnung entwickelt.

Bedeutende **Bentonit**-Lager sind in der oberen Süßwasser-Molasse verbreitet und stehen um Landshut in Abbau. Weitere als Zukunftsreserve geltende Lagerstätten gibt es 40–50 km östlich Landshut sowie um und westlich Augsburg. Gleichaltrige Bentonitlagen finden sich im Hegau und in der Nordschweiz bis in den Raum Neuchâtel (Neuenburg). Die Entstehung der Bentonite in der ober- und niederbayerischen Molasse wurde nach 1960 mit dem Ries-Impakt in Zusammenhang gebracht. Nach neueren chemischen, petrologischen und stratigraphischen Untersuchungen können jedoch die sauren Glastuffe, aus denen die Bentonite entstanden, nur von dem Rhyolith-Vulkanismus im Karpatenbogen abgeleitet werden. 1987 wurden bei Landshut 0,62 Mio. t Bentonit abgebaut, was 6,5% der Weltförderung entspricht. In Polen treten Bentonite als Verwitterungsprodukte vulkanischer Aschen im Oberkarbon von Oberschlesien und im Miozän der Karpaten-Vortiefe südlich der Łysa Góra, u.a. bei Chmielnik, auf. Die polnische Produktion betrug 1987 0,083 Mio. t Bentonit.

Im östlichen Deutschland wurde der Bedarf an Bentonit noch bis weit in die 80er Jahre ausschließlich durch Importe gedeckt. Seit einigen Jahren werden recht ausgedehnte Vorkommen im Berzdorfer Becken südlich Görlitz, Oberlausitz, untersucht. Es sind im Untermiozän entstandene Verwitterungsprodukte von basaltischen Laven sowie vor allem von Tuffen und Tuffiten. Der marine Eozän-Ton von Friedland, nordöstlich Neubrandenburg, Meckl., der seit mehr als 100 Jahren für keramische Zwecke genutzt wird, führt recht hohe Anteile eines Wechsellagerungsminerals mit 70% Montmorillonit-Schichten. Dieser smektitische Ton findet, nach unterschiedlichen Methoden aufbereitet, vielfältige Verwendung in Gießereiwesen, Keramik, Bauwesen, Landwirtschaft und Chemie.

Farberden werden heute in Kleinbetrieben nach Bedarf abgebaut. Im westlichen Deutschland kam 1987 knapp die Hälfte der Förderung von rd. 11.000 t aus der Oberpfalz um Pegnitz (Dogger und Tertiär) und nordwestlich Sulzbach-Rosenberg (Kreide). Den Rest lieferten Rheinland-Pfalz und Hessen zu etwa gleichen Teilen.

6.3.8 Phosphorit

Phosphate werden zu 80–90% für Düngemittel, der Rest in der chemischen Industrie genutzt. In Mitteleuropa sind sedimentäre, residuale und deszendent-metasomatische Phosphorite in kleinen Lagerstätten vom Kambrium bis ins Tertiär verbreitet und standen bis nach 1970 in Abbau. Um Limburg a. d. Lahn und im Dillgebiet wurden Massenkalke durch Verwitterungslösungen aus apatitführenden mitteldevonischen Vulkaniten verkarstet und mineralisiert. Diese „Lahn-Phosphorite" standen von 1865 bis um 1900 und später in Notzeiten in Abbau. Insgesamt wurden 0,75 Mio. t Rohphosphat gewonnen.

Zeiten verstärkter Phosphoritbildung waren Jura und Kreide. In verkarsteten Oberjura-Kalksteinen Frankens treten Phosphoritknollen auf, die zeitweilig gewonnen wurden, und die Fe-Erze der Amberger Erzformation führen um 1(–2)% P. In Lengede, südwestlich Braunschweig, wurden Phosphoritknollen zwischen 1875 und 1977 beim Abbau der oberkretazischen Trümmereisenerze als Beiprodukt gewonnen. In Belgien lieferten Kreidekalksteine des Maastricht bei Mons bis um 1950 14 Mio. t Roherz mit 8–10% P_2O_5, Residualphosphorite der gleichen Formation nordwestlich Lüttich um 1900 4 Mio. t. In Polen treten Phosphoritknollen-Horizonte in Glaukonitsanden des Alb in einem 100 km langen, NW–SE von Radom bis über die Weichsel streichenden Gürtel im Nordosten der

Łysa Góra auf, die von 1938 bis 1970, zuletzt bei Annopol a. d. Weichsel in Abbau standen. Gleichaltrige Vorkommen gibt es südwestlich Lódź, weitere im Cenoman bei Łeba, Pommern. Im Tertiär sind Kleinvorkommen verbreitet und wurden gelegentlich gebaut, z. B. im Paläogen des Subherzynen Beckens bei Helmstedt, im Oligozän bei Uelsen im Emsland, beiderseits Linz am Südrand des Böhmischen Massivs und in mehreren Teilen Polens.

6.3.9 Graphit

Graphit wird vor allem in der Feuerfestindustrie, daneben in Schmiermitteln, Kohlebürsten, als Pigment und in Bleiminen u. a. genutzt. Als „Bremssubstanz" und für Bauelemente in Kernreaktoren werden heute wegen der erforderlichen Reinheit überwiegend Kunstgraphite verwendet.

Graphit tritt verbreitet im südlichen Böhmischen Massiv auf, wo er bei Passau bereits von den Kelten gewonnen wurde, und am Großen Schneeberg nordöstlich Staré Město (Altstadt) in Nordmähren in einer kleinen Kuppelstruktur von 5 × 3 km. In Südböhmen sind es zwei NNE streichende Züge hochmetamorpher, oft metablastischer, wahrscheinlich jungproterozoischer Paragneise mit reichlich (20–50 %) Karbonatlagen und Vulkaniten der Bunten Serie des Moldanubikums. Der westliche Zug beginnt südöstlich Passau im Sauwald, Oberösterreich, und zieht über das bayerische Revier Kropfmühl, einige Vorkommen im oberösterreichischen Mühlviertel und das böhmische Revier Cerná-(Schwarzbach)-Krumlov (Krummau a. d. Moldau) bis nach Koloděje nad Lužnicí (Kaladei a. d. Lainsitz), 30 km nördlich České Budějovice (Budweis). Der östliche Zug beginnt südlich der Donau zwischen Ybbs und Dürnstein, hat sein Hauptgebiet mit mehr als 100 Vorkommen im niederösterreichischen Waldviertel und endet mit Einzelvorkommen bei Třebíč und westlich Brno (Brünn). Die graphitführenden gefalteten Gesteine sind aus karbonatreichen, bituminösen, euxinischen Sedimenten hervorgegangen. Graphit tritt in Flözen und Linsen auf mit Anreicherungen in den Faltenschenkeln. Begleitminerale sind Feldspat, Kalzit sowie Pyrit und andere Sulfide.

Flockengraphit, Typ Passau, ($\geq$1–2 mm $\emptyset$) mit 20–25 % C im Rohgraphit wird besonders in Kropfmühl und z.T. um Krumlov u.a. zur Tiegelherstellung gewonnen. Mesokristalliner Graphit, Typ Mühldorf, ($<$1 mm $\emptyset$) mit 40–60 % C stellt die Hauptmasse der südböhmischen und niederösterreichischen Lagerstätten. Von 1958 bis 1968 wurden 50.000 und 90.000 t Graphit-Stückerz pro Jahr aus Mühldorf als Koksersatz in der Eisenhütte Donawitz eingesetzt. Ende 1987 wurde die Förderung im Revier Mühldorf, Oberösterreich, eingestellt. 1987 wurden hier noch 31.828 t gefördert.

Bei Staré Město enthalten Graphitschiefer feinkristallinen, sog. „amorphen Graphit", der auch in den anderen Revieren verbreitet ist und als Gießereigraphit verwendet wird. Weitere Vorkommen sind in der Umgebung vorhanden. Feinkörnigen Graphit führende Metakieselschiefer der Zone von Tirschenreuth-Mähring wurden in Krisenzeiten z.B. bei Tirschenreuth-Großklenau untersucht.

Tabelle 10. Produktion von Graphit 1987 in Mitteleuropa (in t) (nach Unterlagen der Bundesanstalt für Geowissenschaften und Rohstoffe).

westl. Deutschland[1]	9.891
Österreich	39.391
Tschechoslowakei	55.300

[1] einschl. Produktion aus importiertem Rohgraphit

6.3.10 Bernstein

Bernstein, ein Gemenge fossiler Koniferenharze, findet seit prähistorischen Zeiten als Schmuckstein, ferner für chemische und technische Zwecke Verwendung. Die Hauptlagerstätte bildet die unteroligozäne marine „Blaue Erde" an der Westküste des Samlands und unter der östlichen Ostsee, die 1–2 kg Bernstein/m^3 Erde führt und bei Jantarnj (Palmnicken) in Abbau steht. Durch submarine Erosion und Verdriftung findet sich Bernstein auf zweiter, dritter usw. Lagerstätte in geringen Mengen verbreitet im Jungtertiär und im norddeutschen Pleistozän sowie rezent an den Stränden der südlichen und südöstlichen Ostsee, wo er früher von Bernsteinfischern gesammelt wurde. Weitere Vorkommen werden bei Darłovo (Rügenwalde) in Pommern und im Weichseldelta genannt.

6.4 Energie-Rohstoffe

6.4.1 Kohlen

Im Laufe der geologischen Entwicklung Mitteleuropas entstanden Steinkohlen hauptsächlich aus Moorablagerungen des Karbons und Braunkohlen aus solchen des Tertiärs in nach Menge und Verbreitung bedeutenden Lagerstätten. Regional wichtig waren auch die zahlreichen kleinen, heute still liegenden Reviere mit Perm-Steinkohlen, die jurassischen Glanzbraunkohlen von Zawiercie, nordöstlich Krakau, die Wealden-Steinkohlen von Barsinghausen-Obernkirchen und Osnabrück und die oligozänen Glanzbraunkohlen (Pechkohlen) in der bayerischen Faltenmolasse.

6.4.1.1 Steinkohlen

Die wichtigsten Steinkohlenlagerstätten entstanden im Namur und Westfal in der variszischen Vortiefe, wo sie in Südengland, in der Umgebung des Brabanter Massivs in Frankreich, Belgien und den Niederlanden, ferner bei Aachen, im Ruhrgebiet und in Oberschlesien verbreitet sind. Nach Norden erstrecken sie sich unter der Nordsee bis nach Schottland. Zu den paralischen Becken der variszischen Vortiefe gehört schließlich auch das Becken von Lublin südöstlich von Warschau. Im Süden, innerhalb des variszischen Orogens, begann die Kohleführung lokal bereits im Unterkarbon. In verschiedenen intramontanen Becken reicht die limnische Kohlebildung bis ins Stefan und z. T. bis in das Unterrotliegende.

Die gewinnbaren Steinkohlen-Vorräte Mitteleuropas belaufen sich auf 114 Mrd. t oder 20% der Weltvorräte. 1987 wurden hier 9,3% der Weltförderung an Steinkohle gewonnen.

In Belgien sind ein vom Pas de Calais bis in das Becken von Hainault (Hennegau) (1 in Abb. 147) und Liège (Lüttich) (2) verlaufender Südgürtel von einem Nordgürtel in der

---

Abb. 147. Lagerstätten der Energierohstoffe in Mitteleuropa
Kohlenreviere
Steinkohlen, jungpaläozoisch
  1 = Hainault – Charleroi, 2 = Namur – Lüttich, 3 = Campine, 4 = Aachen – Erkelenz, 5 = Ruhr, 6 = Winterswijk, 7 = Ibbenbüren, 8 = Lothringen – Saar, 9 = Sincey-les-Rouvray, 10 = Autun, 11 = Ronchamp, 12 = Saint-Hyppolyte, 13 = Baden-Baden, 14 = Stockheim, 15 = Manebach, 16 = Ilfeld, 17 = Wettin, 18 = Zwickau – Oelsnitz, 19 = Freital, 20 = Doberlug, 21 = Pilsen, 22 = Kladno, 23 = Waldenburg – Trautenau, 24 = Oberschlesien – Ostrau, 25 = Lublin.

Energie-Rohstoffe   451

Legende zu Abb. 147 Fortsetzung

Steinkohlen, kretazisch
1 = Osnabrück, 2 = Barsinghausen

Glanzbraunkohlen
1 = Zawiercie, NE Krakau, Lias, 2 = NE-Vorland der Łysa Góra, Lias,

Ältere lignitische Braunkohlen, vorw. Eozän
a = Subherzyn, Helmstedt – Staßfurt, b = Mitteldeutschland, Halle – Borna, südl. Leipzig, c = Oberhessen, Kassel – Borken.

Jüngere lignitische Braunkohlen, vorw. Miozän
d = Niederrhein, westl. Köln, e = Mitteldeutschland, Bitterfeld – Leipzig, f = Niederlausitz, Cottbus – Senftenberg – Muskau, g = Oberlausitz, Görlitz und Zittau; Turów, Polen, h = Liegnitz (Legnica), i = Konin, k = Bełchatów – Szczerców, l = Egergraben, Brüx, Komotau, Eger; Schirnding, m = Hoher Meißner, n = Westerwald, o = Wetterau, p = Rhön, q = Ur-Naabrinne, Schwandorf – Wackersdorf, Maxhütte-Haidhof, r = Salzach, Tittmoning – Trimmelkam, s = Hausruck, Ampflwang – Wolfsegg.

Erdöl- und Erdgas-Reviere und -Großlagerstätten
($> 7,5 \cdot 10^6$ t Öl bzw. $> 10 \cdot 10^9 m^3$ Gas)
(t = Tertiär, c = Kreide, j = Jura, tr = Trias, z = Zechstein, r = Rotliegendes, k = Karbon, d = Devon)

Norddeutsch-polnische Senke
1 = Nordsee-Zentral-Graben, Maastricht; Tyra, Gorm, Dan, 2 = Südlicher Zentral-Graben, j2 + 3, 3 = Südnordsee-Becken, r, z, tr 1; Indefatigable, L 10, 4 = Broad Fourteens- und Zentralniederland-Becken, z, r, tr1; Bergen, 5 = Westniederland-Becken, c, 6 = Friesland-Becken, c 1; Zuidwal, 7 = Deutsche Bucht, r, 8 = Nordniederland-Ems-Hoch, r; Ameland, Groningen, Annerveen, 9 = Westrand Niedersachsen-Becken, z, tr 1, k 2; Coevorden, 10 = Pompeckj-Block, j-Tröge: a = Westholstein-T., Mittelplate; b = Ostholstein-T., Plön-Ost; c = Hamburg- und Hohenborn-T.; d = Etzel-T., e = Jaderberg-T., f = Volkensen-T., 11 = Südoldenburg-Becken, z, tr1, k2; Hengstlage, Siedenburg-Staffhorst, 12 = Ostniedersachsen-Westaltmark-Becken, r; Söhlingen, Salzwedel, 13 = Emsland, c1, j3; Georgsdorf, Rühle, Bramberge, 14 = Nordrand Niedersachsen-Becken, j3, j2, c1, 15 = Aller-Linie = Ostrand Niedersachsen-Becken, j2, tr3, c1, 16 = Gifhorn-Trog, j2, tr3, c1; Nienhagen-Hänigsen, Hankensbüttel, 17 = Thüringer Becken, z, tr 1, (r), 18 = Niederlausitz, z, und Rüdersdorf, r, 19 = Rybaki (Schönfeld), 20 = Vorsudetische Monokline, r, z, 21 = Depressionen am Rand der Russischen Tafel: a, b = Pommern, k, r; c = Warschau-Lublin, d, k 2, 22 = Kaliningrad – Litauen.

Oberrheingraben
1 = Darmstadt – Stockstadt, ng (Gas), pg, 2 = Landau – Pechelbronn, pg, tr 3, 3 = Straßburg, j 2, t.

Alpen-Karpaten-Vortiefe
1 = Molasse-Becken: a = Schwäbisches Teilbecken, tr 3, j 1 + 2, pg; b = bayerisches T., Oligoz. + Mioz. (Gas), Eozän; C = Oberösterreichisches T., Oligoz. + Mioz. (Gas), Eozän, c, 2 = Wiener Becken: a = außeralpin, ng, pg, j; b = inneralpin, ng, pg, tr, (j, c), 3 = Karpatenvorland: a = mährisches und b = schlesisches Teilbecken, ng, präneogene Verwitterungszone; c = Westgalizien, ng (Gas), c2, j2, 3, tr3.

Lagerstätten bituminöser Gesteine
1 = Heide, 2 = Bentheim, 3 = Wietze, 4 = Schandelah, 5 = Holzen am Ith, 6 = Messel, 7 = Nördlinger Ries, 8 = Balingen.

Uranerzlagerstätten
1 = Ellweiler, 2 = Müllenbach, 3 = Wittichen, 4 = Menzenschwand, 5 = Gräfenthaler Horst, 6 = Großschloppen, 7 = Hebanz, 8 = Falkenberg-Granit, 9 = Möschwitz, 10 = Dylen, 11 = Mähring, 12 = Poppenreuth, 13 = Zadní Chadov, 14 = Vítkov, 15 = Ronneburg, 16 = Schneeberg, 17 = Aue, 18 = Schwarzenberg, 19 = Jáchymov, 20 = Horní Slavkov, 21 = Příbram, 22 = Okroulá Radouň, 23 = Teplice, 24 = Rozná, 25 = Olzí, 26 = Pirna, 27 = Königstein (Sächs. Schweiz), 28 = Hamr, 29 = Kowary, 30 = Kletno.

Bodenschätze Mitteleuropas

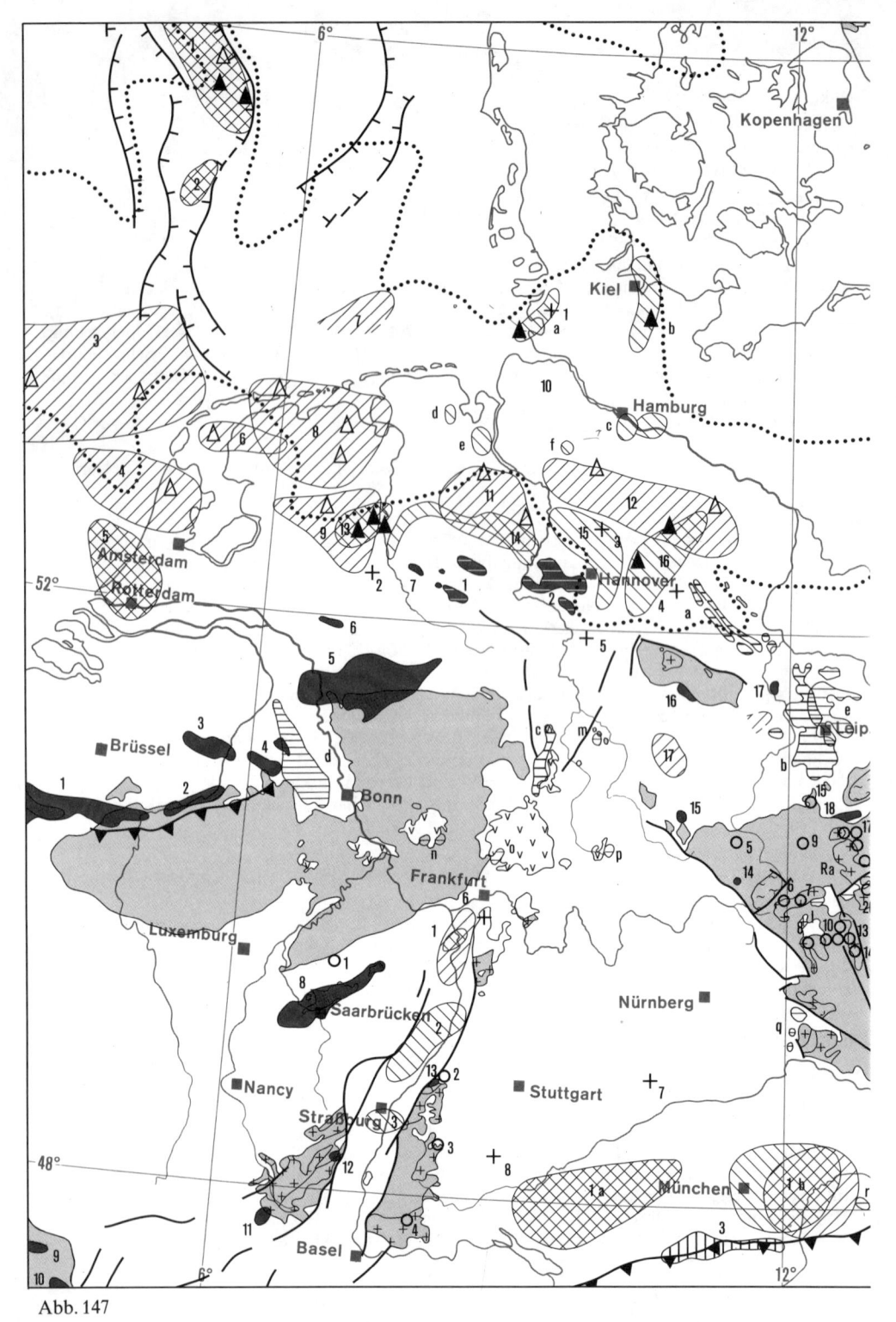

Abb. 147

Energie-Rohstoffe 453

ENERGIEROHSTOFFE IN MITTELEUROPA

Legende zur Geologie siehe Abb. 140

Kohlen
- Steinkohlenrevier, Karbon, Perm (p)
- " , Kreide
- Glanzbraunkohlenrevier, Jura in Polen und (Pechkohlen) Oligozän in der Molasse
- Braunkohlenrevier, Eozän
- Braunkohlenrevier, Miozän (einschl. höchstes Oligozän, in Polen auch ab Mitteloligozän)

Erdöl und Erdgas
- Erdölrevier
- Erdölfeld mit ursprünglich gewinnbaren Vorräten von $\geq 7,5 \cdot 10^6$ t
- Erdgasrevier
- Erdgasfeld mit ursprünglich gewinnbaren Vorräten von $\geq 10 \cdot 10^9$ m^3
- Erdöl–Erdgasrevier
- Grenze der Gebiete mit Salzdiapirismus
- + Lagerstätte bituminöser Gesteine
- ○ Uranerzlagerstätte

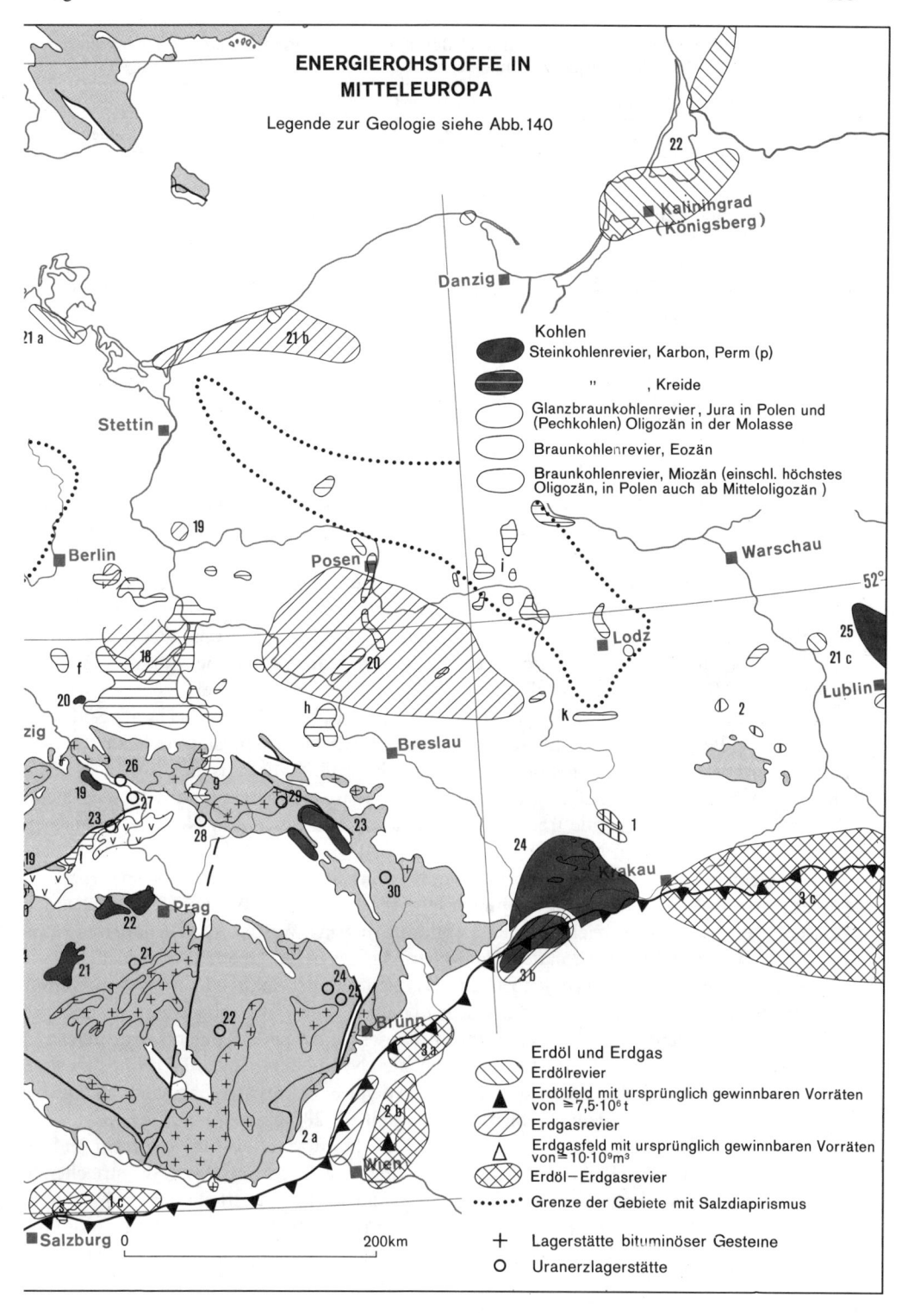

Tabelle 11. Vorräte und Förderung an Stein- und Braunkohlen 1987 in Mitteleuropa (nach Unterlagen der Bundesanstalt für Geowissenschaften und Rohstoffe)

	Vorräte (10^9 t)		Förderung (10^6 t)	
	Steinkohlen	Braunkohlen	Steinkohlen	Braunkohlen
Belgien	0,7	-	4,4	-
Dänemark	-	0,1	-	-
westl. Deutschland	44	55	82,4	108,09
östl. Deutschland	0,1	25	-	309,0
Nordfrankreich	1	-	9,6	-
Niederlande	1,4	-	-	-
Österreich	-	0,1	-	1,1
Polen	63	14,4	193,0	73,2
Tschechoslowakei	4,5	5,5	25,7	93,9
Zusammen	114,7	100,0	315,1	586,1
Weltanteil	20%	24%	9%	43%

Campine (Kempen) und Nordlimburg zu unterscheiden, der sich nach Niederländisch-Limburg (3) fortsetzt und im Aachen-Erkelenz-Revier (4) mit dem Südgürtel zusammenläuft. Hier beginnt die Kohleführung bereits im Namur B und reicht bis ins Westfal B, während sie in Belgien und im Ruhrrevier vom Namur C bis ins Westfal C etwas jünger ist. Jenseits der Niederrheinischen Bucht bildet das Ruhrrevier (5) die Fortsetzung. Hier wird die kohleführende Serie um 3.000 m mächtig und enthält etwa 75 bauwürdige Flöze. Die Kohle in Flözen von einigen Dezimetern bis wenigen Metern macht selten mehr als 2,5–3 % der Serie aus und führt meist Aschegehalte um 10 % und bis 3 % Schwefel.

Der Südteil der subvariszischen Vortiefe wurde asturisch gefaltet, wobei es am Südrand, vor allem in Belgien und Frankreich, zu intensiver Überschiebungstektonik kam. Nach Norden wird die Lagerung flacher und die Faltung klingt allmählich aus. Bei Lüttich, Aachen und wenig nördlich der Ruhr wird das Karbon jeweils übergreifend von Zechstein, Buntsandstein und Oberkreide transgressiv überlagert und unter dem Nordwestdeutschen Becken und der südlichen Nordsee wurde es in 2.000–6.000 m Teufe erbohrt.

Die kleinen nördlichen Reviere von Winterswijk (6) und Ibbenbüren-Osnabrück (7) verdanken ihre oberflächennahe Lage junger Horstbildung an WNW bzw. NW streichenden Achsen. Bei Ibbenbüren reicht die Kohlebildung bis ins Westfal D. Die dortige hohe Inkohlung wird auf die Intrusion des Bramscher Massivs in der Oberkreide zurückgeführt.

Im oberschlesischen Steinkohlenbecken (24) reicht das produktive Karbon vom Namur A bis ins Westfal D. Das tiefere Namur wurde in paralischem Milieu abgelagert, im höheren Teil der Folge fehlen marine Einschaltungen. Dieses bedeutende Kohlenbecken reicht in seinem Südwestteil als Ostrava-(Ostrau-)Becken nach Nordmähren in die Tschechoslowakei. Am Südrand wurde das Becken bis 20 km weit von den Flyschkarpaten überschoben. Die bis zu >6.000 m mächtig werdende Schichtfolge enthält rd. 200 bauwürdige Flöze.

Bereits im Randbereich der Russischen Tafel, im Nordosten auf Präkambrium und im Südwesten auf älterem Paläozoikum gelegen findet sich das NNW–SSE streichende paralische Kohlenbecken von Lublin (25), dessen kleinerer Nordwestteil noch im Kartenbereich der Abb. 147 liegt. Die Kohleführung setzt im Namur A in einer Siltsteinserie, die zahlreiche bis mehrere Meter dicke Kalksteinbänke führt, mit bauwürdigen Flözen ein und reicht bis ins Westfal C.

Im Gegensatz zu den Becken in der Vortiefe mit meist zahlreichen, bis zu wenige Meter mächtigen Flözen und einer Kohleführung von 2–3 % der Sedimentfolge, führen die Folgen der intramontanen Becken um 5–6 % Kohle in deutlich weniger Flözen. Sie können bis zu einigen Zehnermetern mächtig werden.

Limnische Steinkohlen stehen in Abbau im Saarbecken (8), den Becken von Plzeň (Pilsen, 21) und Kladno (22) in Böhmen und im Niederschlesisch-Böhmischen Becken von Wałbrzych (Waldenburg)–Trutnov (Trautenau, 23). Im Becken von Zwickau-Oelsnitz (18) wurde der Abbau 1978 eingestellt. Im Saarbecken (8), das die größte intramontane Steinkohlenlagerstätte Mitteleuropas enthält, setzt die Kohleführung im Westfal C ein und reicht bis ins hohe Stefan. Zahlreiche Flöze sind in der 5.000 m mächtigen Folge etwas ungleich verteilt. An Bedeutung folgt das Niederschlesisch-Böhmische Kohlenbecken (23), dessen Kohleführung im Namur A beginnt und sich nach einer Schichtlücke und groben Konglomeratlagen im höheren Namur erst im Westfal A und B fortsetzt. Das Stefan ist nur im böhmischen Teilbecken kohleführend, dessen Kohle z. T. sehr hohe Aschegehalte aufweist. Das niederschlesische Teilbecken ist bekannt für seine starken CO_2-Ausbrüche.

Von den zahlreichen Kleinvorkommen limnischer Steinkohlen sind in der Karte der Abb. 147 zu verzeichnen: Epinac-Autun (9, 10; Stefan) im Morvan, Ronchamp (11; Stefan) am Südrand und Saint Hyppolyte (12; Westfal) am Ostrand der Vogesen, Baden-Baden (13; Stefan) und Stockheim in Oberfranken (14; Stephan), die beiden letzteren mit Uranführung in der Sedimentfolge, ferner Manebach (15; Rotliegend) am Thüringer Wald, Ilfeld (16; Rotliegend) am Harz, Wettin (17; Stefan) bei Halle und Freital (19; Rotliegend) bei Dresden, wo auch Uran aus Kohleasche gewonnen wurde, schließlich Doberlug (20) in der Niederlausitz, wo die Kohleführung, wie auch nordwestlich Freiberg, bereits im Unterkarbon beginnt.

Die 10–12 zwischen 0,25 und 1 m mächtigen Steinkohlenflöze von meist Gasflamm- bis Fettkohlencharakter des „Wealden" in Niedersachsen (Bückeberg-Schichten) (1, 2) entstanden im Uferbereich der Rheinischen Masse. Gute Qualität und günstige Abbauverhältnisse ermöglichen die Gewinnung ab 0,25 m Flözdicke. Bei Osnabrück (1) wurden zeitweilig anthrazitische Wealden-Kohlen gewonnen, deren hohe Inkohlung auf die Intrusion des Bramscher Massivs zurückgeht.

6.4.1.2 Braunkohlen

Glanzbraunkohlen in kontinentalen Sedimenten des oberen Mittel-Lias wurden bis 1940 in Polen bei Zawiercie (1), nordwestlich Krakau, und am Nordostrand der Łysa Góra (2) gewonnen. Das bis 1,2 m mächtige Flöz hat 10–25 % Aschegehalt. Vergleichbare Kohlen wurden in Pommern erbohrt.

Die oberoligozänen Glanzbraunkohlen (3) in der Faltenmolasse zwischen Lech und Inn mit bis zu acht bauwürdigen Flözen standen bis 1971 in Abbau.

In den Fluß- und Seesedimenten des mitteleuropäischen Tertiärs treten Weichbraunkohlen sehr verbreitet auf und machen es zur zweiten bedeutenden Kohlenbildungsepoche der Erdgeschichte mit Höhepunkten im Eozän und Miozän. Die Flöze sind weniger zahlreich als im Karbon, dafür aber oft 10–20 m und nicht selten 100 m mächtig. Relativ ruhige Absenkung und/oder Salzabwanderung im Untergrund boten dafür die Voraussetzungen. Die Vorräte in Mitteleuropa belaufen sich auf rund 100 Mrd. t Braunkohlen oder 24 % der bekannten Weltvorräte. 1987 wurden hier 47 % der Weltproduktion gefördert.

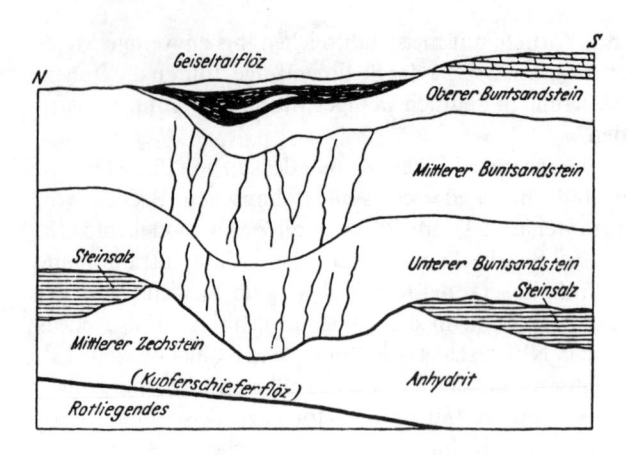

Abb. 148. Flözbildung über einem durch Salzablaugung gebildeten Trog, Geiseltal (n. LEHMANN 1953).

Drei eozäne Reviere sind von Bedeutung (Abb. 147). Im Subherzynen Becken (a) setzt sich die Kohleführung vom Helmstedter Revier nach Südosten bis Staßfurt fort. Die Braunkohle tritt in zwei Flözgruppen in den als West- und Ostmulde bezeichneten Randsenken einer langgestreckten Salzachse auf. Bei Helmstedt wurden bis 1984 rd. 30.000 t Schwefelkieskonkretionen je Jahr als Nebenprodukt gewonnen.

Das 2.000 km² große mitteldeutsche Eozän-Becken (b) zwischen Dessau und Altenburg bei Leipzig führt zwei bis drei flächenhaft verbreitete und zwischen 5 und 25 m mächtige Flöze. In grabenartigen, durch Salzauslaugung entstandenen Senken kann sich die Kohlemächtigkeit vervielfachen, z. B. im Geiseltal bei Halle.

Das kleine Oberhessische Revier (c), führt in Tertiärgräben teils eozäne Kohlen, z. B. bei Borken südsüdwestlich Kassel, und teils eine „jüngere Flözgruppe" mit oligo-miozänen Kohlen, die am Hirschberg bei Großalmerode (m) in Abbau stehen.

Die großen miozänen Braunkohlenreviere im mitteleuropäischen Tiefland, deren Kohleführung häufig bereits im höchsten Oligozän beginnt, nehmen erheblich größere Flächen ein. Die größte in sich geschlossene Braunkohlen-Lagerstätte Europas entstand am Niederrhein westlich Köln (d) in einer Bucht der oberoligozänen Nordsee. Sie enthält auf 3.000 km² Fläche ursprüngliche Vorräte von >50 Mrd. t. Die Unterflözgruppe ist limnisch, die mittelmiozänen Ville-Schichten mit dem bis zu 100 m mächtigen und sich nach Nordwesten in drei Flöze teilenden Hauptflöz und die Oberflözgruppe sind dagegen marin beeinflußt. Der Aschengehalt der schwefelarmen Kohle beträgt 1,5–3%. Die Nebengesteine der Kohlen enthalten hochwertige Sande und Tone, die die Grundlage für eine bedeutende keramische Industrie bilden. Weiter im Osten ist die jüngere Braunkohle mit Unterbrechungen zwischen Leipzig und Łódź verbreitet.

Im mitteldeutschen Miozän-Becken (e) um Bitterfeld und Leipzig schließen die oligo-miozänen Braunkohlen bei geringer Überlappung nach Osten an das eozäne Teilrevier an. Entwickelt ist ein Flöz des obersten Chatt von 6–15 m Dicke, das bis Torgau reicht und mit dem Liegendflöz der Lausitz parallelisiert wird.

Im Lausitzer Revier (f), das über Oder und Görlitzer Neiße nach Osten hinausreicht, sind vier Flöze entwickelt. Das um 12 m mächtige Unterflöz ist im Nordosten bis um Frankfurt a. d. Oder verbreitet und häufig, z. B. im Muskauer Faltenbogen, glazialtektonisch zerrissen

Energie-Rohstoffe

und gefaltet. Die anderen Flöze sind auf die Lausitz beschränkt. Um Zittau und Görlitz (g) führen Tertiärgräben 40–60 m Kohlen, die mit dem Lausitzer Oberflöz verglichen werden. Sie führen nur 3–4% Asche und 1–1,3% Schwefel.

In Polen tritt Weichbraunkohle des Oligo-Miozäns in zahlreichen Einzelvorkommen auf, vor allem bei Turów a. d. Neiße (g), Legnica (Liegnitz) (h), Konin (i) sowie Bełchatów und Szczerców (k) südlich Łódź. Nach ausgedehnten und erfolgreichen Explorationen liegt Polen heute mit stark steigender Tendenz an 5. Stelle der Weltförderung.

Die wichtigsten Braunkohlen-Lagerstätten der Tschechoslowakei liegen im Eger-Graben (l) in den Teilbecken von Most-Chomutov (Brüx-Komotau), Sokolov (Falkenau) und Cheb (Eger) und haben Miozänalter. Sie liefern überwiegend Hartbraunkohlen, deren besonders im Osten relativ hohe Inkohlung auf die vulkanische Durchwärmung dieser Gebiete zurückgeht. Ausläufer reichen nach Bayern, wo bei Schirnding Restmengen lignitischer Braunkohlen beim Tonabbau mitgefördert werden. In Südböhmen gibt es isolierte Vorkommen bei Budějovice (Budweis). Die Braunkohlen von Hodonín (Göding) liegen bereits im nördlichen Wiener Becken.

Im übrigen Mitteleuropa finden sich nach Abb. 147 ferner zahlreiche kleine Einzelvorkommen, die früher in Abbau standen, z. B. die Miozän-Kohlen des Hohen Meißner (m), des Westerwaldes (n), der Wetterau (o), der Rhön (p) und im Naabtal (q) bei Schwandorf und Wackersdorf in der Oberpfalz, wo nordwestlich Regensburg geringer Abbau umgeht. In Niederösterreich werden mio-pliozäne Kohlen bei Trimmelkam (r) und im Hausruck (s) gewonnen. Kleinvorkommen begleiten den Alpenrand bis zum Wiener Becken.

6.4.2 Kohlenwasserstoffe

Unter den zahlreichen natürlichen Bitumina sind Erdöl und Erdgas wichtige Energierohstoffe. Der Anteil Mitteleuropas an ihrer Förderung beträgt 0,5 bzw. 6,7% und der an den

Tabelle 12. Vorräte und Produktion von Erdöl und Erdgas 1987 in Mitteleuropa (nach ANEP 1989, Ostblockstaaten nach verschiedenen Quellen)

	Vorräte		Produktion	
	Erdöl (10^6 t)	Erdgas (10^9 m^3)	Erdöl (10^3 t)	Erdgas (10^6 m^3)
Festland				
westl. Deutschland	36,5	182	3.793	17.685
östl. Deutschland	2,0	55	100	12.000
Frankreich (NE)[2]	0,03	0,9	104	8
Niederlande	41,0[1]	1.607	1.141	58.009
Österreich	13,9	12	1.082	1.177
Polen	1,3	165	200	5.800
Tschechoslowakei	2,4	16	200	700
Nordsee				
Dänemark	116	116	4.580	4.100
Niederlande	33	304	3.150	17.271
Vereinigtes Königreich (SE)[2]	15	130	0	8.197
Zusammen	261	2.588	14.350	124.947
Weltanteil	0,2%	2,4%	0,5%	6,7%

[1] sichere und wahrscheinliche, sonst sichere Vorräte
[2] nur Gebiete auf der Lagerstättenkarte Abb. 147

Weltvorräten 0,2 bzw. 2,4%. Öl- oder Kerogenschiefer, aus denen Schieferöl erschwelbar ist, stellen eine Zukunftsreserve dar. Bisher hatten sie ebenso wie Ölsande nur zeitweise lokale Bedeutung. Andere Bitumina aus Ölkreide sind von historischem Interesse. Asphalt und Erdwachs (Ozokerit) sind lokal wichtig.

6.4.2.1 Erdöl und Erdgas

Erdöl und das mit ihm auf den gleichen Lagerstätten, teils gelöst oder als Gaskappe, teils in eigenen Horizonten auftretende Erdölgas (meist Naßgas) sind vorwiegend aus marinem Plankton entstanden. Das meist trockene Erdgas i. e. S. tritt in eigenen Lagerstätten auf und hat sich im Laufe der Diagenese pflanzlicher Substanz gebildet. Geochemisch unterscheiden sich die beiden Gastypen durch größere Gehalte an höheren Kohlenwasserstoffen und dem damit verbundenem höheren Heizwert der Erdölgase. Erdgas i. e. S. führt fast ausschließlich Methan und stark wechselnde Mengen an CO_2 und N_2. Die Mehrzahl der Erdgase in Mitteleuropa wird auf die Kohlenlagerstätten des Oberkarbons zurückgeführt und meist aus Sandsteinen des Rotliegenden gefördert. Das aus dem Zechstein gewonnene Erdgas enthält auch H_2S, das wegen seiner Korrosionswirkung entfernt werden muß und zu Schwefel verarbeitet wird.

In Mitteleuropa sind Erdöl und Erdgas in der Mitteleuropäischen Senke, dem Oberrheingraben und im Alpen- und Karpaten-Vorland verbreitet.

Die weitaus überwiegenden Anteile des Erdöls in Mitteleuropa liegen mit rund 85% und des Erdgases mit 99% (jeweils Förderung und gewinnbare Reserven) im Westteil der Mitteleuropäischen Senke mit der **südlichen Nordsee**, den **Niederlanden** und **Nordwestdeutschland**. Die Sedimentfolge dieses Bereiches enthält zwei für Kohlenwasserstoffe produktive Stockwerke. Das untere Stockwerk reicht vom Oberkarbon bis zur Untertrias, liegt in Teufen von 2.000 bis 5.000 m und führt ausschließlich Erdgas, von wenigen unbedeutenden Ausnahmen am Südrand der Senke abgesehen. Das obere, bis auf Ausnahmen nur Erdöl führende Stockwerk umfaßt die oberste Trias, Jura und Unterkreide in Teufen zwischen 500–2.500 m. Die Erdölführung ist auf kleinräumige Spezialsenken stärker begrenzt als die Erdgasführung im unteren Stockwerk. Kohlenwasserstoffvorkommen in Oberkreide und Tertiär sind selten, von geringer Bedeutung und meist seit längerem erschöpft.

Erdölmuttergesteine in Form mariner, feinschichtiger, bituminöser Schwarzschiefer treten zu Ende der Trias zum ersten Mal in größerer Verbreitung auf. Im unteren und mittleren Mitteljura können Randsenken aufsteigender Salzstöcke bis zu mehr als 2.000 m Sedimente aufnehmen. Im Niedersächsischen Becken erreicht der Oberjura bis zu 1.500 m, die Wealden-Fazies der Bückeberg-Schichten bis 500 m und die Unterkreide bis 2.000 m Mächtigkeit. Diese Schichtfolge hat teilweise Muttergesteinscharakter und enthält auch zahlreiche Speichergesteine.

Seit etwa 1965 wurden im nordwestlichen Mitteleuropa vom Süd-Nordseebecken über Groningen und das Nordwestdeutsche Becken mit Süd-Oldenburg und Söhlingen bis nach Salzwedel in der Altmark eine Reihe bedeutender Erdgasfelder erschlossen. Diese Trockengase werden hauptsächlich aus Sandsteinen des Rotliegenden gefördert, wo sie in Beulen- und Horststrukturen auftreten, die durch die auflagernden Salzformationen abgedichtet sind. Bei geringmächtigem oder fehlendem Rotliegenden, wie in Süd-Oldenburg, dem Zentralniederländischen mit dem in der Nordsee vorgelagerten Broad Fourteens-Becken sowie im Emsland beiderseits der deutsch-niederländischen Grenze, ist der Zechstein-Hauptdolomit (Ca2) neben Untertrias- und Oberkarbon-Sandsteinen der Hauptträgerhorizont. Das Feld Groningen, mit einem ursprünglichen Vorrat von 2×10^{12} m^3 eines der größten Gasfelder der Erde, liegt in einer ausgedehnten, z. T. von Störungen begrenzten Beulenstruktur. Weitere, sog. "giant gas fields" liegen im englischen Teil des Süd-Nordseebeckens am und westlich des Kartenrandes (Abb. 147). Vor den ostfriesischen Inseln wurden nach Osten zunehmend N$_2$-reichere Gase in vergleichsweise geringmächtigen Rotliegensandsteinen erbohrt.

Über dem Gas-Stockwerk liegt in Nordwestdeutschland sowie in Teilen der Niederlande und der Nordsee das Rhät bis Unterkreide umfassende Erdöl-Erdölgas-Stockwerk. Die Lagerstätten sind an den Nordteil des Niedersächsischen Beckens und eine Reihe von Spezialtrögen vor allem auf der Pompeckj-Schwelle gebunden. Die gewinnbaren Vorräte betrugen hier 241 Mio. t Erdöl, von denen bis 1987 208 Mio. t gefördert wurden.

Im Westteil des Niedersächsischen Beckens liegen die wichtigsten Förderhorizonte im Oberjura und in der Unterkreide. Östlich der Ems löst der Mitteljura den Oberjura ab und wird im Osten zum wichtigsten Ölträger. Östlich der Weser gewinnt auch das Rhät an Bedeutung. Auf der Pompeckj-Scholle entstanden die mit Unter- und Mitteljura aufgefüllten Tröge vor allem als Randsenken aufsteigender Salzstöcke, Salzstockreihen oder, besonders in Schleswig-Holstein, Salzmauern. Die ölführenden Horizonte gehören überwiegend zum Mitteljura, nur in Heide auch zur Kreide und bei Hamburg zu Kreide und Tertiär. Der 100 km lange und bis 50 km breite Gifhorn-Trog enthält bis >3.000 m Jura-Sedimente. Produktive Speicher enthält neben dem Unter- und Mitteljura auch das Rhät und das Berrias (Bückeberg-Schichten) und Valangin.

Die auftretenden Lagerstättentypen sind in Abhängigkeit vom Zusammenwirken von Sedimentfazies und vielfältig wechselndem tektonischem Inventar sehr variabel. Im Ems-

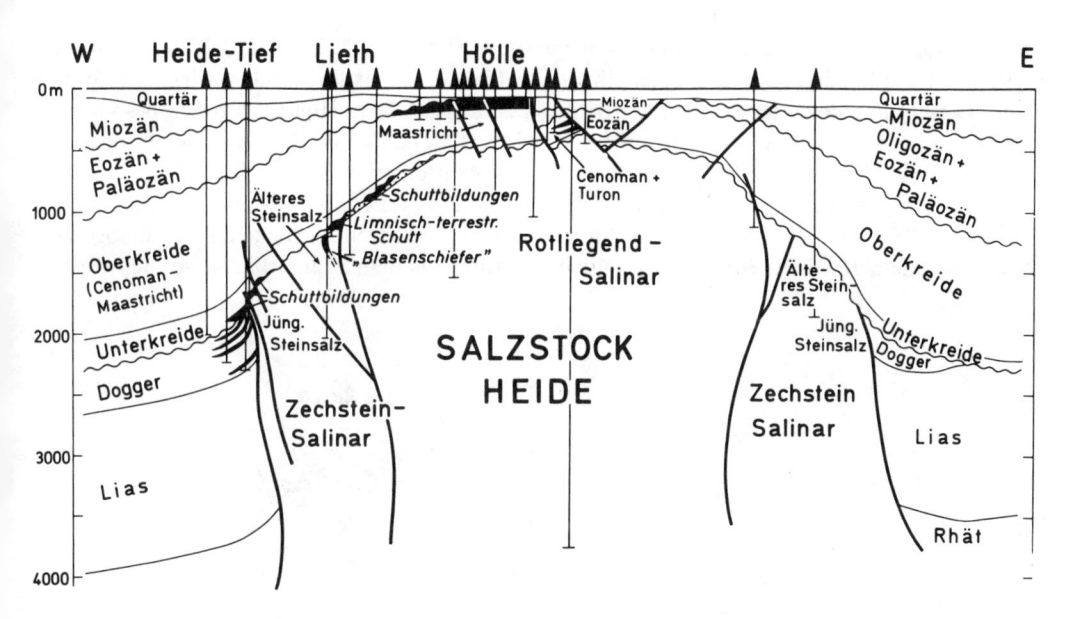

Abb. 149. Erdöl-Fangstrukturen am Salzstock Heide i. Holst. mit Fallen vom Flanken-, Scheitel-, Diskordanz- und Verwerfungstyp (n. Deecke aus Boigk 1981).

land, wo Salzstöcke fehlen, sind es einfache Antiklinal- und Faziesfallen. Allgemein verbreitet sind Verwerfungslagerstätten. Monoklinallagerstätten sind am Nordrand des Niedersächsischen Beckens häufig. Bei Kippschollen kann hier auch die Tiefscholle Erdöl führen. Fangstrukturen an Salzstöcken wurden in den aufgeschleppten Schichten als Flankenlagerstätten und unter Salzüberhängen zuerst um Hannover und Braunschweig entdeckt. In Randsenken der Salzstöcke und bei dem seltenen Scheiteltyp auf dem Salzstockdach sind ferner Transgressions- oder Diskordanzfallen verbreitet.

Allein im niedersächsischen Anteil des Norddeutschen Beckens sind 70 Ölfelder und 90 Gasfelder bekannt, die bis 1988 rd. 150 Mio. t. Erdöl und 350 Mrd. m^3 Erdgas geliefert haben.

Weitere Erdöl- und Erdölgaslagerstätten in Jura und Unterkreide wurden im Westniederländischen Becken und im südlichen **Zentralgraben** in der Nordsee gefunden. Das dänische Revier im Zentralgraben mit dem Erdgasfeld Tyra fördert Erdölgas und Erdöl aus Kalken des Maastricht und Dan.

In der östlichen Norddeutsch-Polnischen Senke sind wenige Kohlenwasserstoff-Reviere bekannt. Erdgas aus Rotliegendsandstein wurde bei Rüdersdorf und aus dem Hauptdolomit (Ca2) in der Niederlausitz erbohrt. Östlich der Oder ist die **Vorsudetische Monokline** das zweitwichtigste Gasrevier Polens mit produktiven Horizonten im Rotliegenden und Zechstein 1 und 2. Einzelne Gasfunde und Lagerstätten liegen im Bereich der Randsenke der Russischen Tafel in Hinterpommern in Karbon und Unterperm mit viel bzw. fast 80% N_2 sowie bei Lublin im höheren Devon und Karbon mit >90% CH_4. Schließlich wurde beiderseits der Danziger Bucht bis zur unteren Memel ein Erdölrevier erschlossen und kürzlich ein größeres Erdölvorkommen vor der Danziger Bucht auf der Demarkationslinie zwischen Polen und der Sowjet-Union erbohrt.

Im **Thüringer Becken** wurden u.a. bei Mühlhausen kleine Gasvorkommen in Zechstein und Buntsandstein angetroffen.

Im **Oberrheingraben** finden sich Kohlenwasserstoffe vor Störungen in Kippschollen als Verwerfungs-Lagerstätten. Daneben gibt es Sandlinsen, die als Faziesfallen wirken. Infolge der Ostkippung des Grabens und der dadurch bedingten West-Migration treten besonders große Lagerstätten wie Pechelbronn im Elsaß und Landau i.d. Pfalz am Westrand des Grabens auf. In seinem Norden sind größere Lagerstätten mit dem Feld Stockstadt an eine Schwelle im Zentrum gebunden. Die Hauptmasse des Erdöls tritt im Alttertiär, bei Landau–Karlsruhe daneben auch im Mesozoikum auf, während „trockenes" Gas, abgesehen von kleineren Feldern im Elsaß, nur im Norden aus dem Jungtertiär gewonnen wird.

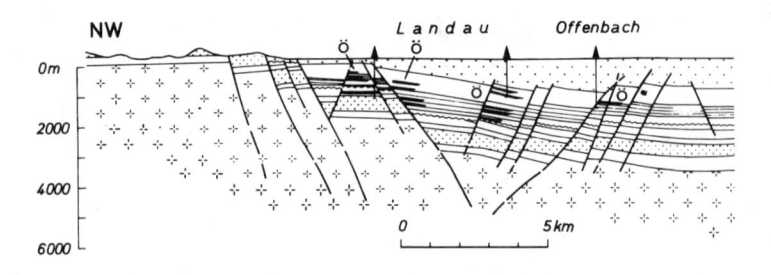

Abb. 150. Erdöl-Lagerstätten (Ö) im Profil durch den mittleren Oberrheingraben in tektonischen Fallen,

Für die Hauptmenge des Erdöls wurde bislang eine Entstehung aus tertiären Muttergesteinen angenommen. Seit 1975 mehren sich geochemische Hinweise für das Vorhandensein auch mesozoischer Öle und 1987 konnte für das Öl in den Pechelbronner Schichten bei Pechelbronn das Toarc als wohl alleiniges Muttergestein nachgewiesen werden.

Insgesamt wurden im Oberrheingraben aus etwa 30 Feldern und bei einer mittleren Produktionszeit von 6 Jahren je Feld rund 10 Mio. t Erdöl, davon 40 % im Elsaß, und 1 Mrd. m^3 Erdgas gewonnen.

Das **Alpenvorland** gliedert sich nach seiner KW-Führung in ein schwäbisches, ostbayerisches und oberösterreichisches Teilbecken, die sich nach ihrer Erdöl- und Erdgasführung und den vorwiegenden Speicherhorizonten unterscheiden. Dabei zeigt das schwäbische Erdöl-(Erdgas-)Revier stärkere Abweichungen von den beiden östlichen Erdöl-Erdgas-Revieren. Das Auftreten von Kohlenwasserstoff-Lagerstätten ist im gesamten Molasse-Trog und seinem Liegenden abhängig von Speichergesteinen in Hochlagen von antithetisch begrenzten, sich nach Norden heraushebenden Schollen. Daneben gibt es Faziesfallen und Antiklinal-Lagerstätten.

Das schwäbische Teilbecken lieferte aus 13 Feldern bis 1979 52 % der Erdöl- und 10 % der Erdgasförderung aus dem deutschen Anteil des Alpenvorlandes und zwar vorwiegend aus Erdölgaslagerstätten im Keuper, Unter- und Mitteljura sowie aus Erdöllagerstätten des Oligozäns. Im Gegensatz zu den östlichen Teilbecken fehlen Lagerstätten im Miozän.

Im ostbayerischen Teilbecken produzieren von insgesamt 27 z. Zt. noch 5 Felder. Die wichtigsten Speichergesteine liegen im Eozän mit Erdöl- und Gaskappenlagerstätten sowie im Oligozän und Miozän mit „trockenem" Erdgas, das aus fast reinem Methan besteht. Dagegen fehlen Vorkommen im Mesozoikum.

Das oberösterreichische Teilbecken, in dem ca. 60 Felder vorhanden sind, unterscheidet sich vom ostbayerischen durch den, wenn auch relativ geringen Produktionsanteil aus mesozoischen Speichern.

Geochemische Daten machen eine laterale Migration der Erdöle von tieferen Beckenteilen im Süden nach Norden zu den Fangstrukturen in höheren Teilen des Molasse-Beckens wahrscheinlich und ferner, daß im Süden wenig veränderte, im Norden dagegen durch Sekundärprozesse beeinflußte Öle auftreten. Die „trockenen" Erdgase des Oligozäns und Miozäns im ostbayerischen Teilbecken werden dagegen gedeutet als „in situ" aus der im Sediment vorhandenen Pflanzensubstanz entstanden. Die Erhaltung dieser Lagerstätten hängt mit dem Schließen der Fangstrukturen im frühen Miozän zusammen.

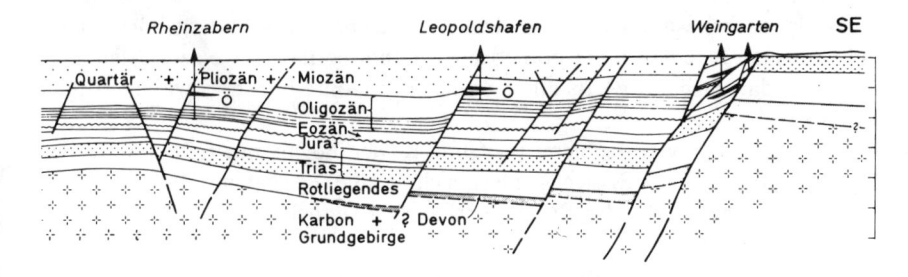

bei Landau auch in Faziesfallen (n. SCHÖNEICH aus BOIGK 1981).

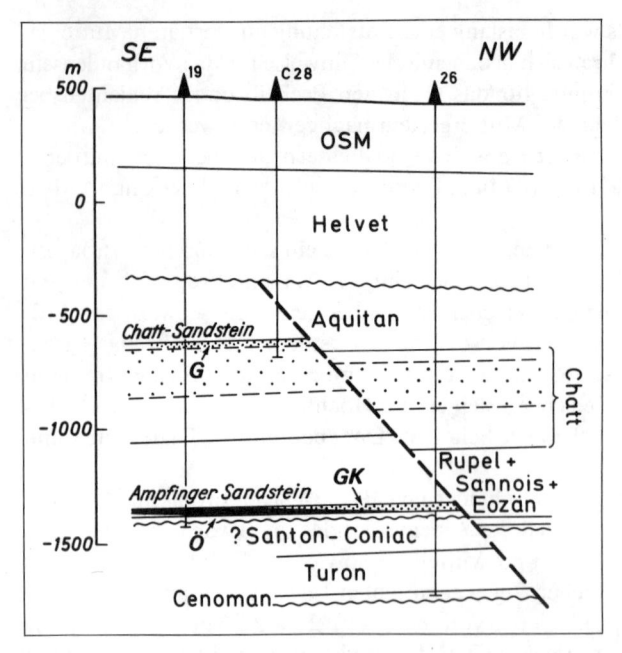

Abb. 151. Profil durch das Erdöl- und Erdgasfeld Ampfing bei Mühldorf am Inn (aus BOIGK 1981). Ö = Erdöl, GK = Gaskappe, G = Erdgas (trocken).

Im Gegensatz zu den Revieren bei Wien und am Karpatennordrand ist hier südlich des Gebirgsrandes bislang nur ein wirtschaftlicher Gasfund erbohrt worden. Der Bereich der Nördlichen Kalkalpen, insbesondere die von den Decken überfahrene autochthone Molasse, gelten jedoch als höffig.

Das außeralpine **Wiener Becken** mit ungefalteter Molasse führt, einschließlich der von Waschberg- und Flysch-Zone überschobenen Teile, vor allem Gaslagerstätten in Speichern des Untermiozäns sowie in geringerem Ausmaß des Oligozäns und Juras. Der inneralpine Beckenteil stellt das bedeutendste Erdöl-Erdgas-Revier Österreichs dar mit Strukturfallen in Antiklinalen, weniger tektonisch-lithologischen und selten Faziesfallen. Die wichtigsten Speicherhorizonte liegen im Miozän, daneben wird Gas aus dem Pliozän, Erdöl aus dem Eozän sowie Erdöl und Erdgas aus dem Mesozoikum, vor allem der oberen Trias, gewonnen. Sehr ähnliche Verhältnisse wie im österreichischen Teil des Wiener Beckens liegen im tschechoslowakischen Nordostteil vor.

Im mährisch-schlesischen **Karpatenvorland**, dessen Ostteil bereits zu Polen gehört, finden sich Erdöl und Erdgas in Hochlagen der präneogenen Landoberfläche, wo zerklüftete und verwitterte Gesteine, darunter auch Kristallin, Speicherhorizonte bilden, sowie im Unter- und tiefen Mittelmiozän.

Westgalizien ist das wichtigste Kohlenwasserstoff-Revier Polens mit (1983) 84% der Erdgasvorräte des Landes. Das Revier gliedert sich in die Karpatenvortiefe und die Flysch-Karpaten mit 89 bzw. 11% der Erdgasvorräte. Die südlichsten Erdölfelder liegen bereits in der Slowakei.

In der Karpatenvortiefe sind miozäne Sandsteine die wichtigsten Speicher, die fast reine Methan-Gase in Brachyantiklinalen in meist mehreren Horizonten führen. Sandsteine in

Energie-Rohstoffe 463

Cenoman, Dogger und Keuper sowie Malmkalke führen Erdöl und Erdölgas in tektono-stratigraphischen Fallen. Die Abdichtung erfolgte durch Miozäntone, am Südrand auch durch die bis zu x · 10 km überschobene Flyschdecke. Als Muttergesteine für die Miozängase gelten C_{org}-reiche Miozäntone und für die Kohlenwasserstoffe im Mesozoikum solche in Devon, Oberkarbon und Malm.

In den Flysch-Karpaten sind Cenoman-Sandsteine die wichtigsten Speicher, neben solchen im Paläogen. Die Fallenstrukturen sind entsprechend der komplexen Tektonik variabel und die einzelnen Felder sind klein. Muttergesteine sind nach geochemischen Daten Cenomanschiefer.

6.4.2.2 Bituminöse Gesteine

Ölschiefer sind bituminöse, häufig mergelig-kalkige Tongesteine, deren aus planktonischen Algen, Sporen und sonstiger Pflanzensubstanz stammender Kerogengehalt i.a. 4–25 % beträgt, > 60 % erreichen und durch Erhitzen in Öl und Gas umgewandelt werden kann. Im westlichen Mitteleuropa treten Ölschiefer-Lagerstätten in Mesozoikum und Tertiär auf, die mit wenigen Ausnahmen nur um 1850 und während der beiden Weltkriege wirtschaftlich genutzt wurden.

Am verbreitetsten sind die Posidonienschiefer des Toarc im unteren Jura. Sie finden sich bis 40 m mächtig in zahlreichen Aufschlüssen in den norddeutschen Mittelgebirgen und wurden in Erdölbohrungen in Salzstockrandsenken bis zu > 200 m dick angetroffen. Bei Schandelah, östlich Braunschweig, bilden sie die größte, um 37 m mächtige Lagerstätte mit im Tagebau gewinnbaren Vorräten von 2 Mrd. t Ölschiefer und mittleren ausbringbaren Gehalten von 6 % Schieferöl. In Süddeutschland sind die Posidonienschiefer am Fuß von Schwäbischer und Fränkischer Alb in Mächtigkeit zwischen 5 und 12 m und erschwelbaren Ölgehalten um 5 % (4–8 %) entwickelt. Um Balingen werden die Schiefer mit Unterbrechung seit 1854 zur Schieferölgewinnung und in jüngerer Zeit auch zur Herstellung künstlicher Puzzolane genutzt (1987: 0,34 Mio. t). Am Ostrand des Pariser Beckens führen die Schiefer nur 1–4 % Öl.

Die Ölschieferfolge des Wealden bei Bentheim wird bis zu 400 m mächtig und enthält nach neueren Untersuchungen bei Schwelausbeuten um 5,5 % eine Zukunftsreserve von rund 400 Mio. t Schieferöl. Berühmt wegen ihres Fossilinhalts sind die mitteleozänen Ölschiefer von Messel bei Darmstadt. Aus den bis zu 190 m mächtig werdenden Süßwassertonsteinen, die 8 % Ölausbeute lieferten, wurden von 1888 bis 1962 1 Mio. t Schieferöl erschwelt. Im Miozän sedimentierten schließlich im Ries-Kratersee Tone und Mergel mit Einschaltungen von Ölschieferlagen, die zusammen > 200 m mächtig werden und im Mittel 4 % C_{org} enthalten. Schwelversuche an 7 Kernproben aus 150–250 m Teufe der Ries-Bohrung 1973 ergaben eine durchschnittliche Ölausbeute von 13,7 %.

Öl- oder **Teersande** und **Ölkreide** sind mit Teer oder schweren, hochviskosen Ölen imprägniert, die meist Residualbildungen ausgewanderter Öle sind. In Wietze bei Hannover wurden nach Absinken der Förderung aus Bohrungen zwischen 1920 und 1964 Ölsande des Wealden untertage abgebaut und 280.000 t Öl heiß ausgewaschen sowie zusätzlich 720.000 t Sickeröl gefördert.

Bei Heide i. Holstein wurde ölimprägnierte Kreide des Maastricht von sehr geringer Permeabilität und mit Gehalten von 8–18 % Öl zwischen 1869 und 1948 mit Unterbrechungen untertage abgebaut und daraus insgesamt 162.711 t Öl gewonnen.

Bei Solothurn und Aarau, Schweiz, führen oligozäne Sande Teerimprägnationen bis zu 4%. Am Karpatenrand in Südostpolen stehen seit 200 Jahren Teer- und Erdwachs-Vorkommen in Abbau.

Asphalt, ein festes Bitumen als Oxidationsprodukt des Erdöls, wurde bereits im 16. Jahrhundert an den Flanken des Salzstocks Benthe bei Hannover gewonnen. Bei Holzen am Ith stehen seit 1883 Asphaltkalksteine in Abbau (1988: 0,18 Mio. t). In reine Kalksteinlagen des mittleren und oberen Malm ist Erdöl eingewandert und wurde oxidiert. Das Bitumen tritt mit mittleren Gehalten von 3% (1-11%) in 13 Lagern von 3-5 (-14) m Mächtigkeit auf.

Bei Lobsann, westlich Pechelbronn im Elsaß, treten Asphaltsande des Oligozäns auf, die bereits im Mittelalter erwähnt und ab 1712 gewonnen wurden.

6.4.3 Kernenergierohstoffe

Während in Mitteleuropa z. T. recht bedeutende Uranerzlagerstätten auftreten, sind wirtschaftlich interessante Thorium-Vorkommen nicht bekannt.

Die wichtigsten **Uran-Vorkommen** Mitteleuropas finden sich in den Innenzonen des variszischen Gebirges im Moldanubikum und Saxothuringikum. Strukturgebundene Lagerstätten, meist Erzgänge, sind hier überwiegend an die spätvariszischen Granite gebunden, während schichtgebundene Vorkommen in den Graptolithenschiefern und auf der postvariszischen Plattform entstanden. Die bedeutendsten Uranerzlagerstätten liegen im Böhmischen Massiv. Hier nahm in der alten Bergstadt Jáchymov (St. Joachimsthal) im Erzgebirge nach Blütezeiten im Bergbau auf Silber ab 1516 und auf Kobalt und Wismut ab etwa 1650 der Uranbergbau 1853 seinen Ausgang. Uranpecherz diente zur Farbherstellung und ab 1907 zur Radiumgewinnung. Als Kernenergierohstoff wird Uran seit 1950 genutzt.

Im Böhmischen Massiv finden sich die Uranerzgänge auf NW streichenden, der Fränkischen Linie und dem Sudeten-Randbruch parallelen Lineamenten. Auf dem Mittelfrankenwald-Element sind es neben Großschloppen am Nordrand des Fichtelgebirgs-Granites die Mineralisationen im Falkenberg-Granit sowie im Norden die stratiformen Vorkommen am Gräfenthaler Horst. Auf der Nordwestverlängerung des Böhmischen Pfahls gehören die Gänge von Poppenreuth und Mähring (Opf.) und von Dylen, jenseits der deutsch-tschechischen Grenze, sowie Zadní Chadov (Groß-Hinterkotten) und Vítkov im Bor-Granit dazu. Im Norden wurden bei Möschwitz, nordöstlich Plauen, Uranerze aus Graptolithenschiefer gewonnen und im Elster-Gebirge liegt das Radiumbad Brambach auf dem Strukturelement. Auf dem Gera-Ceské-Budějovice-(Budweis-)Lineament gehören die bedeutenden Erzreviere von Schneeberg, Aue und Schwarzenberg im östlichen Deutschland und Jáchymov, Horní Slavkov (Schlaggenwald) und Příbram sowie Okroulá Radouň in der Tschechoslowakei dazu. In der Nordwestverlängerung treten bei Gera-Ronneburg schicht- und strukturgebundene Lagerstätten in Graptolithenschiefern auf. Auf dem Elbe-Lineament (der tschechischen Geologen) liegen südöstlich Prag u. a. die Gänge von Rozná und Olsí sowie am Erzgebirgsrand die Vorkommen von Teplice (Teplitz). Auf der Elbtal-Linie südöstlich Dresden treten bei Pirna, Königstein und Hamr bei Ceská Lípa (Böhmisch-Leipa) Uranerze in Oberkreide-Sandsteinen auf. Schließlich gehören in den schlesischen Sudeten die Gänge von Kowary (Schmiedeberg im Riesengebirge) und Kletno im Snieżnik Kłodzki (Glatzer Schneeberg) dazu.

Nach dem Mineralinhalt der Gänge kann eine monotone von einer elementreichen Mineral-Assoziation unterschieden werden. In ersterer, die nur in chloritisierten Nebengesteinen beobachtet wurde, werden verschiedene Uranminerale wie Brannerit (UTi_2O_6), Coffinit ($USiO_4$), Uraninit (UO_{2-3}) und U-Ti-Silikate lediglich von Pyrit und vereinzelt Molybdänit begleitet. In der elementreichen Assoziation findet sich dagegen Uran nur als Pechblende und selten Coffinit, zusammen mit Pb-, Zn-, Cu-Sulfiden und häufig einer stets jüngeren Vielzahl von Ag-Bi-Co-Ni-Sulfiden, -Arseniden und -Seleniden.

In Jáchymov sitzen die Gänge mit elementreicher Assoziation Phylliten und Glimmerschiefern des Oberproterozoikums und Altpaläozoikums auf. Die Schiefer durchsetzende, z. T. mächtige Granitporphyrgänge gehören zum Eibenstock-Massiv nördlich Karlovy Vary (Karlsbad), dessen Granit-Generationen Alter von 340–320 Ma bzw. 310–300 Ma ergaben, während die Granitporphyre 290–280 Ma aufweisen. Das Alter der ältesten Pechblenden wird mit 247 ± 7 Ma angegeben. Ein Alter von 265 ± 7 Ma wurde auch für das bedeutende Uran-Revier von Příbram ermittelt. In den Sudeten treten bei Kowary Gänge und Stockwerksvererzungen im Dach am Südostrand des Riesengebirgs-Granits im Bereich kontaktmetamorpher Eisenerze auf.

Die einzige Uran-Lagerstätte von wirtschaftlichem Interesse im westlichen Saxothuringikum bilden die bereits genannten, zur elementreichen Assoziation gehörenden Gänge von Großschloppen am Nordwestrand des Fichtelgebirges. Die benachbarten Gänge von Hebanz führen die monotone Uran-Assoziation in Episyeniten. Die kleine Imprägnations-Vererzung von Ellweiler in der Saar-Nahe-Senke liegt am Nordrand des permischen Rhyoliths von Nohfelden und stand von 1961–1970 in Abbau. Im moldanubischen Bereich des Schwarzwaldes führt Menzenschwand die Fluorit-Baryt- und Wittichen die Bi-Co-Ni-Ag-U-Assoziation. Menzenschwand, Poppenreuth und Mähring sind wirtschaftlich interessante bis höffige Vorkommen im süddeutschen Moldanubikum.

Schichtgebundene Uranerze der Graptolithenschiefer wurden bereits erwähnt. Sie finden sich ferner mit Pechblende und Carburanen verbreitet in intramontanen Permokarbon-Becken, in den Vogesen und im Schwarzwald, im Stockheimer Becken (Oberfr.), um Freital bei Dresden, bei Kladno in Böhmen sowie im Innersudetischen und im Oberschlesischen Becken. Bei der postsedimentären Lösungszufuhr des Urans spielte neben dem Abtrag der durch die Erosion freigelegten variszischen Granite auch der Rotliegend-Vulkanismus eine Rolle. In Müllenbach bei Baden-Baden treten die Erze penekonkordant in Stefan-Arkosen auf. In den Keuper-Sandsteinen Süddeutschlands wurden lediglich lokale Uranmineralisationen gefunden. Die heute wichtigsten Uran-Lagerstätten Mitteleuropas liegen im Cenoman des Elbsandsteingebirges südöstlich Dresden und der Nordböhmischen Kreidetafel um Hamr und Teplice. Die zahlreichen isolierten, nach Größe und Gehalten variierenden Erzkörper bilden penekonkordante Lager und Linsen und sind z. T. dem Rollfront-Typ vergleichbar. Bei Teplice reicht die Erzführung bis in das Turon hinauf. Das Uran wird aus dem Lausitzer Granit hergeleitet. Auch in den Braunkohlen-Becken des Eger-Grabens kam es bei Sokolov (Falkenau) zu kleinen Anreicherungen von Uran aus dem Karlovy Vary-Granit.

Literatur: J. AGARD 1975; ANEP 1989; J. A. AROPAV et al. 1984; L. BAUMANN 1965, 1970; K. BAX 1981; M. BELEITES 1988; H.-J. BLANKENBURG, H. SCHULZ & W. LANGE 1988; M. J. M. BLESS, E. PAPROTH & M. WOLF 1981; H. BOIGK 1981; H.-R. BOSSE et al. 1986; BUNDESGESETZBLATT 1980; C. CARLÉ 1975; F. J. DAHLKAMP 1990; H. DILL 1985, 1986, 1988, 1989; F. W. DUNNING & A. M. EVANS (Eds.) 1986; P. EGGERT et al. 1986; H.-H. EMMONS & H.-H. WALTER 1988; J. FEDAK (Ed.) 1976; H. FUCHS (Ed.) 1986; E. FULDA 1938; W. GOCHT (Hrsg.) 1985; W. GOTHAN 1937; C. HARANCZYK 1985; A. HERRMANN 1971; J. HESEMANN et al. 1981; J. ILAVSKÝ & V. SATTRAN 1980; S. JANKOVIĆ & R. H. SILLITOE (Eds.) 1980; W. JARITZ 1973; W. JUNG et al. 1990; H. KOZUR 1984; L. KRAHM 1988; W. KREBS 1981; P. LAFFITTE & A. EMBERGER (Eds.) 1984;

H. LEHMANN 1953; F. LOTZE 1938, 1957; F. MAYER 1982; MONOGRAPHIEN DER DEUTSCHEN BLEI-ZINK-ERZLAGERSTÄTTEN; P. MORÁVEK 1983; G. MÜLLER 1988; C. NEUMANN-REDLIN, H. W. WALTHER & A. ZITZMANN 1977; R. OSIKA (Ed.) 1970; W. E. PETRASCHECK & W. POHL 1982; H. QUIRING 1948; J. RENTSCH 1974; P. ROUTHIER 1984; W. RÜHL 1982; V. RUZICKA 1971; SAMMELWERK DEUTSCHE EISENERZLAGERSTÄTTEN; L. SCHLATTER et al. 1978; H. SCHMID & W. WEINELT 1978; F. P. SCHMIDT & G. FRIEDRICH 1988; H.-H. SCHMITZ 1980, 1986; L. SCHRÖDER et al. (Eds..) 1984; P. SIMON 1986; R. SLOTTA 1980, 1983, 1986; H. SPERLING & D. STOPPEL 1981; V. STEIN 1981, 1986; D. STOPPEL & H. GUNDLACH 1983; S. SVOBODA et al. 1966; G. TISCHENDORF (Ed.) 1989; F. TRUSHEIM 1971; B. ULLRICH et al. 1988; H. W. WALTHER 1981, 1982; H. W. WALTHER (Hrsg.) 1984; H. W. WALTHER & A. ZITZMANN (Eds.) 1970–1978; H. W. WALTHER et al. 1986; J. WASTERNACK et al. 1974; G. WEISGERBER, R. SLOTTA & J. WEINER (Hrsg.) 1980.

Literaturverzeichnis

Adrichem Boogaert, H. A., van & Burgers, W. F. J. (1983): The development of the Zechstein in the Netherlands. – Geol. en Mijnb., **62**: 83–92.

Agard, J. (1975): Metallogenetische Karte der Vogesen und des Schwarzwaldes. – In: Fluck, P., Weil, R. & Wimmenauer, W.: Géologie des gîtes minéraux des Vosges et des régions limitrophes. – Gîtes minéraux de la France, **2**: Mém. BRGM, **87**: 186 S., Orléans.

Ager, D. V. (1980): The Geology of Europe. – 535 S.; London (McGraw-Hill).

Ager, D. V. & Brooks, M. (Eds.) (1977): Europe from Crust to Core. – 202 S.; London (Wiley & Sons).

Ahnert, F. (Ed.) (1989): Landform and landform evolution in West-Germany. – Catena Suppl., **15**: 374 S., Cremlingen-Destedt (Catena-Verl.).

Ahorner, L. (1962): Untersuchungen zur quartären Bruchtektonik der Niederrheinischen Bucht. – Eiszeitalter u. Gegenwart, **13**: 24–105.

– (1975): Present-day stress field and seismotectonic block movements along major fault zones in Central Europe. – Tectonophysics, **29**: 233–249.

– (1983): Historical seismicity and present-day microearthquake activity of the Rhenish Massif, Central Europe. – In: Fuchs, K. et al. (Eds.): Plateau Uplift. The Rhenish Shield – A Case History: 198–221; Berlin (Springer).

Ahorner, L. & Murawski, H. (1975): Erdbebentätigkeit und geologischer Werdegang der Hunsrück-Südrand-Störung. – Z. dt. geol. Ges., **126**: 63–82.

Ahorner, L. & Schneider, G. (1974): Herdmechanismen von Erdbeben im Oberrhein-Graben und in seinen Randgebirgen. – In: Illies, H. & Fuchs, K. (Eds.): Approaches to Taphrogenesis: 104–117; Stuttgart (Schweizerbart).

Ahrendt, H. et al. (1977): Tektonische Entwicklung des östlichen Rheinischen Schiefergebirges, demonstriert an einem Querschnitt. – Exkursionsführer Geotagung '77, **1**: 93–170; Göttingen.

Ahrendt, H. et al. (1978): K/Ar-Altersbestimmungen an schwach-metamorphen Gesteinen des Rheinischen Schiefergebirges. – Z. dt. geol. Ges., **129**: 229–247.

Aichroth, B. & Prodehl, C. (1990): EGT Central Segment refraction seismics. – In: Freeman R. & Müller, St. (Eds.): Proceedings of the 6th EGT Workshop: Data compilation and synoptic interpretation: 105–217; Strasbourg (Europ. Sci. Foundation).

Aigner, T. (1984): Dynamic stratigraphy of epicontinental carbonates, Upper Muschelkalk (M. Triassic), South German Basin. – N. Jb. Geol. Paläont. Abh., **169** (2): 127–159.

Aigner, T. & Bachmann, G. H. (1989): Dynamic stratigraphy of an evaporite-to-red bed sequence, Gipskeuper (Triassic), Southwest German Basin. – Sediment. Geol., **62**: 5–25.

Alberti, H. et al. (1977): Paläographische und tektonische Entwicklung des Westharzes. – Exkursionsführer Geotagung '77, **1**: 171–221; Göttingen.

Aldinger, H. (1968): Die Paläogeographie des Schwäbischen Jurabeckens. – Eclog. geol. Helv., **61**: 167–182.

Alten, G. W., Rusbült, J. & Seeger, J. (1980): Ergebnisse einer regionalen Neubearbeitung des Muschelkalkes in der DDR. – Z. geol. Wiss., **8**: 985–999.

Altherr, R. & Maass, R. (1977): Metamorphite am Südrand der Zentralschwarzwälder Gneisanatexitmasse zwischen Gschwend und Bernau. – N. Jb. Geol. Paläont. Abh., **154**: 129–154.

Aksamentova, N. V. (1987): Die Entwicklung der Strukturbildung im südwestlichen Teil der Osteuropäischen Tafel während des frühen Präkambriums. – Z. angew. Geol., **33**: 203–207.

Amstutz, G. C., Meisl, S. & Nickel, E. (Hrsg.) (1975): Mineralien und Gesteine im Odenwald. – Aufschluß (Sonderbd., hrsg. von der VFMG), **27**: 344 S.

Anderle, H.-J. (1970): Outlines of the structural development at the northern end of the Upper Rhine Graben. – In: Illies, H. & Mueller, St. (Eds.): Graben Problems: 97–102; Stuttgart (Schweizerbart).

– (1972): Metamorphe Zone und Unterdevon im Taunus. – Jber. Mitt. oberrhein. geol. Ver. NF, **54**: 123–139.

- (1974): Block tectonic interrelations between Northern Upper Rhine Graben and Southern Taunus Mountains. - In: Illies, H. & Fuchs, K. (Eds.): Approaches to Taphrogenesis: 243-253; Stuttgart (Schweizerbart).
- (1976): Der Südrand des Rhenoherzynikums im Taunus. - Geol. Jb. Hessen, **104**: 279-284.
- (1987a): The evolution of the South Hunsrück and Taunus Borderzone. - Tectonophysics, **137**: 101-114.
- (1987b): Entwicklung und Stand der Unterdevon-Stratigraphie im südlichen Taunus. - Geol. Jb. Hessen, **115**: 81-98.

André, L. & Deutsch, S. (1984): Les porphyres de Quenast et de Lessines: géochronologie, géochimie isotopique et contribution au problème de l'âge du socle précambrien du massif du Brabant (Belgique). - Bull. Soc. belge Géol., **93**: 375-384.
- - (1985): Very low-grade metamorphic Sr isotopic resettings of magmatic rocks and minerals: Evidence for a late Givetian strike-slip division of the Brabant massif (Belgium). - J. geol. Soc. London, **142**: 911-923.

André, L., Deutsch, S. & Michot, J. (1981): Donnés géochronologiques concernant le développement tectono-métamorphique du segment Calédonien Brabançon. - Ann. Soc. géol. Belg., **104**: 241-253.

André, L., Hertogen, J. & Deutsch, S. (1986): Ordovician-Silurian magmatic provinces in Belgium and the Caledonian orogeny in Middle Europe. - Geology, **14**: 879-882.

Andrusov, D. & Čorná, O. (1976): Über das Alter des Moldanubikums nach mikrofloristischen Forschungen. - Geol. Práce, Spr., **85**: 81-89.

ANEP (1989): Annuaire Europe Pétrolière. - 368 S., Hamburg (Otto Vieth).

Anonym (1980a): Géologie des pays européens - Austria, Federal Republic of Germany, Ireland, The Netherlands, Switzerland, United Kingdom. - 433 S.; Paris (Dunod).
- (1980b): Géologie des pays européens - France, Belgique, Luxembourg. - 606 S.; Paris (Dunod).
- (1980c): Géologie des pays européens - Denmark, Finland, Iceland, Sweden. - 456 S.; Paris (Dunod).

Apitz, E., Neunhöfer, M., Porstendorfer, G., Rugenstein, B., Schulze, A., Schwab, M., Bankwitz, P., Bormann, P., Conrad, W., Frischbutter, A., Hurtig, E. & Neumann, W. (1987): Komplexe geophysikalisch-geologische Untersuchungen zur Krustenstruktur der DDR auf der Grundlage refraktionsseismischer Messungen. - Freiberg. Forsch.-H., C **425**: 9-42.

Arnold, A. & Scharbert, H. (1973): Rb-Sr-Altersbestimmungen an Graguliten der südlichen Böhmischen Masse in Österreich. - Schweiz. miner. petrogr. Mitt., **53**: 61-78.

Arnold, H. (1964a): Die Erforschung der westfälischen Kreide und zur Definition der Oberkreidestufen und -zonen. - Fortschr. Geol. Rheinld. u. Westf., **7**: 1-14.
- (1964b): Die Verbreitung der Oberkreidestufen im Münsterland und besonders im Ruhrgebiet. - Fortschr. Geol. Rheinld. u. Westf., **7**: 579-690.
- (1964c): Fazies und Mächtigkeit der Kreidestufen im Münsterländer Oberkreidegebiet. - Fortschr. Geol. Rheinld. u. Westf., **7**: 599-610.

Aropav, J.A. et al. (1984): Tschechoslowakische Uran-Lagerstätten. - 365 S.; Prag. (Tschech. mit dt. Zusammenfass.)

Arthaud, F. & Matte, P. (1977): Late Palaeozoic strike-slip faulting in southern Europe and northern Africa; result of a right lateral shear-zone between the Appalachians and the Urals. - Geol. Soc. Amer. Bull., **88**: 1305-1320.

Assaruri, M. & Langbein, R. (1987): Verbreitung und Entstehung intraformationeller Konglomerate im Unteren Muschelkalk Thüringens (Mittlere Trias). - Z. geol. Wiss., **15**: 511-525.

Aubouin, J. (1980a): Geology of Europe: A Synthesis. - Episodes, **1980**: 3-8.
- (1980b): Introduction. The main structural complexes of Europe. - In: Anonym (Eds.): Geology of the European Countries - Austria, Federal Republic of Germany, Ireland, The Netherlands, Switzerland, United Kingdom: XIII-XXII; Paris (Dunod).

Baartman, J.C. & Christensen, O.B. (1975): Contributions to the interpretation of the Fennoscandian border zone. - Dan. geol. Unders., Ser. II, **102**: 47 S.

Bachmann, G.H. & Grosse, S. (1989): Struktur und Entstehung des Norddeutschen Beckens - geologische und geophysikalische Interpretation einer verbesserten Bouguer-Schwerekarte. - Veröff. Niedersächs. Akad. d. Geowiss. **2**: 23-47.

Bachmann, G.H. & Koch, K. (1983): Alpine front and Molasse Basin, Bavaria. - In: Bally, A.W. et al. (Eds.): Seismic expression of structural styles. - Amer. Assoc. Petrol. Geol., Stud. Geol., **15**: 21-32.

Bachmann, G.H. & Müller, M. (1981): Geologie der Tiefbohrung Vorderriß 1 (Kalkalpen, Bayern).

– Geologica bavar., **81**: 17–53.
– – (1990): The Molasse Basin, Germany: Evolution of a classic petroliferous foreland basin. – Proc. Europ. Assoc. Expl. Geosci., **1**. (Im Druck).
Bachmann, G. H., Müller, M. & Weggen, K. (1987): Late Paleozoic to Early Tertiary evolution of the Molasse Basin (Germany, Switzerland). – Tectonophysics, **137**: 77–92.
Bachmann, G. H. & Mutterlose, J. (1987): Geologie und Erdölgeologie südlich von Hannover. – Führer Exk. **139**, Hauptversamml. dt. geol. Ges. Hannover 1987: 1–38.
Backhaus, E. (1975): Der Buntsandstein im Odenwald. – Aufschluß (Sonderbd.), **27**: 299–320.
– (1979): Zur Sedimentologie und Sedimentpetrographie des Buntsandsteins und Unteren Muschelkalks im Odenwald. – Fortschr. Miner. Beih., **57**: 3–22.
– (1987): Der Schollenbau des Odenwälder Deckgebirges. – Z. dt. geol. Ges., **138**: 157–171.
Bahr, K., Berkthold, A., Haack, V. & Jödicke, H. (1990): An electrical resistivity transect from the Alps to the Baltic Sea (Central Segment of the EGT). – In: Freeman, R. & Mueller, St. (Eds.): Proc. 6th EGT Workshop: Data Compilations and Synoptic Interpretation, Einsiedeln 1988: 299–313; Strasbourg (Europ. Sci. Foundation).
Baldschuhn, R. (1979): Stratigraphie und Verbreitung des Dan (Tertiär) in Nordwestdeutschland. – Z. dt. geol. Ges., **130**: 201–209.
Baldschuhn, R., Frisch, U. & Kockel, F. (1985): Inversionsstrukturen in NW-Deutschland und ihre Genese. – Z. dt. geol. Ges., **136**: 129–139.
Bankwitz, E. & Bankwitz, P. (1975): Zur Sedimentation proterozoischer und kambrischer Gesteine im Schwarzburger Antiklinorium. – Z. geol. Wiss., **3**: 1279–1305.
Bankwitz, E., Janssen, C., Bankwitz, P., Paech, H.-J., Schroeder, E., Kurze, M., Werner, C.-D., Schwab, M. & Schubert, R. (1984): Sedimentary and tectonic structures in the Saxothuringian and Rhenohercynian zones. Guidebook to excursions. – 160 S.; Potsdam (Zentralinst. Phys. Erde).
Bankwitz, E., Kramer, W., Schroeder, E., Werner, C.-D., Kononkowa, N. N. & Bankwitz, P. (1989): Prevariscan mafic rocks in the Saxothuringian Zone. Guidebook of excursions in the German Democratic Republic. – 108 S.; Potsdam (Zentralinst. Phys. Erde).
Bankwitz, P. & Bankwitz, E. (1982): Zur Entwicklung der Erzgebirgischen und der Lausitzer Antiklinalzone. – Z. angew. Geol., **28**: 511–524.
Bankwitz, P. et al. (1988): Klassische geologische Gebiete in Mitteleuropa. Fundament und Deckgebirge. Exkursionsführer. – Potsdam (Zentralinst. Phys. Erde).
Baranowski, Z., Haydukiewicz, A., Kryza, R., Lorenc, S., Muszyński, A., Solecki, A. & Urbanek, Z. (1990): Outline of the geology of the Góry Kaczawskie Mts. (Sudetes, Poland). – N. Jb. Geol. Paläont. Abh., **179**: 223–257.
Baranowski, Z., Lorenc, S., Heinisch, H. & Schmidt, K. (1984): Der kambrische Vulkanismus des Bober-Katzbach-Gebirges (Kaczawskie Góry, West-Sudeten, Polen). – N. Jb. Geol. Paläont. Mh., **1984**: 1–26.
Baranowski, Z. & Lorenc, S. (1986): A volcanic-carbonate association in the Góry Kaczawskie, Western Sudetes. – Geol. Rdsch., **75**: 595–599.
Baranyi, I., Lippolt, H. J. & Todt, W. (1976): Kalium-Argon-Altersbestimmungen an tertiären Vulkaniten des Oberrheingraben-Gebietes. II. Die Altersraverse vom Hegau nach Lothringen. – Oberrhein. geol. Abh., **25**: 41–62.
Barth, H. (1971): Marmor und Kalksilikatfelse von Auerbach-Hochstädten. – Oberrhein. geol. Abh., **20**: 43–58.
– (1972): Geologische Kartierung im Felsberg-Zug, Bergsträßer Odenwald. – N. Jb. Geol. Paläont. Abh., **140**: 255–305.
Bartz, J. (1961): Die Entwicklung des Flußnetzes in Südwestdeutschland. – Jh. geol. L.-Amt Baden-Württ., **4**: 127–135.
– (1974): Die Mächtigkeit des Quartärs im Oberrheingraben. – In: Illies, H. & Fuchs, K. (Eds.): Approaches to Taphrogenesis: 78–87; Stuttgart (Schweizerbart).
Baumann, L. (1965): Die Erzlagerstätten der Freiberger Randgebiete. – Freiberger Forschungsh., **C 188**: 268 S., Leipzig.
– (1970): Tin deposits of the Erzgebirge. – Trans. Instn. Min. Metall., Sect. B, **79**: B 68–75; London.
Baumeister, R. & Schorer, C. (1977): Zur Stratigraphie, Fazies und Paläogeographie des Tertiärs im Rheinhardswald (Nordhessen). – Münster. Forsch. Geol. Paläont., **43**: 143–169.
Bausch, W. M (1978): Führer zur Rhein-Exkursion. – Fortschr. Miner., Beih., **56** (2): 1–17.
Bax, K. (1981): Schätze aus der Erde, die Geschichte des Bergbaus. – 359 S.; Düsseldorf (Econ).

Bayerisches Geologisches Landesamt (Hrsg.) (1977): Ergebnisse der Ries-Forschungsbohrung (1973); Struktur des Kraters und Entwicklung des Kratersees. — Geologica bavar., **75**: 470 S..
- (1981): Erläuterungen zur Geologischen Karte von Bayern 1 : 500000. - 168 S.; München.
Bébien, J. & Gagny, Cl. (1978): Le plutonisme viséen des Vosges méridionales: un nouvel exemple de combinaison magmatique entre roches tholéiitiques et calco-alcalines. - C. R. Acad. Sci. Paris, **286**: 1045-1048.
Becq-Giraudon, J. F. (1983): Synthèse structurale et paléogéographique du bassin houiller du Nord. - Mém. BRGM, **123**: 1-71.
Bederke, E. (1957): Alter und Metamorphose des kristallinen Grundgebirges im Spessart. - Abh. hess. L.-Amt Bodenforsch., **18**: 7-19.
Bednarczyk, W. (1971): Stratigraphy and paleogeography of the Ordovician in the Holy Cross Mts. - Acta geol. polon., **21**.
Behr, H.-J. (1961): Beiträge zur petrographischen und tektonischen Analyse der sächsischen Granulitgebirge. - Freiberg. Forsch.-H., **C 119**: 1-118.
- (1978): Subfluenz-Prozesse im Grundgebirgs-Stockwerk Mitteleuropas. - Z. dt. geol. Ges., **129**: 283-318.
- (1983): Intracrustal und subcrustal thrust tectonics at the northern margin of the Bohemian Massif. - In: Martin, H. & Eder, F. W. (Eds.): Intracontinental Fold Belts: 365-403; Berlin (Springer).
Behr, H.-J., Blümel, P., Franke, W., Stein, E., Vollbrecht, A., Wagener-Lohse, C. & Weber, K. (1985): Frankenwald - Fichtelgebirge - Oberpfälzer Wald (Exkursion B am 11. und 12. April 1985). - Jber. Mitt. oberrhein. geol. Ver., N. F., **67**: 23-50.
Behr, H.-J., Engel, W. & Franke, W. (1980): Guide to excursions: Münchberger Gneismasse and Bayerischer Wald. - 100 S.; Göttingen.
- - - (1982): Variscan wildflysch and nappe tectonics in the Saxothuringian zone (northeast Bavaria, West Germany). - Amer. J. Sci., **282**: 1438-1470.
Behr, H.-J., Engel, W., Franke, W., Giese, P. & Weber, K. (1984): The Variscan Belt in Central Europe: Main structure and geodynamic implications: Open questions. - Tectonophysics, **109**: 15-40.
Behr, H.-J. & Heinrichs, T. (1987): Geological interpretation of Dekorp 2-S: A deep seismic reflection profile across the Saxothuringian and possible implications for the Late Variscan structural evolution of Central Europe. - Tectonophysics, **142**: 173-202.
Behr, H.-J. et al. (1989): A reinterpretation of the gravity field in the surroundings of the KTB site - Implications for granite plutonism and terrane tectonics in the Variscan. - In: Emmermann, R. & Wohlenberg, J. (Eds.): The German Continental Deep Drilling Programm (KTB): 501-526; Berlin, Heidelberg (Springer).
Behre, K.-E., Menke, B. & Streif, H. (1979): The Quaternary geological development of the German part of the North Sea. - In: Oele, E., Schüttenhelm, R. T. E. & Wiggers, A. J. (Eds.): The Quaternary History of the North Sea. - Acta Univ. Ups. Symp. Univ. Ups. Annum Quingentesimum Celebrantis, **2**: 85-113.
Behre, K.-E. et al. (1973): State of research on the Quaternary of the Federal Republic of Germany. - Eiszeitalter u. Gegenwart, **23/24**: 219-370.
Beleittes, M. (1988): Pechblende - der Uranbergbau in der DDR und seine Folgen. - Ev. Pressedienst, **44/88**: 64 S.; Frankfurt a. M.
Bełka, Z. (1987): The development and decline of a Dinantian carbonate platform; an example from the Moravia-Silesia basin, Poland. - In: Miller, J., Adams, A. E. & Wright, V. P. (Eds.): European Dinantian environments: 177-188; New York (Wiley & Sons).
Bełka, Z., Matyja, B. A. & Radwanski, A. (1985): Field-Guide of the Geological Excursion to Poland. Part 1 and 2. - 170 S.; Warszawa.
Bełka, Z. & Skompski, S. (1988): Mechanism of sedimentation and facies position of the Carboniferous limestone in the south-western part of the Holy Cross Mts. - Przegl. Geol., **8**: 442-448.
Bender, P. (1978): Die Entwicklung der Hörre-Zone im Devon und Unterkarbon. - Z. dt. geol. Ges., **129**: 131-140.
Bender, P., Eder, W., Engel, W., Franke, W., Langenstrassen, F., Walliser, O. H. & Witten, W. (1977): Paläographische Entwicklung des östlichen Rheinischen Schiefergebirges, demonstriert an einem Querschnitt. - Exkursionsführer Geotagung '77: 1-58; Göttingen.
Benek, R. (1967): Der Bau des Ramberg-Plutons im Harz. - Abh. dt. Akad. Wiss. Berlin, Kl. Bergbau Hüttenwes. Montangeol., **1967**: 7-80.

Beneš, K. (1966): Crystalline complexes of the Kutna Hora area. – In: Svoboda, J. et al. : Regional geology of Czechoslovakia, Part I: The Bohemian Massif: 99–115, Prague (Ústř. Úst. geol).
Bergerat, F. (1977): La fracturation de l'avent-pays Jurassien entre les fossés de la Saône et du Rhin, analyse et essai d'interpretation dynamique. – Rev. Géogr. phys. Géol. dynamic (2), **19** (4): 325–338.
Bergström, J. (1985): Zur tektonischen Entwicklung Schonens (Südschweden). – Z. angew. Geol., **31**: 277–280.
Bergström, J., Kumpas, M. G., Pegrum, R. M. & Vejbæk, O. V. (1987): Kimmerian und Alpine evolution of the northwestern part of the Tornquist Zone. – Z. angew. Geol., **33**: 198–200.
– – – – (1990): Evolution of the northwestern part of the Tornquist Zone. Part 1. – Z. angew. Geol., **36**: 41–45.
Berners, H. P. (1983): A Lower Liassic offshore bar environment, contribution to the sedimentology of the Luxemburg sandstone. – Ann. Soc. géol. Belg., **106**: 87–102.
Berners, H. P., Bintz, J. & Teyssen, T. (1984): Unterer und Mittlerer Jura im Luxemburger Gutland (Exkursion G am 26. und 27. April 1984). – Jber. Mitt. oberrhein. geol. Ver., N. F., **66**: 95–106.
Berners, H. P., Bock, H.-P., Courel, L., Demonfancon, A., Hary, A., Hendriks, F., Müller, E., Muller, A., Schrader, E. & Wagner, J. F. (1984): Vom Westrand des Germanischen Trias-Beckens zum Ostrand des Pariser Lias-Beckens: Aspekte der Sedimentationsgeschichte. – Jber. Mitt. oberrhein. geol. Ver., N. F., **66**: 357–395.
Berners, H. P., Bock, H., Hary, A. & Muller, A. (1984): Sandsteineinschaltungen in der Oberen Trias und im Unteren Lias am Nordrand des Pariser Beckens (Exkursion K am 28. April 1984). – Jber. Mitt. oberrhein. geol. Ver., N. F., **66**: 135–142.
Berners, H. P. & Muller, A. (1984): Einführung zu den Exkursionen. – Jber. Mitt. oberrhein. geol. Ver., N. F., **66**: 25–34.
Bernhard, J. H. & Klominsky, J. K. (1975): Geochronology of the Variscan plutonism and mineralisation in the Bohemian Massif. – Věst. Ústr. Úst. geol., **50**: 71–81.
Berthelsen, A. (1980): Towards a palinspastic tectonic analysis of the Baltic Shield. – 26th Int. geol. Congr. Paris 1980, Coll. C 6: Geology of Europe: 5–21.
Berthelsen, F. (1980): Lithostratigraphy and depositional history of the Danish Triassic. – Dan. geol. Unders., Ser. B, **4**: 91–102.
Berthold, A. (1990): Regional elektrisch leitfähige Strukturen in der Erdkruste Zentraleuropas. – Münchener geophys. Mitt. (in prep.).
Besang, C., Harre, W., Kreuzer, H., Lenz, H., Müller, P. & Wendt, I. (1976): Radiometrische Datierungen, geochemische und petrographische Untersuchungen der Fichtelgebirgsgranite. – Geol. Jb., **E 8**: 3–71.
Best, G., Kockel, F. & Schöneich, H. (1983): Geological history of the southern Horn graben. – Geol. en Mijnb., **62**: 25–33.
Betz, D., Führer, F., Greiner, E. & Klein, E. (1987): Evolution of the Lower Saxony Basin. – Tectonophysics, **137**: 127–170.
Betz, D., Durst, H. & Grundlach, T. (1988): Deep structural seismic reflection investigations across the Northeastern Stavelot-Venn Massif. – Ann. Soc. géol. Belg., **111**: 217–228.
Beugnies, A. (1963): Le massif cambrien de Rocroi. – Bull. Serv. Ct. géol. France, **270**: 355–521.
– (1986): Le métamorphisme de l'Aire Anticlinale de l'Ardenne. – Hercynia, **1986** (II): 17–53.
Beurlen, K. (1982): Entstehung und Werdegang des süddeutschen Schicht-Stufenlandes. – Ber. naturforsch. Ges. Bamberg, **51**.
Beutler, G. (1979): Verbreitung und Charakter der altkimmerischen Hauptdiskordanz in Mitteleuropa. – Z. geol. Wiss., **7**: 617–632.
– (1982): Die Bedeutung der altkimmerischen Tektonik im Ostteil der Mitteleuropäischen Senke unter besonderer Berücksichtigung der Halokinese. – Freiberg. Forsch.-H., **C 376**: 29–40.
– (1987): Fazielle Entwicklung des Mittleren Lettenkeupers im Thüringer Becken. – Z. geol. Wiss., **15**: 475–484.
Beutler, G. & Schüler, F. (1981): Zur Bedeutung rhenotyper Bruchstrukturen in der westlichen Ostsee während des älteren Mesozoikums. – Z. geol. Wiss., **9**: 1139–1147.
Binot, F. (1988): Strukturentwicklung des Salzkissens Helgoland. – Z. dt. geol. Ges., **139**: 51–62.
Binot, F. & Stets, J. (1982): Die Rotliegend-„Porphyrtuffe" von Ürzig/Mosel und ihre Xenolithe (Wittlicher Senke, Rheinisches Schiefergebirge). – Mainzer geowiss. Mitt., **11**: 15–28.
Bintz, J., Hary, A. & Muller, A. (1973): Luxembourg. – Guides géol. region., Ardenne; 133–192; Paris (Masson).

Birkelbach, M., Dörr, W., Franke, W., Michel, H., Stibane, F. & Weck, R. (1988): Die geologische Entwicklung der östlichen Lahnmulde. – Jber. Mitt. oberrhein. geol. Ver., N. F., **70**: 43–74.

Blanalt, J. B. & Eller, J. P. von (1965): Etude géologique des terrains primaires et des granites de la région située entre Soultzbach-les-Bains et Wintzenheim/Haut-Rhin. – Bull. Serv. Ct. géol. Als. Lorr., **18**: 65–90.

Blanalt, J. G. & Lillie, F. (1983): Données nouvelles sur la stratigraphie des terrains sédimentaires dévono-dinantiens de la vallée de la Bruche (Vosges septentrionales). – Bull. Sci. géol., **26**: 69–74.

Blanchard, J. P. (1977): Mise en évidence d'une zonalité géochimique dans le granite porphyroide des Ballons (Vosges méridionales). – Bull. Soc. géol. France (7), **XIX**: 143–148.

Blankenburg, H.-J., Schulz, H. & Lange, W. (1988): Der Einsatz der Quarzrohstoffe in der Volkswirtschaft der DDR. – Zentr. geol. Inst. Berlin, Wiss.-techn. Inform.-dienst, **29**: 84–97; Berlin.

Bless, M. J. M., Bosum, W., Bouckaert, J., Dürbaum, H. J., Kockel, F., Paproth, E., Querfurth, M. & v. Rooyen, P. (1980b): Geophysikalische Untersuchungen am Ostrand des Brabanter Massivs in Belgien, den Niederlanden und der Bundesrepublik Deutschland. – Meded. Rijks geol. Dienst, **32** (17): 313–343.

Bless, M. J. M. & Bouckaert, J. (1988): Suggestions for a deep seismic investigation north of the Variscan Mobile Belt in the SE Netherlands. – Ann. Soc. géol. Belg., **111**: 229–241.

Bless, M. J. M., Bouckaert, J., Bouzet, P., Conil, R., Cornet, P., Fairon-Demaret, M., Groessens, E., Longesstaey, P. J., Meessen, J. P. M. T., Paproth, E., Pirlet, M., Streel, M., van Amerom, H. W. J. & Wolf, M. (1976): Dinantian rocks in the subsurface north of the Brabant and Ardenno-Rhenish Massifs in Belgium, The Netherlands and the Federal Republic of Germany. – Meded. Rijks geol. Dienst, **27** (3): 81–195.

Bless, M. J. M., Bouckaert, J., Calves, M. A., Graulich, J. M. & Paproth, E. (1980a): Paleogeography of Upper Westphalian deposits in NW Europe with reference to the Westphalian C north of the mobile Variscan Belt. – Meded. Rijks geol. Dienst, **28** (5): 101–147.

Bless, M. J. M., Bouckaert, J., Conil, R., Groessens, E., Kasig, W., Paproth, E., Poty, E., Steenwinkel, M. van, Streel, M. & Walter, R. (1980d): Pre-Permian sedimentation in NW Europe. – Sediment. Geol., **27**: 1–88.

Bless, M. J. M., Bouckaert, J. & Paproth, E. (Eds.) (1980): Prepermian around the Brabant Massif in Belgium, The Netherlands and Germany. – Meded. Rijks geol. Dienst, **32** (14): 1–179.

Bless, M. J. M., Conil, R., Detourny, P., Groessens, E., Hance, L. & Hennebert, M. (1980c): Stratigraphy and thickness variations of some Struno-Dinantian deposits around the Brabant Massif. – Meded. Rijks geol. Dienst, **32**: 56–65.

Bless, M. J. M., Felder, P. J. & Meessen, J. P. M. Th. (1987): Late Cretaceous sea level rise and inversion: their influence on the depositional environment between Aachen and Antwerp. – Ann. Soc. géol. Belg., **109**: 333–355.

Bless, M. J. M., Paproth, E. & Wolf, M. (1981): Interdependence of basin development and coal formation in the West European Carboniferous. – Bull. Centr. Rech. Explor. – Prod. Elf-Aquitaine, **5** (2): 535–553.

Blümel, P. (1982): Aufbau, Metamorphose und geodynamische Deutung des variszischen Grundgebirges im Bereich der Bundesrepublik. – Jb. Ruhr-Univ. Bochum: 169–201.

– (1983): The western margin of the Bohemian Massif in Bavaria. – Fortschr. Miner. Beih., **61**: 171–195.

– (1986): Metamorphic processes in the Variscan crust of the Central Segment. – Proc. 3rd workshop EGT: 149–155; Strasbourg (European Sci. Foundation).

Blümel, P. & Schreyer, G. (1976): Progressive regional low-pressure metamorphism in Moldanubian metapelites of the northern Bavarian Forest, Germany. – Krystalinikum, **17**: 7–30.

Bock, H. (1988): Die Ausbildung und Fazies der Lettenkohlen-Gruppe und der Bunten Mergel in Belgisch-Luxemburg. – Jber. Mitt. oberrhein. geol. Ver., N. F., **70**: 353–382.

Bock, H., Muller, A., Steingrobe, B. & Stich, R. (1987): Die Ausbildung der Steinmergel-Gruppe (Obere Trias; Bunte Mergel) in der Eifeler Nord-Süd-Zone und in Lothringen. – Jber. Mitt. oberrhein. geol. Ver., N. F., **69**: 195–227.

Bögel, H. & Schmidt, K. (1976): Kleine Geologie der Ostalpen. – 231 S.; Thun (Ott).

Böger, H. (1978): Methoden und Konsequenzen einer Tephrostratigraphie im Unterdevon des Sauerlandes und des Bergischen Landes (Rheinisches Schiefergebirge). – Z. dt. geol. Ges., **129**: 171–180.

– (1983a): Eine Lithostratigraphie des Unterdevons im Sauerlande und im östlichen Bergischen Lande (Rheinisches Schiefergebirge). I. Das Gebiet entlang dem Nordsaum des Siegerländer Sattels. – N. Jb. Geol. Paläont. Abh., **165**: 185–227.

- (1983b): Eine Lithostratigraphie des Unterdevons im Sauerlande und im östlichen Bergischen Lande (Rheinisches Schiefergebirge). II. Das Ebbe-Antiklinorium. – N. Jb. Geol. Paläont. Abh., **166**: 294–326.
Boenigk, W. (1978): Die Gliederung der altquartären Ablagerungen in der Niederrheinischen Bucht. – Fortschr. Geol. Rheinld. u. Westf., **28**: 135–212.
Boenigk, W., Kowalczyk, G. & Brunnacker, K. (1972): Zur Geologie des Altpleistozäns der Niederrheinischen Bucht. – Z. dt. geol. Ges., **123**: 119–161.
Boigk, H. (1968): Gedanken zur Entwicklung des Niedersächsischen Tektogens. – Geol. Jb., **85**: 861–900.
– (1981): Erdöl und Erdgas in der Bundesrepublik Deutschland. – 330 S.; Stuttgart (Enke).
Bois, C., Cazes, M., Damotte, B., Galdéano, A., Hirn, A., Mascle, A., Matte, P., Raoult, J. F. & Toreilles, G. (1986): Deep Seismic Profiling of the Crust in Northern France: The ECORS Project. – In: Barazangi, M. & Brown, L. (Eds.): Reflection Seismology: A Global Perspective. – Geodynamic Ser., **13**: 21–29.
Bojkowski, K. & Porzycki, J. (1983): Geological Problems of Coal Basins in Poland. – 441 S.; Warszawa (Geol. Inst.).
Bonhomme, M. & Fluck, P. (1974): Compléments de pétrographie et analyse isotopique rubidium-strontium des gneiss granulitiques de Sainte-Marie-aux-Mînes. – Bull. Sci. géol., **27**: 271–283.
– – (1981): Nouvelles données isotopiques Rb-Sr obtenues sur les granulites des Vosges. Age protérozoique terminal de la série volcanique calco-alcaline et âge acadien du métamorphisme régional. – C.R. Acad. Sci. Paris. **293**: 771–774.
Bonhommet, N. & Perroud, H. (1986): Apport du paléomagnetisme à la compréhension de l'orogénèse hercynienne en Europe occidentale. – Bull. Soc. géol. France, (8), **1986**: 35–42.
Borkowska, M., Hameurt, J. & Vidal, P. (1980): Origin and age of Izera gneiss and Rumburk granites in the western Sudetes. – Acta geol. polon., **30**: 121–151.
Bormann, P., Bankwitz, P. & Schulze, A. (1989): Geophysikalische Ergebnisse und geologische Konsequenzen tiefenseismischer Untersuchungen in der DDR – Resultate auf der Grundlage der Zusammenarbeit zwischen Institutionen der AdW, des Hochschulwesens und der geologischen Industrie der DDR. – Freiberg. Forsch.-H., **C 440**.
Bortfeld, R. K. et al. (1985): First results and preliminary interpretation of deep reflection seismic recordings along profile DEKORP-2-South. – J. Geophys., **57**: 137–163, Berlin, Heidelberg (Springer).
Bosse, H.-R., Krauß, U., Kruszane, M., Schmidt, H., Biehler, W., Boos, R. & Persy, A. (1986): Industrieminerale. – Unters. Angeb. Nachfr. miner. Rohstoffe, **19**: 948 S.; Basel, Hamburg.
Bosum, W. & Wonik, Th. (1991): Magnetic anomaly pattern in Central Europa. – In: Freeman, R. et al. (Eds.): The European Geotraverse, Part 8. – Tectonophysics. (Im Druck).
Bottke, H. (1978): Zur faziesgebundenen Tektonik der Briloner Scholle (Ostsauerland, Rheinisches Schiefergebirge). – Z. dt. geol. Ges., **129**: 141–151.
Bouckaert, J., Fock, W. & Vandenberghe, W. (1988): First results of the Belgian Geotraverse 1986 (BELCORP). – Ann. Soc. géol. Belg., **111**: 279–290.
Boy, J. A. (1989): Zur Lithostratigraphie des tiefsten Rotliegenden (?Ober-Karbon – ?Unter-Perm) im Saar-Nahe-Becken (SW-Deutschland). – Mainzer geowiss. Mitt., **18**: 9–42.
Boy, J. A. & Fichter, J. (1982): Zur Stratigraphie des saarpfälzischen Rotliegenden (?Oberkarbon – Unter-Perm; SW-Deutschland). – Z. dt. geol. Ges., **133**: 607–642.
– – (1988): Zur Stratigraphie des höheren Rotliegenden im Saar-Nahe-Becken (Unter-Perm; SW-Deutschland) und seiner Korrelation mit anderen Gebieten. – N. Jb. Geol. Paläont. Abh., **176**: 331–394.
Brand, E. et al. (1976): Die Tiefbohrung Saar 1. – Geol. Jb., **A 27**: 1–549.
Brand, G., Hagemann, B. P., Jelgersma, S. & Sindowski, K. M. (1966): Die lithostratigraphische Unterteilung des marinen Holozäns an der Nordseeküste. – Geol. Jb., **82**: 365–384.
Brause, H. (1969): Das verdeckte Paläozoikum der Lausitz und seine regionale Stellung. – Abh. dt. Akad. Wiss., Kl. Bergbau etc., **1968** (1): 143 S.
Breddin, H. (1973): Tiefentektonik und Deckenbau im Massiv von Stavelot-Venn (Ardennen und Rheinisches Schiefergebirge). – Geol. Mitt., **12**: 81–130.
Breemen, O. van, Aftalion, M., Bowes, D. R., Dudek, A., Misař, Z., Povondra, P. & Vrana, S. (1982): Geochronological studies of the Bohemian Massif, Czechoslovakia, and their significance in the evolution of Central Europe. – Earth Sci., **73**: 89–108.

Breemen, O. van, Bowes, D. R., Aftalion, M. & Zelaźniewiez, A. (1988): Devonian tectonothermal activity in the Sowie Góry gneissic block, Sudetes, Southwestern Poland: Evidence from Rb-Sr and U-Pb isotopic studies. – Ann. Soc. Géol. Pol., **58**: 3–19.

Breitkreuz, H., Falke, M., Schneider, W., Fischer, R. & Zimmerle, W. (1989): Klassische Aufschlüsse im westlichen Subherzynen Becken. – Führer Exk. 141, Hauptversamml. dt. geol. Ges. Braunschweig 1989: 5–63.

Brennand, T. P. (1984): Petroleum geology in North Sea-exploration 1964–1983, 1. – In: Glennie, K. W. (Ed.): Introduction to the Petroleum Geology of the North Sea: 1–15; Oxford (Blackwell).

Brink, H.-J. (1984): Die Salzstockverteilung in Nordwestdeutschland. – Geowiss. in unserer Zeit, **2**: 160–166.

Brix, F., Kröll, A. & Wessely, G. (1977): Die Molassezone und deren Untergrund in Niederösterreich. – Erdöl-Erdgas-Z. (Sonderbd.), **93**: 12–35.

Brix, M. R., Drozdzewski, G., Greiling, R. O., Wolf, R. & Wrede, V. (1988); The N-Variscan margin of the Ruhr coal district (Western Germany): Structural style of a buried thrust front? – Geol. Rdsch., **77**: 115–126.

Brochwicz-Lewinski, W., Pozaryski, W. & Tomczyk, H. (1984): Sinistral strike-slip movements in Central Europe in the Palaeozoic. – Publ. Inst. Geophys. Pol. Acad. Sci., **A-13** (160): 3–13.

Brockamp, O. (1976): Nachweis von Vulkanismus in Sedimenten der Unter- und Oberkreide in Norddeutschland. – Geol. Rdsch., **65**: 162–174.

Brooks, J. & Glennie, K. W. (Eds.) (1987): Proceedings of the 3rd Conference on Petroleum Geology of NW Europe. – 2 Bde., 1200 S.; London (Graham & Trotman).

Brown, S. (1984): Jurassic. – In: Glennie, K. W. (Ed.): Introduction to the Petroleum Geology of the North Sea: 103–131; Oxford (Blackwell).

Brüning, U. (1986): Stratigraphie und Lithofazies des Unteren Buntsandsteins in Südniedersachsen und Nordhessen. – Geol. Jb., **A 90**: 3–125.

Brüning, U., Jordan, H. & Kockel, F. (1987): Strukturgeologie Leinebergland, Harzvorland. – Führer Exk. 139, Hauptversamml. dt. geol. Ges. Hannover 1987: 39–112.

Brunnacker, K. (1978a): Neuere Ergebnisse über das Quartär am Mittel- und Niederrhein. – Fortschr. Geol. Rheinld. u. Westf., **28**: 11–122.

– (1978b): Der Niederrhein im Holozän. – Fortschr. Geol. Rheinld. u. Westf., **28**: 399–440.

Brunnacker, K., Boenigk, H., Dolezalek, B., Kempf, G. K., Koči, A., Mentzen, H., Razi Rad, M. K. & Winter, K.-P. (1978): Die Mittelterrassen am Niederrhein zwischen Köln und Mönchengladbach. – Fortschr. Geol. Rheinld. u. Westf., **28**: 277–324.

Bubenicek, L. (1971): Géologie du gisement de fer de Lorraine. – Bull. Centre Rech. Pau, **5**: 223–320.

Buchholz, P., Wachendorf, H. & Zweig, M. (1990): Resedimente der Präflysch-und Flysch-Phase – Merkmale für den Beginn und Ablauf orogener Sedimentation im Harz. – N. Jb. Geol. Paläont. Abh., **179**: 1–40.

Buchholz, P., Wachendorf, H., Zweig, W., Stoppel, O., Obert, C., Jackisch, S. & Hahlbeck, S. (1989): Synsedimentation versus tektonische Deformation im Harzpaläozoikum: Rutschung – Schlammstrom – Olisthostrom – Mélange. – Führer Exk. 141. Hauptversamml. dt. geol. Ges. Braunschweig 1989: 139–170.

Buday, T. & Cicha, I. (1968): Fore-Carpathian Basins in Moravia (the Foredeep). – In: Mahel, M. & Buday, T. (Eds.): Regional Geology of Czechoslovakia. II: The West Carpathians: 562–570; Stuttgart (Schweizerbart).

Büchi, U. P. & Schlanke, S. (1977): Zur Paläogeographie der schweizerischen Molasse. – Erdöl-Erdgas-Z. (Sonderbd.), **93**: 57–69.

Büsch, W., Matthes, S., Mehnert, K. R. & Schobert, W. (1980): Zur genetischen Deutung der Kinzingite im Schwarzwald und Odenwald. – N. Jb. Miner. Abh., **137**: 223–256.

Bundesanstalt für Bodenforschung (1969): Paläogeographischer Atlas der Unterkreide von NW-Deutschland mit einer Übersichtsdarstellung des nördlichen Mitteleuropa. – 315 S.; Hannover.

Bundesgesetzblatt **1980**: 1310–1363. – Bundesberggesetz (BBgerG) vom 13.8.1980. Bonn.

Buntebarth, G., Michel, W. & Teichmüller, R. (1982): Das permokarbonische Intrusiv von Krefeld und seine Einwirkung auf die Karbon-Kohlen am linken Niederrhein. – Fortschr. Geol. Rheinld. u. Westf., **30**: 31–45.

Burchhardt, J. (1977): Paläogeographie und Faziesverhältnisse im Oberdevon und Dinant des Harzes. – Hall. Jb. Geowiss., **2**: 13–25.

Caire, A. (1963): Problèmes de tectonique et de morphologie jurassiennes. – Livre à la mémoire de P. Fallot, Soc. géol. France, 2: 104–158.
Calvez, J.-Y. & Lippolt, H.J. (1980): Strontium isotope constraints to the Rhine Graben volcanism. – N.Jb. Miner. Abh., **139**: 59–81.
Cameron, T.D.J., Stocker, M.S. & Long, D. (1987): The history of Quaternary sedimentation in the UK sector of the North Sea Basin. – J. geol. Soc. London, **144**: 43–58.
Carlé, W. (1955): Bau und Entwicklung der Südwestdeutschen Großscholle. – Beih. Geol. Jb., **16**: 272 S.
– (1975): Die Mineral- und Thermalwässer von Mitteleuropa; Geologie, Chemismus, Genese. – 643 S.; Stuttgart (Wiss. Verlagsges.).
Caston, V.N.D. (1979a): The Quaternary sediments of the North Sea. – In: Banner, F.T., Collins M.B. & Massie, K.S. (Eds.): The North-West European Shelf Seas: The Sea Bed and the Sea in Motion I. Geology and Sedimentology. – Elsevier Oceanogr. Ser., **24A**: 195–270.
– (1979b): A new isopachyte map of the Quaternary of the North Sea. – In: Oele, E., Schüttenhelm, R.T.E. & Wiggers, A.J. (Eds.): The Quaternary History of the North Sea. – Acta Univ. Ups. Symp. Univ. Ups. Annum Quingentesimum Celebrantis, **2**: 23–28.
Cavelier, C., Mégnien, C., Pomerol, C.K. & Rat, P. (1980): Bassin de Paris. – In: Géologie des pays européens: France, Belgique, Luxembourg: 435–482;
Cazes, M., Torremes, G., Bois, G., Damotte, B., Galdeano, A., Hirn, A., Mascle, A., Matte, P., van Ngoc, P. & Rouault, J.F. (1985): Structure de la croûte hercynienne du Nord de la France: Premiers résultats du profil ECORS. – Bull. Soc. géol. France (8), **1985**: 925–941.
Čech, F. (1984): The Vienna basin: problems of its genesis and type. – Geol. Carpathica, **35**: 667–682.
Cepek, A.G. (1967): Stand und Probleme der Quartärsstratigraphie im Nordteil der DDR. – Ber. dt. Ges. geol. Wiss., **A 12**: 375–404.
– (1968): Quartär. – In: Zentrales Geologisches Institut (Hrsg.): Grundriß der Geologie der Deutschen Demokratischen Republik, **1**: 385–425; Berlin.
Cermak, V., Bodri, L. & Tanner, B. (1990): Deep crustal temperature along the Central segment of the EGT. – In: Freeman, R. & Mueller, St. (Eds.): Proc. 6th EGT Workshop: Data Compilations and Synoptic Interpretation, Einsiedeln 1989: 423–430; Strasbourg (Europ. Sci. Foundation)
Cháb, J. & Opletal, M. (1984): Nappe tectonics of the eastern margin of the Červenohorské sedlo belt, Hrubý Jeseník Mts. (Altvatergebirge), northern Moravia, Czechoslovakia. – Věst. Ústř.Úst. geol., **59**: 1–10.
Cháb, J. & Suk, M. (1978): Metamorphe Gliederung der Böhmischen Masse. – Z. dt. geol. Ges., **129**: 377–381.
Cháb, J. et al. (1984): Problems of the tectonic and metamorphic evolution of the eastern part of the Hrubý Jeseník Mts. (Altvatergebirge), northern Moravia, Czechoslovakia. – Sborn. geol. Věd. Geol., **39**: 27–72.
Chaloupský, J. (1978): The Precambrian tectogenesis in the Bohemian Massif. – Geol. Rdsch., **67**: 72–90.
Chaloupský, J. & Chlupáč, J. (1984): A star-like ichnofossil from the Krkonoše–Izerské hory Metamorphic Complex of northern Bohemia. – Věst. Ústř.Úst. geol., **59**: 45–48.
Chaloupský, J. et al. (1988): Lugicum. – In: Zoubek, V. (Ed.): Precambrian in Younger Fold Belts: 153–182; Chichester (Wiley).
Chao, E.T.C. (1977): The Ries crater of southern Germany – a model for large basins on planetary surfaces. – Geol. Jb., **A 43**: 85 S.
Chauve, P., Enay, R., Fluck, P. & Sittler, C. (1980): Vosges–Fossé Rhénan–Bresse–Jura. – In: Géologie des pays européens: France, Belgique, Luxembourg: 353–430; Paris (Dunod).
Chauve, P. & Perriaux, J. (1971): Le Jura. – In: Debelmas (Ed.): Géologie de la France, **2**: 443–461; Paris.
Chauve, P. et al. (1975): Le Jura. – Guides géol. région.: 216 S.; Paris (Masson).
Chebotareva, N.S. & Faustova, M.A. (1975): Struktur und Dynamik der letzten Europäischen Eisbedeckung. – Petermanns geogr. Mitt., **119**: 253–260.
Chlupáč, J. (1966): Paleozoic in Moravia. – In: Svoboda, J. et al.: Regional Geology of Czechoslovakia, Part I: The Bohemian Massif: 367–412.
– (1968): Early Paleozoic of the Bohemian Massif. – In: Internat. Geol. Congr., Guide to Excursion 11 AC, 13th sess.; Geol. Surv. Czechosl. Acad.: 43 p.; Praha.
– (1981): Stratigraphy and facies development of the metamorphosed Paleozoic of the Sedlany-Krasna Hora „island". – Věst. Ústř. úst. geol., **56** (4): 225–232.

– (1986): Silurian in the Sedlany-Krasna Hora metamorphic „islet". – Ústř. úst. geol, **61** (1): 1–10. (Engl. summ.)
– (1987): Paleontological evidence in the metamorphic Devonian of the central part of the Hrubý Jeseník Mountains. – Cas. Miner. Geol., **32**: 17–26.
Clark-Lowes, D.D., Kuzemko, N.C.J. & Scott, D.A. (1987): Structure and petroleum prospectivity of the Dutch Central Graben and neighbouring platform areas. – In: Brooks, J. & Glennie, K.W. (Eds.): Petroleum Geology of North-West Europe: 337–356; London (Graham & Trotman).
Clausen, C.-D. & Leuteritz, K. (1979): Übersicht über die Geologie des Warsteiner Sattels und seiner näheren Umgebung. – Aufschluß (Sonderbd.), **29**: 1–32.
– – (1982): Stratigraphie, Fazies und Altersstellung der paläozoischen Sedimente der Bohrung Soest-Erwitte 1/1a. – Fortschr. Geol. Rheinld. u. Westf., **30**: 99–143.
Clausen, C.-D., Jödicke, H. & Teichmüller, R. (1982): Geklärte und ungeklärte Probleme im Krefelder und Lippstädter Gewölbe. – Fortschr. Geol. Rheinld. u. Westf., **30**: 413–432.
Clauser, C. (1988): Untersuchungen zur Trennung der konduktiven und konvektiven Anteile im Wärmetransport in einem Sedimentbecken am Beispiel des Oberrheingrabens. – Fortschr.-Ber. VDI, Reihe 19, **28**.
Cogné, J. & Slansky, M. (Eds.) (1980): Géologie de l'Europe du Précambrien aux bassins sédimentaires post-hercyniens. – Mém. BRGM, **108**: 308 S.
Cogné, J. & Wright, A.E. (1980): L'orogène cadomien. – 26th Internat. geol. Congr. Paris 1980, Coll. C 6, Géology of Europe: 29–55.
Colbeaux, J.P. et al. (1977): Tectonique de Blocs dans le Sud de Belgique et le Nord de la France. – Ann. Soc. géol. Nord, **97**: 191–222.
Conrad, W., Grosse, W. & Thomaschewski, S. (1977): Geologische Karte der Deutschen Demokratischen Republik und der angrenzenden Gebiete. – Gravimetrie-Bouguerschwerestörung g". – Berlin (Zentrales Geol. Inst.).
Corin, F. (1965): Atlas des roches éruptives de Belgique. – Mém. expl. ct. géol. min. Belg., **4**: 184 S.
Cornford, D. (1984): Source Rocks and Hydrocarbons of the North Sea. – In: Glennie, K.W. (Ed.): Introduction to the Petroleum Geology of the North Sea: 171–204; Oxford (Blackwell).
Coulon, M. (1976): La place du plutonisme dans le contexte paléogéographique des Vosges méridionales. – Ann. Soc. géol. Nord, **XCVI**: 387–398.
– (1977): Evolution des Viséen entre les vallées du Rhin et de l'Ognon (Vosges méridionales). Existence d'une zone à comportement de linéament. – Bull. Sci. géol., **30**: 79–89.
Coulon, M., Fourquin, C. & Paicheler, J.C. (1979): Contribution du tectorogène varisque dans les Vosges méridionales. III – Le Culm entre Bourbach-le-Haut et la Molkenrain. – Bull. Sci. géol., **32**: 117–129.
Coulon, M., Fourquin, C., Paicheler, J.C. & Point, R. (1975a): Contribution à la connaissance du tectorogène varisque dans les Vosges méridionales. II – Le culm de la région comprise entre Giromagny et Bourbach-le-Bas. – Bull. Sci. géol., **28**: 109–139.
Coulon, M., Fourquin, C., Paicheler, J.C. & Heddebaut, C. (1975b): Mise au point sur l'âge des faunes de Bourbach-le-Haut et sur la chronologie des différentes séries du Culm des Vosges du Sud. – Bull. Sci. géol., **28**: 141–148.
Coulon, M., Fourquin, C., Paicheler, J.C., Conil, R. & Lys, M. (1978): Stratigraphie du Viséen des Vosges méridionales par l'étude de plusieurs niveaux à microfaunes et algues. – Bull. Sci. géol., **31**: 79–93.

Dachroth, W. (1988): Genese des linksrheinischen Buntsandsteins und Beziehungen zwischen Ablagerungsbedingungen und Stratigraphie. – Jber. Mitt. oberrhein. geol. Ver., N.F., **70**: 267–333.
Dadlez, R. (Ed.) (1976): Permian and Mesozoic of the Pomeranian trough. – Prace Inst. geol. Warszawa, **79**: 173 p.
– (1978): Sub-Permian rock complexes in the Koszalin-Chojnice zone. – Kwart. geol., **22**: 269–301.
– (1987): Evolution of the Phanerozoic basins along the Teisseyre-Tornquist zone. – Z. angew. Geol., **33**: 229–233.
Dadlez, R. & Kopik, J. (1975): Stratigraphy and palaeogeography of the Jurassic. – Biul. Geol. Inst., **252**: 149–171.
Dahlkamp, F.J. (1990): Vein uranium deposits in Europe. – In: Haynes, S.J. (Ed.): Vein Type Ore Deposits; Amsterdam (Elsevier). (Im Druck).

David, F. et al. (1987): Geologie des Osnabrücker Berglandes. – Führer Exk. 139. Hauptversamml. dt. geol. Ges. Hannover 1987: 113–156.

Day, G. A., Cooper, B. A., Andersen, C., Burgers, W. F. J., Rønnevik, H. C. & Schöneich, H. (1981): Regional seismic structure maps of the North Sea. – In: Illings, L. V. & Hobson, E. D. (Eds.): Petroleum and the Continental Shelf of North-West Europe: 76–84; (London/Hayden).

DEKORP Research Group (1988): Results of the DEKORP 4/KTB Oberpfalz deep seismic reflection investigation. – J. Geophys., **62**: 69–101.

– (1990): Crustal Structure of the Rhenish Massif: Results of deep seismic reflection lines DEKORP 2-North and 2-North-Q. – Geol. Rdsch. (Im Druck).

Delmer, A., Graulich, J. M. & Legrand, R. (1978): La recherche d'hydrocarbures en Belgique. – Ann. Min. Belg., **4**: 493–501.

Depciuch, T. (1971): Absolute age of the Strzegom granitoids determined by K-Ar Method. – Kwart. Geol., **15**: 862–869.

Deutsche Demokratische Republik (1983): Fachbereichstandard: Regionalgeologische Gliederung des Territoriums der DDR. – 59 S.; Berlin.

Diener, J. (1968): Kreide. – In: Zentrales Geologisches Institut (Hrsg.): Grundriß der Geologie der Deutschen Demokratischen Republik, Bd. 1: 320–342; Berlin (Akademie-Verl.).

Dietrich, G. & Köster, R. (1974): Geschichte der Ostsee. – In: Magaard, L. & Rheinheimer, G.: Meereskunde der Ostsee: 5–10; Berlin (Springer).

Dill, H. (1985): Die Vererzung am Westrand der Böhmischen Masse. – Geol. Jb., **D 73**: 461 S.

– (1986): Metallogenesis of the early Paleozoic graptolite shales from the Gräfenthal horst. – Econ. Geol., **81**: 889-903.

– (1988): Geologic setting and age relationship of fluorite-barite mineralization in Southern Germany – with special reference of the late Paleozoic unconformity. – Miner. Deposita, **23**: 16–23.

– (1989): Metallogenic and geodynamic evolution in the Central European Variscides – A pre-well site study for the German continental deep drilling programme. – Ore Geol. Rev., **4**: 279–304.

Dockter, H. (1974): Keuper. – In: Hoppe, W. & Seidel, G. (Hrsg.): Geologie von Thüringen: 633–681; Gotha (Haack).

Doebl, F. (1967): The Tertiary and Pleistocene sediments of the northern and central part of the Upper Rhinegraben. – Abh. geol. L.-Amt Baden-Württ., **6**: 48–54.

– (1970): Die tertiären und quartären Sedimente des südlichen Rheingrabens. – In: Illies, H. & Mueller, St. (Hrsg.): Graben Problems: 56–66; Stuttgart (Schweizerbart).

Doebl, F. & Teichmüller, R. (1979): Zur Geologie und heutigen Geothermik im mittleren Oberrhein-Graben. – Fortschr. Geol. Rheinld. u. Westf., **27**: 1–17.

Dohr, G. (1983): Ergebnisse geophysikalischer Untersuchungen über den Bau des Nordwestdeutschen Beckens. – Erdöl-Erdgas, **99**: 252–267.

– (1989): Ergebnisse geophysikalischer Arbeiten zur Untersuchung des tieferen Untergrundes in Norddeutschland. – In: Niedersächsische Akademie der Geowissenschaften: Das Norddeutsche Becken – Geophysikalische und geologische Untersuchungen des tieferen Untergrundes, Veröff. 2: 4–22 (Hannover).

Don, J. (1982): Die Entwicklung der Migmatite in der Zone der Übergangsgneise von Miedzygórze (Metamorphikum des Śnieżnik – Sudety). – Veröff. Zentralinst. Phys. Erde, **72**: 5–20.

– (1990): The differences in Paleozoic facial-structural evolution of the West Sudetes. – N. Jb. Geol. Paläont. Abh., **179**: 207–328.

Don, J., Dumicz, M., Wojciechowska, J. & Zelaźniewicz, A. (1990): Geology of the Orlica – Śnieżnik Dome Sudetes. – N. Jb. Geol. Paläont. Abh., **179**: 159–188.

Don, J., Lorenc, S. & Zelaźniewicz, A. (Eds.) (1990): Studies in geology of the Sudetes. – N. Jb. Geol. Paläont. Abh., **179**: 117–348.

Don, J. & Zelaźniewicz, A. (1990): The Sudetes – boundaries, subdivision and tectonic position. – N. Jb. Geol. Paläont. Abh., **179**: 121–127.

Donsimoni, M. (1981a): Synthèse géologique du bassin houiller lorrain. – Bull. Centr. Rech. Explor. Prod. Elf-Aquitaine, **5**: 441–442.

– (1981b): Le bassin houiller lorrain. Synthèse géologique. – Mém. BRGM, **117**: 102 S.

Dorn, P. & Lotze, F. (1971): Geologie Mitteleuropas. – 491 S.; Stuttgart (Schweizerbart).

Doutsos, T. (1979): Tektonische Analyse des nördlichen kristallinen Spessarts. – Geologica bavar., **79**: 127–176.

Drong, H.-J., Plein, E., Sannemann, D., Schnepbach, M. A. & Zimdars, J. (1982): Der Schneverdingen-Sandstein des Rotliegenden – eine äolische Sedimentfüllung alter Grabenstrukturen. – Z. dt. geol. Ges., **133**: 699–725.
Drozdzewski, G. (1979): Grundmuster der Falten- und Bruchstrukturen im Ruhrkarbon. – Z. dt. geol. Ges., **130**: 51–67.
– (1985): Tiefentektonik der Ibbenbürener Karbonscholle. – In: Beiträge zur Tiefentektonik westdeutscher Steinkohlenlagerstätten: 189–216; Krefeld (Geol. L.-Amt Nordrhein-Westf.).
– (1988): Die Wurzel der Osning-Überschiebung und der Mechanismus herzynischer Inversionsstörungen in Mitteleuropa. – Geol. Rdsch., **77**: 127–141.
Drozdzewski, G. et al. (1980): Beiträge zur Tiefentektonik des Ruhrkarbons. – 192 S.; Krefeld (Geol. L.-Amt Nordrhein-Westf.).
– (1985): Beiträge zur Tiefentektonik westdeutscher Steinkohlenlagerstätten. – 236 S.; Krefeld (Geol. L.-Amt Nordrhein-Westf.).
Dücker, A. (1969): Der Ablauf der Holsteinwarmzeit in Westholstein. – Eiszeitalter u. Gegenwart, **20**: 46–57.
Dudek, A. (1980): The crystalline basement block of the Outer Carpathians in Moravia: Bruno-Vistulicum. – Rozpr. Čes. Akad Ved., **90** (8): 85 S.
Dudek, A. & Weiss, J. (1966) The Moravicum. – In: Svoboda, J. et al.: Regional Geology of Czechoslovakia, Part I; The Bohemian Massif: 247–269, Prague (Ústř. Úst. geol.).
Dumicz, M. (1979): Tectogenesis of the metamorphosed series of the Kłodzko District: a tentative explanation. – Geol. Sudetica, **13**: 29–46.
Dunning, F. W. & Evans, A. M: (Eds.) (1986): Mineral Deposits of Europe, 3. Central Europe. – 355 S.; London (Inst. Min. Metall. & Miner. Soc.).
Duphorn, K. & Woldstedt, P. (1974): Die Geschichte der Ostsee am Ende der letzten Eiszeit und im Holozän. – In: Woldstedt, P. & Duphorn, K.: Norddeutschland und angrenzende Gebiete im Eiszeitalter: 404–410; Stuttgart (Enke).
Dusar, M., Meyskens, M., Bless, M. J. M., Somers, Y. & Streeb, M. (1985): The Westphalian C-D strata in the north-eastern Campine. Possibilities for seam to seam correlations. – Ann. Soc. géol. Belg., **108**: 412–413.
Dvořák, J. (1973): Synsedimentary tectonics of the Palaeozoic of the Drahany Upland (Sudeticum, Moravia, Czechoslovakia). – Tectonophysics, **17**: 359–391.
– (1975): Interrelationship between the sedimentation rate and the subsidence during the flysch and molasse stage of the Variscan geosyncline in Moravia (Sudeticum). – N. Jb. Geol. Paläont. Mh., **1975**: 339–342.
– (1978): Proterozoischer Untergrund der variszischen Geosynklinale in Mähren (ČSSR) und ihre Entwicklung. – Z. dt. geol. Ges., **129**: 383–390.
– (1982): The Devonian and Lower Carboniferous in the basement of the Carpathians south and southeast of Ostrava (Upper Silesian Coal Basin, Moravia, Czechoslovakia). – Z. dt. geol. Ges., **133**: 551–570.
– (1985): Horizontal movements on deep faults in the Proterozoic basement of moravia (Czechoslovakia). – Jb. Geol. Bundesanst., **127**: 551–556.
– (1986): The Famennian of Moravia (ČSSR): The relation between tectonics and sedimentary facies. – Ann. Soc. géol. Belg., **109**: 131–136.
– (1989): Beziehungen zwischen Tektonik und Paläogeographie im mährischen Karbon. – Geol. Jb. Hessen, **117**: 37–51.
Dvořák, J., Friakova, O. & Land, L. (1976): Block structure of the old basement as indicated by the facies development of the Devonian and the Carboniferous in the Moravian Karst (Sudeticum, Moravia, ČSSR). – Geologica Palaeont., **10**: 153–160.
Dvořák, J. & Novotny, M. (1984): Extensive overthrusts in the border of the Jeseniky Mountains (Moravia, Czechoslovakia) and in the Ardennes: A comparison. – Bull. Soc. géol. Belg., **93**: 51–53.
Dvořák, J. & Paproth, E. (1969): Über die Position und die Tektogenese des Rhenoherzynikums und des Sudetikums in den mitteleuropäischen Varisziden. – N. Jb. Geol. Palöont. Mh., **1969**: 65–88.
Dvořák, J. & Wolf, M. (1979): Thermal metamorphism in the Moravian Palaeozoic (Sudeticum, ČSSR). – N. Jb. Geol. Paläont. Mh., **1979**: 596–607.
Dziedzic, K. (1980): Subvolcanic intrusions of Permian volcanic rocks in the Central Sudetes. – Z. geol. Wiss., **8**: 1181–1200.

- (1985): Variscan rejuvenation of the Precambrian gneisses along the eastern margin of the Gory Sowie Massif, Fore-Sudetic Block. – Krystalinikum, **18**: 7–27.
- (1989): The Paleozoic of the Silesia Region, SW Poland. A geodynamic model. – Z. geol. Wiss., **17**: 541–551.
- (1990): Origin of the Neogene basaltoids in the Lower Silesian region, SW Poland. – N. Jb. Geol. Paläont. Abh., **179**: 329–345.

Dziedzic, K. & Teisseyre, A. K. (1990): The Hercynian molasse and younger deposits in the Intra-Sudetic Depression, SW Poland. – N. Jb. Geol. Paläont. Abh., **179**: 285–305.

Dzik, J. (1978): Conodont biostratigraphy and paleogeographical relations of the Ordovician Mójcza Limestones (Holy Cross Mts., Poland). – Acta palaeont. polon., **23**: 51–72.

Eckardt, F. J. (1979): Der permische Vulkanismus Mitteleuropas. – Geol. Jb., **D 35**: 84 S.

Edel, J. B., Montigny, R., Royer, J. Y., Thuizat, R. & Trolard, F. (1986): Paleomagnetic investigations and K-Ar dating on the Variscan plutonic massif of the Champ du Feu and its volcanic sedimentary environment, Northern Vosges, France. – Tectonophysics, **122**: 165–185.

Eder, F. W., Engel, W., Franke, W. & Sadler, P. M. (1983): Devonian and Carboniferous limestone-turbidites of the Rheinisches Schiefergebirge and their tectonic significance. – In: Martin, H. & Eder, F. W. (Eds.): Intracontinental Fold Belts: 93–124; Heidelberg (Springer).

Eggert, P., Hübener, J. A., Priem, J., Stein, V., Vossen, K. & Wettig, E. (1986): Steine und Erden in der Bundesrepublik Deutschland, Lagerstätten, Produktion und Verbrauch. – Geol. Jb., **D 82**: 879 S.

Ehlers, J. (Ed.) (1983): Glacial Deposits in North-West Europe. – 470 S.; Rotterdam (Balkema).

Ehlers, J., Meyer, K.-D. & Stephan, H. J. (1984): The Pre-Weichselian Glaciations of North-West Europe. – Quat. Sci. Rev., **3**: 1–40.

Eigenfeld, R. (1938): Die granitführenden Konglomerate des Oberdevons und Kulms in Gebieten altkristalliner Sattelanlagen in Ostthüringen, Frankenwald und Vogtland. – Abh. math.-phys. Kl. sächs. Akad. Wiss., **42**: 7–150.

Eigenfeld, R. & Eigenfeld-Mende, I. (1978): Die Zuordnung kristalliner Gerölle in Devon- und Kulmkonglomeraten zu Magmatiten und Metamorphiten innerhalb der Varisziden Deutschlands. – Z. dt. geol. Ges., **129**: 319–357.

Einsele, G. (1963): Über Art und Richtung der Sedimentation im klastischen Rheinischen Oberdevon (Famenne). – Abh. hess. L.-Amt Bodenforsch., **43**: 60 S.

Eisbacher, G. H., Lüschen, E. & Wickert, F. (1989): Crustal-scale thrusting und extension in the Hercynian Schwarzwald and Vosges, Central Europe. – Tectonics, **8**: 1–21.

Eissmann, L. (1970): Geologie des Bezirkes Leipzig. Eine Übersicht. – Natura regionis Lipsiensis, **1**: 176 S.

- (1975): Das Quartär der Leipziger Tieflandsbucht und angrenzender Gebiete um Saale und Elbe. – Schriftenr. geol. Wiss., **2**: 228 S..

Eissmann, L. & Müller, A. (1979): Leitlinien der Quartärentwicklung im Norddeutschen Tiefland. – Z. geol. Wiss., **7**: 451–462.

Eissmann, L. & Wimmer, R. (Hrsg.) (1988): Das Quartär des Saale-Elbe-Raumes und seine Bedeutung für die mitteleuropäische Quartärforschung. – Exkursionsführer: 40 S.; Berlin.

Eliáš, M. (1977): Paläogeographische und paläotektonische Entwicklung des Mesozoikums und des Tertiärs am Rande der Karpaten und des Böhmischen Massivs. – Erdöl-Erdgas (Sonderbd.), **93**: 5–11.

- (1981): Facies and paleogeography of the Jurassic of the Bohemian Massif. – Sborn. geol. Věd., Geol., **35**: 75–155.

Eller, J. P. von (1976): Vosges – Alsace. – Guides géol. région.: 182 S.: Paris (Masson).

Eller, J. P. von, Fluck, P., Hameurt, J. & Ruhland, M. (1972): Présentation d'une carte structurale du socle vosgien. – Bull. Sci. Géol., **25**: 3–19.

Eller, J. P. von, Fluck, P. & Wimmenauer, W. (1977): Vosges et Forêt Noire: analogie et divergences de deux portions du socle Rhénan. – In: La Chaîne varisque d'Europe moyenne; Vol. internat. CNRS (Rennes), **243**: 405–414.

Eller, J. P. von & Sittler, C. (1974): Les vosges et le fossé rhénan. – In: Debelmas, J. (Ed.): Géologie de la France, **1**: Vieux massifs et grands bassins sédimentaires: 63–104; Paris (Doin).

Emmermann, R. (1977): A petrogenetic model for the origin and evolution of the Hercynian granite series of the Schwarzwald. – N. Jb. Miner. Abh., **128**: 219–253.

Emmermann, R. & Wohlenberg, J. (Eds.) (1989): The German Continental Deep Drilling Project (KTB). – 553 S.; Heidelberg (Springer).

Emmons, H.-H. & Walter, H.-H. (1988): Alte Salinen in Mitteleuropa. – 279 S.; Leipzig (Dt. Verl. Grundstoffind.).
Engel, H. (1985): Zur Tektogenese des Saarbrücker Hauptsattels und der Südlichen Randüberschiebung. – In: Drozdzweski, G. et al.: Beiträge zur Tiefentektonik westdeutscher Steinkohlenlagerstätten: 217–237; Krefeld (Geol. L.-Amt).
– (1986): Palynologie stefanischer Flöze des Saarlandes und der Übergang vom Karbon zum Perm. – Cour. Forsch.-Inst. Senckenberg, **86**: 113–124.
Engel, W. & Franke, W. (1983): Flysch-sedimentation: Its relations to tectonism in the European Variscides. – In: Martin, H. & Eder, F. (Eds.): Intracontinental Fold Belts: 290–321; Heidelberg (Springer).
Engel, W., Franke, W., Grobe, C., Weber, K., Ahrendt, H. & Eder, F.W. (1983): Nappe tectonics of the southeastern part of the Rheinisches Schiefergebirge. – In: Martin, H. & Eder, F.W. (Eds.): Intracontinental Fold Belts: 267–287; Heidelberg (Springer).
Engel, W., Franke, W. & Langenstrassen, F. (1983): Palaeozoic sedimentation in the northern branch of the Mid-European Variscides; Essay of an interpretation. – In: Martin, H. & Eder, F.W. (Eds.): Intracontinental Fold Belts: 9–41; Heidelberg (Springer).
Erd, K. (1973): Pollenanalytische Gliederung des Pleistozäns der Deutschen Demokratischen Republik. – Z. geol. Wiss., **1**: 1087–1103.
Ernst, G., Schmid, F. & Seibertz, E. (1983): Event-Stratigraphie im Cenoman und Turon von NW-Deutschland. – Zitteliana, **10**: 531–554.
EUGENO S Working Group (1988): Crustal structure and tectonic evolution of the transition between the Baltic Shield and the North German Caledonides (The EUGENO S Project). – Tectonophysics, **150**: 253–348.

Fahrion, H. (1984): Zur Verbreitung und Fazies des Maastricht in Nordwestdeutschland. – Z. dt. geol. Ges., **135**: 573–583.
Falke, H. (1974): Das Rotliegende des Saar-Nahe-Gebietes. – Jber. Mitt. oberrhein. geol. Ver., N.F., **56**: 1–14 u. 21–34.
– (1976): The Continental Permian in Central, West and South Europe. – 352 S.; Dordrecht (Reidel).
Falke, H. & Kneuper, G. (1972): Das Karbon in limnischer Entwicklung. – C.R. 7e Congr. Internat. Strat. Carbonif. (Krefeld), 23–28. August 1971, **1**: 49–67; Krefeld.
Fedak, J. (Ed.) (1976): The Current Metallogenic Problems of Central Europe. – 396 S.; Warszawa (Wydawnictwa geologiczne).
Fenchel, W. et al. (1985): Die Sideriterzgänge im Siegerland-Wied-Distrikt. – Geol. Jb., **D 77**: 517 S.
Fiedler, K. (1984): Tektonik. – In: Klassen, H. (Hrsg.): Geologie des Osnabrücker Berglandes: 519–565; Osnabrück (Naturwiss. Mus.).
Figge, K. (1968): Oberdevon im Breuschtal der Vogesen. – N. Jb. Geol. Paläont. Mh., **1968**: 195–199.
– (1980): Das Elbe-Urstromtal im Bereich der Deutschen Bucht (Nordsee). – Eiszeitalter u. Gegenwart, **30**: 203–211.
Fisher, M.J. (1984): Triassic. – In: Glennie, K.W. (Ed.): Introduction to the Petroleum Geology of the North Sea: 85–101; Oxford (Blackwell).
Flick, H. (1979): Die Keratophyre und Quarzkeratophyre des Lahn-Dill-Gebietes; petrographische Charakteristik und geologische Verbreitung. – Geol. Jb. Hessen, **107**: 27–43.
– (1986): Permokarbonischer Vulkanismus im südlichen Odenwald. – Heidelberg. geowiss. Abh., **6**: 121–139.
Flöttmann, Th., Gallus, B. & Kleinschmidt, G. (1986): Variskische Kataklase im Mittleren Schwarzwald. – N. Jb. Geol. Paläont. Mh., **1986**: 459–466.
Flöttmann, Th. & Kleinschmidt, G. (1989): Structural and basement evolution in the Central Schwarzwald Gneis Complex. – In: Emmermann, R. & Wohlenberg, J. (Eds.): The German Continental Deep Drilling Program (KTB): 265–275; Heidelberg (Springer).
Fluck, P. (1980): Métamorphisme et magmatisme dans les Vosges-moyennes d'Alsace. Contribution à l'histoire de la chaîne varisque. – Mém. Sci. Géol., **62**: 248 S.
Fluck, P., Maass, R. & Raumer, J.F. von (1980): The Variscan units east and west of the Rhine Graben. – In: Cogné, J. & Slansky, M. (Eds.): Géologie de l'Europe du précambrien aux bassins sédimentaires post-Hercyniens; Mém. BRGM, **108**: 112–131.
– – – (1984): Neuere Ergebnisse zur Entwicklung des Varistikums in den Vogesen. – Fortschr. Miner., **62**: 37–47.

Fourmarier, P. et al. (1954): Prodrôme d'une description géologique de la Belgique. – 826 S.; Liège.
Fourquin, C. (1973): Contribution à la connaissance du tectorogène varisque dans les Vosges méridionales. I. Le Culm de la région de Giromagny. – Bull Sci., geol., **26**: 3–42.
Franke, D. (1977): Palaeogeographic and tectonic development of the external zones of the Central European Variscides and their Northern Foreland. – In: La chaîne varisque d'Europe moyenne et occidentale, Coll. int. CNRS Rennes, **243**: 515–529.
– (1978): Entwicklung und Bau der Paläozoiden im nördlichen Mitteleuropa. – Z. geol. Wiss., **6**: 5–42.
– (1990): The north-west part of the Tornquist-Teisseyre Zone – platform margin or intraplate structure? – Z. angew. Geol., **36**: 45–48.
Franke, D., Hoffmann, N. & Kamps, H.J. (1989): Alter und struktureller Bau des Grundgebirges im Nordteil der DDR. – Z. angew. Geol., **35**: 289—296.
Franke, D., Kölbel, B. & Schwab, G. (1989): Zur Interpretation der Tornquist-Teisseyre-Zone nach plattentektonischen Aspekten. – Z. angew. Geol., **35**: 193–198.
Franke, D. & Znosko, J. (1988): Einige Fragen der baikalisch-kaledonischen Entwicklung im Gebiet südwestlich der Tornquist-Teisseyre-Zone. – Z. angew. Geol., **34**: 33–36.
Franke, W. (1973): Fazies, Bau und Entwicklungsgeschichte des Iberger Riffes (Mitteldevon bis Unterkarbon III, NW-Harz, W-Deutschland). – Geol. Jb., **A 11**: 3–127.
– (1984a): Variszischer Deckenbau im Raume der Münchberger Gneismasse – abgeleitet aus der Fazies, Deformation und Metamorphose im umgebenden Paläozoikum. – Geotekt. Forsch., **68**: 253 S.
– (1984b): Late events in the tectonic history of the Saxothuringian Zone. – In: Hutton, D.W.H. & Sanderson, D.J. (Eds.): Variscan Tectonics of the North Atlantic Region: 33–45; Oxford (Blackwell).
– (1989a): The geological framework of the KTB Drill Site, Oberpfalz. – In: Emmermann, R. & Wohlenberg, J. (Eds.): The German Continental Deep Drilling Program (KTB): 37–54; Heidelberg (Springer).
– (1989b): Tectonostratigraphic units in the Variscan belt of central Europe. – Geol. Soc. Amer., Spec. Pap., **230**: 67–90.
– (1989c): Variscan plate tectonics in Central Europe – current ideas and open questions. – Tectonophysics, **169**: 221–228.
– (Ed.) (1990a): Mid-German Crystalline Rise & Rheinisches Schiefergebirge. – International Conf. on Paleozoic Orogens in Central Europe 1990, Field-Guide, 169 S., Göttingen-Gießen.
– (Ed.) (1990b): Bohemian Massif. – International Conf. on Paleozoic Orogens in Central Europe 1990, Field-Guide, 205 S., Göttingen-Gießen.
Franke, W., Eder, W. & Engel, W. (1975): Sedimentology of a Lower Carboniferous Shelf-margin (Velbert Anticline, Rheinisches Schiefergebirge, W Germany). – N. Jb. Geol. Paläont. Abh., **150**: 314–353.
Franke, W. & Engel, W. (1986): Synorogenic sedimentation in the Variscan Belt of Europe. – Bull. Soc. géol. France, (8), **1986**: 25–33.
Franke, W. & Franke, D. (1990): Structural subdivision of the Variscan basement. – Proc. 5th EGT Study Centre, Rauischholzhausen 1990. (Im Druck).
Franke, W., Paul, J. & Schröder, H.G. (1977): Stratigraphie, Fazies und Tektonik im Gebiet des Leinetal-Grabens (Trias, Tertiär). – Exkursionsführer Geotagung '77, II: 41–62; Göttingen.
Franke, W. & Walliser, O.H. (1983): „Pelagic" Carbonates in the Variscan Belt – Their sedimentary and tectonic environments. – In: Martin, H. & Eder, F.W. (Eds.): Intracontinental Fold Belts: 77–92; Heidelberg (Springer).
Franke, W. et al. (1990): Crustal structure of the Rhenish Massif: results of deep seismic reflection lines DEKORP 2-North and 2-North-Q. – Geol. Rdsch. **79**: 523–566.
Franz, G., Thomas, S. & Smith, D.C. (1984): P-T-conditions for the Weissenstein eclogite, NE Bavaria, Germany. – Fortschr. Miner. Beih., **62**: 60–61.
Franzke, H.J. & Schubert, J. (1987): Die Erfurter Störungszone im Gebiet des Großen Herrenberges am südöstlichen Stadtrand von Erfurt. – Z. geol. Wiss., **15**: 437–455.
Frasl, G., Fuchs, G. et al. (1977): Einführung in die Geologie des Waldviertler Grundgebirges. – Führer Arbeitstag. geol. B.-Anst., 1977, Waldviertel: 5–10; Wien (Geol. B.-Anst.).
Freeman, R., Mueller, St. & Giese, P. (Eds.) (1986): Proceedings of the Third Workshop on the European Geotraverse (EGT) Project. The Central Segment. – 260 S.; Strasbourg (European Sci. Foundation).
Frenzel, B. (1968): Grundzüge der pleistozänen Vegetationsgeschichte Nord-Eurasiens. – Erdwiss. Forsch., **I**: 326 S.

Frenzel, G. & Attia, M. (1969): Das Grundgebirge und Rotliegende im südöstlichen Kaiserbach-Tal (Südpfalz). – N. Jb. Geol. Paläont. Abh., **134**: 17–56.
Freyberg, B. von (1969): Tektonische Karte der Fränkischen Alb und ihrer Umgebung. – Erlanger geol. Abh., **77**: 81 S.
Freyer, G., Geissler, E., Hoth, K. & Tran Ti Nhuan (1982): Die Altersstellung des Karbonatgesteins-Horizontes Rabenstein-Auerswalde und ihre Bedeutung für die Geologie des südöstlichen Schiefermantels des sächsischen Granulitgebirges. – Z. geol. Wiss., **10**: 1403–1424.
Frieg, C., Hiss, M. & Kaever, M. (1990): Alb und Cenoman im zentralen und südlichen Münsterland (NW-Deutschland) – Stratigraphie, Fazies, Paläogeographie. – N. Jb. Geol. Paläont. Abh. (Im Druck)
Frisch, W. (1979): Tectonic progradations and plate tectonic evolutions of the Alps. – Tectonophysics, **60**: 121–139.
Frischbutter, A. (1982a): Zur Deformation der prävariszischen Granite des mittleren Erzgebirges. – Veröff. Zentralinst. Phys. Erde, **72**: 75–88.
– (1982b): Zur präkambrischen Entwicklung der Elbezone. – Z. angew. Geol., **28**: 359–366.
Fromm, E., Lundquist, T., Gee, D. G., Zachrisson, E., Agrell, H. & Frietsch, R. (1980): Sweden. – In: Geology of the European Countries – Denmark, Finland, Iceland, Norway, Sweden: 211–343, London (Graham & Trotman).
Frost, R. T. C., Fitsch, F. J. & Miller, J. A. (1981): The age and nature of the crystalline basement of the North Sea Basin. – In: Illing, L. V. & Hobson, G. D. (Eds.): Petroleum Geology of the Continental Shelf of North-West Europe: 43–57; London (Hayden).
Fuchs, G. (1971): Zur Tektonik des östlichen Waldviertels (NÖ). – Verh. Geol. B.-Anst., **1971**: 424–440.
– (1974): Das Unterdevon am Ostrand der Eifeler Nordsüd-Zone. – Beitr. naturkd. Forsch. Südwestdtschl., Beih., **2**: 3–163.
– (1976): Zur Entwicklung der Böhmischen Masse. – Jb. geol. B.-Anst. **119**: 45–61.
Fuchs, G. & Matura, A. (1976): Zur Geologie des Kristallins der südlichen Böhmischen Masse. – Jb. geol. B.-Anst., **119**: 1–43.
Fuchs, H. (Ed.) (1986): Vein type uranium deposits. – IAEA techn. document, **361**: 423 S.; Wien.
Fuchs, K., Bonjer, K. P. & Prodehl, C. (1981): The continental rift system of the Rhinegraben structure, physical properties and dynamical processes. – Tectonophysics, **73**: 79–90.
Fuchs, K. et al. (Eds.) (1983): Plateau Uplift. The Rhenish Massif – A Case History. – 411 S.; Heidelberg (Springer).
– (1987): Crustal evolution of the Rhinegraben area. 1. Exploring the lower crust in the Rhinegraben rift by unified geophysical experiments. – Tectonophysics, **141**: 261–275.
Fuchs, R. & Wessely, G. (1977): Die Oberkreide des Molasseuntergrundes im nördlichen Niederösterreich. – Jb. geol. B.-Anst., **120**: 426–436.
Fuchs, W. (1976): Gedanken zur Tektogenese der nördlichen Molasse zwischen Rhône und March. – Jb. geol. B.-Anst., **119**: 207–254.
Füchtbauer, H. (1964). Sedimentpetrographische Untersuchungen in der älteren Molasse nördlich der Alpen. – Eclogae geol. Helv., **57**: 157–298.
– (1967): Die Sandsteine in der Molasse nördlich der Alpen. – Geol. Rdsch., **56**: 266–300.
Führer, F. X. (1988): Geological results of recent geophysical investigations in the Harz Mountains (Germany). – Geol. Rdsch., **77**: 79–99.
Fulda, E. (1938): Steinsalze und Kalisalze. – In: Beyschlag, F., Krusch, P. & Vogt, J. H. L.: Die Lagerstätten der nutzbaren Mineralien und Gesteine, Bd. 3, Tl. 2: 240 S.; Stuttgart (Enke).

Gaertner, H. R. von (1950): Probleme des Saxothuringikums. – Geol. Jb., **65**: 409–450.
Gall, J. C. (1971): Faunes et paysages du Grès à Voltzia du Nord des Vosges. Essai paléoécologique sur la Buntsandstein supérieur. – Mém. Serv. ct. géol. Als. Lorr, **34**: 318 S.
Gall, J. C., Durand, M. & Müller, E. (1977): Le Trias de part et d'autre du Rhin. Corrélations entre les marges et le centre du bassin germanique. – Bull. BRGM, Sér. 2, **4**: 193–204.
Gandl, J., Friedrich, Th. & Happel, M. (1986): Zur Stratigraphie des nichtmetamorphen Paläozoikums am Südrand der Münchberger Gneismasse (Blatt 5936 Bad Berneck). – Geologica bavar., **89**: 77–93.
Gareckij, R. G. & Zinovenko, G. V. (1986): Tektonische Entwicklungsgeschichte des Westrandes der Osteuropäischen Tafel. – Z. angew. Geol., **32**: 258–262.
Gareckij, R. G., Zinovenko, G. V., Višnjakov, J. B., Gluško, V. V. & Pomianovskaja, G. M. (1987): Die perikratone Baltik-Dnestr-Senkungszone. – Z. angew. Geol., **33**: 207–213.
Gart, R. (1988): Rifting im Rotliegenden Niedersachsens. – Geowiss., **6**: 115–122.

Gebauer, D. & Grünenfelder, M. (1979): U-Pb zircon and Rb-Sr mineral dating of eclogites and their country rocks, example: Münchberg Gneiss Massif, Northeast Bavaria. – Earth planet. Sci. Lett., **42**: 35–44.
Gebauer, D., Williams, J. S., Compston, W. & Grünenfelder,M. (1989): The development of the Central European continental crust. – Tectonophysics, **157**: 81–96.
Gebrande, H., Bopp, M., Neurieder, P. & Schmidt, T. (1989): Crustal structure in the surroundings of the KTB drill site as derived from refraction and wide-angle seismic observations. – In: Emmermann, R. & Wohlenberg, J.: (Eds.): The German Continental Deep Drilling Program (KTB): 151–176; Berlin, Heidelberg (Springer).
Geologische Bundesanstalt Wien (1980): Der geologische Aufbau Österreichs. – 695 S.; Wien (Springer).
Geologisches Landesamt Baden-Württemberg (Hrsg.) (1977): Erläuterungen zur Geologischen Karte von Freiburg i. Br. und Umgebung 1 : 50000. – 351 S.; Stuttgart.
Geologisches Landesamt Nordrhein-Westfalen (Hrsg.) (1963): Die Aufschlußbohrung Münsterland 1. – Fortschr. Geol. Rheinld. u. Westf., **11**: 1–568.
– (1964): Die Kreide Westfalens. – Fortschr. Geol. Rheinld. u. Westf., **7**: 1–748.
– (1977): Tagebau Hambach und Umwelt. Auswirkungen eines geplanten Tagebaues im Rheinischen Braunkohlenrevier. – 127 S.; Krefeld.
– (1978): Das Rheinische Schiefergebirge und die Niederrheinische Bucht im Jungtertiär und Quartär. – Fortschr. Geol. Rheinld. u. Westf., **28**: 538 S.; Krefeld.
– (1988): Geologie am Niederrhein. – 4. Aufl., 142 S.; Krefeld.
Gerstenberger, H. et al. (1984): Zur Genese der variszisch-postkinematischen Granite des Erzgebirges. – Chem. d. Erde, **43**: 263–277.
Gesellschaft für geologische Wissenschaften (1969): Exkursionsführer „Alt- und Vorpaläozoikum des Görlitzer Schiefergebirges und der westlichsten Westsudeten". – 105 S.: Berlin.
– (1983): Exkursionsführer zur Vortrags- und Exkursionstagung „Die Elbezone als Teil des Elbe-Lineaments". – 31 S.; Berlin.
Geukens, F. (1981): Cross-sections through the Belgian Variscan Massif. – Geol. en Mijnb., **60**: 45–48.
– (1986): Commentaire à la carte géologique du Massif de Stavelot. – Aardtkund. Meded. Leuven, **3**: 15–30.
Geyer, O. F. & Gwinner, M. P. (1979): Die Schwäbische Alb und ihr Vorland. – 2. Aufl., Samml. geol. Führer, **67**: 294 S.; Berlin, Stuttgart (Borntraeger).
– (1986): Geologie von Baden-Württemberg. – 3. Aufl., 472 S.; Stuttgart (Schweizerbart).
Giese, P., Jädicke, H., Prodehl, C. & Weber, K. (1983): The crustal structure of the Hercynian Mountain System by stacking. – In: Martin, H. & Eder, F. W. (Eds.): Intracontinental Fold Belts: 405–426; Berlin, Heidelberg (Springer).
Giese, P., Prodehl, C. & Stein, A. (1976): Explosion Seismology in Central Europe, Data und Results. – 429 S.; Berlin, Heidelberg (Springer).
Głazek, J. (1989): Paleokarst of Poland. – In: Bosak, P. et al. (Eds.): Paleokarst. A systematic and regional review: 77–105; Amsterdam (Elsevier).
Głazek, J., Karwowski, L., Racki, G. & Wrzolek, T. (1981): The Early Devonian continental/marine succession at Checiny in the Holy Cross Mts., and its paleogeographic and tectonic significance. – Acta geol. polon., **31**: 233–250.
Glennie K. W. (Ed.) (1984a): Introduction to the Petroleum Geology of the North Sea. – 1st ed., 236 S.; Oxford (Blackwell).
– (1984b): The structural framework and the pre-Permian history of the North Sea area. – In: Glennie, K. W. (Ed.): Introduction to the Petroleum Geology of the North Sea: 17–39; Oxford (Blackwell).
– (1984c): Early Permian-Rotliegend. – In: Glennie, K. W. (Ed.): Introduction to the Petroleum Geology of the North Sea: 41–60; Oxford (Blackwell).
Gocht, W. (Hrsg.) (1985): Handbuch der Metallmärkte. – 2. Aufl., 244 S.; Berlin (Springer).
Gorochov, J. M., Melnikov, N. N., Varsavskaja, E. S. & Kutjavin, E. P. (1983): Rb-Sr dating of magmatic and metamorphic events in the eastern part of the Bohemian Massif. – Čas. Miner. Geol., **28**: 349–361.
Gothan, W. (1937): Kohle. – In: Beyschlag, F., Krusch, P. & Vogt, J. H. L.: Die Lagerstätten der nutzbaren Mineralien und Gesteine. – Bd. 3, Tl. 1: 432 S.; Stuttgart (Enke).
Gotte, W. & Hirschmann, G. (Hrsg.) (1972): Erläuterung zur Geologischen Übersichtskarte der Bezirke Dresden, Karl-Marx-Stadt, Leipzig 1 : 400000. – 78 S.; Freiberg.
Gotte, W. & Schust, F. (1988): Zur Genese erzgebirgischer „Grauer Gneise". – Z. geol. Wiss., **16**: 765–778.

Gotthardt, R., Meyer, O. & Paproth, E. (1978): Gibt es Massenkalke im tiefen Untergrund NW-Deutschlands und können sie Kohlenwasserstoffe führen? – N. Jb. Geol. Paläont. Mh., **1978**: 13–24.

Grad, M., Guterch, A., Janik, T. & Perchué, E. (1986): Seismic model of the lithosphere of the East European Platform beneath the Baltic Sea – Black Sea Profile. – Tectonophysics, **128**: 281–288.

Gradziński, R., Gagol, J. & Ślaczka, A. (1979): The Tumlin Sandstone (Holy Cross Mts., Central Poland): Lower Triassic deposits of aeolian dunes and interdune areas. – Acta geol. polon., **29**: 151–175.

Gralla, P. (1988): Das Oberrotliegende in NW-Deutschland – Lithostratigraphie und Faziesanalyse. – Geol. Jb., **A 106**: 59 S.

Graner, D. (1987): Die Fossilgrabungen im Ölschiefer der Grube Messel (Messel-Formation, Mitteleozän) bei Darmstadt. – Jber. Mitt. oberrhein. geol. Ver., N. F., **69**: 149–369.

Graulich, J. M., Dejonghe, L. & Cnudde, C. C. (1984): La définition du Synclinorium de Verviers. – Bull. Soc. belg. Géol., **93**: 79–82.

Gripp, K. (1964): Erdgeschichte von Schleswig-Holstein – 411 S.; Neumünster (Wachholtz).

Gromoll, L. (1987): Die Sedimentassoziationen der südwestlichen Ostsee. – Z. geol. Wiss., **15**: 383–399.

Groschopf, R. et al. (1977): Erläuterungen zur Geologischen Karte von Freiburg im Breisgau und Umgebung 1:50.000. – 351 S.; Stuttgart.

Grosse, S. & Edel, J. B. (1991): Gravity field along the EGT. – In: Freeman, R. et al. (Eds.): The European Geotraverse Part 8. – Tectonophysics. (Im Druck).

Grube, F. (1981): The subdivision of the Saalian in the Hamburg Region. – Meded. Rijks geol. Dienst, **34**: 15–25.

Grube, F. & Ehlers, J. (1975): Pleistozäne Flußsedimente im Hamburger Raum. – Mitt. Geol. Paläont. Inst. Univ. Hamburg, **44**: 353–382.

Gry, H. (1960): Geology of Bornholm. – 21. Internat. Geol. Congr. Norden 1960, guide to excursion No. A40 and C45: 1–10.

Gudden, H. (1984): Zur Entstehung der nordostbayerischen Kreide-Eisenerzlagerstätten. – Geol. Jb., **D 66**: 3–49.

Gudelis, V. & Königsson, L.-K. (1979): The Quaternary History of the Baltic. – Acta Univ. Upsaliensis. Symp. Univ. Upsaliensis Annum Quingentesimum Celebrantis, **1**: 1–279; Uppsala.

Gullentops, F. (1974): The Southern North Sea during the Quaternary. – In: Centenaire Soc. géol. Belg.: L'Evolution Quarternaire des Bassins Fluviaux de la Mer du Nord Méridionale: 273–280; Liège.

Guterch, A., Grad, M., Materrek, R. & Perchué, E. (1986): Deep structure of the earth's crust in the contact zone of the Palaeozoic and Precambrian platforms of Poland (Tornquist-Teisseyre zone). – Tectonophysics, **128**: 251–279.

Gwinner, M. P. (1976): Origin of Upper Jurassic Limestones of the Swabian Alb (Southwest Germany). – Contr. Sedimentol., **5**: 75 S.

– (1977): Zur Natur der Schichtstufen im Schichtstufenland von Südwestdeutschland. – Mannheimer geogr. Arb., **1**: 277–293.

– (1978): Geologie der Alpen. – 480 S.; Stuttgart (Schweizerbart).

– (1980): Eine einheitliche Gliederung des Keupers (Germanische Trias) in Süddeutschland. – N. Jb. Geol. Paläont. Mh., **1980**: 229–234.

– (1981): Geologie und Landschaft des Weißen Jura der Schwäbischen Alb. – Mannheimer geogr. Arb., **9**: 215–228.

Gwinner, M. P. & Bachmann, G. H. (1979): Nordwürttemberg. – Samml. geol. Führer, **54**: 178 S.; Berlin, Stuttgart (Borntraeger).

Gwinner, M. P. & Hinkelbein, K. (1976): Stuttgart und Umgebung. – Samml. geol. Führer, **61**: 158 S.; Berlin, Stuttgart (Borntraeger).

Gwosdz, W. (1972): Stratigraphie, Fazies und Paläogeographie des Oberdevons und Unterkarbons im Bereich des Attendorn-Elsper Riffkomplexes (Sauerland, Rheinisches Schiefergebirge). – Geol. Jb., **A 2**: 1–71.

Haak, V. & Hutton, V. R. S. (1986): Resistivity in lower continental crust. – In: Dawson J. B. et al. (Eds.): The Nature of Lower Continental Crust. – Geol. Soc. Spec. Publ., **24**: 35–50.

Häfner, F. (1978): Die basischen Vulkanite des Oberrotliegenden zwischen Alzey und Odernheim (Saar-Nahe-Gebiet). Ein Beitrag zu ihrer Geologie, Petrographie und Geochemie. – Mitt. Pollichia, **66**: 25–89.

Haenel, R. (Ed.)(1982): The Urach Geothermal Project. – 419 S.; Stuttgart (Schweizerbart).
Hagemann, B. P. (1969): Development of the west part of the Netherlands during the Holocene. – Geol. en Mijnb., **48**: 373–388.
Hager, H. (1981): Das Tertiär des Rheinischen Braunkohlenreviers, Ergebnisse und Probleme. – Fortschr. Geol. Rheinld. u. Westf., **29**: 529–563.
Hahn, A. & Wonik, T. (1990): Interpretation of aeromagnetic anomalies. – In: Freeman, R. & Mueller, St. (Eds.): Proc. 6th EGT Workshop: Data Compilations and Synoptic Interpretation, Einsiedeln 1989: 225–236, Strasbourg (Europ. Sci. Foundation).
Hancock, J. M. (1984). Cretaceous. – In: Glennie, K. W. (Ed.): Introduction to the Petroleum Geology of the North Sea: 133–150; Oxford (Blackwell).
Hancock, J. M. & Scholle, P. (1975): Chalk of the North Sea. – In: Woodland, A. W. (Ed.): Petroleum and the Continental Shelf of NW Europe, **1**, Geology: 413–425; London (Applied Sci. Publ.).
Haneke, J., Gäde, C. W. & Lorenz, V. (1979): Zur stratigraphischen Stellung der Rhyolithischen Tuffe im Oberrotliegenden des Saar-Nahe-Gebietes und der Urangehalt des Kohlen-Tuff-Horizontes an der Kornkiste bei Schallodenbach/Pfalz. – Z. dt. geol. Ges., **130**: 535–560.
Hantke, R. (1978): Eiszeitalter. Die jüngste Geschichte der Schweiz und ihrer Nachbargebiete. Bd. 1: Klima, Flora, Fauna, Mensch – Alt- und Mittelpleistozän – Vogesen, Schwarzwald, Schwäbische Alb. – 468 S.; Thun (Ott).
– (1980): Eiszeitalter. Die jüngste Geschichte der Schweiz und ihrer Nachbargebiete. Bd. 2: Letzte Warmzeiten, Würm-Eiszeit, Eisabbau, Nacheiszeit der Alpen-Nordseite vom Rhein- zum Rhône-System. – 703 S.; Thun (Ott).
– (1983): Eiszeitalter. Die jüngste Geschichte der Schweiz und ihrer Nachbargebiete. Bd. 3: Westliche Ostalpen mit ihrem bayerischen Vorland bis zum Inn-Durchbruch und Südalpen zwischen Dolomiten und Mont-Blanc. – 730 S.; Thun (Ott).
Haranczyk, C. (1985): Mineral parageneses of Cracovides and its cover (Southern Poland). – Ann. Soc. Géol. Polon., **53**: 9–126.
Harms, H.-J. (1981): Zur Geologie und Tektonik des Hüggel- und Silberberg-Gebietes bei Osnabrück (West-Niedersachsen). – Osnabrücker naturwiss. Mitt., **8**: 19–62.
Hary, A. & Berners, H. P. (1984): Strato- und Ichnofazies im Unteren Muschelkalk und Hettangium Luxemburgs. Die geologische Lage der Stadt Luxemburg (Exkursion C am 24. April 1984). – Jber. Mitt. oberrhein. geol. Ver., N. F., **66**: 51–55.
Haubold, H. (1980): Die biostratigraphische Gliederung (Permosiles) im mittleren Thüringer Wald. – Schriftenr. geol. Wiss., **16**: 331–356.
Haubold, H. & Katzung, G. (1980): Lithostratigraphischer Standort für das Permosiles im mittleren und südöstlichen Thüringer Wald. – Z. angew. Geol., **26**: 10–19.
Hauschild, H. & Jerz, H. (Hrsg.) (1981): Erläuterungen zur Geologischen Karte von Bayern 1 : 500.000. – 168 S.; München.
Havlena, V. (1966a): The Upper Silesian Basin. – In: Svoboda, J. et al.: Regional Geology of Czechoslovakia. Part I: The Bohemian Massif: 414–433, Prague (Ústř. Úst. geol.).
– (1966b): The Carboniferous of Central Bohemia and the Permo-Carboniferous of the Krusné Hory Mountains. – In: Svoboda, J. et al.: Regional Geology of Czechoslovakia. Part I: The Bohemian Massif: 452–467, Prague (Ústř. Úst. geol.)
– (1966c): The Blanice and Boscovice Furrows. – In: Svoboda, J. et al.: Regional Geology of Czechoslovakia. Part I: The Bohemian Massif: 467–471, Prague (Ústř. Úst. geol.)
Haydukiewicz, J. (1990): Stratigraphy of Paleozoic rocks of the Góry Bardzkie Mts. and some remarks on their sedimentation (Poland). – N. Jb. Geol. Paläont. Abh., **179**: 275–284.
Heck, H. D. & Schick, R. (1980): Erdbebengebiet Deutschland. – 168 S.; Stuttgart (Deutsche Verlags-Anst.)
Hedemann, H.-A. (1980): Die Bedeutung des Oberkarbons für die Kohlenwasserstoffvorkommen im Nordseebecken. – Erdöl u. Kohle, **33**: 255–266.
Hedemann, H.-A., Schuster, A., Stancu-Kristoff, G. & Lösch, J. (1984a): Die Verbreitung der Kohlenflöze des Oberkarbons in Nordwestdeutschland und ihre stratigraphische Einstufung. – Fortschr. Geol. Rheinld. u. Westf., **32**: 39–88.
Hedemann, H.-A., Maschek, W., Paulus, B. & Plein E. (1984b): Mitteilung zur lithostratigraphischen Gliederung des Oberrotliegenden im Nordwestdeutschen Becken. – Nachr. dt. geol. Ges., **30**: 100–107.

Hedemann, H.-A. & Teichmüller, R. (1971): Die paläogeographische Entwicklung des Oberkarbons. – Fortschr. Geol. Rheinld. u. Westf., **19**: 129–142.
Heller, I. & Moryc, W. (1984): Stratigraphy of the Upper Cretaceous deposits in the Carpathian foreland. – Biul. Inst. Geol. Warszawa, **346**: 63–116.
Hellmann, K. N., Emmermann, R. & Lippolt, H. J. (1975): Stoffbestand des Granodioritporphyrits des Bergsträßer Odenwaldes. – N. Jb. Miner. Abh., **123**: 253–274.
Hellmann, K. N., Lippolt, H. J. & Todt, W. (1982): Interpretation der Kalium-Argon-Alter eines Odenwälder Granodioritporphyritganges und seiner Nebengesteine. – Aufschluß, **33**: 155–164.
Helmkampf, K. E., Kuhlmann, J. & Kaiser, D. (1982): Das Rotliegende im Randbereich der Weidener Bucht. – Geologica bavar., **83**: 167–186.
Henningsen, D. (1981): Einführung in die Geologie der Bundesrepublik Deutschland. – 123 S.; Stuttgart (Enke).
Herm, D. (1979): Die süddeutsche Kreide – ein Überblick. – In: Aspekte der Kreide Europas, IUGS Ser. A, **6**: 85–106; Stuttgart (Schweizerbart).
Herngreen, G. F. & Wong, Th. E. (1989): Revision of the „Late Jurassic" stratigraphy of the Dutch Central North Sea Graben. – Geol. en Mijnb., **67**: 73–105.
Herrmann, A. (1971): Die Asphalt-Lagerstätte bei Holzen, Ith, auf der Südflanke der Hils-Mulde. – Beih. geol. Jb., **95**: 125 S.
Herrmann, A., Hinze, C. & Stein, V. (1967): Die halokinetische Deutung der Elfas-Überschiebung im südniedersächsischen Bergland. – Geol. Jb., **84**: 407–462.
Herrmann, A., Hinze, C., Hofrichter, E. & Stein, V. (1968): Salzbewegungen und Deckgebirge am Nordostrand der Sollingscholle (Ahlsburg). – Geol. Jb., **85**: 147–164.
Hesemann, J. (1975a): Kristalline Geschiebe der nordischen Vereisungen. – 267 S.; Krefeld (Geol. L.-Amt Nordrhein-Westf.).
– (1975b): Geologie Nordrhein-Westfalens. – 416 S.; Paderborn (Schöningh).
Hesemann, J. & Lögters, H. (1963): Zusammenfassende Betrachtungen über die gewonnenen Ergebnisse der Bohrung Münsterland 1. – Fortschr. Geol. Rheinld. u. Westf., **11**: 547–556.
Hesemann, J., Pietzner, H., Prokop, F. W., Sagheer, M., Schröder, G., Stadler, G., Streck, W., Tschoepk, R. W., Vogler, H., Walther, H. W. & Werner, H. (1981): Untersuchung und Bewertung von Lagerstätten der Erze, nutzbarer Minerale und Gesteine (Vademecum 1). – 2. Aufl., 236 S.; Krefeld (Ges. dt. Metallhütten- u. Bergl. und Geol. L.-Amt Nordrhein-Westf.).
Hesjedal, A. & Hamer, G. P. (1983): Lower Cretaceous stratigraphy and tectonics of the south-southeastern Norwegian offshore. – Geol. en Mijnb., **62**: 135–144.
Heybroek, P. (1974): Explanation to tectonic maps of the Netherlands. – Geol. en Mijnb., **53**: 43–50.
Hilly, J. & Haguenauer, B. (1979): Lorraine, Champagne. – Guides géol. région., 216 S., Paris (Masson).
Hinze, C. & Jordan, H. (1981): Die Westrandstörung des Harzes. – Z. dt. geol. Ges., **132**: 17–28.
Hirschmann, G. (1966): Assyntische und variszische Baueinheiten im Grundgebirge der Oberlausitz. – Freiberg. Forsch.-H., C **212**: 146 S.
Hirschmann, G. & Okrusch, M. (1988): Spessart-Kristallin und Ruhlaer Kristallin als Bestandteile der Mitteldeutschen Kristallinzone – ein Vergleich. – N. Jb. Geol. Paläont., Abh., **177**: 1–39.
Hiss, M. & Speetzen, E. (1986): Transgressionssedimente des Mittel- bis Oberalb am SE-Rand der Westfälischen Kreide-Mulde (NW-Deutschland). – N. Jb. Geol. Paläont. Mh., **1986**: 648–670.
Höfle, H.-C. (1979): Klassifikation von Grundmoränen in Niedersachsen. – Verh. naturwiss. Ver. Hamburg, N. F., **23**: 81–92.
Hölder, H. (1964): Jura. – Handb. stratigraph. Geol.: 603 S.; Stuttgart (Enke).
Hösel, G. (1972): Fortschritte der Metallogenie im Erzgebirge. Position, Aufbau sowie tektonische Strukturen des Erzgebirges. – Geologie, **21**: 437–456.
Hoffmann, A. W. (1979): Geochronology of the crystalline rocks of the Schwarzwald. – In: Jäger, E. & Hunziker, J. C. (Eds.): Lectures in Isotope Geology: 215–221; Heidelberg (Springer).
Hoffmann, D. (1985): The holocene marine transgression in the region of the North Frisian Islands. – Eiszeitalter u. Gegenwart, **35**: 61–69.
Hoffmann, N., Kamps, H. J. & Schneider, J. (1989): Neuerkenntnisse zur Biostratigraphie und Paläodynamik des Perms in der Nordostdeutschen Senke – ein Diskussionsbeitrag. – Z. angew. Geol., **35**: 198–207.
Hofmann, J., Mathé, G., Pilot, J., Ullrich, B. & Wienholz, R. (1979): Fazies und zeitliche Stellung der Regionalmetamorphose im Erzgebirgs-Kristallin. – Z. angew. Wiss., 7: 1091–1106.

Hofmann, J., Mathé, G. & Wienholz, R. (1981): Metamorphose und zeitliche Stellung tektono-metamorpher Prozesse im östlichen Teil des Saxothuringikums. – Z. geol. Wiss., **9**: 1291–1308.
Holl, A. & Altherr, R. (1987): Hercynian I-type granitoids of northern Vosges: Documents of increasing arc maturity. – Terra cognita, **7**: 74.
Holl, P. K., von Drach, V., Müller-Sohnius, D. & Köhler, H. (1989): Caledonian ages in Variscan rocks: Rb-Sr and Sm-Nd isotopic variations in dioritic intrusives from the northwestern Bohemian Massif, West Germany. – Tectonophysics, **157**: 179–194.
Holub, V. M. (1976a): On the stratigraphical classification of the Central Bohemian Permo-Carboniferous basins. – Věst. Ústř. Úst. geol., **51**: 299–304.
– (1976b): Permian Basins in the Bohemian Massif. – In: Falke, H. (Ed.): The continental Permian in West and South Europe: 53–79: Dordrecht (Reidel).
Holub, V. M., Skoček, V. & Tásler, R. (1975): Paleogeography of the Late Palaeozoic in the Bohemian Massif. – Palaeogeogr., Palaeoclimatol., Palaeoecol., **18**: 313–332.
Holub, V. M. & Tásler, R. (1980): Development and style of the tectonic structure of Upper Carboniferous and Permian in the Bohemian Massif. — Sborn. geol. věd. Geol., **34**: 102—129.
Holubec, J. (1966): The Slavskovský les Mountains and the Tepelská plošina Upland. – In: Svoboda, J. et al.: Regional Geology of Czechoslovakia, Part I: The Bohemian Massif: 153–164, Prague (Ústř. Úst. geol.).
– (1974a): The tectonic units in the core of the Bohemian Massif. – Sborn. geol. věd. Geol., **26** (1974): 105–111.
– (1974b): Precambrian structural pattern in Czechoslovakia. – Krystalinikum, **10**: 127–131.
Homrighausen, R. (1979): Petrographische Untersuchungen an sandigen Gesteinen der Hörre-Zone (Rheinisches Schiefergebirge, Oberdevon-Unterkarbon). – Geol. Abh. Hessen, **79**: 84 S.
Hoppe, W. (1974): Buntsandstein. – In: Hoppe, W. & Seidel, G. (Hrsg.): Geologie von Thüringen; 568–608; Gotha (Haack).
Hoppe, W. & Seidel, G. (Hrsg.) (1974): Geologie von Thüringen. – 1000 S.; Gotha (Haack).
Hoorn, B. van (1987): Structural evolution, timing and tectonic styles of the Sole Pit inversion. – Tectonophysics, **137**: 239-284.
Horn, P., Lippolt, H. J. & Todt, W. (1972): Kalium-Argon-Altersbestimmungen an tertiären Vulkaniten des Oberrheingrabens. I: Gesamtgesteinsalter. – Eclog. geol. Helv., **65**: 131—156.
Hospers, J., Rathore, J. S., Feng Jianhua, Finnstrøm, E. G. & Holthe, J. (1988): Salt tectonics in the Norwegian–Danish Basin. – Tectonophysics, **149**: 35-60.
Hoth, K., Lorenz, W. & Berger, H.-J. (1983): Die Lithostratigraphie des Proterozoikums im Erzgebirge. – Z. angew. Geol., **29**. 413–418.
Hoyer, P., Teichmüller, R. & Wolburg, J. (1969): Die tektonische Entwicklung des Steinkohlengebirges im Münsterland und Ruhrgebiet. – Z. dt. geol. Ges., **119**: 549–552.
Huckenholz, H. G. & Schröder, B. (1981): Die Alkalibasaltassoziation der Heldburger Gangschar. – Jber. Mitt. oberrhein. geol. Ver., N. F., **63**: 125–138.
– – (1985): Tertiärer Vulkanismus im bayerischen Teil des Egergrabens und des mesozoischen Vorlandes (Exkursion G am 13. April 1985). – Jber. Mitt. oberrhein. geol. Ver., N. F., **67**: 107–124.
Hugon, H. (1983): Structures et déformation du Massif de Rocroi (Ardennes). – Bull. Soc. géol. minér. Bretagne, **1983** (15): 109–143.
Hustiak, D. & Krohe, A. (1990): Microstructural evidence for polyphase deformation in high-grade rocks of the NW Odenwald, FRG. – Terra abstr., **2**: 14.

Ibrmajer, J. et al. (1983): Some new results of deep seismic sounding in Czechoslovakia. – Proc. 28th Internat. Geophys. Symp. Balatonszemes 1983: 819–835.
Ilavský, J. & Sattran, V. (1980): Metallogenic map of Czechoslovakia, 1 : 500 000, Explanatory text. – 144 S., Bratislava (Geol. Ústav).
Illies, H. (1963): Der Westrand des Rheingrabens zwischen Edenkoben (Pfalz) und Niederbronn (Elsaß). – Oberrhein. geol. Abh., **12**: 1–23.
– (1974): Intra-Plattentektonik in Mitteleuropa und der Rheingraben. – Oberrhein. geol. Abh., **23**: 1–24.
– (1977): Ancient and recent rifting in the Rhinegraben. – Geol. en Mijnb., **56**: 329–350.
Illies, H., Baumann, H. & Hoffers, B. (1981): Stress pattern and strain release in the Alpine foreland. – Tectonophysics, **71**: 157–172.
Illies, H. & Fuchs, K. (Eds.) (1974): Approaches to Taphrogenesis. – 460 S.; Stuttgart (Schweizerbart).

Illies, H. & Greiner, G. (1978a): Holocene movements and state of stress in the Rhinegraben rift system. – Tectonophysics, **52**: 349–359.
– – (1978b): Rhinegraben and the Alpine system. – Bull. Geol. Soc. Amer., **89**: 770–782.
Illies, H. & Mueller, St. (Eds.) (1970): Graben Problems. – 316 S.; Stuttgart (Schweizerbart).
Illing, L. V. & Hobson, G. D. (Eds.) (1981): Petroleum Geology of the Continental Shelf of North-West Europe. – 521 S.; London (Hayden).

Jacobshagen, V. (1976): Main geologic features of the Federal Republic of Germany. – In: Giese, P., Prodehl, C. & Stein, A. (Eds.): Explosion Seismology in Central Europe: 3–17; Berlin (Springer).
Jacobshagen, V., Koritnig, S., Ritzkowski, S., Rösing, F., Wittig, R. & Wycisk, P. (1977): Der Unterwerra-Sattel: sein Deckgebirge (Perm–Tertiär) und der gefaltete paläozoische Kern. – Exkursionsführer Geotagung '77, **II**: 1–34; Göttingen.
Janković, S. & Sillitoe, R. H. (Eds.) (1980): European copper deposits. – Soc. Geol. appl. Miner. Dep., Spec. Publ., **1**: 303 S.
Janoschek, W. R. & Matura, A. (1980): Austria. – In: Anonym (Ed.): Geology of the European Countries: Austria, Federal Republic of Germany, Ireland, The Netherlands, Switzerland, United Kingdom: 1–88; Paris (Dunod).
Jaritz, W. (1973): Zur Entstehung der Salzstrukturen Nordwestdeutschlands. – Geol. Jb., **A 10**: 77 S.
Jaskowiak-Schoeneich, M. (1979): Paläogeographie der Alb und Cenoman in Polen. – In: Aspekte der Kreide Europas, IUGS Ser. A, **6**: 463–471; Stuttgart (Schweizerbart).
Jaworowski, K. (1971): Sedimentary structures of the Upper Silesian Siltstones in the Polish Lowland. – Acta geol. polon., **21**: 519–571.
Jelgersma, S. (1979): Sea-level changes in the North Sea basins. – In: Oele, E., Schüttenhelm, R. T. E. & Wiggers, A. J. (Eds.): The Quaternary History of the North Sea. – Acta Univ. Ups. Symp. Univ. Ups. Annum Quingentesimum Celebrantis, **2**: 233–248; Uppsala.
Jensen, T. F. et al. (1986): Jurassic–Lower Cretaceous stratigraphic nomenclature for the Danish Central Trough. – Danmarks geol. Unders., Ser. A, **12**: 65 S.
Jödicke, H. (1990): Zonen hoher elektrischer Krustenleitfähigkeit im Rhenoherzynikum und seinem nördlichen Vorland. – Diss. Univ. Münster. (In Vorb.)
Jong, J. D. de (1967): The Quaternary of the Netherlands. – In: Rankama, K. (Ed.): The Quaternary, **2**: 301–477; New York (Wiley).
– (1984): Age and vegetational history of the coastal dunes in the Frisian Islands, The Netherlands. – Geol. en Mijnb., **63**: 269–275.
Jordan, H. (1979): Leinebergland. – Geol. Wanderkt. 1 : 100000; Hannover.
– (1982): Alb und Cenoman im nördlichen Ruhrgebiet und Südmünsterland. Lithofazielle Untersuchungen und neue Überlegungen zur Paläogeographie. – Münster. Forsch. Geol. Paläont., **57**: 33–51.
Jordan, H., Nielsen, K.-H. & Plaumann, S. (1986): Halotektonik am Leinetalgraben nördlich Göttingen. – Geol. Jb., **A 92**: 3–66.
Josten, K.-H., Köwing, K. & Rabitz, A. (1984): Oberkarbon – In: Klassen, H. (Hrsg.): Geologie des Osnabrücker Berglandes: 7–78; Osnabrück.
Josten, K.-H. & Teichmüller, R. (1971): Zusammenfassende Übersicht über das höhere Oberkarbon im Ruhrrevier, Münsterland und Ibbenbürener Raum. – Fortschr. Geol. Rheinld. u. Westf., **18**: 281–292.
Jubitz, K.-B., Bankwitz, P., Beutler, G., Frischbutter, A., Kämpf, M., Lützner, M., Naumann, W., Schroeder, E. & Stackebrandt, W. (1985): Klassische geologische Gebiete in Mitteleuropa. Variszikum und Saxonikum. – Exkursionsführer: 132 S.; Potsdam (Zentralinst. Phys. Erde).
Jubitz, K.-B., Paech, H. J., Benek, R. & Ellenberg, J. (1975):Geotraverse zwischen nördlichem Harzrand –Subherzynem Becken–Flechtinger Scholle (DDR). – Exkursionsführer: 32 S.; Berlin.
Jung, W. (1968): Zechstein. – In: Zentr. Geol. Inst. (Hrsg.): Grundriß der DDR, **1**: 219–237; Berlin (Akademie-Verl.).
Jung, W., Rauer, H. & Fuhrmann, L. (1990): Zur Situation der nichtmetallischen Rohstoffe in der DDR. – Erzmetall, **43**: 237–247, Weinheim.
Jurkiewicz, H. (1975): The geological structure of the basement of the Mesozoic in the central part of the Miechów Trough. – Biul. Inst. geol. Warszawa, **283**: 1–100.

Kaasschieter, J. P. H. & Reijers, T. J. A. (Eds.) (1983): Petroleum Geology of the southeastern Northsea and the adjacent on-shore areas. – Geol. en Mijnb., **62**: 240 S.
Käding, K.-Ch. (1978): Stratigraphische Gliederung des Zechsteins im Werra-Fulda-Becken. – Geol. Jb. Hessen, **106**: 123–130.

Literaturverzeichnis

Kaever, M. (Hrsg.) (1982): Beiträge zur Stratigraphie, Fazies und Paläogeographie der Mittleren Kreide Westfalens (NW-Deutschland). – Münster. Forsch. Geol. Paläont., **57**: 172 S.
– (1983): Aspekte der Kreide Westfalens. – N. Jb. Geol. Paläont. Abh., **166**: 86–115.
– (Hrsg.) (1985): Beiträge zur Stratigraphie, Fazies und Paläogeographie der Mittleren und Oberen Kreide Westfalens (NW-Deutschland). – Münster. Forsch. Geol. Paläont., **63**: 233 S.
Kaever, M. & Rosenfeld, R. (1980): Neuuntersuchung der Kreide-Transgressionssedimente im Ruhrgebiet. – Münster. Forsch. Geol. Paläont., **52**: 81–96.
Kasig, W. & Wilder, H. (1983): The sedimentary development of the Western Rheinisches Schiefergebirge and the Ardennes (Germany/Belgium). – In: Martin, H. & Eder, F. W. (Eds.): Intracontinental Fold Belts: 189–209; Heidelberg (Springer).
Katzung, G. (1975): Tektonik, Klima und Sedimentation in der Mitteleuropäischen Saxon-Senke und in angrenzenden Gebieten. – Z. geol. Wiss., **3**: 1453–1472.
– (1988): Tectonics and sedimentation of Variscan Molasses in Central Europe. – Z. geol. Wiss., **16**: 823–843.
Katzung, G. & Krüll, P. (1984): Zur tektonischen Entwicklung Mittel- und Nordwesteuropas während des Jungpaläozoikums. – Z. angew. Geol., **30**: 163–173.
Kegel, W. (1950): Sedimentation und Tektonik in der Rheinischen Geosynklinale. – Z. dt. geol. Ges., **100**: 267–289.
Kelch, H. & Paulus, B. (1980): Die Tiefbohrung Velpke-Asse Devon 1. – Geol. Jb., **A 57**: 3–175.
Keller, G. (1974): Die Fortsetzung der Osningzone auf dem Nordwestabschnitt des Teutoburger Waldes. – N. Jb. Geol. Paläont. Mh. **1974**: 72–95.
– (1976): Saxonische Tektonik und Osning-Zone. – Z. dt. geol. Ges., **127**: 297–307.
– (1984): Der jungtertiäre Vulkanismus Südwestdeutschlands: Exkursionen im Kaiserstuhl und Hegau. – Fortschr. Miner., Beih., **56** (2): 2–35.
Kemnitz, H. (1988): Beitrag zur Lithologie, Deformation und Metamorphose der Saydaer Struktur (Osterzgebirge). – Veröff. Zentralinst. Phys. Erde, **91**: 91 S.
Kemper, E. (1968): Geologischer Führer durch die Grafschaft Bentheim und die angrenzenden Gebiete. – 5. Aufl., 206 S.; Nordhorn.
– (1973): Das Berrias (tiefe Unterkreide) in NW-Deutschland. – Geol. Jb., **A 9**: 47–67.
Kemper, E., Rawson, P. F., Schmid, F. & Spaeth, C. (1974): Die Megafauna der Kreide von Helgoland und ihre biostratigraphische Bedeutung. – Newslett. Stratigr., **3**: 121–137.
Kent, P.E. (1975): Review of North Sea Basin development. – J. geol. Soc. London, **131**: 435–468.
Kerp, W. & Fichter, J. (1985): Die Makrofloren des saarpfälzischen Rotliegenden (?Ober-Karbon – Unterperm; SW-Deutschland). – Mainzer geowiss. Mitt., **14**: 159–286.
Kimpe, W.F.M., Bless, M.J.M., Bouckaert, J., Conil, R., Groessens, E., Meessen, J.P.M., Poty, E., Streel, M., Thorez, J. & Vanguestaine, M. (1978): Paleozoic deposits east of the Brabant Massif in Belgium and The Netherlands. – Meded. Rijks geol. Dienst, **30**: 37–103.
Klassen, H. (Hrsg.) (1984): Geologie des Osnabrücker Berglandes. – 672 S.; Osnabrück (Naturwiss. Mus.).
Klaua, D. (1974a): Jura. – In: Hoppe, W. & Seidel, G. (Hrsg.): Geologie von Thüringen: 682–691; Gotha (Haack).
– (1974b): Kreide. – In: Hoppe, W. & Seidel, G. (Hrsg.): Geologie von Thüringen: 692–698; Gotha (Haack).
Klein, H. & Wimmenauer, W. (1984): Eclogites and their retrograde transformation in the Schwarzwald (Fed. Rep. Germany). – N. Jb. Miner. Mh.: **1984**: 25–38.
Klein, V., Müller, V. & Valečka, J. (1979): Lithofazielle und paläogeographische Entwicklung des Böhmischen Kreidebeckens. – In: Wiedmann, J. (Hrsg.): Aspekte der Kreide Europas, IUGS Ser. **A**, 6: 435–446; Stuttgart (Schweizerbart).
Klein, V. & Soukup, J. (1966): The Bohemian Cretaceous Basin. - In: Svoboda, J. et al. (Eds.): Regional Geology of Czechoslovakia, I: 487–512; Prague.
Klemm, D. & Fazakas, H.J. (1975): Die Schwerspatvorkommen des Odenwaldes. – Aufschluß, Sonderbd., **27**: 263–267.
Klemm, D. & Weber-Diefenbach, K. (1972): Ein Beitrag zur Geochemie basischer Gesteine des Bergsträsser Odenwaldes. – N.Jb. Miner. Abh., **118**: 43–73.
Kliewe, H. & Janke, W. (1972): Verlauf und System der Regionalzonen der letzten Vereisung auf dem Territorium der DDR. – Wiss. Z. Ernst-Moritz-Arndt-Univ. Greifswald, math.-naturwiss. R., **21**: 31–37.

– – (1978): Zur Stratigraphie und Entwicklung des nordöstlichen Küstenraumes der DDR. – Petermanns geogr Mitt., **122**: 81–91.
Klingspor, I. (1976): Radiometric age determinations on basalts and dolerites and related syenites in Skåne, South Sweden. – Geol. Fören. Stockh. Förh., **98**: 195–215.
Klostermann, J. (1981): Das Quartär der nördlichen Niederrheinischen Bucht. – Der Niederrhein, **48** (2, 3, 4): 79–85 u. 150–153 u. 212–217.
– (1983): Die Geologie der Venloer Scholle (Niederrhein). – Geol. Jb., **A 66**: 3–115.
– (1985): Versuch einer Neugliederung des späten Elster- und des Saale-Glazials der Niederrheinischen Bucht. – Geol. Jb., **A 83**: 3–42.
– (1990): Saalezeitliche Stauchmoränentypen am Niederrhein und ihre Entstehung. – N.Jb. Geol. Paläont. Abh. (Im Druck)
Knapp, G. (1980): Erläuterungen zur Geologischen Karte der nördlichen Eifel 1 : 100 000. – 3. Aufl., 155 S.; Krefeld (Geol. L.-Amt).
Knauer, E., Okrusch, M., Richter, P., Schmidt, K. & Schubert, W. (1974): Die metamorphe Basit-Ultrabasit-Assoziation in der Böllsteiner Gneiskuppel, Odenwald. – N. Jb. Miner. Abh., **122**: 186–228.
Knetsch, G. (1963): Geologie von Deutschland und einigen Randgebieten. – 386 S.; Stuttgart (Enke).
Kneuper, G. (1971): Das Saar-Nahe-Gebiet: Stratigraphie – In: Karrenberg, H. (Hrsg.): Kohlenablagerungen in der BRD. – Fortschr. Geol. Rheinld. u. Westf., **19**: 149–158.
Kneuper, G. & Falke, H. (1971): Das Saar-Nahe-Gebiet – In: Karrenberg, H. (Hrsg.): Die Karbonablagerungen der Bundesrepublik Deutschland. – Fortschr. Geol. Rheinld. u. Westf., **19**: 143–148.
Knoth, W. & Schwab, M. (1972): Abgrenzung und geologischer Bau der Halle-Wittenberger Scholle. – Geologie, **21**: 1153–1172.
Kockel, F. (1984): Der strukturelle Bau des Hildesheimer Waldes – eine Neuinterpretation geologischer und geophysischer Befunde. – Geol. Jb., **A 75**: 489–499.
Kodym, O. (1966a): Moldanubicum. – In: Svoboda, J. et al. (Eds.): Regional Geology of Czechoslovakia, Part I: The Bohemian Massif: 40–98, Prague (Ústř. Úst. geol.).
– (1966b): The Domažlice crystalline complex. – In: Svoboda, J. et al.: Regional Geology of Czechoslovakia, Part I: The Bohemian Massif: 165–171, Prague (Ústř. Úst. geol.).
Köhler, H. & Müller-Sohnius, D. (1980): Rb-Sr systematics on paragneiss series from the Bavarian Moldanubicum, Germany. – Contr. Miner. Petrol., **71**: 287–392.
– – (1985): Rb-Sr-Altersbestimmungen und Sr-Isotopensystematik an Gesteinen des Regensburger Waldes (Moldanubikum NE Bayerns). Teil 1: Paragneisanatexite – N.Jb. Miner. Abh., **151**: 1–28.
– – (1986): Rb-Sr-Altersbestimmungen und Sr-Isotopensystematik an Gesteinen des Regensburger Waldes (Moldanubikum NE Bayerns). Teil 2: Intrusivgesteine. – N.Jb. Miner Abh., **155**: 219-241.
Köhler, H., Propach, G. & Troll, G. (1989): Exkursion zur Geologie, Petrographie und Geochronologie des NE-bayerischen Grundgebirges. – Europ. J. Miner., Beih., **1**: 1–84.
Kölbel, H. (1968): Jura. – In: Zentrales Geologisches Institut (Hrsg.): Grundriß der Geologie der DDR, Bd. 1: 290–315; Berlin (Akademie-Verl.).
Koenig, M.A. (1978): Kleine Geologie der Schweiz – 187 S.; Thun (Ott).
Kollmann, K. & Malzer, O. (1980): Die Molassezone Oberösterreichs und Salzburgs. – In: Brix, F. & Schultz, O. (Hrsg.): Erdöl und Erdgas in Österreich: 179–201, Wien (Nat. Hist. Mus.).
Kolp, O. (1981): Die Bedeutung der isostatischen Kippbewegungen für die Entwicklung der südlichen Ostseeküste. – Z. geol. Wiss., **9**: 7–22.
Konzalová, M. (1980): Zu der mikropaläontologischen Erforschung graphitischer Gesteine im Südteil der Böhmischen Masse. – Vest. Ústř. Úst. geol., **51**: 233–236.
– (1981): Some Late Precambrian microfossils from the Bohemian Massif and their correlation – Precambr. Res., **15**: 43–62.
Korich, D. (1989): Zum Stoffbestand jungpaläozoischer basischer Magmatite aus dem DDR-Anteil der Mitteleuropäischen Senke. – Z. angew. Geol., **35**: 72–78.
Korsch, R.J. & Schäfer, A. (1990): Geological interpretation of DEKORP deep seismic reflection profiles 1 C and 9 N across the Variscan Saar-Nahe Basin, Southwest Germany. – Tectonophysics. (Im Druck)
Kotas, A. (1977): Lithostratigraphic characteristic of the Carboniferous in the Upper Silesian Coal Basin. – In: Holub, V.M & Wagner, R. H. (Eds.): Symp. on Carboniferous Stratigr., 421–429, Prague 1977.

– (1985): Structural evolution of the Upper Silesian Coal Basin (Poland). – C. R. X. Congr. Int. Strat. Geol. Carb., Madrid 1983, **3**: 459–469.
Kowalczyk, G. (1978): Exkursion F in das Oberrotliegende und den Zechstein am Rand von Vogelsberg und Spessart. – Jber. Mitt. oberrhein. geol. Ver., N. F., **60**: 181–205.
– (1983): Das Rotliegende zwischen Taunus und Spessart. – Geol. Abh. Hessen, **84**: 99 S.
Kowalczyk, G., Murawski, H. & Prüfert, A. (1978): Die paläogeographische und strukturelle Entwicklung im Südteil der Hessischen Senke und ihrer Randgebiete seit dem Perm. – Jber. Mitt. oberrhein. geol. Ver., N. F., **60**: 181–205.
Kowalczyk, G. & Prüfert, J. (1974): Gliederung und Fazies des Perms in der Wetterau. – Z. dt. geol. Ges., **125**: 61–90.
Kowalski, W. R. (1983): Stratigraphy of the Upper Precambrian and lowest Cambrian strata in southern Poland. – Acta geol. polon., **33**: 183–218.
Kozel, R. & Stets, J. (1989): Schwemmfächerbildungen und fluviatile Sedimente am Nordrand der Wittlicher Senke (Oberrotliegend, Rheinisches Schiefergebirge). – Z. dt. geol. Ges., **140**: 277–293.
Kozur, H. (1984): Perm. – In: Tröger, K.-A. (Hrsg.): Abriß der historischen Geologie: 270–307; Berlin (Akademie-Verlag).
– (1988): The age of the Central European Rotliegendes – Z. geol. Wiss., **16**: 907–915.
Krahn, L. (1988): Buntmetall-Vererzung und Blei-Isotopie im Linksrheinischen Schiefergebirge. – Diss. TH Aachen: 299 S.; Aachen.
Kramer, W. (1977): Vergleichende geochemische Untersuchungen an permosilesischen basischen Magmatiten der Norddeutsch-Polnischen Senke und ihre geotektonische Bedeutung. – Z. geol. Wiss., **5**: 7–20.
Kramm, U. (1982): Die Metamorphose des Venn-Stavelot-Massivs, nordwestliches Rheinisches Schiefergebirge: Grad, Alter, Ursache. – Decheniana, **135**: 121–178.
Krauss, M. (1980): Zur strukturellen Entwicklung und Gliederung des westlichen Teils der Osteuropäischen Plattform und Schlußfolgerungen zur Lage des südwestlichen Tafelrandes. – Z. geol. Wiss., **8**: 593–610.
Krauss, M. & Möbius, G. (1981): Korrelation zwischen der Tektonik des Untergrundes und den geomorphologischen Verhältnissen im Bereich der Ostsee. – Z. geol. Wiss., **9**: 255–267.
Krebs, W. (1968): Zur Frage der bretonischen Faltung im östlichen Rhenoherzynikum. – Geotekt. Forsch., **28**: 1–103.
– (1881): The geology of the Meggen ore deposit. – In: Wolf, K. H. (Ed.): Handbook of Stratabound and Stratiform Ore Deposits. **9**: 509–549; Amsterdam.
Krentz, O. (1984): Temperaturregime und Altersstellung der regionalen Metamorphose im mittleren Erzgebirge – Freiberg. Forsch.-H., **C 390**: 12–28.
– (1985): Rb/Sr-Altersdatierungen an Parametamorphiten des westlichen Erzgebirgsantiklinoriums, DDR. – Z. geol. Wiss., **13**: 443–462.
Kreuzer, H. & Harre, W. (1975): K/Ar-Altersbestimmungen an Hornblenden und Biotiten des kristallinen Odenwaldes. – Aufschluß (Sonderbd.), **27**: 71–77.
Kreuzer, H., Lenz, H., Harre, W., Matthes, S., Okrusch, M. & Richter, P. (1973): Zur Altersstellung der Rotgneise im Spessart, Rb/Sr-Gesamtgesteinsdatierungen. – Geol. Jb., **A 9**: 69–88.
Kreuzer, H., Seidel, E., Schüssler, U., Okrusch, M., Lenz, K.-L. & Raschke, H. (1989): K-Ar geochronology of different tectonic units at the NW margin of the Bohemian Massif. – Tectonophysics, **157**: 149–178.
Kröll, A. (1980a): Die Molassezone Niederösterreichs. – In: Brix, F. & Schultz, O. (Hrsg.): Erdöl und Erdgas in Österreich: 202–212; Wien (Nat. Hist. Mus.).
– (1980b): Das Wiener Becken. – In: Brix, F. & Schultz, O. (Hrsg.): Erdöl und Erdgas in Österreich: 147–179; Wien (Nat. Hist. Mus.).
Kröll, A., Brix, F. & Wessely, G. (1977): Die Molassezone und deren Untergrund in Niederösterreich. – Erdöl-Erdgas-Z. (Sonderbd.), **93**: 12–35.
Krohe, A. (1990a): Tectonic evolution at mid-crystal level of a Variscan magmatic arc (Odenwald, FRG). – Terra abstr., **2**: S. 15.
– (1990b): Synkinematic granitoid emplacement along a strike slip zone (Odenwald, FRG). – Terra abstr., **2**: S. 24.
Krohe, A. & Eisbacher, G. H. (1988): Oblique crustal detachment in the Variscan Schwarzwald, southwestern Germany. – Geol. Rdsch., **77**: 25–45.

Krohe, A. & Wickert, F. (1987): Correlation of Hercynian thrust tectonics in the Schwarzwald und Vosges mountains. – Terra cognita, **7**: 60–61.
Kukla, G. (1978): The classical European glacial stages: correlation with deep-sea sediments. – Trans. Nebraska Acad. Sci., **6**: 57–93.
Kukuk, P. (1938): Geologie des Niederrhein-Westfälischen Steinkohlengebietes. – 706 S.; Berlin (Springer)
Kulick, J. (1960): Zur Stratigraphie und Paläogeographie der Kulmsedimente im Edergebiet. – Fortschr. Geol. Rheinld. u. Westf., **3**: 243–295.
Kulick, J. & Kowalczyk, G. (1987): Der Zechstein am Nordrande der Spessart-Schwelle. – Int. Symp. Zechstein 87, Exkursionsführer II: 171–191; Wiesbaden.
Kulick, J. & Paul, J. (Hrsg.) (1987a): Zechsteinsalinare und Bohrkernausstellungen. – Int. Symp. Zechstein 87, Exkursionsführer I: 173 S.; Wiesbaden.
– – (1987b): Zechsteinaufschluß in der Hessischen Senke und am westlichen Harzrand. – Int. Symp. Zechstein 87, Exkursionsführer II: 310 S.; Wiesbaden.
Kulick, J. & Richter-Bernburg, G. (1987): Der über Tag anstehende Zechstein in Hessen. – Int. Symp. Zechstein 87, Exkursionsführer II: 19–140: Wiesbaden.
Kulick, J., Leifeld, D., Meisl, S., Pöschl, W., Stellmacher, R., Strecker, R., Theuerjahr, A.-K. & Wolf, M. (1984): Petrofazielle und chemische Erkundung des Kupferschiefers der Hessischen Senke und des Harz-Westrandes. – Geol. Jb., **D 68**: 3–223.
Kumpas, M. G. (1979): Mesozoic development of the Hanö Bay Basin, southern Baltic. – Geol. Fören. Stockh. Förh., **101**: 359–362.
Kumpera, O. (1971): Das Paläozoikum des mährisch-schlesischen Gebietes der Böhmischen Masse. – Z. dt. geol. Ges., **122**: 173–184.
– (1972): Über den Bau der Vrbno-Serie und der angrenzenden Kulmserien am Westrand des mährisch-schlesischen Synklinoriums. – Čas. Miner. Geol., **17**: 257–355.
Kumpera, O. & Suk, M. (1985): Some problems of development and structure of the Bohemian Massif. – Krystalinikum, **18**: 53–64.
Kurze, M. (1966): Die tektonisch-fazielle Entwicklung im Nordostteil des Zentralsächsischen Lineaments. – Freiberg. Forsch.-H., **C-201**: 1–89.
Kurze, M. & Tröger, K.-A. (1990): Die Entwicklung des Paläozoikums in der Elbtalzone (Saxothuringikum). – N. Jb. Geol. Paläont. Mh., **1990**: 43–53.
Kuster, H. & Meyer, K. D. (1979): Glaziale Rinnen im mittleren und nordöstlichen Niedersachsen. – Eiszeitalter u. Gegenwart, **29**: 135–156.
Kutek, J. & Głazek, J. (1972): The Holy Cross area, Central Poland in the Alpine cycle. – Acta geol. polon., **22**: 603–654.

Labau, C., Cameron, T. D. J. & Schüttenhelm, R. T. E. (1984): Geologie van het Kwartair in de zuidelijke bocht van de Nordzee. – Meded. Wertegr. Tert. Kwart. Geol., **21**: 139–154.
Laffitte, P. & Emberger, A. (Eds.): Mémoire explicatif de la carte métallogénique de l'Europe et des pays limitrophes, 1 : 2 500 000, 1. Synthèse par zone rédactionelle. – UNESCO, Sci. Terre, **17**: 560 S.
Langbein, R. & Seidel, G. (1976): Zur Ausbildung des oberen Teils des Buntsandsteins im Thüringer Becken. – Z. geol. Wiss., **4**: 751–769.
– – (1980): Zur Fazies des Zechsteinkalkes im östlichen Thüringer Becken. – Z. geol. Wiss., **8**: 835–851.
Lange, H., Tischendorf, G., Pälchen, W., Klemm, J. & Ossenkopf, W. (1972): Fortschritte der Metallogenie im Erzgebirge. B: Zur Petrographie und Geochemie der Granite des Erzgebirges. – Geologie, **21**: 457–493.
Langenstrassen, F. (1983): Neritic sedimentation of the Lower and Middle Devonian in the Rheinisches Schiefergebirge east of the river Rhine. – In: Martin, H. & Eder, F. W. (Eds.): Intracontinental Fold Belts: 43–76; Heidelberg (Springer).
Langheinrich, G. (1976): Verformungsanalysen im Rhenoherzynikum. – Geotekt. Forsch., **51**: 1–127.
Larsson, K. (1984): The concealed Palaeozoic of SW Skåne. – Geol. Fören. Stockh. Förh., **106**: 389–391.
Laškov, E. M. et al. (1981): Grundzüge der tektonischen Bewegungen und der Sedimentation während des Ordoviziums am SW-Rand der Osteuropäischen Tafel (Anteil UdSSR). – Z. angew. Geol., **27**: 177–182.
Laubscher, H. P. (1965): Ein kinematisches Modell der Jurafaltung. – Eclog. geol. Helv., **58** (1): 231–318.
– (1970): Grundsätzliches zur Tektonik des Rheingrabens. – In: Illies, J. H. & Mueller, St. (Eds.): Graben Problems: 79–87; Stuttgart (Schweizerbart).

- (1973): Faltenjura und Rheingraben: zwei Großstrukturen stoßen zusammen. – Jber. Mitt. oberrhein. geol. Ver., N. F., **55**: 145–158.
- (1974): Basement uplift und decollement in the Molasse Basin. – Eclog. geol. Helv., **67**: 531–537.
- (1980): Die Entwicklung des Faltenjuras – Daten und Vorstellung. – N. Jb. Geol. Paläont. Abh., **160**: 289–320.
- (1986): The eastern Jura: Relations between thin-skinned and basement tectonics, local and regional. – Geol. Rdsch., **75**: 535–553.

Legrand, R. (1968): Le Massif du Brabant. – Mém. Expl. Ct. géol. min. Belg., **9**: 148 S.

Lehmann, H. (1953): Leitfaden der Kohlengeologie. – 231 S.; Halle (W. Knapp).

Leitz, F. & Schröder, B. (1985): Randfazies der Trias und Bruchschollenland südöstlich Bayreuths (Exkursion C am 11. u. 12. April 1985). – Jber. Mitt. oberrhein. geol. Ver., N. F., **67**: 51–63.

Lemcke, K. (1973): Zur nachpermischen Geschichte des nördlichen Alpenvorlandes. – Geologica bavar., **69**: 5–48.
- (1974): Vertikalbewegungen des vormesozoischen Sockels im nördlichen Alpenvorland vom Perm bis zur Gegenwart. – Eclog. geol. Helv., **67**: 121–133.
- (1975): Molasse und vortertiärer Untergrund im Westteil des süddeutschen Alpenvorlandes. – Jber. Mitt. oberrhein. geol. Ver., N. F., **57**: 87–115.
- (1978): Summary of Post-Permian history of the northern Alpine foreland. – In: Closs, H., Roeder, D. & Schmidt, K. (Eds.): Alps, Apennines, Hellenides: 61–64; Stuttgart (Schweizerbart).
- (1988): Geologie von Bayern I. Das bayerische Alpenvorland vor der Eiszeit. Erdgeschichte – Bau – Bodenschätze. – 175 S., Stuttgart (Schweizerbart).

Lenz, H. & Müller, P. (1976): Radiometrische Altersbestimmungen am Kristallin der Bohrung Saar 1. – Geol. Jb., **A 27**: 429–432.

Lepper, J. (1979): Zur Struktur des Solling-Gewölbes. – Geol. Jb., **A 51**: 57–77.

Liboriussen, J., Ashton, P. & Tygesen, T. (1987): The tectonic evolution of the Fennoscandian border zone in Denmark. – Tectonophysics, **137**: 21–30.

Liedtke, H. (1981): Die nordischen Vereisungen in Mitteleuropa. – 2. Aufl., Forsch. dt. Landeskd., **204**: 1–307.

Liew, D. C. & Hofmann, A. W. (1988): Precambrian crustal components, plutonic associations, plate environment of the Hercynian Fold Belt of Central Europe, indications from a Nd and Sm isotopic study. – Contr. Miner. Petrol., **98**: 129–138.

Liniger, H. (1967): Pliozän und Tektonik der Jura-Geologie. – Eclog. geol. Helv., **60**: 407–490.

Lippolt, H. J. (1978): K-Ar-Untersuchungen zum Alter des Rhön-Vulkanismus. – Fortschr. Miner. Beih., **56**: 85 S.
- (1983): Distribution of volcanic activity in space and time. – In: Fuchs, K. et al. (Eds.): Plateau Uplift. The Rhenish Shield – A Case History: 112–120; Heidelberg (Springer).
- (1986): Nachweis altpaläozoischer Primär-Alter (Rb-Sr) und karbonischer Abkühlungsalter (K-Ar) der Muskovit-Biotit-Gneise des Spessart und der Biotit-Gneise des Böllsteiner Odenwald. – Geol. Rdsch., **75**: 569–583.

Lippolt, H. J., Baranyi, I. & Todt, W. (1975): Die Kalium-Argon-Alter der post-permischen Vulkanite des nordöstlichen Oberrheingrabens. – Aufschluß (Sonderbd.), **27**: 205–212.

Lippolt, H. J. & Hess, J. C. (1983): Isotopic evidence for the stratigraphic position of the Saar-Nahe Rotliegend volcanism. I. 40 Ar/40 K and 40 Ar/39 Ar investigations. – N. Jb. Geol. Paläont. Mh., **1983**: 713–730.
- – (1989): Isotopic evidence for the stratigraphic position of the Saar-Nahe Rotliegend volcanism. III. Synthesis of results and geological implications. – N. Jb. Geol. Paläont. Mh., **1989**: 553–559.

Lippolt, H. J., Hess, J. C., Raczek, I. & Venzlaff, V. (1989): Isotopic evidence for the stratigraphic position of the Saar-Nahe Rotliegend volcanism. II. Rb-Sr investigations. – N. Jb. Geol. Paläont. Mh., **1989**: 539–552.

Lippolt, H. J. & Rittmann, K. L. (1984): Die jüngere variszische Geschichte der Granite des SE-Schwarzwalds – $^{40}Ar/^{39}Ar$-Untersuchungen an Glimmern. – Fortschr. Miner., **62**: 134 S.

Lippolt, H. J., Schleicher, H. & Raczek, I. (1983): Rb-Sr systematics of Permian volcanites in the Schwarzwald (SW Germany). Part I: Space of time between plutonism and late orogenic volcanism. – Contr. Miner. Petrol., **84**: 272–280.

Lippolt, H. J. & Todt, W. (1978): Isotopische Altersbestimmungen an Vulkaniten des Westerwaldes. – N. Jb. Geol. Paläont. Mh., **1978**: 332–352.

Lobst, R. (1986): Zur Lithologie oberproterozoischer reliktischer Paragneise des mittleren Erzgebirges. – Freiberg. Forsch.-H., **C 403**: 103 S.
Long, D., Labau, C., Streit, H., Cameron, T. D. J. & Schüttenhelm, R. T. E. (1988): The sedimentary record of climatic variation in the southern North Sea. – Phil. Trans. Roy. Soc. London: **B 318**, 523-532, London.
Lorenc, S. (1983): Petrogenesis of the Wojcieszów crystalline limestones (Góry Kaczawskie, Sudetes Mts.). – Geol. Sudetica, **18**: 61–114.
Lorenz, V. & Nicholls, J. A. (1984): Plate and intraplate processes of Hercynian Europe during the late Palaeozoic. – Tectonophysics, **107**: 25–56.
Lorenz, V., Stapf, K. R. G., Haneke, J. & Atzbach, O. (1987): Das Rotliegende des Saar-Nahe-Gebietes in der Umgebung des Donnersberges. – Jber. Mitt. oberrhein. geol. Ver., N. F., **69**: 53—76.
Lorenz, W. (1979): Lithostratigraphie, Lithologie und Lithofazies metamorpher Komplexe. – Z. geol. Wiss., **7**: 405–418.
– (1988): Schichtfaltung und Kristallisationsschieferung im Annaberger Gneiskomplex (Erzgebirge). – Z. geol. Wiss., **16**: 779–800.
Lorenz, W. & Burmann, G. (1972): Alterskriterien für das Präkambrium am Nordrand der Böhmischen Masse. – Geologie, **21**: 409–417.
Lorenz, W. & Hoth, K. (1989): Lithostratigraphie im Erzgebirge – Konzeption, Entwicklung, Probleme und Perspektiven. – Abh. staatl. Mus. Miner. Geol. Dresden, **37**.
Lotsch, D. (1968): Tertiär (Paläogen und Neogen). – In: Zentrales Geol. Inst. (Hrsg.): Grundriß der Geologie der DDR: 356–384; Berlin (Akademie-Verl.).
Lotze, F. (1938): Steinsalz und Kalisalz, Geologie. – In: Stutzer, O. (Hrsg.): Die wichtigsten Lagerstätten der „Nicht-Erze", Bd. 3 (1): 936 S.; Berlin (Borntraeger).
– (1957): Steinsalz und Kalisalze. 1. Allgemeingeologischer Teil. – 465 S.; Berlin (Borntraeger).
Lovell, J. P. B. (1984): Cenozoic. – In: Glennie, K. W. (Ed.): Introduction to the Petroleum Geology of the North Sea: 151–170; Oxford (Blackwell).
Lucius, M. (1945): Die Luxemburger Minetteformation und die jüngeren Eisenerzbildungen unseres Landes. Beiträge zur Geologie von Luxemburg. – Publ. Serv. géol. Lux., **4**: 350 S.
– (1948): Das Gutland. – Erläuterungen zur geol. Spezialkt. Luxemburg, **5**: 405 S.; Luxembourg.
– (1950): Das Oesling. – Erläuterungen zur geol. Spezialkt. Luxemburg, **6**: 174 S.; Luxembourg.
Ludwig, A. (1970): Der präquartäre Untergrund der Ostsee. – Geschiebesammler, **5**: 61–70.
– (1971): Der präquartäre Untergrund der Ostsee. – Geschiebesammler, **6**: 135–140.
Ludwig, A. O. (1979): The Quarternary History of the Baltic. The Southern Part. – In: Gudelis, V. & Königsson, L.-K. (Eds.): The Quarternary History of the Baltic. – Acta Univ. Symp. Univ. Ups. Annum Quingentesimum Celebrantis, **1**: 41–58, Uppsala.
Ludwig, G., Müller, H. & Streif, H. (1979): Neuere Daten zum holozänen Meeresspiegelanstieg. – Geol. Jb., **D 32**: 3–22.
Lüschen, E., Wenzel, F., Sandmeier, K.J., Menges, D., Rühl, Th., Stiller, M., Janoth, W., Keller, F., Söllner, W., Thomas, R., Krohe, A., Stenger, R., Fuchs, K., Wilhelm, H. & Eisbacher, G. (1979): Near-vertical and wide-angle seismic surveys in the Black Forest, SW Germany. – Z. Geophys., **62**: 1–30.
– – – – (1989): Near-vertical and wide-angle seismic surveys in the Schwarzwald. – In: Emmermann, R., & Wohlenberg, J. (Eds.): The German Continental Deep Drilling Program (KTB): 297–362, Berlin, Heidelberg (Springer).
Lütke, F. (1978): Grundzüge der faziellen und paläogeographischen Entwicklung im südlichen Unter- und Mittelharz. – Senckenberg. leth., **58**: 473–513.
Lütke, F. & Koch, J. (1983): Das Inkohlungsbild des Paläozoikums im Westharz und seine Interpretation. – Geol. Jb., **A 69**: 3–42.
Lüttig, G. (1954): Alt- und mittelpleistozäne Eisrandlagen zwischen Harz und Weser. – Geol. Jb., **70**: 43–125.
– (1974): Geological history of the river Weser (Northwest Germany). – In: Cent. Soc. géol. Belg.: L'évolution quarternaire des bassins fluviaux de la Mer Nord méridional: 21–34; Liège.
Lützner, H. (1981): Sedimentation der variszischen Molasse im Thüringer Wald. – Schriftenr. geol. Wiss., **17**: 217 S.
– (Ed.) (1987): Sedimentary and Volcanic Rotliegende of the Saale Depression. – Exc. Guide book Symp. on Rotliegende of the Saale Depression. – Exc. Guide book Symp. on Rotliegende in Central Europe, Erfurt, May 24–30, 1987: 197 S.; Potsdam (Zentr. Inst. Phys. Erde).

- (1988): Sedimentology and basin development of intramontane Rotliegende Basins in Central Europe. - Z. geol. Wiss., **16**: 845-863.
Lupu, M., Michelsen, O. & Dadlez, R. (1987): Lithologic, paleogeographic and tectonic trends of the Cimmerian development. - Z. angew. Geol., **33**: 225-229.
Lutzens, H. (1972): Stratigraphie, Faziesbildung und Baustil im Paläozoikum des Unter- und Mittelharzes. - Geologie, **74**: 1-105.
- (1978): Zur tektogenetischen Entwicklung und geotektonischen Gliederung des Harzvariszikums unter besonderer Berücksichtigung der Olisthostrom- und Gleitdeckenbildung. - Hall. Jb. Geowiss., **3**: 81-94.
- (1979): Zur geotektonischen Entwicklung des Harzvariszikums mit besonderer Berücksichtigung synparoxysmaler Resedimentationsprozesse im Mittelharz. - Schriftenr. geol. Wiss., **15**: 37-103.

Maass, R. (1974): Ein strukturgeologischer Beitrag zum Paläozoikum des Südschwarzwaldes. - Ber. naturf. Ges. Freiburg i. Br., **64**: 25-38.
- (1981): The Variscan Black Forest. - Geol. en Mijnb., **70**: 137-143.
- (1988): Die Südvogesen in variszischer Zeit. - N. Jb. Geol. Paläont. Mh., **1988**: 611-638.
Maass, R., Grimm, B., Vogt, C., Weinziehr, R. & Wickert, F. (1980): Das Variszikum der südlichen Teile von Schwarzwald und Vogesen. - Nachr. dt. geol. Ges., **23**: 10-13.
Mader, D. (1982): Sedimentologie und Genese des Buntsandsteins in der Eifel. - Z. dt. geol. Ges., **133**: 257-307.
Magaard, L. & Rheinheimer, G. (1974): Meereskunde der Ostsee. - 269 S.; Berlin (Springer).
Maggetti, M. (1974): Zur Dioritbildung im kristallinen Odenwald. - Schweiz. miner. petrogr. Mitt., **54**: 39-57.
- (1975): Die Tiefengesteine des Bergsträsser Odenwaldes. - Aufschluß (Sonderbd.), **27**: 87-107.
Maggetti, M. & Nickel, E. (1973): Hornblende-Diorite und Biotit-Diorite im kristallinen Odenwald. - N. Jb. Miner. Abh., **119**: 232-265.
Majerowicz, A. (1972): On the petrology of the granite massif of Strzegom - Sobótka. - Geol. Sudetica, **6**: 7-96.
- (1986): Some selected problems concerning the tectonics of granitoids of the Strzegom - Sobótka massif (SW Poland). - Geol. Rdsch., **75**: 625-634.
Malkovsky, M. (1975): Palaeogeography of the Miocene of the Bohemian Massif. - Věst. ústr. Úst. geol., **50**: 27-31.
- (1976): Saxonische Tektonik der Böhmischen Masse. - Geol. Rdsch., **65**: 127-143.
- (1980a): Model of the origin of the Tertiary basins at the foot of the Krusnehory Mts.: vulcanotectonic subsidence. - Věst. ústr. Úst. geol., **55**: 141-151.
- (1980b): Les bassins post-Hercyniens d'Europe centrale. - In: Cogné, J. & Slansky, M. (Eds.): Géologie de l'Europe du Précambrien aux bassins sédimentaires post-Hercyniens. - Mém. BRGM, **108**: 288-294.
- (1987): The Mesozoic and Tertiary basins of the Bohemian Massif and their evolution. - Tectonophysics, **137**: 31-42.
Marcinowski, R. & Radwanski, A. (1983): The Mid-Cretaceous transgression onto the Central Polish Uplands (marginal part of the Central European Basin). - Zitteliana, **10**: 65-95.
Marczinski, R. (1969): Zur Geschiebekunde und Stratigraphie des Saaleglazials (Pleistozän) im nördlichen Niedersachsen zwischen Unterweser und Unterelbe. - Rotenburger Schr., **11**: 132 S.
Marell, D. (1989): Das Rotliegende zwischen Odenwald und Taunus. - Geol. Abh. Hessen, **89**: 1-128.
Marell, D. & Kowalczyk, G. (1986): Höheres Rotliegendes in der Wetterau - Gliederung und Sedimentologie. - Geol. Jb. Hessen, **114**: 227-248.
Martin, F. (1969): Les Acritarches de l'Ordovicien et du Silurien belges. Détermination et relevé stratigraphique. - Inst. roy. Sci. nat. Belg., **160**: 175 S.
- (1975): Acritarches du Cambro-Ordovicien du Massif du Brabant, Belgique. - Bull. Inst. roy. Sci. nat. Belg., Sci. Terre, **51**: 1-33.
Martin, H. & Eder, F. W. (Eds.) (1983): Intracontinental Fold Belts. - 945 S.; Heidelberg (Springer).
Mathé, G. (1969): Die Metabasite des sächsischen Granulitgebirges. - Freiberg. Forsch.-H., **C 251**: 130 S.
Mathé, G. & Bergner, R. (1977): Stoffbestand und Genese migmatischer Gneise im mittleren Erzgebirge. - Z. geol. Wiss., **5**: 1193-1204.

Matte, P. (1986 a): La chaîne varisque parmi les chaînes paléozoiques peri-atlantiques, modèle d'évolution et position des grands blocs continentaux au Permo-Carbonifère. – Bull. Soc. Géol. France (8), **1986**: 9–24.
– (1986 b): Tectonics and plate tectonic model for the Variscan belt of Europe. – Tectonophysics, **126**: 329–374.
Matthes, S. (1978): Der kristalline Spessart. – Jber. Mitt. oberrhein. geol. Ver., N.F., **60**: 65–78.
Matthes, S. & Okrusch, M. (1969): Spessart. – Samml. geol. Führer, **44**: 220 S.; Berlin, Stuttgart (Borntraeger).
– – (1974): Mineralogisch-petrographische Exkursion in das kristalline Grundgebirge des Spessarts. – Fortschr. Miner., **51**: 157–175.
– – (1977): The Spessart crystalline complex, North-West Bavaria: rock series, metamorphism, and position within the Central German crystalline rise. – In: La chaîne varisque d'Europe moyenne et occidentale. – Coll. Intern. CNRS Rennes, **243**: 375–390.
Matthes, S., Okrusch, M. & Richter, P. (1972): Zur Magmatitbildung im Odenwald. – N.Jb. Miner. Abh., **116**: 225–267.
Matthes, S. & Schubert, W. (1971): Der Original-Beerbachit im Odenwald, ein Amphibolit-Hornfels in Pyroxen-Hornfelsfazies. – Contr. Miner. Petrol., **33**: 62–86.
Matura, A. (1976): Hypothesen zum Bau und zur geologischen Geschichte des kristallinen Grundgebirges von Südwestmähren und dem niederösterreichischen Waldviertel. – Jb. Geol. B.-Anst., **119**: 63–74.
Mayer, F. (1982): Petro-Atlas, Erdöl und Erdgas. – 3. Aufl., 148 S., Braunschweig (Westermann).
Mechie, J., Prodehl, C. & Fuchs, K. (1983): The long range seismic refraction experiment in the Rhenish Massif.. – In: Fuchs, K. et al. (Eds.): Plateau Uplift – The Rhenish Massif – a case history: 297–362; Berlin, Heidelberg (Springer).
Mégnien, C. (Ed.) (1980): Synthèse géologique du Bassin de Paris. Vol. I: Stratigraphie et Paléogeographie. – Mém. BRGM, **101**: 466 S.; Orléans.
Meiburg, P. (1982): Saxonische Tektonik und Schollenkinematik am Ostrand des Rheinischen Massivs. – Geotekt. Forsch., **62**: 267 S.
Meinhold, R. & Reinhardt, H.-G. (1967): Halokinese im Norddeutschen Tiefland. – Ber. dt. Ges. geol. Wiss., **A 12**: 329–353.
Meischner, D. (1968): Stratigraphische Gliederung des Kellerwaldes. – Notizbl. hess. L.-Amt Bodenforsch., **96**: 18–30.
Meisl, St. (1986): Mineralogisch-petrographische Exkursion in den Soonwald. – Fortschr. Miner., **64**: 35–95.
Meissner, R. Bartelsen, H. & Murawski, H. (1980): Seismic reflection und refraction studies for investigating fault zones along the Geotraverse Rhenoherzynikum. – Tectonophysics, **64**: 59–84.
Meissner, R., Wever, Th. & Bittner, R. (1987): Results of Dekorp 2-S and other reflection profiles through the Variscides. – Geophys. J.Roy. astr. Soc., **89**: 319–324.
Meissner, R., Wever, Th. & Flüh, E. R. (1987): The Moho in Europe – implications for crustal development. – Ann. Geophys., **5 B**, (4): 357–364.
Menke, B. (1968): Beiträge zur Biostratigraphie des Mittelpleistozäns in Norddeutschland. – Meyniana, **18**: 35–42.
– (1975): Vegetationsgeschichte und Florenstratigraphie Nordwestdeutschlands im Pliozän und Frühquartär. Mit einem Beitrag zur Biostratigraphie des Weichsel-Frühglazials. – Geol. Jb., **A 26**: 3–151.
Mertes, H. (1983): Aufbau und Genese des Westerfeler Vulkanfeldes. – Bochumer geol. u. geotechn. Arb., **9**: 415 S.
Merz, G. (1987): Zur Petrographie, Stratigraphie, Paläogeographie und Hydrogeologie des Muschelkalkes (Trias) im Thüringer Becken. – Z. geol. Wiss., **15**: 457–475.
Metz R. (1981): Geologische Landeskunde des Hotzenwaldes mit Exkursionen besonders in dessen alten Bergbaugebieten. – 1120 S.; Lahr (Schauenburg).
Meyer, D. E. (1975): Geologischer Überblick über den südöstlichen Hunsrück und Beschreibung einer Exkursionsroute. – Dechenianna, **128**: 87–106.
Meyer, W. (1988): Geologie der Eifel. – 2. Aufl., 615 S.; Stuttgart (Schweizerbart).
Meyer, W. & Stets, J. (1975): Das Rheinprofil zwischen Bonn und Bingen. – Z. dt. geol. Ges., **126**: 15–29.
– – (1980): Zur Paläogeographie von Unter- und Mitteldevon im westlichen und zentralen Rheinischen Schiefergebirge. – Z. dt. geol. Ges., **131**: 725–751.
Michelsen, O. (Ed.) (1982): Geology of the Danish Central Graben. – Dan. geol. Unders. Afh. Raekke 2, **8**.

Michelsen, O. & Andersen, C. (1981): Überblick über die regionale Geologie und Tektonik Dänemarks. – Z. angew. Geol., **27**: 171–176.
– – (1983): Mesozoic structural and sedimentary development of the Danish Central Trough. – Geol. en Mijnb., **62**: 93–102.
Michot, P. (1980): Belgique. – In: Géologie des pays européens: France, Belgique, Luxembourg: 485–567; Paris (Dunod).
– (1988): Le synclinorium de Herve. – Ann. Soc. géol. Belg., **110**: 101–188.
Mielke, H., Blümel, P. & Langer, K. (1979): Regional low pressure metamorphism of low and medium-grade metapelites and psammites of the Fichtelgebirge area, NE Bavaria. – N. Jb. Miner. Abh., **137**: 83–112.
Mierzejewski, M. P. & Oberc-Dziedzic, T. (1990): Geology of the Izera-Karkonosze Block and some aspects of its plate tectonic development (Sudetes, Poland). – N. Jb. Geol. Paläont. Abh., **179**: 197–222.
Mittmeyer, H. G. (1980): Zur Geologie des Hunsrückschiefers. – Natur u. Mus., **111**: 148–155.
Mizerski, W. (1979): Tectonics of the Lysagory unit of the Holy Cross Mountains. – Acta geol. polon., **29**: 1–37.
Möbus, G. (1964): Die geotektonische Entwicklung des Grundgebirges im Raum Erzgebirge – Elbtalzone – Lausitzer Grundgebirge – Westsudeten. – Abh. dt. Akad. Wiss. Berlin, Kl. Chem. Geol. Biol., **1964** (5): 114 S.
– (1966): Abriß der Geologie des Harzes. – 219 S.; Leipzig (Teubner).
Mörner, N.-A. (1969): The Late Quaternary history of the Kattegatt Sea and the Swedish West Coast. Deglaciation, shorelevel displacement, chronology, isostasy and eustasy. – Sver. geol. Unders., **C 640**: 487 S.
Modlinski, Z. (1977): Über die Ausbildung des Ordoviziums am Südwestrand der Osteuropäischen Tafel in der VR Polen. – Z. angew. Geol., **23**: 445–449.
Mohr, K. (1978): Geologie und Minerallagerstätten des Harzes. – 387 S.; Stuttgart (Schweizerbart).
– (1982): Harzvorland, westlicher Teil. – Samml. geol., Führer, **70**: 161 S.; Berlin, Stuttgart (Borntraeger).
Mojski, J. E. (1982): Outline of the Pleistocene stratigraphy in Poland. – Biul. Inst. Geol. Warsaw, **343**: 9–29.
Monographien der deutschen Blei-Zink-Erzlagerstätten (seit 1951). – Bände erscheinen in loser Folge im Geol. Jb.; bisher ersch.: Ruhrgebiet (3 Lfg.: 1951, 1957, 1961), St. Andreasberg 1952, Oberharz (4 Lfg.: 1971, 1973, 1979, 1981), Rammelsberg 1955, Ramsbeck 1979, Meggen 1954, Schwarzwald 1957; Hannover.
Montigny, R., Schneider, Cl., Royer, J. Y. & Thuizat, R. (1983): K-Ar dating of some plutonic rocks of the Vosges, France. – Terra cognita, **3**: S. 201.
Morávek, P. (1983): Die neue Lagerstätte Psi hory: goldführende Erze des massigen Typs. – Z. angew. Geol., **29**: 343–347.
Mortelmans, G. (1955): Considérations sur la structure tectonique et la stratigraphie du Massif du Brabant. – Bull. Soc. belge Géol., **64**: 179–218.
Mostaanpour, M. M. (1984): Einheitliche Auswertung krustenseismischer Daten in Westeuropa. – Berliner Geowiss. Abh. Reihe B, **10**: 96 S.
Muchez, Ph., Viane, W., Wolf, M. & Bouckaert, J. (1987): Sedimentology, coalification pattern and paleogeography of the Campine – Brabant Basin during the Visean. – Geol. en Mijnb., **66**: 313–326.
Müller, G. (1978): Die magmatischen Gesteine des Harzes. – Clausth. geol. Abh., **31**: 92 S.
– (1988): Salzgesteine (Evaporite). – In: Füchtbauer, H. (Hrsg.): Sedimente und Sedimentgesteine: 435–500; Stuttgart (Schweizerbart).
Müller, H. D. (1989): Geochemistry of metasediments in the Hercynian and pre-Hercynian crust of the Schwarzwald, the Vosges and Northern Switzerland. – Tectonophysics, **157**: 97–108.
Müller, M. (1984): Bau, Untergrund und Herkunft der Allgäuer Faltenmolasse. – Jber. Mitt. oberrhein. geol. Ver., N. F., **66**: 321–328.
Müller, M., Niederding, F. & Wanninger, A. (1988): Tectonic style and pressure distribution at the northern margin of the Alps between Lake Constance and the River Inn. – Geol. Rdsch., **77**: 787–796.
Mueller, St., Peterschmitt, E., Fuchs, K., Emter, D. & Ansorge, J. (1973): Crustal structure of the Rhinegraben area. – Tectonophysics, **20**: 381–391.
Müller-Sohnius, D., Drach, V., Horn, P. & Köhler, H. (1987): Altersbestimmungen an der Münchberger Gneismasse, NE Bayern. – N. Jb. Miner. Abh., **156**: 175–206.

Muller, A. (1980): Luxembourg. – In: Géologie des pays européens: France, Belgique, Luxembourg: 577–594; Paris (Dunod).
Muller, A., Parting, H. & Thorez, J. (1973): Caractères sédimentologiques et minéralogiques des couches de passage du Trias au Lias sur la bordure NE du Bassin de Paris. – Ann. Soc. géol. Belg., **96**: 671–707.
Muller, A., Preugschat, F. & Schreck, H. (1976): Tektonische Richtungen und Faziesverteilungen im Mesozoikum von Luxemburg-Lothringen. – Jber. Mitt. oberrhein. geol. Ver., N. F., **58**: 153–181.
Munk, C. (1985): Jura der Nördlichen Frankenalb (Exkursion D am 11. und 12. April 1985). – Jber. Mitt. oberrhein. geol. Ver., N. F., **67**: 65–81.
Murawski, H. (1960): Das Zeitproblem bei der Tektogenese eines Großgrabensystems. Ein taphrogenetischer Vergleich zwischen Hessischer Senke und Oberrheintalgraben. – Notizbl. hess. L.-Amt Bodenforsch., **88**: 294–342.
– (1964a): Der Spessart als Teilgebiet der Mitteldeutschen Schwelle. – Geol. Rdsch., **54**: 835–852.
– (1964b): Die Nord-Süd-Zone der Eifel und ihre nördliche Fortsetzung. – Publ. Serv. géol. Luxembourg, **8**: 285–308.
– (1967): Grundzüge der tektonischen Entwicklung von Spessart und Wetterau. – Jber. Mitt. oberrhein. geol. Ver., N. F., **49**: 117–127.
– (1975): Die Grenzzone Hunsrück/Saar-Nahe-Senke als geologisch-geophysikalisches Problem. – Z. dt. geol. Ges., **126**: 49–62.
– (1976): Raumproblem und Bewegungsablauf an listrischen Flächen, insbesondere bei Tiefenstörungen. – N. Jb. Geol. Paläont. Mh., **1976**: 209–220.
Murawski, H. et al. (1983): Regional tectonic setting and geological structure of the Rhenish Massif. – In: Fuchs, K. et al. (Eds.): Plateau Uplift. The Rhenish Shield – A Case History: 9–38; Berlin (Springer).

Nachtmann, W. & Wagner, L. (1987): Mesozoic and Early Tertiary evolution of the Alpine foreland in western Austria. – Tectonophysics, **137**: 61–76.
Narebski, W., Dostal, J. & Dupuy, C. (1986): Geochemical characteristics of Lower Palaeozoic spilite-keratophyre series in the Western Sudetes (Poland); Petrogenetic and tectonic implications. – N. Jb. Miner. Abh., **155**: 243–258.
Nederlandse Aardolie Maatschappij B. V. & Rijks Geologische Dienst (1980): Stratigraphic nomenclature of the Netherlands. – Kon. Ned. Geol. Mijnb. Gen. Verh., **32**: 77 S.
Negendank, J. F. W. (1983): Trier und Umgebung. – Samml. geol. Führer, **60**: 116 S.; Berlin, Stuttgart Borntraeger).
– (1975): Permische und tertiäre Vulkanite im Bereich des nördlichen Odenwalds. – Aufschluß (Sonderbd.), **27**: 197–204.
Nemec, W., Porebski, S. & Teisseyre, A. K. (1982): Explanatory notes of the lithotectonic molasse profile of the Intra-Sudetic Basin, Polish part (Sudety Mts., Carboniferous – Permian). – Veröff. Zentralinst. Phys. Erde, **66**: 267–278.
Neumann, W. (1973): Zum Stockwerkbau im Bereich der „Mitteldeutschen Kristallinzone" (speziell im Ruhlaer Kristallin). – Veröff. Zentralinst. Phys. Erde., **14**: 391–409.
– (1984): Zur erdgeschichtlichen Entwicklung des sächsischen Granulitmassivs. – Z. angew. Geol., **30**: 183–190.
– (1988): Lower, Middle und Upper Proterozoic of the Saxothuringian Zone. Guidebook of excursion. – 59 S.; Potsdam (Zentralinst. Phys. Erde).
Neumann, W. & Wiefel, H. (1978): Der Schiefermantel des sächsischen Granulitgebirges, lithostratigraphisch – lithofaziell gegliedert. – Z. geol. Wiss., **6**: 1409–1435.
Neumann-Redlin, C., Walkter, H. W. & Zitzsmann, A. (1977): The iron ore deposits of the Federal Republic of Germany. – In: Walther, H. W. & Zitzmann, A. (Ed.): The Iron Ore Deposits of Europe and Adjacent Areas: 165–186; Hannover.
Nickel, E. (1964): Vergleich der Phasenabfolgen im Kristallin der Zwischenzone und des Böllsteins. – N. Jb. Geol. Paläont. Mh., **1964**: 30–42.
– (1965): Das Intrusionsniveau des Odenwaldes. – N. Jb. Miner. Mh., **1965**: 43–53.
– (1975): Geologische Position und Petrogenese des kristallinen Odenwaldes. – Aufschluß (Sonderbd.), **27**: 1–25.
– (1979): Odenwald. – Samml. geol. Führer, **69**: 202 S.; Berlin, Stuttgart (Borntraeger).
Nickel, E. & Maggetti, M. (1974): Magmenentwicklung und Dioritbildung im synorogenen konsolidierten Grundgebirge des Bergsträsser Odenwaldes. – Geol. Rdsch., **63**: 618–654.

Nickel, E. & Obelode-Dönhoff, B. M. (1964): Die Beziehungen zwischen dem Hornblendegneis (Gnh) und dem sog. „Hornblendegranit" (Gh) im Raum Orten-Weschnitz. – N. Jb. Geol. Miner. Abh., **109**: 63–93.
Niedermeyer, R.-O., Kliewe, H. & Janke; W. (1987): Die Ostseeküste zwischen Boltenhagen und Ahlbeck. – Geogr. Bausteine, N.R., **30**: 164 S.; Gotha (VEB H. Haack).
Nilsson, T. A. (1983): The Pleistocene: Geology and Life in the Quaternary Ice Age. – 651 S.; Stuttgart (Enke).
Nöldeke, W. & Schwab, G. (1977): Zur tektonischen Entwicklung des Tafeldeckgebirges der Norddeutsch-Polnischen Senke unter besonderer Berücksichtigung des Nordteils der DDR. – Z. angew. Geol., **23**: 369–379.
Norling, E. (1981): Upper Jurassic and Lower Cretaceous geology of Sweden. – Geol. Fören. Stockh. Förh., **103**: 253–269.
– (1984): Kimmerian tectonics, stratigraphy and palaeogeography of Scania. – Geol. Fören. Stockh. Förh., **106**: 393–394.
– (1985): Mesozoic and Tertiary evolution of Scania. – Terra Cognita, **5**: 103–104.
Norling, E. & Bergström, J. (1987): Mesozoic and Cenozoic evolution of Scania, southern Sweden. – Tectonophysics, **137**: 7–19.
Norling, E. & Skoglund, R. (1977): Der Südwestrand der Osteuropäischen Tafel im Bereich Schwedens. – Z. angew. Geol., **23**: 449–458.

Oberc, J. (1977): Besteht ein kaledonisches Tectogen in Südpolen? – N. Jb. Geol. Paläont. Mh., **1977**: 56–63.
Oberhauser, R. (Hrsg.) (1980): Der geologische Aufbau Österreichs. – 700 S.; Wien, New York (Springer).
Oele, E. (1969): The Quaternary geology of the Dutch part of the North Sea, north of the Frisian Isles. – Geol. en Mijnb., **48**: 467–480.
– (1971): The Quaternary geology of the southern area of the Dutch part of the North Sea. – Geol. en Mijnb., **50**: 461–474.
Oele, E. & Schüttenhelm, R. T. E. (1979): Development of the North Sea after the Saalian glaciation. – In: Oele, E., Schüttenhelm, R. T. E. & Wiggers, A. J. (Eds.): The Quaternary History of the North Sea. – Acta Univ. Ups., Symp. Univ. Ups. Annum Quingentesimum Celebrantis, **2**: 191–215.
Oele, E., Schüttenhelm, R. T. E. & Wiggers, A. J. (Eds.) (1979): The Quaternary History of the North Sea. – Acta Univ. Ups., Symp. Univ. Ups. Annum Quingentesimum, **2**: 248 S.; Uppsala.
Okrusch, M. (1983): The Spessart Crystalline Complex, Northwest Bavaria. – Fortschr. Miner. Beih., **61**: 135–169.
Okrusch, M., Müller, R. & El Shazly, S. (1985): Die Amphibolite, Kalksilikatgesteine und Hornblendegneise der Alzenauer Gneisserie am Nordwest-Spessart. – Geologica bavar., **87**: 5–37.
Okrusch, M., Raumer, J. von, Matthes, S. & Schubert, W. (1975): Mineralfazies und Stellung der Metamorphite im kristallinen Odenwald. – Aufschluß (Sonderbd.), **27**: 109–134.
Okrusch, M. & Richter, P. (1967): Petrographische, geochemische und mineralogische Untersuchungen zum Problem der Granitoide im mittleren Spessart-Kristallin. – N. Jb. Miner. Abh., **107**: 21–73.
– – (1986): Orthogneisses of the Spessart crystalline complex, Northwest Bavaria: Indicators of the geotectonic environment? – Geol. Rdsch., **75**: 555–568.
Olsen, J. (1983): The structural outline of the Horn Graben. – Geol. en Mijnb., **62**: 47–50.
– (1987): Tectonic evolution of the North Sea region. – In: Brooks, J. J. & Glennie, K. W. (Eds.): Petroleum Geology of North-West Europe: 389–401; London (Graham & Trotman).
Oncken, O. (1982): Zur Rekonstruktion der Geosynklinalgeschichte mit Hilfe von Inkohlungskurven (am Beispiel Ebbeantiklinorium, Rheinisches Schiefergebirge). – Geol. Rdsch., **71**: 579–602.
– (1984): Zusammenhänge in der Strukturgenese des Rheinischen Schiefergebirges. – Geol. Rdsch., **73**: 619–650.
– (1988a): Geometrie und Kinematik der Taunuskammüberschiebung – Beitrag zur Diskussion des Deckenproblems im südlichen Schiefergebirge. – Geol. Rdsch., **77**: 551–575.
– (1988b): Aspects of the reconstruction of the stress history of a fold and thrust belt (Rhenish Massif, Federal Republic of Germany). – Tectonophysics, **152**: 19–40.
– (1989): Geometrie, Deformationsmechanismen und Paläospannungsgeschichte großer Bewegungszonen in der höheren Kruste (Rheinisches Schiefergebirge). – Geotekt. Forsch., **73**: 1–213.

Orłowski, S. (1975a): Lower Cambrian trilobites from Upper Silesia (Goczałkowice borehole). – Acta geol. polon., **25**: 377–383.
– (1975b): Cambrian and Upper Precambrian lithostratigraphic units of the Holy Cross Mts. – Acta geol. polon., **25**: 431–448.
– (1989): Stratigraphy of the Cambrian system in the Holy Cross Mts. – Kwart. Geol., **32**: 525–532.
Osika, R. (Ed.) (1970): Mineralogenic Atlas of Poland, 7 Karten 1 : 2 Mio., mit Erl. – 17 S., Warschau (Geol. Inst.).
Overbeck, F. (1975): Botanisch-geologische Moorkunde unter besonderer Berücksichtigung der Moore Nordwestdeutschlands als Quellen zur Vegetations-, Klima- und Siedlungsgeschichte. – 719 S.; Neumünster (Wachholtz).

Paech, H.-J. (1989): Geological characterization of the Ancient Variscan Molasses of the Sub-Erzgebirge Basin. – Z. geol. Wiss., **17**: 908–919.
Pagel, M. & Leterrier, J. (1980): The subalkaline potassic magmatism of the Ballon massif (Southern Vosges, France): shoshnitic affinity. – Lithos, **13**: 1–10.
Paproth, E. (1976): Zur Folge und Entwicklung der Tröge und Vortiefen im Gebiet des Rheinischen Schiefergebirges und seiner Vorländer, vom Gedinne (Unter-Devon) bis zum Namur (Silesium). – Nova Acta Leopold., N. F., **45** (224): 45–58.
Paproth, E. & Struve, W. (Hrsg.) (1982): Geologie des Schwarzbachtales nordöstlich Düsseldorf. – Senckenberg. leth., **63**: 376 S.
Paproth, E. & Wolf, M. (1973): Zur paläogeographischen Deutung der Inkohlung im Devon und Karbon des nördlichen Rheinischen Schiefergebirges. – N. Jb. Geol. Paläont. Mh., **1973**: 469–493.
Paproth, E., Dusar, M., Bless, M. J. M., Bouckaert, J., Delmer, A., Fairon-Demaret, M., Houlleberghs, E., Laloux, M., Pierart, P., Somers, J., Streel, M., Thorez, J. & Tricot, J. (1983): Bio- and lithostratigraphic subdivisions of the Silesian in Belgium, a review. – Ann. Soc. géol. Belg., **106**: 241–283.
Parsley, A. J. (1984): North Sea Hydrocarbon Plays. – In: Glennie, K. W. (Ed.): Introduction to the Petroleum Geology of the North Sea: 205–230; Oxford (Blackwell).
Paul, J. (1980): Upper Permian algal stromatolite reefs. – Contr. Sedimentol., **9**: 253–268.
– (1982a): Zur Rand- und Schwellenfazies des Kupferschiefers. – Z. dt. geol. Ges., **113**: 571–605.
– (1982b): Der Untere Buntsandstein des Germanischen Beckens. – Geol. Rdsch., **71**: 795–811.
– (1985): Stratigraphie und Fazies des Südwestdeutschen Zechsteins. – Geol. Jb. Hessen, **113**: 59–73.
– (1987): Exkursion F. Der Zechstein am Harzrand: Querprofil über eine permische Schwelle. – Int. Symp. Zechstein 87, Exkursionsführer II: 193–276; Wiesbaden.
Pegrum, R. M. (1984): The extension of the Tornquist Zone in the Norwegian North Sea. – Norsk geol. Tidsskr., **64**: 39–68.
Penck, A. & Brückner, E. (1901/09): Die Alpen im Eiszeitalter. – 3 Bde., 1199 S.; Leipzig (Tauchnitz).
Pendias, H. & Ryka, W. (1978): Subsequent Variscan volcanism in Poland. – Z. geol. Wiss., **6**: 1081–1092.
Perroud, H., van der Voo, R. & Bonhommet, N. (1984): Paleozoic evolution of the Armorica plate on the basis of paleomagnetic data. – Geology, **12**: 579–582.
Peryt, T. M. (1986): Chronostratigraphical and lithostratigraphical correlation of the Zechstein Limestone in Central Europe. – Geol. Soc. London Spec. Publ., **22**: 203–209.
Petrascheck, W. E. & Pohl, W. (1982): Lagerstättenlehre. – 341 S., Stuttgart (Schweizerbart).
Pfeiffer, H. (1968): Überblick über die Entwicklung des Saxothuringikums vom Beginn des Devons bis zur variszischen Hauptfaltung. – Geologie, **17**: 17–51.
Pfeiffer, L., Kaiser, G. & Pilot, J. (1986): K/Ar-Datierungen von jungen Vulkaniten im Süden der DDR. – Freiberg. Forsch.-H., **C 399**: 93–97.
Pfeufer, J. (1983): Zur Genese der Eisenerzlagerstätten von Auerbach-Sulzbach-Rosenberg, Amberg (Oberpfalz). – Geol. Jb., **D 64**: 3–69.
Pflug, R. (1982). Bau und Entwicklung des Oberrheingrabens. – Erträge d. Forsch., **184**: 145 S.; Darmstadt (Wiss. Buchges.).
Piatkowski, T. S. & Wagner, R. (Eds.) (1978): Symposium on Central European Permian. – Guide to Excursion, Part 2: Zechstein of the Holy Cross Mts.: 111 S.; Warszawa (Geol. Inst.).
Pietzsch, K. (1962): Geologie von Sachsen. – 870 S.; Berlin (Dt. Verl. Wiss.).
Pin, C., Majerowicz, A. & Wojciechowska, I. (1988): Upper Paleozoic oceanic crust in the Polish Sudetes: Nd-Sr isotope and trace element evidence. – Lithos, **21**.

Plaumann, S. (1987): Karte der Bouguer-Anomalien in der Bundesrepublik Deutschland 1 : 1.500.000. – Geol. Jb., **E 42**: 143—165.
Plein, E. (1978): Rotliegend-Ablagerungen im Norddeutschen Becken. – Z. dt. geol. Ges., **129**: 71–97.
Plein, E. Dörholt, W. & Greiner, G. (1982): Das Krefelder Gewölbe in der Niederrheinischen Bucht – Teil einer großen Horizontalverschiebungszone? – Fortschr. Geol. Rheinld. u. Westf., **30**: 15–29.
Pokorski, J. (1976): Rotliegendes of the Polish Lowlands. – Przegl. geol., **278**: 318–323.
Pokorski, J. & Wagner, R. (1975): Stratigraphy and palaeogeography of the Permian. – Biul. geol. Inst. Warsaw, **282**: 115–129.
Pomerol, C. (1974): Le Bassin de Paris. – In: Debelmas, J. (Ed.): Géologie de la France, I: 230–258; Paris (Doin).
– (1978): Evolution paléogéographique et structurale du Bassin de Paris du Précambrien à l'actuel, en relation avec les régions avoisinantes. – Geol. en Mijnb., **57**: 533–543.
Porębski, S.J. (1990): Onset of coarse clastic sedimentation in the Variscan realm of the Sudetes (SW Poland): Example from late Devonian – early Carboniferous Świebodzice succession. – N.Jb. Geol. Paläont. Abh., **179**: 259–274.
Poty, E. (1980): Evolution and drowning of paleokarst in Frasnian carbonates at Visé, Belgium. – Meded. Rijks Geol. Dienst, **32**: 53–55.
Pouba, Z. (1966): The Silesicum. – In: Svoboda, J. et al.: Regional Geology of Czechoslovakia, Part I: The Bohemian Massif: 213–246, Prague (Ustř. Úst. geol.).
Poulsen, C. (1960): The Paleozoic of Bornholm. – 21. Internat. Geol. Congr. Norden 1960, guide to excursions A 22 and C 47: 3–43.
Poulsen, V. (1966): Cambro-Silurian stratigraphy of Bornholm. – Meded. dansk geol. Fören., **16**: 117–137.
Pożaryski, W. (Ed.) (1977): Geology of Poland, Vol. IV: Tectonics. – 718 S.; Warszawa (Wydawnictwa Geol.).
Pożaryski, W. & Brochwicz-Lewinski, W. (1978): On the Polish Trough. – Geol. en Mijnb., **57**: 545–558.
Pożaryski, W., Brochwicz-Lewinski, W., Brodowicz, Z., Jaskowiak-Schoeneich, M., Milewicz, J., Sawicki, L. & Uberna, T. (1979): Geological map of Poland and adjoining countries (without Cenozoic formations). – Warszawa (Wydaw. Geol.).
Pożaryski, W. & Kotanski, Z. (1978): Baikalian, Caledonian and Variscan events in the forefield of the East European platform. – Z. dt. geol. Ges., **129**: 391–402.
Pożaryski, W. & Tomczyk, H. (1968): Assyntian Orogen in South-East Poland. – Biul. Inst. geol. Warsaw, **237**: 13–27.
Pożaryski, W. & Zytko, K. (1979): On the Mid-Polish aulacogen and Carpathian geosyncline. – Przegl. geol., **314**: 305–311.
Prescher, H. (1981): Probleme der Korrelation des Cenomans und Turons in der Sächsischen und Böhmischen Kreide. – Z. geol. Wiss., **9**: 367–373.
Prier, H. (1975): Tuffe und Sedimente des Rotliegenden im Odenwald. – Aufschluß (Sonderbd.), **27**: 285–298.
Prinzlau, I. & Larsen, O. (1982): K/Ar age determinations on alkaline olivine basalts from Skåne, South Sweden. – Geol. Fören. Stockh. Förh., **94**: 259–269.
Propach, G. & Olbrich, M. (1984): Herkunft der intermediären variskischen Magmatite des Bayerischen Waldes. – Fortschr. Miner., **62**: 189–190.
Puttrich, I. & Schwan, W. (1974): Die Probleme der Paläogeographie und Faziesbildung in der Hörre-Gommern-Zone, speziell am Acker-Bruchberg (Harz). – N. Jb. Geol. Paläont. Abh., **146**: 347–384.

Quiring, H. (1948): Geschichte des Goldes. – 318 S.; Stuttgart (Enke).
Quitzow, H.W. (1974): Das Rheintal und seine Entstehung. Bestandsaufnahme und Versuch einer Synthese. – In: Soc. géol. Belgique (Ed.): L'évolution quarternaire des bassins fluviaux de la Mer du nord méridional, Centenaire Soc. géol. Belg.: 53–104; Liège.

Raab, M. (1980): Die Geologie der Grube Messel. – Aufschluß, **31**: 181–204.
Raczynska, A. (1979): The stratigraphy and lithofacies development of the younger Lower Cretaceous in the Polish Lowlands. – Prace Inst. geol., **LXXXIX**: 78 S.
Radomski, A. & Gradzinski, R. (1978): Lithologic sequences in the Upper Silesia coal-measures (Upper Carboniferous, Poland). – Rocr. Pol. Tow. geol., **48**.

– – (1981): Facies sequences in the Carboniferous alluvial coal-bearing deposits, Upper Silesia, Poland. – Stud. geol. polon., **48**.
Rajlich, P. (1987): Variszische duktile Tektonik im Böhmischen Massiv. – Geol. Rdsch., **76**: 755–786.
– (1990): Strain and tectonic styles related to Variscan transgression and transtension in the Moravo-Silesian Culmian basin, Bohemian Massif, Czechoslovakia. – Tectonophysics, **174**: 351–367.
Rajlich, P. & Synek, J. (1987): A cross section through the Moldanubian of the Bohemian Massif and the structural development in its ductile domains. – N. Jb. Geol. Paläont. Mh., **1987**: 689–698.
Raoult, J.-F. (1986): Le front Varisque du Nord de la France d'après les profils sismiques, la géologie de surface et les sondages. – Rev. Géol. dynam. Géogr. Phys., **27**: 247–268.
Raoult, J.-F. & Meillez, F. (1986): Commentaires sur une coupe structurale de l'Ardenne selon le méridian de Dinant. – Ann. Soc. géol. Nord, **105**: 97–109.
– – (1987): The Variscan Front and the Midi Fault between the channel and the Meuse River. – J. struct. Geol., **9**: 473–479.
Rasmussen, L. B. (1978): Geological aspects of the Danish North Sea sector. – Dan. geol. Unders., Ser. 3, **44**: 89 S.
Raumer, J. F. von (1973): Die mineralfazielle Stellung der Metapelite und Metagrauwacken zwischen Heppenheim und Reichelsheim (Odenwald). – N. Jb. Miner. Abh., **115**: 313–336.
Raumer, J. F. von & Maggetti, M. (1975): Der Barytzug und der Schiefergneiszug von Heppenheim-Lindenfels, ein Vergleich geologischer Strukturen. – Aufschluß (Sonderbd.), **27**: 39–45.
Regnéll, G. (1960): The Lower Paleozoic of Scania. – In: Regnéll, G. & Hede, E.: The Lower Paleozoic of Scania. The Silurian of Gotland. – 21. Int. Geol. Congr., Guide to excursion No. A 22 and C 17: 3–43.
Reibel, G. & Wurtz, C. R. (1984): Etude pétrographique et géochimique de la Bande médiane volcanique du Champ du Feu (Vosges du Nord). – Fortschr. Miner., **62**: 48–51.
Reichel, W. (1970): Stratigraphie, Paläogeographie und Tektonik des Döhlener Beckens bei Dresden. – Abh. staatl. Mus. Miner. Geol. Dresden. **17**: 1–133.
Reichert, C. (1988): DEKORP – Deutsches Kontinentales Reflexionsseismisches Programm – Vorgeschichte, Verlauf und Ergebnisse der bisherigen Arbeiten. – Geol. Jb., E **42**: 143–165.
Reichstein, M. (1964): Stratigraphische Konzeptionen zur metamorphen Zone des Harzes. – Geologie, **13**: 5–25.
– (1965): Motive und Probleme erneuter Deckenbauvorstellungen für den Harz. – Geologie, **14**: 1039–1076.
Reinhard, H. (1974): Genese des Nordseeraumes im Quartär. – Fennia, **29**: 96 S.
Reitz, E. (1987): Silurische Spuren aus einem granatführenden Glimmerschiefer des Vor-Spessart, NW-Bayern. – N. Jb. Geol. Paläont. Mh., **1987**: 699–704.
Reitz, E. & Höll, R. (1988): Jungproterozoische Mikrofossilien aus der Habachformation in den mittleren Hohen Tauern und dem nordostbayerischen Grundgebirge. – Jb. geol. B.-Anst. Wien, **131**: 329–340.
Rentzsch, J. (1974): The Kupferschiefer in comparison with the deposits of the Zambian copperbelt. – In: Bartholomé, P. (Ed.): Gisements stratiformes et provinces cuprifères; Cent. Soc. géol. Belg.: 395–418; Liège.
Ribbert, K.-H. (1975): Stratigraphische und sedimentologische Untersuchungen im Unterkarbon nördlich des Oberharzer Diabaszuges (NW-Harz). – Göttinger Arb. Geol. Paläont., **18**: 58 S.
Richter, D. (1971): Ruhrgebiet und Bergisches Land zwischen Ruhr und Wupper. – Samml. geol. Führer, **55**: 166 S.; Berlin, Stuttgart (Borntraeger).
– (1978): Aachen und Umgebung – Nordeifel und Nordardennen mit Vorland. – 2. Aufl., Samml. geol. Führer, **48**: 208 S.; Berlin, Stuttgart (Borntraeger).
Richter, P. & Stettner, G. (1979): Geochemische und petrographische Untersuchungen der Fichtelgebirgsgranite. – Geologica bavar., **78**: 1–129.
– – (1983): Das Präkambrium am Nordrand der Moldanubischen Region im Raum Tirschenreuth-Mähring (NE-Bayern) und dessen metallogenetischen Aspekte. – Geol. Jb., D **61**: 23–91.
Richter-Bernburg, G. (1955): Stratigraphische Gliederung des deutschen Zechsteins. – Z. dt. geol. Ges., **105**: 844–860.
– (1974): The Oberrheingraben in its European and global setting. – In: Illies, J. H. & Fuchs, K. (Eds.): Approaches to Taphrogenesis: 13–43; Stuttgart (Schweizerbart).
Riegraf, W., Werner, G. & Lörcher, F.: Der Posidonienschiefer – Cephalopodenfauna, Biostratigraphie und Fazies des südwestdeutschen Untertoarcium (Lias). – 195 S.; Stuttgart (Enke).

Rietschel, S. (1966): Die Geologie des Mittleren Lahntroges. – Stratigraphie und Fazies des Mitteldevons, Oberdevons und Unterkarbons bei Weilburg und Usingen (Lahn-Mulde und Taunus, Rheinisches Schiefergebirge). – Abh. Senck. naturforsch. Ges., **509**: 1–58.
Rippel, G. (1954): Räumliche und zeitliche Gliederung des Keratophyrvulkanismus im Sauerland. – Geol. Jb., **68**: 401–456.
Robaszynski, F. & Dupuis, C. (1983): Belgique. – Guides géol. région. : 204 S.; Paris (Masson).
Robaszynski, F. et al. (1985): The Campanian-Maastrichtian boundary in the chalky facies close to the type-Maastrichtian area. – Bull. Centr. Rech. Expl.-Prod. Elf Aquitaine, **9**: 1–113.
Robinson, D. & Zimmer, W. (1989): Seismic stratigraphy of Late Oligocene Puchkirchen Formation of Upper Austria. – Geol. Rdsch., **78**: 49–79.
Rooijen, P. van, Klostermann, J., Doppert, J.W.Chr., Rescher, C.K., Verbeek, J.W., Sliggers, B.C. & Glasbergen, P. (1984): Stratigraphy and tectonics in the Peel-Venlo area as indicated by Tertiary sediments in the Broekhuizenvorst and Geldern T 1 boreholes. – Meded. Rijks geol. Dienst, **38-1**: 27 S.
Rosenfeld, U. (1978): Beitrag zur Paläogeographie des Mesozoikums in Westfalen. – N. Jb. Geol. Paläont. Abh., **156**: 132–155.
– (1980): Der Südwestteil des Lippischen Berglandes, ein Grenzbereich zwischen Hessischer Senke und Niedersächsischem Tektogen. – Z. dt. geol. Ges., **131**: 715–724.
– (Hrsg.) (1982): Beiträge zur Geologie des Lippischen Berglandes. – Münster. Forsch. Geol. Paläont., **55**: 147 S.
– (1983): Beobachtungen und Gedanken zur Osningtektonik. – N. Jb. Geol. Paläont. Abh., **166**: 34–49.
Rothausen, K. (Hrsg.) (1988): Das Kalktertiär des Mainzer Beckens. – Geol. Jb., **A 110**: 398 S.
Rothausen, K. & Sonne, V. (1980): Mainzer Becken. – Samml. geol. Führer, **79**: 203 S.; Berlin, Stuttgart (Borntraeger).
– – (1987): Das Mainzer Becken (Exkursion D am 23. und 24. April 1987). – Jber. Mitt. oberrhein. geol. Ver., N.F., **69**: 91–108.
Rouchy, J.M., Groessens, E. & Monty, C. (1986): Les évaporites pré-permiennes du segment varisque Franco-Belge: Aspects paléogéographiques et structuraux. – Bull. Soc. belge Géol., **95**: 139–149.
Routhier, P. (1984): Where are the metals for the future? – The metal provinces. An essay on global metallogeny. – 400 S., Orléans (BRGM).
Ruchholz, K. (1964): Stratigraphie und Fazies des Devons der mittleren Harzgeröder Faltenzone im Unterharz und westlich Wernigerode. – Geologie, Beih., **41**: 1–119.
– (1989): Entwicklung und gerichtete Transformation von unterdevonisch-unterkarbonischer Flyschsedimentation und Olisthostromen im östlichen Rhenoherzynikum (Harz). – Z. geol. Wiss., **17**: 581–588.
Rühl, W. (1982): Tar (extra heavy oil) sands and oil shales. – 149 S., Stuttgart (Enke).
Rusitzka, D. (1968): Trias. – In: Zentr. Geol. Inst. (Hrsg.): Grundriß der Geologie der DDR, Bd. 1: 268-289; Berlin (Akademie-Verl.).
Rutte, E. & Wilczewski, N. (1983): Mainfranken und Rhön. – 2. Aufl., Samml. geol. Führer, **74**: 217 S.; Berlin, Stuttgart (Borntraeger).
Ruzicka, V. (1971): Geological comparison between East European and Canadian uranium deposits. – Geol. Surv. Canada, Pap. **70–48**: 196 S., Ottawa.

Sadler, P.M. (1983): Depositional models for the Carboniferous Flysch of the Eastern Rheinisches Schiefergebirge. – In: Martin, H. & Eder, F.S. (Eds.): Intracontinental Fold Belts: 125—143; Heidelberg (Springer).
Sammelwerk Deutsche Eisenerzlagerstätten (seit 1969): Bände erscheinen in loser Folge im Geol. Jb., bisher ersch.: Siegerland (1985), Sonstige Erze im Grundgebirge (1979), Juraerze N-Deutschlands (1969), Sedimentäre Erze S-Deutschlands (1975). – In Vorber.: Lahn-Dill-Revier, Verwitterungserze; Hannover.
Sannemann, D., Zimdars, J. & Plein, E. (1978): Der basale Zechstein (A2-T1) zwischen Weser und Ems. – Z. dt. geol. Ges., **129**: 33–69.
Sattran, V. & Škvor, V. (1966): Crystalline complexes of north-western Bohemia. – In: Svoboda, J. et al. (Eds.): Regional Geology of Czechoslovakia, Part I: The Bohemian Massif: 116–148; Prague (Ústř. Úst. geol.).
Sauramo, R. (1958): Die Geschichte der Ostsee. – Ann. Acad. Sci. Fenn. Ser. A III, **51**: 522 S.
Schaal, St. & Ziegler, W. (Hrsg.) (1988): Messel – Ein Schaufenster in die Geschichte der Erde. – 315 S.; Frankfurt a.M. (Kramer).

Schäfer, A. (1980): Sedimenttransport im Permokarbon des Saar-Nahe-Beckens (Oberkarbon und Unterrotliegendes) – Konsequenz für die Entwicklung des Ablagerungsraumes. – Z. dt. geol. Ges., **131**: 815–841.
– (1986): Die Sedimente des Oberkarbons und Unterrotliegenden im Saar-Nahe-Becken. – Mainzer geowiss. Mitt., **5**: 239–365.
– (1989): Variscan molasse in the Saar-Nahe-Basin (W Germany), Upper Carboniferous and Lower Permian. – Geol. Rdsch., **78**: 499–524.
Schäfer, A. & Rast, U. (1976): Sedimentation im Rotliegenden des Saar-Nahe-Beckens. – Natur u. Mus., **106**: 330–338.
Schäfer, A. & Stamm, R. (1989): Lakustrine Sedimente im Permokarbon des Saar-Nahe-Beckens. – Z. dt. geol. Ges., **140**: 259–276.
Schäfer, K. (1985): Zur Geologie der Frankenalb westlich von Bayreuth (Exkursion A am 9. April 1985). – Jber. Mitt. oberrhein. geol. Ver., N.F., **67**: 17–21.
Scharbert, H.G. (1968): The Bohemian Massif in Austria. The Moldanubian Zone. – Führer Int. Geol. Congr. 23 Prague, **32 C**: 5–12.
Scharbert, S. & Batik, P. (1980): The age of the Thaya (Dyje) Pluton. – Verh. geol. B.-Anst., **1980**: 325–331.
Schlatter, L. et al. (1978): Worldwide Coal Deposits, Vol. 3, Europe. – Dublin (Petroconsultants Ltd.).
Schleicher, H. (1984): Die Granitporphyre des Schwarzwaldes. – Fortschr. Miner., **62**: 99–105.
Schleicher, H., Lippolt, H.J. & Raczek, I. (1983): Rb-Sr systematics of Permian volcanites in the Schwarzwald (SW Germany). Part II: Age of eruption and mechanism of Rb-Sr whole rock age distortions. – Contr. Miner. Petrol., **84**: 281–291.
Schmid, H. & Weinelt, W. (1978): Lagerstätten in Bayern. – Geol. Bavarica, **77**: 160 S., 1 Lagerst.-Kt., München.
Schmidt, F.P. & Friedrich, G. (1988): Geological setting and genesis of Kupferschiefer mineralization in West Germany. – Soc. Geol. appl. Miner. Deposits, Spec. Publ., **5**: 25–29.
Schmidt, F.-P., Gebrejohannes, Y. & Schliestedt, M. (1986): Das Grundgebirge der Rhön. – Z. dt. geol. Ges., **137**: 287–300.
Schmidt, K. (1959): Zur tektonischen Analyse des sächsischen Erzgebirges. – Abh. dt. Akad. Wiss. Berlin, Kl. Chem. Geol. Biol., **1958** (2): 104 S.
Schmidt, K. & Franke, D. (1977): Zur lithologisch-faziellen Entwicklung des Präperms im Nordteil der DDR. – Z. angew. Geol., **23**: 541–548.
Schmidt, K., Katzung, G. & Franke, D. (1977): Zur Entwicklung des präpermischen Untergrunds und des Magmatismus im südwestlichen Vorfeld der Osteuropäischen Tafel. – Z. angew. Geol., **23**: 426–436.
Schmidt, W. (1952): Die paläogeographische Entwicklung des linksrheinischen Schiefergebirges vom Kambrium bis zum Oberkarbon. – Z. dt. geol. Ges., **103**: 151–177.
Schmidt-Kaler, H. & Zeiss, A. (1983): Die Juragliederung in Süddeutschland. – Geologica bavar., **67**: 155–161.
Schmidt-Thomé, P. (1982): Geologische Karte von Helgoland mit Erläuterungen. – Geol. Jb., **A 62**: 3–17.
– (1987): Helgoland. Seine Dünen-Insel, die umgebenden Klippen und Meeresgründe. – Samml. geol. Führer, **88**: 111 S.; Berlin, Stuttgart (Borntraeger).
Schmitz, H.-H. (1980): Ölschiefer in Niedersachsen. – Ber. naturhist. Ges. Hannover, **125**: 7–43.
– (1986): Bituminöse Gesteine. – In: Bender, F. (Hrsg.): Angewandte Geowiss., **4**: 385–399; Stuttgart (Enke).
Schneider, G. (1989): Seismizität und tektonische Strukturen in Mitteleuropa. – Dt. geophys. Ges., **3**: 26–31.
Schneider, J. & Wienholz, R. (1987): Die stratigraphische und paläogeographische Entwicklung des molassoiden Permosiles im Südteil der DDR. – Freiberg. Forsch.-H., **C 425**: 43–52.
Schneider, J.L., Maas, R., Gall, J.-C. & Dusinger, P. (1989): L'évènement intraviséen dans la zone moldanubienne de la chaîne varisque d'Europe: les données des formations volcano-sédimentaires dévono-dinantiennes du Massif Central Français, des Vosges du Sud (France) et de la Forêt Noire (R.F.A.). – Geol. Rdsch., **78**: 555–570.
Schneider, W. (1973): Zur Genese der Gipskeuper-Dolomite am Südrand der Luxemburger Ardennen. – Oberrhein. geol. Abh., **22**: 51–74.

Schoell, M. (1972): Radiometrische Altersbestimmungen am Brocken-Intrusionskomplex im Harz als Beispiel der Interpretation diskordanter Modellalter. – In: Wendt, J. (Hrsg.): Radiometrische Methoden in der Geochronologie. – Clausth. tekt. H., **13**: 102–125.

Schöneich, H. (1988): Erdöl und Erdgas im Norden Westeuropas. – Geowiss., **6**: 365–376.

Schönenberg, G. (1973): Zur Tektonik des Südwestdeutschen Schichtstufenlandes unter dem Aspekt der Plattentektonik. – Oberrhein. geol. Abh., **22**: 75–86.

Schönenberg, R. & Neugebauer, J. (1987): Einführung in die Geologie Europas. – 5. Aufl., 294 S.; Freiburg (Rombach).

Schott, W. (1968): Nordwestdeutsches Wealdenbecken und Ostseebecken (Gedanken zur Paläogeographie des Wealden). – Geol. Jb., **85**: 919–940.

Schott, W., Jaritz, W., Kockel, F., Sames, C. W. et al. (1967): Zur Paläogeographie der Unterkreide im nördlichen Mitteleuropa mit Detailstudien aus Nordwestdeutschland. Bemerkungen zu einem Atlas. – Erdöl u. Kohle, **20**: 149–158.

Schreiber, A. (1967): Zur geologischen Stellung des Wildenfelser Zwischengebirges. – Jb. Geol., **1**: 325–359.

Schreiner, A. (1976): Hegau und westlicher Bodensee. – Samml. geol. Führer, **62**: 93 S.; Berlin, Stuttgart (Borntraeger).

Schreyer, W. (1966): Metamorpher Übergang Saxothuringum/Moldanubikum östlich Tirschenreuth/Opf., nachgewiesen durch phasenpetrologische Analysen. – Geol. Rdsch., **55**: 491–509.

Schriel, W. (1954): Geologie des Harzes. – Schr. wirtschaftswiss. Ges. Stud. Niedersachsen, N. F., **49**: 308 S.

Schröder, B. (1968): Zur Morphogenese im Ostteil der Süddeutschen Scholle. – Geol. Rdsch., **58**: 10–32.

– (1971): Strukturell-fazielle Entwicklung Nord-Bayerns während Trias und Jura. – N. Jb. Geol. Paläont. Abh., **138**: 101–118.

– (1976): Saxonische Tektonik im Ostteil der Süddeutschen Scholle. – Geol. Rdsch., **65**: 34–54.

– (1977): Fränkische Schweiz und Vorland. – 3. Aufl., Samml. geol. Führer, **50**: 94 S.; Berlin, Stuttgart (Borntraeger).

– (1982): Entwicklung des Sedimentbeckens und Stratigraphie der klassischen Germanischen Trias. – Geol. Rdsch., **71**: 783–794.

– (1987): Inversion tectonics along the western margin of the Bohemian Massif. – Tectonophysics, **137**: 93–100.

Schröder, L. & Schöneich, H. (1986): International Map of Natural Gas Fields in Europe, 1 : 2.500.000, Explanatory Notes. – 2. Aufl., 175 S.; Hannover (NLfB, BRG).

Schröder, L., Schöneich, H. & Pfeiffer, D. (Eds.) (1984): International map of natural gas fields in Europe, 1 : 2,5 Mio., with eplanatory notes (1987): 2. Aufl., 175 + CXXVIII S., Genf und Hannover (ECE + BGR).

Schubert, W. (1968): Die Amphibolite des prävaristischen Schieferrahmens im Bergsträßer Odenwald. – N. Jb. Miner. Abh., **108**: 69–110.

– (1969): Chlorit-Hornblende-Felse des Bergsträßer Odenwaldes und ihre Phasenpetrologie. – Contr. Miner. Petrol, **21**: 295–310.

– (1979): Metamorphe Gesteinsserien im Bergsträßer Odenwaldkristallin. – Fortschr. Miner., Beih., **57**: 52–63.

Schüssler, U., Eppermann, U., Kreuzer, H., Seidel, E., Okrusch, M., Lena, K.-L. & Raschka, H. (1986): Zur Altersstellung des ostbayerischen Kristallins – Ergebnisse neuer K-Ar-Datierungen. – Geologica bavar., **89**: 21–47.

Schulz, R. (1990): Subsurface temperature and heat flow density maps for the Central segment of the EGT. – In: Freeman, R. & Mueller, St. (Eds.): Proc. 6th EGT Workshop: Data Compilations and Synoptic Interpretation, Einsiedeln 1989: 417–422, Strasbourg (Europ. Sci. Foundation).

Schumacher, C., Kaidies, E. & Schmidt, F.-P. (1984): Der basale Zechstein der Spessart-Rhön-Schwelle. – Z. dt. geol. Ges., **135**: 563–571.

Schwab, G., Benek, R., Jubitz K.-B. & Teschke, M.-J. (1982): Intraplattentektonik und Bildungsprozeß der Mitteleuropäischen Senke. – Z. geol. Wiss., **10**: 397–413.

Schwab, G., Nöldeke, W., Teschke, H.-J., Benek, R., Jubitz, K.-B. & Meier, R. (1979): Zur Paläomobilität junger Tafeln, dargestellt am Beispiel der Norddeutsch-Polnischen Senke. – Z. geol. Wiss., **7**: 601–616.

Schwab, K. (1981): Differentiation trends in Lower Permian effusive igneous rocks from the south-eastern part of the Saar-Nahe Basin (FRG). – In: Depowski, S. (Ed.): Proc. Internat. Symp. Central European Permian Jablonna 1978: 180–200; Warszawa.

– (1987): Compression and right-lateral strike-slip movement at the Southern Hunsrück Borderfault (Southwest Germany). – Tectonophysics, **137**: 115–126.
Schwab, M. (1976): Beiträge zur Tektonik der rhenoherzynischen Zone im Unterharz. – Jb. Geol., **5/6**: 9–117.
– (1977): Zur geologischen und tektonischen Entwicklung des rhenoherzynischen Variszikums im Harz. – Veröff. Zentralinst. Phys. Erde, **44**: 117–147.
Schwab, M. & Ruchholz, K. (1988): Exkursionsführer zur Vortrags- und Exkursionstagung – Stratigraphie, Lithologie, Tektonik und Lagerstätten ausgewählter Bereiche im Unter- und Mittelharz. – 37 S.; Berlin.
Schwan, W. (1967): Zur Stratigraphie, Paläogeographie und Faziesbildung der Hörre-, Gommern- und Tanner Systeme. – Erlanger geol. Abh., **65**: 70 S.
Schwarzbach, M. (1974): Das Klima der Vorzeit. – 3. Aufl., 380 S.; Stuttgart (Enke).
Schweizer, V. (1982): Kraichgau und südlicher Odenwald. – Samml. geol. Führer, **72**: 203 S.; Berlin, Stuttgart (Borntraeger).
Seibertz, E. (1980): Stratigraphisch-fazielle Entwicklung des Turons im südöstlichen Münsterland (Oberkreide, NW-Deutschland). – Newsl. Stratigr., **8**: 3–60.
Seidel, G. (1965): Zur geologischen Entwicklungsgeschichte des Thüringer Beckens. – Beih. Geol., **50**: 115 S.
– (1974a): Zechstein. – In: Hoppe, W. & Seidel, G. (Hrsg.): Geologie von Thüringen: 516–553; Gotha (Haack).
– (1974b): Muschelkalk. – In: Hoppe, W. & Seidel, G. (Hrsg.): Geologie von Thüringen: 609–632; Gotha (Haack).
– (1974c): Saxonische Tektogenese. – In: Hoppe, W. & Seidel, G. (Hrsg.): Geologie von Thüringen: 699–716; Gotha (Haack).
– (1978): Das Thüringer Becken. Geologische Exkursionen. – 94 S.; Gotha (Haack).
Semmel, A. (1980): Geomorphologie der Bundesrepublik Deutschland. – 4. Aufl., 192 S.; Wiesbaden (Steiner).
Senkowiczowa, H. & Szyperko-Sliwczynska, A. (1975): Stratigraphy and palaeogeography of the Trias. – Biul. Geol. Inst. Warsaw, **252**: 131–147.
Seraphim, E. T. (1972): Wege und Halte des saalezeitlichen Inlandeises zwischen Osning und Weser. – Geol. Jb., **A 3**: 85 S.
Šibrava, V. & Havlíček, P. (1980): Radiometric age of Pliocene-Pleistocene volcanic rocks of the Bohemian Massif. – Věst. Ústř. úst. geol., **55**: 129–139.
Siehl, A. & Thein, J. (1978): Geochemische Trends in der Minette (Jura, Luxemburg/Lothringen). – Geol. Rdsch., **67**: 1052–1077.
– – (1989): Minette-type ironstones. – In: Young, T. P. & Taylor, W. E. G. (Eds.): Phanerozoic Ironstones. – Geol. Soc. Spec. Publ., **46**: 175–193.
Simon, P. (1986): Iron ore deposits in the Federal Republic of Germany. – In: Dunning, F. W. & Evans, A. M. (Eds.): Mineral Deposits of Europe, 3: Central Europe: 254–258; London (Inst. Min. Metall. & Miner. Soc.).
Sindowski, K.-H. (1970): Das Quartär im Untergrund der Deutschen Bucht (Nordsee). – Eiszeitalter u. Gegenwart, **21**: 33–46.
– (1973): Das ostfriesische Küstengebiet – Inseln, Watten und Marschen. – Samml. geol. Führer, **57**: 172 S.; Berlin, Stuttgart (Borntraeger).
Sindowski, K.-H. & Streiff, H. (1974): Die Geschichte der Nordsee am Ende der letzten Eiszeit und im Holozän. – In: Woldstedt, P. & Duphorn, K.: Norddeutschland und angrenzende Gebiete im Eiszeitalter: 411–431; Stuttgart (Enke).
Sittig, E. (1965a): Der geologische Bau des variszischen Sockels nordwestlich von Baden-Baden (Nordschwarzwald). – Oberrhein. geol. Abh., **14**: 167–207.
– (1965b): Das metamorphe Altpaläozoikum des Nordschwarzwaldes. – Mitt. oberrhein. geol. Ver., N. F., **48**: 121–131.
– (1972): Die variszische Diskordanz im Schwarzwald. – Z. dt. geol. Ges., **123**: 179–189.
– (1973): Das sedimentäre Paläozoikum des südschwarzwälder Paläozoikums. – Fortschr. Miner., **50**: 37–41.
– (1981): Evidence of wrench faulting within the Paleozoic Badenweiler-Lenzkirch Zone (Southern Schwarzwald Mountains, W Germany). – N. Jb. Geol. Paläont. Mh., **1981**: 432–448.
Sittler, C. (1969a): The sedimentary trough of the Rhine Graben. – Tectonophysics, **8**: 543–560.

- (1969b): Le fossé Rhénan en Alsace, aspect structural et histoire géologique. – Rev. Géogr. phys. Géol. dynam. (2): **11**: 465–494.
- (1974): Le fossé Rhénan ou la plaine d'Alsace. – In: Debelmas, J. (Ed.): Géologie de la France: 78–104; Paris (Doin).
Sivhed, K. (1984): Litho- and biostratigraphy of the Upper Triassic – Middle Jurassic in Scania, southern Sweden. – Sver. geol. Unders., Ser. C, **806**: 31 S.
Skjerven, J., Rijs, F. & Kalheim, J. E. (1983): Late Palaeozoic to Early Cenozoic structural development of the south-southeastern Norwegian North Sea. – Geol. en Mijnb., **62**: 35–45.
Skoček, V. & Valečka, J. (1983): Palaeogeography of the Late Cretaceous Quadersandstein of Central Europe. – Palaeogeogr., Palaeoclimatol., Palaeoecol., **44**: 71–92.
Ślaczka, A. (1976): New data on the structure of the basement of the Carpathians south of the Wadowice. – Ann. Soc. geol. polon., **46**: 337–350.
Slotta, R. (1980, 1983, 1986): Technische Denkmäler in der Bundesrepublik Deutschland. **3**: Die Kali- und Steinsalzindustrie: 780 S.; **4**: Der Metallerzbergbau, 2 Bde.: 1520 S.; **5**: Der Eisenerzbergbau: 1149 S.; Bochum (Dt. Bergbau-Mus.).
Söllner, F., Köhler, H. & Müller-Sohnius, D. (1981a): Rb/Sr-Altersbestimmungen an Gesteinen der Münchberger Gneismasse (MM), NE-Bayern; Teil I: Gesamtgesteinsdatierungen. – N. Jb. Miner. Abh., **141**: 90–112.
– – – (1981b): Rb/Sr-Altersbestimmungen an Gesteinen der Münchberger Gneismasse (MM), NE-Bayern; Teil 2: Mineraldatierungen. – N. Jb. Miner. Abh., **142**: 178–198.
Sokolowski, S. (Ed.) (1976a): Geology of Poland. Vol. I: Stratigraphy, Part 1: Precambrian and Paleozoic: 651 S.; Warszawa (Wydawnictwa Geol.).
- (Ed.) (1976b): Geology of Poland. Vol. I: Stratigraphy, Part 2: Mesozoic: 859 S.; Warszawa (Wydawnictwa Geol.).
Solle, G. (1976): Oberes Unter- und unteres Mitteldevon einer typischen Geosynklinal-Folge im südlichen Rheinischen Schiefergebirge. – Die Olkenbacher Mulde. – Geol. Abh. Hessen, **74**: 264 S.
Sonne, V. (1974): Einführung in die Geologie des Mainzer Beckens. – Jber. Mitt. oberrhein. geol. Ver., N. F., **56**: 15–19 u. 35–39.
Sorauf, W. & Jäger, E. (1982): Rb-Sr whole-rock ages for the Biteč Gneiss, Moravicum, Austria. – Schweiz. miner. petrogr. Mitt., **62**: 327–334.
Sorgenfrei, T. (1966): Strukturgeologischer Bau von Dänemark. – Geologie, **15**: 641–660.
Speetzen, E. (1986): Die Eiszeitalter in Westfalen. – In: Günther, K. (Hrsg.): Alt- und mittelsteinzeitliche Fundplätze in Westfalen, Einführung in die Vor- und Frühgeschichte Westfalens, **6**: 1–64.
Spjeldnæs, N. (1975): Palaeogeography and facies distribution in the Tertiary of Denmark and surroundings areas. – Norg. geol. Unders., **316**: 289–311.
Sperling, H. & Stoppel, D. (1981): Gangkarte des nordwestlichen Oberharzes, 1 : 25000. – In: Monogr. dt. Blei-Zink-Erzlagerst., 3, Lfg. 4. – Geol. Jb., **D 46**: 85 S., Hannover.
Staalduinen, C. J. van, Adrichem Boogaert, H. A. van, Bless, M. H. M., Doppert, C., Harsfeld, H. M., Montfrans, H. M. van Oele, E., Wermuth, R. A. & Zagwijn, W. A. (1979): The Geology of the Netherlands. – Meded. Rijks geol. Dienst, **31** (2): 9–49.
– – (1980): The Netherlands. – In: Anonym (Ed.): Geology of Europe, Austria, Federal Republic of Germany, Ireland, The Netherlands, Switzerland, United Kingdom: 183–225; Paris (Dunod).
Stackebrandt, W. (1983): Zum tektonischen Charakter der Harznordrandstörung. – Veröff. Zentralinst. Phys. Erde, **77**: 187–193.
- (1986): Beiträge zur Analyse ausgewählter Bruchzonen der subherzynen Senke und angrenzender Gebiete (Aufrichtungszone, Flechtinger Scholle). – Veröff. Zentralinst. Phys. Erde, **79**: 1–11.
Stackebrandt, W. & Franzke, H. J. (1989): Alpidic reactivation of the variscan consolidated lithosphere – The activity of some fracture zones in Central Europe. – Z. geol. Wiss., **17**: 699–712.
Stadler, G. (1971): Die Vererzung im Bereich des Bramscher Massivs und seiner Umgebung. – Fortschr. Geol. Rheinld. u. Westf., **18**: 439–500.
Stadler, G. & Teichmüller, R. (1971): Zusamenfassender Überblick über die Entwicklung des Bramscher Massivs und des Niedersächsischen Tektogens. – Fortschr. Geol. Rheinld. u. Westf., **18**: 547–564.
Stamm, R. & Goerlich, F. (1987): Das Grundgebirge der Süddeutschen Großscholle. – Zbl. Geol. Paläont. Teil I, **1987**: 1403–1439.
Stancu-Kristoff, G. & Stehn, O. (1984): Ein großregionaler Schnitt durch das nordwestdeutsche Oberkarbon-Becken vom Ruhrgebiet bis in die Nordsee. – Fortschr. Geol. Rheinld. u. Westf., **32**: 35–38.

Stapf, K. R. G. (1982): Schwemmfächer- und Playa-Sedimente im Oberrotliegenden des Saar-Nahe-Beckens (Permokarbon, SW-Deutschland). Ein Überblick über Faziesanalyse und Faziesmodell. – Mitt. Pollichia, **70**: 7–64.
– (1988): Zur Tektonik des westlichen Rheingrabens zwischen Nierstein am Rhein und Wissembourg (Elsaß). – Jber. Mitt. oberrhein. geol. Ver., N. F., **70**: 399–410.
Steemans, P. (1989): Paléogéographie de l'Eodevonien ardennais et des régions limitrophes. – Ann. Soc. géol. Belg., **112**: 103–119.
Stein, E. (1988): Die strukturelle Entwicklung im Übergangsbereich Saxothuringikum/Moldanubikum in NE-Bayern. – Geologica bavar., **92**: 5–131.
Stein, V. (Hrsg.) (1981): Lagerstätten der Steine, Erden und Industrieminerale, Untersuchung und Bewertung. – Schriftenr. GDMB, **38**: 248 S.; Weinheim (Verl. Chemie).
– (1986): Industrieminerale. – In: Bender, F. (Hrsg.): Angewandte Geowissenschaften, **4**: 193–227; Stuttgart (Enke).
Steiner, W. (1974): Siles und Rotliegendes nördlich des Thüringer Waldes. – In: Hoppe, W. & Seidel, G. (Hrsg.): Geologie von Thüringen: 449–515; Gotha (Haack).
Steiniger, F. F., Senes, J., Kleeman, K. & Rögl, F. (Hrsg.) (1985): Neogen of the Mediterranean Tethys and Paratethys, Vol. 1 and 2. – 725 S.; Wien.
Steinmüller, A. (1974): Tertiär. – In: Hoppe, W. & Seidel, G. (Hrsg.): Geologie von Thüringen: 717–741; Gotha (Haack).
Stellrecht, H. (1971): Geologisch-tektonische Entwicklung im Raum Albersweiler/Pfalz. – Jber. Mitt. oberrhein. geol. Ver., N. F., **53**: 239–262.
Stephan, H.-J. & Menke, B. (1977): Untersuchungen über den Verlauf der Weichsel-Kaltzeit in Schleswig-Holstein. – Z. Geomorph., N. F., Suppl.-Bd., **27**: 12–28.
Stettner, G. (1972): Zur geotektonischen Entwicklung im Westteil der Böhmischen Masse bei Berücksichtigung des Deformationsstils im orogenen Bewegungssystem. – Z. dt. geol. Ges., **123**: 291–326.
– (1975): Zur geologisch-tektonischen Entwicklung des Oberpfälzer Grundgebirges. – Aufschluß (Sonderbd.), **26**: 11–38.
– (1979): Der Grenzbereich Saxothuringische–Moldanubische Region im Raum Tirschenreuth–Mähring (Oberpfalz) und die Situation des Uran-führenden Präkambriums. – Z. dt. geol. Ges., **130**: 561–574.
– (1980): Zum geologischen Aufbau des Fichtelgebirges. – Aufschluß, **31**: 391–403.
– (1981): Grundgebirge. – Erl. Geol. Kt. Bayern 1 : 500.000. – 3. Aufl., 7–33; München.
– (1986): Structure and development of the Moldanubian Region in the Bohemian Massif. – Proc. 3rd Workshop EGT: 141–148; Strasbourg (Europ. Sci. Foundation).
Stoppel, D. (1977): Schlammstrom-Sedimente im Oberdevon des Südwestharzes und des südlichen Kellerwaldgebirges. – Z. dt. geol. Ges., **128**: 81–97.
Stoppel, D. & Gundlach, H. (1983): Gangkarte des Südwestharzes, 1 : 25.000. – In: Stoppel, D. et al.: Schwer- und Flußspat-Lagerstätten des Südwestharzes. – Geol. Jb., **D 54**: 269 S., Hannover.
Stoppel, D. & Zscheked, J. G. (1971): Zur Biostratigraphie und Fazies des höheren Mitteldevons und Oberdevons im Westharz mit Hilfe der Conodonten- und Ostracodenchronologie. – Beih. Geol. Jb., **108**: 84 S.
Streif, H. (1985): Südliche Nordsee im Eiszeitalter – Überflutungen und Eisvorstöße. – Forsch. Mitt. DFG, **1985**: 9–11.
– (1986): Zur Altersstellung und Entwicklung der Ostfriesischen Inseln. – Offa Ber. Mitt. Urgeschichte, Frühgeschichte, Mittelalterarchäologie, **43**: 29–44.
Streif, H. & Hinze, C. (1980): Geologisch-bodenkundliche Aspekte zum holozänen Meeresspiegelanstieg im niedersächsischen Küstenraum. – Geol. Jb., **F 8**: 39–53.
Struve, W. (1963): Das Korallen-Meer der Eifel vor 300 Millionen Jahren – Funde, Deutung, Probleme. – Natur u. Mus., **93**: 237–276.
Stupnicka, E. (1989): Geologia regionalna Polski. – 286 S.; Warszawa (Wydawnictwa Geol.).
Suk, M., Bléžkovský, M., Buday, T., Chlůpáč, J., Cicha, J., Dudek, A., Dvořák, J., Eliáš, M., Holub, V., Ibrmajer, J., Kodym, O., Kukal, Z., Malkovsky, M., Mencík, E., Müller, V., Tyráček, J., Vejnar, Z. & Zeman, A. (1984): Geological history of the territory of the Czech Socialist Republic. – 396 S.; Prague (Ústř. Úst. geol.).
Suk, M. & Weiss, J. (1981): Geological sections through the Variscan Orogen in the Bohemian Massif.

– In: Zwart, H. J. & Dornsiepen, U. F. (Eds.): The Variscan Orogen in Europe; Geol. en Mijnb., **60**: 161–168.
Surlyk, F. (1980): Denmark. – In: Geology of the European countries. Denmark, Finland, Iceland, Norway, Sweden: 1–50; London (Graham & Trotman).
Svoboda, J. (1966a): The Barrandian Basin. – In: Svoboda, J. et al. (Eds.): Regional Geology of Czechoslovakia, Part I: The Bohemian Massif: 281–341; Prague (Ústř. Úst. geol.).
– (1966b): The Zelezné hory mountains and the metamorphic „islets" of Central Bohemia (Chrudim-Islets zone). – In: Svoboda, J. et al. (Eds.): Regional Geology of Czechoslovakia, Part I: The Bohemian Massif: 342–366; Prague (Ústř. Úst. geol.).
Svoboda, J. & Chaloupsky, J. (1966): Crystalline complexes in the West Sudetes. – In: Svoboda, J. et al. (Eds.): Regional Geology of Czechoslovakia, Part I: The Bohemian Massif: 172–212; Prague (Ústř. Úst. geol.).
Svoboda, J. et al. (Eds.) (1966): Regional Geology of Czechoslovakia, Part I: The Bohemian Massif: 668 S.; Prague (Ústř. Úst. geol.).
Szulczewski, M. (1971): Upper Devonian conodonts, stratigraphy and facial development in the Holy Cross Mts. – Acta geol. polon., **21**: 1–129.
– (1978): The nature of unconformities in the Upper Devonian – Lower Carboniferous condensed sequence in the Holy Cross Mts. – Acta geol. polon., **28**.

Tásler, R. (1966): The Intrasudetic Basin. The Karkonosze-Piedmont Basin. – In: Svoboda, J. et al. (Eds.): Regional Geology of Czechoslovakia, Part I: The Bohemian Massif: 434–451; Prague (Ústř. Úst. geol.).
Taylor, J. C. M. (1984): Late Permian-Zechstein. – In: Glennie, K. W. (Ed.): Introduction to the Petroleum Geology of the North Sea: 61–83; Oxford (Blackwell).
Teichmüller, M. & Teichmüller, R. (1975): Inkohlungsuntersuchungen in der Molasse des Alpenvorlandes. – Geologica bavar., **73**: 123–142.
– – (1979): Zur geothermischen Geschichte des Oberrheingrabens. – Fortschr. Geol. Rheinld. u. Westf., **27**: 109–121.
Teichmüller, M., Teichmüller, R. & Bartenstein, H. (1985): Inkohlung und Erdgas – eine neue Inkohlungskarte der Karbon-Oberfläche in Nordwestdeutschland. – Fortschr. Geol. Rheinld. u. Westf., **32**: 11–34.
Teichmüller, M., Teichmüller, R. & Lorenz, V. (1983): Inkohlung und Inkohlungsgradienten im Permokarbon der Saar-Nahe-Senke. – Z. dt. geol. Ges., **134**: 153–210.
Teichmüller, R. (1973a): Die paläogeographisch-fazielle und tektonische Entwicklung eines Kohlenbeckens am Beispiel des Ruhrkarbons. – Z. dt. geol. Ges., **124**: 149–165.
– (1973b): Die tektonische Entwicklung der Niederrheinischen Bucht. – In: Illies, J. H. & Fuchs, K. (Eds.): Approaches to Taphrogenesis: 269–285; Stuttgart (Schweizerbart).
Teisseyre, H. (1976): Das Problem der Hauptfaltung in den Sudeten. – Nova Acta Leopold., N. F., **224**: 83–92.
– (1980): Precambrian in South-Western Poland. – Geol. Sudetica, **15**: 7–40.
Teller, L. (1969): The Silurian biostratigraphy of Poland based on graptolites. – Acta geol. polon., **19**: 393–501.
– (1974): The Silurian of the margin of the East European platform in the region of Miastko-Chojnice (NW Poland). – Acta geol. polon., **24**: 563–580.
Teschke, H.-J. (1975): Entwicklung und tektonischer Bau des südwestlichen Randbereiches der osteuropäischen Tafel. – Schriftenr. geol. Wiss., **4**: 1–151.
Teufel, St. (1988): Vergleichende U-Pb- und Rb-Sr-Altersbestimmungen an Gesteinen des Übergangsbereichs Saxothuringikum/Moldanubikum, NE-Bayern. – Göttinger Arb. Geol. Paläont., **35**: 87 S.
Teyssen, T. A. L. (1984): Sedimentology of the Minette oolitic ironstones of Luxemburg and Lorraine: a Jurassic subtidal sandwave complex. – Sedimentology, **31**: 195–211.
Thein, J. (1975): Sedimentologisch-stratigraphische Untersuchungen in der Minette des Differdinger Beckens (Luxemburg). – Publ. Serv. Géol. Luxembourg, **24**: 60 S.
Theuerjahr, A.-K. (1986): Beitrag zur Genese der jungpaläozoischen Rhyolithe des Saar-Nahe-Gebietes (SW-Deutschland). – Geol. Jb. Hessen, **114**: 209–226.
Thiele, O. (1970): Der österreichische Anteil an der Böhmischen Masse und seine Stellung im variszischen Orogen. – Geologie, **19**: 17–24.

– (1976): Zur Tektonik des Waldviertels in Niederösterreich (südliche Böhmische Masse). – Nova Acta Leopold., N. F., **224**: 67–82.
– (1984): Zum Deckenbau und Achsenplan des Moldanubikums der südlichen Böhmischen Masse (Österreich). – Jb. Geol. B.-Anst. Wien, **126**: 513–523.
Thiermann, A. (1974): Zur Flußgeschichte der Ems, Nordwestdeutschland. – In: Soc. géol. Belgique (Ed.): L'évolution quarternaire des bassins fluviaux de la Mer du Nord Méridional: 35–51; Liege (Centenaire Soc. géol. Belg.).
Thiermann, A. & Arnold, H. (1964): Die Kreide im Münsterland und in Nordwestfalen. – Fortschr. Geol. Rheinld. u. Westf., **7**: 691–724.
Thome, K. N. (1980): Der Vorstoß des nordeuropäischen Inlandeises in das Münsterland in Elster- und Saale-Eiszeit. – Westfäl. geogr. Stud., **36**: 21–40.
– (1983): Gletschererosion und -akkumulation im Münsterland und angrenzenden Gebieten. – N. Jb. Geol. Paläont. Abh., **166**: 116–138.
Thorez, J. & Bless, M. J. M. (1977): On the possible origin of the lower Westphalian D Neefoeteren Sandstone (Campine Belgium). – Meded. Rijks geol. Dienst, **28**: 128–132.
Thorez, J., Streel, M., Bouckaert, H. & Bless, M. J. M. (1977): Stratigraphie et paléogéographie de la partie orientale du synclinorium de Dinant (Belgique) au Famennien supérieur: un modèle de bassin rudimentaire reconstitué par analyse plusdisciplinaire sédimentologique et micropaléontologique. – Meded. Rijks geol. Dienst, **28**: 17–28.
Thybo, H., Kiørboe, L. L., Møller, C., Schönharting, G. & Berthelsen, A. (1990): Integrated geophysical and tectonic interpretation of the EUGENO-S profils. – In: Freeman, R. & Mueller, St. (Eds.): Proc. 6th EGT Workshop: Data Compilations and Synoptic Interpretation, Einsiedeln 1989: 93–104; Strasbourg (Europ. Sci. Foundation).
Timm, J. (1981): Die Faziesentwicklung der ältesten Schichten des Ebbe-Antiklinoriums. – Mitt. Geol.-Paläont. Inst. Univ. Hamburg, **50**: 147–173.
Tischendorf, G. (Ed.) (1989): Silicic magmatism and metallogenesis of the Erzgebirge. – Veröff. Zentralinst. Phys. Erde, **107**: 316 S.
Tischendorf, G., Pälchen, W., Röllig, G. & Lange, H. (1987): Formationelle Gliederung, petrographisch-geochemische Charakteristik und Genese der Granitoide der Deutschen Demokratischen Republik. – Chem. d. Erde, **46**: 7–23.
Todt, W. (1978): U-Pb-Untersuchungen an Zirkonen aus prä-variszischen Gneisen des Schwarzwaldes. – Fortschr. Miner., **56**: 136–137.
– (1979): U-Pb-Datierungen an Zirkonen des kristallinen Odenwaldes. – Fortschr. Miner. Beih., **57**: 153–154.
Todt, W. & Büsch, W. (1981): U/Pb investigations on zircons from pre-Variscan gneisses. I. A study from the Schwarzwald, West-Germany. – Geochim. cosmochim. Acta, **45**: 1789–1801.
Tollmann, A. (1982): Großräumiger variszischer Deckenbau im Moldanubikum und neue Gedanken zum Variszikum Europas. – Geotekt. Forsch., **64**: 1–91.
– (1985): Geologie von Österreich. Bd. II: Außerzentralalpiner Anteil. – 710 S.; Wien (Deuticke).
Tomczyk, E. & Tomczykowa, H. (1979): Stratigraphy of the Polish Silurian and Late Devonian and development of the Proto-Tethys. – Acta palaeont. polon., **24**: 165–183.
Trammer, J. (1973): The particular paleogeographical setting of Polish Muschelkalk in the German basin. – N. Jb. Geol. Paläont. Mh., **1973**: 573–575.
Tröger, K.-A., Behr, H. J. & Reichel, W. (1969): Die tektonisch-fazielle Entwicklung des Elbelineaments im Bereich der Elbtalzone. – Freiberg. Forsch.-H., **C 241**: 71–85.
Tröger, K. A. & Kurze, M. (1980): Zur paläogeographischen Entwicklung des Mesozoikums im Südteil des Subherzynen Beckens. – Z. geol. Wiss., **8**: 1247–1265.
Troll, G. (1974): Igneous and metamorphic rocks in the southern Bavarian Forest. – Fortschr. Miner. Beih., **52**: 167–194.
Trümpy, R. (1960): Paleotectonic evolution of the Central and Western Alps. – Bull. geol. Soc. Amer., **71**: 843–908.
– (Ed.) (1980): Geology of Switzerland. A guide book. Part A: An outline of the Geology of Switzerland; Part B: Geological excursions. – 334 S.; Basel (Wepf).
Trunkó, L. (1984): Karlsruhe und Umgebung. – Samml. geol. Führer, **78**: 227 S.; Berlin, Stuttgart (Borntraeger).
Trusheim, F. (1957): Über Halokinese und ihre Bedeutung für die strukturelle Entwicklung Norddeutschlands. - Z. dt. geol. Ges., **109**: 111–151.

– (1971): Zur Bildung der Salzlager im Rotliegenden und Mesozoikum Mitteleuropas. – Beih. geol. Jb., **112**: 51 S.

Uffenorde, H. (1976): Zur Entwicklung des Warsteiner Karbonat-Komplexes im Oberdevon und Unterkarbon (Nördliches Rheinisches Schiefergebirge). – N. Jb. Geol. Paläont. Abh., **152**: 75–111.
Ullrich, B., Dressler, E., Galiläer, L. & Mey, R. (1988): Zur Geologie und Mineralogie von Smektitrohstoffen in der DDR. – Z. angew. Geol., **34**: 129–134, Berlin.
Unger, K. P. (1974): Quartär. – In: Hoppe, W. & Seidel, G. (Hrsg.): Geologie von Thüringen: 742–781; Gotha (Haack).
Unrug, R. & Dembowski, Z. (1971): Diastrophic and sedimentary evolution of the Moravia-Silesia Basin. – Rocr. Pol. Tow. Geol., **41** (1): 119–168.
Urbanek, Z. (1978): The significance of Devonian conodont faunas for the stratigraphy of epimetamorphic rocks of the northern part of the Góry Kaczawskie. – Geol. Sudetica, **13**: 7–30.

Veenstra, H. J. (1970): Quaternary North Sea Coasts. – Quarternaria, **12**: 169–984.
– (1982): Size, shape and origin of the sands on the East Frisian Islands (North Sea, Germany). – Geol. en Mijnb., **61**: 141–J46.
Vejbæk, O. V. (1985): Seismic stratigraphy and tectonics of sedimentary basins around Bornholm, southern Baltic. – Dan. Geol. Unders. Ser. A, **8**: 30 S.
– (1986): Seismic stratigraphy of the Lower Cretaceous in the Danish Central Trough. – Dan. Geol. Unders. Ser. A, **11**.
Vejbæk, O. V. & Andersen, C. (1987): Cretaceous–Early Tertiary inversion tectonism in the Danish Central Trough. – Tectonophysics. **137**: 221–238.
Vejnar, Z. (1971): Grundfragen des Moldanubikums und seine Stellung in der Böhmischen Masse. – Geol. Rdsch., **60**: 1455—1465.
– (1982): Regional metamorphism of psammopelitic rocks in the Domazlice area. – Sborn. geol. Ved. Geol., **37**: 9–70.
– (1986): The Kdyne massif, South-West Bohemia, a tectonical modified basic layered intrusion. – Sborn. geol. Ved. Geol., **41**: 9–67.
Vincken, R. (Ed.) (1988): The Northwest European Tertiary Basin. – Geol. Jb., **A 100**: 508 S.
Vinx, R. (1983): Magmatische Gesteine des Westharzes. – Fortschr. Miner. Beih. **61**: 3–10.
Voigt, E. (1962): Frühdiagenetische Deformation der turonen Plänerkalke bei Halle/Westf. als Folge einer Großgleitung unter besonderer Berücksichtigung des Phacoid-Problems. – Mitt. Geol. Staatsinst. Hamburg, **31**: 146–275.
– (1963): Über Randtröge vor Schollenrändern und ihre Bedeutung im Gebiet der Mitteleuropäischen Senke und angrenzender Gebiete. – Z. dt. geol. Ges., **114**: 378–418.
– (1977): Neue Daten über die submarine Großgleitung turoner Gesteine im Teutoburger Wald bei Halle/Westf. – Z. dt. geol. Ges., **128**: 57–79.
Voipio, A. (Ed.) (1981): The Baltic Sea. – Elsevier Oceanogr. Ser, **30**: 418 S.
Volker, F. & Altherr, R. (1987): Lower Carboniferous calcalkaline volcanics in the northern Vosges: evidence for a destructive continental margin. – Terra cognita, **7**: 174–175.
Voll, G. (1960): Stoff, Bau und Alter in der Grenzzone Moldanubikum/Saxothuringikum in Bayern unter besonderer Berücksichtigung gabbroider, amphibolitischer und kalksilikatführender Gesteine. – Geol. Jb. Beih., **42**: 383-S.
– (1983): Crustal Xenoliths and their evidence for crustal structure underneath the Eifel Volcanic District. – In: Fuchs, K. et al. (Eds.): Plateau Uplift, The Rhenish Shield – A Case History: 336–342; Heidelberg (Springer).
Vollbrecht, A., Weber, K. & Schmoll, J. (1989): Structural model for the Saxothuringian-Moldanubian suture in the Variscan basement of the Oberpfalz (Northeastern Bavaria, F. R. G.) interpreted from geophysical data. – Tectonophysics, **157**: 123–133.
Vortisch, W. (1972): Untersuchungen im Pleistozän SO-Schonens. – Geol. Fören. Stockh. Förh., **94**: 35–68.

Wachendorf, H. (1986): Der Harz – variszischer Bau und geodynamische Entwicklung. – Geol. Jb., **A 91**: 3–67.
Wagenbreth, O. & Steiner, W. (1989): Geologische Streifzüge. Landschaft und Erdgeschichte zwischen Kap Arkona und Fichtelberg. – 204 S., Leipzig (Dt. Verl. f. Grundstoffind.).

Wagner, G. (1960): Einführung in die Erd- und Landschaftsgeschichte mit besonderer Berücksichtigung Süddeutschlands. 3. Aufl. – 694 S., Öhringen (Rau).
Wagner, G. & Koch, A. (1961): Raumbilder zur Erd- und Landschaftsgeschichte Südwestdeutschlands. – 33 S.; Schmiden/Stuttgart (Verl. Repro-Druck).
Wagner, R., Piatkowski, T. S. & Preijt, T. M. (1978): Polish Zechstein Basin. – Przegl. Geol., **308**: 673–680.
Wagner-Lohse, C. & Blümel, P. (1984): Prograde Metamorphose vom Niederdruck-Typ in der Grenzzone Saxothuringikum/Moldanubikum östlich Tirschenreuth. – Fortschr. Miner. Beih., **62**: 254–255.
Wajsprych, B. (1986): Sedimentary record of the tectonic activity on a Devonian–Carboniferous continental margin, Sudetes. – In: Teysseyre, A. K. (Ed.): 7th European Regional Meeting Krakow – Poland Excursion Guidebook: 141–162.
Walker, J. M. & Cooper, W. G. (1987): The structural and stratigraphic evolution of the northeast margin of the Sole Pit Basin. – In: Brooks, J. & Glennie, K. W. (Eds.): Petroleum Geology of North-West Europe: 263–275; London (Graham & Trotman).
Walliser, O. H. (1981): The geosynclinal development of the Rheinische Schiefergebirge (Rhenohercynian Zone of the Variscides; Germany). – Geol. en Mijnb., **60**: 89–96.
Walliser, O. H. & Alberti, H. (1983): Flysch, olistostromes and nappes in the Harz Mountains. – In: Martin, H. & Eder, W. (Eds.): Intracontinental Fold Belts: 145–169; Heidelberg (Springer).
Walter, R. (1980): Lower Paleozoic paleogeography of the Brabant Massif und its southern adjoining area. – Meded. Rijks geol. Dienst, **32**: 14–25.
Walter, R., Spaeth, G. & Kasig, W. (1985): An outline of the geological structure of the Northeastern Hohes Venn Area and of its Northern Foreland. – N. Jb. Paläont. Abh., **171**: 207–216.
Walter, R. & Wohlenberg, J. (Eds.) (1985): Geology and Geophysics of the Northeastern Hohes Venn Area. Report on a Joint Geoscientific Venture. – N. Jb. Geol. Paläont. Abh., **171**: 467 S., Stuttgart (Schweizerbart).
Walther, H. W. (1981): Quantitative regionale Metallogenese als Beitrag zur Frage: Wo sind die Metalle der Zukunft? – Erzmetall, **34**: 432–438.
– (1982): Die varistische Lagerstättenbildung im westlichen Mitteleuropa. – Z. dt. geol. Ges., **113**: 667–698, Hannover.
– (Hrsg.) (1984): Postvariszische Gangmineralisation in Mitteleuropa. – Schriftenr. GDMB, **41**: 425 S., Weinheim.
– (1986): Federal Republic of Germany. – In: Dunning, F. W. & Evans, A. M. (Eds.): Mineral Deposits of Europe, **3**: 173–299.
Walther, H. W. & Zitzmann, A. (Eds.) (1970–1978): International map of iron ore deposits of Europe, 1 : 2,5 Mio with explanatory notes, 1. (1977): 418 S., 2. (1978): 386 S., Hannover (BGR).
Wasternack, J., Tischendorf, G., Posmourny, K. & Stemprock, M. (1974): Metallogenetic map of the Krusne Hory/Erzgebirge, 1 : 200.000. – Berlin.
Waterlot, G. (1974): Paléozoique du Nord de la France et de la Bélgique (Ardennes et Boulonnais). – In: Debelmas, J. (Ed.): Géologie de la France, I, Vieux massifs et grands bassins sédimentaires: 42–62; Paris (Doin).
Waterlot, G. et al. (1973): Ardenne, Luxembourg. – In: Guides géologiques régionaux: 206 S.; Paris (Masson).
Watznauer, A. (1965): Stratigraphie und Fazies des erzgebirgischen Kristallins im Rahmen des mitteleuropäischen Varistikums. – Geol. Rdsch., **54**: 853–860.
Watznauer, A., Tröger, K. A. & Möbus, G. (1976): Gleichheiten und Unterschiede im Bau der Saxothuringischen Zone westlich und östlich des Elbelineaments. – Nova Acta Leopold. N. F., **224**: 93–110.
Weber, K. (1976): Gefügeuntersuchungen an transversalgeschieferten Gesteinen aus dem östlichen Rheinischen Schiefergebirge. – Geol. Jb., **94**, D15. 98 S.
– (1978): Das Bewegungsbild im Rhenohercynikum – Abbild einer varistischen Subfluenz. – Z. dt. geol. Ges., **129**: 249–281.
– (1984): Variscan events; Early Paleozoic continental rift metamorphism and late Paleozoic crustal shortening. – In: Hutton, D. H. W. & Sanderson, D. J. (Eds.): Variscan Tectonics of the North Atlantic Region, 3–22 (Blackwell).
– (1986): The mid-European Variscides in terms of allochthonous terranes. – Third EGT Workshop: The central Segment, 14.–16. April 1986 Bad Honnef: 73–82.

Weber, K. & Behr, H. J. (1983): Geodynamic interpretation of the mid European Variscides. – In: Martin, M. & Eder, W. (Eds.): Intracontinental Fold Belts: 427–469; Berlin (Springer).
Weber, W. (1979): Zur synsedimentären Tektonik des Oberperms in Mitteleuropa. – Z. geol. Wiss., **71**: 871–878.
Wedepohl, K. H. (1978): Der tertiäre basaltische Vulkanismus der Hessischen Senke nördlich des Vogelsberges. – Aufschluß (Sonderbd.), **28**: 156–167.
– (1982): K-Ar-Altersbestimmungen an basaltischen Vulkaniten der nördlichen Hessischen Senke und ihr Beitrag zur Diskussion der Magmengenese. – N. Jb. Miner. Abh., **144**: 172–196.
– (1983a): Die chemische Zusammensetzung der basaltischen Gesteine der nördlichen Hessischen Senke und ihrer Umgebung. – Geol. Jb. Hessen, **111**: 261–302.
– (1983b): Tertiary Volcanism in the Northern Hessian Depression. – In: Fuchs, K. et al. (Eds.): Plateau Uplift, The Rhenish Shield – A Case History: 134–138; Berlin (Springer).
Wedepohl, K. H., Meyer, K. & Muecke, G. K. (1983): Chemical composition of genetic relations of meta-volcanic rocks from the Rhenohercynian Belt of North West Germany. – In: Martin, H. & Eder, F. W. (Eds.): Intracontinental Fold Belts: 231–256; Heidelberg (Springer).
Weinelt, W. (1964): Metamorphes Saxothuringikum im Spessart. – In: Erläuterungen zur Geologischen Karte von Bayern 1 : 500.000, 2. Aufl.: 49–53; München.
Weinelt, W., Okrusch, M. & Richter, P. (1985): Das kristalline Grundgebirge im nördlichen Hochspessart auf Grund der Ergebnisse neuer Tiefbohrungen. – Geologica bavar., **87**: 39–60.
Weisgerber, G., Slotta, R. & Weiner, J. (Hrsg.) (1980): 5000 Jahre Feuersteinbergbau, die Suche nach dem Stahl der Steinzeit. – Veröff. dt. Bergbau-Mus. Bochum, **22**: 670 S., Saarbrücken.
Weiskirchner, W. (1975): Vulkanismus und Magmenentwicklung im Hegau. – Jber. Mitt. oberrhein. geol. Ver. N. F., **57**: 117–134.
– (1980): Der obermiozäne Vulkanismus in der Mittleren Schwäbischen Alb. – Jber. Mitt. oberrhein. geol. Ver. N. F., **62**: 33–41.
Weiss, Ch. E. (1969): Die Entwicklung des Muschelkalks an der Saar, Mosel und im Luxemburgischen. – Z. dt. geol. Ges., **21**: 837–849.
Weiss, J. (1966): The Brno massif. – In: Svoboda, J. et al. (Eds.), Regional Geology of Czechoslovakia, Part I: The Bohemian Massif: 270–280, Prague (Ústř. Úst. geol.)
Werner, C. D. (1974): Metamorphose und Migmatisation im Ruhlaer Kristallin (Thüringer Wald). – Freiberger Forsch.-H. **C 284**: 134 S.
Werner, C. C., Schlichting, M. & Milot, J. (1984): Sr-Isotopenuntersuchungen am sächsischen Granulit-Komplex. – Freiberger Forsch.-H., **C 389**: 98–106.
Werner, R. & Winter, J. (1975): Bentonit-Horizonte im Grenzbereich Unterdevon-Mitteldevon in den Eifeler Richtschnitten. – Senckenbergiana leth., **56**: 335–364.
Werner, W. (1989): Synsedimentary faulting and sediment-hosted submarine-hydrothermal mineralization in the Late Palaeozoic Rhenish Basin (Germany). – Geotekt. Forsch., **71**: 305 S.
Wessely, G., Schreiber, O. S. & Fuchs, R. (1981): Lithofazies und Mikrostratigraphie der Mittel- und Oberkreide des Molasseuntergrundes im östlichen Oberösterreich. – Jahrb. Geol. B.-Anst. Wien, **124**: 175–281.
Weyl, R. (1967): Geologischer Führer durch die Umgebung von Gießen. – 184 S., Gießen.
Wickert, F. & Eisbacher, G. H. (1988): Two-sided Variscan thrust tectonics in the Vosges Mountains, northeastern France. – Geodinamica Acta, **2**: 101–120.
Wiebel, M. (1968): Über die Trias am Südrande der Luxemburger Ardennen. – Oberrhein. geol. Abh., **17**: 165–192.
Wiefel, H. & Wiefel, J. (1980): Zur Lithostratigraphie und Lithofazies der Ceratitenschichten und der Keupergrenze am östlichen Teil des Thüringer Beckens. – Z. geol. Wiss., **8**: 1095–1121.
Wienholz, R. (1967): Über den geologischen Bau des Untergrundes im norddeutschen Flachland. – Jb. Geol., **1**: 1–87.
Wienholz, R., Hofmann, J. & Mathé, G. (1979): Über Metamorphose, Tiefenbau und regionale Position des Erzgebirgskristallins. – Z. geol. Wiss., **7**: 385–395.
Wijhe, D. H. van (1987): Structural evolution of inverted basins in the Dutch offshore. – Tectonophysics, **137**: 171–219.
Whijhe, D. H. van, Lutz, M. & Kaasschieter, J. H. P. (1980): The Rotliegend in the Netherlands and its gas accumulations. – Geol. en Mijnb., **59**: 3–24.
Wimmenauer, W. (1970): Zur Petrologie der Magmatite des Oberrheingrabens. – Fortschr. Miner., **47**: 242–262.

– (1972): Einführung zur Exkursion in den Kaiserstuhl und zu einigen anderen Vulkanitvorkommen in seiner Umgebung. – Fortschr. Miner. Beih., **50**: 57–66.
– (1980): Lithology of the Precambrian in the Schwarzwald. An interim report. – N. Jb. Miner. Mh., **1980**: 364–372.
– (1984): Das prävariskische Metamorphikum im Schwarzwald. – Fortschr. Miner., **62**: 69–86.
Wimmenauer, W. & Stenger, R. (1989): Acid and intermediate HP-metamorphic rocks in the Schwarzwald (Federal Republic of Germany). – Tectonophysics, **157**: 109–116.
Winter, J. (1969): Stratigraphie und Genese der Bentonitlagen im Devon der Eifeler Kalkmulden. – Fortschr. Geol. Rheinld. u. Westf., **16**: 425–472.
Wittig, R. (1968): Stratigraphie und Tektonik des gefalteten Paläozoikums am Unterwerra-Sattel. – Notizbl. hess. L.-Amt Bodenforsch., **96**: 31–67.
– (1970): Rotliegend im Unterwerra-Sattel. – Göttinger Arb. Geol. Paläont., **5**: 135–144.
Wojciechowska, I. (1986): Metabasites in the NW part of Snieznik Metamorphic unit (Kłodzko area, Sudetes, Poland). – Geol. Rdsch., **75**: 585–593.
– (1990): New geological research in the Kłodzko metamorphic unit (Sudetes, Poland). – N. Jb. Geol. Paläont. Abh., **117**: 189–195.
Wolburg, J. (1961): Sedimentationszyklen und Stratigraphie des Buntsandsteins in Nordwestdeutschland. – Geotekt. Forsch., **14**: 7–74.
– (1969): Die epirogenetischen Phasen der Muschelkalk- und Keuperentwicklung Nordwestdeutschlands, mit einem Rückblick auf den Buntsandstein. – Geotekt. Forsch., **32**: 1–65.
Woldstedt, P. (1954/1958): Das Eiszeitalter. Bd. 1 u. Bd. 2. – 812 S.; Stuttgart (Enke).
Woldstedt, P. & Duphorn, K. (1974): Norddeutschland und angrenzende Gebiete im Eiszeitalter. – 500 S.; Stuttgart (Enke).
Wolf, M. (1978): Inkohlungsuntersuchungen im Hunsrück (Rheinisches Schiefergebirge). – Z. dt. geol. Ges., **129**: 217–227.
Wolf, R. (1985): Tiefentektonik des linksniederrheinischen Steinkohlengebietes. – In: Beiträge zur Tiefentektonik westdeutscher Steinkohlenlagerstätten; 105–167, Krefeld (Geol. L.-Amt Nordrhein-Westf.).
Wong, Th. E., Doorn, Th. H. M. van & Schroot, B. M. (1989): „Late Jurassic" petroleum geology of the Dutch Central North Sea Graben. – Geol. Rdsch., **78**: 319–336.
Woodland, A. W. (Ed.) (1975): Petroleum and Continental Shelf of North-West Europe. Vol. I. Geology: 501 S.; Barking/Essex (Appl. Sci. Publ.).
Wrede, V., Drozdzewski, G., Bornemann, O. & Kunz, E. (1985): Tiefentektonik des Aachen-Erkelenzer Steinkohlengebietes. – Beiträge zur Tiefentektonik westdeutscher Steinkohlenlagerstätten. – 103 S.; Krefeld (Geol. L.-Amt Nordrhein-Westf.).
Wrede, V. & Zeller, M. (1983): Geologie der Steinkohlenlagerstätte des Erkelenzer Horstes. – 40 S.; Krefeld (Geol. L.-Amt Nordrhein-Westf.).
– – (1988): Geologie der Aachener Steinkohlenlagerstätte. – 77 S.; Krefeld (Geol. L.-Amt Nordrh.-Westf.).
Wunderlich, H. G. (1957): Tektogenese des Leinetalgrabens und seiner Randschollen. – Geol. Rdsch., **46**: 372–413.
– (1964): Maß, Ablauf und Ursachen der orogenen Einengung am Beispiel des Rheinischen Schiefergebirges, Ruhrkarbons und Harzes. – Geol. Rdsch., **54**: 561–582.
– (1966): Ausweitung und Einengung an saxonischen Bauformen Südniedersachsens. – Z. dt. geol. Ges., **116**: 683–695.
Wurm, A. (1961): Geologie von Bayern. – 2. Aufl., XVII, 555 S.; Berlin (Borntraeger).
Wurster, P. (1964): Geologie des Schilfsandsteins. – Mitt. Geol. Staatsinst. Hamburg, **33**: 140 S.
– (1968): Paläogeographie der deutschen Trias und die paläogeographische Orientierung der Lettenkohle in Südwestdeutschland. – Eclog. geol. Helv., **61**: 157–166.

Zagwijn, W. H. (1973): Pollenanalytic studies of Holsteinian and Saalian Beds in the Northern Nederlands. – Meded. Rijks geol. Dienst. **24**: 139–156.
– (1974): The paleogeographic evolution of the Netherlands during the Quarternary. – Geol. en Mijnb., **53**: 369—385.
– (1979): Early and Middle Pleistocene coastlines in the southern North Sea basin. – In: Oele, E., Schüttenhelm, R. T. E. & Wiggers, A. J. (Eds.): The Quarternary History of the North Sea. – Acta Univ. Ups. Symp. Univ. Ups. Annum Quingentesimum Celebrantis, **2**: 31–42.

- (1989): The Netherlands during the Tertiary and the Quarternary, A case history of coastal Lowland evolution. – Geol. en Mijnb., **68**: 107–120.
Zagwijn, W. H. & Doppert, J. W. C. (1978): Upper Cenozoic of the southern North Sea Basin: palaeoclimatic and palaeogeographic evolution. – Geol. en Mijnb., **57**: 577–588.
Zagwijn, W. H. & Staalduinen, C. J. van (Eds.) (1975): Toelidating bij geologische Oversichtskaarten von Nederland. – Rijks geol. Dienst, Haarlem: 134 S.
Zaminer, Ch. (1957): Geologisch-petrographische Untersuchungen im Grundgebirge der Pfalz. – Mitt. Pollichia III. Reihe, **4**: 7–33.
Zelaźwiewicz, A. (1990): Deformation and metamorphism in the Gory Sowie gneissic complex, Sudetes, SW Poland. – N. Jb. Geol. Paläont. Abh., **179**: 129–157.
Źelichowski, A. M. (1972): Evolution of the geological structure of the area between the Gory Swietokrzskie and the River Bug. – Biul. Inst. Geol. Warsaw, **263**: 1–97.
Zeller, M. (1987): Das produktive Karbon am Niederrhein. – Natur am Niederrhein, **2**: 55–61.
Zentrales Geologisches Institut (Hrsg.) (1968): Grundriß der Geologie der Deutschen Demokratischen Republik. Band 1, geologische Entwicklung des Gesamtgebietes. – 454 S.; Berlin (Akademie-Verlag).
Ziegler, B. (1977): The „White" (Upper) Jurassic in Southern Germany. – Stuttgarter Beitr. Naturkde. Abt. B, **26**: 79 S.
Ziegler, M. A. (1989): North German Zechstein facies pattern in relation to their substrate. – Geol. Rdsch., **78**: 105–127.
Ziegler, P. A. (1975a): Geologic evolution of the North Sea and its tectonic framework. – Bull. Amer. Assoc. Petrol. Geol., **59**: 1073–1097.
- (1975b): Öl- und Gas-Provinzen der Nordsee. – Erdöl-Erdgas-Z., **91**: 207–217.
- (1977): Geology and hydrocarbon provinces of the North Sea. – GeoJournal, **1**: 7–32.
- (1982): Geological Atlas of Western and Central Europe. – 130 S.; Den Haag.
- (1984): Caledonian and Hercynian crustal consolidation of western and central Europe – A working hypothesis. – Geol. en Mijnb., **63**: 93–108.
- (1986): Geodynamic model for Palaeozoic crustal consolidation of western and central Europe. – Tectonophysics, **126**: 303–328.
- (Ed.) (1987a): Compressional Intra-Plate Deformations in the Alpine Foreland. – Tectonophysics, **137**. 420 S.
- (1987b): Late Cretaceous and Cenozoic intra-plate compressional deformations in the Alpine foreland – a geodynamic model. – Tectonophysics, **137**: 389–420.
- (1988): Evolution of the Arctic-North Atlantic and the Western Tethys. – Mem. Assoc. Amer. Petrol. Geol., **43**: 198 S.
Ziegler, P. A. & Louwerens, C. J. (1979): Tectonics of the North Sea. – In: Oele, E., Schüttenhelm, R. T. E. & Wiggers, A. J. (Eds.): The Quarternary history of the North Sea. – Acta Univ. Ups. Symp. Univ. Ups. Annum Quingentesimum Celebrantis, **2**: 7–22, Uppsala.
Ziegler, W. & Werner, R. (Ed.) (1982): On Devonian Stratigraphy and Paleontology of the Ardenno-Rhenish Mountains and related Devonian Matters. – Cour. Forsch.-Inst. Senckenb., **55**: 498 S.
Zimmerle, W. (1976): Die Tiefbohrung Saar 1. Petrographische Beschreibung und Deutung der erbohrten Schichten. – In: Brand, E. et al. (Hrsg.): Die Tiefbohrung Saar 1. – Geol. Jb., **A 27**: 91–305.
- (1979): Lower Cretaceous tuffs in Northwest Germany and their geotectonic significance. – In: Aspekte der Kreide, IUGS Ser. , **A 6**: 385–402; Stuttgart (Schweizerbart).
Znosko, J. (Ed.) (1968): Geological Atlas of Poland 1 : 2.000.000. – Warszawa (Geol. Inst.).
- (1974): Outline of the tectonics of Poland and the problem of the Vistulicum and Variscicum against the tectonics of Europe. – Biul. Inst. Geol. Warszawa, **274**: 7–38.
- (1977): Über den geologischen Bau in der Zone der Tornquist-Teisseyre-Linie zwischen Ostsee und Swietokrzyskie Gory. – Z. angew. Geol., **23**: 439–444.
- (1979): Tektonischer Rahmen und geodynamische Genese permischer Bildungen in der VR Polen. – Z. angew. Geol., **25**: 447–458.
- (1984): Tectonics of Southern Part of Middle Poland (beyond the Carparthians). – Z. dt. geol. Ges., **135**: 585–602.
- (1985a): Polish Caledonides and their relations with European Caledonides. – Bull. Acad. pol. Sci. Ser. Sci. Terre, **33**: 25–30.
- (1985b): Zur Tektonik des außerkarpatischen Südteils von Mitteleuropa. – Z. angew. Geol., **31**: 270–277.

Znosko, J. & Guterch, A. (1987): Tiefenbau und Tektonik der Tornquist-Teisseyre-Zone. – Z. angew. Geol., **33**: 213–218.
Zoubek, V. (1982): Über den Stand der Untersuchungen im Moldanubikum und den Beziehungen Moldanubikum/Oberproterozoikum (Brioverien). – Z. angew. Geol., **28**: 305–313.
– (Ed.) (1988): Precambrian in Younger Fold Belts. – 885 S., Chichester (Wiley).
Zoubek, V. et al. (1988): Moldanubian Region. – In: Zoubek, V. (Ed.): Precambrian in Younger Fold Belts: 183–267; Chichester (Wiley).
Zwart, H. J. & Dornsiepen, V. F. (1978): The tectonic framework of Central and Western Europe. – Geol. en Mijnb., **57**: 627–654.

Sach- und Ortsregister

Die halbfetten Seitenzahlen weisen auf die Hauptbehandlung eines Stichwortes hin

Aachen 148, 150, 157, 158, 320
Aachen-Moresnet 427
Aachen-Südlimburger Kreidetafel 147
Aachener Sattel 149, 160, 162, 168, 169
Aachener Schuppensattel 157, 158
Aachener Überschiebung 161, 168, 169
Aachquelle 375
Aachtopf 375
Aalen 371
Aarau 464
Aare 369
Aargau 388, 389
acadisch 9, 15
Acanthodes-Schichten 237
Achelen 373
Acker-Bruchberg-Quarzit 188, 191
Acker-Bruchberg-Zone 187, 190
Acker-Bruchberg-Zug 186, 188, 191, 193, 195
Ackerhauptstörung 195
Adamów-Schichten 108
Adenau 170, 184
Adlergebirge 260, 261, 266, 272–274
Adorf 443
Adorf-Kalk 167
Adriatisch-Afrikanische Platte 396
Afrikanische Platte 21
Ahlbach-Schichten 165
Ahlsburg-Überschiebung 95, 332
Ahr 170
Ahrdorf-Schichten 165
Ahrdorfer Mulde 170
Ahrtal-Sattel 163, 170
Alb-Becken 363
Alb-Südrandflexur 377
Albersweiler 207
Albersweiler Gneise 206
Albhochfläche 373
Alborg-Graben 61
Albstadt 48
Albtal-Granit 230
Albtrauf 367, 373, 374
Albungen 186
Alexanderbad-Formation 250
Alexanderbad-Schichten 239
Alkmar 122

Aller-Folge 84
Aller-Linie 76
Alleröd-Interstadial 141
Allertal-Graben 97
Allertal-Linie 78, 85
Allertal-Störungszone 99
Allgäu 398, 400, 404, 405
Allgäuer Faltenmolasse 398
Allochthone Molasse 404
Almendingen-Granit 63
Alpen 2, 3, 49, 392
Alpenrand 392, 394, 402
Alpenvorland 2, 46, 394, 401, 407
alpidisch 4
alpidische Orogenese 30
alpidischer Zyklus 3
alpine Orogenese 394
Alsbachite 210
Alsdorf-Schichten 165
Altdorfer Sandstein 398
Alte Schiefer (Z. von Badenweiler–Lenzkirch) 229
Altena-Gruppe 55
Altenahr 170
Altenberg 256, 422, 423, 429, 433, 434
Altenberg, Erzgebirgsgranit von 256
Altenberg-Frauenstein-Granitporphyrgang 256
Altenberger Bruchfeld 256
Altenberger Schiefer 269
Altenbürener Störung 177
Altenburg 456
Altenglau-Schichten 201
Ältere Düne 122
Ältere Flözgruppe 100
Ältere Granitoide 63
Ältere Sandfolge 101
Älteste Vereisung 132
altkimmerisch 26, 66, 72, 85
Altley 427
Altmark-Senke 89
Altmark-Brandenburg-Becken 5, 6, 28, 30, 78
Altmark-Fläming-Senke 75, 76, 78
Altmark-Schwelle 83, 85
Altmersleben 130
Altmoränenlandschaft 128
Altmorschen-Lichtenauer Graben 328

Altmorschener Graben 333
Altmorschener Grabenzone 328
Altmühltal 367
Altpaläozoikum 12, 64, 65, 142, 145
Altrandberg 445
Altstadt 449
Altstätter Serie 274
Altvatergebirge 280, **282**
Alzenau-Formation 211, 214, 215
Amaltheen-Ton 83
Amberg 368, 411
Amberg-Sulzbacher Aufschiebungszone 376
Amberger Erzformation 368, 418
Amblygonit 434
Amersfort 134
Ammer-Gletscher 408
Ammern 442
Ampfing-Sandstein 397
Amphibolith-Paragneis-Zone (Spessart) 214
Amrum 122, 123
Amsterdam 120
Amstetten 392
Anatexit-Komplex (Zentralschwarzwald) 226
Ancylus fluviatilis 126
Ancylus-See 126, 127
Andělská Hora-Formation 283, 289, 290
Andenne, Steinkohlenbecken von 157
Andrarum 65
Andreasteich-Quarzit 164, 179
Anežka-Flözgruppe 381
Ångelholm 61
Angerberg-Schichten 400
Angermünder Staffel 139
Anglo-Dutch Basin 50
Angulaten-Sandstein 86
Anhée, Mulde von 158
Anhydrit **442**
Anhydrit-Steinsalz-Zone 353
Anhydritstein 443
Anklam 134
Annaberg 421
Annaberg-Marienberger Antiklinale 255
Annaberg-Marienberger Block 255
Annaberg-Wegefarth-Formation 239, 253
Annopol a. d. Weichsel 449
Annweiler, Sandstein von 342
Ansbach 362, 371
Ansbacher Scheitel 360, 372
Antheit, Steinkohlenbecken von 157
Antiklinaal-Oranje-Störung 146
Antiklinale von Broncowice-Wydryszow 111
Antiklinale von Condroz 145
Antiklinale von Wiecbork-Szubin-Zalesie 104
Antiklinorium von Klimontów 111
Antimon 410, 414, 419, 424, **425**
Antimonit 424, 425
Antonín-Flözgruppe 381

Antweiler Graben 320
Antweiler Schichten 319
Arber 2
Arcose d'Haybes 153
Ardennen 5, 10, 12, 145, **148**, 153, 156, 160, 342
Ardennen-Antiklinorium 149, 150, 157, 158
Ardennen-Becken 154, 161
Ardennen-Schwelle 151
Ardennisch-Brabanter Schelfplattform 154
Argovien 388
Argyll-Ölfeld 53, 54
Arieten-Ton 83
Arietenkalk 365
Arkona 79, 131
Arkona-1, Bohrung 61
Arkona-Hoch 61
Arkona-Schwelle 62
Arkona-See 125
Arkosen u. Sandsteine von Gdoumont-Weismes 165
Arnsberg 425
Arsenkies 422–425
Arzberg 419
Arzberg-Formation 239
Arzberg-Gruppe 250
As-Member 152
Asbest 415, 417, 446
Asch 423
Ascherslebener Sattel 97
Asphalt 458, **464**
Assamstädter Teilschild 371
Asse 97–99
Asse-Heeseberg-Sattel 99
Asse-Intrusion 82
Asse-Überschiebung 157
Assise d'Andenne 152
Assise d'Ittre 145
Assise d'Oisquerq 142
Assise de Anchamps 145
Assise de Blanmont 145
Assise de Charleroi 152
Assise de Châtelet 152
Assise de Chokier 152
Assise de Colibeau 145, 151
Assise de Corroy 145
Assise de Dave 145
Assise de Dongelberg 142, 145
Assise de Fosse 145
Assise de Gembloux 145
Assise de Grand Manil 145
Assise de Jodoigne 145
Assise de Jonquoi 145
Assise de la Petite Commune 145
Assise de la Roche-à-Sept-Heures 145
Assise de Longue Haye 145
Assise de Mazy 153
Assise de Mousty 145

Sach- und Ortsregister 519

Assise de Nannine 145
Assise de Oisquerq 145
Assise de Quatre-Fils-Aymon 145
Assise de Ronquière 145
Assise de Sart-Bernard 145
Assise de Thilhay 145
Assise de Thimensart 145
Assise de Transition 145
Assise de Tubize 142, 145
Assise de Vichinet 145
Assise de Vieux Moulins 145
Assise de Vitrival 145
Assise du Flénu 152
Asten-Schichten 132
asturisch 9, 15, 81, 114, 157, 168, 192, 315
Atlantik 23
Atlantikum 121, 127
Attendorn 166
Attendorn-Elsper Doppelmulde 163, 166, 177
Attendorn-Elsper Mulde 169
Attendorner Riffkomplex 177
Aue 256, 447, 464
Auer Mulde 402, 405
Auerbach (Opf.) 418
Auerbach (Vogtl.) 445
Auerberg 368
Auerberg-Porphyr 196
Auerberg-Schuppe 401, 405
Auerberg-Schüttung 398
Aufbruch von Givonne 151
Aufbruch von Serpont 151
Aufwölbung von Givonne-Muno 150
Aufwölbung von Serpont 158
Augsburg 448
Auk-Ölfeld 53, 54
Aupa-Tal 268
Ausgleichsküste 125
Außenrandbruch 260, 276
Außeralpine Molasse 362
Außeralpines Molassebecken 393
Außeralpines Wiener Becken 405, 406
Äußere Baltische Endmoräne 139
Äußere Klippenzone 406
Äußere Randverwerfung 357
Äußerer Jura 387, 388, 392
Äußeres Wiener Becken 401
Autochthonmolasse 402
Avesnois-Synklinorium 149, 158

Bacton-Gruppe 55, 56, 67
Bad Bertrich 171, 185
Bad Cannstatt 371
Bad Dürkheim 207
Bad Grund 193
Bad Harzburg 193
Bad Honnef 428
Bad Königshofen 443

Bad Lauterberg 441
Bad Mergentheim 370
Bad Orb 369
Bad Sachsa 192, 443
Bad Salzbrunn 278
Bad Schandau 133, 259
Bad Segeberg 130
Bad Steben 237, 241
Baden-Baden 358, 455
Baden-Baden, Granit von 226
Baden-Baden, Zone von 217, 226, 228, 229
Baden-Baden–Gaggenau, Zone von 224
Baden-Badener Senke 231
Badenweiler–Lenzkirch, Zone von 226, 229, 230
Balingen 463
Balka-Quarzit 65
Ballon d'Alsace 222
Baltica 2, 14
Baltische Syneklise 4, 5
Baltischer Eissee 127
Baltischer Eisstausee 35, 126
Baltischer Schild (Baltica) 2–5, 31, 60, 61
Baltringen-Schichten 397
Bamberg 369, 372, 377
Bamble-Trog 51
Bankkalke 367
Bannewitz-Hainsberg-Formation 242, 258
Bardo-Synklinale 112
Bärhalde-Granit 230
Barneberg-Oschersleben-Staßfurter Sattel 97
Barnim-Plateau 139
BARRANDE 300
Barrandium 8, 10, 12, 20, 297, 299, **300**, 301, 302, 309, 310, 312
Barsinghausen-Oberkirchen 450
Baruther-Urstromtal 139
Baryt 411, 415, 417, 430, 431, **441**, 442
Baryt-Fluorit 415
Basalgranit 222
Basel 48, 387, 439
Baseler Hochrhein 366
Båstad 60
Bastogne 159
Batholith des Großen Belchen 222
Bauland-Mulde 360, 371
Baumbach 333
Baumberge 324–327
Baumberger Schichten 326
Baumgarten 442
Baustein 398
Baustein-Schichten 397
Bautzen 448
Bauxit 415, 446, 447
Bavarikum 313
Bayerische Faltenmolasse 404
Bayerische Fazies 18, 233, 245–249
Bayerische Pfahl-Zone 313, 314

Bayerischer Pfahl 31, 298, 315, 361
Bayerischer Wald 298, 312−315
Bayerisches Alpenvorland 392
Bayerisches Molassebecken 403
Bayreuth 378
Bebenhäuser Zone 360, 371
Becken von Č. Budějovice 383
Becken von Česká-Kamenice 307
Becken von Cheb 380, 383
Becken von Eger 380
Becken von Etzdorf 90
Becken von Falkenau 380
Becken von Freiburg 268
Becken von Kladno 307, 308
Becken von Manětin 307, 308
Becken von Mitterteich 252
Becken von Mons 147
Becken von Mšeno 307
Becken von Neurode 278
Becken von Nowa Ruda 278
Becken von Plzeň 307, 308
Becken von Radnice 307, 308
Becken von Rakovnik 307, 308
Becken von Ronchamp 223
Becken von Roudnice 307
Becken von Sokolov 380
Becken von Świębodzice 260, 268, **269**
Becken von Třeboň 383
Becken von Wałbrzych-Trutnov 455
Becken von Zihle 307, 308
Becken von Zwickau-Oelsnitz 455
Beckumer Berge 324−327
Beckumer Schichten 326
Bełchatów 457
Belecker Sattel 161, 176, 177
Belfort 222, 223
Bellnhausen 420
Belt-Gletscher 131, 138
Belt-See 125
Bennisch 431
Bensberg 425, 427
Benthe 464
Bentheim 463
Bentheimer Sandstein 88
Bentonit 415, 446, 448
Bergaer Antiklinorium 233, 237, 241, 246
Bergaer Sattel 234, 249
Bergen 256
Bergen, Massiv von 246
Berggießhübel 419
Bergisch-Gladbacher Schichten 319
Bergische Muldenzone 176
Bergisches Land 161, 167, 176
Bergleshof-Schichten 239
Bergreichenstein 424
Bergstrasser Odenwald 207−211
Beringen-Member 152

Berlebecker Achse 332
Berlin 134, 138
Bernauer Mulde 402, 405
Bernburg-Folge 84
Bernstein 90, 415, 417, 450
Beroun-Serie 302
Berthelsdorf-Hainichen, Mulde von 249
Bertherit 425
Berzdorfer Senke 264, 380
Besançon 388
Betzdorf-Weidenauer Schuppenzone 161, 178
Beuren 375
Beuthen 433
Beuthener Mulde 295
Bialy-Kamień-Formation 278, 306
Biber-Kaltzeit 34
Bickener Schuppe 161, 179
Bieber 421
Biebrza-Komplex 106
Bieler See 408
Bílá Hora-Schichten 381
Billerbecker Sattel 173
Bilstein-Granit 222
Bingen 206, 419
Bingerbrück 171
Birkenfeld 447
Bischofsgrün-Schichten 239
Bitburger Senke 170
Bíteš-Gneis-Decke 286
Bíteš-Orthogneis 286
Bitterfeld 100, 456
Bitterfelder Decktonfolge 101
Bitterfelder Flözgruppe 101
Bitterfelder Flözhorizont 90
Bitterfelder Glimmersand 101
Bitterfelder Hauptflöz 100
Bittescher Orthogneis 286
Bittescher-Gneis-Decke 286, 311
Bituminöse Zone 353
Bjelorussisch-Baltische Granulitzone 106
Blanice-Graben 298, 306, 315, 380
Blankenberger Interstadial 139
Blankenburger Faltenzone 187
Blankenburger Mulde 99
Blankenburger Zone 186, 188, 190, 191, 194−196
Blankenheimer Mulde 161, 169, 170
Blansko-Graben 382
Blanský les, Massiv von 310
Blasensandstein 364
Blaubeuren 375
Blaue Erde 90, 450
Blautopf 375
Błażkáv-Formation 306
Blazkowa-Formation 306
Blei 410, 427, 432
Blei-Baryt 430

Blei-Zink 411, 415, 417, 419, 426, 427, 429, 431–433, 442
Blei-Zink-Silber 426, 429
Bleiglanz 426, 432
Bleiglanz-Zinkblende 370
Bleisulfid **426**
Blekinge 8
Blekinge-Küstengneise 63
Boberkatzbachgebirge 260, 261, 268–270
Bochnia 439
Bochum-Schichten 167, 174
Bochumer Grünsand 325
Bochumer Mulde 169, 173, 174
Bodegang 196
Bodenmais 411, 430, 433
Bodensee 408
Bodensee-Schüttung 401
Bodensee-Senke 363
Bodensee-Trog 394
Bodensteiner Mulde 96
Bodenwöhrer Becken 300
Bodenwöhrer Bucht 361
Bodenwöhrer Halbgraben 376
Bodzentyn, Mulde von 111, 112
Bohemikum 248, 296, 297, **300**, 308, 314
Böhlener Oberflöz 101
Böhmer Wald 298, 308, 312
Böhmisch-Budweis 310, 315, 380
Böhmisch-herzynische Fazies 178
Böhmisch-Leipa 464
Böhmisch-Mährische Höhe 299, 308, 312
Böhmische Kreidesenke 253, 300, 306, 381
Böhmischer Block 296
Böhmischer Pfahl 297, 304, 315
Böhmischer Pluton 299
Böhmisches Massiv 5, 8, 10, 12, 15, 20, 21, 28, 30, 31, 33, 40, 45, 259, **280**, 282, 296, 378, 379, 398, 400, 401
Böhmisches Mittelgebirge 7, 379, 380, 382, 385
Bohnerz-Formation 353
Bohrung Arnum 63
Bohrung Flensburg Z1 65, 79
Bohrung Frederikshavn 1 62
Bohrung Glamsbjerg-1 63
Bohrung Grindstedt-1 63
Bohrung Løgumkloster 1 65
Bohrung Münsterland 1 327
Bohrung Ørsley 1 66
Bohrung Q1 79, 81
Bohrung Rønde 1 65
Bohrung Slagelse 65
Bohrung Soest/Erwitte 327
Bohrung Urmannsau 1 405
Bohrung Versmold 327
Bohrung Westerland Z1 65, 79
Bohuslavice-Formation 306
Bohutín 305

Bolesławiec 260, 447
Bolesławiec-Mulde 269, 272
Bolkenhain-Kauffunger-Sattel 269
Bolków-Wojcieszów-Sattel 269
Bölling-Interstadial 141
Böllsteiner Gneiskern 210
Böllsteiner Kuppel 209
Böllsteiner Odenwald 207–211
Bolsdorf-Schichten 165
Bonn 320
Bonndorfer Grabenzone 373
Bonndorfer Zone 360
Boppard 171
Bopparder Mulde 171
Bopparder Überschiebung 161, 171, 178
Bor-Massiv 304, 305
Bordenschiefer-Grauwacken-Formation 238
Boreal 127
Borealzeit 126
Borgentreicher Keupermulde 332
Borgholzhausen 92
Børglum-Störung 61, 62
Borinage, Steinkohlenbecken von 157
Borken 456
Borkener Revier 333
Borna-Ebersdorf, Mulde von 249
Bornaer Hauptflöz 101
Bornhausen 96
Bornholm 8, **60**, 64, 65, 68, 126, 447
Bornholm See 125
Bornit 432
Boskovice 295, 379
Boskovice-Furche 280, 282, 285, 286, 295, 380
Boskowitz 295, 379
Boskowitzer Furche 280, 285, 286, 295
Bottenborn 420
Bottendorfer Höhenzug 339
Bouguer-Anomalien 41
Bouguer-Schwere 37
Boulogne-sur-Mer 150
Bourbach-le-Haut 223
Bouxwiller 352
Bozí Dar 430
Brabant-Ardennen-Trog 11, 13
Brabanter Becken 161
Brabanter Kaledoniden 9, 14, 142
Brabanter Massiv 4, 10, 12, 31, 44, 69, 72, **141**, 143, 145, 147, 152, 155
Brachwitz-Formation 242
Brachwitz-Schichten 243
Brakeler Muschelkalkschwelle 332
Brambach 464
Brambach-Gruppe 239
Bramsche 41, 42
Bramscher Massiv 28, 89, 93, 94
Bramscher Pluton 77
Bramstedt-Kieler Trog 78

Bramwald 331
Brand-Formation 239, 253
Brand-Graben 62
Brandenberg-Schichten 167
Brandenburg 138
Brandenburger Endmoräne 132
Brandenburger Randlage 137
Brandenburger Stadium 129, 138, 139
Brandholz-Goldkronach 425
Branna-Einheit 281, 283
Brannerit 465
Braszowice 442
Brauner Jura 367
Brauner Schluffsand 101
Braunkohle 410, 450–455
Braunschweig 96
Braunwacke 238
Brdy 303
Brdy-Zone 303
Bream-Formation 67
Bredeneck-Schichten 167
Breitenbach-Schichten 201
Breitenbrüm-Formation 239
Breitenbrunn 419, 430
Breslau 136
Breslau-Magdeburg-Bremer Urstromtal 130
Breslau-Magdeburger Urstromtal 135, 136
Bresse-Graben 5, 31, 33, 348, 386, 389, 392
Brester Senke 102
bretonisch 9, 15
Breuschtal 218
Brezeznica-Schichten 271
Březina-Schiefer 289
Březno-Schichten 381
Brézouard, Granit von 222
Briesnitz 277
Briey 346
Briey-Orne-Becken 345
Brilon 166, 442
Briloner Sattel 163, 166, 176, 177
Briloner Scholle 177
Britisch-Norwegische Kaledoniden 3
Britisch-Skandinavische Kaledoniden 9
Brno 282, 287, 420, 449
Brno-Granodiorit 10
Brno-Granodioritmassiv 20, 281, 282, 285–287, 296
Broad Fourteens-Becken 2, 5, 6, 26, 28, 30, 31, 51, 53, 69, 70, 73–75
Broad Fourteens-Hoch 50
Bröckelschiefer 212, 318, 364
Brocken-Batholith 187
Brocken-Massiv 186, 192–195
Brockengranit 82, 192, 195
Brockenpluton 195
Brodek-Grauwacke 289
Broistedter Mulde 97

Broncowice-Wydryszow, Antiklinale von 111
Bronze-Zeit 127
Brotterode 235
Broumov-Formation 306
Bruche, Vallée de la 218
Bruchfeld von Gebweiler 357
Bruchfeld von Guebwiller 357
Bruchfeld von Rappoltsweiler 357
Bruchfeld von Ribeauville 357
Bruchfeld von Saverne 357
Bruchfeld von Zabern 357
Bruchsal 370
Brück a. d. Ahr 425
Brüggen-Kaltzeit 34
Brünn 282, 287, 420, 449
Brünner Granodioritmassiv 20, 282, 286
Brünninghausen-Hemmendorf-Überschiebung 95
Bruno-Vistulikum 20, 280, 282, 284, 286, 295
Bruno-Vistulischer Block 6, 20
Brunssum-Ton 319
Bruntál 291
Bruxelle 160
Brzeznica 277
Buchsweiler 352
Bückeberg-Schichten 83
Bückeberge 94
Budějovice (Budweis) 300, 457
Büdesheimer Schiefer 190
Bug-Depression 103
Buggingen 352, 439
Bühlertal 226
Bühlertal-Granit 226
Bülten 418
Bundenbach 171
Bunte Brekzie 374
Bunte Ebbe-Schichten 164, 167
Bunte Gedinne-Schichten 165
Bunte Gedinne-Schiefer 180
Bunte Gruppe 250, 296, 308, 309, 352
Bunte Mergel 353, 364
Bunte Niederrödener Schichten 351, 353, 354
Bunte Phyllite 167
Bunte Schiefer 164, 165, 171
Buntsandstein 66, 72, 84, 109, 115, 124, 181, 212, 216, 223, 231, 336, 342, 364
Buntsandstein, Paläogeographie 25
Buntsandstein-Odenwald 209, 212
Buntsandstein-Vogesen 217, 223
Buntschiefer 189, 191
Bunzelwitz 447
Bunzlau 260
Burgsandstein 364, 366
Burgundisch-Hessische Meeresstraße 26
Burgundische Senke 350, 387
Burgundischer Trog 26, 394
Burrweiler Schiefer 206
Burrweiler Schieferscholle 207

Bušín-Störung 272, 281, 283
Bystrzyckie Góry 272
Bytom 433
Bytom-Mulde 295

cadomisch 7, 114, 144, 260, 263, 266–268, 297, 301, 305, 310
cadomische Orogenese 9, 10
Calais-Transgression 122, 127, 141
Calcaire d'Alvaux 153
Calcaire d'Anhée 152
Calcaire d'Etroeungt 153
Calcaire d'Yvoir 152
Calcaire de Givet 153
Calcaire de Hastière 152
Calcaire de Landelie 152
Calcaire de Leffe 152
Calcaire de Lives 152
Calcaire de Martinrive 152
Calcaire de Neffe 152
Calcaire de Rhisnes 153
Calcaire de Seilles 152
Calcaire de Sovet 152
Calcaire de Tailfer 153
Calcaire de Terwagne 152
Calcaire de Tornai 152
Calcaire de Visé 152
Calceola-Schiefer 189
Calcschistes de Maurenne 152
Calvörde, Scholle von 76, 78, 82, 89, 100
Caminaberg-Quarzit 264, 270
Campine 69, 143, 147, 148, 152
Campine-Becken 72, 142, 145–147
Carlsberg-Störung 61
Carlsgrün 446
Central-Graben 51
Centalgraben-Gruppe 55
Centre, Steinkohlenbecken von 157
Cephalopoden-Knollenkalke 166, 167
Cephalopodenkalke 189, 190
Ceratitenschichten 85, 336, 343
Cerithien-Schichten 351, 353, 354, 357
Čermna, Granodioritmassiv von 274
Cerná 449
Cervenohorské Sedlo-Einheit 283
Cervenohorské Sedlo-Faltenzone 280
Cervenohorské Sedlo-Scherzone 281, 283
Česká-Kamenice, Becken von 307
Česká Lipa 464
České Budějovice 310, 315, 380, 382
České Budějovice, Becken von 383
České Středohorí 380, 382, 385
Českomoravská Vrchovina 308, 312
Český Brod 315
Český Brod-Formation 306
Český lés 308
Český Krumlov 250

Český Krumlov-Gruppe 308
Chagey 222
Chalk 67
Chalk-Gruppe 55, 57
Chalkosin 432
Chamosit-Siderit-Thuringit 414
Champ-du-Feu 217
Champ-du-Feu-Massiv 219
Charleroi 157
Charleroi, Steinkohlenbecken von 157
Château-Lambert 222
Chattsande 397
Chaudfontaine 430
Cheb (Eger) 457
Cheb-Becken 304, 380, 381, 383, 384
Cheb-Domažlice-Graben 384
Chęciny-Antiklinale 112
Cheiloceras-Kalk 165
Chemnitz 248
Chiemsee 404
Chiemsee-Gletscher 408
Chirotherium-Horizont 212
Chmielnik 448
Choinice 107
Chomutov 255, 385
Chomutov-Most-Teplice 380
Choteč-Formation 302
Choteč-Kalk 303
Chotěvice-Formation 306
Chrom 414, 417, 420
Chromit 415
Chrudim-„Metamorphe Inseln" 302
Chrysotil 446
Chrzanow 433
Chumava-Beština-Folge 302
Chvaleč-Formation 306
Chvaletice 430, 440
Chwaliszów-Formation 270, 271
Chwallowitzer Mulde 293
Chwałovice-Mulde 292, 293
Chýnov 315
Ciechanów-Zone 106
Cinovec 434
Čistá-Louny-Pluton 304
Clausthaler Faltenzone 187, 188, 192
Clausthaler Kulmfaltenzone 186, 190, 193, 194
Clypeusoolith 342
Coburg 375, 377
Coburger Becken 364
Coesfelder Schichten 326
Coffinit 465
Collmberg 243
Collmberg-Quarzit 243, 264
Colmar 356, 357, 359
Colonus-Schichten 65
Colroy-la-Grande 223
Columbit 438

Condroz, Antiklinale von 145
Condroz, Sattelzone von 150, 151, 154, 158
Condroz-Fazies 145
Condroz-Sandstein 155, 165
Condroz-Sattel 149, 150, 156
Conrad-Diskontinuität 45
Corbicula-Schichten 351, 353, 354, 357
Cornbrash 83, 198
Cornbrash-Sandstein 86
Coticule 151
Cottbus 100
Couches de passage 152
Covellin 432
Crailsheim 362, 443
Creußen 442
Creußener Gewölbe 378
Creuzberg-Ilmenauer Störungszone 235
Cromer Knoll-Gruppe 55, 57
Cromer-Interglazial 132
Cromer-Komplex 120, 132
Cromer-Warmzeit 131
Cromer-Zeit 119
Cürten-Schichten 165
Cuxhaven 135
Cypridinenschiefer 165, 189, 190
Cyprinen-Ton 136
Cypris-Formation 384
Cypris-Tonstein 381
Cyrenen-Mergel 353, 357, 358
Cyrenen-Schichten 354, 400
Czarnow-Glimmerschiefer 267
Czempinsk-Schichten 108
Czerwona Woda 447
Częstochowa 115, 117

Daade 428
Dachauer Moos 408
Dachschiefer 240
Daleidener Muldengruppe 170
Daleje-Třebotov-Formation 302
Dalmaniten-Schichten 189
Dalmanitinen-Schichten 65
dalslandisch 4, 10, 63, 235
Damme 94
Dammer Berge 128
Dammer Oberkreidemulde 89, 91, 93, 94
Dammerkirch, Graben von 347, 356, 389
Dan 68
Dänisch-Polnischer Trog 22
Dänische Senke 63
Dänischer Trog 5, 6, 26, 28, 30
Dänisches Becken 31, 56, **60**, 61–63, 65–67
Dannemarie, Graben von 356
Danzig 128, 137
Darłovo (Rügenwalde) 450
Darmstadt 207, 208, 352
Darßer Schwelle 125

Daun 185
Dave 151
Davle-Jilové-Gruppe 300, 301
Děčing 379
Deckdiabas 166, 167, 179, 188, 192
Decke von Gerbépal 221
Deckenschotter 407
Deister 94
DEKORP 36, 42, 44
Delitzsch, Synklinalzone von 234, 241
Delitzsch-Formation 270
Delitzsch-Schladebach, Synklinalzone von 243
Delitzsch-Torgau-Doberluger Synklinalzone 270
Demitzer Granodiorit 263
Dendre 142
Desná-Gewölbe 281, 283
Desná-Gneis 283
Dessau 42, 456
Detfurth-Folge 84
Detmold 92
Deutenhausen-Schichten 397
Deutsche Bucht 120, 121
Deville 158
Deville-Gruppe 142, 145, 150
Devon 15, 18, 20, 65, 81, 107, 112, 114, 151, 153, 154, 165, 167, 188, 238, 240, 246, 254, 264, 269, 282, 287, 303
Diatomit 410, 445
Dichotomiten-Sandstein 88
Dictyonema-Schiefer 111
Diendorfer Störung 285, 406
Dieuze 439
Differdange-Longwy-Becken 345
Dill-Mulde 169, 171, 178, 179
Dill-Synklinorium 163, 177, 178
Dillenburg 418
Dilsburg-Schichten 201
Dinant 155
Dinant-Mulde 157
Dinant-Synklinorium 149, 150, 152, 154–156, 158
Dinasquarzit 445
Dinotherien-Sand 357
Diorit-Granodiorit-Komplex 214
Dirminger Konglomerat 202
Disibodenberg-Schichten 201
Doberg bei Bünde 93
Doberlug 263, 455
Doberlug-Kirchhain-Formation 270
Doboszowice 285
Döbra-Sandstein 239, 246, 248
Dobrotivá-Formation 302
Dobrudscha-Nordsee-Lineament 4, 102
Dobrzyn-Massiv 106
Doggerbank 35, 118, 120–122
Döhlau 443
Döhlen-Formation 242, 258
Döhlener Bucht 234

Döhlener Senke 235, 242, 257, 258
Dollart 123
Dollendorfer Mulde 161, 169, 170
Dolní Bory 445
Dolomit-Anhydritmergel-Zone 353
Dolomitbröckelbänke 343
Dolomitmergel-Zone 353
Dolomitmergelkeuper 83
Domanín-Schichten 381
Domažlice 300, 304, 445
Dömnitz-Warmzeit 134
Donau 369
Donau-Kaltzeit 34, 407
Donau-Randbruch 30, 31, 296, 298, 361, 362, 377, 404
Donaulinie 308
Dongen-Formation 74
Donnersberger Rhyolithmassiv 205
Dörentrup 93
Dorm 99
Dorsten-Schichten 167
Dorstener Sattel 173
Döshult-Formation 67
Dossenheim 212
Doubrava-Schichten 293
Doubrava-Senke 305
Doupovské hory 380, 383, 384
Drahaner Hochfläche 286
Drahaner Höhe 287, 288
Drahaner Hügelland 282
Drahaner Plateau 280
Drahanská Vrchovina 280, 287
Dreimühlen-Schichten 165
Dreisesselberg 315
Dreislar 177
Drenthe-Endmoräne 132
Drenthe-Grundmoränen 135
Drenthe-Moräne 132
Drenthe-Stadium 129, 134, 135
Drenthe-Zeit 135
Dresden 42, 257–259
Drieburger Achse 332
Drosendorfer Decke 311
Drosendorfer Einheit 310
Dryas-Zeit 141
Dubrau-Quarzit 264, 270
Duderstädter Sattel 339
Dülmener Schichten 326
Dünkirchen-Transgression 122, 127, 141
Dunlin-Gruppe 57
Duppauer Gebirge 7, 379, 380, 382–385
Dürnstein 449
Dvérce-Tuffit 381
Dyje-Kuppel 280, 285, 286
Dyle 142
Dylen 464
Dyminy-Antiklinale 112

Ebbe-Sattel 161, 163, 164, 169, 176
Ebbe-Überschiebung 161, 176
Ebeleben-Apolda, Scholle von 338
Eberbach 180, 213, 370
Ebersbach-Formation 239
Eburon 119
Eburon-Kaltzeit 34, 132
Eckergneis 194, 195
Eck'sches Konglomerat 212, 216, 342, 365
Edenkoben 206, 207
Eem-Interglazial 120, 132, 136, 137
Eem-Meer 120, 126, 136
Eem-Schichten 132
Eem-Warmzeit 34
Eem-Zeit 136
Effinger Schichten 389
Eger-Becken 300, 304, 380, 384
Eger-(Ohře-)Graben 5, 31, 298, 379, 381
Eger-Graben 7, 33, 46, 252, 253, 265, 378–380, 382, **384**
Eger-Region 384
Eger-Senke 233, 250
Egersund-Becken 28, 30, 50, 56, 58
Egge-Bruchsystem 328
Egge-Gebirge 325, 327
Egge-Lineament 328, 332
Egge-Senkungsfeld 92
Egge-Störungssystem 332
Eggenburg 445
Ehenfeld 447
Ehrenfriedersdorf 256, 412, 422, 423
Ehringsdorf 132
Eibenstock 412
Eibenstock-Granit 305
Eibenstock-Massiv 256
Eibenstock-Nejdek-Massiv 256
Eich 423
Eichberg-Sandstein 264, 270
Eichberg–Gotha–Saalfelder Störungszone 337, 338
Eichenberg-Gothaer Störungszone 329
Eichenberg-Gothaer Graben 332
Eichsfeld 329, 339
Eichsfeld-Oberharz-Schwelle 197
Eichsfeld-Scholle 335, 338
Eichsfeld-Schwelle 336
Eider 122
Eiderstedt 122, 123
Eifel 7, 160
Eifel-Synklinorium 149, 150, 152, 154, 156, 159, 162
Eifel-Überschiebung 149, 150, 157, 158
Eifel-Vulkanismus 183
Eifeler Hauptsattel 160
Eifeler Kalkmulden 162, 166
Eifeler Nord-Süd-Zone 26, 28, 148–150, 159–161, 165, 170, 318, 340–346

Eifelkalkmulden 160, 170
Eijmuiden-Hoch 70
Eikenberg-Member 152
Eimbeckhaus 83
Einbeck-Markoldenhofer Liasbecken 332
Eisen 410, **412**, 417, 418, 430, 440, 441
Eisen-Baryt 441
Eisen-Mangan 411, 414
Eisenach 235
Eisenach-Formation 236, 242
Eisenacher Mulde 236
Eisenacher Senke 235
Eisenbrod 267
Eisenerz 411, 419
Eisengebirge 297, 300, 302, 305, 310
Eisengebirgs-Randbruch 383
Eisensulfid 426
Eisenzeit 127
Eisfeld-Kulmbacher Störungszone 378
Eisgarner Granit 313
Eisleben-Formation 242
Eisleben-Schichten 243
Ejpovice 414
Elbe-Lineament 256, 260, 272, 282, 289, 295
Elbe-Region 384
Elbe-Senke 258
Elbe-Synklinorium 233, 238, 245, 257
Elbe-Tal 268
Elbe-Urstromtal 120, 139
Elbe-Zone 233, 243, 253, **256**
Elbefolge 83
Elbersreuth-Kalk 238
Elbinger Yoldia-Ton 137
Elbingerode 418, 440
Elbingeröder Komplex 186–188, 191, 196
Elbsandsteingebirge 258
Elbtal 232
Elbtal-Formation 238
Elbtal-Schiefergebirge 235, 257
Elbtal-Synklinorium 264
Elbtalzone 28, 380, 381
elektrische Leitfähigkeit 43
elektromagnetische Tiefensondierung 38
Elfas-Achse 91
Elfas-Überschiebung 95, 332
Ellweiler 465
Elm 98, 99
Elm-Sattel 97
Elmshorn 130
Elsper Mulde 177
Elster-Eiszeit 34, 121, 133, 137
Elster-Gebirge 232, 253
Elster-Glazial 132, 133
Elster-Grundmoräne 132
Elster-Vereisung 120, 133, 134
Elster/Saale-Interglazial 34
Elsterhof-Formation 211, 214

Elze 95
Emmendingen-Lahrer Vorberg-Zone 357, 358
Ems-Mühlenbach 427
Ems-Niederterrasse 328
Ems-Quarzit 165–167
Ems-Senke 28, 82–86
Ems-Trog 72
Emscher Mergel 326
Emscher Mulde 173, 174
Emsquarzit 165, 167
Energierohstoffe 450, 452, 453
Englis-Seigertshausener Grabenzone 333
Englisch-Niederländisches Becken 52, 55
Ennepe-Störung 161, 176
Enschede-Schichten 132
Entlebuch-Trog 394
Eodiscus-Schiefer 270
Eozän 59, 68, 74, 89, 90, 101, 110
Eozäner Basiston 353, 356
Epinac-Autun 455
Erbendorf 250, 445
Erbendorf-Körper 44
Erbendorf-Vohenstrauß, Zone von 252, 305, 314
Erbendorfer Becken 363
Erbendorfer Linie 235, 249, 252, 362
Erbendorfer Phyllit-Prasinit-Serie 314
Erdbeben 48, 49, 323, 355, 373
Erdgas 410, 451–453, 457, **458**, 461, 462
Erdinger Moos 408
Erdkruste 43
Erdmantel 43
Erdöl 410, 451–453, 457, **458**, 460–462
Erdwachs (Ozokerit) 458
Erftscholle 318, 322, 323
Erftsprung-System 322, 323
Erfurter Störungszone 337, 338
Eriksdal-Formation 67
Erkelenzer Horst 323
Ermenbach, Gabbro von 222
Erndtebrücker Abbruch 161, 178
Erze **411**, 416
Erzgebirge 14, 45, 232, **253**, 412, 422, 429
Erzgebirgisches Becken 234, **249**
Erzgebirgs-Antiklinalzone 238, 250, 253–256
Erzgebirgs-Antiklinorium 234
Erzgebirgs-Nordrandzone 253, 254
Erzgebirgs-Südrandzone 253, 255
Erzgebirgs-Zentralzone 253–255
Erzgebirgsabbruch 234, 253, 255, 298, 380
Erzgebirgsgranit 256
Erzgebirgsgranit von Altenberg 256
Erzgebirgsgranit von Sadisdorf 256
Erzgebirgsgranit von Schellerhau 256
Erzgebirgsgranit von Zinnwand 256
Erzgebirgsmulde 18
Erzhorizont von Klabava-Osek 303
Erzhorizont von Nučice-Chrustenice 303

Sach- und Ortsregister

Esborner Sattel 174
Esch-Ottange-Becken 345
Essen 325
Essen-Schichten 167, 174
Essener Grünsand 325
Essener Mulde 173, 174
Ettlingen 364
Etzdorf, Becken von 90
Eulau, 442
Eule 275, 424
Eulengebirge 18, 261, 262, 275
Eulengebirgs-Kristallin 271, 275
Europa 2
Europäische Platte 396

Fahner Gewölbe 338
Faille Bordière 143, 146, 147
Faille du Midi 149, 150, 156–158
Faisceaux bisontin 386
Faisceaux lédonien 386
Faisceaux salinois 392
Falkenau-Becken 380, 384
Falkenberg-Granit 252, 314, 315
Falkenberg-Gruppe 262, 270
Falkenhagener Graben 328
Falkenhagener Störungssystem 331
Falkenau 384, 457, 465
Fallstein 97–99
Falster 64, 66, 130
Faltenjura 5, 31, 386, 387, 389, 391, 407
Faltenmolasse 394, 404, 405
Faltenzone der Oberschlesischen Trias 116
Famenne 145
Famenne-Schiefer 155, 165
Fannrodaer Gewölbe 338
Fanø 122
Farberde 415, 417, 446, 448
Fehmarn 140
Feldberg 2, 34, 224
Feldbiß 322
Feldspat 415, 444, 445
Felsenkalk 365, 373
Fennosarmatia 2, 3, 9
Fennoskandia 2
fennoskandisch 8
Fennoskandische Randzone 31, **60**, 61, 62, 65, 66, 68, 126
Fennoskandischer Block 65
Fennoskandischer Kraton 60, 64
Fenster von Theux 149, 159, 161
Ferritslev-Formation 67
Ferritslev-Störung 61, 62, 68
Feuerletten 364, 366
Feuerstein 445
Fichtelberg-Formation 239
Fichtelgebirge 232, 249, 250

Fichtelgebirgisch-Erzgebirgische Antiklinalzone 18, 233, 250, 251, 253
Fichtelgebirgs-Antiklinale 252
Fichtelgebirgs-Antiklinalzone 238, 250
Fichtelgebirgs-Antiklinorium 234, 250, 252, 253, 255
Fichtelgebirgs-Granit 252
Fichtelgebirgsabbruch 250
Filder-Graben 360, 371
Filderebene 370
Finne-Störung 329, 337–339
Finnentrop-Schichten 167
Fischbach 429
Fischschiefer 353, 354, 397, 398
Fjerritslev-Störung 62, 68
Flächenalb 373
Flachstöckheim 98
Fladen-Gruppe 57
Flaje, Granit von 256
Fläming 128, 135
Fläming-Kaltzeit (SII) 135
Fläming-Randlage 137
Fläming-Zug 128
Flammenmergel 320
Flandern 142, 148
Flandrische Transgression 121, 122, 127
Flechtingen-Roßlauer Scholle 82, 89, 100
Flechtinger Höhenzug 94
Flensburg 11, 41
Flinz 189
Flinzkalke 190
Flöha, Senke von 249
Flöha-Formation 242, 249
Flöha-Querzone 255, 256
Flöha-Zone 253, 254
Flossenbürg-Granit 315
Flöz Frimmersdorf 319
Flöz Garzweiler 319
Flöz Hessen 84
Flöz Morken 319
Flöz Riedel 84
Flöz Ronnenberg 84
Flöz Straßfurt 84
Flöz Thüringen 84
Flözleeres 167, 175
Fluor-Baryt 441
Fluorit 411, 415, 417, **441**, 442
Fluorit-Baryt 415, 465
Flußspat 410, **441**
Flysch de Ombret 145
Föhr 123
Foraminiferenmergel 354
Forbach-Granit 226
Formation d'Aisemont 153
Formation de Claminforge 153
Formation de Lustin 153
Formation de Nannine 153

Formation de Nèvremont 153
Formation de Rouillon 153
Formation du Roux 153
Formsandgruppe 101
Forschungsbohrung Münsterland 327
Forschungsbohrung Versmold 327
Forster Revier 100
Fortuna-Mergel 67
Fourth Approaches-Becken 50, 51
Franken 363
Frankenalb 367, 368, 370, 375
Frankenalb-Mulde 376, 377
Frankenberg 233, 245
Frankenberg, Kristallinkomplex von 248
Frankenberger Bucht 179, 329
Frankenberger Komplex 238
Frankenberger Zwischengebirge 235
Frankendolomit 375
Frankenhöhe 369, 370
Frankenjura-Mulde 372
Frankenstein i. Schl. 420, 442
Frankenstein-Massiv 209
Frankenstein-Pluton 208
Frankensteiner Grabbromassiv 208
Frankenwald 232
Frankenwald-Querzone 240
Frankenwälder Querzone 241
Frankfurt a. M. 49
Frankfurt/Oder 139, 456
Frankfurter Endmoräne 132
Frankfurter Randlage 137
Frankfurter Stadium 139
Frankfurter Staffel 129, 138
Fränkische Alb 361, 363, 365, 368, 369, 373, 374, 375
Fränkische Furche 371
Fränkische Linie 30, 31, 233, 235, 237, 241, 245, 250, 252, 296, 361–363, 367, 376–378
Fränkischer *Chirotherium*-Horizont 365
Fränkischer Schild 360, 370
Fränkisches Bruchschollenland 366
Französischer Faltenjura 7, 33, 387
Französischer Jura **385**
Französischer Plateau-Jura 387, 388, 392
Frasne 145
Frasne-Schiefer 165
Frauenbach-Formation 239–241, 245, 250, 254, 264
Freiberg 421, 423, 427, 429, 455
Freiberg-Formation 239, 251, 253
Freiberg-Fürstenwalder Block 255
Freiberger Antiklinale 253
Freiburg i. Br. 260
Freiburger Bucht 357, 358
Freiburger Becken 268, **269**
Freihung 432
Freihunger Störung 376, 378

Freilingen-Schichten 165
Freistädter Granit 313
Freital b. Dresden 455, 465
Freiwaldau 431
Freudenstadt 371, 421
Freudenstädter Fazies 366
Freudenthal 291
Friedland 448
Friedrichshall 439
Friesenberg-Granit 224, 226
Friesenrath-Schichten 165
Friesenreuth-Schichten 239
Friesland-Folge (Z6) 54, 84
Frisches Haff 126
Fritzlar-Naumburger Grabenzone 328, 332, 333
Frohnberg-Formation 239, 240
frühkaledonisch 114, 260, 266–268
frühvariszisch 206, 208, 210, 225, 236, 260, 267, 274, 275, 278, 297, 305, 310
Fulda-Becken 333
Fuldaer Graben 328, 333
Fuldaer Grabenzone 334, 372
Fünen 64, 130
Fürstenwalde 253
Fürstenwalde-Gubener Antiklinalzone 79
Fyledalen-Störung 61

Gabbro von Ermenbach 222
Gaggenau 226
Galęzice-Synklinale 112
Galgenberg-Schichten 239
Gallisches Festland 344
Gallisches Land 342, 365
Gaming 405
Garantianen-Sandstein 86
Gardelegener Abbruch 78
Gassum-Formation 67
Gäufläche 370
Gdańsk 128, 137
Gdoumont-Weismes, Arkose von 165
Gebirgsgranit 246, 256
Gebweiler, Bruchfeld von 357
Gefaltete Molasse 402
Gehren-Formation 242
Geiselbach-Formation 211, 215
Geiseltal 100, 339
Geisenheim 447
Geisheck-Schichten 200, 201
Geldern-Krefelder Horst 69
Gelniów-Antiklinale 116
Gelsenkirchener Hauptsattel 175
Gelsenkirchener Sattel 173, 174
Gelsenkirchener Überschiebung 174
Gelsenkirchener Wechsel 175
Gemünden 171
Genf 389
Genfer See 385, 392

Sach- und Ortsregister

Genk-Member 152
Genthin 138
Geothermik 46
Gera-Ronneburg 464
Geraer Vorsprung 339
Gerbépal, Decken von 221
Gerbépal, Migmatite von 220
germanotype Tektonik 22
Gerolstein 181, 185
Gerolsteiner Mulde 161, 170
Geronsweiler-Schichten 319
Gersdorf-Formation 273
Gersdorf-Gneis 273
Gestörte Molasse 406
Gestörte Vorlandmolasse 405
Geyer 423, 430
Gföhl-Gneise 310
Gföhler Decke 311
Gföhler Einheit 310
Giebelwald-Mulde 161, 178
Gielniow-Megantiklinale 117
Gieraltów-Formation 273
Gieraltów-Gneis 273
Giercyn 424
Giehren 424
Gießen 164
Gießener Decke 21, 163, 169, 179
Gießener Grauwacke 179
Gifhorn 414
Gifhorner Trog 78, 84, 86, 87
Giftthal-Trog 394
Gildehäuser Sandstein 88
Gillenfeld 170
Gips **442**, 443
Gipskeuper 83, 85, 336, 364, 388
Gipsmergel-Zone 353
Gipszone 353
Gittelder Graben 96
Givonne, Aufbruch von 151
Givonne-Antiklinorium 342
Givonne-Massiv 150, 156
Givonne-Muno, Aufwölbung von 150
Givonne-Sattel 151, 154, 159
Gladbecker Wechselsystem 175
Gladenbach 420
Glamsbjerg-1, Bohrung 61
Glarner Dachschiefer 398
Gläsendorf 277, 420, 442
Glassand 67
Glatz 274
Glatz, Granitmassiv von 262
Glatz-Reichenstein, Granodiorit von 272
Glatzer Bergland 260, 266, 272, 274
Glauchau 421
Glauconitsande 397
Glaziallandschaften 128
Gleiwitz 295

Glimmer-Sandstein 189
Glimmerquarzit 188
Glimmersande 83
Glimmerschiefer-Biotitgneis-Komplex (Spessart) 214, 215
Glimmerschieferzone von Domažlice 304
Glimmerton 83
Glinik-Formation 306
Glinik-Kamionki-Formation 278
Gliwice 295
Glogau-Baruther Urstromtal 129, 130
Glücksstadt-Graben 6, 28, 83, 84, 87, 90
Gneis von Urbeis 220, 221
Gneis-Kuppel von Hora Sv. Kateřiny 254
Gneis-Kuppel von Katharinaberg 254
Gneis-Kuppel von Sayda 254
Gneis-Zwischenzone 210
Gneise von La Croix-aux-Mînes 220, 221
Gneise von Ste. Marie-aux-Mînes 220, 221
Gneise von Trois Epis 221
Gneiskomplex von Lauenstein-Fürstenwalde 255
Göding 457
Goethit 418
Goethit (Chlorit-Siderit) 418
Goglau-Jordansmühl 277
Gogolów-Jordanów 277
Gold 414, 417, 421, **424**, 431
Gold-Antimon 411, 417, 425
Gold-Arsen 425
Gold-Seifen 425
Goldisthal-Formation 240
Goldlauter-Formation 237, 242
Goldquarzgänge 424
Göllnitz 262
Gologlowy-Formation 271
Göltzschtal 246
Gommern 100
Gommern-Quarzit 100
Gondwana 3, 9, 10, 15, 21
Goniatitenschiefer 165
Göpfersgrün 445
Góra Sleża 420
Görlitz 264, 457
Görlitz-Formation 263, 264, 266
Görlitzer Schiefergebirge 263, 264
Görlitzer Synklinorium 260, 262, **264**, 266, 270
Gorný Sĺask (Oberschlesien) 12
Gorný Sĺask-Massiv 8, 106, 114
Görtel-Graben 124
Góry Bardskie 260, 272, 275
Góry Izerskie 260, **265**
Góry Kaczawskie 260, 268
Góry Orlickie 260, 272
Góry Świętokrzyskie 11, 12, 103, 104, 107, 110, **111**, 113, 116
Goslar 430
Gotha-Saalfelder Störungszone 339

Gotiden 63
gotidisch 4, 63
Gotland-See 125
Göttelborn-Schichten 201
Gottesgab 430
Graben von Dammerkirch 347, 356, 389
Graben von Dannemarie 356
Graben von Malmedy 158, 180
Graben von Sierentz-Allschwil 356
Grabfeld-Mulde 372, 376
Grafenberg-Schichten 319
Gräfental-Formation 239
Gräfental-Gruppe 240, 241, 246, 254
Gränar-Helsingborg-Störung 68
Grand Ballon 217, 222
Grand Halleux 158
Grandes dolomies de Namur 152
Granit von Baden-Baden 226
Granit von Brézouard 222
Granit von Flaje 256
Granit von Handlau 220
Granit von Hauzenberg 315
Granit von Münsterhalden 229
Granit von Natzweiler 219
Granit von Niederbobritzsch 256
Granit von Oberviechtach 315
Granit von Schlächtenhaus 230
Granit von Senones 220
Granit von Telnice 256
Granit von Thannenkirch 222
Granit von Thloy 222
Granit von Valtin 222
Granit von Weißenstein-Markleuthen 252
Granite fondamental 222
Granites des Crètes 222
Granitmassiv von Glatz 262
Granitmassiv von Kłodzko 262
Granitmassiv von Reichenstein 262
Granitmassiv von Strehlen 262
Granitmassiv von Striegau 262
Granitmassiv von Strzegom 262
Granitmassiv von Strzelin 262
Granitmassiv von Złoty Stok 262
Granitmassiv von Žulova 262
Granodiorit von Kudowa 274
Granodiorit-Pluton von Glatz-Reichenstein 272
Granodiorit-Pluton von Kłodzko-Złoty Stok 272
Granodioritmassiv von Čermna 274
Granulit-Gebirge 234
Granulitmassiv 233
Graphit 410, 415, **449**
Graue Mergel 351, 353, 354
Graue Phyllite 164, 167, 180
Graue Schichten 353
Grauer Salzton 54, 84
Graues Unterems 165
Graupen 423

Grauwacke de Bure 153
Grauwacke de Hierges 153
Grauwacke de Wiltz 153
Grauwacken-Serie (Z. v. Badenweiler-Lenzkirch) 229
Grauwacken-Zone 167
Gravimetrie 38
gravimetrische Anomalie 44, 79
Greiz 246, 425
Greiz-Netzschkau 246
Greizer Querzone 246
Grena-Helsingør-Störung 61, 62
Grenoble 385
Grenville-dalslandische Orogenese 9
grenvillisch-dalslandisch 8
Grenze Moldanubikum/Saxothuringikum 314
Grenze Rhenoherzynikum/Saxothuringikum 346
Grenzlager 201, 203
Grenzlager-Vulkanismus 203–206, 212
Grès d'Anor 153
Grès de Acoz 153
Grès de Bois d'Ausse 153
Grès de Tribotte 145
Grès de Vireux 153
Grès de Wépion 153
Grießbach-Formation 239
Grießheimer Becken 356
Griffelschiefer 239
Grillenberg-Formation 242
Grillenberg-Schichten 192, 243
Grimma 243
Grimmelfingen-Schichten 397
Grimmener Wall 31, 75, 76, 79, 89
Grindstedt-1, Bohrung 61
Grisigen-Tonstein 398
Grobschotter 337
Gronauer Überschiebung 92
Groningen 72, 458, 459
Groß-Hinterkotten 464
Groß-Wandriss 277
Groß-Wilkau 276
Großalmerode 456
Großbreitenbach-Formation 237, 239, 240
Großenhainer Granodioritgneis 263
Großenhainer Paragneis 263
Großer Belchen 217, 222
Großer Belt 124
Großer Belt-Störung 62
Großhain, Zone von 238
Großhain-Formation 239
Großhain-Steinkunzendorf-Formation 278
Großsattel von Rocroi 150, 154, 158
Großsattel von Stavelot-Venn 150, 168
Großschloppen 464. 465
Grube Bayerland 411, 430
Grube Clara 441, 442
Grube Käfersteige 441

Sach- und Ortsregister 531

Grube Kupferberg-Wirsberg 411
Grube Volkenroder-Töthen 336
Grünberg a.d. Oder 139
Grund 427
Grüne Mergel 351–353
Gruv-Formation 67
Gryphaeenkalk 343, 388
Guben 138
Guebweiler, Bruchfeld 357
Gummersbacher Mulde 163, 177
Günz-Eiszeit 34, 407

H-Diskordanz 84
Haardt 347
Haardt-Gewölbe 206, 207
Haarstrang 325, 327, 328
Habelschwerter Gebirge 272, 273
Habichtswald 333
Hadelner Land 136
Haff 123
Hagelberg 128
Hagen 175
Hagendorf 434, 438, 445
Hagstadt (Südschweden) 447
Hahnbacher Kuppel 376
Hahnbacher Sattel 376
Haibacher Biotitgneis 215
Haigerloch-Stetten 439
Hainault 155, 157, 450
Hainichen 243, 248
Hainichen-Formation 238, 249
Haisborough-Gruppe 55, 56
Hakel 97, 99
Halbach-Formation 211
Halberstadt-Blankenburger Scholle 99
Halberstädter Mulde 99
Halbmeile-Formation 239
Haldager-Formation 67
Haldenslebener Sprung 100
Halle a.d. Saale 100, 439, 447, 456
Halle/Westfalen 326
Halle-Formation 242
Halle-Porphyr 243
Halle-Schichten 243
Halle-Wittenberger Paläozoikum 241
Halle-Wittenberger Scholle 78, 89, 98
Haller Schlier 400
Hallesche Mulde 234, 243
Hallesche Störung 339
Hallescher Permokarbon-Komplex 242
Hallescher Vulkankomplex 243
Hallesches Hauptflöz 90
Hallesches Mittelflöz 90
Hallesches Unterflöz 90
Hallig 123
Halokinese 54, 84, 109, 355
Halsbrücke 423

Halser Nebenpfahl 315
Halterner Sande 326
Hämatit 414, 428
Hämatit-Siderit 412
Hambach 296
Hamburg 459
Hamburger Gassande 90
Hamburger Loch 89
Hamburger Trog 78, 86
Hammar-Granit 63
Hamr 464, 465
Haná-Störung 282
Haná-Zone 281
Hanau-Seligenstädter Senke 335
Hanau-Seligenstädter Tertiärsenke 207
Handlau, Granit von 220
Hangenbergkalke 167
Hangenbergschiefer 167, 188
Hangend-Formation 239, 247, 248
Hangende Alaunschiefer 167
Hangende Chattmergel 397
Hannover 42, 96
Hannover-Wechselfolge 83
Hanø Bay-Formation 67
Hanov-Massiv 304
Hardegsen-Folge 84
Hardewijk-Schichten 132
Harli 97–99
Harrachov 442
Harrachsdorf 442
Härtensdorf-Formation 242, 249
Harz 5, **186**, 189, 194, 339
Harz-Nordrandstörung 7, 98, 197, 198
Harz-Scholle 89
Harz-Westabbruch 96
Harzburger Gabbro 192–195
Harzgeröder Faltenzone 187
Harzgeröder Olisthostrom 188, 196
Harzgeröder Ziegelhütte-Kalk 187
Harzgeröder Zone 186, 188, 190, 191, 194, 196, 197
Harznordrand 98
Harznordrand-Störung 7, 98
Harzsüdrand 336
Harzvorland 78, **94**, 97
Hasselbacher Ton 101
Haßberg-Graben 372
Haßberg-Zone 92, 334
Haßberge 369
Hauchenberg-Schichten 402
Hauchenberg-Schuppe 405
Haupt-Quarzit 239
Hauptbuntsandstein 212, 365
Hauptdioritzug 208
Hauptdolomit 54, 84
Hauptflözgruppe 319
Hauptgrünstein 167

Hauptkeratophyr 167
Hauptkies-Serie 319
Hauptrogenstein 350, 358, 388, 389
Hauptschieferzug 208
Hauptterrasse 132, 321, 323, 355
Hausruck 457
Haute Chaîne 386
Hauzenberg, Granit von 315
Havel-Müritz-Senke 83
Havelberg 138
Havelfolge 83
Hebanz 465
Heerlerheider Störung 322
Heers, Sand von 319
Hegau 7, 369, 373–375, 401, 408
Hegelshöhe 412
Heibeek-Tal-Kalk 187
Heide i. Holstein 463
Heidelberger Granit 208–210
Heidelberger Loch 355
Heidenheim 375
Heider Trog 78
Heilbronn 366, 439
Heiligenstadt 377
Heiligenwald-Schichten 200, 201
Heiligkreuz-Störungszone 111, 112
Heiligkreuzgebirge 11, 12, 103, 104, 107, 110, **111**, 112, 113, 115, 116
Heimbach-Schichten 165
Heinersdorf-Formation 239
Heisdorf-Schichten 165
Heldburg 43
Heldburg-Zone 360
Heldburger Gangschar 369, 372
Heldenfingen 368
Helgoland 1, 118, **123**, 124, 411, 431
Helgoland-Rinne 118
Hellbergen 128
Hellfelder Kreidemulde 376
Helmstedt 449, 456
Helpter Berge 128, 139
Helsingborg-Formation 67
Helvetikum 30, 404
Helvetische Decken 396, 403, 404
helvetische Fazies 395
Helvetische Kreide 396
Helvetischer Schelf 28
Hemberg-Sandstein 167
Hemmoor 130
Hengelo 438
Henneberg-Granit 241
Hennegau 450
Heppenheim 208
Herbsleben 442
Hercyn-Kalke 189
Herdorf-Schichten 167
Herforder Lias-Mulde 93, 94

Herforder Mulde 91
Hermannsburg 134
Hermeskeil-Schichten 164, 165, 167, 171, 179
Hermsdorf 412
Hermsdorfer Störung 272
Hermundurische Scholle 329, 335, 337, 339
Herold-Formation 239
Herrenberg 443
Herve 158
Herve-Gebiet 146
Herve-Synklinorium 150
Herve-Vesdre-Becken 150
Herzberg-Andreasberger Sattel 195, 196
Herzkämper Mulde 163, 173, 176
herzynische Fazies 178, 190
Herzynkalke 190
Hesselberg-Mulde 360
Hessenreuther Kreidemulde 378
Hessische Senke 7, 26, 28, 31, 33, 90, 180, **328**
Hessische Straße 366
Hessischer Trog 330, 333
Heuchelberg 370
Heustreu-Hassberg-Zone 360
Heustreu-Zone 334
Heustreuer Störungszone 372
Heusweiler-Schichten 201
Hewenegg 374
Hiddensee 140
Hildesheimer Wald-Sattel 96
Hill-Tal 159
Hillesheim 185
Hillesheimer Mulde 161, 169, 170
Hils-Mulde 91, 95
Hils-Sandstein 88
Hirschau 444, 446
Hirschberg 268, 272
Hirschberg-Gefell 246
Hirschberg-Gefell-Sattel 235
Hlinsko 424
Hlinsko-Skuteč, Zone von 305
Hluboš-Konglomerate 303
Hobräck-Schichten 167
Hocheifel (Vulkanismus) 182–184
Hochgrad-Schüttung 400, 401
Hochrhein-Trog 387
Hochspessart 214
Hochzone von Mühlleiten-Puchkirchen 404
Hodonín 457
Hofgeismar 443
Hofheim-Heldburg 369
Hohe Rhön 334, 372
Hohebrückner Kalk 342
Hohenassel-Struktur 96
Hohenhewen 374
Hohenhof-Schichten 167
Hohenkrähen 374
Hohenrhein-Schichten 167

Sach- und Ortsregister 533

Hohenstaufen 373
Hohenstoffeln 374
Hohentwiel 374
Hohenzollern 373
Hohenzollerngraben 49, 360, 373
Hohes Gesenke 280–282
Hohes Venn 184, 414
Hohleborn-Formation 211, 235, 236
Hohwald 219
Hohwaldgranit 220
Hollenbacher Mulde 371
Hollerup-Profil 136
Holozän 35, 121, 122, 126, 127, 137, 141
Holšiny-Hořica-Folge 302
Holstein-Interglazial 120, 132, 134, 137
Holstein-Komplex 134
Holstein–Mecklenburg–Nordbrandenburg-Senke 85
Holstein-Meer 120, 126, 134
Holstein-Warmzeit 34, 134
Holstein-Zeit 119
Holter Achse 94
Holzappel 427
Holzen 464
Holzer Konglomerat 201, 202
Homburg-Lendorfer Graben 333
Hönningen-Seifen, Sattel von 163, 169, 177
Honsel-Schichten 167
Hora Sv. Kateřiny 254
Hora Blatna 412
Horbach 420
Horda-Plattform 51
Hordaland-Gruppe 57
Horloff-Graben 335
Horn-Graben 5, 6, 22, 26, 28, 51, 53, 54, 56, 62
Horn-Schichten 402
Horn-Schuppe 405
Hornburg-Formation 242
Hornburg-Schichten 243
Hornburger Tiefenstörung 339
Horní Babakov 424
Horní Benešov 431
Horní-Benešov-Formation 289
Horní Slavkov 423, 464
Hornisgrinde 371
Hörnli-Schüttung 400, 401
Hornsteinschichten 238
Hörre 179
Hörre-Fazies 179
Hörre-Acker-Zone 179
Hörre-Gommern-Fazies 192
Hörre-Gommern-Zug 179
Hörre-Kellerwald-Zone 179
Hörre-Sattel 169
Hörre-Zone 168
Hörre-Zug 163, 179
Horst von Kullen 61

Horst von Romeleåsen 61, 66, 68
Horst von Soderåsen 61
Horst-Schichten 167, 174
Horw-Sandstein 398
Höttfels-Schichten 239
Hotzenwald 230
Hoyerswerda-Querstörung 263
Hozémont 144
Hradec-Kyjovice-Formation 289
Hradiste 412
Hronov-Pořiči-Sattel 279
Hronov-Pořiči-Störung 278
Hronov-Pořiči-Störungszone 279
Hrubý Jeseník 280, **282**
Hückelhoven-Schichten 319
Hüggel 91–93, 419
Hüinghausen-Schichten 164, 167
Humber-Gruppe 55, 57
Hunsrück 160, 165, 171, 172, 183
Hunsrück, Metamorphe Zone 162
Hunsrück-Antiklinorium 160, 163
Hunsrück-Schiefer 164, 165, 167, 171, 179
Hunsrück-Schuppenzone 171
Hunsrück-Schwelle 192
Hunsrück-Südrandstörung 161, 172, 199, 205, 206, 342
Hunsrück-Taunus-Oberharz-Schwelle 330
Hunthe-Schwelle 83, 86
Hüttenberg-Schichten 239
Hüttstadt-Schichten 239
Huy-Sattel 97, 99
Hybride Rhyolith-Formation 242
Hydrobien-Schichten 351, 353, 354, 357

Iapetus 9
Iapetus-Sutur 14
Ibbenbüren 454
Ibbenbührener Karbonscholle 93
Iberg-Kalk 189
Iberg-Winterberg 190
Iberg-Winterberg-Riffkalkkomplex 193
Iberger Riffkomplex 191
Iburg 92
Idar-Mulde 163
Idarwald-Sattel 161
Idsteiner Senke 161, 180
Iglau 312, 434
Ile-Crémieux 386, 387
Ilfeld 455
Iller-Gletscher 408
Ilmenit 421
Ilmenit-Magnetit 420
Ilseder Phase 198
Ilsestein-Granit 192, 195
Imbramowice 277
Immendingen 373, 375
Immendinger Flexur 373

Immensee-Liebenburger Störung 98
Imsbach 429
Inde-Mulde 149, 150, 158, 168
Inden-Schichten 319
Industrieminerale 415, 416, **439**
Ingolstadt 377
Ingramsdorf 277
Inn-Chiemsee-Gletscher 407
Inn-Gletscher 408
Innere Baltische Endmoräne 139
Innerer Jura 387
Innerlausitzer Störung 264
Innerste-Mulde 97
Innersudetische Hauptstörung 260, 264, 274, 275
Innersudetische Hauptverwerfung 265, 268
Innersudetische Mulde 261, 262, 267, 268, 274, 306
Innersudetische Senke **277**, 279
Innersudetisches Becken 380
Innviertler Schlier 400
Insel von Sedlčany-Krásná Hora 305
Insel von Tehov 305
Insel von Voděrady-Zvánovice 305
Iphofen 443
Isar-Gletscher 408
Iser-Faziesgebiet 384
Iser-Gneise 265
Iser-Riesengebirgs-Granit 265
Iser-Riesengebirgs-Kristallin 267
Iser- und Riesengebirge 261, 266
Isergebirge 260, **265**, 268
Isergebirgs-Gneis 265, 266
Isergebirgs-Kristallin 266, 268
Iserlohn-Schwelm 430
Isteiner Klotz 357

Jáchymov 255, 421, 464, 465
Jáchymov-Gruppe 239
Jackerather Horst 323
Jade 122
Jade-Bucht 123
Jade-Westholstein-Trog 78
Jagst 369
Jantarnj 450
Jasmund 79, 131
Jastrzębie-Sattel 292
Javornik-Granodiorit 274
Jeckenbach-Schichten 201
Jejkovice-Mulde 292, 293
Jelenia Góra 268
Jena 444
Jerzmanice-Störung 272
Jeschken 261, 266, 268
Jeschken-Gebirge 267
Jeseník 260, 431
Jeseník-Massiv 283
Jessen-Schichten 243
Ještědské pohoři 267

Jeykowitzer Mulde 293
Jěžerské Hory 260, **265**
Jibrave-Paß 133
Jihlava 312, 434
Jílové 424, 442
Jince-Formation 303
Jitravá 267
Jizera-Schichten 381
Joachimsthal 255
Joachimsthaler Gruppe 239, 254
Jodłownik-Schichten 271
Johanngeorgenstadt 421
Jordanów 276
Jordansmühl 276
Josef-Flöz-Formation 384
Josef-Flözgruppe 381
Jüngere Düne 122
Jüngere Flözgruppe 100
Jüngere Fluß-Sande 101
jungkaledonisch 112, 267
jungkaledonische Faltung 107
jungkimmerisch 23, 56, 58, 68, 74, 87, 94, 115, 331, 345
Jungmoränenlandschaft 128, 130, 139
Jungproterozoikum 8, 10, 106, 239, 300
Jungtertiär I 353, 354
Jungtertiär II 353–355
Junkerberg-Schichten 165
Jura **26**, 55–57, 67, 86, 108, 109, 181, 198, 320, 330, 337, 350, 366
Jura-Nagelfluh 401
Jura-Zeit 388
Juragebirge 385
Jütland 64
Jylland-Gruppe 67

Kadany (Kaaden) 447
Kagenfels-Granit 220
Kageröd-Formation 67
Kahleberg-Sandstein 189, 190, 193
Kaiserbachtal b. Klingenmünster 207
Kaiserstuhl 7, 304, 305, 349, 354, 355, 358
Kaledoniden 44
kaledonisch 10, 12, 14, 40, 79, 142, 144, 151, 158, 245, 297, 309, 310, 312
kaledonische Orogenese 9, 65
Kaliflöz Hessen 330
Kaliflöz Thüringen 330
Kaliningrad 140
Kalisalz 411, 434–439
Kalk von Étain 342
Kalkknotenschiefer 167
Kalkspat **441**, 442
Kallenbach-Störung 236
Kaltenbrunn 446
Kaltenbrunner Kuppel 378

Sach- und Ortsregister 535

Kambrium 12, 15, 64, 106, 111, 142, 145, 150, 151, 239, 240, 254, 262, 264, 269, 301
Kamenz–Groß Wilkau-Schieferzone 276
Kamenz-Formation 266, 270
Kamenz-Gruppe 263
Kamien Pomorski-Piła, Sattel von 104
Kamieniec-Zabkowicki–Wilków-Wielki-Schieferzone 276
Kammerbühl 384
Kammgranit 222, 193
Kammquarzit 167
Kampinos-Masurischer-Komplex 106
Kaolin 411, 415, 417, 444, **446**
Kaolinit 446
Kaolinsand 75, 131
Kaplice-Formation 308
Karbon 20, 65, 107, 114, 152, 165, 167, 188, 201, 249
karelidisch 106
Karkonosze 260, **265**
Karlovy Vary 234, 256, 304, 383, 447
Karlovy Vary-Granit 304
Karlovy Vary-Massiv 256
Karlsbad 234, 256, 304, 383, 447
Karlshamn-Granit 63
Karlsruhe 460
Karlsruhe-Pechelbronn 352
Karlstadt 372
Karlstal-Schichten 342
Karneol-Dolomit-Kruste 365
Karniovice-Travertin 293
Karpaten 280, 282
Karpatenvorland 12, 46, 104, 111, 117
Karpatenvortiefe 282, 285, 291
Karviná-Folge 293
Karviná-Formation 288
Kaschubische Zone 106
Kasejovice 424
Kašperské Hory 424
Kassel 332, 333
Kasseler Grabenzone 328, 332
Kassiterit 423
Katharinaberg 254
Katslösa-Formation 67
Kattegat 62, 66, 67
Katzenbuckel 213, 368–370
Katzhütte-Gruppe 237, 239, 240
Kaufunger Wald 333
Kaysersberg, Migmatik von 221
Kdyně-Hoher Bogen 300
Kdyně-Hoher Bogen-Massiv 304
Kedichem-Schichten 132
Keilberg 253
Keilberg-Gruppe 239, 254
Keilberg-Störung 376
Kellerwald 163, 164, 179
Kellwasserkalk 190

Kemnath 378
Kempen 405
Kepernik-Gewölbe 283
Keprnik-Gewölbe 281, 283
Keprnik-Gneis 283
Kerngranit 252
Kernsdorfer Höhe 128
Kerpen-Schichten 165
Keuper 66, 72, 85, 115, 336, 344, 366
Kielce 112
Kielce-Łagów-Synklinorium 112
Kielciden 111, 112
Kieselerde 445
Kieselgur 136
Kieseloolith-Schichten 132, 319
Kieseloolith-Schotter 75, 184
Kieselschiefer 445
Kieselschiefer-Formation 238
Kieselschwamm-Stromatolith-Riff-Fazies 367
Kieserz 415, 430, 431
Kimmeridge Clay 58
Kirchberg 256
Kirchberg, Massiv von 246
Kirchberg-Eibenstock-Karlovy Vary-Slavkovský lés, Granit von 423
Kirchberger Schichten 397, 401
Kirchbichl-Mulde 402, 405
Kirchenlaibach, Mulde von 378
Kirchenthumbach-Freihunger Störungszone 378
Kirchenthumbacher Störung 378
Kirchsee-Mulde 402, 405
Kirn 206
Kissingen-Haßfurter Störungszone 372
Kitzingen 372
Kitzinger Mulde 360, 371
Klabava-Formation 302
Klabava-Ósek, Erzhorizont von 303
Kladno 455, 465
Kladno-Becken 307, 308, 383, 385
Kladno-Plzeň-Formation 307
Kladruby-Massiv 305
Kleiner Belt 124
Kleiner Thüringer Wald 372
Klemmbach, Metagranit von 230
Klerf-Schichten 165
Klet-Formation 308, 313
Klet-Gruppe 244
Kletno 464
Klikov-Schichten 381
Klimontów-Antiklinorium 111, 112
Klingenthal 253
Klingenthal-Gruppe 239
Klingenthal-Graslitz 430
Klingenthal-Kraslice 430
Klínovec 253
Klínovec-Gruppe 239
Klippenlinie 222, 223

Klippmühl-Quarzit 189
Klitzschmar-Formation 270
Kłodzko 260, 274, 275, 425
Kłodzko, Granitmassiv von 262
Kłodzko-Bergland 274
Kłodzko-Złoty Stok-Granodiorit 272, 274
Klouček-Čenkov-Folge 302
Knechtsand 122
Knollenkeuper 364
Knollenmergel 366
Knotenkalk-Formation 238
Knüll 333
Kobalt 411, 417, 420, **421**
Kobalt–Nickel–Arsen 419
Kobalt–Nickel–Wismut–Arsen–Silber–(Uran) 421
Köbbinghäuser Schichten 164, 167
Koblenz-Neuwieder Becken 171
Kocher 369
Kohle **450**, 452, 453
Kohlenkalk 72, 81, 112, 114, 146
Kohlenkalk-Fazies 155, 166
Kohlenkalk-Plattform 168
Kohlenwasserstoff **457**, 461
Kohlscheid-Schichten 165
Kohren-Formation 242
Kohrener Folge 244
Kojen-Schichten 397, 398
Kolin-Region 384
Köln 320, 456
Kölner Schichten 319, 320
Kölner Scholle 318, 322, 323
Kołobrzeg-Swidwin-Krajenka, Sattel von 104
Koloděje nad Lužnicí 449
Komorní Hůrka 384
Kondel-Unterstufe 165
Konglomerat von Russ 218
Konglomerat von Tailfer 154
Königsberg 140
Königshain, Stockgranit von 264
Königsmacher 444
Königstein 464
Konin 457
Kopanina-Formation 302
Korallenoolith 83
Korbach-Goldhausen 425
Korbacher Bucht 332
Körnig-Streifige Paragneisserie (Spessart) 214, 215
Korycany-Schichten 381
Koschenberg b. Senftenberg 131
Köslin 11, 107
Koszalin 11, 107
Koszalin-Chojnice 107
Koszalin-Chojnice-Störung 61
Köthen 100
Kounov-Flözgruppe 308

Kourim-Gneis 310
Kowary 419, 421, 464
Kowary-Gneis 267
Kraichgau 370
Kraichgau-Becken 363
Kraichgau-Mulde 360, 370
Kraichgau-Schwerehoch 45
Kraichgau-Senke 350
Krajanov-Formation 306
Krakau 110, 115, 117, 426, 429
Krakau-Myškow-Faltenzone 291
Krakau-Sandstein-Serie 288
Krakauer Faltenzone 291
Krakauer Sandsteinserie 293
Krakow 133
Krakow-Vereisung 132
Kralupy-Zbraslav-Gruppe 300, 309
Králův-Dvůr-Formation 302
Krásná Hory 424, 425
Krásno 445
Krefeld 134, 321
Krefelder Aufwölbung 322
Krefelder Gewölbe 173, 320
Krefelder Scholle 318, 322, 323
Kreftenheye-Schichten 132
Kreide **28**, 55, 57, 67, 108, 198, 320 325, 389, 395
Krems 421
Křemže 421
Kreuznach-Schichten 201, 203
Kreuznacher Gruppe 203
Kreuznacher Rhyolithmassiv 205
Kreuzstein-Schichten 239
Kristallgranite 315
Kristalliner Odenwald 207, 209
Kristalliner Spessart 214
Kristallinkomplex von Frankenberg 248
Kristallinkomplex von Wildenfels 245, 248
Křištanov-Massiv 310
Kristianstad 60
Křivoklát-Rokycany-Komplex 303
Krkonoše Piedmont-Becken 380, 383
Krkonoše 260, 265
Krkonoše Piedmont 262, 279
Krobica 424
Kronach 446
Kropfmühl 250, 449
Křtiny-Kalk 289
Krumlov 449
Krumlov-Formation 308, 310
Krummau a.d. Donau 449
Krupka 423
Krusná Hora 414
Krušne Hory 253
Kruste/Mantel-Grenze 36, 38, 40, 46, 48
Kruste/Mantel-Grenzzone 44
Krustenmächtigkeit 36, 40–42, 45
Krzemianka 420, 421

Książ-Formation 270, 271
Kudowa, Granodiorit von 274
Kuelin-Schichten 381
Kuhfeld-Schichten 320
Kujawisch-Pommerscher Wall 104
Kullen, Horst von 61
Kulm 81, 166, 168
Kulm-Fazies 107, 112, 155, 166, 191, 192, 240
Kulm-Grauwacke 167, 168, 188, 191, 192, 195
Kulm-Kieselkalk 167
Kulm-Kieselschiefer 167, 188, 191, 192
Kulm-Lydit 167
Kulm-Plattenkalke 166
Kulm-Tonschiefer 167, 188, 192
Kulmbach 364, 377, 378
Kulmbacher Konglomerat 365
Kulmbacher Störung 361
Kumburk-Formation 306
Künische Schiefer 313
Künisches Gebirge 313
Kupfer 410, 411, 415, 417, 426–429, 431–433
Kupfer(Gold)-Zink 430
Kupfer-Molybdän 433
Kupfer-Nickel 426
Kupfer–Zink–Blei–Schwerspat **430**
Kupferberg 412, 430
Kupferberg-Wirsberg 430, 433
Kupferberg-Formation 239
Kupferkies 419, 420, 432
Kupferschiefer 54, 197, 339, 411, 421, 426, 432
Kupfersulfid **426**
Kuppen-Rhön 334
Kurisches Haff 126
Kuseler Gruppe 201, 202
Kutná Hora 310, 424, 429
Kuttenberg 310, 424, 429
Kuttenberg-Quarzit 269
Kvetnice-Gruppe 284
Kwascala-Arkose 288, 293
Kyffhäuser 329, 336, 339
Kyselka 447
Kysibl 447

La Croix-aux-Mînes, Gneise von 220, 221
La Serre 386
Laacher Kessel 185, 321
Laacher See 171, 185
Laacher Vulkangebiet 185
Laas 243
Laaser Granodiorit 243
Ladbergen 324
Lägerdorf 130
Łagów-Kielce-Synklinorium 111
Lahn-Dill-Gebiet 166
Lahn-Dill-Synklinorium 161
Lahn-Flußsystem 184
Lahn-Mulde 164, 169, 171, 178, 179

Lahn-Synklinorium 163, 178
Lähner Graben 272
Lahnstein-Unterstufe 165
Laisa 418
Laladei a.d. Lainsitz 449
Lalaye 223
Lalaye-Lubine, Linie von 217, 218
Lalaye-Lubine, Zone von 223
Lam 430, 433, 446
Lammersdorf 159
Lamstedter Phase 135
Landau 460
Landen 160
Landen-Formation 74, 148
Landen-Ton 319
Landsbergit 425
Landschaftsentwicklung 33
Landshut 448
Landshut-Neuöttinger Hoch 396, 404
Langeland 64, 140
Langeland-Stadium 140
Langenbrücken 370
Lappwald-Mulde 97
laramisch 23, 30, 59, 89, 94, 109, 117, 269, 272, 279, 327, 345
Latroper Sattel 161, 177, 178
Laubach-Schichten 167
Laubach-Unterstufe 165
Lauban 265, 443
Lauch-Schichten 165
Lauchert-Graben 373
Lauenburger Ton 132, 133
Lauenstein-Fürstenwalde, Gneiskomplex von 255
Laurasische Großplatte 15
Laurentia 3
Laurentisch-Grönländischer Kraton 8
Laurussia 3
Lausitz 259, 270
Lausitzer Abbruch 7, 30
Lausitzer Antiklinalzone 10, 260–262, **263**, 266, 270
Lausitzer Bergland **259**
Lausitzer Faziesgebiet 384
Lausitzer Flöz 101
Lausitzer Flözhorizont 90, 100
Lausitzer Granit-Granodiorit-Massiv 263
Lausitzer Granodiorit-Massiv 261
Lausitzer Grenzwall 130, 135
Lausitzer Hauptabbruch 100, 262, 264
Lausitzer Hochscholle 262, 263
Lausitzer Kaltzeit (SIII) 135
Lausitzer Massiv 260, 262
Lausitzer Scholle 89
Lausitzer Störung 259, 262
Lausitzer Überschiebung 30, 31, 235, 257, 258, 260–262, 265, 379
Lauterecken-Schichten 201

Lažánky-Kalk 289
Łeba 449
Łeba-Plattform 105
Lebacher Gruppe 201, 202
Lech-Gletscher 408
Ledenice-Schichten 381
Lederschiefer 239
Legnica 457
Lehesten-Dachschiefer 238
Lehrberg-Schichten 364
Lehringen b. Verden 136
Leimitz-Schiefer 239, 248
Leine-Folge 84
Leine-Lineament 328, 332
Leine-Serie 72
Leinebergland 78, **94**
Leinetal-Achse 91
Leinetal-Struktur 95
Leinetal-Überschiebung 94, 95
Leinetalgraben 94, 328, 329, 332
Leipzig 100, 243, 447, 456
Leipzig-Zeitz-Altenburg 90
Leipziger Bucht 1, 101
Leipziger Tieflandsbucht 90, 100, 130, 339
Leitmeritz 380
Leitmeritzer Tiefenstörung 233, 304
Lengede 418, 448
Lenzkirch 229, 230
Lepidolit 434
Lerbach 418
Les Brûlées-Granit 220
Lessine, Porphyr von 144
Lestkov-Massiv 304
Leszcynice-Formation 267
Leszno 139
Leszno-Stadium 132, 139
Letná-Formation 302
Letovice 273, 295
Lettenkeuper 83, 364
Lettenkeuper-Sandstein 395
Lettenkohlen-Keuper 85
Lettenkohlen-Sandstein 336
Letzlinger Heide 135
Leuchtenberger Granit 315
Leuchtenburg-Magdalaer Graben 337
Leukersdorf-Formation 242, 250
Levallois, Senke von 344
Lhotice-Schichten 306
Lias-Gruppe 55
Libčie 424
Libeň-Formation 302
Liberec 268
Liberec, Tertiärbecken von 268
Lichtenauer Graben 333
Lichtenauer Grabenzone 332
Lichtenfelser Störungszone 376
Liebenstein-Formation 211, 235

Liège 450
Liegend-Formation 239, 247, 248
Liegende Alaunschiefer 167, 188, 192
Liegende Chattmergel 397
Liegendkiesfolge 101
Liegnitz 457
Lieth b. Elmshorn 131
Limburg a. d. Lahn 447, 448
Limburger Becken 161
Limburger Kreidetafel 322
Limnea ovata 127
Limnea-Meer 127
Lindenfels 208
Líně-Formation 306, 308
Lingula-Dolomit 343
Linie von Lalaye-Lubine 217, 218
Linksrheinisches Mesozoikum **340**
Linksrheinisches Schiefergebirge 160, **168**, 342
Lintfort-Schichten 319
Linth-Gletscher 407, 408
Linz 449
Linzer Sand 400
Lipnice-Schichten 381
Lipoltice-Formation 302
Lippe 328
Lippe-Mulde 173
Lippertsgrün-Schichten 239
Lippstadt 327
Lippstädter Gewölbe 177, 327
Líšeň-Kalk 289
Lišov-Granulitmassiv 310
Lispa 139
Liteň-Formation 302
Lithium 411, 415, 417, 434
Lithothamnienkalk 397, 398
Litice 274
Litoměřice 380
Litoměřice-Tiefenstörung 233, 304
Litorina litorea 127
Litorina-Meer 127
Litosice-Konglomerat 305
Löbejün-Rhyolith 243
Lobenstein 240
Lobris 277
Lobsann 464
Lochkov-Formation 302
Łódź 449
Łódź-Trog 104
Løgumkloster 1, Bohrung 61
Lolland 64
Lolland-Gruppe 67
Löllingit 425
Lonauer Sattel 187, 195
London-Brabanter Massiv 5, 8–10, 28, 74, 142
Londoner Plattform 12, 15
Lons-le-Saunier 387, 389
Loogh-Schichten 165

Loosener Kiese 133
Losheimer Graben 206
Löß-Gürtel 128
Lößnitz-Zwönitzer Mulde 235, 254, 255
Lothringen 340, 344–346
Lothringer Antiklinorium 205
Lothringer Steinkohlenbecken 205
Lothringisch-Saarbrückener Hauptsattel 341
Lothringisch-Saarpfälzisches Becken 342
Lothringische Quersenke 340, 342, 345, 346
Lothringischer Hauptsattel 346
Louny-Granitmassiv 304
Löwenberg 272
Löwensteiner Berge 370
Löwensteiner Mulde 360, 370
Lubań 265, 269, 443
Lubań-Kalk 270
Lüben 421, 432
Lubin 421, 432
Lublin 454, 460
Lublin-Senke 110, 115
Lubliner Becken **114**
Lubliner Senke 116, 117
Luboradz 277
Luby 426
Lüdenscheider Mulde 163, 169, 176
Lüdinghausener Mulde 173
Ludwicowice-Formation 306
Luga-Oelsnitz 249
Lugikum 6, 260, 272
Luha-Linie 141
Luhetal 136
Luisenthal-Schichten 201
Lüneburg 130
Lüneburger Heide 128
Lusatiops-Schiefer 270
Lutterer Sattel 96
Lüttich 142, 148, 150, 155, 157, 158, 445, 448, 450
Lütticher Mulde 157
Luxemburg 340, 344, 345
Luxemburger Sandstein 181, 340, 343, 344
Lwówek 272
Lymnäen-Mergel 348, 352, 353
Lyon 387, 407
Łysagóra 111, 112
Lysagoriden 111, 112

Maas 160, 321, 345
Maasbommel-Hoch 69, 70, 74
Maassluis-Formation 131
Maassluis-Schichten 132
Maastricht 148
Macocha-Abgrund 290
Macocha-Kalk 289
Macrocephalen-Sandstein 86
Mägdeberg 374
Magdeburg 41, 42

Magdeburg-Breslau-Urstromtal 129
Magdeburg-Flechtinger Grauwacken 100
Magnesit 415, 418, 442
magnetische Anomalie 38, 39, 41, 44, 46, 79
Magnetkies 420, 424, 430
Magnetotellurik 38, 42
Mähren 280
Mähring (Opf.) 314, 464, 465
Mährisch-Krumlov 420
Mährisch-Ostrau 290
Mährisch-Schönberg 412
Mährischer Karst 282, 284, 286, **287**, 288
Main 369
Main-Becken 363
Main-Fränkischer Triasbereich 371
Mainzer Becken 198, 347, 348, 352, 353, 354, **356**
Mainzer Tertiärbecken 357
Maisborn-Gründelbach-Mulde 169, 171
Malayait 422
Malinowice-Formation 289
Malmedy 159
Malmedy, Graben von 158, 180
Malmö-Ystad-Synklinale 61, 66
Małopolka-Massiv 5, 8–10, 106, 114, 116
Malsbenden, Störung von 159
Malsburg-Granit 230
Malschen-Granit 209
Malschen-Massiv 208
Manderscheider Antiklinorium 161, 170
Manebach-Formation 237, 242
Manětin, Becken von 307, 308
Mangan **412**, 418
Mansfeld 432
Mansfeld-Formation 242
Mansfeld-Sangerhausen 433
Mansfelder Mulde 329, 339
Mansfelder Schichten 243, 339
Marbre noir 152
Marciszów-Formation 306
Mariánské Lázně 30, 423
Mariánské Lázně-Metabasitmassiv 304
Mariánské Lázně-Störung 304
Marienbad 300, 423
Marienbader Störung 304
Marienberg 253, 421
Marienburg 96
Marienstein-Hausham-Mulde 402, 405
Markirch 220, 421, 427
Markoldendorfer Mulde 95
Markranstädter Phase 133
Markredwitz 252
Markstein 222
Markstein-Serie 220, 222
Marmor von Auerbach 208
Marsberg 428, 433
Marsch 123, 128
Martinsart, Sande von 344

Masowien-Interglazialzeit 134
Masowisches Interglazial 132
Massiv der Serre 387
Massiv von Bergen 246
Massiv von Blanský les 310
Massiv von Givonne 150
Massiv von Gorný Slask 106, 114
Massiv von Kirchberg 246
Massiv von Rocroi 150
Massiv von Serpont 150
Massiv von Stavelot-Venn 150
Massiv von Uchte 28, 89, 94
Massiv von Vlotho 28, 89
Masuren 128
Masurisch-Bjelorussische Anteklise 102
Masurische Seenplatte 139
Masurisches Interstadial 139
Maubach-Mechernich 411
Maurenne, Calcschistes de 152
Mauthausen-Granit 313, 315
Maxen-Berggießhübler Synklinorium 257
Mazury-Suwałki-Anteklise 102
Mechernicher Trias-Dreieck 162, 170, 181, 317, 320
Mecklenburg-Brandenburg-Senke 75, 76, 78, 79, 89
Mecklenburgische Seenplatte 128, 139
Měděnec (Kupferberg) 430
Měděnec-(Kupferberg-)Formation 239
Měděnec-Formation 253
Meeuven-Member 152
Meggen 166, 411, 426, 433, 440, 441
Meggener Lager 177, 430, 431
Méhaigne 142
Mehltheuer-Formation 238
Meinberger Graben 92
Meininger Fazies 366
Meißen 257, 259, 445, 446
Meißener Syenodiorit-Granit-Massiv 243, 257, 258
Melanien-Kalke 252, 253
Meletta-Schichten 353, 354
Melibocus-Granit 208
Melker Schichten 398, 400
Mellum 122
Mels-Sandstein 395
Meltewitz-Schichten 242
Menap-Kaltzeit 34, 120, 131, 132
Menden 181
Menzenschwand 465
Merboltíce-Schichten 381
Mergel von Longwy 342
Merkstein-Schichten 165
Merseburg 100
Merseburger Buntsandsteinplatte 339
Merziger Graben 206
Merziger Mulde 346

Mesolithikum 127
Messel 213, 352
Messeler Schiefer 213
Metagranit von Klemmbach 230
Metagranit von Schlächtenhaus 230
Metamorphe Insel 300, 303, 305, 312
Metamorphe Zone des Hunsrücks 162
Metamorphe Zone des Südost-Hunsrücks 172
Metamorphe Zone des Südostharzes 197
Metamorphe Zone des Südtaunus 161, 164, 180
Metamorphe Zone des Taunus 162
Metamorphe Zone des Vordertaunus 180
Metamorphe Zone von Wippra 194
Metz 198, 205
Metzer Störung 172, 205, 206, 342, 346
Meuse 345
Michałkovice-Rybnik-Sattel 293
Michałkovice-Überschiebung 292, 293
Michalovy Hory 304
Michelstadt 212
Míčov-Formation 302
Midland-Block 142
Midlum 421
Miechów-(Nida-)Senke 116
Miechów-Mulde 110, 111, 114, 115, 117
Miechów-Trog 104, 105
Miedzianka (Kupferberg) 429, 433
Mies 429
Miesbacher Mulde 402, 405
Migmatite von Gerbépal 220
Migmatite von Kaysersberg 221
Migmatite von Trois Épis 220, 221
Mikolajow-Schichten 271
Mílina-Formation 302
Milleschau 424
Mindel-Eiszeit 407
Mindel-Riß-Interglazial 407
Minette 342, 344, 420
Minette-Formation 345
Minimus-Grünsand 320
Miozän 60, 90, 101, 110
Miozän, Paläogeographie 32
Mirovice 305
Mirów-Kaltzeit 132
Mittel-Nordsee-Hoch 5, 6, 22, 24, 51, 52, 54, 58
Mittelböhmische Region 296, 297, **300**
Mittelböhmischer Pluton 303
Mitteldeutsche Kristallinschwelle 4, 9, 16, 18, 19, 43, 44, 166, 179, 180, 191, 197, 200, 207, 211, 214, 335, 371
Mitteldeutsche Kristallinzone 21, 233, 235, 241
Mitteldevon 53, 107, 145, 154, 166, 190, 191, 200
Mitteldevon, Paläogeographie 16
Mittelerzgebirgischer Antiklinalbereich 253, 255
Mitteleuropa **1**, 4, 5, **7**, 22
Mitteleuropäische Senke 4–6, 9, 23, 41, 42, **50**, 75, 80, 102, 132

Mitteleuropäische Tiefebene 128, 129
Mitteleuropäische Variszidien 9
Mitteleuropäisches Bruchschollengebiet 5, 23
Mitteleuropäisches Schollengebiet 6
Mitteleuropäisches Tiefland **1**, **128**
Mittelgebirgszone 2, 42
Mittelharz 186
Mittelharz-Gänge 196
Mittelharzer Gangbezirk 196
Mitteljura 58, 73, 86, 109, 115, 344, 367, 395
Mittelkambrium 142
mittelkimmerisch 23, 26, 58, 68, 337
Mittelland-Molasse 402
Mittelnordsee–Ringköbing–Fünen-Hoch 50, 53
Mittelpenninischer Mikrokontinent 30
Mittelpolnische Eiszeit 135
Mittelpolnische Vereisung 132, 136
Mittelpolnischer Wall 30, 31, 104, 108–110
Mittelpolnisches Antiklinorium 103–105
Mittelsächsische Störung 253, 257
Mittelsächsisches Hügelland 232
Mittelsächsisches Lineament 234
Mittelsudetische Schieferzone 276
Mittelterrasse 132, 321
Mittelterrassen-Schotter 337
Mitterteich 252
Mitterteich, Becken von 252
Mitterteich-Granit 252
Mittlere Nordseegruppe 75
Mittlere Sandfolge 101
Mittlere Vogesen 217, 220, 221
Mittlerer Schwarzwald 228
Mlešov 424
Młynowiec-Formation 272
Młynowiec-Stronie-Gruppe 266, 272, 273
Moen 2, 64, 130
Moen-Block 61, 62, 65, 81
Mogilenska-Schichten 108
Mogilno-Łódź-Senke 116
Moho-Diskontinuität 40, 41, 45
Mokotow-Kaltzeit 132
Molasse Rouge 398
Molasse-Becken 5, 40, 41, 46, 362, 369, 385, 386, 389, **392**
Molasse-Zone 403
Moldanubikum 14, 44, 276, 285, 296–298, 305, **308**, 309, 311, 362, 374
Moldanubische Hauptüberschiebung 310, 312
Moldanubische Region 296, 297, 300, **308**
Moldanubische Überschiebung 280, 282, 285, 286, 299, 300, 308
Moldanubische Zone 6, 9, 17, **18**, 19, 21, 42, 43, 45, 217, 224, 296, 362, 371
Moldanubischer Pluton 299, 312, 313
Moler Schichten 68
Mölln-Folge (Z7) 54, 84
Molybdän 433

Molybdänit 422, 423
Mömbris-Formation 211, 215
Mönauquarzit 264, 270
Monotone Gruppe 296, 308, 309
Mons 158, 448
Mons, Becken von 147
Monschau-Schichten 165
Montagne Noir 6
Montrose-Gruppe 57
Moravice-Formation 289
Moravikum 284, **285**
Moravo-Silesikum 5, 6, 19, 20, **280**
Moravo-Silesische Zone 17, **20**, 280
Moravský Krumlov 420
Moray Firth-Becken 50, 51, 58
Morovice 305
Morsbach-Müsener Schollensattel 163, 177
Morsum-Kliff 131
Morvan 342
Möschwitz 464
Mosel 170, 184, 345
Mosel-Mulde 160, 163–165, 169, 178
Mosel-Synklinorium 171, 177
Moselgebiet 160
Moseltrog 164
Mosinsk-Schichten 108
Most 385
Most-Chomutov, Teilbecken von 457
Mozowize-Massiv 106
Mráčnice-Jeníkovice-Massiv 304
Mšeno-Becken 307, 308
Mügelner Senke 244
Mühlbach 333
Mühldorf 449
Mühlenbach-Seitenberg-Gruppe 272
Mühlenberg-Schichten 167
Mühlhausen 352, 356, 460
Mühlhausen-Erfurt, Scholle von 338
Mühlleithen 423
Mühlviertel 299, 313
Mulde von Anhée 158
Mulde von Berthelsdorf-Hainichen 249
Mulde von Bodzentyn 111, 112
Mulde von Borna-Ebersdorf 249
Mulde von Kirchenlaibach 378
Mulde von Namur 146, 147, 152, 157
Mulde von Vápenný Podol 305
Muldenzone von Herve 158
Mülhausener Horst 347, 356
Mülheim 325
Müllenbach (Baden-Baden) 465
Müllheim-Kanderner Vorberg-Zone 357, 358
Mülsen-Formation 242, 250
Münchberger Gneismasse 18, 21, 234, 238, 249
Münchberger Gneismassiv 233, **246**, 248
Münchberger Komplex 246, 247, 314
Münchberger Massiv 245

München 394, 400
Münchener Schotterfläche 408
Münchhauser Becken 347, 356
Münder-Mergel 83, 94
Munster 132, 134
Munsterer Sander 135
Münsterhalden, Granit von 229
Münsterland 167
Münsterland-1, Bohrung 167
Münsterländer Oberkreidemulde **324**
Münstersche Bucht **324**
Münstersche Oberkreidemulde 7
Müritz-See 139
Murnau 46
Murnauer Mulde 402, 404, 405
Muronów-Warmzeit 132
Muschel-Schluff 101
Muschelkalk 66, 72, 85, 109, 115, 212, 336, 343, 364–366
Muschelkalk, Paläogeographie 25
Muschelsandstein 170
Müsen-Schichten 167
Müsener Sattel 169
Muskauer Faltenbogen 100
Mya arenaria 127
Mya-Meer 127
Mydlovary-Schichten 381
Mylonitzone von Niemcza 276
Myślachowice-Konglomerat 295
Myslejovice-Konglomerat 289

Naab-Gebirge 376
Naab-Tal 368
Naab-Trog 377
Nabburg 441
Náchod 279
Nagelfluh 398, 400, 404
Nahe-Bergland 198
Nahe-Gruppe 201, 203
Nahe-Mulde 172, 199, 200, 203, 205, 356
Nammen 414
Namur 158, 414
Namur-Becken 146
Namur-Mulde 146–148, 152, 154–157
Namur-Synklinorium 142, 149, 155, 157
Nancy 204, 342, 345, 346, 439
Nancy-Becken 345
Nancy-Pirmasens-Becken 341
Nanzenbach 420
Napf-Schüttung 398, 400, 401
Nasavkry-Granit 305
Nassau 419, 427
Natzweiler, Granit von 219
Naumburger Muschelkalkmulde 339
Neckar 213, 369
Neckar-Jagst-Furche 360, 371

Neerglabbeek-Member 152
Neeroteren-Member 152
Neeroteren-Sandstein 146
Nehden-Sandstein 166, 167
Nehrung 123
Neisse-Graben 261, 272, 274, 278, 379, 380
Nejdek 256
Nellenköpfchen-Schichten 167
Neogen 68
Neolithikum 127
Neratovice-Massiv 304
Nethe-Scholle 332
Netra-Creuzburger Graben 235
Netra-Graben 333, 337
Neubulach 421
Neuburg a. d. Donau 445
Neuburger Jura-Sporn 377
Neuchâtel 389, 448
Neuekrug-Hohausen 193
Neuenburg 389, 448
Neuenburger Kreide 396
Neuenburger See 385, 389, 408
Neuengammer Gassande 90
Neuerburger Sandstein 181
Neufchâteau, Synklinorium von 149, 150, 152, 156, 159
Neuhofen-Schichten 397
Neunkirchen-Schichten 201
Neurode 277, 431, 447
Neurode, Becken von 278
Neurode-Massiv 276
Neustadt a. d. Waldnaab 377
Neustadt a. d. Tafelfichte 424
Neustadt a. d. Weinstraße 206
Neutscher Komplex 208
Neuweiher 226
Neuwied 445
Neuwieder Becken 161, 181, 182
Nexö-Sandstein 65
Nickel 410, 414, 417, **420**, 421
Nida-Trog 104, 113
Nidda-Graben 335
Nidecker Senke 223
Niederbobritzsch, Granit von 256
Niederes Gesenke 280, 281, 284, 287, 288, 290
Niederhäslich-Schweinsdorf-Formation 242, 258
Niederhessische Senke 329, 333
Niederlande 128, 131, 132
Niederländische Küstenbarriere 122
Niederländische Senkungszone 73
Niederländischer Zentralgraben 69, 119, 317, 323
Niederländisches Senkungsgebiet **69**, 70
Niederlausitz 100, 130
Niederlausitzer Revier 100
Niederlausitzer Senke 89
Niederösterreich 392, 398, 400, 401
Niederöstereichisches Alpenvorland 405

Niederrheinische Bucht 1, 7, 31, 33, 49, 90, **317**, 319
Niedersächsische Scholle 85
Niedersächsisches Becken 5, 6, 26, 28, 30, 75, 83, 86–89, 94
Niedersächsisches Tektogen 31, 75–78, 87, 89, 91, 94
Niedersachswerfen 443
Niederschlag-Formation 239
Niederschlag-Gruppe 253
Niederschlesisches Steinkohlenbecken 277
Niederschöna-Formation 258
Niederschöna-Schichten 381
Niederterrasse 132, 321, 355, 359, 408
Niemcza-Schieferzone 285
Nienburg 418
Niersteiner Horst 356
Niesky 264
Nijmegen 134, 321
Nimtscher Mylonit 276
Niob 415, 417, 434
Níský-Jeseník 280, 287, 290
Nisum-Fjord 122
Nohfelden 447
Nohfelder Porphyrmassiv 205
Nohn-Schichten 165
Nonnenwald-Mulde 402, 405
Nord-Oberpfälzer Synklinorium 250, 314
Nordalpine Molasse 31
Nordalpine Vortiefe 396
Nordalpines Molassebecken 33
Nordamerikanisch-Grönländische Plattform 3
Nordatlantik 22, 30
Nordböhmische Kreidemulde 30
Nordböhmische Kreidesenke 5, 7, 31, 233, 299, 300, 307, 379, 381, 382, **383**
Nordböhmische Senkungszone 253
Nordböhmische Thermallinie 383
Nordböhmischer Basaltvulkanismus 252
Nordböhmisches Becken 381
Nordböhmisches Braunkohlenbecken 380, 382
Nordböhmisches Kreide-Becken 379
Norddeutsch-Polnische Kaledoniden 4, 9–14
Norddeutsch-Polnische Senke 5, 6
Norddeutsch-Polnischer Ozean 9
Norddeutsch-Polnischer Trog 11, 13
Norddeutsch-Polnisches Becken 26
Norddeutsche Linie 42, 43
Norddeutsche Senke 31, **75**, 76, 77, 79
Norddeutsche Tiefebene 43
Norddeutsches Tiefland 130, 132, 137
Nordeifel 165, 428
Nordfriesische Inseln 122, 123
Nordhausen 84, 443
Nordhessisches Vulkangebiet 333
Nordirisch-Schottische Kaledoniden 14
Nordjütische Salzstock-Provinz 66

Nordjütische Salzstruktur-Provinz 60, 62, 63, 66
Nordland-Gruppe 57
Nördliche Phyllitzone 15, 18, 19
Nördlicher Landrücken 128, 130
Nördlicher Schwarzwald 228
Nördliches Nordsee-Becken 51
Nördliches Permbecken 22, 54
Nördlinger Ries 374, 375
Nordostbayerisches Grundgebirge **232**, 235, 239, 249, 251
Nordostdeutsch-Polnisches Tiefland 130
Nordostdeutschland 83
Nordostrand des Pariser Beckens 342
Nordpenninischer Flysch 33
Nordpenninischer Teilozean 30
Nordpolnische (Baltische) Vereisung 132
Nordsächsische Gruppe 243
Nordsächsischer Antiklinalbereich 241, 243
Nordsächsischer Vulkankomplex 244
Nordsächsisches Antiklinorium 237
Nordsächsisches Synklinorium 233, 234, 237, 244
Nordschwarzwald 224
Nordschwarzwälder Granitgebiet 226
Nordsee 35, **50**, 52, 57, **118**
Nordsee-Gruppe 55
Nordsee-Senke 31, 51, **50**
Nordseebecken 33, 50, 55, 59, 118
Nordseeküste 35, **122**
Nordsudetische Mulde 262, 269, 272
Nordvogesen 217, 218, 221
Nordwestdeutsches Becken 50, 52
Nordwestdeutschland 83
Nordwesteifel 168
Nordwesteuropäische Senke 6
Nordwesteuropäisches Becken 50
Nordwestfälisch-Lippische Schwelle 78, 88, **90**, 94, 96, 327
Nordwestsächsisch-Südanhaltisches Grundgebirge 241
Nordwestsächsischer Vulkanitkomplex 242
Nordwestsächsisches Paläozoikum 241
Nordwestsächsisches Porphyrgebiet 335
Norwegisch-Dänisches Becken 5, 6, 50, 51, 58
Norwegische Rinne 118
Nossen-Wilsdruffer Synklinorium 238, 257
Nova-Ruda-Massiv 276
Nové Město pod Smrkem 424
Nové Město-Formation 266
Nové-Město-Serie 273
Nový Hrádek-Granodiorit 274
Novy Knín 424
Nowa Ruda 277, 278, 431, 447
Nowa Ruda, Becken von 278
Nowawies-Formation 271
Nučice 414
Nučice-Chrustenice, Erzhorizont von 303
Nürnberg 362, 364

Nuttlarer Hauptmulde 177
Nuttlarer Mulde 161
Nýřany-Flözgruppe 307
Nysa-Graben 272, 274, 278, 379

Oberbayern 398
Oberbettinger Buntsandsteingebiet 170
Oberburbach 223
Oberdevon 107, 155, 166, 190, 191, 200, 222
Obere Bunte Molasse 397
Obere Gehren-Formation 237
Obere Graptolithenschiefer 238, 240, 254, 264, 270
Obere Graue Formation 307, 308
Obere Graue Gruppe 306
Obere Meeresmolasse 396, 397, 399–401, 404
Obere Meeressande 101
Obere Nordseegruppe 131
Obere Puchkirchener Serie 397
Obere Rote Formation 308
Obere Rote Gruppe 306
Obere Sproitz-Formation 270
Obere Süßwassermolasse 389, 396, 397, 399, 401, 404, 405
Oberer Anhydrit 54
Oberer Rhyolith 242
Oberflözgruppe 319, 321
Oberfränkisch-Oberpfälzisches Bruchschollengebiet 368, 369, 375, **377**
Oberfränkisch-Vogtländisch-Mittelsächsische Synklinalzone 245, 233
Oberharz 186
Oberharz-Schwelle 192
Oberharzer Devonsattel 186, 187, 190, 193, 194
Oberharzer Diabas-Zone 187
Oberharzer Diabaszug 186, 188, 190, 192, 193
Oberharzer Gangbezirk 193
Oberhof-Formation 237, 242
Oberhofer Mulde 234–237
Oberhofer Vulkanitkomplex 237
Oberjura 58, 66, 73, 74, 86, 87, 109, 115, 367, 395
Oberjura, Paläogeographie 27
Oberkambrium 142
Oberkarbon 18, 21, 53, 72, 81, 92, 107, 114, 146, 155, 168, 175, 192, 200, 223, 231, 242, 291
Oberkarbon, Paläogeographie 17
Oberkirchen-Schichten 201
Oberkircher Granit 226, 230
Oberkreide 30, 58, 59, 68, 74, 88, 89, 109, 115, 116, 147, 159, 181, 258, 279, 325, 337, 367, 368
Oberkreide, Paläogeographie 29
Oberkruste 42, 44
Obermittweida-Formation 239
Obernkirchen 94
Oberösterreich 398, 400
Oberösterreichisches Molassebecken 403
Oberpfälzer Synklinalzone 238
Oberpfälzer Synklinorium 233, 252

Oberpfälzer Wald 232, 233, **250**, 298, 313, 314
Oberrhein 369
Oberrheinebene 359
Oberrheingraben 5, 7, 31, 33, 41, 46–48, 206, 207, 213, 217, 224, 231, 340, 346, 353, 356, 389
Oberrotliegendes 72
Oberschlesien (Gorný Sląsk) 12
Oberschlesisch-Krakauer Bergland 113
Oberschlesisch-Krakauer Monokline 110
Oberschlesische Antiklinale 295
Oberschlesische Sandstein-Serie 288, 293
Oberschlesische Triasfaltenzone 295
Oberschlesisches Massiv 5, 9, 20, 106, 114
Oberschlesisches Becken 114, 290, 291, 293, 295
Oberschlesisches Kohlenbecken 280, 282
Oberschlesisches (Gorný Sląsk-)Massiv 8
Oberschlesisches Steinkohlenbecken 113, 116, 117, 281, 284, 288, 291, 292, 294
Oberviechtach, Granit von 315
Obří Důl 423
Ochota-Warmzeit 132
Ochtruper Sattel 92
Ockerkalk 238, 240, 246, 254, 257
Odenwald **207**, 211, 363
Odenwald-Spessart-Rhönschwelle 330
Oder-Abbruch 7, 30, 31
Oder-Lineament 260, 276
Oder-Stadium 132
Odergletscher 131, 138, 139
Odergruppe 107
Odermündung 139
Odernheim-Schichten 201
Oderwald-Sattel 98
Odolov-Formation 278, 306
Odra-Stadium 132, 135
Offenburg 358
Offenburg-Teinacher Senke 231
Offenburger Senke 231
Offleben 99
Offlebener Salzsattel 99
Ohe 134
Ohe-Tal 132
Ohmgebirge 336, 339
Ohmgebirgs-Graben 339
Öhningen 401
Ohrazenice-Konglomerat 302
Ohre-Folge (Z5) 54, 84
Ohře-Graben 252, 253, 265, 300, 378–380, 382, **384**
Ohře-Lineament 253
Ohře-Senke 233, 250
Öhrenfeld-Kalke 187
Okergranit 82, 192
Okerpluton 193
Okrouhlá Radouň 464
Old Red 53, 81, 107, 112, 114
Old-Red-Fazies 282

Old-Red-Kontinent 16, 154, 164, 188
Oldenburger Geest 135
Olešnice-Granodiorit 274
Oligozän 60, 75, 90, 101, 110
Oligozän, Paläogeographie 32
Oliví 412
Olkenbacher Mulde 171
Ölkreide 458, **463**
Olmütz 286
Ölmütz, Tertiärsenke von 282
Olomouc 286
Ölmütz-Haná, Tertiärsenke von 287, 290
Ölsand 458, **463**
Ölschiefer **463**
Olsí 464
Oncophora-Schichten 397, 401
Oolithe de Avins 152
Oos-Plattenkalk 165
Opalinus-Ton 83, 365, 368, 388
Opava 295, 431
Opoczno-Mulde 117
Opoken 108
Oppenheim 357
Ordovizium 12, 15, 65, 79, 106, 107, 111, 144, 145, 151, 161, 186, 239, 240, 245, 254, 264, 269, 303
Ordovizium, Paläogeographie 13
Öre-Sund 124
Öresund-Störung 62
Orlauer Sattel 293
Orlica-Śnieżnik-Dom 274
Orlica-Śnieżnik-Gewölbe 272
Orlice-Piedmont-Becken 380
Orlice-Zdár-Region 384
Orlicke Hory 260, 272
Orlová-Sattel 292, 293
Orlová-Überschiebung 292
Ormont 171, 185
Ornaten-Ton 365
Orneau 142
Orslev-1, Bohrung 61
Orthocerenkalk 248
Orzesze-Schichten 293
Osburger Hochwald-Sattel 161
Oschatz 243, 244, 264, 446
Oschersleben 99
Ösling-Antiklinorium 159
Ösling-Sattel 149
Oslo-Graben 5, 31, 61, 66
Osnabrück 450, 455
Osnabrücker Bergland 78, **90**, 91
Osning-Achse 92
Osning-Sandstein 88, 92
Osning-Überschiebung 31, 76, 88, 92, 325, 327
Osning-Zone 90–92
Ostalpen 296
ostalpin 30, 33
Ostalpine Decken 396, 403

Ostbayerischer Randtrog 395
Ostbayern 398
Ostbrandenburg-Nordsudetische Senke 76
Osteifel (Vulkanismus) 185
Osteifeler Hauptsattel 163, 170
Ostelbisches Massiv 79
Ostenglisch-Niederländisches Becken 50, 58
Osterode 193, 443
Österreichisches Alpenvorland 392
Osterwicker Schichten 326
Osterzgebirgischer Antiklinalbereich 253, 255
Osterzgebirgs-Gruppe 239, 253
Osteuropäische Plattform (Fennosarmatia) 2–4, 8, 9, 40, 102, 106
Osteuropäische Tafel 104, 109, 114
Ostfriesische Inseln 122
Ostharz-Decke 21, 186–188, 191, 194, 197
Ostholstein-Block 76, 77
Ostholstein-Trog 78, 86, 87
Ostjütischer Endmoränenzug 138
Ostkarpatische Pforte 28
Ostlausitzer Granodiorit 263
Östliche Randsenke 103–105, 110
Ostmoldanubische Region 308
Ostrand, Pariser Becken 7, 340
Ostrand, Rechtsrheinisches Schiefergebirge **178**
Ostrand, Rheinisches Schiefergebirge 161, 167, 181
Ostrauer Mulde 293
Ostrava 290, 291
Ostrava-Formation 288
Ostrava-Mulde 292, 293
Ostrava-Schichtenfolge 291
Ostróg-Formation 271
Ostrov-Schiefer 289
Ostrügensche Staffel 140
Ostsauerländer Hauptsattel 161, 163, 176, 177
Ostsee **124**, 125–127
Ostsee-Stadien 127
Ostseebecken 68, 126
Ostseeraum **60**, 64, 65
Ostsudeten 272, 280
Ostthüringisch-Nordsächsische Synklinalzone 233
Ostthüringisches Synklinorium 237, 240
Other Kalk 342
Otterwisch 243
Ottweiler Gruppe 201, 202
Otzberg-Basalt 212
Otzberg-Mylonit 212
Otzberg-Zone 207, 212, 213
Ourthe 160
Öved-Sandstein 65
Oxfordmergel 365
Ozokerit 458

Paderborner Hochfläche 324, 325
Paffrather Mulde 163, 166, 176

Paläotethys 9, 21
Palladium 421
Paleozän 59, 68, 74, 89, 110, 115, 147
Palmnicken 450
Paludinen-Schichten 132, 134
Panafrikanische Orogenese 9, 10
Pangaea 3, 21
Paradisbakke-Migmatit 63, 226
Paralische Serie 288, 291, 293
Pardubice 420
Pariser Becken 5, 31, 217, 341, 342, 344, 345, 366, 387
Parkstein 376, 377
Pas-de-Calais, Steinkohlenbecken von 157
Pasel-Schichten 167
Passau 315, 449
Paukarp-Formation 67
Pavlosko-Konglomerat 302, 303
Pechelbronn 460
Pechelbronner Becken 353
Pechelbronner Schichten 348, 351–354, 356, 358
Pechtelsgrün 422, 423
Peckelsheimer Graben 332
Peel-Gebiet 323
Peel-Horst 69, 75
Peelo-Schichten 132
Peelrand 69
Peelrand-Verwerfung 322, 323
Pegmatitanhydrit 54, 84
Pegnitz 448
Peine 418
Peißenberg-Schuppe 402, 405
Peißenberg-Schüttung 398
Peklov-Schichten 306
Pełcznica-Formation 270, 271
Penninische Decken 396
Pentlandit 420
Penzberger Mulde 402, 405
Peribaltische Syneklise 102, 108
Perm 21, **22**, 54, 55, 57, 67, 107, 108, 180, 223, 231, 242, 330, 342, 350, 363, 387
Perm-Becken 82
Permokarbon 243, 307
Permokarbon-Trog 394
Perowskit 438
Peruc-Schichten 381
Petersberg-Rhyolith 243
Peterswalder Mulde 293
Petřvald-Mulde 293
Pfahlschiefer-Mylonite 315
Pfahlstörung 30, 296, 362, 376
Pfalz 206
Pfälzer Bergland 198
Pfälzer Hauptsattel 346
Pfälzer Kuppel 199, 200, 205
Pfälzer Mulde 199, 200, 203, 340, 342, 346
Pfälzer Sattel 356

Pfälzer Sattelgewölbe 199, 200, 202, 203, 205
Pfälzer Wald 198
Pfänder-Schüttung 398
Phosphat 415, 417, 448
Phosphorit **448**
Phycoden-Formation 239, 240, 245, 250, 254
Phyllades bigarrés de Joigny 153
Phyllades d'Allée 153
Phyllades de Boigny 153
Phyllades de la Forêt 153
Phyllades de Levrezy 153
Phyllades et grauw. de Nouzonville 153
Phyllitzone 168, 197
Piesberg 91, 93
Piesberg-Piermonter Achse 91–93
Pilsen 279, 304, 306
Pirmasens-Nancy-Becken 346
Pirna 258, 464
Pisek 425
Plancher-Bas, Serie von 222
Plänerkalke 325, 337
Planitz-Formation 242, 249
Planorbis-Kalk 352, 353
Plateau d'Ornans 386
Plateau de Champagnole 386
Plateau de Haute Saône 386, 387
Plateau de Levier 386
Plateau de Lons-le-Saunier 391
Platin 420, **421**
Plauer See 139
Pleissing-Decke 286, 311
Pleissing-Orthogneis 286
Pleistozän 34, 35, 119, 126, 131, 133, 134, 171, 185, 355
Pliozän 60, 90, 110
Plzeň 279, 304, 306, 447, 455
Plzeň-Becken 307, 308
Plzeň-Kladno-Formation 306
Pobershau 423
Pobezowice 445
Podbořany 380, 347
Podbořany-Sand 382
Podersam 380, 447
Podlasie-Brest-Senke 4
Podlasie-Lublin-Scholle 102, 103
Podlasie-Senke 102, 106
Podlasie-Zone 106
Podol-Kalk 302
Pogorzała-Formation 271
Pöhla 430
Polička 273
Polnisch-Litauische Syneklise 102, 106
Polnische Senke 31, **102**, 103, 105, 108, 110, 113, 116
Polnische Vereisung 139
Polnischer Trog 5, 6, 26, 28, 41, 102, 109
Polnisches Mittelgebirge 4, 5, 10, 115, 117

Sach- und Ortsregister

Polnisches Tiefland 104, 110, 132
Polyploken-Sandstein 83
Pomerellen 128
Pommersche Endmoräne 132
Pommersche Randlage 137
Pommersche Seenplatte 139
Pommersches Antiklinorium 105
Pommersches Massiv 106
Pommersches Stadium 129, 138, 139
Pomorske-Schichten 108
Pomorze-Stadium 132, 139
Pompeckj'sche Scholle 75–78, 88
Pompeckj'sche Schwelle 86, 88
Ponikev-Schiefer 289
Pont-à-Mousson 346
Pontarlier 387
Poppenberg-Mulde 177
Poppenreuth 464, 465
Porphyr von Lessine 144
Porphyr von Quenast 144
Porphyrit-Konglomerat-Serie 229
Porta Westfalica 418
Porta-Sandstein 83, 86
Portlandia arctica 126
Posen 106, 109, 139
Posener Flammenton 110, 133
Posener Stadium 132
Posidonienschiefer 83, 86, 167, 192, 337, 343, 365, 367, 388, 395, 463
Postelwitz-Schichten 381
Postspilitische Serie 300, 301
Pot Clay 133
Poudingue de Cocriamont 145
Poudingue de Dave 153
Poudingue de Fépin 153
Poudingue de Tailfer 153
Poznań 106, 109, 139
Poznań-Schichten 108
Poznań-Stadium 132, 139
prä-svekofennidisch 4
Präboreal 121, 122, 127
Präboreal-Zeit 126
präcadomisch 7, 235, 297
Prachatice-Massiv 310
Prag 304
Prager Becken 303
Prager Mulde 301
prägotisch 63
Praha-Formation 302
Präkambrium 8, 10, 63, 79, 111, 253, 254
präkarelidisch 106
präpermisch 80
Prasinit-Phyllit-Formation 239, 247
Präspilitische Serie 300
Prätegelen-Kaltzeit 132
prävariszisch 206, 208, 210, 212, 218, 220, 225, 254, 334

Pressath 377
Pressnitz-Gruppe 236, 239, 248, 251, 253, 254
Příbram 424, 429, 464, 465
Příbram-Jince 303
Příbram-Jince-Becken 303
Přiyslav-Scherzone 312
Přidolí-Formation 302
Prignitz–Altmark–Westbrandenburg-Senke 86–89
Prignitz-Lausitzer Wall 30, 31, 75, 76, 78, 89
Prims-Mulde 172, 199, 200, 203–205, 346
Přísečnice 253, 420
Pritzwalk 41
Prokop-Flöz 293
Proterozoikum 237, 263
proterozoisch 280
Prozečné-Formation 306
Prümer Mulde 161, 170
Przedwojow-Formation 306
Przemyś 443
Psammites de Condroz 153
Psí Hory 424
Psilonoten-Ton 83
Puchkirchen-Schichten 400, 405
Puck 438
Püllersreuth 445
Punkva-Höhlen 290
Punkva-Karstquelle 290
Putzig 438
pyrenäisch 404
Pyrit 415, 417, 430, 432, 440
Pyrit-Blei-Zink 430
Pyrit-Buntmetall 430
Pyrit-Mangan-Silikat 430
Pyrmont 93
Pyrochlor 434

Quadrigenium-Schichten 165
Quartär 33, 118, 126, **131**, 132, 137, 148, 321, 331, 407
Quartzophyllades à facies Vireux 153
Quartzophyllades de Chévlipont 145
Quartzophyllades de Villers-la-Ville 145
Quartzophyllades de Virginal 145
Quarz 415, 417, 444, 445
Quarz-Kupferkies 428, 431
Quarzdiorit-Granodiorit-Komplex (Spessart) 216
Quarzit 445
Quarzit-Glimmerschiefer-Zone (Spessart) 214, 215
Quarzit-Zone 167
Quarzporphyr von Baden-Baden 231
Quecksilber 414, 417, 421, 424, **425**
Quedlinburger Sattel 97–99
Quenast, Porphyr von 114
Queren 424
Querfurter Mulde 339
Quintener Kalke 395
Quirnbach-Schichten 201

Radium 464
Radkov-Formation 306
Radnice, Becken von 307, 308
Radnice-Flözgruppe 307
Radom 448
Radoszcyce-Megantiklinale 117
Radzimowice-Schiefer 269
Raesfelder Mulde 173
Rakovník, Becken von 307, 308
Ramberg-Granit 82, 196
Ramberg-Pluton 186, 187, 192, 196
Rammelsberg 190, 193, 411, 425, 426, 430, 433, 440, 441
Ramsau-Überschiebung 259, 272, 280
Ramsbeck 177
Ramsbecker Scholle 177
Ramzová-Linie 282, 283
Ramzová-Überschiebung 259, 261, 272, 280, 281, 283
Randamphibolite 247
Randecker Maar 374
Randgranit 252
Randschiefer-Formation 239, 247, 248
Randsenke der Alpen 7
Randsenke der Karpaten 7
Raón l'Étape-Granit 220
Rappoltsweiler 223, 359
Rappoltsweiler, Bruchfeld von 357
Raseneisenerz 419
Rastenberger Pluton 312
Ratheim-Schichten 319
Rathewald-Schichten 381
Ratingen-Ton 319
Ratno-Formation 306
Rauflaser-Schichten 167
Rauher Kulm 377
Raumünzach-Granit 226
Raun-Gruppe 239
Raupach 425
Rauracien 352, 388, 389
Rechberg 373
Rechtsrheinisches Schiefergebirge 161, **172**
Recklinghäuser Sandmergel 326
Redwitzite 252, 315
Reeßelner Rinne 133
Reflexionsseismik 36
Refraktionsseismik 35
Regensburg 368, 375, 376
Regensburger Grünsand 368
Regensburger Wald 313, 315
Rehberg-Schichten 342
Reichenberg 268
Reichenberg, Tertiärbecken von 268
Reichenstein 260, 267, 424, 425
Reichenstein, Granitmassiv von 262
Reichensteiner Gebirge 260, 274
Reichensteiner Syenit 274

Reinheimer Bucht 209, 213
Reischdorf 239
Remfelder Graben 333
Remigiusberg-Schichten 201
Remscheid-Altenaer Großsattel 176
Remscheid-Altenaer Sattel 161, 163, 166, 169, 173, 176
Remscheid-Schichten 167
Rench-Gneise 226
Retno-Horst 102
Retz 447
Reuß-Aare-Gletscher 407
Reuß-Gletscher 408
Reuver-Serie 319
Revin 142, 158
Revin-Gruppe 145, 150
rezentes Spannungsfeld 48
Rhätkeuper 83
Rhätsandstein 366
Rhein 170, 184, 321, 348, 369
Rhein-Gletscher 407, 408
Rhein-Hessisches Plateau 357
Rhein-Maas-Mündung 122
Rhein-Maas-System 131
Rheine 324
Rheinebene 358
Rheinhardswald 331
Rheinisch-Ardennisches Massiv 28
Rheinisch-Böhmische Masse 30
Rheinisch-Westfälisches Steinkohlenrevier 173, 325
Rheinische Fazies 178, 190
Rheinische Masse 28, 33, 365
Rheinischer Schild 23, 28, 345, 352, 362
Rheinisches Schiefergebirge 5, 148, **160**, 169, 182, 184, 317, 320, 321
Rheinisches Schiefergebirge (Vulkanismus) 182, 183
Rheintalebene 217
Rhenoherzynikum 4, 21, 42, 44
Rhenoherzynische Zone 4, 9, **15**, 17, 19, 42, 43, 148, 330
Rhenoherzynischer Ozean 9
Rhenoherzynischer Trog 21
Rhodochrosit 418
Rhodonit 418
Rhön 7, 329–331, **334**
Rhön-Teilschild 371
Rhonau 430, 440
Rhône 355, 387
Rhône-Gletscher 407
Rhône-Tal 400
Rhônegraben 41, 348
Rhüdener Sattel 96, 97
Ribeauville 223
Ribeauville, Bruchfeld von 357
Řičany 305

Richelsdorf 421, 432, 433
Richelsdorfer Gebirge 329, 330, 333
Ricka-Kalk 289
Ries 360, 362, 368, 371
Riesengebirge 260, **265**, 267, 268
Riesengebirgs-Gneis 268
Riesengebirgs-Granit 262, 267, 268
Riesengebirgspluton 265, 268
Riesengebirgsvorland 262
Rietschen-Muskauer Senke 264
Riga-Linie 141
Rigi-Schüttung 398
Rijnland-Gruppe 55
Rimmert-Schichten 167
Ringelheimer Mulde 96, 98
Ringkøbing-Fjord 122
Ringkøbing-Fünen-Hoch 5, 6, 8, 10, 22, 24, 41, 51–54, 58, 61–63, 66, 79, 81
Riß-Eiszeit 232, 407
Riß-Würm-Interglazial 407
Rittersturz-Schichten 167
Rittsteig 313
Rixdorfer Horizont 138
Roblín-Schichten 303
Rochlitz-Formation 242
Rochlitzer Folge 244
Rochlitzer Quarzporphyr 244
Rocroi, Sattel von 151, 154
Rocroi-Großsattel 150, 154, 158, 159
Rocroi-Massiv 149, 150, 156
Rødby-Formation 67
Rödern-Formation 239
Rodert-Schichten 165
Roer-Graben 69, 75, 119, 147
Rogaland-Gruppe 57
Rohnstock 447
Rohrer Mulde 170
Roitzscher Sandzone 101
Romele-Horst 61
Romeleåsen, Horst von 61, 66, 68
Römö (Rømø) 122
Ronchamp 455
Ronchamp, Becken von 223
Rønne-Graben 61, 66
Rønne-Granodiorit 63
Ronsberg 445
Rosenheim 408
Rosenheimer See 408
Rosenthaler Staffel 140
Rosice-Oslavany 295, 296
Rostock 134, 136
Röt 84
Rotava 423
Rote Leitschicht 353
Roteisen 411
Roteisenerz 420
Rötel-Schiefer 181, 203

Rotenburg a.d. Fulda 443
Roter Salzton 84
Rotes Kliff 131
Rötfolge 83
Rotgneis 215, 236, 254, 263
Rotgneis-Granitoide 215
Rotgneis-Magmatismus 210, 211, 251, 255
Rotgneis-Zone (Spessart) 214, 215
Rothau 423
Rothell-Schichten 201
Rothenburg o.d. Tauber 370, 443
Rothstein bei Liebenwerda 131
Rothstein-Formation 270
Rothwasser 447
Rotliegend-Becken von Ilfeld 192, 197
Rotliegend-Becken von Meisdorf 192, 197
Rotliegend-Senke 180, 181
Rotliegend-Senke von Stockheim 241
Rotliegendes 54, 66, 82, 107, 192, 201, 202, 212, 216, 223, 231, 236, 242–244, 249, 279, 330, 342, 350, 363
Rotliegendes, Paläogeographie 24
Rotschiefer 167
Rottenbuch-Schuppe 405
Rottenbucher Mulde 402
Rotterode-Formation 237, 242
Rottleberode 441, 443
Rotton-Serie 319
Rottweil 443
Roudny 424
Roudnice, Becken von 307
Roná 464
Rozstání-Schiefer 289
Roztoka 447
Ruda-Schichten 293
Rüdersdorf 2, 130
Rudki 440
Rügen 2, 10, 11, 79, 81, 89, 107, 131, 140
Rügen-Hoch 5
Rügen-Linie 140
Rügen-Schwelle 62, 126
Rügen-Senke 75, 76, 79, 89
Rügen-Warmzeit 135
Rügener Hoch 6
Ruhla 211, 336
Ruhla-Formation 236
Ruhlaer Granit 236
Ruhlaer Kristallin 233–236
Ruhlkirchen 333
Ruhner Berge 128
Ruhrgebiet 161, 167, 168, **172**
Rumburk-Granit 10, 263, 265
Rundinger Zone 313, 314
Rupel-Bändermergel 397
Rupel-Formation 75
Rupelton 83, 90, 101, 353, 357
Rur-Scholle 318, 319, 322, 323

Rurberg-Schichten 165
Rurrand-Verwerfung 322, 323
Rurtal-Graben 70, 75
Rusová-Formation 239, 253
Russ, Konglomerat von 218
Russ-Schiefer 240
Rußschiefer-Formation 238
Russische Tafel 2, 31
Rutil 421
Rybnik 439, 444
Rydebäck-Formation 67
Rzeszó 443

Saale-Eiszeit 34, 120, 121, 135, 137
Saale-Glazial 132
Saale-Grundmoräne 132
Saale-Kaltzeit 134, 135
Saale-Senke 235, 236, 243
Saale-Trog 192
Saale/Weichsel-Interglazial 34
Saalfeld 419, 421, 441
Saalfeld-Formation 238, 240
Saalhausen-Schichten 242
saalisch 243, 250, 279, 315
Saar 345
Saar-1, Bohrung 200, 204, 205
Saar-Nahe-Becken **198**, 363
Saar-Nahe-Gebiet 199, **200**
Saar-Nahe-Senke 201, 204, 342, 350
Saar-Nahe-Trog 330
Saar-Werra-Senke 236
Saarau 447
Saarbrücker Gruppe 200, 201
Saarbrücker Hauptsattel 199–205, 346
Saarbrücker Hauptüberschiebung 199
Saarbrücker Schwelle 203
Saargemünd-Zweibrückener Senke 340, 343, 344
Saargemünder Mulde 204
Saarland 430
Saarsprung 205
Sächsisch-Bömische Kreidesenke 264
Sächsisch-Thüringisches Grundgebirge **232**, 235, 239, 251
Sächsisch-Thüringisches Unterflöz 101
Sächsische Kreidesenke 234
Sächsisches Granulitgebirge 14, 241, **244**
Sächsisches Granulitmassiv 237
Sächsisches Zwischengebirge 18, 245, 249
Sack-Mulde 91, 95
Sackpfeifen-Überschiebung 161, 178
Sádek-Folge 302
Sádek-Formation 303
Sadisdorf 423
Sadisdorf, Erzgebirgsgranit von 256
Saint Dié 217
Saint Hyppolyte 455
Sainte Marie-aux-Mînes 421, 427

Salins 388, 392
Salm 158
Salm-Gruppe 145
Salmas-Schichten 402
Salmas-Schuppe 405
Salmerwald-Mulde 161, 170
Salzach-Gletscher 407, 408
Salzburg 408
Salzburger See 408
Salzdethfurt 96
Salzgitter 411
Salzgitter-Trümmereisenerze 88
Salzgitterer Sattel 96, 97
Salzig-Nassauer Sattel 178
Salziger Sattel 171
Salzkeuper 344
Salzmünde 446
Salzwedel 458
Sambre 160
Samland 140
Sand von Heers 319
Sand von Mortinsart 344
Sandforter Achse 94
Sandstein von Annweiler 342
Sangerhäuser Mulde 329, 339
Saône 387
Šárka-Formation 302, 303
Sarreguemines, Synclinal de 204
Sarstedt-Lehrter Störungszone 96
Satanella-Überschiebung 174, 175
Sattel von Givonne 151, 154
Sattel von Givonne-Muno 159
Sattel von Hönningen-Seifen 163, 169, 177
Sattel von Kamien Pomorski-Piła 104
Sattel von Kołobrzeg-Swidwin-Krajenka 104
Sattel von Rocroi 145, 151
Sattel von Serpont 151, 154
Sattel von Stavelot-Venn 145, 160, 180
Sattel-Schichten 293
Sattelzone von Condroz 150, 151, 154, 158
Sauerland 161, 167, 168, 176, 325
Sauerwasserkalke 371
Saverne, Bruchfeld von 357
savisch 404
Saxonische Tektonik 22
Saxothuringikum 4, 21, 44, **232**, 314, 362
Saxothuringikum von Baden-Baden 224, 226
Saxothuringische Zone 4–6, 9, 17, **18**, 19, 42–44, 217, 224, **232**, 253, 362, 371
Saxothuringischer Ozean 9
Sayda 254
Sayda-Berggießhübeler Gangschwarm 256
Sbrna-Gora-Formation 271
Sbrsko-Formation 302
Schadensbeben 48
Schafberg b. Ibbenbühren 91, 92
Schaffhausen 408

Sach- und Ortsregister

Schalsteinfolge 190, 191
Schandelah 463
Schapbach-Gneise 227
Scharnhörn 122
Scharzenbach a. d. Saale 445
Schatzlar-Formation 278
Schaumburg-Lippische Kreidemulde 94
Scheelit 422
Scheelit-Molybdän-Arsen (-Zinn) 423
Schellerhau, Erzgebirgsgranit von 256
Scherzone von Zinken-Elme 229
Schichten von Breda 319
Schichten von Houthem 319
Schichten von Roitzsch 243
Schichten von Stiege 189
Schichten von Veldhoven 319
Schichten von Jince 302
Schichten von Skrye 302
Schiefer von Steige 221
Schiefer von Villé 221
Schiefer von Weiler 206
Schieferzug Bensheim–Groß Bieberau 208
Schilfsandstein 85, 336, 344, 350, 364, 366, 387, 388
Schindelklamm-Serie 226
Schirmeck 218
Schistes bigarrés d'Oignies 153
Schistes bigarrés de Clervaux 153
Schistes de Bovesse 153
Schistes de Franc-Waret 153
Schistes de la Famenne 153
Schistes de Mantagne 153
Schistes de Mondrepuis 153
Schistes de Steige 218, 219
Schistes de Villé 218, 219
Schistes du Pont d'Arcole 152
Schistes et calcaire de Couvin 153
Schistes et calcaire de Frasne 153
Schistes et grès de Fooz 153
Schistes et grès de St. Hubert 153
Schistes, grès et poudingue rouge de Burnot 153
Schistes rouges de Chooz 153
Schlächtenhaus 230
Schlächtenhaus, Granit von 230
Schlaggenwald 423, 464
Schleichsand 353, 357
Schleiz 425
Schlesisch-Krakauer Bergland 114–116
Schlesisch-Krakauer Monokline 104, 110, 115
Schlesisch-Moravische Pforte 109
Schlesische Ebene 291
Schlesische Monokline 104
Schlesische Tieflandsbucht 1, 130
Schlier 400
Schlotheimer Graben 329, 337
Schluchsee 232
Schluchsee-Granit 230

Schluckenau 420
Schmächtener Graben 332
Schmalkalden 419, 441
Schmiedeberg 419, 421, 464
Schmiedefeld-Schichten 239
Schmiedefeld-Wittmannsgereuth 414
Schmilka-Schichten 381
Schnaittenbach 444, 446
Schneeberg 421, 464
Schneeberg-Zwickau 426
Schneegebirge 260, 261, 266, 272–274
Schneegebirgs-Kristallin 272
Schneekoppe (Sniežka) 2, 34, 267, 423
Schnellingen 434
Schnett-Formation 237, 239
Schneverdingen-Formation 83
Scholle von Calvörde 78, 89, 100
Scholle von Ebeleben-Apolda 338
Scholle von Mühlhausen-Erfurt 338
Schollenagglomerat (Odenwald) 208
Schollenmosaik 208
Schöllkrippen 215
Schönau 229
Schönauer-Graben 272
Schönbach 426
Schönberg 424, 425
Schonen 8, 28, **60**, 61, 62, 64–68
Schönfeld 445
Schottisch-Norwegische Kaledoniden 53
Schramberg-Urach-Ries-Becken 363
Schramberg-Uracher Senke 231
Schramberger Senke 231
Schrammstein-Schichten 381
Schreibkreide 58, 67, 68, 74, 83, 88, 89, 131, 147, 389
Schrems-Granit 313
Schriesheim 208, 212
Schroersberg-Schichten 167
Schrozberger Schild 371
Schurwald-Verwerfung 371
Schwäbisch-Fränkischer Sattel 360, 371,
Schwäbisch-Fränkisches Lineament 371, 373, 377
Schwäbisch-Fränkisches Triasgebiet 372
Schwäbisch-Hall 370, 439, 443
Schwäbische Alb 48, 360, 363, 365, 368, 369, 371, **373**, 375, 400
Schwäbisches Lineament 360
Schwamm-Stromatolith-Massenkalke 367
Schwandorf 457
Schwandorfer Sattel 377
Schwarzawa-Kuppel 280, 285
Schwarzbach 449
Schwarzbach-Konglomerat 166, 176
Schwarzburger Antiklinorium 233, 237
Schwarzburger Sattel 234, 238
Schwarzenberg 430, 464
Schwarzer Jura 367

Schwärzschiefer 238
Schwarzwald 5, 14, 20, 21, 28, 45, **224**, 228, 363
Schwefel 415, 417, **440**
Schwefelkies 440
Schwefelkies-Zink-Blei 430
Schweina 421
Schweinfurt a. Main 366
Schweinfurter Mulde 360, 372
Schweinheim-Formation 211
Schweinheimer Glimmerschiefer 215
Schweiz 400, 402
Schweizer Alpenvorland 392
Schweizer Faltenjura 7, 33, 387
Schweizer Jura **385**
Schweizer Mittelland 393, 401, 407
Schweizer Molasse-Zone 398
Schweizer Molassebecken 403
Schweizer Tafeljura 394, 400
Schweizerische Faltenmolasse 394
Schwelle von Winterswijk 317
Schwere-Anomalie 41
Schwerspat 410, **441**
Schwertberg 447
Scinaw-Schichten 108
Scruff-Gruppe 55
Sedlčany-Krásná Hora, Insel von 305
Seebach-Granit 226
Seeland 64, 130, 140
Seesen 96, 193
Seidenberger Granodiorit 263, 265
Seidenberger-(Zavidóv-)Granit 10
Seidewitz-Formation 239
seismische Aktivität 49
seismische Geschwindigkeit 40, 43
Seismizität 48, 49
Selb-Granit 252
Selke-Grauwacke 191, 197
Selke-Mulde 186, 187, 191, 197
Selscheid-Schichten 167
Semily-Formation 306
Senescens-Sand 136
Senftenberg 131
Senik-Formation 302
Senke von Flöha 249
Senke von St. Dié-Villé 223
Senne 142
Sennesande 328
Sennewitz-Schichten 242, 243
Senones 217
Senones, Granit von 220
Septarien-Schluff 101
Septarienton 90, 353
Sequanien 353, 388, 389
Serie von Levallois 344
Serie von Markstein 221
Serie von Oderen 222
Serie von Plancher-Bas 222

Serie von Thann 223
Serpont, Aufbruch von 151
Serpont, Aufwölbung von 158
Serpont-Massiv 149, 150
Shetland-Gruppe 57
Shetland-Plattform 5
Siderit 417–419, 425, 427, 442
Siderit-Erzdistrikt Siegerland-Wied 178
Siederit-Flußspat 442
Siebengebirge 7, 161, 182–184
Sieber-Grauwacke 195
Sieber-Mulde 186, 187, 190, 191, 195
Siebigerode-Sandstein 242
Siegen 170, 427
Siegen-Schichten 165, 167
Siegener Antiklinorium 177, 178
Siegener Hauptaufschiebung 161, 169–171, 177
Siegener Hauptsattel 169
Siegener Schuppensattel 161, 163, 178
Siegener Schwelle 166
Siegerland 161, 164, 178
Siegerländer Block 177
Siegersdorf 447
Sieradz 115
Siercker Schwelle 343, 344, 346
Siercker Sporn 346
Sierentz-Allschwil, Graben von 356
Sigmaringen 373, 407
Silber 410, 421, 429, 431, 464
Silbersulfid **426**
Silesikum 272
Silur 12, 15, 65, 106, 107, 112, 144, 145, 151, 186, 187, 238, 240, 246, 254, 264, 269, 303
Silur, Paläogeographie 13
Silverpit-Formation 55, 72
Singhofen-Unterstufe 165
Singhofener Schichten 167, 171, 179
Sinsheim 369
Skærumhede 136
Skagerrak 60, 62, 118
Skagerrak-Formation 56, 57
Skalka-Quarzit 302
Skandinavische Kaledoniden 14
Skoupý-Konglomerat 302
Skryje-Křivoklát 303
Skurup-Plattform 61
Slaný-Formation 306, 307
Slavkovský les 304
Sleża 277
Sleża-Massiv 277
Slochteren-Formation 55, 72, 83
Sluknov 420
Slupiec-Formation 306
Småland 8
Småland-Granit 63
Smith Bank-Formation 56, 57
Sněžka 267

Śnieżnik 260, 272
Śnieżka 2, 267, 423
Śnieznik 260, 272
Śnieznik-Augengneis 273
Sobotín-Massiv 283
Sobótka 442
Sobótka-Massiv 276
Sockelgneis 220, 222
Sodereåsen, Horst von 61
Soest 427
Soester Grünsand 325
Sohland a. d. Spree 420
Söhlingen 458
Sokolov 384, 457, 465
Sokolov-Becken 380, 381, 384
Solepit-Becken 5, 26, 28, 30, 51, 53, 58, 59
Solepit-Hoch 50
Solepit-Trog 58
Solling 331
Solling-Folge 84
Solling-Gewölbe 331, 332
Solling-Scholle 95, 328, 329
Solnhofen-Schichten 365
Solnhofener Plattenkalk 367
Solothurn 408, 464
Soltau 135
Sondershausen 336
Sonneberg 444
Sontra-Graben 333
Sontraer Störungszone 235
Soonwald-Antiklinorium 163, 169, 171, 172
Söse-Mulde 186, 187, 190, 192, 193
Sötenicher Mulde 161, 169, 170
Sötern-(Grenzlager-)Schichten 201
Sowie Góry 262, 275
Spannungsfeld, rezentes 48
spätkimmerisch 28
spätvariszisch 300
Speckstein 445
Speer-Schüttung 398
Sperenberg 131
Spessart 183, 210, 211, **213**, 214
Spessart-Rhön-Schild 371
Spessart-Rhön-Schwelle 216, 334, 371
Spessart-Schwelle 192, 216
Spessart-Teilschild 371
Spessart-Unterharz-Schwelle 236
Spiesen-Schichten 201
Spilitische Serie 300
Sprendlinger Horst 207, 209, 212, 213, 352, 359
Sprockhövel-Schichten 167, 174
Sprollenhaus-Granit 226
Srbsko-Formation 303
St. Andreasberg 196, 426
St. Blasien-Granit 230
St. Dié–Villé, Senke von 223
St. Egidien 421

St. Ghislain-Trog 154, 155
St. Hippolyte 223
St. Ingbert-Schichten 201
St. Joachimsthal 421
St. Pilt 223
St. Pölten 392, 406
St. Pöltener Störung 406
Stade 130
Stadtoldendorf 443
Staffelstein-Graben 360
Staffelsteiner Störungszone 376
Staffhorst 418
Standebühl-Schichten 201
Stara Góra 429, 433
Staré Mešto 449
Staré Mešto-Einheit 264, 274, 283
Staré Ransko 420
Staré Sedlo-Formation 384
Staré Sedlo-Schichten 381, 382
Staßfurt 99, 439
Staßfurt-Folge (Z2) 84, 318, 330
Staßfurt-Oscherslebener Salzsattel 99
Staßfurt-Salze 54
Staßfurt-Serie 72
Staszów 440
Statford-Formation 57
Staufen 374
Staurolith-führende Paragneise (Spessart) 214, 215
Stavelot-Venn-Massiv 149, 150, 162
Stavelot-Venn-Großsattel 150, 151, 154, 158, 159, 168
Stavelot-Venn-Sattel 145, 160, 161, 164, 180
Ste. Marie-aux-Mînes 223, 421, 427
Ste. Marie-aux-Mînes, Gneise von 220, 221
Ste. Marie-aux-Mînes – Retournemer, Störungszone von 222
Steatit 445
Štěchovice-Gruppe 301, 302, 309
Steigbach-Schichten 397, 398
Steige-Schiefer 218
Steigerwald 369, 372
Steigerwald-Sattel 360, 371
Steina-Tal 230
Steine und Erden **439**
Steineberg-Mulde 402, 404, 405
Steinheimer Becken 368, 375
Steinhuder Meer-Linie 91
Steinkohle 410, 450–454
Steinkohlenbecken von Andenne 157
Steinkohlenbecken von Antheit 157
Steinkohlenbecken von Borinage 157
Steinkohlenbecken von Centre 157
Steinkohlenbecken von Charleroi 157
Steinkohlenbecken von Pas de Calais 157
Steinmergelkeuper 83, 85, 344
Steinsalz 411, 434–439

Steinwald-Granit 252
Stemmerberg-Elze-Überschiebung 95
Štěnovice 305
Sterksel-Schichten 132
Sternberg-Bennisch 290
Šternberk-Horní-Benešov 290
Šternberk-Horní-Benešov-Zone 283, 290
Stettin-Trog 104, 110
Stettiner Haff 126
Steyr-Störung 404
steyrisch 406
Stieger Schichten 191
Stínava 282, 287
Stínava-Chabičov-Formation 289
Stinkkalke 54
Stinkschiefer 54
Stockgranit von Königshain 264
Stockgranit von Stolpen 264
Stockheim 377, 455
Stockheimer Becken 235, 363
Stockheimer Trog 377, 378
Stockumer Hauptsattel 175
Stockumer Sattel 173, 174
Stod-Massiv 304
Stolberg-Schichten 165
Stollberg 196
Stolpen, Stockgranit von 264
Störung von Malsbenden 159
Störung von Metz 346
Störung von Troisvièrges 159
Störungszone von Ste. Marie-aux-Mînes–Retournemer 222
Störungszone von Wipfeld 372
Stowatycze-Horst 102
Strašice-Komplex 303
Strašice-Vulkanit-Komplex 302
Straßburg 352, 359
Straße von Dover 118, 120, 121
Strehlen 285
Strehlen, Granitmassiv von 262
Strehlener Hügelland 285
Streifige Mergel 352, 353
Střezov-Schichten 381
Stríbro 307, 429
Striegau, Granitmassiv von 262
Striegau-Zobten-Granit 277
Stringocephalen-Kalk 167, 189, 190
Stromberg 370
Stromberg-Kalk 165, 172
Stromberg-Mulde 161, 360, 370, 371
Stromberger Schichten 326
Stromberger Synklinorium 172
Stronie-Formation 272, 273
Strzegom, Granitmassiv von 262
Strzegom-Sobótka-Granit 277
Strzegom-Sobótka-Massiv 277
Strzelin 285

Strzelin, Granitmassiv von 262
Stubensandstein 364, 366, 371
Štůr-Horizont 291
Stuttgart 369
Stuttgarter Kessel 371
Styliolinen-Schiefer 167, 178
Subalpine Molasse 362, 386
Subalpines Molasse-Becken 33
Subatlantikum 127
subboreal 127
subherzyn 23, 30, 59, 74, 88, 94, 96, 98, 259, 262, 272, 279, 327, 345
Subherzyne Kreidemulde 98, 99
Subherzyne Kreidesenke 31
Subherzyne Mulde 97, 99
Subherzyne Senke 76, 89, 98
Subherzynes Becken 28, 198
Subkarpatische Vortiefe 281
Subkarpatisches Vorland 276
Subvariszikum 42
Subvariszische Saumsenke 15
Subvariszische Vortiefe 157
Suchá-Mulde 292
Suchá-Schichten 293
Südanhaltische Mulde 243
Südböhmischer Pluton 308
Südböhmisches Becken 381
Südbrandenburg-Lausitzer Scholle 78
Süddeutsche Faltenmolasse 404, 405
Süddeutsche Großscholle 30, 330, 334, 359
Süddeutsche Schichtstufenlandschaft 369
Süddeutsche Tafel 5, 7, 31, 370
Süddeutsches Alpenvorland 404
Süddeutsches Schichtstufenland 359, 361, 373
Südeifel 340, 344
Sudeten 262
Sudeten-Randbruch 31, 260, 261, 272, 275, 285
Sudeten-Randstörung 269, 272
Sudeten-Vorland 275
Sudetikum 6, 20, **280**, 284
sudetisch 9, 15, 18, 146, 157, 168, 223, 240, 246, 248, 250, 255, 257, 258, 264
Sudetische Monokline 110
Südharz-Grauwacke 191, 197
Südharz-Kalirevier 336
Südharz-Mulde 186–188, 191, 194, 197
Südharz-Selke-Grauwacke 189
Südharz-Selke-Quarzit 189
Südirisch-Englische Kaledoniden 14
Südliche Hauptüberschiebung 205
Südliche Nordseesenke 5
Südlicher Landrücken 128, 130, 135
Südlicher Randwechsel 205
Südlicher Schwarzwald 226, 228
Südliches Nordseebecken 51
Südliches Permbecken 22, 54
Südliches Riesengebirgsvorland 279, 306, 380

Südlimburg 142, 146
Südlimburgisches Steinkohlenrevier 146, 157
Südostbayern 400
Südostrand des Böhmischen Massivs 284
Südpfälzer Mulde 346
Südpolnische Vereisung 132, 133
Südschwarzwald 229, 230
Südtaunus 180
Südtaunus, Metamorphe Zone 161, 164, 180
Südthüringisch-Niederlausitzer Synklinalzone 233
Südthüringisch-Nordsächsische Antiklinalzone 233
Südvogesen 218, 221, 222
Südvogtländisch-Westerzgebirgische Querzone 238, 253, 254
Südvogtländische Querzone 246
Südwest-Schonen 61
Südwestdeutscher Triasbereich **370**
Südwestdeutsches Becken 342
Südwestrand Baltischer Schild 7
Südwestschwedischer Gneiskomplex 63
Suhl 236
Sulejów-Antiklinale 116
Sulzbach-Rosenberg 448
Sulzbach-Schichten 200, 201
Šumava-Bergland 308
Šumperk 282, 412
Šumperk-Granodiorit 284
Süntel 94
Süßwasserschichten 353, 354
Sutan-Überschiebung 174
Suwałki 420
Svaneke-Granit 63
svekofennidisch 4, 8, 9, 63
Svekokareliden 63
svekonorwegisch 8
Svekonorwegische Regeneration 63
Svratka-Antiklinale 299, 306
Svratka-Antiklinalzone 310
Svratka-Kuppel 280, 281, 285, 286, 299
Świebodzice-Becken 260, 268, **269**
Świebodzice-Senke 268, 271
Świerzawa-Graben 272
Swistsprung 323
Switschin 280
Sylt 10, 122, 123, 131
Synklinal de Sarreguemines 204
Synklinalzone von Delitzsch 234, 241
Synklinalzone von Delitzsch-Schladebach 243
Synklinalzone von Torgau-Doberlug 262
Synklinalzone von Vesser 233, 235, 237
Synklinorium von Avesnois 158
Synklinorium von Neufchâteau 149, 150, 152, 156, 159
Synklinorium von Torgau-Doberlug-Göllnitz 261
Syřenov-Formation 306

Szczawno-Formation 278
Szczecin-Łódź-Miechów-Synklinorium 103, 104
Szczecin-Łódź-Miechów-Trog 104, 110
Szczecin-Łódź-Trog 108
Szczecin-Schichten 108
Szczecin-Trog 104, 105
Szczerców 457
Szkalary 277, 420, 442

Tábor 315
Tafeljura 386, 387, 392
Tailfer, Konglomerat von 154
Talk 415, 416, **445**
Tambach-Formation 237, 242
Tampadel 420
Tanner Grauwacke 188, 191
Tanner Grauwackenzug 186
Tanner Zone 187, 194, 196
Tanner Zug 188, 191, 196
Tapadla 420
Tapes-Sand 136
Tarczyn-Quarzit 269, 270
Tarnów 439
Taubach 132
Taunus 16, 167, 183, 359
Taunus-Antiklinorium 161, 163, 169, 179
Taunus-Nordrandüberschiebung 171
Taunus-Oberharzschwelle 330
Taunus-Schwelle 216
Taunus-Vorland 180
Taunuskamm 179
Taunuskamm-Überschiebung 161, 179, 180
Taunusquarzit 164, 167, 171, 179, 180
Taus 300, 304, 445
Teersand **463**
Tegelen-Schichten 132
Tegelen-Warmzeit 132
Tegelen-Zeit 119, 131
Tehov, Insel von 305
Tellig 427
Telnice 256
Telnice, Granit von 256
Temperaturfeld 38
Tennantit 432
Tentaculiten-Kalk 238
Tentaculiten-Knollenkalk 238
Tentaculiten-Schichten 167
Tentaculiten-Schiefer 189, 238, 254
Tepelská Plošina 304
Teplá 204, 300
Teplá-Barrandium 247–249, 253, 296, 298, **300**, 308, 309, 314
Teplá-Blovice-Gruppe 300
Teplá-Domažlice, Zone von 305, 314
Teplá-Hochland 304
Teplice 385, 412, 442, 464, 465

Teplice-Rhyolith 256
Teplice-Schichten 381
Teplitz, 385, 412, 442, 464, 465
Tertiär **30**, 33, 34, 55, 57, 67, 74, 101, 108, 147, 160, 171, 181, 198, 319, 320, 349, 352, 368, 389
Teritärbecken von Liberec 268
Tertiärbecken von Reichenberg 268
Tertiärsenke von Ölmütz 282
Tertiärsenke von Ölmütz-Haná 287, 290
Tertiärsenke von Olomouc-Haná 282, 287, 290
Tess-Gewölbe 283
Tethys 4, 22, 23, 26, 28, 367
Tetschen 379
Teuschnitzer Mulde 249
Teuschnitzer Synklinorium 233, 240, 241
Teutoburger Wald 324
Teutschenthal 442
Teutschenthaler Sattel 339
Texel-Hoch 5, 6, 52
Texel-Ijsselmeer-Hoch 69, 70, 74
Thallichtenberg-Schichten 201
Thann 223
Thann, Serie von 223
Thannenkirch, Granit von 222
Tharandt-Rhyolith 256
Thaya-Granitoidmassiv 285
Thaya-Kuppel 280, 281, 285, 286, 299
Thierbacher Schichten 101
Thloy, Granit von 222
Tholeyer Gruppe 201, 202
Thorium 464
Thorn 137
Thorn-Eberswalder Urstromtal 129, 130, 139
Thucholith 421
Thumer Gruppe 239, 254
Thüngersheimer Mulde 360
Thüngersheimer Sattel 371
Thüringer Granitlinie 241
Thüringer Hauptgranit 236
Thüringer Wald 232, 233, **235**, 242, 329, 333, 336
Thüringisch-Fränkisches Schiefergebirge **237**, 251
Thüringisch-Sächsisches Grundgebirge 5
Thüringisch-Vogtländische Synklinorien 238
Thüringisch-Westbrandenburgische Senke 85
Thüringische Fazies 18, 240, 249
Thüringisches Becken 5, 7, 328, **335**
Thüringisches Hauptflöz 101
Thüringisches Schiefergebirge 232, 339
Thüringisches Synklinorium 234, 237
Tiefenbach-Schichten 239
Tiefenbachtal b. Edenkoben 207
Tiefenstörung von Leitmaritz 233
Tiefenstörung von Litoměřice 233
Tigersandstein 212, 364
Tirpersdorf 423
Tirschenreuth 314, 446
Tirschenreuth-Großklenau 449

Tirschenreuth-Mähring, Zone von 235, 250, 299, 314
Titan 414, 417, 420, **421**
Titisee 232
Todtmoos 420
Todtmooser Gneisgebiet 230
Tomaszów-Synklinale 116
Tongeren-Formation 75
Tonstein-Serie 288, 293
Torgau 262, 456
Torgau-Doberlug, Synklinalzone von 262
Torgau–Doberlug–Göllnitz, Synklinorium von 261
Torgau-Doberluger Synklinorium 262, 264
Tornquist-Ozean 11, 13, 15
Tornquist-Teisseyre-Zone 4, 5, 14, 31, 40, 60, 61, 102, 107
Torun 137
Traischbach-Serie 226
Traun 408
Trautenau 279
Trautenau-Becken 278
Trautenauer Rotliegend-Senke 262
Trautenauer Rotliegend-Tafel 261
Třebíč 449
Třebíč-Pluton 312
Trebnitzer Höhe 135
Třeboň 300, 380, 382
Třeboň, Becken von 383
Třenice-Formation 302
Trias 22, 26, 55–57, 67, 72, 108, 115, 147, 181, 197, 318, 330, 336, 342, 350, 394
Triberger Granit 229
Triberger Granitmassiv 226
Trier-Luxemburger Bucht 344
Trierer Bucht 162, 170, 181, 340–342
Trierer Senke 170
Trifels-Schichten 342
Trigonodus-Dolomit 395
Trimmelkam 457
Tripel 445
Tröbitz-Formation 270
Trochiten-Schichten 343
Trochitenkalk 85, 336, 387
Trog von St. Ghislain 154
Trog von Zwickau-Oelsnitz 249
Trois Épis, Gneise von 221
Trois Épis, Migmatite von 220, 221
Trois Vièrges, Störung von 159
Tromm-Granit 208–210, 212
Troppau 295, 341
Truse-Formation 211, 235, 236
Trutnov 279
Trutnov-Formation 306
Trutnov-Náchod-Becken 278
Trutnov-Náchod-Teilbecken 280
Trutnov-Rotliegend-Senke 262

Sach- und Ortsregister 557

Trzebnica-Höhe 135
Tschenstochau 117
Tübingen 371
Tuniberg-Verwerfung 358
Turitellen-Ton 136
Turów a. d. Neiße 457
Twente-Schichten 132
Týnec-Formation 306, 307

Überlinger See 408
Ubstadter Kalk 353
Uchte, Massiv von 28, 89, 94
Uckermärkische Senke 89
Uelsen 449
Ukrainischer Schild 2, 3, 103
Ulmen 184
Ungefaltete Vorlandmolasse 394, 402, 404
Ungestörte Molasse 401
Ungestörte Vorlandmolasse 405, 406
Unkersdorf-Potschappel-Formation 242, 258
Unterdevon 107, 144, 154, 164, 189
Unterdevon, Paläogeographie 16
Untere Bituminöse Zone 353
Untere Bunte Molasse 397, 398
Untere Cyrenen-Schichten 397
Untere Gehren-Formation 236
Untere Graptolithenschiefer 238, 240, 254, 270
Untere Graue Formation 307
Untere Graue Gruppe 306
Untere Meeresmolasse (UMM) 396–398, 402, 404
Untere Meeressande 101
Untere Nordseegruppe 74
Untere Puchkirchener Serie 397
Untere Rote Formation 307
Untere Rote Gruppe 306
Untere Sproitz-Formation 270
Untere Süßwassermolasse (USM) 396–400, 402, 404, 405
Unterer Erzhorizont 239
Unterer Rhyolith 242
Unterflözgruppe 319, 320
Unterfränkischer Hauptsattel 371
Unterharz 186
Unterharz-Schwelle 192
Unterharzer Gangbezirk 196
Unterjura 57, 66, 72, 86, 109, 147, 344, 367, 395
Unterjura, Paläogeographie 27
Unterkambrium 114, 142
Unterkambrium, Paläogeographie 11
Unterkarbon 15, 18, 20, 53, 72, 81, 107, 112, 114, 146, 155, 166, 191, 192, 200, 222, 238, 240, 246, 263, 264, 269, 278, 282, 288
Unterkarbon, Paläogeographie 17
Unterkreide 28, 58, 68, 74, 88, 109, 115, 325
Unterkreide, Paläogeographie 29
Unterkruste 42, 44
Unterlüß 134

Unterwerra-Sattel 186, 329, 330, 333
Upa-Tal 268
Ur-Donau 369
Ur-Main 369
Ur-Rhein 75, 321, 355, 357
Urach 7, 43, 373
Urach-Kirchheimer Vulkangebiet 369, 373, 374
Uran 411, 455, 464
Uranerz 451–453
Uraninit 465
Uranpecherz 464
Urbeis, Gneis von 220
Urgonien 388
Urk-Schichten 132
Urmatt 218
Usedom 140
Usingen 445

Valencien 158
Valläkra-Formation 67
Vallée de la Bruche 218
Vallendar-Schotter 181
Vallendar-Unterstufe 165
Valtin, Granit von 222
Vånga-Granit 63
Vápenný Podol, Mulde von 305
Variszíden 3
variszisch 4, 21, 79, 82, 157, 159, 168, 192, 215, 216, 218, 225, 232, 260, 267, 277, 282, 283, 297, 300, 303, 305, 310, 312
Variszische Front 42, 80
Variszische Gebirgsbildung **15**, 20
Variszische Orogenese 3, 9, 18, 40, 44, 82, 146, 192
Variszischer Zyklus **15**
Variszisches Gebirge 24
Värmland 8
Värmland-Granit 63
Västano-Formation 63
Vedsted-Formation 67
Veghel-Schichten 132
Vejlby 134
Velberter Sattel 161, 163, 166, 173, 176
Veldensteiner Kreidemulde 376
Veldhoven-Formation 75
Velenov-Schiefer 289
Velpke-Intrusion 82
Vendyssel-Hoch 61
Venloer Scholle 318, 319, 322, 323
Venn-Sattel 169
Vernerov 423, 434
Versteinerungsreiche Zone 353, 354
Vesdre-Synklinorium 150
Vesser, Synklinalzone von 233, 235, 237
Vestischer Hauptsattel 175
Vichter Konglomerat 165
Vienenburger Sattel 98
Viersener Sprungsystem 322, 323

Viking-Graben 5, 22, 26, 28, 30, 51, 56, 58, 59
Vilbeler Rotliegend-Horst 335
Vildstein-Formation 384
Vildštejn-Schichten 381
Vilémovice-Kalk 289
Villé 217, 223
Ville 320, 322, 323
Ville-Schichten 319–321
Villé-Schiefer 218
Vilsecker Kreidemulde 376
Vindelizische Schwelle 25, 27
Vindelizisches Land 365, 366, 394
Vinding-Formation 67
Vinice-Formation 302
Violette Grenzzone 343
Visé 146
Visé-Puth-Gebiet 145
Visé-Puth-Trog 146
vistulisch 283
Vitanov-Serie 302
Vitkov 464
Viviparus diluviana 134
Vlašim 315
Vlieland-Becken 69, 74
Vlotho 42
Vlotho, Massiv von 28, 89, 94
Vltava-Berounka-Region 384
Voděrady-Zvánovice, Insel von 305
Vogelsberg 7, 329–331, 334, 359
Vogesen 5, 20, 21, 28, **217**, 219, 357
Vogesen-Kraichgau-Senke 342, 350
Vogesen-Randverwerfung 224
Vogesen-Sandstein 343
Vogesen-Störung 357
Vogtland 49, 253
Vogtländisch-Mittelsächsische Synklinalzone 255
Vogtländische Störung 241, 246
Vogtländisches Schiefergebirge 251
Vogtländisches Synklinorium 234, 241, 246
Volmünster-Folge 343
Volpriehausen-Folge 84
Voltzia-Sandstein 343
vor-cadomisch 8, 9, 144, 297
vor-devonisch 161
Voralpen 407
Voralpines Molasse-Becken 373
Vorarlberg 398, 400
Vorarlberger Faltenmolasse 398, 404
Vorberg-Zone 217, 223, 347, 348, 357, 358
Vorberge 386
Vordertaunus, Metamorphe Zone 180
Vordevon 164, 167
Voreifel 165
Vorerzgebirgssenke 235, 237, 242, 246, 248, **249**
Vorhaardt-Mulde 200, 203, 346, 356
Vorhelmer Schichten 326
Vorjura 387, 392

Vorkarpaten-Depression 117
Vorlandmolasse 404
Vorspessart **213**, 214, 216
Vorsudetische Monokline 31, 103, 104, 116, 260
Vorsudetischer Block 5, 103, 104, 260–262, 272, **276**, 285
Vorwald-Scholle 230
Vranov-Olešnice-Gruppe 286
Vrbno-Gruppe 283
Vrchlabí-Formation 306

Waal-Warmzeit 120, 131, 132
Wachenburg 212
Wacken-Warmzeit 134
Wackersdorf 457
Waderner Fanglomerate 203
Waderner Schichten 181, 201
Wadroże Wielki 277
Wahnwegen-Schichten 201
Waidhaus 445
Waldbröler Mulde 161, 177
Wałbrzych 278, 279
Wałbrzych-Becken 278
Wałbrzych-Formation 306
Wałbrzych-Schichten 278
Wałbrzych-Trutnov, Becken von 455
Waldecker Mulde 178
Waldenburg 278
Waldenburger Berge 369
Waldmichelstadt 208
Waldsassener Mulde 235
Waldviertel 299, 312, 315
Walhorn-Schichten 165
Walkenrieder Sand 192
Wallerfangen 431
Wallersheim-Dolomit 165
Walsum-Schichten 319
Wapnica-Formation 271
Warburger Achse 332
Warburger Störungszone 328, 332
Wärmeflußdichte 46–48
Warmensteinach-Formation 239
Warmensteinach-Gruppe 250
Warndt 205
Warschau-Berliner Urstromtal 129, 130, 139
Warsteiner Sattel 163, 166, 176, 177
Warta-Gruppe 107
Wartenberg 374
Wartenstein 172
Warthaer Gebirge 272, 275
Warthaer Schiefergebirge 260, 271, 275
Warthe-Endmoräne 132
Warthe-Stadium 129, 132, 135
Warty-Stadium 132
Waschberg-Zone 393, 401, 405, 406
Wasserburger Trog 395
Wattenmeer 123

Sach- und Ortsregister

Wattenscheider Sattel 174
Waubach-Schichten 152
Waulsort 152
Wealden-Fazies 87, 88
Weddinger Störung 98
Weenzer Salzstock 95
Weesenstein-Formation 239
Weferlingen 444
Weferlinger Triasplatte 97, 100
Weichsel-Eiszeit 34, 121, 137
Weichsel-Glazial 122, 132, 140
Weichsel-Grundmoräne 132
Weichsel-Kaltzeit 138
Weichsel-Vereisung 139
Weichselgletscher 139
Weichselmündung 139
Weidbacher Schuppe 161, 179
Weiden 377
Weidener Becken 363
Weidener Bucht 361, 376–378
Weilburg 418
Weilburg-Odersbach 420
Weiler Schiefer 218
Weiler Schieferscholle 207
Weiler-Offenburg-Tainacher Senke 350
Weinsberg-Granit 312, 315
Weißach-Schichten 397, 398
Weißelster-Becken 90, 100
Weißenburg 206
Weißenstadt 423
Weißenstein-Markleuthen, Granit von 252
Weißer Jura 367
Weißstein-Schichten 278
Welscher Belchen 222
Wendelstein 442
Werkkalk 365
Werla-Burgdorf 98
Werlau 427
Werningeröder Phase 198
Wernsdorf 423, 434
Werra-Becken 333
Werra-Folge (Z1) 84, 318, 330
Werra-Fulda-Gebiet 84, 330, 333
Werra-Grauwacken 333
Werra-Grauwackengebirge 179
Werra-Senke 235, 236
Werra-Serie 72, 336
Weschnitz-Granodiorit 208
Weschnitz-Pluton 208, 209, 212
Weser-Ems-Linie 78
Weser-Flexur 90
Weser-Schuppe 159
Weser-Senke 82, 83, 85
Weser-Synklinorium 150
Weser-Trog 330
Weser-Wiehengebirgs-Flexur 94
Weserbergland 78, **90**, 91

Wesermündung 123
West Sole-Gruppe 55
Westböhmische Kohlebecken 306
Westböhmische Störung 297
Westböhmische Störungszone 304
Westböhmischer Pluton 305
Westeifel 171, 182
Westeifel (Vulkanismus) 185
Westerland-1, Bohrung 61
Westerwald 7, 161, 179, 182
Westerwald (Vulkanismus) 182–184
Westeuropäische Plattform 2, 4, 40
Westfälische Bucht **324**
Westfriesische Inseln 122
Westharz-Schwelle 190
Westholstein-Block 76
Westholstein-Trog 86, 87
Westlausitzer Granodiorit 263
Westlausitzer Störung 257
Westniederländisches Becken 5, 6, 26, 28, 30, 31, 51, 69, 70, 71–75
Westnorwegisches Becken 52
Westsudeten 5, 12, 14, 18, **259**, 270, 276
Wetteldorf-Schichten 165
Wetterau 214, 329, 330, 335, 347, 352
Wetterau-Trog 216
Wettin 455
Wettin-Formation 242
Wettin-Schichten 243
Wetzlar 418
Wetzschiefer 238
Wiecbork–Szubin–Zalesie, Antiklinale von 104
Wiedaer *Scyphocrinus*-Kalke 187
Wieder Bezirk 178
Wiehengebirgs-Flexur 90
Wiehler Mulde 161, 177
Wielkopolska-Region 106, 110
Wielkow Wielki 276
Wieliczka 117, 295, 439
Wielún 115, 117
Wien 462
Wiener Becken 393, 400, 401, 406
Wiesbaden-Diez-Graben 180
Wieściszowice 430, 440
Wiesetal-Wehratal 230
Wiesloch 370, 432
Wietze 463
Wilcza-Schichten 271
Wildenfels 233
Wildenfels, Kristallinkomplex von 245, 248
Wildenfelser Komplex 238
Wildenfelser Zwischengebirge 235
Wildenstein-Schichten 239
Wilga-Vereisung 132
Wilsdruff-Nossener Schiefergebirge 235, 257
Wilseder Berg 128
Wiltz-Schichten 165

Wiltzer Mulde 159, 170
Winklarner Serie 313
Winterswijk 72, 317, 454
Winterton-Formation 56
Winterton-Hoch 70, 74
Wippra, Metamorphe Zone von 194
Wippra, Zone von 187, 188
Wippraer Zone 186, 187, 191, 192, 194, 197
Wismut 417, 420, **421**, 422, 464
Wismut–Kobalt–Nickel–Silber 427
Wismut–Kobalt–Nickel–Silber–Uran 465
Wismutglanz 422
Wissenbacher Schiefer 167, 178, 189–191
Wittelsheim 352
Wittelsheimer Becken 353, 356
Witten-Schichten 167, 174
Wittenberger Abbruch 7, 30, 31, 78
Wittener Mulde 174
Wittgensteiner Hauptmulde 161
Wittgensteiner Mulde 163, 177, 178
Wittichen 421, 465
Wittlicher Hauptverwerfung 171
Wittlicher Rotliegend-Senke 171, 181, 342
Wittlicher Senke 163, 171, 181
Wleń-Graben 272
Włocławska-Schichten 108
Woevre-Mergel 342
Wohlgebankte Kalke 365
Wojcieszów-Kalk 269, 270
Wölfersheim 335
Wolfhagen-Volkmarsener Störungssystem 328, 332
Wolfram 417, **421**
Wolframit 421–424
Wolfratshausener See 408
Wollin 140
Wollin-Block 61
Wollin-Gertnow-Linie 140
Worms 357
Wroclaw 136
Wunsiedel 423
Wunsiedel-Formation 250
Wundsiedel-Schichten 239
Wuppertal 175
Würbenthal-Gruppe 283
Würm-Eiszeit 232, 407
Würm-Gletscher 408
Wurm-Mulde 148, 149, 157, 162, 168
Wurm-Revier 157
Wurstkonglomerat 240
Wurzbach 446
Würzburg 372
Würzburger Becken 363
Wüstebach-Schichten 165
Wutach-Tal 230

Yoldia-Meer 126, 127

Z5-Ohre-Folge 54
Z6-Friesland-Folge 54
Z7-Mölln-Folge 54
Zaberner Bruchfeld 357
Zaberner Senke 347
Ząbkowice Śląskie 420, 442
Zábřeh-Formation 266
Zábřeh-Komplex 273, 274
Zábřeh-Synklinorium 283
Žacléř 278
Žacléř-Formation 278, 306
Zadní Chadov 464
Zahořany-Formation 302
Zaleze-Schichten 293
Zandvoort-Schwelle 69, 74
Zarow 447
Žatec 385
Zavidov-(Seidenberger)Granit 10
Zawidów-Granodiorit 263, 265
Zawiercie 450, 455
Zdanów-Folge 271
Zdice 304
Zebrzydowa 447
Zechstein 22, 54, 66, 72, 84, 107, 115, 147, 181, 197, 203, 212, 216, 317, 330, 336, 342, 363
Zechstein-Meer 84
Zechsteinkalk 84
Zechsteinkonglomerat 197
Zechsteinzyklus (Z1) 54, 84
Zechsteinzyklus (Z2) 54, 84, 336
Zechsteinzyklus (Z3) 54, 84
Zechsteinzyklus (Z4) 54, 84
Zeitzer Flußsande 101
Železná Hůrka 384
Železné Hory 297, 299, 300, 305, 310
Železné Hory-Randbruch 383
Železný Brod 266, 267
Želiv-Gruppe 308
Zeller See 408
Zementmergel 365
Zentralatlantik 22
Zentralböhmische Scherzone 312
Zentralböhmische Störung 297
Zentralböhmische Störungszone 304, 308, 310
Zentralböhmischer Pluton 305, 308, 310, 312
Zentralböhmisches Kohlebecken 306, 308, 323
Zentraler Schwarzwald 226, 227
Zentrales Böhmisches Becken 380
Zentralgraben 5, 6, 22, 26, 28, 30, 50, 52–56, 58, 59, 119
Zentralgraben-System 30
Zentralmassiv 6
Zentralmoldanubische Region 308
Zentralniederländische Schwelle 72
Zentralniederländischer Rücken 69
Zentralniederländisches Becken 5, 6, 26, 28, 30, 31, 69, 70, 71–75

Zentralsächsisches Lineament 245, 249
Zersatzschotter 132
Zeschnig-Schichten 381
Zeven-Rotenburger Geest 135
Ziegelschiefer-Zone 167
Ziegenrücker Synklinorium 233, 240
Zielona Góra 139
Zierenberg-Scholle 332
Zihle, Becken von 307, 308
Zink 410, 427
Zink–Blei(Silber) 430
Zink–Blei–Kupfer 431
Zink–Blei–Silber–Baryt 431
Zinkblende 426, 432
Zinken-Elme, Scherzone von 229
Zinksulfid **426**
Zinn 410, 417, **421**, 422
Zinn–Arsen 423
Zinn–Kobalt–Kupfer 421, 424
Zinn–Lithium–Arsen 423
Zinn–Wolfram 411, 414, 422
Zinn–Wolfram–Kobalt 424
Zinn–Wolframit 423
Zinngranit 252
Zinnkies 423
Zinnober 425, 426
Zinnseifen 423
Zinnstein 421, 422, 423
Zinnwald 412, 422, 423, 434
Zinnwald, Erzgebirgsgranit von 256
Zinnwaldit 422–434
Zirkon 421
Žitava Senke 265, 380
Žitec-Hluboš-Folge 302
Žitec-Konglomerate 303
Zittau 457
Zittauer Senke 265, 380
Zlaté Hory 411, 425, 431
Zlichov-Formation 302
Zliv-Schichten 381

Zlotoryja 425
Złoty Stok 260, 274, 424, 425
Złoty Stock, Granitmassiv von 262
Znaim 447
Znojmo 447
Zobten 277, 420, 442
Zobten-Massiv 276
Zone von Baden-Baden 217, 226, 228, 229
Zone von Baden-Baden–Gaggenau 224
Zone von Badenweiler–Lenzkirch 226, 229, 230
Zone von Erbendorf–Vohenstrauß 252, 305, 314
Zone von Großhain 238
Zone von Hlinsko–Skuteč 305
Zone von Lalaye–Lubine 223
Zone von Teplá–Domažlice 305, 314
Zone von Tirschenreuth–Mähring 235, 250, 299, 314
Zone von Wippra 187, 188
Zorge 418
Zuckmantel 411, 425, 431
Zuider-See-Becken 75
Zuidersee 123
Zuidwal-Vulkanzentrum 74
Žulová 282
Žulová-Granitmassiv 262, 284
Žulová-Granodioritmassiv 283
Žulová-Massiv 281
Zürich 389
Züschener Sattel 161, 177, 178
Zvičina 280
Zweifall-Schichten 165
Zwethau-Formation 270
Zwickau 248, 249
Zwickau-Formation 249
Zwickau-Oelsnitz, Becken von 455
Zwickau-Oelsnitz, Trog von 249
Zwickau-Oelsnitz-Formation 242
Zwickauer Phase 133
Zwischenzone (Odenwald) 207, 209
Zwischenzonen-Gneise (Odenwald) 212